PRINCIPES
D'AGRICULTURE
RATIONNELLE

VANNES. — IMPRIMERIE GUSTAVE DE LAMARZELLE.

PRINCIPES

D'AGRICULTURE

RATIONNELLE

PAR J.-C. CRUSSARD,

EX-DIRECTEUR DE FERME-ÉCOLE, ANCIEN PRÉSIDENT DE COMICE AGRICOLE, MEMBRE CORRESPONDANT DE LA SOCIÉTÉ IMPÉRIALE ET CENTRALE D'AGRICULTURE DE FRANCE ET DE LA SOCIÉTÉ D'AGRICULTURE DU DÉPARTEMENT D'ILLE-ET-VILAINE.

Il n'y a que les gens médiocres qui peuvent mettre en opposition la théorie et la pratique.

(Mme de Staël.)

PARIS

NOUVELLE LIBRAIRIE AGRICOLE,

Quai des Grands-Augustins, n° 25.

1864

A SON ALTESSE

MADAME LA PRINCESSE BACIOCCHI

PROTECTRICE DÉVOUÉE DU PROGRÈS AGRICOLE.

HOMMAGE DE RECONNAISSANCE

ET DE PROFOND RESPECT

J.-C. Crussard.

INTRODUCTION.

Un livre nouveau, traitant des principes qui gouvernent l'agriculture, répond-il à un besoin de l'époque au milieu des innombrables publications plus ou moins analogues qui surgissent tous les jours? Est-il possible, dans un champ si bien cultivé, si bien moissonné, de glaner quelques épis encore? Telles sont probablement les questions qu'on m'adressera en voyant paraître cet ouvrage. Je crois devoir y répondre par anticipation.

Je n'ai sans doute pas besoin de dire que si je me suis décidé à mettre au jour le fruit de quelque trente ans d'étude et d'une expérience tantôt heureuse, tantôt malheureuse, aussi instructive toutefois par ses revers que par ses succès, c'est parce que je ne l'ai pas jugé dépourvu d'utilité. Cela va de soi. Mais n'ai-je pas pris l'ombre pour la réalité? C'est ce qu'il faut examiner.

Si tout avait été dit dans la prodigieuse quantité de volumes dont on a doté l'agriculture jusqu'à ce jour, il ne resterait plus qu'à tirer l'échelle, en laissant au cultivateur le soin d'extraire de cette indigeste collection, les substances de bonne qualité qui s'y trouvent éparses, même en très grand nombre, mais noyées dans un bien plus grand nombre d'autres qui ont vieilli et qui, par cela même, sont restées bien en arrière du progrès.

On m'accordera, au moins en thèse générale, qu'une semblable tâche ne convient guère au simple cultivateur qui n'aurait ni assez de temps, ni assez d'argent à lui consacrer.

Ainsi donc, l'agronome qui, butinant comme l'abeille et comme elle n'extrayant de la fleur que le miel pur et la cire qu'elle contient, offrirait un résumé de nos connaissances agricoles les plus intéressantes et les mieux établies, en passant celles qui sont douteuses au creuset d'une discussion éclairée par une certaine expérience et en les coordonnant toutes dans un cadre restreint accessible à la bourse comme à l'intelligence de l'universalité des agriculteurs, ferait évidemment une œuvre qui, à tous les points de vue, ne serait pas sans utilité.

Sans doute, nous ne manquons pas de résumés de ce genre, et il se peut qu'un de plus n'ajoute pas grand'chose à cette partie de l'actif de notre bilan bibliographique. Cependant on ne saurait méconnaître que la science agricole, née d'hier, ne fût perfectible comme toutes les choses de création humaine, et que chaque jour elle ne comportât quelques applications nouvelles ou quelques heureuses améliorations qu'il est utile d'enregistrer et de vulgariser.

Du reste, si l'on y regarde de près, on reconnaîtra facilement que la plus grande partie de nos traités d'agriculture, et plus spécialement les manuels ou résumés dont il s'agit, suivent un courant d'idées un peu exclusives, auquel il peut être bon d'apporter quelques modifications, non en changeant son lit, mais en l'élargissant et en y dirigeant certains affluens, sans lesquels il ne saurait parvenir à un niveau en harmonie avec les besoins à la satisfaction desquels il prétend pourvoir.

Le propre de ce courant d'idées, c'est de chercher à faire prévaloir ce qu'on appelle *la Pratique*, sur tout ce qui se rapporte aux principes généralement relégués hors cadre.

Ici, je prie instamment le lecteur de ne pas voir la moindre intention de critique dans cette observation, mais uniquement la simple constatation d'un fait qui a sa valeur propre que je n'entends amoindrir en aucune façon. Loin de là ; autant que qui que ce soit, je reconnais tout le mérite de ce fait ainsi que la nécessité de son enseignement, et par conséquent l'utilité des livres qui lui sont spécialement consacrés, et dont il n'est pas un seul qui ne renferme d'importantes vérités. Seulement ne pouvant leur attribuer plus de portée qu'ils ne s'en attribuent eux-mêmes, il me semble qu'ils ne peuvent guère être considérés, au moins pour la plupart, que comme n'éclairant qu'une seule face des matières très complexes dont ils traitent. Dans cet état de choses qui est incontestable, je pense, il s'agit donc tout simplement de savoir si un enseignement ainsi restreint peut suffire à tous les besoins d'une agriculture progressive, et s'il ne reste plus rien de bon et d'utile à faire à côté de lui, sans nuire aucunement à son mérite spécial. Voilà la question réduite à sa plus simple expression. Essayons de l'éclaircir en avertissant tout d'abord qu'il n'est fait ici aucune allusion aux grands ouvrages techniques, ni aux traités scientifiques spéciaux, accessibles seulement à une classe privilégiée de lecteurs ayant le temps et les connaissances préliminaires nécessaires pour les étudier, et qu'il ne s'agit uniquement que de livres analogues au mien, c'est-à-dire de simples résumés, destinés aux cultivateurs moins favorisés par la fortune et par l'instruction.

Ainsi donc, si je suis loin de méconnaître l'utilité de l'enseignement agricole pratique auquel j'ai consacré une partie de ma vie, l'expérience m'a convaincu que la véritable, la meilleure pratique, regardée avec raison par de forts bons esprits comme une pure science de localité, ne peut guère faire l'objet d'un enseignement fructueux que sur le théâtre même de son application. On peut bien, dans un livre, donner des conseils sur la manière de diriger une charrue, d'opérer un labour, de faire une semaille, de soigner un engrais ; mais c'est par un singulier abus de langage que l'on attribue à la description de toutes ces manœuvres le nom de pratique. Comme celles enseignées par l'école écrite du bataillon, elles ne constituent bien certainement que de la théorie pure.

Il est juste de reconnaître toutefois qu'il existe en agriculture deux espèces de théories bien distinctes. L'une, se bornant simplement à indiquer des recettes, à tracer des procédés, une manière de faire, sans se préoccuper des principes, s'intitule *pratique* en s'identifiant avec le fait dont elle n'est que la formule. On pourrait donc assez exactement l'appeler la théorie du fait, et c'est ainsi que je la désignerai. L'autre, principalement spéculative, subordonnant toujours ce fait aux principes, n'établissant aucune règle sans en donner la raison déduite de lois naturelles parfaitement démontrées ou de faits bien avérés, constitue la théorie scientifique. Très-jeune encore, et par cela même généralement peu comprise, sinon dédaignée, il s'en faut de beaucoup que cette dernière ait conquis son droit de cité, si ce n'est dans quelques régions particulières. Ainsi, l'espèce de défiance et de discrédit dont elle est l'objet chez tous ceux qui, ne la comprenant pas, s'en font une idée très fausse, explique-t-elle, en la justifiant, la précaution prise par d'excellentes publications, sachant faire à la science la part qui lui est due, de propager de bons principes sous le pseudonyme de pratique, afin d'être mieux accueillies partout.

Au surplus, en constatant l'existence de deux espèces de théories agricoles, je n'entends, en aucune façon, attribuer à l'une une supériorité sur l'autre. Je les tiens au contraire pour également bonnes, chacune dans sa spécialité. Mais en même temps je suis profondément convaincu de leur impuissance respective lorsqu'elles procèdent isolément. Cela peut se démontrer par une simple analogie.

L'agriculteur théoricien, celui qui ne connaît de cette industrie que ce qu'il en a appris à l'école ou dans les livres, ressemble assez bien au médecin qui n'aurait fréquenté ni les hôpitaux ni les chambres de malades. Bourré de science, il peut être fort embarrassé souvent pour en faire une saine et utile application. C'est le plus ordinairement un consultant habile, mais un opérateur médiocre. Cependant avec de l'expérience il arrivera, sinon à la célébrité, du moins à une position distinguée dans sa profession.

Dans un sens inverse, il n'est personne qui ne se croie plus ou moins médecin, et n'hésite jamais à appliquer tel remède vulgaire à telle maladie d'un caractère connu, ou même inconnu, sans posséder la moindre notion d'anatomie, de physiologie, de chimie, etc., sciences à peu près indispensables cependant pour que de telles applications puissent être faites en connaissance de cause. N'importe ; on applique toujours et qui plus est, on guérit quelquefois. Il n'en faut pas davantage pour se croire un Esculape quelqu'incapable qu'on soit d'ailleurs de démêler la moindre complication, ni de discerner les cas de contre indication.

N'est-ce pas à peu près ainsi que les choses se passent en Agriculture exclusivement pratique ? On ignore les éléments qui composent un épi de blé ou une betterave ; on ignore de même ceux qui entrent dans l'alimentation qu'on donne à ces plantes; on ne connaît pas davantage le tempérament de la terre qu'on exploite; on est en diagnostic d'une incapacité radicale ; mais on sait plus ou moins confusément que labourer, fumer et semer sont les opérations fondamentales de toute culture, et l'on broche sur ce canevas en abandonnant à l'inspiration ou à la routine les questions accessoires de dosage, d'opportunité et autres. C'est ainsi que l'homme se fait machine en désertant le domaine de l'intellect, c'est-à-dire, le domaine de tout ce qui est méthode, analyse, raisonnement et comparaison pour se renfermer dans les étroites limites d'une aveugle imitation. S'il opère sur un sol quelque peu délabré ou d'une constitution défectueuse, il applique certain remède qui a fait ses preuves dans des circonstances analogues et plus souvent différentes; mais il l'applique sans savoir pourquoi et sans en prévoir les suites. Le chaulage ou le marnage, par exemple, rétablira ce sol dans quelques cas, avec autant d'efficacité que le sulfate de quinine en produit dans la fièvre intermittente, et ce rétablissement persistera moyennant une bonne hygiène et un régime approprié. Mais que l'on prolonge la diète, si funeste aux terrains à constitution débile, le tempérament du malade sera bientôt ruiné et ce malade ne tardera pas à succomber sous une nouvelle application du remède. C'est ainsi que les meilleurs spécifiques peuvent devenir dangereux entre des mains ignorantes. Il n'est personne, je pense qui n'ait été, nombre de fois en sa vie, témoin de pareils résultats dont les causes n'ont pas toujours été sainement appréciées, mais qui ont été assez fréquents et assez bien caractérisés pour donner naissance au proverbe si connu : la chaux enrichit les pères et ruine les enfants. Il n'est pas un seul agriculteur éclairé qui ne sache parfaitement aujourd'hui que ce proverbe ne peut être vrai que dans une pratique aveugle, dédaignant de s'inspirer des théories scientifiques.

Pour peu qu'on y réfléchisse, il serait donc difficile de méconnaître que si la production moyenne du froment n'est encore en France que de 12 à 14 hectolitres par hectare, tandis qu'elle s'élève à peu près au double en Angleterre, où cependant le sol n'est pas intrinséquement meilleur que le nôtre; où les climats ne sont pas plus favorables à la végétation qu'ils ne le sont chez nous, la cause de notre infériorité ne doive, en grande partie, être attribuée à notre excessif amour de l'empirisme, et surtout à notre dédain pour la science dont nos voisins, au contraire, accueillent toujours les enseignements avec faveur et reconnaissance, en s'appliquant à les mettre à profit.

La conclusion qui découle de là, c'est qu'il est impossible de faire de l'Agriculture rationnelle, et encore plus de l'enseigner, si ce n'est dans des situations particulières parfaitement connues et définies, sans allier dans un accord parfait la théorie à la pratique, que les gens médiocres seuls, dit madame de Staël, peuvent mettre en opposition.

Or, je ne crois pas me tromper beaucoup en avançant que la théorie du fait qui s'efforce, dans la plupart des manuels de culture, de conquérir une certaine supériorité sur celle des principes, fait nécessairement fausse route en s'isolant, et qu'elle ne peut fournir que des indications incertaines, insuffisantes ou incomplètes. Elle produira des médicastres, mais non des médecins.

Les auteurs qui, pour se faire mieux accueillir de leur public, tournent le dos à la science, cèdent donc beaucoup trop facilement en cela aux idées dominantes qui n'admettent comme enseignement sérieux et digne de confiance que la théorie du fait brut, sans prendre garde que toute théorie semblable qui ne donne pas la raison exacte de ses procédés ; qui ne vise qu'aux effets sans se préoccuper des causes ; qui ne sait ni modifier ni amplifier à son gré l'action des agens qu'elle emploie, est tout simplement de la routine ou de l'empirisme.

Aussi qu'arrive-t-il ? Le cultivateur qui n'a foi qu'en ce qu'il appelle la pratique est servi selon ses exigences, par un enseignement qui, tout en lui révélant d'incontestables vérités, est loin cependant de lui apprendre toujours ce qu'il aurait le plus besoin de savoir, forcé qu'est l'auteur de se renfermer ordinairement dans des généralités dont il ne peut faire aucune application précise sans s'exposer à voir, à chaque pas, ses formules en défaut, à cause de la grande diversité des conditions culturales auxquelles on voudrait les adapter.

De cette vérité, deux *exemples* font foi,
Tant la chose en preuves abonde.
Voici l'un :

S'il est un enseignement agricole utile au premier chef, c'est assurément celui qui a pour objet la fertilisation du sol et spécialement la quantité d'engrais nécessaire à chaque culture, selon les besoins des plantes, et selon la nature et l'état de la terre, car c'est de là que dépend principalement le succès des récoltes. Or, je tiens pour incontestable qu'un tel enseignement appartient exclusivement à la théorie des principes, et que celle du fait est totalement impuissante à tracer en pareille circonstance une règle générale parfaitement rationnelle. Si elle prescrit une dose quelconque d'engrais, à moins d'un grand hazard qui la fasse tomber juste pour certaines conditions, elle en indiquera toujours trop ou trop peu pour d'autres conditions, d'où résulteront infailliblement des déceptions ou tout au moins des mécomptes. Il est peu de matières sur lesquelles les traités d'agriculture pratique formulent des règles aussi hazardées et même aussi variées, ce qui prouve combien est grande encore l'incertitude qui règne sur ce point capital. Mais généralement les plus prudents s'abstiennent de rien préciser. Qu'on les consulte, par exemple, sur la quantité de fumier à donner à la betterave dont il importe d'autant plus de régler rationnellement la fumure que cette plante occupant souvent la première place dans l'assolement, l'engrais qui lui est appliqué doit servir pour toute la rotation, ils répondront que cette racine veut un terrain meuble, profond et fortement fumé. Cela sans doute n'éclaircit pas beaucoup la question ; mais au moins ce n'est ni compromettant ni dangereux. D'autres au contraire voulant être plus pratiques conseilleront : ceux-ci la même fumure que pour le blé; ceux-là, que pour la pomme de terre, comme s'il était parfaitement indubitable que ces trois différentes espèces de plantes eussent les mêmes besoins de nourriture, la même faculté d'absorption, et qu'elles dussent consommer et laisser après elles les mêmes quantités de matières fertilisantes.

Mathieu de Dombaste, l'un de nos plus illustres agriculteurs praticiens, suppléant les théories scientifiques par une grande sagacité, mais, comme tous les humains, se trompant quelquefois, pensait, sans avoir jamais pu obtenir ce résultat, qu'une terre possédant la fertilité nécessaire pour produire 15 hectolitres de blé, était en état de rendre 20 000 kilog. de betteraves (1). Mais il ne prenait pas garde qu'une pareille récolte de cette racine, en y comprenant ses

(1) Annales de Roville, tome 7, page 253.

feuilles, enlève au sol environ 132 kilog. d'azote et 90 kilog. de potasse, tandis que 15 hect. de blé n'y puisent qu'à peu près 30 kilog. du premier avec 35 kilog. d'alcali. Or, il y a lieu de se demander en présence de tels faits, comment il serait possible que la même fumure réduite aux besoins de la plante la moins exigeante, convînt à des récoltes ayant des appétits si différents. La science qui signale de pareilles erreurs, en indiquant les moyens de les éviter, n'est donc pas précisément inutile. Nous verrons en traitant des principes de la fertilisation, d'après quelles règles une semblable question peut et doit être résolue.

Maintenant si nous considérons que l'on voit fréquemment la même dose d'engrais produire *un* sur un point, *un et demi* sur un autre, *deux* sur un troisième, peut-on méconnaître qu'un tel problème ne soit pas précisément aussi simple que le croit l'agriculture pratique, et que sa solution appartienne beaucoup plus à la théorie des principes qu'à celle du fait? Il faudrait être aveugle pour ne pas apercevoir dans ces rapprochements toute l'insuffisance de l'enseignement limité à cette dernière théorie.

Passons au second exemple.

La science moderne, en publiant ses précieuses recherches sur le rôle des matières fertilisantes dans la culture, explique généralement le principe de leur action d'une manière satisfaisante. Il n'est donc pas un manuel agricole qui ne dût reproduire, au moins en substance, ces explications ainsi que toutes celles qui se rapportent à l'action combinée du sol et des engrais sur la végétation, puisque c'est là la pierre angulaire de l'agriculture. En est-il ainsi? C'est ce que nous allons voir.

Parmi les matières introduites depuis trente ou quarante ans dans la culture, comme moyen complémentaire de fertilisation, surtout comme contenant l'un des éléments les plus précieux dans l'alimentation végétale, figure au premier rang le noir animal, résidu des raffineries de sucre, dont les premières applications, dues au hazard, ont produit de si bons effets que cette substance naguère encombrante et et sans emploi, est aujourd'hui fort recherchée, fort chère et l'objet d'un très-grand commerce.

Mais parmi les cultivateurs qui en font usage, combien y en a-t-il qui connaissent exactement ses propriétés? Cependant une matière aussi utile mérite à un haut degré d'être connue et décrite avec soin, non-seulement dans les livres qui traitent spécialement *du sol et des engrais* (1), non-seulement dans les ouvrages de chimie agricole qui ont fait, à cet égard, tout ce qu'ils devaient faire, mais encore et surtout dans les manuels d'agriculture qui sont en quelque sorte le *vade mecum* du cultivateur et qui par conséquent sont beaucoup plus consultés par lui.

Eh bien! Ouvrons les livres de cette dernière catégorie et voyons ce qu'ils nous diront sur la substance dont il s'agit. Si elle y est mentionnée — car elle ne l'est pas dans tous — elle n'y sera l'objet que d'une description sommaire sans application possible. On se bornera à la présenter comme un mélange de sang et de poudre d'os calcinés, ayant servi à la clarification des sirops dans les raffineries de sucre. On ajoutera qu'elle est ordinairement employée pour la fertilisation des landes défrichées et qu'on en fait un grand usage dans l'ouest de la France. Et puis, c'est tout. Mais qu'est-ce que la théorie du fait pourrait dire de plus sur un tel sujet, sans faire appel aux données scientifiques avec lesquelles la plupart de ses auteurs ne veulent pas

(1) *Le sol et les engrais*, par Lefour.

qu'elle soit confondue? Rien absolument. Elle est donc fatalement condamnée par sa nature même à se mouvoir dans un cercle infiniment étroit qu'elle ne peut franchir sans renier son origine ou sans contracter l'alliance qu'elle repousse.

Cependant, ce qu'il importe le plus de savoir ici, ce n'est pas seulement si le noir animal est un mélange de poudre d'os et de sang ; s'il est propre à la fertilisation des landes; mais plutôt quel rôle il y joue; quelle est la composition des matières dont il est formé ; quels sont les proportions de leurs éléments constituants; comment ils agissent; si leur action est identique dans tous les cas; dans quelle circonstance elle peut être nulle ou efficace; quelles influences peuvent la favoriser ou la paralyser ; si cet engrais peut être employé isolément dans certains cas et si dans d'autres il doit être associé à quelques substances d'une nature différente ; s'il peut en être fait un usage indéfiniment prolongé ; sinon dans quelles limites cet usage doit être circonscrit; dans quelles proportions il doit être appliqué ; comment cette proportion peut être calculée ; de quelle partie de la plante il favorise le plus le développement ; à quels sols, à quelles récoltes il convient le mieux ; s'il peut être remplacé par quelque équivalent, etc., etc.

Or, de toutes ces questions dont la solution est d'une haute importance pour l'agriculture rationnelle, il n'en est pas une seule qui soit de la compétence exclusive de la pratique. On s'explique dès lors pourquoi son enseignement est si réservé en pareille matière.

Cependant parmi les ouvrages récents, on en voit quelques-uns qui comprenant beaucoup mieux le progrès, ses lois, ses exigences, ne craignent pas de tenter l'alliance dont il a été parlé plus haut. M. Dulaurier (1) particulièrement entre franchement dans cette voie en abordant carrément, techniquement, une partie des questions qui viennent d'être énumérées et ses élèves le comprennent parfaitement parce qu'il est toujours facile d'être compris lorsqu'on veut être intelligible.

Ici, je viens de mettre le doigt sur la plaie.

Si les manuels agricoles ne s'étayent pas plus qu'ils ne le font sur les principes, c'est non-seulement — plusieurs le déclarent formellement — pour ne pas faire incursion dans le domaine de la science, mais encore et surtout pour éviter l'emploi de termes techniques qu'ils jugent incompréhensibles pour leurs lecteurs. Cependant sans la technologie, la parfaite intelligence d'une industrie est à peu près impossible aujourd'hui. Mais dans l'état actuel de l'instruction agricole, il faut bien le reconnaître, la crainte exprimée ou sous-entendue n'est pas chimérique. Néanmoins, quand on veut la fin il faut bien en même temps vouloir les moyens à peine de ne pas aboutir. Ne peut-on d'ailleurs éviter Carybde sans tomber en Scylla ?

C'est précisément parce que je crois à cette possibilité et ensuite parce que j'ai rencontré dans le cours de ma longue carrière, beaucoup de préjugés, beaucoup d'erreurs accréditées, beaucoup de faits mal observés et mal interprétés servant de base aux opinions les plus contradictoires et parfois les plus dangereuses, qu'il m'a semblé apercevoir dans la bibliographie agricole, une place pour un livre qui tenterait de faire diversion au courant d'idées dont j'ai parlé tout à l'heure. Tel que je le conçois et en prenant les choses *ab initio*, ce livre doit s'attacher aux principes plus

(1) Cours élémentaire d'agriculture par Victor Borie.

qu'à la pratique, aux causes plus qu'aux effets, sans se dispenser cependant de donner aux effets et à la pratique le développement qu'ils comportent ; mais en les subordonnant toujours dans l'application comme ils le sont dans la nature et dans la logique.

A mes yeux, il n'y a pas de pratique sûre sans théorie positive. C'est donc cette théorie que tous mes efforts vont tendre à faire pénétrer, comme un indispensable flambeau dans l'esprit de ceux qu'elle intéresse le plus et à qui je ne demande pour y réussir, qu'un peu de bonne volonté. Mais je ne me dissimule pas les difficultés de cette entreprise, les résistances qu'elle rencontrera, les critiques qu'elle soulèvera. Je sais d'ailleurs que le terrain n'est rien moins que préparé à être fécondé. Aussi, pensé-je devoir procéder préliminairement par une sorte d'écobuage ou de défrichement et par approprier la semence à la nature du sol. Un jour viendra, je l'espère, où ma tentative mieux comprise, trouvera de nouveaux apôtres plus jeunes, plus habiles, mais pas plus fervents que je ne le suis, qui la compléteront et la mèneront à bonne fin, en propageant la véritable instruction professionnelle chez les déshérités de notre époque.

Il est vraiment inconcevable qu'une branche de l'activité humaine constituant la plus noble, la plus importante de toutes les industries, celle sur laquelle reposent la richesse, la force, le bien-être des nations, une industrie dans laquelle il n'est pas un seul fait qui n'ait son principe ou sa raison d'être dans les lois de la chimie, de la physique, de la physiologie, de la botanique, de la géologie, de la mécanique, etc., soit traitée comme un infime métier auquel ces lois sont le plus étrangères, non-seulement par ceux qui l'exploitent sans la comprendre, mais encore par des écrivains de mérite qui, au lieu de lutter courageusement contre cette monstrueuse erreur, semblent vouloir la perpétuer en se soumettant à ses exigences.

Là est le plus grand mal. Il est vrai que la cause en revient principalement au cultivateur qui, en se déclarant l'ennemi des théories scientifiques, s'obstine à ne demander des lumières qu'à la terre et aux plantes et à ne s'inspirer que de leurs révélations, sans se douter que ces révélations sont souvent comme celles des oracles, fort énigmatiques et fort ambiguës, car :

Un oracle jamais ne se laisse comprendre,
On l'entend d'autant moins que plus on croit l'entendre.
(Corneille).

Ce qui le prouve, en ce qui concerne l'enseignement fourni par le sol et les plantes, dans des expériences purement empiriques, c'est la multiplicité des faits contradictoires qui se produisent à chaque instant dans des conditions en apparence identiques. Ne voit-on pas effectivement tous les jours, tel engrais faire merveille sur un point et rester complètement inerte sur un autre; telle plante réussir là et manquer ici, sans que rien ne semble justifier de semblables anomalies ?

Cependant, il n'est pas d'effet sans cause. Mais comment la découvrira-t-on cette cause ? Comment parviendra-t-on à en éviter le retour et à se préserver de ses suites fâcheuses si l'on répudie le seul moyen qui puisse la révéler; le seul qui puisse guider sûrement dans toutes les opérations agricoles ?

L'enseignement exclusivement pratique a certainement un incontestable mérite. C'est celui de propager des méthodes généralement éprouvées, toujours bonnes à connaître, qui peuvent être souvent appliquées fructueusement, mais dont le côté faible est de ne pouvoir être généralisées sans

2

subir pour telle ou telle circonstance, des modifications dont la raison et la formule ne peuvent être données que par la théorie des principes, d'où la nécessité de l'alliance dont il a été parlé. La vulgarisation de ces principes est donc la condition nécessaire de l'efficacité d'un tel enseignement, surtout dans les livres destinés à l'immense majorité des cultivateurs. Or, si c'est là ce dont, en général, ces livres se sont le moins préoccupés jusqu'ici, on ne peut guère disconvenir qu'il y a véritablement sous ce rapport quelque chose à faire. Certes, il n'est pas impossible de traiter de semblables matières — l'essai de M. Victor Boric en fournit la preuve — avec une clarté telle que l'esprit, même le moins bien disposé, soit forcé de les comprendre malgré lui. La technologie actuelle de la science agricole ne présente pas plus de difficulté que celle du premier métier venu. Elle a d'ailleurs le plus souvent sur celle-ci l'avantage d'une classification méthodique qui en facilite singulièrement l'étude.

A la vérité, si les deux exemples que j'ai cités tout à l'heure et que je pourrais multiplier ici à l'infini en transposant les sujets traités dans ce livre, montrent une assez grande lacune dans l'enseignement des manuels d'agriculture, on peut jusqu'à un certain point, la considérer comme remplie par quelques ouvrages spéciaux, notamment par les différents cours de chimie agricole publiés jusqu'à ce jour. Mais outre que leur enseignement est un peu restreint par sa spécialité même, au moins dans la plupart de ces excellents ouvrages, combien y a-t-il de cultivateurs qui aient le bon esprit de se les procurer et de les étudier? L'antipathie de l'homme des champs pour tout ce qui porte un nom ou un titre sentant ou révélant exclusivement la science, n'oppose-t-elle pas le plus grand obstacle à la propagation de ces œuvres si utiles auxquelles d'ailleurs il n'a pas confiance? Généralement il ne croit pas au savoir agricole de quiconque ne fait pas, comme lui, profession de manier la charrue. Et cependant, combien n'aurait-il pas besoin souvent de se retremper à une semblable source? Il y en a — ce sont les mieux avisés — qui n'hésitent pas à le faire; mais quoique le nombre en augmente tous les jours, il n'en forme pas moins encore une imperceptible minorité.

Du reste, lorsqu'un vieux praticien insiste sur la nécessité de l'instruction théorique, on peut admettre que vraisemblablement il ne fait en cela que céder aux incitations de sa propre expérience. Ce que je puis affirmer, pour ce qui me concerne personnellement, c'est que, si, lors de mon début dans la carrière, la science agricole avait été aussi bien établie qu'elle l'est aujourd'hui, quoiqu'il s'en faille de beaucoup encore qu'elle ait dit son dernier mot, j'aurais pu, ainsi que beaucoup de mes contemporains, en m'en faisant un auxiliaire, éviter bien des tâtonnements et même des mécomptes auxquels sera toujours exposé l'agriculteur progressif que n'éclairera pas un semblable flambeau. Mais aujourd'hui qu'il existe, outre de nombreux et excellents ouvrages spéciaux, des chaires d'économie, de chimie agricoles, de génie rural, etc., sur un grand nombre de points, nul n'est excusable de n'en pas profiter lorsqu'il le peut.

Sans doute, comme le disait il y a quelque 25 ans, le célèbre agronome allemand, Sprengel, à M. F. Bella, directeur actuel de l'institut de Grignon (1), « la chimie et la physique ne peuvent tout expliquer; mais du moins présentent-elles des faits certains, et l'on ne voit pas pourquoi l'on ne se servirait pas de ce que l'on connaît un peu, au lieu de se

(1) *Annales de Grignon* 10e livraison, page 325.

servir de ce que l'on ne connaît pas du tout. » Le même savant tiendrait sans doute aujourd'hui un langage moins timide en présence des nombreux progrès réalisés pendant ce quart de siècle, surtout par la chimie qui est parvenue à donner la solution de bien des problèmes agricoles qui n'étaient pas même encore à l'étude alors, et en vérité ce serait une étrange aberration que de repousser de semblables lumières en s'obstinant à ne suivre que des sentiers battus au risque de rester dans l'ornière.

Ainsi donc, je ne crois pas pouvoir mieux remplir la lacune signalée qu'en développant et en appliquant aux pratiques les plus accréditées les principes sur lesquels elles reposent, tout en indiquant les erreurs qui se rencontrent dans quelques-unes. En trouvant ainsi constamment l'exemple joint au précepte, le cultivateur intelligent et bien disposé qui voudra se donner la peine d'étudier ses opérations, au lieu de marcher à tâtons dans les ténèbres, saura du moins toujours ce qu'il fait et où il va. Ce n'est d'ailleurs qu'en conciliant de la sorte et en faisant jouer simultanément ces deux principaux leviers de l'industrie agricole — la théorie et la pratique — que l'on peut espérer d'imprimer au progrès une impulsion féconde.

Mais comme un tel enseignement ne peut être appliqué de prime-saut, sans dépasser les bornes de l'intelligence du cultivateur ou de l'apprenti qui ne possèdent encore aucun bagage technologique, il sera nécessaire, je le répète, de prendre les choses *ab initio* en cherchant à inculquer dans leur esprit les notions préliminaires qui leur sont indispensables, non-seulement pour comprendre cet enseignement, mais encore pour connaître avant tout, le nom, la nature, les propriétés, la valeur des choses dont ils font un usage journalier, sans avoir la moindre notion précise sur ce qui les concerne (1). C'est en commençant par les familiariser de la sorte avec des éléments dont ils ne soupçonnent ni l'existence, ni le jeu dans les phénomènes naturels ; c'est en leur expliquant ensuite les principes généraux et particuliers de tous les faits agricoles intéressants ; en leur faisant toucher du doigt la cause ou la raison d'être de chaque chose, dans les limites toutefois de nos connaissances acquises, que l'on parviendra à détruire leurs préventions contre les saines théories, préventions malheureuses qui ne sont pas la moindre des causes enrayant le progrès. Mais pour cela il ne faut pas que les écrivains en possession de quelque notoriété travaillent eux-mêmes à perpétuer ces préventions, les uns, en affectant, assez mal à propos, un superbe dédain pour la science et en tirant ainsi sur leurs propres troupes ; les autres en se dispensant, dans la crainte de n'être pas compris, d'aborder ce qu'ils regardent à tort, selon moi, comme des difficultés insurmontables.

A mon sens, l'une des plus grandes erreurs de Mathieu de Dombasle, c'est d'avoir dit et imprimé ceci, à propos des travaux chimico-agricole de Sprengel, dont il a été parlé tout à l'heure : « On connaît les opinions » que je me suis faites sur les applications des recher- » ches chimiques aux opérations de l'Agriculture. Je » pense que dans l'état actuel de ces deux sciences, on ne » doit accueillir qu'avec beaucoup de réserve les consé- » quences que l'on pourrait tirer des recherches de cette

(1) Dans un certain nombre de départements, MM. les Préfets obligent les marchands d'engrais à apposer sur la porte de leurs chantiers ou magasins, des écriteaux indiquant la teneur de leurs engrais en azote, en phosphate, etc. Risquerais-je de me tromper beaucoup en avançant que ces réglements si utiles sont lettres closes pour 99 cultivateurs sur 100 ? L'instruction agricole a donc encore de bien grandes étapes à franchir.

» espèce, parce que nous ne connaissons pas encore assez
» sur beaucoup de points, les rapports qui lient les effets à
» leurs causes les plus immédiates. »

Il est bon de remarquer en passant que les travaux de Sprengel consistaient à analyser un grand nombre de pailles, pour en extraire les substances organiques et les minéraux qu'elles contenaient, et en déduire la valeur de ces pailles dans les fumiers pour la reproduction de plantes semblables ou analogues ; en un mot, pour élargir le cercle des connaissances que Mathieu de Dombasle trouvait alors peu avancées.

Je dis que c'est là l'une des erreurs de l'illustre maître, non qu'une prudente réserve dans les opérations agricoles, comme dans toutes les circonstances de la vie, ne soit pas d'un excellent conseil ; mais parce que si l'on veut apprendre à connaître les rapports qui lient les effets à leurs causes il ne faut pas mettre en suspicion les seuls moyens qui peuvent les révéler.

On comprend facilement que quand un Agronome dont l'opinion fait autorité laisse percer des doutes semblables, le cultivateur moins éclairé et par cela même plus craintif, ne demande pas mieux que de s'abstenir. Qui pourrait dire si ce n'est pas cette malencontreuse idée, répercutée par les échos du temps, qui a le plus retardé l'application de la chimie à l'agriculture en paralysant ainsi le développement de celle-ci ? Et qui est-ce qui ne voit pas à chaque instant la même pensée se reproduire encore dans maints écrits plus récents ?

Cependant, pour peu qu'on y réfléchisse, il y a lieu de se demander ce que serait l'agriculture privée du flambeau des sciences naturelles et notamment de la chimie ? Ne serait-ce pas uniquement comme autrefois une collection de méthodes ou de recettes variables à l'infini et d'un succès toujours d'autant plus douteux que le hazard ou le tâtonnement pourraient seuls y conduire ? Ne serait-ce pas en un mot l'empirisme dans toute sa pureté ? Et n'est-ce pas là encore, malgré les nombreux progrès déjà réalisés, le caractère dominant dans une multitude de livres et d'exploitations de toutes les classes ?

On objectera qu'il existe un très grand nombre d'excellents cultivateurs qui ne possèdent pas la moindre notion scientifique. Cela est parfaitement vrai. Mais pourrait-on affirmer qu'ils ne font pas tout simplement de la science par instinct, comme feu M. Jourdain faisait de la prose ? Et de plus, est-il certain que s'ils possédaient les connaissances qui leur manquent, ils ne cultiveraient pas mieux encore, et avec plus de profit et d'économie ; qu'ils ne sauraient pas mieux proportionner et approprier les matières fertilisantes aux besoins de leurs récoltes ; qu'ils n'échapperaient pas plus facilement aux embûches et même aux fraudes de quelques marchands d'engrais ? Du reste, les livres, que je sache, n'ont pas la prétention d'enseigner leur métier à ceux qui le connaissent. Ce n'est donc pas à ces derniers qu'ils s'adressent, mais seulement à ceux qui ont besoin d'apprendre, et le nombre en est grand. Or, ce n'est pas avec des méthodes empiriques que ceux-ci pourront acquérir une instruction solide et qu'ils pourront avoir les meilleures chances de succès dans leurs cultures s'ils n'ont en même temps un guide rationnel pour apprécier la valeur des formules qui leur sont enseignées et pour se diriger dans leur application ou dans les modifications dont elles peuvent être susceptibles. L'empirisme en agriculture est une arme à deux tranchants qui blesse souvent celui qui la manie s'il ne le fait avec beaucoup d'adresse.

Certainement, on peut faire de la bonne culture sans être ni chimiste, ni botaniste, ni zootechnicien, de même que l'on peut faire de la bonne maçonnerie sans être architecte. On y réussira d'autant mieux que l'on sera doué de plus de discernement et d'un plus grand esprit d'observation. Mais dans l'un et l'autre métiers on restera le plus souvent simple manœuvre ou simple maçon, lorsque l'on sera incapable de tracer et de calculer un plan selon les règles de l'art, d'apprécier la qualité des matériaux, le degré de leur résistance, leur provenance la plus économique, etc.

Toutes ces connaissances, il est vrai, peuvent jusqu'à un certain point s'acquérir par la pratique, en y consacrant sa vie toute entière, à l'aide de nombreux tâtonnements et quelquefois avec de cuisantes déceptions. Mais qu'elles dérivent de cette source ou d'études théoriques, elles n'en constituent pas moins le bagage scientifique indispensable pour acquérir une certaine habileté.

S'il est des cultivateurs qui réussissent, même en dehors de cette condition, c'est, à n'en pas douter, parce qu'ils ont eu le bonheur de trouver toute faite une excellente situation qu'il leur suffit de savoir continuer d'après des errements éprouvés, et sans qu'il leur en coûte le moindre effort d'imagination.

Ou bien, s'il en est qui ont su améliorer leurs procédés de culture, leur bétail, leurs instruments, sans se donner la peine d'acquérir personnellement la science qui leur était nécessaire pour cela, tenez pour certain qu'ils ont eu du moins le bon esprit de savoir mettre à profit celle des autres et qu'ils n'ont rien inventé. S'il y a des exceptions, elles ne sont pas communes.

Mais, à côté du simple praticien qui réussit sans rien savoir, n'y a-t-il pas aussi beaucoup plus souvent le simple praticien qui échoue ou qui végète misérablement dans son ornière, précisément parce qu'il ne sait pas? La pratique n'est donc pas toujours à elle seule une boussole sûre et suffisante. Voici une pierre de touche qui pourra fixer les esprits sur ce point. Transportez sur nos landes de la Bretagne, de la Sologne ou de Berry le meilleur cultivateur flamand ou alsacien qui se piquera de n'être pas théoricien ou qui ne puisera ses inspirations que dans la théorie du fait et jugez-le à l'œuvre ! Combien n'a-t-on pas vu de ruines à la suite de semblables émigrations, précisément, uniquement, parce que les entreprises qui ont amené ces ruines n'ont pas été éclairées par les lumières de la science!

On peut opposer, je le sais, de nombreux insuccès essuyés par des hommes instruits. Mais il serait injuste de rendre la science responsable de ce qui n'est que la faute des individus ou des circonstances. La science est infaillible, ou bien elle usurpe un nom qui ne lui appartient pas. Si une théorie vraie en elle-même, ne produit pas partout et toujours tous les fruits dont elle renferme le germe, on peut tenir pour certain que, hors les cas fortuits, c'est parce que son application est faussée en un point quelconque. Du reste la plupart des échecs connus sont venus presque toujours de ce que le poids de l'entreprise excédait les forces de l'entrepreneur. Et puis, ce sont là de malheureuses exceptions qui n'infirment en aucune façon la règle.

Toutefois, il y a d'importantes distinctions à faire en matière de théories scientifiques agricoles et je ne vais certainement pas jusqu'à penser que le cultivateur doive accueillir aveuglément toutes celles qui lui sont proposées quelque bien établie que soit la réputation de leurs auteurs. Entre

Hippocrate qui dit oui et Gallien qui dit non, il est aisé de comprendre que le cultivateur qui n'est pas en état de juger le différend, doit se trouver fort embarrassé. En pareil cas, on ne peut procéder que par éclectisme, en pesant scrupuleusement les preuves fournies de part et d'autre ; car toute théorie qui ne repose pas sur des faits avérés, parfaitement concluants ne peut inspirer qu'une confiance relative. Elle ne doit être ni accneillie les yeux fermés, ni condamnée *à priori ;* mais si elle s'appuie sur des données conformes à la logique et à la raison, elle a le droit d'être mise à l'essai. Procéder autrement, ce serait aller à l'encontre du progrès.

Concluons donc de là que pour être bon cultivateur, dans la véritable et saine acception du mot, il est indispensable d'acquérir toutes les connaissances qui sont nécessaires, tant pour discerner le vrai du faux dans les théories que pour se guider sûrement dans la pratique. Parmi ces connaissances, les plus utiles, à mon avis, sont de suffisantes notions de chimie dont la plus grande partie des faits agricoles comportent l'application. Mais on traduirait mal ma pensée si l'on en inférait que je veux faire de chaque cultivateur un chimiste. A ce sujet, je dirai avec MM. Bobierre et Moride (1) : « Certes, il faut que la science reste science et » nous ne sommes pas de ceux qui ont la fausse idée de » transformer la grange de l'agriculteur en un laboratoire » de chimie ; espérer une telle utopie, c'est oublier quelles » études et quelle contention d'esprit exigent les essais chimiques, les plus simples en apparence ; mais ce que nous » croyons logique et réalisable, c'est que, ces mêmes agri- » culteurs apportent à l'acquisition, à l'appréciation et à » l'emploi de leurs engrais un esprit de méthode résultant

(1) *Technologie des engrais.* Introduction XI.

» de connaissances techniques qu'ils devraient tous possé-
» der. » Je vais même un peu plus loin. Ce que je crois également logique et très réalisable, et ce que, de plus, je considère comme aussi profitable que nécessaire, c'est que le cultivateur connaisse, le plus exactement possible, la nature, la composition et la valeur des substances contenues non-seulement dans les engrais qu'il emploie, mais encore dans le sol qu'il exploite et dans les denrées qu'il cultive, afin de pouvoir combiner et régler rationnellement leurs rapports réciproques, et mieux assurer par là le succès de ses récoltes. Or, point n'est besoin pour cela d'être chimiste consommé. Réduites à une quinzaine d'éléments et aux combinaisons que ces derniers forment entre eux dans le sol, dans la végétation, dans les engrais, ces substances ne sont pas assez nombreuses pour que l'esprit même le plus paresseux puisse s'effrayer de leur étude qui ne présente d'ailleurs aucune difficulté et qui n'exige d'autre aptitude qu'un peu de mémoire et de discernement.

Circonscrite dans ces limites, l'étude de la chimie agricole serait donc praticable même dans beaucoup d'écoles primaires et il n'est pas un instituteur doué de quelque intelligence et pénétré lui-même de ces simples notions, qui ne puisse avec un peu de patience les inculquer dans l'esprit de ses élèves. Il y réussirait beaucoup mieux encore, s'il se procurait une collection d'échantillons des diverses matières (1) sur lesquelles il serait dans le cas d'appeler leur attention. Une semblable collection ne lui occasionnerait qu'une dépense insignifiante. Que si, à côté de cela, lorsqu'il exerce

(1) Je me ferai un plaisir de guider dans la formation d'une semblable collection ceux de mes lecteurs qui me consulteront sur ce point en m'écrivant à mon domicile, au Hézo, près Vannes (Morbihan).

ses élèves sur l'arithmétique, au lieu de leur poser des problèmes sans analogie souvent avec les réalités de leur condition, il en puisait les termes dans ces mêmes notions de chimie ou dans des faits agricoles ordinaires, il les familiariserait beaucoup mieux ainsi avec la matière de leur étude.

C'est dans de semblables vues et avec l'espoir que mon livre pénétrera un jour dans les établissements d'instruction publique et qu'il pourra être utile aux maîtres ainsi qu'aux élèves un peu intelligents que mon plan débute préliminairement par une nomenclature chimique que j'ai rendue aussi claire, aussi compréhensible et surtout aussi concise que possible. Le titre de nomenclature que je donne à cette espèce d'introduction aux études agricoles se justifie par cela même que cette partie de mon travail n'est guère autre chose qu'une liste méthodique et analytique des substances que le lecteur est appelé à étudier. Les explications que j'y ajoute sont réduites à des indications sommaires qui trouveront leur développement dans les études ultérieures faisant l'objet de ce livre, toutes les fois que la matière le comportera.

Ces études embrasseront quatre parties principales plus ou moins ramifiées, présentant dans leur ensemble les lois et les conditions de la végétation, matière fort complexe, mais qui résume à elle seule toute l'agriculture, puisque chacune des opérations de celle-ci a pour but direct ou indirect de favoriser le développement des plantes et d'accroître leurs produits. A ce point de vue, la végétation est évidemment la branche de la théorie agricole qui exige l'étude la plus approfondie, et s'il est des choses qui, dans cette industrie, ne peuvent bien s'apprendre que dans les livres ou à l'école, celle-ci doit en cela figurer au premier plan. Aussi, insisterai-je particulièrement sur tout ce qui s'y rattache.

La première partie est purement physiologique. Elle a pour objet les phénomènes qui s'accomplissent dans la formation, l'organisation, le développement, l'action vitale des végétaux, abstraction entièrement faite du concours de l'homme. Celui-ci connaissant par cette étude l'intensité des forces naturelles qui peuvent lui venir en aide, saura régler sa propre intervention sur des bases beaucoup plus certaines.

La deuxième partie, entièrement physique, embrasse le rôle de la terre, de l'eau, de l'air et de la chaleur dans l'accomplissement de ces mêmes phénomènes.

Dans l'étude du rôle de la terre, il importe de rechercher non seulement la composition des différents sols et son influence sur la végétation, mais encore les modifications ou amendemens dont cette composition peut être l'objet.

L'étude du rôle de l'eau implique naturellement celle de l'irrigation et du drainage.

La moins complexe de toutes, mais non la moins intéressante est celle de l'air en ce qu'elle présente, entre plusieurs autres, la question si controversée de savoir quel contingent ce fluide apporte dans l'alimentation végétale.

Enfin, l'action de la chaleur se confondant avec l'influence des climats, des saisons, de l'exposition, de l'altitude, des abris naturels et artificiels et ayant certains rapports avec la lumière et l'électricité, chacun de ces sujets doit donner lieu à un examen particulier.

La troisième étude, la plus importante de toutes, en ce qu'elle se rapporte plus particulièrement aux actes du cultivateur dont elle doit être le guide fidèle, a spécialement pour objet l'alimentation des végétaux au moyen des substances qui doivent être fournies par la culture. Elle embrasse donc le problème capital et très complexe de la fertilisation du sol, et par suite, toutes les questions qui se rattachent à la composition, à l'action et à la valeur des engrais. Le développement de ce sujet m'entraînera à parler, mais brièvement, de l'économie du bétail, principalement au point de vue de la production du fumier. Cette étude est tout à la fois chimique et pratique. C'est de la chimie appliquée à la fertilisation du sol et à l'alimentation des plantes.

La quatrième partie est consacrée aux opérations mécaniques ou à la pratique proprement dite. Elle comprend les instruments aratoires, les défrichements, les labours et autres travaux accessoires, la théorie des assolements, et enfin les cultures diverses.

Sans doute la plupart de ces matières ont été déjà ressassées. Mais dans un livre comme celui-ci, il serait difficile de ne donner que du neuf. Je n'ai pas d'ailleurs la prétention d'écrire pour ceux qui savent; mais seulement pour ceux beaucoup plus nombreux qui ignorent et à qui il importe peu que tel ou tel sujet ait été plus ou moins développé dans une multitude de traités généraux et spéciaux qu'ils ne possèdent pas, ou qui, s'ils les possèdent, ne présentent certainement pas toujours les questions ni les solutions sous le même aspect. A cet égard, ce que j'ai dit précédemment au sujet du noir animal et de la fumure de la betterave peut faire pressentir que si mon livre ne renferme pas des matières absolument neuves, il tend du moins à apporter quelques clartés nouvelles sur la plupart de celles dont il s'occupe.

Tel est mon plan.

L'ouvrage que je publie ne formera, qu'un volume ordinaire et sera, par cela même, accessible à toutes les classes de lecteurs. Il ne s'adresse à aucune d'elles en particulier. Il peut être utile aussi bien au propriétaire qu'au fermier qui sait lire et comprendre ce qu'il lit; aussi bien au maître qu'à l'apprenti. Le propriétaire y puisera quelques indications dont il pourra profiter pour imprimer une direction plus fructueuse au travail de ses valets ou de ses métayers, ou pour sauvegarder sa terre contre des abus de culture auxquels se livrent quelquefois des fermiers plus avides qu'intelligents, en tuant la poule aux œufs d'or. Au simple praticien, il fournira, soit la justification soit la condamnation de bien des choses qu'il ne fait que par tradition ou par imitation, sans en connaître la raison précise. Au magistrat, au jurisconsulte, au notaire, il exposera des principes sur lesquels chacun d'eux pourra étayer avec plus d'assurance, l'un ses décisions, l'autre ses consultations, le troisième ses contrats dans toutes les circonstances ou un intérêt agricole quelconque sera en jeu. A l'instituteur, qui s'occupe d'enseignement agricole comme il serait à désirer que tous le fissent, il apportera le résumé éclectique d'une bibliothèque nombreuse avec le fruit d'une longue expérience et d'observations multipliées qui lui fourniront les moyens de s'inspirer des vrais principes de la science et d'inculquer plus facilement, par cela même, d'utiles notions dans l'esprit de ses élèves en les préparant ainsi à des études pratiques ultérieures plus approfondies et plus profitables.

Comme je l'ai fait pressentir dans le cours de cette préface, tout ce que je livre au public ne provient pas uniquement de mon crû. Je me fais même un devoir de déclarer que j'ai largement emprunté partout où j'ai rencontré des idées et des faits méritant d'être reproduits, soit en rapportant purement et simplement ceux qui sont bien établis, soit en discutant ceux qui m'ont paru entachés de quelques erreurs ou susceptibles de modifications. J'ai soin d'ailleurs de citer toujours les sources auxquelles je puise et l'on voudra bien me rendre la justice de croire que je m'applique attentivement à ne puiser qu'aux meilleures.

J'apporte, le moins possible, ma propre expérience en preuve des faits que j'articule ou des principes que je soutiens, quoiqu'il y ait peu de problèmes agricoles d'un intérêt majeur dont je n'aie cherché et obtenu la solution. Lorsque cette solution est implicitement ou explicitement conforme à celle donnée par des agronomes beaucoup plus que moi en possession d'une notoriété inspirant une confiance entière, je me suis fait une règle de m'effacer complètement et d'invoquer toujours leur autorité de préférence à la mienne.

Mais lorsque je ne suis pas parfaitement d'accord avec eux — ce qui arrive quelquefois — je me permets de discuter leurs opinions avec tous les égards dus à la science et au caractère personnel des savants, dans l'espoir que nul ne s'en formalisera. Quiconque travaille sincèrement au développement du progrès ne peut savoir mauvais gré d'une contradiction dont le but unique est de faire jailir la vérité dans l'intérêt de tous. Si je me trompe moi-même, je regarderai comme un service d'être éclairé avec la même bienveillance sur les erreurs que j'aurai pu commettre.

Chaque exemplaire non revêtu de ma signature autographe sera tenu pour contrefait.

NOMENCLATURE CHIMIQUE

RÉDUITE AUX BESOINS DE L'AGRICULTURE.

Les anciens physiciens, sur la foi d'Aristote, et même ceux d'une époque beaucoup plus récente et qui remonte à peine à un siècle, rapportaient tous les phénomènes naturels à quatre éléments seulement : la terre, l'air, l'eau et le feu.

S'il est vrai qu'on ne doive entendre par le mot *élément* qu'une substance simple, non susceptible de décomposition, la théorie des anciens est laissée bien en arrière par les découvertes de nos chimistes modernes.

Toutefois, si la terre, l'air et l'eau ne sont pas de véritables éléments, on peut, je crois, sans rétrograder scientifiquement, les considérer comme étant avec la chaleur et la lumière, les principes de la végétation qui, comme je l'ai déjà dit, résume à elle seule toute l'Agriculture. Sans eux, en effet, il n'y a pas de végétation possible.

Or, l'analyse démontrant que ni la terre, ni l'eau, ni l'air ne sont des corps simples, et qu'ils n'agissent ordinairement sur la production des plantes que par quelques-unes des substances qu'ils contiennent ou qui les composent, il est nécessaire d'en faire une étude spéciale, qui montrera quels sont les vrais éléments des choses sur lesquelles roule l'agriculture dans les trois règnes de la nature.

NOTIONS PRÉLIMINAIRES

SUR LES CORPS ET LEURS PROPRIÉTÉS GÉNÉRALES.

A l'exception d'un très petit nombre de fluides invisibles, impalpables, impondérables, tout n'est que matière ici-bas. La matière, prise en masse, consiste en substances infiniment variées, *simples* ou *élémentaires*, ou bien en *corps composés* d'éléments différents. Elle forme deux grandes divisions qui comprennent : l'une, les *corps organiques,* l'autre, les *corps inorganiques,* formant, selon Buffon, la nature vivante et la nature morte.

Ces corps sont simples ou élémentaires lorsqu'ils sont formés d'*atomes* ou de *molécules* d'une nature identique. Dans le cas contraire, ils appartiennent à la classe des composés.

Chaque corps peut se diviser à l'infini en atomes si petits qu'ils sont imperceptibles même au microscope. *La divisibilité* est donc l'une des propriétés de la matière. Les corps dans lesquels elle s'opère le plus facilement sont les gaz. On peut s'en faire une idée qui confond l'imagination, lorsqu'on sait, par exemple, qu'une goutte d'une huile essentielle très volatile suffit pour imprégner de son odeur tout l'air d'un appartement. Or, si cette goutte d'essence est au volume total de cette atmosphère confinée dans le rapport de 1 à 100 millions, un millimètre cube de cet air sera donc imprégné d'un volume d'essence cent millions de fois plus petit. Les atomes que nous voyons, à l'œil nu, flotter dans un rayon de soleil qui pénètre dans une chambre obscure, nous donnent encore une idée de la divisibilité de la matière.

Les atomes identiques composant un corps simple sont appelés *intégrants*. Ils sont *constituants* dans les corps composés d'atomes de nature différente.

Les atomes peuvent donc être tout à la fois intégrants et constituants dans les corps composés ; intégrants relativement à la partie, constituants relativement au tout.

On entend par corps *organiques* ceux qui, animés ou inanimés sont pourvus d'organes et susceptibles de développement. Les animaux et les végétaux forment cette division.

Par extension, on donne le nom d'organique à la matière simple ou composée qui entre, en plus grande partie, dans la constitution des êtres organisés ;

Et par opposition, tout ce qui n'est pas susceptible de développement, tout ce qui ne peut s'accroître que par juxtaposition, forme la division des corps ou de la matière inorganiques. Cette division comprend par conséquent tous les minéraux.

Les corps simples ou élémentaires que l'on appelle organiques en Agronomie, sont au nombre de quatre seulement. Nous les indiquerons plus loin. Ce sont eux qui composent ensemble, presque en totalité, tous les êtres organisés, et il n'est pas une seule particule de matière organique composée dans laquelle ils n'entrent au moins au nombre de deux, comme dans l'air et l'eau.

Tous les corps organiques et inorganiques possèdent des propriétés qui leur sont communes et que je me borne à indiquer ici.

Ils ne peuvent exister que sous trois états différents. Ils sont *solides*, *liquides* ou *gazeux*.

On appelle *Gaz*, des fluides transparents, ordinairement invisibles, comme l'air. La vapeur d'eau n'est pas autre chose.

Presque tous les corps solides et liquides sont susceptibles de changer d'état à une haute température, les uns en se *vaporisant,* comme l'eau ; ou en se *volatilisant,* comme le soufre, les autres en se *fondant,* comme le plomb. Mais si la température qui a produit cet effet vient à s'abaisser, ces corps reprennent leur état primitif et redeviennent solides, ou liquides.

Par conséquent, tous les corps absorbent une quantité plus ou moins grande de chaleur — *calorique* — qui augmente leur volume en le *dilatant.* Mais la dilatation n'est pas la même dans chacun d'eux relativement aux autres. Elle est fort grande dans les gaz, presque nulle dans les bois, et plus ou moins sensible dans les métaux (1). L'alcool et le mercure sont doués de cette propriété à un degré qui a permis à la science d'en faire la plus heureuse application dans la construction des thermomètres, comme nous ne tarderons pas à le voir.

L'opposé de la dilatation est la *contraction* qui s'opère par le froid, ou ce qui est plus exact, par une diminution de chaleur, le froid, physiquement parlant, n'existant pas d'une manière absolue. La contraction réduit, par conséquent, le volume des corps. Dans l'eau, le refroidissement parvenu au

(1) La dilatation des liquides et des solides se réduit à très peu de chose et peut se négliger dans les calculs qui n'exigent pas une précision rigoureuse. En voici quelques exemples. Le fer rond passé à la filière ne se dilate que de $\frac{1}{81157}$ par chaque degré au-dessus de zéro ; l'acier de $\frac{1}{92699}$; le cuivre de $\frac{1}{58205}$; le plomb de $\frac{1}{35208}$. Celui de tous les métaux qui est le plus sensiblement et le plus régulièrement dilatable, c'est le mercure. Son volume s'augmente de $\frac{1}{6480}$ entre 0 et 100° ; de $\frac{1}{6378}$ entre 0 et 200° ; de $\frac{1}{6318}$ entre 0 et 300°. Le plus sensible des liquides est l'alcool. Quant aux gaz, leur dilatation est beaucoup plus considérable et surtout beaucoup plus uniforme que celle des liquides et des solides. Elle est égale à $\frac{1}{266}$ 2/3 ou à 0,00375 de leur volume à la température de zéro.

degré de la congélation produit un effet tout contraire. Ce fluide, au lieu de diminuer de volume, augmente en se solidifiant. Cela tient à un arrangement particulier de ses molécules.

Un corps ne peut ni se dilater ni se contracter, sans déployer une force naturelle qui est plus ou moins grande, selon le degré de température qui la met en jeu, et selon la résistance qui s'oppose à l'action. On sait, par exemple, que l'eau, en se congelant, peut briser le vase qui la contient, et chacun connaît aujourd'hui le parti que la science a su tirer de la force de la dilatation de la vapeur d'eau dans les machines où elle est employée comme force motrice.

En s'imprégnant de calorique, les molécules des corps se le transmettent de proche en proche avec plus ou moins de vitesse et d'intensité. Cette propriété que possèdent tous les corps, mais à des degrés bien différents, motive la qualification qui leur est donnée *de bons ou mauvais conducteurs du calorique*. Le fer figure parmi les premiers, le bois parmi les seconds.

Indépendamment de la force de dilatation et de contraction, tous les corps en possèdent encore deux autres qu'on désigne par les noms de *cohésion* et d'*affinité*. Elles ne sont autre chose qu'une *attraction chimique* qui ne s'exerce qu'à une infiniment petite distance, et qui diffère en cela de l'*attraction physique*. Celle-ci est la loi en vertu de laquelle tous les corps s'attirent réciproquement à des distances incommensurables, et en vertu de laquelle encore se maintient l'harmonie existant dans notre système planétaire où l'attraction réciproque des globes se neutralise et produit l'équilibre universel.

La force qui unit les atomes intégrants d'un corps est la

cohésion. Mais la tendance des atomes intégrants et constituants à s'unir entre eux constitue leur *affinité* respective. La force de cohésion peut se mesurer par celle qui est nécessaire pour séparer les molécules des corps. Elle est par conséquent beaucoup plus grande dans le fer que dans le bois, beaucoup plus dans le bois que dans l'eau.

L'affinité n'est pas la même entre les atomes dans des corps de nature différente. Elle est d'ailleurs susceptible de modifications sous l'influence de la chaleur, de l'électricité et de plusieurs autres causes. Elle est même quelquefois dominée par la force de cohésion qui, dans ce cas, agit par antagonisme. Ainsi, la cohésion qui lie les molécules entre elles peut très bien paralyser leur affinité pour d'autres molécules. Aussi, faut-il, pour que les combinaisons chimiques puissent s'effectuer, que la matière soit excessivement divisée. C'est ordinairement par l'intermède de l'eau que cette division s'opère. Cependant, nous verrons que cette règle comporte de nombreuses exceptions en ce que, dans bien des cas, l'affinité peut vaincre la cohésion.

Outre la force de cohésion et d'affinité, il y a encore celle de *gravitation* dont je ne dirai que quelques mots, parce qu'elle appartient plus particulièrement au domaine de la physique. C'est la force qui attire tous les corps dans la direction du centre de la terre. *La gravité* est la qualité des corps ainsi sollicités. On donne aussi à la gravitation le nom de *force centripète*. La découverte du principe de cette force est due à Newton qui, dit-on, l'a faite en voyant une pomme tomber d'un arbre. Ainsi, c'est à un accident des plus infimes qu'est due l'une des plus belles découvertes dont la science s'honore.

Dans un sens plus étendu, la gravitation est encore la même chose que l'attraction réciproque de tous les corps de l'univers. C'est dans ce sens qu'on dit que les planètes gravitent autour du soleil.

Certains corps, simples et composés, peuvent *se dissoudre* ou se fondre, plus ou moins, dans l'eau ordinaire, comme le sucre, le sel de cuisine, etc. Lorsque contenant déjà une certaine proportion de ces corps, l'eau n'en peut plus dissoudre, on dit qu'elle est *saturée*. L'eau n'est pas seule susceptible de *saturation*. La même expression s'applique aux corps qui ont la propriété de s'unir à d'autres dans des limites fixées par la nature. Un acide, comme on le verra bientôt, est saturé lorsqu'il est uni à une base dans la mesure de son affinité pour elle et qu'il forme ainsi une combinaison à laquelle on donne le nom de sel. Le plâtre, par exemple, n'est pas autre chose que de l'acide sulfurique saturé par de la chaux.

En règle générale, les corps solubles dans l'eau s'y dissolvent d'autant mieux que sa température est plus élevée. Mais il y a des exceptions, principalement en ce qui concerne les gaz que l'eau retient d'autant moins qu'elle est plus chaude.

Il y a des corps qui ne sont pas solubles dans l'eau, mais qui le sont dans d'autres liquides tels que l'alcool, les éthers, les acides, les huiles et réciproquement. On tire parti de ces propriétés en Chimie pour séparer des substances de nature différente mélangées, et pour d'autres manipulations. La nature, qui est le meilleur chimiste de l'univers, fait aussi tous les jours des applications du même genre pour la nourriture des végétaux, par exemple, en faisant dissoudre dans de l'eau chargée d'acide carbonique, ou de matières analogues au sucre, du carbonate de chaux et autres substances qui ne sont pas ou qui ne sont que très peu solubles dans l'eau pure. Mais la nature a souvent besoin d'être aidée pour pouvoir produire de plus grands et de meilleurs effets. C'est pourquoi, en Agriculture, la connaissance du pouvoir dissolvant de l'eau, et celle de la solubilité des autres substances est fort utile dans l'application des matières destinées à l'alimentation des végétaux qui ne peuvent les absorber que lorsqu'elles sont à l'état liquide ou gazeux.

Tous les gaz sont très *élastiques* étant susceptibles d'être réduits par la compression à un volume moindre que celui qu'ils ont à une température et sous une pression atmosphérique quelconques. Lorsque cette compression cesse, ils reprennent immédiatement leur forme et leur volume primitifs. On peut aisément en faire l'expérience en comprimant une vessie ou un ballon remplis d'air. La force d'expansion des gaz est toujours d'autant plus grande qu'ils sont plus comprimés, comme on le voit dans les machines à vapeur.

Les liquides sont peu ou point élastiques. Les solides le sont plus ou moins selon leur nature.

Tous les corps sont *pondérables* et par conséquent *pesants,* même l'air, ainsi que nous le verrons dans l'étude spéciale de ce fluide. C'est à cette pesanteur de l'air qu'est due la pression atmosphérique (1). La chaleur, l'électricité,

(1) La pression atmosphérique jouant un rôle important en chimie et en physique, nous l'étudierons spécialement en traitant de l'air. Mais, pour que les principes exposés dans la présente nomenclature et qui se rapportent à cette pression puissent être compris dès maintenant par les personnes qui n'ont pas encore fait cette étude, je dois dire que l'on entend par pression atmosphérique le poids d'une colonne d'air reposant sur une surface quelconque, lequel poids est égal à celui de la colonne de mercure dans le baromètre, à diamètre égal. En moyenne cette dernière colonne est de 0,76 centimètres au niveau de la mer. Mais elle est variable. Lorsqu'elle est plus ou moins haute, c'est que la colonne d'air qui lui fait équilibre est plus ou moins pesante. En résumé, la pression atmosphérique ordinaire correspond à un peu plus de 1 kil. par centimètre carré de surface pressée.

le fluide magnétique, font exception. Aussi les désigne-t-on particulièrement sous le nom de *fluides impondérables*.

En physique, la force qui fait descendre ou qui attire tous les corps vers le centre de la terre, est considérée comme ne faisant qu'une seule et même chose avec la pesanteur.

Les corps de différente nature n'ont pas le même poids sous le même volume. Ceux de même espèce, et particulièrement les gaz, sont également d'une pesanteur variable selon le degré de leur température et la pression atmosphérique qu'ils subissent. La pesanteur relative des corps d'un volume égal, sous une pression et à une température déterminées constitue leur *densité* respective.

Cette densité, pour les solides et les liquides, s'établit par le poids d'un décimètre cube ou d'un litre de chacun d'eux comparativement au poids du même volume d'eau à la température de + 4 degrés, et sous la pression barométrique de 0,76 centimètres, poids qui, pour l'eau, est d'un kilog. pris pour unité. Ainsi, quand on dit que la densité du fer en barre est de 7,7, et celle de l'alcool absolu de 0,79, cela signifie qu'un décimètre cube du premier pèse $7^{k}700^{g}$ ou 7 fois $^{7}/_{10}$ plus que l'eau, et que le poids du second ne représente, par litre, que 790 grammes ou les $^{79}/_{100}$ de celui de l'eau.

La densité des gaz s'établit comparativement à celle de l'air pur et sec qui s'exprime par 1000 à la température de 0.

Mais cette unité purement conventionnelle ne représente pas le poids réel de l'air qui, parfaitement sec, à la température de 0, et sous la pression de 0,76 est de $1^{g}2991$ par litre. Par conséquent, pour déterminer la pesanteur réelle d'un gaz dont on connaît la densité, soit, par exemple, celle de l'oxygène qui est de 1105, on obtient la solution du problème au moyen de l'équation suivante :

1000 densité de l'air : 1g2991 poids de l'air : : 1105 densité de l'oxygène : $x = 1^{g}\ 435^{m}$ poids de l'oxygène.

Mais ce calcul n'indique le poids réel de ce dernier gaz qu'à la double condition qu'il se trouve sous une pression barométrique de 0,76 et à la température de 0. Si ces deux conditions n'existent pas, le calcul doit être corrigé conformément aux indications suivantes.

D'après la loi de Mariotte, les gaz se comprimant et leur volume se réduisant en raison des poids qui les pressent, il est évident que si cette pression, au lieu de correspondre à 0,76 barométrique était de 0,80 ou seulement de 0,70, le volume du gaz serait moindre dans le premier cas de $^{4}/_{80}$ et qu'il s'augmenterait de $^{6}/_{70}$ dans le second, ce qui donnerait pour 0,80 de pression, un volume de 0,95 centilitres seulement et pour 0,70 108 centilitres $^{57}/_{100}$.

Quant à la dilatation, sachant qu'elle augmente ou diminue de $^{1}/_{266}\ ^{2}/_{3}$ ou de 0,00375 par chaque degré du thermomètre au-dessus ou au-dessous de zéro, il suffit, pour obtenir le volume exact d'un gaz, de multiplier 0,00375 (ou plus exactement 0,003749) par le nombre de degrés et d'ajouter le produit à 100 centilitres si la température est au-dessus de zéro, ou de le retrancher de ce volume, si elle est au-dessous. Ainsi un litre d'air à zéro, et à la pression de 0,76, correspond à $1^{l}03749$ à $+\ 10°$ et seulement à $0^{l}96251$ à — 10°.

Lorsqu'un corps se dilate, on dit souvent qu'il se *raréfie*. *Dilatation* et *raréfaction* expriment donc la même idée, bien que ces mots ne s'emploient pas toujours indistinctement l'un pour l'autre. Le second ne s'applique guère qu'aux corps très-dilatables. C'est ainsi que la pression atmosphérique exerce une action beaucoup moins sensible sur la dilatation des métaux que sur la raréfaction des gaz. *Rare* étant l'opposé de *dense*, si l'on dit que l'air est plus rare que l'eau, on énoncera un fait parfaitement exact en physique, mais très-contestable dans le sens que l'on attache communément à ce mot rare.

Je donnerai, à la fin de cette étude, un tableau indiquant la densité normale de tous les corps qui peuvent intéresser le cultivateur.

Les corps ont encore une propriété qui leur est commune à tous, mais non au même degré. C'est *la porosité*. C'est à cette propriété principalement que se rattache la loi naturelle connue sous le nom de *capillarité* et qui est la force déterminant l'ascension des liquides dans des tubes infiniment petits, que l'on nomme capillaires à cause de la ressemblance de leur finesse avec celle d'un cheveu. Les pores de la matière ne sont donc en réalité que des tubes capillaires. Ils sont invisibles dans certains corps, mais on les aperçoit très-distinctement dans d'autres.

Le principe de la capillarité réside dans l'attraction que les molécules solides exercent sur les liquides. Si l'on plonge le bout d'une mèche de coton dans de l'huile on voit celle-ci monter plus ou moins sensiblement, en vertu de cette attraction, par les pores de la mèche et le long des fils dont elle se compose. C'est par l'effet de la même attraction que l'eau s'élève dans un tube capillaire en verre ou en tout autre métal ou matière solide. Gay-Lussac a trouvé que cette attraction est toujours en sens inverse du diamètre des tubes, en telle sorte que si l'ascension est de trois millimètres dans un tube d'un millimètre de diamètre elle sera dix fois ou cent fois plus grande dans un tube dix fois ou cent fois plus petit.

La capillarité joue un grand rôle dans la végétation, bien qu'elle ne soit que la moindre cause de l'ascension de la sève dans les plantes. Nous apercevrons beaucoup plus distinctement le jeu de cette force dans le sol lui-même, en voyant l'eau qui a pénétré dans les couches inférieures de la terre arable, remonter plus ou moins à sa surface selon que les pores du sol sont plus ou moins capillaires et à mesure que l'évaporation se fait. Il est bon cependant de remarquer ici que l'évaporation de l'eau dans les terres arables n'est pas exclusivement due à la capillarité, mais bien encore à d'autres causes qui y concourrent simultanément. Ce qui n'est pas douteux, toutefois, c'est qu'elle y contribue dans une certaine mesure. Le bris spontané des pierres dites gelives est un effet complexe très-sensible de la capillarité et de la dilatation. Par la capillarité ou par la porosité, l'eau s'insinue dans ces pierres dont elle sépare les molécules en fragments plus ou moins volumineux par la force de dilatation résultant de la congélation (1). Il est beaucoup d'autres pierres ou roches où, pour être moins prononcé le même effet ne se produit pas moins. On peut même dire qu'il n'en est aucune qui, avec le temps, ne puisse être réduite en poussière par l'action combinée de ces deux forces et le concours de la fermentation de certaines matières organiques en contact avec ces roches. C'est par une désagrégation semblable que se sont produits et que se produisent encore tous les jours les sables et les terres qui forment l'écorce de notre globe.

(1) Cette force est évaluée par les physiciens à 1000 atmosphères, c'est-à-dire à 1000 fois le poids d'une colonne d'air atmosphérique. Or, la pesanteur de cette colonne étant d'un peu plus d'un kilog. par centimètre carré de surface pressée, la force dont il s'agit excéderait donc 1000 kilog. pour la même surface. On voit par là comment il peut se faire que des tuyaux en fer remplis d'eau soient rompus par la congélation de celle-ci, et comment la même cause peut réduire en poussière des pierres poreuses.

Telles sont les propriétés communes à tous les corps qui en possèdent aussi de particulières, que nous examinerons en étudiant chacun d'eux, lorsque ces propriétés pourront intéresser l'agriculture. Ce qui vient d'être exposé suffit, je pense, pour démontrer l'utilité d'une semblable étude sans laquelle il serait impossible de se rendre compte d'une multitude de faits dont il importe de bien connaître les causes, pour pouvoir combiner la pratique agricole avec elles et en obtenir des effets plus certains et plus satisfaisants.

DES ÉLÉMENTS OU CORPS SIMPLES.

Les corps simples, comme je l'ai déjà dit, sont les véritables éléments. On donne cette qualification à toute substance qui, jusqu'ici n'a pu être décomposée et que, par cette raison, on regarde comme n'étant formée que d'atomes intégrants ou identiques. Dans l'état actuel de la science, on connaît soixante-six corps simples. Il y a quelques années seulement on n'en comptait que 55. Chaque jour le nombre s'en accroît donc, et il est probable que la chimie réussira encore à décomposer quelques substances que l'on a regardées jusqu'à présent comme indécomposables. Mais dans le nombre des éléments actuellement connus, il y en a les trois quarts qui sont sans intérêt pour l'agriculture et dont il serait oiseux, par conséquent, de s'occuper ici (1).

(1) S'il est un grand nombre de corps dont l'étude soit sans intérêt pour la culture proprement dite, il n'en est pas de même relativement aux autres besoins de la vie. Or, si parmi mes lecteurs il en était qui désirassent étendre le cercle de leurs connaissances à cet égard, je ne

Le feu ou la chaleur — appelé calorique en chimie — est l'un des éléments qui exercent le plus d'influence sur la végétation. Peut-être en est-il de même de l'électricité; mais nous n'avons aucune notion précise à cet égard. Toutefois, comme le calorique et l'électricité ne sont que des éléments immatériels, on ne peut pas les regarder comme des corps et par cette raison ils doivent être classés à part, ainsi que la lumière qui est dans le même cas. Aussi me bornerai-je à les mentionner ici, me réservant de leur donner, dans l'étude physique de la chaleur, le développement qu'ils comportent.

L'élément qui doit être placé en tête des corps simples, et qui, à raison de ses propriétés particulières, pourrait être rangé hors classe, c'est l'*oxygène* qui joue le rôle le plus considérable sur notre globe. Il est très peu de composés dans lesquels on ne le rencontre. Il est l'un des constituants de l'air et de l'eau. Il peut s'unir à tous les corps simples en dégageant une chaleur plus ou moins forte, ce qui lui a valu la qualification de *comburant* ou brûlant, et ce qui par opposition, a fait attribuer aux corps avec lesquels il se combine, celle *de combustibles* qui s'applique aussi bien aux métaux qu'aux autres substances. Cependant, pour ne pas donner lieu à des équivoques, j'éviterai, autant que possible, d'employer le mot combustible, lorsqu'il s'agira de matières autres que celles qui sont principalement formées de carbone et qui peuvent être consumées par le feu, comme le bois, etc.

A l'état de pureté, l'oxygène est gazeux, incolore, sans

pourrais que les engager à se procurer l'excellent petit livre de M. A. Sanson, contenant *les principaux faits de la chimie,* et dans lequel ils trouveront une multitude de notions tout à la fois utiles et intéressantes.

odeur et sans saveur. Il est le principe de la combustion ordinaire. Il est aussi celui de la fermentation et selon tous les auteurs, celui de la germination. Mais nous verrons en temps venu, que cette dernière opinion comporte quelque tempérament, en ce que la germination s'opère toujours d'autant plus normalement que l'action de l'oxygène est plus neutralisée par l'azote.

Le rôle de l'oxygène en agriculture est un des plus importants. Cette substance entre dans la composition des végétaux dans la proportion de 40 pour 100 en moyenne. Elle est donc essentiellement organique.

L'oxygène n'existe guère dans la nature qu'en combinaison avec d'autres corps. Cependant, l'eau en contient de petites proportions à l'état libre. Quant à celui qui entre dans la constitution de l'air atmosphérique, nous verrons plus loin qu'il n'y est qu'en mélange.

L'oxygène joue aussi un rôle capital dans la respiration de l'homme et des animaux, à la condition toutefois d'être tempéré par l'azote, et de n'agir qu'à l'état d'air ordinaire. C'est lui qui, en brûlant dans les poumons une partie du carbone que les substances alimentaires ont introduit dans le sang, produit la chaleur animale ainsi que l'acide carbonique exhalé par l'expiration. Cet acide se répand dans l'atmosphère qui reçoit également celui produit par toutes les combustions, par toutes les fermentations qui ont lieu sur le globe. Mais, à mesure de sa production, l'acide carbonique est absorbé par les feuilles des végétaux qui le décomposent, retiennent son carbone qui passe dans la sève, et rejettent son oxygène, en telle sorte que la quantité d'acide carbonique répandue dans l'air reste toujours à peu près la même. Quant à l'oxygène qui entre dans la composition des plantes, il provient d'une toute autre source que nous étudierons plus loin.

Les autres corps simples, plus spécialement considérés comme organiques en Agronomie, sont : le *carbone*, l'*hydrogène* et l'*azote*.

Ces deux derniers sont gazeux lorsqu'ils sont libres ; mais on ne les trouve dans la nature que combinés avec d'autres corps. Cependant, il s'en dégage journellement dans l'atmosphère des quantités plus ou moins fortes qui, vraisemblablement, n'y séjournent pas longtemps sans y former quelques combinaisons.

L'hydrogène et l'azote existent principalement dans les deux corps qui abondent le plus sur notre globe. C'est le premier qui, avec l'oxygène, constitue l'eau dans la proportion de 100 parties d'oxygène pour 12,50 d'hydrogène. Quant à l'azote, il entre pour 79 parties avec 21 parties d'oxygène dans la composition de l'air atmosphérique pur.

A l'état libre, l'hydrogène est le plus léger de tous les gaz. C'est de cette propriété que les aéronautes tirent parti pour lancer leurs ballons dans l'air.

On peut se procurer facilement du gaz hydrogène, presque pur, par la décomposition de l'eau, en mettant celle-ci en contact avec de la limaille de fer et de l'acide sulfurique (huile de vitriol) dans un flacon. C'est une démonstration qui se fait ordinairement dans les cours de chimie. Dans cette expérience, l'oxygène de l'eau s'unit au fer pour lequel il a une grande affinité, et ce nouveau composé se combine avec l'acide sulfurique, tandis que l'hydrogène mis en liberté se dégage à l'état gazeux. Si l'on fait traverser le bouchon du flacon par un tube en verre ou en métal, le gaz qui s'échappe par ce tube peut prendre feu au contact d'une allumette enflammée et brûler comme un bec de gaz ordinaire, mais en produisant une flamme bleuâtre et une lumière beaucoup moins vive. En perfectionnant ce procédé, on pourrait vraisemblablement l'appliquer au chauffage dans les contrées qui manquent de bois et de houille.

Le *carbone* est solide. Il entre en moyenne pour 45 à 46 p. °/₀ dans l'organisme des végétaux, tandis que l'hydrogène n'y figure que pour 5 à 6 °/₀, et l'azote pour 1,5 à 2 °/₀. Nous parlerons plus au long de ces corps en indiquant les différentes combinaisons qu'ils peuvent former. Quant à leur action sur la végétation, c'est en étudiant celle-ci que nous pourrons approfondir cette action plus fructueusement.

Dans les corps simples appartenant, comme les précédents, à la catégorie des substances non métalliques, nous trouvons encore le *chlore* gazeux à l'état libre, le *soufre*, le *phosphore* et l'*iode*, solides tous les trois.

Dans la nomenclature chimique primitive, toutes ces substances faisaient partie d'une classe à laquelle on s'était borné à donner le nom de *corps simples non métalliques*. Plus tard, on a cru apercevoir une ressemblance éloignée entre eux et les métaux. Mais comme leurs propriétés diffèrent essentiellement de celles de ces derniers, on a dû en faire une catégorie séparée. Toutefois, pour consacrer la ressemblance découverte, on a crée un nouveau mot. Si les corps dont il s'agit ne sont pas des métaux, ce sont au moins des *métalloïdes*. Ce mot n'étant pas encore très répandu en dehors des ouvrages techniques, je crois devoir le signaler pour que si mes lecteurs le rencontrent quelquefois, soit sous ma plume, soit ailleurs, ils sachent bien de quoi il s'agit. Cela dit, reprenons.

Le *carbone* et le *soufre* étaient déjà connus dans la plus haute antiquité. Ils sont les seuls parmi les corps simples dont je viens de parler, qui existent en liberté dans la nature, et encore est-il rare de les y rencontrer parfaitement purs. Le carbone fait exception dans le diamant. Mais les mines de celui-ci ne sont pas communes. Le charbon de bois, qui diffère considérablement du diamant, est cependant formé de la même substance, à cela près qu'il contient toujours 16 à 17 % de matières terreuses qui altèrent sa pureté. Du reste, parvint-on à le séparer de ces substances étrangères, on n'aurait pas pour cela du diamant.

Lorsqu'un corps simple, comme le carbone, existe sous des états différents, sans que sa nature élémentaire en éprouve aucune modification, il appartient à la catégorie des *Polyformes*. Lorsqu'il s'agit d'un corps composé, qui se présente sous des formes et avec des propriétés et des caractères différents, sans que sa composition élémentaire varie, on dit qu'il est *isomère* des corps de même composition que lui, mais dont il diffère sous d'autres rapports. L'amidon, l'inuline, la gomme, le ligneux, etc., sont dans ce dernier cas. Le *Polyformisme* et l'*Isomérie* constituent donc deux genres de qualités particulières à certains corps.

La houille, ou charbon de terre, est également du carbone, mais moins pur encore que le charbon de bois.

Le *soufre* se rencontre en assez grande quantité à l'état natif. Il est jaune et inodore, à la température ordinaire. Il entre en fusion à 104 degrés centigrades. On le trouve, mais en infiniment petite proportion, dans les végétaux, et presque toujours à l'état d'acide uni à une base, c'est-à-dire à l'état de sel.

Le *chlore* s'extrait industriellement de l'acide hydrochlorique ou chlorhydrique — ce qui est tout un — (1), et celui-

(1) La nouvelle école a changé plusieurs noms parmi ceux que les créateurs de la Nomenclature chimique avaient adoptés. Ainsi, elle a converti les *deutoxydes* en *bioxydes*, les *tritoxydes* en *trioxydes*, les

ci de l'hydrochlorate de soude ou du chlorure de sodium qui ne sont l'un et l'autre que notre sel de cuisine ordinaire. Le chlore existe aussi dans beaucoup de végétaux, mais, comme le soufre, en très petite quantité, et toujours à l'état de chlorure ou de sel. Lorsqu'il est en liberté, c'est un gaz de couleur jaune-verdâtre, d'une odeur forte et désagréable, exerçant sur l'économie animale une action énergique et toxique, même à faible dose. Lorsqu'au contraire il est à l'état d'hydrochlorate de soude ou de sel ordinaire, c'est un condiment très sain.

Le chlore gazeux ou dissous dans l'eau possède la propriété de détruire les couleurs végétales, ce qui fait qu'il est d'un grand usage dans le blanchissage des toiles et du linge. On l'emploie aussi très efficacement pour décomposer les miasmes qui vicient l'air dans les lieux renfermés, tels que les salles d'hôpitaux. Sous ce rapport, son emploi serait fort utile dans beaucoup de nos étables. J'en ai vu faire l'application la plus heureuse à une affection cancéreuse, et peut-être la médecine pourrait-elle fructueusement l'utiliser plus qu'elle ne le fait.

Le chlore a été découvert en 1774 par Scheele ; mais notre célèbre chimiste Berthollet et Guyton de Morvaux sont

acides *hydrochlorique, hydrosulfurique*, en acides *chlorhydrique* et *sulfhydrique*, l'acide *nitrique* en *azotique*, etc. Elle a opéré un changement analogue dans la dénomination des composés dans lesquels entrent ces différents corps. En exceptant l'acide nitrique, on n'aperçoit pas très distinctement l'utilité de cette innovation qui n'apporte aucun perfectionnement, aucune clarté nouvelle dans la science. Habitué depuis 40 ans à me servir des expressions primitives, il me sera difficile de me conformer strictement au style actuel. Du reste, comme les dénominations originaires sont encore autant usitées que celles que l'on cherche à leur substituer, il peut être bon de les employer indistinctement. Ce sera le moyen de mettre mes lecteurs en état de comprendre les ouvrages de toutes les époques de la chimie moderne, depuis sa régénération qui ne date pas encore d'un siècle.

les premiers qui en aient fait en France d'utiles applications en l'employant, l'un au blanchissage, l'autre à la désinfection de l'air.

Depuis l'invention encore récente des allumettes chimiques, le *phosphore* est beaucoup plus connu qu'il ne l'était auparavant. Sa découverte ne remonte qu'à l'an 1660. Il a été trouvé dans l'urine humaine. Mais c'est du phosphate de chaux des os que l'industrie l'extrait, en traitant ce sel par l'acide sulfurique. Le phosphore doit son nom à la facilité avec laquelle il brûle en répandant une vive lumière. Quoiqu'il n'existe qu'en très petite proportion dans les plantes, et toujours à l'état de phosphate, c'est l'une des substances les plus nécessaires à la végétation et surtout au développement des semences qui en contiennent plus que les autres parties des végétaux. C'est ordinairement sous la forme de phosphate de chaux qu'on l'emploie dans la fertilisation du sol ; mais il est remarquable qu'on ne le retrouve pas intégralement sous la même forme dans les plantes. C'est là un fait qui mérite d'être étudié mieux qu'on ne l'a fait jusqu'ici.

Je n'ai cité l'*iode* que pour mémoire puisqu'il ne joue qu'un rôle insignifiant en agriculture. Cependant, on le trouve dans un grand nombre de plantes, mais en quantité infiniment petite. Il existe également dans la plupart des eaux courantes, dans celles de la mer, et même dans l'organisme animal. Les goëmons, les warechs qui croissent sur nos côtes maritimes, en contiennent en assez grande proportion pour qu'on puisse économiquement l'en extraire, et satisfaire ainsi aux besoins des arts et de la médecine.

L'iode est sans usage en agriculture. En économie domestique, il sert de réactif, par la propriété qu'il possède de donner une teinte bleue à l'amidon et à la fécule, pour déceler leur présence frauduleuse dans certaines substances alimentaires.

Outre les corps simples non métalliques qui viennent d'être énumérés, il en existe un autre très répandu dans la nature et qui joue un rôle assez important dans la végétation. Ce corps, que l'on a considéré jusqu'ici comme un métalloïde, est le *silicium*, radical de la silice et de l'acide silicique que l'on trouve dans toutes les roches, dans la plupart des terres végétales et dans les cendres de toutes les plantes.

Quant aux corps métalliques, je me bornerai à mentionner ceux qui offrent quelqu'intérêt, me réservant de les examiner de plus près lorsqu'il sera question des composés qu'ils forment. Ce n'est jamais à l'état de corps simples qu'on les trouve dans les plantes; mais presque toujours à celui de sels. Par conséquent, il suffira ici d'une simple énumération.

Ces métaux sont : 1° le *potassium;* 2° le *sodium;* 3° le *calcium;* 4° le *magnésium;* 5° l'*aluminium;* 6° le *fer;* 7° le *manganèse;* 8° le *cuivre.*

Le dernier n'ayant d'autre utilité agricole que de préserver du charbon ou de la carie les récoltes de froment, lorsqu'on l'emploie à l'état de sulfate (couperose bleue) dissous dans l'eau, pour le chaulage des semences (1), je ne le cite non plus que pour mémoire.

Tous les autres corps simples, métalliques ou non, qui ont été dénommés plus haut, se rencontrant à l'état de combinaisons diverses, dans les végétaux, dans les animaux,

(1) L'expression de *chaulage* peut faire le pendant de celle *à cheval sur un bâton,* mais, comme cette dernière, elle est consacrée par l'usage. Le sulfate de cuivre remplaçant la chaux dans l'opération dont il s'agit, voilà comme quoi cette opération est un chaulage ou plutôt un pseudo-chaulage.

dans la terre arable et dans les engrais, soit tous ensemble, soit partiellement, nous allons les suivre dans leurs différentes transformations pour apprendre à connaître le rôle qu'ils jouent et le parti que le cultivateur en peut tirer.

DES CORPS COMPOSÉS.

Si le nombre des corps simples est peu considérable, celui des composés est, au contraire, relativement fort grand. Mais réduit aux applications agricoles, il n'a rien qui puise effrayer. Pour en faciliter l'étude, je diviserai ces composés en plusieurs classes.

La première comprendra *les corps binaires oxygéniques*, c'est-à-dire ceux qui sont formés de deux éléments seulement, d'où la qualification de *binaires,* et dans lesquels l'un de ces deux éléments est l'oxygène, d'où celle d'*oxygéniques.* L'oxygène agissant ici comme principe *oxydant* ou *acidifiant* est regardé comme *constituant principal,* tandis que l'autre élément prend la qualité de *radical.*

Cette classe se subdivise en deux sections, savoir : les *oxydes* et les *acides.*

Les oxydes sont plus particulièrement une combinaison de l'oxygène avec un métal, et les acides une combinaison du même principe avec un métalloïde. Cependant, il y a des exceptions.

Disons tout d'abord qu'il existe un corps dans lequel l'oxygène est uni à un métalloïde et qui ne forme ni un acide ni un oxyde. C'est l'air atmosphérique composé d'oxygène et d'azote. A la vérité, on ne regarde pas l'union de ces deux gaz comme constituant une combinaison proprement dite, mais bien un simple mélange. La raison qu'on en donne c'est qu'ils ne se condensent pas comme dans les combinaisons ordinaires et que l'air dissous dans l'eau n'y a pas la même composition que dans l'atmosphère, ce qui vient de ce que ces deux constituants s'y dissolvent inégalement. C'est ce qui n'aurait pas lieu s'ils étaient combinés. Tout cela paraît concluant, mais peu important pour nous; car, que l'air soit ou non un simple mélange de deux gaz, il n'en forme pas moins un corps certain et déterminé dont les éléments sont en proportions constantes sur tous les points du globe, et à toutes les hauteurs accessibles de l'atmosphère, et dont les propriétés seules peuvent nous intéresser. C'est tout ce qu'il y a à en dire ici. L'air exerce d'ailleurs une influence trop grande sur la végétation pour que je ne lui consacre pas un chapitre spécial. Mais, lorsque l'oxygène se combine avec l'azote dans d'autres proportions, il forme des acides dont nous parlerons tout à l'heure.

Indépendamment des acides binaires oxygéniques, il y a une autre catégorie d'acides qui contiennent tout à la fois de l'oxygène, de l'hydrogène et du carbone. Ils sont, par conséquent, *ternaires* et exclusivement composés d'éléments organiques. J'en fais une classe à part, autant par cette raison que parce qu'ils proviennent tous du règne végétal et qu'ils diffèrent encore en cela des autres acides. Ils formeront donc la deuxième classe des composés avec le titre d'*acides végétaux*.

La troisième classe comprend les composés *binaires hydrogéniques,* c'est-à-dire les corps formés de deux éléments ayant l'hydrogène pour constituant principal et produisant tous des acides, à l'exception d'un seul — *l'ammoniaque*, ainsi que quelques autres appartenant plus spécialement à la classe suivante.

Celle-ci formant la quatrième classe, ne comprend que des corps binaires neutres dont l'oxygène ne fait pas partie. A raison de la désinence uniforme des noms de tous les corps qu'elle renferme, je l'appellerai la classe des composés en *ure*.

La cinquième classe, qui est la plus riche, ne comprend que des sels.

Dans la sixième, figurent les corps neutres dérivant uniquement du règne minéral — les roches — et formant des composés complexes.

Enfin, la septième classe comprend les composés de provenance végétale et animale qui ne sont ni des oxydes ni des acides. Ils se subdivisent en substances *ternaires,* dites *hydro-carbonées*, et en substances *quaternaires*, dites *azotées*.

Les premières forment deux sections dont l'une ne comprend que les composés dans lesquels l'hydrogène et l'oxygène sont dans les mêmes proportions que dans l'eau, et l'autre, ceux dans lesquels le carbone et l'hydrogène sont en plus grandes proportions que dans les précédents.

Il n'est pas une seule substance jouant un rôle quelconque en Agriculture qui n'appartienne à l'une ou à l'autre de ces divisions. Cette classification, je l'espère, en facilitera l'étude.

Ire CLASSE.

Ire SECTION. — Des Oxydes.

Les Oxydes, comme nous l'avons déjà vu, sont des corps binaires que l'on nomme encore *brûlés*, parce que leur combinaison avec l'oxygène est considérée comme une combustion. Dans le fait, cette combinaison ne s'opère jamais sans produire de la chaleur.

Pour faciliter les calculs et pour leur donner une base fixe, on a admis que l'oxygène entre toujours par quantités rondes de 100, 200, 300 parties, ou tout autres multiples de 100 dans la composition des oxydes et des acides.

Les corps avec lesquels il se combine n'y figurent au contraire que pour des quantités variant constamment d'un corps à l'autre, mais restant invariables pour le même corps. C'est à ce point qu'il n'existe pas dans la nature deux oxydes ni deux acides, à radicaux différents, qui, pour la même quantité d'oxygène possèdent la même quantité de radical. Il y en a deux ou trois qui en approchent de très près; mais enfin, il n'y a pas identité parfaite.

Ainsi, quand il sera question d'un oxyde simple, on saura qu'il s'agit d'un composé dans lequel l'oxygène entre pour 100 parties, et le radical pour une quantité pondérable fixe qui est indiquée pour chaque corps dans la quatrième colonne de la table *des équivalents chimiques* qui se trouve ci-après, à la fin de la classe des sels.

Puisque je viens d'écrire le mot *équivalent*, je dois expliquer quelle est ici sa véritable signification.

On entend par équivalent chimique la quantité pondérable d'un corps pouvant remplacer celle d'un autre corps dans une combinaison du même genre.

L'oxyde de Calcium (la chaux), par exemple, étant composé de 250 parties de radical pour 100 parties d'oxygène, et celui de potassium (la potasse) ayant 489,92 de potassium pour la même quantité d'oxygène, il s'ensuit que les deux chiffres 250 et 489,92 sont relativement équivalents puisque chacun d'eux peut former un oxyde. Ils constituent des équivalents radicaux, correspondant à un équivalent d'oxygène qui, s'exprime par le nombre 100.

S'il s'agissait d'un oxyde contenant 200 parties d'oxygène, ce qui a lieu par exemple, dans le peroxyde de Manganèse, où on les trouve combinées avec un équivalent simple de radical = 345,90 on dirait que cet oxyde est formé de deux équivalents d'oxygène et d'un seul de radical.

Il y a des oxydes simples, comme celui d'aluminium (l'alumine) dont la formule actuelle présente une complication qu'il est difficile de saisir de prime abord. Les tables primitives donnaient à cet oxyde un simple équivalent d'oxygène pour un de radical (ce dernier exprimé par 114,11), ce qui était parfaitement rationnel. Mais la nouvelle école a cru devoir changer cette formule en lui donnant trois équivalents d'oxygène pour deux de radical, et en exprimant l'équivalent simple de ce dernier par 171,17.

C'est absolument la même chose au fond, puisque les proportions restent exactement les mêmes. Mais à moins d'entrer dans des considérations difficiles à saisir par quiconque n'est pas très initié aux mystères de la chimie, on ne comprend pas aisément que contrairement à ce qui a lieu pour tous les autres, un oxyde simple puisse être composé d'équivalents double et triple de radical et d'oxygène. Mon intention étant de débarrasser, autant que possible, cette étude de toute complication, je rétablirai donc dans ma table, pour l'oxyde d'aluminium la même formule que celle adoptée par Thénard, dans son tableau des nombres proportionnels.

On entend ordinairement par oxyde le composé dans lequel il n'entre qu'un équivalent d'oxygène et dans lequel il n'en peut pas entrer davantage. Si le radical est susceptible de plusieurs degrés d'oxydation, il est *protoxyde* lorsqu'il ne contient qu'un équivalent d'oxygène ; *sesqui-oxyde* lorsqu'il en contient un et demi (1). *Deutoxyde* ou *bioxyde* avec deux ; *tritoxyde* ou *trioxyde* avec trois, et enfin *peroxyde* lorsqu'il est à son plus haut degré d'oxydation, lors même qu'il ne serait formé que de deux équivalents d'oxygène.

Je vais indiquer tous les oxydes qui peuvent intéresser l'agriculture, en me bornant encore ici à une description très concise puisque je serai dans le cas d'en parler avec beaucoup plus de développement en traitant des sols, des engrais et de la végétation. Nous les retrouverons d'ailleurs bientôt au chapitre des sels.

La silice (2), *l'alumine*, *la magnésie* ne sont que des oxydes simples *de silicium*, *d'aluminium*, et *de magnésium*. Aucun d'eux n'est soluble dans l'eau ordinaire. Ce n'est donc qu'à l'aide de combinaisons dans lesquelles nous les rencontrerons de nouveau, qu'ils peuvent concourir à l'alimentation des plantes. Mais ils jouent dans les sols un rôle physique que nous étudierons plus tard.

La chaux, *la potasse* et *la soude* sont des protoxydes de *calcium*, de *potassium* et de *sodium*. Les deux derniers sont aussi connus sous la dénomination d'*Alcalis*, nom formé de deux mots arabes désignant une ou plusieurs plantes cultivées sur les côtes de l'Espagne méridionale pour la production de la soude (Bescherelle.) A un plus haut degré d'oxydation, ces trois composés sont sans intérêt pour la culture dans laquelle, au contraire, ils jouent un rôle im-

(1) Je ne parle des *sesqui-oxydes* que pour ne pas laisser une lacune dans la classification, car nous n'en rencontrerons aucun dans les composés qui se rapportent à l'agriculture.

(2) La Silice joue plus généralement le rôle d'acide que celui d'oxyde.

portant comme oxydes de premier degré, mais toujours combinés avec un acide.

La potasse et la soude sont très solubles dans l'eau qui ne dissout au contraire que très difficilement la chaux et seulement dans la proportion d'une partie en poids de cette dernière pour 700 parties d'eau.

Il y a des protoxydes et des peroxydes *de fer* et *de manganèse*. La rouille n'est pas autre chose que du peroxyde de fer hydraté, c'est-à-dire, contenant de l'eau en combinaison. Elle se produit spontanément par l'exposition du fer à l'air humide.

Aucun des oxydes de fer et de manganèse n'est soluble dans l'eau.

L'eau est un protoxyde d'*hydrogène* dont le deutoxyde forme l'eau dite oxygénée. Cette dernière n'a que très peu d'intérêt pour nous.

Le carbone forme avec l'oxygène deux combinaisons. Avec un seul équivalent d'oxygène, il constitue l'oxyde de Carbone, gaz très délétère qui se produit principalement dans la combustion des diverses espèces de charbons lorsqu'elle n'est pas très active. La deuxième combinaison appartient à la classe des acides.

Comme c'est principalement à l'état de sels que les oxydes qui viennent d'être énumérés, présentent le plus d'intérêt pour le cultivateur, nous y reviendrons en les examinant dans cet état.

—

IIe Section. — Des Acides.

On entend par acide tout corps doué de la propriété de s'unir à un oxyde ou à une base pour former un sel. Lorsque celui-ci est soumis à une pile électrique qui le décompose, son acide se rend toujours au pôle positif. Dans le langage vulgaire, on appelle acide toutes les substances aigres comme le vinaigre, le jus de certains fruits, etc. Mais cette qualification n'est pas parfaitement exacte, principalement en ce qu'il y a des acides complétement dépourvus d'un semblable caractère. C'est ce qui a lieu particulièrement pour l'acide silicique.

Parmi les corps simples dont la combinaison avec l'oxygène produit des oxydes, il en est plusieurs qui, avec une plus grande proportion d'oxygène forment des acides. L'azote, le carbone et le chlore sont dans ce cas. Uni au soufre et au phosphore, l'oxygène ne produit que des acides.

Lorsque les corps simples combinés avec l'oxygène sont susceptibles de s'acidifier à plusieurs degrés, la dénomination des acides varie. Il y en a surtout deux classes que je dois indiquer et qui se distinguent par la désinence de leurs noms. Ceux qui sont acidifiés au moindre degré se terminent en *eux*. Tels sont les acides *nitreux, sulfureux, phosphoreux*, etc. Avec un équivalent d'oxygène de plus pour les deux premiers, et deux équivalents de plus pour le dernier, ces acides deviennent *nitrique, sulfurique, phosphorique*, etc.

Lorsque l'acide est invariable dans sa composition, il prend aussi la terminaison en *ique*. Tel est l'acide carbonique. Il en est de même des acides végétaux.

De tous les acides, celui du carbone est le seul qui existe en grande quantité, à l'état libre, tant dans l'atmosphère que dans la terre et même dans l'eau qui peut en dissoudre un volume à peu près égal au sien à la température et à la pression atmosphérique ordinaire, mais qui n'en contient généralement que des proportions infiniment moindres.

Nous savons déjà que cet acide est gazeux ; qu'il est le

produit de la combinaison de l'oxygène et du carbone dans la respiration des animaux, dans la fermentation, dans la combustion qui s'opère dans les foyers, etc. Il asphyxie les hommes et les animaux qui le respirent en quantité un peu forte. Il éteint la flamme des corps en combustion. Lorsqu'on a quelque raison de soupçonner qu'un lieu dans lequel on doit pénétrer — une fosse, une cuve, par exemple — contient une proportion irrespirable d'acide carbonique, il est facile de s'en assurer en y descendant à l'aide d'une corde, une bougie ou une lampe allumée. Si la flamme s'éteint, c'est une indication non équivoque de la présence de l'acide carbonique en quantité dangereuse, et l'on doit bien se garder de pénétrer dans un semblable lieu avant d'en avoir expulsé cet acide par un moyen quelconque, soit par un courant d'air, soit par une absorption à l'aide de la chaux vive. On a eu bien des accidents à déplorer, faute d'avoir usé de semblables précautions.

Lorsqu'un corps carboné — du bois, par exemple — brûle à l'air libre, la flamme qui se produit est le résultat de la combustion du carbone et de l'hydrogène par l'oxygène de l'air. En pareil cas, l'air est décomposé. Son oxygène s'unit au carbone volatilisé par le feu ainsi qu'à l'hydrogène, et il se forme de l'acide carbonique et de la vapeur d'eau qui sont entraînés sous la forme de fumée avec l'azote et les autres produits gazeux de la combustion.

La pesanteur de l'acide carbonique étant plus grande que celle de l'air, c'est principalement dans les couches inférieures de celui-ci qu'on le rencontre. On a essayé plusieurs fois de déterminer la proposition de cet acide répandu dans l'atmosphère ; mais il est difficile d'arriver à des résultats précis ; plusieurs causes, la mobilité de l'air notamment, contribuant à les rendre variables. Quelques auteurs évaluent cette proportion à un millième du poids total de l'atmosphère. Cette opinion qui ne s'appuie sur aucune donnée positive, au moins en ce qui concerne les couches inexplorées de l'atmosphère, n'est pas soutenable. Quelques analyses faites sur de l'air pris à la surface du globe, mais à diverses altitudes, y ont constaté la présence d'un demi pour mille d'acide carbonique; et généralement c'est cette proportion — 4 à 6 dix-millièmes — qui est regardée comme la plus exacte. Mais quelle qu'elle soit, en définitive, nous pouvons la regarder comme suffisant amplement aux besoins de la végétation, moyennant que le cultivateur apporte dans la fertilisation de ses terres le contingent qui tombe à sa charge.

Les acides nitreux et nitrique, ainsi que l'acide sulfureux, peuvent se former spontanément. On trouvera leur composition dans la table des équivalents chimiques.

L'acide nitrique, résulte selon quelques auteurs, de la combinaison directe de l'oxygène avec l'azote répandu dans l'atmosphère, combinaison qui ne peut avoir lieu, dans ce cas, qu'avec le concours d'une étincelle électrique. Chaque éclair en produirait une certaine quantité. Cette conjecture se fonde probablement sur des expériences de Cavendisch qui paraît avoir obtenu artificiellement le même résultat. Il se pourrait cependant, et j'incline fortement à le croire, que l'acide nitrique qui se forme dans l'atmosphère, fût encore le produit d'un autre phénomène électrique. Berthollet a démontré qu'une étincelle qu'on fait passer dans un mélange d'oxygène et d'ammoniaque, décompose cette dernière avec détonnation, et qu'il y a tout à la fois formation d'eau par la combinaison de l'oxygène avec l'hydrogène de l'ammoniaque, et formation d'acide nitrique par la combinaison d'une autre partie d'oxygène avec une partie de l'azote de la même ammoniaque, tout le surplus de cet azote étant mis en liberté. Il ne répugne donc pas à la raison d'admettre que les choses peuvent se passer de la même manière dans d'épais nuages chargés de plusieurs gaz détonnant par leur combinaison, et notamment des deux dont il s'agit. Ainsi s'expliqueraient tout à la fois, si cette hypothèse est aussi vraie qu'elle est vraisemblable, le bruit du tonnerre, et la formation simultanée des ondées qui tombent pendant les orages, entraînant toujours avec elles des quantités appréciables d'acide nitrique, et produisant sur la végétation ces effets presque instantanés qui sont si remarquables, et que l'on attribue généralement à l'électricité. Celle-ci n'en serait donc que le principe et non la cause immédiate.

Quoi qu'il en soit du mode de sa formation, on ne peut douter que l'acide nitrique ne se produise spontanément dans l'atmosphère et même dans la terre, ce qui est prouvé par les nitrifications qui ont lieu dans le sol. A ce point de vue et sous d'autres rapports encore, l'étude de l'acide nitrique, si éminemment favorable à la végétation, est l'une des plus intéressantes. Nous y reviendrons.

Une autre hypothèse établie par M. Kuhlmann, sur des expériences chimiques, fait résulter la formation de l'acide nétrique, et par suite celle du salpêtre, du contact d'un mélange d'oxygène et d'ammoniaque avec certaines substances métalliques. C'est par des moyens analogues que le cultivateur intelligent, peut, comme nous le verrons plus tard, se procurer des composés salpêtrés éminemment favorables à la végétation. Mais c'est toujours du salpêtre ou du nitrate de soude que l'on extrait l'acide nitrique du commerce qui est par conséquent un produit de l'industrie ainsi que les acides sulfurique et phosphorique.

Le procédé le plus usité pour obtenir l'acide sulfurique en grand, consiste à faire brûler du soufre avec du salpêtre dans des chambres de plomb dont le sol est recouvert d'un peu d'eau. Cette combustion donne lieu à diverses réactions et par conséquent à divers produits dont l'acide sulfurique fait partie. On le recueille dissous dans l'eau. Mais alors il s'en faut de beaucoup qu'il soit pur. Pour l'avoir tel, il doit être l'objet d'autres opérations ultérieures dont il est inutile de nous occuper.

On n'emploie l'acide sulfurique en Agriculture que pour le traitement des fumiers, et encore n'est-ce que fort rarement. On l'a proposé aussi, mais étendu dans une très grande quantité d'eau, pour arroser les trèfles, les luzernes, etc., en végétation. Nous apprécierons ce procédé en traitant de la culture de ces plantes. Cet acide existe, à l'état de sel, dans un grand nombre de végétaux, en proportion très minime, et on le trouve également, dans le même état, dans plusieurs matières susceptibles de contribuer à la fertilisation du sol. Lorsqu'il n'est pas neutralisé par une base, son action est très corrosive. Elle l'est d'autant plus qu'il est plus concentré, c'est-à-dire qu'il contient moins d'eau. On doit donc le manier toujours avec de grandes précautions.

Quand on mélange de l'acide sulfurique concentré avec de l'eau, il se produit dans le liquide une élévation de température qui peut monter jusqu'à 100° dans un mélange par parties égales d'eau et d'acide.

L'acide phosphorique peut s'extraire de plusieurs phosphates, et notamment de celui des os. Mais comme il est sans usage, à l'état libre, en agriculture, nous ne nous en occuperons spécialement qu'en parlant de ses diverses combinaisons.

Les acides nitreux et sulfureux sont également sans usage dans les opérations agricoles. Toutefois, comme ils se produisent spontanément dans certains cas, dont nous aurons l'occasion de parler, nous les ferons connaître plus amplement alors.

Il est un autre acide minéral que l'on rencontre en quantité relativement considérable dans le sol et dans certaines parties des plantes. C'est l'acide *silicique*. Il se distingue des autres en ce que la silice ne contient pas plus d'oxygène à l'état d'acide qu'à celui d'oxyde, et en ce qu'il n'altère pas la teinture bleue de tournesol que tous les autres acides font virer au rouge. Ce qui a fait ranger la silice parmi les acides, c'est la propriété qu'elle possède de former des composés qui ont tous les caractères des sels, lorsqu'elle se combine avec certaines bases. Le verre ordinaire est un produit de ce genre.

Les cinq acides en *ique* dont il vient d'être parlé, sont les seuls *acides minéraux* ayant l'oxygène pour constituant principal, que nous rencontrerons dans le cours de nos diverses études. On leur donne aussi la dénomination générique d'*oxacides* pour les distinguer de ceux qui sont formés par l'hydrogène et qu'on appelle *hydracides*.

Lorsqu'on est dans le cas d'employer de l'acide sulfurique ou de l'acide nitrique, ce qui est du reste fort rare en agriculture, mais ce qui peut avoir lieu dans quelques circonstances, il est important de s'assurer de leur densité. Ces deux acides, tels qu'on les trouve dans le commerce, étant liquides, on fait usage pour cela de l'aréomètre ou pèse-acide de Beaumé. C'est un petit instrument en verre dont la partie inférieure forme une boule contenant du mercure ou de la grenaille de plomb qui sert de lest, et dont la partie supérieure consiste en une tige graduée. Plongé dans l'acide, il s'y enfonce d'autant plus que cet acide est moins dense et réciproquement. Le numéro de l'échelle correspondant à la surface du liquide indique son titre. L'acide sulfurique concentré doit marquer 66 degrés et l'acide nitrique 34. Lorsqu'ils sont plus faibles, leur valeur est proportionnellement moindre.

Il faut remarquer toutefois que les indications de l'aréomètre ne donnent quelque certitude qu'autant que l'acide n'est pas falsifié par des matières étrangères susceptibles de s'y dissoudre et d'augmenter sa densité au détriment de sa valeur. Mais, de pareilles fraudes sont trop grossières et trop faciles à reconnaître pour n'être pas très rares.

IIe CLASSE.

Des Acides végétaux.

Cette catégorie d'acides comprend comme je l'ai déjà dit, ceux qui sont composés d'oxygène, d'hydrogène et de carbone, et qui proviennent particulièrement du règne végétal.

Voici ceux qui peuvent intéresser l'agriculture.

1° Acide Acétique ou vinaigre rectifié. C'est un produit très abondant dans la nature. Le vin, toutes les liqueurs alcooliques, l'amidon, la fécule, le ligneux, le sucre peuvent être convertis en acide acétique. On l'obtient directement de la distillation de certains bois, notamment du frêne et du hêtre. Il se produit spontanément dans la fermentation des matières animales. On le trouve aussi dans le lait. Cet acide est fort employé dans l'industrie et dans l'économie domestique; mais il n'est directement d'aucun usage pour l'agriculture à laquelle il ne se rattache que comme produit. Un jour viendra peut-être où les distilleries agricoles trouveront plus de profit à convertir leurs flegmes en acide acétique qu'elles n'en ont à en faire de l'alcool rectifié. C'est une industrie que j'ai vu exploiter avec succès en Alsace il y a vingt et quelques années.

2° Acide Citrique. Il est produit par le limon, l'orange et le citron. C'est de ce dernier que lui vient son nom. Je ne le cite que pour mémoire.

3° Acide Gallique. Il existe plus particulièrement dans la noix de Galles où il est uni au *tannin*, qui produit lui-même l'acide *tannique*. Ce dernier est commun dans certains sols où il est nuisible par son astringence. Certaines écorces, comme celles du chêne, contiennent une assez forte proportion de tannin ou d'acide tannique. Elles sont employées en grande quantité pour le tannage des cuirs. Elles constituent donc un bon produit pour les propriétaires qui sont dans l'usage d'écorcer leur bois avant de l'abattre. L'acide gallique est très employé en teinture. C'est lui qui, par son action sur le sulfate de fer (couperose verte), produit aussi l'encre noire ordinaire dans laquelle on fait encore entrer d'autres substances.

4° Acide Lactique. On le trouve principalement dans le petit lait aigri ; mais, comme certaines matières telles que le sucre, le glucose, etc., peuvent également en produire, c'est par cette raison qu'on le place dans la catégorie des acides végétaux.

5° Acide Malique. Il se trouve dans certains fruits, notamment dans les pommes. Il offre peu d'intérêt. Il en est de même du suivant.

6° Acide Mucique. On l'obtient artificiellement par l'action de l'acide nitrique sur les gommes et sur le sucre de lait. Il peut aussi se former spontanément dans une dissolution gommeuse ou mucilagineuse exposée à l'air.

7° Acide Oxalique. Il existe dans plusieurs espèces d'oseille à l'état d'*oxalate acide de potasse* vulgairement connu sous le nom de *sel d'oseille*. On le trouve aussi, toujours à l'état de sel, dans les racines de plusieurs plantes et dans les écorces de quelques arbres. On peut l'obtenir directement en traitant le sucre par l'acide nitrique. L'acide oxalique ne se dissout dans l'eau froide que jusqu'à concurrence d'un huitième du poids de cette dernière. Il se cristalise en longs prismes incolores ou transparents. Sa grande affinité pour la chaux en fait l'un des meilleurs réactifs connus pour extraire cette substance des dissolutions qui peuvent en contenir à l'état d'oxyde ou de sels. Il est par conséquent très-utile dans les analyses.

8° Acide Pectique. On le trouve dans un grand nombre de végétaux de la grande culture. J'en reparlerai plus loin à propos de la *pectine* qui paraît lui être identique.

9° Acide Tartrique. On l'extrait du *tartrate de potasse* (crême de tartre), produit par le raisin.

10° Acide Ulmique. C'est le résultat ultime de la décomposition des matières végétales qui, après avoir fourni divers produits, se résolvent en terreau. Celui-ci à son tour engendre l'acide ulmique, principale richesse des terres arables. On lui donne quelquefois le nom d'acide *humique* ou *géique*. On le confond aussi souvent avec l'humus, l'humine et l'ulmine.

Les nuances qui différencient toutes ces substances étant très faibles, il suffit pour les besoins agricoles de les réunir toutes sous la dénomination commune d'*humus* qui, à raison de son importance fera l'objet d'un chapitre spécial dans l'étude de la fertilisation.

11° Acides Gras; savoir : *A. Oléique; A. Margarique; A. Stéarique; A. Butyrique.* Ils existent tous à l'état latent, dans les graisses animales, sous la forme de leurs radicaux qui sont : *l'oléine*, la *margarone*, la *stéarine* et la *butyrine.* Les trois premiers de ces acides sont ordinairement le produit de la saponification des corps gras par la soude ou par la potasse. Dans la réaction qui a lieu en pareille circonstance, les radicaux sont convertis en acides sous l'influence *catalytique* (1) des alcalis. Ces acides ayant comme tous les autres, la propriété de s'unir à certaines bases salifiables, notamment à celles qui sont alcalines, les savons qui résultent de cette combinaison ne sont autre chose que des sels. L'acide Butyrique n'est point ordinairement employé à la fabrication des savons quoiqu'il pourrait d'autant mieux l'être qu'il est dans sa nature de se transformer en acide margarique. On le trouve ordinairement dans le beurre, uni à une certaine quantité d'oléine et de stéarine. Mais nous verrons ultérieurement qu'il peut également se produire dans la fermentation de certaine matière sucrée.

Tous ces acides gras, à raison de leur provenance animale, devraient être classés à part; mais comme ils peuvent tous être extraits de plusieurs substances végétales, notamment des graines et des fruits oléagineux, je n'ai pas cru devoir en faire une catégorie séparée.

Tels sont les principaux acides végétaux qu'on peut rencontrer, mais rarement à l'état libre, dans les matières employées ou produites par l'agriculture. La composition chimique de ces acides est très variable. Nous possédons, en ce qui les concerne, de nombreuses analyses qui prouvent que leurs principes constituants peuvent se combiner dans des proportions bien différentes sans que leurs propriétés et leurs caractères en

(1) En traitant de la fermentation, à la fin de cette étude, j'expliquerai ce que l'on doit entendre par les mots *catalyse* et action *catalytique*.

soient affectés. Voici quelques-unes de ces analyses que j'emprunte à des chimistes dont les noms font autorité. Ces indications pouvant être fort utiles en bien des cas, je les crois d'autant mieux ici à leur place que la table des équivalents chimiques ne peut pas fournir les moyens d'établir la composition des corps dont il s'agit.

NOMS DES ACIDES.	CARBONE	HYDROGÈNE	OXYGÈNE	EXPÉRIMENTATEURS.
Acétique......	50.22	5.63	44.15	Thénard et Guy-Lussac.
Citrique	33.81	6.33	59.86	id. id.
Gallique	50.26	3.58	46.16	Liébig.
Lactique......	44.64	6.36	49.00	Guy-Lussac et Pelouze.
Malique	40.92	2.88	56.20	Liébig.
Mucique......	34.62	4.86	60.52	Malaguti.
Oxalique......	26.57	2.74	70.69	Thénard et Guy-Lussac.
Pectique......	42.80	5.20	52.00	Frémy.
Tannique.....	51.77	3.98	44.25	Berzélius.
Tartrique.....	36.81	3.00	60.19	id.
Ulmique......	57.48	4.76	37.76	Malaguti.
ACIDES GRAS.				
Butyrique	55.64	8.03	36.33	Chevreul.
Margarique....	79.05	12.01	8.94	id.
Oléique.......	81.08	11.34	7.58	id.
Stéarique.....	80.14	12.48	7.38	id.

Ce qui distingue particulièrement les trois derniers acides gras, c'est leur teneur en carbone et en hydrogène dépassant de beaucoup celle des mêmes substances dans toutes les matières végétales, autres que celles qui sont résineuses ou oléagineuses. C'est à cette composition que ces matières hydro-carbonées doivent indubitablement de brûler avec une très-grande facilité.

Quoique l'étude des acides végétaux, les acides oxalique et ulmique exceptés, soit pour le cultivateur, d'une bien moindre importance que celle des autres corps, elle ne pouvait être entièrement omise dans un ouvrage comme celui-ci, où nous aurons plusieurs fois l'occasion de mentionner les fonctions que ces acides remplissent dans les phénomènes végétaux et autres faits agricoles. Sous ce rapport, les quelques pages que je viens de leur consacrer ne seront pas inutiles. Nul ne saurait d'ailleurs posséder des notions trop nombreuses et trop précises sur l'industrie qu'il exploite.

IIIe CLASSE.

Composés binaires hydrogéniques.

L'oxygène, comme je l'ai déjà dit, n'est pas le seul élément qui, en se combinant avec un corps simple, puisse en faire un acide. Cette propriété appartient également à l'hydrogène, mais dans de moindres limites. C'est ainsi que ce dernier forme :

1° Avec le *chlore,* l'acide *hydrochlorique* ou *chlorhydrique* connu autrefois sous le nom d'*acide muriatique* ou *esprit de sel.* On l'extrait ordinairement du sel marin en le recueillant dans de l'eau où il se dissout. Sous cette forme il est incolore quand il est pur. Exposé à l'air, il y répand des vapeurs blanches d'une odeur très vive et qu'on ne peut respirer sans danger. Lorsque l'eau est saturée de cet acide, sa densité correspond à 22 degrés de l'aréomètre de Beaumé. Cet acide se rencontre, mais en très-petite quantité, uni à une base dans beaucoup de végétaux. On peut l'employer, comme l'acide sulfurique dans le traitement des fumiers, pour y empêcher l'évaporation des gaz fertilisants.

2° Avec le *soufre,* l'acide *hydro-sulfurique* ou *sulfhydrique,* connu encore sous le nom d'*hydrogène sulfuré,* gaz fort délétère qui se produit dans les fosses d'aisance, dans les fumiers et dans les matières animales en putréfaction. Le chlore le décompose très facilement.

3° Avec le *Cyanogène* (1) l'acide *hydrocyanique* ou *cyanhydrique* plus connu sous le nom d'*acide prussique*. C'est le plus violent de tous les poisons. Il existe naturellement, mais en proportions infiniment petites dans les feuilles de certains

(1) Le Cyanogène est un deutoxyde ou bioxyde d'azote.

arbres et dans les amandes de quelques fruits. Je ne le cite que pour donner une idée plus étendue des propriétés de l'hydrogène.

Mais indépendamment des acides dont ce dernier est le principe, il peut encore former d'autres combinaisons binaires ayant un caractère tout différent. Nous savons déjà qu'il est l'un des constituants de l'eau. Il entre aussi, mais pour trois équivalents avec un équivalent d'azote, dans la composition de l'ammoniaque (1) qui joue un rôle si important en agriculture. L'ammoniaque possède comme les oxydes, la propriété de s'unir aux acides avec lesquels elle forme des sels. C'est donc une base essentiellement salifiable. Elle est gazeuse de sa nature, mais très soluble dans l'eau avec laquelle elle constitue l'ammoniaque liquide. On lui donne aussi le nom d'alcali volatile, parce qu'elle possède la plupart des propriétés des alcalis. A raison de sa haute importance, elle fera plus tard l'objet d'un chapitre spécial.

L'hydrogène fait encore partie de plusieurs des combinaisons binaires qui composent la classe suivante.

IVe CLASSE.

Composés binaires qui ne sont ni des oxydes ni des acides, autrement dits : Composés en *ure*.

Dans ces combinaisons, les corps simples, non métalliques (métalloïdes) agissent en quelque sorte, à la manière de l'oxygène ; mais au lieu de former des oxydes ou des acides, ils forment, selon la nature du constituant principal, des *chlorures*, des *hydrures*, des *sulfures*, des *carbures*, des *azotures*, des *phosphures* etc., dont le radical peut être un métal ou un métalloïde.

Lorsque la combinaison a lieu entre un métal et un métalloïde, c'est toujours ce dernier qui prend la terminaison en

(1) Voir la table des équivalents chimiques.

ure, exemple : *chlorure de sodium*. Si, au contraire, elle n'a lieu qu'entre deux métalloïdes, c'est au plus électro-négatif que cette terminaison revient. *Carbure d'hydrogène.*

Toutes les fois que le radical est susceptible de plusieurs degrés d'oxydation, les mêmes degrés peuvent se produire dans les composés en *ure*. Ainsi, il y a des *protocarbures* et des *percarbures de fer*, comme il y a des *protoxydes* et des *peroxydes* de ce métal. Le premier, — protocarbure de fer, — n'est autre que l'*acier* ordinaire, résultant de la combinaison d'un à dix-millièmes de carbone avec le fer. Le percarbure forme la *plombagine* (mine de crayons) dans laquelle le carbone entre pour 92 parties et le fer seulement pour 8, sur 100.

De tous les composés de cette classe, celui qui intéresse le plus l'agriculture, c'est le *chlorure de Sodium*, — sel de cuisine — composé comme on le voit de deux corps simples, mais seulement à l'état solide et lorsqu'il ne contient pas d'eau combinée. Nous le retrouverons plus tard à l'état d'*hydro-chlorate de soude*, c'est-à-dire, composé d'acide hydrochlorique et d'oxyde de Sodium. Ce changement d'état vient de ce que, quand un chlorure est dissous dans l'eau, celle-ci se décompose partiellement plus ou moins vite, surtout sous l'influence de la lumière. Elle cède un équivalent d'hydrogène au chlore, d'où résulte de l'acide hydrochlorique, et un équivalent d'oxygène au sodium d'où un oxyde de ce métal, ce qui produit par conséquent un composé quaternaire. L'hydrochlorate de soude n'est donc en définitive qu'un chlorure de sodium combiné avec un équivalent d'eau.

Il ne faut pas confondre le *chlorure de Sodium* avec le *chlorure de Soude*. Ce dernier, ainsi que les *chlorures de potasse et de chaux*, sont le produit de la combinaison du chlore avec ces bases à l'état d'oxydes. Ce sont des composés ternaires. C'est ordinairement sous la forme de l'un ou l'autre de ces trois dernières chlorures que le chlore est employé dans le blanchissage et dans la désinfection; mais c'est presque toujours au chlorure de chaux que l'on donne la préférence, parce qu'il est moins cher que les autres et qu'il est plus facilement transportable quand il est à l'état solide. Ceux de potasse et de soude ne peuvent être obtenus que sous forme liquide.

Les autres composés du même genre offrent moins d'intérêt ; cependant il peut être bon de les connaître.

L'hydrogène uni *au carbone* dans la proportion d'un équivalent de ce dernier = 75, pour un équivalent d'hydrogène = 12.50 forme le *carbure d'hydrogène* plus connu sous le nom d'*hydrogène bi-carboné* ou de gaz oléfiant. C'est un des produits constants de la digestion. Il se forme également dans les marais, dans les houillères, et dans les matières animales en putréfaction. C'est un des principes immédiats de l'alcool. On peut l'obtenir par la distillation de la houille, et c'est ainsi qu'on se procure celui qui sert à l'éclairage après avoir été purifié.

L'*hydrogène proto-carboné* ne diffère du précédent qu'en ce qu'il contient moitié moins de carbone. C'est le gaz inflammable qui se dégage des marais, des eaux stagnantes, etc.

Le *Sulfure de fer* est très abondant dans la nature. On le trouve dans plusieurs de nos départements, mêlé avec de l'alumine. Lorsqu'on l'extrait de ses gisements, on l'expose à l'air dont il absorbe l'oxygène qui le fait passer à l'état de sulfate. Dans cette transformation, il y a toujours dégagement de chaleur et souvent de flamme lorsque le sulfure est naturellement mélangé avec des matières carbonées. Le sulfate de fer ainsi formé n'est pas pur. On le dissout par lixiviation, puis on concentre la dissolution par évaporation au moyen de grandes chaudières, après quoi on laisse reposer et cristalliser. C'est ainsi que se fabrique en grand le sulfate de fer ou couperose verte du commerce, dont on a proposé l'emploi pour l'amélioration des fumiers. En ajoutant du sulfate de potasse à la dissolution qui contient ordinairement du sulfate d'alumine avec celui de fer, on obtient en même temps de l'alun, mais par une cristallisation séparée.

Si les sulfures se convertissent en sulfate au contact de l'air, il arrive souvent que des sulfates mélangés avec des matières en fermentation se transforment en sulfure. C'est ce qui a lieu particulièrement dans les *fumiers*.

Ve CLASSE.

Des Sels.

Ce qu'on nomme *sel* en chimie, est un corps composé d'un acide et d'un oxyde, ou d'un acide et d'un corps binaire comme l'ammoniaque qui en est la *base* ou le radical. Le mot *base* est celui que l'on emploie le plus ordinairement dans ce cas. Tous les oxydes sont donc des bases salifiables.

Il y a des sels *simples* et des sels *doubles*. Ces derniers, toutefois, sont très peu nombreux. Les premiers ne contiennent qu'une seule base, tandis que les autres en ont deux. Le Sulfate d'alumine et de potasse ou d'alumine et d'ammoniaque, plus connus l'un et l'autre sous le nom d'alun ; le carbonate de chaux et de magnésie (dolomie) ; le phosphate ammoniaco magnésien, sont des sels doublés.

Il y a également deux catégories de sels simples que l'on distingue par la terminaison du nom de leur acide. Lorsque celui-ci finit en *eux* il prend dans le sel, la désinence *ite*. Ainsi les acides *phosphoreux*, *nitreux*, *sulfureux*, forment *des phosphites*, *des nitrites*, *des sulfites*, etc.

Lorsqu'au contraire, il s'agit d'un acide en *ique*, sa désinence devient *ate* dans le sel. Les acides *carbonique*, *chlorhydrique*, etc., ainsi que tous les acides végétaux forment des *carbonates*, des *clorhydrates*, des *oxalates*, etc., auxquels on adjoint le nom de la base : *carbonate de potasse*, *chlorhydrate ou hydrochlorate de soude*, *oxalate de chaux*, etc.

La combinaison d'un acide avec un oxyde se fait d'autant mieux en général que la base est à l'état d'oxyde simple ou de protoxyde. Mais l'affinité des bases pour les acides ou des acides pour les bases n'est pas égale dans tous. La potasse et la soude, par exemple, décomposent à peu près tous les sels en s'emparant de leur acide et en mettant leur base en liberté. Après elles vient l'ammoniaque. La chaux vive enlève l'acide carbonique à tous les carbonates solubles. La baryte s'empare de l'acide de tous les sulfates. Dans un ordre inverse, l'acide oxalique décompose tous les sels calcaires dissous dans l'eau en se combinant avec leurs bases, et l'acide sulfurique exerce la même action sur tous les sels dont il ne fait pas partie, à l'exception principalement de l'oxalate de chaux. Mais il décompose le phosphate de chaux, propriété dont on tire parti pour rendre ce phosphate acide et par conséquent soluble. On rencontrera plusieurs applications de ces principes dans le cours de cet ouvrage.

Lorsque la base d'un sel est un oxyde de 1er, 2e, 3e degrés, etc., sa dénomination doit l'indiquer. Ainsi on dira *sulfate de protoxyde de fer, hydrochlorate de peroxyde de Manganèse.* Mais si la base ne peut former qu'un seul oxyde on ajoute simplement son nom à celui de l'acide. Exemple : *carbonate de Magnésie.* Cependant, il arrive souvent qu'un sel dont la base est oxydable à plusieurs degrés n'est désigné que par les noms de l'acide et de l'oxyde ; mais cela n'a jamais lieu que pour les sels de protoxydes. Ainsi, l'expression *sulfate de fer*, ne doit s'entendre que du sulfate de protoxyde. Les dissyllabes et monosyllabes *proto, deuto ou bi, per* etc., peuvent aussi se placer devant le nom de l'acide comme dans *bi-carbonate,* etc. Mais alors, ils ont une autre signification que l'explication suivante fera comprendre aisément.

Les sels forment trois classes qui sont : les *sels neutres,* les *sous-sels,* les *sels acides.*

Les premiers sont ceux dans lesquels l'acide et la base se neutralisent réciproquement. Ils sont sans action sur la teinture de tournesol. Ils peuvent être formés d'oxydes à tous les degrés. Ainsi le sulfate de protoxyde ou de peroxyde de fer sont des sels neutres. Mais si on les qualifiait de proto ou persulfate, ainsi que le font quelques ouvrages de chimie, il y aurait équivoque, comme on va le voir.

Les sous-sels sont ceux dont la base est en excès et par conséquent dont l'acide est sursaturé. Lorsque la base excède de moitié celle du sel neutre, le sous-sel est sesquibasique ; si elle excède du double ou du triple, il est bi ou tribasique.

Si au contraire on disait proto, sesqui, bi ou perphosphate, cela signifierait que l'acide est à la base, dans le rapport indiqué par le monosyllable ou par le dissyllabe ; c'est-à-dire, qu'il ne s'y trouve que pour un équivalent au degré de *proto,* pour un équivalent et demi à celui de *sesqui*, pour deux équivalents exprimés par *bi*, et enfin qu'il est au maximum d'acidification avec le monosyllabe *per*. Par conséquent, on comprend que protosulfate de fer n'est pas exactement synonyme de sulfate de protoxyde puisque la première de ces deux expressions ne peut s'entendre que d'un sel contenant un seul équivalent d'acide (proto) avec un équivalent de protoxyde ou de peroxyde.

On reconnaît qu'un sel est acide lorsqu'il rougit la teinture de tournesol, et qu'il est avec excès de base lorsqu'il ramène cette couleur au bleu.

Ces notions préliminaires établies, voyons quels sont les sels qui intéressent l'agriculture et quelles sont leurs principales propriétés.

Je dirai tout d'abord que nous n'avons point à nous occuper des sels en *ite*, tels que les *phosphites*, les *nitrites*, etc. Je ne les aurais pas même mentionnés dans mon livre, s'ils n'avaient dernièrement donné lieu à une discussion qui a eu du retentissement dans la presse agricole. Ces sels contenant l'un du phosphore, l'autre de l'azote, substances éminemment fertilisantes lorsqu'elles forment certaines combinaisons, il semblerait, à première vue, qu'ils dussent être très favorables à la végétation. Il n'en est rien cependant. C'est ce que M. Ville, professeur de physique végétale au Muséum d'histoire naturelle, a constaté par expérience. Peut-être y aurait-il un moyen de les rendre efficaces. Ce serait de les faire passer à l'état de phosphates et de nitrates en les exposant à l'air dont ils absorberaient l'oxygène. Mais il y a lieu de se demander quelle pourrait être l'économie de cette pratique, puisque les sels dont il s'agit n'existant pas dans la nature ne sont qu'un produit industriel fort rare et fort cher, et par cela même exclus de tout emploi agricole.

Les seuls sels dont il sera question ici, sont donc ceux de la 2e catégorie ; c'est-à-dire, les sels en *ate*. Il est bien entendu que je ne veux parler que de ceux qui peuvent avoir quelque utilité pour le cultivateur.

§ 1er. Les Carbonates.

Cette section ne comprend que cinq carbonates dont nous ayons à nous occuper. Ce sont ceux d'ammoniaque, de chaux, de magnésie, de potasse et de soude.

Je n'indique point ici la composition quantitative de ces sels, ni de ceux des autres sections, parce que la table des équivalents chimiques suffit pour l'établir très facilement au moyen de l'explication que je donnerai à la fin de ce chapitre. Je me bornerai donc seulement à faire connaître leur composition sommaire. Ainsi, quant aux carbonates neutres, je rappelle qu'ils sont tous composés d'un équivalent invariable d'acide carbonique, et d'un équivalent de la base dont ils portent le nom.

1° Le plus important de tous est le *carbonate d'Ammoniaque*, parce que c'est ordinairement lui qui fournit l'élément azoté aux végétaux. Ce sel se forme spontanément dans la fermentation des matières animales et végétales contenant de l'azote. Il est très volatil, mais très soluble dans l'eau, et c'est toujours ainsi dissous que les racines des plantes l'absorbent, si tant est qu'il ne soit pas préalablement décomposé par une action particulière aux corps poreux et à la terre végétale. C'est ce que nous rechercherons plus tard dans l'étude spéciale que nous consacrerons à ce sel.

2° Le carbonate de chaux est très abondant dans certaines parties de la France, mais très rare dans beaucoup d'autres. C'est toujours lui qui domine dans les diverses espèces de marbre, dans la craie, dans certaines marnes, dans les moellons calcaires et la pierre à chaux, dans un grand nombre de coquillages, etc. Il y est toujours à l'état neutre, et souvent uni avec le suivant.

3° Le carbonate de magnésie est également neutre. On le rencontre rarement pur dans son état naturel.

Le carbonate de chaux est beaucoup moins utile à la végétation, — si même il lui est utile sous ce rapport — comme aliment qu'à d'autres titres, ce qui ne veut pas dire qu'elle ne s'assimile pas une quantité quelconque de chaux. Toutefois, il est fort douteux que le carbonate de cette base contribue en quoi que ce soit à la nourriture des céréales où l'on ne retrouve jamais la chaux qu'en proportion bien inférieure à celle de l'acide phosphorique, d'où, l'on peut conclure je pense, que le calcaire qu'elles contiennent provient uniquement du phosphate de chaux qu'elles ont absorbé, à moins cependant que celui-ci n'ait été entièrement décomposé dans le sol avant de pénétrer dans l'organisme végétal sous une forme différente et de la manière que nous verrons plus loin.

Mais si le carbonate de chaux ne produit qu'un effet nul ou très limité comme aliment, il contribue pour beaucoup à l'amélioration physique de certains sols, en rendant plus consistantes les terres légères, surtout quand on le leur applique à fortes doses sous la forme de marne, de tangue, etc., et en atténuant la ténacité des sols compactes. D'un autre côté, il exerce sur les matières végétales et animales contenues dans le sol, une action chimique qui peut être fort utile à la végétation, en rendant ces matières plus promptement et plus complétement propres à l'alimentation des plantes.

Quant au carbonate de magnésie, il est également fort douteux qu'il agisse comme aliment, tout portant à croire que celui qu'on rencontre dans les cendres des plantes, a été également fourni par le phosphate de chaux qui contient toujours un peu de magnésie, du moins celui des os. Nous verrons bientôt comment cet effet peut se produire.

Lorsque le carbonate de magnésie existe en proportion un peu sensible dans les terres végétales, il contribue à les rendre plus fraîches, en ce qu'il est doué de la propriété de retenir l'humidité à un haut degré et beaucoup plus que le carbonate de chaux.

Pendant longtemps on a considéré les sels magnésiens comme nuisibles à la végétation; mais des observations plus attentives ont démontré leur parfaite innocuité lorsqu'ils sont à l'état neutre. La magnésie caustique peut seule, comme nous le verrons ailleurs, produire un mauvais effet sur les plantes. Si à l'état de sel, elle leur était nuisible, on ne la trouverait pas en cet état dans leurs cendres.

Les carbonates de chaux et de magnésie étant insolubles dans l'eau, ce n'est donc qu'à la faveur de l'acide carbonique dissous dans celle que le sol contient qu'ils peuvent devenir assimilables, si tant est qu'ils agissent comme aliments. Les matières sucrées qui se trouvent ordinairement dans l'humus peuvent aussi produire le même effet sur le carbonate de chaux, mais en faible proportion.

La Magnésie paraît n'être pas indispensable aux végétaux dans lesquels elle est souvent remplacée par la chaux, comme la soude par la potasse, et réciproquement. Cependant il y a peu d'exemples — mais il y en a — que la magnésie ait remplacé la chaux.

4° On trouve dans les cendres de tous les végétaux, du carbonate de potasse et souvent du carbonate de soude ; mais presque toujours beaucoup plus du premier que du second, excepté dans certaines plantes croissant sur le rivage des mers. Ils y sont ordinairement avec excès de base, c'est-à-dire à l'état de sous-sels ou de sous-carbonates. Il ne faudrait cependant pas conclure de leur présence sous cette forme dans les cendres, que c'est toujours à l'état de carbonate que la soude et la potasse existent dans les végétaux. Lorsqu'elles n'y sont pas combinées avec des acides minéraux, tels que l'acide phosphorique, elles le sont ordinairement avec des acides végétaux que le feu détruit. Et comme l'incinération produit de l'acide carbonique, cet acide s'unit aux alcalis et forme les sous-carbonates dont il s'agit. Mais ces derniers n'en constituent pas moins de bons aliments pour la végétation lorsque le sol ou les engrais en contiennent des quantités convenables, en ce qu'ils fournissent aux acides végétaux qui se produisent dans l'élaboration de la sève, les bases dont ces derniers ont nécessairement besoin pour se constituer à l'état de sels. Le carbonate de chaux joue quelquefois un rôle absolument semblable.

Les carbonates alcalins que le cultivateur fournit à ses cultures, se rencontrent ordinairement en quantité suffisante dans ses fumiers. Mais lorsque son assolement comprend certaines plantes, des betteraves par exemple, qui ont plus besoin d'alcalis que d'autres substances minérales, il est nécessaire qu'il fasse usage d'engrais complémentaires alcalins. Les carbonates de soude et de potasse du commerce lui offrent très peu de ressources sous ce rapport parce qu'ils sont trop chers. Mais on peut les suppléer par les cendres de bois qui contiennent une assez grande quantité de potasse quand elles n'ont pas été lessivées, et qui coûtent relativement beaucoup moins tout en apportant à la végétation d'autres substances utiles. D'un autre côté, nous verrons un peu plus tard qu'il est à peu près indifférent d'appliquer au sol un sel alcalin plutôt qu'un autre, puisque tous peuvent être ramenés à l'état de simple base, par la propriété que possède la terre végétale, de les décomposer. Cette découverte qui ne date encore que de quelques années, simplifie considérablement la question de fertilisation. En traitant de celle-ci, j'entrerai dans de curieux détails à ce sujet.

§ 2. Les Sulfates.

Ces sels sont composés d'acide sulfurique et des bases dont ils portent le nom.

Le plus important est le *sulfate d'ammoniaque*. Il en est de ce sel comme de tous ceux dont j'ai déjà parlé et de ceux dont je parlerai encore. Ni les uns ni les autres, ne peuvent être utiles à la végétation qu'autant qu'elle les rencontre en nombre et en proportion convenables pour lui constituer une alimentation normale. Ainsi, toutes les fois que je dirai qu'un sel quelconque peut être employé comme engrais, cette condition sera toujours sous-entendue. C'est pour n'avoir pas procédé ainsi, que l'on a entassé de nombreuses erreurs dans beaucoup de traités d'agriculture.

Si le sulfate d'ammoniaque intervient dans la végétation, c'est principalement par sa base, en ce qu'il subit, comme les sels alcalins, l'action décomposante particulière aux terres arables. Ce qui le prouve, ce sont des expériences directes établissant cette décomposition d'une part, et d'autre part, l'analyse des plantes dans lesquelles on ne retrouve pas une proportion d'acide sulfurique, pouvant reproduire, avec l'ammoniaque contenu dans les mêmes plantes, une quantité de sulfate ammoniacal, en rapport avec celle qui a dû contribuer à la nourriture des végétaux.

Ce sel est un produit industriel fort peu employé dans l'agriculture française, parce que la plupart des ouvrages qui en parlent, le regardent comme étant d'un prix trop élevé. La vérité est, que l'azote qu'il fournit à la végétation ne coûte pas plus cher que celui des autres engrais. Ce qui est onéreux, ce n'est pas son prix, mais bien son emploi ordinairement très peu rationnel. Si au lieu de l'appliquer isolément, on lui adjoignait d'autres substances non moins utiles que lui, notamment des phosphates et des sels alcalins, on arriverait bien vite à d'autres conclusions. Du reste, c'est là une de ces opinions toutes faites que beaucoup d'auteurs reproduisent sans se donner la peine de les vérifier, ce qui perpétue des erreurs nuisibles.

Le *sulfate de Chaux* — *gypse* à l'état naturel, et *plâtre* quand il est cuit — est abondant dans certaines localités, où il forme des carrières de pierre à plâtre. L'eau en dissout la 300e partie de son poids. Il est d'un usage agricole très limité. Sur quelques points, on l'emploie pour activer la végétation du trèfle, de la luzerne et d'autres légumineuses analogues. On l'a proposé aussi pour convertir le carbonate d'ammoniaque très volatil des fumiers, en sulfate fixe. Nous reviendrons tout-à-l'heure sur ce sujet.

Le *sulfate de Magnésie* est sans usage en agriculture. On l'emploie principalement en médecine comme purgatif sous le nom de sel d'Epsom. Nous allons voir au paragraphe des phosphates, que l'on pourrait tirer un excellent parti de ce sel dans le traitement des fumiers.

Les *sulfates de soude et de potasse* sont des sels solubles moins chers que les carbonates alcalins, et qui peuvent être utiles à la végétation en lui fournissant leurs bases. Ils subissent dans le sol la même loi de décomposition que le sulfate d'ammoniaque, et la preuve s'en établit de la même manière.

Il y a uue trentaine d'années, J.-B. Mollerat, fit une application très heureuse du *sulfate double d'alumine et de potasse* à la vigne, application qui eut alors un certain retentissement. J'eus moi-même l'intention de répéter la même expérience; mais en ayant été détourné par d'autres soins, c'est une idée que j'avais complétement perdu de vue et dont le souvenir ne m'est revenu que dans ces derniers temps. L'ayant réalisée cette année, en appliquant à la racine d'une treille une bouillie de terre végétale délayée avec de l'eau contenant de l'alun en dissolution, j'ai en effet la preuve que ce sel peut être favorable à la végétation de la vigne quoiqu'il n'ait pas préservé mes raisins de l'oïdium. La treille ainsi traitée, présentait infiniment plus de vigueur que ses voisines. Les raisins étaient plus nombreux, et jusqu'à ce que la maladie ne les attaquât, leurs grains étaient plus gros. Mais si comme cela ne me paraît pas douteux, la terre végétale décompose l'alun ainsi que les autres sels alcalins, ce serait donc par sa base principalement que ce sel agirait, et l'on pourrait par conséquent le remplacer par tout autre sel de potasse dont l'expérience a depuis longtemps prouvé l'efficacité sur la végétation d'une plante qui passe pour être, et qui est en effet très-avide d'alcalis.

J'ai dit ailleurs que le *Sulfate de cuivre* — couperose bleue — n'était utile en agriculture que pour le chaulage des semences.

Quant au Sulfate de fer — couperose verte —, M. E. Gris, l'a proposé il y a déjà quelque temps, pour ranimer la végétation dans les plantes atteintes de la chlorose. A cet effet, on l'emploie en dissolution très faible. On l'a proposé aussi et quelques personnes l'emploient avec plus d'efficacité que le sulfate de chaux, mais non sans inconvénient pour fixer l'ammoniaque des fumiers. Nous verrons ailleurs, que le *Sulfate de magnésie* serait, sous ce rapport, préférable à tous égards.

§ 3. Les Phosphates.

Ces sels sont composés d'acide phosphorique et de la base dont ils empruntent le nom.

Les phosphates peuvent être placés sinon les premiers, du moins au premier rang, comme utilité, à raison de l'influence qu'ils exercent sur le développement des graines où on les trouve toujours en plus grande proportion que dans les autres parties des végétaux.

Il y a des *phosphates neutres* et des *sous-phosphates* ou *phosphates basiques ;* des *sesqui-phosphates* contenant une fois et demie autant d'acide que les phosphates neutres ; des *phosphates sesqui-basiques* contenant une fois et demie autant de base ; des *phosphates bi-basiques*, *tri-basiques*, et enfin des *bi-phosphates*.

Le *phosphate de chaux des os* qui a été jusqu'ici le plus employé en agriculture, est un sous-phosphate d'une composition particulière, dans laquelle Berzélius a trouvé 100 d'acide et 106.45 de chaux.

La production du phosphate des os étant très limitée relativement aux besoins de l'agriculture, et cette substance étant l'une des plus nécessaires au maintien de la puissance productive du sol, on a découvert dans plusieurs de nos départements de nombreux gisements de phosphates fossiles, qui font aujourd'hui l'objet d'exploitations déjà considérables.

Ces phosphates fossiles ne sont pas d'une composition uniforme. Presque tous contiennent du phosphate de fer et une assez grande proportion de carbonate de chaux. En somme, on y trouve moins d'acide phosphorique que dans le phosphate des os. Mais ils n'en sont pas moins appelés à rendre de très-importants services.

Ces phosphates comme celui des os sont complétement insolubles dans l'eau pure. Mais ils peuvent s'y dissoudre par très petites parties lorsqu'elle contient de l'acide carbonique ou certaines autres substances acides. On est généralement d'avis que c'est ainsi qu'ils deviennent assimilables. Mais il se passe vraisemblablement encore d'autres réactions dans le sol qui sont plus favorables à leur assimilation, et dont nous parlerons en traitant des engrais.

Quoi qu'il en soit, comme leur effet est très lent, lorsqu'ils sont abandonnés aux réactions spontanées, on a imaginé en Angleterre un moyen de les rendre beaucoup plus solubles en les convertissant en sesqui ou en bi-phosphate, ou pour employer la dénomination consacrée par l'usage, en *per* et même en *super phosphate*.

A cet effet, on traite le phosphate des os par une quantité arbitraire d'acide sulfurique, mais suffisante d'abord pour saturer l'excès de base du phosphate, et ensuite pour décomposer partiellement celui-ci en l'amenant à l'état de phosphate acide soluble.

Dans cette opération, une partie de l'acide phosphorique est mise en liberté et remplacée par l'acide sulfurique qui forme du sulfate de chaux restant mélangé avec le phosphate non décomposé et avec l'acide phosphorique. Ce mélange conservant son état pulvérulent, peut être employé comme le phosphate de chaux ordinaire.

Tout cela semble rationnel à première vue ; mais ce qui ne l'est pas autant, c'est l'application à la végétation d'un sel aussi fortement acide, et beaucoup plus capable de tuer les plantes que de les nourrir. Si cela n'a pas lieu, c'est parce qu'il se passe dans le sol des réactions qui conjurent l'imprudence du procédé. Cette réflexion n'a point échappé à l'esprit sagace de notre éminent professeur, M. Malaguti, qui attribue la neutralisation de l'acide à ce que celui-ci rencontre dans le sol de la chaux qui le sature en reconstituant un phosphate calcaire excessivement divisé et qui, par cela même, devient infiniment plus soluble sous l'influence de l'acide carbonique. A cette très-judicieuse hypothèse, je me permettrai d'ajouter que l'acide phosphorique introduit dans le sol au moyen du procédé dont il s'agit, y est d'abord saturé, au moins en partie, par l'ammoniaque et les alcalis dissous dans l'eau qui lui sert de véhicule. Ce qui prête un fort appui à cette idée, c'est que l'on trouve dans les plantes généralement plus de phosphates alcalins que de phosphates terreux, alors même que ces derniers sont seuls employés à la fertilisation. Il est donc très probable que soit dans le sol, soit dans l'organisme végétal, la potasse et la soude décomposent les phosphates basiques en se substituant partiellement à la chaux. C'est ce que prouvent diverses expériences de laboratoire dans lesquelles on opère cette décomposition même beaucoup mieux à froid qu'à chaud.

Le procédé anglais se résume donc en un seul avantage, qui consiste dans la plus prompte dissolution du phosphate calcaire, mais sans rien ajouter à sa valeur fertilisante, si ce n'est par la création à grands frais d'une assez forte proportion de sulfate de chaux qui, selon la judicieuse critique de M. Rohart fils, bonifie très peu l'engrais, et qu'en tous cas l'on pourrait se procurer directement beaucoup plus économiquement. Ce qui paraît certain, c'est que les phosphates de chaux ordinaire, comme les superphosphates sont toujours plus efficaces dans les sols feldspathiques et autres, riches en potasse, que dans ceux qui sont privés d'alcalis, d'où l'on peut induire avec quelque fondement que les véritables réactifs des phosphates calcaires sont la potasse et la soude, et que pour les sols qui en sont dépourvus il y aurait probablement plus d'avantages à traiter les phosphates calcaires très divisés, par une lessive alcaline que par l'acide sulfurique. Ceci n'est, bien entendu, qu'une simple opinion que je n'ai jamais pu vérifier en pratique, les terres que j'exploitais étant suffisamment alcalines et le phosphate de chaux s'y comportant tout aussi bien à l'état basique qu'à celui de superphosphate; mais dans des situations différentes, cette idée mériterait, je crois, d'être expérimentée.

Le phosphate de chaux est plus ou moins abondant dans les fumiers, dans les guanos, dans les cendres de bois vives ou lessivées et dans plusieurs autres matières fertilisantes. Lorsqu'on veut l'employer isolément comme engrais supplémentaire ou complémentaire, c'est ordinairement sous la forme d'os broyés, de noir animal résidu des raffineries de sucre, ou de phosphate fossile qu'on l'applique aux cultures. Je ne puis qu'effleurer ici ce qui concerne cette précieuse substance ainsi que toutes celles qui font l'objet de la présente nomenclature. Mais je donnerai tous les détails qu'elles comportent lorsque je traiterai des matières fertilisantes.

Les *phosphates* de *potasse*, de *soude* et d'*ammoniaque* qu'on trouve dans le commerce ne sont que des produits industriels ou de laboratoire que leur prix rend inabordables à la culture. Ils existent naturellement dans les plantes et se retrouvent par conséquent dans les fumiers dont on ne laisse pas perdre le jus.

On trouve dans les urines un *phosphate double ammoniaco-magnésien* qui est éminemment fertilisant quoique se dissolvant difficilement. Ce sel se rencontre aussi dans un grand nombre de graines.

Si, dans le traitement des fumiers, l'on substituait en proportion suffisante au sulfate de fer ou à celui de chaux, du sulfate de magnésie très soluble et peu couteux, on ferait d'une pierre deux coups en convertissant par la voie des doubles décompositions dont nous parlerons tout-à-l'heure, le carbonate d'ammoniaque volatile en sulfate fixe, et les phosphates solubles de potasse et de soude en phosphate magnésien qui formerait avec le phosphate ammoniacal contenu dans le même engrais un sel double, bien préférable au phosphate ferrique qui résulte ordinairement de l'emploi du sulfate de fer, au préjudice de la végétation qui ne peut que très difficilement tirer parti de ce dernier phosphate. Mais je ne conseillerais cette substitution qu'aux cultivateurs qui tiennent absolument à fixer l'ammoniaque de leurs fumiers. C'est là, à mes yeux, une précaution et une dépense parfaitement inutiles, partout où l'on sait donner aux engrais d'étables, les soins qu'ils exigent.

§ 4. Les Nitrates.

Ces sels composés d'acide nitrique ou azotique et d'une base constituent d'excellents engrais à l'état de *nitrates d'ammoniaque,* de *potasse,* de *soude* et de *chaux.* Malheureusement c'est avec raison qu'on les trouve trop chers pour pouvoir les appliquer économiquement à la culture. Cependant depuis que les droits d'importation du nitrate de soude ont été abaissés, ce sel est tombé à un prix très abordable pour la culture. Du reste, nous verrons plus tard qu'il n'est pas difficile à un cultivateur intelligent de se procurer artificiellement des matériaux salpêtrés très fertilisants et à bon marché. Tous les nitrates sont éminemment solubles.

§ 5. Les Hydrochlorates ou Chlorhydrates.

Composition : Acide hydrochlorique et base. Il n'y a que deux sels de cette section qui nous intéressent.

1° L'*hydrochlorate d'ammoniaque.* Tout ce qui a été dit sur le sulfate de cette base peut s'appliquer au chlorhydrate. Remarquons que dans le langage usuel on désigne souvent ce dernier par le nom de *sel ammoniac.*

2° L'*hydrochlorate de soude* — sel marin — sel de cuisine. — J'ai suffisamment fait connaître sa nature en parlant du chlorure de sodium. Je n'ai donc que quelques mots à ajouter ici sur son utilité agricole.

L'effet que produit ce sel sur la végétation n'est pas encore bien connu. On croit assez généralement qu'il n'agit que comme stimulant, ce qui est un peu vague. Quant à moi, je pense que son rôle est plus complexe. Le sel commun constitue indubitablement un aliment végétal puisqu'on le retrouve dans un très grand nombre de plantes; mais il n'apporte qu'un faible contingent dans cette alimentation. Ce contingent est à peine de quelques millièmes du poids des végétaux à leur état normal. Peut-être sa base peut-elle aussi remplacer la potasse dans les sols qui manquent de cette dernière. Ce point ne paraît même pas douteux. Mais ce qui, à mes yeux, fait la plus grande valeur agricole de ce sel, ce sont ses qualités anti-septiques dont on peut tirer un parti avantageux en le mêlant avec des engrais azotés trop promptement décomposables dont il modère la fermentation. M. Barral, à qui l'Agriculture doit de si nombreux et si précieux enseignements, a constaté qu'en ajoutant à du guano Péruvien exposé à l'air une certaine proportion de sel marin, la déperdition d'ammoniaque était bien moindre. De mon côté, j'ai également constaté par une expérience de grande culture rapportée dans mon compte-rendu imprimé de 1858, qu'un semblable mélange rendait le guano assimilable en bien plus grande proportion que quand il était employé pur. A mon avis, cet effet peut être attribué tout à la fois à la conservation de l'ammoniaque et à une réaction favorable du sel marin sur le phosphate calcique du guano. Appliqué en proportion convenable au traitement des fumiers, le même sel les améliore sensiblement en modérant leur fermentation et en ajoutant à l'engrais une substance utile.

§ 6. Les Silicates.

La Silice, comme nous l'avons déjà vu, peut jouer le rôle d'acide et former des sels en se combinant avec certaines bases. Si elle est absolument insoluble quand elle est isolée, quelque divisée qu'elle soit, elle l'est beaucoup moins lorsqu'elle est unie aux alcalis. La présence de ces derniers est donc indispensable pour favoriser l'assimilation de la silice par les plantes dont les tiges, généralement, absorbent une notable proportion qui leur est nécessaire pour acquérir assez de rigidité et pouvoir résister à l'action des vents. On ne sait pas encore bien précisément comment cette assimilation s'effectue. On croit que la terre végétale décompose les silicates solubles comme les sels alcalins et ammoniacaux, et que la silice se sépare dans ce cas sous la forme d'une gélatine soluble. Que les choses se passent ainsi ou d'une toute autre manière, ce qui est certain, c'est que la silice pénètre dans l'organisme végétal, puisqu'on la retrouve plus ou moins abondamment dans tous les végétaux.

Quand on opère dans des conditions où la silice assimilable fait naturellement défaut, on pourrait y suppléer par l'application d'un silicate soluble qu'on trouve aujourd'hui dans le commerce. Cette application aurait surtout sa raison d'être dans les terres crayeuses et dans toutes les exploitations où l'on fait principalement usage d'engrais artificiels incomplets.

§ 7. Les Sels végétaux.

Comme ils ne jouent qu'un rôle en quelque sorte passif, dans la végétation dont ils ne sont qu'un produit que, sauf le tartrate de potasse, on ne recueille même pas ordinairement, je ne les cite que pour mémoire. Cependant, il est bon de connaître ceux que chaque plante peut produire, afin de combiner la fertilisation en conséquence. Mais c'est une étude qui ne serait pas à sa place ici. Je me bornerai à rappeler que les acides qui entrent dans la composition de ces sels, étant uniquement formés d'éléments organiques dont la combinaison s'opère dans l'élaboration de la sève, il n'y a pas lieu de s'en préoccuper spécialement. Le seul soin que doit avoir le cultivateur, sous ce rapport, c'est de fournir aux plantes les bases nécessaires à la constitution des sels dont il s'agit, et en général à celle de tous les composés qui se produisent dans l'organisme végétal. Mais c'est là une question de fertilisation qui fera l'objet d'une étude spéciale.

—

Je n'ai pas parlé des sels de Manganèse, quoiqu'on en rencontre, mais en très petite proportion dans beaucoup de plantes, parce que le cultivateur n'a jamais besoin d'en faire une application spéciale. Le sol et les fumiers en contiennent ordinairement assez pour satisfaire amplement sous ce rapport, aux exigences des plantes. Il en serait à peu près de même pour tous les autres sels dont il vient d'être parlé, et dont le cultivateur n'aurait pas à se préoccuper davantage, s'il était suffisamment pourvu de fumier. Dans ce cas, l'étude qui nous occupe ne présenterait guère qu'un intérêt de curiosité scientifique. Mais comme c'est là l'exception, et comme en général, la culture prend plus à la terre qu'elle ne lui rend, d'où résulte sur bien des points, une diminution de fertilité ou tout au moins un état stationnaire peu avantageux, il importe de faire une étude attentive des matières fertilisantes pour pouvoir employer rationnellement et en toute connaissance de cause celles qui peuvent l'être avec profit comme complément des engrais d'étable.

—

Il ne sera pas inutile de dire ici un mot de l'action que les sels exercent réciproquement les uns sur les autres. Cette explication donnera la clé de bien des faits intéressants.

Lorsque deux sels solubles sont en contact dans l'eau, et qu'il peut résulter de l'échange de leurs bases un sel soluble et un sel insoluble, il s'opère entre eux une double décomposition donnant lieu à cet échange et par conséquent à la formation de deux sels nouveaux. Ce moyen est très usité dans l'industrie et dans les laboratoires pour se procurer tous les sels qui peuvent s'obtenir économiquement de cette manière, et nous allons voir que c'est une application semblable qui a été conseillée à l'agriculture pour fixer l'ammoniaque de ses fumiers.

Ainsi, par exemple, si l'on mêle une dissolution de sulfate de fer avec une dissolution de carbonate de potasse, la décomposition des deux sels aura lieu immédiatement, et il s'opèrera entre leurs principes immédiats un chassez-croisez au moyen duquel l'acide du sulfate de fer entraîné par une affinité plus grande, abandonnera sa base pour s'unir à la potasse dont il expulsera l'acide carbonique, tandis que celui-ci rencontrant le fer abandonné s'unira avec lui. La résultante finale sera d'une part, du sulfate de potasse restant dissous ; d'autre part, du carbonate de fer insoluble qui se déposera et que l'on pourra très facilement séparer en décantant le liquide après un repos suffisant.

C'est un effet absolument semblable qui se produit lorsqu'on arrose un fumier avec une dissolution de sulfate de fer. Ce liquide rencontrant le carbonate d'ammoniaque le dissout également, et la double décomposition est instantanée au moment du contact.

Ce procédé est très rationnel, mais peu économique. De plus, il a l'inconvénient de convertir en phosphate ferrique à peu près inutile à la végétation, les phosphates solubles que le sulfate de fer rencontre. Mieux vaudrait sous ce rapport, opérer avec du sulfate de magnésie ainsi que je l'ai déjà dit. On reproche en outre, mais à tort, au même procédé de rendre l'ammoniaque des fumiers inassimilable par sa conversion en sulfate, en alléguant qu'elle est impropre sous cette forme à l'alimentation végétale. Les écrivains qui émettent cette opinion ignorent les réactions qui se produisent dans le sol. Elle est d'ailleurs difficile à concilier avec les bons effets qui résultent d'une application directe de sulfate ammoniacal, lorsqu'elle est faite rationnellement à une terre qui a plus besoin de substances azotées que d'autres engrais.

—

Je termine ici l'étude préliminaire des sels ainsi que celle des corps dont la composition chimique suit des lois invariables pour donner la table de cette composition comme complément nécessaire des notions qui précèdent.

L'utilité de ce document ne saurait être méconnue, car dans bien des cas il sera indispensable pour obtenir la solution de problèmes intéressants. En voici un exemple.

Un cultivateur manquant d'engrais et n'ayant à sa portée que du chlorhydrate d'ammoniaque, du sulfate de potasse et du phosphate de chaux sesqui-basique demande quelles quantités de ces substances lui seront nécessaires pour remplacer dans le sol les éléments enlevés par une récolte de blé qui a absorbé, entre autres, savoir : 50 k. d'azote ; 50 k. de potasse, et 37 k. d'acide phosphorique.

Si les analyses que nous possédons de la composition des plantes, indiquaient la nature et la quantité de chacun des composés qu'elles contiennent, on n'aurait point à faire de semblables calculs puisqu'il suffirait de réintégrer dans le sol, les mêmes composés, en mêmes quantités, que ceux enlevés par les récoltes. Mais il n'en est pas ordinairement ainsi. Les analyses ne faisant connaître que les principes élémentaires, elles forcent le cultivateur à déterminer lui-même, à l'aide de cette donnée, la nature et la quantité des sels ou autres matières nécessaires pour reconstituer la fertilité.

On comprendra aisément que l'exemple qui s'applique ici à la fertilisation du sol, peut s'appliquer également, avec d'autres termes, à l'alimentation des animaux, etc.

N'ayant, pour résoudre le problème posé, d'autre indicateur que la table des équivalents chimiques, voyons comment elle pourra nous en donner les moyens.

Ici, trois questions se présentent. La première consiste à savoir quelle est la quantité de chlorhydrate d'ammoniaque nécessaire pour fournir 50 k. d'azote.

On obtiendra cette première solution en cherchant d'abord, dans la 6e colonne de la table (page 96 ci-après) le mot *ammoniaque* ainsi que sa formule qui se trouve à la 5e ligne de la 7e colonne. On trouvera que ce composé s'exprime par $Az\,H^3$.

Mais avant d'aller plus loin, je dois donner la clé des formules pour les rendre facilement intelligibles.

En examinant la table on voit que chacun des quinze corps simples ou éléments qui font la base de notre étude, figure dans la deuxième colonne, et qu'il est accompagné d'un n° d'ordre inscrit dans la première à côté de son nom. Lorsque l'on voudra connaître la valeur d'un corps simple, c'est donc toujours dans cette 2e colonne qu'on devra le chercher.

La 3e colonne renferme les signes par lesquels on exprime abréviativement les noms des corps simples. Ces signes qui constituent ce qu'on appelle la notation chimique consistent en lettres capitales de l'alphabet, et comme notre table n'en contient que 15 en tout, il est beaucoup moins difficile d'apprendre à déchiffrer les formules qu'il ne l'est d'apprendre à lire l'écriture ordinaire. Pour faciliter cette étude on a d'ailleurs eu soin de prendre pour signes la première lettre du nom de chaque corps simple. Lorsque deux ou plusieurs mots commencent par la même lettre on différencie les formules en ajoutant une petite lettre à la lettre capitale. Ainsi : carbone s'exprime par C seulement, calcium par Ca ; chlore par Cl ; cuivre par Cu. Ces signes sont donc positivement des aides-mémoire.

La quatrième colonne indique la quantité pondérable pour laquelle chaque corps entre dans une combinaison quand il n'y apporte qu'un équivalent simple.

La cinquième colonne indique la formule du constituant principal, dans le composé qui se trouve sur la même ligne, à la 6e colonne, et lorsque ce constituant est l'oxygène ou l'hydrogène. La lettre O toute seule exprime un équivalent simple d'oxygène = 100. Lorsque cette lettre, ou celle qui représente tout autre corps est accompagnée d'un chiffre en forme d'exposant, l'équivalent simple doit être multiplié par ce chiffre. Ainsi H^3 se traduit par H (hydrogène) = 12,50 multipliés par 3 = 37,50.

La sixième colonne présente les noms des composés et la septième leur formule.

Au moyen de cette explication il sera donc facile de trouver la valeur de $Az\,H^3$ puisque cette formule qui est celle de l'ammoniaque indique tout simplement que ce corps est composé d'un seul équivalent d'azote Az = 177,04 (Voir 1re, 2e et 4e colonnes n° 2) et de trois équivalents d'hydrogène, dont l'équivalent simple est H = 12,50 × 3 = 37,50. (Voir les mêmes colonnes n° 8 au mot hydrogène et la 6e à la 5e ligne au mot ammoniaque). Ainsi, avec trois lettres et un chiffre on exprime ce qui ne peut se traduire littéralement qu'en plusieurs lignes.

Il résulte de là que l'ammoniaque est composée de 214,54 parties dont 177,04 d'azote et 37,50 d'hydrogène.

Maintenant, il s'agit d'établir la composition de l'acide hydrochlorique qui est le constituant principal de l'hydrochlorate d'ammoniaque. Nous procéderons absolument de la même manière.

L'acide hydrochlorique étant un composé nous le chercherons dans la 6e colonne et nous le trouverons à la 12e ligne avec sa formule Cl H, sur la même ligne de la 7e colonne. Cette formule indique qu'il n'est composé que d'un seul équivalent de chlore et d'un seul équivalent d'hydrogène.

Or, nous savons déjà que ce dernier (n° 8, 4ᵉ colonne) est de. 12,50
et le n° 5, 2ᵉ et 4ᵉ colonnes nous indique que celui du chlore est de. 442,64

Ce qui donne, pour l'acide, un total de 455,14
Ajoutons à ce total, celui de l'ammoniaque qui est de. 214,54

Nous avons pour le poids du sel. 669,68
qui contiennent comme on l'a vu 177,04 d'azote.

Pour trouver la quantité de chlorhydrate d'ammoniaque contenant les 50, K, d'azote qui nous sont nécessaires il ne nous reste donc plus qu'à résoudre l'équation suivante :

Si 177ᵏ,04 d'azote sont contenus dans 669ᵏ,68 de chlorhydrate d'ammoniaque, combien faudra-t-il de ce dernier pour fournir 50 k. d'azote? Solution : 177,04 : 669,68 :: 50 : x = 189,13.

On trouvera tout aussi facilement la composition du sulfate de potasse et celle du phosphate de chaux sesqui-basique. Seulement il faudra prendre garde que ce dernier contenant une fois et demie autant de base que le phosphate neutre pour la même quantité d'acide, on devra augmenter de moitié la quantité de cette base indiquée pour l'oxyde. Cette quantité étant de 250 de calcium (n° 4, 2ᵉ et 4ᵉ colonnes) et de 100 d'oxygène : Total 350, il y aura donc la moitié de ce dernier chiffre, soit 175 à ajouter, ce qui donnera 525 pour la base du sel.

L'acide phosphorique se composant de : un équivalent de phosphore = 392,32 (voir n° 11) et de 5 équivalent d'oxygène, on a donc, quant à lui 892,32 et pour la composition du sel 525 + 892,32 = 1417,32. Par conséquent, pour trouver nos 37 k. d'acide phosphorique, nous disons :

$$892,32 : 1417,32 :: 37 : x = 58,77.$$

Il est bien entendu que tous ces calculs ne s'appliquent qu'à des sels supposés purs. S'il s'agissait, par exemple, d'un composé contenant 50 °/₀ d'eau et d'autres matières étrangères, il faudrait nécessairement en doubler la dose.

J'ai longtemps hésité à faire figurer les formules dans la table, craignant que leur ressemblance avec les signes algébriques n'effrayassent les lecteurs qui ne connaîtraient pas cette partie des mathématiques. Mais après y avoir réfléchi j'ai pensé qu'une explication claire suffirait pour dissiper cette frayeur. Si je ne me suis pas fait illusion à cet égard, on comprendra bien vite que c'était d'autant plus le cas de conserver ces formules qu'elles facilitent singulièrement les calculs. D'un autre côté, comme l'esprit même le moins subtil peut aisément les comprendre, j'ai encore été déterminé par cette considération que leur emploi étant assez fréquent dans les ouvrages techniques qui, le plus souvent n'en donnent pas la clé, il était utile de la donner ici, pour le cas échéant, faciliter la lecture de ces ouvrages. Mais voulant épargner à mon lecteur toute tension d'esprit, j'éviterai moi-même, autant que possible, l'emploi de ces formules, en m'appliquant à mettre, comme on dit, les points sur les i.

EXTRAIT DE LA TABLE DES ÉQUIVALENTS CHIMIQUES.

L'oxygène étant $O = 100$; $O^2 = 200$; $O^3 = 300$, etc.

Nos d'ordre.	ÉQUIVALENTS RADICAUX — NOMS DES CORPS.	Formule de l'équivalent.	Poids de l'équivalent simple.	FORMULE du constituant principal.	DÉNOMINATION des CORPS composés.	FORMULE des CORPS composés.
1	2	3	4	5	6	7
1	Aluminium	Al	114.11	O	Alumine.	Al O
2	Azote.. *ou* Nitrogène (1)	Az ou N	177.04	O^5	Acide nitrique.	AzO^5 ou NO^5
				O^4	Acide nitreux.	AzO^4 ou NO^4
				O^2	Cyanogène.	AzO^2 ou NO^2
				H^3	Ammoniaque.	AzH^3 ou NH^3
3	Carbone ..	C	75.	O	Oxyde de Carbone.	C O
				O^2	Acide carbonique.	$C O^2$
				H	Hydrogène bi-carboné.	C H
				H^2	Id. proto carbone.	$C H^2$
4	Calcium ..	Ca	250	O	Chaux.	Ca O
5	Chlore....	Cl	442.64	O^5	Acide chlorique.	$Cl O^5$
				H	Acide hydrochlorique.	Cl H
6	Cuivre....	Cu	395.70	O	Protoxyde de cuivre.	Cu O
7	Fer	Fe	339.21	O	Protoxyde de fer.	Fe O
				O^3	Peroxyde de fer.	$Fe^2 O^3$ (2)
8	Hydrogène	H	12.50	O	Eau.	H O
9	Magnésium	Mg	158.35	O	Magnésie.	Mg O
10	Manganèse	Mn	345.90	O	Protoxyde de manganèse	Mn O
				O^2	Peroxyde de manganèse	$Mn O^2$
11	Phosphore	Ph	392.32	O^3	Acide phosphoreux.	$Ph O^3$
				O^5	Acide phosphorique.	$Ph O^5$
				H^2	Hydrogène phosphoré.	$Ph H^2$
12	Potassium.	K	489.92	O	Potasse.	K O
13	Silicium ..	Si	277.47	O^3	Silice ou acide silicique.	$Si O^3$
14	Sodium...	Na	290.90	O	Soude.	Na O
15	Soufre....	S	201.16	O^2	Acide sulfureux.	$S O^2$
				O^3	Acide sulfurique.	$S O^3$
				H	Acide hydrosulfurique.	S H

(1) 79 d'azote et 21 d'oxygène forment l'air atmosphérique qui n'a pas de formule.

(2) Cette formule indique que le peroxyde de fer ne prend qu'un demi équivalent d'oxygène de plus que le protoxyde, mais l'usage n'admettant pas de chiffre fractionnaire en pareil cas, on double le radical et on triple le constituant principal, ce qui revient au même. En effet : 2 : 3 :: 1 : 1,5.

VIe CLASSE.

Les Roches.

Il existe dans la nature une classe de composés complexes qu'il est utile de mentionner, parce que nous aurons occasion de les rencontrer tous plus ou moins abondants dans les terres arables et autres. Ces corps sont : l'argile, les schistes, le mica, le feldspath, le gneiss, le quartz, les granites et les grés. Tous sont principalement formés de silice et d'alumine. Quelques-uns, comme les granites, contiennent une petite proportion de chaux avec quelques autres oxydes métalliques tels que : oxydes de fer, de Manganèse, de Magnésie, etc. Le feldspath se compose de silice, d'alumine et de potasse. La composition des autres est très variable. Nous y reviendrons dans notre étude sur les sols.

D'après quelques auteurs, le feldspath et le mica ne sont autre chose que des silicates, c'est-à-dire des sels composés d'acide silicique, représenté par le quartz avec de l'alumine et de la potasse pour le feldspath, ou avec de l'alumine, de la chaux et un peu de fer oxydé pour le mica. Comme l'acide silicique n'a rien qui le distingue de l'oxyde du même nom, je considérerai le quartz, le mica, le feldspath, le premier comme un simple oxyde, et les autres comme un mélange d'oxydes différents pour ne pas multiplier les catégories.

VIIe CLASSE.

Composés végétaux qui ne sont ni des acides ni des oxydes.

Cette classe comprend toutes les substances qui constituent la matière organique dans les animaux et dans les végétaux, laquelle entre pour les 19/20 environ dans la composition des derniers.

Ces corps, comme je l'ai dit précédemment, forment deux divisions distinctes dont l'une comprend uniquement des combinaisons ternaires de carbone, d'hydrogène et d'oxygène, et l'autre, des corps quaternaires composés des mêmes éléments avec une quantité déterminée d'azote en sus.

La première de ces deux catégories se subdivise en deux sections, dont la première renferme les composés dans lesquels l'oxygène et l'hydrogène sont dans les mêmes proportions que dans l'eau. Elle comprend : *l'amidon* et *les fécules, l'inuline, la pectine, la gomme, le ligneux, la cellulose, la dextrine, le glucose et le sucre.*

Dans la seconde section figurent les composés plus riches en carbone et en hydrogène, et par conséquent plus combustibles. Tels sont : *l'alcool, les huiles, les résines, la cire, la glycérine, la stéarine, l'oléine* et plusieurs autres sans intérêt pour nous.

La division des corps quaternaires comprend : *le gluten* qui, lui-même, est formé de quatre principes immédiats; savoir : *la caséine, la fibrine, la glutine* et un peu de *butyrine.* Viennent ensuite *la légumine,* puis *l'albumine* animale et végétale, *la fibrine* du sang, *l'urée, le cambium, la chlorophylle.* J'appelle quaternaires ces différents corps, parce que tous contiennent les quatre éléments considérés comme organiques, mais presque tous contiennent, en même temps, un peu de soufre, de phosphore et de fer.

J'ai dit tout-à-l'heure que dans les composés ternaires de la première section, l'hydrogène et l'oxygène représentent les éléments de l'eau et dans les mêmes proportions. La même particularité se rencontre dans les composés quaternaires avec cette différence que la dose un peu plus forte d'hydrogène qu'ils contiennent correspond, d'une part, à leur oxygène dans les proportions de la composition de l'eau, et d'autre part, avec leur azote, dans les proportions de la composition de l'ammoniaque, d'où l'on peut conclure dès maintenant, sauf la preuve contraire, que les corps ternaires dont il s'agit sont uniquement composés de carbone et d'eau, et les quaternaires, de carbone, d'eau et d'ammoniaque. Si cette conclusion est aussi vraie qu'elle est vraisemblable, elle montre avec quelle simplicité la nature procède. Quant aux principes immédiats des composés ternaires de la 2e section, à l'exception de ceux de l'alcool, qui consistent en carbure d'hydrogène avec une proportion d'eau, les autres ne représentent que le même carbure avec une proportion d'oxygène seulement.

Un mot maintenant sur chacune des matières formant les deux divisions de cette classe.

PREMIÈRE DIVISION.

Corps ternaires hydrocarbonés.

PREMIÈRE SECTION.

§ 1. *Amidon et Fécule.*

Ces deux matières sont identiques. Mais on entend plus particulièrement par *amidon* la substance féculente qu'on extrait des graines des céréales, notamment du froment, et par *fécule*, celle qui se trouve dans les pommes de terre, etc.

Les substances amylacées se rencontrent dans presque toutes les plantes et dans toutes les parties de celles-ci ; mais c'est toujours dans les graines ou les fruits qu'elles abondent le plus. Lorsqu'elles manquent dans une plante, elles y sont ordinairement remplacées par leur dérivée — la dextrine — ou bien par l'inuline ou la pectine qui paraissent être leurs succédanées.

L'amidon est insoluble dans l'eau froide. L'eau chaude le convertit en une espèce de gelée connue sous le nom d'*empois*. Si l'on examine des grains d'amidon au microscope, on y aperçoit un petit point noir auquel on a donné le nom de *hile* et qui vraisemblablement forme l'ombilic par lequel ces grains s'alimentent.

L'une des propriétés de l'amidon est d'être très avide d'eau dont il est difficile de le séparer entièrement. On ne peut l'obtenir complétement *anhydre* (sans eau), qu'en le chauffant dans le vide à une température de + 125° environ. Desséché à l'étuve, il contient encore un équivalent d'hydrogène et d'oxygène en sus de sa composition normale ; et l'amidon de l'industrie en contient seize de plus pour la même quantité de carbone. De là les variantes qui se rencontrent dans la composition de cette matière. Celles qui se rapprochent le plus de la composition normale dont la formule est 12 équiv. de carbone pour 9 équivalents d'eau, dans l'amidon complétement anhydre, sont dues à M. Payen. En voici les résultats :

Carbone	40,3.	39,0
Hydrogène	6,5.	6,5
Oxygène	53,2.	54,5
	100.	100.

L'acide nitrique affaibli, lorsqu'il est employé en excès, fait passer successivement l'amidon à l'état d'acide oxalique, puis à celui d'acide carbonique. Ces transformations sont moins intéressantes pour le cultivateur que celles dont je parlerai tout-à-l'heure à propos de la dextrine.

§ 2. *Inuline.*

L'inuline a beaucoup de rapport avec l'amidon. Comme lui elle est blanche et très pulvérulente. L'eau froide en dissout une très petite quantité, et l'eau bouillante la convertit en une solution mucilagineuse moins consistante que l'empois. Elle est susceptible des mêmes transformations que l'amidon. On la trouve principalement dans les tubercules du topinambour et du dahlia où elle remplace la fécule. Les premiers en contiennent de 1,90 à 3 °/₀ avec 14 à 15 °/₀ de sucre et 75 à 76 °/₀ d'eau de végétation outre quelques autres substances en très petite proportion. Ces tubercules présentent donc une composition une fois plus riche en sucre, inuline comprise, que la composition moyenne des betteraves. C'est là une circonstance que les distillateurs pourraient mettre à profit dans les localités où la betterave ne réussit pas très bien, et où les engrais sont rares.

D'après Berzélius, l'Inuline se compose de :

Carbone...........	43.97	100
Hydrogène........	6.40	
Oxygène..........	49.63	

§ 3. *Pectine.*

La Pectine s'est rencontrée jusqu'ici dans un grand nombre de plantes d'espèces différentes. On l'a trouvée particulièrement dans des racines charnues, dans des fruits à pépins et à noyaux, dans les tiges et les feuilles de plantes herbacées, etc. Mais il est remarquable qu'elle n'existe jamais dans les végétaux qui contiennent de l'amidon, au moins d'après les analyses publiées jusqu'ici, ce qui semble indiquer que ces deux substances sont antipathiques l'une à l'autre.

La pectine, au moyen de l'alcool, s'extrait sous forme gélatineuse des plantes qui la produisent. Desséchée, elle ressemble à la colle de poisson. C'est à sa présence dans le suc des fruits, que ce suc doit de pouvoir se convertir en gelées comme celles qu'on obtient du jus de groseilles, de pommes, etc.

La pectine est susceptible de s'unir aux alcalis et de former avec eux des sels dans lesquels elle joue le rôle d'acide, et chose remarquable, sans que sa composition en soit modifiée. Il y a, sous ce rapport, une analogie parfaite entre elle et la silice. A la vérité, l'acide pectique a de plus que cette dernière et que la pectine, la propriété de rougir la teinture de tournesol. Mais, dit M. Millon, les chimistes qui nient l'existence de l'acide pectique — MM. Figuier et Poumarède entre autres —, pensent que sa réaction est due à une petite quantité d'acide minéral que l'on peut aisément éliminer.

On a fait de nombreuses analyses de la pectine. Toutes, la représentent, comme contenant moins d'hydrogène que son oxygène n'en exigerait pour produire de l'eau. MM. Figuier et Poumarède, toujours d'après M. Millon, en admettant l'identité de composition entre la pectine et le ligneux, expliquent ce déficit d'hydrogène par une oxydation de la pectine, qui s'effectuerait par l'intermédiaire du peroxyde de fer, incorporé, la plupart du temps, aux produits pectiniques.

M. Frémy paraît être l'un des chimistes qui ont le plus étudié la pectine en la soumettant à une série de métamorphoses dont le principe générateur serait la *pectose*, substance insoluble, qui se trouve dans le suc des fruits verts et des racines charnues. La pectose se transforme d'abord en pectine sous l'influence des acides les plus faibles, et selon M. Frémy, elle diffère essentiellement de la cellulose, et par conséquent du ligneux, par toutes ses propriétés.

Comme ces divergences d'opinions intéressent moins la culture que la science spéculative, je ne m'y arrêterai pas davantage. Mais je ne puis me dispenser de dire, que M. Braconnot, qui a découvert la pectine et l'acide pectique, pense que ce dernier pourrait bien être le *cambium* qui existe dans les végétaux en sève. Nous examinerons un peu plus loin le mérite de cette opinion.

—

§ 4. *Gomme et Mucilage.*

Quoique je réunisse ces deux substances en un seul article, elles ne sont pas identiques. La gomme est une exsudation de plusieurs espèces d'arbres, qui durcit à l'air. Dans nos contrées, on la trouve principalement dans les pruniers, les cerisiers, etc.

Le mucilage, au contraire, existe plus particulièrement dans les semences et dans les racines. Toutes les graines en contiennent pour l'alimentation de leur embryon pendant la germination. Les semences dans lesquelles il est le plus abondant sont celles du lin et les pepins de coings.

La gomme se dissout à froid, mais difficilement, en formant un liquide visqueux. Le mucilage se dissout plus difficilement encore. Abandonnés l'un et l'autre au contact de l'air et de l'eau, ils se transforment en acide mucique. Mais, placés dans des conditions convenables de température et d'humidité, ils se convertissent d'abord en une matière sucrée analogue à la dextrine. C'est à la faveur de cette transformation que le mucilage des semences peut concourir à l'alimentation des embryons.

La composition du mucilage de la graine de lin bien déshydratée, est absolument la même que celle de l'amidon.

§ 5. *Ligneux et Cellulose.*

Ces deux principes constituent la charpente de tous les végétaux. Quoique fort souvent confondus, ils forment deux substances bien distinctes, comme l'a démontré M. Payen.

Les cellules sont les organes primitifs de toutes les plantes dont elles forment le tissu que le ligneux solidifie.

Le ligneux et la cellulose n'existent jamais à l'état de pureté dans les végétaux. Ils contiennent toujours une certaine proportion de matières étrangères dont on peut les séparer, mais qui sont nécessaires à la constitution des plantes. Ils forment donc la partie fibreuse organique de ces dernières, c'est-à-dire le squelette tout entier pourvu d'un double système d'organes cellulaires et vasculaires qui se remplissent à la longue des substances élaborées que la sève y dépose, et qui complètent ainsi l'organisation.

Les cellules, à quelques plantes, ou à quelques parties de la plante qu'elles appartiennent, ont toujours une composition chimique identique. La moyenne de douze analyses de cellulose faites par M. Payen, donne : en carbone, 44,90, en hydrogène, 6,10 et en oxygène 49. Ici encore, l'oxygène et l'hydrogène sont dans les mêmes proportions que dans l'eau. La cellulose est donc *isomère* de l'amidon, de l'inuline et du mucilage, puisqu'elle a la même composition avec des caractères différents.

Il n'en est pas tout à fait de même pour le ligneux pur, dans lequel le même chimiste a trouvé une proportion d'hydrogène un peu plus forte, surtout dans celui du chêne, ce qui peut être attribué à quelques réactions particulières à la sève de cet arbre, puisque la même différence ne se trouve pas dans d'autres espèces, notamment dans le buis et le saule. Le ligneux de ceux-ci, d'après Prout, est d'une composition en tout semblable à celle de l'amidon.

§ 6. *Dextrine, Glucose et Sucre.*

Si l'on met en contact de l'amidon ou de la fécule avec de l'eau contenant une certaine proportion d'acide sulfurique, l'amidon se transformera d'abord en une matière analogue à la gomme dans son état physique, mais très différente par ses propriétés chimiques. Cette matière est la *dextrine.* En prolongeant l'opération, la dextrine à son tour, se convertit en *glucose,* c'est-à-dire en un sucre analogue à celui du raisin et différent du sucre de canne, principalement parce qu'il ne cristallise pas aussi facilement.

La composition de la dextrine est parfaitement identique à celle de l'amidon. La transformation se fait donc sans aucune modification dans les proportions des éléments constitutifs de ce dernier, pas plus que dans celles des éléments de l'acide sulfurique qui se retrouve intact à la fin de l'opération. Ce n'est donc pas une action chimique que cet acide exerce ici, mais bien une simple influence physique à laquelle on a donné le nom de Catalyse. « On appelle ainsi, dit Bescherelle aîné, la

» faculté que possèdent certains corps, d'éveiller en quelque » sorte par leur présence, sans y participer chimiquement, des » affinités qui, en leur absence, resteraient inactives. » Nous reviendrons bientôt sur ce sujet qui n'est pas l'un des moins intéressants dans l'étude des phénomènes naturels.

L'acide sulfurique n'est pas le seul corps qui possède ce pouvoir catalytique à l'égard de l'amidon. Non-seulement presque tous les autres acides, mais encore la chaleur seule, ou la chaleur concurremment avec l'eau peuvent l'exercer. Il en est de même du gluten. Toutefois, ma pratique personnelle, lorsque j'exploitais l'une des premières distilleries agricoles qui ont été établies en France, m'a démontré que la substance douée au plus haut degré de la propriété dont il s'agit, est la *diastase* dont l'action est réputée 60 fois plus énergique que celle de l'acide sulfurique.

La diastase est une matière albuminoïde providentiellement placée près du germe dans toutes les semences, et notamment dans celles de l'orge, pour catalyser les substances amylacées et mucilagineuses qu'elles contiennent, et les approprier ainsi, en les rendant solubles, à l'alimentation des plantes pendant la première phase de leur vie.

On prétend que la diastase n'existe qu'à l'état latent dans les graines sous la forme de substance albuminoïde, et qu'elle ne se forme que pendant la germination. Ce qui peut le prouver jusqu'à un certain point, c'est que l'orge non germée n'exerce pas sur les matières amylacées la même action catalytique que l'orge germée ou le malt des brasseurs de bière.

Le passage de la dextrine à l'état de glucose n'est pas seulement l'effet d'une simple catalyse, mais bien encore celui d'une espèce de fermentation à laquelle on a donné le nom de saccharine, car la composition du glucose diffère de celle de la dextrine en ce qu'il fixe quatre équivalents d'eau en se transformant. Mais si on le maintient longtemps à une chaleur de 100 degrés, il perd deux de ces équivalents et devient totalement incristallisable. Toutefois nous ne tarderons pas à voir que la fermentation saccharine est bien différente des autres.

Tous les composés ternaires que nous venons de passer en revue, à l'exception peut-être de la pectine, peuvent également se convertir en dextrine ou en matière analogue à la dextrine, puis en sucre de raisin. J'appelle spécialement l'attention du lecteur sur cette particularité qui nous aidera à expliquer des faits d'une extrême importance lorsque nous nous occuperons de l'alimentation des végétaux.

Le sucre ordinaire, formé de onze équivalents d'hydrogène et d'oxygène pour douze équivalents de carbone, pourrait, lui-même, en s'assimilant un nouvel équivalent d'eau, se transformer en glucose et servir à cette alimentation. Lorsqu'on le soumet à la distillation pour en obtenir de l'alcool, il passe nécessairement par l'état de sucre de raisin, condition rigoureuse pour que la fermentation alcoolique puisse s'établir.

—

SECONDE SECTION.

La table des équivalents chimiques ne fournissant pas les moyens d'établir la composition des matières comprises dans cette section, pas plus que celle de toutes les autres substances végétales, voici celle des composés dont il s'agit ici :

	Carbone.	Hydrogène	Oxygène	Expérimentateurs.
Alcool anhydre	52,190	13,020	34,790	Boussaingault.
Huile de lin..........	76,014	11,351	12,635	Th. de Saussure.
Huile d'olive.........	77,210	13,360	9,430	Thénard.
Résine...............	75,944	10,719	13,337	Id.
Cire.................	81,784	12,672	5,544	Id.
Glycerine	40,071	8,925	51,004	Id.
Stéarine d'huile d'olive.	82,170	11,232	6,302	Id.
Id. de graisse de mouton............	78,776	11,770	9,554	Id.
Oléine de graisse de porc	79,030	11,422	9,548	Id.
Margarone...........	83,340	13,510	3,150	Bussy.

Passons rapidement en revue chacune de ces substances.

1° *L'alcool* est toujours un produit industriel qu'on retire de la distillation du vin ou du marc de raisin, du jus de la canne à sucre, de la betterave, du topinambour, de plusieurs espèces de fruits et enfin de la dextrine provenant des diverses matières qui peuvent la fournir. Le nombre des distilleries agricoles augmentant tous les jours, l'étude de l'alcool mérite d'être approfondie.

On ne peut produire cette substance, quelques matières qu'on y emploie, que par la fermentation du glucose que ces matières doivent préalablement donner. Dans cette opération, le glucose subit une profonde modification. Une partie de son eau de constitution se sépare purement et simplement, mais reste mélangée avec la matière en travail. Une autre partie de cette même eau se décompose entièrement par l'action *du ferment*. Tandis que son oxygène brûle un équivalent du carbone du glucose et forme avec cet équivalent de l'acide carbonique qui se dégage dans l'air, son hydrogène reste combiné avec la partie non attaquée du glucose et la constitue à l'état d'alcool. C'est ce dont on obtient la preuve en recueillant tous les produits de l'opération.

L'alcool n'est donc pas autre chose que du glucose réduit par l'élimination d'une partie de ses éléments. Mais en s'effectuant, cette élimination opère une transformation notable dans les principes immédiats du glucose dans lequel on ne trouve que du carbone et de l'eau, tandis que l'alcool est un composé de carbure d'hydrogène et d'eau. En effet, en groupant ses éléments on obtient :

Carbone....	52.19...	52.19	carbure d'hydrogène ou gaz oléfiant.
Hydrogène..	13.02	8.70	
		4.32	eau.
Oxygène ...	34.79...	34.79	
	100.00	100.00	

La formation de l'hydrogène bi-carboné est évidemment due à l'hydrogène laissé par l'eau décomposée et dont l'oxygène a brûlé une partie du carbone du glucose. On voit que dans tout cela, si l'air exerce une action quelconque, cette action est entièrement catalytique, puisque contrairement à une opinion très répandue, ni l'un ni l'autre de ses éléments n'entrent dans la formation des produits résultant de la fermentation.

2° *Les huiles*. Chacun connaît les principaux usages des huiles qui sont, ou comestibles, ou lampantes, ou employées pour délayer les couleurs dans la peinture, ou bien enfin pour fabriquer des savons. Dans ce dernier cas, elles se convertissent en acides par l'action qu'exercent sur elles les alcalis *caustiques* avec lesquels elles se combinent. On appelle alcalis caustiques ceux qui sont à l'état de simples oxydes, parce qu'en cet état ils peuvent désorganiser ou du moins modifier les substances animales et végétales avec lesquelles ils sont en contact. C'est précisément ce qui a lieu dans la saponification des huiles. Pour rendre caustique un alcali on le prend à l'état de carbonate dissous dans l'eau et l'on introduit dans la dissolution de la chaux vive qui lui enlève son acide carbonique. C'est le procédé en usage dans les savonneries, les blanchisseries de toiles, etc.

3° *Les résines.* Ces matières appartenant à la sylvicuture qui n'entre pas dans mon cadre, je ne les cite que pour mémoire.

4° *La cire.* Tous les végétaux contiennent de la cire en très petite quantité. Personne n'ignore que c'est principalement dans les fleurs que les abeilles vont puiser celle qu'elles fournissent aux usages domestiques et à l'industrie. On la trouve également, mais mélangée avec une matière huileuse dans un grand nombre de graines. C'est elle qui forme en partie le vernis qui recouvre la face antérieure des feuilles. Elle entre dans la composition de la *chlorophylle* dont je parlerai plus loin.

5° *La glycérine.* C'est le principe doux des huiles. On l'en extrait en traitant celles-ci par la litharge (protoxyde de plomb) ou par une base capable de les saponifier. C'est un liquide transparent, inodore, incolore, d'une saveur très douce, mais sans usage.

6° *La stéarine et l'oléine* sont les radicaux des acides stéarique et oléique dont il a été parlé précédemment. L'imperceptible différence existant — si toutefois il en existe — entre la composition chimique du radical et celle de l'acide autorise à croire que la formation de ce dernier est due à une simple catalyse produite par les alcalis dans la saponification. La stéarine donne lieu à l'exploitation d'une industrie qui a pris beaucoup de développement, pour la préparation des bougies dites stéariques. La stéarine et l'oléine existent ensemble dans plusieurs espèces de graisses dont on peut les extraire en faisant dissoudre ces graisses dans l'alcool.

7° *La butyrine* se trouve principalement dans le beurre. Nous verrons ailleurs qu'elle peut se produire à l'état d'acide butyrique par la fermentation du glucose. Sous l'action des alcalis, elle peut se convertir en glycérine, en acides volatils lorsqu'ils sont distillés avec l'eau, et en acides oléique et margarique.

8° *La margarone* est le produit de la distillation de l'acide margarique avec environ le quart de son poids de chaux vive. Elle se solidifie par le refroidissement. Purifiée par l'alcool bouillant elle cristallise et fournit une matière nacrée qui brûle sans fumée.

—

SECONDE DIVISION.

Corps quaternaires azotés.

On donne assez communément à la matière constitutive de ces corps la qualification de végéto-animale, parce qu'ils existent presque tous dans l'un et l'autre règnes avec une composition chimique qui diffère très peu. Cela se concevra aisément si l'on considère que cette matière est précisément celle que les animaux s'assimilent dans leur alimentation en l'empruntant au règne végétal. C'est donc la même matière. Seulement elle peut subir dans l'organisme animal une élaboration nouvelle qui modifie ses formes mais qui conserve, à peu de chose près, ses principes immédiats. C'est ainsi que le gluten, l'albumine, etc., des végétaux peuvent se transformer en chair, en sang, en lait, etc.; mais on retrouvera dans ces derniers, soit qu'ils proviennent immédiatement d'animaux herbivores ou carnivores, tous les principes du gluten, de l'albumine, etc. On entrevoit clairement par là les rapports qui existent entre les deux règnes.

J'ai déjà énuméré (page 98) les substances qui forment cette division. Malgré la presque identité existant entre celles de nature purement végétale et celles de nature animale, je dois les examiner séparément.

Dans le règne végétal, ce sont : 1° le gluten ou ses quatre principes immédiats ; 2° la légumine; 3° l'albumine ; 4° le cambium ; 5° la chlorophylle. Ajoutons le ferment.

D'après M. Boussaingault, l'albumine du froment se compose de :

Carbone...	52.60	
Oxygène ..	22.10	
Azote.....	18.40	
Hydrogène.	6.90	dont 2.75 avec 22.10 d'oxygène font de l'eau. » 3.85 avec 18.40 d'azote font de l'ammoniaque. » 0.26 différence insignifiante qui peut provenir de quelque impureté ou de toute autre cause.
	100.00	

Cette composition représente à peu de chose près, celle de tous les corps protéiques de cette catégorie. Cependant la proportion d'hydrogène dépasse un peu, dans le gluten, celle qui serait nécessaire pour former de l'eau et de l'ammoniaque avec l'oxygène et l'azote qui s'y trouvent. Cela vient de ce que le gluten, composé très complexe, contient une petite partie de matière butyreuse qui est moins oxygénée et plus hydrogénée que les autres principes auxquels elle est unie. Mais en éliminant cette substance on ne trouve plus dans la glutine, la caséine et la fibrine du gluten, comme dans la légumine et l'albumine végétales, que du carbone avec les éléments de l'eau et de l'ammoniaque.

Donnons maintenant un rapide coup d'œil à chacune des substances de cette division.

Celle qui vient en première ligne, c'est le *ferment*. Le ferment est, comme son nom l'indique, le principe de la fermentation. C'est un levain, lorsqu'il s'y trouve associé dans des proportions convenables, qui possède la propriété d'échauffer les matières animales et végétales et de mettre en jeu des affinités qui, par ce jeu même connu sous le nom de fermentation, transforment en la modifiant la composition des corps fermentescibles.

A proprement parler, toutes les matières azotées animales et végétales constituent des ferments plus ou moins énergiques selon la proportion d'azote qu'elles contiennent. Nous en avons un exemple dans le levain fait avec de la farine ordinaire. Mais la substance à laquelle on donne plus communément le nom de ferment consiste en flocons visqueux produits par la fermentation de la bière.

Ces flocons que l'on appelle aussi *levure de bière* sont formés de globules que l'on prétend être animés.

La composition de la levure varie beaucoup selon qu'elle a été recueillie à la surface ou au fond du liquide fermenté. Néanmoins, sa teneur en hydrogène est la même dans l'un et l'autre cas relativement à l'oxygène et à l'azote, et dépasse un peu celle qui serait nécessaire pour former avec eux de l'eau et de l'ammoniaque. On se l'expliquera très bien si, comme c'est probable, les analyses ont porté sur de la levure fraîche qui, d'après d'autres analyses, contient une proportion très sensible d'alcool beaucoup plus hydrogéné que la levure pure.

Le ferment étant très proche parent du gluten nous examinerons d'abord celui-ci en le réunissant à l'albumine qui se trouve avec lui dans les graines et principalement dans celles des céréales ; mais dans des proportions très variables, selon les provenances et les espèces de graines qui les contiennent.

Tandis que dans une série de quatorze analyses de froment dues à M. Péligot on trouve du blé Touselle blanche de Provence qui ne contient que 9,9 pour 100 de gluten et d'albumine ; du blé de Flandre qui n'en contient que 10,7 ; du poulard roux, 10,6 et du blé d'Espagne 10,7, on y voit figurer ces deux substances pour 18,5 dans du poulard bleu conique, 20,6 dans du blé d'Egypte et 21,5 dans du blé de Pologne. D'un autre côté, tandis que Thompson ne trouvait que 9,93 °/₀ de gluten dans des farines d'Amérique, d'autres chimistes en retiraient jusqu'à 24,5 de nos farines ordinaires. Or, si, d'une part, le gluten est la substance la plus nutritive dans le pain ; si, d'autre part, sa proportion dans les froments peut varier autant que l'indiquent ces diverses analyses, on voit qu'il y a bien à prendre garde dans le choix des blés destinés à l'alimentation publique, comme dans celui des semences destinées à la reproduction. Mais, pour que ce choix puisse s'exercer judicieusement, il faut que notre éducation agricole soit un peu plus avancée qu'elle ne l'est généralement. Il n'y a pas un seul cultivateur, un seul boulanger, un seul consommateur qui se préoccupe de cette différence ; et cependant elle en vaut la peine. Si quelquefois on donne la préférence au blé dur sur le blé tendre, et réciproquement, c'est toujours par d'autres considérations.

Le gluten, avons-nous dit déjà, contient quatre principes immédiats : la fibrine, la caséine, la glutine et une matière butyreuse. Leur histoire étant la même que celle du composé qu'ils forment, il n'y a pas lieu de s'y arrêter. Ce sont ces principes, c'est-à-dire les trois premiers, ainsi que l'albumine, lorsqu'ils sont parfaitement purgés de soufre, de phosphore et d'autres matières étrangères qui constituent ensemble ou séparément les matières protéiques ou la protéine, formant la base de l'alimentation.

La légumine ne diffère pas sensiblement du gluten sinon par sa provenance et par quelques propriétés particulières. Elle est aux différentes familles de légumineuses, dont elle constitue la principale matière azotée, ce que le gluten est aux céréales. Mais elle se rencontre encore dans un grand nombre d'autres espèces végétales. Quelle que soit son origine ; qu'elle vienne de la graine de moutarde blanche, d'amandes de noisettes, ou de pois verts et secs, sa composition reste sensiblement la même. Comme le gluten, elle est insoluble dans l'eau froide.

Lorsque l'on étudie attentivement des arbres en sève, on remarque entre l'aubier et l'écorce, une matière visqueuse, qui semble tenir tout à la fois de la gomme et du mucilage, et qui s'y trouve en plus ou moins grande abondance, selon l'espèce de ces arbres. Cette matière, que je regarde comme n'étant que de la sève concentrée, est appelée *cambium*. C'est elle, que M. Braconnot croit identique à l'acide pectique. Cette opinion, ne paraîtra sans doute pas fondée, si l'on considère, comme l'ont établi MM. Payen et de Mirbel, que le cambium est un mélange de matières azotées avec des composés ternaires, comme ceux dont j'ai parlé précédemment. Qu'il y ait de la pectine dans le cambium, qu'il y ait surtout du ligneux et de la cellulose, il est d'autant moins possible d'en douter que ces derniers entrent pour les 19/20 environ dans la composition de plusieurs bois, dont le cambium forme les couches successives. Mais ce dont on ne peut pas douter davantage, c'est que ce dernier n'est pas une matière homogène. Tout indique au contraire, que c'est un mélange de toutes les matières qui concourent à la formation des végétaux, et par conséquent, il est aussi variable dans sa composition que le sont ces végétaux eux-mêmes.

Telle était l'opinion générale relativement au cambium quand, dernièrement, un article inséré dans un ouvrage d'ailleurs du plus haut mérite, est venu tenter de la rectifier, en alléguant que « les observateurs modernes, grâce à la perfec-
» tion de leurs microscopes, ont pu s'assurer que ce prétendu
» liquide coulant entre le bois et l'écorce *n'existe pas*, et que
» l'on a pris pour tel *un tissu naissant* extrêmement délicat,
» mais dont les cellules sont cependant faciles à observer, le-
» quel *s'organise peu à peu* en consolidant ses parois, et en
» modifiant ensuite graduellement sa configuration pour de-
» venir — en dedans, du bois — en dehors, de l'écorce fi-
» breuse et du liber. — Ainsi, pour eux, le cambium est le *tissu*
» *générateur* dont on constate aisément l'existence en voie de
» développement. »

Si je ne m'abuse, cette rectification en se plaçant au point de vue du fait accompli ou en voie d'accomplissement, n'est pas heureuse. Si le cambium est un tissu naissant, il est donc engendré avant d'être générateur. D'où vient-il, qu'était-il avant d'être tissu ? Si ce n'était pas le liquide visqueux primitivement observé, qu'était-ce donc ? C'est là ce qu'il aurait fallu expliquer d'une manière plus satisfaisante.

La substance qui clot la catégorie des composés quaternaires végétaux dont nous avons à nous occuper, est la matière verte des plantes, à laquelle on a donné le nom de chlorophylle. Elle consiste en grains infiniment petits, qui se trouvent principalement dans les cellules formant le tissu des feuilles. C'est à son action catalytique, que l'on attribue la décomposition de l'acide carbonique dans ces feuilles sous l'influence de la lumière, influence à laquelle la chlorophylle doit elle-même sa naissance, car on ne la rencontre pas dans les plantes qui ont végété dans l'obscurité. C'est ce qu'a constaté M. Gardner (1), en exposant à divers rayons du spectre solaire, de jeunes plantes de navets préalablement privés de lumière, et en marquant l'endroit de chaque plante où la chlorophylle se formait le plus

(1) Rapport annuel de Berzélius, 1845, page 243.

vite et en plus grande abondance. Le résultat de ces recherches est que, ce sont les rayons jaunes et les rayons verts (1) qui exercent l'action la plus prononcée relativement à la production de la matière verte des végétaux.

La chlorophylle, d'après une analyse de M. Mudler, ne présente pas la même composition chimique que les autres corps quaternaires. Il n'y a trouvé que :

Carbone.......	54.81	100.00
Hydrogène	4.82	
Azote.........	6.88	
Oxygène......	33.49	

Mais cette analyse faite sur une très petite quantité de feuilles de peuplier, n'est indiquée que comme approximative, et tout porte à croire qu'elle n'est pas exacte. D'une part, elle ne fait aucune mention du fer que d'autres chimistes y ont trouvé ; et d'autre part, elle ne constate qu'une très faible proportion d'hydrogène, tandis que d'après MM. Peltier et Caventou qui avaient étudié cette matière longtemps auparavant (2), on doit la considérer comme une substance très hydrogénée.

Lorsque le fer fait défaut dans la chlorophylle, les feuilles dans lesquelles cette dernière se trouve, en éprouvent une maladie qui s'annonce par une teinte jaune, et à laquelle on a donné le nom de chlorose. On la guérit ordinairement, en arrosant ces feuilles avec une dissolution très faible de sulfate de fer.

Examinons maintenant les substances animales plus ou moins analogues aux précédentes.

Voici les principales avec leur composition chimique, trouvée par MM. Dumas et Cahours.

	Carbone	Hydrogène	Oxygène	Azote.	
Albumine.......	52.90	7.50	24.00	15.60	
Fibrine du sang..	52.78	6.96	23.48	16.78	
Caséine du lait de vache.........	53.50	7.05	23.68	15.77	
Gélatine........	53.89	7.00	22.61	15.50	1.00 de soufre.
Urée...........	19.90	6.60	26.60	46.90	
Hématosine.....	66.49	5.30	11.01	10.54	6.66 de fer.

(1) Voir au chapitre de la Lumière, l'explication relative au spectre solaire.
(2) *Journal de Pharmacie*, tome 3, page 486.

L'*albumine* est très répandue dans l'économie animale. Elle forme presque à elle seule, la base du blanc d'œuf, du sérum, du sang, etc. Les différentes analyses qui en ont été faites en l'extrayant du sang de diverses espèces d'animaux, ne présentent pas de différences sensibles.

La *fibrine* est dans les animaux, avec l'azote en sus, ce que le ligneux est dans les plantes. Elle constitue en grande partie les chairs musculaires et le sang. Sa composition est à très peu de chose près identique à celle de l'albumine.

Il en est de même de la *caséine* qui se trouve dans tous les laits dont elle fait la base, et dont on l'extrait par la coagulation après en avoir enlevé la crême qui, plus légère, monte à la surface. Il ne reste que le petit lait que l'on sépare par filtration ou par pression. La caséine entre pour la plus grande partie dans les fromages.

La *gélatine* dont la composition se rapproche également beaucoup des précédentes, se trouve dans les os qui en contiennent environ la moitié de leur poids; dans les chairs musculaires, dans les peaux, dans les tendons, etc. Lorsqu'on fait bouillir ces matières dans l'eau, la gélatine s'y dissout. En séparant cette dissolution des matières solides et en la laissant refroidir, on obtient la gélatine en gelée; mais dans cet état, elle s'aigrit promptement. Pour la conserver, il faut nécessairement la dessécher. La colle-forte, la colle de poisson sont de la gélatine.

M. Mudler donne, dans le rapport annuel de Berzélius de 1846, l'analyse d'une gélatine végétale, dont la composition est à peu près la même que celle de la gélatine animale. Si je ne m'y arrête pas, c'est qu'elle a été trop peu étudiée jusqu'ici.

On voit d'après ce qui précède, qu'il y a réellement bien de l'analogie entre le règne animal et le règne végétal. Cette analogie se reproduit jusqu'à un certain point entre l'*hématosine* et la *chlorophylle,* celle-là constituant la couleur du sang, comme celle-ci constitue la couleur des feuilles, et toutes les deux contenant en sus des quatre éléments organiques une certaine proportion de fer.

L'*urée* seule n'a pas d'analogue dans l'économie végétale. Celle dont il s'agit ici, s'extrait de l'urine de l'homme et d'un grand nombre d'animaux. Pure, elle cristallise en forme de prismes qui ont la forme d'aiguilles. En cet état, elle est sans usage. Mais en se décomposant, elle constitue le principe le plus actif de l'urine employée comme engrais.

La *laine*, les *poils*, les *matières cornées*, que je n'ai pas fait figurer dans le tableau précédent, ont tous une composition à très peu de chose près semblable à celle des matières animales. Nous les retrouverons au chapitre des engrais.

Tout ce que je viens d'exposer, montre que la composition des êtres organisés, dans les deux règnes, dérive d'un très petit nombre de principes uniformes non-seulement dans toutes les espèces d'êtres, mais encore dans toutes les espèces de matières dont ils sont formés, et qu'en définitive cette admirable harmonie repose sur trois ou quatre éléments organiques, associés à environ un vingtième de leur poids de minéraux très peu variés.

Si l'on n'aperçoit pas très distinctement dès maintenant, l'utilité de ces notions préliminaires, on la comprendra bien mieux lorsque nous aborderons l'étude de la fertilisation, à laquelle la présente nomenclature que je termine ici, est une initiation indispensable.

DE LA FERMENTATION.

Ce chapitre clora l'étude préliminaire qui précède.

Si l'on a bien compris tout ce qui a été dit jusqu'ici, on a dû se convaincre que la matière organique, immuable dans son essence et dans sa quantité, passe incessamment de transformations en transformations, abandonnant les corps qui ont vécu pour en reconstituer d'autres auxquels elle apporte la vie.

Les deux principaux agents de ces transformations, sont la végétation et la fermentation, principes immédiats de la vie matérielle, mais émanant eux-mêmes d'un principe primordial, supérieur et divin qu'il ne nous est pas donné d'approfondir, et devant lequel nous devons nous incliner.

Dans cet ordre d'idées, la végétation recompose sans cesse pour tous les besoins de la vie, ce que la fermentation décompose et ce que la catalyse transforme. Le moment n'étant pas encore venu de nous occuper de la première, nous nous bornerons ici à une étude superficielle des deux autres.

Nous savons déjà, que toutes les matières hydrocarbonées ternaires de la première section qui se trouvent dans les végétaux, ou qu'on en extrait, sont susceptibles, sans que leur composition en soit modifiée, de se convertir en dextrine par une simple action catalytique, plus ou moins vive, selon la nature des agents sous l'influence desquels elle s'exerce, comme aussi selon la nature des matières soumises à cette action.

Nous savons en outre que la dextrine peut, à son tour, se transformer en un sucre analogue à celui du raisin, auquel on a donné le nom de glucose, par une action semblable que quelques chimistes appellent aussi fermentation saccharine, bien que ce ne soit pas là une fermentation proprement dite.

Nous savons enfin, que cette double métamorphose de certains corps en dextrine et de dextrine en glucose, peut s'opérer spontanément, mais lentement, sous l'influence de l'humidité et d'une chaleur modérée, tandis que quand elle a lieu à l'aide d'agents spéciaux tels que l'acide sulfurique et surtout la diastase, elle est beaucoup plus prompte et beaucoup plus complète.

Mais ce que nous ne savons pas encore assez, c'est que l'un des aliments par excellence pour les végétaux, c'est le glucose.

Lorsque l'on sème ou que l'on plante un grain de blé, une pomme de terre, etc., l'amidon et la fécule contenus dans ces semences, ainsi que les matières protéiques qui leur sont associées, ne tardent pas à se convertir les unes en glucose, les autres en substances mucilagineuses solubles par un effet catalytique dû à une humidité et une température convenables. Ce sont donc ces matières ainsi transformées, qui alimentent la plante dans la première phase de sa vie. Elles constituent, pour ainsi dire, le lait destiné à nourrir l'embyron, jusqu'à ce que celui-ci soit en état de puiser sa substance à d'autres sources.

Il est certain que, si le cultivateur pouvait fournir assez d'aliments semblables à ses récoltes, le succès de celles-ci serait beaucoup plus assuré. Mais son intérêt le portant à donner une autre destination à la partie la plus précieuse de ses produits, cette dernière sera-t-elle perdue pour la végétation ? Considérée sous un point de vue général, cette question se résout négativement, car tout ce qui vient de la végétation lui retourne tôt ou tard sous une forme ou sous une autre, dans un lieu ou dans un autre.

Parmi les matières qu'elle crée, les unes servent à l'alimentation, les autres au chauffage et à l'éclairage domestiques, d'autres enfin à de nombreux usages variés.

Dans le premier cas, lorsque ces substances sont simplement hydro-carbonées, elles pourvoient uniquement à l'entretien de la respiration dans laquelle elles sont brûlées puis rejetées dans l'atmosphère sous la forme d'acide carbonique et de vapeur d'eau dont les éléments doivent plus tard reconstituer dans la végétation d'autres substances semblables ou analogues.

Lorsqu'elles appartiennent à la catégorie des matières protéiques, les matières alimentaires sont assimilées en partie par l'individu qui les consomme, en partie brûlées dans la respiration, surtout quand les matières hydro-carbonées ne sont pas en proportion suffisante pour pourvoir seules à cette combustion, et en partie rejetées sous la forme d'excréments ou d'engrais contenant de précieux éléments de fertilité. La partie assimilée périssant avec le corps auquel elle s'est unie, subit aussi tôt ou tard des transformations à la suite desquelles elle se reconstitue dans la végétation.

Les matières combustibles qui ne servent point à l'alimentation et qui sont transformées par le feu, livrent à l'atmosphère la presque totalité de leurs principes constituants, qui vont se réunir à ceux produits par la respiration et par d'autres causes.

Enfin, les matières employées à d'autres usages domestiques ou par l'industrie, n'étant point impérissables, elles ne peuvent échapper, dans un temps donné, à la loi commune de la décomposition par la combustion, ou par la fermentation.

Les effets produits par cette dernière, sont tout différents de ceux résultant de la catalyse, mais ils ne sont pas sans quelque analogie avec ceux de la combustion par le feu ou par la respiration.

La fermentation opère la décomposition des matières dans lesquelles elle a lieu, en dissociant plus ou moins complètement leurs éléments dont elle élimine une partie à l'état de combinaisons nouvelles, et dont elle métamorphose l'autre partie en produits d'une nature et d'une composition bien différentes de celles des matières originaires.

Quelques-uns de ces produits nouveaux sont susceptibles eux-mêmes de transformations successives, dont le dernier terme paraît être l'acide ulmique, identique à celui résultant de la décomposition du terreau, ce qui montre encore que la matière organique ne peut échapper à sa destinée qui est de revenir finalement à la végétation, en prenant dans sa métamorphose ultime la forme de l'aliment qui convient le mieux aux plantes.

Le premier effet de la fermentation des substances hydrocarbonées de la première section, est la conversion du glûcose en trois produits différents, dont les éléments forment un total égal à celui des éléments de la matière dont ils dérivent, savoir : en alcool, en eau, en acide carbonique. Ce dernier se dégage, tandis que les autres restent mélangés mais non combinés.

Cette fermentation est celle que l'on appelle *alcoolique* ou *vineuse*. Elle ne peut avoir lieu sans la présence d'un ferment ni à une basse température. Celle qui lui est le plus favorable doit correspondre à la température du corps humain, c'est-à-dire à 20 ou 25 degrés, ce qui établit un nouveau rapport entre le principe de la fermentation et celui de la vie animale. Au-dessous et jusqu'à 12 degrés la fermentation est d'autant plus languissante qu'elle approche davantage de ce dernier chiffre. Et à des degrés plus bas encore elle s'arrête entièrement.

Le glucose, selon la nature et l'abondance du ferment, comme aussi selon la température et sans qu'il soit toujours possible de le prévoir exactement, peut encore produire, au lieu d'alcool, de l'acide lactique, acétique ou butyrique. La production de ce dernier est certainement un fait très curieux qui peut mettre sur la voie de la manière dont se forme la matière grasse dans les plantes.

La fermentation alcoolique ne se produit que dans les matières hydrocarbonées de la première section et à la condition rigoureuse qu'elles consistent en sucre de fruit ou de raisin, ou qu'elles soient préalablement amenées à un état analogue par leur transformation en glucose.

L'alcool étendu d'eau peut, à son tour, être transformé en acide acétique, par une nouvelle fermentation.

Dans les matières quaternaires azotées, la fermentation peut être tout à la fois saccharine et putride, ou uniquement putride lorsque le principe azoté est abondant, la température favorable et l'accès de l'air très libre. Lorsqu'elle s'établit dans des matières animales elle est toujours putride et produit principalement de l'eau, de l'ammoniaque, de l'acide carbonique, de l'acide acétique, etc.

Dans les substances végétales telles que les pailles et autres matières où le ligneux domine, lorsqu'elles sont mélangées avec quelques déjections animales, comme dans les fumiers, et lorsque surtout elles sont tassées et arrosées avec soin et que l'air n'y a qu'un faible accès, le double phénomène de la catalyse et de l'action putride peut se produire à la fois en donnant lieu à la formation de matières sucrées et mucilagineuses ainsi qu'à celle d'acide carbonique et d'ammoniaque ou de carbonate d'ammoniaque, substances qui constituent les principaux aliments des végétaux. Lorsque ces réactions s'opèrent sous la direction du cultivateur elles demandent beaucoup d'attention et de soin pour que le terme de leur effet utile ne soit pas dépassé, et pour que les produits volatils ne s'échappent pas en pure perte. En traitant des fumiers, nous aurons occasion de faire l'application de ces principes.

Terminons cette première partie par de courtes réflexions qui pourront nous aider à éclaircir plus tard quelques questions intéressantes.

Les transformations dont est susceptible la matière végétale hydro-carbonée dans laquelle l'hydrogène et l'oxygène représentent de l'eau, constituent certainement un phénomène qu'on ne saurait trop approfondir.

En effet : Voilà de l'amidon pulvérulent, sans saveur sensible, insoluble dans l'eau froide et qui conservera éternellement ces propriétés s'il est abrité contre toute cause d'altération.

Mais qu'on le mette en contact avec certaines substances et dans certaines conditions, on le verra instantanément acquérir des propriétés différentes, sans se décomposer, sans la moindre modification dans la quantité proportionnelle de ses éléments, sans que les réactifs éprouvent eux-mêmes la moindre altération. D'insapide et insoluble qu'il était, il deviendra sucré et soluble; sous la forme de dextrine, ses qualités seront entièrement transformées et cependant ce sera toujours la même matière avec la même quantité de carbone, d'hydrogène et d'oxygène.

Si au lieu d'amidon, on opère sur de l'inuline, de la gomme, du ligneux, de la cellulose, on obtiendra des effets analogues que chacun voit se produire spontanément dans la maturation de certains fruits. Une poire, par exemple, qui de dure, sèche et âpre qu'elle était, devient tendre, juteuse et sucrée, montre la transformation en glucose ou en sucre de fruit, de sa matière hydro-carbonée et principalement de la cellulose qui domine dans sa composition, transformation due à un agent catalysateur qui peut exister naturellement dans le fruit, comme il peut n'être que la chaleur combinée avec l'eau que ce fruit renferme.

Ce qui est le plus remarquable ici, c'est que ce phénomène s'accomplit dans un ordre précisément inverse de celui qui a lieu dans la végétation où le glucose devient cellulose, etc., tandis qu'ici c'est la cellulose qui redevient glucose.

La conclusion qui découle de ces faits et de tous ceux plus ou moins analogues que nous verrons encore, c'est que tout, dans la nature organique, n'est que synthèse et analyse, composition et décomposition, se succédant et se renouvelant sans cesse avec une admirable simplicité, sans que les éléments de la matière augmentent ni ne diminuent et sans qu'ils éprouvent la moindre altération. On peut donc dire que tous les êtres organisés, animaux et végétaux ne sont que des composés de carbone, d'hydrogène, d'oxygène et d'azote associés à quelques métaux et à quelques métalloïdes redevenant, après avoir parcouru les phases de leur existence, carbone, hydrogène, oxygène et azote destinés à former des corps nouveaux jusqu'à la consommation des siècles.

De tous les enseignements que nous devons à la chimie, celui-ci n'est pas le moins intéressant ni le moins fécond en applications utiles.

—

TABLEAUX DES DENSITÉS.

§ 1. — *Gaz et Vapeurs.*

	Densité.	Poids d'un litre à 0° et à 0,76° de pression.
Air pur.	1,0000	1,2991
Chlore	2,4700	3,2088
Cyanogène	1,8064	2,3467
Gaz ammoniacal	0,5967	0,7752
id. azote	0,9691	1,2590
id. hydrogène	0,0687	0,0894
id. oxygène	1,1036	1,4337
id. sulfureux	2,1930	2,8489
id. acide carbonique	1,5196	1,9741
id. hydro-chlorique.	1,2474	1,6205
id. hydro-sulfurique	1,1912	1,5475
Hydrogène protocarboné . . .	0,5550	0,7210
id. bi-carboné	0,9814	1,2752
id. perphosphoré . . .	1,7610	2,2880
id. protophosphoré. . .	1,2140	1,5780
Oxyde de carbone	0,9569	1,2431
Vapeur d'eau	0,6235	0,8100
id. d'alcool absolu	1,6133	2,0958
id. d'éther sulfurique . . .	2,5860	3,3596
id. nitreuse	3,1805	4,1318
id. d'essence de térébenthine.	5,0130	6,5124

§ 2. — *Corps solides.*

Acier fondu . . .	7,720	Or	19,257
Alumine	2,000	Phosphore . . .	1,770
Argent fondu. . .	10,474	Pierre à bâtir (moyenne).	1,800
Chaux.	2,300	Pierre à plâtre . .	2,200
id. (d'après M. Barral, *Bon fermier*).	3,150	Platine	20,980
Cuivre.	8,895	Plomb fondu. . .	11,352
Fer	7,788	Potassium . . .	0,865
Granit.	2,700	Silice	2,660
Magnésie	2,300	Sodium	0,972
Manganèse . . .	6,850	Soufre.	1,090
Mercure	13,568	Zinc	6,861

§ 3. — *Corps liquides.*

Alcool absolu	0,792
Acide sulfurique le plus concentré, à + 20° de tempér.	1,842
id. nitrique, id. à + 18° id.	1,510
id. hydrochlorique, id. à + 7° 22 id.	1,210

A cette densité, l'acide hydrochlorique liquide contient 42,42 °/₀ d'acide absolu. La proportion de ce dernier diminue de 2,02 °/₀ par chaque centième de densité. Ainsi, celle-ci étant de 1,20, le rapport de l'acide absolu sera 40,40 °/₀. Si elle n'était que de 1,01 le liquide ne contiendrait plus que 2,02 °/₀ d'acide.

§ 4. — *Densité de quelques grains et graines.*

J'emprunte tous les chiffres de ce paragraphe au *Bon Fermier* de M. Barral, en avertissant qu'il ne faut pas confondre ici la densité ou pesanteur spécifique, avec le poids des mêmes substances dans leur état normal. Le poids spécifique est celui d'un décimètre cube complétement exempt de vide, ou d'un volume indéterminé déplaçant exactement un litre d'eau. Si l'on verse un litre de froment, par exemple, dans de l'eau, le volume de celle-ci n'augmentera pas d'un litre, parce qu'il y avait beaucoup de vide entre les grains de blé. Ainsi, la différence qui existe entre le poids spécifique et le poids réel, indique assez exactement le rapport du volume à l'état normal avec le volume d'une densité parfaite.

Avoine de printemps.	1,050	Maïs.	1,147
Cameline	1,236	Millet	1,184
Colza	1,110	Moutarde blanche. .	1,236
Froment	1,403	Navette.	1,134
Lentille.	1,363	Orge	1,351
Lin	1,163	Pois.	1,350

On voit que de toutes ces graines l'avoine est spécifiquement la plus légère et le froment la plus lourde. Il en est absolument de même quant à leur poids à l'état normal qui ne représente guère que la moitié de leur poids spécifique.

Lorsque je traiterai des cultures, j'indiquerai le poids réel des denrées les plus connues.

§ 5. — *Matières végétales et animales diverses.*

Les chiffres qui suivent sont également extraits du *Bon Fermier* de M. Barral.

Amidon.	1,529	Graisse de mouton. .	0,924
Beurre	0,942	id. de porc . .	0,957
Cire.	0,963	Laine	1,614
Corps humain . . .	1,066	Lin	1,792
Fécule	1,502	Os (moyenne) . . .	1,900

§ 6. — *Bois divers.*

D'après le même ouvrage.

Acacia vert . . .	0,820
id. à 20 °/o d'humid.	0,717
Aulne sec	0,555
Bouleau	0,750
Charme à 20 °/o d'humidité	0,756
Chêne à glands pédonculés, à 20 °/o d'hum.	0,808
Chêne à glands sessiles à 20 °/o d'humidité.	0,872
Erable	0,674
Frêne	0,845
Hêtre à 20 °/o d'humid.	0,823
If	0,807
Liége	0,240
Mélèze	0,543
Noyer vert	0,920
id. brun . . .	0,685
Olivier	0,676
Oranger	0,705
Orme à 20 °/o d'humid.	0,723
Peuplier, id. . .	0,477
Pin blanc	0,553
id. rouge	0,657
id. du Nord . . .	0,738
id. Laricio . . .	0,640
id. Sylvestre, 20 °/o d'humidité . .	0,559
Platane.	0,648
Poirier	0,732
Pommier	0,734
Prunier	0,872
Sapin jaune . . .	0,657
Saule	0,487
Sycomore	0,590
Tilleul	0,604
Tremble, à 20 °/o d'humidité . . .	0,602

DE LA VÉGÉTATION.

PREMIÈRE PARTIE.

ÉTUDE PHYSIOLOGIQUE.

Cette étude, autant que la précédente et les suivantes, ne peut être que très sommaire dans un ouvrage élémentaire comme celui-ci. Purement didactique, elle n'aura pour objet que l'exposition des principaux phénomènes de la vie végétale, avec des explications suffisantes cependant pour percer, autant que possible, le mystère qui les environne. Mon plan n'en demande pas davantage. J'éviterai donc ici, comme dans les autres parties de ce livre, toute discussion philosophique sur les rapports de l'agriculture avec la société, le gouvernement, la religion, etc., parce qu'à mon avis de telles questions appartiennent à un enseignement spécial et supérieur, qui ne serait pas à sa place dans le cadre que j'ai adopté.

La première chose sur laquelle je dois appeler l'attention, c'est l'analogie qui existe entre l'organisme végétal et l'organisme animal, et qui est aussi parfaite qu'analogie puisse l'être, entre deux classes d'êtres aussi dissemblables dans la forme.

Ce qui frappe tout d'abord, c'est la presque identité de la plupart de leurs principes constituants. Chez les uns comme chez les autres, nous trouvons les mêmes substances quaternaires, telles que fibrine, caséine, albumine, etc. ; mais, à l'exception des corps gras, nous ne rencontrons pas dans les animaux les matières hydro-carbonées, parce que celles qui entrent dans leur alimentation servent uniquement à l'entretien de leurs fonctions vitales, en leur apportant le carbone destiné à être brûlé dans la respiration, et à être exhalé ensuite à l'état d'acide carbonique, avec l'oxygène et l'hydrogène des mêmes substances, ces deux derniers sous la forme de vapeur d'eau. Il y a lieu de croire toutefois, que la totalité de l'eau qui se forme dans cette combustion, n'est pas rejetée à l'état de vapeur, et qu'il en passe une partie dans les excrétions et la transpiration.

Les matières amylacées, sucrées et alcooliques, étant particulièrement destinées à alimenter le foyer de la respiration, c'est par cette raison qu'elles ne constituent pas ce qu'on appelle des aliments assimilables par les animaux. Ceux-ci, ne pourraient vivre longtemps, si leur nourriture se composait exclusivement de semblables matières, et la chose est facile à comprendre, car la respiration expulsant leurs principes, il est évident qu'elles ne fourniraient rien pour la constitution et le développement matériel des individus qui seraient ainsi fatalement condamnés à périr. Les graisses elles-mêmes, ne sont assimilables qu'autant qu'elles sont accompagnées dans l'alimentation par des substances protéiques. Dans le cas contraire, elles sont brûlées par la respiration. L'amaigrissement des animaux, le plus souvent, n'a pas d'autre cause.

Ainsi, la destination principale des matières végétales, est de pourvoir, soit directement, soit indirectement à la nourriture des animaux, et il en est très peu, si même il en est aucune, qui ne soient propres à cet usage, au moins au profit de certaines classes spéciales d'êtres animés. Mais souvent, c'est après avoir subi plusieurs métamorphoses que ces matières arrivent à leur destination. Ainsi, le bois, qui sert ordinairement à la combustion dans nos foyers, donne, dans ce cas, deux produits principaux, — de l'acide carbonique et des cendres — qui, tôt ou tard, contribuent à la formation d'autres végétaux plus propres à l'alimentation des animaux. A son tour, la matière animale composée de substances provenant médiatement ou immédiatement des plantes, sert de nourriture à celles-ci lorsqu'elle a cessé de vivre. Rien de plus simple, de plus régulier, de plus uniforme que ces évolutions alternatives et successives constituant l'admirable harmonie qui règne dans le système organique. Or, comme la végétation est la pierre angulaire de ce système, il est important d'approfondir les principaux phénomènes qu'elle présente.

DE LA GERMINATION.

Voici la première phase de la vie végétale.

En général, les plantes produisent des graines qui contiennent le germe de leur reproduction.

Nous n'avons pas à rechercher ici si la graine était avant la plante, ou la plante avant la graine. Cette question, toute frivole qu'elle puisse paraître, n'est pas moins très sérieuse au fond, puisqu'elle se lie intimement au mystère de la création. Mais un semblable sujet étant tout entier du domaine philosophique, n'entre pas dans mon cadre. Ce qui doit nous occuper, c'est uniquement le mystère de la reproduction ou de la transmission de la vie dans les êtres organisés, en nous restreignant toutefois au règne végétal.

Les graines ou semences, uniformes dans chaque espèce de plantes, sont infiniment variées d'espèce à espèce. Elles diffèrent non-seulement dans leur forme, dans leur volume, dans leur poids, mais encore dans leur composition chimique. Elles sont susceptibles de conserver plus ou moins longtemps, selon leur nature, le principe vital qui est en elles à l'état latent. Les céréales possèdent cette faculté à un haut degré, lorsqu'elles sont abritées contre les causes extérieures d'altérabilité. Les graines oléagineuses, au contraire, perdent leur propriété germinative après un petit nombre d'années. Mais, en règle générale, les semences, quelle que soit leur espèce, se reproduisent toujours d'autant mieux, qu'elles sont plus récentes. Cependant, il y a quelques exceptions. Du reste, au point de vue économique, il n'y a aucun avantage à conserver longtemps les semences.

Lorsque la graine est placée dans les conditions dont je parlerai tout-à-l'heure, le germe qu'elle contient passe de la vie latente à la vie active. Il forme ce que l'on appelle l'*Embryon*, qui n'est autre que la plante même réduite à des proportions infiniment petites, mais déjà organisée sous les membranes de la graine. Cet embryon, dans la première phase de sa vie, se nourrit uniquement de la matière contenue dans la semence et formant le *levain* qui doit le plus influer sur l'élaboration, dans la sève, de toutes les substances destinées à développer le végétal. Quand celui-ci apparaît à la lumière après avoir percé la couche de terre qui le couvre, semblable au fœtus qui vient de quitter les entrailles maternelles, il entre dans la deuxième phase de son existence. Il vit, respire, se nourrit, transpire, digère et excrète. De plus, il produit des fruits contenant le germe de sa reproduction, le tout, selon des lois qui, sur plusieurs points, sont communes aux deux règnes organiques, mais qui, dans leur application à chacun d'eux, subissent quelques modifications nécessaires au maintien de l'équilibre entre ces deux règnes.

Dans cette série de phénomènes, celui qui réclame le premier notre examen, est le développement de l'embryon.

Chaque semence contient trois parties distinctes, qui sont : les cotylédons ou lobes, la radicule, la plumule.

Si l'on enlève la peau qui recouvre une graine quelconque, après avoir ramolli celle-ci dans l'eau, on trouve une amande dans laquelle il existe un très petit corps organisé que l'on appelle vulgairement germe, et qui n'est autre chose, comme je l'ai dit tout-à-l'heure, que l'embryon d'une plante en tout semblable à celle qui a produit cette graine.

L'amande dont il s'agit est quelquefois d'une seule pièce, selon l'espèce à laquelle la plante appartient ; d'autres fois, elle se divise en deux parties qui se séparent facilement. Ce sont les cotylédons ou lobes, formant en quelque sorte les mamelles qui doivent alimenter l'embryon jusqu'à ce qu'il soit en état de puiser sa nourriture dans le sol et dans l'air. Ils lui fournissent leurs propres substances que la catalyse transforme en sucre et en mucilage rendus solubles par l'humidité. C'est là ce qui constitue la germination proprement dite.

Lorsque la matière alimentaire des cotylédons est épuisée, ils meurent dans le sein de la terre, ou bien ils s'élèvent à sa surface, et forment alors les premières feuilles de la plante, dites feuilles séminales, parce qu'elles proviennent de la semence. Dans le premier cas, on les appelle *hypogés*, et dans le second, *épigés*.

Les semences ou les plantes produites par des semences qui ne contiennent qu'un seul lobe sont dites *monocotylédones*. Cette classe comprend le cinquième des végétaux connus, et notamment les nombreuses familles de graminées.

Celles qui sont pourvues de deux lobes sont appelées *dicotylédones*, et forment un groupe qui comprend 230 familles, au nombre desquelles figurent les légumineuses, les crucifères, etc. Notons en passant, que cette division est la seule qui fournisse des sujets pouvant être greffés.

Toutes les plantes de la grande culture appartiennent à l'une ou à l'autre de ces deux classes, qui comprennent ensemble tous les végétaux *phanérogames* ainsi nommés, parce que leurs organes sexuels sont visibles.

Mais il existe une catégorie de plantes dépourvues de cotylédons, et que, par cette raison, on appelle *acotylédones*. Elle forme la division des *cryptogames* dont les organes de la reproduction ne sont pas visibles, et elle comprend entre autres, les diverses familles de fougères, de champignons, de lichens, de mousses, etc. Cette classe intéressante pour le botaniste, l'est très peu pour le cultivateur.

La *radicule*, est la partie de l'embryon destinée à former les racines, et la *plumule*, celle qui doit produire la tige.

Ce sont là les deux parties principales de la plante. La ligne de démarcation qui les sépare est le *collet*, à partir duquel, chacune d'elles suit une direction opposée, les racines s'étendant en divers sens dans le sol, et la tige s'élevant plus ou moins au-dessus de sa surface. Il est tellement dans leur nature de prendre ces directions, qu'elles le font toujours alors même que la semence est placée en sens contraire dans le sol. Le collet ou nœud vital n'est pas toujours apparent. Quelquefois il présente un renflement qui le rend très visible.

Les racines ont une double fonction à remplir. Elles servent d'abord à attacher la plante à la terre, en lui donnant une solidité, une fixité qui lui permettent de résister à l'action des vents. Elles se divisent ordinairement en plusieurs branches, dont l'une s'enfonce verticalement, et que, par cette raison, on appelle *pivot*. Celles qui s'étendent horizontalement ou obliquement entre deux terres, sont nommées *rampantes* ou *traçantes*. Il est remarquable que la classe des dicotylédones, est la seule qui contienne des plantes à racine pivotante.

Les racines dont il est ici question ne doivent s'entendre que de celles dites *fibreuses*, ayant la double destination dont je viens d'indiquer la première partie. Elles sont généralement garnies de ramifications très-déliées, filiformes, toujours d'autant plus nombreuses, que la terre est plus meuble et plus fertile. Ces ramifications, forment ce que l'on appelle le *chevelu* ou les *radicelles*, dont la fonction consiste principalement à absorber les sucs nourriciers qui, de là, s'élèvent dans la tige de la manière qui sera indiquée plus loin. Cette absorption, se faisant à la manière de celle qui se produit dans l'éponge, on a, par cette raison, donné le nom de *spongioles,* à la partie des racines par laquelle elle s'opère. Celles qui sont dépourvues de chevelu ne le sont pas, pour cela, de spongioles. Il arrive quelquefois, que le chevelu disparaît, mais il se reproduit ordinairement l'année suivante.

La structure des racines ainsi que leur composition, varie selon les espèces de plantes. Celles des arbres, des arbrisseaux et de certains végétaux herbacés, sont très-fibreuses, très-flexibles, très-résistantes.

On donne aussi le nom de *racine*, mais dans un sens différent, à la partie souterraine de certains végétaux, se distinguant des racines proprement dites, par son volume et sa composition, comme dans les betteraves, les carottes, etc. Il y en a qu'on nomme *bulbeuses*, d'autres *tuberculeuses*, d'autres *tubéreuses*, selon les plantes auxquelles elles appartiennent. Toutes sont principalement composées d'une matière sucrée dans les unes, amylacée dans les autres. Quelques-unes peuvent se reproduire directement portant en elles le germe de cette reproduction. Les pommes de terre, les topinambours, les dahlias sont particulièrement dans ce cas. Les autres, charnues la première année, se transforment l'année suivante en racines fibreuses au sommet desquelles naît une tige qui porte la semence reproductrice. Telles sont les betteraves, les carottes, etc. On les appelle *bisannuelles* bien que fort souvent elles montent en graine dans l'année même de leur semaille. Mais ce résultat n'est pas normal.

Les plantes sont *annuelles*, *bisannuelles* ou *vivaces*. On les appelle *herbacées* lorsqu'elles sont vertes, molles et faciles à briser, et *ligneuses* lorsqu'elles présentent de la rigidité ou de la résistance. Leurs tiges ont une organisation qui a beaucoup de ressemblance avec celle des racines. Comme ces dernières elles se ramifient dans un grand nombre de plantes. Lorsque cela n'a pas lieu on les nomme tiges simples; mais simples ou complexes toutes sont pourvues d'organes — les feuilles — qui exercent aussi des fonctions essentielles dans la végétation, et qui généralement se composent des mêmes éléments que la tige dans les végétaux *phanérogames*.

Je ne pousserai pas plus loin, pour le moment, cette esquisse anatomique qui sera reprise lorsqu'après avoir étudié la première phase de la vie des végétaux nous les trouverons en possession de tous leurs organes développés.

Tous les auteurs qui ont parlé de la germination ont avancé qu'elle ne peut avoir lieu sans le triple concours de la chaleur, de l'humidité et de l'oxygène. Les deux premières peuvent être tenues pour indispensables; mais la nécessité et même l'utilité du troisième sont fort contestables si l'on entend qu'il agit uniquement comme corps simple, et non comme corps neutralisé par l'azote, à l'état d'air atmosphérique. C'est ce que nous examinerons tout à l'heure.

Si l'humidité est nécessaire elle ne doit pas être excessive. En faisant obstacle à la circulation de l'air dans l'intérieur du sol, elle causerait infailliblement la pourriture de la semence et par conséquent la destruction du germe. Lorsque l'humidité est insuffisante on peut y suppléer jusqu'à un certain point en faisant tremper les graines dans l'eau, surtout celles dont l'écorce est dure et difficile à pénétrer. Elles en absorberont assez pour que la transformation des matières qu'elles contiennent puisse s'opérer par la catalyse.

Cependant on voit certaines semences germer et se développer dans une terre très humide où d'autres périraient infailliblement. Il en est, au contraire, qui ne réussissent jamais mieux que quand elles sont, pour ainsi dire, semées dans la poussière. L'orge nous en fournit un exemple. Mais il ne faut pas prendre ceci trop à la lettre, car l'orge, comme toutes les autres semences a besoin d'humidité pour pouvoir germer. Seulement il lui en faut moins qu'à un grand nombre d'autres.

Pour mieux nous rendre compte de ce qui se passe en pareil cas, il nous faut faire une première application des notions fournies par l'étude précédente, en nous souvenant que toutes les graines sont composées de substances pour la plupart insolubles dans l'eau, et ne pouvant constituer la nourriture de l'embryon qu'autant qu'elles sont transformées par une action catalytique spontanée, en matières sucrées et mucilagineuses solubles. Mais, ainsi que nous l'avons vu précédemment, la catalyse s'opère plus ou moins vite, plus ou moins complétement, selon la nature des agents sous l'influence desquels elle a lieu. Indépendamment de la chaleur et de l'humidité qui sont les principaux, dans la plupart des cas, plusieurs substances qui se trouvent naturellement dans les semences peuvent activer la transformation. Le gluten, ainsi que les autres substances proléiques, et surtout la diastase possèdent particulièrement cette propriété. Mais toutes les graines n'en contiennent pas des quantités égales, ce qui est une des causes pour lesquelles elles ne germent pas dans le même temps. La plus riche en diastase étant l'orge et la diastase ayant une très grande énergie catalytique, il s'ensuit qu'elle peut produire tout son effet avec une quantité d'eau relativement très petite. C'est ce que nous montre la pratique des brasseurs de bière dans la préparation du malt, qui consiste tout simplement à tremper l'orge dans l'eau et à l'étendre ensuite en couche mince dans un lieu clos à une température convenable où elle germe très bien, à l'aide seulement de l'eau qu'elle a absorbée et de la diastase qu'elle contient, suffisant l'une et l'autre pour convertir tout son amidon en dextrine, puis en glucose, puis enfin en alcool dans le brassage de la bière, mais avec le concours de la levure pour cette dernière transformation.

L'action de l'eau est ici concomitante de celle de la chaleur, cette dernière devant être regardée comme principale puisque dans certains cas, la catalyse peut avoir lieu sans humidité, tandis qu'elle ne peut jamais s'opérer sans une chaleur convenable. Celle-ci ne doit donc être ni trop forte ni trop faible.

La température qui paraît le mieux convenir à la germination est, comme pour la fermentation, celle qui part de + 12° jusqu'à 25°. Lorsqu'elle est trop élevée, l'humidité du sol s'évapore, si l'on ne peut l'entretenir par des arrosages suffisants. Lorsque, au contraire, elle tombe au degré de glace, les sucs nourriciers sont exposés à geler et la plante naissante à être détruite. Mais l'intensité de la chaleur et de l'humidité nécessaires à l'embryon peut différer beaucoup, selon les espèces de plantes, les unes étant beaucoup plus rustiques ou plus robustes que les autres.

J'ai dit tout à l'heure que l'oxygène n'est pas nécessaire à la germination. Je vais plus loin. Je prétends qu'il lui est aussi nuisible, lorsqu'il agit à l'état de pureté, c'est-à-dire lorsqu'il n'est pas neutralisé par l'azote, qu'il l'est à l'économie animale dans la même condition. Je sais qu'en avançant cette proposition je heurte de front une opinion généralement admise ; mais admise sans vérification ni contrôle et sur les données les moins certaines, comme tant d'autres que nous rencontrerons encore. Je ne puis donc, en présence de l'unanimité contre laquelle je lutte, me dispenser de discuter cette opinion sous toutes ses faces. Cette discussion présentera d'ailleurs, par les conclusions auxquelles elle me conduira, beaucoup plus d'intérêt qu'on ne serait tenté de le croire à première vue, car il ne s'agit pas seulement ici d'un problème purement spéculatif, mais plutôt d'une question dont la solution peut recevoir des applications d'une utilité agricole non contestable.

Ce qui a donné lieu à l'erreur que je signale, c'est une fausse interprétation de quelques expériences faites par Th. de Saussure, et qui font encore, en grande partie, la base de la physiologie végétale.

Th. de Saussure, en faisant germer comparativement des semences dans de l'oxygène pur et dans de l'air atmosphérique, a constaté que l'effet est d'abord plus prompt avec le premier, mais qu'en prolongeant l'expérience les radicelles s'y allongent constamment moins que dans le second. Le célèbre expérimentateur attribue cet effet à deux causes différentes : 1° à ce que l'oxygène pur enlève aux graines une trop grande quantité de carbone ; 2° à ce que l'acique carbonique formé en cette circonstance est nuisible au développement de l'embryon. En effet, un douzième seulement de cet acide dans l'atmosphère de la germination suffit pour arrêter cette dernière, tandis que la même proportion favorise au contraire, singulièrement la végétation lorsqu'elle est en état d'en décomposer une partie par ses feuilles.

Ce qui ressort le plus clairement de là, c'est que, quand des graines placées dans des conditions normales de température et d'humidité, sont en libre contact avec de l'oxygène pur, ou avec de l'air ordinaire, elles éprouvent un commencement de désorganisation qui n'empêche pas le germe de pousser d'abord, mais qui nuit bientôt à son développement. Cette désorganisation n'est évidemment pas autre chose que le résultat d'une fermentation qui s'établit sous l'influence de ces deux fluides et sous celle du ferment contenu dans la plupart des graines, fermentation qui est toujours plus active avec l'oxygène pur qu'avec l'air commun, et qui a pour effet de transformer en acide carbonique, nuisible à l'embryon, les substances hydrocarbonées des lobes qu'il ne peut s'assimiler qu'autant qu'elles soient à l'état de glucose.

Il faut donc, pour que la germination s'opère le mieux possible, que les semences soient placées, non dans les conditions d'une *fermentation désorganisatrice,* mais bien dans celles d'une *catalyse conservatrice*. Or, celle-ci ne pouvant s'obtenir qu'en gênant l'accès de l'air, c'est dire assez que moins ce fluide sera en contact avec les semences, mieux la germination marchera. C'est en effet ce que nous enseigne une pratique intelligente, fondée sur une révélation due au hazard, mais qui n'est ni aussi connue, ni aussi usitée qu'elle mériterait de l'être.

On a remarqué que, quand une charrette avait passé sur un champ nouvellement ensemencé, la végétation était toujours plus vigoureuse dans les ornières tracées par les roues du véhicule que dans les autres parties du même champ et sans remonter jusqu'aux causes premières on en a conclu, avec raison, que la compression de la terre, surtout lorsqu'elle est meuble, légère et par cela même très perméable à l'air, ne pouvait qu'être éminemment favorable à la germination et à la végétation. C'est là ce qui motive aujourd'hui dans plusieurs bonnes exploitations, surtout en Angleterre, l'emploi des rouleaux compresseurs dont on fait usage sur les terrains nouvellement ensemencés.

Que se passe-t-il en cette circonstance? Il est bien évident que si le roulage produit un bon effet en mettant les semences en contact plus immédiat avec les molécules terreuses et en augmentant l'action de la capillarité par le rétrécissement des pores du sol, il en produit simultanément un autre plus important encore sur lequel il n'y a pas de méprise possible et qui consiste à diminuer la perméabilité de la couche arable et par conséquent à empêcher que l'air ne la pénètre aussi facilement. Or, si la germination se fait bien et même mieux dans ce cas que quand l'accès de l'air est plus libre, c'est qu'apparemment elle n'a besoin que d'une très faible quantité de ce fluide. C'est qu'apparemment encore les conditions de la catalyse lui sont plus favorables que celles de la fermentation. Voilà donc tout le mystère que, sans s'en douter généralement, les cultivateurs accomplissent en enterrant les semences, car il est bien évident que cette pratique a également pour premier effet de réduire considérablement le contact de l'air ou de l'oxygène.

On a cru pendant longtemps et beaucoup d'auteurs croient encore que l'enterrement des semences a pour but unique de soustraire celles-ci à l'action nuisible de la lumière et aux déprédations des oiseaux. C'est, quant à la lumière, une véritable pétition de principes, car il n'est, en aucune façon, démontré qu'elle soit nuisible à la germination. Th. de Saussure a prouvé au contraire que celle-ci s'opère tout aussi bien au contact d'une lumière vive qu'à celui d'une lumière diffuse. Cependant, il est non contestable, je crois, que l'insolation peut lui être nuisible et sous ce rapport, la couverture des semences est une pratique rationnelle. Mais il est évident que si elle n'avait pas d'autre utilité, il serait fort indifférent que cette couverture fut mince ou épaisse. Or, l'expérience prouve que quand certaines semences sont trop peu recouvertes, elles ne germent pas ou elles avortent. Le premier de ces deux effets peut être attribué à une humidité insuffisante par suite d'une évaporation toujours plus complète à la surface que dans l'intérieur de la couche arable. Le second peut l'être à ce que les semences étant en trop libre contact avec l'air — l'humidité ne faisant pas défaut — il s'y produit une fermentation trop active qui détruit la matière alimentaire de l'embryon et le fait périr. Si néanmoins il y a des semences qui résistent ou qui échappent à cette double cause d'insuccès, c'est probablement parce qu'elles sont douées d'une organisation qui permet au germe de marcher plus vite que la fermentation. Mais cette exception n'infirme nullement le principe.

Si, au contraire, les semences ne lèvent pas lorsqu'elles sont trop enterrées, ce n'est pas toujours parce qu'elles manquent d'air ou d'oxygène — comme on le croit généralement, —

mais bien parce qu'il n'est pas dans leur nature d'allonger leur tigelle au-delà d'une certaine limite, avant que cette tigelle ait atteint la lumière. Si l'hypothèse des physiologistes était vraie, toutes les semences pourraient germer et lever à la même profondeur, puisque toutes y trouveraient la même quantité d'air ou d'oxygène. Or, s'il en est qui ne supportent une couverture que d'un centimètre; d'autres de trois, d'autres de six, etc., c'est donc uniquement par la raison que je viens d'en donner, l'épaisseur de ces différentes couvertures opposant d'ailleurs, à l'action de l'air, un obstacle en rapport avec la constitution de la semence.

De ce que quelques graines se conservent indéfiniment sans germer à une certaine profondeur dans le sol, on en a induit que cette conservation ne pouvait être attribuée qu'à l'absence de l'oxygène, et de là à conclure que ce dernier est indispensable à la germination il n'y avait qu'un pas. On comprendra facilement que cette conséquence n'est rien moins que rigoureuse, si l'on admet en fait qu'aucune semence ne peut se conserver sans altération dans un sol humide. Lors donc qu'elles restent intactes dans le sein de la terre, ce n'est pas parce qu'elles sont à l'abri du contact de l'oxygène, mais bien uniquement parce que l'humidité ne les atteint pas. Du blé se conservera très-longtemps dans un grenier sec et aéré, tandis qu'il pourrira très-vite dans un silo humide hermétiquement fermé.

De tout ce qui précède, on peut donc conclure que l'oxygène libre n'est, en aucune façon, nécessaire à la germination; qu'il lui est même nuisible et que le contact de l'air, c'est-à-dire de l'oxygène tempéré ou neutralisé par l'azote, ne peut lui être utile que dans de certaines limites.

Telle ne paraît pas être l'opinion de plusieurs physiologistes qui, non-seulement regardent l'oxygène comme indispensable, mais vont même jusqu'à déterminer la quantité qui doit s'en trouver dans l'atmosphère de la germination, pour que celle-ci s'opère dans les meilleures conditions possibles. Selon Sennebier, c'est $^1/_8$; selon Hubert, $^1/_6$ et $^1/_{32}$ seulement d'après Lefebvre. Mais, dans ce dernier cas, les graines ne germent que lentement et quelquefois même elle ne germent pas du tout. M. de Buzareingues, à qui j'emprunte ces renseignements pense, lui, que la proportion la plus favorable est une partie d'oxygène pour trois parties d'azote, nouvelle analogie, dit-il, avec la respiration des animaux, ce qui n'est pas très-exact puisque ces derniers vivent dans un milieu composé à très peu de chose près de quatre parties d'azote pour une d'oxygène. Mais quel peut être le but d'un semblable enseignement, d'ailleurs complétement dénué de preuves? En le supposant vrai, comment pourrait-on le mettre en pratique? Comment pourrait-on composer cette atmosphère que l'on dit si favorable à la germination? On éviterait, ce me semble, de tels écarts d'imagination, si l'on se pénétrait bien de cette vérité que le souverain Créateur de toutes choses n'a rien fait en vain, et que, s'il a voulu que les animaux et les plantes vécussent dans une atmosphère composée d'oxygène neutralisé par l'azote, c'est indubitablement parce que ce milieu est celui qui convient le mieux à l'accomplissement de leurs fonctions vitales. Sans doute, il est des cas, en agriculture surtout, où l'homme peut aider la nature; mais il n'y réussira qu'en respectant et en observant ses lois et non en tentant témérairement de les réformer.

L'erreur des physiologistes, dans la question qui nous occupe vient surtout de ce qu'ils ont cherché dans la germination des graines et la respiration des animaux une analogie qui n'existe pas, attendu que l'air n'agit nullement de la même manière dans l'un et l'autre cas. Dans la respiration l'action de l'oxygène n'est pas contestable, puisque c'est à cette action qu'est due la formation de l'acide carbonique exhalé par les animaux. Mais encore ne faut-il pas perdre de vue que, si c'est l'oxygène seul qui produit cet effet chimiqne, il est rigoureusement nécessaire qu'il pénètre dans l'organisme en mélange avec une dose d'azote qui réduise son action juste aux proportions qu'elle doit avoir. Ainsi, quand on dit que l'oxygène est indispensable à la respiration, on énonce un fait parfaitement vrai, mais on n'exprime que la moitié de la vérité en faisant abstraction de l'azote, sans lequel il ne tarderait pas à devenir funeste à l'animal.

Mais, ce qui se passe dans la germination ne ressemble, en aucune façon, à ce qui a lieu dans la respiration. Ici, le carbone doit être brûlé par l'oxygène de l'air respiré, air qui est en partie décomposé, tandis que dans la germination cette décomposition ne se produit jamais, lors même qu'il y a fermentation et production d'acide carbonique. Dans ce cas, l'oxygène de cet acide n'est pas fourni par l'air atmosphérique, mais bien par la semence dont les éléments réagissent les uns sur les autres, sous l'influence d'un ferment et de l'air qui n'agit ici que passivement par ses deux éléments réunis, aussi nécessaires l'un que l'autre à la germination normale. Si l'un des deux manquait — l'oxygène — par exemple, la plante ne germerait pas; si c'était au contraire l'azote qui fît défaut, elle germerait d'abord, mais son carbone serait bientôt totalement brûlé, et l'embryon ne tarderait pas à périr.

L'erreur que je signale vient de ce que Th. de Saussure ayant observé une formation d'acide carbonique dans une germination sous cloche en libre contact avec l'air, a supposé que cet acide était dû à la combinaison de l'oxygène de l'air avec le carbone de la semence. Mais, s'il en avait été ainsi, le célèbre physiologiste aurait trouvé dans l'atmosphère de la cloche, l'azote abandonné par l'oxygène. Or, c'est ce qui n'a pas eu lieu. Du reste, nous avons vu précédemment qu'il est aujourd'hui acquis à la science que l'acide carbonique qui se forme dans la fermentation emprunte uniquement ses éléments à la matière fermentante.

Les conclusions que j'ai énoncées plus haut me paraissent donc pleinement justifiées. Aussi insisterai-je particulièrement sur ce point que les conditions les plus favorables à la germination sont 1° de recouvrir les semences d'une épaisseur convenable de terre, épaisseur que l'expérience et l'étude des cultures spéciales nous indiqueront pour chacune des plantes de la grande culture ; 2° de comprimer cette couverture, pour paralyser, autant que possible, l'action de l'air, lorsque d'ailleurs cette compression peut avoir lieu sans inconvénient, comme dans les terres meubles et légères. Il y a des cultivateurs qui pensent que le meilleur instrument pour cela est le rouleau Croskill. Je le crois aussi pour les terres un peu fortes. Quant à moi, j'ai toujours fait usage avec succès, sur des sols de consistance moyenne, d'un rouleau plein en bois de châtaignier, de 0^{m}80 de diamètre. Mais l'engin par excellence, pour de semblables terres, est, à mon avis, le rouleau composé de plusieurs disques non dentés indépendants les uns des autres, pouvant exercer une pression égale sur toutes les parties d'une planche même très-bombée, pourvu toutefois que le roulage ne soit pas contre-indiqué par l'état du sol. On trouve la description et le dessin de ce rouleau dans le guide du cultivateur de M. Vianne, page 132, sous la dénomination de *Land-Presser*.

DU DÉVELOPPEMENT DES PLANTES.

Lorsque le cycle de la germination est parcouru par l'embryon ; lorsqu'il a épuisé toute la matière contenue dans les colytédons ; lorsque les feuilles séminales sont formées et que la tige commence à s'élever, la plante doit puiser sa nourriture à d'autres sources entretenues, les unes par le cultivateur, les autres par la nature. Nous n'avons pas à nous occuper ici des premières que nous retrouverons dans notre étude sur la fertilisation du sol ; mais uniquement des secondes qui appartiennent spécialement à la physiologie, au moins dans leurs rapports avec le jeu des organes végétaux. Toutefois, avant de pousser plus loin nos recherches sur ce sujet, il est à propos de reprendre l'étude anatomique ébauchée précédemment pour donner une idée sommaire de ces organes, et mieux faire comprendre comment s'accomplissent, dans les plantes, les phénomènes de la respiration, de la nutrition, de la transpiration, etc.

Depuis longtemps déjà, on savait plus ou moins pertinemment que l'air et les liquides séveux circulaient librement dans le tissu des végétaux, lorsque des observations plus récentes et plus précises sont venues mieux fixer les idées à cet égard.

Si l'existence d'un système artériel dans les plantes pouvait faire l'objet d'un doute, malgré les preuves qu'en ont fournies les anciens physiologistes, ce doute serait aujourd'hui complétement dissipé par le beau procédé d'injections salines inventé par le docteur Boucherie. Mais, de quelle nature sont ces artères ? Comment fonctionnent-t-elles ? Voilà ce que l'on ne savait qu'imparfaitement autrefois, et ce que l'on sait un peu mieux maintenant quoique la distinction établie entre les vaisseaux aériens et les vaisseaux séveux ne soit pas nouvelle.

Les premiers ayant une grande ressemblance avec les *trachées* des insectes furent appelés de ce nom par Malpighy. Ils ont une forme particulière très-distincte de celle des autres vaisseaux. Ce sont des tubes infiniment petits dans l'intérieur desquels un filament d'une finesse extrême s'enroule en spirale à la manière des ressorts à boudins, et les tient ainsi constamment ouverts pour que l'air puisse y circuler librement. Il va sans dire que tout cela n'est visible qu'à l'aide d'excellents microscopes.

Les trachées existent principalement dans les pétioles des feuilles et le lông de leurs nervures. On les aperçoit aussi dans les pédoncules des fleurs, dans l'intérieur du calice, dans toutes les parties de la fructification, et seulement autour de la moëlle dans les tiges.

Elles sont accompagnées de *fausses trachées* qui, quoiqu'ayant beaucoup d'analogie avec elles, en diffèrent sensiblement par leur structure. Les fausses trachées font encore partie du tissu ligneux des tiges; mais quelle que soit la place qu'elles occupent elles ne servent pas uniquement à la circulaiion de l'air. Ce n'est toutefois que quand la sève est très-active et très-abondante que celle-ci s'empare d'elles. En tout autre temps, elles sont entièrement libres.

On a cru pendant longtemps que les vaisseaux séveux formaient deux classes distinctes, les uns spécialement occupés par la sève ascendante et les autres par la sève descendante après sa concentration dans les feuilles. Nous verrons plus loin que cette distinction n'est pas fondée. Mais les vaisseaux présentent de nombreuses ramifications servant à la répartition des sucs nourriciers dans toutes les parties du végétal.

On trouve encore dans les plantes une classe de vaisseaux particuliers dont la fonction spéciale est consacrée à la circulation d'un suc propre appelé *latex* et qui a donné son nom à cette sorte de vaisseaux, dont les parois sont d'une excessive minceur et ne présentent jamais les raies ou les ponctuations qui existent dans les vaisseaux séveux.

Tous les vaisseaux respiratoires et séveux s'étendent dans le sens de la longueur des tiges, depuis les racines des plantes jusqu'aux feuilles. Ils se terminent à chacune de leurs extrémités par un orifice qui est *la spongiole* dans les racines et *le stomate* dans les feuilles. Ces orifices extrêmement nombreux prennent encore le nom de *pores inférieurs* pour les spongioles et de *pores extérieurs* pour les stomates. Ces derniers servent à absorber et à exhaler les gaz et c'est par eux que s'évapore une partie de l'eau que les végétaux contiennent.

Les feuilles présentent en miniature une organisation dont la charpente a beaucoup de rapports avec celle des tiges. Les mêmes vaisseaux séveux et aëriens s'y trouvent sous la forme de nervures ramifiées qu'on aperçoit très-distinctement. L'espace existant entre elles est occupé par une couche de tissu cellulaire très-mince renfermant la matière verte granulée connue sous le nom de *chlorophylle*. Le tout est recouvert sur chaque face de la feuille par une membrane appelée *cuticule* et par un feuillet d'épiderme assez transparents l'un et l'autre, surtout à la face supérieure, pour laisser voir la chlorophylle.

C'est sur la partie des feuilles occupée par le tissu cellulaire — le parenchyme — que se trouvent les stomates ordinairement sur chaque face. Cependant, il est certains végétaux, le poirier notamment, dont les feuilles n'en sont pourvues qu'à leur face inférieure. C'est le contraire dans les plantes aquatiques. La queue ou *pétiole* qui se trouve à la base des feuilles d'un grand nombre de végétaux, n'est autre chose qu'un faisceau de toutes leurs nervures principales qui viennent y aboutir et correspondre par ce canal aux vaisseaux des branches et des tiges.

Indépendamment des vaisseaux longitudinaux il en existe d'horizontaux qu'on a nommés *rayons médullaires* parce qu'ils sont d'une nature analogue à la moëlle de laquelle ils partent pour venir aboutir à la circonférence où ils se terminent par des stomates dans l'épiderme de l'écorce. Ils servent uniquement à la transpiration. Ainsi, les vaisseaux longitudinaux peuvent être considérés comme formant la chaîne du tissu végétal dont les rayons médullaires représentent la trame.

Outre le tissu fibreux, il y a encore, dans chaque plante, un tissu *cellulaire* ou *utriculaire* consistant en un assemblage de *cellules* ou d'*utricules* qui se trouvent principalement dans la moëlle, dans la pulpe des fruits, dans le parenchyme des feuilles et des fleurs, en un mot, dans toutes les parties molles des végétaux. C'est dans ces cellules que se déposent, après l'éla boration de la sève, les substances propres à chaque plante, telles que l'amidon, le sucre, le gluten, etc. Certains végétaux, comme les champignons, sont presque exclusivement composés de tissu utriculaire.

Quelque variées que soient les formes et les fonctions des divers organes du végétaux, on doit les considérer comme dérivant d'un seul principe — la cellule — et comme formés d'une matière invariable — la cellulose.

La cellule, qui ne se présente d'abord que comme un point microscopique dans la sève, se dilate lorsqu'elle parvient à la place qu'elle doit occuper, et prend, selon sa destination, une forme ronde ou allongée. Dans le premier cas, elle appartient au tissu cellulaire dans lequel les utricules laissent quelquefois des espaces libres qu'on nomme *méats intercellulaires*. Dans le second cas, elle constitue le tissu vasculaire. Toutes se soudent les unes aux autres et c'est par de semblables soudures que les cellules allongées forment les vaisseaux qui constituent le tissu fibreux des plantes. D'après M. Vilmorin, la membrane de ces vaisseaux n'est jamais lisse. Elle est, au contraire, toujours ponctuée ou rayée. Les cylindres formés par les utricules sont clos, dans chacun de leurs bouts, dans leur jeune âge, en sorte que quand ils sont soudés les uns aux autres pour former les vaisseaux, ceux-ci contiennent autant de compartiments intérieurs que d'utricules. Mais ces cloisons disparaissent avec le temps et les vaisseaux deviennent entièrement libres à l'intérieur sur toute leur longueur.

Le *ligneux* proprement dit, est la matière qui finit par se solidifier dans les vaisseaux séveux. Il fait corps avec les cellules formant ces vaisseaux ; mais nous avons vu dans la nomenclature chimique qu'on peut l'en séparer.

On trouve dans les cellules de certaines parties de quelques plantes, une matière qui durcit beaucoup plus que le ligneux et à laquelle on a donné le nom de *matière incrustante*. C'est elle qui compose, en plus grande partie, les coquilles de noix et d'amandes, les concrétions qu'on trouve dans le liége, dans quelques poires, etc.

Dans les plantes vivaces, dans les arbres surtout, les fibres ligneuses forment chaque année sur toute la circonférence de la tige et des branches, par la consolidation du cambium entre l'aubier et l'écorce, une nouvelle couche superposée et soudée aux précédentes. Toutes ces couches successives se distinguent très visiblement à l'œil nu dans les troncs de plusieurs espèces de bois, lorsqu'ils présentent une section transversale nette. Plus les couches sont anciennes, plus elles durcissent, ce qui explique pourquoi le cœur et les parties centrales diffèrent beaucoup de l'aubier sous ce rapport. L'aubier est la partie qui est en contact immédiat avec l'écorce. Il est plus ou moins épais selon l'âge et la grosseur de l'arbre. Il se distingue facilement par sa couleur blanche dans beaucoup de bois. Il est plus altérable que les parties centrales quoiqu'il soit d'une composition à peu près identique.

La structure de l'écorce diffère beaucoup de celle de la tige qu'elle enveloppe. Son épiderme se compose d'un tissu cellulaire particulier d'une grande résistance. Cette membrane transparente recouvre une autre couche, plus ou moins brune d'une nature analogue à celle du liége et qui, dans quelques arbres, forme le liége même. C'est par cette raison qu'on l'a nommée *subéreuse*. Elle est ordinairement très-mince, excepté dans les arbres à liége. Elle n'est composée que de tissu cellulaire. Elle se superpose à une autre couche de même tissu également très-mince, ayant une couleur verte due à la chlorophylle qu'elle contient et qu'on nomme enveloppe herbacée. Selon M. Payen, c'est la moëlle de l'écorce qui communique avec la moëlle du centre de la tige par les rayons médullaires.

Vient ensuite une quatrième couche dite : *corticale* composée de tissu fibreux d'une grande résistance, et formée de feuillets réunis comme ceux d'un livre d'où le nom de *liber* qui lui a été donné.

Si l'on a bien compris la structure qui vient d'être très successivement décrite il sera facile de se rendre compte des fonctions que remplissent les organes qui s'y rattachent.

C'est par les stomates que les plantes respirent en absorbant et en exhalant tour à tour de l'air atmosphérique. Mais cet air n'est pas pur. Il contient toujours en suspension plusieurs gaz, notamment de l'acide carbonique produit, comme nous le savons déjà, par la respiration animale, la combustion, la fermentation, etc. La quantité qu'en fournit la respiration des animaux seulement est considérable. D'après Lavoisier, sir

Humphry Davy et autres, un homme aspire chaque jour 750 litres d'oxygène pouvant produire un volume égal d'acide carbonique. Mais il paraît que l'oxygène ainsi aspiré n'est pas rejeté en totalité à l'état d'acide carbonique. On croit qu'une partie sert à former de l'eau avec un équivalent d'hydrogène emprunté à l'*hématosine* du sang. Mais cette conjecture n'a pas été éclaircie d'une manière satisfaisante. Quoi qu'il en soit, on voit que la quantité d'acide carbonique qui se forme chaque jour doit être énorme. Or, comme il n'est pas respirable lorsqu'il existe en proportion un peu forte dans l'air, on comprendra aisément qu'aucun être animé ne pourrait vivre dans une atmosphère qui en accumulerait quotidiennement de pareilles quantités, si ce gaz n'était en même temps réabsorbé par d'autres êtres organisés qui, loin d'en souffrir, y trouvent, au contraire, un principe de vie.

Le simple bon sens, à défaut d'expériences directes et péremptoires, suffirait pour démontrer que cette réabsorption doit avoir lieu par les végétaux, à mesure que l'acide se forme, ce qui explique comment il se fait que l'atmosphère n'en contient toujours qu'à peu près la même quantité, insuffisante pour nuire à l'économie animale.

En effet, le principe qui abonde le plus dans les plantes, c'est le carbone qui entre pour environ moitié dans celles de la grande culture. Pour qu'il contribue ainsi à leur développement, il faut donc qu'elles se l'approprient, soit par leurs spongioles, soit par leurs stomates, et comme il ne peut pénétrer dans les unes et dans les autres qu'à l'état liquide ou gazeux, il est évident que l'acide carbonique doit être l'une des sources qui le fournissent puisque cet acide disparaît de l'atmosphère à mesure qu'il y entre. Je dis : *l'une des sources*, parce que nous verrons plus tard que le carbone des végétaux ne provient pas en totalité, du moins immédiatement, de l'acide carbonique.

Ainsi, l'alimentation et la respiration végétales sont donc le contrepoids de la respiration animale et de tout autre foyer d'acide carbonique, relativement à la statique de cet acide.

D'après cela, il est aisé de comprendre que les effets de la respiration végétale doivent être précisément inverses de ceux qui se produisent dans la respiration animale, puisque la première décompose ce que la dernière a formé. Mais comment cette décomposition s'accomplit-elle ?

Ce que nous savons sur ce point constitue l'une des plus belles découvertes du siècle précédent. C'est aux expériences de Priestley, Sennebier, Ingenhouze, et particulièrement de Th. de Saussure que nous en sommes redevables, malgré les imperfections, j'oserai même dire, malgré les inexactitudes qui se rencontrent dans quelques-unes de ces expériences.

Ce qui paraît certain aujourd'hui, c'est que les organes foliacés des plantes fonctionnent d'une manière analogue à l'organe pulmonaire des animaux, mais en sens inverse, comme je viens de le dire. Lorsqu'ils ont absorbé l'air atmosphérique, l'acide carbonique que celui-ci contient se trouvant en contact avec la chlorophylle est décomposé par la double influence catalytique de cette chlorophylle et de la lumière solaire. Son oxygène se dégage par les stomates tandis que son carbone forme immédiatement de nouvelles combinaisons avec les sucs séveux qui se concentrent dans les feuilles et se répartissent ensuite dans les diverses parties du végétal.

Cette sève concentrée, après la décomposition de l'acide carbonique, peut, jusqu'à un certain point, être assimilée au sang des animaux lorsqu'il a subi dans les poumons l'action de l'air atmosphérique. Comme lui, elle contient en mélange tous les principes nécessaires à la vie, à la constitution, à la fructification dans chaque espèce d'individu. Mais pour devenir chair, graisse, lait, urine, etc., dans les animaux ; sucre, amidon, ligneux, gluten, etc., dans les végétaux, il est nécessaire que ce mélange reçoive un complément d'élaboration par l'action de certains organes ou glandes spéciales. Nous savons, par exemple, que les glandes mammaires convertissent le sang en lait et que les reins le transforment en urine. Il en est indubitablement de même dans les végétaux où nous voyons la sève subir maintes métamorphoses analogues.

S'il n'est pas facile d'expliquer ces dernières il ne l'est guère plus de démontrer comment l'acide carbonique de l'atmosphère qui ne pénètre d'abord que dans les canaux aériens de la plante — les trachées — peut se trouver mêlé à la sève qui circule dans des canaux différents et lui fournir son carbone. Comme il n'est pas facile de prendre la nature sur le fait, en pareille matière, on ne peut procéder que par voie d'inductions. Voici, selon moi, la plus vraisemblable. Sachant que les vaisseaux aériens sont toujours accompagnés de vaisseaux séveux dans les végétaux, comme dans les animaux ils sont accompagnés de vaisseaux sanguins, on doit les supposer adhérents de telle sorte, que la sève chez les premiers, et le sang chez les seconds ne soit séparé de l'air que par une cloison membraneuse très-mince, perméable aux fluides élastiques.

Partant de là, on doit admettre que l'acide carbonique traverse cette cloison dans les végétaux pour se mêler à la sève ascendante avec laquelle il arrive dans les feuilles où il est décomposé en même temps qu'une partie de l'eau séveuse est rejetée par évaporation.

Mais ici surgit une autre question qui n'a pas encore été parfaitement éclaircie et qui consiste à savoir si la décomposition de l'acide carbonique est complète ou seulement partielle.

La solution de cette question qui, en apparence, ne présente guère qu'un intérêt purement scientifique, n'est cependant pas sans utilité pour la pratique, car mieux on saura comment s'accomplissent les phénomènes de l'alimentation spontanée des végétaux, mieux on pourra raisonner et appliquer les principes de la fertilisation du sol, matière de la plus haute importance et dans laquelle tout se lie et s'enchaîne de la manière la plus étroite.

A ma connaissance, Th. de Saussure est le seul physiologiste qui ait cherché à apporter quelques clartés sur le point qui nous occupe. Mais les expériences auxquelles il s'est livré sont précisément du nombre de celles que je ne crois pas parfaitement exactes. La suspicion que j'élève ici à l'endroit d'un savant qui fait encore autorité dans la matière, est trop grave pour que je me permette de l'exprimer sans la justifier. C'est donc ce que je vais faire, en priant le lecteur de ne point regarder cette discussion comme une critique, mais bien comme une simple recherche de la vérité dont une partie est restée voilée. Si je parviens à la dégager, si faible que puisse paraître à quelques yeux, l'intérêt qui s'y rattache, cet intérêt aura toujours plus de valeur que celui qui repose sur une erreur.

Le célèbre physiologiste ayant mis des plantes sous cloche, contenant une atmosphère composée de 925 parties d'air commun et de 75 parties d'acide carbonique, et les ayant exposées au soleil pendant six jours consécutifs, a cru reconnaître que ces plantes avaient absorbé la totalité de l'acide carbonique de leur atmosphère et qu'elles l'avaient remplacé par de l'oxygène et de l'azote donnant ensemble un volume égal à celui de l'acide, mais dans des proportions autres que celles constitutives de l'air. Ainsi, dans une de ces expériences dont les résultats sont proportionnellement les mêmes que ceux de toutes les autres, 431 centimètres cubes d'acide carbonique auraient été absorbés et remplacés par 292 centim. cubes d'oxygène et 139 centim. cubes d'azote.

L'oxygène, lorsqu'il est en liberté, ayant un volume à très peu près égal à celui de l'acide carbonique dont il est le constituant principal (1) il s'ensuit que si les plantes de l'expérience n'ont restitué que 292 centim. cubes d'oxygène, après en avoir absorbé 431 centim. cubes sous la forme d'acide carbonique, elles ont dû en retenir 139 centim. cubes avec tout le carbone de l'acide d'où l'on conclut que ce dernier n'a été décomposé que dans la proportion :: 292 : 431.

Mais ici se présente une circonstance que Th. de Saussure rapporte sans l'expliquer, ce qui est d'autant plus regrettable qu'elle constitue une anomalie montrant l'inexactitude de l'expérience. C'est le remplacement des 139 centim. cubes d'oxygène censés retenus par les plantes, par un volume d'azote parfaitement égal.

D'où pouvait provenir cet azote?

M. Boussaingault qui a examiné cette question, dit avec raison que cette provenance ne peut point être rapportée aux plantes de l'expérience, puisqu'elles contenaient tout au plus 53 centim. cubes d'azote engagés et condensés dans les diverses combinaisons de leurs matières constitutives. Elles n'auraient même pu abandonner une partie de celui qu'elles contenaient réellement, sans éprouver une désorganisation que leur état de

(1) Lorsque 200 parties d'oxygène se combinent avec 75 parties de carbone pour former de l'acide carbonique, ces deux éléments se condensent et ne produisent ensemble qu'un volume égal à celui qu'avait l'oxygène avant sa combinaison. Cette condensation n'ayant pas lieu entre l'oxygène et l'azote, dans l'air atmosphérique, c'est par cette raison principalement que l'on regarde ce dernier comme ne formant qu'un simple mélange et non un composé chimique ordinaire.

santé ne permet pas de supposer. Du reste, M. Boussaingault, en se fondant sur quelques expériences analogues qu'il a faites lui-même, pense que l'azote qui apparaît en pareille circonstance, ne peut être attribué qu'à une cause accidentelle. C'est aussi mon avis. Mais encore faut-il pour cela que les matières en expérimentation soient susceptibles de produire de l'azote. Or, cette condition manquait entièrement dans les expériences du savant Génevois, si réellement ni les plantes, ni l'air de l'atmosphère confinée, n'ont pas subi d'altération.

Tout porte donc à croire que les analyses sont erronnées. Mais fussent-elles exactes on n'en pourrait rien conclure relativement à la végétation normale dont les conditions sont tout autres. Il est bien certain que les organes d'une plante habituée à vivre, et qui ne peut vivre qu'avec ses racines dans un sol convenable, ne pourront pas fonctionner d'une manière normale, si ces racines sont plongées dans l'eau. Cette perturbation sera même telle que la mort du végétal ne tardera pas à en être la conséquence. De semblables expériences peuvent donc donner une idée plus ou moins approximative des phénomènes physiologiques de la végétation ; mais elles ne peuvent, en aucune façon, faire la base de règles absolues.

M. Boussaingault, sans approfondir toutefois la question par une de ces belles et nombreuses expériences à l'aide desquelles il a jeté de si vives lumières dans les problèmes agronomiques, a émis l'opinion, mais d'une façon très dubitative, qu'il serait possible que l'acide carbonique fût simplement ramené dans les végétaux à l'état d'oxyde de carbone (1) en admettant simultanément la décomposition de l'eau. Mais le savant agronome ne se dissimule pas que cette hypothèse s'accorde aussi peu avec les faits, que celle qui admet la décomposition totale de l'acide. Dans la première supposition, la proportion d'oxygène mise en liberté se trouve trop faible ; dans la seconde elle est trop forte. Pour que cette double conséquence pût être rigoureusement exacte, il faudrait que les analyses de Th. de Saussure, sur lesquelles M. Boussaingault étaie son argumentation, ne fussent pas erronnées. C'est-à-dire, qu'il faudrait qu'on ne pût douter que l'acide carbonique ne se décompse

(1) Economie rurale. Tome 1er, page 83.

réellement que dans les proportions indiquées par le savant Génevois. Or, il s'en faut de beaucoup que cette preuve ait été fournie.

Du reste, il est évident que la conversion de l'acide carbonique en oxyde de carbone n'est pas admissible, puisque ce dernier se compose de 100 d'oxygène pour 75 de radical, tandis que les végétaux contiennent tous plus de carbone que d'oxygène. Il ne serait cependant pas physiquement impossible qu'une partie de l'acide carbonique fût entièrement décomposée et qu'une autre partie fût simplement réduite à l'état d'oxyde, jusqu'à concurrence de l'oxygène qu'on rencontre dans les plantes. Mais alors la présence de l'hydrogène, dans les substances hydrocarbonées de notre première section, ne pourrait s'expliquer que par la supposition de la décomposition totale de l'eau, sans qu'il fut possible de déterminer la cause chimique de cette décomposition.

On n'admettra donc pas volontiers que la nature toujours infiniment simple dans ses procédés, entasse ainsi Pellion sur Ossa pour arriver à quoi ? à former des substances qui sont uniquement composées de carbone combiné avec les éléments de l'eau.

Il est donc beaucoup plus rationnel de supposer, ce me semble, que le carbone est entièrement séparé de son oxygène par une réaction physique et chimique dont la science a découvert la cause, et qu'ainsi mis en liberté il forme tout simplement avec l'eau une association à deux dans les matières hydrocarbonées de la première section, et une association à trois avec l'eau et l'ammoniaque dans la plupart des composés quaternaires.

Cette supposition est d'autant plus fondée que si nous brûlons du sucre ou de l'amidon dans de l'oxygène nous opérerons exactement la dissolution de l'association à deux en recueillant d'un côté le carbone combiné avec son comburant et de l'autre, l'hydrogène et l'oxygène sous la forme d'eau dont les éléments existaient dans la combinaison végétale.

Je ne crois donc pas qu'il soit possible de douter aujourd'hui de la décomposition complète de l'acide carbonique dans la végétation. C'est aussi l'avis du savant doyen de la faculté de Rennes. « Prenons une branche chargée de feuilles, dit M. Ma-

» laguti (1), introduisons-la dans une éprouvette avec de l'air » riche en acide carbonique et laissons-la exposée pendant » quelques jours à l'action des rayons solaires. Au bout de ce » temps, l'acide carbonique n'existera plus. Les feuilles en au- » ront absorbé le carbone et l'oxygène seul restera. »

Ce point paraissant désormais bien établi, il serait intéressant de rechercher dans quelles proportions l'acide carbonique et surtout l'ammoniaque de l'atmosphère peuvent spontanément concourir à l'alimentation des végétaux, pour en déduire le complément que le cultivateur doit y apporter. Mais, ce problème impliquant celui de la fertilisation du sol, et rentrant plus particulièrement, par cela même, dans notre étude chimique, nous devons en renvoyer l'examen à cette étude.

Dans la discussion qui précède, nous avons vu que Th. de Saussure, en établissant la loi en vertu de laquelle l'acide carbonique se décompose dans les feuilles des végétaux, est resté en deçà de la vérité en n'admettant qu'une décomposition partielle. Mais ce savant est allé plus loin, en concluant d'autres expériences, que l'air atmosphérique produit pendant la nuit la même action dans les feuilles que dans les poumons d'un animal. Ainsi, l'oxygène de l'air brûlerait, dans ce cas, une partie du carbone de la sève, et serait rejeté à l'état d'acide carbonique dans l'atmosphère.

Je crois que c'est là une erreur facile à démontrer. Il n'est pas possible de considérer la végétation comme une toile de Pénélope dans laquelle la nuit défait ce que le jour a produit. Du moins, faudrait-il, pour le prouver, des faits plus concluants et plus précis que ceux dont on excipe, et qui surtout fussent plus en rapport avec les conditions de la végétation normale.

Si l'on se reporte aux considérations qui m'ont déterminé à publier ce livre et que j'ai brièvement exposées dans mon introduction, on comprendra pourquoi je m'attache, mais avec une grande répugnance, à relever des erreurs qui portant sur des questions plus spéculatives que pratiques, semblent ne pouvoir tirer à conséquence.

Ce que je veux prouver en le faisant, et ce que je crois très utile de prouver, c'est qu'en thèse générale on doit se méfier

(1) Cours de chimie agricole, année 1851, pages 7 et 8.

de toutes les expériences agronomiques, quelle qu'en soit la nature, qui sont contraires à la saine raison, car si des hommes de la valeur de Th. de Saussure, ont pu se méprendre sur les vrais caractères d'un fait, aussi étrangement qu'il s'est mépris dans la circonstance présente, à plus forte raison, doit-on se tenir en garde contre la signification d'expériences émanant souvent de sources bien moins autorisées.

Du reste, je suis loin de croire à l'entière inoccuité des erreurs purement spéculatives en agronomie. A mon sens, lorsqu'une science ne s'appuie pas sur des vérités incontestables, elle doit fatalement conduire à de fausses applications, soit sur un point soit sur un autre. Mais revenons à l'expérience de Th. de Saussure.

Des feuilles d'un grand nombre de végétaux différents ayant été mises dans des récipients pleins d'air atmosphérique, ont consumé en 24 heures, dans l'obscurité, depuis une demi fois jusqu'à huit fois leur volume de gaz oxygène, dont elles ont retenu une partie en exhalant l'autre à l'état de gaz acide carbonique. La partie retenue a été le plus souvent inférieure au volume des feuilles ; mais elle l'a dépassé quelquefois. Lorsque les appareils ont été exposés à la lumière solaire, l'oxygène retenu pendant la nuit a toujours été exhalé pendant le jour.

Pour que ces effets se produisent, il faut, dit l'expérimentateur, que « les feuilles soient parfaitement saines, et qu'elles » déplacent un volume compris entre la 7ᵉ et la 20ᵉ partie du » volume de l'air.... Il faut de plus qu'elles soient mises en » expérience immédiatement après avoir été cueillies au coucher du soleil, et qu'elles ne séjournent pas plus de 12 heures sous le récipient. »

Si des feuilles détachées de leurs tiges ou de leurs branches, et dont par cela même, la force vitale est détruite, manifestent réellement un reste de vie dans leurs organes propres, cela peut s'admettre jusqu'à un certain point. Mais que ces organes privés de toute communication avec ceux des autres parties de la plante, fonctionnent comme si la mutilation n'existait pas, c'est ce qui n'est plus admissible raisonnablement. Ce qui se passe en pareil cas est si peu une fonction normale, que l'effet va sans cesse en diminuant, à la manière des agonisants, jusqu'à la mort totale qui ne paraît pas se faire attendre au delà de 12 heures.

Ce que l'on peut donc induire de tout cela, c'est que l'acide carbonique exhalé est tout simplement celui que les feuilles avaient aspiré sur la fin du jour, mais que le coucher du soleil ne leur avait pas permis de décomposer. La recommandation expresse de ne cueillir les feuilles qu'au coucher du soleil, c'est-à-dire au moment où elles sont gorgées d'acide carbonique, apporte un fort appui à cette induction.

Maintenant, si l'on veut la preuve formelle que c'est bien là ce qui a lieu, Th. de Saussure, la fournira lui-même par d'autres expériences dans lesquelles l'air des récipiens a été remplacé par du gaz azote ou du gaz hydrogène, ne pouvant ni l'un ni l'autre donner naissance à de l'acide carbonique. Cependant, les feuilles en ont émis jusqu'à concurrence du quart ou du tiers de leur volume.

On voit, d'après cela, que l'émission nocturne, par les végétaux, d'une certaine quantité d'acide carbonique qui se formerait dans leur organisme, comme dans l'organisme animal, n'est rien moins que démontrée. M. Payen, pense que cette émission a tout simplement pour objet l'acide carbonique que les racines pompent dans la terre pendant la nuit, et qui traverse la plante sans se décomposer, l'action catalytique ne pouvant se produire qu'avec le concours de la lumière. Mais les racines pompent-elles pendant la nuit? C'est ce qu'il faudrait d'abord établir.

D'un autre côté, un physiologiste anglais M. Williams Hasledine Pepys, a établi en 1843, dans un mémoire lu à la Société Royale de Londres, en s'appuyant sur diverses expériences, que les plantes n'exhalent jamais d'acide carbonique dans leur état de santé (1).

Un mot maintenant sur les autres phénomènes que nous offre la végétation.

L'un des mieux établis, c'est la transpiration.

De toutes les substances que les plantes absorbent par leurs racines, l'eau est la plus abondante, et comme en définitive elles n'en retiennent qu'une quantité relativement faible, on doit admettre qu'elles en rejettent la plus grande partie, sans quoi la sève ne pourrait se soldifier. Aussi, remarque-t-on,

(1) Annuaire de Chimie de MM. Million et Reiset 1845, page 493.

que dans les années pluvieuses, les végétaux présentent moins de rigidité et sont beaucoup plus aqueux que dans les années sèches ou modérément humides.

Quelques physiologistes distinguent deux parties différentes dans la sève, l'une qui ne serait guère que de l'eau pure, et à laquelle on donne le nom de *Lymphe ;* l'autre, contenant les principes nutritifs de la plante et constituant la sève proprement dite. Selon eux, la première diffère de la seconde comme la lymphe diffère du chyle dans les animaux.

Cette distinction, qui suppose nécessairement l'existence de vaisseaux lymphatiques dans les végétaux, où je ne sache pas que l'on en ait découvert, serait difficile à concilier avec la fonction attribuée à cette prétendue lymphe, puisque cette fonction consisterait uniquement à porter les sucs nourriciers dans les organes sécréteurs, pour ensuite, s'échapper en vapeur insensible. Cela semble indiquer qu'elle ne fait qu'un seul et même liquide avec les substances qu'elle tient en dissolution et auxquelles elle sert de véhicule. Parvenue dans les feuilles, elle s'évapore en partie, et la sève concentrée redescend pour se fixer dans les parties du végétal qu'elle doit occuper définitivement, et où elle achève de se solidifier par une transpiration lente qui s'opère alors par les rayons médullaires et les stomates corticaux.

Le fait de la transpiration des plantes est l'un des plus faciles à constater. En voici une preuve qui remonte déjà à près de deux siècles. On a arraché au mois d'Août un pommier nain, et après l'avoir pesé on a mis ses racines dans un baquet qui contenait une quantité d'eau connue. Elles en ont absorbé 15 livres (7^k500) en dix heures de jour, et l'arbre dans le même temps en a rendu 15 livres et demie.

Halles, est de tous les physiologistes celui qui s'est le plus appliqué à exprimer par des chiffres la transpiration des plantes. Il a fourni sur cette matière des indications dont plusieurs auteurs se sont aidés pour établir des calculs dont quelques-uns méritent confirmation. C'est ainsi, par exemple, qu'on a trouvé qu'un hectare de choux pouvait émettre 20 000 k. d'eau par jour, un hectare de houblon 2440 k. et un hectare de luzerne 450 k.

S'il était vrai, comme le prétend Sennebier, que les plantes ne rejetassent que les deux tiers de l'eau qu'elles absorbent; s'il était vrai, d'un autre côté, que les choux en émissent 20000 k. par jour et par hectare, ce qui supposerait une rétention quotidienne de 10000 k., une récolte de cette étendue qui aurait végété pendant trois mois, en contiendrait donc 900000 k., ou tout au moins 450000 k., en prenant pour surface moyenne des feuilles pendant la végétation, la moitié de celle existant au moment de la constatation. Et, comme l'eau entre pour les 3/4 dans le poids du chou à l'état vert, la récolte serait donc de 600000 k. équivalant à 150000 k. de foin sec. L'énormité de ce résultat conduit nécessairement à cette alternative : ou bien les choux ne transpirent pas autant qu'on le suppose, ou bien ils retiennent une proportion d'eau beaucoup moindre que celle indiquée par Sennebier. Quoi qu'il en soit, on voit par là, qu'on peut rencontrer même dans les meilleurs livres, bien des faits qui ont besoin d'être révisés.

Le chiffre appliqué à la luzerne est beaucoup plus admissible. En effet, une coupe de cette plante ayant mis un mois et demi à se développer en été, et ayant évaporé 450 k. d'eau par jour et par hectare, en moyenne, en en retenant 225 k. soit pour 45 jours, 10,125 k. on arrive à ce résultat que la luzerne verte contenant également les 3/4 de son poids d'eau, la récolte doit être de 13500 k. en vert, ou de 4375 k. en foin sec. C'est là sans doute un produit dépassant peut-être un peu la moyenne ordinaire pour une seule coupe ; mais il n'a rien d'incroyable.

L'enseignement qui résulte, pour la pratique, de l'examen qui précède, c'est que, sous le rapport de l'humidité du sol, la luzerne peut réussir dans des terres où le chou ne saurait prospérer, toutes les autres conditions du succès existant. Le principe qui doit donc guider à cet égard, est que la transpiration constituant une fonction naturelle, nécessaire dans les végétaux, ces derniers doivent, autant que possible, être placés dans les conditions les plus favorables à cette fonction. Et comme l'évaporation est ordinairement proportionnelle à la surface totale des feuilles, il s'ensuit qu'une récolte à feuilles très développées réussira toujours mieux dans les sols humides mais sains, que dans les terres sèches, ces dernières devant être consacrées de préférence aux plantes à système foliacé plus restreint.

Dans toutes les observations faites sur la transpiration des végétaux, on a constamment remarqué qu'elle était toujours d'autant plus abondante et plus active que le temps était plus sec et plus chaud, et que les plantes étaient moins obliquement frappées par les rayons du soleil. Ceux-ci viennent-ils à être interceptés, la transpiration s'arrête ou diminue, et la circulation sèveuse se ralentit. Il suit de là, que la transpiration n'a lieu ni durant la nuit, ni pendant la saison froide.

Dans les végétaux dépouillés de leurs feuilles naturellement ou par accident, lorsque la circulation de la sève est active, la transpiration est également nulle ou très faible. Mais lorsque la tige est garnie de boutons ou d'yeux, l'action du soleil y attire la sève et les développe. Si cette action est trop grande, les boutons se dessèchent et la plante périt.

C'est la même action solaire qui fait pousser des rejetons aux arbres coupés à rez de terre. Lorsqu'il ne s'en produit pas, les racines meurent. Les rejetons qui naissent de certaines racines traçantes, doivent aussi leur formation à la même cause.

Mais comment la sève peut-elle, contrairement aux lois de la gravitation, s'élever à une hauteur souvent fort grande? Cette ascension est évidemment la résultante de plusieurs forces agissant simultanément. On a cru pendant longtemps, qu'elle était principalement due à la capillarité qui, très probablement y contribue dans une certaine mesure. Mais dans bien des cas, cette force serait insuffisante, puisque d'après quelques physiologistes, son action ne s'étend pas à plus de 0,30 à 0,40 centimètres d'élévation. Du reste, si la capillarité était la seule cause de l'ascension dont il s'agit, celle-ci aurait lieu dans tous les temps, tandis qu'il n'en est pas ainsi. On sait en effet, que la sève ne monte pas dans l'obscurité ni par une basse température, et qu'elle ne circule plus dans un végétal mort. La conséquence qui découle de ces observations, c'est qu'indépendamment de la capillarité, de la lumière et de la chaleur, il faut le concours d'une quatrième force pour mettre la sève en mouvement, au moins dans les végétaux à tige un peu haute. Cette force, dont le principe est resté ignoré pendant longtemps, était généralement attribuée à *la vitalité*, et qualifiée de *force vitale*, expression un peu vague, à l'aide de laquelle on expliquait également, en physiologie animale, certains phénomènes qui comme celui dont il s'agit ici, paraissent procéder principalement d'une cause purement physique, ce qui toutefois ne veut pas dire que les êtres organisés ne soient point doués d'une force vitale spéciale.

Selon les physiologistes modernes, la circulation de la sève est plus particulièrement un effet d'*endosmose*. Mais qu'est-ce que l'endosmose? Les Lexiques répondent : « C'est un double » courant qui s'établit entre deux liquides d'une densité diffé» rente, à travers une cloison membraneuse. » Essayons de compléter cette explication.

Si l'on suppose un tube vertical, partagé transversalement en deux parties par une cloison membraneuse et poreuse très-mince, telle qu'un morceau de vessie ; si l'on suppose en outre, chaque partie de ce tube remplie d'un liquide plus dense dans le compartiment supérieur que dans le compartiment inférieur, on ne tardera pas à voir le liquide d'en haut traverser la cloison et opérer sur celui d'en bas une pression qui forcera ce dernier à s'élever en traversant la même cloison en sens inverse, puisque tous les deux ne peuvent occuper le même espace à la fois, à raison de leur impénétrabilité respective. L'œil percevra facilement ce double courant, si les deux liquides sont d'une couleur différente un peu tranchée. Le même effet se produira soit que les liquides se trouvent superposés comme il vient d'être dit, ou que le moins dense soit en haut, soit qu'ils existent sur le même plan, parce que la pression des corps de cette nature s'exerce dans tous les sens.

Tel est le principe de l'Endosmose. On voit qu'il repose principalement sur la différence de densité des deux liquides. Mais quelques auteurs le rattachent plus particulièrement à l'affinité de ces liquides pour la membrane. Ce qui donne une certaine valeur à cette dernière opinion, c'est que l'endosmose s'opère quelquefois du liquide le plus léger au plus dense, bien que cela paraisse contraire aux lois de l'hydrostatique. Il est remarquable toutefois que cette affinité paraît exercer une grande influence sur la vitesse avec laquelle chaque liquide traverse la membrane. Ainsi, si un volume d'eau peut la traverser en 8 minutes, il en faudra 12 à un volume égal de dissolution saline ; 22 à l'huile, 36 à l'alcool (1).

(1) Annuaire de Chimie 1850.

Maintenant, si l'on suppose que le liquide le plus léger, à mesure qu'il arrive au sommet du tube, s'y trouve en contact avec une force quelconque qui le vaporise en partie et augmente ainsi sa densité, on concevra comment il peut descendre à son tour pendant qu'un nouveau liquide plus faible fourni par une source continuelle, alimente la partie inférieure du tube, et croise dans sa marche celui qui descend, en produisant ainsi un double courant jusqu'à ce que le liquide qui se concentre de plus en plus arrive à un degré de densité qui ne lui permette plus de circuler.

Cela bien compris, il sera facile d'en faire une application exacte à la circulation de la sève, en se rappelant que les vaisseaux des plantes sont formées d'utricules soudées bout à bout, et séparées par des cloisons membraneuses.

Or, comme les vaisseaux d'un végétal vivant sont, dès sa naissance, remplis de sève, de même que les veines d'un animal le sont de sang, et comme la partie de cette sève qui arrive aux feuilles s'y concentre beaucoup, non-seulement par l'évaporation, mais encore par le carbone qui s'y ajoute incessamment, on conçoit comment l'endosmose peut avoir lieu d'utricule en utricule. Evidemment l'évaporation produit dans les feuilles un vide qui aspire le liquide inférieur à la manière d'une pompe. Il suit de là, d'après MM. L. Million et Nicklès (1), que toutes les fois qu'une membrane est en contact avec un liquide par une de ses faces, tandis que l'autre est exposée à l'évaporation — comme dans les feuilles des végétaux —. Cette évaporation, a pour effet de déterminer un mouvement du liquide vers la membrane, et que ce mouvement a précisément la vitesse de l'évaporation elle-même.

Lorsque la sève ne circule pas, elle séjourne dans les vaisseaux de la plante comme l'eau dans le corps d'une pompe en repos. Mais vienne un degré de chaleur suffisant pour produire de l'évaporation, c'est le balancier de la pompe qui se meut et le courant qui s'établit en distribuant la sève concentrée dans les diverses parties de la plante où elle doit se fixer.

On ne voit donc rien dans tout cela qui soit l'expression d'une force vitale proprement dite. Ce que l'on y remarque au con-

(1) Annuaire de Chimie 1850, page 645.

traire de mieux caractérisé, c'est une simple action physique pouvant, jusqu'à un certain point, s'exercer dans la nature morte, ainsi qu'on le démontre en physique. Est-ce à dire, que cette force vitale n'existe pas? Il y aurait d'autant moins lieu de le prétendre que le phénomène de l'endosmose, bien que pouvant se produire artificiellement dans des corps inanimés, ne peut avoir lieu dans les végétaux qu'autant que ceux-ci sont vivants. La vie est donc sa première condition sinon son moteur principal. Du reste, comment pourrait-on nier la force vitale quand on voit une tigelle infiniment faible, ployant au moindre soufle, percer cependant une couche de terre quelquefois très-dure pour arriver à la lumière; quand on voit une betterave, grosse comme un tuyau de plume, atteindre un développement relativement considérable en déplaçant et comprimant un certain volume de terre autour d'elle, ce qui ne peut avoir lieu sans un effort continu d'une assez grande puissance. Mais, ce n'est là peut-être que le produit de la force d'affinité. A mesure que les substances se combinent entre elles, la force d'attraction qui les unit en augmentant successivement leur volume doit nécessairement déplacer les corps environnants, étrangers à cette combinaison. Au demeurant, comme c'est là une question beaucoup plus intéressante pour le philosophe que pour le cultivateur, nous ne nous y arrêterons pas davantage.

Revenons à l'endosmose. Quelque plausible que soit ce système, on ne peut se dissimuler cependant qu'il n'est pas entièrement à l'abri d'objections, s'il est vrai, comme on le prétend, que les cloisons séparant les utricules dans les plantes n'existent que pendant leur jeunesse. S'il en est ainsi, l'endosmose ne peut plus avoir lieu lorsque les cloisons disparaissent. Il faut alors, ou bien que l'ascension de la sève se fasse encore d'une autre manière, ou bien que les cloisons ne soient détruites que quand elles deviennent inutiles. C'est un point qui n'a pas encore été éclairci, que je sache.

La digestion dans les plantes n'est autre chose que l'assimilation qu'elles font à leur propre substance des sucs nourriciers qu'elles élaborent. Mais par quelles séries de transformations, par quelles influences physiques et chimiques, ces sucs d'une nature particulière peuvent-ils s'extraire d'abord d'engrais d'une nature bien dissemblable, puis ensuite opérer leur départ et leur établissement dans telle ou telle partie de l'organisme, sous telle ou telle formes et avec telle ou telle propriété spéciale? Ces questions sont beaucoup plus faciles à poser qu'à résoudre. Cependant, il ne paraît pas impossible, en étudiant attentivement les étonnantes propriétés du petit nombre des principes qui les constituent, de soulever un peu le voile qui couvre la cause de ces phénomènes.

La première de ces questions est en grande partie résolue par notre étude préliminaire sur les effets de la catalyse et de la fermentation. Nous y avons vu comment les fumiers et en général les matières végétales et animales, subissant l'une ou l'autre de ces deux actions, et même assez souvent toutes les deux à la fois, peuvent se convertir en substances nouvelles, solubles, consistant en glucose ou en matière sucrée analogue, en mucilage, en ammoniaque, en acide carbonique, et en eau; seules formes sous lesquelles la matière organique paraisse susceptible d'être absorbée par les végétaux, toutefois, en y ajoutant encore l'acide nitrique.

Mais si le glucose qui constitue un aliment tout préparé, et qui paraît être en même temps le point de départ de toutes les transformations hydro-carbonées qui s'opèrent dans l'organisme végétal; si le glucose, dis-je, manque dans les aliments des plantes, ainsi que cela arrive fort souvent, qu'en résultera-t-il? Il faudra nécessairement qu'il y soit remplacé par ses principes immédiats, c'est-à-dire par l'acide carbonique pour fournir le carbone et par l'eau pour fournir l'hydrogène et l'oxygène. Circulant l'un et l'autre dans la sève, lorsque l'acide carbonique se trouvera en contact dans les feuilles avec la chlorophylle, celle-ci dont la force catalytique est fort grande, décomposera avec le concours de la lumière solaire, non-seulement l'acide absorbé par les racines, mais encore celui qui aura pénétré dans l'organisme par les stomates; et alors se formera entre le carbone libre et l'eau ou les éléments de celle-ci, cette première combinaison, dont la résultante est le glucose, base de tout l'édifice. L'action catalytique qui se produit ici est analogue à celle qu'exercent certains corps poreux, comme le charbon, la pierre-ponce, l'éponge de platine, etc., sur différents composés. Nous verrons plus tard que la terre végétale elle-même, le terreau, le sable même, sont doués de la même force, ce qui simplifie beaucoup la question de fertilisation.

La décomposition de l'acide carbonique, dans le cas dont il s'agit, doit être complète, car si elle n'était que partielle, et spécialement si cet acide était simplement ramené à l'état d'oxyde, la composition chimique de la plupart des substances végétales serait inexplicable. Il en serait de même des principales réactions qui se produisent dans la sève, et dont on peut se faire une idée assez exacte, lorsque l'on connaît les propriétés du carbone, bien différentes de celles de son acide ou de son oxyde. En effet, c'est l'un des corps doués de la plus grande force catalytique. C'est à l'aide de cette force qu'il décolore certaines substances et qu'il en désinfecte certaines autres. Lorsqu'il est en contact avec deux gaz parfaitement indifférents l'un à l'autre en son absence, c'est encore sa force catalytique qui détermine leur combinaison, de même qu'elle opère la décomposition, même à la température ordinaire, de certains corps très énergiques, notamment de l'acide nitrique. Cette dernière propriété, soit dit en passant, jetera un grand jour sur le mode d'action des nitrates dans la végétation, lorsque nous étudierons le problème si intéressant de la fertilisation.

Mais, le carbone n'exerce pas seulement une action physique dans les phénomènes végétaux auxquels il préside avec une certaine prépondérance. Des quatre éléments qui concourent à la création des produits organiques, c'est lui qui remplit évidemment le rôle principal. Après lui, et même concurremment avec lui si l'on veut, viennent l'oxygène et l'hydrogène sous la forme d'eau, car il paraît qu'ils n'agissent point isolément dans les réactions végétales. Du moins, si on les y rencontre quelquefois dans des proportions qui ne concordent pas avec celles constitutives de l'eau, c'est parce que l'un des éléments de celle-ci a été partiellement éliminé par des réactions successives ; mais il ne paraît pas douteux que l'eau ne prenne d'abord place au banquet, sauf à abandonner ultérieurement une partie de son oxygène, comme dans la formation des matières grasses, par exemple.

La force catalytique de l'eau, quoique différente à certains égards de celle du carbone, est néanmoins fort grande aussi. On peut même dire qu'il est peu de réactions chimiques auxquelles elle ne prête son concours. Comme le carbone, l'eau détermine la combinaison de deux gaz qui, à l'état sec, sont sans action l'un sur l'autre. Sans son intermède deux sels susceptibles de se décomposer réciproquement ne pourraient le faire. Par sa propriété dissolvante qui n'est autre chose que l'un des aspects de sa force catalytique, elle désagrége les corps en divisant leurs molécules à l'infini et en modifiant profondément quelquefois leur état, leurs propriétés, leurs caractères.

Enfin, elle peut prendre part à de nombreuses combinaisons chimiques, soit en s'y associant intégralement, soit par une modification de sa composition élémentaire.

Quant à l'azote, son rôle est tout différent. Il est uniquement chimique ; et d'une grande inertie lorsque ce gaz est en liberté ou en simple mélange avec l'oxygène, comme dans l'air atmosphérique. Dans ces cas, il résiste généralement aux plus vives affinités. Mais il en est tout autrement lorsqu'il se présente sous la forme d'un des composés très peu nombreux qu'il forme naturellement. Le plus important de ces composés, est celui qui a pour formule un équivalent d'azote avec trois équivalents d'hydrogène et dont la résultante est l'ammoniaque. Alors, les transformations peuvent se multiplier à l'infini. On sait quelles sont les associations qu'il contracte sous cette forme dans la végétation où on ne le rencontre guère qu'à l'état d'ammoniaque, ou du moins à l'état de substance contenant les éléments de l'ammoniaque.

Ainsi, on peut dire que les principes organiques médiats et dans certains cas, immédiats, de toutes les substances végétales, sont ou le carbone et l'eau seulement, ou bien le carbone, l'ammoniaque et l'eau. Si parfois les deux constituants de cette dernière ne s'y rencontrent pas dans des proportions normales, c'est que l'un d'eux a été partiellement éliminé, comme je l'ai dit plus haut.

Les combinaisons que ces principes forment entre eux ont un caractère tout différent de celui des combinaisons minérales. Deux substances inorganiques, et même un métal et un métalloïde formeront toujours des composés semblables qui conserveront plus ou moins l'empreinte de leurs constituants; qui pourront s'associer et se séparer sans que ces derniers en éprouvent la moindre modification; mais qui ne pourront se transformer sans le concours d'un élément nouveau, ou l'élimination de l'un de ceux qu'ils possèdent. Ici, c'est la loi des affinités qui agit seule. Ces sortes de combinaisons ne s'opèrent que par juxta position.

Il en est autrement dans les composés organiques dont les éléments se pénètrent réciproquement, comme le démontre très bien M. Million, dans son cours de chimie. Aussi, voit-on ces composés se transformer sous la seule influence de la catalyse, par une simple modification dans l'arrangement de leurs molécules, et sans en augmenter ni en diminuer les proportions. Tout au plus y a-t-il lieu quelquefois à l'addition ou au retranchement d'un ou plusieurs équivalents d'eau.

La catalyse est donc le principe primordial dominant de toutes les réactions qui s'opèrent dans l'organisme végétal. Ce principe admis, les conséquences en seront moins difficiles à dégager.

Nous avons dit que si le glucose manquait dans les matières alimentaires de la végétation, il faudrait nécessairement qu'il y fût remplacé par ses éléments, c'est-à-dire par l'acide carbonique qui céderait son carbone et par l'eau.

Nous avons vu d'un autre côté que ces deux principes peuvent former entre eux des combinaisons aussi nombreuses que variées.

Celle qui paraît se produire tout d'abord, celle qui constitue le point de départ de toutes les transformations qui ont lieu dans l'organisme, est indubitablement le glucose ou une matière sucrée possédant identiquement les propriétés du glucose.

Si, sous l'influence de la catalyse, l'amidon, la gomme, le ligneux, etc., peuvent se transformer en sucre de raisin ou de fruit, en dehors de l'organisme végétal, ce sucre à son tour se transforme, par une catalyse en sens inverse, dans l'élaboration de la sève en amidon, en gomme, en ligneux, etc., car tel est le cycle des évolutions organiques naturelles de ce genre lorsqu'elles ne sont point exceptionnellement soumises à des réactions spéciales d'une nature différente.

Nous en avons une première preuve dans la germination où nous voyons les matières séminales amylacées et azotées se convertir en substances sucrées et mucilagineuses pour redevenir peu de temps après dans l'organisme, matières amylacées et azotées.

Si dans les premiers temps de la végétation des plantes économiques, on analyse la sève qu'elles contiennent, on n'y trouvera ni gomme, ni amidon ; cependant on y découvrira des cellules; mais la cellulose qui les constitue n'entre pas toute formée dans les végétaux. Elle y est nécessairement engendrée, et elle ne peut l'être, au moins pendant la germination, que par les matières séminales préalablement converties en sucre et en mucilage solubles.

Si plus tard on examine attentivement des grains de blé avant leur maturité, on n'y rencontrera dans le principe ni gluten, ni amidon, mais bien un suc laiteux participant beaucoup plus du glucose et du mucilage en voie de transformation.

Avec un peu de réflexion, on comprendra qu'il doit absolument en être ainsi, puisque, pas plus que la cellulose, le gluten et l'amidon ne peuvent entrer tout formés dans les végétaux à cause de leur insolubilité. Il faut donc qu'ils empruntent une forme et des propriétés spéciales pour pouvoir y pénétrer. Si par suite d'une fermentation préalable, comme celle qui se produit dans les fumiers, ils sont introduits dans l'organisme, à l'état d'acide carbonique, d'ammoniaque et d'eau, ces substances doivent d'abord y former une combinaison soluble pour pouvoir circuler dans la sève.

Tenons donc pour à peu près certain, que le glucose et l'ammoniaque sont les principes véritablement immédiats de tous les composés organiques.

Mais comment la séparation et la localisation de chacune des substances dérivant de ces principes peuvent-elles s'opérer ?

Ici, l'influence dominante est évidemment ce moteur peu connu qu'on appelle encore généralement force vitale, et que les physiologistes plus avancés font consister dans l'endosmose qui met la sève en mouvement.

Cette influence se complique évidemment aussi de la force catalytique de l'eau qui a le pouvoir de dissoudre le glucose et les substances mucilagineuses. Leurs molécules divisés en atômes imperceptibles, même à l'aide du plus puissant microscope circulent donc dans les vaisseaux séveux où elles rencontrent des organes secréteurs analogues probablement à ceux des animaux et qui complètent l'élaboration et les transformations.

Vraisemblablement, ces réactions diverses sont dues à un levain fourni par la semence à chacun des organes secréteurs dans la proportion des besoins de chaque espèce de plante. Ce levain doué d'une affinité et d'une force catalytique spéciales agit sans doute à l'instar de la diastase en transformant conformément à sa nature propre, les composés avec lesquels il est en contact. Tout à l'heure, en étudiant le phénomène de la fructification, nous verrons que les fleurs non fécondées ne produisent pas de fruits ou n'en produisent que d'imparfaits. Or, si le pollen est le principe générateur, si c'est par sa vertu prolifique que se développent l'amidon et le gluten dans les épis de blé, par exemple, on doit en conclure que les autres matières qui composent la plante sont élaborées d'une manière analogue par des organes spéciaux.

C'est donc de la semence même que part le principe catalytique générateur primordial. Son premier acte est de transformer la matière séminale avec laquelle il va jeter les fondements de l'édifice végétal, en se divisant, en se multipliant, en se répandant dans les diverses parties de la plante au développement desquelles il contribue et dans lesquelles son action se continue jusqu'à la maturité.

Jusqu'ici, tout s'explique assez facilement en ce qui concerne la formation des substances hydro-carbonées et quaternaires dans lesquelles se retrouvent ensemble ou séparément les éléments du glucose et de l'ammoniaque : Mais comment les matières grasses se forment-elles dans les graines oléagineuses dont la composition est si différente de celle des céréales, et dans lesquelles on n'aperçoit plus aussi distinctement le même point de départ des transformations.

Si nous interrogeons la pratique, elle nous dira que l'engrais qui produit le froment, produit également le colza ; mais que, quel que soit cet engrais, on n'y rencontre pas, en thèse générale, la matière grasse toute formée ; qu'ainsi celle-ci ne peut naître que dans l'organisme végétal et qu'elle est indubitablement le produit des mêmes substances que celles qui engendrent le froment, avec quelques variantes dans les réactions. Ces faits, sans doute, ne fournissent pas un enseignement complet, mais ils peuvent mettre sur la voie de la vérité.

Si nous interrogeons la science, elle ne sera pas plus explicite. Seulement, elle nous apprendra que le glucose peut, en de certaines circonstances, se transformer artificiellement en acide butyrique et celui-ci en acide margarique par une désoxydation dont la cause nous est encore inconnue mais qui est inséparable de la fermentation. Si ce n'est pas là une solution c'est au moins une révélation qui ouvre la porte à des conjectures assez vraisemblables, autorisant à croire qu'ici, comme dans la végétation des autres plantes, c'est encore le glucose qui forme le point de départ des transformations. Ce qui donne quelque valeur à cette idée c'est que l'huile ne se trouve pas toute formée dans la sève. En vain même, soumettrait-on à la pression la plus énergique ou à tout autre moyen d'extraction, de jeunes plantes de colza, on n'en retirera point d'huile, mais un suc laiteux plus ou moins analogue à celui du froment, c'est-à-dire, plus ou moins analogue au glucose qui commence à se transformer. Ce n'est que par la fécondation et la maturation des graines que l'huile s'y produit par la transformation de son principe immédiat, comme le sucre se produit dans la poire mûre par la transformation de sa cellulose. Seulement, dans ce dernier cas, le phénomène s'accomplit sans décomposition, tandis que l'huile ne peut être que le produit d'une fermentation interne, et d'une désoxydation du principe sucré analogue à celle qui a lieu dans la transformation artificielle du glucose en acide butyrique, sous l'influence d'un ferment particulier qui, dans les graines grasses, peut être simplement le pollen. C'est par l'effet de cette désoxydation que l'huile ne présente plus qu'un composé dont le principe immédiat est un atôme de gaz oléfiant (hydrogène bi-carburé) combiné avec une proportion d'oxygène.

Cette dissertation qui de prime abord, paraîtra peut-être ne présenter qu'un intérêt purement scientifique, nous conduira cependant à une conclusion pratique qui n'est pas sans importance et qui peut se formuler ainsi.

S'il est vrai que la substance qui se forme en premier lieu dans l'organisme de tous les végétaux, sans en excepter les plantes oléagineuses, est le glucose, le cultivateur doit avoir principalement en vue dans la fertilisation de ses cultures, l'emploi de matières qui, comme le fumier d'étable, contiennent non-seulement les principes du glucose, mais encore ceux de l'ammoniaque qui en est le complément nécessaire.

Ici je fais abstraction du concours de l'atmosphère qui, je le reconnais, peut contribuer, dans une large mesure à l'alimentation végétale, par l'apport des éléments de la matière hydrocarbonée sous la forme d'acide carbonique et d'eau.

Toutefois, si ce concours est bien réel, il paraît non moins certain qu'il est toujours proportionnel à la fertilité du sol, laquelle ne doit pas consister seulement en principes azotés et minéraux, mais encore en principes organiques carbonés qui sont tout aussi indispensables dans une terre pour en obtenir un produit maximum. Ainsi, le cultivateur ne doit jamais s'abstenir, lorsque son sol est pauvre en humus ou en terreau, d'y verser des engrais carbonés, nonobstant tous les résultats merveilleux obtenus par l'emploi de substances purement azotées et salines, attendu que ces résultats ramenés à leurs véritables termes, ont presque toujours une signification différente de celle qu'ils présentent lorsque, comme c'est d'usage en pareil cas, l'on fait abstraction complète de la fertilité acquise. En un mot, ce que le cultivateur ne doit jamais perdre de vue, c'est que les libéralités de l'atmosphère, bien qu'inépuisables, sont limitées, et que comme tous les capitalistes, elle a pour règle absolue, invariable, de ne prêter qu'aux riches.

Je me borne à énoncer ces principes qui seront plus amplement développés en traitant de la fertilisation.

Plusieurs auteurs regardent comme certaine la faculté attribuée aux plantes *d'excréter* les matières qu'elles absorbent et qu'elles ne peuvent s'assimiler. Pour mon compte, je ne fais aucune difficulté d'y croire, quoique cette fonction ne soit pas clairement établie. Mais on peut la supposer par analogie et la considérer jusqu'à un certain point, comme parallèle à la transpiration.

Il y a quelques années, on pouvait admettre les excrétions comme indubitables en se fondant sur des faits qui, alors ne pouvaient s'expliquer qu'à l'aide de cette hypothèse. Ainsi, une plante censée avoir absorbé une certaine quantité de phosphate de chaux ne reproduisant pas à l'analyse une proportion de base en rapport avec celle de l'acide on en pouvait induire que le sel avait été décomposé dans la sève par quelque réactif et qu'une partie de sa chaux avait été excrétée. Il serait, en effet, difficile qu'il en fût autrement, si l'on admet que le phosphate de chaux pénètre intégralement dans l'organisme végétal au moyen de sa dissolution hypothétique par l'acide carbonique. Mais c'est précisément là qu'est le nœud. Quelques savants de premier ordre, M. Dumas entre autres, ayant constaté que le phosphate calcaire basique se dissolvait assez facilement dans de l'eau saturée d'acide carbonique, on est parti de là pour admettre comme indubitable que c'est à cette influence qu'est due son assimilation par les plantes. Mais on n'a pas pris garde que l'eau existant dans le sol, n'est pas toujours, à beaucoup près, aussi chargée d'acide carbonique que celle qui a servi aux expériences, et qu'en tous cas cette hypothèse n'expliquait, en aucune façon, la transmutation du phosphate de chaux dans les végétaux. Mais je le répète, si cette transmutation a lieu dans l'organisme, et non dans le sol, quoique cette dernière supposition soit beaucoup plus vraisemblable, elle prouve irréfragablement les excrétions. Le même argument s'appliquerait aux sulfates dont on ne retrouve l'acide dans les végétaux qu'en proportion bien inférieure à celle des bases, si l'on ne savait aujourd'hui que la terre végétale possède la propriété de décomposer en grande partie non-seulement les sulfates, mais encore presque tous les autres sels alcalins et ammoniacaux.

Or, toutes ces découvertes nouvelles doivent singulièrement modifier les idées relativement aux excrétions des plantes. Je ne vais pas cependant jusqu'à en conclure qu'elles n'ont pas lieu. On peut, à cet égard, croire ou ne pas croire sans qu'il en résulte le moindre danger. Je dis seulement que ce fait, beaucoup moins certain que celui de la transpiration, demande à être étudié de nouveau. Du reste, si je ne conteste pas cette théorie, je n'admets pas pour cela la conséquence que quelques auteurs en tirent, en accusant les excrétions dont il s'agit, d'empêcher certaines plantes de se succéder immédiatement dans le même sol pendant plusieurs années consécutives. Si cette cause était vraie elle serait générale, tandis qu'il s'en faut de beaucoup qu'elle le soit, si même elle est réelle pour quelques végétaux, ce dont je me permets de douter. Il est bien vrai que dans l'état actuel de la culture il est plusieurs plantes qui ne peuvent se succéder qu'à des intervalles plus ou moins éloignés. Le trèfle, particulièrement, est dans ce cas. Mais c'est là une des nombreuses questions sur lesquelles on a généralement pris le change, ainsi que l'a lumineusement démontré M. Joigneaux, avec la puissance de logique qui caractérise ce spirituel et habile agronome. Nous reviendrons sur ce point en traitant des assolements ; en attendant, nous allons terminer notre étude physiologique par l'examen du phénomène de la fructification.

DE LA FRUCTIFICATION.

Nous voici parvenus au point le plus intéressant et le plus curieux de la végétation ; celui qui présente le plus d'analogie entre les deux règnes organiques ; en un mot, à la perpétuation des êtres par la reproduction à laquelle, comme nous allons le voir, la nature apporte les soins les plus délicats et les plus ingénieux. Son principal moyen est la fécondation de la fleur qui produit le fruit ou la graine contenant le germe de la reproduction. Fleur et fruit doivent donc être les deux parties de cette étude.

De la Fleur.

C'est dans la fleur que résident tous les organes de la génération qui, dans le règne végétal comme dans le règne animal ne peut s'opérer que par le concours des deux sexes. Il y a donc dans les fleurs des organes mâles et des organes femelles. Le plus ordinairement, les uns et les autres se trouvent réunis dans une même fleur qui, dans ce cas, prend la dénomination générique d'*hermaphrodite*. Mais il y en a d'autres, qui ne contiennent que des organes mâles ou femelles et que, par cette raison, on appelle *unisexuelles* ou *unisexuées*.

Il arrive quelquefois, qu'une même plante porte séparément des fleurs mâles et des fleurs femelles. Tels sont le noyer, le melon, le maïs, etc. Ces plantes, auxquelles on donne le nom de *monoïques*, forment la 21e classe du système de Linnée, qui l'intitule *monœcie*, nom tiré du grec comme tous ceux adoptés par le célèbre naturaliste dans sa classification, et qui signifie que les deux sexes sont logés *dans une seule maison*.

D'autres fois, une même espèce de plante comprend des individus qui ne portent, les uns que des fleurs mâles, les autres que des fleurs femelles, comme le chanvre, le houblon, le saule, le peuplier, le pistachier, etc. Ces plantes sont dites Dioïques, et forment la 22e classe intitulée *Dioécie*, — *dans deux maisons* —.

Il y a une 23e classe appelée *Polygamie* — *plusieurs noces* — qui comprend des plantes portant des fleurs hermaphrodites avec des fleurs de l'un et l'autre sexes sur le même pied, ou bien des hermaphrodites avec des fleurs mâles sur un pied et des fleurs femelles sur un autre. La pariétaire appartient à cette classe qui peut présenter dix-huit combinaisons différentes.

La 24e et dernière classe est composée de *Cryptogames* — *Cryptogamie* ou *noces cachées* — et comprend toutes les plantes dont on n'aperçoit pas les organes de la fructification. Tels sont les fougères, les mousses, les champignons, etc.

Les fleurs hermaphrodites, forment les 20 premières classes des végétaux *phanérogames*, ainsi nommés par opposition à *cryptogames*, parce que leurs organes sexuels sont visibles. Il y a donc 23 classes de végétaux phanérogames et une seulement de cryptogames. Comme je ne fais point ici un cours de botanique, je me dispenserai d'indiquer les caractères particuliers de ces différentes classes de végétaux, en me bornant à exposer quelques notions sommaires sur la fructification à un point de vue général.

Composition des Fleurs.

Toute fleur complète se compose de six parties distinctes qui sont : 1° le torus ; 2° le calice ; 3° la corolle ; 4° les étamines ; 5° le pistil ; 6° le nectaire.

De ces six parties, la quatrième et la cinquième seulement sont essentielles, en ce sens que sans elles il n'y a pas de génération possible, tandis que l'on voit souvent des fleurs dépourvues de calice et de corolle devenir fécondes.

Un grand nombre de fleurs, possèdent une septième partie qu'on nomme *pédicelle* ou *pédoncule*, selon la place qu'elle occupe sur la plante. Cette partie, qui n'est autre chose que la queue de la fleur en forme le pédoncule lorsqu'elle se rattache à l'un des rameaux ou branches du végétal. Il y a des pédoncules qui se ramifient, et qui portent plusieurs fleurs ayant chacune une queue partant de ces pédoncules. Ces queues prennent alors le nom de pédicelle. Lorsque la fleur n'a ni pédoncule, ni pédicelle, et qu'elle repose immédiatement sur la tige ou sur une branche, elle est dite *sessile,* qualification qui s'applique également aux feuilles qui n'ont pas de pétiole.

Certaines fleurs sont accompagnées de petites feuilles, ordinairement colorées que l'on nomme *bractées*, et qui diffèrent des autres feuilles par leur nuance et par leur forme. Quiconque a observé des fleurs de tilleul, aura une idée suffisante de leurs bractées très distinctes des autres parties de la fleur. Il y a des bractées qui se présentent sous la forme d'écailles.

Revenons aux parties principales.

1° *Le Torus.*

Le Torus est la base sur laquelle reposent le calice et la corolle. Il affecte différentes formes dont la description est inutile ici.

2° *Le Calice.*

L'aspect sous lequel une fleur se présente d'abord, est celui d'un bouton recouvert d'une enveloppe ordinairement verte, composé d'une ou plusieurs feuilles, destinées à protéger les organes floraux qui y sont renfermés, contre les divers accidents auxquels ils sont exposés dans la première phase de leur vie. C'est à cette enveloppe que l'on donne le nom de *Calice*. Les feuilles dont il se compose, sont appelées *sépales* ou *phylles.* S'il n'est formé que d'une seule feuille ou de plusieurs soudées ensemble, il est dit : *Monosépale*. Lorsque ses feuilles sont distinctes et indépendantes les unes des autres, il est appelé : *Polysépale*. Si le calice se compose d'un ou plusieurs rangs de feuilles détachées les unes des autres, il est *monophylle*, *diphylle*, *triphylle*, *tétraphylle*, *polyphylle*, selon qu'il en possède un, deux, trois, quatre rangs ou un plus grand nombre indéterminé.

3° *La Corolle.*

Lorsque le calice s'entrouvre et que le bouton s'épanouit, on voit briller sa corolle qui se distingue de toutes les autres parties de la fleur par sa couleur et par son odeur infiniment variées l'une et l'autre, selon les espèces de fleurs. Comme le calice, la corolle est destinée à protéger les organes de la reproduction, sans y participer autrement. Elle tombe, lorsque la fécondation est commencée.

La Corolle, se compose d'une ou plusieurs feuilles appelées *pétales*. Si elle n'en a qu'une seule, elle est *monopétale*. Avec deux, trois, etc., elle est *dipétale*, *tripétale*, etc.

On distingue dans les pétales trois parties qui sont : *l'onglet*, *la lame* et *le bord*.

Il y a des fleurs qui n'ont pas de corolle, et dont les organes de la génération ne sont protégés que par le calice. Il y en a d'autres, comme celles des céréales, qui n'ont ni corolle ni calice. Ces deux parties ne sont donc pas indispensables à la reproduction. Celles qui en constituent les organes proprement dits, sont les étamines et le pistil.

4° *Les Etamines.*

Pour qu'une graine puisse se reproduire, il faut nécessairement, au moins dans l'immense majorité des cas, que son germe soit fécondé par une matière spéciale que contient l'étamine et qu'on nomme *Pollen*. J'en parlerai tout-à-l'heure.

L'Etamine est donc, dans la fleur, l'organe sexuel mâle, visible seulement dans les fleurs des végétaux phanérogames. Elle se compose ordinairement de deux parties : *le filet et l'anthère*. Cependant, il y a des fleurs dont les étamines n'ont pas de filet. Comme les feuilles et les fleurs sans pédoncules, elles sont dites *sessiles*. Le plus ordinairement, le filet se présente sous la forme d'un fil très délié, surmonté de l'anthère. Celle-ci, est une enveloppe membraneuse contenant la poussière fécondante. Elle est généralement de forme oblongue. On voit quelquefois des anthères portant des houppes, des aigrettes ou des épines qui servent à distinguer les espèces.

Il y a des anthères à une loge et à trois loges dans lesquelles se trouve le pollen, qui se présente sous la forme de corpuscules utriculaires membraneux d'une ténuité extrême, renfermant un liquide visqueux qui contient de très petits granules doués d'un mouvement propre. Quelques observations fondées sur ce mouvement, autorisent à croire que le pollen est une matière vivante.

Quelquefois ces corpuscules sont libres ; d'autres fois, ils sont soudés en masse, ou liés les uns aux autres par des filamens très fins.

Selon Raspail, les grains de pollen qui varient beaucoup dans leurs formes, dans leurs dimensions, dans leur couleur, ne sont que des cellules isolées, croissant au milieu d'un tissu glutineux et munies de hiles qui tiennent aux parois par de longs funicules qu'on a pris pour des filaments disposés là au hasard.

Les étamines ont ordinairement plusieurs filets qui sont libres dans certaines fleurs, et réunis en un ou plusieurs faisceaux dans certaines autres. C'est sur ces particularités que repose, en plus grande partie, la classification de Linnée.

5° *Le Pistil.*

Le nom de cet organe lui vient de sa ressemblance avec le pilon d'un mortier — *pistillum* —. On doit conclure de là, que sa partie inférieure présente un renflement qui est l'*ovaire,* contenant dans une ou plusieurs cavités les germes des graines, et qui est ordinairement surmontée d'une tige extrêmement fine, creuse, nommée *style,* au haut de laquelle se trouve une vulve ou petite membrane de forme très variée appelée *stigmate,* sécrétant une liqueur visqueuse à laquelle s'attache le pollen, lorsque les anthères le laissent échapper. Cette poussière s'introduit alors dans les vaisseaux du style par lesquels elle se rend sur les *ovules* contenus dans l'ovaire pour les féconder. Les ovules sont donc le rudiment des graines qui, en se développant forment les fruits. On nomme *placenta* la partie interne de l'ovaire à laquelle chaque ovule est attachée.

Il y a des pistils dans lesquels le style manque. Dans ce cas, le stigmate repose immédiatement sur l'ovaire. La forme et la longueur du style sont très variables. Il est ordinairement unique dans les fleurs dont l'ovaire n'a qu'une loge ; multiple, lorsqu'il s'y trouve plusieurs loges. Généralement, il disparaît après l'acte de la fécondation.

On donne aussi quelquefois le nom de *Carpelle* au pistil, quoique le carpelle proprement dit, n'en soit que l'organe élémentaire. C'est une petite feuille repliée sur elle-même intérieurement, qui contient les germes ou embryons destinés à être fécondés. Le carpelle est donc plus particulièrement la partie du pistil qui forme l'ovaire.

6° *Le Nectaire.*

Cette partie de la fleur est celle qui contient le miel que distillent les abeilles. Selon Bescherelle, on donne le même nom à toute partie d'une fleur qui n'est ni calice ou corolle, ni étamine ou pistil, qu'elle renferme ou non une matière sucrée. On le donne également à toute espèce de glande, tubercule, bosse ou appendice qui, placé dans la fleur, ne semble pas faire partie des organes floraux ordinaires. La plupart de ceux qui ont reçu ce nom, sont des appareils déguisés, des parties déformées d'appareils bien connus dans d'autres circonstances, mais qui se présentent sous un aspect insolite.

Passons maintenant à la deuxième partie de la fructification.

Du Fruit.

On voit facilement, d'après la description très sommaire qui précède, comment s'opère la fécondation. Lorsque le moment est venu pour elle de s'effectuer, les anthères laissent échapper le pollen qui tombant sur le stigmate, est retenu par l'humeur visqueuse que celui-ci secrète, et est dirigé sur les ovules dont maintes observations ont constaté la préexistence dans l'ovaire. Tout cela se conçoit très bien dans les fleurs hermaphrodites, où les organes sexuels sont en quelque sorte accouplés, ou du moins tellement rapprochés que la poussière fécondante, ordinairement très abondante, ne peut manquer de rencontrer le stigmate. Mais comment cet acte s'accomplit-il, lorsque les fleurs sont unisexuelles, lorsque les mâles sont séparées des femelles, soit sur le même individu soit sur des individus différents, quelquefois même à une distance assez grande ? Dans ce cas, on suppose que le pollen qui est une poussière extrêmement ténue et légère, est apportée par le vent ou par quelques insectes aîlés sur les organes femelles. D'un autre côté, quelques physiologistes prétendent que le concours de l'organe mâle n'est pas toujours indispensable pour la fécondation. Des expériences paraissant très bien faites ont, en effet, démontré que si cette indispensabilité existe pour les fleurs hermaphrodites, on voit quelquefois des fleurs dioïques produire des graines fécondes sans la participation des fleurs mâles. C'est ce qui a été constaté par la culture de quelques pieds de chanvre et d'épinard femelles entièrement isolés, et par celle de cucurbitacées dont on a retranché toutes les fleurs mâles aussitôt qu'on a pu reconnaître leur sexe, et bien avant qu'elles fussent en état d'opérer la fécondation. Mais ce ne sont là, que des exceptions qui, si elles sont vraies, sont loin de faire règle (1). Du reste, il y a un moyen infaillible de rendre les fleurs stériles ; c'est de retrancher leur pistil, ce qui constitue une véritable castration. L'ablation des anthères dans les fleurs hermaphrodites, produit le même effet. On sait d'ailleurs, que les fleurs rendues doubles par la culture sont également stériles en ce que leurs organes sexuels sont transformés en pétales.

De ce qui précède, on doit conclure que la fécondation est l'acte capital dans la végétation, puisque c'est de cet acte que dépend la faculté de reproduction pour les fruits et les graines, et même le degré de perfection auquel ils peuvent atteindre au double point de vue de la qualité et de la quantité. Par conséquent, s'il existe quelque possibilité d'aider industriellement la nature dans le travail qu'elle accomplit sous ce rapport, tout procédé, toute découverte de ce genre doivent être accueillis avec faveur et étudiés avec attention.

(1) Voici ce que dit sur ce sujet M. Naudin, l'un de nos plus habiles botanistes, dans l'encyclopédie de l'Agriculteur, publiée par MM. Moll et Guyot, tome 6, au mot : Dioïque.

« Quelques botanistes, et les romanciers après eux, ont cité des faits de » fécondation à distance entre plantes dioïques, qui étaient trop merveilleux » pour être même vraisemblables........

» Beaucoup de botanistes admettent que certaines plantes dioïques femelles » peuvent fructifier sans le concours du mâle, et on cite particulièrement à » ce propos le chanvre, dont les pieds femelles quelque écartés et isolés qu'ils » soient des pieds mâles, même tenus en charte privée dans un appartement » clos, n'en donnent pas moins des graines très bien conformées et qui ger- » ment sans difficulté.

» L'expérience en a été faite à plusieurs reprises au Muséum d'histoire » naturelle, et toujours avec le même résultat. Cette fécondité sans fécon- » dation est néanmoins contestée par d'autres botanistes, qui supposent que » le chanvre femelle produit quelques fleurs mâles trop cachées parmi les » femelles, et les fleurs de l'inflorescence pour être facilement aperçues. La » question est encore pendante. »

M. Naudin termine son article en signalant une erreur assez commune parmi les cultivateurs, qui regardent comme mâles les pieds de chanvre qui portent les graines, tandis que c'est tout le contraire.

Jusqu'ici, on s'était habitué dans la grande culture à tout attendre à cet égard, des influences naturelles. Mais un horticulteur étranger, M. Daniel Hooïbrenck, dont le génie paraît très-inventif, a fait connaître l'année dernière un procédé de fécondation artificielle applicable aux céréales, et autour duquel on a fait grand bruit. Quoique nous n'ayons encore aucune certitude ni pour ni contre son efficacité, je ne crois pas pouvoir me dispenser d'en parler.

Ce procédé consiste à promener sur les champs de céréales en fleur une corde un peu longue, garnie sur toute sa longueur de fils de laine présentant l'aspect d'une large frange que l'on enduit légèrement de miel. Cette frange est censée ramasser le pollen qui s'échappe des étamines et le répartir plus également sur les organes femelles.

Une expérience ayant eu lieu en 1863, chez M. Jacquesson à Sillery (Marne), la société impériale et centrale d'agriculture de France en a fait vérifier les résultats par une commission. M. Dailly ayant, de son côté, contrôlé les mêmes résultats, voici, en résumé, ce qui a été constaté, d'après la Revue d'économie rurale de M. de Lavalette, N° du 27 août 1863.

Le produit du blé non fécondé par le procédé Hooïbrenck a été à celui du blé fécondé, comme :

73,73	sont à 100,		en volume	d'après la Commission.
65,40	id.	id.	en poids	
91,42	id.	id.	en volume	d'après M. Dailly.
91,70	id.	id.	en poids	

La même expérience ayant été faite sur du seigle, les résultats constatés sont beaucoup plus concordants. Ils présentent une différence de 37 à 40 °/₀ en faveur du procédé. Mais M. de Lavalette fait sur ces résultats une observation très-judicieuse qui atténue singulièrement la conclusion qu'on en pourrait tirer. « Evidemment, dit-il, la fécondation artificielle ne peut » exercer aucune influence sur la quantité de paille obtenue » et cependant nous voyons une très-grande différence entre » le chiffre des pailles provenant des blés ou seigles fécondés » et celui des pailles des grains non fécondés..... Ce qui sem- » ble indiquer que les terrains sur lesquels ont été récoltés les

» blés et le seigle fécondés, se trouvaient dans de meilleures » conditions. »

La conséquence que l'auteur tire de ce fait, c'est qu'il n'est pas certain, tant s'en faut, que l'augmentation obtenue en grain, soit entièrement due à la fécondation artificielle.

Dans cet état d'incertitude et vu l'importance de la question, une commission a été instituée par ordre de l'Empereur, sous la présidence de S. Exc. le maréchal Vaillant, pour suivre de nouvelles expériences dans les fermes Impériales et dans plusieurs exploitations privées. En attendant la publication de leurs résultats, chacun dit son mot pour ou contre la probabilité du succès. M. Naudin, que j'ai cité tout à l'heure, a inséré, dans le Journal d'agriculture pratique, un fort remarquable article qui démontre théoriquement l'inefficacité du procédé. Quant à moi, je pense qu'il ne suffit pas de féconder la fleur pour obtenir du fruit que maintes causes peuvent faire avorter. Spécialement, si votre terre n'est fertilisée que pour produire 15 hectolitres de blé, quelque chose que vous fassiez vous ne pourrez pas en obtenir 20. Seulement, si la fécondation artificielle par le moyen indiqué, n'est pas une véritable chimère, vous réussirez peut-être — et ce serait là un résultat considérable — à obtenir des récoltes moyennes plus régulières, plus uniformes, en évitant les extrêmes de la disette et de l'abondance. Mais si vous n'augmentez pas les fumures, au bout de dix ans, vous n'aurez pas récolté un grain de blé de plus avec la fécondation artificielle que sans l'emploi de ce procédé. Ou bien, si contre toute vraisemblance, vos récoltes vous donnent d'abord un surcroit de produit, vous ne l'obtiendrez qu'au détriment de votre capital foncier et en affaiblissant la source des produits ultérieurs. On ferait donc beaucoup plus sagement, au lieu de chercher, comme on dit, midi à 14 heures, en se laissant éblouir par une espèce de pierre philosophale, de s'attacher par-dessus tout à fertiliser le sol, ce qui est, au demeurant, l'UNIQUE moyen rationnel d'augmenter sûrement et d'une manière soutenue son rendement.

Ce que j'ai dit sur la fécondation naturelle peut donner une idée assez exacte de la manière dont s'accomplissent les hybridations qui, quelquefois, constituent des perfectionnements dans la culture lorsqu'elles sont bien dirigées ; mais qui, le plus souvent, ne sont que des dégénérescences, lorsqu'elles sont dues au hasard. On sait que les hybrides en botanique sont des sortes de métis provenant de la fécondation d'une fleur femelle par une fleur mâle appartenant à une autre variété de la même espèce ou à une espèce différente. En général, les graines provenant d'hybridation sont rarement fécondes au-delà de la seconde génération ; mais l'expérience montre que cette règle comporte de nombreuses exceptions.

L'embryon fécondé dans l'ovaire s'y nourrit, se développe et finalement produit le fruit qui n'est autre chose que la graine reproductrice formée de deux parties principales distinctes, *l'amande et le péricarpe*. L'amande elle-même se compose de l'embryon et du *périsperme*. Ce dernier est, à proprement parler, la matière organique charnue que contiennent les lobes et qui est destinée à nourrir l'embryon dans la germination. Le tout est recouvert d'un tégument membraneux propre à chaque espèce de graine et auquel on a donné le nom de *spermoderme*. L'amande est donc la partie la plus essentielle de la graine, puisqu'elle renferme tous les organes de la reproduction, et l'on peut dire qu'il n'y a pas de graine sans amande.

Le péricarpe est l'enveloppe qui recouvre le spermoderme. Il y a des péricarpes de bien des sortes, comme on peut s'en convaincre en comparant des graines de nature différente, telles que celles du pommier, du noyer, du sureau, du pavot, du colza, des pois, etc. La chair des fruits à pépins n'est autre chose que le péricarpe de leurs graines. Les coquilles, les capsules, les baies, les siliques, les gousses, etc., sont ceux des graines qu'ils renferment.

On distingue trois parties dans le péricarpe ; savoir : 1° l'*épicarpe* ou membrane extérieure. C'est la peau dans beaucoup de fruits; 2° le *mésocarpe*, partie charnue mais qui souvent n'existe que sous la forme d'une substance sèche, et quelquefois très peu abondante, comme dans les coquilles de noix, les gousses de fèves, les siliques de colza, etc. ; 3° l'*endocarpe*, membrane qui recouvre la cavité intérieure du péricarpe.

Les fruits se présentent sous différentes formes ; tantôt isolés comme les pommes, les poires, tantôt réunis en grappes, comme les raisins, les groseilles; en épis, comme le blé, le seigle ; en cônes, comme les graines de pins, de sapins, ou bien enfermés en plus ou moins grand nombre dans des gousses, des capsules, des siliques, comme les haricots, le pavot, le colza.

Le nom de fruit n'est applicable au produit que lorsque celui-ci est revêtu de son péricarpe, et encore l'usage établit-il beaucoup d'exceptions. Lorsqu'il en est séparé, il ne constitue plus qu'une graine qu'on appelle tantôt amande, tantôt pépin, selon sa provenance ; mais plus simplement, graine ou semence dans l'immense majorité des cas. Alors c'est proprement le rudiment d'une plante en tout semblable à celle qui l'a produite, excepté dans les cas où elle résulte d'une hybridation.

Nous terminerons ici notre étude physiologique dans laquelle nous avons suivi le végétal à partir de la germination de sa graine, dans toutes les phases qu'il parcourt jusqu'à la production inclusivement de graines identiques à celles dont il est issu. Nous avons vu que la germination exige impérieusement le concours de la chaleur et de l'humidité, pour que les matières séminales puissent devenir catalytiquement solubles et assimilables par l'embryon ; mais que la germination ne s'accomplit jamais mieux que lorsque l'air n'exerce pas sur elle une action trop vive, et que pour atténuer autant que possible cette action, il était d'une bonne pratique de rouler les terres immédiatement après les semailles.

Puis, après avoir étudié anatomiquement l'organisme végétal, nous l'avons observé dans ses différentes fonctions, en cherchant à nous rendre compte de certains phénomènes intéressants, tels que ceux de la respiration, de la nutrition, de la transpiration des plantes. En parcourant ce vaste champ, nous avons entrevu la part que prend l'atmosphère à leur alimentation en leur fournissant l'eau et une partie du carbone qu'elles s'assimilent, eau et carbone qui en se combinant dans l'organisme forment d'abord une matière sucrée constituant l'aliment initial et générateur de toutes les substances hydrocarbonées qui, associées ou non avec les éléments de l'ammoniaque, se répartissent dans les diverses parties des végétaux, dont, avec le concours de quelques matières inorganiques, elles forment tout à la fois, la charpente, la chair et le fruit.

Enfin, nous avons terminé cette étude par celle du phénomène aussi curieux qu'intéressant de la fructification. Il nous reste maintenant à rechercher, d'une manière plus précise, en quoi consiste le concours que la terre, l'air, l'eau et la chaleur prêtent physiquement à l'accomplissement des faits naturels qui nous ont occupé jusqu'ici. C'est à cette étude que nous allons procéder avant d'aborder celle des conditions que le cultivateur doit remplir pour assurer le développement et le succès de ses récoltes.

SECONDE PARTIE.

ÉTUDE PHYSIQUE.

—

Première Section.

DU ROLE DE LA TERRE DANS LA VÉGÉTATION.

De toutes les études agricoles, celle relative au rôle physique de la terre dans la végétation a le moins gagné en idées et en découvertes nouvelles. Ce que nous savons aujourd'hui sur ce point, on le sait à peu de chose près depuis que les hommes cultivent le sol. Seulement, nos connaissances en cette matière ont acquis plus de précision et de certitude à l'aide de l'analyse et beaucoup de faits qui n'avaient été constatés que par l'observation, ont été confirmés et mieux caractérisés par l'application des sciences chimique et géologique.

La terre, comme nous l'avons vu déjà, remplit une double fonction dans la végétation. Elle sert de point d'appui aux plantes et forme en même temps le laboratoire dans lequel leurs principaux aliments se préparent. Ces aliments, composés tout à la fois de matières organiques qui ont leur source élémentaire dans notre atmosphère, et de matières minérales provenant du sol, n'arrivent d'ordinaire aux plantes, dans la culture économique, qu'après avoir subi préalablement l'action de l'industrie humaine et celle de différents agens physiques dont le concours est indispensable à leur élaboration. Rarement donc, le sol fournit directement et immédiatement à la végétation des plantes cultivées les principes nutritifs dont elle a besoin, quoiqu'il les contienne souvent dans des proportions considérables. C'est que les matières qui constituent sa charpente sont ordinairement peu propres à cette destination, en ce qu'elles ne s'y trouvent point dans des conditions convenables d'assimilation. De là vient qu'il n'est pas rare de rencontrer des terres normalement constituées, néanmoins infertiles sans engrais. De là vient aussi par conséquent, que le rôle de la terre dans la végétation est principalement physique. Je n'ai pas besoin de faire observer, je pense, que dans tout ceci il ne peut être question que de la végétation au point de vue économique, et non de la végétation spontanée ou sauvage.

Pour bien se pénétrer de la vérité sur tout cela, il faut remonter, par la pensée, à l'origine des temps, c'est-à-dire, à l'époque qui a suivi le refroidissement de la terre, laquelle, comme nous l'enseignent Buffon et d'autres géologues, a commencé par être un globe de feu qui s'est successivement éteint à la surface, mais qui est encore incandescent à l'intérieur ainsi que l'attestent les volcans, les sources d'eau chaude et plusieurs observations thermométriques faites en forant des puits profonds. C'est ainsi, qu'on a constaté que la température intérieure augmente d'un degré centigrade environ par 27 mètres de profondeur, en telle sorte, que si l'on pouvait descendre à 2700 mètres seulement, on y atteindrait le degré de l'eau bouillante.

Tout en respectant les enseignements religieux très conciliables d'ailleurs avec ceux de la science, lorsque l'on prend les mots dans leur plus large acception, il est donc permis de croire que la couche de terre qui constitue à peu près partout sur le continent, l'écorce de notre globe, n'est pas le produit d'une formation instantanée contemporaine de la création de la matière, et qu'elle a dû se former successivement, à mesure que le règne végétal et le règne animal se sont eux-mêmes développés par la décomposition des êtres organisés qui se sont succédés dans ces deux règnes, ainsi que par celle de la surface rocheuse de la terre.

Aucun animal ne pouvant vivre médiatement ou immédiatement sans végétaux, les carnivores ne subsistant eux-mêmes que par les herbivores ou frugivores, il s'ensuit que, l'apparition des végétaux a du précéder, sur la terre, celle des animaux.

Mais comment les plantes ont-elles pu naître et se développer sur des sols dépourvus de terre végétale, alors que le globe ne présentait qu'une surface rocheuse dénudée? Cette question serait insoluble, si nous n'avions sous les yeux quelques indices de la vérité.

Si l'on observe attentivement ce qui se passe dans la nature, on remarquera qu'il n'est aucun corps que le temps ne puisse altérer en le décomposant ou en le transformant. Il ne se crée pas de nouvelle matière; il ne s'en détruit pas le moindre atôme. Seulement elle change de forme, et souvent de place. C'est là une condition rigoureuse de l'équilibre universel. Aux yeux du vulgaire, le bois que le feu consume est, à peu près, entièrement détruit; mais l'homme instruit sait, qu'il n'est aucune des parties constituantes de ce combustible qui ne puisse être recueillie dans l'incinération sans la moindre déperdition, et que, transformées en gaz qui s'échappent ordinairement sous la forme de fumée et en cendres qui restent sur le sol, toutes reconstitueront plus tard des végétaux semblables ou de nature différente.

La décomposition des roches formant originairement la surface du globe n'est pas précisément du même genre, ces matières, de nature exclusivement minérale, étant plus susceptibles de désagrégation que de décomposition par les agents naturels. L'écorce terrestre n'est, en effet, qu'un mélange de débris plus ou moins divisés, provenant des roches de formations diverses sur lesquelles s'est produite l'action combinée ou alternative de l'air, de l'eau, du gel et du dégel, mélange qui contient encore plus ou moins abondamment des substances organiques appartenant à des combinaisons postérieures. L'humus et le terreau qui s'y trouvent, et qui constituent la principale base de sa fertilité, n'ont donc dû s'y produire que beaucoup plus tard et successivement, bien que leurs éléments organiques appartinssent à la création. Mais comment s'y sont-ils formés?

Cette dernière question, peut jusqu'à un certain point se résoudre par l'observation de ce qui se passe aux alentours des volcans éteints, où le sol est formé d'une lave qui ne contient d'abord aucun des principes organiques nécessaires à la vie des plantes, et où l'on voit cependant une végétation plus ou moins vigoureuse s'établir à la longue. Elle peut se résoudre aussi par l'examen de ce qui a lieu sur certaines montagnes, ainsi que sur des terres fort arides, que l'on a vu entièrement nues. Cette observation montre qu'il n'est aucun corps, même le marbre le plus dur, même le fer, qui ne puisse être le siége d'une végétation cryptogamique initiale susceptible, quoique fort maigre, d'en favoriser successivement d'autres de moins en moins chétives. La végétation, qui apparaît d'abord sur les corps dépourvus de matières organiques, est celle des *lichens* qui puisent dans l'air la presque totalité de leurs principes constituants et qui, en se décomposant sur place, y laissent un commencement d'humus. Aux lichens dont les détritus conservent un peu d'humidité, succèdent les *mousses* dans lesquelles naissent, meurent et se reproduisent des myriades d'insectes, dont les débris réunis à ceux de la plante cryptogame, augmentent insensiblement la matière organique à la surface des points qu'ils occupent, et à mesure que cette accumulation se produit, — lorsqu'elle n'est pas entraînée par les eaux — des plantes herbacées puis boisées viennent s'y développer et successivement enrichir le sol de leurs substances, en s'y décomposant à leur tour. C'est ainsi, qu'ont dû se former ces belles forêts vierges dont il reste encore quelques vestiges dans le Nouveau-Monde, et dont un grand nombre, détruites par les bouleversements du globe, sont à quelques yeux, le principe des mines de houille qui existent dans son sein, mais dont la géologie explique la formation d'une autre manière.

La conclusion de ce qui précède, est que la double fonction de la terre dans l'acte de la végétation, doit motiver pour son écorce deux dénominations différentes. Cette écorce, constituera pour nous la couche arable purement et simplement, tant qu'il ne sera question que du rôle qu'elle joue comme support des plantes. Mais étudiée au point de vue de l'alimentation de ces dernières, la seule qualification qui lui convienne est celle de terre végétale. En ce qui concerne l'étude physique qui fait l'objet de cette division, il arrivera peut-être quelquefois que la ligne de démarcation entre ces deux aptitudes, ne sera pas assez bien tranchée pour que l'une ou l'autre de ces deux dénominations ne puisse être employée indistinctement sans confusion. Toutefois, comme chacune d'elles comporte des conditions spéciales, nous allons les examiner séparément.

Les qualités physiques qui constituent une bonne terre arable, quelles que soient les matières qui la composent, sont : de se laisser pénétrer en tous temps par les instruments aratoires; d'être d'une consistance telle que les racines des plantes puissent s'y développer facilement et s'y établir solidement. De plus, cette terre ne doit être ni sèche, ni humide à l'excès. Elle doit être perméable aux eaux pluviales ainsi qu'aux gaz atmosphériques, et ne les point laisser s'échapper avec trop de facilité.

Toutes ces qualités sont communes aux bonnes terres végétales qui doivent, en outre, renfermer avec la plus forte proportion possible d'humus, toutes les substances minérales nécessaires à l'alimentation des plantes, dans un état favorable à l'assimilation, et sans aucun mélange de matières acides ou autres pouvant paralyser l'action des engrais et nuire aux végétaux.

La distinction que j'établis ici est facile à justifier. En effet, un sol arable peut être physiquement de très bonne qualité, et ne constituer néanmoins qu'une terre végétale infertile. La fertilité n'est donc, au fond, qu'une question d'engrais accumulés ou restitués à mesure de l'épuisement produit par les récoltes. Ce qui le prouve, c'est que l'on peut faire naître des plantes et les amener à l'état de perfection dans un sol artificiel, complétement inerte, chimiquement parlant, composé de sable pur, de pierre ponce ou de brique pulvérisés, etc., pourvu qu'on leur fournisse des aliments convenables et en quantité suffisante, et que ce sol artificiel soit placé dans les conditions physiques d'une bonne terre arable.

Le cultivateur qui veut acheter ou affermer une terre doit donc, avant toute chose, s'assurer qu'elle possède toutes ces qualités. Quelque pauvre qu'elle soit en principes fertilisants, il lui sera toujours possible de l'enrichir; tandis que, possédât-elle, d'après les indications d'une analyse exacte, de l'humus et autres substances utiles en très notable proportion, il se pourrait qu'elle fût frappée de stérilité et difficile à améliorer. C'est le cas de certaines terres tourbeuses ou humides à l'excès, qui, faute de pente, ou par tout autre cause, ne peuvent être assainies. C'est aussi le cas de certaines terres froides, parce qu'elles sont mal exposées.

On comprend que les indications qui précèdent ont moins

d'intérêt pour le possesseur actuel, puisqu'il est obligé de faire valoir sa terre dans l'état et la situation où elle se trouve. Mais l'étude dont ces indications ne sont que la préface, aura, peut-être, pour le possesseur présent, comme pour les possesseurs futurs, l'avantage de faire connaître le remède possible en même temps que le mal.

Les principaux éléments constitutifs des sols arables, sont : la silice, l'argile, et le calcaire. La potasse, la soude, la magnésie, le fer, le manganèse ordinairement combinés avec quelques metalloïdes à l'état de sels, plus rarement à celui de simples oxydes, se rencontrent aussi dans un grand nombre de ces sols, mais presque toujours en très faibles proportions.

Tous les sols ne sont pas composés de la même manière. Il en est qui le sont presqu'entièrement de sable, d'autres d'argile, d'autres de craie. En pareil cas, on les appelle simplement siliceux, argileux, ou calcaires. Mais lorsqu'ils se composent principalement de deux de ces matières, toutes les deux lui servent de qualificatif, en plaçant en première ligne celle qui domine. Ainsi, le sol est argilo-siliceux, lorsque, presque exclusivement composé de ces deux substances, le volume de l'argile l'emporte sensiblement sur celui de la silice et réciproquement. Il est argilo-calcaire, dans des cas analogues.

Il n'est question ici que du sol arable proprement dit. Les couches inférieures ont presque toujours une composition différente. On appelle sous-sol, celle qui se trouve immédiatement au-dessous de la couche arable.

Quoique généralement le sous-sol ne participe pas activement à la végétation, sa composition n'en exerce pas moins sur elle une assez grande influence. Trop compacte, et par cela même imperméable, il force l'eau à séjourner dans la couche végétale, d'une manière souvent nuisible. Si au contraire, il se laisse pénétrer trop facilement, la terre se dessèche rapidement et devient stérile.

Le sous-sol ne doit point être trop rapproché non plus de la surface; en d'autres termes, la couche arable doit avoir une épaisseur suffisante pour que convenablement ameublie par les labours, les racines puissent s'y développer à l'aise, et l'humidité s'y conserver plus longtemps. Lorsqu'il n'en est pas ainsi, il est toujours avantageux, quand sa constitution le permet, d'attaquer le sous-sol avec le soc de la charrue, et d'en mêler successivement une partie avec la couche arable dont on augmente ainsi l'épaisseur. Si ce mélange était de nature à altérer la qualité de la terre végétale, il faudrait se borner à défoncer autant que possible la couche inférieure à l'aide d'instruments spéciaux. De tels défoncements, sont toujours une excellente pratique, comme je le démontrerai en traitant des labours.

Indépendamment des dénominations génériques qui viennent d'être indiquées, et qui ne fixent l'esprit que sur la composition géologique du sol arable, sans l'éclairer sur ses qualités qui peuvent considérablement modifier la valeur agricole de deux terres de même nature, les usages en admettent d'autres qui, bien que laissant quelque vague dans l'expression, ont, à mes yeux, l'avantage de faire connaître tout à la fois la composition et la qualité des sols arables. A la vérité, ces dénominations basées sur des comparaisons locales ont le défaut de ne pas exprimer partout la même chose au même degré. Par exemple, telle terre peut être appelée légère en certains cantons, tandis que dans d'autres on la considèrera comme étant relativement de consistance moyenne. Mais ces dissidences ne peuvent pas tirer à de grandes conséquences. Du reste, mon intention est de ne m'occuper ici que de ce qui est le plus généralement admis.

Les terres arables, classées selon leurs dénominations locales les plus usitées, peuvent former huit groupes principaux que je vais examiner.

Le premier de ces groupes comprend les *terres franches*, appelées *Loams* en Angleterre, et que l'on pourrait nommer plus rationnellement *terres normales*.

Ce sont celles qui constituent les meilleurs sols. Elles contiennent avec une certaine quantité d'humus, du sable, de l'argile et du calcaire dans des proportions qui peuvent varier beaucoup, mais qui doivent lui donner une consistance moyenne favorable tout à la fois à l'action des instruments et au développement des racines. Ces sortes de terres sont exemptes d'une humidité excessive; tout en s'égoutant facilement, elles retiennent ordinairement une proportion convenable d'eau, et l'on n'y rencontre aucune substance nuisible à la végétation.

Les terres franches sont celles qui se prêtent le mieux à toute espèce de culture, et qui peuvent recevoir les assolements les plus variés, eu égard aux climats sous lesquels elles se trouvent.

Le deuxième groupe comprend les *terres fortes*. Ce sont celles dans lesquelles l'argile ou la glaise domine.

La glaise est une espèce d'argile. Celle-ci à l'état de pureté est composée uniquement de silice et d'alumine dans des proportions variables, mais dans lesquelles la silice est constamment dominante.

A l'état normal, l'argile contient toujours une assez forte quantité d'eau qu'il est difficile de lui enlever sans l'exposer à une haute température. Dans les grandes sécheresses, cependant, elle en laisse évaporer une bonne partie. Alors elle se contracte, se fendille, se durcit beaucoup au grand préjudice des racines des plantes que ces différents effets compriment et déchirent.

Un peu humide, l'argile est grasse et onctueuse au toucher. Elle se pétrit facilement, se polit et se prête à toutes les formes possibles. Passée au feu dans des fours disposés à cet effet, elle durcit au point de perdre la propriété de se ramollir dans l'eau. Les briques, la faïence, les porcelaines, les pipes, etc., sont formées d'argile plus ou moins pure.

L'argile ayant la propriété de retenir les eaux pluviales et de ne se laisser que difficilement traverser par elles, c'est à cette propriété qu'est due principalement la formation des fontaines naturelles, et c'est d'elle aussi qu'on profite pour la création des mares et des étangs.

L'argile provient de la désagrégation des roches granitiques, basaltiques, porphyriques, schysteuses et autres. Elle est beaucoup plus abondante à la surface du sol qu'à l'intérieur. L'argile la plus pure est celle fournie par les roches primitives. Elle ne contient pas de détritus organiques. Celle qui se trouve dans les sols secondaires renferme ordinairement des matières de transport. — On distingue plusieurs espèces d'argile. L'argile commune ou *figuline* employée dans la poterie ; le *kaolin* servant à la fabrication de la porcelaine ; l'*argile à foulon* dont les drapiers font usage dans la préparation des étoffes de laine ; l'*argile calcarifère* contenant de la chaux ; l'*argile plastique* avec laquelle les statuaires font leurs modèles ; l'*argile ocreuse* dont on tire les crayons des charpentiers.

L'argile contient très souvent de la potasse. Du moins en est-il ainsi lorsqu'elle provient de roches granitiques ou autres dans la composition desquelles entre le feldspath, composé lui-même de 16 °/₀ de potasse ; 18 °/₀ d'alumine et 66 °/₀ de silice. C'est le feldspath qui en se décomposant fournit le kaolin. Il en résulte que les sols argileux sont très souvent alcalins. Mais cette circonstance précieuse, sous le rapport de la fertilisation, n'ajoute rien à leurs qualités physiques.

Les terres fortes, qu'elles soient sèches ou humides, sont toujours difficiles à travailler. Leur culture est par conséquent sous ce rapport, plus onéreuse que celle des terres des autres groupes, et généralement leur produit est peu satisfaisant dans les années qui sont trop ou trop peu pluvieuses.

Ces sortes de terres présentent encore l'inconvénient de ne se prêter qu'à un petit nombre de cultures. La luzerne y réussit assez bien, et le trèfle peut aussi y donner des récoltes assez bonnes; mais leur plante de prédilection est la fève de marais dont les binages pendant l'été contribuent à l'ameublissement du sol.

Les terres argileuses, plus que toutes les autres, possèdent la propriété d'absorber et de retenir une notable proportion des substances fertilisantes qui leur sont appliquées, notamment les sels ammoniacaux et alcalins qui s'y décomposent en partie par une action catalytique, sur laquelle nous reviendrons en traitant de la fertilisation. La base de ces sels s'unit au sol en devenant momentanément insoluble et par conséquent inassimilable par les végétaux.

Cette action se prolonge jusqu'à ce que la terre soit saturée, ce qui constitue l'apogée de sa fertilité et lui permet de laisser à la disposition des plantes la totalité des engrais qu'on lui donne. Mais quelle qu'en soit la quantité, la terre, lorsqu'elle n'est pas saturée, en retient chaque fois une proportion qu'il n'est pas possible de préciser, parce qu'elle dépend tout à la fois de la quantité d'engrais appliquée, de celle de l'argile existant dans le sol, et de la quantité de substances de même nature précédemment absorbées par lui.

Il suit de là, comme nous le verrons plus amplement plus

tard, que la fertilisation des terres argileuses pauvres est celle qui coûte le plus d'engrais, puisqu'une partie souvent très grande de ces derniers s'incorpore au sol et se soustrait à l'action de la végétation.

Le grand défaut physique des terres fortes, c'est d'être peu perméables à l'eau. Celle-ci les pénètre cependant à la longue lorsque les pluies sont persistantes, et elle les convertit en une pâte qui ne permet ni l'action des instruments, ni celle des gaz atmosphériques. Si elles sont couvertes de gazon, elles deviennent après les pluies inabordables pour le gros bétail dont les pieds s'impriment dans le sol en préjudiciant considérablement aux racines de la prairie ou du pâturage.

Il n'est pas d'amendements plus convenables pour les terres fortes que les diverses espèces de sable lorsqu'on peut s'en procurer facilement à une très faible distance. La chaux, la marne, les cendres, les fumiers longs diminuent aussi un peu, mais très peu leur compacité, parce que l'on ne peut jamais leur en appliquer que des quantités relativement très petites. Du reste, quel que soit l'amendement qu'on emploie et quelque peu coûteux qu'il soit, comme il en faudra nécessairement d'énormes quantités pour modifier sensiblement la constitution de semblables terres, on doit s'attendre à ce que la dépense excédera presque toujours la valeur du fonds. En pareille occurrence un bon drainage sera souvent le meilleur remède et le moins onéreux.

En Angleterre et dans quelques cantons de la France, on emploie un assez bon moyen pour diminuer un peu la compacité des terres fortes. Ce moyen consiste tout simplement à prendre dans le sous-sol du champ une partie de l'argile qui s'y trouve et à la calciner sur place avec le moins de frais possible, à la pulvériser et à la mêler avec la couche arable. Mais il faut bien se garder de brûler celle-ci, puisque ce serait détruire du même coup la matière organique fertilisante qu'elle contient. C'est ce que font très malencontreusement quelques cultivateurs, dans toutes sortes de terres, par application d'un procédé qu'on appelle *écobuage*. Ce procédé qui a ses partisans, comme toute pratique irrationnelle a les siens, consiste à lever par plaques la partie superficielle d'une pièce de terre gazonnée ou couverte d'une végétation sauvage, à en faire des fourneaux et à répandre la cendre qui en provient sur la surface dénudée du champ dans lequel on l'enterre par un trait de charrue. C'est là à mes yeux une pratique que même de bons résultats immédiats ne peuvent justifier, surtout à l'égard des terres fortes, parce qu'ils ne sont acquis qu'aux dépens de la richesse foncière.

Les *terres légères* qui sont l'opposé des terres fortes, forment le troisième groupe que j'ai à examiner. C'est la silice qui en fait la base.

La silice est bien certainement la matière qui abonde le plus dans toutes les terres arables. Elle domine dans toutes, excepté dans celles qui sont presque exclusivement crayeuses, mais dont l'étendue est moindre. Les sols même les plus argileux en contiennent encore plus que de toute autre substance puisque, comme nous le savons déjà, elle est le principal constituant de toutes les espèces d'argile.

Selon les géologues, la silice des sols arables provient de la désagrégation des roches de quartz, de granit, de gneess, de schiste, etc., qui existent à la surface du globe. Tantôt on la rencontre à l'état de sable plus ou moins divisé, tantôt sous la forme de cailloux, de pierres quartzeuses, ou granitiques, plus ou moins volumineuses. Dans ces différents états, elle est rarement pure et elle est totalement insoluble dans l'eau ainsi que dans presque tous les acides. Elle est donc, par cela même, absolument impropre à l'alimentation des plantes, et son rôle dans la composition des sols est purement mécanique.

Il est certain cependant que la silice entre dans l'organisme végétal. On la trouve principalement dans les tiges auxquelles elle donne une certaine rigidité. Mais pour qu'elle puisse être absorbée par leurs racines il faut que celles-ci la rencontrent, soit à l'état de silicate soluble, soit au moment où elle se sépare de la base de ces sels, dans lesquels elle joue le rôle d'acide, lorsque la terre en contient naturellement ou lorsque les engrais y en apportent. Alors elle est en partie soluble dans l'eau et assimilable par les végétaux. Disons cependant que c'est là l'un des problèmes agricoles sur lesquels il règne encore le plus d'obscurité.

Si la silice, ou plus exactement les sables qui entrent dans la composition des sols, possèdent l'avantage de se laisser pénétrer facilement par les pluies et par les gaz de l'atmosphère, ils présentent par contre, l'inconvénient de les retenir d'autant plus faiblement qu'ils sont mêlés à une moindre proportion d'argile. Cependant on a trouvé dans une couche de 0,25 cent. d'épaisseur de sable presque pur jusqu'à 2,000 k. d'ammoniaque retenus par ce sable, par hectare de superficie.

Le groupe des terres légères comprend les *terres de bruyère*, celles dites : *sablonneuses*, *caillouteuses*, *graveleuses*, *granitiques* et celles où le *gré*, de formation tertiaire se trouve presque à la surface recouvert par une couche de sable, plus ou moins épaisse.

Disons un mot sur chacune d'elles.

La terre de bruyère se compose généralement en plus grande partie de sable fin quartzeux et de terreau, ce dernier provenant de la décomposition des plantes qu'elle a produites spontanément et qui l'ont enrichie de leurs détritus organiques. Le sous-sol de ces sortes de terre est ordinairement imperméable à l'eau dont elles restent imbibées en hiver et qui s'évapore presque entièrement en été. Ce sous-sol est quelquefois formé d'un banc de sable agglutiné, mélangé d'oxyde de fer et d'une tenacité telle que la charrue ne peut l'entamer que très difficilement. L'épaisseur de la couche arable des terres de bruyères est infiniment variable.

Les contrées où ces terres ont le plus d'étendue en France sont les anciennes provinces de la Gascogne, de la Sologne, du Berry et de la Bretagne. L'agriculture y est généralement fort pauvre quoiqu'elle soit susceptible de grandes améliorations, comme le prouvent quelques exploitations d'élite.

Jusqu'ici c'est principalement par le boisement que l'on a cherché à utiliser les terres de bruyère. Le pin maritime y réussit bien lorsqu'on peut donner aux eaux un écoulement convenable, ou lorsque ces terres s'égoutent facilement. Le chêne et le bouleau peuvent aussi y prospérer.

Mais lorsque ces terres ont un peu de fonds, ou un bon sous-sol, si elles sont d'ailleurs saines ou susceptibles d'assainissement et si l'action de la charrue n'y est point entravée par des roches éparses ou des pentes trop fortes, il ne me paraît pas douteux qu'elles ne puissent être avantageusement mises en culture, au moins en Bretagne où il en existe encore près d'un million d'hectares. En drainant partout où le besoin s'en fait sentir ; en mélangeant le sous-sol à la couche arable ; en leur appliquant un système de culture améliorante pivotant sur les plantes fourragères, on peut arriver à d'excellents résultats. C'est un problème aujourd'hui résolu de la manière la plus heureuse, par un grand nombre d'excellentes exploitations bretonnes, parmi lesquelles figurent avec une grande distinction celle de Grand-Jouen (M. Rieffel), celle de Bruté en Belle-Isle-en-mer (M. Trochu), et celles beaucoup plus récentes de Korn-er-Houet (S. A. Mme la princesse Baciocchi), de Treulan (M. Bonnemant), ainsi qu'un grand nombre d'autres que l'espace ne me permet pas de citer. Mais ces sortes d'entreprises sont soumises à d'importantes considérations qui seront discutées au chapitre du défrichement des landes.

Les terres sablonneuses, graveleuses et caillouteuses ont beaucoup d'analogie entre elles. Toutes peuvent se travailler facilement et en tout temps. Cependant celles des deux dernières espèces peuvent être, toutes choses égales d'ailleurs, d'une fertilisation plus facile et plus efficace, en ce que les cailloux ou les graviers qu'elles contiennent retiennent plus longtemps l'humidité. Le défaut capital de toutes ces terres, c'est de laisser évaporer trop vite cette humidité, lorsqu'elles ont peu d'épaisseur et qu'elles reposent sur un sous-sol imperméable. Si au contraire la couche arable est profonde et le sous-sol perméable l'eau s'y comporte comme dans un filtre, descend au-delà de la portée des racines et ne peut remonter par la capillarité qui est très faible dans ces sortes de terre. Or, sans eau, comme nous le savons déjà, il n'y a pas de végétation possible.

Mais lorsque les terres légères sont en situation de retenir une humidité suffisante, ou lorsqu'elles peuvent être arrosées facilement et à volonté, ce sont celles qui peuvent acquérir la plus haute fertilité. Elles sont d'ailleurs généralement plus précoces que les terres fortes d'un même climat, en ce que la chaleur les pénètre plus facilement. D'un autre côté, la saveur des fruits qu'elles produisent est supérieure à celle de tous les autres fruits. Les meilleurs jardins se distinguent par des sols de ce genre et l'on sait que c'est au moyen des irrigations que de mauvaises terres légères sont devenues très fertiles en Lombardie et ailleurs.

Un excellent moyen d'améliorer physiquement de semblables terres, en augmentant un peu leur consistance et leur hygrométricité, c'est de les amender avec de l'argile ou avec de la marne argilo-calcaire lorsqu'on peut s'en procurer économiquement, ou bien encore, comme je l'ai dit pour les terres de bruyère, de ramener dans la couche arable une partie du sous-sol par des labours profonds, lorsqu'il est d'une qualité convenable.

Lorsque ces moyens ne sont pas praticables, la culture de semblables terres ne peut guère embrasser que des plantes qui croissent rapidement et viennent à maturité avant les sécheresses, ou qui ombragent assez le sol pour retarder l'évaporation de l'eau qu'il contient. Les fumiers courts, consommés et frais sont les seuls qui conviennent en pareil cas. Dans quelques contrées, on ralentit l'évaporation dans les terres légères en les entourant de plantations faisant obstacle à l'action des vents desséchants, ainsi que nous le verrons en traitant des abris.

Parmi les terres du groupe qui nous occupe, les plus mauvaises, les plus rebelles à la fertilisation sont celles qui accompagnent les grés de formation tertiaire, comme dans le voisinage de Fontainebleau. Les terrains granitiques ne sont guères plus faciles à améliorer, en ce que, généralement l'épaisseur de la couche arable y est très faible, et qu'étant noyée en hiver, elle devient brûlante en été, comme dans les terres de bruyère. Mais lorsque le drainage y est praticable on en obtient de très bons effets. Ces terrains sont d'ailleurs ordinairement mieux composés géologiquement que les terres purement sablonneurses puisqu'ils contiennent presque toujours un peu d'alumine, de chaux et de potasse. Il est beaucoup de terres granitiques propres à former de bonnes prairies. Celles qui sont labourées ne peuvent guères être cultivées qu'en billons à moins qu'elles ne soient drainées.

Le quatrième groupe comprend les *terres calcaires* qui forment plusieurs catégories.

Le calcaire ne se trouve guère à l'état natif dans les terres arables qu'en combinaison avec l'acide carbonique, l'acide sulfurique et l'acide phosphorique. Je parlerai plus au long de ces substances en traitant des engrais.

Les propriétés physiques du calcaire, notamment du carbonate, généralement plus abondant dans les terres arables que le sulfate et le phosphate tendent à donner de la consistance aux sols légers et à diminuer la compacité de ceux qui sont fortement argileux. Les marnes calcaires conviennent plus particulièrement pour ceux-ci et les marnes argileuses pour les premiers.

La chaux entrant en proportion variable dans la composition minérale de tous les végétaux, on en doit conclure qu'il n'est aucune terre qui n'en contienne, soit naturellement, soit pour y avoir été apportée comme amendement ou au moyen d'engrais. Mais elle y est souvent en si petite quantité qu'on ne peut y constater sa présence que par des analyses d'une extrême précision. Une terre qui, dans une couche de 0,25 centim. de profondeur pesant 1 kilog. 500 gram. par décimètre cube ou par litre, en contiendrait dans un grand état de division 2,500 kilog. par hectare — quantité suffisante pour produire de l'effet sur plusieurs récoltes successives — n'en présenterait donc que $^{1}/_{1500}$ de son poids ou 20 milligrammes dans un échantillon de 30 grammes.

Or, comme il importe beaucoup au cultivateur de savoir si ou non sa terre renferme du carbonate de chaux il est utile de s'en assurer. Tous les traités d'agriculture indiquent pour y parvenir un procédé fort simple qu'ils réputent efficace et qui peut ne l'être pas du tout. Il consiste à verser sur un échantillon de la terre à essayer un peu d'acide sulfurique ou hydrochlorique, ou même seulement de fort vinaigre. S'il se produit une vive effervescence, c'est une preuve que l'échantillon contient du carbonate de chaux dont l'acide carbonique expulsé par le réactif produit le bouillonnement qui a lieu.

Mais s'il s'agit, comme dans l'hypothèse qui vient d'être posée, d'un échantillon qui ne contienne que $^{1}/_{1500}$ de son poids, de chaux carbonatée il sera difficile qu'il se produise une effervescence bien appréciable qui pourra d'ailleurs tout aussi bien provenir de la présence de carbonate de potasse ou de magnésie qui souvent sont aussi abondants que la chaux dans certains sols.

Pour constater l'existence du carbonate calcaire dans une terre arable il faut donc employer un procédé plus sûr. En voici un qui a cette qualité et qui ne présente pas plus de difficulté quoiqu'il soit un peu plus compliqué. Il consiste simplement à calciner l'échantillon dans un creuset ordinaire pour en détruire la matière organique. Ensuite on le délaie dans 8 à 10 fois son poids d'eau afin d'en séparer les matières solubles. On filtre ; puis on délaye de nouveau la matière restée sur le filtre, et l'on verse goutte à goutte de l'acide hydro-chlorique dans la solution en agitant continuellement, jusqu'à ce que le liquide fasse virer au rouge la couleur du papier bleu de tournesol. Alors on filtre de nouveau, puis on verse également goutte à goutte dans le liquide filtré de l'acide oxalique dissous lui-même dans une quantité d'eau suffisante. Cet acide s'empare immédiatement de la chaux et forme avec elle un oxalate neutre qui se précipite. On continue, mais toujours avec beaucoup de précaution, tant qu'il se forme un précipité, après quoi on recueille ce dernier sur un filtre et on le fait sécher. Il est facile de déduire ensuite de son poids celui de la chaux sachant que l'oxalate neutre de cette base est composé de 451,70 d'acide oxalique et de 350 d'oxyde de calcium. On peut obtenir le même résultat en employant comme réactif une dissolution de sel d'oseille (oxalate acide de potasse). Dans ce cas c'est une double décomposition qui se produit.

La géologie nous apprend que le calcaire appartient à trois formations différentes.

Le calcaire primitif formé peu après le granit se trouve ordinairement dans son voisinage. C'est le marbre blanc employé par les statuaires. Quoique relativement pur il contient une certaine proportion de quartz. Il ne joue aucun rôle dans l'agriculture.

Le calcaire secondaire contient avec des coquillages d'espèces qui ont disparu de nos mers, du quartz très divisé, de l'argile et du fer. C'est celui qui fournit le marbre commun dont on tire des tables, des cheminées, etc., ou de la chaux hydraulique, lorsqu'il n'est pas propre à la taille et au poli. On l'emploie aussi comme pierre à bâtir.

La craie paraît appartenir à la même formation selon Cuvier et Brongniard.

Le calcaire de troisième formation a été déposé sur plusieurs points de notre globe, par les eaux de la mer à une époque à laquelle on suppose qu'elles étaient plus élevées qu'aujourd'hui, sans doute, parce que la configuration de la terre était différente et qu'elle ne présentait pas les mêmes reliefs. C'est lui qui donne la pierre à bâtir et la chaux plus ou moins grasse, selon qu'il contient plus ou moins d'argile. Les sols qui renferment une certaine proportion de ce calcaire mêlé avec de l'argile sont ordinairement fertiles ; mais lorsque cette dernière manque ils sont très peu productifs, comme on le voit dans les terres très crayeuses de la Champagne, dite pouilleuse.

L'infertilité des terres crayeuses et de celles que l'on désigne sous le nom de terres blanches et qui sont composées de marnes argileuses superficielles, paraît tenir à des causes tout à la fois chimiques et physiques. Généralement elles sont fort compactes et ne permettent pas aux racines de se développer. Leur surface battue par les pluies durcit au point de nuire beaucoup à la végétation. Elles retiennent peu d'humidité. Le peu qu'elles en possèdent, produit le déchaussement des plantes par l'action des gelées qui soulèvent la couche supérieure du sol. D'un autre côté la grande quantité de carbonate de chaux qu'elles contiennent *dévore* l'engrais en précipitant la décomposition des sels ammoniacaux dont la base volatile n'est pas retenue par le sol comme dans les terres argileuses, et s'évapore dans l'air au grand préjudice des plantes. Enfin, ces terres sont peu susceptibles de s'échauffer aux rayons du soleil que leur couleur blanche réfléchit sans les absorber.

Améliorer de pareils sols est donc une entreprise toujours difficile et très-coûteuse. L'un des plus économiques moyens d'en tirer des fruits passables, c'est d'y planter en assez grande abondance pour y entretenir un peu d'humidité, les espèces d'arbres qui y réussissent le mieux, tels que le pin Sylvestre, le peuplier de Virginie, etc Tous les sables, surtout ceux qui sont mêlés d'un peu d'argile sont, pour ces terres, un très-bon amendement. Malheureusement, il n'est pas toujours facile de s'en procurer à bas prix, leurs gisements étant souvent fort éloignés.

L'un des principaux défauts des terres calcaires à l'excès étant de favoriser l'évaporation de l'ammoniaque apportée par les engrais, le cultivateur ne doit pas s'obstiner à ne leur demander que des produits qui exigent impérieusement des fumures fortement azotées. En pareille circonstance, les cultures les plus avantageuses sont celles qui portent sur des plantes, puisant une bonne partie de leur azote dans l'atmosphère, telles que la luzerne, le sainfoin, les topinambours, etc. Le trèfle y réussirait aussi ; mais ses racines sont exposées à être déchaussées par les gelées et à périr. De semblables cultures sont en même temps plus aptes à améliorer graduellement les terres de cette nature en fournissant plus facilement la matière d'une plus grande masse d'engrais carbonés éminemment propres à modifier leur constitution physique et leurs propriétés chimiques.

Un cinquième groupe comprend les *terres froides*. Les argiles humides en font principalement partie. Les terres exposées au nord; celles qui sont trop ombragées; celles qui, à cause de leur couleur, n'absorbent que faiblement le calorique, sont généralement tardives et c'est par cette raison qu'en beaucoup de localités on les place dans la même catégorie. Il en est cependant parmi elles qui sont douées d'une bonne fertilité et qui, bien cultivées, peuvent donner des produits abondants. Mais ces produits sont tardifs, surtout dans les climats septentrionaux, où d'ailleurs ils n'acquièrent pas toujours une saveur et une maturité satisfaisantes. La culture de ces terres demande beaucoup de soins. Elle exige impérieusement des engrais chauds et peu consommés, puis l'assainissement du sol lorsqu'il est trop humide. Les arbres qui y réussissent le mieux sont ceux qui appartiennent à la catégorie des bois blancs.

Le sixième groupe qui comprend les *terres humides* est très proche parent du précédent. Dans bien des cas leur ligne de démarcation est peu tranchée. Cependant on vient de voir que des terres peuvent être froides sans être humides tandis que l'inverse a rarement lieu.

Les causes d'une humidité excessive dans certaines terres sont de plusieurs sortes. Tantôt ce sont des sources qui sourdent à leur surface et qui les inondent ou qui font invasion dans la couche arable ; tantôt c'est un climat pluvieux ou une nature de terre ne s'égoutant pas, quoique favorablement située pour cela ; tantôt enfin ce sont des terrains à sous-sol imperméables, sans pente, sans écoulement.

Le principal remède à administrer dans tous ces cas, c'est le drainage. On a vu de mauvaises terres de cette classe devenir très-fertiles par ce moyen, lorsqu'il est secondé par une bonne culture et des engrais abondants. Les fonds tourbeux, riches en terreau, peuvent, pour la plupart, s'améliorer beaucoup de la sorte, surtout à l'aide de bons chaulages ou de bons marnages pour neutraliser leur acidité.

Le septième groupe, l'opposé des terres humides, se compose de *terres sèches.* Toutes les terres sablonneuses et graveleuses appartiennent à cette classe, lorsqu'elles reposent sur un sous-sol très perméable. D'autres terres ne sont sèches que parce que l'eau ne peut pas les pénétrer facilement. Celles dans lesquelles la craie ou l'argile domine, sont souvent dans ce cas. D'autres ne doivent leur sécheresse qu'à une situation trop inclinée jointe à leur compacité ou à leur exposition aux ardeurs du soleil; d'autres enfin sont sèches uniquement parce qu'elles se trouvent sous un climat où les pluies sont rares.

Le meilleur moyen d'amélioration pour les terres de cette nature, c'est l'irrigation lorsqu'elle est praticable. Dans le cas contraire, des plantations faisant obstacle à l'évaporation et l'emploi d'engrais humides ne peuvent être que d'un bon effet.

Le huitième et dernier groupe comprend les *terres schisteuses* dont la composition est très-variable.

La roche schisteuse est de création primitive. Elle est feuilletée et forme des couches dont l'épaisseur et la couleur varient également beaucoup.

Il y a des schistes quartzeux et des schistes argileux. Les premiers passent pour être infertiles. Peut-être cela tient-il à la manière dont ils sont traités. Les schistes argileux sont formés de lamelles de *mica* dans lesquelles la silice et l'alumine unies quelquefois à un peu de chaux et même de manganèse, entrent dans des proportions très-diverses.

La plupart des schistes argileux de la couche inférieure sont friables et se laissent assez facilement entamer par le soc de la charrue. Ramenés à la surface ils s'y désagrégent assez promptement et augmentent l'épaisseur de la couche arable. J'en ai fait maintes fois l'expérience. Des chaulages joints à de bonnes fumures augmentent considérablement leur fertilité et peuvent l'élever au plus haut degré. Nous en avons en Bretagne des exemples bien remarquables.

De ce qui précède, on peut conclure que la composition géologique et la constitution physique du sol arable exercent une grande influence sur la végétation. Il est vrai cependant, que par des expériences directes, on est parvenu à produire des plantes parfaites dans un sol artificiel, composé d'une seule substance complétement inerte, excepté en ce qui concerne sa force catalytique. Mais dans ce cas on pourvoyait à leurs besoins par une alimentation convenable et surtout par des arrosages qui ne sont pas aussi practicables dans la grande culture. N'était cette condition, c'est-à-dire la nécessité, pour la végétation, que la terre suffisamment meuble soit en même temps apte à retenir, dans de justes limites, l'eau et les substances fertilisantes volatiles comme l'ammoniaque, il n'est pas douteux que quelles que fussent les matières formant la couche arable, leur rôle serait à peu près entièrement passif et que le succès des récoltes ne serait plus qu'une simple question d'engrais et de temps propice.

Mais dans la plupart des cas, il ne saurait en être ainsi. Cette considération montre dès lors au cultivateur qui veut acheter ou affermer une terre, combien il est important pour lui d'en connaître la constitution physique. Très souvent un simple coup-d'œil, un sondage, l'examen des récoltes sur pied, et de la végétation spontanée pourront le fixer d'une manière suffisante. Cependant, s'il s'agit de terres situées dans un pays pauvre, une étude plus approfondie devient nécessaire afin de reconnaître si le peu de fertilité apparente tient à un vice de constitution du sol ou à l'inhabileté de ceux qui l'exploitent. Il faut alors recourir à l'analyse qui en indiquera tout à la fois l'état physique et la composition chimique. Malheureusement il est très peu de cultivateurs en état de procéder à une telle opération qui, pour être précise, exige une grande habitude des manipulations de ce genre en même temps que tout un attirail de réactifs et d'instruments. En pareil cas, ce qu'il y a de mieux à faire c'est de s'adresser à un chimiste.

Mais s'il n'est pas donné à tous les cultivateurs de pouvoir faire une analyse exacte des terres, tous peuvent très facilement en reconnaître l'aptitude plus ou moins hygrométrique, et comme c'est là un point très important à connaître, je crois devoir entrer ici dans quelques détails sur ce sujet.

Pour constater la capacité des terres sous le rapport dont il s'agit trois opérations différentes sont nécessaires.

La première a pour objet d'établir combien la terre saturée d'eau peut en retenir, étant exposée à l'air. Voici comment on y procédera.

On prendra un échantillon de cette terre que l'on fera dessécher autant que possible au four ou autrement, après quoi on le pesera. On le placera ensuite, soit sur un filtre, soit plus simplement, dans un pot à fleur et on l'arrosera à grande eau qu'on laissera filtrer. Lorsqu'il ne passera plus d'eau on retirera la terre et on la pesera de nouveau. La différence de poids indiquera la quantité d'eau retenue.

Il s'agira dès lors de constater la durée de cette rétention, dans un lieu couvert, mais accessible aux rayons solaires comme en plein champ.

C'est là l'objet de la deuxième expérience.

Pour cela, on mettra l'échantillon humide dans un vase de verre ou de porcelaine qui ne puisse pas absorber la moindre partie de l'eau retenue par la terre. On pesera ce vase, contenant et contenu, et tous les jours, matin et soir, on renouvellera les pesées en inscrivant chaque fois les différences qui existeront entre elles. On prolongera l'expérience pendant un mois et plus s'il le faut, en un mot, jusqu'à ce que la balance n'indique plus de décroissance dans le poids.

Pour que cette expérience soit aussi concluante que possible, il faut que l'échantillon ait une épaisseur approchant de celle de la couche arable. Ce n'est donc pas en opérant sur quelques grammes seulement que l'on peut obtenir une indication pratique suffisante. Dans une expérience de ce genre l'échantillon doit être de deux à trois kilog. au moins et présenter une épaisseur de 0,20 à 0,25 centimètres. Il est facile de comprendre que, dans ce cas, l'évaporation s'opèrera sensiblement comme en plein champ, tandis qu'en réduisant l'échantillon à une épaisseur d'un ou deux centimètres, elle sera beaucoup plus prompte sans fournir aucune base certaine pour établir un calcul proportionnel. Du reste, toutes choses étant égales, l'évaporation sera plus ou moins rapide selon que la température sera plus ou moins élevée et l'air ambiant plus ou moins sec. Un tel essai ne peut donc indiquer que d'une manière relative la capacité cherchée. Pour en obtenir un enseignement utile, il faut, autant que possible, y procéder pendant la saison chaude, en s'attachant particulièrement, je le répète, à mettre l'échantillon dans des conditions analogues à celles dans lesquelles se trouve naturellement le sol pendant les sécheresses.

Ce mode de procéder ne ressemble en aucune façon à celui qui est indiqué par plusieurs agronomes, par M. de Gasparin entre autres, qui tous n'opèrent que sur des échantillons de quelques grammes incapables de procurer une solution satisfaisante.

Schubler, que tous les auteurs citent, est le seul, je crois, qui ait indiqué les proportions dans lesquelles quelques terres élémentaires retiennent l'eau. Voici les chiffres qu'il a publiés.

Sable siliceux..	25 °/₀ de son	Terre calcaire fine.....	85
Gypse	27 poids sec.	Terreau..............	190
Sable calcaire..	29	Magnésie.............	456
Glaise maigre..	40	Terre de jardin........	89
Glaise grasse...	50	Terre arable d'Hoffwil..	52
Terre argileuse.	60	— du Jura...	48
Argile pure....	70		

L'abondance des nombres ronds dans ce tableau autorise à penser qu'ils ne sont qu'approximatifs. Du reste, M. de Gasparin fait observer avec raison que la faculté de retenir l'eau varie selon beaucoup de circonstances et notamment selon l'état plus ou moins grand d'amaigrissement du sol.

Le même auteur donne dans un autre tableau, la quantité d'eau que les mêmes terres laissent évaporer à la température de + 18° 75. Mais comme l'expérience n'a duré que quatre heures et n'a porté que sur des couches très minces, il est impossible d'en rien conclure de précis au point de vue pratique, sinon que l'évaporation est toujours d'autant plus prompte que la capacité de saturation est moins grande. Ainsi le sable siliceux qui ne retient que 25 parties d'eau en a perdu les 88 centièmes en quatre heures dans les conditions précitées, tandis que l'argile pure n'en a abandonné que 31,9 °/₀ des 70 qu'elle avait absorbés, le terreau 20,5 °/₀ de 1,90 et la magnésie 10,8 °/₀ seulement de 456. On pourrait donc établir en principe que la capacité de rétention est pour ces quatre espèces de terre dans les rapports suivants ; savoir : sable siliceux 3 ; argile pure 47,67 ; terreau 151 ; magnésie 407.

La troisième expérience a pour objet de constater l'aptitude des terres à absorber l'humidité de l'atmosphère.

Ici encore, il est nécessaire de placer l'échantillon dans des conditions analogues à celles du sol. Ainsi, après avoir desséché autant que possible un échantillon d'un volume suffisant, on l'exposera dans un lieu couvert après l'avoir pesé, et l'on renouvellera également chaque jour, matin et soir les pesées, en constatant chaque fois l'augmentation de poids, laquelle indiquera le degré de l'aptitude cherchée.

Si pour évaluer cette propriété, on étend les terres desséchées sur des plateaux de verre, comme le conseille M. de Gasparin, et qu'on les recouvre de cloches plongeant dans l'eau par le bas ; qu'ensuite on pèse les terres après 12, 24, 48, 72 heures, on remarquera : 1° que l'absorption diminue de vitesse à mesure que les terres s'imbibent ; 2° qu'elles absorbent plus pendant la nuit que pendant le jour ; 3° que la faculté d'absorption suit le même ordre que l'hygroscopicité, si ce n'est que le terreau a plus d'action sur l'humidité atmosphérique que le carbonate de magnésie, tandis que celui-ci complétement imbibé retient beaucoup plus d'eau que le terreau.

L'enseignement le plus intéressant que l'on tirera de ces expériences, c'est que la capacité hygrométrique d'une terre dépend principalement de la proportion d'argile, de calcaire, de terreau et surtout de carbonate de magnésie qu'elle contient : mais cette dernière substance n'y est que très rarement en proportion sensible. Ce qui importe le plus au cultivateur, c'est de travailler de tout son pouvoir à augmenter continuellement la proportion de terreau dans ses champs, non-seulement pour fournir à ses cultures des aliments utiles, mais encore pour améliorer les conditions physiques de la terre. Cette conclusion, fera comprendre aisément la supériorité des engrais riches en carbone sur tous les autres.

J'aurais beaucoup de choses à dire encore sur les terres arables ; mais elles trouveront naturellement leur place dans les études suivantes.

—

Deuxième Section.

DU ROLE DE L'AIR.

Nous connaissons déjà la composition de l'air, formé de 21 parties d'oxygène et de 79 d'azote, et nous savons, que comme ces deux gaz, il est invisible mais pesant. Pur, il est sans odeur et sans saveur. Il est dilatable par la chaleur, compressible mécaniquement et par conséquent très élastique.

Sa pesanteur affirmée par Jean Rey d'abord, et constatée ensuite par Galilée, Toricelli et Pascal, vers le milieu du 17e siècle, se démontre d'une manière palpable, tant par le baromètre que par le jeu des pompes aspirantes. Que l'on prenne un tube de verre, hermétiquement fermé par un bout, long de 80 et quelques centimètres; qu'après l'avoir empli de mercure (vif-argent) on ferme son orifice avec le doigt; qu'on dispose ensuite ce tube de telle manière qu'il plonge de quelques millimètres seulement par son bout ouvert dans d'autre mercure placé dans une cuvette, et qu'on retire le doigt fermant l'orifice du tube, on verra le mercure qu'il contient se maintenir au-dessus du niveau de celui de la cuvette à une hauteur qui oscillera, selon la pression atmosphérique, entre 70 et 80 centimètres, et qui est en moyenne de 0,76 au niveau de la mer. Voilà le baromètre le plus simple. Mais si l'on pratique dans son bout supérieur fermé une ouverture, si petite qu'elle soit, pouvant donner passage à l'air, tout le mercure contenu dans le tube, tombera aussitôt dans celui de la cuvette. C'est que, dans ce cas, il se produira par la partie supérieure du tube une pression atmosphérique égale à celle qui tenait le mercure en équilibre, et ces deux pressions se neutralisant, le métal liquide sera nécessairement entraîné par la force de gravitation à se niveler avec celui de la cuvette. Il est donc évident que c'est la pression de l'air sur le mercure qui le fait monter dans le baromètre lorsque le vide existe dans celui-ci, c'est-à-dire lorsque l'air en est entièrement exclu.

C'est le même effet qui se produit dans les pompes aspirantes lorsque le jeu du piston y a opéré le vide. Alors l'eau dans laquelle plonge la partie inférieure de la pompe s'élance dans le tuyau et peut s'y élever jusqu'à 10^{m} 30^{c} — ou un peu plus de

31 pieds — hauteur théorique que toutefois elle n'atteint jamais, soit à cause du frottement soit parce que le vide n'y est pas parfait. Rarement elle dépasse 9^m 30 à 9^m 50.

En comparant, d'une part, la hauteur moyenne du mercure dans le baromètre à la hauteur théorique de l'eau dans la pompe, et d'autre part, le poids spécifique de ces deux substances, on trouve, dans le premier cas, que l'eau s'élève 13 fois $\frac{569}{1000}$ plus haut que le mercure, et dans le second cas, qu'elle est 13 fois $\frac{569}{1000}$ moins pesante. Or, partant de là, et sachant qu'un décimètre cube d'eau — un litre — à la température de + 4° pèse un kilog. ou 781 fois plus que l'air à la même température et à la pression de 0.76, il semblerait que la colonne d'air qui fait équilible au mercure dans le baromètre, et à l'eau dans la pompe, dût être, à base égale, d'une hauteur de 10^m 30 multipliés par 781=8044^m 10, soit un peu plus de deux de nos lieues ordinaires. C'est en effet ce qui aurait lieu si une telle colonne pouvait posséder la même densité dans toute sa hauteur.

Mais il est facile de comprendre que cette dernière doit être considérablement plus grande à raison de l'élasticité de l'air qui, à mesure qu'il s'élève au-dessus de la surface de notre globe est de moins en moins comprimé par les couches supérieures et par conséquent de moins en moins dense. Si l'on réfléchit qu'un très petit volume d'air pris à la pression ordinaire, et introduit dans un vase dix fois, cent fois, mille fois plus grand, mais parfaitement vide, est susceptible de s'y dilater au point d'en occuper toute la capacité, on comprendra que les couches de l'atmosphère subissant une pression qui diminue graduellement avec les forces qui la produisent, c'est-à-dire avec l'épaisseur des couches supérieures et qui finalement aboutit à zéro, doivent se raréfier proportionnellement et occuper un espace infiniment vaste, mais très hypothétique.

Je ne sache pas que l'on ait déterminé jusqu'ici mathématiquement la mesure exacte de cette dilatation, et par conséquent l'épaisseur réelle de notre atmosphère. Il y a des auteurs qui l'évaluent à 12 ou 15 de nos lieues, d'autres à 17, d'autres à 64 kilomètres seulement au-delà desquels se trouverait un air extrêmement raréfié, puis, à 100 kilom. environ, le vide absolu. Ces divergences prouvent que ce ne sont là que de simples hypothèses.

La réfraction de la lumière (1) paraît avoir servi de base à quelques-uns de ces calculs ; mais cette base laisse beaucoup à désirer, précisément à cause de l'incertitude dans laquelle on est sur la densité du milieu réfringent au-delà des limites accessibles à l'expérience, densité qui constitue la puissance réfractive de ce milieu. On a donc, ce me semble, tenté de résoudre la question par la question ce qui, pas plus en physique qu'en logique, n'est pas le plus sûr moyen de découvrir la vérité.

On doit par conséquent conclure de ce qui précède, que ce n'est pas une colonne d'air d'une hauteur déterminée qui fait équilibre au mercure et à l'eau dans le baromètre et dans les pompes, mais bien une colonne d'un poids parfaitement égal dont la hauteur et la densité peuvent varier en produisant des variations analogues dans la pression qu'elle exerce.

Il résulte de là, que l'air n'est jamais plus pesant que quand le baromètre est au plus haut. Cependant, l'opinion contraire est assez généralement répandue en ce sens, que par une erreur populaire passée à l'état de dicton, on croit que le temps est lourd lorsque le mercure baisse dans la colonne de l'instrument, ainsi que cela arrive ordinairement à l'approche d'un orage. Cette erreur vient de ce qu'en pareille circonstance, on éprouve une espèce de malaise causé par la distension de ceux de nos organes qui contiennent de l'air. Celui-ci n'étant plus en équilibre avec la pression extérieure, se dilate et produit par sa force d'expansion la sensation que nous éprouvons en pareil cas. La même chose a lieu, lorsque l'on s'élève en ballon, ou que l'on gravit de hautes montagnes. On se rendra bien mieux compte de cette action physique, en plaçant sous une cloche un ballon de caoutchouc rempli d'air. Si, au moyen d'une machine pneumatique on raréfie l'air de la cloche, on verra celui renfermé dans l'enveloppe de caoutchouc la distendre et aug-

(1) Lorsque je parlerai un peu plus loin du rôle de la lumière dans la végétation, j'expliquerai ce que l'on doit entendre par sa *réfraction*. Je me bornerai ici à en donner une idée en rappelant une remarque que tout le monde a faite en voyant un bâton à moitié plongé obliquement dans l'eau, paraître coudé quoiqu'il soit parfaitement droit. La déviation que présente en apparence la partie immergée dans un milieu plus dense que l'air n'est qu'un effet de refraction de la lumière.

menter de volume à mesure que la pression extérieure diminuera, jusqu'à ce que l'enveloppe crève si elle n'est pas de nature à pouvoir résister à la force d'expansion du gaz. Cela explique en même temps comment il se fait que le corps humain puisse résister à une pression aussi considérable que celle de l'atmosphère, puisque pour un homme de taille ordinaire, elle correspond à quelque chose comme 15,000 k. Cette pression s'exerçant dans tous les sens aussi bien à l'intérieur qu'à l'extérieur, elle se neutralise par conséquent totalement, et produit un équilibre absolument semblable à celui résultant de poids égaux placés sur les deux plateaux d'une balance. Mais mettez votre main sur l'orifice d'un vase quelconque de manière à le fermer hermétiquement, et faites le vide dans ce vase, vous la sentirez immédiatement pressée par un poids qui ne sera pas moindre de 50 k. si l'orifice qu'elle ferme présente une section de 50 centimètres carrés, ou 7 centimètres de côté.

On n'a pas encore parfaitement défini jusqu'ici la cause des variations qui se produisent dans la pression atmosphérique. Il y a sur cette question plusieurs opinions qui se contredisent. Je ne crois pas devoir les discuter ici, d'autant plus que la connaissance de causes que nous ne pouvons en aucune façon modifier nous importe moins que celle des effets. Je me borne donc à émettre sur ce point une opinion qui m'est toute personnelle, bien qu'à certains égards elle soit conforme à celle de plusieurs physiciens.

Nous avons vu que l'air se raréfie ou se condense par la chaleur ou par le froid. Sa raréfaction due principalement au rayonnement du calorique que la terre émet ou restitue, ne se fait guère toutefois qu'à la surface du globe et dans les régions les plus basses de l'atmosphère, car nous voyons par les glaces éternelles qui se trouvent au sommet de quelques montagnes, que la température de l'air est déjà peu variable à une semblable altitude.

D'un autre côté, la surface de la terre n'étant pas homogène, puisqu'ici elle consiste en terres cultivées, là en forêts, ailleurs en vastes nappes d'eau, il s'ensuit que la quantité de calorique qu'elle émet n'est pas égale partout, et qu'ainsi la dilatation de l'air doit être par cela même fort inégale.

Or, comme l'air ne peut se dilater et se condenser alternativement sur un point sans augmenter ou diminuer de volume, et par conséquent sans agir sur les masses voisines que les mêmes causes n'affectent pas au même degré, il en résulte qu'il imprime à celle-ci une agitation plus ou moins grande.

Cette agitation qui n'est autre chose que le vent déplaçant des masses d'air plus ou moins considérable, il doit se produire dans l'atmosphère, mais très-irrégulièrement, des courants qui diminuant son épaisseur ou sa densité sur un point, l'augmentent nécessairement sur un autre. De là, les variations barométriques. Ce qui autorise à penser qu'il en est ainsi, c'est que jamais le baromètre n'est plus bas que par les tempêtes, tandis qu'il est ordinairement à son maximum par un temps calme et très sec. Il est très probable que l'électricité produit aussi dans l'atmosphère des effets analogues qu'il n'est pas très facile de préciser, mais dont la formation des nuages, de la grêle, etc., peut nous donner une idée.

Au demeurant, ce qu'il y a de certain dans tout cela, c'est qu'il faut nécessairement, d'après les lois de la statique, pour que le baromètre puisse hausser ou baisser, que la colonne d'air qui fait équilibre à celle de mercure, augmente ou diminue de densité, ce qui ne peut avoir lieu sans la production de phénomènes semblables à ceux dont je viens de parler. Ces phénomènes qui se traduisent ordinairement en pluie, en orages, etc., sont presque toujours pronostiqués par le baromètre. Sous ce rapport, c'est donc un instrument fort utile au cultivateur et qu'il est bon de consulter souvent, quoique ses prédictions ne soient pas infaillibles.

Le seul de ces phénomènes dont je doive m'occuper ici, est celui qui se rapporte aux vents, à leur action sur la végétation, me réservant de parler de la pluie dans l'étude de l'eau, et de la gelée dans celle de la chaleur.

Les vents en agitant l'atmosphère répartissent plus ou moins uniformément les substances suspendues dans l'air et dont quelques-unes sont nécessaires à la vie végétale. Mais ils produisent un effet souvent nuisible en favorisant trop l'évaporation de l'humidité du sol. Dans quelques localités, principalement sur plusieurs points du littoral de l'Océan, le long de la côte française, ils sont funestes à un grand nombre de végétaux qu'ils brûlent en quelque sorte lorsqu'ils soufflent du large.

Mais heureusement ils sont peu nuisibles au blé, à part le dessèchement excessif qu'ils peuvent causer dans le sol.

Partout où l'action des vents est pernicieuse, il est possible de la modifier par des rideaux d'arbres opposant une barrière aux plus malfaisants. Ces rideaux doivent être plus ou moins rapprochés, plus ou moins épais, selon que l'intensité des vents les plus fréquents et les plus nuisibles est plus ou moins grande. Ceux-ci, frappant la terre sous un angle fort aigu, on a calculé et observé qu'une ligne d'arbres pouvait leur faire obstacle jusqu'à une distance égale à dix fois sa hauteur. C'est au moyen d'abris semblables, que M. Trochu le père est parvenu à créer à Belle-Isle en mer, au milieu de landes reputées rebelles à toute culture, et battues par les vents les plus violents, sa belle propriété de Bruté, qui a remporté la prime d'honneur dans le Morbihan en 1861. Les rideaux qu'il y a établis, consistent en pins maritimes, plantés sur une épaisseur de trente mètres, et qui sont aujourd'hui d'un très bon produit.

D'un autre côté, M. Moll rapporte dans sa nouvelle encyclopédie du cultivateur, que beaucoup de localités dans les Vosges, le Jura, l'Aveyron, les Alpes, les Pyrénées ont vu leur climat changer, et notamment les gelées tardives se multiplier, au point d'annuler régulièrement le produit d'arbres fruitiers et de certaines cultures depuis qu'on a défriché les forêts qui leur procuraient un abri contre les vents du nord et de l'est.

Mais quelques agronomes parmi lesquels se trouve Mathieu de Dombasle, contestent l'utilité des abris de ce genre qui, selon eux, dérobent à la culture un terrain pouvant être employé plus fructueusement, sans compter le préjudice qu'ils portent par leur ombrage et par leurs racines, aux récoltes qu'ils avoisinent. Cela peut être vrai dans les localités qui sont naturellement abritées par des chaînes de montagnes, ou qui, par leur situation, sont moins exposées aux vents malfaisants. En de pareilles circonstances, les abris dont je parle n'ont certainement pas le même degré d'utilité. Il est d'ailleurs des terres d'une constitution telle que la libre circulation de l'air est nécessaire au développement des plantes qui y croissent. Mais il en est d'autres où c'est le contraire qui a lieu. Ce sont donc les circonstances qui seules doivent commander à cet égard. Du reste, il n'est pas toujours vrai que les plantations pour abri soient improductives par elles-mêmes ou qu'elles causent plus de préjudice qu'elles ne donnent de profit. Selon que le bois est plus ou moins rare dans les localités où elles existent elles peuvent, étant aménagées convenablement, procurer un revenu souvent égal sinon supérieur à celui qu'on obtiendrait du sol qu'elles occupent s'il était cultivé en céréales, et cela sans exiger ni les mêmes dépenses, ni les mêmes travaux. Mais ce qu'il faut éviter avec soin, c'est l'introduction dans ces rideaux, d'arbres drageonnant et étendant leurs racines trop au loin. Sous ce rapport, l'accacia, l'ormeau, etc., sont de très mauvais voisins.

On peut encore, dans bien des cas, ralentir l'évaporation par des paillages et surtout par des fumures en couverture dont l'efficacité est bien plus grande sur les sols légers et découverts que sur les autres. Toutefois, les paillages ne sont guère praticables que dans la très-petite culture et dans les jardins.

Nous avons vu dans notre étude physiologique que l'air est l'un des principes aussi indispensables à la vie végétale qu'à la vie animale. Mais il n'en est pas absolument de même quant à ses éléments isolés. Son azote, pas plus que son oxygène ne sont respirables sans être mélangés dans des proportions neutralisant réciproquement leur action nuisible. Le premier, comme l'acide carbonique éteint les corps en combustion et produit l'asphyxie des êtres animés. Et quoiqu'il soit l'un des principes nécessaires à l'organisation des plantes, ce n'est jamais à l'air pur qu'elles empruntent celui qu'elles s'assimilent. C'est ce que nous verrons bien mieux encore plus tard par des expériences directes. Ainsi les écrivains qui pensent qu'on peut se dispenser de fournir des engrais azotés à la culture, par la raison que les végétaux sont en situation de puiser jusqu'à satiété cette substance dans l'atmosphère, sont donc dans une profonde erreur, en tant du moins qu'il s'agisse de son azote constitutif et non de celui qui peut s'y trouver accidentellement à l'état d'ammoniaque. Et encore, dans ce dernier cas, la puissance absorbante de la végétation est-elle très-limitée.

Quant à l'oxygène il ferait infailliblement périr par sa propriété comburante tous les végétaux et tous les animaux — bien qu'il soit nécessaire à la respiration de ces derniers — s'il n'était tempéré par une convenable proportion d'azote. Si j'osais hazarder une comparaison clochant, comme clochent les comparaisons en général, je dirais qu'il en est de l'oxyègne pur comme de l'alcool pur sur l'économie animale. Lorsque ce dernier n'est pas mélangé avec une proportion d'eau qui en fait une boisson saine et tonique, telle que le vin, à la condition toutefois d'en user modérément, il exerce sur l'organisme animal la plus funeste influence. Tel serait infailliblement l'effet de l'oxygène pur ou existant en proportion anormale dans l'atmosphère.

Si l'acide carbonique, lorsqu'il dépasse une certaine proportion dans l'air, peut causer l'asphyxie de l'homme et des animaux, il active au contraire la végétation, lorsque toutefois il n'excède pas certaines limites. Nous avons vu du reste qu'il se trouve en proportions très peu variables dans l'atmosphère. Dans ces conditions, il peut être considéré comme le principal élément de la végétation. Plus lourd que l'air puisqu'il pèse spécifiquement 1,5196, l'air étant 1,0000, c'est principalement dans les couches inférieures de ce dernier qu'il stationne et où il se trouve plus à la portée des plantes.

Il y a des physiciens qui prétendent que quoique l'acide carbonique soit plus lourd que l'air, il existe en aussi grande quantité et même quelquefois en plus grande quantité dans les régions élevées de l'atmosphère que dans celles qui reposent immédiatement sur le globe. On est même allé jusqu'à supposer que l'atmosphère en contenait dans toute son épaisseur une proportion égale à un millième de son poids et l'on est parti de là pour évaluer à 1400 billons de kilog. la quantité totale de cet acide existant dans l'air, quantité plus que suffisante pour pourvoir à tous les besoins de la végétation terrestre.

Ce qui paraît avoir servi de base à ces calculs un peu hasardés, ce sont des analyses d'air atmosphérique pris à 3 et 4000 mètres d'altitude, mais à la surface du sol. On n'a pas fait attention que nonobstant cette altitude la couche atmosphérique dans laquelle on avait puisé, était la plus basse relativement au point du globe sur lequel on opérait, et que cette couche au sommet des plus hautes montagnes, doit être absolument de même nature, à la densité près, que dans les vallées les plus profondes, puisqu'à raison de son extrême mobilité, l'air est incessamment entraîné par les courants en suivant les ondulations du sol, et qu'il n'y a pas de raison pour qu'il laisse dans la plaine l'acide carbonique qu'il contient lorsque le flot aérien le porte sur les points culminans. Pour qu'il n'en fut point ainsi, il faudrait que l'air restât constamment immobile au lieu d'être constamment agité. Alors l'acide carbonique stationnerait aux lieux de son émission, sans pouvoir s'élever, et l'on verrait sur une grande partie du globe ce que l'on voit dans la grotte du chien — dans l'ancien royaume de Naples — c'est-à-dire une couche d'acide carbonique rasant le sol et dans laquelle un chien périt asphyxié; mais si peu épaisse qu'un homme debout la domine et respire librement. Lorsque l'on voudra prouver que l'atmosphère contient autant et plus d'acide carbonique à 3 et 4000 mètres d'altitude qu'au niveau de la mer, ce n'est donc pas au sommet des montagnes qu'il faudra l'analyser, mais bien à une hauteur verticale au-dessus du même niveau et loin de toute éminence terrestre. Ce n'est qu'au moyen d'ascensions aérostatiques que de semblables constatations pourraient avoir lieu. Je ne sache pas que les recherches se soient dirigées jusqu'ici sur cet objet dans les ascensions de ce genre, parmi lesquelles on cite celle de M. Gay-Lussac, qui s'est élevé à 6000 mètres, et celles de MM. Boussaingault, Barral et Bixio qui, plus tard, ont dépassé cette hauteur d'un kilomètre.

Indépendamment de l'acide carbonique, l'air tient encore en suspension plusieurs autres substances utiles à la végétation et notamment de l'ammoniaque produite par toutes les fermentations putrides qui ont lieu sur la terre, et probablement aussi par l'union de l'azote et de l'hydrogène qui se rencontrent dans l'atmosphère où l'électricité favorise leur combinaison.

L'hydrogène étant le plus léger de tous les gaz puisqu'il ne pèse spécifiquement que 0,0687, ou quatorze fois et demie moins que l'air doit s'élever à une hauteur considérable, et il serait perdu pour la végétation de même que les autres gaz, si libres ou combinés tous n'étaient en plus ou moins grande quantité ramenés sur la terre par les vapeurs aqueuses qui se condensent dans l'atmosphère et qui tombent ensuite sous la forme de pluie, de neige, etc., toujours plus ou moins chargées de ces différents gaz au nombre desquels on en trouve encore un fort utile à l'alimentation des plantes. Je veux parler de l'acide nitrique dont il a déjà été question et sur lequel je reviendrai encore plus tard.

Dans certaines contrées, par ce fait réputées insalubres, l'air contient aussi différents gaz délétères, émanant de matières en décomposition dans les eaux stagnantes et même quelquefois dans les cimetières, cause ordinaire de plusieurs maladies et notamment de fièvres dites *paludéennes*. On donne à ces gaz le nom générique de *miasmes*. Nous avons vu qu'on peut jusqu'à un certain point combattre leurs effets pernicieux dans les lieux clos par l'emploi des chlorures. Mais en rase campagne on ne peut guère s'en préserver que par de nombreuses plantations dont les feuilles décomposent l'oxyde de carbone qui se trouve dans ces miasmes, comme elles décomposent l'acide carbonique lui-même. Ce n'est là toutefois qu'un palliatif qui n'agit qu'à certaines époques de l'année.

L'air tient aussi en suspension à l'état de poussière impalpable et invisible, des matières solides, minérales et végétales que les pluies ramènent sur le sol comme comme l'ont établi de fort belles expériences de M. Barral, qui a prouvé la présence d'une certaine proportion de phosphate calcaire dans les eaux pluviales. Toutefois, le cultivateur qui compterait sur cette ressource pour la fertilisation de ses champs, s'exposerait à de cuisantes déceptions.

Telles sont les principales propriétés physiques de l'air en ce qui concerne la végétation. On peut les résumer ainsi.

L'air est nécessaire à la vie des plantes, comme à celle des animaux.

C'est lui qui, par le mouvement que lui impriment certains phénomènes physiques, transporte partout, à la portée des végétaux, différents gaz nécessaires à leur alimentation et qu'il tient en suspension avec les vapeurs aqueuses qui produisent les pluies; mais il ne contribue pas par ses propres substances à cette alimentation.

Si l'air, comme véhicule, fournit à la végétation une partie des aliments dont elle a besoin, il exerce en même temps une action qui, dans bien des cas peut être nuisible au développement des plantes en enlevant au sol, par évaporation, une partie de ces mêmes substances, notamment l'eau qu'il contient, d'où la nécessité d'abris pour tempérer cette action.

Le contingent qu'il apporte à l'alimentation végétale, l'action respective des substances formant ce contingent, étant plus particulièrement du ressort de la chimie, nous nous en occuperons d'une manière plus spéciale lorsque nous aborderons l'étude de la fertilisation.

3e Section.

DU ROLE DE L'EAU.

Les végétaux, comme on l'a déjà vu, ne peuvent absorber les aliments nécessaires à leur développement qu'autant que ces aliments sont à l'état liquide ou gazeux. Ainsi, toute matière solide, si impalpable qu'elle soit, ne peut s'introduire dans les spongioles des racines.

Le principal rôle physique de l'eau dans la végétation dérive donc de sa force catalytique et consiste dans l'action dissolvante qu'elle exerce sur les substances servant à l'alimentation végétale. Elle en remplit encore un autre non moins important, mais qui est plus particulièrement du domaine de la chimie. C'est celui de contribuer directement par elle-même à cette alimentation, en se combinant soit avec le carbone seul, soit avec le carbone et l'ammoniaque pour constituer les composés organiques ternaires et quaternaires dont il a été question précédemment.

Ainsi, l'eau est indispensable à la végétation. Elle est indispensable, non-seulement aux racines, mais encore aux feuilles qui paraissent absorber une partie de celle répandue dans l'atmosphère. En effet, on remarque souvent que lors des sécheresses prolongées, pendant lesquelles il se produit une grande évaporatton, les organes aériens des plantes en éprouvent de la souffrance et qu'il suffit de les arroser légèrement pour qu'ils reprennent leur vigueur normale.

Si au contraire l'humidité de l'air est trop grande, comme cela arrive par des pluies continuelles ou des brouillards persistants, d'autres accidents se produisent. Le plus grave de tous est la coulure des fleurs et par suite l'avortement des graines et des fruits, ou tout au moins une grande diminution dans leur qualité et dans leur quantité. D'un autre côté, une humidité excessive dans le sol peut, ou nuire à la germination, ou favoriser au détriment de la fructification un trop grand développement de la végétation foliacée.

C'est surtout pendant les grands froids que cet excès d'humidité est préjudiciable aux racines qu'elle enveloppe. Connaissant les propriétés physiques de l'eau, il est facile de comprendre comment ces racines emprisonnées dans un massif glacé dont la force de dilatation est énorme, peuvent être détruites par l'action alternative du gel et du dégel, surtout lorsque le froid est assez intense pour congeler l'eau dans les vaisseaux séveux. Ceux-ci, dans ce cas, sont infailliblement rompus. Donc, si l'eau est nécessaire à la végétation, pas trop n'en faut.

Selon M. de Gasparin, on regarde comme étant parfaitement pourvues sous ce rapport les terres qui, pendant les sécheresses, en possèdent au moins 10 p. 100 de leur poids dans une couche de $0^m,30$ d'épaisseur et n'en retiennent pas plus de 23 p. 100 pendant les pluies. De semblables terres sont au moins dans d'aussi bonnes conditions que celles qui sont arrosées. Ici se montre toute l'utilité des essais hygrométriques dont il a été parlé précédemment.

Lorsqu'un sol arable s'éloigne sensiblement des deux termes qui viennent d'être indiqués, tous les soins du cultivateur doivent tendre à l'en rapprocher, soit par le *drainage* s'il est trop humide, soit par l'*irrigation* s'il est trop sec. Malheureusement ce dernier moyen n'est pas partout aussi praticable que le premier. Disons quelques mots sur l'un et sur l'autre.

Du Drainage.

Un sol surchargé d'eau, dit M. Ed. Vianne (1), ne produira que de maigres récoltes, et l'expérience a prouvé que l'excédant d'eau forme un obstacle à la division du sol actif ; diminue le pouvoir fertilisant des engrais ; neutralise l'effet des amendements ; abaisse la température du sol ; s'oppose à la libre entrée et au renouvellement de l'air atmosphérique ; empêche la

(1) Le draineur, tome 1er, page 7.

pénétration de la pluie au travers du sol, et le prive des gaz qu'elle y apporte.

Un seul de ces inconvénients suffirait pour démontrer la nécessité de l'assainissement des terres humides. A plus forte raison cette opération devient-elle indispensable lorsque tant de causes réunies font obstacle au développement de la végétation.

Il y a plus; sans être précisément imprégné d'une humidité excessive, le sol peut encore être drainé avec grand avantage lorsqu'il est trop compact. La circulation de l'air et de l'eau à travers ses molécules est alors plus facile et il devient susceptible d'un plus grand ameublissement. Les terres fortes et froides sont particulièrement du nombre de celles qui réclament cette amélioration. Celles dans lesquelles croissent spontanément les plantes qui se plaisent dans les terrains aquatiques, telles que les joncs, les laiches, etc., demandent généralement aussi à être drainées.

L'un des plus grands avantages que procure le drainage, c'est de favoriser l'échauffement du sol et par cela même d'avancer l'époque de la maturité des récoltes. M. Pouriau, professeur à l'école régionale de la Saussaie, qui a donné dans l'Encyclopédie de l'agriculteur déjà mentionnée, une série d'excellents articles sur la chimie, la physique, etc., appliquées à l'agriculture, dit qu'il faut cinq fois moins de chaleur pour élever à un degré quelconque la température d'un volume de terre sèche que pour porter au même degré celle d'un même volume d'eau. Il est par conséquent facile de concevoir d'après cela, qu'un sol imprégné d'une humidité excessive doit être sensiblement moins facile à échauffer par les rayons solaires que celui qui se trouve moins chargé d'eau et que dès lors la végétation doit être plus active dans celui-ci que dans celui-là. Ajoutons à cela que les terres drainées n'ont pas l'inconvénient d'être malsaines pour les animaux, et que les moutons, entre autres, sont beaucoup moins exposés à y contracter la maladie connue sous le nom de pourriture ou cachexie aqueuse.

On a agité la question de savoir si, dans les terres qui s'égouttent facilement au moyen du drainage ou par leur perméabilité naturelle, les eaux, en s'écoulant, n'entrainent pas une partie des substances fertilisantes qu'elles dissolvent. Cette question est trop intéressante pour ne pas donner lieu à une étude sérieuse.

Si l'on compare le produit de ces terres avec celui de terres de même composition à sous-sol imperméable, les fumures étant égales, il semble *à priori* en présence des résultats plus avantageux fournis par les premières, que si la filtration des eaux pluviales à travers la couche arable lui enlève une partie de ses substances, cette déperdition ne peut être que très-faible. Cette probabilité se fortifie d'ailleurs par la considération que parmi les substances les plus solubles, et par conséquent les plus susceptibles d'être entraînées, l'ammoniaque et les alcalis sont retenus par le sol avec une grande énergie.

Cependant, la question méritant d'être approfondie, M. Barral a analysé les eaux de drainage provenant d'un sol argilo-siliceux, dans lesquelles il a trouvé par litre $^{8}/_{10}$ de milligrammes d'ammoniaque et 76 milligrammes d'acide nitrique supposé complétement privé d'eau.

D'un autre côté, un chimiste anglais, M. Way, qui a fait de nombreuses analyses semblables, n'a trouvé dans la même quantité d'eau que $^{27}/_{100}$ de milligramme d'ammoniaque, mais 121 millig. d'acide nitrique. Néanmoins, M. Way pense que les eaux de drainage ne peuvent nuire à une fumure, quelque forte qu'elle soit, attendu qu'une bonne terre peut retenir sans déperdition soixante fois autant de principes fertilisants qu'on en introduit ordinairement avec l'engrais.

En ce qui concerne l'ammoniaque, cette opinion ne paraît pas contestable, puisqu'on n'en trouve dans les eaux de drainage que des quantités insignifiantes, bien inférieures à celles que les pluies apportent dans le sol; mais la question relative à l'acide nitrique mérite examen.

On peut admettre qu'il tombe en moyenne en France chaque année, une couche de pluie égale à 0m75 dont les deux tiers s'évaporent ou s'écoulent à la surface, et dont un tiers seulement s'y infiltre. C'est ce que confirment les expériences de MM. Dickenson, Dalton et Charnock (1), qui ont constaté pendant plusieurs années une infiltration, le premier de 42 % de l'eau tombée, le 2e de 25 % et le 3e de 22 %. Il est évident que ces

(1) Le Draineur par M. Vianne, page 67 et suivantes du tome 1er.

variantes sont dues à des différences dans la constitution des terres mises en expérimentation. Mais si l'on prend le tiers pour moyenne, l'infiltration serait donc de deux millions et demi de litres par hectare et par an.

Or, si chaque litre entraîne au maximum $^{8}/_{10}$ de milligramme d'ammoniaque (chiffre de M. Barral), et 121 millig. d'acide nitrique (chiffre de M. Way), la déperdition serait, en Ammoniaque, de 2 k. seulement par hectare et par an ; mais elle s'élèverait à la quantité relativement énorme de 302^{k} 500^{g} en acide nitrique, équivalant pour l'azote à 95^{k} 85 d'ammoniaque; et, comme les pluies d'après MM. Barral, Bineau, Boussaingault et autres, ne restituent que 25 à 30 k. d'ammoniaque avec une dizaine de kil. d'acide nitrique, il s'ensuivrait une perte annuelle de ce dernier équivalant à environ 60 k. d'ammoniaque ou à autant d'azote qu'en contiennent 12 500 k. de fumier normal. Ce résultat ne pouvant se concilier avec les fumures annuelles qui, en moyenne, ne sont pas de cette importance en France, ni avec les récoltes qui reproduisent la totalité de ces fumures dans les terres de fertilité normale, et comme d'un autre côté on ne peut douter de l'exactitude des analyses citées, il faut nécessairement admettre qu'il se passe dans le sol certains faits dont on ne s'est pas très bien rendu compte jusqu'ici et qui demandent à être éclaircis. Voici sur ce point l'opinion de M. de Gasparin. Je la transcris littéralement (1).

« L'air extérieur pénètre dans les terrains par les tuyaux de » drainage, en remplaçant l'eau qui s'écoule. Sous son influence » et sous celle de l'augmentation de la chaleur, la fermenta- » tion s'établit dans les matières organiques que contient le » sol, de sorte qu'une terre qui, dans son état d'humidité pa- » raissait infertile, se montre féconde par la formation de l'am- » moniaque....... De plus, cette ammoniaque se transforme » aussi en acide azotique (nitrique), et produit des azotates » comme le prouvent les analyses des eaux de drainage effec- » tuées par M. Barral. Enfin, l'oxygène de l'air filtrant à tra- » vers les terres humides, poreuses et alcalines, se transforme » en acide azotique d'après les expériences de M. Cloës. Ces » azotates ainsi entraînés hors du terrain par les eaux qui s'é-

(1) Cours d'Agriculture tome 6, pages 307 et 308.

» coulent, constituent sans doute une perte, mais une perte » seulement partielle des substances qui étaient inertes avant » le drainage. Cette opération les crée pour ainsi dire à con- » dition qu'elle entrera en partage avec le terrain. Ce fait, » est d'ailleurs un enseignement pour restreindre le drainage au » cas où le défoncement serait insuffisant ou trop coûteux, etc. »

M. de Gasparin argumente, comme on le voit, dans la double hypothèse de la conversion en acide nitrique de l'ammoniaque existant à l'état latent dans le sol, et de la formation spontanée du même acide par la combinaison de l'oxygène et de l'azote de l'air.

La première de ces deux hypothèses ne peut se soutenir qu'avec l'appui de la seconde, car si elle était la seule vraie, il serait impossible de trouver dans les terres traversées par les eaux pluviales un seul atome d'ammoniaque; puisqu'il suffirait de partir de deux siècles seulement pour arriver à l'épuisement complet d'un approvisionnement de 12,000 k. de cette substance, quantité qu'on regarde comme étant à peu près le maximum d'absorption par les terres végétales.

Il faut donc s'en tenir à la seconde hypothèse, en admettant que si l'ammoniaque du sol s'y nitrifie en partie, il s'y produit d'autres nitrifications beaucoup plus importantes aux dépens de l'atmosphère exclusivement, qui compensent toutes les déperditions. Ce qui le prouve péremptoirement, c'est que les terres drainées et non drainées, parvenues à un degré de fertilité normale, rendent exactement en récoltes, et même souvent avec de gros intérêts, comme nous le verrons plus amplement en traitant de la fertilisation, tout ce qu'on leur prête en engrais, nonobstant les lixiviations opérées par les eaux pluviales. S'il n'en est pas de même de celles dont la fertilité est moindre, c'est qu'elles retiennent au profit de leur constitution une partie des substances qui leur sont appliquées, et qu'elles s'incorporent à peu près comme les animaux accumulent de la graisse au moyen de leur alimentation lorsqu'ils sont bien nourris. C'est donc là, à mon avis, la seule idée rationnelle admissible, car elle est la seule conforme aux faits bien établis. Nous en acquerrons d'ailleurs ultérieurement les preuves les plus satisfaisantes.

Le Drainage quoique fort recommandé depuis quelques années seulement, n'est point une invention nouvelle. Dans tous les temps et dans tous les lieux, on a vu des cultivateurs assainir leurs terres humides en y pratiquant des rigoles couvertes, garnies de fascines, de pierrailles et même de tuiles creuses pour faciliter l'écoulement de l'eau surabondante. Mais ces travaux généralement exécutés dans l'ignorance des règles qui les gouvernent, étaient loin d'avoir l'efficacité qu'ils doivent aujourd'hui à la science de nos ingénieurs.

Le drainage a été jugé par le gouvernement d'une utilité telle qu'il n'a point hésité à autoriser la Compagnie du Crédit foncier à prêter 100 millions de francs aux propriétaires pour en faciliter l'exécution. Malheureusement, cette mesure excellente en principe est soumise à des conditions et à des formalités telles, que les dispositions législatives qui s'y rapportent, restent à peu près à l'état de lettre morte.

Le cadre que je me suis tracé ne me permet pas d'entrer ici dans de grands détails sur la confection des travaux de drainage. Les cultivateurs qui peuvent avoir besoin d'en faire de quelque importance, agiront toujours sagement en consultant de bons ingénieurs, ou tout au moins de bons ouvrages spéciaux, notamment celui que j'ai cité en tête de ce chapitre ainsi que le manuel de drainage par M. Barral. Mais je pense que les indications qui vont suivre suffiront amplement pour donner une idée exacte de ce mode d'assainissement, et même pour l'exécuter facilement sur une petite échelle.

Le drainage tel qu'on le pratique généralement aujourd'hui, est un ensemble de rigoles profondes de 0^m 90 à 1^m 30 au fond desquelles on place bout à bout des tuyaux en terre cuite qu'on recouvre ensuite avec précaution par la terre extraite de la tranchée même.

Pour éviter que cette terre ne s'insinue dans les tuyaux et ne les obstrue, quelques personnes posent sur les joints, soit des manchons, soit de la paille, soit simplement des gazons renversés; mais plus généralement on regarde cette précaution comme inutile, et l'on se borne à mettre sur les tuyaux la terre la plus argileuse fournie par la tranchée et que l'on pilonne avec soin lorsqu'elle ne forme encore qu'une couche de 0^m 20 à 0^m 30.

Les limites qui viennent d'être indiquées pour les profondeurs ne sont pas absolues. Lorsque la nature du sol ne permet pas de creuser autant, on peut descendre moins bas. L'essentiel est que jamais les tuyaux ne puissent être atteints par la charrue. Mais moins ils sont profonds plus les lignes de drains doivent être rapprochées.

Les tranchées doivent toujours être creusées après un tracé préalable dans le sens de la plus forte pente. Si cette pente n'est pas appréciable à l'œil, on procède à un nivellement.

Lorsque le terrain est accidenté, la direction des tranchées varie selon les pentes diverses qu'il présente. Elle doit être telle, du reste, que tous les drains aboutissent à un ou plusieurs collecteurs formés de tuyaux de même nature, mais dont la section intérieure doit être calculée d'après le volume d'eau qu'ils auront à recevoir et à débiter.

Autant que possible, les drains ne doivent pas tomber perpendiculairement sur le collecteur ; mais bien former avec lui une figure semblable à une feuille de fougère, selon que le collecteur reçoit l'eau de droite et de gauche, ou à la moitié de cette feuille, s'il ne la reçoit que d'un seul côté. Il est peu de cas où cette disposition ne puisse être facilement adoptée. Mais si par une cause quelconque, les drains devaient être perpendiculaires au collecteur, on pourrait remédier très facilement à cet inconvénient, en courbant leur direction sous un angle d'environ 45 degrés à quelques mètres de ce collecteur.

Il est difficile d'indiquer exactement la distance qui doit exister entre les lignes de drains. Cela dépend de leur profondeur, de la nature du sol, du plus ou moins d'humidité qui s'y trouve. En règle générale, lorsque le terrain est uniformément mouillé et que les tuyaux peuvent être placés à un mètre de profondeur, il suffit d'une distance de 10 à 12 mètres entre les lignes. Lorsque le travail présente quelques difficultés, ou bien lorsque l'on a quelque raison de croire que les drains peuvent être espacés davantage sans inconvénient, on peut doubler ces distances, c'est-à-dire les fixer à 20 ou 24 mètres, sauf à intercaler plus tard des lignes intermédiaires si les premières ne produisent pas un effet suffisant. Dans bien des cas, lorsque l'excès d'humidité est causé par une source qui s'infiltre dans le sol, il peut suffire de couper cette source par un seul drain pour obtenir un bon résultat.

Les rigoles d'un mètre de profondeur doivent avoir de 0^{m}30 à 0^{m}35 de large à leur partie supérieure, et se rétrécir progressivement en s'arrondissant au fond de manière à ce que les tuyaux puissent s'y placer sans avoir de jeu. Ce fond demande donc à être travaillé avec soin au moyen d'instruments spéciaux d'une forme convenable. On voit des collections de ces instruments dans tous les concours régionaux. L'étroitesse des tranchées en rend le creusage difficile. Pour pouvoir s'y tenir debout, l'ouvrier doit toujours placer l'un de ses pieds devant l'autre.

Lorsque la tranchée est finie et bien nettoyée, le poseur, armé d'un instrument qu'on appelle *broche*, y place les tuyaux sans avoir besoin d'y descendre. Cette broche d'une longueur suffisante et recourbée à angle droit, est introduite par son bout coudé dans le tuyau qui peut être ainsi déposé horizontalement avec assez de facilité dans le fond de la tranchée, à la suite des précédents en les joignant immédiatement. La tranchée étant ainsi garnie, on y fait retomber la terre qui en a été extraite, en prenant d'abord la plus argileuse et en la tassant, comme je l'ai dit tout-à-l'heure.

Dans les contrées où l'on ne fabrique pas et où l'on ne peut pas se procurer économiquement des tuyaux, on leur substitue de la pierre ordinaire. Dans ce cas, les tranchées doivent être plus larges. On dispose dans leur fond deux rangées parallèles de pierres d'un volume à peu près égal, et d'une épaisseur de 0^{m}10 à 0^{m}12^{c}, laissant entre les lignes un espace libre de 0^{m}08 à 0^{m}10^{c} que l'on recouvre avec d'autres pierres plus grandes, plates autant que possible de manière à former un petit aqueduc sur lequel on place ensuite une couche de pierrailles ayant environ 0^{m}30 d'épaisseur, après quoi on achève le remblai avec la terre extraite de la tranchée. Il faut à peu près un mètre cube de pierre pour garnir dix mètres courants de drains semblables. Les drainages de cette espèce coûtent autant et quelquefois plus que ceux faits avec des tuyaux. Mais lorsqu'ils ne sont pas d'une grande étendue, et que le cultivateur peut tout faire lui-même en employant des pierres qu'il trouve sur place ou à proximité, il évite le déboursé auquel donne lieu l'achat des tuyaux. Dans les terres légères, ces drainages ont le défaut d'être trop desséchants ; mais en revanche, ils ne s'obstruent pas facilement. J'en ai fait de semblables dans des terres de consistance moyenne, sur une étendue de plusieurs hectares, et j'ai eu lieu d'en être très satisfait.

Je ne parle pas du drainage fait avec du bois, parce que je ne le crois pas digne d'être recommandé, à moins cependant que l'on n'ait aucun autre moyen d'assainissement. Dans ce cas, on opère comme pour le drainage en pierre, à cela près que cette dernière est remplacée par des fascines placées bout à bout.

L'exécution des travaux de drainage peut quelquefois soulever des difficultés de la part des voisins lorsque, par exemple, il s'agit de faire traverser leurs propriétés par l'eau des drains pour la faire aboutir à un ruisseau ou à toute autre voie d'écoulement.

En principe, chacun étant maître chez soi, nul ne peut être tenu de supporter d'autres servitudes que celles qui sont établies par la loi ou par des titres, et celles qui dérivent de la situation des lieux.

Ainsi, d'après l'art. 640 du code Napoléon, les fonds inférieurs sont assujettis envers ceux qui sont plus élevés à recevoir les eaux qui en découlent naturellement, sans que la main de l'homme y ait contribué. Le propriétaire inférieur ne peut point élever de digue empêchant cet écoulement, et le propriétaire supérieur ne peut rien faire qui agrave la servitude.

Tel était l'état de la Législation, lorsque l'art. 3 de la loi du 29 avril 1845, basée sur des considérations prépondérantes d'intérêt général, vint donner aux propriétaires de fonds submergés en tout ou en partie, le droit, sauf indemnité, de procurer un écoulement à leurs eaux nuisibles, en les faisant passer sur les fonds intermédiaires.

Mais la question de savoir si cette disposition était applicable aux eaux de drainage ayant été controversée, la loi du 11 Juin 1854 trancha la difficulté en accordant, par son article 1er et moyennant une juste et préalable indemnité, à tout propriétaire qui veut assainir un fond par le drainage ou par tout autre mode d'assèchement, le droit d'en conduire les eaux souterrainement ou à ciel ouvert, à travers les propriétés qui séparent ce fonds d'un cours d'eau ou de toute autre voie d'écoulement, en exceptant toutefois de cette servitude les maisons, cours, jardins, parcs et enclos attenant aux habitations.

L'article 2 de la même loi autorise les propriétaires de fonds traversés à se servir des travaux faits à charge de supporter une part proportionnelle dans la valeur des travaux dont ils profitent, ainsi que les dépenses résultant des modifications que l'exercice de cette faculté peut rendre nécessaires, et de contribuer pour l'avenir à l'entretien des travaux devenus communs.

Toutes les contestations pouvant naître de l'application de ces dispositions légales, sont portées en premier ressort devant le juge de paix du canton qui, en prononçant, doit concilier les intérêts de l'Agriculture avec le respect de la propriété.

De l'Irrigation.

Si l'on a beaucoup écrit déjà sur le drainage, les ouvrages sur l'irrigation sont non moins nombreux, et je crois devoir y renvoyer ceux de mes lecteurs qui seraient désireux d'étudier cet art dans tous ses détails que ne comporte pas un livre élémentaire comme le mien. Je les engage surtout à lire un excellent chapitre de M. Rieffel dans les annales agricoles de l'Ouest pour l'année 1843 pages 41 et suivantes. Il devra suffire ici d'exposer des notions succintes sur la théorie et la pratique des irrigations, pour que leur utilité soit bien comprise, et même pour qu'il soit possible de se livrer à des applications profitables.

L'irrigation des terres n'est pas toujours facile parce que le plus souvent on n'a pas à sa disposition l'eau nécessaire pour la pratiquer. Mais si l'on n'est que séparé par des propriétés intermédiaires, d'une rivière ou d'une source quelconque dont on ait le droit de disposer, la loi de 1845 citée plus haut, permet de créer sur ces terrains intermédiaires, des rigoles de dérivation moyennant une indemnité préalable, mais toujours en respectant les maisons, cours, jardins, et enclos attenant aux habitations. Une loi de 1847 permet aussi d'asseoir contre la propriété d'un riverain, les travaux nécessaires à l'établissement d'une prise d'eau. Mais le plus grand obstacle aux irrigations, même lorsqu'on a de l'eau, c'est le morcellement de la propriété. On ne peut guère alors y procéder qu'au moyen d'une entreprise collective et à frais communs, surtout si les travaux de dérivation des eaux doivent être très coûteux, comme quand il s'agit, par exemple, d'étabir un barrage sur une rivière un peu importante. Dans ce cas, les principaux travaux étant réglés par les ingénieurs des ponts-et-chaussées, il n'y a pas lieu de s'en occuper ici. Les seules irrigations dont je me propose de parler sont celles que le cultivateur peut exécuter lui-même en opérant isolément.

Lorsque les eaux d'irrigation sont dérivées d'une rivière sur laquelle il existe des usines, cette dérivation donne presque toujours lieu à des contestations. En pareil cas l'administration préfectorale fait un réglement qui doit concilier, autant que possible, les droits acquis avec l'intérêt de l'agriculture.

Quelle que soit la source d'où provienne l'eau destinée à l'arrosage, cette eau ne peut être conduite que sur des terrains situés plus bas que son niveau, à moins d'employer des machines élévatoires, mue par un moteur quelconque.

Tout système d'irrigation par arrosage, consiste : 1° dans un canal alimentaire dont la section est proportionnelle à la quantité d'eau qu'il doit débiter ; 2° dans des rigoles principales alimentées par ce canal ; 3° dans des rigoles secondaires déversant l'eau sur les terrains à arroser ; 4° dans un canal de décharge.

La première chose à faire c'est de régulariser autant que possible la surface à irriguer, qu'elle soit plaine ou déclive, en en faisant disparaître les monticules et en comblant les parties creuses formant cuvettes, après quoi on procède au tracé des rigoles. Si la surface est un peu étendue il sera nécessaire d'établir plusieurs rigoles principales à environ 30 mètres l'une de l'autre. Celles-ci alimenteront les rigoles secondaires qui seront placées de 10 mètres en 10 mètres dans les terres légères et de 15 mètres en 15 mètres dans les autres, en s'embranchant à angle droit ou un peu ouvert sur les rigoles principales. Elles doivent avoir la largeur d'un fer de bêche et une pente insensible afin de pouvoir se remplir et déverser l'eau sur toute leur longueur à la fois. Pour que leurs bords soient plus nets, on coupe les gazons dans le sens de la longueur et des deux côtés avec une hache spéciale à tranchant allongé et légèrement courbe, et ensuite on les enlève à la pelle. On donne quelquefois à ces rigoles la forme d'un \/ au lieu de les faire rectangulaires. Si l'eau n'est pas assez abondante on ne les alimente que successivement en commençant par les plus élevées.

Selon les circonstances on établit sur les rigoles principales de petites vannes en bois pour arrêter l'eau sur des points intermédiaires et la concentrer sur de moindres surfaces. Un morceau de planche placé sur champ en travers de ces rigoles suffit souvent pour produire le même effet et coûte moins d'établissement.

Lorsque toutes les rigoles secondaires ne peuvent être alimentées à la fois on empêche l'eau d'entrer dans celles qui doivent rester vides en mettant simplement un gazon à leur embouchure.

Il est indispensable que les rigoles principales et secondaires soient tenues constamment curées. Comme elles sont facilement obstruées par les plantes qui croissent sur leurs bords et par les détritus que l'eau y amène, c'est un soin que l'on doit prendre chaque année avant de commencer les irrigations.

Lorsqu'on n'a ni rivière, ni ruisseau à sa disposition mais bien de simples sources peu abondantes, l'établissement se complique d'un ou plusieurs réservoirs dans lesquels on recueille le produit de ces sources ainsi que les eaux pluviales que l'on peut y diriger. On profite pour la création de ces réservoirs des plis que le terrain peut présenter et que l'on ferme par une digue.

Nous avons en Bretagne, près de Quimperlé (Finistère), un magnifique spécimen d'établissement de ce genre, chez M. le comte du Couëdic. Ce spécimen est si heureux, si bien combiné, que le gouvernement a cru devoir en faire le siége d'une école spéciale d'irrigation. En recueillant et en utilisant des eaux qui étaient perdues pour l'agriculture, M. le comte du Couëdic est parvenu à convertir en excellentes prairies environ 65 hectares de landes stériles et à quintupler le revenu total de sa propriété.

On trouve dans la Loire-Inférieure — à Gorges, près Clisson — chez M. Boisteaux, un autre spécimen non moins intéressant, mais d'un genre différent. La propriété de cet habile agriculteur consiste principalement en un vallon dont les côtés sont élevés et roides et dont le fonds est baigné par une petite rivière sur le bord de laquelle M. Boiseaux a construit une tour en maçonnerie, haute et solide, surmontée d'un moulin à vent s'orientant seul et faisant mouvoir une pompe foulante qui élève l'eau à 50 mètres en la dirigeant au moyen de tuyaux en fonte, d'un développement de 500 mètres, dans un réservoir placé au point culminant de la propriété près des bâtiments. De là, par un système de rigoles bien combiné, cette eau arrose les flancs du vallon couverts d'environ 25 hectares de très-bonnes prairies établies sur un sol auparavant improductif. Toute cette installation hydraulique n'a pas coûté plus de 6,000 fr. suivant l'affirmation du propriétaire.

A Trécesson, siége de la Ferme-Ecole que j'ai dirigée, le château est entouré de larges fossés alimentés par des sources et principalement par un petit ruisseau dont les eaux sont retenues dans un réservoir faisant suite aux fossés. Ces eaux servent à l'irrigation d'une prairie de 21 hectares dont le produit a plus que doublé depuis qu'elle est arrosée et drainée.

Ces trois exemples différents montrent le parti qu'on peut tirer des eaux et les avantages qu'elles procurent à l'agriculteur qui sait les utiliser.

Toutes les eaux ne sont pas propres à l'irrigation. Il en est qui sont trop froides ou insuffisamment aérées; d'autres sont chargées de sels nuisibles. Les premières, par leur séjour dans un réservoir se mettent bientôt en équilibre avec la température de la localité. On peut améliorer les autres en jetant dans le réservoir des matières propres à les bonifier, telles que du fumier, de la chaux, des détritus végétaux et spécialement des branches de pin, de gênet, d'ajoncs, etc. Les meilleures eaux sont celles qui dissolvent le savon et cuisent facilement certains légumes, comme les pois, les haricots; les plus mauvaises sont celles qui sont ferrugineuses, séléniteuses, etc.

L'effet des irrigations est toujours d'autant plus grand que le climat est plus chaud. Par cette raison elles sont moins utiles dans le nord que dans le midi de la France. Elles le sont également moins en hiver qu'au printemps et en été. En hiver, la terre est ordinairement saturée d'humidité, et puis elle est trop refroidie, du moins sous le climat d'une grande partie de la France pour que les plantes puissent y végéter. Mais les irrigations faites en cette saison ont cela de bon que la nappe d'eau qui recouvre la surface du sol forme obstacle au rayonnement du calorique qu'il contient et diminue ainsi son refroidissement.

Les irrigations, toutes choses égales d'ailleurs, doivent être plus abondantes dans les terres légères que dans les autres. La raison en est que l'évaporation et la filtration sont beaucoup plus promptes dans celles-là que dans celles-ci.

Outre le système d'irrigation par *arrosage* que je viens de décrire très sommairement, on en connaît deux autres, mais qui sont employés bien plus rarement encore. C'est : 1° l'irrigation par *inondation* consistant à endiguer un terrain de trois côtés au moins pour y retenir l'eau qu'on y dirige ou qui s'écoule naturellement des terrains supérieurs. On l'y laisse séjourner jusqu'à ce qu'elle forme une écume blanche indiquant un commencement de corruption. Alors on la fait écouler le plus promptement possible. Il est évident que ce système ne peut s'appliquer qu'à des surfaces peu étendues à moins qu'elles ne soient parfaitement planes; 2° l'irrigation par *infiltration* consistant à sillonner le terrain de rigoles dans lesquelles l'eau s'introduit, mais sans les déborder, pour delà s'infiltrer latéralement dans toute la couche végétale. Ce système n'est applicable qu'aux terres spongieuses et lorsqu'on peut disposer d'un grand volume d'eau.

Lorsqu'on n'a ni sources, ni ruisseau, ni rivière à sa disposition, on doit, autant que possible, s'attacher à recueillir les eaux pluviales et celles qui s'écoulent des terrains supérieurs. On y parvient facilement pour peu que le terrain soit accidenté et présente des pentes convenables. Mais si l'on n'a pas même cette ressource il ne faut plus compter que sur les pluies pour voir le sol s'imprégner de l'humidité qui lui est nécessaire. Du reste, ce sont les pluies seules qui fournissent aux terres arables les eaux qu'elles reçoivent, l'irrigation n'étant guère pratiquée en France que sur les prés naturels et sur quelques prairies artificielles.

A quelles causes doit-on rapporter principalement les bons effets produits par l'irrigation?

Ces causes sont de deux sortes : chimiques et physiques.

Les eaux agissent chimiquement par les substances qu'elles tiennent en dissolution. Soit qu'elles proviennent des pluies, des rivières et surtout de drainages, elles contiennent presque toujours une petite proportion de principes fertilisants. D'après l'annuaire des eaux de la France, on trouve dans celles des sources, fleuves et rivières disponibles pour l'agriculture, de l'acide silicique, des bi-carbonates de chaux et de magnésie, du sulfate de chaux, du chlorure de sodium, des traces d'azotates, de chlorure de potassium, etc., etc., substances qui, toutes sont plus ou moins nécessaires à l'organisation des végétaux.

Elles agissent physiquement par leur force catalytique en dissolvant les principes assimilables renfermés dans le sol, et en modérant en été l'échauffement de ce dernier.

Enfin, l'eau est par elle-même indispensable au jeu des organes des plantes puisque, dit l'annuaire cité tout-à-l'heure, elle entre pour plus de moitié de leur poids dans les végétaux les plus ligneux et pour 75 à 90 centièmes du poids des plantes tuberculeuses et herbacées ; les organismes très jeunes des végétaux peuvent en contenir jusqu'à 95 centièmes. La partie solide desséchée renferme en outre plus de la moitié de son poids en ses éléments hydrogène et oxygène, à l'état de combinaison, et qui, unis au carbone en proportions diverses, forment la cellulose, les concrétions ligneuses et les principes immédiats renfermés dans les tissus.

Selon M. Dat, directeur de l'école d'irrigation du Lézardeau près Quimperlé, l'action des eaux d'arrosage est assez complexe. C'est par la chaleur et l'air qu'elles contiennent, et surtout par le rayonnement lumineux qu'elles produisent dans leur course, qu'elles agissent le plus efficacement. A la vérité la théorie de cet habile agronome n'est encore appuyée d'aucune expérience décisive ; mais elle est assez intéressante pour que je croie devoir transcrire ici quelques passages d'une lettre qu'il a bien voulu m'écrire récemment sur ce sujet.

« Je comprends, dit-il, qu'il y a quelque chose de vrai dans » ce rayonnement provoqué par le passage plus ou moins ra- » pide de l'eau d'irrigation par déversement à travers cette » infinité de petites tiges qui forment les prairies. Comment » l'expliquer sans avoir fait certaines expériences?

» La chaleur, l'air et la lumière sont les agents qui exercent » l'influence la plus considérable dans les irrigations.

» La chaleur en provoquant et facilitant les réactions chi-
» miques est, si je puis m'exprimer ainsi, l'opérateur, le chi-
» miste ;

» L'air, par son oxygène, transforme peu à peu les matières
» insolubles en d'autres substances parfaitement assimilables
» aux plantes ;

» Et la lumière fixe les principes fertilisants des eaux d'ir-
» rigation.

» L'action de la lumière sur la végétation a été constatée
» d'une manière évidente. Les expériences de M. Hervé-
» Mangon en faisant agir seulement la lumière électrique, ont
» confirmé cette théorie.

» Je ne crois pas qu'on ait étudié l'eau d'irrigation par dé-
» versement pour déterminer la quantité d'air qu'elle peut
» contenir. Il me semble qu'elle doit en avoir plus à sa sortie
» qu'à son entrée. Ce fait n'est pas indifférent. Pour m'assu-
» rer des effets de l'aération de l'eau, je viens de créer dans
» une prairie du Lézardeau et sur plus d'un hectare, un nou-
» veau système d'irrigation que j'ai appelé : *irrigation par*
» *rigoles à chutes*. Je vous en ferai connaître ultérieurement
» les résultats.

» Ce système consiste à établir des rigoles de déversement
» sur toute la longueur de la prairie, ayant un millimètre de
» pente par mètre avec des chutes de 5 à 10 centimètres tous
» les 25 ou 30 ou 40 mètres. Il en résulte que l'eau entre dans
» un compartiment quelconque de la prairie après avoir été
» agitée en passant par une ou plusieurs chutes consécutives
» et qu'elle est par conséquent beaucoup plus aérée, ou mieux,
» plus riche en oxygène.

» Reste la chaleur, qui, ce me semble, n'a pas encore été
» assez étudiée dans les irrigations. A coup sûr, l'eau par
» son miroitement et sa course constante et uniforme doit pro-
» voquer une modification quelconque à la chaleur de l'air
» ambiant, ce qui doit être favorable à la végétation. »

L'idée de M. Dat est d'autant plus judicieuse, en ce qui concerne l'aération de l'eau, qu'il est d'observation que celle qui est battue par une roue de moulin ou qui tombe de cascade en cascade est beaucoup plus propre à l'irrigation que l'eau qui s'écoule tranquillement. L'influence de la chaleur ne saurait être méconnue puisque la pratique démontre que les eaux froides sont sans efficacité sensible dans les irrigations. Quant à la lumière, il serait intéressant de rechercher si des irrigations nocturnes, en saison convenable, produisent d'aussi bons effets que celles qui ont lieu pendant le jour. Cette question peut avoir un grand intérêt pour les localités où le cultivateur est obligé de partager les eaux avec l'usinier, celui-ci en disposant pendant le jour et celui-là pendant la nuit. Nul n'étant mieux en position que M. Dat, d'éclairer une semblable question, espérons qu'il voudra bien nous fournir plus tard quelques lumières certaines sur ce point.

Des eaux pluviales.

L'air exerçant une grande puissance d'évaporation, surtout quand la température est un peu haute, et le poids spécifique de la vapeur d'eau n'étant que de 0,6235, c'est-à-dire d'un peu plus de $^6/_{10}$ de celui de l'air, il s'ensuit qu'à raison de sa légèreté relative, cette vapeur peut s'élever à une grande hauteur dans l'atmosphère où elle reste invisible tant que des variations de température ou d'autres causes n'en opèrent pas la condensation sous la forme de nuages. Cette condensation augmentant jusqu'au point de reconstituer l'eau liquide, les nuages se convertissent en pluie ou en neige, et ni l'une ni l'autre ne pouvant à raison de leur pesanteur, rester en suspension dans l'air, elles retombent sur la terre ou dans la mer d'où elles sont sorties. La grêle n'est autre chose que de la vapeur d'eau solidifiée, croit-on, par un effet électrique.

Les pluies entraînent toujours avec elles un peu d'air et une partie des gaz qui étaient mélangés avec la vapeur d'eau dans l'atmosphère. Elles les déposent dans la terre où elles viennent alimenter les sources tout en contribuant au développement de la végétation.

L'air ne contient jamais autant d'eau que quand il est chaud et qu'il paraît sec. Alors la valeur aqueuse se raréfiant beaucoup s'élève très haut dans l'atmosphère et toute trace d'humidité disparaît à la surface du globe; mais la température vient-elle à s'abaisser, cette vapeur devient plus dense et redescend sur la terre souvent même sans se convertir en pluie. C'est ce que nous montrent les rosées et certains sels déliquescents que nous voyons se dissoudre spontanément par leur simple exposition à l'air redevenu humide par le refroidissement.

Une autre preuve plus précise est fournie par les observations pluviométriques faites sur plusieurs points du globe, et d'après lesquelles on voit que si les pluies sont plus rares sous les climats chauds que sous les climats froids, elles fournissent néanmoins dans le cours de l'année une quantité d'eau plus considérable dans le premier cas que dans le second. Il en tombe annuellement à Naples deux fois autant qu'à St-Pétersbourg ; à St-Domingue, six fois autant qu'à Paris. Et il faut bien qu'il en soit ainsi, puisque l'évaporation est proportionnelle à la température. Or, cette évaporation étant plus grande dans les pays chauds, si les pluies ne leur restituaient pas toute l'eau qu'elle enlève à leurs terres, le plus simple bon sens indique que dans un temps très court, ces pays se trouveraient transformés en déserts arides, comme on en voit d'ailleurs sur quelques points du globe. Mais comme dans les contrées méridionales le refroidissement est moindre que dans celles qui inclinent vers le Nord, les pluies y sont conséquemment moins fréquentes, ce qui ne les empêche pas d'être beaucoup plus abondantes au total.

On a constaté à l'observatoire de Paris, qu'en 1845, 46, 47, 48 et 49, il est tombé sur ce point une quantité d'eau représentant, en moyenne, une couche de $0^{m}614$ ou un volume de 614 litres par mètre carré. D'après les observations recueillies dans les autres parties de la France, ce volume correspondrait dans la partie méridionale de l'Empire à 847 litres, et dans la partie septentrionale à 692 litres, soit en moyenne 765 litres. De nombreuses analyses faites par M. Boussaingault, ont établi que certaines eaux pluviales contiennent au maximum 5 milligrammes d'acide nitrique par litre ; mais cette proportion n'est ni constante ni régulière. L'eau du commencement d'une pluie en contient toujours plus que celle de la fin qui souvent n'en contient pas du tout. Le même agronome a trouvé dans la rosée un milligramme ; dans l'eau déposée par les brouillards, 2 millig. ; dans l'eau de neige, 4 millig. du même acide par litre. Au demeurant, il ne paraît pas que la terre en reçoive plus de 10 k. par hectare et par an, en moyenne, avec 25 à 30 k. d'ammoniaque, comme nous l'avons déjà vu. D'un autre côté, M. Barral a constaté que les eaux pluviales qui tombent dans les environs de Paris, enrichissent le sol de 400 grammes d'acide phosphorique par hectare et par an, quantité suffisante pour produire environ 40 litres de blé.

Les *brouillards* qui se forment à la surface de la terre ne sont autre chose que de l'eau vaporisée. Il arrive quelquefois que soit à raison de leur densité, soit par une autre cause, ils ne peuvent s'élever dans l'atmosphère et qu'ils retombent sur la terre, ce qui est généralement regardé comme un pronostic de beau temps. Ce sont ces brouillards qui, lorsqu'ils sont épais et persistants causent la rouille des blés.

Lorsque l'air chargé d'humidité frappe un corps plus froid que lui, la vapeur d'eau que contient sa partie en contact avec ce corps, se condense et s'y dépose comme nous le voyons souvent dans la vapeur qui s'attache à nos carreaux de vitres. C'est ainsi que se forme la *rosée* qui se dépose sur les plantes et sur la terre, et que celle-ci absorbe plus ou moins selon sa composition et son degré de siccité.

Quant à *la neige*, elle est le produit, comme nous l'avons dit tout-à-l'heure, d'une condensation de l'eau dans l'atmosphère, à une température assez basse pour la solidifier. En cet état, loin d'être nuisible à la végétation elle la protége contre les grands froids en lui servant de manteau, et en formant écran au rayonnement du calorique terrèstre. Nous avons vu qu'elle apporte d'ailleurs un petit contingent de principes fertilisants qui peuvent s'écouler avec la neige fondante, à la surface du sol lorsque celui-ci est glacé, mais qui souvent le pénètrent et profitent à la végétation.

Dans le chapitre consacré au rôle de la terre nous avons indiqué les moyens de constater l'aptitude de celle-ci à retenir les pluies et les rosées qu'elle absorbe. Nous n'avons pas à y revenir. Mais nous devons dire que s'il est utile de connaître le degré d'hygroscopicité des terres, il l'est également de connaître l'état hygrométrique de l'atmosphère. Nous savons déjà que sous ce rapport le baromètre peut fournir quelques indications qui ne sont pas infaillibles, mais qui se vérifient souvent. Outre cet instrument, chaque cultivateur devrait être pourvu d'un hygromètre qui lui servît de contrôle dans les pronostics de la pluie. Le plus simple et le moins coûteux est généralement connu. On le trouve chez tous les opticiens. C'est un capucin en carton qui se couvre et se découvre selon que l'air sec ou humide fait raccourcir ou allonger la corde à boyau, très hygrométrique de sa nature, à laquelle est attaché le capuchon de l'automate. Toutefois, cet instrument n'est qu'approximatif. Le plus parfait que nous ayons en ce genre est l'hygromètre de Saussure, dans lequel la corde à boyau est remplacée par un cheveu beaucoup plus sensible, qui fait mouvoir de la même manière une aiguille marquant sur un cadran le degré d'humidité de l'atmosphère dans laquelle il est placé.

Indépendamment des pronostics que l'on doit aux instruments, il en est d'autres qui sont fournis par les animaux. Chacun sait, par exemple, que la rainette qui se tient hors de l'eau, annonce le beau temps ; que les hirondelles qui rasent la terre en volant prédisent la pluie ; que celle-ci sera de courte durée si les poules s'abritent pendant qu'elle tombe ; que chez l'homme les cors au pied, les rhumatismes, sont aussi des indicateurs de la pluie. Mais il en est de tous ces indices comme de ceux du baromètre ; ils ne se réalisent pas toujours.

Je ne terminerai pas ce chapitre sans dire quelques mots d'un art beaucoup trop ignoré, et dont l'étude par des hommes intelligents pourrait rendre d'importants services à l'agriculture. Cet art est celui de l'hygroscopie qui consiste à découvrir les sources, non avec la baguette magique dont tant de charlatans ont abusé, mais tout simplement à l'aide de données géognostiques, dont l'abbé Paramelle a fait de si nombreuses et si heureuses applications pendant 25 ans. C'est ce qui lui fait dire, après avoir exploré près de la moitié de la France et plusieurs contrées des pays voisins « qu'il croit être en état d'af-
» firmer que les lois qui président à la formation et à l'écou-
» lement des sources sous terre, sont partout essentiellement
» les mêmes, et que les variations ou exceptions que ces lois
» présentent étant dues à la constitution, à la disposition et aux
» accidents des divers terrains peuvent être ordinairement pré-
» vues........ et que l'on se persuade trop communément que
» les sources inconnues sont à des profondeurs extraordinaires,
» erreur accréditée en beaucoup d'endroits par la profondeur
» qu'on a été obligé de donner à certains puits placés au ha-
» sard. »

On n'attend sans doute pas de moi que j'entre ici dans aucun détail sur cet art si utile. Si j'en parle, c'est uniquement pour éveiller l'attention du lecteur qui se sentirait quelque propension à l'étudier. Dans ce cas, il ne saurait mieux faire que de se procurer le livre du célèbre hygroscope. Il y trouverait un traité plein d'attraits avec le moyen, peut-être, de se procurer à peu de frais et avec abondance, une eau si nécessaire aux champs et aux usages domestiques du cultivateur.

4e Section.

DU ROLE DE LA CHALEUR.

Il n'est aucun corps, même la glace, qui ne possède du calorique en plus ou moins grande quantité. Le froid n'existe donc pas d'une manière absolue. C'est tout simplement une chaleur moindre dans un corps que dans un autre. Lorsque la température de l'atmosphère s'abaisse au-dessous de celle de notre propre corps, celui-ci en éprouve une sensation plus ou moins pénible à laquelle on a donné le nom de froid.

L'une des propriétés du calorique c'est, en pénétrant les corps, de les dilater et d'augmenter leur volume, selon leur nature, car ils ne sont pas tous également dilatables, de même qu'ils ne sont pas tous bons conducteurs du calorique. Celui-ci, comme nous l'avons déjà vu, peut, lorsqu'il parvient à un certain degré, volatiliser les uns et faire entrer les autres en fusion, ce qui constitue deux aspects de sa force catalytique.

Lorsque la chaleur contribue à transformer en dextrine, l'amidon et les autres matières végétales dont nous avons parlé, il est vraisemblable que son action consiste principalement à dilater les corps qu'elle pénètre, en permettant ainsi à l'eau et aux autres agens catalytiques d'achever plus facilement la transformation.

C'est sur les propriétés qu'ont les corps de se dilater par la chaleur que sont fondés les thermomètres, instruments à l'aide desquels on reconnaît la température de l'air et celle des autres substances avec lesquelles ils sont en contact. La combinaison de ces instruments est assez connue pour qu'il doive suffire d'en faire ici une courte description.

Les thermomètres se composent ordinairement de tubes en verre gradués qui contiennent de l'alcool pur ou du mercure. Ces substances assez régulièrement dilatables, s'élèvent ou s'abaissent dans le tube selon la température des corps avec lesquels elles sont en contact, et auxquels elles prennent ou transmettent du calorique jusqu'à ce que l'équilibre existe entre eux sous ce rapport. La hauteur qu'elles atteignent à l'échelle indique cette température. Le point de départ de la graduation est 0 avec une division centésimale plus ou moins étendue audessus et au-dessous. Le 0 de l'échelle correspond à la température de la glace fondante; le 100e degré à celle de l'eau bouillante, sous une pression barométrique de 0^{m}76. Il faut remarquer en passant, que l'eau entre d'autant plus vite en ébullition, que la pression est plus faible. C'est une propriété dont on tire un excellent parti dans l'industrie en opérant plus promptement et plus économiquement certaines évaporations dans le vide.

Les degrés au-dessus de zéro s'expriment avec le signe +, et ceux au-dessous, avec le signe —.

On ne construit avec cette échelle que des thermomètres à mercure. Ceux à alcool ne peuvent mesurer que des températures beaucoup moins élevées, attendu que l'alcool entre en ébullition à + 78° ou 79° à la pression ordinaire ; mais, en revanche, comme il se congèle à un degré bien inférieur, il est plus propre à mesurer de très basses températures.

Avant l'établissement du système décimal, l'échelle thermométrique n'avait en France que 80 degrés entre la température de la glace fondante et celle de l'eau bouillante. Ainsi, quatre de ces degrés en valaient cinq centésimaux. Telle était la division des thermomètres de Réaumur et de Deluc.

En Angleterre, on se sert du thermomètre de Farenheitt dont les deux points extrêmes de l'échelle sont l'ébulition et la congélation du mercure. La première a lieu à + 350 degrés et la seconde à — 40° centigrades. A l'échelle de ce thermomètre l'ébullition de l'eau correspond à + 212° et sa congélation à + 32.

Je ne parle point ici des pyromètres qui servent à mesurer

de très hautes températures parce qu'ils sont sans application en agriculture.

La principale source du calorique est le soleil qui nous transmet en même temps la chaleur et la lumière. Mais il en existe encore un immense foyer dans la terre qui en émet continuellement et souvent plus qu'elle n'en reçoit, d'où résultent son refroidissement pendant l'hiver et les gelées qui en sont la conséquence. Tous les corps contiennent aussi du calorique latent que l'on peut en extraire surtout lorsqu'ils sont solides, par des chocs, par la compression ou par le frottement. On en a quelques exemples dans des moyeux de roues qui prennent feu par leur frottement prolongé sur des essieux non graissés. L'étincelle qui jaillit d'un caillou sous le choc d'un briquet est une preuve du même genre. Thénard rapporte que M. Dessaignes, en soumettant de l'eau à un choc subit et fort, en a fait jaillir tout à coup une vive lumière. On a conclu de là que l'eau étant comprimée d'une certaine façon, une partie du calorique qui tenaient ses molécules écartées peut devenir lumineuse.

Une autre propriété du calorique c'est d'être *rayonnant* et de tendre à s'échapper de tous les corps pour se mettre en équilibre avec d'autres corps environnants qui en contiennent moins. S'il n'en rencontre pas il se répand dans l'espace et les corps qui l'émettent se refroidissent plus ou moins vite selon que leur capacité de rétention est plus ou moins grande. Ce refroidissement se produit plus particulièrement lorsque le soleil a disparu de l'horizon, puisqu'alors les corps qui rayonnent du calorique ne peuvent le remplacer en puisant à la source commune. De là le froid des nuits résultant en grande partie du rayonnement du calorique vers le ciel.

C'est à ce refroidissement que sont principalement dues les gelées qui se produisent dans le sol pendant l'hiver et dont les effets varient selon l'état d'humidité de la terre et selon la durée et l'intensité du froid. La végétation étant ordinairement à l'état de repos sous nos climats, pendant cette saison, elle ne souffre généralement que très peu de ces refroidissements, à moins cependant qu'ils ne tombent à un degré très bas. Les gelées qui lui sont le plus funestes sont les gelées blanches qui se produisent au printemps lorsque les plantes bourgeonnent ou qu'elles sont en fleurs. Tous les corps émettant du calorique, les solides plus que les gazeux, il arrive, lorsque le soleil a disparu de l'horizon que les plantes en rayonnent plus qu'elles n'en reçoivent, d'où résulte entre leur température et celle de l'air ambriant une différence en moins qui les fait descendre quelquefois au-dessous de 0 tandis que l'air est encore à 6 ou 8 degrés au-dessus. Cet abaissement de température ou ce rayonnement est toujours d'autant plus grand que le ciel est plus pur. En pareille circonstance la vapeur d'eau suspendue dans l'air rencontrant des corps plus froids qu'elle, s'y attache d'abord à l'état de rosée, puis s'y solidifie par la congélation. De tels accidents sont susceptibles de faire périr les bourgeons et les fleurs. Dans les petites cultures on peut s'en préserver par des paillassons ou d'autres abris. Mais ces moyens sont trop dispendieux pour pouvoir être appliqués en grand. On a proposé, surtout pour les vignes auxquelles les gelées printannières sont très nuisibles, un autre moyen qui n'est pas sans efficacité. Comme le rayonnement est beaucoup plus faible par un temps couvert que par un ciel serein, on peut, lorsqu'on prévoit la gelée, la prévenir en produisant pendant la nuit au-dessus des plantes que l'on veut protéger, une espèce de brouillard ou de nuage artificiel en brûlant dans le sens du vent, sur la lisière des plantations, de la paille humide ou des végétaux de faible valeur se consumant lentement et produisant assez de fumée pour faire obstacle au rayonnement.

On a conseillé aussi, lorsqu'il n'a pas été possible d'empêcher la gelée, d'arroser avec de l'eau ordinaire les fleurs et les bourgeons atteints, de manière à faire fondre lentement la glace avant que le soleil ne vienne produire le même effet qui est ordinairement la principale cause du mal. La gelée blanche par elle-même peut n'être pas funeste, et c'est ce qui a lieu lorsqu'au matin le temps se couvre et que le dégel s'opère lentement, surtout avec le concours d'une pluie. Mais lorsqu'il a lieu par l'action directe des rayons solaires, il en résulte une évaporation très prompte qui produit un grand abaissement de température, et la désorganisation des fleurs et des bourgeons. On peut se faire une idée du refroidissement qui se produit en pareil cas en exposant aux rayons solaires une carafe pleine d'eau enveloppée d'un linge mouillé. Si l'on place un thermomètre dans cette carafe on verra l'alcool ou le mercure baisser à mesure que l'eau contenue dans le linge s'évaporera.

C'est ordinairement à l'influence de la lune rousse que l'on attribue les gelées blanches. Cependant elle n'est pas plus malfaisante que toutes les autres lunes. Mais comme elle arrive à une époque à laquelle la végétation est le moins en état de résister à un refroidissement subit on charge fort injustement cet astre d'iniquités dont il n'est que le simple témoin.

Il est remarquable que plus un corps est poli moins il absorbe de calorique. Dans ce cas, il le refléchit. Les corps blancs s'en laissent également moins pénétrer que ceux de couleur foncée, et comme les corps polis ils le reflèchissent. Le jardinier qui cultive intelligemment des espaliers tire parti de cette propriété en donnant aux murs contre lesquels les arbres s'étalent, une teinte d'un gris plus ou moins intense, absorbant pendant le jour une plus grande quantité de chaleur qui, par son rayonnement nocturne se met en équilibre dans les végétaux voisins et favorise la croissance et la maturation de leurs fruits. C'est par la même raison que plus une terre approche de la couleur noire plus elle s'échauffe et que les vêtements blancs sont moins chauds en été que ceux de toutes les autres nuances.

Ainsi, c'est donc principalement comme agent catalytique que la chaleur est indispensable à la végétation pour coopérer à la transformation des substances et par cela même activer le développement et la maturation des fruits. Il n'en est aucun qui puisse atteindre sa perfection si, pendant le cours de son développement, il n'a pas absorbé une quantité déterminée de calorique, quantité qui sera indiquée plus tard pour chacune des principales plantes de la grande culture. C'est pourquoi certains végétaux exotiques ne peuvent réussir chez nous qu'en serre chaude. C'est aussi pourquoi les vignes, le maïs, etc., qui mûrissent parfaitement sous certaines latitudes ne peuvent en faire autant sous d'autres où la somme totale du calorique qui leur est nécessaire ne peut se produire, ou bien où le rayonnement nocturne amène un abaissement de température donnant lieu à des gelées printannières funestes à certains végétaux.

C'est par toutes les raisons qui viennent d'être exposées que la végétation subit nécessairement un temps d'arrêt pendant la saison froide. Ce temps d'arrêt n'est évidemment dû qu'à l'absence de la chaleur sans laquellé non-seulement la transformation des matières végétales ne peut s'opérer, mais sans laquelle encore certaines fonctions vitales, telles que la circulation de la sève, la transpiration, etc., ne peuvent avoir lieu.

De ce que la chaleur nous vient du soleil, on doit conclure que la situation la plus favorable aux terres est celle qui leur permet d'absorber pendant le jour la quantité de calorique dont elles ont besoin, pour le développement des végétaux qu'elles supportent.

L'exposition est donc une des considérations influentes dans le choix d'une propriété, eu égard aux cultures qu'on se propose d'y établir et qui n'ont pas toutes un égal besoin de chaleur. S'agit-il, par exemple, de planter une vigne? L'exposition du midi, malgré certains inconvénients, malgré les exceptions qu'elle comporte, sera celle qui, généralement lui conviendra le mieux, ainsi qu'au pêcher, à l'amandier, etc. C'est qu'il faut à ces végétaux plus de chaleur pour mûrir leurs fruits qu'il n'en faut aux céréales. Le blé semé dans un sol convenable peut, à peu près partout en France, parvenir à maturité pourvu que depuis le renouvellement de la végétation au printemps, il reçoive — selon M. de Gasparin — de 1600 à 1900 degrés de chalenr solaire, ce qui est possible à toutes les expositions dans notre pays, mais non à toutes les altitudes.

L'exposition la moins favorable à la culture est celle du nord en ce qu'elle est la plus froide, la plus humide et par conséquent la plus tardive. Cependant elle présente cette anomalie, inexpliquée jusqu'ici que les fortes gelées d'hiver y font moins de mal qu'ailleurs. Peut-être est-ce à cela que l'on doit de rencontrer à Epernay et sur les bords du Rhin de bonnes vignes ainsi exposées. Il est également remarquable que les plantes exposées au nord souffrent moins des gelées printannières. Cela vient vraisemblablement de ce que la végétation étant plus tardive dans cette situation que dans toute autre, les plantes, à l'époque ordinaire de ces gelées, n'ont pu encore développer leurs bourgeons et leurs fleurs qui sont leurs parties les plus sensibles. D'un autre côté, le dégel ne s'y opérant pas d'une manière aussi subite son effet pernicieux est infiniment moindre. Au surplus, quelles qu'elles soient, toutes les expositions out leurs avantages et leurs inconvénients selon le but que l'on se propose: On doit donc préférer, lorsque l'on a le choix, celle ou la somme du bien l'emporte sur la somme du mal, et dans cet ordre d'idées, la préférence revient de droit, en règle générale, à l'exposition du midi, et ensuite à celle du levant, puis à celle du couchant, sauf toujours les exceptions qui peuvent résulter de la nature du sol, du climat, du voisinage des grandes surfaces humides ou boisées et de pentes plus ou moins fortes, toutes choses qui ont leur influence propre et qui doivent être prises en considération. Quant on n'a pas le choix, il faut imiter Mahomet en allant à la montagne, c'est-à-dire, en appropriant la culture à l'exposition que l'on possède.

La latitude et *l'altitude* exercent aussi une puissante influence sur la végétation. En de certains cas, l'une peut présenter des inconvénients ou des avantages qui sont neutralisés par l'autre. Pour bien comprendre ces effets, il est nécessaire d'en étudier les causes.

Notre sphère se divise en deux parties égales par une ligne ou par un cercle que l'on nomme *équateur*, dans le plan duquel se fait le mouvement de la terre. C'est la ligne que le soleil était censé parcourir lorsque l'on croyait qu'il tournait autour de la terre. L'équateur est donc dans la direction du levant au couchant.

Si l'on coupe le globe par un autre cercle perpendiculaire à l'équateur et par conséquent passant par les pôles on aura une ligne de méridien pour tous les points par où elle passera et qui partagera la terre en deux hémisphères.

Lorsque le soleil traverse le méridien d'un lieu, il indique l'heure de midi pour ce lieu.

Chaque méridien étant divisé en 360 parties ou degrés il s'en trouve 90 de l'équateur au pôle nord, 90 de l'équateur au pôle sud pour une demi-circonférence et autant pour l'autre moitié. Ces degrés sont ceux de la latitude. Ils sont un peu plus grands vers les pôles que vers l'équateur. En France, la distance d'un degré à l'autre est de 114 kilomètres, et vers les pôles de 115.

La latitude est donc septentrionale ou méridionale selon qu'elle se trouve entre l'équateur et le pôle nord ou entre l'équateur et le pôle sud.

Si l'on considère que la ligne équatoriale est invariable et que sous cette ligne la terre est toujours frappée d'aplomb à midi, par les rayons solaires, on concevra aisément que ces rayons doivent obliquer d'autant plus sur les autres points du globe que ceux-ci se trouvent à une plus grande latitude, c'est-à-dire, plus éloignés de l'équateur. Or, plus les rayons solaires sont obliques moins ils échauffent. C'est pourquoi les climats sont de moins en moins chauds à mesure qu'ils s'éloignent de la ligne. C'est pourquoi encore la température en Europe est plus basse en hiver qu'en été, bien que, cependant, la terre soit moins éloignée du soleil dans la première de ces deux saisons que dans la seconde. En effet, plus la terre se rapproche du soleil, plus les rayons de celui-ci deviennent obliques pour tous les points du globe autres que ceux qui se trouvent directement sous la ligne équatoriale.

C'est encore par la même raison que plus un lieu est élevé au-dessus du niveau de la mer plus la température y est basse. Et il est facile de comprendre qu'elle s'abaissera toujours d'autant plus que la latitude sera plus grande, puisque dans ce cas l'obliquité des rayons solaires augmentera en raison composée de la latitude et de l'altitude. On remarque, dit M. Bailly de Merlieux, dans la maison rustique du XIXe siècle, que 100 mètres d'altitude équivalent à un demi degré de latitude et causent une différence de température égale. En confirmation de cette proposition, le même auteur cite sir John Sainclair, qui prétend qu'en Angleterre les grains les plus rustiques ne peuvent mûrir à 200 ou 266 mètres d'élévation. Si cela est vrai pour le nord de l'Ecosse et même pour le centre du Royaume uni qui se trouve à peu près sous la même latitude que Moscou, il est difficile de l'admettre pour le sud de l'Angleterre. Ce qu'il y a de plus certain dans tout cela, c'est qu'en Europe, le point des neiges et des glaces perpétuelles est au moins à 3000 mètres au-dessus du niveau de la mer. Le mont Blanc dont l'élévation est de 4800 mètres ne présente plus aucun vestige de végétation bien avant cette hauteur. Si elle cesse entièrement à 3000 mètres et qu'à 15 degrés plus au nord, — soit un demi degré pour 100 mètres d'altitude — on doive trouver un climat analogue, on rencontrera celui de la Norwège qui est, en effet, très peu clément, mais qui, cependant, n'est point aussi stérile au niveau de la mer ou à une faible altitude que le mont Blanc à 3000 mèt. d'élévation. Au demeurant, à latitude égale, l'altitude est certainement une cause de modification dans la température; mais à en juger par les effets, il est évident que cette cause ne se rapporte pas seulement à l'obliquité des rayons solaires puisque *toute proportion gardée dans le rapport des angles,* l'influence de l'altitude est infiniment plus grande que celle de la latitude. C'est que très vraisemblablement elle se complique de la diminution dans la pression atmosphérique, ou, ce qui revient au même, de l'abaissement de température résultant de la raréfaction de l'air. Nous en avons une preuve irrécusable dans le Chimborazo, montagne de la nouvelle Grenade, l'une des plus élevées du globe et couverte de neiges éternelles quoiqu'elle se trouve presque sous l'équateur.

Les climats chauds proprement dits sont ceux qui s'étendent de l'équateur jusqu'à 30 degrés de latitude. Les tempérés s'arrêtent au 55ᵉ ou au 56ᵉ. Viennent ensuite les climats froids.

La France, située entre le 42ᵉ degré 20 minutes et le 51° 10' de latitude nord, se trouve par conséquent à peu près à égale distance de l'équateur et du pôle, c'est-à-dire entre la région torride et la région glaciale, ce qui la place dans une situation tempérée, mais composée de régions plus ou moins chaudes. L'obliquité des rayons solaires étant bien moindre à altitude égale au 42ᵉ degré qu'au 51ᵉ, il en résulte qu'il s'en faut de beaucoup que les mêmes cultures y soient praticables partout.

3ᵉ Section.

DU ROLE DE LA LUMIÈRE.

La nature des fluides impondérables n'a pas encore été déterminée d'une manière complétement satisfaisante jusqu'ici. L'opinion la plus accréditée est que, comme le calorique, la lumière procède principalement du soleil et que venant de cette source, ces deux choses n'en font qu'une seule, mais qui peut se manifester sous des aspects différents, à raison de ses propriétés diverses. Il en est de même dans plusieurs autres cas. Ainsi une bougie allumée donne tout à la fois de la lumière et du calorique par un seul et même acte, et l'on peut en dire autadt de tous les corps en ignition. A la vérité cette lumière et ce calorique ne sont que les effets fugaces d'une action, ou d'une combinaison chimique avec laquelle ils naissent et avec laquelle ils s'éteignent quand elle est accomplie, tandis que la vraie lumière, la lumière qui éclaire, qui échauffe l'univers est inextinguible, comme son foyer est éternel et inépuisable.

Mais il est des corps qui ont la propriété d'être lumineux sans émettre de chaleur sensible. Tels sont certains vers luisants, quelques bois pourris, etc. D'autres, comme la lune, les étoiles, réfléchissent la lumière et non le calorique.

Sauf ces exceptions, ces deux fluides peuvent être regardés comme identiques, puisque dans un grand nombre de cas leurs effets sont identiques. Thénard enseigne que, quelquefois, la lumière agit sur certains corps absolument comme la chaleur rouge. En effet, si l'on introduit dans un flacon transparent du chlore et de l'hydrogène par parties égales, et si l'on expose ensuite ce flacon aux rayons solaires, le mélange s'enflammera immédiatement avec détonnation de même que s'il était exposé à une chaleur rouge dans l'obscurité. Si au contraire, on le soustrait à la lumière et qu'on le maintienne à une basse température les deux gaz resteront en contact, pendant très longtemps, sans réagir l'un sur l'autre. A la lumière diffuse, ils se combineront lentement en produisant de l'acide hydro-chlorique, mais sans se condenser, c'est-à-dire en se comportant absolument sous ce rapport comme l'azote et l'oxygène qui forment l'air atmosphérique.

On fournit une autre preuve de l'identité du calorique et de la lumière dans les rayons solaires, en concentrant ceux-ci au moyen d'une lentille de verre pour produire de très hautes températures. C'est ainsi qu'on a réussi à brûler le diamant et à fondre des métaux qui avaient résisté jusque-là aux foyers les plus ardents.

Cette explication fera comprendre jusqu'à un certain point, l'effet de la lumière sur l'acide carbonique en contact avec la chlorophylle dans les feuilles des végétaux, quoique cet acide soit inaltérable par le feu. Il le serait sans doute aussi par la lumière si le concours de la chlorophylle n'agissait en quelque sorte ici comme la castine dans les hauts fourneaux. La première facilite, par sa propriété catalytique, la décomposition de l'acide carbonique, comme la seconde facilite la fusion du minerai.

Il résulte de là que les organes foliacés des plantes ne peuvent point décomposer l'acide carbonique en l'absence de la lumière et que par conséquent le carbone fixé par les végétaux qui croissent dans l'obscurité leur provient d'une autre source, spécialement des engrais qui leur sont appliqués et qui le leur fournissent à l'état de matières sucrées et albuminoïdes. Si l'on réussit à faire croître des plantes en plein soleil, dans un terrain complétement inerte, en ne leur donnant pour toute alimentation que de l'eau saturée d'acide carbonique, il est à peu près certain qu'on n'obtiendrait pas le même résultat dans l'obscurité.

Quant aux plantes qui croissent à l'ombre, il n'en est pas tout-à-fait de même, car elles ne sont pas absolument privées de lumière. La lumière diffuse qui leur arrive suffit pour produire la matière verte ; mais dans cette situation leurs fruits ne peuvent être de très bonne qualité.

C'est par cette raison que le cultivateur doit soigneusement éviter les semailles ou les plantations trop épaisses. Il se perd peut être chaque année, dit Bose, cent millions de fois plus de produits agricoles en France par la malheureuse habitude où l'on est de semer et de planter trop épais, que par la réunion de tous les fléaux qui pèsent sur l'agriculture. Quelqu'hyperbolique que soit cette assertion, elle n'en exprime pas moins une vérité que le cultivateur ne devrait jamais perdre de vue.

Ce qui vient d'être dit fera bien mieux comprendre encore l'influence de l'exposition sur la végétation, dont il a été parlé à propos du calorique.

L'action de la lumière sur la végétation est donc assez complexe. Elle ne consiste pas seulement à décomposer l'acide carbonique pour que les plantes puissent en fixer le carbone dans leur organisme. C'est elle encore qui, en se combinant avec la matière lui fournit toutes les teintes dont cette matière se pare.

Pour bien comprendre ce phénomène, il faut savoir que la lumière, fluide diaphane lorsqu'elle est complète, se décompose en trois rayons principaux, l'un rouge, l'autre jaune, le troisième bleu qui sont les trois seules couleurs simples naturelles, ainsi qu'on le voit en faisant passer un rayon solaire au-travers d'un prisme ; ainsi qu'on le voit encore dans l'arc-en-ciel qui n'est autre chose qu'un rayon semblable décomposé par un nuage qui agit à la manière du prisme. A la vérité, on aperçoit encore dans ces deux cas des rayons orangé, violet, vert, et indigo. Mais ce ne sont pas là des couleurs simples. Elles sont le produit du mélange d'une partie de deux rayons principaux contigus. Ainsi, en mêlant ensemble, dans des proportions diverses, les trois couleurs simples on peut produire toutes les nuances qui existent dans la nature. Cette production a lieu spontanément dans les tiges des plantes, dans leurs feuilles, leurs fleurs et leurs fruits, en raison de l'affinité de la matière pour tel ou tel rayon lumineux qui s'y fixe soit isolément soit en mélange, en leur imprimant sa teinte. La coloration des végétaux est toujours d'autant plus brillante que la lumière sous laquelle ils se forment est plus vive. On sait la différence qui existe sous ce rapport entre les plantes de le région torride et celles des régions inclinant vers les pôles. Lorsque la matière réfléchit tous les rayons lumineux, sans en absorber aucun, elle reste blanche. La même chose a lieu lorsqu'on soustrait certains végétaux à la lumière, comme on le voit dans les salades qu'on lie pour en faire blanchir le cœur, dans les choux pommés, etc. Lorsqu'au contraire la matière absorbe tous les rayons lumineux sans en réfléchir aucun, elle devient entièrement noire. Leur absence totale produit le même effet en créant l'obscurité. Or, comme le plus souvent la lumière et le calorique ne sont qu'une seule et même chose, c'est par une raison identique que les corps noirs s'échauffent beaucoup plus facilement que les corps blancs.

Les rayons de nuance différente n'éclairent pas et n'échauffent pas également. Ainsi, Herschell a constaté que les rayons rouges contiennent beaucoup plus de calorique que les autres, tandis que les jaunes produisent plus de lumière. D'un autre côté Bosc rapporte que Sennebier et Gilby ont prouvé que les rayons violets ont plus d'action sur la décomposition de l'acide carbonique. Ce dernier enseignement n'est pas sans utilité puisqu'il montre qu'en employant des verres violets pour les serres, les chassis, les cloches de jardin on peut obtenir de meilleurs résultats sous ce rapport.

On regarde généralement la lumière comme un fluide impondérable ; mais il y a des auteurs qui la disent pesante parce qu'elle peut faire mouvoir une aiguille placée au foyer d'une lentille. On ajoute même que la pesanteur de chacun de ses rayons diffère de celle des autres. J'avoue que le mouvement de l'aiguille ne me paraît pas concluant car l'électricité produit des effets analogues bien autrement énergiques sans que l'on soit autorisé par là à la réputer pondérable. Mais reste à savoir si l'électricité, la lumière et le calorique, formant les trois branches du grand ternaire que les chercheurs de l'absolu chimique regardent comme le principe de tout ce qui existe sur la terre, ne sont pas une seule et même chose en trois parties. Ce qu'il y a de certain, c'est que leurs propriétés les mieux connues sont fort souvent semblables. On sait, par exemple, que la lumière parcourt l'espace avec autant de rapidité que l'électricité puisqu'elle ne met que 8 minutes 13 secondes à franchir les 34 millions de lieues qui séparent le soleil de la terre, ainsi que le prouvent les calculs des éclipses solaires.

La lumière, comme nous l'avons déjà vu, se réfracte en passant obliquement du vide ou d'un milieu dense à travers un corps d'une densité différente. Sa nouvelle direction fait avec sa direction primitive un angle d'où l'on déduit le pouvoir refringent des corps. Selon Thénard, à qui j'emprunte la citation de cette loi physique, la réfraction est un effet de l'attraction de la lumière à distance par tous les corps et d'après cela il est aisé de voir pourquoi elle n'a lieu qu'autant que le passage du fluide est oblique.

De tout ce qui précède, on conclura donc que la lumière est indispensable à la végétation pour en obtenir les produits les plus vigoureux, les plus abondants, les plus sapides, en un mot, les meilleurs. Les plantes ont pour elle une affinité telle qu'il est dans leur nature de s'élancer dans la direction ou elles peuvent la rencontrer. Elle est non moins nécessaire aux animaux qui, comme les végétaux, s'étiolent à l'ombre ou dans l'obscurité. C'est là l'un des plus forts arguments formulés contre le régime de la stabulation absolue, beaucoup moins favorable, généralement, que l'air libre à la santé du bétail et à la saveur de sa chair et de ses autres produits comestibles. On sait la différence qui existe sous ce rapport entre le lapin de garenne et le lapin de clapier ; entre le lait des vaches qui pâturent et celui des vaches tenues dans les étables des nourisseurs parisiens. Cependant il n'est pas douteux que l'engraissement ne se fasse mieux dans l'obscurité qu'en plein soleil. Mais l'engraissement, surtout lorsqu'il est poussé à l'excès, est loin de constituer un état normal et sain. La stabulation ne peut donc obtenir le bénéfice des circonstances atténuantes que quand elle a lieu dans des étables bien éclairées et convenablement ventilées, ce qui ne se rencontre guère en France que dans les exploitations d'élite, ne formant encore qu'une faible minorité.

DE L'ÉLECTRICITÉ.

Quoique l'électricité joue indubitablement un rôle important dans la végétation, ce rôle n'étant encore que très peu connu, je ne puis en parler que d'une façon très superficielle.

Tous les corps contiennent une certaine quantité de fluide électrique à l'état neutre, et susceptible de se décomposer en deux fluides distincts que l'on appelle : l'un, *positif* ou *vitré*, l'autre, *négatif* ou *résineux*. Ces dénominations viennent de ce que quand on met en jeu une machine électrique, le frottement de son disque de verre contre un gâteau de résine donne lieu au dégagement de ces deux électricités qui prennent ainsi le nom des corps qui les produisent.

L'électricité dont on fait usage dans les laboratoires et dans les télégraphies, s'obtient d'une autre manière, au moyen de piles dont l'invention est due à Volta qui leur a aussi donné son nom.

La plus simple pile de ce genre consiste en deux disques métalliques, l'un en zinc et l'autre en cuivre, sondés ensemble et constituant *un élément*.

Une pile est d'autant plus forte qu'elle se compose d'un plus grand nombre d'éléments, ou qu'elle présente une double surface métallique plus grande.

Tous les éléments se communiquant sont placés dans une caisse de manière que la pile qui commence par zinc finisse par cuivre. Au premier et au dernier disques est soudé un fil de laiton ou de platine dont les extrémités opposées se rapprochent de fort près au moyen d'une courbure imprimée à chacun de ces fils.

Les choses en cet état, on excite le dégagement de l'électricité en versant dans la caisse, et de manière à ce que les éléments y baignent entièrement, soit de l'eau pure, soit de l'eau salée, soit de l'acide sulfurique ou hydrochlorique très étendu. Dans tous ces cas, l'eau est décomposée. Son hydrogène s'échappe, et son oxygène s'unit au zinc qui dégage de l'électricité positive, tandis que le pôle cuivre n'en produit que de la négative. Les deux fils conducteurs étant très rapprochés par leur extrémité, les deux électricités se rencontrent, se réunissent et produisent une étincelle en formant un fluide neutre.

Si l'on met un corps composé quelconque, en contact avec les deux pôles de la pile et que celle-ci soit assez énergique, le pôle positif attirera l'électricité négative de ce corps, et le pôle négatif son électricité positive en produisant la décomposition du corps. Si ce dernier est de l'eau, son oxygène se rend au pôle positif et son hydrogène au pôle négatif.

On excite la pile d'une manière plus énergique en employant de l'acide nitrique, étendu d'environ 15 fois son poids d'eau. Dans cé cas, cette eau ne se décompose pas, mais bien l'acide nitrique — en partie seulement. — Il cède de son oxygène aux métaux qui se combinent avec l'acide resté intact et forment des nitrates dissous, tandis que l'azote de l'acide nitrique décomposé se dégage. Dans cette réaction la dissolution du zinc est beaucoup plus prompte que celle du cuivre.

Tels sont très sommairement les procédés employés pour produire de l'électricité. On voit que ce produit est ici la résultante d'une décomposition ou d'une combinaison chimique. On en conclut donc que ni l'une ni l'autre de ces actions ne peut avoir lieu sans qu'il y ait dégagement d'électricité, d'où M. Becquerel infère que les deux grandes sources naturelles de ce fluide sont, d'une part, la végétation qui opère incessamment des décompositions et des combinaisons chimiques, et d'autre part l'évaporation des grandes surfaces aqueuses.

Le grand réservoir de l'électricité est la terre. L'air en contient toujours à l'état positif lorsque le ciel est pur. Mais il n'en est plus ainsi lorsque l'atmosphère est chargée de nuages. Ces derniers n'étant pas toujours électrisés de la même manière, leurs électricités s'attirent et lorsqu'elles se combinent il y a, comme dans la pile, production d'une étincelle à laquelle on a donné le nom d'*éclair*. Lorsque cet éclair se produit dans des nuages chargés d'ammoniaque et d'oxygène, il y a formation d'acide nitrique et d'eau avec détonnation.

L'étincelle électrique. surtout celle qui se produit dans l'air, a une puissance calorifique très grande puisqu'elle peut fondre des métaux, briser des roches, pulvériser des arbres comme nous le voyons dans les fortes décharges que nous appelons coups de foudre. C'est ce qui a fait penser à l'illustre Davy que le calorique pourrait fort bien n'être qu'un composé de fluide positif et négatif.

La germination des graines et la végétation paraissant plus actives en temps d'orage on a naturellement attribué cet effet à l'électricité. Il est possible que l'étincelle électrique ait une action quelconque bonne ou mauvaise sur quelques plantes. On croit qu'elle fait couler la fleur du sarrasin. Mais ce qui paraît le plus probable, c'est comme nous l'avons dit ailleurs, que les pluies d'orage entraînant toujours de l'acide nilrique, ou du nitrate d'ammoniaque, ces substances influent favorablement sur la végétation. On a essayé de surexciter celle-ci en introduisant dans le sol des fils de fer électrisés. Il ne paraît pas que l'on en ait jamais obtenu des résultats satisfaisants.

Mais voici venir une nouvelle invention qui pourrait bien être plus heureuse. Il s'agit d'un fertilisateur électrique imaginé par M. Bazin, à qui l'on doit de très belles expériences d'éclairage électrique faites aux ardoisières d'Angers. Voici d'après une récente notice en quoi consiste ce fertilisateur.

« C'est une sorte de charrue dont le soc, en forme de cou-
» teau, fend le sol à une profondeur de 15 centimètres envi-
» ron, en traçant un étroit sillon. Les deux pôles d'une petite
» machine électro-magnétique sont mis en communication
» avec le soc d'où jaillit une gerbe de longues étincelles. L'ap-
» pareil porté tout entier sur un chariot est assez léger pour
» qu'un cheval puisse le transporter. La transmission du mou-
» vement aux différentes pièces de la machine s'accomplit avec

» une simplicité et une précision qui font de la fécondeuse un
» véritable chef-d'œuvre de mécanique........

» Il faut bien le dire, le raisonnement comme le calcul sont
» impuissants à déterminer l'importance agricole de la nou-
» velle et curieuse machine de M. Bazin. Le rôle mystérieux
» de l'électricité, la formation du produit étrange connu sous
» le nom d'*ozone* et dont les affinités sont si puissantes ; la
» désaggrégation et la décomposition par la force électrique
» des détritus enfouis dans le sol ou dispersés sur sa surface :
» toute une série de phénomènes que la science constate sans
» les expliquer, quel champ fécond ouvert à l'imagination !
» Jusqu'ici les essais de l'inventeur lui-même, et les analyses
» de la terre électrisée ont constamment démontré de notables
» changements dans la nature des combinaisons salines existant
» dans le sol avant et après l'électrisation......... »

Il y a incontestablement une grande et belle idée dans l'invention de M. Bazin, et c'est pour cela que je la mentionne. Mais cette idée sera-t-elle féconde ? Espérons-le. Jusqu'à ce que des expériences multipliées aient prononcé, l'espoir est la seule chose qui nous soit permise.

C'est à un effet électrique que l'on attribue la formation de la grêle. Or, comme toutes les pointes soutirent le fluide répandu dans l'atmosphère, on a pensé qu'en plantant de longues perches dans les champs on parviendrait à dissoudre l'électricité, comme avec les paratonnères, en l'attirant dans le réservoir commun. Mais l'effet n'a pas répondu à l'attente. On conviendra du reste que là où les dégâts de la grèle sont à craindre, il sera toujours plus économique de s'adresser aux Compagnies d'assurances que d'établir à grands frais des paragrèles d'une efficacité très problématique, surtout lorsqu'ils ne sont pas excessivement multipliés.

Tous les corps ne sont pas également bons conducteurs de l'électricité. Le verre, le soufre solide, les huiles, les graisses, les gaz, la soie, la peau sèche, le bois passent pour mauvais conducteurs. Les métaux sont les meilleurs.

Tous les corps élevés et pointus attirant l'électricité, les grands arbres sont très exposés à être frappés par la foudre. Il est donc toujours très dangereux de s'en faire un abri en temps d'orage. Il l'est également de se tenir près d'une cheminée, ou d'un mur mouillé par la pluie.

Nous terminerons ici notre étude physique pour aborder la question qui présente le plus haut intérêt en agriculture, celle de la fertilisation du sol. Cette question sera d'autant mieux comprise qu'on se sera pénétré davantage de toutes les notions préliminaires exposées jusqu'ici.

TROISIÈME PARTIE.

ÉTUDE CHIMIQUE.

DE L'ALIMENTATION VÉGÉTALE.

Cette étude qui a tout à la fois pour objet la théorie du fait et celle des principes, embrasse deux ordres d'idées différents, mais ayant entre eux une connexité intime, tous deux concourant à un but commun qui est l'alimentation des plantes cultivées. Le premier se rapporte exclusivement aux principes qui gouvernent la fertilisation du sol, dans laquelle se résume cette alimentation, comme un bon dîné se résume dans une table bien servie ; le second, aux moyens, c'est-à-dire aux substances constituant la fertilité. En d'autres termes, l'un ne présente qu'une vue d'ensemble, tandis que l'autre renferme, par parties détachées, tous les détails du tableau.

La fertilisation du sol est, sans contredit, le principal pivot de l'Agriculture, puisqu'elle est la condition essentielle du succès des récoltes. A ce point de vue capital, l'étude des principes qui la régissent mérite d'autant plus d'être approfondie que ces principes sont généralement plus ignorés. Cette raison justifiera sans doute tous les détails dans lesquels je me propose d'entrer.

PREMIÈRE DIVISION.

Principes de la Fertilisation.

Rien ne vient de rien. Pour que des plantes composées de matières diverses puissent croître sur la terre, il faut, de nécessité absolue, qu'elles puisent ces matières quelque part, qu'elles les élaborent, et qu'elles se les assimilent.

Que si l'on suppose un sol assez heureusement constitué, pour que la végétation puisse s'y développer et s'y renouveler d'une manière profitable pendant une longue série d'années, sans que la main de l'homme y verse aucune substance fertilisante — circonstance qui peut se rencontrer, mais bien rarement — on ne pourra néanmoins disconvenir que toutes les récoltes produites par ce sol, lui enlèvent une partie de ses éléments assimilables, et qu'il est impossible qu'il n'en résulte pas à la longue un épuisement complet. L'histoire de tous les lieux et de tous les temps en fournit de nombreux exemples, en nous montrant des provinces aujourd'hui complétement stériles qui, jadis, étaient renommées pour leur haute fertilité.

Cette conséquence est d'autant plus exacte — du moins quant au sol de la France—, qu'à de très faibles exceptions près consistant en terres d'alluvion, très riches en débris organiques et minéraux, tous les terrains que nous voyons en culture sont incapables d'une production soutenue et satisfaisante, même pendant un très petit nombre d'années, quelque bien travaillés qu'ils soient, si le cultivateur n'y rapporte pas périodiquement une quantité de principes fertilisants pouvant remplacer tous ceux que les récoltes y ont puisés.

Cependant, il faut distinguer. Cette restitution indispensable, intégralement pour certaines substances, peut ne l'être qu'en partie pour quelques autres. Les minéraux sont dans le premier cas, parce qu'il n'y a que les engrais qui puissent les fournir lorsque le sol en est dépourvu. Quant aux matières organiques, il est certain qu'en ce qui concerne l'oxygène et l'hydrogène il n'y a pas lieu de s'en préoccuper sérieusement, et que la restitution peut n'être que partielle, en ce qui concerne le carbone, puisque l'acide carbonique de l'atmosphère en fournit une partie. Mais là s'arrête l'exception qui, dans une culture bien réglée, ne peut, en aucune façon, comprendre l'azote qu'autant qu'il soit indubitable qu'une partie de celui enlevé par la récolte ne constitue pas un prélèvement sur la fertilité du sol. C'est ce qui peut avoir lieu, mais en faible proportion, dans la culture pivotant sur la jachère. C'est ce qui a également lieu sur une plus grande échelle dans celles qui comprennent certaines plantes légumineuses comme le trèfle. Dans ces deux cas, une partie de l'azote récolté peut être exporté sans restitution, mais jusqu'à concurrence seulement de la quantité fournie par l'atmosphère. Nous verrons bientôt comment cette quantité peut être déterminée.

Pour parvenir à résoudre tous les problèmes que soulève cet important sujet, autant du moins que le comporte l'état actuel de nos connaissances agronomiques, la première chose à faire c'est de se bien fixer sur la composition des végétaux, en déterminant la nature et les proportions des substances élémentaires qui y entrent. Ce sont évidemment ces substances élémentaires qui, sous une forme ou sous une autre, composent l'alimentation des plantes. Seulement, on ne les retrouve pas ordinairement dans celles-ci au même état qu'avant leur absorption par la végétation. Nous avons vu l'histoire de ces transformations dans notre étude physiologique et dans la nomenclature chimique. Il n'y a donc pas lieu d'y revenir ici. Ce qui seul doit nous occuper pour le moment, c'est la composition élémentaire des végétaux, afin de parvenir à déterminer avec quelque exactitude les vrais principes de la fertilisation du sol.

Voici, d'après M. de Gasparin, la composition moyenne d'un grand nombre de plantes appartenant à la grande culture. Nous remarquerons, du reste, à chaque pas, qu'en ce qui concerne les substances organiques, il y a très peu de différence d'une plante à une autre, quelle qu'en soit l'espèce, en les examinant chacune dans son ensemble.

	Plantes entières.	Racines.	Tiges.	Graines.
Carbone....	46.4	43.4	46.9	47.4
Hydrogène .	5.6	5.7	5.3	6.»
Oxygène ...	41.1	43.4	39.6	41.1
Azote......	1.6	1.6	1.	2.6
Cendres....	5.3	5.9	7.2	2.9
	100.»	100.»	100.»	100.»

Le carbone, l'hydrogène, l'oxygène et l'azote, comme nous le savons déjà, constituent la matière organique des végétaux dans les diverses combinaisons que ces substances forment, et les cendres en contiennent la matière minérale le plus ordinairement à l'état de sels.

Les bases minérales ou oxydes, libres ou combinés, que l'on rencontre le plus fréquemment dans les végétaux mais en proportion bien différentes, selon la nature de ceux-ci, sont : la potasse, la soude, la chaux, la magnésie, le fer, le manganèse, et l'alumine. Cette dernière toutefois ne paraît s'y trouver qu'accidentellement. Quant aux métalloïdes — le phosphore, — le soufre, — le chlore, — l'iode, — on ne les y rencontre guère qu'à l'état d'acides unis aux bases. Mais je n'oserai décider si la silice y joue le rôle d'acide ou celui d'oxyde.

Parmi ces substances, il en est qui sont regardées comme indispensables au complet développement des plantes. La potasse, la chaux, la silice sont particulièrement dans ce cas. Il en est de même des acides sulfurique et surtout phosphorique. Cependant certaines bases peuvent quelquefois être remplacées par d'autres dont les propriétés sont à peu près semblables. Ainsi, la soude peut, jusqu'à un certain point, être substituée à la potasse ; la magnésie à la chaux, et réciproquement.

Les tableaux que je donne plus loin font connaître, sous différents rapports, la composition des principales plantes de la grande culture. Ils nous aideront singulièrement dans l'étude qui nous occupe.

La première question que présente cette étude est celle de savoir dans quelle proportion l'atmosphère intervient dans l'alimentation végétale et quelles sont les substances qu'elle lui fournit, pour en déduire les obligations qui incombent au cultivateur. C'est là le plus important de tous les problèmes agricoles. C'est en même temps celui qui a été le plus controversé ; celui qui a enfanté les systèmes les plus incroyables dont la science et l'expérience, il est vrai, ont fait justice, ce qui toutefois ne les empêche pas de reparaître de loin en loin, plus ou moins modifiés, mais toujours basés sur un principe essentiellement faux.

L'un de ces systèmes avait pour objet la culture sans engrais d'aucune espèce. Pour obtenir de magnifiques récoltes, il suffisait de labourer la terre qui, étant retournée souvent, devait s'imprégner facilement des gaz atmosphériques et acquérir ainsi une fertilité suffisante. On supposait nécessairement le sol amplement pourvu de tous les minéraux nécessaires à la végétation ; mais l'expérience prouve qu'il n'en est que fort rarement ainsi. Ce système est celui qui a été mis en vogue dans le courant du siècle dernier par l'anglais *Jethro Tull*, et qui a trouvé quelques partisans en France, même parmi des agronomes sérieux et instruits — tels que Duhamel — qui toutefois en ont bientôt aperçu la fragilité. De pareilles erreurs peuvent se concevoir si l'on se reporte à l'époque à laquelle elles ont été commises, puisqu'alors nous ne possédions encore aucune théorie agricole reposant sur des bases rationnelles, tout étant empirique et conjectural en cette matière. Mais aujourd'hui elles ne peuvent plus guère être comparées qu'aux folles recherches de la pierre philosophale.

Plus tard et même tout récemment un amendement a été apporté au système de la culture sans engrais par des chimistes et des géologues en renom qui disaient : Il est certain que le cultivateur ne peut pas se dispenser de restituer au sol, lorsqu'il n'en est pas suffisamment approvisionné, les minéraux enlevés par les récoltes. Mais quant aux matières organiques, c'est différent. L'atmosphère est là pour fournir à tous les besoins des végétaux. Elle est inépuisable.

Ce système qui est celui du célèbre docteur Liébig (1) perfectionné par Nerée Boubée, poussait les conséquences jusqu'à soutenir que l'on pouvait impunément brûler le fumier pour en réduire le volume et le poids et n'en utiliser que les cendres, contenant les seules substances nécessaires à la végétation. Comme toutes les idées extravagantes, celle-ci a eu ses prosélytes, mais elle n'a pas résisté davantage au raisonnement et à l'expérience.

Aujourd'hui, des agronomes du plus haut mérite vont encore plus loin en revenant, mais avec des perfectionnements, au système de Jethro Tull, c'est-à-dire, en émettant l'opinion que la culture sans engrais n'est pas absolument inconciliable avec de très bons résultats. Cette opinion admet que la terre renferme

(1) M. Liébig est certainement l'un des savants qui ont le plus contribué au développement de la science chimique, mais il n'a pas été toujours très-heureux dans ses applications à l'agriculture. Ses théories sur ce point forment d'ailleurs un arsenal dans lequel chaque opinion pourrait au besoin trouver une armure à sa taille. Toutefois, celle qui combat la nécessité de l'azote dans les engrais y est prédominante. Selon M. Liébig, le cultivateur ne doit pas plus se préoccuper de l'azote que de l'acide carbonique. C'est là une idée préconçue, défendue par des argumens spécieux, mais qui ne s'appuyent sur aucune expérience concluante. Le nouvel ouvrage qu'il vient de publier sous le titre de : *Les lois naturelles de l'Agriculture,* est peut-être, sous ce rapport, un peu moins absolu que ses précédents écrits. Cependant c'est toujours cette idée qu'on y voit planer sur un grand nombre d'autres d'un mérite incontestable et incontesté qui suffisent pour faire placer ce livre au premier rang parmi ceux qui traitent des principes agricoles.

des quantités considérables de substances fertilisantes organiques et autres, qui ne peuvent devenir assimilables que par la pulvérisation du sol arable, donnant un accès facile à l'air dont l'oxygène peut seul transformer les matières et les approprier à l'alimentation végétale. Ainsi, dit-on, si les engrais semblent indispensables aux cultures, c'est que le sol est mal préparé, c'est que l'action fécondante de l'air y est entravée ; c'est qu'on ne sait pas en tirer tous les trésors qu'il renferme.

Il est juste de reconnaître que la résurrection de cette théorie est due à un fait qui semble lui donner raison. Ce fait est celui-ci :

M. le docteur Smidt cultive depuis 14 ans dans sa propriété de Lois-Wéedon, en Angleterre, la même terre en blé dont il obtient de deux années l'une, sans y apporter le moindre engrais, des récoltes qui vont toujours croissant et qui dépassent 30 hectolitres par hectare. Son procédé est très simple. La semaille se fait en lignes distantes l'une de l'autre de 0,25 centimètres. Chaque planche se compose de trois lignes et est séparée de ses voisines par un intervalle d'un mètre. Pendant la végétation du blé, cet intervalle est soigneusement cultivé à la bêche à une profondeur qui augmente chaque année et qui aujourd'hui n'est pas moindre de 60 centimètres. Ce terrain ainsi préparé est emblavé en saison convenable, et celui qui a produit la récolte est jachéré à son tour de la même manière, en sorte que sur deux hectares il y en a un qui produit tandis que l'autre se repose et prend des forces pour pouvoir alterner fructueusement. Dans les publications qui ont trait à cette culture, on la présente comme ne coûtant que 388f 70c, et produisant par un rendement de 34h 65l de blé, 893f, ce qui donnerait un bénéfice énorme de 503f 30. Mais si je ne m'abuse, ce résultat reposerait sur une assez forte erreur en ce que le produit se rapporterait à la surface d'un hectare, tandis que la dépense ne serait calculée que pour la moitié de cette surface. Dans un hectare ainsi traité, il n'y a pas même 50 ares sous récolte, et très probablement ce ne sont pas ces 50 ares qui produisent 34h 65 litres de froment, tandis que c'est bien eux qui ont coûté 388f 70c de dépense. Mais la question principale ne gît pas ici dans le prix de revient de la denrée ; elle consiste uniquement à savoir si la production de cette denrée est possible matériellement, dans tous les sols, par un semblable procédé.

Certainement personne ne peut nier l'influence qu'exerce sur la végétation un excellent labour devenant chaque année plus profond, surtout dans une terre argileuse, dont les couches inférieures peuvent contenir une grande proportion de matières fertilisantes que la végétation n'a jamais attaquées au delà d'une profondeur de 10 centimètres, comme cela paraît avoir eu lieu au cas particulier. Il existe encore, mais rarement, de pareilles terres vierges sur quelques coins du globe, et lorsqu'on est assez heureux pour en rencontrer, il est indubitable qu'on peut en retirer de bons fruits en les traitant convenablement. C'est ce que nous verrons mieux lorsque nous étudierons la question des labours profonds. Mais ce qui est non moins indubitable, c'est que, à force de puiser dans ces terres sans y rien rapporter, on finit par les ruiner plus ou moins vite selon qu'elles étaient originairement plus ou moins riches. La culture maraîchère qui généralement travaille son sol aussi bien qu'on puisse le travailler, prouve jusqu'à l'évidence que le succès des récoltes n'est pas une simple question de labour. A la vérité, elle ne laisse pas beaucoup de repos à la terre.

Le système de culture en usage à Lois-Wéedon ayant eu un assez grand retentissement, quelques agronomes s'en sont émus et ont cru devoir l'expérimenter. M. Eugène Marie cite particulièrement (1) M. le docteur Harstein, directeur de l'institut agricole de Poppelsdorf (Prusse), qui, pendant quatre années, de 1853 à 1857, a obtenu en moyenne 24^{h} 42^{l} de blé par an, en employant exactement le même procédé.

Mais voulant apprécier le degré de fécondité du sol et son aptitude à produire plusieurs récoltes successives de froment, sans le secours du système de Lois-Wéedon, on a pris, ajoute M. Marie, une certaine quantité de terrain de même nature et de même qualité, et on l'a ensemencée comparativement en blé, tous les ans, depuis 1853, sans le fumer d'aucune façon... en laissant un espacement de 0^{m},235 seulement entre les lignes.

Cette expérience comparative a donné, en moyenne, 30^{h} 67^{l}, c'est-à-dire 6^{h} 25 de plus par la méthode ordinaire que par

(1) *Journal d'Agriculture pratique*, 1858, nouvelle série, tome 2, p. 152.

celle de Lois-Wéedon. M. Harstein croit que l'infériorité du produit qu'il a obtenu, d'après cette dernière méthode, est due au plus grand espacement des lignes. Il attribue ses résultats à la fertilité du terrain soumis à l'expérience. Il ne pense pas que le système de Lois-Wéedon doive s'étendre avec succès à des terres moins richement douées.

La culture du docteur Smith ne prouve donc qu'une seule chose, à savoir : l'existence d'une très grande richesse dans le sol sur lequel elle a lieu. Nous en avons de semblables exemples dans la Limagne et ailleurs. Mais tout cela ne constitue que des exceptions auxquelles il serait dangereux de donner la valeur d'une règle générale. D'ailleurs, au point de vue de l'économie politique, il n'est pas indifférent de laisser improductive pendant une année la moitié du sol arable, si en utilisant cette moitié pour produire de la viande, on peut en même temps en obtenir des éléments de fertilisation capables d'élever au même point le rendement des céréales avec ou sans le secours des engrais commerciaux, ainsi que cela se voit dans les exploitations à cultures intensives très avancées.

A côté de ces systèmes, qui ont du moins le louable mérite de s'ingénier à trouver les moyens d'améliorer la condition du cultivateur, on en a vu surgir d'autres beaucoup moins honorables, ayant pour but d'exploiter son ignorance et sa crédulité en lui proposant, à grands renforts de charlatanisme, des engrais à dose homœopathique, agissant comme stimulants et laissant au sol et à l'air le soin de faire le reste. Les partisans ou plutôt les dupes de ces engrais, n'ont pas réfléchi qu'il n'est pas plus possible aux plantes qu'aux animaux de vivre uniquement de condiments et d'épices.

Enfin, on a vu à toute époque des prôneurs de substances isolées ou d'engrais incomplets, proclamer la possibilité de porter l'Agriculture aux dernières limites de la prospérité par l'emploi de semblables substances. Les uns ont proposé la chaux, d'autres le plâtre, et plus récemment le noir animal, etc., comme autant de panacées, en s'autorisant d'expériences d'ailleurs bien réussies.

Il est très vrai qu'un engrais incomplet peut, en bien des cas, être la cause d'une ou de plusieurs bonnes récoltes qui n'auraient pas lieu sans lui ou qui ne seraient pas meilleures avec un engrais complet. Mais ce sont là, également, des faits exceptionnels, dus à des circonstances particulières faciles à expliquer et qui, précisément, confirment la règle d'après laquelle une substance isolée ne peut à elle seule produire une plante parfaite. La raison en est qu'elle n'apporte qu'un contingent dans la formation de cette plante. Pour que celle-ci puisse parvenir à son entier développement, il faut qu'elle ait en même temps à sa disposition tous les autres éléments de sa composition. Le plus simple bon sens indique que si le noir animal peut fournir de l'acide phosphorique et de la chaux à la végétation, il ne peut lui apporter ni la potasse ni les autres matières dont elle a besoin puisqu'il ne les possède pas. Ainsi donc, une substance isolée est impuissante à constituer à elle seule la fertilité d'une terre. Elle ne peut que la compléter en s'associant aux autres substances qui s'y trouvent déjà, fort souvent même à l'insu du cultivateur. C'est pourquoi l'on voit des engrais incomplets faire merveille sur quelques points, et rester entièrement inertes sur d'autres.

M. Boussaingault, à qui nous devons de nombreux et très utiles enseignements sur la matière qui nous occupe, s'est livré à différentes constatations que je crois devoir résumer et examiner ici pour la parfaite intelligence de la question.

Cet éminent agronome possède et exploite, dans le Bas-Rhin, une propriété qu'il regarde comme parvenue à un état de fertilité normale. C'est dans les produits de cette terre, rationnellement cultivée, qu'il a puisé les éléments de deux tableaux qu'on trouve à côté de plusieurs autres dans son traité d'économie rurale (tome 2, pages 185 et suivantes) et dans lesquels je vais puiser quelques données qui me paraissent susceptibles de jeter une vive lumière sur cette partie de notre étude.

Il s'agissait de déterminer, aussi exactement que possible, les substances élémentaires organiques enlevées par les récoltes, et celles apportées par les engrais fournis à la terre, pour en déduire l'épuisement du sol en même temps que la participation de l'atmosphère à la fertilisation et par conséquent la restitution d'engrais à opérer.

L'un de ces tableaux — le n° 2 — s'appliquant à une rotation quinquennale : 1° Betteraves ; 2° Froment; 3° Trèfle ; 4° Froment ; 5° Avoine, présente les résultats suivants qui sont, à très peu de chose près, les mêmes que ceux du tableau n° 1, dans lequel la sole de betteraves est remplacée par des pommes de terre.

	Carbone	Hydrogène	Oxygène	Azote.	Total.
Substances organiques enlevées par les récoltes.............	8192k 6	956k 5	7009k »	254k 5	16412k 6
Substances organiques apportées par les fumiers.............	3637 6	426 8	2621 5	203 2	6889 1
Différences......	4555 »	529 7	4387 5	51 3	9523 5

Ainsi le contingent apporté par l'atmosphère dans la production de ces récoltes dépasse la moitié du carbone, de l'hydrogène et de l'oxygène recueillis tandis qu'il est à peine d'un cinquième pour l'azote, et encore faut-il remarquer que ce dernier est uniquement dû à l'introduction du trèfle dans l'assolement. Je donnerai plus loin une preuve péremptoire de la propriété que possède cette plante ainsi que plusieurs autres légumineuses de vivre en grande partie aux dépens de l'atmosphère, quant à l'azote, en établissant mathématiquement la quantité qu'elle y puise, démonstration qui, que je sache, n'a pas encore été faite jusqu'ici.

En confirmation de ce qui précède, je citerai le tableau numéro 4 du même ouvrage (page 187), présentant un assolement de trois ans : 1° jachère ; 2° et 3° blé sur blé, dans lequel assolement l'azote récolté en sus de celui apporté par l'engrais n'est plus que d'un 20e au lieu d'un 5e. Cette comparaison montre à la fois la valeur du système de la jachère, quand il ne repose pas sur des nécessités d'un autre ordre, et la participation de l'atmosphère à la fertilisation lorsque l'assolement ne comprend pas de fourrages légumineux.

Quant aux minéraux, les tableaux nos 1 et 2 indiquent que les récoltes n'en ont enlevé en masse qu'une quantité inférieure à celle apportée par l'engrais. Mais il y a ici un point qui mérite d'être éclairci et sur lequel nous reviendrons tout-à-l'heure.

Il ne faut pas perdre de vue que ces indications ne sont pas des hypothèses déduites de théories plus ou moins plausibles ; mais bien le résumé de faits positifs, attentivement observés et corroborés par des analyses précises, dans une exploitation bien dirigée.

C'est sur ces faits que M. Boussaingault s'appuie pour formuler la règle suivante. « Lorsque, par une culture rationnelle, on » est arrivé à posséder des terres fertiles, il faut, pour entretenir cette fertilité, leur rendre périodiquement après chaque » succession de récoltes, des quantités égales d'engrais. En envisageant cette question sous un point de vue purement chimique, on peut dire que le produit que l'on peut exporter » sans nuire à la fertilité du terrain, est la matière élémentaire » *organique et minérale* contenue dans les récoltes, déduction » faite de la même matière qui se trouvait dans les engrais. En » effet, cette dernière, sous une forme ou sous une autre, doit » retourner dans le sol pour le féconder de nouveau. C'est un » capital que l'on confie à la terre, et dont l'intérêt est représenté par le produit marchand de l'exploitation. »

Cette règle que l'on peut tenir pour vraie dans bien des cas, est de la plus haute importance en Agriculture, puisque c'est de son application judicieuse que dépend la prospérité de cette industrie. C'est donc là un motif suffisant pour l'étudier sous toutes ses faces, aussi bien en ce qui concerne les substances organiques qu'en ce qui a trait aux minéraux, et surtout pour rechercher si elle ne comporte pas quelques exceptions.

En ce qui concerne les substances organiques, on comprendra aisément que si les récoltes en reproduisent plus que l'engrais n'en a fourni à la culture, l'excédant ne peut constituer une quotité disponible sans restitution, qu'autant qu'il soit certain qu'il provienne exclusivement de l'atmosphère, et qu'il ne soit point acquis aux dépens de la fertilité préexistante, car s'il n'était dû qu'à cette dernière, il est bien évident que le défaut de restitution affaiblirait d'autant la richesse foncière. C'est donc là un point préalable dont il importe essentiellement de s'assurer. Malheureusement, la règle posée par M. Boussaingault n'en fournit pas les moyens ; mais nous les découvrirons plus tard. En attendant, nous devons montrer par un exemple dans quel cas un tel affaiblissement peut avoir lieu.

Soit, d'une part, une fertilité initiale représentée par 120 k. d'azote et renforcée par une fumure contenant 80 k. de la même substance, outre toutes celles nécessaires à la végétation. Au total, 200 k. d'azote ;

Et d'autre part, des récoltes parfaitement normales eu égard à la fertilité totale — 1° de 16300 k. de pommes de terre, absorbant 80 k. d'azote avec leurs fanes, mais n'en enlevant réellement que 58 k. 70, les fanes étant abandonnées au sol, auquel elles restituent ce qu'elles lui ont pris ; 2° de 21h 20l de blé dosant 42k 40 d'azote tant pour le grain que pour la paille : total, 101k 10.

Il est bien évident ici que les 21k 10 d'azote obtenus en sus des 80 k. apportés par l'engrais, proviennent uniquement de la fertilité initiale puisque, comme nous l'apprendrons plus tard, les pommes de terre pas plus que le blé n'appartiennent à la catégorie des plantes douées de la faculté de puiser cette substance dans l'atmosphère. Par conséquent, si l'on exporte cet excédant sans en restituer l'équivalent au sol et que l'on n'y rapporte que la même quantité de 80 k. d'azote sous la forme de fumier, la fertilité de la rotation suivante se trouvera diminuée de 21k 10, et elle ira s'affaiblissant de plus en plus tant qu'on opèrera sur le même pied. Alors, il arrivera qu'au lieu d'être alimentée par une puissance totale équivalant à 200 k. d'azote, les récoltes ne le seront plus que par la fumure qui ne représente dans notre exemple que les 2/5 de cette puissance, et qui ne peut fournir qu'une aliquote à la végétation. Ceci n'est point une hypothèse gratuite, car de semblables cas se présentent fréquemment. Combien ne voit-on pas de terres pauvres qui ne le sont devenues que pour avoir été traitées ainsi ? Il doit donc exister une règle plus sûre pour calculer tout à la fois la quantité de récolte exportable sans restitution, et celle des engrais nécessaires pour conserver la fertilité. Cette règle existe en effet. Nous la ferons connaître bientôt.

Mais lorsqu'il n'est pas douteux que l'excédent de matières organiques obtenu provient exclusivement de l'atmosphère, ainsi que cela paraît être dans l'assolement de M. Boussaingault, assolement dont la fertilité reste constante sans augmentation de fumure, cet excédant peut constituer une quotité disponible sans restitution. Il faut toutefois stipuler ici deux réserves formelles.

1° Si dans l'hypothèse du tableau n° 2, l'excédant total des matières organiques est de 9523 k., cette quantité pourra bien être exportée intégralement, mais à la charge expresse de ne pas substituer une matière à une autre, et surtout de ne pas dépasser l'excédant d'azote. Or, comme toutes ces substances élémentaires sont intimement combinées, et qu'il est impossible de les séparer dans la pratique ordinaire pour exporter seulement l'excédant fourni par chacune d'elles, la règle à suivre, en pareil cas, c'est de prendre le plus faible excédent — celui de l'azote — pour mesure de l'exportation et de rendre tout le surplus au sol. Lorsque cela n'est pas possible sans sacrifier une partie du produit marchand, comme dans la culture du blé, du colza, par exemple, l'exportation peut embrasser la totalité de ces produits, mais à la condition rigoureuse de remplacer tout ce qui dépasse la quotité disponible par des matières prises en dehors de l'assolement et d'une valeur fertilisante égale (1).

Lorsque l'excédant d'azote sera seul pris pour règle de l'exportation, il arrivera toujours que l'on rapportera dans le sol plus de carbone, d'hydrogène et d'oxygène que besoin ne serait à la rigueur. Mais comme ce sont là les principales substances du terreau, base essentielle d'une bonne fertilité, une semblable pratique ne peut être qu'éminemment profitable.

2° D'un autre côté, l'excédant de matières organiques ne constitue une quotité réellement disponible sans restitution, lors même qu'il est exclusivement dû à l'atmosphère, qu'autant que son exportation n'entraîne pas un déficit dans les matières minérales de la fertilité. Dans le cas contraire, il y aurait obligation de compenser ce déficit, alors même que les minéraux exportés avec les matières organiques constitueraient un excédent sur ceux de l'engrais.

On voit que cette réserve est en opposition avec une partie de la règle posée par M. Boussaingault, qui regarde comme disponibles tous les principes minéraux obtenus dans les récoltes

(1) Il doit être bien entendu qu'une fertilité exprimée par une quantité déterminée d'azote, suppose la présence dans le sol ou dans l'engrais de toutes les autres substances nécessaires à la végétation, et sans lesquelles l'azote serait impuissant à constituer lui seul cette fertilité sur un pied normal. C'est ce que j'ai déjà dit ailleurs, mais c'est ce qu'il est bon de répéter pour éviter toute équivoque ou tout malentendu.

en sus de ceux fournis par les fumures. Il est évident qu'ici la plume de notre éminent agronome a trahi sa pensée, car nul n'a mieux prouvé que lui dans tous ses écrits la nécessité de restituer les substances inorganiques enlevées par les récoltes. On comprend aisément, en effet, qu'il ne peut pas en être de ces substances comme des matières organiques, puisque si la végétation peut puiser une partie de celles-ci dans l'atmosphère, celles-là ne peuvent lui être fournies que par le sol ou les engrais. Or, lorsque la récolte en contient plus que la fumure n'en a apporté, il est de toute évidence que le surplus n'a pu venir que de la terre, et que si on ne le lui restitue pas, elle se trouvera appauvrie d'autant. Sans doute, on peut différer cette restitution lorsqu'il s'agit de sols riches ; mais ce n'est là qu'une exception qui n'infirme pas le principe.

Le *Lapsus calami* qui s'est glissé dans la formule de M. Boussaingault, provient vraisemblablement de ce que chez lui les fumures apportent aù sol une quantité de minéraux bien supérieure à celle enlevée par les récoltes. On voit, en effet, qu'il ne se borne pas à rendre à ses cultures les matières de ce genre qu'elles produisent; qu'au contraire, il y ajoute habituellement d'abondants composts qui augmentent notablement la richesse minérale de ses terres. On conçoit qu'en semblable occurrence, cette partie de la question a dû le préoccuper beaucoup moins que celle se rattachant aux matières organiques. Mais si cette excellente pratique n'était pas en usage dans son exploitation, celle-ci pourrait-elle se soutenir en ne recevant à titre de réparation que les matières récoltées, préalablement converties en fumier, déduction faite de la quotité disponible exportée et entraînant nécessairement avec elle une partie des minéraux? Voilà la question. Nous ne l'étudierons néanmoins qu'en ce qui concerne l'acide phosphorique et les alcalis qui sont, de toutes les matières inorganiques, les plus indispensables et surtout les plus précieuses.

Les propres analyses de M. Boussaingault constatent que les récoltes du tableau N° 2 ont enlevé ; savoir : 80^{k}8 d'acide phosphorique et 267^{k}8 d'alcalis, tandis que la dose appliquée de son fumier normal ne pourrait apporter que 62^{k}5 du premier et 256^{k}5 des seconds. Il y aurait donc, dans ce cas, un excédant de

18^k3 d'acide phosphorique et de 11^k3 d'alcalis enlevé à la richesse foncière.

Si l'on exporte cet excédant en continuant les fumures sur le même pied on ne peut pas douter un seul instant que la fertilité ne s'en ressente et que tôt ou tard un jour ne vienne où les récoltes commenceront à diminuer pour continuer ainsi graduellement jusqu'à épuisement. C'est à quoi M. Boussaingault pare en ajoutant à son fumier normal des composts qui augmentent, d'une façon remarquable, la richesse minérale de sa terre.

Nous avons vu dans le tableau N° 2 que l'excédant d'azote n'est que de 51^k3. La seule denrée rationnellement exportable provenant de cette rotation serait donc le froment qui contient 56^k2 d'azote. Mais on ne pourrait l'exporter que jusqu'à concurrence de 51^k3 de cette dernière substance, ou bien il faudrait renforcer la fumure de 4^k9 d'azote pris en dehors de l'assolement. D'un autre côté, en exportant, en froment seulement, la quantité disponible, on enlèverait en même temps 24^k6 d'acide phosphorique et 15^k d'alcalis, en sorte qu'en supposant tout le surplus des récoltes converti en fumier, celui-ci ne contiendrait plus que 56^k2 d'acide phosphorique et 252^k4 d'alcalis incapables de produire de nouvelles récoltes exigeant 80^k8 du premier et 267^k8 des derniers, admettant bien entendu que le sol soit épuisé de matières de ce genre.

L'impossibilité serait d'autant plus grande encore que la partie non exportable des récoltes, et destinée à être convertie en engrais, subirait en outre un déficit plus ou moins considérable dans l'alimentation des animaux qui s'en assimileraient une certaine proportion en la convertissant en chair, en os, en graisse, en lait, en laine, etc., de même qu'ils s'assimileraient ou qu'ils exhaleraient par la respiration et la transpiration cutanée et pulmonaire, au préjudice du tas de fumier, une notable partie des substances organiques qu'ils auraient digérées. Il est assez difficile de déterminer exactement la quantité de matières minérales qui disparaissent de la sorte ; mais on peut s'en faire une idée, sachant qu'une vache qui consomme 5500^k de foin contenant environ 24^k de phosphate de chaux et qui produit, dans une année 2000^k de lait, rend dans ce dernier 3^k7 de ce phosphate perdu pour l'engrais. Le déficit est donc déjà, de ce chef seulement, de 16 p. °/₀ du phosphate contenu dans le fourrage, sans compter la quantité qui disparaît dans la formation du veau. Mais comme les litières ne subissent pas la même déperdition, je ne pense pas que les substances inorganiques enlevées par les animaux au préjudice de l'engrais, dépassent 10 p. °/₀ de celles contenues dans les matières employées à la production des fumiers. En tablant sur cette proportion, notre hypothèse ne nous donnerait plus pour résultat final dans l'engrais, que 50k6 d'acide phosphorique et 227k2 d'alcalis.

Il est donc démontré par là qu'on ne peut disposer d'un excédent d'azote, alors même qu'il provient uniquement de l'atmosphère, qu'à la condition de restituer au sol et en espèces identiques, une quantité de minéraux assimilables au moins égale à celle contenue dans les récoltes de la rotation précédente, à moins, je le répète, que l'on n'ait affaire à un sol riche. Et encore faudrait-il, dans ce cas, bien se garder d'abuser de cette richesse.

Du reste, il n'aura pas échappé au lecteur que la règle formulée par M. Boussaingault s'applique uniquement aux terres parvenues à un degré de fertilité normale, cas auquel elles laissent à la disposition des récoltes la totalité des engrais qui leur sont fournis. Lorsqu'il n'en est pas ainsi, c'est-à-dire lorsqu'il s'agit de terres qui retiennent une partie de l'engrais pour elles-mêmes, il semblerait que la même règle ne pût être appliquée. C'est du moins ce que l'on doit induire des termes dans lesquels elle est posée. Cependant si l'on y regarde de près, on reconnaîtra qu'il n'est pas absolument impossible qu'une terre donne un excédant tout en retenant une partie de l'engrais. Mais hâtons-nous de dire qu'il ne peut guère en être ainsi que dans une rotation comprenant une sole de trèfle. Par exemple, je ferai voir plus loin que chez M. Boussaingault les récoltes, bien qu'elles ne donnent qu'un excédant d'azote de 51k en puisent cependant 84k dans l'atmosphère, d'où il suit que le sol retient pour lui-même une partie de l'engrais. C'est une observation qui paraît avoir échappé à notre savant agronome. Cela vient sans doute de ce que sa formule est insuffisante pour la solution complète d'un semblable problème, bien qu'elle soit un grand service rendu à l'agronomie.

Mais lorsqu'il s'agira de terres réellement pauvres, dans lesquelles ne paraissent guère les cultures améliorantes, ce qui n'est pas la moindre cause de leur pauvreté, ou bien dans lesquelles les cultures améliorantes ne puisent pas autant d'azote dans l'atmosphère que le sol en prend à l'engrais, il n'y aura certainement pas d'excédant, et la règle sera sans application possible en pareil cas. C'est donc d'après d'autres principes que les fumures de semblables terres doivent être calculées. Mais avant d'aborder cette étude nous entrerons dans quelques explications préalables sur cette singulière propriété que possède le sol végétal de s'approprier une partie de l'engrais au préjudice des cultures, lorsqu'il n'est pas dans un état de fertilité normale.

Depuis longtemps on savait plus ou moins confusément que l'argile ainsi que toutes les terres argileuses, et même simplement sableuses, possèdent la propriété d'absorber pour elles-mêmes une partie des substances fertilisantes contenues dans les fumures, partie qui s'incorpore au sol et qui peut être pendant longtemps soustraite à la végétation. C'est cette partie ainsi absorbée qu'on appelle en Allemagne *la vieille graisse* et chez nous *la vieille force* et c'est elle aussi que M. Lecoulteux, dans son excellent guide du cultivateur améliorateur, dénomme *ration d'entretien*, par analogie avec ce qui se passe dans l'économie du bétail, en qualifiant de *ration de production* la partie restant à la disposition de la végétation.

Il était réservé à notre époque de jeter quelques lumières sur cette particularité d'une haute importance.

La propriété absorbante que possèdent les terres végétales s'exerce particulièrement sur l'ammoniaque et les alcalis libres ou combinés avec un acide. (1). Dans ce dernier cas, les sels qui sont le produit de la combinaison sont décomposés sinon en totalité, du moins en grande partie, et leur base, mise en liberté, est absorbée par le sol qui se l'incorpore, à peu près, comme le charbon s'incorpore les matières colorantes et les gaz infects.

(1) M. Liébig ayant mis de l'eau de chaux en contact avec différentes espèces de terre a constaté que la terre arable possède pour la chaux un pouvoir absorbant analogue à celui qu'elle manifeste pour la potasse et pour l'ammoniaque. Elle s'est emparée dans cette expérience d'environ les deux tiers de la chaux contenue dans la dissolution. La terre exerce aussi la même action sur le phosphate de chaux dissous. Il y a dans ces faits un enseignement de la plus grande importance sur lequel nous reviendrons.

Il est à remarquer ici qu'indépendamment de cette propriété absorbante et décomposante, la terre en possède une autre toute providentielle et qui consiste seulement retenir au profit des végétaux, en sus de la ration d'entretien, une partie des mêmes matières fertilisantes, en les soustrayant, jusqu'à un certain point, au lessivage des pluies, mais sans les décomposer. M. Way, éminent chimiste anglais, a trouvé qu'une bonne terre pouvait ainsi retenir jusqu'à 60 fois autant de substances solubles qu'une forte fumure peut en apporter. Cette rétention est connue de toutes les personnes qui ont lessivé des substances terreuses, et notamment des fabricants de potasse et des salpêtriers qui ne peuvent jamais parvenir à extraire complètement les substances salines des matériaux qui les contiennent. Nous aurons à revenir sur cette particularité qui est d'un haut intérêt.

A quelle cause peut-on attribuer la décomposition spontanée des sels ammoniacaux et alcalins dans le sein de la terre?

La plupart des chimistes et M. Boussaingault lui-même, ne voient dans ce phénomène qu'une réaction analogue à ce qui se passe dans les doubles décompositions dont j'ai parlé dans ma nomenclature chimique. Dans leur opinion, pour que cet effet puisse se produire, il faut nécessairement que les sels dont il s'agit rencontrent des carbonates terreux avec lesquels ils puissent faire un échange d'acide. C'est ce que M. Fréd. Brustlein croit avoir constaté par des expériences auxquelles il s'est livré dans le laboratoire de M. Boussaingault, en mettant en contact avec une dissolution de sel ammoniacal, de la terre purgée de carbonate calcaire et qui est restée complètement inerte, tandis que la double décomposition s'est produite aussitôt que le sel de chaux a été réintégré dans le mélange.

Cette expérience parfaitement rationnelle d'ailleurs, n'est cependant pas entièrement concluante en ce sens que les conditions dans lesquelles elle a été faite sont trop différentes de celles qui existent ordinairement dans le sol, pour que l'on puisse inférer de ce résultat négatif que la décomposition des sels ammoniacaux ne peut pas avoir lieu dans la couche végétale *simplement humide* et non *noyée*, sans la présence des carbonates terreux.

En effet, M. Peplowski, professeur de chimie agricole à Grignon, pensant que cette décomposition ne doit point être attribuée à la force chimique appelée *affinité élective*, mais bien à l'influence physique d'une force *attractive* particulière ajoutée à celle de l'évaporation, justifie son opinion par des expériences dans lesquelles la décomposition se produit parfaitement, sans le concours d'aucun réactif salin, terreux ou autres. Pour cela, il a fait passer de l'air à la température ordinaire de la végétation, c'est-à-dire, entre + 16 et 20 degrés à travers du sable, du charbon de bois, du charbon de terre, du soufre pulvérisé, du plâtre purifié, arrosés de sulfate d'ammoniaque. Cet air, après avoir filtré à travers ces substances, a été amené au moyen d'un aspirateur dans un flacon laveur, contenant de la teinture de tourne-sol, rougie par quelques gouttes d'acide sulfurique. Au bout de peu de temps, cette teinture a été ramenée au bleu par l'ammoniaque dégagée, et M. Peplowski a été ainsi convaincu que les faits avancés par lui sont réellement ceux qui se passent dans le sol à la température ordinaire avec le concours de l'humidité et de la chaleur solaire (1).

Ainsi, les expériences de cet habile professeur sont en contradiction formelle avec celles de M. Brustlein ,en ce qui concerne la prétendue nécessité de la présence des carbonates terreux dans le sol. Mais cette contradiction n'est qu'apparente et les résultats obtenus de part et d'autre peuvent très bien se concilier en faisant la part des circonstances bien différentes dans lesquelles ils se sont produits.

La décomposition qui a lieu dans la terre ou dans tout autre corps poreux simplement humide ne peut être attribuée, à mon avis, qu'à une force catalytique résultant de cette porosité, force parfaitement analogue dans ses effets à celle qu'exerce le charbon sur l'acide nitrique dont il opère la décomposition, même à la température ordinaire par une simple action de contact, et probablement avec le concours de l'air.

Mais lorsque les substances poreuses sont noyées dans l'eau, on comprend que le jeu de la porosité puisse se trouver paralysé et que la force d'affinité élective soit la seule capable d'agir en pareil cas. L'action ne peut plus procéder dès lors que de la force catalytique de l'eau, qui n'agit pas de la même manière, comme je l'ai expliqué dans la premièrs partie de ce li-

(1) Annales de Grignon, 26e livraison, pages 99 et suivantes.

vre. L'eau dissout les corps et favorise, par cela même, leurs réactions, mais, en règle générale, elle ne les décompose pas. Pour que la décomposition ait lieu par son intermède il faut nécessairement le concours d'un réactif. C'est alors un effet chimique qui se produit, tandis que l'action de la porosité est plus tôt physique. On peut, d'après cela, parfaitement comprendre pourquoi certains engrais restent inertes dans les terres contenant de l'eau en excès, tandis qu'ils produisent d'excellents effets dans celles dont l'humidité est suffisante pour favoriser leur action, sans faire obstacle à la pénétration de l'air.

Quelles que soient au surplus les causes du phénomène que nous venons d'examiner, le fait, non-seulement de la décomposition des sels alcalins et ammoniacaux par la terre végétale, mais encore celui beaucoup plus important de la mise en liberté de leurs bases étant constant, je pense que l'on doit accepter comme une solution des plus satisfaisantes les conclusions formulées par MM. Way et Liebig qui, ainsi que plusieurs autres, se sont livrés à une étude approfondie quoiqu'incomplète du phénomène dont il s'agit.

D'après M. Brustlein, ces conclusions sont que « d'abord les » plantes n'absorbent pas les engrais d'une dissolution ; (1) *que » la forme sous laquelle les matières minérales et les sels ammo- » niacaux sont appliqués* EST INDIFFÉRENTE, puisque le sol pos- » sède la propriété de les ramener à un état spécial sous lequel » ces substances sont présentées aux plantes, circonstance pré- » cieuse pour l'agriculteur qui cherche à introduire un engrais » alcalin dans le sol. *Le sel qui fournira cet alcali au plus » bas prix sera donc celui auquel il faudra donner la préfé- » rence.* »

Cet enseignement d'une extrême importance simplifie singulièrement, comme on le voit, la question de fertilisation tout

(1) Selon M. Liébig et selon toute vraisemblance, les matières qui pénètrent dans l'organisme végétal y sont aspirées par les spongioles. Cette aspiration est la conséquence de l'évaporation qui se fait par les feuilles. Les racines étant enveloppées de terre sucent cette dernière et lui enlèvent ainsi une partie des substances qu'elle s'est incorporées. Cette action toutefois ne peut avoir lieu qu'autant que ces substances existent à l'état liquide dans les pores de la terre. Ce qui le prouve, c'est qu'il n'y a pas de végétation lorsque la terre n'est pas humide. Les principes qu'elle cède aux racines contribuent naturellement ainsi au développement de celles-ci qui se multiplient et s'allongent incessamment en se mettant à la recherche de nouveaux aliments.

en mettant à néant bien des erreurs publiées sur les propriétés et la valeur agricole de certaines matières fertilisantes.

Dans cet état de la question, il nous reste à rechercher dans quelle proportion la terre végétale absorbe et retient les bases des sels qu'elle décompose, notamment l'ammoniaque. Malheureusement nous n'avons sur ce point important que des données, sinon peu précises, du moins peu concordantes. Toutefois je dois faire connaître les plus intéressantes, en priant le lecteur de considérer que la solution cherchée est du reste fort difficile puisqu'elle dépend de plusieurs conditions très variables, telles que la plus ou moins grande proportion d'argile contenue dans le sol, la plus ou moins grande quantité de substances absorbables qui y sont apportées à la fois, etc.

M. de Gasparin, qui s'est particulièrement occupé de cette recherche, nous dit dans un chapitre de son cours d'agriculture, que des terres analysées par lui et donnant un produit proportionnel à l'engrais employé, c'est-à-dire, des terres en état de fertilité normale, contenaient par chaque centième d'argile, *deux dix-millièmes* d'azote, proportion que, dans une autre partie du même ouvrage, il exprime par le chiffre de 15 millièmes qui est 75 fois plus fort. Cette contradiction vraisemblablement due à une erreur d'impression fort regrettable, ne nous permet pas de puiser un enseignement précis dans ces indications. Si la première est vraie, chaque centième d'argile peut absorber par hectare, dans une couche de $0^{m}25^{c}$ de profondeur $4^{k}80$ d'azote. Si au contraire, c'est la seconde qui est exacte, cette absorption sera de 360^{k}, en sorte qu'un hectare de terre contenant 60 p. °/₀ d'argile à la profondeur indiquée, sera saturé avec 288^{k} ou $21{,}600^{k}$ d'azote, selon que l'un ou l'autre des multiplicateurs sera vrai.

En présence de cette énorme différence, il ne sera pas sans utilité de chercher ailleurs des renseignements plus satisfaisants.

M. Way, d'après M. Fréd. Brustlein, a trouvé par des expériences directes que 1 k. de terre ou d'argile pouvait absorber d'une dissolution contenant, par litre, 317 millig. $^{3}/_{10}$ d'ammoniaque libre ou combinée à un acide, des quantités d'alcali identiques pour une même terre, mais variant pour les différentes espèces de sol ou d'argile de 157 milligr. à 392 $^{1}/_{10}$, ce qui, pour 100 kilog. de terre, donne de 13 à 32 grammes d'azote, l'ammoniaque étant composée comme on l'a vu dans la nomenclature chimique de 177,04 d'azote et de 37,50 d'hydrogène. En supposant que le mètre cube de terre pèse 1600 k., une couche d'un hectare sur 25 centimètres de profondeur, pourrait donc absorber de 520 à 1280 k. d'azote. Ces chiffres ne sont ni aussi faibles ni aussi forts que ceux de M. de Gasparin, mais il est regrettable que l'expérimentateur n'ait pas fait connaître les proportions d'argile auxquelles ils se rapportent, ce qui met dans l'impossibilité d'établir une échelle d'absorption. Il est probable, du reste, que la terre qui a servi à ces expériences contenait déjà une certaine proportion d'ammoniaque.

De son côté, M. Brustlein a obtenu des résultats qui varient tout à la fois : 1° selon la nature des terres ; 2° selon le plus ou le moins de concentration de la liqueur ammoniacale ; 3° selon la durée de l'opération. Ces résultats, que pour abréger et faciliter les comparaisons, je convertis en azote pour un k. de terre, s'échelonnent entre 0,132 et 0,928 milligrammes, ce qui donne par hectare 530 à 3712 k. d'azote absorbé. Ces nombres, dit M. Brustlein, n'ont rien d'absolu. Ils sont principalement modifiés par la force de la dissolution ; ils varient même avec le temps, car un contact prolongé détermine une légère augmentation dans la quantité d'ammoniaque absorbée. Les expériences dont il s'agit ici ont été faites très rapidement. On a seulement donné à la terre, mêlée avec la dissolution d'ammoniaque, le temps de se déposer.

Le premier des deux chiffres indiqués plus haut s'applique à une terre prise dans une sole de topinambours, consistant en une argile ténue, compacte, assez riche en carbonate de chaux, pouvant retenir une forte quantité d'eau et acquérant par la dessication une grande dureté. Le second s'applique au Lehm des coteaux et des champs si fertiles des environs de Strasbourg, contenant une forte proportion de carbonate de chaux, offrant peu de plasticité et du reste d'une constitution très homogène.

Un troisième échantillon pris dans un potager et formé de sable quartzeux très riche en débris organiques, restes d'anciennes et fortes fumures, a retenu 729 k. d'azote par hectare.

Il est à remarquer que les terres sur lesquelles ont porté les recherches de M. Brustlein, et qui, toutes, provenaient de la propriété de M. Boussaingault — circonstance à retenir —, contenaient déjà de l'ammoniaque dont on n'a pas cru devoir constater la quantité, l'expérience ayant prouvé, dit l'honorable opérateur, qu'elle s'y trouvait en assez faible proportion pour pouvoir être négligée. Cette omission est néanmoins regrettable, car il est difficile d'admettre que des terres prises dans des sols très fertiles et dans un potager très riche en débis organiques, ne devaient contenir qu'une insignifiante quantité d'ammoniaque (1). Les chiffres de M. Brustlein, fort intéressants d'ailleurs, ne peuvent donc pas exprimer d'une manière absolue la capacité de saturation, mais ils confirment pleinement la propriété absorbante et décomposante dont il s'agit, même dans des terres que l'on suppose parvenues à un état de fertilité normale, ainsi que nous le verrons plus amplement plus loin.

M. Krocher, au lieu de se livrer à des expériences directes d'absorption par les terres, a analysé un grand nombre de ces dernières dans lesquelles il a trouvé depuis 2022 k. d'ammoniaque dans un sable presque pur jusqu'à 10,157 k. dans une argile non fumée. Enfin M. Payen a constaté la présence de 6600 à 12 800 k. de la même substance dans des terres très fertiles de différents pays; mais il n'en a trouvé que 2800 k. dans des sols légers moyens de la Haute-Garonne. Ces analyses cadrant assez avec celles de M. Krocher, autorisent donc à conclure, ce me semble, que la propriété absorbante des terres peut s'échelonner entre 2000 et 12 000 k. d'ammoniaque par hectare, en partant d'un sable presque pur jusqu'à une argile également pure.

Si je me suis un peu étendu sur ce sujet, c'est qu'il est, à

(1) C'est sur les mémoires d'Agronomie de M. Boussaingault que se fonde cette observation. On y lit ce qui suit, tome 1er page 289. « Sous le rapport » des matières azotées, la terre du Liebfrauenberg (l'une de celles sur les- » quelles ont porté les expériences et qui fait partie du domaine de Bechel- » bronn), est certainement d'une grande richesse puisque chaque kilog. ren- » ferme 2g 61 d'azote....., ce qui, à une profondeur de 0,33 centimètres donne » 11310 k. d'azote ou 13 734 k. d'ammoniaque par hectare. » Néanmoins, il paraît que malgré cette énorme absorption, la terre dont il s'agit n'est pas encore entièrement saturée, comme le montrent les expériences de M. Brustlein, et comme nous en aurons une nouvelle preuve en étudiant l'assolement de Bechelbronn qui est l'un des types les plus parfaits pour la démonstration des principes de la fertilisation.

mes yeux, du plus haut intérêt, car faute d'avoir été suffisamment étudié, il s'est produit et il se produit encore tous les jours un grand nombre de mécomptes dans les entreprises de fertilisation des terres pauvres.

La conséquence naturelle et logique découlant de ce qui précède, c'est, qu'à moins d'être en possession d'un sol en état de fertilité normale, saturé de toutes les substances qu'il peut absorber et retenir pour lui-même, il faut toujours se résigner à apporter dans la culture une plus grande quantité d'engrais que n'en exige la composition des récoltes, au moins en ce qui concerne l'ammoniaque et les alcalis, afin de fournir tout à la fois la ration d'entretien et celle de production en continuant ainsi jusqu'à ce que la terre soit parvenue à son plus haut point de fécondité eu égard au climat, à l'exposition, en un mot, à tout ce qui peut influer sur le développement et l'abondance de la végétation.

On peut encore tirer des mêmes faits une autre conséquence qui est, en quelque sorte, le corollaire de la précédente ; à savoir, que l'amélioration des terres légères et moyennes est infiniment moins onéreuse que celle des terres fortes. S'il est vrai, comme il ne semble pas possible d'en douter désormais, que les sols très argileux doivent absorber jusqu'à 10 ou 12 000 k. d'ammoniaque par hectare, c'est-à-dire une valeur de 12 à 15 000 fr. pour parvenir à un état de fertilité normale, on voit par là, comment bien des terres ont du coûter plus qu'elles ne valent vénalement, et qu'il y a lieu d'y regarder à deux fois avant de se jeter tête baissée dans des entreprises d'améliorations de terres argileuses pauvres. Cependant, il est juste de reconnaître que les énormes dépenses d'engrais qu'elles occasionnent, ne se traduisent pas toujours en une perte sèche, mais plutôt en un manque à gagner. C'est une capitalisation qui ne s'effectue que successivement, et en laissant toujours une partie de la fumure à la disposition des récoltes, en telle sorte que l'exploitant, même dans les plus mauvaises conditions sous ce rapport, peut encore parvenir à joindre les deux bouts, mais en vivant misérablement. Le plus cruel pour lui, lorsqu'il n'est que simple fermier, c'est à chaque renouvellement de bail, de se voir ordinairement condamné à subir une augmentation de loyer qui double la somme de ses sacrifices. Au demeurant, lorsqu'il s'agira d'acheter ou d'affermer une terre argileuse, il y aura toujours plus de bénéfice à la choisir parmi celles dont la fertilité est le mieux établie, même en la payant relativement plus cher en apparence. En pareil cas, c'est vraiment le bon marché qui ruine, sauf les exceptions, bien entendu.

Il ne faut pas toutefois placer dans la même catégorie les terres incultes, notamment les landes, car il n'est pas rare d'en trouver de fort riches en humus, et par conséquent d'une amélioration facile, relativement peu coûteuse, d'autant plus encore qu'elles exigent une bien moindre quantité de substances pour leur ration d'entretien, en ce qu'elles sont généralement peu argileuses.

C'est principalement sur ce fait que les terres absorbent et accumulent une quantité plus ou moins forte d'ammoniaque, selon leur composition, que se sont fondés les agronomes qui ont émis l'opinion de l'inutilité de l'azote dans les engrais. Mais on n'a pas remarqué que les substances ainsi absorbées sont retenues à un tel point, que la végétation ne peut s'en emparer que dans de très faibles proportions et fort à la longue. Cela est si vrai, qu'on n'obtient souvent que des récoltes nulles ou insignifiantes dans des terres même bien constituées géologiquement et possédant quelques mille kilog. d'ammoniaque, lorsqu'on n'y apporte pas d'engrais azotés, à moins que l'on n'emploie certains moyens coërcitifs.

On place assez généralement au nombre de ces moyens, mais à tort selon moi, une jachère nue bien soignée. Je dis que c'est à tort, parce qu'il n'est en aucune façon démontré qu'en pareil cas, la terre restitue une partie de ce qu'elle a absorbé pour sa ration d'entretien. Tout indique au contraire, qu'elle laisse simplement à la disposition des récoltes une partie de l'ammoniaque et de l'acide nitrique que les pluies, les rosées, etc., lui ont apportées, en s'appropriant l'autre partie lorsqu'elle n'est pas saturée. Les meilleures terres soumises à un semblable régime en France, n'ont jamais produit, par les procédés ordinaires de culture, plus de 6 à 8 hectolitres de blé par hectare de deux années l'une. Je ne parle pas ici, bien entendu, de ces terres riches en détritus végétaux, en humus accumulé depuis des siècles, dans des proportions excédant de beaucoup la ration d'entretien, comme on en voit dans de fertiles vallées, ou même comme celle du docteur Smith de Lois-Wéedon. Ainsi, le produit maximum de la jachère nue, non fumée, dans des terres réputées de bonne qualité, ne dépasserait pas 3 à 4 hectolitres pour chacune des deux années, et encore faudrait-il en diminuer la semence. Nous voyons par le tableau n° 4 de M. Boussaingault, que dans un assolement triennal, blé sur blé, pivotant sur une jachère nue, mais fumée, beaucoup plus favorable par conséquent aux nitrifications spontanées qui se produisent dans le sol, l'azote récolté en sus de celui de l'engrais, se réduit à un vingtième de ce dernier, soit au cas particulier à 4^k 6 représentant 230 litres de blé pour une rotation de trois ans. Or, lorsqu'une terre, après une jachère fumée ne rend pour ainsi dire en principes fertilisants que l'équivalent de ce qu'elle a reçu, il est raisonnable et logique d'admettre que quand elle ne reçoit rien, elle ne peut ni ne doit être bien généreuse. Tout cela est tellement palpable et tellement connu, qu'on a peine à concevoir comment il peut se trouver encore des esprits éclairés ayant foi en la culture sans engrais.

Ainsi, lorsque la terre cède spontanément à la végétation une partie de sa vieille force, on peut regarder comme à peu près certain que la partie cédée ne l'est point aux dépens de la ration d'entretien, mais bien qu'elle est prise en plus grande partie sinon en totalité sur la quantité disponible pour la production, et consistant souvent en matières qui ne deviennent assimilables que par suite de bons labours. Pour qu'il en fut autrement, c'est-à-dire, pour réussir à dépouiller la terre, en proportion notable, des substances azotées qu'elle a absorbées pour elle-même, il faudrait nécessairement l'intervention de certains réactifs, agissant en quelque sorte à la manière d'un purgatif. Celui que l'expérience a reconnu jusqu'ici comme le plus énergique, comme le plus propre à ruiner le tempérament du sol le mieux constitué, c'est la chaux. Lorsqu'on est assez mal inspiré pour en abuser, on peut s'attendre à ce résultat, et dans ce cas, il faudra un long temps pour reconstituer la fertilité sur un pied normal, en saturant de nouveau la terre des substances qu'elle peut absorber.

Mais à quels signes reconnaîtra-t-on que cette saturation existe, et en attendant, quelle règle suivra-t-on dans la détermination des fumures à appliquer ?

Il ne faut pas se dissimuler que c'est là un problème agronométrique, fort délicat et fort difficile à résoudre. Cependant, grâce aux travaux de M. de Gasparin, nous sommes aujourd'hui en possession d'une méthode qui, si elle n'est pas parfaite dans ses détails, laisse du moins très peu à désirer quant à son principe, et qui fournit mieux que tout autre les moyens d'apprécier en tout état de cause le degré de fertilité d'une terre, et de régler les fumures qui doivent lui être appliquées en vue de récoltes déterminées. Je donnerai plus loin sur cette méthode que je considère comme l'une des plus belles conquêtes de l'école française, quoiqu'elle soit encore très peu comprise, tous les développements qu'elle comporte, dans le but de la vulgariser. Peut-être serai-je assez heureux pour y apporter en même temps quelques-unes des rectifications que son illustre auteur avait pressenties. Mais en attendant, rentrons dans notre sujet.

Nous avons vu tout-à-l'heure, par les éléments empruntés aux tableaux de M. Boussaingault, quelle peut être la part que l'atmosphère fournit à l'alimentation des récoltes, et dans quel cas elle y contribue le plus. Je pourrais à la rigueur m'en tenir à cette démonstration ; mais comme elle ne s'applique qu'à un très petit nombre de situations spéciales, et comme, d'un autre côté, aucune question agricole n'a été jusqu'ici plus débattue, je crois utile d'entrer dans de plus amples détails pour dissiper les doutes qui pourraient s'élever. C'est encore aux travaux aussi multipliés qu'instructifs de M. Boussaingault, que j'emprunterai mes documents. Ces travaux, malgré les petites dissidences que j'ai établies tout-à-l'heure sur quelques détails très secondaires, n'en resteront pas moins comme un des plus beaux monuments de l'Agronomie française.

Les expériences que je vais résumer, ont eu un double but : 1° de rechercher dans quelles proportions et à quelles conditions l'atmosphère fournit un contingent à l'alimentation végétale, et en quoi consiste ce contingent ; 2° de constater l'influence que la matière azotée des engrais exerce sur la végétation.

Ces expériences sont fort nombreuses. Elles portent sur des plantes de genres très différents. Elles sont poursuivies pendant plusieurs années. Pour pouvoir mieux apprécier l'action des semences, des engrais et de l'atmosphère, la végétation s'accomplit dans un sol artificiel complètement dépourvu de matières fertilisantes. Ce sol est uniquement formé de pierre ponce ou de briques pulvérisées. Des semences parfaitement semblables à celles employées et d'un poids absolument égal, sont analysées avec soin pour reconnaître la nature et la quantité de substances que ces semences fourniront aux plantes. Une partie des expériences a lieu sous cloche, dans une atmosphère confinée, renouvelée ou non renouvelée, totalement exempte de vapeurs ammoniacales, mais non de gaz acide carbonique. Une autre partie s'exécute à l'air libre, mais à l'abri de la pluie. L'eau d'arrosage est tantôt purifiée par la distillation, tantôt additionnée et même saturée d'acide carbonique. Les engrais appliqués à la végétation consistent d'abord en cendres de fumier auxquelles on ajoute parfois les cendres de graines semblables à celles semées. Dans quelques expériences on emploie comme engrais azoté des graines de même espèce que celles cultivées, après les avoir préalablement privées de leur faculté germinative par l'eau bouillante. Dans d'autres, la matière azotée consiste en un nitrate alcalin appliqué soit seul, soit conjointement avec des minéraux réputés indispensables, et l'on emploie comparativement ces mêmes minéraux sans le concours de la substance azotée.

Comme on le voit, il est impossible qu'à l'aide d'expériences aussi variées, dans lesquelles les précautions les plus minutieuses sont prises pour éviter toutes les causes d'erreur, on ne parvienne pas à des conclusions péremptoires. Voici celles que l'on en peut déduire.

1° Dans une atmosphère confinée privée de tout autre azote que celui constitutif de l'air, les plantes n'absorbent que l'azote de leur semence et celui de l'engrais lorsqu'il leur en est appliqué. L'air n'est jamais décomposé.

2° Si les plantes ne trouvent pour toute nourriture, outre celle fournie par leurs semences, que de l'eau pure avec des minéraux dans le sol, et de l'acide carbonique dans leur atmosphère, elles pourront développer leurs organes ; mais elles resteront à l'état nain. Dans ces conditions leurs poids total représentera de deux à cinq fois celui de la semence. Elles ne contiendront pas d'autre azote que celui provenant de cette semence. Elles ne fructifieront pas ou ne produiront que des fruits avortés.

Mais lorsque ces plantes consisteront en légumineuses cultivées en plein air, dans les mêmes conditions, elles puiseront une petite partie de leur azote dans l'ammoniaque aérienne. Cette partie sera d'autant plus faible que la semence elle-même contiendra moins d'azote.

3° Si, dans les mêmes conditions on ajoute au sol un engrais végétal azoté, tel que, par exemple, des graines mortes de même espèce que celles semées, la végétation prendra un développement proportionnel à la dose d'azote ajouté. Ce dernier déterminera donc une plus grande absorption des autres matières organiques, mais l'azote fixé ne proviendra que de la semence et de l'engrais, à moins qu'il ne s'agisse de plantes légumineuses.

4° Lorsqu'au lieu de matière végétale azotée, on appliquera avec les cendres de fumier un sel azoté, tel que du nitrate de potasse beaucoup plus promptement et plus complétement assimilable, la végétation pourra prendre un plus grand développement, selon la nature de la plante et la dose du nitrate. Des hélianthus (soleils) ayant été traités de la sorte, ont reproduit 108 fois le poids de leur semence, tant par leurs tiges et leurs feuilles que par leurs racines à l'état sec. Néanmoins, ils sont restés bien au-dessous de leur développement normal, puisqu'une graine de cette plante peut, d'après les expériences de Cretté de Paluel, en reproduire jusqu'à dix mille en sus de la matière des tiges, feuilles, etc. Mais si dans l'expérience dont il s'agit ici, le résultat a été moindre, il est probable qu'une partie de la cause en est due à l'insuffisance de la dose d'engrais. Toutefois, l'influence de la matière azotée est ici fort visible en ce qui concerne l'absorption des autres matières organiques par les plantes. A la vérité, si la proportion de carbone qu'elles ont fixée est plus grande que dans les expériences précédentes, cela vient indubitablement de ce qu'ici l'eau d'arrosage était saturée d'acide carbonique. D'où il suit que la présence de ce dernier ou de toute autre matière carbonée assimilable doit être considérée comme indispensable dans le sol pour l'alimentation normale des racines.

5° Lorsque l'acide carbonique est en quantité suffisante dans le sol, son absorption par les organes souterrains de la plante, et l'absorption de l'acide carbonique de l'atmosphère par les organes aériens, sont toujours proportionnelles à la quantité d'azote de la semence et de l'engrais qui est elle-même absorbée. C'est ce que montre le résumé suivant de quatre expériences comparatives dans trois desquelles on a appliqué des doses différentes de nitrate de potasse avec de l'eau chargée d'acide carbonique dans la proportion d'un quart de son volume.

	N° 1.	N° 2.	N° 3.	N° 4.
A. Azote de la semence et de l'engrais......	33.	66.	99.	297.
B. Carbone gagné.....	1590.	2880.	4555.	13320.

6° Si, au nitrate, on ajoute des minéraux tels que du phosphate de chaux, des cendres siliceuses, constituant ensemble et avec l'acide carbonique apporté par l'eau d'arrosage, un engrais à peu près complet, l'intervention combinée de l'azote et de ces minéraux déterminera une plus grande assimilation tant du carbone du sol que de celui de l'atmosphère. Mais le développement du végétal restera proportionnel à la dose d'azote employé.

7° Si l'on applique ces mêmes minéraux sans y adjoindre une substance azotée, la végétation ne prendra qu'un développement insignifiant qui, dans son ensemble, ne dépassera pas 4 à 5 fois le poids de la semence, malgré la présence de l'acide carbonique dans le sol et celle de l'ammoniaque dans l'atmosphère.

La conséquence de tous ces faits est :

1° Que la végétation ne peut acquérir un développement maximum qu'autant que le sol soit suffisamment approvisionné d'azote, de carbone, et de minéraux assimilables ;

2° Que les plantes qui sont douées de la propriété de puiser une partie de leur azote dans l'atmosphère, ne peuvent exercer cette faculté que proportionnellement à la quantité d'azote qu'elles trouvent dans le sol ;

3° Qu'il en est de même à l'égard de l'acide carbonique et qu'ainsi l'atmosphère ne contribue à l'alimentation végétale qu'en raison de la fertilité du sol, d'où le proverbe parfaitement sage : aide-toi, le ciel t'aidera.

Généralement on n'accorde pas une grande confiance aux expériences de laboratoire, qu'assez volontiers on qualifie ironiquement d'agriculture de cabinet. Mais on ne réfléchit pas que les lois qui gouvernent la végétation sont absolument les mêmes en petit qu'en grand et que ce n'est guère qu'en opérant sur une échelle réduite qu'il est possible d'établir des conditions précises, de saisir tous les rapports, et de faire des observations parfaitement exactes. Sans doute, des expériences comme celles que je viens de résumer diffèrent et doivent différer des conditions de la culture ordinaire ; mais leur enseignement quant à l'action des agents fertilisants, n'en est pas moins formel, et c'est cela, uniquement cela, qu'il faut y chercher.

Si l'atmosphère ne contribue à l'alimentation des plantes que dans la proportion de la fertilité du sol, et si cette fertilité ne peut exister sans une notable quantité de matière carbonée, il va de soi que là où cette matière est rare — ce qui a lieu principalement dans les terres pauvres en humus et en terreau — les engrais artificiels généralement dépourvus de carbone, ne peuvent, quoique riches en azote, produire qu'un effet limité. Si quelques-unes des expériences de M. Boussaingault semblent attester le contraire, il ne faut pas perdre de vue qu'elles n'ont donné leur plus grand rendement, — bien inférieur néanmoins à une production normale — qu'au moyen d'arrosages avec de l'eau contenant une proportion d'acide carbonique beaucoup plus grande que celle mise à la disposition des plantes par les sols les plus riches en terreau et qu'ainsi s'est trouvée réalisée la condition que je regarde comme étant de première nécessité. Cependant voici un fait qui semblerait conclure dans un sens opposé. Voyons donc si en l'interprétant comme il doit l'être, si en appréciant à leur juste valeur, toutes les circonstances dans lesquelles il s'est accompli, il ne sera pas, au contraire, la confirmation au moins implicite du principe que je défends. La question vaut la peine d'être approfondie et cette considération, j'aime à l'espérer, servira de passe-port aux détails dans lesquels je vais entrer.

On a fait grand bruit, dans ces derniers temps, autour d'expériences qui, quoiqu'exécutées sur un théâtre restreint, réalisent cependant les principales conditions de la culture ordinaire, à cela près qu'elles ont été faites avec des soins et des précautions généralement inusités dans la culture en grand, ce qui a dû naturellement contribuer à en augmenter les résultats. Ces expériences que l'on a quelques raisons de supposer entreprises dans des idées préconçues contraires à celles de M. Boussaingault, les confirment cependant sur les points essentiels, ainsi que le montrent les faits suivants, que j'extrais en grande partie du Journal d'Agriculture pratique, du 5 août 1863.

Parmi les savants qui attribuent à l'atmosphère une part contributive dans l'alimentation végétale, bien plus grande que celle qui se déduit des expériences résumées plus haut, figure M. Ville, éminent chimiste, qui, si je ne me trompe, a toujours soutenu que les végétaux empruntaient une partie de leur azote à l'air.

Le Gouvernement ayant créé pour M. Ville une chaire de physique végétale au muséum d'histoire naturelle, en mettant à sa disposition les plus amples moyens d'investigation, et l'Empereur l'ayant autorisé à faire aux frais de la liste civile, sur une partie du domaine impérial de Vincennes, toutes les expériences qu'il jugerait utiles au développement du progrès agricole, M. Ville a entrepris, il y a trois ans, et continué avec beaucoup de persévérance et de soins une série de cultures variées auxquelles il n'applique que des engrais chimiques, non moins variés, en consacrant à chacune d'elles une surface d'un are.

Les expériences portent sur trois genres différents de plantes, savoir : céréales, légumineuses et racines; ou spécialement sur blé, pois et betteraves auxquels quatre sortes d'engrais sont appliqués, soit isolément, soit deux à deux, trois à trois, ou tous ensemble. Ces engrais sont azotés, phosphatés, calcaires et alcalins. Leur réunion forme ce que M. Ville appelle un engrais complet. Celui-ci, pour un hectare, se compose de :

658 k. de chlorhydrate d'ammoniaque,

400 k. de phosphate de chaux très pur,

600 k. de silicate double de potasse et de chaux.

Le chlorhydrate d'ammoniaque dose 24,92 p. °/₀ d'azote.

C'est en 1860, à l'automne, que le terrain a été préparé. Au mois de décembre de la même année, quelques parcelles ont été fumées avec l'engrais complet dont il vient d'être parlé, et depuis cette époque elles n'en ont plus reçu. M. Barral évalue cette fumure à 5 ou 600 fr. par hectare.

Le même M. Barral ayant été appelé dernièrement à vérifier le produit de quelques-unes de ces cultures rapporte :

1° Que celle qui a reçu l'engrais complet en 1860 a produit cette année (1863) pour sa troisième récolte, 47 litres de froment sur un are, ce qui équivaut à 47 hectolitres par hectare.

2° Que celle qui a reçu 400 k. de phosphate n'a rendu que 14 litres.

3° Que la parcelle cultivée sans aucun engrais a produit 11 litres.

Ces résultats sont beaucoup plus satisfaisants que ceux des expériences de M. Boussaingault, faites dans des conditions analogues, quant à l'engrais. Mais il ne faut pas perdre de vue que ce dernier opérait sur un sol artificiel d'une stérilité radicale, tandis que M. Ville opère sur une terre qui, réputée mauvaise, produit néanmoins pendant plusieurs années de suite, et sans engrais, ni jachère, 11 hect. de froment par hectare, produit que n'atteignent pas en France beaucoup de terres régulièrement, mais non suffisamment fumées.

A la vérité, il s'agit ici d'une culture en quelque sorte jardinière, faite avec les plus grands soins, purgée de toute plante adventice, sur un terrain labouré à la bèche, et où les plantes sont protégées, au besoin, par des tuteurs qui les empêchent de verser. Ainsi traitée, une petite culture donnera toujours, à fertilité égale, des produits sensiblement plus importants que la culture ordinaire. Néanmoins trois rendements consécutifs de 47 litres de blé pour un are, même dans ces conditions et avec la fumure indiquée, n'en est pas moins un produit fort extraordinaire, si ce chiffre n'est pas erroné.

On concevra mon doute à cet égard, lorsqu'on saura que le *Moniteur*, d'une part, M. l'abbé Moigno dans le Journal *les Mondes*, d'autre part, en rendant compte des mêmes expériences, ne parlent que d'un produit de 30 à 35 hectolitres, ce qui est déjà fort joli.

Mais si ce produit a été réellement de 47 h. pendant trois années de suite, soit en total 141 h., tandis que la terre non fumée n'a rendu dans le même temps que 33 h., il y aurait donc un excédant de 108 hect., dont il est d'autant plus intéressant de rechercher la cause que cet excédant a dû enlever 216 k. d'azote, tandis que l'engrais n'en a apporté que 164k50. Il y a lieu, par conséquent, de se demander d'où peut provenir la différence.

Ici on ne peut échapper à cette alternative.

Ou bien les récoltes ont emprunté une partie de leur azote à l'atmosphère; ou bien les matières minérales appliquées avec l'engrais ammoniacal, ont déterminé l'absorption par les plantes d'une quantité d'azote qui se trouvait à l'état latent dans le sol et qui, réduit à ses propres forces, était condamné à l'inertie.

La première de ces deux solutions n'est pas admissible, d'après les expériences de M. Boussaingault, que la pratique confirme tous les jours de la façon la plus concluante. En effet, il arrive fréquemment, qu'en apportant dans une terre suffisamment pourvue de minéraux assimilables, une proportion convenable de substances simplement azotées, telles qu'un sel ammoniacal ou un nitrate, on obtient un notable surcroit de récolte.

En pareil cas, il est bien évident que ce surcroit de récolte n'est dû qu'à l'engrais azoté, puisque sans lui il n'aurait pas eu lieu. Si cet engrais n'est cause efficiente que dans la proportion du contingent qu'il apporte à l'alimentation végétale, il est au moins cause déterminante par l'indispensabilité de son concours.

Lorsqu'au contraire, en versant seulement certains minéraux dans le sol, on obtient un surcroît de récolte, le résultat est parfaitement analogue, mais en sens inverse. On ne l'obtient que parce qu'il existait dans le sol de l'azote inactif lorsqu'il est seul, et parce que les minéraux qu'on y ajoute constituent une fertilité normale jusqu'à concurrence de celui d'entre eux qui s'y trouve en moindre proportion, relativement aux besoins de la végétation et à la puissance d'absorption dévolue à cette dernière.

Admettez, par exemple, que pour constituer cette fertilité normale, il faille 20 d'azote, 6 de potasse, et 20 de phosphate de chaux. Si le sol possède les deux premières quantités, mais la moitié seulement de la troisième, on n'obtiendra forcément qu'une demi récolte, tandis qu'en doublant la proportion de phosphate on aura récolte entière. C'est que dans ce dernier cas, les 20 parties d'azote et les 6 parties de potasse auront été mises en situation d'agir en totalité, tandis que dans le premier la moitié de leur quantité était réduite à l'inaction faute d'une proportion suffisante de phosphate qui permît à la végétation de les utiliser en plein.

Dans les expériences de M. Ville, une simple addition de phosphate de chaux, même en quantité surabondante, ne procure qu'une augmentation de 3 h. de blé. Cela prouve que le sol contenait toutes les substances nécessaires, moins le phosphate, pour une récolte de 14 hect. et que si elle n'a pas été plus forte, c'est que l'une, au moins, de ces substances s'est trouvée en proportion insuffisante pour que ce rendement pût être dépassé. Quelle peut-elle être? Il est aussi évident ici, que la lumière l'est en plein soleil, que ce n'est pas l'azote puisque le sol en a rendu beaucoup plus qu'il n'en a reçu, et que du moment où le sol contenait de l'azote et du phosphate de chaux, plus qu'il n'en fallait pour 14 hect. de blé, la récolte n'a pu rester à ce chiffre que faute de potasse ou de silice et peut-être de l'une et de l'autre. En effet, ces deux substances étant ajoutées aux autres éléments de fertilité on arrive au résultat en quelque sorte prodigieux de 47 h.

Si c'était l'atmosphère et non le sol qui eût fourni l'azote contenu dans ces 47 h., en sus de celui de l'engrais, on comprend que l'emploi du sel ammoniacal eût été une superfétation. Mais écoutons ce que dit à cet égard M. l'abbé Moigno. « Quand l'engrais est complet...... la végétation est vraiment » étonnante. Nous savons par exemple, que les récoltes de » froment ont atteint de 30 à 35 h. de froment par hectare. Si » l'un des éléments essentiels vient à manquer, l'azote, par » exemple, pour les céréales, la végétation devient relative- » ment languissante...... » Cela prouve péremptoirement encore que le sol lui-même, quelque bien travaillé qu'il soit, n'abandonne pas volontiers l'azote qu'il a pu absorber pour sa ration d'entretien, puisqu'il faut nécessairement le concours d'un engrais azoté pour obtenir le maximum de rendement que le travail le plus parfait est impuissant à produire sans ce concours, même avec celui de tous les minéraux nécessaires.

Si donc l'atmosphère — ce qui n'est pas douteux — contribue à Vincennes, comme ailleurs, à l'alimentation des céréales, elle n'y contribue que pour l'eau et une partie du carbone.

Je dis une partie du carbone, parce que l'on ne peut pas s'autoriser d'une expérience de trois ans seulement pour croire que les engrais chimiques entièrement privés de principes combustibles peuvent indéfiniment remplacer le fumier. Si cela a eu lieu dans les expériences de M. Ville, c'est parce que le sol sur lequel il opère contient indubitablement par le terreau qu'il renferme et dont la décomposition est toujours fort lente, une source plus ou moins abondante de carbone. Mais cette source n'est pas intarissable. Pour que l'expérience fut concluante sous ce rapport, il faudrait qu'il fut prouvé que les principes carbonés manquent absolument, non-seulement dans les engrais, mais encore dans le sol ; et il s'en faut de beaucoup que cette preuve soit produite.

Si la fertilisation du sol est une des principales obligations du cultivateur, il ne sera pas sans intérêt de rechercher comment il doit les remplir et quels indices doivent le guider pour mettre sa terre dans le meilleur état possible de poduction.

Il est bon de faire remarquer ici qu'une analyse chimique du sol ne pourrait pas faire connaître avec assez de certitude la quantité de matières fertilisantes qu'il contiendrait dans un état convenable d'assimilation. Une telle analyse peut bien révéler la composition exacte de la terre, mais elle n'éclairera que faiblement sur la proportion de substances que le sol retient pour lui-même et elle ne dira pas si celles qui restent disponibles au profit des récoltes sont plus ou moins promptement décomposables, toutes choses qu'il est cependant essentiel de savoir pour pouvoir régler les fumures le plus économiquement possible, sans rester au-dessous des besoins de la végétation, ni les excéder. Tout excès de ce genre constituerait une avance qui, n'étant pas indispensable, serait onéreuse par cela même. Elle ne serait pas d'ailleurs sans inconvénient, étant appliquée à des terres légères qui ne retiennent que faiblement les substances volatiles de l'engrais dont elles laissent échapper une partie trop considérable lorsqu'il est en excès. Dans ces sortes de terres, il serait donc préférable de fumer peu à la fois, en portant néanmoins la fumure au maximum pour chaque récolte. Mais ce sont-là deux choses fort difficiles à concilier le plus souvent, surtout lorque l'assolement adopté porte en tête une plante qui, comme la betterave, exige une forte fumure dont elle ne prend toutefois qu'une faible partie. Dans ce cas, il arrive forcément, que l'engrais appliqué en vue d'un produit maximum, peut largement suffire pour une rotation de trois ou quatre récoltes subséquentes. Du reste, quelque mode que l'on adopte relativement aux époques des fumures, le point capital est de déterminer exactement l'importance de ces dernières, conformément aux besoins des plantes qu'elles doivent alimenter.

Jusqu'ici les règles suivies à cet égard ont été purement arbitraires et très variables non-seulement d'une contrée à une autre, mais encore de ferme à ferme dans le même canton. La plus rationnelle est celle qui prescrit la restitution au sol de toutes les substances que lui enlèvent les récoltes. Toutefois, il est évident qu'en opérant ainsi, le seul résultat possible est l'entretien de la fertilité acquise. C'est là sans doute un point fort important, surtout lorsque cette fertilité est déjà parvenue à une certaine puissance; mais cela ne suffit pas pour des terres en période d'amélioration. Pour celles-ci, on sait seulement qu'il est d'une bonne pratique d'augmenter progressivement les fumures, ce qui conduit naturellement à une augmentation de production. Mais ce n'est là qu'une donnée empirique qui ne précise et ne formule rien; qui laisse tout à l'inspiration et au hasard, et qui souvent aboutit à des mécomptes. L'art de mesurer l'épuisement qu'occasionnent à la terre les récoltes que nous lui enlevons, dit M. Bella, directeur actuel de Grignon (1), est un art de grande importance. Sans lui, la pratique de l'Agriculture ne peut procéder que par tâtonnement et par routine. Les assolements, les rotations ne peuvent présenter aucun avantage déterminé à l'avance ; le cultivateur ne peut apporter aucune modification un peu importante à la culture sans avoir à redouter de cruelles déceptions.

De tous nos agronomes, comme je l'ai dit précédemment, M. de Gasparin est le seul qui ait élucidé cette importante question, en établissant un système de fertilisation sur des bases tout à la fois chimiques et mathématiques, au moyen desquelles on

(1) Annales de Grignon : 12e livraison, page 321.

peut, dit-il, calculer rigoureusement, dans toutes les situations possibles, la quantité d'engrais à appliquer aux différentes cultures, de manière à arriver aux résultats les plus avantageux possibles sous le rapport du produit net, sans rien laisser à l'arbitraire.

C'est là, je le répète, ce qui a été produit de meilleur sur cet important sujet, et c'est sur une expérience personnelle qui n'a pas duré moins de sept ans, depuis le moment où j'ai connu la méthode jusqu'à celui de ma retraite, que je me fonde pour émettre cette opinion. Néanmoins, ce système paraît n'avoir pas été goûté de nos écrivains agricoles, parmi lesquels il n'en est pas un seul qui le recommande formellement, ce qui prouve une fois de plus que les idées neuves, en Agriculture, quelque bonnes qu'elles soient, ne sont pas toujours celles qui cheminent le plus vite en France. Aussi, M. de Gasparin est-il mort sans avoir eu la satisfaction de voir son système adopté, si ce n'est par un très petit nombre de cultivateurs dont je m'honore d'avoir fait partie, et il semble qu'en le mettant au jour il pressentait son insuccès, si l'on en juge par la page suivante de son Cours d'Agriculture, qui, tout en résumant le principe, exprime de justes doléances sur l'indifférence dont il est l'objet.

« .... Il y avait un élément de calcul indispensable » pour arriver à une détermination suffisamment exacte.

» Le sol ne se trouve pas complètement épuisé après une ré- » colte quelconque. La culture du blé quand elle réussit, ne » s'empare, par exemple, que des 29 centièmes de l'azote con- » tenu dans nos engrais de ferme; mais chaque plante a une » aptitude à s'emparer d'une aliquote plus ou moins considé- » rable de l'engrais, aptitude qui varie selon les saisons, mais » dont il fallait au moins déterminer la moyenne. C'est ce que » nous avons recherché avec soin dans la partie de cet ouvrage » qui traite de la phytologie. C'est le résultat de ces trois or- » dres de recherches que nous avons fait saillir, et qui com- » plète pour nous la théorie des assolements. 1° Quelle est l'ab- » sorption des substances fécondantes de l'atmosphère faite » par le sol cultivé; 2° quelle est celle opérée par les plantes; » 3° quelle aliquote de fertilité les plantes puisent-elles dans » la masse totale des engrais contenus dans le sol? Les analyses

» nouvelles, les observations faites en différents temps et en » différents lieux, sous l'influence de circonstances variées, ser» viront à corriger et à rectifier nos chiffres; mais dès à pré» sent, nous possédons des bases d'appréciation assez satisfai» santes, pour qu'on puisse s'en prévaloir et sortir du vague dans » lequel la science agricole était plongée.

» Est-ce la paresse d'esprit? Est-ce le peu d'habitude des » calculs? Est-ce la défiance des résultats obtenus par des sa» vants aussi éclairés que les Boussaingault, les Lébig, les » Payen, et avec tous les moyens de la science moderne? Est» ce un préjugé fatal contre l'application des procédés scien» tifiques à l'Agriculture qui retient encore tant d'honorables » et habiles cultivateurs dans l'ancienne ornière? Quand nous » interrogeons les élèves, ceux mêmes des écoles célèbres, que » nous leur demandons la quantité d'engrais que requiert la » culture d'une plante donnée, ce qu'elle produit; et que nous » retrouvons leurs réponses basées sur les plus vieilles et les » plus incomplètes données; sur des fumures, des demi-fu» mures, des quarts de fumure dont ils ignorent la force et les » propriétés; quand nous les voyons estimer d'une manière si » erronée les restitutions produites par les plantes améliorantes. » et la valeur relative de leurs fourrages, il nous semble en» core être au temps où les disciples d'Aristote poursuivaient » ceux de Descartes et ou, plus tard, les Cartésiens persistaient » à soutenir le roman de leurs tourbillons contre l'évidence des » calculs de Newton. »

Admirable page qui ne saurait être trop méditée par quiconque se voue à l'étude de la science agricole si peu comprise encore !!!

Le système de M. de Gasparin est une modification heureuse et rationnelle de ceux des agronomes allemands, Thaer, Woght, de Wulfen, etc. Thaër avait observé qu'un champ qui vient de donner une récolte de 20 hect. de blé, par exemple, pouvait en donner une seconde mais plus faible, sans nouvelle fumure et sans que la terre en fût épuisée. Il concluait avec raison que, puisque plusieurs récoltes pouvaient se succéder sur le même terrain sans engrais nouveau, mais en donnant des produits progressivement moindres, la fertilité de la terre pouvait se graduer d'après une échelle en rapport avec les produits obtenus.

Telle est l'idée fondamentale du système phorométrique de Thaër perfectionné par Woght, mais reposant sur des bases arbitraires et d'une complication qui en rend l'étude et l'application assez difficiles. Aussi n'en dirai-je rien de plus.

C'est donc d'un principe analogue qu'est parti M. de Gasparin qui, comme ses devanciers, a reconnu qu'une récolte n'enlevait au sol qu'une aliquote de sa fertilité ; mais que chaque plante ayant une aptitude d'absorption plus ou moins grande, c'était sur cette aptitude principalement que devait se baser le calcul de la fertilisation.

Ainsi, connaissant d'une part, l'aliquote d'absorption d'une récolte quelconque, et d'autre part, la quantité de substances que cette récolte a puisée dans un sol de fertilité normale — toutes choses qui sont indiquées dans le tableau qu'on trouvera plus loin —, rien n'est plus facile que d'en déduire ce que cette récolte laisse après elle, et par conséquent la quantité d'engrais à rapporter pour reconstituer la fertilité conformément aux besoins de la récolte qui doit suivre, la puissance d'absorption de cette dernière étant également connue.

Il faut remarquer ici que tout le système repose sur l'hypothèse d'une fertilité créée au moyen du fumier de ferme qui est le plus universellement employé. Lorsqu'il s'agit d'engrais d'une autre nature, plus ou moins promptement décomposable, l'aliquote d'absorption est plus ou moins forte. C'est ainsi que j'ai trouvé dans une expérience en grand, qu'en ajoutant du sel ordinaire au guano du Pérou, la récolte à laquelle cet engrais était appliqué pouvait absorber 64 à 65 p. °/₀ de l'azote du Guano, ainsi que je l'ai exposé dans mon compte rendu imprimé de 1858.

Pour la facilité des calculs, on a pris l'azote comme étant la plus simple expression de la richesse du sol ainsi que de la composition des récoltes et des engrais, mais en sous-entendant que cette substance doit toujours être accompagnée de tous les autres principes nécessaires à la végétation, et sans lesquels il ne saurait y avoir ni fertilité, ni récoltes, ni engrais complets.

Ainsi : soit une plante dont l'aliquote d'absorption est de 30 pour 100 de la fertilité. Si elle enlève, au total, 45 k. d'azote, on en conclura que le sol en contenait 150 k. puisque la quantité enlevée (45 k.) doit être à la fertilité (150) comme l'aliquote (30) est à 100.

On en conclura encore que la fertilité (150) se trouvant réduite des 45 k. enlevés, il ne doit plus rester que 105 k. d'azote assimilables dans le sol. Or, si l'on veut produire une deuxième récolte susceptible d'absorber 60 k. d'azote et dont l'aliquote d'absorption soit 0,36, on cherchera d'abord quelle est la fertilité nécessaire pour produire ces 60 k. sur le pied de 36 pour cent, et on la trouvera au moyen de l'équation suivante : 36 : 100 : : 60 : x = 166,67. Mais comme la récolte précédente — dans l'hypothèse posée —, a dû laisser après elle 105 k. d'azote, il n'y aura en réalité que 61k 67 à rapporter, ce qui peut avoir lieu au moyen de 15,400 k. de fumier (chiffre rond), dosant 0,40 en azote.

Rien n'est donc plus simple et d'une application plus facile, que cette méthode au moyen d'une bonne table des aliquotes. Il faut remarquer cependant qu'il est des cas ou elle peut être fautive, et cela aura toujours lieu lorsque l'engrais ne sera pas normal, c'est-à-dire, lorsque les minéraux n'y existeront pas en proportion correspondant à l'azote. Nous verrons plus tard, en traitant spécialement des matières fertilisantes, quels sont les moyens à employer pour éviter de semblables mécomptes. La méthode peut encore être fautive lorsque la fertilité dépasse les besoins de la végétation ; mais en pareil cas, les erreurs de calcul — faciles à éviter du reste —, ne pourraient tourner qu'au profit des récoltes. Voici comment :

La puissance d'absorption départie aux plantes, a des limites qu'aucune d'elles ne peut franchir. Mais ces limites varient avec la nature des terres, l'influence des climats, des saisons, etc.

Or, si une plante se trouve en présence d'une fertilité plus grande que celle qui serait nécessaire pour un rendement maximum, il arrivera que son aliquote d'absorption réelle sera relativement plus faible que son aliquote normale, et qu'en tablant sur celle-ci pour déterminer une nouvelle fumure, on pourrait rapporter dans le sol une quantité d'engrais inutilement surabondante.

Je supposerai, par exemple, une fertilité représentée par 300 k. d'azote. Si la récolte qui lui est demandée est un blé dont le rendement maximum soit 30^{h} enlevant tant par le grain que par la paille, 60 k. d'azote, il est évident que l'aliquote d'absorption ne sera, dans ce cas, que de 0.20, tandis qu'elle est normalement de 0.30. En d'autres termes, une fertilité de 300, en semblable circonstance, ne pouvant pas produire plus que si elle n'était que de 200, il s'ensuit que l'aliquote d'absorption réelle baisse d'autant plus que la fertilité dépasse les besoins de la récolte. Par conséquent, si l'on se basait en pareil cas, sur l'aliquote normale pour calculer l'engrais restant, selon la règle rapportée plus haut, on ne trouverait, dans l'hypothèse posée que 140 k., tandis que la quantité existant bien réellement serait de 240 k.

Mais ces cas-là sont fort rares et ne se présentent guère qu'en cours d'assolement, alors qu'il n'y a pas lieu à une application d'engrais. Cependant, si l'on avait quelque raison de supposer un tel état de choses, rien ne serait plus facile que de le constater en remontant au début de la rotation et en calculant l'absorption, non seulement de la dernière récolte, mais encore des deux ou trois précédentes. Si comme cela doit arriver presque toujours, il s'en trouve une ou plusieurs dans le nombre dont le rendement sans être un maximum, soit d'accord avec son aliquote normale, la situation de la fertilité s'établira tout naturellement.

En voici un exemple qui pourra servir de guide pour tirer les choses au clair à peu près dans toutes les circonstances possibles.

Nous supposons un cultivateur débutant sur une terre dont il ne connaît pas la fertilité, et sur laquelle il a néanmoins résolu d'établir la rotation snivante : 1° betterave ; 2° blé ; 3° colza ; 4° blé ; 5° trèfle ; 6° avoine. Ignorant également le produit de la dernière récolte, il ne peut calculer, d'après la règle de l'aliquote, l'état de la fertilité, et par conséquent la quantité d'engrais nécessaire à sa rotation projetée. Du reste, comme il ne possède que 50 000 k. de fumier normal, il ne peut en appliquer davantage, et il les donne à sa première sole. C'est donc un apport en azote de. . . . . 200 k.

Mais comme vraisemblablement la terre n'était pas

A reporter . . . 200

Report 200

entièrement épuisée, il faudra, pour découvrir la fertilité initiale, procéder par une règle de fausse position en supposant une force disponible quelconque (1), par exemple. 100

On aura ainsi un total de. . . . . 300 k.

Voici la 1re récolte qui consiste en 30,000 k. de betteraves, dont les feuilles sont abandonnées au sol pour lui rendre ce qu'elles lui ont pris, et dont les racines dosant 0,21 d'azote enlèvent. 62

Reste. . . 238

Sachant que l'aliquote de la betterave est de 0.66 tant pour les racines que pour les feuilles, le produit obtenu semble prouver que la fertilité était réellement de 300 k., puisqu'il y correspond exactement. En effet, 30 000 k. de betterave dosant 198 k. d'azote avec leurs feuilles, ce chiffre représente bien les 66 centièmes de 300. Mais il se peut que cette coïncidence soit un jeu du hasard. C'est ce que la suite apprendra. Si au contraire la fertilité était plus grande, (ce qui est, du reste, la seule hypothèse admissible, puisque le produit atteste qu'elle ne peut pas être moindre), la conséquence qui en découlerait, c'est que ce produit serait un maximum pour une semblable situation.

La 2e récolte consiste en 30h de blé enlevant avec leur paille. 60

Reste. . . 178

Ici il y a présomption que le produit est au maximum, puisque son aliquote étant de 0.30, l'absorption aurait dû s'élever à 71k 40 représentant 35h 70l de blé. Mais on ne peut encore rien affirmer.

La 3e récolte donne 20h de colza dosant, paille comprise. . . . . 82.60.

(1) On pourrait, à la rigueur, ne rien supposer du tout; mais comme alors on s'éloignerait de la vérité elle serait peut-être plus difficile à dégager.

Ce résultat éclaircit tout, lorsqu'on sait que l'aliquote normale du colza est 0,30. Au cas particulier, si la fertilité en présence de laquelle s'est trouvée cette récolte n'était réellement que de 178, il est évident que le produit n'aurait pu dépasser 53 k. 40 d'azote sur le pied de 30 p. °/₀. Or, comme il en absorbe 82 k. 60, il s'ensuit forcément que la récolte a dû trouver une richesse de 275 k. 33, au lieu de 178 k., et qu'ainsi la fertilité initiale supposée égale à 100, était en réalité de 197 k. 33 ; c'est-à-dire qu'elle était plus grande de toute la différence qu'il y a entre 178 et 275,33, ce qui prouve péremptoirement que les 30 000 k. de betteraves et les 30 hectol. de blé, sont des produits maxima pour une semblable situation.

Ainsi, pour résoudre tous les problèmes de ce genre, deux données suffisent, savoir : l'aliquote d'absorption de chacune des plantes cultivées, et la teneur en azote de ces mêmes plantes.

Ces données, je le répète, sont fournies par les tableaux qu'on trouvera plus loin, et qui sont dressés de manière à pouvoir être très aisément compris, et à n'imposer que des calculs extrêmement faciles, dont la règle est tracée dans la colonne d'observations.

Dans la pratique ordinaire, on n'y regarde pas de si près; on applique ordinairement tout le fumier dont on peut disposer, et puis, advienne que pourra. Cependant, dans les exploitations qui ont de l'ordre et qui tiennent à se rendre compte de leurs opérations, on fait quelque chose de plus, surtout lorsque l'on veut connaître le prix de revient des récoltes, afin de savoir si elles donnent du bénéfice ou de la perte, et si l'on doit les continuer ou leur en substituer d'autres. Dans ce cas, on applique une méthode totalement empirique, et qui consiste, comme dans l'assolement quadriennal de Mathieu de Dombasle, à mettre la moitié de l'engrais à la charge de la culture sarclée, et l'autre moitié à celle des deux céréales en en exonérant le trèfle.

On comprendra bientôt que cette méthode ne peut pas être exacte; qu'elle n'est même, le plus souvent, que très faiblement approximative, et qu'elle doit entraîner à des écarts plus ou moins considérables, puisque l'aptitude d'absorption n'est pas la même pour toutes les plantes, et que l'état de la fertilité nitiale influe nécessairement plus ou moins sur l'aliquote de chaque récolte, en rapportant cette aliquote à l'engrais seulement, au lieu de la rapporter à la fertilité totale. Nous verrons plus loin que chez Mathieu de Dombasle lui-même, le colza, par exemple, qui ouvre la rotation dans l'un de ses assolements, absorbe 62 1/2 p. °/₀ de la fumure, bien qu'il ne consomme que 30 p. °/₀ de la fertilité; qu'à Bechelbronn, chez M. Boussaingault, la betterave n'enlève que 26 p. °/₀ de l'engrais, et la pomme de terre 23 p. °/₀ seulement; qu'à Grignon, les diverses cultures sarclées, placées en tête de l'assolement, ne consomment que 96,90 d'une fumure qui apporte 240.

Si donc la formule de Mathieu de Dombasle est vraie, elle ne peut l'être que pour une situation tout-à-fait spéciale, qui ne se rencontrera peut-être pas deux fois sur cent. Il y a des cultivateurs qui ont cru devoir la modifier, et qui, en le faisant, sont tombés dans un écart non moins grand. C'est ainsi que l'on trouve dans un de nos meilleurs journaux agricoles, un excellent article sur la betterave, dû à la plume d'un agriculteur en renom, qui ne porte au compte de cette racine que le quart de la fumure. D'après ce qui a lieu chez M. Boussaingault, on pourrait croire que cet agriculteur est dans le vrai. Mais si l'on considère qu'il s'agit chez lui, d'une part, d'une récolte de 760 quintaux métriques de betteraves, dosant 160 kilog. d'azote, sans compter les feuilles que l'on doit supposer être abandonnées au sol, et d'autre part, d'une fumure de 60 000 kilog. de fumier, qui ne peut guère être évalué qu'à 240 kilog. d'azote, on trouvera que l'absorption réelle n'est pas seulement du quart, mais bien des deux tiers de l'engrais. On comprend qu'avec de telles formules qui dégrèvent mal à propos certaines cultures en en chargeant d'autres outre mesure, on puisse aboutir aux plus incroyables aberrations dans l'établissement du prix coûtant du blé, ainsi que cela à eu lieu dans les nombreuses discussions qui ont surgi au sujet de l'échelle mobile.

Dans le fait que je rapporte, je ne conteste certainement pas l'exactitude du produit de 76 000 kil. de betteraves, au moyen d'une application de 60 000 kil. de fumier ordinaire, quelque phénoménal que soit ce produit relativement à la fumure; mais on ne pourra méconnaître que, pour l'obtenir, il a fallu, indépendamment de l'engrais, une fertilité initiale dont il serait difficile de trouver beaucoup d'exemples dans la grande culture.

La morale de tout cela, c'est qu'il est impossible, à l'aide des formules empiriques admises dans la pratique, de déterminer exactement la quantité d'engrais qui doit tomber à la charge de chaque récolte et que l'on n'y peut parvenir que par la méthode de l'aliquote, soit qu'on l'applique théoriquement comme le propose M. de Gasparin, soit que l'on procède comme M. Boussaingault, par la double analyse de l'engrais et des récoltes en répartissant la fumure entre ces dernières au prorata de leur teneur en azote, et en faisant profiter le trèfle de l'excédant, lorsque trèfle et excédant il y a.

Quelle que soit la méthode qu'on adopte, il faut nécessairement qu'elle indique si la terre est dans un état de fertilité normale ou si elle retient une partie de l'engrais pour elle-même, puisque la répartition de cet engrais ne doit pas être la même dans l'un et l'autre cas.

Si le cultivateur est propriétaire du domaine qu'il exploite, il ne serait ni juste ni régulier qu'il fît supporter à ses cultures la valeur du fumier absorbé par sa terre, puisque c'est là une capitalisation foncière dont ses récoltes doivent être exonérées, sauf à les grever progressivement d'un loyer plus élevé.

Mais s'il n'est que simple fermier, non indemnisé pour ses améliorations, cette absorption constitue pour lui un placement à fonds perdu dont la charge doit nécessairement tomber sur ses récoltes, qui pourront lui procurer jusqu'à la fin de son bail quelques compensations par un loyer moindre, peut-être, et par une augmentation progressive de produits.

De tous les manuels agricoles, et de tous les traités sur les matières fertilisantes qui ont été publiés jusqu'ici, je n'en connais qu'un seul donnant des formules de fumure à peu près rationnelles pour les plantes de la grande culture. C'est celui de M. G. Heuzé, professeur à Grignon. Ces formules expriment bien les quantités de substances enlevées par chaque espèce de récoltes, et si je dis qu'elles ne sont qu'à peu près rationnelles, c'est parce qu'elles ne peuvent s'appliquer qu'au seul cas d'une fertilité normale, laissant à la disposition des récoltes la totalité de l'engrais employé, et à celui où des récoltes absolument semblables à celles projetées auraient été ou auraient pu être produites par la rotation précédente, et où les fanes de pommes de terre et les feuilles de betteraves auraient été laissées sur le terrain. Dans ces conditions, les fumures, telles qu'elles sont calculées, opèreraient une restitution intégrale, en rétablissant la fertilité sur le même pied qu'auparavant. C'est ce que l'on peut appeler le régime de conservation. Pour un tel régime et sous les réserves qui viennent d'être faites, les formules de M. Heuzé sont irréprochables. Mais si au lieu de conserver simplement la fertilité, on se propose de l'augmenter, ces mêmes formules sont inapplicables. C'est ce que le raisonnement suivant fera aisément comprendre.

Supposons, par exemple, une exploitation ayant produit jusqu'ici 15 000 kilog. de betteraves et 27 hectol. 50 de blé en deux soles séparées par un trèfle, au moyen d'une fumure de 23 500 kilog de fumier normal dosant 0,40 d'azote.

Si l'on veut doubler la récolte, suffira-t-il de doubler cette fumure qui est celle conseillée par M. Heuzé, pour une rotation comme celle qui vient d'être indiquée, ainsi qu'on doit l'induire du principe posé par l'honorable professeur? Non, et la raison en est facile à concevoir. C'est que pour produire les 15 000 k. de betteraves dans la rotation précédente, il suffisait d'une fertilité totale de 150 kilog. d'azote. Or, pour en obtenir le double, ce n'est pas la fumure qu'il faut doubler, mais bien la fertilité totale, et l'on ne pourrait y parvenir, au cas particulier, qu'en augmentant la fumure primitive de 37 500 kilog., au lieu de l'augmenter de 23 500 kilog. seulement. Mais cette première avance étant faite, et la fertilité étant ainsi constituée, dès qu'il ne s'agira plus que de la conserver, les doses d'engrais indiquées par M. Heuzé seront suffisantes, moyennant, je le répète, qu'elles soient appliquées à une terre qui n'en retiendrait pas une partie pour elle-même.

Si presque tous les auteurs se sont abstenus de parler du système de M. de Gasparin, M. Heuzé n'est pas du nombre, mais il n'en a parlé que pour conclure à son inadmissibilité, tranchant ainsi une question qui valait la peine d'être mieux étudiée. Dans un sens cependant, M. Heuzé avait raison, en ce que partant d'une aliquote erronée, M. de Gasparin arrivait à un chiffre énorme pour établir la fertilité nécessaire à la betterave. Mais ce qui était inadmissible, dans ce cas, c'était l'aliquote appliquée et non le principe de son application. Il suffisait donc simplement de la corriger, et c'est ce j'ai cru devoir faire dès que je me suis aperçu de l'erreur.

Il faut reconnaître toutefois, que le sytème dont il s'agit ne peut avoir de mérite réel qu'autant que les aliquotes soient exactement établies. Malheureusement c'est une qualité qu'on ne peut accorder à plusieurs de celles calculées par M. de Gasparin. Autant sa méthode a de valeur dans son principe, autant elle pèche dans ses détails. M. de Gasparin n'a jamais eu, du reste, la prétention de la donner comme parfaite sous ce rapport, puisque en maints endroits de son ouvrage il invite à corriger ceux de ses chiffres qui seront susceptibles de rectification. Ce qu'il a voulu principalement, c'était ouvrir et jalonner une voie entièrement nouvelle, beaucoup plus directe et plus sûre que toutes celles suivies jusqu'ici, en faisant appel à tous pour la rendre aussi praticable que possible. En mon particulier, j'ai répondu à cet appel autant qu'il était en moi, en m'appliquant à faire disparaître les principales imperfections qui se trouvaient dans la méthode. On jugera, d'après les bases sur lesquelles mes calculs reposent, si j'ai réussi. En tous cas, si mes chiffres laissent eux-mêmes quelque chose à désirer, chacun pourra les modifier selon la situation dans laquelle il se trouvera. L'essentiel est de bien se familiariser avec le principe, après quoi les applications deviendront très faciles. Elles le seront d'autant plus qu'on s'appuiera sur les faits les mieux établis. C'est à quoi je me suis particulièrement attaché en prenant mes principaux étalons dans des exploitations pouvant inspirer une confiance entière, par l'ordre et l'exactitude qui règnent dans toutes leurs opérations.

En formulant ici la marche que j'ai suivie, chacun pourra s'en faire un guide pour dresser sa table d'aliquotes dans des situations où la mienne pourrait comporter quelques modifications. Il suffira, pour y réussir, de tenir, pendant toute une rotation une note exacte des fumures et des récoltes, et de bien déterminer le dosage en azote des unes et des autres. Lorsqu'on ne sera pas en position de s'aider d'analyses chimiques, on trouvera des éléments de calcul presque toujours suffisants dans les documents que contient la présente étude.

Je dois répéter ici que les aliquotes régulatrices ne peuvent s'entendre que de celles s'appliquant à une fertilité normale, c'est-à-dire, à une fertilité ne dépassant pas les besoins des récoltes.

BECHELBRONN.

Nous étudierons, en premier lieu, l'assolement de Bechelbronn, parce que c'est là où nous trouverons les renseignements les plus précis, les faits les mieux établis. Les conclusions que j'en tirerai, sans être formellement contraires à celles déduites par M. Boussaingault lui-même, en différeront cependant sur quelques points, notamment sur l'état de la fertilité de sa terre — à l'époque à laquelle remontent les constatations — et sur la nature des avantages résultant de l'introduction du trèfle dans la rotation culturale. C'est là l'une des questions agricoles les plus intéressantes, sur laquelle on a émis jusqu'ici des idées beaucoup plus conjecturales qu'analytiques, que nous essaierons d'éclaircir un peu plus loin, en discutant l'aliquote des légumineuses.

L'assolement de Bechelbronn, qui est de cinq ans, se divise en deux branches ayant en tête, l'une des pommes de terre, l'autre des betteraves. Dans la première, les pommes de terre se trouvant en présence d'une fertilité beaucoup plus grande que besoin ne serait pour la quantité de produit obtenue, on ne peut en déduire l'aliquote normale d'absorption par ces tubercules, et cet état anormal réagissant sur toute la rotation, je ne puiserai mes éléments d'appréciation que dans la seconde branche de l'assolement.

Ici, ma tâche sera singulièrement facilitée par les documents publiés par M. Boussaingault, documents qui font connaître tont à la fois, au moyen de bonnes analyses, la composition chimique de l'engrais employé, celle des produits obtenus, et les poids exacts des uns et des autres. Seulement, je serai obligé de demander à la théorie de l'aliquote l'indication de la fertilité naturelle ou initiale, abstraction faite de la fumure, M. Boussaingault ne l'établissant nulle part. Quant aux cultures qui ne figurent pas dans son assolement, ou à celles sur lesquelles les renseignements ne sont pas suffisamment concluants, je trouverai des indications suffisantes dans les *Annales* de Roville et surtout dans celles de Grignon, complétées par des données fort utiles publiées par M. Heuzé, professeur à cet établissement.

L'assolement de Bechelbronn étant : 1° Betterave ; 2° Blé ; 3° Trèfle ; 4° Blé suivi de navets dérobés ; 5° Avoine, et cette dernière récolte n'absorbant que 0,371 de la fertilité, représentés par 28 k. 40 d'après analyse, il s'ensuit que la puissance qui l'a produite devait être de 76,50, réduite, par conséquent, à 48,10, après la récolte. Le premier point à éclaircir est donc celui-ci : La récolte d'avoine a-t-elle réellement laissé 48 k. 10 d'azote disponible dans le sol, ou bien celui-ci en a-t-il absorbé une partie pour sa ration d'entretien ?

Les expériences de M. Brustlein que nous avons rapportées au commencement de cette étude, nous ont déjà fait pressentir la vérité à cet égard. Si la terre de Bechelbronn est réellement à l'état de fertilité normale ; si elle ne retient pour elle-même aucune fraction des matières fertilisantes qu'elle reçoit, celles-ci doivent se retrouver intégralement dans les récoltes autres que le trèfle qui, comme nous ne tarderons pas à en acquérir la preuve, n'emprunte absolument rien en azote au sol, pour sa végétation aérienne, c'est-à-dire pour la partie qui constitue la récolte proprement dite.

Or, comme l'engrais apporte 203 k. 50 d'azote, et que les récoltes n'en reproduisent que 180 k. 70 ; comme, d'un autre côté, l'état de la terre est le même à la fin de la rotation qu'au commencement, avant la fumure, ainsi que M. Boussaingault l'a constaté en fait, et que je crois pouvoir le démontrer mathématiquement, il est donc de toute évidence qu'il y a un déficit de 22 k. 50 d'azote, déficit que l'éminent agronome ne révoqne pas en doute, mais qu'il attribue à l'etraînement des eaux ou à une décomposition spontanée (1), ce qui est possible à la rigueur, mais ce qui paraît peu probable, lorsque l'on sait que la terre ne perd pas autant d'ammoniaque par les infiltrations que les pluies ne lui en apportent.

Au surplus, quelle que soit la cause de ce déficit, il est constant. Par conséquent, l'engrais consistant en 49 086 k. de fumier, dosant 203 k. 20 d'azote, dont il perd 22 k. 50, ne doit

(1) Économie rurale, tome 2, page 179.

plus compter dans les calculs que pour	180	70
auxquels il convient d'ajouter la fertilité restante, après la dernière récolte, et qui est, selon le tableau A qu'on trouvera plus loin, de 3 k. 58 d'azote pour 100 k. d'avoine récoltés, ci..............	48	10
Ce qui donne au début de la rotation une puissance de..............	228	80

produisant les effets ci-après, savoir :

1re ANNÉE.— Betteraves : 26000 k. en moyenne, dosant 1° Racines 53,90 ; 2° feuilles 100,90; ensemble 154,80, soit une aliquote de 0,676, de la fertilité totale. Mais les feuilles étant abandonnées au sol, les racines n'enlèvent réellement que	53	90
Reste pour la 2e récolte.....	174	90
2e ANNÉE. — Blé : 1185 k. de grain et 2692 k. de paille, dosant ensemble.....................	31	60
Reste pour la 3e récolte.....	143	30

Je ne mentionne pas l'aliquote de ce produit qui n'est évidemment pas normal, puisque nous trouverons à la 4e sole un rendement plus fort avec une fertilité moindre.

3e ANNÉE.—Trèfle. Nous établirons qu'il ne prend dans le sol que des minéraux, et qu'à cela près, il laisse la fertilité dans le même état après qu'avant la récolte.

4e ANNÉE.— Blé : 1659 k. grain, 2770 k. paille, dosant.........................	43	80	66	80
Aliquote : 0,305. Elle peut être regardée comme normale.				
2° Navets dérobés : 18000k. (1) dosant	23	»		
Reste pour la dernière récolte...			76	50

(1) La récolte de navets intercalaires étant très casuelle à Bechelbronne, M. Boussaingault ne la porte dans ses tableaux que pour environ moitié de son produit ordinaire, lequel est de 180 quintaux métriques (*Econ. rurale*, t. 2. p. 170). Mais comme il s'agit ici d'établir l'effet absolu de l'engrais, je dois naturellement tabler sur ce dernier chiffre, puisqu'il constitue une moyenne. Lorsque cette récolte manque, il est probable que celle qui suit s'en trouve un peu mieux, ce qui rétablit l'équilibre. Du reste, les navets dont il s'agit ici

Report......	76	50
5ᵉ ANNÉE.— Avoine : 1344 k. grain, 1800 k. paille dosant..	28	40
Aliquote, 0,371. (1)		
Fertilité finale....	48	10

Ainsi, nous voilà revenus à notre point de départ, avec des récoltes qui, le trèfle excepté, ayant enlevé 180 k. 70 d'azote, laissent le sol exactement dans le même état qu'avant la fumure, au début de la rotation. La théorie est ici parfaitement d'accord avec la réalité de faits. Il est évident par là que la différence existant entre les matières fertilisantes apportées par la fumure, et celles reproduites par les récoltes — moins le trèfle — constitue un déficit, non au préjudice de la fertilisation, puisque la terre absorbe cette différence pour sa ration d'entretien, mais au préjudice des récoltes, et que ce préjudice doit aller sans cesse en diminuant, jusqu'à complète saturation du sol. Un certain nombre d'années s'étant écoulées depuis l'époque à laquelle se rapportent les constatations sur lesquelles je m'appuie, il est plus que probable que cette saturation est effectuée, et qu'aujourd'hui la terre dont il s'agit est arrivée à un état de fertilité parfaitement normale.

Le trèfle fourni par cette rotation contenait 84 k. 60 d'azote qui, j'en ai la conviction, ont été puisés totalement dans l'atmosphère. S'ils provenaient de l'engrais, cette récolte aurait affaibli d'autant la fertilité de la 4ᵉ sole qui, au lieu de présenter un actif disponible de 143 k. 30, n'en eût offert qu'un de 58,70, ce qui eût rendu complètement impossibles les trois récoltes qui ont suivi le trèfle.

C'est là, au surplus, une question sur laquelle nous reviendrons bientôt ; mais, pour en obtenir plus facilement la solution, nous devons examiner préalablement d'autres assolements.

n'étant pas placés dans des conditions favorables à leur rendement, il n'y a pas lieu de s'arrêter à leur aliquote d'absorption qui ne peut être normale.

(1) Ayant trouvé plusieurs fois, dans des expériences qui me sont personnelles, une aliquote de 0,38 pour l'avoine, c'est celle que je crois devoir adopter. La différence est vraiment trop minime pour n'être pas négligée sans aucun inconvénient.

GRIGNON.

Le calcul auquel je vais procéder repose principalement sur les données résumées par M. Heuzé, dans son Traité des matières fertilisantes, d'après les Annales de Grignon, avec lesquelles je les ai confrontées. Les ayant trouvées exactes, sauf celles relatives au colza, dont l'honorable professeur exagère le rendement de près d'un tiers, j'ai rétabli ce rendement à son chiffre réel, en prenant la moyenne des sept dernières récoltes figurant dans les tableaux publiés par les Annales de cet établissement.

L'assolement qui était d'abord de sept ans, a été réduit à six, par la suppression d'un sole de fourrages annuels, devenus moins nécessaires, lorsque la fertilité s'est trouvée notablement accrue.

La fumure consiste en 60,000 k. de fumier normal appliqués à la première sole, et en une demi-fumure à la cinquième. Cette demi-fumure évaluée à 80 k. d'azote, se compose, en partie, de fumier de même qualité, et pour le surplus, de poudrette et de parcage.

Si nous récapitulons toutes les récoltes obtenues, le trèfle non compris, nous leur trouverons une teneur en azote égale à celle de la fumure. — Celle-ci étant de 320 k. et celle-là de 319,45. — Ce qui prouve un état de fertilité parfaitement normale, et ce qui prouve, en même temps, que l'azote du trèfle est entièrement conquis sur l'atmosphère.

La coïncidence que je constate entre les matières fertilisantes de la fumure et celle reproduites par les récoltes, est vraiment remarquable (1). A mes yeux, elle donne une grande autorité aux chiffres qui ont servi de base à mes calculs, chiffres qui, comme on le croira volontiers, n'ont point été publiés par les Annales de Grignon et par M. Heuzé, il y a plusieurs annés déjà, pour les besoins de la démonstration que j'entreprends aujourd'hui.

La dernière récolte de la rotation consistant en 20 quintaux métriques de froment, qui ont absorbé les 0,298 de la fertilité, et chaque quintal métrique de cette céréale, laissant dans le sol 5 k. 95 d'azote (voir le tableau A ci-après) il s'ensuit que la

(1) Je n'ai pas besoin, je pense, d'insister sur ce point : qu'une semblable coïncidence ne peut se rencontrer que là où il ne manque absolument aucune des substances nécessaires à la végétation, ni dans le sol, ni dans l'engrais.

fertilité initiale au moment de la rotation est de....	119 k	»
auxquels la fumure de 60 000 k. de fumier appliquée à la première sole, ajoute................	240	»
La puissance totale est donc de......	359	»

donnant les produits ci-après, calculés pour un hectare seulement, savoir :

1re ANNÉE. — 4/6 d'hectare en pommes de terre, 10500 k. dosant, avec leurs fanes....	37	80		
1/6 en Betteraves : 7000 k., dosant pour les racines seules.............	14	70		
1/6 en carottes ; 6000 *idem*....	18	»	96	90
Flles de betteraves omises par M. Heuzé	8	40		
Flles de carottes *idem*	18	»		
Reste pour la 2e récolte.....			262	10

L'aliquote de la betterave n'est ici que de 0,386, ce qui vient de la très-faible proportion de feuilles produites par cette racine à Grignon. Mais nous verrons plus loin qu'elle est néanmoins presque normale pour une espèce ayant un système foliacé aussi peu développé. Quant aux carottes, leur aliquote qui est de 0,60, est normale. Mais il n'en est pas de même pour les pommes de terre, dont le rendement, comme à Bechelbron, n'est pas en rapport avec la fertilité.

2e ANNÉE.

4/14 en blé de mars : 745 k. de gr. dosant	14	45		
8/14 en avoine 1490 *idem*.....	26	10		
2/14 en orge 400 *idem*.....	8	45	63	30
41 quintaux de paille, dont l'azote est, d'après M. Heuzé, de................	14	30		

Ici, pas d'aliquote normale.

Reste pour la 3e récolte......	198	80

3e ANNÉE. — Trèfle, laissant la fertilité dans le même état.

4e ANNÉE — Blé : 2000 k. dosant avec sa paille..	51	»
Reste pour la 5e année à reporter.....	147	80

Report......	147	80
Cette récolte de blé paraît être un maximum qui n'est pas encore en rapport avec la fertilité, et dont, par conséquent, l'aliquote de 0,26 n'est pas normale.		
Fumure supplémentaire....................	80	»
	227	80
5e ANNÉE. — Colza : 1386 k. (1) dosant 4,13 par 100 k. de grain, paille comprise................	57	25
Aliquote 0,26. Elle n'est pas normale.		
Reste pour la dernière récolte.....	170	55
6e ANNÉE.— Blé : 2000 k. dosant, grain et paille.	51	»
Aliquote, 0,298.		
Fertilité finale égale à celle du début...	119	55

Dans cette rotation qui est très riche, nous trouvons toutes les soles moins la dernière et une partie de la première, pourvues d'une fertilité excédant la puissance d'assimilation des récoltes. Il suit de là que, sauf pour les carottes et pour le dernier blé, aucune des aliquotes ne peut être normale. Celle de la betterave ne l'est que parce qu'elle se rapporte à une variété qui ne produit que très peu de feuilles.

L'aliquote du blé de la 6e sole étant de.......	0,298
et celle de la 4e sole de Bechelbronn étant de.	0,304

Il en résulte une moyenne de 0,301. Ces deux exemples solidement établis, autorisent donc à prendre le chiffre de 0,30 pour l'aliquote du froment.

ROVILLE.

C'est dans les Annales de cet établissement célèbre que j'espère rencontrer les bases de la véritable aliquote du colza.

En tablant à Grignon sur une récolte moyenne de 1386 kilog. pour une fertilité de 227 k. 80, on ne trouve qu'une aliquote

(1) Les tableaux publiés par les 19e, 21e, 22e, 24e, 25e, 26e et 27e livraisons des Annales de Grignon, donnent pour sept années et par hectare, une récolte totale de 146 hectol. 96 litres de colza, soit en moyenne, pour une année, 20 h. 99 l. (ou en chiffre rond, 21 hectol.). Cette graine pesant généralement 66 kilog. à l'hectolitre, d'après mes propres constatations, le produit est donc bien réellement de $21 \times 66 = 1386$ kilog.

de 0,26, qu'il n'est pas possible d'admettre comme normale, car un semblable produit n'est évidemment pas en rapport avec la richesse du sol. Cela vient de ce qu'à Grignon comme en beaucoup d'autres lieux, cette culture est très casuelle. Mais si sur les sept années qui ont servi de base à mon calcul, on écarte les quatre plus faibles, on trouve dans les trois autres un produit moyen de 1645 k. dosant 68 k. 94 d'azote, et dont, par conséquent, l'aliquote est de 0,302. Ce mode de procéder n'a rien d'irrationnel : car ce que nous cherchons ici, ce n'est pas une moyenne, mais bien la puissance absolue d'absorption par une récolte qui végète normalement et sans accident.

Maintenant, si nous demandons de nouvelles données à Roville, nous y verrons que dans les terres de la plaine, Mathieu de Dombasle obtenait 32 h. 74 d'orge, escourgeon, laissant dans le sol

2 k 61 d'azote par hectolitre (v. le tableau B plus loin)	85	45
A quoi il ajoutait 30 voitures de fumier, du poids total de 19500 k., que l'on peut regarder comme étant de valeur normale et dosant........	78	»
Ce qui donnait, par conséquent, une puissance de	163	45
dont il a obtenu en 1828, 17 h. 48 de colza, dosant	48	70
et laissant......	114	75

susceptibles de produire 17 hectol. de froment. produit que M. de Dombasle obtenait en effet dans ses terres de la plaine après le colza, qui a toujours été chez lui le meilleur précédent pour cette céréale. Ce simple calcul confirme donc à la fois les trois aliquotes de l'orge à 0,40, et du blé ainsi que du colza à 0,30.

Ici l'aliquote du colza est de 0,298, ce qui est bien près de 0,30.

A la vérité, les 17 h. 48 dépassent un peu la moyenne de rendement du colza dans la plaine de Roville, moyenne qui n'était que de 15 à 18 hectol., soit 16,50 (Annales, tome 7 p. 71). Mais il suffit que le produit sur lequel je me base ait été obtenu plusieurs fois, pour que l'aliquote qui s'y rapporte ne puisse être contestée. Si d'autres fois ce produit est moindre, la cause ne peut pas en être attribuée à une puissance d'absorption plus faible que celle qui se manifeste ici, puisque cette puissance est invariable dans une situation donnée. Ainsi, lorsqu'on règle une fumure, on doit donc toujours le faire en vue d'une récolte normale, et par conséquent, la calculer sur les bases qui se rapportent à cette récolte, et non sur celles fournies par une culture plus ou moins manquée. Du reste, j'incline d'autant plus à adopter l'aliquote de 0,30 pour le colza que c'est celle qui s'est toujours produite dans ma propre exploitation, où j'avais admis, dans les premières années, celle de 0,36, établie par M. de Gasparin. Mais, en examinant de près le calcul de ce dernier, on y remarque aisément des erreurs qui le vicient complètement.

Il nous reste, maintenant, à discuter les aliquotes autres que celles du blé et du colza qui sont suffisamment établies par les analyses auxquelles nous venons de procéder.

ALIQUOTE DE LA BETTERAVE.

La betterave est certainement l'une des plantes dont il importe le plus de régler exactement la fumure, puisque c'est de là que dépend, en grande partie, le succès de la rotation en tête de laquelle elle est ordinairement placée. Or, nous avons déjà vu que tous les ouvrages d'agriculture sont à peu près entièrement muets sur ce point, ou du moins qu'il n'en est pas un seul qui fournisse des indications rationnelles suffisantes pour toutes les situations possibles.

Du reste, la théorie de l'aliquote montre clairement que toute prescription d'une dose fixe quelconque d'engrais, non-seulement pour la betterave, mais encore pour toutes les plantes, sans exception, ne peut jamais s'appliquer qu'à une seule situation, savoir : à celle qui possède une force initiale susceptible de constituer, avec la fumure prescrite, la fertilité totale nécessaire pour que la plante puisse y trouver l'aliquote normale de son absorption. Autrement, la fumure sera toujours ou trop faible ou trop forte, relativement au produit que l'on aura en vue. Dans le premier cas, ce sera une déception ; dans le second, il pourra se faire que ce ne soit qu'un mécompte, si l'excès de fumure ne produit pas un surcroît proportionnel de récolte, ainsi que cela arrivera, lorsque la dose d'engrais dépassera les besoins de la végétation pour un maximum de rendement. Alors, le préjudice se réduira à la simple perte d'intérêt d'une avance qui n'était pas immédiatement indispensable, mais qui portera ses fruits plus tard. Une trop forte fumure ne pourrait guère être dangereuse qu'autant qu'elle serait appliquée directement à une céréale qu'elle exposerait à verser.

M. de Gasparin a adopté pour l'aliquote de la betterave, le chiffre de 0,33, qui est évidemment erronné. L'assolement de Bechelbronn le prouve péremptoirement. Cette erreur vient de ce que l'illustre agronome a fait abstraction complète dans son calcul des feuilles de la plante. Ce n'est pas là, du reste, la seule erreur qu'il ait commise sur ce sujet. On lit, tome 1er, page 655 de son Cours d'Agriculture, que «si l'on cultive cette racine sur des terres fraîches qui ne possèdent pas un fond d'ancien engrais, il faut 100 k. de fumier pour produire 165 k. de betteraves.» Or, 100 k. de fumier ne contiennent que 400 gram. d'azote, tandis que 165 k. de betteraves en absorbent 1100 gr., — presque trois fois autant — sans que l'atmosphère y contribue d'une manière appréciable, de l'aveu même de M. de Gasparin.

Si l'on considère que le Cours d'Agriculture de ce dernier ne peut pas avoir été le produit d'un seul jet, et que l'auteur a consacré plusieurs années à son impression, on comprendra comment il se fait que la prescription qui vient d'être rappelée soit en discordance avec la théorie de l'aliquote établie par le même agronome. C'est qu'alors cette théorie n'existait pas encore.

D'un autre côté, tout porte à croire que l'auteur, en posant ses chiffres, a commis un inversion assez fréquente chez un écrivain préoccupé, et que très probablement il a eu l'intention d'indiquer 165 k. de fumier pour 100 k. de betteraves, ces deux quantités présentant le même dosage en azote. Mais, malgré cette rectification, la prescription n'en serait pas moins irrationnelle pour une terre qui ne contiendrait pas un fond suffisant de vieille force, admettant — ce qui ne paraît pas douteux — que la betterave se comporte partout en pareil cas comme à Bechelbronn, relativement à la proportionnalité de son absorption, sauf, bien entendu, l'influence des climats et des saisons.

C'est ce que M. de Gasparin a parfaitement mis en lumière un peu plus tard. Mais en prescrivant, tome 4 page 87, une fumure de 739 k. d'azote sous la forme de 184750 k. de fumier, pour obtenir 40000 k. de betteraves, sur le pied d'une aliquote de 0,33, il est tombé dans un excès contraire. Cela vient, comme je l'ai dit tout à l'heure, de ce qu'il n'a pas tenu compte dans son calcul, de l'absorption faite par les feuilles de la plante.

Quoiqu'il me répugne infiniment de relever de semblables erreurs dans un ouvrage d'un aussi grand mérite, je m'y décide cependant, dans le but de rendre service au cultivateur qui, cherchant un guide dans les indications de la science, serait fort embarrassé si, n'étant pas éclairé, il avait à opter entre les deux indications contradictoires que je viens de rappeler et qui sont toutes les deux également dangereuses. La dernière l'est surtout par l'énormité de la fumure qui pourrait faire regarder la culture de la betterave comme à peu près impraticable. Il est donc très important de rétablir la vérité.

C'est ce qu'à tenté M. Heuzé avant moi; mais en condamnant comme inadmissible la théorie de l'aliquote, à cause de la dose excessive d'engrais indiquée par M. de Gasparin pour la betterave, l'éminent professeur est allé beaucoup trop loin, sans être plus heureux ni plus exact, puisqu'il fait également abstraction des feuilles de la plante, en ne prescrivant que 65 k. de fumier contenant à l'état normal 260 grammes d'azote, pour produire 100 k. de betteraves qui en exigent 660 grammes (1). Cependant il ne serait pas impossible qu'une fumure de 65 k. de bon engrais d'étable produisît un quintal métrique de betteraves. Il ne faudrait pour cela qu'une seule chose, qui toutefois ne se

(1) J'ai parlé précédemment des formules de M. G. Heuzé, en ce qui concerne les quantités de fumier à appliquer aux diverses cultures. Les quantités prescrites pour les céréales et les navets, sont exactes, si l'on place la question au seul point de vue de la restitution des substances enlevées par des récoltes précédentes, de nature identique. Elles ne le sont pas pour les autres racines, à moins qu'on n'aït abandonné au sol les feuilles de mêmes racines précédemment récoltées. Lorsqu'il s'agit d'une simple restitution, il existe nécessirement une fertilité initiale qui rend cette restitution suffisante. Mais, lorsqu'il s'agira d'introduire une plante pour la première fois dans une rotation quelconque, ou bien lorsqu'on visera à augmenter le produit de cette plante, il arrivera 99 fois sur 100 que les quantités indiquées ne correspondront pas aux besoins réels de la culture, parce que la fertilité initiale ne sera pas en rapport avec la fumure, pour pouvoir produire l'effet qu'on cherche à obtenir. Il est très facile de comprendre que la même fumure appliquée à des terres de fertilité différente, doit nécessairement avoir des résultats différents. Voilà pourquoi la théorie de l'aliquote est la seule rationnelle.

rencontre pas souvent; c'est que la fertilité initiale du sol correspondît, pour le même produit, à 740 grammes d'azote. Dans ce cas, la fertilité totale serait de 1000 grammes, c'est-à-dire de ce qu'il faut absolument qu'elle soit pour pouvoir en obtenir un semblable rendement. Ainsi, les données les plus précises, et les plus sûres, sont bien celles que nous fournit l'exploitation de Bechelbronn. Il est évident pour moi que puisque la betterave consomme chez M. Boussaingault 0,677 de l'azote du sol, elle devra faire une consommatiou pareille partout où elle ne se trouvera pas en présence d'une fertilité excédant ses besoins.

Cependant j'incline à réduire cette aliquote à 0,66, parce que la betterave ne produit pas partout la même quantité de feuilles qu'à Bechelbronn, où la proportion est de 0,78 pour l'espèce qu'on y cultive, tandis qu'elle n'est à Grignon que de 0,25, d'où une aliquote de 0,386 seulement. Si, au lieu de 0,25, les feuilles eussent représenté 0,75 du poids des racines, le dosage de la plante eût alors été de 14,70 pour les racines, plus 25,20 pour les feuilles, égale 39 k. 90, ou 0,666 de la fertilité, celle-ci devant être exprimée par 59 k. 80 pour un sixième d'hectare. Si chez M. Boussaingault, la proportion des feuilles fût descendue à 0,75, l'aliquote n'y serait que de 0,66. Je pense donc que c'est à cette base qu'il convient de s'en tenir quoique M. Girardin ait trouvé que le poids des feuilles est égal à celui des racines et que, pour éclaircir ce point, j'aie trouvé moi-même une proportion de 0,889 dans des globes jaunes de moyenne grosseur. Cette aliquote de 0,66, présentera d'ailleurs l'avantage de faciliter singulièrement les calculs, puisqu'elle correspond exactement au dosage en azote de la plante entière, d'où il suit que lorsqu'on visera à produire 100 kilog. de racines avec 90 kilog. de feuilles, il faudra exactement une fertilité d'un kilog. d'azote, dont la récolte n'absorbera que 0,66.

ALIQUOTE DE LA CAROTTE.

Nous avons vu qu'à Grignon cette plante absorbe, avec les feuilles, 36 kilog. d'azote pour 6000 kilog. de racines sur 1/6 d'hectare. Or, la fertilité qui donne ce produit étant 59,80 pour la surface occupée, l'absorption correspond donc à 0,602.

D'après M. de Gasparin, elle ne devrait être que de 0,40, mais ce chiffre est déduit d'une expérience d'Arthur Yong, qui n'est nullement concluante, attendu qu'une fertilité de 460 k. n'y produit que 30,700 k. de racines, qui sont évidemment un maximum qu'on aurait pu tout aussi bien obtenir d'une fertilité moindre, puisqu'à Grignon, avec une richesse de 359 k. seulement par hectare, on arrive à un rendement de 36,000 k.

On trouve ici, entre le dosage et l'aliquote de la carotte, la même coïncidence que dans la betterave, d'où il suit que comme pour cette dernière, il faut exactement une fertilité d'un kilog. d'azote pour obtenir 100 kilog. de carottes avec leurs feuilles.

C'est le cas de faire remarquer en passant, combien ces deux espèces de plantes peuvent contribuer à la fertilisation, lorsqu'au lieu d'enlever leurs feuilles qui ne donnent d'ailleurs qu'un pauvre fourrage — du moins celles de la betterave — ainsi que l'attestent Mathieu de Dombasle et plusieurs autres agriculteurs praticiens éminents, on les abandonne au sol, auquel elles restituent ce qu'elles y ont puisé. Dans ce cas, la fertilité totale étant représentée par 300 kilog. d'azote — ce qui n'a rien de bien extraordinaire — les carottes, en laissent après elles 210 kilog. et les betteraves 237, suffisant pour produire, dans des terres bien constituées et pourvues de toutes les substances minérales nécessaires, deux récoltes de froment d'ensemble 53 à 60 hectolitres, séparées par un trèfle placé lui-même dans de très bonnes conditions. Que si, au contraire, on enlève ces feuilles, ce sera, dans notre hypothèse, 90 k. d'azote qui disparaîtront avec celles de la carotte, et 135 k. avec celles de la betterave, ou, ce qui est la même chose, l'équivalent de 22500 kilog. d'excellent fumier dans le premier cas, et de 31250 kilog. dans le second. Voilà ce que la pratique seule ne peut enseigner d'une manière complètement satisfaisante que par des tâtonnements, et souvent après de grands sacrifices. Et combien ne voit-on pas encore d'excellents praticiens, qui sont loin de se douter du tort qu'ils font à leurs cultures, en recueillant, avec le plus grand soin, toutes les feuilles de leurs betteraves !

ALIQUOTE DE LA POMME DE TERRE.

M. de Gasparin adopte pour cette aliquote le chiffre de 0,46. Quoique son calcul s'appuie sur des bases qui ne sont pas applicables à la plus grande partie de la France, en ce qu'il établit la fertilité initiale par l'application d'une aliquote de 0,20 au froment, et qu'il n'attribue au fumier qu'une teneur de 0,25 en azote, tandis que, dans tous ses autres calculs, il l'évalue à 0,40, chiffre généralement admis comme normal, si nous rétablissons ces bases d'après les données moyennes que nous possédons, nous arriverons à très peu près au même résultat.

En effet; sur un terrain pouvant produire sans engrais 16 h. de blé (1280 k.) ce qui suppose une fertilité

d'après M. de Gasparin, de	167, d'ap. moi, de	108	80
On a porté 36000^{k} de fumier, dos^{t}	90	144	»
Ce qui donne une puiss^{ce} totale de	257	252	80

dont on a obtenu 24000 kilog. de pommes de terre contenant 117 kilog. d'azote. L'aliquote est donc ici de 0,46 d'après M. de Gasparin, et de 0,463 d'après mon calcul, et je pense que l'on peut admettre le premier de ces deux chiffres, quoique souvent on n'arrive pas à un semblable rendement proportionnel. Nous en avons la preuve à Grignon, où l'on n'obtient que 15700 kilog. de tubercules avec une fertilié de 359 kilog., et à Bechelbronn, où une puissance de 228 kilog. n'en produit que 12000 kilog. Ce qui me paraît le plus probable dans ces deux faits, c'est que les récoltes qu'ils expriment sont des *maxima* pour ces exploitations dont le sol n'est vraisemblablement pas des plus favorables à cette culture. D'après M. Boussaingault, on obtient assez communément 18 à 20000 kilog. de pommes de terre par hectare dans d'autres cantons de l'Alsace, et Mathieu de Dombasle, dans des terres qui n'étaient pas de première qualité, à beaucoup près, en récoltait 22500 kilog., au moyen de fumures sensiblement moindres que celles de Bechelbronn.

Comme pour les betteraves et les carottes, il est plus avantageux de laisser les fanes de pommes de terre sur le sol que de les enlever. Une récolte normale de 20000 kilog. de ce tubercule, fournira par ses fanes 26 k. 40 d'azote, représentant 6 600 k. du meilleur fumier, et suffisant pour produire 13 hect. de blé.

ALIQUOTES DIVERSES.

Nous avons vu, d'après notre calcul appliqué à l'un des assolements de Roville que l'aliquote de l'orge pouvait être fixée à 0,40. M. de Gasparin l'établit à 0,56, mais en faisant abstraction de la fertilité initiale, erreur qu'il commet également à propos de l'avoine, bien qu'il ait lui-même posé le principe d'après lequel cette fertilité est nécessairement l'un des facteurs du problème.

Quant à l'orge de printemps, comme elle occupe le sol moins longtemps que sa congénère, tout porte à croire qu'elle a besoin de rencontrer une fertilité plus grande, pour pouvoir y puiser plus promptement les substances assimilables dont elle a besoin. C'est par cette raison que je réduis son aliquote à 0,35.

En ce qui concerne les autres plantes qui ne sont pas dénommées ici, qui sont d'ailleurs infiniment moins cultivées, et pour lesquelles des données précises nous manquent, nous adopterons les indications de M. de Gasparin que nous reproduirons dans nos tableaux, sauf à les modifier ultérieurement, s'il nous survient des éléments d'appréciation qui nous le permettent.

C'est ici le cas d'entrer dans quelques explications nécessaires pour que le lecteur ne confonde pas deux choses qui, si elles sont identiqnes à un certain point de vue, ne le sont pas toujours d'une manière absolue, je veux parler de l'aliquote d'absorption et de l'épuisement du sol par les récoltes.

On tient en pratique que le blé, dont l'aliquote n'est que de 0,30 est plus épuisant que la betterave qui cependant prend 0,66 de la fertilité, c'est-à-dire plus du double.

Cette anomalie apparente, vient de ce que la betterave étant toujours placée en présence d'une fertilité beaucoup plus grande que celle sur laquelle le blé vit ordinairement, elle peut, tout en puisant davantage dans le sol, y laisser davantage aussi, au moins lorsque ses feuilles ne sont pas enlevées.

Mais que l'on cultive comparativement betterave et blé sur des terres d'une fertilité absolument égale, dans des conditions de rendement normal, et que l'on récolte la betterave avec ses feuilles, on trouvera la racine bien autrement épuisante que la céréale.

En effet, supposez une fertilité de 200 kilog. d'azote, pouvant produire 20 000 kilog. de betteraves, ou 30 hectol. de blé; tandis que ce dernier n'opèrera qu'un épuisement de 60 k. d'azote; la betterave — plante entière — en produira un de 132 kilog. Que si, au contraire, ses feuilles sont abandonnées ou sol, elle ne lui prendra plus que 42 kilog. Voilà comment elle est dans une culture bien entendue, moins épuisante que le froment.

Ainsi, l'aliquote d'absorption est bien réellement l'indice de la propriété épuisante que possèdent les plantes, lorsqu'aucune parties de ces dernières n'est abandonnée au sol; mais dans le cas seulement d'une fertilité égale et normale pour les uns et pour les autres.

Si l'on compare, par exemple, les effets produits par le colza et par le froment dont l'aliquote d'absorption est la même et qui peuvent, l'un et l'autre, dans des terres en bon état, convenant à leur végétation, arriver à un rendement de 30 hectol. et même plus chacun par hectare, on reconnaîtra qu'elles ne pourront y parvenir qu'au moyen d'une fertilité totale de 9k09 d'azote par hectolitre pour le colza qui n'en absobera que 2,73 et en laissera 6,36 dans le sol; tandis qu'il suffira pour le blé d'une fertilité de 6,80, mais dont il ne prendra que 2,04, en laissant après lui 4k76. Ainsi, si à rendement égal en volume, la fertilité restante est moindre après le froment qu'après le colza, cela vient uniquement de ce que la fertilité initiale était moindre aussi. Mais à parité de condition sous ce dernier rapport, le résultat serait absolument le même. Seulement, là où le colza ne rendra que 100 litre de graine, le blé en rendra 137 litres.

Si, au lieu d'établir la comparaison sur le volume, on la fait porter sur le poids, les résultats seront un peu différents, mais toujours dans le même sens. Ainsi, là où 100 k. de blé ne laisseront après eux que 5,95 d'azote, 100 k. de colza en laisseront 9,64. Mais pour qu'il soit possible d'obtenir d'une même étendue de terre des poids égaux de colza et de froment, il faut nécessairement que la fertilité soit dahs le rapport de 13,77 pour le premier, tandis qu'il suffit qu'elle soit dans celui de 8,50 pour le second. Cela vient de ce que ces deux espèces de denrées ne contiennent pas, à poids égal, la même proportion d'azote.

Ainsi, la question de l'épuisement est assez complexe puisqu'elle dépend non-seulement de l'aliquote d'absorption, mais encore de la fertilité du sol et de la composition chimique des produits. Cest en combinant ces trois facteurs, que l'on réussit à comprendre comment il peut se faire que le sol soit en meilleur état après le colza qu'après le froment, quoique leur aliquote respective d'absorption soit parfaitement égale, et comment il peut se faire qu'après une récolte normale de 20 hect. de colza, la même terre rende encore 20 hect. de blé sans fumure nouvelle, tandis qu'après 20 hect. de blé, elle ne pourrait plus produire, sans une addition d'engrais, que 10 hect. 50 de colza. En multipliant ces calculs et ces comparaisons, on reconnaît de même qu'une terre fécondée pour pouvoir rapporter 17 500 kil. de betteraves, dont les feuilles seront abandonnées au sol, pourra donner une seconde récolte de 20 hectolitres de froment, tandis que fécondée en vue de ce rendement, elle ne pourrait plus produire que 9720 kilog. de betteraves. On voit par là, ainsi que je l'ai déjà dit dans mon introduction, combien est grande l'erreur des auteurs qui conseillent la même fumure pour la betterave que pour le blé. On voit également combien la connaissance exacte de ce principe peut être utile dans le choix d'un assolement, et combien le cultivateur qui dédaigne l'étude de la théorie scientifique, est exposé à faire fausse route. Il serait donc temps d'en finir avec les déclamations contre l'enseignement théorique agricole qui n'est guère dénigré, il est vrai, que par ceux qui, ne le comprenant pas, sont incapables de l'apprécier et d'en profiter.

ALIQUOTE DES LÉGUMINEUSES.

M. de Gasparin a entrepris, pour déterminer l'aliquote d'absorption des plantes légumineuses, un travail dont il n'est pas possible de sortir, et dont, par conséquent, il n'est pas sorti lui-même. S'il est vrai, comme presque tous les écrivains agricoles paraissent le croire, que les plantes de ce genre rendent au sol plus qu'elles ne lui prennent, au moins en matières organiques et notamment en azote, la recherche de leur aliquote serait un véritable hors d'œuvre.

Mais est-ce bien réellement ainsi que les choses se passent? Est-il bien vrai que le trèfle spécialement, dont je vais plus particulièrement m'occuper, ajoute quelque chose à la fertilité du sol qui l'a produit? C'est l'opinon générale, c'est même celle de nos plus éminents agronomes qui toutefois ne l'appuient d'aucune démonstration probante; mais ce n'est pas la mienne quoique je l'aie partagée pendant longtemps sur la foi des auteurs. Cette divergence d'idées est trop sérieuse et le sujet trop important, pour ne pas mériter une courte discussion.

Je dois déclarer tout d'abord que je n'entends contester, en aucune façon, les véritables avantages que présente la culture du trèfle, plante vraiment providentielle et qui ne saurait être trop préconisée. Ce que je veux essayer de démontrer seulement, c'est que ces avantages sont tout autres que ceux qu'on lui attribue généralement.

Ainsi, on dit à l'appui de l'opinon que je discute :

1° Qu'il arrive fort souvent qu'un blé succédant à un trèfle, rend plus que celui qui l'a précédé, comme on le voit à Bechelbronn, où le deuxième blé produit un excédant de 474 kilog. sur le premier, sans addition d'engrais.

2° Que ce résultat ne peut être attribué qu'aux détritus tels que folioles, chaumes et racines que le trèfle abandonne au sol et qui font l'effet d'une fumure verte.

J'ai quelques raisons de croire que ce n'est là qu'une pure illusion d'optique, et que si l'on analysait bien les situations et les faits, on arriverait à des conclusions moins formelles.

D'abord, il est permis de croire que ce qui a lieu à Bechelbronn n'est pas général, et que le blé qui succède aux betteraves n'est pas toujours aussi peu productif ailleurs. Ce n'est certainement pas à une insuffisance de fertilité que cette infériorité peut être attribuée chez M. Boussaingault, puisque nous avons vu que la récolte dont il s'agit n'en prend que 0,18, tandis qu'elle pourrait en absorber 0,30, et qu'en résumé la puissance qui produit les 1185 k. de blé, après betteraves, pourrait normalement en produire 2050 k. La faiblesse du rendement tient donc à une cause étrangère à la fertilité, et probablement locale que je ne connais pas, mais que je présume se rapporter uniquement à ce qu'un blé d'automne venant après ces racines, ne peut être semé que trop tardivement pour ces contrées, et qu'il se trouve ainsi placé dans des conditions de végétation qui ne lui permettent pas de prendre assez de force pour résister aux hivers quelquefois rigoureux du climat alsacien.

La même chose avait été observée par Mathieu de Dombasle qui, lorsqu'il ne pouvait récolter ses betteraves qu'un peu tard en automne — et c'était le cas le plus ordinaire — renonçait à les faire suivre immédiatement par un froment d'hiver préférant différer la semaille jusqu'au printemps, en y employant une céréale de cette saison.

C'est également ce qui a lieu à Grignon, où nous voyons le blé de mars et l'avoine produire, après des betteraves, jusqu'à 2600 kilog. chacun, tandis que le blé qui a succédé au trèfle, ne rend que 2000 kilog., ce qui est parfaitement normal et ce qui prouve que le succès des récoltes n'est pas toujours une simple question de fertilité, mais qu'il dépend encore de plusieurs causes physiques, dont on ne peut impunément se dispenser de tenir compte.

Si l'on écarte cette argumentation, en soutenant que l'excédant de produit, après le trèfle, ne peut être attribué qu'à une amélioration de la fertilité par cette plante, il faudra démontrer la nature et l'importance de cette amélioration, et comment il peut se faire que la fertilité de la quatrième sole, soit plus grande que celle de la deuxième, sans apport d'engrais pris en dehors du sol.

A Bechelbron, le blé qui succède aux betteraves enlève $31^{k}60$ d'azote, qui sont par conséquent perdus pour les cultures suivantes.

Le trèfle a-t-il pu les remplacer pour rétablir d'abord la parité de fertilité et comment l'a-t-il pu?

De plus, a-t-il pu ajouter les 40 kilog. d'azote nécessaires pour produire l'excédant de 474 kilog. de blé qui toutefois n'en a absorbé que 12 kilog, à raison d'une aliquote de 0,30?

Est-ce avec quelques folioles détachées pendant le fanage

qu'il aurait pu fournir ces 71k60 d'azote, représentant plus de 4000 kilog. de ce fourrage ?

Est-ce avec ses racines ?

Sur ce dernier point, nous devons de précieux renseignements à M. Boussaingault, qui est parvenu à constater, avec toute la précision qu'il apporte dans ses recherches, que le trèfle laisse dans le sol des racines équivalant en poids à 83 p. °/₀ du fourrage sec.

Ainsi, dans son assolement, la récolte de 5100 kil. de trèfle enrichirait le sol de 4233 kil. de racines, dosant 91k80 d'azote. C'est de ce fait principalement que plusieurs éminents agronomes sont partis pour conclure que le trèfle est essentiellement améliorateur. On est allé même jusqu'à déterminer le degré de cette amélioration en l'élevant à un kilog. d'azote par quintal métrique de fourrage récolté. Malheureusement ce n'est encore là qu'une pure illusion.

Voici ce que je considère comme étant la vérité :

1° Le Trèfle vit en partie aux dépens du sol et en partie aux dépens de l'atmosphère ;

2° La quantité d'azote que lui fournit cette dernière est égale à celle contenue dans la partie aërienne de la plante ;

3° La quantité fournie par le sol et les engrais, est égale à celle contenue dans la partie souterraine ;

4° Comme cette dernière reste en terre, elle restitue immédiatement après la récolte du fourrage, la totalité de ce qu'elle a absorbé, en sorte qu'il n'y a de ce chef ni altération ni augmentation de fertilité, au moins quant à l'azote ;

5° Lorsque le trèfle végète dans un sol de fertilité normale, la totalité de l'azote contenu dans le fourrage récolté constitue un bénéfice qui peut être entièrement exporté, soit par la vente du trèfle lui-même, si l'on a des moyens suffisants pour alimenter le sol sans son concours, soit — ce qui est plus rationnel — en vendant d'autres produits, contenant la même quantité d'azote que lui, sauf ce qui a été dit aillers au sujet des minéraux ;

6° Lorsqu'il végète dans un sol non-encore saturé, et qui retient pour lui-même une partie de l'engrais, l'exportation du trèfle ou de son équivalent en autres denrées ne peut avoir lieu sans préjudice pour le sol qu'en retenant la quantité d'azote nécessaire pour sa ration d'entretien.

Je ne crois pas avoir besoin de prouver la première de ces propositions. Cette preuve ressortira d'ailleurs implicitement du développement des cinq autres.

La deuxième et la troisième sont complétement justifiées par l'assolement de Grignon. Si l'on étudie attentivement cet assolement, on y voit que la totalité de l'engrais employé est représentée par toutes les récoltes autres que celles du trèfle. On voit en outre, que la fertilité existant à la fin de la rotation, est absolument la même qu'au commencement, avant la fumure, ce qui accuse un état de fécondité parfaitement normal. Il est donc de la plus complète évidence, en présence de ces faits qui ne sont pas des hypothèses gratuites ou imaginaires, que la totalité de l'azote enlevé par le fourrage a été fournie par l'atmosphère, puisqu'elle ne peut venir ni de l'engrais qui a donné tout le sien aux autres récoltes, ni du sol qui en contient autant à la fin qu'au commencement de la rotation.

M. Boussaingault, dans son traité d'économie rurale tome 2 page 189, donne à côté de ceux dont j'ai déjà parlé, un 6e tableau se rapportant à un assolement quadriennal, en usage alors chez M. de Crud, et qui pivotait sur une sole de racine et deux soles de blé séparées par un trèfle. Dans cet assolement, la fumure est représentée par 182, 1 d'azote, et les récoltes par 304, 5 de la même substance, d'où, par conséquent, un excédent de 122.4, correspondant à 10 k. près, à l'azote du trèfle qui en reproduit 132 k.

Si la coïncidence n'est pas parfaite, cela vient indubitablement de ce qu'au lieu de procéder ici par analyse, M. Boussaingault n'a procédé que par le calcul, et qu'il se peut très bien que l'engrais auquel il donne ainsi une teneur en azote, de 182 k., excédant un peu le dosage admis comme normal, n'en ait contenu en réalité que 172 k., ou bien que les récoltes voire même le trèfle, n'en aient reproduit que 10 k. de moins. Une semblable différence est vraiment trop minime, pour qu'ici encore il soit permis de douter que l'azote du trèfle ne provienne pas exclusivement de l'atmosphère comme à Grignon, à moins cependant que le sol qui l'a produit ne doive être considéré comme n'étant pas encore parvenu alors à un état de fertilité tout-à-fait normale.

Quoi qu'il en soit, tout ce qui précède confirme implicitement ma quatrième proposition, car si la fertilité initiale ne change pas au retour de chaque rotation, c'est que les racines du trèfle n'y ôtent ni n'y ajoutent rien, et qu'elles ne font que lui rendre purement et simplement ce que la plante lui avait emprunté.

Quant aux folioles que le trèfle fané laisse sur le terrain, il est incontestable qu'elles y produisent une amélioration quelconque. Mais en a-t'on jamais déterminé l'importance expérimentalement d'une manière exacte? Il y a des écrivains qui l'évaluent au quart de la récolte. Quant à moi, j'ai l'intime conviction que cette proportion n'a pu être trouvée qu'au moyen d'une loupe grossissant considérablement les objets. Ce qui me fortifie dans cette conviction, c'est qu'il n'a pas encore été constaté que le sol qui profite des débris d'un trèfle fané, fût sensiblement plus fertile que celui où ce fourrage est récolté en vert, cas auquel il ne laisse que très peu de détritus sur place. On sera, je pense, beaucoup plus près de la vérité, en supposant que les folioles détachées de la récolte compensent simplement les petites déperditions que les engrais peuvent éprouver dans le sol. Si elles y ajoutaient quelque chose de plus, nous en aurions infailliblement acquis la preuve dans les calculs analytiques qui précèdent.

Mathieu de Dombasle, avec sa sagacité peu commune et son grand esprit d'observation, qui suppléaient chez lui aux théories scientifiques alors encore dans l'enfance, voyait les choses tout autrement que la plupart de nos agronomes. Pour que la culture du trèfle pût produire une amélioration réelle, il estimait que la deuxième coupe devait être enfouie. *Il lui est même arrivé de sacrifier la récolte entière du trèfle, en faisant faucher et étendre sur le sol la première coupe pour l'enterrer, avec la seconde qui repousse avec beaucoup d'activité sous cette couverture, et les terrains ainsi traités lui ont paru avoir acquis autant de fertilité qu'il aurait pu leur en donner par une fumure moyenne* (1). Or, une fumure moyenne à Roville, équivalait à 78 k. d'azote représentant 4700 k. de fourrage sec.

(1) Annales de Roville, tome 7 page 89.

S'il fallait l'abandon de la récolte entière — première et deuxième coupes — pour produire une semblable amélioration se résumant en 1k 65 grammes d'azote pour chaque quintal de trèfle sec enfoui, il serait difficile de comprendre que l'enlèvement de ce même fourrage peut produire à peu près le même effet, en enrichissant le sol de 1 k. d'azote par chaque quintal récolté.

La 5e et la 6e propositions ne sont que de simples corollaires des précédentes. La 5e se prouve par l'assolement de Grignon, où l'on voit le trèfle récolté, constituer un excédant net entièrement exportable quant à l'azote. La 6e se justifie par l'assolement de Bechelbronn, dans lequel la même plante ou son équivalent en autres denrées n'est exportable que sous réserve de 22k 50 d'azote nécessaire pour la ration d'entretien du sol. Il n'y a donc ici de disponible que 62k 10, M. Boussaingault n'en indique que 51k 30 dans ses tableaux. Mais cette différence de 10k 80 entre son résultat et le mien n'est que fictive. Elle vient uniquement de ce qu'il ne compte l'azote de ses navets dérobés que pour 12k 20, tandis que je le fais figurer pour 23 k. Lorsqu'ils produisent ce dernier chiffre, la quantité d'azote disponible est bien réellement telle que je l'établis ; mais quand ils ne rendent qu'une demi-récolte, il est bien évident que l'azote exportable doit tomber au chiffre de M. Boussaingault, en admettant toutefois que l'avoine qui succède aux navets n'offre pas une compensation. C'est très peu probable, mais c'est possible, et si réellement il en est quelquefois ainsi, les substances qui auraient pu être absorbées et qui ne l'ont pas été restent à la disposition des rotations suivantes dont les produits s'accroissent. Tout cela explique comment il se fait que des années d'abondance puissent succéder à des années de disette sans augmentation dans les fumures ; et comment il se fait aussi qu'à Bechelbronn, particulièrement, *le sol revienne toujours finalement au même point de fécondité où il était avant la fumure* (1). Ce fait matériel confirme toutes mes déductions.

De tout cela, il résulte péremptoirement que si le trèfle ajoutait une quantité quelconque d'azote à la fertilité, on en trouverait des traces soit dans l'assolement de Grignon, soit dans

(1) Economie rurale, tome 2, page 164.

celui de Bechelbronn, soit dans celui de M. de Crud sur lesquels nous avons les données les plus précises. Or, comme de semblables traces n'existent ni dans l'un ni dans l'autre, et qu'elles ne se trouvent pas d'avantage ailleurs, répétons donc pour la troisième fois, que la prétendue amélioration signalée par tous les auteurs n'est bien réellement qu'une illusion.

Mais si cette amélioration ne se produit pas spontanément, le trèfle n'en fournit pas moins les moyens d'accroître très sensiblement la fertilité de la terre par la grande quantité de matières organiques azotées qu'il procure, et dont l'atmosphère seule fait tous les frais. Malheureusement, un trop grand nombre de cultivateurs ne savent pas profiter de cette ressource, et beaucoup d'autres en abusent ou en tarissent la source.

Toutefois, il ne faut pas conclure de cette générosité de l'atmosphère, que l'on puisse se dispenser de donner de l'engrais au trèfle, ou de le placer dans une sole en bon état. Il est certain qu'il réussit mal dans les terres infertiles quelque bien constituées géologiquement qu'elles soient. On le comprendra aisément, si l'on considère que l'atmosphère ne fournissant qu'une quantité d'azote égale à celle contenue dans la partie aérienne de la plante (84 k. chez M. Boussaingault), il faut nécessairement que le sol en renferme assez pour que cette plante puisse y puiser une autre quantité égale à celle contenue dans les racines (91^k 80 dans la même exploitation.) Ces faits confirment ce que nous avons déjà dit ailleurs ; à savoir : que l'atmosphère ne prête qu'aux riches.

Sous ce rapport, il serait donc utile de savoir quelle doit être la fertilité nécessaire pour placer le trèfle dans les meilleures conditions possibles de végétation. Mais nous manquons à cet égard de données suffisamment précises. Seulement, nous voyons qu'à Bechelbronn où cette plante donne un produit déjà fort satisfaisant (5100 k. de fourrage fané), elle se trouve en présence d'une fertilité de 143^k 30 qui est à l'azote des racines :: 100 : 64 et à celui du fourrage récolté :: 100 : 59. Le chiffre élevé de l'une et l'autre de ces aliquotes, doit les faire supposer à peu près normales, car à Grignon, où la fertilité de la sole du trèfle est plus grande (198^k80), la récolte de ce fourrage n'est pas plus élevée (5000 k.). Ce produit est vraisemblablement un maximum pour cette situation. Ainsi, jusqu'à preuve du contraire, on peut regarder comme à peu près certain, que pour pouvoir récolter 59 ou 60 k. d'azote, sous la forme de 3650 k. de trèfle environ, il faut que la terre appelée à les produire en contienne au moins 100 k. à l'état assimilable. Lorsqu'on aura quelque raison de craindre que cette fertilité n'existe pas — ce qui est ordinairement indiqué par la récolte qui précède le trèfle — il sera prudent d'appliquer à celui-ci en couverture, un supplément convenable de fumier, de guano ou de tout autre bon engrais azoté. Au demeurant, le plus important est de pourvoir largement par anticipation, aux besoins de la culture qui doit succéder à la légumineuse. Il en résultera que celle-ci sera toujours, par cela même, placée dans de bonnes conditions qui lui permettront d'user transitoirement d'une fertilité à laquelle elle n'enlèvera que quelques minéraux sans l'affaiblir autrement.

Il est bien entendu que toute cette discussion ne s'applique qu'au trèfle récolté en vert ou fané, et non à celui qui est cultivé pour sa graine, non plus qu'à celui dont une coupe pourrait être enfouie.

Notre étude sur le développement successif de la matière végétale — étude que l'on trouvera un peu plus loin, au chapitre des matières fertililisantes — ne permet pas de douter que le trèfle qui mûrit sa graine n'affaiblisse la fertilité du sol. Mais nous manquons de renseignements suffisants pour préciser ce fait. En mon particulier, j'ai toujours vu qu'un blé succédant à un semblable trèfle rendait sensiblement moins qu'après cette légumineuse fauchée avant ou pendant sa floraison, et beaucoup moins surtout que quand la seconde coupe de trèfle avait été enfouie sur place. Dans ce dernier cas, on ne peut pas douter d'une amélioration réelle, puisque si cette seconde coupe représente, par exemple, 2000 k. de fourrage sec dosant 33 k. d'azote fournie par l'atmosphère et dont elle enrichira le sol, elle y introduira ainsi la substance de 16^{h} 50 de blé. L'histoire du fermier Leroy rendu célèbre par Mathieu de Dombasle, témoigne en faveur de cette pratique que nous examinerons plus amplement en traitant des cultures spéciales.

En ce qui concerne les légumineuses d'une durée plus longue que celle du trèfle, telles que la luzerne et le sainfoin, je n'entrevois pas le moyen de leur attribuer théoriquement une aliquote d'absorption. C'est donc l'expérience qu'il faut consulter quant à la fertilisation pour ce qui les concerne, et c'est ce que nous ferons lorsque nous nous occuperons de leur culture. Ce que l'on peut toutefois considérer comme certain dès maintenant, c'est que l'avance d'engrais qui leur sera faite constituera un placement avantageux qu'elles rembourseront intégralement tout en servant des intérêts annuels à un taux fort satisfaisant.

Je n'essaierai pas non plus de déterminer les aliquotes des légumineuses annuelles. Je crois que toutes se comportent comme le trèfle, lorsqu'elles ne montent pas en graine, et que dans le cas contraire, elles n'enlèvent au sol que tout ou partie de l'azote qu'elles contiennent à l'état de maturité, en sus de celui qu'elles possédaient à l'époque de leur floraison, et qu'elles avaient, jusque-là, puisé dans l'atmosphère. Mais lorsque les graines commencent à se former, les feuilles de leur côté commencent à perdre beaucoup de leur action sur les fluides atmosphériques, et à ne plus fonctionner comme auparavant, tandis que les racines agissent sur les sucs nourriciers du sol avec beaucoup plus d'activité pendant la dernière période de la végétation.

Cependant on croit assez généralement en pratique, que non-seulement les fèves, même mûres, ne prennent point d'azote à la fertilité, mais encore qu'elles laissent la terre en meilleur état après la récolte qu'elle n'était auparavant.

Je crains qu'ici encore on ne soit la dupe de quelque illusion.

Voici un fait consigné dans le *Journal d'Agriculture pratique*, par feu Malingié Nouel, directeur de la Ferme-Ecole de la Charmoise, qui peut, jusqu'à un certain point, éclairer cette question.

Un propriétaire du département du Nord prétend avoir, pendant 22 ans, dans une terre médiocre plus forte que légère, non calcaire, mais sans aridité, récolté alternativement et consécutivement, onze fois des fèves fumées avec 1600 k. de tourteaux de colza et onze fois du froment sans engrais. Il assure que le produit des dernières années était aussi beau que celui des premières.

Un ouvrage de Chimie agricole qui a paru récemment, donne

à ce fait la qualification assez peu parlementaire de *gasconnade*, attendu, y est-il dit, que 1600 k. de tourteaux ne représentent que 88 k. d'azote et 104 k. de phosphate, tandis que les deux récoltes alternatives doivent avoir absorbé, savoir :

Le froment.......	38^k	d'azote et	104^k	de phosphate,
Les fèves.........	145	id	48	id.
	183		182	

Cette critique suppose nécessairement que les fèves n'empruntent rien à l'atmosphère.

Quant à moi qui ne doute nullement de la véracité de Malingié Nouel, ni de la vérité du fait qu'il rapporte, je regrette seulement que le chiffre des récoltes n'ait pas été indiqué, puisque sans cet élément d'appréciation, la discussion ne saurait être aussi précise.

Cependant, si nous admettons comme exactes les absorptions indiquées par les auteurs du livre auquel je fais allusion, ces récoltes ont dû consister moyennement en 1500 k. de froment et 2000 k. de fèves. Par conséquent, la première absorbant pour son compte 38 k. d'azote sur les 88 k. de l'engrais, il n'en restait plus que 50 k. pour les fèves qui s'en assimilent 145 k. Il faut donc, le fait étant tenu pour vrai, que ces dernières aient puisé à peu près les $^2/_3$ de leur azote dans l'atmosphère, et que le sol ou l'engrais leur ait fourni l'autre tiers pour parfaire leurs graines. Qu'est-ce qu'il y a d'invraisemblable en cela et où donc est la gasconade ?

L'objection relative au phosphate serait plus sérieuse si elle n'était erronnée. A la vérité, on pourrait l'écarter par la considération qu'il n'est pas impossible qu'il existe dans le département du Nord des terres assez riches en phosphates pour pouvoir, en n'en recevant que 104 k. tous les deux ans, produire des récoltes comme celles dont il s'agit au cas particulier ; mais on n'a pas même besoin de faire valoir ici cette considération, attendu que 1500 k. de froment et 2000 k. de fèves, pailles comprises, ne contiennent pas autant de phosphate que les 1600 k. de tourteaux. A cet égard, les auteurs dont il s'agit, ont commis une très grosse erreur en supposant 104 k. de phosphate dans 1500 k. de blé, où l'on en trouve tout au plus 40 à 45 k.

Ce qui est le plus surprenant dans toute cette affaire, c'est qu'une terre ait pu soutenir aussi longtemps sa fertilité avec un engrais qui apportait à peine le quart du carbone nécessaire aux récoltes, tandis qu'une fertilisation rationnelle en aurait exigé une quantité presque double de celle fournie par le tourteau. Ce résultat doit vraisemblablement être attribué principalement à la présence de la fève dans la rotation. Cette plante étant douée de la faculté de puiser une grande partie de son azote dans l'atmosphère, est probablement habile à y puiser en même temps une plus grande proportion d'acide carbonique ; et vraisemblablement encore, le sol était riche en terreau.

Je pense donc que l'on peut admettre en principe, que toutes les légumineuses récoltées avant leur fructification, n'enlèvent point d'azote au sol, et que quand elles parviennent à maturité, elles ne lui prennent qu'une partie de celui qui se trouve dans leur graine. Mais dans l'état actuel de la science, on ne saurait préciser exactement en quoi consiste cette partie. Cependant, lorsque nous nous occuperons de leur culture, nous essaierons de déterminer la fumure qui leur est nécessaire.

L'étude de la théorie des aliquotes conduit naturellement à celle de deux questions qui me paraissent être assez importantes pour mériter d'être traitées avec quelque développement. Ces questions sont les suivantes :

1° Les fumures doivent elles être plus fréquentes qu'abondantes ?

2° Est-il plus avantageux de concentrer le fumier sur de petites surfaces que de l'éparpiller sur de plus grandes.

Je dois faire observer dès maintenant, que toute la discussion qui va suivre ne se rapporte qu'à l'emploi du fumier de ferme ordinaire et non aux engrais commerciaux dont l'application, surtout lorsqu'ils sont très-solubles, doit nécessairement être réglée par d'autres principes.

PREMIÈRE QUESTION.

Les fumures doivent-elles être plus fréquentes qu'abondantes ?

On a demandé, dit M. le baron de Morogues (1), si les effets du fumier répandu de quatre en quatre ans seraient les mêmes en employant la moitié de ce fumier de deux en deux ans. On peut regarder comme certain, ajoute le même auteur, que le fumier produit plus d'effet si on l'emploie en quantité égale sur une série d'années, mais à doses plus petites et plus fréquemment répétées. Cela est particulièrement utile sur les sols légers et sablonneux.

M. Joigneaux, dans son excellent livre de *la Ferme,* soutient la même thèse que M. de Morogues, mais en l'assaisonnant d'arguments qui méritent d'être examinés. Malgré toute ma déférence pour l'opinion de ces deux éminents agronomes, je ne puis la partager. Celle de M. de Morogues n'étant pas motivée, je ne discuterai que l'argumentation de M. Joigneaux.

Ce dernier pose en fait que les petites fumures renouvelées fréquemment et à propos produisent plus d'effet sur une récolte que de fortes fumures appliquées à de longs intervalles; que par conséquent il y a plus de profit à donner aux plantes en deux, trois ou quatre fois les vivres qu'on leur destine que de les leur donner tout d'un coup. Appliquer de fortes fumures aux végétaux avant qu'ils ne poussent, c'est en quelque sorte servir des plats de viande noire et des ragouts épicés à des enfants qui viennent de naître...... Les plantes y touchent à peine dans leur jeunesse et une bonne partie de l'engrais se perd en attendant que les plantes en question prennent de la force......

Cette argumentation, très séduisante au premier aspect, ne résiste pas cependant à un examen sérieux, au moins en ce qui concerne le fumier ordinaire.

Il est très vrai que les jeunes plantes consomment peu dans la première phase de leur vie, surtout lorsqu'elles ont été se-

(1) Cours complet d'agriculture, tome 10 page 316.

mées en automne et qu'elles ont à franchir un hiver plus ou moins long, durant lequel leurs fonctions vitales sont engourdies. Mais il n'est pas aussi vrai que quand elles ont épuisé le premier aliment qu'elles trouvent dans les lobes de leur semence le fumier qui leur a été servi d'avance soit nuisible à leur tempérament. L'expérience démontre au contraire, que mieux une plante est nourrie dès son début dans la vie végétale, plus elle devient vigoureuse, et plus elle produit. C'est par ce motif que les pépinières de colza, racines, etc., doivent toujours être fumées à très haute dose.

Quant à la question de savoir s'il y a plus de profit à mettre à la fois tout le repas sur la table qu'à fractionner le service en deux, trois ou quatre actes séparés par des intervalles favorables à la digestion, il y a lieu de procéder par division en faisant observer d'abord que, le plus ordinairement le fumier ne peut être appliqué qu'en une seule fois à la même récolte. C'est donc le cas d'examiner d'abord, non pas s'il convient de fractionner la fumure et de l'appliquer à diverses reprises pendant le cours d'une période végétative, puis qu'en fait c'est presque toujours impraticable ; mais bien s'il vaut mieux, dans une rotation quadriennale, par exemple, fumer chaque sole que d'appliquer la totalité de l'engrais à celle qui ouvre la rotation.

En fumant au maximum, soit en une, soit en plusieurs fois, une récolte quelconque, n'emploie-t-on pas, par ce fait, une quantité d'engrais dont une partie doit forcément rester à la disposition des cultures suivantes et cela n'implique-t-il pas contradiction avec la possibilité des fumures applicables à chaque culture spécialement ?

Subsidiairement : Est-il vrai, en thèse générale, qu'une partie de l'engrais se perde dans le sol, lorsque les fumures doivent avoir une longue durée ?

Comme la nature n'a rien fait en vain, ni sans une extrême prévoyance, si elle ne permet aux plantes de se développer qu'avec une certaine lenteur, elle a dû en même temps harmonier avec leurs besoins les moyens de leur développement et notamment la conservation de leur aliment normal dans le sein de la terre. A celles qui exigent une très forte fumure, comme les racines, le colza, elle donne une constitution capable de la supporter; mais, dans aucun cas, elle ne permet ni aux unes ni aux autres d'absorber leur ration en totalité, chaque récolte devant en laisser une notable partie à celles qui lui succéderont. Cette espèce de desserte constituant une nourriture plus fermentée, plus cuite, convient mieux aux plantes d'une organisation un peu moins robuste. Aux unes donc les fumures fraîches et copieuses, les viandes noires, les ragouts épicés dont parle M. Joigneaux; aux autres les substances plus délicates, les mets plus consommés; mais à toutes une abondante provende, afin que toutes puissent y trouver, dans la mesure de leurs besoins l'aliquote normale de leur consommation. Si vous voulez récolter 100 kil. de betteraves ou de colza, il faudra nécessairement, tant en fumure qu'en fertilité préexistante, une ration d'un kil. d'azote à la première de ces plantes, bien qu'elle n'en enlève que le cinquième environ en abandonnant ses feuilles; et une ration de 13,77 à la seconde qui n'en prendra que les $^{3}/_{10}$. Si vous voulez lésiner avec elles, elles vous rendront la pareille, comme de juste. Ces deux exemples montrent que pour obtenir des produits *maxima*, il est absolument indispensable de fumer au *maximum*.

Cela ne veut pas dire cependant que l'on doit s'abstenir de donner chaque année, à chaque récolte spéciale, un ou plusieurs suppléments d'engrais, ainsi qu'on le fait en certaines contrées, citées par M. Joigneaux. Ce sera là, au contraire, une excellente pratique, au moins toutes les fois que la fumure initiale n'aura pas pu être portée au *maximum*. Il va de soi que si, la première récolte enlevée, cette fumure initiale ne laisse à la récolte suivante que 10 rations au lieu de 15 qui lui seraient nécessaires pour en obtenir le plus haut rendement, on ne saurait mieux faire que d'apporter cinq rations supplémentaires. Heureux sont ceux à qui leurs ressources permettent d'en agir ainsi! Mais il ne faut pas prendre le change sur les faits ni dénaturer les questions. Ce n'est pas là le système des petites fumures dont il s'agit ici; mais bien celui de fumures complémentaires utiles seulement lorsque la fertilité n'a pas été élevée d'abord à un degré suffisant.

Maintenant, s'il est avéré qu'on ne peut obtenir un produit maximum qu'au moyen d'une fumure maximum, et s'il est vrai que la partie non absorbée de cette fumure, subisse une déperdition quelconque dans le sol où elle doit séjourner en attendant les récoltes suivantes, serait-il possible d'éviter cette déperdition en divisant les fumures, et si c'était possible, le remède ne serait-il pas pire que le mal ?

Il est évident qu'à quelque dose qu'on réduise les fumures, il sera impossible d'éviter qu'il en reste une partie dans le sol puisque les récoltes n'en absorbent qu'une aliquote. Si au lieu de constituer pour votre colza une fertilité équivalant à 60 000 kilogrammes de fumier vous ne la portez qu'à 30 000 kilogrammes, il n'en restera, dans ce dernier cas que 21 000 kilogram. dans le sol, au lieu de 42 000 qu'aurait laissés la première de ces deux doses ; par conséquent, la chance de déperdition sera de moitié moindre. Mais il y a une autre conséquence bien plus désastreuse dont on ne tient pas compte : c'est qu'avec les 30 000 k. on n'obtiendra que la moitié du rendement qu'aurait pu produire une quantité double.

Voyons maintenant si les déperditions supposées sont réelles, ou bien si ce n'est pas uniquement un fantôme évoqué à l'appui d'une thèse non assez approfondie.

Lorsque dans des exploitations parfaitement dirigées, où la science guide la pratique d'une main habile et sûre, où l'on se rend exactement compte de tous les faits ayant une valeur quelconque, nous voyons des fumures appliquées en une seule fois pour 4 ou 5 ans, produire des récoltes qui représentent intégralement, même avec un bénéfice plus ou moins considérable. toutes les substances fertilisantes de l'engrais employé, comme à Grignon et à Bechelbroïm, par exemple, pouvons-nous n'être pas convaincus que les prétendues pertes d'engrais dans le sol, ne sont qu'une chimère, un préjugé que rien ne justifie, au moins en thèse générale, dans toutes les terres d'une constitution, et d'une fertilité à peu près normales. Ceci, c'est de la pratique et qui plus est, d'excellente pratique, contre les indications de laquelle il n'y a guère, ce me semble, d'objections possibles. Elle confirme complétement la théorie. En voici la preuve.

Pour faire la partie belle au préjugé que nous combattons, nous supposerons une fumure très respectable de 100 mille kilog. de bon fumier de ferme, convenablement enfoui dans un seul hectare de terre, qui ne sera ni du sable pur, ni de la craie pure. Certes, si la pluie peut mordre sur cet engrais elle trouvera là de quoi lessiver.

Une telle fumure contiendra environ 500 k. d'alcalis et à peu près autant d'ammoniaque qui sont les deux seules substances solubles de cet engrais, mais qui ne le sont que successivement, à mesure que la décomposition s'opère.

Toutefois, comme nous ne voulons pas lésiner, nous supposerons ces 1000 k. d'alcalis fixes et volatils immédiatement solubles et uniformément répandus dans une couche végétale de 0,25 à 0,30 centimètres d'épaisseur, ce qui placera dans chaque kilog. de terre, environ 125 milligrammes d'ammoniaque et autant d'alcalis fixe.

La question est de savoir maintenant, s'il est possible, industriellement, d'extraire du sol qui la contient, cette minime proportion de substances au moyen de simples lessivages, quelque nombreux qu'ils soient. Si l'industrie est impuissante à le faire, il est permis de croire que les pluies agissant par une bien moindre quantité d'eau à la fois, y réussiront bien moins encore.

Je pourrais citer sur ce point des faits pratiques qui me sont personnels. Pendant quelques annees de ma vie, j'ai fabriqué de la potasse dans mon exploitation agricole, et l'un de mes désespoirs a toujours été de ne pouvoir parvenir à extraire des cendres la totalité des sels solubles qu'elles contenaient. Je ne pense pas que personne ait été plus heureux que moi sous ce rapport.

De là, j'ai conclu que les matières pulvérulentes ou poreuses comme les cendres, la terre, etc., retiennent une certaine quantité de substances salines qu'on ne peut leur enlever par de simples lixiviations. Quelle en est la proportion? Je ne l'ai pas déterminée d'une manière bien exacte. Mais l'eussé-je fait, je m'abstiendrai d'affirmer, ayant d'autres preuves.

MM. Robierre et Moride, qui ont analysé un grand nombre de charrées, y ont trouvé de 1 à 3,40 p. 100 de sels solubles, ayant résisté aux lessivages par lesquels ont passé ces charrées. C'est une proportion de 80 à 272 fois plus forte que celle des alcalis de notre engrais dans le sol, selon l'hypothèse que nous avons posée.

D'un autre côté, M. Way, chimiste anglais éminent, et qui

est déjà connu du lecteur, a constaté qu'un kil. de terre pouvait retenir 11g 71 d'alcali, c'est-à-dire, 93 fois plus que notre fumier n'en a déposé dans un même poids de terre. Aussi, ce savant dit-il, qu'il n'est pas à craindre que les eaux de drainage nuisent aux fumures quelque fortes qu'elles soient, une bonne terre pouvant retenir sans déperdition 60 fois autant de principes qu'on en introduit avec l'engrais.

Quels sont les faits pratiques pouvant détruire cette affirmation? On n'en peut citer qu'un seul. C'est la facilité avec laquelle les terres sableuses, légères et très perméables laissent échapper les substances fertilisantes, volatiles et liquides qu'elles contiennent. Mais M. Way ne parle que de bonnes terres qui ne peuvent par conséquent être comprises dans la catégorie de celles dont il vient d'être parlé. Donc, quant à celles-ci, point de difficultés. C'est ce que j'ai moi-même posé en principe dès le commencement de cette étude. A de semblables terres, il faut des fumures fréquentes et modérées, de même qu'il leur faut des cultures peu exigeantes, et à récolte hâtive. Mais encore faut-il les fumer au maximum pour en obtenir un rendement maximum, et quelle que soit la dose de fumier qu'on applique, les récoltes n'en prendront toujours qu'une aliquote, en sorte que même ici le système des petites fumures, tel que l'entend M. de Morogues, n'est pas rationnel.

Il ne nous reste plus qu'à examiner le dernier côté de la question, c'est-à-dire le côté économique, qui est le plus important. Mais ici nous ne pourrons faire que de la théorie. Nous essaierons toutefois de la faire bonne et concluante, en nous plaçant exactement dans les conditions d'une pratique normale.

Notre but est d'établir mathématiquement, par l'application des lois naturelles déjà exposées, jusqu'à quel point une fumure de 48 000 k. de fumier ordinaire appliqué à la racine, placée en tête d'une rotation quadriennale, peut être plus profitable qu'elle ne le serait divisée en trois parties égales, applicables à chacune des trois soles épuisantes, l'assolement étant : 1° Betteraves; 2° Blé de Mars; 3° Trèfle; 4° Blé d'automne.

Nous supposons que le sol est de bonne qualité, qu'il laisse à la disposition des récoltes la totalité de l'engrais, et qu'il possède une fertilité initiale exprimée par 108 k. d'azote, et comprenant dans une proportion normale, bien entendu, toutes les autres substances nécessaires à la végétation.

Inutile de faire observer que les calculs auxquels nous allons procéder peuvent s'appliquer à des hypothèses tout autres, à la seule condition de changer les facteurs.

1re Hypothèse.

Fumure unique appliquée pour 4 ans.

Fertilité initiale.	108k
Fumure : 48 000 k. fumier normal dosant 0,40.	192
Fertilité totale.	300
1re Année. Betteraves : aliquote 0.66 ; absorption 198 k., représentant 300 quintaux mét. de racines dont les feuilles sont abandonnés au sol. L'épuisement n'est donc que de 0,21.	62
Reste pour la 2e récolte.	238
2e Année. Blé : aliquote 0.30 ; produit 2800 k. Absorption.	71.40
Reste pour la troisième récolte. . .	166.60
3e Année. Trèfle : produit = x. Absorption 0. .	» »
4e Année. Blé : aliquote 30 ; produit 1960. Absorption.	50. »
Fertilité restante.	116.60

Il est évident que si à l'époque de la semaille, ou pendant le cours de la végétation du blé de la 4e sole, on eut relevé la fertilité à 238 k, comme pour la 2e sole, on eut très vraisemblablement obtenu un rendement égal à celui de cette dernière. En pareil cas, les fumures supplémentaires seront toujours comme je l'ai déjà dit, une excellente pratique, lorsque la fumure initiale n'assurera pas un maximum de produit pour toutes les récoltes de la rotation. Mais il n'en résulte pas, qu'ici on aurait pu diminuer impunément la fumure initiale de 48 000k, en la réduisant à 16 000 k. par exemple, sauf à appliquer à la

2e et à la 3e soles la quantité retranchée à la première. C'est ce que démontre le calcul suivant :

2e Hypothèse.

Fumure annuelle appliquée aux 3 soles épuisantes.

Fertilité initiale.	108
1re Année. Fumure : 16000 k. dosant. . . .	64
Fertilité totale.	172
Récolte : 17 200 k. de betteraves absorbant 113.50 à raison d'une aliquote de 0.66, mais n'enlevant en abandonnant les feuilles, que.	36.10
Reste.	135.90
2e Année. Fumure : 16000 k. dosant.	64
Fertilité totale.	199.90
Récolte 2353 k. blé, absorbant, paille comprise.	60
Reste.	139.90
3e Année. Trèfle : laissant les choses au même état.	
4e Année. Fumure : 16000 k. dosant.	64
Fertilité totale.	203.90
Récolte : 2395 k. blé absorbant à 0.30. . . .	61.17
Fertilité restante.	142.73

Si nous comparons maintenant les produits obtenus d'une même quantité de fumier, dans l'une et l'autre hypothèses, en donnant à ces produits une valeur vénale moyenne, nous arriverons aux résultats suivants :

COMPARAISON.

Betterave : 1re hypothèse. .	30 000^{k}		
2e id.	17 200		
Différence. . .	12.800 à 20^{f} les 1000^{k}		256^{f}
Blé : 1re hypothése : 2e sole.	2800^{k}	4760.	
4e sole	1960		
A reporter.		4760	256^{f}

	Report......	4760	256f 00
Blé : 2e hypoth. :	2e sole. 2353 / 4e id. 2395	4748.	
	Différence . . .	12k à 0.25c...	3,00
			259,00

A DÉDUIRE

26k 13 azote que la fertilité gagne de plus dans la 2e hypothèse que dans la 1re, à 2f50 le k. y compris la valeur des autres substances. 65,30

Différence en faveur de la 1re hypothèse. . . 193,70

Ainsi, avec la même quantité de fumier, les mêmes cultures, le même terrain, le bénéfice résultant seulement d'un meilleur mode d'application de l'engrais n'est pas moindre ici de 193.70 pour 4 hectares ou de 48f42 par hectare.

On peut objecter à cela, qu'il est possible que les résultats ne soient pas précisément les mêmes sur le terrain que sur le papier. Rien n'est plus vrai, et je concède même que l'on doit s'y attendre, en faisant la part des accidents, des intempéries, etc. Aussi, ne faut-il considérer mes chiffres que comme des signes algébriques. Mais si, dans l'une des deux hypothèses, les résultats diffèrent de ceux que la théorie indique, ils différeront également dans l'autre hypothèse, et les rapports resteront exactement les mêmes, puisque tous les éléments de production sont identiques, même dans l'engrais qui ne diffère que par son mode d'application.

Concluons donc de là qu'en agriculture l'avantage est aux grosses fumures, comme en guerre il est aux gros bataillons.

Mais ajoutons, pour entrer dans l'esprit de l'enseignement de M. Joigneaux, que toutes les fois qu'il sera possible d'appliquer des engrais supplémentaires aux récoltes pendant le cours de leur végétation, comme cela se pratique en Flandre et ailleurs, on ne pourra que s'en très bien trouver. Seulement, il ne faut pas que la fumure initiale en souffre. Il n'y a pas autrement dissidence entre nous.

DEUXIÈME QUESTION.

Vaut-il mieux concentrer les fumures que de les éparpiller sur de grandes surfaces ?

Avant de chercher la solution de cette question, qui pourra paraître étrange aux personnes qui ne se donneront pas la peine de l'approfondir, il faut d'abord poser nettement les conditions des principales hypothèses auxquelles elle peut s'appliquer.

Je supposerai une ferme de 6 hectares, dont la fertilité initiale est représentée par 60 k. d'azote et qui ne peut disposer annuellement que de 30 000 k. de fumier normal, dosant 0,40.

En outre, pour faciliter la démonstration, mais sans prétendre que la culture dont je vais parler soit la plus convenable, je supposerai un assolement biennal, 1° pommes de terre ; 2° blé, dont le rendement *maximum* quelle que soit la fumure, ne peut dépasser 15 000 k. de pommes de terre (200 hect.) et 30 h. de blé.

Je supposerai enfin que la terre est à l'état de fertilité normale, et que par conséquent, elle laisse la totalité de l'engrais à la disposition des récoltes.

Dans cette situation, il s'agit de rechercher quels seront les résultats après 10 ans de culture,

1° Si l'on répartit les 30 000 k. de fumier sur les 6 hectares en en donnant 5000 k. à chacun par an.

2° Si on ne les applique qu'à 4 hectares à raison de 7500 k. pour chacun et en laissant 2 hectares en pâturage.

3° Si on ne fume que 3 hectares, à raison de 10 000 k. en laissant les trois autres en pâturage.

4° Si l'on fume un hectare, en ne donnant à un second hectare que le fumier laissé disponible par le premier, dont la fertilité sera portée au maximum, c'est-à-dire à une puissance de 200 kilog. pour le blé et de 160 pour les pommes de terre dont les feuilles seront enlevées.

Ces calculs sont très simples et très faciles. Il n'est pas un élève d'école primaire qui ne puisse les faire très aisément. En voici la formule la plus intelligible, applicable au groupe n° 1, c'est-à-dire à celui qui ne reçoit que 5000 k. de fumier par hectare et par an.

Fertilité initiale	60.
1re année : fumure, 5000 k. dosant 0,40. . . .	20.
	80.
Récolte : 7500 k., pommes de terre, aliquote 0,46.	36.80
Reste.	43.20
2e année : fumure, comme ci-dessus.	20.
	63.20
Récolte : 948 lit. de blé, aliquote 0,38. . . .	18.96
Reste.	44.24

En poursuivant de la sorte, on trouvera que 300 000 k. de fumiers employés en dix ans ont produit :

	Pommes de terre.	Blé.	Fertilité. Gagnée.	Fertilité. Perdue.
1er groupe.	176760k	242h 46	»	150.84
2e id.	158800	226.96	»	31.76
3e id.	149775	222.18	27.78	
4e id.	140600	214.80	90.50	

Ainsi, la même quantité de fumier donne des produits bruts qui sont d'autant plus grands que l'étendue du terrain auquel on l'applique l'est elle-même davantage. Mais cette augmentation ne s'obtient qu'aux dépens de la fertilité initiale et par conséquent elle ne peut se soutenir que pendant un certain temps. A la dixième année, les produits sont sensiblement égaux dans les quatre groupes ; mais tandis qu'ils augmentent continuellement dans les deux derniers, ils vont sans cesse en diminuant dans les deux premiers.

Si l'on compare les deux extrêmes, c'est-à-dire le premier et le dernier groupe, on trouve que le premier a gagné en dix ans 36160 k. de pommes de terre et 27h66 litres de blé ; mais il a perdu 150k84 de sa fertilité sur ses 6 hectares, tandis que le dernier groupe en a gagné 90,50. Ce qui fait une différence de 241,34 représentant, avec un très léger excédant, l'azote des produits formant la différence de rendement. Mais comme l'azote sous la forme de blé et de pommes de terre est d'une bien plus grande valeur que celui des engrais, il s'ensuit que l'excédant du produit brut compense, avec un certain bénéfice, la perte de fertilité. Toutefois, voici le revers de cette médaille.

La culture du premier groupe coûte trois fois plus de travail et de semence que celle du dernier. Sous ce double rapport seulement, l'avantage du plus fort produit brut se transforme en un désavantage très prononcé : d'un autre côté, le quatrième groupe possède 4 hectares qui, laissés à l'état de pâturage, présentent une ressource qui n'est pas à dédaigner.

Lorsque le cultivateur ne calcule pas — et il y en a malheureusement beaucoup qui agissent ainsi ; — lorsqu'il ne vise qu'au produit brut, sans s'inquiéter de l'état dans lequel il met sa terre, considération qui le touche ordinairement très peu quand il n'est que simple fermier, sa grande affaire c'est de pressurer ses champs pour en obtenir tout ce qu'ils peuvent rendre, quelque peine qui doive en résulter pour lui et pour ses animaux. Et c'est ce résultat qu'il espère atteindre en étendant ses cultures et en éparpillant ses engrais. Mais c'est là, comme on vient de le voir, une très grande erreur contre laquelle il est utile de le prémunir.

Il ne l'est pas moins d'éclairer le propriétaire sur un point semblable qui, trop souvent, met ses intérêts en péril. Généralement, il consent volontiers à ce que toutes ses terres soient livrées à la charrue, sans s'assurer si la ferme produit assez d'engrais pour entretenir leur fertilité. C'est là une faute énorme qu'il ne commet que parce qu'il ignore les principes qui gouvernent la matière. Si je ne me trompe, ce sera donc lui rendre service que de lui enseigner ces principes de manière à en rendre l'application facile.

Si en bonne règle la plus grande liberté d'action doit être laissée au fermier, c'est à la condition cependant qu'il cultive en bon père de famille, ce qui veut dire qu'il n'abusera pas des forces de la terre qui lui est confiée. Cette clause, à la vérité, est usuelle dans tous les baux ; mais faute d'être définie elle est purement comminatoire. Or, le fermier qui opère comme dans le premier groupe ne satisfait certainement point à la condition dont il s'agit. C'est donc au propriétaire qu'incombe le soin de l'y forcer en distribuant sa terre de manière à la sauvegarder contre l'épuisement lorsqu'il a affaire à des fermiers incapables de l'améliorer, comme il y en a beaucoup. Pour cela, il n'a qu'un seul parti à prendre. C'est d'interdire la charrue sur tous les champs qui ne peuvent être cultivés sans dépérir et d'obliger le fermier soit à les laisser en jachère pendant un temps déterminé, soit à les convertir en pâturage permanent jusqu'à ce qu'une augmentation dans la production de l'engrais permette de les faire entrer successivement dans la culture continue.

C'est là sans doute une nécessité déplorable; mais entre deux maux il faut choisir le moindre, lorsque le choix est possible. On voudra bien ne pas perdre de vue que je ne raisonne absolument que dans l'hypothèse d'un fermier incapable d'améliorer, ou rebelle aux conseils qui pourraient lui être donnés dans ce but. Ce qu'il y a donc de mieux à faire en pareille occurrence, c'est de le mettre dans l'impossibilité de détériorer. Cette précaution qui paraît être comprise et usitée dans les contrées où règne la jachère à plus ou moins long cours, ne l'est pas partout cependant autant qu'elle devrait l'être.

Mais sur quoi se basera-t-on pour renfermer cette interdiction dans de justes limites? Ce problème ne présente absolument aucune difficulté pourvu que l'on connaisse la quantité et la qualité du fumier que la ferme peut produire, ainsi que la fertilité que le sol possède.

On trouvera plus loin, au chapitre du fumier, une méthode suffisamment approximative pour supputer la quantité de cet engrais qu'une ferme peut produire. Quant à la fertilité naturelle qui se déduit de la dernière récolte, la table des aliquotes la fait connaître sans qu'il soit besoin de la chercher par le calcul.

Si, par exemple, cette dernière récolte a été de 20 hect. ou 1000 k. d'avoine, elle a dû laisser dans le sol $1^{k}79$ d'azote par hectolitre ou $3^{k}58$ par quintal métrique de cette denrée, et par conséquent $35^{k}80$ au total.

Avec cette donnée et l'aliquote d'absorption par les plantes, rien ne sera plus facile que de déterminer la fertilité nécessaire pour une culture ou rotation de cultures quelconques.

Voici la règle que j'ai établie quant à ce.

L'unité de la fertilité totale étant 100, ce qui reste de cette unité, déduction faite de l'aliquote, est à celle-ci comme la fertilité à conserver est à la fumure nécessaire pour compléter la fertilité totale, sur laquelle la récolte doit vivre sans entamer la richesse naturelle du sol.

Pour simplifier, nous exprimerons par R le restant de l'unité de la fertilité totale, aliquote déduite, et par A, cette aliquote.

EC représenteront la fertilité finale à conserver et F la fumure nécessaire exprimée en azote.

Ainsi, si nous supposons la rotation de culure suivante : 1° pommes de terre, (aliquote 0,46) ; 2° blé, (aliquote 0,30) ; 3° avoine, (aliquote 0,38) sur une terre dont la fertilité naturelle à conserver (EC) est de $35^k,80$ d'azote, nous chercherons d'abord quelle est la fumure nécessaire pour obtenir une récolte normale d'avoine qui laisse précisément ces $35^k,80$ dans le sol. Nous la trouverons à l'aide de l'équation suivante.

R (=62, reste de l'unité de la fertilité totale nécessaire pour l'avoine) est à A (=38, aliquote de l'avoine), comme EC (=35,80, fertilité à conserver), est à E (=21,75, fumure nécessaire).

Il faudrait donc, dans ce cas, apporter une fumure représentant 21,75 d'azote, au moyen de laquelle on aurait une fertilité totale de 57^k55 nécessaire pour obtenir une récolte d'avoine qui laissât après elle 35,80.

Mais le calcul ne s'arrêtera pas là, si au lieu de fumer spécialement pour chaque récolte, l'engrais est appliqué en une seule fois à la culture qui ouvre la rotation. Dans ce cas, il faudra rechercher quelle doit être la quantité de cet engrais pour que la récolte qui précède immédiatement l'avoine, puisse laisser exactement à celle-ci la fertilité totale de 57^k55 qui lui est nécessaire dans notre hypothèse. On y parviendra en appliquant le même calcul à chaque récolte, en remontant l'ordre de leur succession.

Ici, c'est le blé qui doit laisser les 57^k55 dont il s'agit. Pour connaître la fertilité de laquelle ils procèdent on dira : R (= 70, reste de l'unité pour le blé), est à A (= 30, aliquote de cette céréale), comme EC (= 57^k55), est à F (= 24^k664).

Ainsi, la fertilité nécessaire à ce blé doit se composer des 57^k55 qu'il laisse plus des 24^k664 qu'il absorbe : Ensemble, 82^k214 qui doivent être laissés eux-mêmes par la récolte de pommes de terre.

L'aliquote d'absorption de cette dernière étant 0,46, ce qu'elle n'absorbe pas est donc de 0,54. Or, ce dernier chiffre correspondant à 82^k214, le premier doit correspondre à 70^k034. Par conséquent, la fertilité nécessaire à la pomme de terre, dans les conditions posées, est donc 82,214 + 70,034

= 152^{k}248 qui se composent de 35,800 fertilité naturelle et 116^{k}448, fumure sous la forme de 29,112 k. de fumier normal, dosant 0,40.

Ainsi, si la ferme ne peut pas produire chaque année cette quantité de 29112 kilog. de fumier, pour les trois hectares destinés aux cultures dont il s'agit, la fertilité naturelle correspondant à 35^{k}80 d'azote, il faudra nécessairement réduire l'étendue de ces cultures proportionnellement à la quantité de fumier manquant, à peine de voir la richesse du sol se réduire elle-même.

Il y aurait cependant un moyen de cultiver les trois hectares avec une moindre quantite d'engrais, sans altérer la fertilité acquise. Ce serait, au lieu d'appliquer en une seule fois la fumure à la tête de la rotation, de donner à chaque récolte la quantité d'engrais normalement nécessaire pour qu'elle laissât toujours 35^{k}80 après elle. Mais, dans ce cas, les produits seraient infiniment moindres. La dose de chacune de ces fumures se déterminerait absolument de la même manière. Seulement, FC serait ici invariablement égal à 35,80, et les trois équations se formuleraient comme suit :

	R : A :: FC : F
1° Pour les pommes de terre. .	54 : 46 :: 35,80 : 30,50
2° Pour le blé	70 : 30 :: 35,80 : 15,35
3° Pour l'avoine	62 : 38 :: 35,80 : 21,75

Dans ce cas, il suffirait que la ferme pût produire. . 67^{k}60 d'azote sous la forme de 16900 kilog. de fumier normal.

Mais si nous nous reportons à ce qui a été dit dans l'étude de la question qui precède celle-ci, nous serons bientôt convaincus qu'il vaudrait infiniment mieux appliquer cette quantité d'engrais à une surface moindre en la plaçant en tête de la rotation. Alors, la surface pouvant être plus économiquement cultivée serait à 3^h :: 16900 : 29112 = 1^h 74^a qui donneraient plus de produit avec moins de travail et de semence, tout en réservant 1 h. 24 au pâturage.

Lorsque l'on aura affaire à un fermier intelligent, on obtiendra facilement de lui une combinaison de culture plus avantageuse encore par la création d'une quatrième sole destinée à la production du trèfle qui fournirait les moyens d'augmenter les ressources de la fertilisation. Ainsi, dans la dernière hypothèse qui vient d'être établie, on ajouterait aux 1 h. 74 a. livrés aux cultures épuisantes, 1/3 de cette étendue, soit 58 ares, qui formeraient la sole fourragère. Ces 58 ares seraient pris, bien entendu, sur les 1 hect. 24 ares laissés en pâturage.

Je n'ai pas besoin, je pense, d'entrer dans de plus grands développements, pour faire comprendre toute l'importance de l'enseignement qui précède. Jusqu'ici, les propriétaires et fermiers ont un peu vogué à l'aventure sur cette mer remplie d'écueils. Mais le jour où ils voudront résolûment se servir de la boussole, il est certain qu'ils arriveront beaucoup plus facilement et plus sûrement à bon port.

Pour compléter l'étude de la théorie des aliquotes, je placerai ici la table que j'en ai dressée pour toutes les plantes ordinaires de la grande culture, autres que les légumineuses.

En vue de faciliter les calculs et les applications, cette table indiquera non-seulement la proportion d'azote enlevée par 100 kilog. de chaque denrée avec ses pailles, feuilles ou fanes, mais encore la fertilité nécessaire à chaque espèce de plantes, et ce que celles-ci laissent après elles. De plus, mes indications se rapporteront, non-seulement à l'azote, mais encore au fumier normal en poids et en volume. Enfin, une autre table B fournira les mêmes indications pour un hectolitre de toutes les denrées qu'on est encore dans l'usage de compter à la mesure.

Mais, comme il n'y a de fertilité complète que celle qui se compose non-seulement d'azote, mais encore de tous les minéraux nécessaires à la formation des plantes, il est indispensable de faire connaître la composition élémentaire de ces dernières, de celles du moins qui sont le plus cultivées, afin de pouvoir régler leur fumure d'une manière normale, en leur appliquant des engrais contenant les mêmes principes dans une proportion suffisante. C'est pourquoi je fais suivre la table des aliquotes d'un tableau présentant la composition organique et minérale des plantes de la grande culture. Je vais montrer son utilité par un exemple.

Nous supposerons une terre pourvue d'une fertilité initiale de 122 kilog. d'azote, soumise à un assolement quadriennal en vigueur depuis quelque temps, et auquel on demande 30 000 k.

de betteraves et 55 hectolitres de froment en deux récoltes séparées par un trèfle qui doit lui-même rendre 5000 kilog. de foin sec.

Nous savons déjà que les 30 000 kilog. de betteraves exigeront, quant à l'azote, une fertilité totale de 300 kilog. qui suffiront pour produire toutes les récoltes que l'on a en vue, en conservant la force initiale sur le même pied. Il y aura donc 178 kilog. d'azote à apporter, ce qui pourra avoir lieu au moyen de 47000 kilog. de fumier réputé normal. Mais si ce fumier fournit l'azote nécessaire, fournira-t-il également les minéraux? C'est ce dont il est important de s'assurer à l'avance, surtout lorsque l'on exploite des terres peu riches en principes inorganiques indispensables, et principalement en alcalis et en acide phosphorique. Or, voici ce que notre tableau nous apprendra.

	Alcalis.	Acide phosphorique.
1° 30 000 k. de betteraves, feuilles non comprises, contiennent. .	102k 60	12.80
2° 55h. de froment (4400 k.). . .	27.60	44.20
3° 9850 k. de paille	98.50	16.30
4° 5000 k. de trèfle fané. . . .	108.75	25.75
	337.45	99.05
Le fumier, dont nous trouverons la composition élémentaire au chapitre qui le concerne, n'apportera, dans 47 000 k. que (1)	245.70	94.45
Il manquerait donc.	91.75	4.55

Je ne fais pas figurer les feuilles de betteraves dans ce calcul, parce que je suppose l'assolement en vigueur, et que les feuilles de la rotation précédente ont été abandonnées au sol.

Il est évident que si nous avons affaire à une terre dépourvue

(1) Je viens de m'apercevoir que j'ai commis, page 265, une erreur que je dois rectifier ici. J'ai attribué au fumier appliqué à l'assolement de M. Boussaingault un dosage total en acide phosphorique de 62,5, au lieu de 98,65. En corrigeant cette erreur, due à mes mauvais yeux, qui m'ont fait prendre dans le tableau le chiffre de l'acide sulfurique pour celui de l'acide phosphorique, on arrive à ce résultat que le fumier normal apporterait assez d'acide phosphorique dans l'assolement de M. Boussaingault ; mais le déficit calculé pour les alcalis n'en serait pas moins réel, s'il n'était couvert de la manière qui a été indiquée.

d'alcali et d'acide phosphorique, ou seulement de l'un ou de l'autre, nous ne pourrons pas obtenir en plein les récoltes auxquelles nous visons.

Je sais bien qu'une pauvreté aussi radicale est fort rare; mais, en la supposant moins grande, et à moins que le sol ne soit abondamment pourvu de ces deux substances, il sera toujours fort sage de ne point attaquer sa réserve, et il faudra, par conséquent, compléter la fumure par une addition de substances alcalines et phosphatées, telles que des cendres vives, du sel marin, du noir animal, du phosphate fossile, etc., toutes choses d'un prix assez peu élevé.

Si on ne le faisait pas, les récoltes étant proportionnelles à celle des substances fertilisantes qui est en plus petite quantité, et ici les alcalis ne correspondant qu'aux 72 centièmes de l'azote, les 28 0/0 restant de ce dernier, seraient forcément inactifs. Par conséquent, les récoltes seraient infiniment moindres, et le préjudice excéderait de beaucoup l'économie mal entendue qu'on aurait faite en se dispensant d'acheter les engrais complémentaires théoriquement nécessaires. En tous cas, si le déficit dans les récoltes était moindre, ce serait sur le capital minéral foncier qu'il porterait, et pour être immédiatement moins sensible il n'en serait pas moins grave. Il y a cependant 99 cultivateurs sur 100 qui travaillent ainsi. C'est ce que le baron Lubig appelle de l'*agriculture vampire*. Elle peut enrichir les pères, mais elle ruine les enfants.

Cependant il ne faut rien exagérer. Ces derniers, l'instruction agricole progressant et aidant, sauront réparer les fautes de leurs devanciers. Voici comment.

Dans l'hypothèse que nous avons posée, si le fumier verse dans le sol une proportion d'azote que les récoltes ne peuvent absorber, cet azote constitue une réserve qui pourra se retrouver un jour par le simple emploi de substances minérales dans la fertilisation. C'est ce qui arrive aujourd'hui en Angleterre où l'on s'engoue beaucoup plus facilement qu'en France des pratiques agricoles nouvelles. C'est ainsi que l'on y a usé et abusé des engrais azotés, mais incomplets sous d'autres rapports tels que le guano du Pérou, le nitrate de soude, etc. Or, il est arrivé, surtout avec ce dernier, que l'on a épuisé le sol de phosphate, mais que par contre on l'a saturé d'azote et d'alcali, nonobstant lesquels il refuse de produire, et on en a conclu, en prenant l'effet pour la cause, qu'il était lassé de nitrate de soude. Alors, on a imaginé de le nourrir au superphosphate de chaux, c'est-à-dire avec du phosphate de chaux acidifié pour le rendre plus soluble, et les agronomes anglais ont déclaré que les phosphates solubles, et notamment un guano très phosphaté que l'industrie croit bonifier en l'acidifiant, étaient les engrais par excellence. C'est incontestable pour de semblables conditions. Mais quelle sera la durée de cette supériorité ? Elle durera le temps nécessaire pour user les réserves d'azote et d'alcali accumulées dans le sol, après quoi celui-ci se lassera de superphosphate comme il s'est lassé de nitrate. Mais on ne s'en apercevra que tardivement, et jusque là le phosphate à son tour s'accumulera dans la couche arable pour venir en aide plus tard au nitrate de soude ou aux autres engrais azotés, auxquels on sera forcé de revenir. Pour peu qu'on y réfléchisse, il est visible que c'est là de l'agriculture d'expédients et non de la culture rationnelle.

La conséquence à tirer de là, c'est que le fumier peut seul faire la base d'une fertilité solide et durable, mais comme lui-même, quelquefois ne constitue pas un engrais absolument complet, les matières alcalines et phosphatées ne peuvent être judicieusement et économiquement employées que pour le compléter comme dans l'hypothèse que j'ai prise pour exemple. C'est ce qui sera rendu très facile par les documents que fournit cette étude. Je n'ai pas besoin de faire observer que ce qui précède s'applique uniquement au cas où le cultivateur possède assez de fumier pour fournir à ses récoltes l'azote dont elles ont besoin. Lorsqu'il n'en est pas ainsi, ce n'est pas aux substances seulement alcalines et phosphatées qu'il faut recourir comme complément de fertilisation, mais bien aux engrais azotés et salins, tels que le guano péruvien ou les divers guanos artificiels auxquels je consacrerai plus loin une étude spéciale.

(TABLEAUX)

OBSERVATIONS

SUR LE TABLEAU DE LA COMPOSITION CHIMIQUE DES PLANTES.

Je n'ai pas indiqué les noms des chimistes à qui j'ai emprunté les analyses qui figurent dans ce tableau. Si, en cela, je ne me suis point conformé à ce qui se pratique en pareil cas, c'est principalement parce que je ne reproduis pas ces analyses telles qu'elles ont été publiées. Je m'explique.

Il est d'usage, lorsque l'on veut déterminer la composition d'une plante, de la dessécher entièrement, et de doser ensuite ses éléments à l'état sec. Si ce mode d'opérer présente une exactitude plus rigoureuse à certains égards, il a, par contre, le grave inconvénient de mettre presque toujours le cultivateur dans l'embarras, en ce que, fort souvent, l'analyse n'indique pas la quantité d'eau éliminée, et ne permet pas, par conséquent, de ramener par le calcul la composition de la plante à son état normal qui est celui sous lequel il importe le plus de la connaître dans les circonstances ordinaires de la culture; ou bien, si la quantité d'eau éliminée est indiquée, il reste à faire un calcul compliqué pour trouver ce que l'on a besoin de savoir.

Ce sont ces recherches et ce calcul que j'ai voulu épargner aux personnes disposées à étudier la composition de plantes, pour pouvoir régler leur fumure en conséquence, en leur offrant un tableau qui leur présente les choses dans leur état normal. Sous ce rapport, c'est donc un travail qui m'est propre. Mais je me fais un devoir de déclarer que j'en dois les éléments, en plus grande partie, à MM. Boussaingault et Sprengel, ainsi qu'au Dictionnaire des analyses chimiques de MM. Violette et Archambault.

Il ne faut pas regarder les analyses rapportées dans ce tableau comme présentant des indications absolues. Bien des circonstances peuvent influer sur la composition des plantes. La nature du sol, celle des engrais, une fertilité plus ou moins complète peuvent y apporter de notables modifications. Nous ne possédons malheureusement que des données trop peu nombreuses pour établir, à cet égard, une théorie complète qui serait pourtant d'une bien grande utilité. La chimie a fait bien des progrès. Elle a rendu de grands services à l'agriculture; mais elle ne lui en a pas rendu, à beaucoup près, autant qu'elle l'aurait pu. Il existe encore bien des plantes usuelles dont nous ne connaissons pas la composition. Ou bien, si elles ont été analysées, c'est d'une manière tellement incomplète, qu'il n'est pas facile de tirer parti des indications qui nous sont fournies. Je citerai entre autres le sainfoin, les feuilles de betteraves, de carottes, de panais, de rutabagas, etc. C'est là une lacune regrettable. Les laboratoires du Conservatoire des Arts et Métiers, sont ceux qui, avec M. Berthier et les chimistes allemands, nous ont fourni la plus grande partie des analyses que nous possédons. Il serait à désirer qu'elles fussent complétées par les laboratoires des écoles régionales, où sans nul doute les plantes de la région sont étudiées, mais sans que le public en profite. Ce serait cependant un grand service à lui rendre que de porter à sa connaissance, par la voie des journaux spéciaux, les travaux de ce genre qui peuvent avoir lieu dans ces établissements. Il suffira sans doute d'en exprimer le vœu, pour que MM. les directeurs des écoles régionales, qui ont déjà tant contribué personnellement au progrès agricole, ajoutent encore ce nouveau fleuron à leur couronne.

En attendant, puisque nous ne sommes pas riches, sachons au moins nous servir de ce que nous avons. Le tableau qui précède suffira provisoirement pour guider le cultivateur dans la fertilisation de ses terres, dont il obtiendra constamment des produits normaux, tant qu'il règlera ses fumures d'après les indications de ce document, sauf les cas de force majeure, bien entendu.

DEUXIÈME DIVISION.

MATIÈRES FERTILISANTES.

Si la principale richesse d'une nation réside dans sa production agricole, et si celle-ci est toujours en rapport avec les moyens de fertilisation dont la culture dispose, on comprendra aisément que la présente étude est la plus importante parmi toutes celles que comporte l'Agronomie.

L'agriculture française, bien pénétrée aujourd'hui de la vérité fondamentale qui vient d'être exprimée, a parcouru depuis un quart de siècle une grande étape dans la voie du progrès. De 1842 à 1858 seulement, la puissance productive de son sol et son rendement général se sont notablement accrus. Mais est-elle parvenue au but qu'elle peut atteindre, et ne peut-elle faire plus encore ?

Si nous jetons un coup-d'œil autour de nous en comparant nos résultats avec ceux de quelques-unes des nations voisines, nous ne pouvons méconnaître qu'il nous reste encore une vaste distance à franchir pour arriver à leur niveau dans les limites du possible ; et il nous est bien force de faire acte d'humilité en reconnaissant, par exemple, que l'Angleterre ne nous rend pas moins de deux points sur cinq dans la production du froment. D'où cette énorme différence peut-elle venir ? Tient-elle à la qualité respective des terres des deux pays? Non, car nous avons des départements qui valent les meilleurs comtés de la Grande-Bretagne, de même que nous en avons de tout aussi pauvres.

Cette différence vient donc uniquement des systèmes de culture qui, quoique très avancés sur plusieurs points de la France, sont encore en somme bien en arrière de ceux de nos voisins. Pour quatre millions d'hectares consacrés à la nourriture de l'homme, nous dit M. de La Vergne, l'Angleterre en cultive quinze millions pour l'alimentation de son bétail et la fertilisation de son sol, tandis qu'en France on ne compte que neuf millions d'hectares consacrés à la réparation, contre 18 millions de cultures épuisantes.

Bien que cette disproportion ne soit pas aussi grande que l'annonce l'éminent économiste, puisqu'en réalité nos cultures épuisantes et améliorantes s'équilibrent à peu près aujourd'hui en étendue, en faisant entrer nos 3 millions 260 mille hectares d'avoine dans le groupe des dernières, il n'en est pas moins vrai que nous sommes encore, sous ce rapport, bien au-dessous d'une situation normale.

Cependant, de 1842 à 1858, nos prairies naturelles et artificielles, d'après la statistique de M. Maurice Block, n'ont pas moins gagné ensemble de 1800 mille hectares, donnant une augmentation de 72 millions de quintaux mét. de foin. Mais, comme la culture du froment s'est accrue parallèlement de 1100 mille hectares, il en résulte que la conquête faite par le groupe améliorant n'ajoute que peu de chose à la fertilité des vieilles terres.

En étudiant et en analysant les documents publiés par la statistique officielle, on arrive à ce résultat que nous produisons aujourd'hui, 1200 millions de quintaux métriques de fumier, équivalant au fumier normal, c'est-à-dire 284 millions de quintaux de plus qu'au temps (1842) où Royer estimait cette production à 916 millions de quintaux. Mais en comparant cette ressource avec nos cultures, on trouve entre elles, comme je l'ai démontré dans de récents articles publiés par le *Journal d'Agriculture progressive*, que pour parvenir à conserver la fertilité de notre sol, nous ne demandons pas moins, aujourd'hui, de 244 millions de kil. d'azote à l'industrie et au commerce des engrais artificiels, indépendamment des autres substances qui doivent nécessairement accompagner l'azote

Ces 244 millions de kil. d'azote représentant la moitié de tout notre fumier, on voit que les engrais commerciaux entrent déjà largement dans notre régime agricole. Cette appréciation se trouve confirmée par un récent rapport de S. Exc. le Ministre de l'Agriculture à l'Empereur, rapport dans lequel l'importance du commerce de ces engrais en France, n'est pas évaluée à moins de 105 millions de quintaux métriques, d'après une enquête spéciale.

Néanmoins, nous ne produisons guère encore en moyenne que 14 hect. de froment par hectare, d'où il suit que cette culture qui est la principale pour notre pays est très peu rémunératrice. C'est ce qui a d'ailleurs été amplement démontré par l'enquête qui a précédé l'établissement de la liberté du commerce des céréales. Pour qu'elle pût devenir plus profitable, il faudrait qu'elle fût plus intensive. Réduite à une moindre surface à laquelle on donnerait tous les engrais qu'elle absorbe aujourd'hui sur une surface plus grande, si son rendement ne s'élevait pas au total, il gagnerait au moins en intensité et en économie par de moindres dépenses de semence, de travail et de fermage. D'un autre côté, les terres retranchées au groupe épuisant, fourniraient des fourrages qui, tout en augmentant la masse des fumiers, créeraient simultanément de la viande de boucherie, des cuirs, de la laine, du laitage, produits qui ne sont pas moins précieux que le blé pour une nation qui ne vit pas uniquement de pain. En divisant ainsi ses chances, le cultivateur serait d'ailleurs beaucoup mieux en situation de faire face aux années calamiteuses, car il est sans exemple que tout manque à la fois. C'est ce que font les mieux avisés, qui trouvent dans les produits de leur bétail la compensation du déficit qu'ils éprouvent de loin en loin dans leur culture de blé.

Mais pour réaliser de semblables améliorations, il faut mieux soigner le fumier qu'on ne le fait généralement; il faut également en augmenter la masse, et s'aider judicieusement des engrais commerciaux. Il y a sur tout cela des études de la plus haute importance à faire. C'est à ces études que nous allons consacrer la présente division. Les courtes considérations qui précèdent justifieront, je l'espère, le développement dans lequel je me propose d'entrer, et qui sera sans doute jugé d'autant plus opportun que de semblables sujets sont du nombre de ceux qui ne peuvent être approfondis qu'avec le secours de la théorie. Vainement ferait-on appel à l'expérience seule pour résoudre tous les problèmes qu'ils soulèvent. Les oracles de l'expérience sont ici fort peu explicites. Chacun peut y voir ce qu'il a intérêt à y trouver au risque de cruelles déceptions. Je n'aurais, pour en fournir de nombreux exemples, que l'embarras du choix.

Qu'on le sache donc bien! L'essai d'un engrais sur le terrain, tel qu'on le pratique en général et surtout tel qu'on l'interprète ordinairement, n'est pas et ne peut pas être concluant d'une manière absolue, si cet engrais n'est pas complet, c'est-à-dire, s'il ne contient pas en proportion normale toutes les substances exigées par la récolte à laquelle il est appliquée. Si par hasard, l'expérience donne un résultat satisfaisant, il arrivera presque toujours, que répétée sur le même terrain pendant plusieurs années consécutives, ou que faite simultanément sur d'autres terrains de nature et de qualité semblables en apparence, elle donnera des résultats différents. C'est ainsi qu'avec les sels ammoniacaux, les nitrates, les phosphates, la chaux, la marne, avec toutes les substances en un mot, qui n'apportent qu'un appoint à la fertilité, on aboutit fatalement à la ruine du sol, lorsque l'on fait de l'une ou de l'autre de ces substances un usage exclusif trop prolongé.

Je ne vais pas cependant jusqu'à prétendre qu'en pareille matière les solutions expérimentales doivent être récusées dans tous les cas. On comprendrait très mal ma pensée si on l'interprétait ainsi. Ce que je prétends seulement, c'est que la pratique qui, dans ces sortes d'opérations, ne s'éclaire pas au flambeau d'une saine théorie ne peut que marcher dans les ténèbres et s'égarer presque toujours. Je ne serai sans doute pas suspect de partialité, si l'on veut bien considérer que c'est en m'appuyant sur une expérience raisonnée de plus de trente ans, que j'en suis venu à conclure : qu'il n'est pas possible de faire un essai probant de tous points, en matière d'engrais, sans connaître la nature et la composition de cet engrais, son mode d'action sur la végétation ; s'il est en rapport avec les besoins des plantes auxquelles on l'applique ; le contingent qu'il apporte dans leur alimentation ; les réactions dont il peut être l'objet dans le sol ; la composition active de ce dernier ; sa fertilité initiale, etc., toutes choses qui sont du domaine exclusif de la science et qui ont une valeur et une influence propres dans la solution du problème.

Cette branche de l'Agronomie exige donc plus que tout autre des explications détaillées, et je n'épargnerai pas ici celles que croirai utiles ; mais comme je suis un peu à l'étroit dans mon cadre, force me sera de m'en tenir aux plus importantes. Si parmi mes lecteurs il en est qui trouvent mon enseignement insuffisant et qui désirent approfondir davantage ce sujet, je ne saurais mieux faire que de les engager à étudier les ouvrages spéciaux de nos chimistes agronomes, et notamment le *Guide de la fabrication économique des engrais* par M. Rohart fils.

Cet excellent ouvrage qui en résume plusieurs autres, est le plus complet que nous possédions sur cette matière.

Pour bien éclairer la route que nous avons à suivre, nous devons donc avoir constamment sous les yeux la composition moyenne élémentaire des végétaux. Les tableaux que j'ai donnés dans la première partie de cette étude, font connaître assez exactement cette composition pour des appréciations du genre dont il s'agit.

Lorsque les substances d'un engrais concordent en nature et en proportion avec celles qui composent les plantes, elles constituent un engrais complet qui, employé même dans la terre la plus pauvre, suffit pour produire proportionnellement à sa masse, des végétaux parfaitement développés, lorsque le sol n'y fait pas obstacle par quelques défauts nuisibles, ou lorsqu'il n'absorbe pas à son profit une trop grande partie des substances appliquées à la fertilisation.

Celui de tous les engrais qui mérite le plus la qualification de complet, c'est le fumier, parce que composé de déjections animales et de végétaux, il se rapproche beaucoup plus que tout autre de la composition des plantes dont il est en très grande partie formé, et auxquelles il peut par cela même fournir tous les éléments de leur organisation. Mais nous verrons qu'en passant par le corps des animaux, les végétaux employés à l'alimentation du bétail y laissent une partie de leurs principes les plus utiles, d'où il suit que la composition du fumier ne concorde pas toujours parfaitement avec celle des plantes qu'il est appelé à nourir.

Tous les autres engrais, même les végétaux enfouis en vert, même le guano du Pérou qui serait un engrais complet et parfait s'il était plus riche en carbone et surtout en alcalis, ne peuvent être considérés, en bonne agriculture, que comme des auxiliaires du fumier. Aucun d'eux ne peut, sans désavantage, le remplacer d'une manière continue. Il n'y a pas même exception en faveur des végétaux enfouis sur place quoiqu'ils contiennent les mêmes principes, parce que, d'une part, ils ne sont jamais assez abondants pour tenir lieu d'une fumure complète, et que d'autre part, sauf quelques principes organiques empruntés à l'atmosphère ils ne peuvent rapporter à la terre que ce qu'ils lui ont pris. Par conséquent, il n'en est aucun qui améliorent réellement le sol. Tous au contraire, sans exception, et chacun à sa manière, l'appauvrissent, selon Liébig (1) des éléments nécessaires à leur constitution. Cela n'empêche pas que souvent une récolte enfouie sur place ne mette la terre en bon état de production. J'essayerai d'expliquer ce qui se passe en pareil cas, lorsque je traiterai des engrais verts.

Les engrais, lorsqu'ils ne consistent ni en fumier, ni en végétaux enfouis, reçoivent ordinairement la qualification d'engrais artificiels quoique cette qualification soit souvent inexacte. C'est ce qui a lieu lorsqu'on l'applique à des matières qui, comme le guano, le sang, les os, la poudrette, etc., n'ont rien d'artificiel. Mais comme elle est consacrée par l'usage, il n'y a pas d'équivoque possible.

En étudiant attentivement la composition des végétaux, nous remarquons que la proportion des matières organiques, à l'état sec, ne varie pas sensiblement d'une plante à une autre, même dans les espèces les plus dissemblables, à cela près cependant que l'azote est toujours plus abondant dans les grains que dans les pailles. C'est le contraire pour les minéraux, à l'exception de l'acide phosphorique ou du phosphate qui se rencontrent toujours en plus grande proportion là où l'azote lui-même est le plus abondant. Il résulte de là que quand on vise à une récolte de grains, on doit employer des engrais contenant plus d'azote et de phosphate que lorqu'il s'agit seulement de récolter en herbe les mêmes plantes ou des plantes analogues. Pour se fixer sur ce point, qui n'est pas sans importance, il sera bon de recourir aux indications de la science, en ce qui concerne le développement successif de la matière dans les végétaux.

M. Boussaingault a fait sur ce sujet des recherches intéressantes qui sont développées dans son *économie rurale*, tome 2, page 193, et que je ne puis rapporter ici que très sommairement. Voici comment il a opéré. Le 19 mai 1844, il a choisi, dans un champ de froment, une place où la végétation lui parut bien uniforme. Là, il a arraché 450 plants qui, débarrassés de la terre adhérente par un lavage, et desséchés par une longue exposition à l'air, ont été pesés et analysés. La même opération a été répétée le 9 juin — à la floraison — et le 15 août — à la

(1) Lois naturelles de l'Agriculture, tome 2, page 194.

moisson —. Il est résulté de ces recherches que l'assimilation des substances par le blé ne suit pas une marche régulière. Elle est d'abord très faible, dans la première phase de la végétation, jusqu'au moment où, vers le milieu du mois de mai, la sève déployant une grande activité, la plante croît rapidement pendant trois semaines, après lesquelles elle se ralentit, mais en absorbant néanmoins de nouvelles substances jusqu'à une époque très voisine de sa maturité, sinon jusqu'à sa maturité même. Ce qui est particulièrement remarquable ici, c'est que l'assimilation des matières organiques décroît considérablement pendant la dernière période, tandis que celle des minéraux s'accroît d'une manière notable. C'est ainsi que l'augmentation de ces dernières qui n'est, pour un hectare que de $1^k,92$ par jour, du 19 mai au 9 juin s'élève à $2^k,16$ du 9 juin au 15 août, et que l'assimilation de l'azote qui était quotidiennement de 0,54 pendant la première de ces deux périodes tombe à 0,33 pendant la dernière. Celle du carbone diminue beaucoup plus encore.

Ce dernier fait se conçoit aisément, puisque l'on sait que la fixation du carbone est en grande partie le résultat de l'élaboration opérée par les feuilles dont l'action s'affaiblit à mesure que leur matière verte disparaît. Néanmoins tant que ces feuilles fonctionnent la plante continue à absorber par ses racines une proportion d'eau qui diminue graduellement, mais qui tient toujours en dissolution une quantité de plus en plus faible des matériaux de la sève. Toutefois l'acide carbonique qui en fait partie ne pouvant être décomposé que partiellement, il est probable que le reste s'évapore avec l'eau qui lui a servi de véhicule ainsi qu'avec une proportion correspondante d'ammoniaque, puisque celle-ci ne peut se fixer dans l'organisme qu'en s'y combinant avec le carbone pour fournir les produits quaternaires que nous connaissons. Mais les minéraux n'étant pas volatils ne peuvent prendre la même route. Cette évaporation d'acide carbonique n'est pas contradictoire à ce que j'ai avancé dans mon étude physiologique, la question n'étant pas la même. Quant à la perte d'ammoniaque qui peut s'opérer de la sorte tout porte à croire qu'elle est infiniment faible et qu'elle se trouve compensée comme nous le verrons plus loin.

Je ne vois pas qu'il soit possible de donner une explication physiologique plus vraisemblable des résultats constatés par M. Boussaingault, en les supposant exacts, ce qui, pour moi, ne fait pas l'objet du moindre doute. Mais ma conviction personnelle ne me permet pas cependant de passer sous silence d'autres expériences rapportées par Liébig, dans ses lois naturelles de l'Agriculture, et qui semblent infirmer ces résultats, au moins en ce qui concerne une augmentation dans l'assimilation des minéraux relativement aux matières organiques. Ces expériences faites sur deux points, sur deux genres de végétaux et par deux chimistes différents, prouvent, néanmoins, comme celle de M. Boussaingault, que les plantes qui ne mûrissent pas leur graine, épuisent sensiblement moins le sol que celles qui viennent à maturité. Ainsi, le blé fauché au moment de sa floraison n'enlèverait, d'après l'expérience précédente, qu'un peu plus de la moitié de l'azote et un peu plus du tiers des minéraux qu'il contient lorsqu'il est entièrement mûr. Mais si au lieu de faire porter la comparaison sur des surfaces égales, on l'établit sur des poids égaux, on trouvera que le blé fauché en fleur et desséché contiendra exactement autant d'azote qu'un même poids de blé mûr — plante entière — mais environ 35 % de minéraux de moins. Il suit de là que ces derniers pourraient, sans inconvénient, être moins abondants dans les engrais appliqués au froment cultivé comme fourrage, s'il était économique de lui assigner une pareille destination, que dans ceux appliqués à la même plante cultivée pour sa graine. Mais ce qui ne se fait pas pour le blé, ayant souvent lieu pour d'autres céréales, qui fournissent au printemps un excellent fourrage vert, il semblerait que le principe dût être le même. C'est précisément cette conséquence que les expériences rapportées par Liébig mettent en doute, en ce qui concerne une plus grande assimilation de minéraux que d'azote. Ce doute, toutefois, pourrait être facilement levé par l'analyse comparative de toutes les plantes qu'il peut être utile de récolter en vert. Malheureusement ces analyses sont encore beaucoup trop rares, et tant que nos chimistes n'éclaireront pas plus amplement cette partie de notre route, nous en serons réduits à tâtonner sur bien des points encore. Nous connaissons exactement la composition des cendres de la camomille, du bluet, de l'acorus ou iris jaune, de la chélidoine, de la tanaisie, etc., mais nous ne sommes pas aussi heureux en ce qui concerne un grand nombre de nos plantes économiques. Le chimiste qui entreprendrait un semblable travail, acquérerait de grands droits à la reconnaissance de son pays.

Des deux expériences rapportées par Liébig, l'une a été faite par M. Arendt, sur de l'avoine dont la végétation a été divisée en cinq périodes, durant lesquelles l'accroissement des plantes s'est effectué conformément au tableau suivant :

PÉRIODES.	ACCROISSEMENT TOTAL.		ACCROISSEMENT PAR JOUR.	
	Matières combustibles.	Matières minérales.	Matières combustibles.	Matières minérales.
1re : 49 jours avant l'épiage.	419,00	36,60	8,511	0,747
2e 12 id. fin de l'épiage.	873,00	33,48	72,75	2,79
3e 10 id. floraison.....	475,00	30,30	47,50	3,03
4e 11 id. formation de la graine.....	423,95	20,34	39,45	1,849
5e 12 id. maturité.....	120,80	7,18	12,08	0,718

On voit, d'après ce tableau, que la plus forte absorption des substances organiques a lieu pendant l'épiage, et que c'est pendant la floraison que la plante s'assimile quotidiennement le plus de minéraux. A partir de cette période, la fixation des principes inorganiques diminue à peu de chose près dans la même proportion que celle des substances combustibles. C'est en ceci principalement que cette expérience est inconciliable avec celle de M. Boussaingault, car il n'est pas possible d'admettre que le mode de végétation de deux plantes de la même famille puisse différer autant. Si cette expérience est exacte, elle enseignera spécialement que l'assimilation de l'azote qui a été pour 1000 plantes, de 49gr 90c pendant les 4 premières périodes est tombée à 5g 40 pendant la 5e; que celle de la potasse qui a été de 34g 11 pendant la 1re et la 2e périodes, s'est abaissée à 13g 20 pendant les deux suivantes, et à 0 pendant la dernière, et enfin que les plantes qui ont d'abord fixé 5g 99 d'acide phosphorique pendant les 61 premiers jours, puis 6g 94 pendant les 21 jours suivants, n'en ont plus absorbé que 1g 33 pendant les 12 derniers jours.

Mais il est possible que ces résultats ne soient inconciliables avec ceux de M. Boussaingault qu'en apparence seulement, et c'est ce que l'on doit admettre si les deux expériences sont exactes. La durée des périodes établies de part et d'autre ne concordant pas, il se pourrait que les effets observés par M. Boussaingault pendant sa dernière période, se rapportassent principalement au commencement de celle-ci, et comme elle est trois fois aussi longue que la 4e et la 5e périodes réunies de M. Arendt, les résultats, dans ce cas, se rapprocheraient davantage. Mais ce qui laissera toujours des doutes sur ceux de ce dernier, c'est qu'ils s'appliquent à une avoine qui a parcouru toutes les phases de sa végétation en 92 jours, et qui n'en a employé que 21 à partir de sa floraison pour former et mûrir sa graine. Les avoines d'automne ne se récoltent guère nulle part avant le 15 juillet, si ce n'est dans les contrées très méridionales, et celles de printemps semées du courant de février au commencement d'avril ne sont pas mûres ordinairement avant celles d'automne. Il y a donc sous ce rapport dans l'expérience de M. Arendt, quelque chose d'anormal qui tend à diminuer la confiance en l'exactitude de ses indications.

La seconde expérience rapportée par Liébig, a été faite par M. Anderson sur le développement successif de la matière dans les turneps. Il en résulte que la plante entière (feuilles et racines), absorbe chaque jour par acre de surface (environ 41 ares), et pendant les diverses périodes de sa croissance, les proportions de substances exprimées dans le tableau suivant :

PÉRIODES. NOTA. Les quantités exprimés représentent des livres anglaises.	Substances végétales.	Azote.	Acide phosphorique.	Potasse.	Acide sulfurique.	Sel de cuisine.
1er 32 jours.	»	»	»	»	»	»
2e 35 id.	437	1.15	0.924	1.41	1.12	0.84
3e 20 id.	907	0.695	1.10	4.04	1.57	1.98
4e 35 id.	412	1.21	1.25	3.07	1.52	1.11

Ce tableau se complète et s'explique par le suivant, qui présente sommairement le développement de chacune des deux parties de la plante à la fin de chaque période.

	Feuilles.	Racines.
1re Période.....	219.	7,2
2e id.......	12,793.	2,762.
3e id.......	19,200.	14,400.
4e id.......	11,208.	36,792.

Ce qu'il y a de plus frappant dans ce dernier tableau rapproché du précédent, c'est que le développement de la matière combustible dans la plante est exactement proportionnel durant les trois premières périodes, au développement ou à l'état de son système foliacé. S'il est moindre pendant la 4e que pendant la 3e, c'est parce qu'une grande partie des feuilles qui existaient dans celle-ci se sont flétries et ont cessé de fonctionner. L'absorption de l'acide carbonique atmosphérique a donc dû diminuer dans la même proportion. Mais il n'est pas aussi facile d'expliquer les inégalités existant entre chaque période relativement à la fixation de l'azote, ni comment il peut se faire que la plante absorbe moins de potasse et plus d'acide phosphorique pendant la dernière période que pendant la 3e. Ce qui jette beaucoup d'incertitude et même de confusion sur tout cela, c'est la division, sans nécessité — au moins pour les turneps —, de la végétation en périodes inégales. Si on les eût fait toutes, ou seulement la 3e et la 4e de même durée, on aurait des résultats tout opposés. En effet, la 3e donne un total en minéraux de 173,80, et la 4e de 243,35. Mais celle-ci se compose de 35 jours, et celle-là de 20 seulement. Or, si l'on retranche de la 4e 7 jours et demi pour les reporter sur la 3e, en égalisant exactement leur durée, le total montera à 225,95 pour la 3e, et ne sera plus que de 191,20 pour la quatrième, en établissant ce report sur la moyenne de l'absorption faite pendant les 35 derniers jours. Ainsi, l'assimilation des minéraux, à période de même durée, serait moindre pendant la dernière que pendant la pénultième, ce qui est précisément le contraire de ce qu'enseigne l'expérience, et ce qui prouve uniquement l'élasticité des chiffres, selon la position des questions. Mais en procédant de la même manière relativement à l'azote, on n'obtiendrait pas la même inversion. L'assimilation de cette substance irait toujours croissant jusqu'à la fin de la végétation; seulement, son accroissement serait moindre que ne semble l'indiquer l'expérience. Au lieu d'être dans le rapport de 0,695 à 1,21, il serait dans celui de 0,835 à 1,21. Pour qu'il fut possible, il faudrait admettre que le carbone précédemment absorbé par la plante, ne s'y trouvait qu'à l'état latent, attendant de nouvelles proportions d'azote pour former des composés parfaits. Cette hypothèse, est, après tout, la seule acceptable, si l'expérience est exacte. Mais elle conduit à cette conséquence, qu'il y aurait des plantes qui, comme le blé s'assimilent moins d'azote et plus de minéraux sur la fin de leur végétation qu'au commencement et au milieu, tandis qu'il y en aurait d'autres, comme les turneps, dans lesquelles c'est l'inverse qui aurait lieu.

Toutefois, je pense que tant que des expériences plus nombreuses n'auront pas lieu en opérant sur des périodes de végétation mieux égalisées, il sera difficile d'en rien conclure de parfaitement positif. Celles que je viens de rapporter, montrent à quel degré la science est parvenue sur ce point, et elles peuvent permettre au lecteur d'en tirer des conséquences que je n'aurais pas apperçues. La seule que j'y ai cherchée, est celle que j'ai énoncée d'abord, à savoir : que quand on vise à une récolte de grains, il faut, à surface égale, des engrais plus riches en azote et en phosphates que pour les mêmes plantes cultivées comme fourrage.

Ce point établi, rentrons dans notre sujet.

Si la Silice forme la plus grande partie des cendres de la paille des céréales, des graminées, et généralement de toutes les plantes granifères, on ne la trouve qu'en bien moindre proportion dans leurs graines. On ne connaît guère que le grain d'un sarrasin produit par un terrain maigre du bocage normand qui, d'après une analyse de M. Isidore Pierre, fasse exception.

La potasse qui entre pour près du tiers dans les cendres du froment, ne figure que pour un sixième et quelquefois moins dans celles de sa paille. Mais on la trouve en proportion dominante dans les pommes de terre, les betteraves, les navets, les topinambours, dans les feuilles et les graines de maïs, dans les haricots, les pois, les fèves, les vesces, le trèfle, etc. Elle est donc indispensable à tous les végétaux, plus ou moins, mais nous savons qu'elle peut, jusqu'à un certain point, être remplacée par la soude.

On ne doit pas conclure cependant de cette indispensabilité, qu'une plante ayant des appétits fortement alcalins, ne puisse se développer dans un sol pauvre en potasse et en soude. Le contraire nous est montré par des analyses, où nous voyons des plantes de même espèce, bien différemment composées sous ce rapport, comme sous plusieurs autres. C'est ainsi, par exemple, que la cendre de telle avoine n'a rendu que 12,90 pour 100 de potasse, tandis que celle de telle autre en a produit 24,50 non compris 4,40 de soude. L'enseignement qui découle de là, c'est qu'à la rigueur les plantes comme les animaux, peuvent vivre et se développer en subissant certaines privations. Mais on peut hardiment en conclure, que leur produit doit inévitablement se ressentir de ces privations.

La chaux est non moins nécessaire aux végétaux que les autres substances; mais le tableau de la composition des plantes montre que les céréales et les racines en absorbent beaucoup moins que les légumineuses et les crucifères.

Je m'en tiens pour le moment à ces quelques indications sommaires qui font voir la nécessité d'étudier tout à la fois la composition chimique des végétaux et celle des engrais, pour pouvoir approprier rationnellement et économiquement ces derniers à la fertilisation.

Si tous les végétaux étaient composés des mêmes minéraux et dans les mêmes proportions, à quelques faibles variantes près, comme ils le sont des mêmes matières organiques, cette étude ne présenterait aucune difficulté. Mais on voit qu'il n'en est pas ainsi, et comme il n'est aucune culture qui n'exporte sous une forme ou sous une autre une fraction de ses produits, dont les substances minérales sont puisées dans le sol et par conséquent perdues pour lui, il devient très important de connaître ces substances afin de pouvoir les remplacer à peine d'aboutir tôt ou tard à la stérilité.

Lorsque l'exportation est directe, et qu'elle a pour objet des denrées dans l'état où elles ont été récoltées telles que du froment en grain par exemple, il est facile de déterminer la nature et les quantités des substances à rapporter pour la compenser.

Il suffit pour cela d'appliquer les données fournies par les tableaux. Mais le calcul n'est plus aussi simple lorsque ces denrées sont préalablement transformées industriellement ou consommées par le bétail de l'exploitation, et qu'elles ne laissent dans l'un et l'autre cas que des résidus faisant seuls retour au sol. C'est ce qui a particulièrement lieu lorsqu'elles sont converties en lait, en laine, en chair, etc., dont l'exportation appauvrit nécessairement la terre de tous les principes que ces matières lui ont enlevés. Il sera donc nécessaire d'étudier ce point économique, pour ne pas s'écarter d'une marche normale dans l'entretien de la fertilité.

Nous savons déjà que les plantes de la grande culture qui sont les seules dont nous ayons à nous occuper, sont toutes composées de matières organiques et minérales dans la proportion d'à peu près 95 °/₀ des premières pour 5 °/₀ des secondes. Nous savons également que l'atmosphère fournit une certaine partie de celles-là, et que si elles doivent appeler l'attention du cultivateur, c'est principalement en ce qui concerne l'azote d'abord, et ensuite le carbone. Pour procéder méthodiquement, ce sera par la première de ces deux substances et par ses principaux composés que nous commencerons notre étude.

DE L'AZOTE ET DES SUBSTANCES AZOTÉES.

De toutes les substances organiques, on ne saurait trop le répéter, celle qui exerce le plus d'influence sur la végétation, c'est l'azote, bien qu'il n'entre dans la composition des plantes qu'en proportion infiniment moindre que les autres éléments de la même catégorie. Néanmoins, c'est à lui que tous les agronomes instruits attachent le plus d'importance, parce qu'il constitue à leurs yeux la substance la plus précieuse, la plus rare et la plus chère parmi toutes celles qui sont nécessaires à l'alimentation végétale. C'est cette triple considération qui les a déterminés à la prendre pour étalon de la valeur des engrais, ce qui ne signifie nullement qu'il forme cette valeur à lui seul, comme quelques dissidents l'ont cru ou ont feint de le croire.

De prime abord, on a peine à comprendre la nécessité pour

le cultivateur de s'attacher principalement aux engrais azotés, quand on considère que toutes les terres même les plus pauvres contiennent de l'ammoniaque dans une proportion qui pourrait suffire pour un grand nombre de récoltes successives, ce qui n'empêche pas cependant que quelques-unes ne restent plus ou moins infertiles. Cela tient à plusieurs causes que j'ai déjà fait connaître, et dont la principale réside dans la propriété absorbante du sol. Quelquefois aussi l'azote existe dans celui-ci, engagé dans des combinaisons telles que la végétation ne peut l'en extraire qu'autant que les matières qui le contiennent peuvent se transformer et se transforment réellement par la fermentation, ou d'une autre manière.

Si les végétaux ne puisent pas leur azote dans l'atmosphère, ou bien si quelques-uns ne l'y puisent que partiellement, il ne s'ensuit pas absolument qu'elle ne leur en fournisse pas d'une manière indirecte. Il est hors de doute, que les pluies qui s'infiltrent dans la terre y entraînent une petite quantité d'ammoniaque et d'acide nitrique dont elles se chargent en traversant l'air, comme elles y entraînent également une petite quantité d'autres substances. Il a été constaté également que les terres nouvellement labourées absorbent des vapeurs ammoniacales, et que les terres calcaires, même toutes les terres fumées, ont la propriété de se nitrifier et d'acquérir par là un peu d'azote assimilable. Enfin, il paraît acquis à la science, qu'il peut se former spontanément de l'ammoniaque dans le sol par la décomposition de l'air humide en contact avec un corps oxydable. C'est ce qui a lieu notamment lorsque la terre contient du protoxyde de fer susceptible de passer à l'état de peroxyde, en absorbant deux équivalents d'oxygène de plus. Mais toutes ces productions spontanées d'ammoniaque n'apportent qu'un bien faible contingent dans l'alimentation des plantes économiques. À peine compensent-elles les pertes qui ont lieu par évaporation ou autrement, et notamment celle dont j'ai parlé tout-à-l'heure, à la fin de la page 363.

Ainsi, on doit, je le répète, regarder la présence de l'azote comme indispensable dans les engrais, où presque toujours il doit être accompagné de toutes les autres matières nécessaires à la végétation. Mais il est des circonstances où des substances simplement azotées peuvent être employées isolément ou complémentairement comme, par exemple, lorsqu'il y a lieu d'améliorer des engrais ou une terre riches en minéraux et en principes combustibles mais pauvres en azote.

Il s'agit donc de rechercher quelles peuvent être, en pareil cas, les matières les plus propres à fournir cet azote complémentaire. Pour cela, il faut préalablement savoir sous quelle forme les végétaux l'absorbent dans les circonstances les plus ordinaires. Nous allons étudier ces différentes questions dans les chapitres suivants.

DE L'AMMONIAQUE ET DES SELS AMMONIACAUX.

Si l'on observe attentivement ce qui se passe dans la décomposition des matières animales et végétales azotées appliquées à la fertilisation du sol, ainsi que dans celle du fumier ordinaire, on remarquera que sous la triple influence de l'air, de la chaleur et de l'humidité, toutes ces matières ne tardent pas à fermenter. On remarquera, en outre, que de cette fermentation résultent constamment et principalement de l'eau, de l'acide carbonique et de l'ammoniaque ; que ces deux derniers, volatils de leur nature, se trouvant en contact au moment de leur naissance, s'unissent immédiatement et forment du carbonate d'ammoniaque également volatil. Mais celui-ci, lorsque la chaleur causée par la fermentation n'est pas très élevée, peut être retenu en totalité par le milieu dans lequel il s'est produit, et spécialement par l'eau du fumier si celui-ci est entretenu dans un degré convenable d'humidité, cas auquel cette humidité pourrait retenir en dissolution des proportions de carbonate d'ammoniaque beaucoup plus grandes que celles qui se forment tout en modérant la température de la fermentation.

Tant que le carbonate d'ammoniaque n'est pas en contact avec un corps pouvant réagir sur lui et le décomposer, il reste dans le même état. Mais connaissant l'action que la terre exerce sur les sels alcalins et ammoniacaux, on en doit conclure que le carbonate d'ammoniaque est soumis à la même loi, et que par conséquent, il est indifférent que sa base soit appliquée à la végétation dans un état de combinaison plutôt que dans un autre. Ce qui vient à l'appui de cette conclusion, c'est que l'ammoniaque qu'on trouve ordinairement dans les terres, ne s'y montre, d'après les analyses publiées jusqu'ici, qu'à l'état de liberté, du moins lorsque la terre n'en est pas saturée.

Si nous interrogeons les végétaux, ils nous fourniront une preuve confirmative de ce fait. En effet, qu'on analyse une plante n'ayant reçu pour tout aliment azoté que du sulfate ou du chlorhydrate d'ammoniaque, si ces sels ont été absorbés par elle sans décomposition préalable, on les y retrouvera nécessairement, ou du moins on y retrouvera intégralement leurs éléments, soit sous la même forme, soit dans un autre état de combinaison dû à la réaction des substances contenues dans la sève. Eh bien ! cela n'est pas. Prenons, par exemple, une récolte de 100 k. de blé avec 227 k. de paille ; elle ne reproduira guère que 54 grammes d'acide sulfurique d'un côté, et 2^{k} 550 d'azote de l'autre, ces derniers représentant 3^{k}80 d'ammoniaque. Or, comme le sulfate ammoniacal contient près de trois parties d'acide pour une de base, ce n'est pas 54 grammes d'acide sulfurique que l'on trouverait dans cette récolte si ce sel n'avait pas été décomposé, mais bien 9 k. environ ou 166 fois plus que l'analyse n'en reproduit. Et comme une pareille quantité de blé, tant en grain qu'en paille, ne fournit qu'à peu près 13 k. 750^{g} de cendres, il en résulterait que l'acide sulfurique y entrerait à lui seul pour les $^{2}/_{3}$, tandis qu'il n'y figure ordinairement que pour $^{1}/_{250}$ environ.

Si au lieu des éléments du sulfate d'ammoniaque, nous cherchons ceux du chlorhydrate dans des plantes de la même espèce, ce sera bien autre chose encore. A peine y rencontrerons-nous quelques traces d'acide hydro-chlorique. Et si enfin, au lieu de faire porter nos investigations sur le blé nous les dirigeons sur toute autre plante économique, partout nous obtiendrons des résultats analogues.

A cela, on peut objecter, il est vrai, que le sel ammoniacal a pu être absorbé d'abord par la végétation, puis décomposé dans l'élaboration de la sève et que son acide ou la partie non assimilée de son acide a pu être excrétée. Si cela était vrai, il en résulterait encore que peu importerait d'offrir aux plantes l'ammoniaque à l'état de base ou à celui de sel. Quant à l'hypothèse de l'excrétion, elle peut procurer de l'exercice à l'imagination, car elle n'est guère mieux prouvée négativement que positivement. Mais quoi qu'il en soit à cet égard, le fait principal de la décomposition du sel paraît incontestable.

M. Boussaingault, à qui un semblable fait ne pouvait échapper, l'explique d'une autre manière, en ce qui concerne le sulfate d'ammoniaque dont il n'a pas intégralement retrouvé les éléments dans la végétation. A son avis, ainsi que nous l'avons déjà vu, tous les sels ammoniacaux sont transformés en carbonate de cette base par une double décomposition due à la présence de carbonate terreux dans le sol, et c'est dans cet état qu'ils sont absorbés par la végétation. Cet éminent agronome va même jusqu'à penser que l'ammoniaque, pour agir comme engrais azoté, doit toujours être combinée à un acide organique ou à l'acide carbonique, et que peut-être il convient de réduire aujourd'hui les catégories au seul acide carbonique. Du moins, ayant arrosé de jeunes plantes de trèfle, venus dans du sable siliceux, avec une dissolution d'oxalate d'ammoniaque à $^{1}/_{600}$, les a-t-il vu mourir dans les 8 à 10 jours qui ont suivi le premier arrosage, tandis que des plants de même âge semés dans les mêmes conditions, mais arrosés avec de l'eau distillée, continuèrent à croître et donnèrent des fleurs (1).

Il y a dans cette opinion, deux parties distinctes qui méritent d'être étudiées. La première est celle qui se rapporte à la décomposition des sels ammoniacaux dans le sol. A cet égard, si nous nous reportons à ce qui en a été dit à propos de la propriété absorbante et décomposante des terres végétales, nous reconnaîtrons bientôt que si la décomposition dont il s'agit, peut être dans une expérience de laboratoire, l'effet de la réaction d'un carbonate terreux, il n'en est pas moins démontré par M. Peplowski et autres, qu'elle peut être aussi le produit d'une simple action physique exercée par des corps poreux en contact sous l'influence de l'air et de l'humidité, puisqu'elle a lieu dans ces conditions, dans des matières complétement exemptes de carbonates calcaires et magnésiens.

Quant à la seconde partie de l'opinion que nous examinons, s'il était vrai que l'ammoniaque ne constituât un aliment assimilable pour les végétaux qu'autant qu'elle pût leur arriver sous la forme de carbonate, il faudrait nécessairement admet-

(1) Economie rurale, tome 2 page 101.

tre qu'alors ce sel est décomposé dans l'organisme végétal puisque l'on n'y retrouve son azote qu'engagé dans des combinaisons bien différentes. Mais il faut en convenir : cette hypothèse qui crée dans les faits une complication dont les phénomènes naturels sont ordinairement exempts, ne satisfait pas autant l'esprit que celle qui, fondée d'ailleurs sur des expériences positives et concluantes, admet la décomposition pure et simple des sels alcalins et ammoniacaux dans le sol.

La mort des jeunes plants de trèfle, causée par l'application d'une très faible dissolution d'oxalate d'ammoniaque, ne présente rien qui puisse infirmer cette théorie. En effet, ce résultat peut très bien s'expliquer, même comme conséquence de la décomposition préalable du sel, puisque, dans ce cas, l'acide oxalique séparé de sa base, ne rencontrant dans le sable siliceux aucune autre base terreuse capable de le neutraliser, a dû nécessairement exercer son action corrosive sur les racines des plantes et les faire périr.

Il est vrai que l'oxalate ammoniacal aurait pu produire exactement le même effet s'il eût pénétré dans l'organisme végétal sans être préalablement décomposé. C'est ce que M. Bouchardat a indirectement prouvé, par plusieurs expériences qui ne me paraissent laisser aucun doute sur ce point, bien que ce ne soit pas précisément là l'enseignement qu'on ait voulu en tirer. Voici sommairement en quoi ont consisté ces expériences. Diverses plantes dont les racines ont été plongées dans des dissolutions très faibles de sels ammoniacaux, notamment de sulfate, de sesqui et de bi-carbonate, ont péri très promptement. Celles qui baignaient dans les dissolutions de carbonates n'ont pas même résisté pendant 24 heures, tandis que celles placées dans de l'eau pure ont vécu beaucoup plus longtemps.

L'honorable expérimentateur a conclu de là que, les sels ammoniacaux ne sont point favorables à l'alimentation des plantes ; mais il est évidemment passé à côté de la vérité ou plutôt il n'en a aperçu qu'une partie. L'action des sels ammoniacaux est effectivement nuisible aux végétaux, mais seulement, lorsque ceux-ci, par la situation anormale dans laquelle ils sont placés, se trouvent forcés de les absorber à l'état de sels intacts. Et c'est là ce qui a lieu lorsque ces sels sont simplement dissous dans l'eau qui ne possède pas, comme la terre, la propriété de les décomposer. Mais il n'en est plus ainsi, — et à cet égard les preuves matérielles sont trop nombreuses pour que le moindre doute soit encore possible — lorsque les racines et les sels sont placés dans leur milieu normal, c'est-à-dire dans le sein de la terre, et que les réactions naturelles ne sont paralysées par aucune circonstance extraordinaire. Toutefois si ces expériences ne prouvent pas ce qu'on y a vu, elles prouvent du moins, irréfragablement, que le carbonate d'ammoniaque absorbé sans décomposition préalable, produit sur la végétation un effet toxique, énergique et très prompt qui, ce me semble, est inconciliable avec la deuxième partie de l'opinion de M. Boussaingault. Il est vrai que cette opinion, déjà ancienne, a été formulée avant que l'on connût la propriété décomposante de la terre à l'endroit des sels alcalins et ammoniacaux, ce qui autorise à penser que, très vraisemblablement, les idées de l'honorable Agronome ont dû se modifier sur ce point.

Au demeurant, que la décomposition de ces sels s'effectue d'une manière ou d'une autre, dans le sein de la terre ou dans l'organisme végétal, c'est ce qui importe le moins. Le point capital ici, c'est le fait et non la cause, et du moment que ce fait ne paraît pas pouvoir être révoqué en doute, la conséquence naturelle qui en découle, est celle déjà déduite, à savoir : qu'il est indifférent que l'ammoniaque soit servie aux plantes sous une forme plutôt que sous une autre.

Mais cette conséquence est loin d'être généralement admise, au moins en ce qui concerne le sulfate et le chlorhydrate d'ammoniaque, qui sont les seuls que l'on puisse se procurer dans le commerce à un prix que l'on s'accorde toutefois, à regarder comme trop élevé, quoiqu'en réalité ces sels livrent leur azote à aussi bon marché que presque tous les autres engrais. En effet, si le sulfate d'ammoniaque qui dose 21,10 pour 100 coûte encore 40 fr. les 100 k. (1) et si le chlorhydrate dosant 26,43 coûte 45 fr., l'azote du premier ne reviendrait qu'à 1 fr. 90 c. le kil. et celui du second à 1 fr. 70 c. Je ne crois pas, je le répète, qu'il y ait de nos jours, beaucoup d'engrais plus avantageux qu'eux sous ce rapport. Ce qui fait qu'on les trouve

(1) MM. Richer et Compagnie, à Paris, rue Richelieu, 110, ne vendent ce sel que de 34 à 38 fr., selon les quantités qu'on leur demande à la fois.

généralement trop chers, c'est qu'on les estime, non d'après leur valeur intrinsèque, mais uniquement d'après l'effet qu'on les a vus produire dans quelques expériences, sans s'assurer si ces expériences étaient rationnelles, si les sels avaient été placés dans des conditions convenables pour produire tout leur effet ; si la dose employée n'était pas trop forte ; s'il n'a pas dû en rester dans le sol une partie plus ou moins grande au profit des récoltes suivantes et dont on n'a pas tenu compte, etc. Il est de principe élémentaire en agriculture de ne charger les produits que de la proportion d'engrais qu'ils absorbent, en répartissant la valeur de ceux-ci entre toutes les récoltes à l'alimentation desquelles ils contribuent, et au prorata de la consommation faite par chacune d'elles. Or, ce principe a été complétement méconnu dans toutes les expériences sur lesquelles on s'est étayé pour apprécier la valeur agricole des engrais dont il s'agit.

Je ne discuterai pas ici ces expériences qui ont eu beaucoup de retentissement et qu'on trouve reproduites dans tous les livres traitant des matières fertilisantes, mais où elles sont généralement présentées sous un jour qui laisse les principes entièrement dans l'ombre. Je ne les discuterai pas, parce que, sauf une ou deux exceptions que je retiens, il n'est acune d'elles qui fournisse des bases d'appréciation rationnelle. Lorsque l'on applique à une culture quelconque un engrais aussi incomplet qu'un sel ammoniacal, et que cet engrais ne donne pas un résultat rémunérateur, il semble qu'il serait logique, avant de le condamner, de rechercher si la faute en est à l'engrais ou bien à celui qui l'emploie. C'est ce qu'ordinairement on se garde bien de faire, d'abord pour ne pas se donner un tort à soi-même, mais plus souvent parce qu'on procède en aveugle, empiriquement, en sautant à pieds joints sur tout ce qui est principe et raison. C'est ce qui serait à peine croyable si les faits n'affluaient pour le prouver.

Dans les expérienées dont je parle, il est arrivé que les unes se sont soldées en bénéfice et les autres en perte ; mais ces dernières étant plus nombreuses, il en est résulté une assez grande défaveur pour les sels ammoniacaux. Il y a même des auteurs qui, à cet égard, procèdent d'une singulière manière. Si de deux expériences, l'une donne 20 fr. de bénéfice et l'autre

40 fr. de perte, ils prennent la moyenne entre ces deux chiffres pour en conclure que l'engrais est sinon mauvais, du moins trop cher.

Cependant, avec un peu de réflexion on devrait comprendre qu'il n'y a pas d'effet sans cause ; que si les sels ammoniacaux donnent quelquefois des résultats avantageux, c'est parce qu'il est dans leur nature d'être favorables à la végétation, et que s'ils n'agissent pas toujours ainsi, c'est uniquement parce qu'on ne sait pas les placer dans les conditions qui conviennent à leur emploi. Ne contenant que de l'ammoniaque avec des acides, le plus souvent inutiles ou très peu utiles et dont d'ailleurs la terre les dépouille ordinairement, ils ne peuvent fournir que ce qu'ils possèdent et jouer un rôle actif que là seulement où l'ammoniaque fait défaut. Vouloir produire de la chaux, de la potasse, de l'acide phosphorique, etc., avec une substance simplement azotée, et, inversement, vouloir produire des matières azotées par le seul emploi de minéraux dans la fertilisation, c'est de nos jours la prétention la plus exorbitante qui se puisse imaginer. Et c'est cependant une prétention pareille qu'émettent tous ceux qui condamnent les sels ammoniacaux, lorsqu'ils ne réalisent pas un aussi prodigieux phénomène.

La première chose que le cultivateur devrait donc faire avant d'employer un engrais incomplet, c'est de s'assurer si les substances de cet engrais sont ou non nécessaires dans la situation où il opère, et jusqu'à quel point elles peuvent l'être. Pour cela, il serait bon qu'il détachât de son assolement une parcelle de terre d'une qualité représentant la moyenne de son exploitation, et qu'il la divisât en petites planches d'un mètre de large sur cinq de long, dans lesquelles il pourrait faire, sans risque et à peu de frais, les essais d'engrais et de culture les plus utiles. Un are de terre ainsi fractionné en vingt parties y suffiraient amplement.

S'il veut connaître l'effet que les sels ammoniacaux peuvent produire chez lui, il fera des expériences comparatives, en appliquant d'abord à une planche une dose rationnelle d'un sel semblable seulement. Puis, réunissant cette même dose à du phosphate de chaux sur une deuxième planche, à du silicate de potasse sur une troisième, puis enfin employant toutes ces substances ensemble sur une quatrième planche, il établira ainsi quatre termes de comparaison qui lui permettront de tirer des conclusions à peu près certaines. C'est ainsi que procède M. Ville à Vincennes, comme nous l'avons vu précédemment, et c'est pour abréger que je n'indique pas un plus grand nombre de combinaisons. Le bon sens et la sagacité de l'expérimentateur qui se donnera la peine de réfléchir, les lui suggèreront très facilement.

Si le sol sur lequel on opèrera n'a besoin que d'azote, la planche n° 1 le dira. En cas d'affirmative, on en conclura qu'un sel ammoniacal peut momentanément suffire pour compléter la fertilisation, mais sans transiger avec cette règle qu'après la récolte il faudra nécessairement rendre au sol toutes les substances que cette récolte lui aura enlevées, pour ramener la terre au même point de fertilité.

Si le produit de la première planche n'est pas en rapport normal avec l'engrais employé, ce sera un indice certain que l'azote seul n'y faisait pas défaut. A cet égard, les autres planches seront plus explicites. Supposez que le n° 2 donne une récolte complète. Il deviendra évident que le sol réclamait impérieusement de l'ammoniaque et du phosphate de chaux, et que ce sont là deux engrais complémentaires excellents, sans qu'il soit raisonnable de les tenir pour inefficaces dans le cas contraire ; car il se peut que le sol manque tout à la fois d'azote, de phosphate, de potasse et de silice, ou qu'il ne manque que de la première, de la 3e et de la 4e de ces substances. Dans ce dernier cas, la planche n° 3 le dira formellement. Mais si les quatre faisaient défaut à la fois, on en aura la preuve dans les produits de la quatrième planche. Celle-ci donnant un rendement maximum, ou du moins en rapport avec les quantités de substances employées, la parfaite efficacité de toutes ces substances sera démontrée. Seulement, il faudra bien reconnaître que cette efficacité dépend d'une condition presque toujours inobservée en pareille circonstance ; savoir : qu'un engrais incomplet ne peut produire son maximum d'effet qu'autant que la végétation rencontre dans le sol toutes les autres substances qui doivent nécessairement concourir avec lui à son développement parfait. On peut comprendre aisément d'après cela, comment il arrive que des sels ammoniacaux, ou tout autre engrais aussi incomplets puissent être plus ou moins favorables aux récoltes. Mais ce qui ne se comprend pas aussi bien, je le répète, c'est la prétention de certains expérimenteurs, de faire produire un effet complet à une substance incomplète, et de la condamner lorsqu'elle n'y réussit pas.

Voici un fait qui dira beaucoup mieux que tous les autres, parce qu'il est mieux caractérisé, à quelles erreurs on s'expose, lorsque l'on croit pouvoir apprécier la valeur d'un engrais incomplet par le produit qu'on en obtient dans une expérience unique.

M. Boussaingault ayant essayé *en cours d'assolement*, l'emploi du sulfate d'ammoniaque sur une de ses soles de blé et sur sa sole d'avoine, à raison d'un kil. par are, a obtenu un résultat négatif dans le premier cas, mais un excédant de $8^h 70^l$ de de grains dans le second cas, soit un rendement total de $46^h 42^l$ d'avoine par hectare. L'excédant en paille n'a été que de 230^k, ce qui semblerait indiquer, contrairement à l'opinion de quelques écrivains, que les sels azotés favorisent particulièrement la fructification, pourvu toutefois qu'ils ne soient pas employés en trop grand excès. Il est d'autant plus raisonnable de le croire que les grains exigent beaucoup plus d'azote que les pailles.

Il y a des auteurs qui, ne voyant que le résultat brut dans ces deux expériences, en ont conclu que le sulfate d'ammoniaque pouvait être un bon engrais pour l'avoine mais non pour le blé. C'est évidemment prendre l'effet pour la cause, et montrer combien les principes de la fertilisation sont encore peu connus.

Quant à nous qui avons étudié précédemment l'assolement de M. Boussaingault, et qui connaissons par cette étude, les conditions dans lesquelles les essais ont eu lieu, nous arriverons, je l'espère, à des conclusions plus exactes.

Si, comme tout porte à le croire, le sel ammoniacal appliqué au blé a été placé dans la 2e sole (1), il devait nécessairement rester inactif puisque nous avons vu que cette sole était dans un état de fertilité qui excédait de beaucoup les besoins de la récolte. C'est là un résultat négatif comme celui obtenu par M. Bouchardat qui, cultivant des choux dans une excellente terre de jardin, leur a appliqué sans succès une dose de sulfate

(1) Voir l'étude de cet assolement, pages 300 et suivantes, ci-devant.

d'ammoniaque. Il en est des plantes comme des animaux. Lorsque leur appétit est satisfait, tout ce qu'on leur sert au-delà de leurs besoins reste complètement intact.

Si au contraire l'engrais a été placé dans la quatrième sole qui, quoique moins riche, donne un plus fort produit — nous avons vu pourquoi —, et qu'il y soit également resté inactif, cela vient très probablement de ce que les 30^h 54^l de graine récoltés avec comme sans l'engrais supplémentaire, sont un maximum qui ne pouvait être dépassé quelle que fût la fumure. On sait que dans cette sole M. Boussaingault ne récolte ordinairement en moyenne que 1659 k. de blé, soit 20^h 75^l réglés à 80 k. l'un.

Ainsi, on ne peut pas conclure de là, que le sulfate d'ammoniaque ne convient pas au blé, puisqu'il a été appliqué à cette céréale dans des conditions où il était impossible qu'il produisît aucun effet.

La vérité est, que cet engrais lorsqu'il est employé à propos, favorise autant la végétation du blé que celle des pommes de terre, de l'orge, de l'avoine, etc. Le *Journal d'Agriculture pratique* de 1849 page 542, et de 1852, tome 5 page 483, rapporte deux expériences, qui ne laissent pas le moindre doute relativement au blé et aux pommes de terre. Quant à l'orge, la preuve en a été faite par M. Huzard, et l'expérience de M. Boussaingault dissipe toute incertitude relativement à l'avoine.

A la vérité, cette dernière montre que le tiers seulement de l'engrais supplémentaire a été absorbé, et M. Boussaingault dit que le produit couvre à peine la dépense. Sous ce dernier rapport, ce qui pouvait être vrai à l'époque de l'expérience, déjà ancienne, ne le serait plus aujourd'hui, attendu que 8^h 70^l d'avoine valant en moyenne au moins 72^f avec la paille, peuvent très bien supporter une dépense de 40^f pour 100^k d'engrais, surtout lorsque les deux tiers de celui-ci restent dans le sol, soit au profit des récoltes suivantes immédiates, soit en constituant la fertilité sur un pied plus favorable à la diffusion des fumures ultérieures. Comme au cas particulier, la dose d'engrais employée était beaucoup plus forte que celle absorbée par l'excédant de récolte, il eut été intéressant de rechercher si, avec moitié moins de sulfate d'ammoniaque, on n'aurait pas obtenu le même résultat. Il est possible que non, attendu qu'une quantité d'engrais, aussi petite relativement au volume de terre qui la reçoit, ne peut pas, surtout dans un sol non encore entièrement saturé, pénétrer en totalité jusqu'aux racines, et qu'ainsi une partie doit nécessairement échapper à leur action dans une première période végétative. Mais ce qu'elles n'absorbent pas alors, ne doit pas être considéré comme perdu, car un labour ultérieur le mettra immanquablement, au moins en partie, en contact avec les racines d'une récolte suivante, jusqu'à épuisement complet de la dose primitivement employée, si d'ailleurs aucune des autres matières nécessaires à la végétation ne fait défaut.

Au demeurant, lorsqu'au moyen d'une très petite dose d'engrais supplémentaire, on peut obtenir 46^{h} 42 litres d'avoine d'une terre qui n'en rend ordinairement en moyenne que 27^{h} en cours d'assolement, et au maximum 37^{h} 72^{l}, il n'y a pas à douter de l'efficacité de cet engrais, à la condition qu'il soit rationnellement employé. Aussi, M. Boussaingault a-t-il parfaitement précisé la question en disant (1) : « qu'une matière » azotée putrescible mais exempte de matières salines, ne peut » être considérée comme un engrais complet, et qu'elle n'a- » gira que dans les limites et à la condition d'être appliquée à » une terre suffisamment pourvue d'éléments minéraux utiles à » la végétation. »

Si cette condition n'existe pas, il faut donc la créer comme le fait M. Ville, comme le font MM. Lawes et Gilbert, pour pouvoir arriver à un résultat normal. Dans bien des cas, on obtiendra d'excellents effets d'un mélange de sels ammoniacaux avec des cendres de bois ordinaires riches en potasse, en phosphate et en carbonate de chaux, à la condition toutefois de tenir ce mélange parfaitement sec, ou mieux encore, de ne le faire qu'au moment de son emploi. En d'autres circonstances, il pourra suffire d'ajouter au sel azoté une seule substance minérale, du phosphate de chaux, par exemple, pour compléter la fertilité. Mais toutes ces opérations demandent du tact et du discernement. En pareille situation, lorsqu'on n'est pas parfaitemen sûr de ce que l'on doit faire, il vaut mieux pécher par un excès que par une insuffisance de précautions, en ajoutant

(1) Economie rurale, tome 2 page 99.

une substance qui peut être momentanément superflue, plutôt que de s'abstenir d'en employer une dont l'absence pourrait compromettre le succès des récoltes. Mais lorsque l'on voudra sérieusement s'en donner la peine, rien ne sera plus facile que de s'éclairer convenablement à cet égard, et de se faire une méthode infaillible. Il suffira pour cela, en se familiarisant avec le tableau de la composition chimique des végétaux cultivés, de déterminer la quantité des principales substances enlevées par ces derniers, et de s'assurer que les mêmes substances se retrouvent dans les fumures suivantes. Cette comparaison peut aisément se faire d'une manière suffisamment approximative, à l'aide seulement des documents qui se trouvent dans ce livre. Si l'on s'aperçoit que le fumier dont on peut disposer ne contient pas dans une proportion suffisante une ou plusieurs des substances enlevées par les récoltes précédentes, et que, par conséquent, il ne peut pas opérer une restitution complète, c'est le cas alors de recourir aux engrais complémentaires en se procurant ceux que la comparaison indique comme étant en minorité relative.

Mais comme il se peut très bien que deux engrais incomplets quoique d'une composition chimique à peu près identique, ne produisent pas absolument le même effet, ce qui peut tenir à une différence dans leur état physique, ou à ce qu'ils seraient plus ou moins solubles, plus ou moins promptement décomposables, ce sont là des points qu'il faut nécessairement éclairer au préalable. Ainsi, de ce qu'un engrais agit plus lentement qu'un autre, il ne s'ensuit pas absolument qu'il soit moins bon. Il est même des cas où il doit être préféré, particulièrement lorsqu'il s'agit de plantes dont la végétation est d'une durée un peu longue. Les sels ammoniacaux étant tous très solubles, conviennent mieux au contraire aux végétaux qui croissent vite. Si l'on appliquait à ces derniers des matières qui, comme les chiffons de laine, se décomposent très lentement, on n'en obtiendrait immédiatement, à quantité d'azote égale, que des effets beaucoup moindres, et il ne serait pas raisonnable de partir de là pour en conclure que les derniers ne valent pas les premiers comme engrais.

Si l'agriculture et l'industrie, chacune de son côté, se préoccupaient sérieusement de l'utilité des sels ammoniacaux, il est indubitable qu'on arriverait à en fabriquer à d'autant plus bas prix, pour les usages agricoles, qu'ils n'exigent qu'une pureté beaucoup moindre que pour les arts industriels. Mais c'est aux fabricants d'engrais à donner l'impulsion à cette fabrication. Déjà la Compagnie Richer, fermière des voieries municipales de Paris, entre hardiment dans cette voie par la production annuelle de deux millions de kil. de sulfate d'ammoniaque à un prix très abordable, comme nous l'avons vu tout à l'heure. Ce sel dosant 21.37 d'azote, peut, en bien des cas, rendre d'importants services, comme *engrais additionnel* qualification que cette Compagnie a le bon esprit de lui donner elle-même en se renfermant strictement dans les limites de la vérité. C'est donc à l'agriculture qu'incombe maintenant le devoir de se montrer reconnaissante en secondant les efforts que fait l'industrie pour lui venir en aide. Mais, si l'on en croit M. Liébig, il ne faut pas se créer d'illusions sur l'importance des ressources qu'offrent les sels ammoniacaux à la culture; car, dit-il (1), toutes les fabriques d'Angleterre, de France et d'Allemagne réunies, ne sont pas en état de produire le *quart* seulement des sels ammoniacaux qu'il faudrait à un pays relativement très petit pour augmenter *de moitié* la production du blé que ses champs y livrent sans fumure.

C'est là une de ces exagérations si fréquentes chez le célèbre savant. En France, les urines perdues suffiraient, à elles seules, pour produire cinq millions de quintaux de sulfate d'ammoniaque, contenant plus de 100 millions de kilog. d'azote. En y ajoutant celui qu'on pourrait retirer des eaux du gaz d'éclairage, on arriverait à un chiffre qui ne s'éloignerait pas considérablement des 140 millions de kilog. d'azote absorbés par nos 90 millions d'hectolitres de froment.

La même Compagnie Richer fait en ce moment des essais du plus haut intérêt sur la production industrielle en grand, du phosphate d'ammoniaque. Si elle réussit, elle aura résolu un problème de la plus haute importance, en offrant à l'agriculture l'acide phosphorique dans un état de combinaison et de solubilité éminemment favorable à l'alimentation des plantes.

Les sels ammoniacaux peuvent encore être indirectement

(1) *Les lois naturelles de l'Agriculture*, tome 2, page 349.

favorables à la végétation en ce que, selon M. Liébig, ils favorisent l'assimilation du phosphate de chaux. Mais, comme d'après ce célèbre chimiste, il faut 100 k. de sulfate d'ammoniaque dans **400** HECTOLITRES d'eau pour dissoudre **3** KIL. de phosphate bi-basique, il n'en faudrait pas moins de **2000** KIL. avec **9000** HECTOLITRES d'eau pour dissoudre seulement les 60 k. de phosphate calcaire nécessaires à une bonne récolte de blé. On voit, d'après ce simple calcul, qu'il est fort à craindre qu'un bien long temps ne s'écoule avant que l'agriculture ne soit en situation de tirer quelque profit de la propriété dissolvante dont il s'agit, laquelle est commune au sel marin dans des proportions à peu près égales.

DES NITRATES ET DES NITRIFICATIONS ARTIFICIELLES.

Les sels ammoniacaux ne sont pas les seuls qui peuvent fournir de l'azote à la végétation. Les nitrates sont tout aussi efficaces sous ce rapport et ils présentent en outre l'avantage d'offrir en même temps aux plantes, des minéraux presque toujours utiles. Toutefois les nitrates alcalins et terreux sont, à poids égal, sensiblement moins riches en azote que les sels ammoniacaux.

A l'exception du nitrate de soude, dont l'emploi est aujourd'hui favorisé par l'abaissement des droits d'importation, les autres sels de cette catégorie sont encore à un prix trop élevé pour la culture (1). La table des équivalents chimiques fait connaître leur composition. Voici leur dosage en azote pour éviter toute recherche sur ce point.

Nitrate de chaux	17,238	pour 100.
Id. de potasse	13,973	id.
Id. de soude	16,577	id.
Id. d'ammoniaque	38,592	id.

Nous avons vu précédemment que les nitrates de potasse et de soude, particulièrement, peuvent exercer sur la végétation une influence des plus favorables. Mais il va de soi que leur emploi doit se renfermer dans les limites d'une grande circonspection et que, comme pour les sels ammoniacaux, il ne doit avoir lieu qu'à titre de fumure complémentaire. L'effet produit

(1) Le nitrate de soude employé aujourd'hui par l'Agriculture, tant en France qu'en Angleterre, vient du Pérou et du Chili où il en existe à la surface du sol des mines extrêmement abondantes.

par ces nitrates dans des terres d'une fertilité identique est toujours proportionnel à leur azote lorsqu'aucune des autres substances nécessaires ne fait défaut. Par conséquent, le nitrate de soude étant plus riche sous ce rapport que celui de potasse est, par cela même, un peu plus efficace à poids égal moyennant toutefois que la nature de l'alcali n'exerce pas une influence prépondérante. Mais nous savons qu'en bien des cas la soude peut très bien remplacer la potasse.

En Angleterre, où l'on fait un assez grand usage du nitrate de soude, mais où cet emploi paraît perdre momentanément une partie de son importance, on a vu certains fermiers en appliquer à leurs cultures jusqu'à 10 et 12,000 kil. annuellement. Nos voisins regardent ou plutôt regardaient cet engrais, comme produisant un meilleur effet sur les navets et sur le blé que le guano du Pérou. Cela vient de ce que celui-ci avait fait son temps là où on le jugeait ainsi. Possédant une proportion de phosphate et même d'azote dépassant les besoins des récoltes, relativement à ses autres substances, tant que celles-ci concurremment avec celles de même nature contenues dans le sol ont pu suffire à la végétation, le guano du Pérou a été un engrais parfait. Mais le jour est venu où les alcalis du sol se sont trouvés épuisés et où le guano ne pouvant en apporter qu'une quantité insignifiante, son effet s'est considérablement amoindri. Alors, comme il avait laissé de précieuses réserves de phosphate dans la terre, il est facile de comprendre qu'un sol particulièrement riche en azote et en alcali, c'est-à-dire en substances qui précisément faisaient défaut à la fertilité, devait lui succéder avec un grand succès. C'est effectivement ce qui a eu lieu. Mais il arrive aujourd'hui sur plusieurs points au nitrate de soude ce qui est arrivé précédemment au guano. Tant que celui-là a versé dans le sol des proportions d'azote et d'alcali en harmonie avec la quantité de phosphate qui s'y trouvait accumulée, la végétation s'est trouvée dans les meilleures conditions. Cependant cela ne pouvait avoir qu'un temps, puisque chaque récolte enlevait de l'azote, de l'alcali et du phosphate, tandis que chaque fumure ne rapportait que de l'azote et de l'alcali. Alors un autre jour est venu, où le sol épuisé de phosphate se trouvait contenir une forte provision des deux autres substances, et où par conséquent les engrais simplement phosphatés devaient faire merveille. C'est ce qui a fait dire aux agronomes à courte vue, en Angleterre, que les phosphates, surtout les phosphates solubles, étaient les meilleurs de tous les engrais commerciaux. Mais Johnston ne s'est pas mépris sur le rôle de ces engrais. En ce qui concerne les nitrates, d'abord si favorables, il a parfaitement reconnu que leur efficacité n'était due qu'à la présence de l'acide phosphorique dans le sol, de même qu'on ne peut méconnaître aujourd'hui que l'efficacité d'un phosphate employé isolément est uniquement due aux réserves d'azote, d'alcalis et autres substances qui se trouvent dans la terre.

Je ne mentionnerai pas toutes les expériences qui ont été faites et publiées sur le nitrate de soude, tant en Angleterre qu'en France. Je me bornerai à dire qu'en plusieurs circonstances il a été constaté qu'avec une dose de 125 k. de ce sel on pouvait obtenir un surcroît de 8 à 9 h. de blé et même de 11^{h} à 11^{h}50 avec 187 k. dans des terres donnant déjà un très fort rendement sans le secours de cet engrais. En France, où les terres ne regorgent pas de phosphate de chaux, en thèse générale, il pourrait très bien arriver que le nitrate de soude employé seul, ne produisît pas toujours des résultats satisfaisants. Aussi pour éviter de semblables mécomptes, sera-t-il bon de le mélanger avec des phosphates en poudre excessivement fine, sinon avec des phosphates acidifiées.

Je ne fixe aucune dose, pas plus pour les nitrates que pour les sels ammoniacaux. Il n'y a, à cet égard, qu'une seule règle à suivre. C'est celle qui a été tracée précédemment dans les principes de la fertilisation. Si l'on projette une récolte de froment après un rendement de 15,000 k. de betteraves, par exemple, qui auront dû laisser une fertilité de 118^{k}50 d'azote capable de produire 17^{h}75 de blé sans addition d'engrais, et si l'on ne se tient pas pour satisfait d'une semblable perspective, ayant affaire à une terre pouvant donner mieux que cela, au moyen d'une fumure supplémentaire, voici ce que l'on devra faire. On appliquera au printemps 100 k. de sulfate d'ammoniaque ou bien 80 k. d'hydrochlorate de la même base, avec une quantité suffisante de cendres de bois. A défaut de sels ammoniacaux et de cendres, on emploiera 125 k. de nitrate de soude, dose ordinairement usitée en Angleterre en pareil cas, en y ajoutant une proportion rationnelle de phosphate. L'un ou l'autre de ces sels azotés fournira de 20 à 21 k. d'azote pouvant théoriquement produire 10 h. de blé ; mais on n'en obtiendra probablement que la moitié ou les deux tiers, parce que, comme nous l'avons déjà dit, il y a toujours une partie de l'engrais, bien qu'il soit assimilable en totalité, qui échappe à l'action des racines dans une première période végétative (1). Au cas où cette nouvelle perspective ne satisferait pas encore, on aura la faculté d'augmenter les doses. Mais il faut prendre garde qu'il y a plus d'inconvénient, sous un certain rapport, à le faire avec des nitrates qu'avec des sels ammoniacaux. Voici pourquoi. Si la terre retient l'ammoniaque, jusqu'à saturation, il n'en est pas de même à l'égard de l'acide nitrique qui peut y circuler en dissolution dans l'eau à l'état de sel terreux ou alcalin. Si donc on appliquait une trop forte quantité de nitrate au sol il pourrait très bien arriver que des pluies abondantes et persistantes en entraînassent une partie au-delà de la portée des racines. C'est ce qui explique pourquoi l'on trouve beaucoup plus d'acide nitrique que d'ammoniaque dans les eaux de drainage. Mais si c'est là le revers de la médaille, en voici le bon côté.

De ce que l'acide nitrique n'est pas retenu par le sol avec autant d'énergie que l'ammoniaque, les alcalis et même les phosphates, il s'ensuit qu'il peut le pénétrer et se disséminer dans une plus grande zone arable, et par conséquent, produire plus d'effet instantanément sur la végétation que les sels ammoniacaux. C'est ce qui a lieu particulièrement lorsque ces divers engrais sont appliqués, dissous dans l'eau, à la surface de prairies naturelles. On a vu, dans ce cas, le nitrate de soude produire, à dose égale d'azote, 30 p. °/₀ et au-delà de foin de plus que le sulfate d'ammoniaque. A la vérité, une partie de cet ex-

(1) Je n'ai pas besoin de dire ici que cette explication n'attribue absolument aucune préférence aux sels azotés sur les autres engrais pouvant les remplacer. Je la donne uniquement pour le cultivateur qui n'aurait pas la possibilité de se procurer d'autres matières tout aussi efficaces et plus économiques. Je n'entends en aucune façon recommander les unes au préjudice des autres. Mon seul but est de faire ressortir leur mérite respectif, sans me préoccuper de leur valeur vénale très variable de sa nature. Lorsque j'aurai déterminé la mesure de l'efficacité théorique des engrais et les conditions de leur emploi, j'aurai fait tout ce que je puis et dois faire pour éclairer le cultivateur. A lui ensuite de donner la préférence à celui qui répondra le mieux aux besoins et aux intérêts de son exploitation.

cédant peut être attribuée à l'alcali du nitrate ; mais il ne paraît pas douteux qu'une autre partie n'en revienne, à juste titre, à une plus grande diffusion de l'acide nitrique dans la couche végétale. Si l'on suppose une terre argileuse exigeant pour sa saturation, à 0,25 centimètres de profondeur 10,000 k. d'ammoniaque, chaque tranche de cette terre, ayant $0^{m},05$ d'épaisseur, pourra en absorber 2000 k. et tant qu'elle ne les contiendra pas elle retiendra la plus grande partie de l'ammoniaque qui lui sera appliquée en arrosage, en n'en laissant parvenir aux tranches inférieures que des proportions de plus en plus faibles à mesure que la dissolution pénétrera dans le sol.

Si donc nous supposons encore que cette terre réputée susceptible d'absorber 10 mille kil. d'ammoniaque n'en contienne pas tout-à-fait les deux tiers, et qu'elle puisse encore en retenir par kil. dans une couche de 25 centimètres de profondeur une quantité représentant 928 milligrammes d'azote, comme dans l'une des expériences de M. Brustlein, mentionnées ci-devant, page 273, soit par conséquent 3712 k. d'azote par hectare, il arrivera que si, au lieu d'en appliquer une pareille quantité, ce qui serait un peu dispendieux, on n'en applique seulement que la centième partie au moyen de 175 k. de sulfate ammoniacal, cette dose ne pourra pénétrer en totalité jusqu'aux racines, parce que les tranches supérieures en absorberont une partie dont elles dépouilleront l'eau de la même manière qu'une couche de charbon animal traversée par un liquide quelconque, le dépouille des matières colorantes qu'il tient en dissolution.

C'est là ce qui explique pourquoi les sels ammoniacaux ne peuvent agir que partiellement sur les prairies, et pourquoi leur action est toujours proportionnellement d'autant plus faible que le sol est plus argileux et plus pauvre. Mais la partie non utilisée immédiatement n'est pas perdue pour cela. On en aura la preuve lorsque l'on rompra la prairie dans laquelle on trouvera une fécondité inattendue provenant de substances qui s'accumulent dans les tranches du sol autres que celles constituant la sphère d'activité des racines.

Mais si au lieu d'un sel ammoniacal on emploie un nitrate alcalin ou terreux, celui-ci n'étant point absorbable par la terre suivra l'eau qui lui servira de véhicule partout où elle pourra pénétrer, se fixant avec elle là où elle-même se fixera, et toujours dans les mêmes proportions. Or, si cette eau est assez abondante pour se répandre dans toute l'épaisseur de la couche occupée par les racines, celles-ci pourront utiliser l'engrais bien plus qu'elles ne le feraient s'il s'agissait d'ammoniaque concentrée dans un volume de terre moins considérable, et en partie hors de la zone qu'elles habitent.

On comprendra donc facilement d'après cela, comment des sels ammoniacaux appliqués à la surface de prairies permanentes, ont pu produire 25 à 30 p. 0/0 de foin de moins que des nitrates à dose égale d'azote, ainsi que cela est arrivé chez M. Kuhlmann aux environs de Lille, en supposant toutefois que l'alcali du nitrate ne soit pas l'unique cause de l'excédant de produit dû à ce sel.

Il ne suffit donc pas, pour féconder une terre, d'y introduire des substances fertilisantes. Il faut encore que celles-ci y soient réparties uniformément dans la zone occupée par les racines, tout ce qui se trouve en dehors restant momentanément inactif. C'est ce qui explique pourquoi de simples labours suffisent quelquefois pour redonner de la vigueur à un sol qui semblait épuisé. C'est qu'alors ces labours ramènent dans la sphère d'activité des racines, des substances qui gisaient inactives hors de cette sphère. Et c'est aussi ce qui explique pourquoi il est opportun de faire alterner les céréales dans les assolements avec des plantes qui fouillent le sol plus profondément qu'elles.

A ces différents points de vue, les substances qui, comme l'acide nitrique, peuvent circuler en quelque sorte librement dans le sol avec l'eau qui les contient en dissolution, présentent un certain avantage sur celles qui abandonnent l'eau dans laquelle elles sont dissoutes pour s'incorporer à la terre végétale. Mais elles peuvent en revanche être entraînées au-delà de la portée des racines, et perdues pour la végétation, lorsque le sol est très perméable et que les pluies sont abondantes.

L'efficacité des nitrates sur la végétation ne pouvant être mise en doute, il nous reste à rechercher comment ils agissent, indépendamment de ce qui vient d'être dit. Quoique cette recherche soit principalement spéculative, elle n'est pas sans intérêt pour la pratique, à raison de sa connexité avec les nitrifications artificielles dont l'Agriculture pourrait tirer un si grand parti. A ce point de vue, elle mérite donc que nous nous y arrêtions quelques instants.

D'après M. Kuhlmann, les nitrates seraient décomposés dans le sol, et leur acide converti en ammoniaque sous l'influence désoxydante de la fermentation des matières avec lesquelles ils se trouvent en contact.

Mais M. Boussaingault pense que cette transformation préalable de l'acide nitrique en dehors du végétal, n'est pas nécessaire pour que son azote puisse être fixé dans l'organisme. C'est principalement pour s'en assurer qu'il a fait les expériences sur les hélianthus, dont il a été parlé dans la première partie de cette étude, et dans lesquels il a retrouvé intégralement les éléments du nitrate de potasse qui a concouru à leur développement.

Ces deux opinions, quelque divergentes qu'elles paraissent, ne sont cependant pas inconciliables.

Quoique la terre possède la propriété de décomposer partiellement les sels ammoniacaux et alcalins et d'en absorber les bases, on comprendra aisément que cette propriété doit comporter certaines exceptions relativement aux nitrates, puisque sans cela aucune nitrification ne pourrait se produire spontanément dans le sol. Mais il ne paraît pas contestable que les nitrates soient susceptibles de décomposition dans le sein de la terre, lorsque celle-ci contient des métaux avides d'oxygène, ou des sulfures, ayant les uns et les autres la propriété d'enlever l'oxygène à l'acide nitrique. Cette décomposition peut d'autant moins être révoquée en doute en pareille circonstance, que rien n'est plus aisé que de la produire artificiellement dans des circonstances analogues. Mais l'action qui se manifeste ici, diffère essentiellement de celle qui a lieu sur les autres sels, en ce qu'elle est purement chimique et totalement indépendante du sol qui n'y prend aucune part, tandis que la décomposition des sels ammoniacaux et alcalins dans son sein paraît être due exclusivement à une influence catalytique qui lui est propre, et qui n'appartient qu'à certains corps poreux comme lui.

Mais lorsque ces conditions n'existent pas, ou en d'autres termes, lorsque les racines rencontrent un nitrate alcalin intact, il se peut très bien qu'elles l'absorbent dans cet état. C'est d'ailleurs ce que semble prouver l'expérience de M. Boussaingault. Toutefois, il ne me paraît pas permis de douter que sa décomposition n'ait lieu plus ou moins promptement dans la sève, puisqu'on ne retrouve plus son azote dans l'organisme qu'engagé dans des combinaisons bien différentes, et particulièrement à l'état de caséine, de glutine, de légumine, etc.

Comment cette décomposition s'opère-t-elle ? Cette question qui, que je sache, n'a été étudiée par personne jusqu'ici, me paraît assez facile à expliquer d'une manière rationnelle. Lorsqu'un nitrate est introduit dans les vaisseaux sèveux, il circule avec la sève et arrive aux feuilles où il se trouve en contact avec le carbone provenant de la décomposition de l'acide carbonique. Or, le carbone a la propriété de décomposer l'acide nitrique à la température ordinaire. Dans nos laboratoires, il ne jouit toutefois de la même propriété sur les nitrates, qu'à l'aide d'une forte chaleur. Mais nous avons vu que la lumière agit dans certains cas comme la chaleur rouge, et il est probable qu'il en est ainsi lorsqu'elle frappe tout à la fois le carbone et le nitrate à travers la cuticule de la feuille faisant ici l'office de la lentille. Assurément, je n'affirme pas que les choses se passent de la sorte, mais je ne crois pas qu'il soit possible d'en donner une explication plus plausible. Toutefois, une objection peut être opposée à cette opinion. Si réellement les nitrates alcalins sont absorbés intégralement par les végétaux, comment se fait-il qu'à l'exception d'un très petit nombre de plantes, on n'en trouve pas qui renferment autant d'alcalis que d'azote, tandis que les nitrates contiennent beaucoup moins d'azote que d'alcalis. Il faut alors de deux choses l'une : ou bien qu'une partie de l'alcali ait été excrétée, ou bien que le nitrate ait été décomposé préalablement dans le sein de la terre. Si M. Boussaingault a retrouvé dans ses hélianthus une proportion de potasse en rapport avec l'azote assimilé fourni par le nitrate, c'est que ce genre de plante est précisément du nombre de celles qui sont très avides d'alcalis. Sous ce rapport, il n'y a donc pas certitude absolue que le nitrate ait été absorbé sans décomposition préalable, quoique ce soit très vraisemblable ; mais l'expérience serait beaucoup plus concluante, si elle avait porté sur une plante exigeant plus d'azote que de potasse.

On peut donc, ce me semble, admettre avec M. Kuhlman,

que les nitrates sont décomposés dans le sol avant de servir à l'alimentation des plantes, lorsqu'ils s'y trouvent en contact avec des corps provoquant cette décomposition; et avec M. Boussaingault, qu'en l'absence de ces réactifs, ainsi que cela a eu lieu dans ses expériences, le sel est absorbé intégralement, mais qu'il doit être décomposé dans l'organisme végétal. Et cela n'est nullement contradictoire au principe de la formation spontanée du salpêtre, laquelle ne peut s'effectuer que dans les terres où les agens de la décomposition n'existent pas, ou bien dans celles où ils sont neutralisés. Si les sols calcaires en produisent, il est douteux qu'il s'en forme dans ceux où l'oxyde ferrique rouge est en proportion un peu sensible, et l'on sait que si les terres purement granitiques, schisteuses et sablonneuses sont peu propres à la génération du salpêtre, elles sont également sans action sur lui.

Je n'insisterai pas sur cette question qui, comme on le voit, présente encore plus d'un côté obscur. Mieux vaut ici nous attacher aux faits dont les conséquences sont beaucoup plus que les causes faciles à saisir et à analyser.

Parmi ces faits, il en est un qui présente un assez grand intérêt. C'est celui des nitrifications artificielles, ainsi qualifiées — quoiqu'elles s'accomplissent tout naturellement — parce qu'elles n'arrivent à leurs plus hauts produits sous nos climats, qu'autant qu'elles sont favorisées par certains artifices.

Il est peu de personnes ignorant qu'il se forme spontanément du salpêtre dans certaines terres, particulièrement dans le sol des caves, des étables, des bergeries, dans les vieux murs, dans les matériaux de démolition, et même dans la plupart des terres végétales.

Avant que ce sel, qui est surtout nécessaire pour la fabrication de la poudre, ne nous vînt des Indes, l'industrie du salpétrier avait en France une importance qui n'existe plus aujourd'hui. Elle ne se bornait pas à rechercher le salpêtre qui se formait naturellement dans les situations que je viens d'indiquer. Elle en provoquait encore la génération par des moyens beaucoup plus féconds. Lorsque les matériaux qu'on y consacrait étaient supposés suffisamment nitrifiés, on les lessivait pour en extraire le sel, puis on évaporait le liquide et le résidu fournissait du salpêtre brut qui était ensuite raffiné et livré à la consommation.

Pour que le salpêtre puisse se former spontanément, il faut nécessairement que le milieu dans lequel il se produit, contienne, outre la base du sel, des matières azotées dont la décomposition puisse fournir le radical de l'acide nitrique. C'est le plus ordinairement à l'ammoniaque qu'il le prend. On conçoit que, sous ce rapport, il est facile de seconder la nature.

C'est dans ce but qu'en 1777, les Régisseurs des poudres et salpêtres, publièrent une instruction sur l'installation et la conduite des nitrières artificielles, instruction que M. Boussaingault reproduit dans ses mémoires agronomiques. C'est dans le même but que, 18 ans plus tard, en 1795, le gouvernement publia sur le même sujet un mémoire fort étendu rédigé par Chaptal.

On trouve dans ces deux documents des renseignements fort intéressants devenus sans objet quant à la production industrielle du salpêtre, qui ne serait plus rémunératrice aujourd'hui, mais qui peuvent être consultés avec fruit par l'Agriculture, en vue d'obtenir économiquement des matériaux nitrifiés, éminemment propres à la fertilisation du sol en y consacrant seulement une grande quantité de matières qui, ne pouvant servir directement d'engrais, ne sauraient être mieux employées, et qu'assez généralement on laisse perdre ou dont on ne tire pas toujours le meilleur parti.

Tels sont principalement les épluchures de légumes, les balayures de maisons, de cours, de greniers, les déchets et poussières de récoltes, les curures de fossés, les vases de mares, de ruisseaux et d'étangs, les mauvaises herbes provenant des sarclages, les feuilles d'arbres, les genets, les ajoncs, les fougères, les orties, etc.

Selon les instructions que j'ai mentionnées tout-à-l'heure, on doit faire pourrir toutes ces matières dans un coin quelconque à l'abri de la pluie, après quoi on les mêle avec de la terre naturellement calcaire où à laquelle on ajoute de la chaux éteinte ou de la marne dans la proportion d'un cinquième à un dixième du volume des matières en putréfaction.

Les meilleures terres pour un semblable emploi sont celles

qu'on extraira du sol des caves, des bergeries, des étables, des granges, parce qu'elles sont déjà plus ou moins salpêtrées.

En supposant dans une ferme, dit Chaptal, une écurie, une bergerie, une grange, dont les dimensions de chacune soient de 30 pieds (10 mètres) en carré, et dont le sol soit recouvert d'une couche de terre d'un pied de profondeur propre à se nittifiser, le produit annuel en salpêtre serait de 1350 livres (675 k.), dans la supposition peu favorable que le pied cube ne fournît que 8 onces (250 grammes environ).

A cette époque, le gouvernement payant le salpêtre sur le pied de 2 fr. le kil., un cultivateur intelligent pouvait, sans nuire à ses cultures, se faire un assez beau revenu en produisant ce sel. A la vérité, tout n'était pas profit, car, pour pouvoir en récolter une pareille quantité, il ne fallait pas lessiver moins de 100 mètres cubes de terre, puis, en évaporer la dissolution, et ce n'était pas une petite affaire.

A défaut de terre de cette provenance, on peut en employer d'autres, en ayant soin, comme il a été dit plus haut, d'y ajouter de la marne ou de la chaux lorsqu'elles n'en contiennent pas naturellement.

On les mélange très-intimement avec les matières que l'on a fait putréfier, en les gâchant avec de l'eau de fumier, de l'eau de vaisselle, même avec de l'eau pure, puis on les dispose en couches de trois à quatre mètres d'épaisseur sous un hangar ou dans tout autre local clos et couvert, où l'air soit tranquille, stagnant et humide et autant que possible à l'exposition du Nord qui est réputée la plus favorable à la production du salpêtre.

Pour faciliter la circulation de l'air dans ces couches, dont il importe de multiplier les surfaces, on y introduit de la paille ou autres matières végétales ligneuses, qu'on dépose irrégulièrement dans toute l'épaisseur des tas. Ceux-ci ne doivent être ni trop secs ni trop humides. Pour les entretenir dans un état favorable à la génération du salpêtre, on les arrose plus fréquemment qu'abondamment avec du purin, des eaux grasses, des eaux de lessive, des urines, etc.

Si l'opération a été bien conduite on aura un compost qui vaudra le meilleur fumier et qui n'aura coûté qu'un peu de travail.

Bien des cultivateurs sont dans l'usage de faire des composts qui ont quelque analogie avec ceux dont il vient d'être parlé ; mais comme ils sont ordinairement exposés à la pluie qui dissout et entraîne les nitrates, ils ne peuvent jamais acquérir une aussi bonne qualité. Les meilleurs sont sans contredit ceux dont parle maître Jacques Bujault, et qui sont connus sous le nom de fumier de Melle. C'est dans les caves qu'on les prépare. On les vend jusqu'à 20 fr. la voiture.

On a proposé dans ces derniers temps, d'introduire de la marne dans les fumiers pour y produire des nitrifications. A mon avis, la marne sera toujours plus fructueusement employée en l'appliquant directement au sol, concurremment avec le fumier, sur lequel elle agira alors plus utilement que dans un mélange en plein air. S'il était certain qu'elle pût empêcher l'évaporation de l'ammoniaque, le procédé mériterait d'être recommandé. Mais il s'en faut d'autant plus que cette certitude soit acquise, que l'on conseille expressément de ne pas comprimer le fumier dans lequel la marne est introduite. Si deux à trois pour 100 de marne peuvent donner lieu à des nitrifications dans de pareilles conditions, il ne paraît pas douteux que ces mêmes conditions favoriseront la déperdition d'une bonne partie de l'ammoniaque de l'engrais. On a cité des faits qui semblent attester le contraire. Mais lorsqu'on se donnera la peine de scruter ces faits, on sera bientôt convaincu qu'ils ne prouvent rien de ce qu'ils annoncent. D'ailleurs, il tombe sous les sens que les nitrifications qui se produisent dans le fumier par la transformation de son ammoniaque en acide nitrique, n'ajoutent absolument rien à sa richesse. A tout prendre, je préférerais avec M. Barral, la chaux hydratée pour un semblable emploi sur lequel je reviendrai.

Les nitrates ont pour la fertilisation des terres argileuses, surtout lorsqu'elles sont pauvres, une grande importance qui n'a pas encore été, que je sache, signalée par personne, et qu'il est utile de faire connaître. Nous savons que les terres de cette nature ont la propriété de décomposer, d'absorber et de retenir au préjudice des récoltes, une partie des sels ammoniacaux et alcalins qui leur sont appliqués. Mais les nitrates échappant à cette loi, on comprend qu'ils seront toujours par cela même, beaucoup plus efficaces que tous les autres engrais azotés dans des sols semblables où ils resteront entièrement à la disposition des récoltes. Ce sera donc une bonne pratique de les y employer supplémentairement, quelle que soit la quantité de fumier dont on dispose, au moins jusqu'à concurrence de l'azote et des alcalis de ce fumier absorbés par la terre.

Je terminerai ici ce que j'avais à dire sur les substances azotées, non que ce sujet soit épuisé ; mais parce que toutes les autres matières qui contiennent de l'azote et qui forment des engrais plus ou moins complexes, doivent être plus loin l'objet d'études spéciales lorsqu'elles présenteront un intérêt sérieux. Toutefois, avant d'aborder ces études, je dois compléter celle des substances organiques, proprement dites, en parlant du carbone et des matières fertilisantes dans lesquelles il joue un rôle important.

DU CARBONE, DE L'ACIDE CARBONIQUE ET DES MATIÈRES CARBONÉES.

Toutes ces substances procédant du même principe, je crois devoir les réunir en un seul groupe.

Rappelons d'abord quelques-unes des notions déjà exposées pour bien fixer les esprits.

Nous savons que le carbone est de tous les éléments organiques celui qui entre en plus grande proportion dans la composition des plantes.

Nous savons également que les végétaux empruntent à l'acide carbonique de l'atmosphère *la plus grande partie* du carbone qu'ils s'assimilent en l'aspirant par les stomates de leurs feuilles dans lesquelles il est décomposé par l'action combinée de la lumière et de la chlorophylle.

Nous savons encore que, dans un sol complétement privé d'engrais organiques, une plante peut se former et développer tous ses organes, sans autre aliment que ceux qui lui sont fournis par la semence d'abord, puis par l'acide carbonique de l'air et par celui que le sol peut renfermer naturellement, puis enfin par les eaux pluviales ou d'arrosage ; mais que dans ces conditions elle reste à l'état nain.

Nous savons enfin que, si l'on introduit dans un pareil sol une substance azotée, telle que du nitrate de potasse avec du phosphate de chaux et de l'eau saturée d'acide carbonique, on obtiendra des plantes beaucoup plus fortes et plus vigoureuses.

De tout cela, nous concluons que l'acide carbonique de l'atmosphère fût-il secondé par toutes les substances nécessaires à la végétation, moins les matières carbonées que le sol doit renfermer, ne peut suffire pour qu'une récolte parvienne au développement qu'elle attendrait dans une terre convenablement fertilisée.

D'après MM. Boussaingault et Lewy (1) l'humus se change dans le sol en acide carbonique et c'est dans cet acide carbonique du sol, et non dans celui de l'atmosphère, qu'il faut chercher les principales sources du carbone assimilé par les récoltes.

Cette opinion serait, sous un certain rapport, contradictoire à tous les documents publiés par M. Boussaingault si on la prenait trop à la lettre. En effet, cet éminent agronome a prouvé que les récoltes contenaient toujours, au-delà du double, du carbone apporté par l'engrais : qu'en certains cas même — comme dans une culture continue de topinambours — cet excédant pouvait atteindre jusqu'à l'énorme proportion du quadruple (2) d'où il résulte évidemment que l'atmosphère fournit à la végétation plus d'acide carbonique que le sol. Mais celui-ci n'en reste pas moins la principale source en ce sens que la contribution de l'atmosphère est toujours proportionnelle à la richesse du sol.

Voici du reste les conclusions de l'important travail de MM. Boussaingault et Lewy :

1° L'air enfermé dans un hectare de terre arable de 0,35 c. d'épaisseur varie de 300 à 1500 mètres cubes.

2° Cet air peut contenir de 8 à 53 mètres cubes d'acide carbonique, ou bien jusqu'à 14 p. % de son volume, selon que le sol est moins ou plus riche en humus.

3° L'air enfermé dans une terre fumée depuis près d'un an contient autant d'acide carbonique qu'il s'en trouve dans 18 000 mètres cubes d'air atmosphérique.

4° Si la terre est récemment fumée, cet acide carbonique

(1) Journal d'Agriculture pratique, 1852, tome 5, page 483.
(2) Voir le Tableau n° 5, Economie rurale, tome 2, page 188.

peut représenter celui qui est contenu dans 200,000 mètres cubes d'air normal.

Tous les auteurs récents reproduisent cette remarquable analyse, mais il n'en est aucun qui la ramène à sa plus simple expression pour en tirer un enseignement pratique. C'est là cependant ce qui importe le plus, ne fût-ce que pour dissiper les illusions que peuvent produire les très gros chiffres qu'on vient de lire. En effet, tout lecteur superficiel sera tenté de croire que si une terre fumée depuis un an contient 22 à 23 fois autant, et une terre récemment fumée, 245 fois autant d'acide carbonique qu'un même volume d'air normal, ce dernier chiffre surtout doit constituer dans le sol une très grande richesse en carbone. Cela est vrai jusqu'à un certain point, si l'on fait entrer dans le même compte le carbone de la fumure. Mais une terre qui n'en contiendrait pas plus que 200,000 mèt. cubes d'air normal serait bien pauvre. C'est ce dont il sera très facile de se convaincre si l'on se souvient :

1° Que l'air ne contient pas en moyenne au-delà de 4 à 6 dix-millièmes, (soit $^1/_2$ pour mille) de son volume, en acide carbonique, ou 100 mètres cubes de ce dernier pour 200,000 mèt. cubes d'air normal.

2° Que le litre de gaz acide carbonique, pesant 1g9741, 100 mèt. cubes ou 100,000 litres doivent peser 197k410 gr.

3° Que l'acide carbonique ne contenant que 75 de carbone pour 200 d'oxygène, 197k410 gr. de cet acide ne représentent que 53k838 gr. de carbone.

Or, une récolte de 1639 k. de blé avec 3770 k. de paille, enlève chez M. Boussaingault 2004 k. de carbone. Par conséquent, celui que contient l'air confiné dans un sol, même récemment fumé, serait bien loin de pouvoir suffire à lui seul aux besoins de la végétation. Mais si la fumure est de 50,000 k. de fumier normal, elle fournira successivement 3,700 k. de carbone dont une partie sera absorbée à l'état de matière hydrocarbonée devenue soluble par la catalyse, et qui en appelleront une quantité plus forte de l'atmosphère.

Ainsi, l'acide carbonique de l'air, pas plus que celui qui peut être introduit dans la terre par l'air lui-même, ou par les pluies, n'est pas et ne peut pas être le seul producteur du carbone nécessaire à la végétation, lorsqu'on veut obtenir de celle-ci la plus forte somme de produits possibles.

Cela posé, nous avons à rechercher par quels moyens le sol peut être le mieux fertilisé sous le rapport du carbone.

Du terreau et de l'humus.

La source la plus riche de carbone que le sol puisse posséder, consiste d'une part, dans les fumures que le cultivateur y apporte successivement au moyen d'engrais d'étable, et d'autre part dans le terreau qui s'y trouve accumulé depuis plus ou moins longtemps et en plus ou moins grande proportion à la suite d'accidents géologiques et par des résidus de fumures non entièrement décomposées. L'acide carbonique que l'air et les pluies introduisent dans le sol, apporte aussi du carbone à la végétation, mais en quantité insignifiante, comme le prouvent les expériences de MM. Boussaingault et Lewy.

Le terreau, comme les matières qui l'ont produit, est entièrement composé de substances organiques unies à une très petite quantité de minéraux; mais cette composition est très-variable, sinon quant à la nature de ses éléments, du moins quant à leur proportion.

Ainsi, toute matière végétale ligneuse enfouie dans le sol, se résout finalement en terreau, par l'effet d'une décomposition ordinairement fort lente. Celui-ci, à son tour, subit non moins lentement l'influence des agents physiques, soit en se catalysant, soit en fermentant, selon les conditions dans lesquelles il se trouve placé.

L'un de ses produits, et le plus précieux, consiste en un liquide coloré auquel on donne indistinctement le nom d'humus ou d'ulmine, dont la composition chimique est à peu près identique à celle de la sève. C'est ce qui fait dire à M. de Gasparin que l'humus est bien la véritable nourriture que les plantes absorbent par leurs racines.

C'est aussi ce que MM. de Saussure et Soubeyran avaient déjà enseigné.

Pendant longtemps, en confondant deux choses parfaitement distinctes, on a donné le nom d'humus à un terreau noir provenant de la décomposition de détritus animaux et végétaux.

Mais, comme le fait très judicieusement observer M. Rohart, ce terreau n'est pas plus de l'humus que l'ammoniaque n'est de l'azote.

Ce que l'on doit entendre par humus, n'est donc que la partie du terreau rendue soluble par la catalyse.

M. de Gasparin rapporte que l'on a trouvé, par des analyses faites à l'ancien institut agronomique de Versailles, dans un humus semblable, des matières albuminoïdes dont l'azote représentait en moyenne 1.50 °/₀ du poids de l'humus sec, outre du glucose, de la dextrine, ou plutôt une matière sucrée d'une nature non encore définie, possédant la propriété commune aux sucres de dissoudre la chaux.

Si, avant d'être parvenu à son état ultime auquel on a donné le nom de *pourri*, état dans lequel il demeure chimiquement aussi inerte que le sable, tout en conservant des propriétés physiques très précieuses, le terreau se trouve placé dans les conditions d'une fermentation active, il ne produira plus, au profit de la végétation, que de l'acide carbonique.

La chaleur étant, dans de certaines limites toutefois, une des conditions essentielles de la décomposition du terreau, on comprend pourquoi les terres des climats chauds peuvent être plus fertiles que celles des climats froids. Mais, par la même raison, leur fertilité est d'une moindre durée et les fumures doivent nécessairement y être d'autant plus fréquentes ou plus abondantes que le terreau et les engrais s'y usent plus vite.

Il faut prendre garde que tous les terreaux ne sont pas également favorables à la culture. Il en est, comme celui provenant du tan, qui sont astringents ; d'autres, comme celui fourni par la tourbe, qui sont acides et nuisibles à la végétation des plantes économiques. Mais on peut les améliorer facilement en neutralisant leurs défauts par la chaux, ou bien, en les faisant fermenter avec des matières azotées. Ces sortes de terreau étant desséchées et employées comme litières dans les étables, sont d'excellents excipients pour les déjections animales.

Selon M. de Gasparin, une terre doit être regardée comme riche, lorsqu'elle contient 5 à 6 pour 100 de bon terreau, soit 250 à 300 mille k. par hectare, dans une couche de 30 centimètres de profondeur. Des circonstances particulières, ont pu seules en accumuler de pareilles quantités sur quelques points. En supposant une fumure quinquennale de 50 000 k. de fumier normal, si les récoltes de la rotation représentent toutes les matières organiques de l'engrais, même avec un excédant plus ou moins considérable conquis sur l'atmosphère, ainsi que cela a lieu chez M. Boussaingault, il semblerait que ce n'est pas au moyen des fumures ordinaires qu'il est possible de créer une réserve de terreau dans le sol (1). On n'y parviendra qu'en y ajoutant de fortes quantités de débris végétaux pris en dehors de l'assolement. Pour cela, tout est bon. Les bruyères, les ajoncs, les genêts, les fougères, les roseaux, les feuilles de toute espèce, les mauvaises herbes, la tourbe, le vieux tan, conviennent parfaitement lorsqu'on peut s'en procurer à peu de frais. Les contrées à lande ont, sous ce rapport, beaucoup plus de facilité que les autres. J'ai démontré dans mes articles de polémique agricole, qu'un hectare d'ajoncs bien réussis, pourrait donner annuellement à un très bas prix à peu près autant de substances fertilisantes utiles, que 40,000 k. de fumier normal en contiennent, de telle sorte qu'avec un hectare d'ajoncs en plein produit, on pourrait entretenir la fertilité de trois à quatre hectares de terre, soumis à la culture ordinaire, en leur fournissant non-seulement de bonnes provisions de carbone, mais encore et surtout un excellent engrais azoté contenant, de plus, à peu près tous les minéraux nécessaires à la végétation.

Ce n'est pas seulement au point de vue des aliments qu'il cède aux plantes que le terreau est utile dans les terres arables. Il l'est encore par ses propriétés hygrométriques autant que par celle qu'il possède d'emmagasiner une assez grande quantité d'ammoniaque que le cultivateur peut, à volonté, faire

(1) De ce qu'une récolte enlève 5 de carbone, lorsque l'engrais n'en apporte que 2, il ne s'ensuit pas nécessairement que le contingent fourni par l'atmosphère n'équivaille qu'à 3. Il est certain que dans la plupart des terres, la décomposition totale du ligneux contenu dans le fumier d'étable, ne se réalise pas dans le cours d'une rotation, d'où l'on pourrait conclure que le sol emmagasine une proportion quelconque du terreau provenant de chaque fumure. Mais ce terreau n'est pas éternel. Il s'use selon une progression qui ne peut être déterminée, mais qui, selon toute probabilité, exigerait plusieurs milliers d'années pour l'accumulation de 250 à 300 000 k. de terreau dans le sol au moyen des seuls résidus de fumures ordinaires.

tourner au profit de ses récoltes au moyen de chaulages ou de marnages judicieux.

Toutes les terres végétales contiennent du terreau, plus ou moins. Lorsqu'il renferme toutes les substances que les plantes peuvent utilement absorber par leurs organes souterrains, ou, ce qui revient au même, lorsqu'il peut produire une suffisante quantité d'humus, il est possible, l'atmosphère aidant, d'obtenir un certain nombre de récoltes successives sans engrais. Mais il n'est pas difficile de comprendre que dans ce cas, ces récoltes ne sont acquises qu'aux dépens du capital foncier. Le cultivateur qui opérerait ainsi, agirait absolument comme si au lieu de faire valoir ses fonds il se bornait, pour vivre, à puiser dans sa caisse sans y rien rapporter. Si bien garnie qu'elle fût, il serait impossible qu'elle ne finît pas par se vider.

Si le terreau qui existe dans le sol n'y est pas à l'état d'aliment complet, ou associé aux substances nécessaires pour former un aliment complet, quelle que soit sa quantité les récoltes ne pourront y réussir à satisfaction. Mais il suffira, dans ce cas, d'y apporter la substance manquante pour obtenir un résultat normal en apparence. Je dis : en apparence ; parce qu'ici encore, ce résultat serait tout simplement un prélèvement sur le capital, et qu'en continuant sur le même pied, comme on n'y est que trop souvent enclin, il arriverait nécessairement un moment où la richesse accumulée serait épuisée, et où la végétation ne rencontrant plus dans le sol que l'engrais auxiliaire employé ne pourrait s'y développer. Bien avisé est donc celui qui sait s'arrêter à temps en pareil cas. C'est parce que beaucoup d'expérimentateurs ne se rendent pas bien compte de ce qui se passe en de semblables circonstances, que l'on voit si souvent formuler sur la valeur fertilisante de certaines substances employées isolément, les opinions les plus contradictoires et quelquefois les plus dangereuses.

Je ne crois pas pouvoir mieux clore ce chapitre, qu'en transcrivant ici le résumé donné par l'Annuaire de Chimie de MM. Millon et Nicklès (année 1851), d'un très intéressant mémoire sur l'humus publié par M. Soubeyran, dans les tomes 17 et 18 3e série du *Journal de Pharmacie*. La seule observation que je me permettrai sur cet excellent travail, c'est qu'il n'établit pas assez nettement la ligne de démarcation entre l'humus et le terreau. Mais cela n'altère absolument en rien la valeur des conclusions déduites.

Voici ces conclusions :

1° Le tissu ligneux qui se décompose au contact de l'air humide, se change en humus, et forme en même temps de l'acide carbonique qui peut être absorbé par les racines des plantes ;

2° La proportion de carbone dans l'humus du terreau et des engrais ne dépasse jamais 56 à 57 p. % de carbone. (1) C'est la limite extrême que peut atteindre la décomposition du ligneux au contact de l'air et de l'humidité ;

3° L'humus contient 2 $^1/_2$ pour 100 d'azote qui paraissent essentiels à sa composition ;

4° L'humus est à peine altérable au contact de l'air ;

5° L'humus à peine soluble dans l'eau par lui-même, acquiert de la solubilité par sa combinaison avec la chaux ; mais l'agent principal de sa dissolution est le carbonate d'ammoniaque qui peut réagir également sur l'humus libre et sur l'humus engagé dans une combinaison calcaire ;

6° *L'humus rendu soluble est absorbé par les racines des plantes. Il sert directement à la nourriture du végétal ;*

7° L'humus a de plus une action favorable sur la végetation en attirant et retenant l'humidité de l'air et de l'ammoniaque, *en facilitant la dissolution du phosphate de chaux*, en améliorant les qualités physiques du sol, en modérant et régularisant la décomposition des matières animales putrescibles ;

8° La tourbe modifiée au contact de l'air, de la chanx, des matières alcalines, a tous les caractères et les propriétés du terreau. Elle est extrêmement propre à favoriser la végétation après qu'on lui a ajouté les matières salines dont elle est habituellement privée ;

9° L'engrais par excellence est celui qui contient en même temps des sels terreux et alcalins, des sels ammoniacaux, de la matière animale putrescible, de l'humus tout formé et des débris de végétaux en voie de transformation ;

10°, 11°, 12°..............................

(1) Cette phrase évidemment n'est pas complète. Il est probable que l'Auteur a voulu dire : *56 à 57 p. % de Carbone du ligneux*, et que les deux derniers mots sont restés dans le bas de case de l'imprimeur.

13° Enfin, il faut joindre à tous ces faits l'observation remarquable de M. Mudler, qui a prouvé que l'humus condense et transforme en ammoniaque l'azote de l'air atmosphérique.

A l'exception de ce dernier point qui mérite confirmation, les autres sont généralement admis par l'Ecole française. Mais il y a quelques savants parmi lesquels M. Liébig figure en première ligne, qui nient la nécessité des engrais carbonés dans la fertilisation, alléguant que l'atmosphère pourvoit suffisamment sous ce rapport aux besoins des plantes. Ils soutiennent que si une terre quelconque peut s'appauvrir en éléments minéraux, il n'en est pas de même quant au carbone. La principale preuve qu'ils en donnent, c'est qu'une prairie naturelle produisant tous les ans des quantités égales de substances carbonées sans que l'homme lui en fournisse les éléments, il est évident qu'elle puise son approvisionnement dans l'atmosphère exclusivement.

Cette preuve à mon avis, n'est que spécieuse, puisqu'on pourrait tout aussi bien l'appliquer aux minéraux que fort souvent le cultivateur ne fournit pas davantage à ses prés, et qui cependant ne proviennent pas de l'atmosphère.

Lorsqu'une prairie est naturellement fertile sans le secours d'engrais carbonés, c'est, à n'en pas douter, parce que son sol renferme une source plus ou moins riche de carbone par une accumulation de terreau, de détritus végétaux due à quelques accidents géologiques. Mais ce dont il n'est pas permis de douter, c'est qu'une semblable terre soit tout aussi susceptible d'appauvrissement que les champs cultivés lorsqu'on n'entretient pas sa fertilité. Sans doute, il en est qui résisteront longtemps; mais tôt ou tard elles finiront par succomber. Que l'on essaye d'ailleurs de créer des prairies sur des terres pauvres en les fécondant par des engrais minéraux seulement, même avec une bonne proportion d'azote, on n'en obtiendra certainement pas d'aussi bons produits qu'en leur donnant pour base une forte fumure d'engrais d'étable. Si les prairies produisent du carbone sans en recevoir sous la forme d'engrais, elles n'en produisent d'ailleurs jamais autant, à surface et à qualité de sol égales que les terres fumées. Si une prairie qui rend annuellement 5000 k. de foin, ce qui est déjà fort beau, était cultivée alternativement en betteraves et en blé, elle produirait très vraisemblablement, au moyen d'une bonne fumure, 80000 k. de racines et feuilles de betteraves, plus 2500 k. de blé avec 5500 k. de paille, contenant ensemble 14400 de substances organiques, soit pour chaque année 7200 k., tandis que 5000 k. de foin ne renferment à l'état normal que 4000 k. des mêmes substances. On ne peut donc pas raisonnablement contester que l'emploi des engrais carbonés concourent très efficacement à la production de la matière carbonée.

DE L'HYDROGÈNE ET DE L'OXYGÈNE.

Ces deux substances entrant ensemble pour à peu près moitié dans la composition de toutes les plantes, jouent donc un très grand rôle dans la végétation. Mais je ne crois pas que le cultivateur doive s'en préoccuper au point de vue de la fertilisation.

En effet, s'il est vrai, comme notre étude physiologique en démontre la probabilité, que, dans la plupart des cas, l'hydrogène et l'oxygène ne soient que de l'eau combinée, c'est un contingent qu'on peut raisonnablement attendre de l'atmosphère, sans qu'il soit nécessaire de s'en occuper spécialement. Il en est encore de même lorsqu'on emploie, comme engrais, des matières organiques animales ou végétales complexes, puisque toutes, quand elles arrivent aux plantes sous la forme de matières sucrées et albuminoïdes ou sous celle d'humus, contiennent les proportions nécessaires d'oxygène et d'hydrogène.

—

Les notions préliminaires qui précèdent, doivent naturellement se compléter par l'étude des engrais qui, indépendamment des sels azotés que nous avons déjà examinés, peuvent jouer le rôle d'auxiliaires du fumier. Mais c'est de celui-ci que nous devons nous occuper avant tout, tant parce qu'il est le meilleur et le plus précieux de tous les engrais, que parce qu'il est en même temps à peu près le seul dont l'immense majorité des cultivateurs fasse usage. Cette étude facilitera d'ailleurs beaucoup celle des matières complémentaires.

Ma classification se réduira à quatre catégories seulement :

1° Les fumiers d'étable, et tous les engrais principalement composés de déjections humaines ou animales ;

2° Les engrais artificiels mixtes plus ou moins complexes, formés de substances appartenant aux trois règnes de la nature ;

3° Les engrais uniquement composés de minéraux ou de substances minéralisées.

Cette dernière catégorie comprendra les matières auxquelles on donne communément, mais très improprement fort souvent, la qualification d'amendements ou celle de stimulants.

4° Les engrais verts

PREMIÈRE CATÉGORIE. — CHAPITRE PREMIER.

LE FUMIER D'ETABLE.

Le fumier, comme chacun le sait, se compose principalement de deux parties distinctes, la litière et les déjections.

La litière, comme coucher, n'est pas indispensable aux animaux. Elle sert donc principalement à absorber les urines, et sous ce rapport, plus elle est poreuse, meilleure elle est. Lorsqu'à cette qualité elle joint celle d'apporter des matières fertilisantes dans le fumier, elle a d'autant plus de valeur qu'elle contient une plus forte proportion de ces matières.

Les pailles des céréales peu nutritives de leur nature, sont ordinairement réservées pour cet emploi. Mais il y a des auteurs qui conseillent le contraire, en disant qu'il vaudrait mieux faire passer au ratelier les pailles de cette catégorie, et réserver pour litière celles qui sont plus riches en substances nutritives, comme, par exemple, les pailles des légumineuses. Le fumier en serait amélioré. Cela est parfaitement vrai ; mais le bétail s'en trouverait-il aussi bien ? C'est ce dont il est au moins permis de douter. Je me permettrai donc, nonobstant toute mon estime pour le caractère et la science des auteurs auxquels je fais allusion, d'émettre un avis diamétralement opposé, en conseillant d'employer toujours les meilleures matières pour la nourriture des animaux, d'autant plus qu'elles ne sont pas perdues pour l'engrais auquel elles reviennent nécessairement. A la vérité, elles subissent un déficit en passant par l'organisme animal ainsi que nous le verrons plus loin. Mais ce que l'on perd ainsi en substances fertilisantes, on le regagne en chair, en lait, en travail, etc. Ces produits étant toujours plus abondants et meilleurs chez l'animal bien nourri que chez celui qui l'est mal. Un calcul très simple prouve d'ailleurs que le conseil contre lequel je m'élève, ne se fonde que sur une illusion. Les pailles ne nourrissent qu'en raison des principes assimilables qu'elles contiennent. Si elles sont pauvres sous ce rapport, la ration devra nécessairement s'augmenter pour produire le même effet utile, et le fumier se trouvera tout aussi appauvri de cette manière qu'il le serait en donnant aux animaux une quantité rationnelle de pailles plus riches. Que la ration consiste en miel ou en cire, il faut nécessairement qu'elle contienne les mêmes principes alibiles en proportion normale pour pouvoir être profitable. Il n'est d'ailleurs pas sans inconvénient de donner au bétail des aliments peu nutritifs, et d'un volume disproportionné à leurs organes digestifs. L'emploi des pailles de céréales n'a donc sa raison d'être que dans quelques cas particuliers, comme celui résumé par le proverbe : *cheval de paille, cheval de bataille ;* mais surtout lorsque les aliments de meilleure qualité sont insuffisants. Dans ce cas, on substitue aux pailles, des litières de bruyères, de fougères, de genêts, des feuilles d'arbres, etc., et sous un certain rapport, l'engrais n'y perd pas, car ces matières sont plus riches en principes fertilisants que les pailles de céréales. La bruyère, par exemple, dont on a bien voulu faire pour moi une analyse au laboratoire de l'Ecole impériale des Ponts-et-chaussées, contient, desséchée à 102° 2.43 p. °/₀ d'azote, et 1.06 dans l'état où elle est ordinairement employée comme litière. De plus, l'analyse a révélé dans cette plante, une proportion notable de phosphate de chaux, qui, toutefois n'a pas été déterminée.

Ainsi, au point de vue de la matière azotée, la bruyère vaut trois fois mieux que la paille de froment comme litière ; mais n'étant pas tubulaire, elle n'absorbe pas aussi bien les déjections liquides, et elle est d'ailleurs d'une décomposition beaucoup plus lente, ce qui ne l'empêche pas de rendre de très grands services dans les contrées à landes.

Le genêt contient 1,22 d'azote, et les roseaux 0,75 à l'état sec. Les feuilles de poirier que tous les auteurs signalent, en renferment 1,56 ; mais elles sont trop rares, pour offrir une grande ressource. Celles de hêtre et de chêne qui sont plus communes, et les rameaux de buis dosent 1,17 ; les feuilles d'accacia 0,72, celle de peuplier 0,53 ; la sciure de chêne, 0,54.

Toutes ces matières employées comme litière, donneront donc des fumiers plus riches que ceux à base de paille ordinaire, sans l'être sensiblement moins, pour la plupart, que ceux à base de paille de plantes légumineuses qui, pour un semblable emploi, sont de beaucoup les meilleures avec celles de colza et de sarrazin. Le tableau de la composition des plantes qui se trouve à la fin de la première partie de cette étude donne, du reste, d'utiles renseignements à cet égard. Mais je doute que l'on soit souvent dans le cas d'y recourir pour se guider dans le choix d'une litière, car il est assez d'usage dans les exploitations les mieux tenues, comme dans toutes les autres, d'employer pour cela toutes les matières qui y sont propres, dont on peut disposer, et dont on n'a jamais trop. C'est pourquoi je passe un peu rapidement sur tous les détails relatifs à cet objet.

Il y a des exploitations où l'on supprime entièrement la litière. Le fumier ne consiste alors qu'en déjections liquides et solides qui sont recueillies ensemble ou séparément. Dans ce cas, l'engrais est moins volumineux, mais il est plus riche. C'est ordinairement à l'état liquide qu'on l'emploie. Je lui consacrerai un chapitre spécial.

Il y en a d'autres où la litière végétale est remplacée par de la terre ou de la tourbe desséchées, ou par de la marne calcaire. Les deux premières forment un très bon excipient. La terre, surtout lorsqu'elle est un peu argileuse, laisse moins évaporer les gaz ammoniacaux que les pailles ; mais elle n'ajoute rien à la valeur fertilisante de l'engrais que la tourbe accroît au contraire dans une notable proportion, tout en perdant son acidité dans la fermentation. Quant à la marne, la discussion qui va suivre fixera sur sa valeur dans le cas dont il s'agit.

L'usage de remplacer les litières végétales par de la marne, s'est introduit il y a une quinzaine d'années dans plusieurs bonnes exploitations, entre autres chez M. le général Higonet, chez Madame Millet-Robinet et chez M. Malingié-Nouel, directeur de la ferme-école de la Charmoise. Tous en obtenaient de très bons effets.

En 1853, M. Barral ayant avancé dans un rapport sur les engrais et amendements employés dans le Nord de la France, qu'il n'y avait pas de plus mauvais choix à faire que de prendre de la marne pour remplacer les litières de paille, a été prié par la Société impériale et centrale d'agriculture, de s'expliquer sur les faits qui l'avaient conduit à émettre cette opinion en désaccord avec les résultats obtenus par plusieurs agriculteurs éminents. Voici ce qu'il a répondu (1). Je transcris littéralement cette réponse à laquelle j'ajouterai quelques observations qui aideront le lecteur à se former une opinion raisonnée sur cette question.

« Il ne s'agit pas de savoir si une marne imbibée de jus de » fumier ou de déjections animales est un excellent engrais. » Poser la question en ces termes, c'est la déplacer de manière » à empêcher qu'elle puisse être résolue. Il est évident, en » effet, que cette matière sera éminemment fécondante et » qu'on peut hardiment en recommander l'emploi. Il est même » possible qu'à poids égal dans certains terrains manquant de » calcaire, elle produira de meilleurs effets que du bon fer- » mier de ferme. Mais il s'agit de savoir si en mettant de la » marne dans une étable on empêche la déperdition du gaz » ammoniacaux ; s'il n'est pas des matières auxquelles on doit » donner la préférence. Quand on pose la question en ces » termes, la réponse ne souffre aucun ambage. Il est certain » que la marne laisse échapper les gaz ammoniacaux, au moins » autant que la paille. Elle ne prévient nullement la déper- » dition des gaz....... Il y a plus ; c'est que si l'on mélange » un sel fixe d'ammoniaque tel que du sulfate ou du chlorhy- » drate avec de la marne ou du carbonate de chaux ; que la » masse soit légèrement humide ou qu'elle s'échauffe, comme » le fait le fumier qui fermente, il se dégagera du carbonate » d'ammoniaque par suite d'une double décomposition.... » Puis M. Barral cite des preuves.

(1) *Journal d'Agriculture pratique* 1853, tome 6, page 615.

Cette question très intéressante ayant été controversée, je pense qu'il ne sera pas inutile de l'approfondir. Les seules expériences précises pouvant l'élucider sont dues à M. Payen (1).

Ayant mélangé, d'une part, 100 grammes de chaux caustique avec 100 centimètres cubes d'urine d'homme préalablement exposée pendant quatre heures aux réactions spontanées, et d'autre part, 150 grammes de craie humide avec également 100 c.c. de la même urine, M. Payen a constaté que ces mélanges disposés en couches très minces (5 millimètres), laissaient évaporer l'azote de l'urine dans des proportions très inégales. Ainsi, tandis que la chaux en avait conservé 90 pour 100 pendant 24 heures, la craie n'en avait gardé que 0,125 pendant le même temps.

Au bout de six jours la chaux, dans la proportion de 140 pour cent, n'avait conservé que 80 p. °/₀ de l'azote; tandis que 230 de craie n'en contenaient plus que 0,06.

Dans ces expériences, dit M. Payen, toutes les circonstances avaient été exprès rendues favorables à la dispersion des vapeurs ammoniacales. Voulant essayer dans d'autres conditions faciles à réaliser en grand, l'effet des mêmes substances minérales, il en effectua le mélange avec de l'urine de vache dans des vases ouverts, mais en maintenant les matières tassées en une couche de 06ᶜ d'épaisseur.

Dans ces conditions, la craie dans la proportion de 300ᵍ p. 100 c.c. d'urine, a conservé :

Au bout de 24 heures,	les 0,955	de l'azote.
Après 72 heures,	les 0,9165	id.
Après 5 jours,	les 0,733	id.

Quant à la chaux (50 gr. pour 100 c.c. d'urine), elle a conservé au bout de 48 heures les 0,99 de l'azote, et les 0,924 après 72 heures comme après 5 jours.

Un mélange d'argile et d'urine n'en avait gardé que 0,90 après 6 jours, et la même urine pure évaporée au bain-marie en avait perdu 0,30 en quatre heures.

Il est très regrettable que ces expériences n'aient pas été prolongées pendant un temps beaucoup plus long et sur des

(1) *Journal d'Agriculture pratique* 1853, tome 7, page 135.

couches de matières un peu plus épaisses. Toutefois, elles sont suffisantes pour prouver que la craie est un mauvais excipient des urines. Cependant, quand elle est mélangée avec de l'argile dans la proportion de 0,10 de cette dernière, ce mélange conserve tout aussi bien l'azote que l'argile pure. Mais 50 parties de celle-ci avec 50 de craie produisent un effet intermédiaire, entre celui de la craie pure et de l'argile pure.

M. Payen conclut de ces expériences, que si dans les conditions de leur exécution, la craie est nuisible dans les étables, elle pourrait hâter dans les champs les progrès de la végétation. C'est effectivement ce que prouve la pratique du marnage.

Quant à la chaux caustique, on voit que dans les mêmes circonstances elle se comporte tout aussi bien sinon mieux que l'argile.

L'opinion de M. Barral paraît donc pleinement justifiée en principe.

Mais la pratique admet quelques exceptions.

On objecte spécialement que dans beaucoup de localités sur le littoral de l'Océan, les cultivateurs sont dans l'usage d'employer en litière la tangue et autres sables de mer plus ou moins calcaires, sans que jamais on se soit aperçu qu'il en résultât un dégagement extraordinaire d'ammoniaque. On est convaincu au contraire que ces matières la conservent mieux que tout autre excipient. La vérité est, que partout où cette ressource existe et est utilisée, l'Agriculture en tire un notable profit. Cela peut, ce me semble, s'expliquer par cette triple circonstance : 1° que les sablons dont il s'agit, ne contenant souvent que 0,30 à 0,40 de calcaire, ne peuvent exercer une action aussi énergique que la craie de Meudon employée par M. Payen ; 2° que cette action peut être fortement tempérée par la proportion de sel marin que contient le sable, sel qui produit probablement un effet anti-septique sur les matières putrescibles de l'engrais ; 3° que si le calcaire n'empêche pas complétement l'évaporation de l'ammoniaque, il compense largement ce qui peut s'en perdre, en apportant aux sols granitiques et schisteux qui le reçoivent un élément qui leur est fort utile. On pourrait citer de très nombreuses fermes qui s'enrichissent par de bons marnages quoique leurs fumiers soient très mal soignés. Il n'y aurait donc rien de bien extraordinaire à ce que sur certains sols, un fumier ayant perdu 0,25 de son azote, produisit néanmoins plus d'effet sur la végétation, étant employé en mélange ou concurremment avec une dose quelconque de calcaire, que la même quantité de fumier qui aurait conservé tout son azote, mais qui serait employée sans le concours de la marne.

Du reste, le remplacement des litières végétales par des matières terreuses ne peut être une bonne pratique en économie agricole qu'autant que les pailles sont consommées d'une autre manière dans la ferme, et qu'elles ne sont pas perdues pour la masse des engrais. Cependant, il peut arriver, surtout dans le voisinage des grandes villes, que le cultivateur ait plus de bénéfice immédiat à vendre sa paille qu'à la convertir en fumier. Dans ce cas, il fera bien de ne pas négliger la réalisation de cet avantage, mais à la condition expresse que la fertilisation de ses champs n'en souffre pas et qu'une partie du produit de la vente, sinon la totalité, soit employée en achat d'engrais pour compenser largement la perte des substances exportées. Il ne faut pas perdre de vue toutefois, que si les litières végétales étaient remplacées pendant longtemps par des matières dépourvues de silice assimilable, il pourrait très bien arriver que la fertilité en éprouvât un grave préjudice. La silice est une des substances les plus utiles à la végétation des céréales et des graminées, et il n'y a guère que les engrais à base végétale qui puissent la fournir dans un état favorable à l'assimilation.

Les litières étant généralement moins riches en azote que les déjections animales, il en résulte que la qualité des fumiers dépend en grande partie de la proportion et de la nature des litières qu'il contient. Mais elle dépend beaucoup aussi du régime auquel le bétail est soumis et même encore de l'espèce d'animaux producteurs de l'engrais, et enfin des soins qui lui sont donnés.

Ainsi, les excréments du cheval étant peu humides sont, par cela même, plus chauds et proportionnellement plus riches en principes fertilisants, surtout lorsque l'alimentation comprend une ration de grain. Mais si la fermentation est négligée, l'insuffisance d'humidité la rend fongueuse en y produisant cette espèce de végétation cryptogamique connue sous le nom *de blanc* et qui constitue une assez grande altération de la qualité du fumier.

Les déjections des bœufs étant plus aqueuses, sont plus froides et leur fermentation plus lente. Elles forment un engrais plus onctueux et d'une durée plus longue. Elles exigent beaucoup plus de litières que celles des chevaux.

Les déjections des vaches possèdent les mêmes qualités physiques ; mais elles sont plus pauvres en principes fertilisants, ayant perdu tous ceux qui ont concouru à la formation des veaux et du lait.

Le fumier des moutons est sans contredit le meilleur et le plus énergique de tous. Sa fermentation est très prompte. On lui attribue généralement une valeur fertilisante supérieure d'un tiers à celle des autres fumiers.

Celui des porcs est le moins estimé. Cependant les avis sont partagés sur sa qualité, ce qui vient indubitablement de ce qu'il a été apprécié dans des conditions d'alimentation différentes. En Angleterre, où les porcs sont généralement beaucoup mieux nourris qu'en France, leur fumier y est autant prisé que celui des autres animaux. Leurs déjections très liquides exigent beaucoup de litière.

En somme, on peut dire que le fumier des chevaux et des moutons convient plus particulièrement aux terres fortes et froides et que celui des deux autres classes de bétail est plus propre à la fertilisation des terres sèches et légères. Mais comme ces différents fumiers possèdent tous des qualités, qui sont des défauts en certains cas, et réciproquement, l'usage le plus général consiste à neutraliser les défauts par un mélange intime de toutes les sortes de fumier, d'où résulte une qualité moyenne dont toutes les terres peuvent très bien s'accommoder. Cependant, selon que l'une ou l'autre espèce domine dans la masse, cette qualité moyenne est un peu meilleure ou un peu moins bonne que celle résultant d'un mélange par parties parfaitement égales.

Composition chimique du fumier.

Dans une exploitation comme celle de Bechelbronn où la nourriture, au point de vue de l'azote, se compose de $^{5}/_{6}$ en foin et trèfle et de $^1/_6$ en avoine, son, pois, topinambours, pommes de terre et betteraves, et où les litières ne représentent en poids que le $^1/_7$ et en azote que le $^1/_{32}$ du poids et de l'azote des aliments, le mélange de tous les fumiers provenant de 30 chevaux, de 30 bêtes bovines, et de 16 porcs, a donné la composition suivante, d'après une analyse de M. Boussaingault, faite sur du fumier à demi consommé pendant l'hiver et au moment où on le conduisait sur les champs pour la culture du printemps. C'est cette composition que l'école agronomique française adopte comme type du fumier normal, bien qu'elle présente dans la très minime proportion des litières, un caractère exceptionnel qui me semble de nature à affecter un peu sa normalité, relativement à la généralité des autres exploitations où cette proportion de litière est ordinairement plus grande. Mais cette différence peut se compenser par un degré de consommation un peu plus avancée ayant réduit le poids de l'engrais par l'évaporation d'une partie de l'eau qu'il contenait, sans que sa qualité en souffre, ainsi que nous le verrons tout à l'heure. On comprend du reste que tant de causes peuvent influer sur la composition des fumiers, qu'il est excessivement difficile, sinon impossible, de déterminer un type parfaitement normal. Mais on peut regarder celui de M. Boussaingault comme présentant une moyenne suffisamment exacte pour tous les calculs relatifs à la fertilisation. Au demeurant, voici sa composition :

		Fumier sec.	Fumier humide.
SUBSTANCES ORGANIQUES	Eau	»	793,000
	Carbone	358,000	74,000
	Hydrogène	42,000	9,000
	Oxygène	258,000	53,000
	Azote	20,000	4,000
SUBSTANCES MINÉRALES	Acides carbonique	6,440	1,340
	Acides sulfurique	6,118	1,273
	Acides phosphorique	9,660	2,010
	Chlore	1,932	0,402
	Silice, sable, argile	213,808	44,488
	Chaux	27,692	5,762
	Magnésie	11,592	2,412
	Oxyde de fer, alumine	19,642	4.087
	Potasse et soude	25,116	5,226
		1000,000	1000,000

Pour obtenir, autant que possible, cette composition moyenne, au moins en ce qui concerne la plus importante des matières organiques — l'azote — il est indispensable de donner au fumier des soins sur lesquels je crois devoir m'arrêter un peu (1).

Soins à donner au fumier.

Il y a des exploitations où l'on est dans l'usage d'enlever le fumier des étables tous les jours et d'autres où on le laisse sous les pieds des animaux jusqu'à ce que son accumulation rende la vidange nécessaire. Cette dernière méthode est critiquée par quelques agronomes qui, tout en reconnaissant qu'elle est néanmoins très favorable à la bonne confection de l'engrais, la regardent comme dangereuse pour la santé des animaux. Cela peut être vrai lorsque les étables sont basses et sans aération et lorsqu'on laisse les animaux dans la fange ; mais dans le cas contraire, le séjour du fumier sous les pieds du bétail ne présente aucun inconvénient lorsqu'on a soin de mélanger bien exactement les déjections avec la litière et que celle-ci est assez abondante pour absorber entièrement les urines ; lorsqu'on a soin en outre de recouvrir chaque jour la masse d'une couche de litière fraîche et sèche. J'ai pratiqué cette méthode pendant nombre d'années et je puis affirmer qu'il ne s'est jamais présenté, pour cause d'insalubrité, un seul cas de maladie dans mes étables dont la population était cependant passablement nombreuse, puisque ma vacherie seule ne contenait pas moins de 40 bêtes adultes (2). Du reste, le système assez usité des boxes anglaises (méthode Warnes), dans lesquelles le fumier séjourne pendant plusieurs mois, témoigne en faveur de cette pratique. On ne doit pas en conclure toutefois que la pratique contraire, consistant à enlever le fumier tous les jours soit mauvaise. Elle peut être tout aussi bonne ; seulement elle exige plus de travail et de soin.

(1) Il y a des fumiers qui, à l'état normal, contiennent presque le double d'azote, de celui de M. Boussaingault ; mais ils sont moins humides, et si on les analyse à l'état sec, on y trouve absolument le même dosage. Tel est le fumier des auberges du midi.

(2) Le même usage existe à la colonie de Mettray où l'on s'en trouve parfaitement bien.

Quel que soit au surplus le mode de vidange que l'on suive, c'est à partir de la sortie des étables que le fumier réclame un traitement dont il n'est malheureusement que trop privé. On dirait vraiment, à voir l'incurie dont il est généralement l'objet, que c'est là une matière sans aucune valeur. C'est cependant la base la plus solide de la prospérité agricole. C'est ce que tous les livres, tous les journaux répètent à satiété, sans opérer beaucoup de conversions et probablement je cours fort le risque de n'être pas plus heureux. Mais peut être, en demandant moins, obtiendrait-on davantage. Essayons.

Il n'est pas un seul ouvrage sur l'agriculture qui ne donne son plan de plate-forme à fumier, de fosse et de pompe à purin. Tout ce qui a été dit et conseillé à cet égard est très beau et très bon, surtout pour le cultivateur dont la bourse bien garnie permet l'installation la plus parfaite. Mais je ne crois pas devoir adopter tout à fait les mêmes errements, par raison d'économie d'abord, et ensuite parce que les motifs sur lesquels on s'appuye sont loin d'avoir à mes yeux l'importance qu'on y attache. Lorsque le sol sur lequel repose le fumier se laisse pénétrer par le purin, je ne crois pas qu'il y ait lieu de s'en inquiéter. Il sera bientôt étanche. Je puis, à l'appui de ma propre expérience, invoquer le témoignage de Thaer, qui a constaté que même sur un sol sableux le jus ne pénétre pas à plus d'un pied de profondeur. Ce jus n'est d'ailleurs pas perdu. Lorsque le fumier est enlevé, l'aire de la plate-forme peut être défoncée jusqu'à la profondeur qu'a atteint le purin, laquelle est indiquée par la couleur noire de la terre, et celle-ci tout en donnant un excellent engrais sera facilement remplacée par de la nouvelle terre empruntée à quelque sous-sol voisin et de nature argileuse autant que possible. Du reste, ce que nous savons de la propriété absorbante que possède la terre, autorise à croire que, quand elle s'imprègne de purin, elle opère comme un filtre qui purifie l'eau et ne laisse passer que celle-ci, après l'avoir dépouillée des substances qu'elle tient en dissolution. Les cultivateurs qui ont de la tourbe à leur disposition feraient une excellente opération, en garnissant l'emplacement de leurs fumiers après l'avoir creusé à 50 ou 60 centimètres, d'une couche de cette tourbe préalablement desséchée. Ce serait le moyen d'augmenter bien économiquement la masse de leurs engrais. Il est donc parfaitement inutile que la plate-forme soit pavée à grands frais ; ce qui importe beaucoup plus, c'est que le fumier soit convenablement entassé ; qu'il soit comprimé de manière à ce que l'air ne puisse le pénétrer que le moins possible ; que le purin qui s'en écoule soit recueilli dans une fosse étanche, et qui, le plus souvent, sera bientôt rendue telle par l'usage seulement ; que ce purin soit employé à arroser l'engrais pour en modérer et en régulariser la fermentation ; qu'il soit étendu d'eau commune s'il n'est pas assez abondant pour entretenir dans le fumier une humidité suffisante. On peut, dans ce but, faire usage d'une pompe très simple avec des tuyaux en toile goudronnée, en cuir ou en caoutchouc, assez longs pour conduire le liquide sur toutes les parties du tas. Une simple écope pourra suffire lorsqu'il s'agira d'un jet à faible distance. L'essentiel est de bien répandre le purin sur toute la surface du fumier. Peu importe le moyen, pourvu qu'il soit efficace et économique. Chaque cultivateur peut adopter celui qui se conciliera le mieux avec sa situation et avec ses ressources. J'ai employé pendant longtemps et à ma grande satisfaction, une pompe à air comprimé et à jet continu du système Perreaux, pouvant projeter le liquide à 10 mètres en tous sens. Cette pompe est construite avec beaucoup de soin. Ses soupapes de caoutchouc, en forme d'anches de hautbois, se détraquent difficilement et laissent passer des corps solides flottants qui ne les empêchent pas de se refermer lorsqu'ils s'y arrêtent momentanément, ce qui n'a pas lieu avec des soupapes métalliques ou en cuir ; mais elle n'est pas d'un très grand débit et son prix serait peut être un peu élevé pour beaucoup de cultivateurs. La mienne m'est revenue en place, à environ 140 fr. avec tous ses accessoires. Cependant, un homme faisant mouvoir le balancier et un enfant dirigeant la lance du tuyau de projection, peuvent dans une heure arroser convenablement un tas de fumier de 100 mètres de surface. On répète cette opération aussi souvent que l'état du fumier l'exige.

Lorsqu'on aura de la terre à sa disposition — et il est toujours facile de s'en procurer — ce sera une excellente pratique que d'en entourer le tas de fumier autant qu'on le pourra, en formant une espèce de glacis sur tous ses côtés et en le recouvrant, à mesure qu'il s'élèvera, d'une couche de cette même terre qui arrêtera et condensera les gaz ammoniacaux que la fermentation produit.

Mathieu de Dombasle n'approuve pas ces sortes de stratifications. C'est une opinion, dit-il, dont il est bien revenu, attendu que les mélanges de cette espèce n'ajoutent rien à la qualité de l'engrais et ne font qu'accroître les charrois et par conséquent les frais de transport.

Il est très vrai que la terre n'ajoute pas grand'chose par elle-même à la valeur du fumier; mais elle conserve cette valeur, et c'est là une considération qui balance largement celle d'un surcroît de frais de transport, d'autant plus que 1000 k. de fumier contenant 800 k. d'eau, ont bientôt perdu la moitié de cette eau, lorsqu'ils sont intimement mélangés avec 500 k. de terre, ce mélange se desséchant beaucoup plus vite que l'engrais sans perte sensible de gaz fertilisants. Mais le plus grand avantage qui résulte de ce mode de traitement, c'est d'en obtenir un engrais presque pulvérulent lorsqu'on lui donne le temps de se faire, lequel se divise et se répartit infiniment mieux dans le sol, en produisant des récoltes plus égales et presque toujours plus abondantes. Du reste, rien ne s'oppose à ce qu'au lieu de terre crue on emploie des gazons, des curures de fossés, du terreau épuisé, des poussières de route, etc., pouvant améliorer l'engrais. Toutefois, la vérité commande de reconnaître que quand le tas de fumier sera bien comprimé et suffisamment arrosé, les déperditions d'ammoniaque se réduiront à bien peu de chose. Le mélange de la terre avec le fumier n'est donc particulièrement nécessaire que là où il n'existe ni fosse ni pompe à purin. Mais s'il n'est pas nécessaire, il peut être néanmoins fort utile.

On doit conclure de là, que les procédés qui ont été conseillés dans le temps pour convertir en sel fixe le carbonate d'ammoniaque volatile des engrais d'étable, ont perdu beaucoup de leur importance depuis que la question du traitement des fumiers a été mieux étudiée. Le lecteur sait déjà que ces procédés se résument en un arrosage de l'engrais en fermentation avec de l'acide sulfurique ou hydrochlorique très affaibli, ou avec une dissolution de sulfate de fer, ou bien en stratifications avec du sulfate de chaux (plâtre) pulvérisé, crû ou cuit.

Les deux premiers moyens sont particulièrement appliqués en Suisse aux engrais liquides. Mais l'avantage qu'ils présentent n'est rien moins que démontré. D'abord, il est très difficile, à moins de procéder à chaque instant à des analyses fort délicates, de déterminer exactement les doses utiles de ces réactifs, à raison de l'extrême variabilité de la quantité d'ammoniaque dans ces engrais liquides. Si ces doses sont trop faibles, leur effet est incomplet. Si elles sont trop fortes, l'excès devient sinon nuisible du moins onéreux. Si elles sont normales, on peut compter que chaque kil. d'ammoniaque, ainsi converti en sulfate ou en hydrochlorate, donnera lieu à une dépense de 0,75 à 1f selon les localités, laquelle dépense augmentera de moitié au moins le prix coûtant du fumier, sans qu'il soit certain que sa qualité se soit améliorée dans la même proportion. On doit même s'attendre à ce que le sulfate de fer produira plus de mal que de bien, en convertissant en phosphate ferrique totalement impropre à l'alimentation végétale, les phosphates solubles avec lesquels il pourra se trouver en contact. Le même inconvénient n'existe pas avec les acides qui, au contraire, réagissent favorablement sur les phosphates insolubles. Mais, lorsqu'on n'en a pas l'habitude, il n'est pas sans danger de manier des substances aussi corrosives.

Quant au sulfate de chaux, on lui reproche de donner lieu à la formation de sulfures nuisibles. Il est d'ailleurs très peu efficace à raison de sa très faible solubilité. Les sels calcaires solubles, notamment l'hydrochlorate, seraient préférables à tous égards pour un semblable usage, si l'élévation de leur prix n'était un obstacle à leur emploi. Cependant, si le besoin en était plus sérieux, au lieu de laisser perdre l'acide hydrochlorique comme cela se fait dans plusieurs fabriques de soude, on pourrait très bien l'utiliser pour la production d'un sel semblable qui reviendrait à un prix d'autant plus bas que l'acide ne coûterait rien et la base peu de chose.

Au demeurant, de tous ces procédés il n'en est aucun valant l'emploi du sulfate de magnésie qui est tout aussi efficace pour fixer l'ammoniaque, sans présenter l'inconvénient du sulfate de fer, et qui peut donner lieu à la production d'un phosphate ammoniaco-magnésien, éminemment favorable à la formation du grain dans les céréales.

M. Boussaingault, et après lui plusieurs auteurs ont critiqué l'emploi des sulfates en pareil cas, parce que s'ils ont le mérite de convertir le carbonate d'ammoniaque en sulfate, ils convertissent également les carbonates alcalins en sels de même genre, réputés alors impropres à l'alimentation végétale. Quoique cette opinion se reproduise encore tous les jours, même par de très éminents chimistes, il faut reconnaître cependant qu'elle a perdu beaucoup de son autorité depuis que l'on connaît mieux l'action qu'exerce la terre végétale sur les sels alcalins et ammoniacaux.

Il y a des exploitations qui emploient la chaux pour la conservation de l'ammoniaque dans leurs fumures avec lesquels elles la stratifient. C'est un procédé que M. Barral recommande dans son Bon Fermier, mais en conseillant de ne prendre que de la *chaux hydratée* c'est-à-dire *éteinte*, par la quantité d'eau qu'elle peut absorber sans cesser d'être pulvérulente. Ce procédé a été critiqué fort à tort, selon moi, car il n'est, en aucune façon, démontré que la chaux soit nuisible en pareil cas (1). Les expériences de M. Payen semblent prouver le contraire. Du reste, il est certain qu'il se passe dans l'engrais diverses actions et réactions qui tendent plutôt à conserver l'ammoniaque qu'à la faire évaporer. D'abord, soit à l'état libre, soit à celui de carbonate, comme elle est très soluble dans l'eau et qu'elle ne représente guère, en poids, qu'un demi-millième de l'eau contenue dans le fumier, celle-ci suffit pour la retenir tant qu'elle n'est pas trop exposée elle-même à l'évaporation. Dans le cas contraire, elles peuvent disparaître de compagnie, mais ce n'est guère qu'à la surface que cet effet se produit, et

(1) Il y a des auteurs qui disent que la chaux brûle le fumier, et fait évaporer ses substances animales. Cela pourrait être vrai, si on l'employait telle qu'elle sort du four. En pareil cas, elle peut produire une véritable combustion, étant en contact avec des matières végétales un peu humides. Mais lorsqu'elle a absorbé une quantité d'eau qui l'a convertie en un hydrate pulvérulent, elle a jeté son feu, et l'on peut la considérer comme éteinte et impuissante à produire une semblable combustion. Toutefois, elle active singulièrement la décomposition de l'engrais. Si, quand elle est à l'état de chaux vive elle provoque par son mélange à des matières fécales humides le dégagement des substances volatiles qui s'y trouvent, il n'en est plus de même lorsqu'elle est hydratée, comme le prouve la chaux animalisée de M. Mosselman. Du moins, le dégagement est-il peu sensible.

l'on peut aisément y obvier en comprimant l'engrais et en le couvrant avec de la terre.

Toutefois, comme le fumier, quelque bien tassé qu'il soit n'est pas totalement impénétrable à l'air, il paraît que celui-ci y produit certaines oxydations qui ont pour résultat la formation des acides nitrique et ulmique, le premier, par la décomposition d'une partie de l'ammoniaque de l'engrais. Puis, ces acides en contact avec les bases s'en emparent et forment avec elles des sels fixes. Il n'est pas douteux qu'ici la présence de la chaux ne contribue efficacement à la formation de l'acide nitrique.

De plus, il paraît qu'il se forme encore dans le fumier, aux dépens de son ammoniaque, un autre acide qui a été découvert par M. Thénard le fils, qui lui a donné le nom d'acide *fumique*. Ce dernier, qui contient une assez forte proportion d'azote, ressemble beaucoup à l'état sec, au charbon minéral. Il est comme celui-ci, totalement insoluble dans l'eau, mais non dans l'ammoniaque liquide qui forme avec lui un fumate soluble et non volatile.

Ainsi, l'ammoniaque est retenue par l'eau dans laquelle elle est dissoute en proportion excessivement faible. Transformée en partie en acides nitrique, ulmique et fumique, associés à des bases et formant des nitrates, des ulmates et des fumates, elle prend encore par là un état fixe. Tous ces faits montrent combien on s'exagère l'importance de la perte d'ammoniaque éprouvée par les fumiers.

Du reste, ce qui paraît bien établi aujourd'hui, c'est que la chaux mélangée à du fumier ou à de la terre contenant de l'ammoniaque, en favorise la conversion en acide nitrique. Cela explique clairement comment il se fait que la chaux employée isolément comme amendement, puisse mettre à la disposition des plantes de l'azote absorbé et retenu par le sol qui refuse très souvent de le livrer lorsqu'il n'y est pas forcé par cette conversion. Nous savons que l'acide nitrique qui se forme en cette circonstance, n'est pas absorbé par la terre comme l'ammoniaque. On a expliqué l'action de la chaux dans le cas dont il s'agit ici, en disant qu'elle se combinait avec l'argile et mettait en liberté, au profit de la végétation, l'ammoniaque retenue par cette argile. C'est au fond, la même chose avec un peu moins de précision, car la nitrification, cause première de la séparation de l'ammoniaque, ne paraît pas pouvoir être révoquée en doute.

Je ne crois ni à la nécessité, ni même à l'utilité d'un toit pour le fumier. En le soignant selon les indications qui précèdent il n'a rien à redouter de la pluie ni du soleil. La pluie ne pourra, au contraire, que contribuer à y maintenir une humidité très favorable à une bonne fermentation, et il sera toujours facile de le soustraire à l'action du soleil par une couverture de terre, de gazons, de feuillage ou simplement de mauvaise paille. Ce qui importe le plus c'est de faire obstacle autant que possible à l'action de l'air trop desséchant. Ce que je regarde comme une bonne condition sous ce rapport, c'est un emplacement exposé au nord et abrité autant que possible, des trois autres côtés, soit par un mur, soit par des plantations touffues.

Mais pour pouvoir juger en plus grande connaissance de cause, jusqu'à quel point toutes ces précautions peuvent être nécessaires, nous devons rechercher préalablement quelles sont les pertes que les fumiers éprouvent par la fermentation. C'est là, si je ne me trompe, l'un des points les plus importants de ce chapitre, et en même temps l'un de ceux sur lesquels on a commis les plus grosses erreurs.

Fermentation et perte.

Les données que nous possédons à cet égard ne sont ni bien nombreuses ni bien précises. D'après Thaer, un fumier comprimé, donnant peu d'accès à l'air, ne perd que très peu de ses principes fertilisants. C'était aussi l'avis de Schwerz qui estimait que la réduction du volume se compensait par la concentration de la qualité et qu'une voiture de fumier consommé en valait quatre à l'état frais (1). Mais plus tard cet agronome a modifié

(1) Dans le fumier d'étable court et consommé les éléments nutritifs sont répartis bien plus uniformément que dans le fumier frais et pailleux, et le cultivateur obtient une répartition plus uniforme encore lorsqu'il stratifie le fumier avec de la terre, etc. (Liébig. Les lois naturelles de l'Agriculture, tome 2, page 157.)

son opinion en admettant qu'il pourrait bien y avoir tout à la fois perte sur la qualité et la quantité. Du reste, aucune espèce de preuve à l'appui de cette rétractation.

Une seule expérience à ma connaissance, a tenté de jeter quelque lumière sur cette question. Elle est due à un Florentin — M. Gazeri — qui, ayant mis 40 livres de fumier, poids de Florence, dans un chaudron en cuivre recouvert de paille et de toile grossière, a constaté, après 119 jours, une perte de 21 livres $^8/_{10}$ ou de 545 pour 1000 dans le poids de la matière.

Qu'on veuille bien me permettre d'ouvrir ici une parenthèse. La science agronomique fort jeune encore, et par cela même très crédule, se montre toujours disposée à accueillir favorablement les faits nouveaux qu'elle croit susceptibles de l'éclairer. Mais il arrive souvent qu'elle est la dupe de sa bonne foi en accréditant de confiance des expériences très contestables. Les meilleurs esprits eux-mêmes ne savent pas toujours résister à cet entraînement, et l'expérience Gazeri nous en fournit une preuve entre mille.

C'est ainsi que M. de Gasparin d'abord, et plusieurs autres auteurs après lui, ont cru devoir tirer de cette expérience des conclusions qui seraient désastreuses si elles pouvaient être vraies. Il est juste de reconnaître toutefois, que M. de Gasparin, peu convaincu dans le principe, a cru devoir s'éclairer mieux par une contre expérience. Mais l'illustre agronome ne s'est pas aperçu qu'en s'appuyant sur une basse fausse il devait nécessairement aboutir à de fausses conséquences. La question vaut la peine d'être discutée.

L'expérience Gazeri prouve irréfragablement une chose. C'est que le fumier qui a fait l'objet de cette expérience a perdu plus de la moitié de son poids, ce qui, sous le ciel de l'Italie, n'est pas précisément très étonnant. Mais s'ensuit-il forcément qu'il ait perdu par cela même plus de la moitié de sa valeur et plus des deux tiers de son azote, ainsi que le disent les auteurs? Pour ne laisser aucun doute à cet égard, il eut fallu analyser exactement ce fumier avant et après l'expérience, car les matières qui le composaient étant de nature bien différente on peut raisonnablement admettre que la réduction totale a pu porter très inégalement sur ces matières, selon qu'elles sont plus ou moins promptement décomposables, plus ou moins volatiles, et qu'elle a pu particulièrement frapper, dans une bien plus grande proportion, l'eau qui entrait pour 0,70 dans la masse totale. Or, un engrais peut perdre toute l'eau qu'il contient, sans que sa valeur fertilisante en soit sensiblement affectée.

Mais M. Gazeri n'a pas cru devoir imprimer ce cachet d'autorité à son expérience. Il s'est borné à diviser les matières de son fumier en quatre catégories principales, par une simple lévigation qui lui a donné les résultats suivants :

Eau.	Partie fibreuse.	Partie molle.	Matières solubles.
7081	1533	1124	267.

Il faut observer ici que ce n'est pas le fumier mis en expérience qui a subi lui-même cette lévigation. Cela ne pouvait pas avoir lieu sans le dénaturer et par conséquent sans rendre l'expérience impossible. On a donc dû opérer sur un échantillon plus ou moins semblable pris comme terme de comparaison. Je dis plus ou moins semblable, parce que je ne crois pas qu'il existe de matière moins homogène que le fumier frais. Or, pour peu que la lévigation ait porté sur un échantillon d'un très faible poids, comme c'est probable, et d'usage en pareil cas, on pressent par cela même la possibilité d'un écart considérable dans les résultats. On verra tout à l'heure si ce pressentiment est fondé.

Quoi qu'il en soit, une nouvelle lévigation opérée à la fin de l'opération, mais cette fois sur le fumier mis en expérience, y a constaté pour 10 000 parties.

Eau.	Mat. fibreuse.	Mat. molle.	Mat. soluble.
6631.	1400.	1367.	381.

ce qui revient à dire que le fumier primitif réduit à 4550 parties ne contenait plus que

3017.	637.	622.	173.

et qu'il avait par conséquent subi un déchet de

4064.	896.	502.	94.

Ici les erreurs, les anomalies et les invraisemblances sautent aux yeux.

Il y a erreur en ce que : 6631 + 1400 + 1367 + 381 n'égalent pas 10 000. Il manque 221 parties qui en représentent 101 dans le chiffre de 4550. Sur quoi porte cette erreur? Il est

27

impossible de le dire. Mais elle suffit seule pour vicier radicalement l'expérience.

Maintenant à qui peut-on espérer de faire croire que 1533 parties de matières fibreuses, qui sont de toutes les matières végétales celles qui résistent le plus à la décomposition, ont pu se réduire aux $^{2}/_{5}$ en 119 jours, tandis que les matières molles, beaucoup plus azotées, beaucoup plus fermentiscibles, n'auraient pas même perdu la moitié de leur poids? Une pareille anomalie ne peut, en bonne conscience, être admise comme le fondement d'une théorie sérieuse.

Quant aux matières solubles, c'est bien plus encore la bouteille à l'encre. Non-seulement les résultats ne sont pas clairs, mais ils sont complétement invraisemblables. En quoi pouvaient consister les 267 parties de ces matières dont il a dû s'évaporer plus du tiers? Il ne peut y avoir dans un fumier quelconque, indépendamment de l'eau qu'il contient, que deux espèces de matières, les unes fixes, les autres volatiles. Les premières ne s'évaporent pas, et lorsqu'un fumier n'a pas encore fermenté on ne peut guère y trouver d'autres matières solubles que celles apportées par l'urine, dans lesquelles il n'y a de volatilisable que l'urée après sa décomposition. Mais comme l'urée représente en moyenne tout au plus le $^{1}/_{4}$ des matières de l'urine, défalcation faite de l'eau, elle ne pouvait donc figurer que pour 60 à 70 parties dans les 267, et elle n'a pu par conséquent en fournir 94 à la volatilisation. Si, au contraire, on suppose qu'il y a eu réellement perte de 94 parties d'urée, ce serait supposer en même temps une perte de 40 parties d'azote. Or, très vraisemblablement l'engrais n'en contenait pas davantage tant dans ses matières liquides que dans ses matières solides réunies, et ces dernières n'ont pas abandonné en 119 jours la totalité de celui qu'elles possédaient. On voit par cette dissection combien peu de confiance doivent inspirer de pareilles expériences. Du reste, à part l'erreur numérique que j'ai signalée, je ne prétends, en aucune façon, contester les chiffres de celle dont il s'agit ici, et si je la répute non concluante, c'est plus particulièrement parce qu'il me paraît indubitable qu'il a dû exister entre les deux échantillons sur lesquels a porté la lévigation, une énorme différence de composition, pouvant seule expliquer l'anomalie qui existe dans les résultats indiqués, et ensuite parce que ce procédé de lévigation est lui-même beaucoup trop imparfait pour que l'on puisse en tirer des conclusions certaines.

C'est surtout cette dernière considération qui a déterminé M. de Gasparin à chercher dans une autre expérience la solution du problème, mais en s'appuyant beaucoup trop sur les données de M. Gazeri, ce qui devait fatalement le faire aboutir à l'erreur. Voici, du reste, en quoi consiste cette contre expérience.

M. de Gasparin a fait analyser au laboratoire de M. Payen, un échantillon de terreau *épuisé dans une couche* et dans lequel on a trouvé 31,24 d'eau et 39,50 de cendres. La matière organique n'en formait donc plus que les 29,16 pour cent dont 1,577 d'azote. Puis supposant très gratuitement que ce terreau se trouvait dans le même état que le fumier Gazeri — bien que l'analyse dise clairement le contraire — et qu'il avait subi un déchet absolument égal, M. de Gasparin a cru pouvoir déterminer l'importance de ce déchet en quantité et en qualité, au moins relativement à l'azote, en cherchant la différence existant entre l'azote du terreau et celui de l'engrais primitif, supposé normal, qui a dû produire ce terreau. C'est ainsi qu'il a trouvé une perte de 0,65.

Le vice radical de cette opération consiste dans l'assimilation de deux choses séparées par des différences énormes. Evidemment du terreau épuisé dans une couche, ne peut pas être semblable à du fumier qui a séjourné pendant 119 jours seulement dans un chaudron, d'autant plus que celui-ci contient encore 66 p. °/₀ d'eau, tandis que le premier n'en renferme plus que 31,34 p. °/₀. Cela seul indique que le calcul doit être nécessairement faux, soit dans un sens, soit dans un autre.

La seule opération logique, en cette circonstance, était de rechercher, à l'aide des données de l'analyse, quelle a dû être la quantité de fumier qui a pu produire le terreau dont il s'agit. Il n'y avait pas la moindre difficulté en cela sachant, d'une part, que le fumier normal se compose de 79,30 d'eau, de 14 de matières organiques dont 0,40 d'azote, et de 6,70 de cendres; et d'autre part, que si les matières organiques et l'eau peuvent disparaître en tout ou en partie par la fermentation et l'évaporation, il n'en est pas de même des matières minérales.

Par conséquent, possédant une quantité déterminée de cendres de fumier, rien n'est plus aisé que de dire, au moins très approximativement, de quelle quantité de fumier elles proviennent, et quel peut être le déchet en eau et en matière organique, lorsqu'il reste une partie de l'une et de l'autre avec les cendres. Un tel problème est beaucoup plus simple que celui de la reconstitution d'un animal anté-diluvien, à l'aide d'un seul de ses ossements, ainsi que le faisait l'illustre Cuvier.

Or, 100 parties du terreau de M. de Gasparin contenant 39,50 de cendres avec 31,34 d'eau, et 29,16 de matières organiques; le fumier qui a produit ce terreau, devait avoir la composition suivante :

	Fumier normal.	Fumier converti en terreau.	Perte.
Eau	467, 90	31, 34	436, 56
Matière organique	82, 60	29, 16	53, 44
Cendres	39, 50	39, 50	» »
	590 »	100 »	490 »
		590	

Ce fumier n'a donc perdu en réalité que 53,44 parties de substances organiques sur 590 de matières totales. Mais pour quel chiffre l'azote figure-t-il dans cette perte? Ici, l'inconnue est tout aussi facile à dégager. Si 100 de fumier normal dosent 0,40, 590 doseront........................ 2,360

Or, l'analyse reproduisant.................. 1,577

La perte n'est donc que de.................. 0,783

ou d'un tiers de l'azote initial et non des deux tiers.

On voudra bien remarquer que je me sers absolument des mêmes données que M. de Gasparin, relativement à la composition du fumier normal.

Cet auteur est donc allé beaucoup trop loin en proclamant que : « le cultivateur trompé par l'apparence d'homogénéité » du fumier consommé, se fait illusion en pensant que ce fu- » mier a acquis une valeur plus grande, tandis que, la fermen- » tation étant avancée, il a perdu au contraire *plus de la moi- » tié de sa masse, plus de la moitié de ses parties solubles,* » ET LES $^2/_3$ DE SON AZOTE, et que ce qui reste ne consiste qu'en » principes carbonés. »

L'expérience de M. de Gasparin ne prouve rien de semblable, au moins quant à l'azote. Si le terreau ne reproduit plus que les deux tiers de celui qui existait dans le fumier primitif, peut-on dire que le tiers qui a disparu constitue véritablement une perte comme celle qu'on attribue au fumier Gazeri? Peut-on assimiler la décomposition d'un fumier sur la plate-forme aux engrais, à celle du même fumier employé à chauffer une couche et à produire de la végétation jusqu'à extinction de chaleur naturelle? Qu'y a-t-il donc d'étonnant à ce qu'un engrais ait perdu une partie de sa valeur fertilisante lorsqu'il a été mis en situation de jouer son rôle d'engrais, et lorsqu'il l'a joué réellement?

A l'appui et comme corollaires des deux expériences que je viens d'examiner, plusieurs auteurs en citent encore deux autres que je dois d'autant moins passer sous silence, qu'étant rapportées sans commentaire, sans discussion, par des ouvrages justement estimés, elles ne peuvent que suggérer des idées très fausses sur la nature des pertes que le fumier éprouve par son exposition à l'air.

Dans l'une de ces expériences, M. Koerte, professeur à Moeglin (Prusse), a constaté que 100 parties de fumier frais diminuent *de volume* selon la progression suivante, savoir : 26,7 après 81 jours; 35,7 après 254 jours; 37,5 après 384, et 52,8 après 393 jours.

Ici, la diminution est à peu près la même que chez M. Gazeri, mais avec cette notable différence, que la durée de l'expérience est plus que triple, et que le déchet ne s'applique qu'au volume et non au poids, ce qui n'est pas précisément la même chose, car il peut très bien se faire qu'un fumier frais se réduise à la moitié de son volume en 13 mois, par l'effet d'un simple tassement et du ramollissement de sa partie ligneuse tubulaire, sans que l'on doive nécessairement en conclure que la même réduction porte sur son poids et sa qualité, bien qu'il soit incontestable que le poids subisse une diminution par l'effet de la fermentation. Cette expérience n'est donc pas concluante. Elle l'est d'autant moins, que les auteurs qui la rapportent sautent à pieds joints sur une anomalie qui la vicie radicalement à mes yeux. Ils disent que l'expérimentateur a constaté *que la perte éprouvée par le fumier est beaucoup plus considérable dans un temps donné, au commencement de sa fermentation que dans les périodes ultérieures de sa décomposition.* Sans doute, c'est ce qui doit être par la raison qu'il est un terme à tout, et que l'intensité d'une action chimique est toujours proportionnelle aux quantités de matières réagissant les unes sur les autres. Or, ces quantités diminuant constamment lorsqu'elles ne sont pas renouvelées, l'action va sans cesse en s'affaiblissant, exactement comme la combustion dans un foyer qui n'est pas alimenté, et qui finit par s'éteindre après avoir produit de la chaleur diminuant progressivement d'intensité. Mais est-ce bien là réellement ce qu'indique l'expérience dont il s'agit? Nullement. La perte qui est d'abord de 26,7 pendant les 81 premiers jours, n'est plus que de 9, pendant les 173 jours suivants; puis elle tombe à 1,8 pendant la 3ᵉ période qui est de 30 jours. Jusqu'ici tout est, en effet, à peu de chose près comme l'expérimentateur l'annonce. Mais dans les 9 jours qui terminent la durée de l'expérience, cette perte se relève et monte au chiffre relativement énorme de 15,3, en prenant ainsi une proportion de 26 fois $^1/_5$ plus grande que celle des 30 jours immédiatement précédents, eu égard à la durée de l'une et l'autre de ces deux dernières périodes. Ainsi donc, non-seulement la proposition n'est pas d'accord avec le fait, mais celui-ci est tellement anormal qu'il ne peut être considéré que comme erroné. Or, une erreur aussi grave dans une expérience de ce genre, autorise à en supposer d'autres. En tous cas, suffit-elle à elle seule pour en constater l'inexactitude. Et puis, fût-elle exacte, elle ne serait, je le répète, nullement concluante, la qualité d'un engrais ne dépendant en aucune façon de son volume.

La 2ᵉ expérience a été faite plus récemment par le docteur Woelker, non plus sur le volume mais sur le poids, en opérant sur deux tas de fumier dont l'un a été abrité et l'autre est resté exposé à l'air libre. Cette expérience a duré 377 jours, pendant lesquels le fumier exposé à l'air libre s'est réduit de 1285 k. à 894 k. — perte 391 k. — et celui abrité, de 1475 k. à 559 — Perte 916.

L'auteur qui cite cette expérience fait sur ses résultats les curieuses remarques suivantes :

1° Le fumier à l'abri a perdu les $^2/_3$ de son poids en même temps que le poids des matières organiques *a doublé*, tandis que celui des matières minérales a *quadruplé* ;

2° Le fumier abandonné à l'air libre, n'a perdu que le tiers de son poids ; mais les matières organiques solubles n'ont point augmenté, et les matières minérales ne se sont accrues que *de 50 p. %*

On conclut encore de ces expériences, que le premier de ces fumiers a plus de valeur, à poids égal, que le second. Il n'y a rien là d'invraisemblable.

Mais voici sur tout le reste la vérité mathématique déduite des données fournies par l'expérimentateur lui-même. Elle fera voir à quels écarts, des savants eux-mêmes, se laissent entraîner quelquefois, en cédant aux influences d'idées préconçues.

Les deux quantités de fumier mises en expérience ont donné la composition et les résultats suivants :

N° 1. Fumier a l'air libre.

Au début de l'opération.			*A la fin de l'opération.*	
850.28	(67,17 %)	Eau....................	664.15	(74,89 %)
362.88	(28,24 %)	Matières organiques.....	121.85	(13,63 %)
71.84	(5,59 %)	Minéraux..............	108.	(12,08 %)
1285. »			894. »	

N° 2. Fumier abrité.

976. »	(67,17 %)	Eau....................	232.88	(41,66 %)
416.55	(28,24 %)	Matières organiques.....	184.80	(33,06 %)
82.45	(5,59 %)	Minéraux..............	141.32	(25,28 %)
1475. »			559. »	

En réfléchissant sur ces résultats on comprend aisément que le fumier abrité a dû perdre plus d'eau que l'autre, parce que, à l'inverse de ce dernier, il n'en a pas reçu du ciel pour compenser en tout ou en partie celle qui s'est évaporée.

On comprend également que les matières organiques dont le carbone et l'oxygène qui en représentent ensemble plus des $^9/_{10}$ se transforment par la fermentation en acide carbonique, présentent un déficit notable. Mais ce qui défie toute explication sensée et toute preuve, c'est la génération et la multiplication des minéraux en pareille circonstance. Comment 71k84 ont-ils pu devenir 108 k. dans le N° 1 et 82,45 monter à 141,32 dans le N° 2? Voilà ce qu'on a le droit de demander à l'expérimentateur, et ce qu'il lui sera bien difficile de dire. Cette remarque, qui n'aurait dû échapper à aucun des auteurs qui les rapportent, donne la mesure de la confiance que l'on peut avoir en de semblables opérations.

Ainsi, des quatre expériences que je viens d'examiner, il n'en est pas une seule qui soit irréprochable, et qui puisse fixer exactement les esprits sur l'importance de la perte qu'éprouvent les fumiers négligés, perte dont toutefois il n'est pas permis de douter. Mais ce qui me paraît certain, c'est qu'elle est beaucoup plus grande par le purin qui s'écoule et qui entraîne avec lui des principes azotés et minéraux fort utiles, qu'elle ne l'est par le fait seul de l'évaporation. Ce qui eut été au moins aussi intéressant, ce sont des expériences parallèles sur des fumiers convenablement soignés. Elles font complétement défaut dans les annales agricoles. Je me trompe : Nous verrons tout à l'heure, par ce qui se passe chez M. Boussaingault, qu'un fumier qui se trouve dans ce dernier cas, reproduit — du moins en azote, — ce qui est le point capital, tout celui des aliments et des litières donnés au bétail, sauf ce qui se perd dans l'acte même de la nutrition, perte inévitable et qui se rapporte à une autre question. Cette perte est d'à peu près $^1/_3$ de la valeur des aliments et litières, d'où il suit que 100 de l'azote qu'ils contiennent se réduisent à 65,22 dans le fumier. Si celui-ci, comme le prétend M. de Gasparin, se réduisait encore des $^2/_3$, soit de 43,50 sur 65,22, il n'en resterait donc plus que 21,74 pour conserver la fertilité du sol. Voilà à quelles conséquences les théories exagérées aboutissent.

Au demeurant, tout ce qui a été dit précédemment montre combien il est facile de réduire à presque rien les pertes de cette nature. Il ne faut pour cela que des soins sans aucune dépense. En tenant le fumier tassé et constamment humide, on évitera toute émanation ammoniacale. On l'évitera bien mieux encore si l'on recouvre le tas d'une couche de terre un peu argileuse.

Quantité de fumier produite par la nourriture et la litière du bétail.

Cette question est l'une de celles qui ont le plus occupé les agronomes allemands; mais aucun d'eux n'est parvenu à la résoudre d'une manière parfaitement exacte et rationnelle. C'est du moins ce que l'on peut induire de la grande divergence qui existe dans leurs formules purement empiriques. La solution de ce problème n'est, du reste, pas des plus faciles. Si les animaux rendaient intégralement dans leurs excréments les aliments qu'ils consomment, il suffirait d'additionner ceux-ci pour avoir sinon le poids du fumier, du moins sa valeur en azote. Mais il n'en est pas ainsi. Le bétail convertit en chair, en graisse, en lait, en laine et en travail une partie de sa nourriture qui est ainsi perdue pour la masse des fumiers. De plus, chaque animal consume par sa respiration une partie du carbone et de l'azote de ses aliments, d'où il suit, comme le dit très judicieusement M. Boussaingault, que le bétail est plutôt un consommateur qu'un producteur d'engrais. Cet habile agronome a trouvé par des expériences faites avec tous les soins et toute la précision qu'il apporte habituellement dans ses recherches scientifiques :

1° Qu'un cheval adulte recevant une ration quotidienne de 7k500 de foin et de 2k270 d'avoine, exhale en 24 heures 2k465 de carbone et 0,023 d'azote.

2° Qu'une vache laitière recevant 15 k. de pommes de terre et 7k500 de regain de foin, exhale 0,027 d'azote et 2k211 de carbone par sa respiration, et que de plus elle prélève sur ses aliments 0,046 d'azote et 0,628 de carbone qu'elle convertit en lait, le tout indépendamment d'une proportion notable d'hydrogène et d'oxygène, que, comme tous les autres animaux, elle rend sous la forme d'eau, par la transpiration pulmonaire et cutanée.

3° Qu'un porc de neuf mois pesant 60 k. et consommant 7 k. de pommes de terre, convertit en lard et perd par la respiration 0,677,5 de carbone et 0,009,2 d'azote.

D'un autre côté, les animaux de travail qui sont souvent dehors, y laissent une partie de leurs déjections. En récapitulant toutes ces pertes, M. Boussaingault a constaté que, chez lui, l'azote des aliments ne se retrouve plus dans les engrais, litière comprise, que dans la proportion de 65,22 pour 100 de l'azote consommé, ce qui donne par conséquent une perte de 34,78, soit un peu plus du tiers.

Voici comment il le prouve :

Toutes les matières consommées dans l'exploitation par le bétail, tant pour sa nourriture que pour sa litière, ont été récapitulées et ont donné en substances sèches.... 313,500 k.

dosant en azote..............................	4,275
déduisant les 34,78 p. % de perte, soit........	1,487
Il ne doit rester que.........	2,788 k.

représentant 1394 quintaux de fumier sec ou 6970 quintaux de fumier humide, ce dernier dosant 0,40 d'azote.

Or, le fumier réellement produit a été de 7068 quintaux qui à 0,40 d'azote ont donné 2827 k. de cette substance, ce qui est, à 39 k. près, la même quantité que celle fournie par le calcul. Il suit de là, que chez M. Boussaingault le rapport théorique du fumier est aux aliments et à la litière :: 2,22 : 1,00 et le rapport pratique :: 2,26 : 1.

En prenant pour multiplicateur le chiffre rond de 2,20, suffisant pour des calculs qui n'exigent pas une précision rigoureuse, et qu'il vaut toujours mieux d'ailleurs faire un peu en dessous qu'en dessus, nous verrons par des applications ultérieures qu'on approchera très près de la vérité.

M. G. Heuzé, dans son ouvrage sur les matières fertilisantes, en s'appuyant au reste sur de bonnes raisons, a adopté une autre méthode, qui établit un multiplicateur spécial pour chaque espèce d'animaux.

Voici ceux qu'il a choisis :

Pour les chevaux........	1,30	moyenne 1,80.
les bœufs de travail.	1,50	
les vaches.........	2,30	
les porcs..........	2,50	
les bêtes à laine....	1,20	

Sa méthode consiste à réduire par le calcul la nourriture et la litière de quelque nature qu'elles soient à l'état de siccité (1) et à multiplier par les chiffres ci-dessus, la quantité consommée ou à consommer par les animaux, pour en obtenir le poids du fumier.

« Pour donner à mon mode d'évaluation plus de force et de
» vérité, dit l'honorable professeur, je l'appliquerai encore à
» l'exploitation de Grignon. Les chiffres que j'adopte comme
» base ont été publiés dans la 9e livraison des annales de cet
» établissement, et je me suis assuré qu'ils concordaient exac-
» tement avec ceux inscrits sur les livres auxiliaires de la
» comptabilité. »

Or, voici cette application.

La consommation des bœufs et des vaches, tant en nourriture qu'en litière étant à Grignon, savoir :

Pour les bœufs :	136,384k	mat. sèche	× 1,50 =	204,576k fum.
les vaches	234,099	id.	× 2,30 =	538,427
	370,483k			743,003k

Le fumier réellement produit, pesé au moment de son emploi, a rendu :

Pour les bœufs............	232,000k	796,000
les vaches...........	564,000	
Différence.............		52,997k

Appliqués à l'exploitation de M. Boussaingault, les multiplicateurs de M. Heuzé produiraient un écart de 20 à 25 p. %. Relativement à Grignon ils ne sont trop faibles que de 6,66 p. %.

Si on applique à ce dernier établissement le multiplicateur 2,20 de M. Boussaingault, on obtient un résultat dépassant la réalité de 19,000 k. Ici l'écart n'est que de 2 1/3 p. %.

On comprendra aisément qu'il serait difficile d'approcher de plus près, car il est physiquement impossible que la même quantité de matières employées dans deux exploitations différentes donne exactement la même quantité d'engrais. Il fau-

(1) Le tableau que j'ai donné page 351 indiquant la quantité d'eau contenue dans les matières, il est facile de ramener par le calcul celles-ci à l'état sec.

drait pour cela que les aliments consommés fussent toujours de même nature, que la proportion de litière fût exactement la même ; que les animaux fussent d'espèces et de races identiques; que l'un des fumiers n'eût pas fermenté pendant plus longtemps que l'autre et que tous les deux possédassent la même quantité d'humidité.

Ce sont sans doute ces considérations qui ont empêché Mathieu de Dombasle de donner un multiplicateur pour le fumier et d'imiter en cela les agronomes de son temps. L'illustre maître s'est borné à indiquer, dans ses annales de Roville, la quantité de fumier qu'il obtenait de chaque espèce d'animaux pour une quantité donnée de nourriture et de litière. En ramenant par le calcul ces matières à leur poids sec et en supposant un effectif de bétail s'équilibrant à peu près, quant aux espèces, on arrive au multiplicateur de 2,23 qui coïncide à une insignifiante fraction près avec celui de M. Boussaingault.

Ces trois exemples prouvent que ce multiplicateur peut être considéré comme aussi exact que procédé empirique puisse l'être; mais il ne faut pas s'y tromper; il ne sera exact que dans des exploitations comme celles dont il s'agit ici, où les fumiers sont l'objet des plus grands soins et où ils rendent tout ce que l'on peut raisonnablement en attendre.

De tous les agronomes allemands, Burger est celui qui avait adopté la formule se rapprochant le plus du multiplicateur de M. Boussaingault. Comme ce dernier, il ramenait par le calcul les fourrages et la litière à leur poids sec ; mais il ne multipliait que par 2. Ce facteur était vraisemblablement celui qui convenait le mieux aux conditions de sa culture. Il eut été trop faible à Bechelbron, à Grignon et à Roville. Néanmoins, M. Heuzé le trouve trop fort, et pour justifier sa critique, il l'applique aux bœufs de Grignon. Mais il ne prend pas garde que sa preuve pèche par sa base, en ce que le chiffre de Burger est une moyenne, et qu'on n'applique pas des moyennes à des extrêmes. Si, au contraire, M. Heuzé eût fait porter ce multiplicateur sur les bœufs et les vaches tout à la fois, il eût obtenu 740 966 k. de fumier là où il en obtient, par son procédé, 743,003 k. Et comme ce dernier chiffre est déjà trop faible, celui de Burger ne peut être considéré comme trop fort.

L'utilité de ces calculs ne peut guère se faire sentir que dans deux cas : 1° lorsqu'il s'agit de savoir d'avance si la quantité de fourrages et de pailles que l'on possède, suffira pour la fumure de la campagne courante ou prochaine, et s'il est nécessaire de se pourvoir d'engrais supplémentaires; 2° lorsqu'il faut déterminer dans la comptabilité — quand on en tient une — la somme dont chaque catégorie d'animaux doit être créditée pour le fumier qu'elle produit, en atténuation de ce que coûte son entretien et pour établir le prix de revient de l'engrais. Dans bien des exploitations, on tient note de la consommation du bétail; mais il n'est guère d'usage de peser les fumiers au moment où on les sort de l'étable, en sorte qu'étant mêlés et la quantité n'en étant indiquée qu'en bloc par l'emploi, on ne peut en faire la répartition entre les diverses classes d'animaux que par le calcul. Pour cela, les données de M. Boussaingault — celles qui se basent sur le dosage de l'azote des aliments —, sont évidemment les plus exactes. Ce sont celles que j'ai toujours appliquées dans ma comptabilité, à cela près que, comme Mathieu de Dombasle, je chargeais directement le compte du fumier, de toutes les litières, en ne portant au crédit des animaux que la valeur de l'engrais provenant des aliments dont ils avaient été débités. Je donnerai d'ailleurs à la fin de cet ouvrage un résumé des principes de ma comptabilité telle que je l'avais *simplifiée* dans les derniers temps quoiqu'elle fut tenue *en partie double*. Mais en attendant, je crois devoir montrer ici, non-seulement comment on peut supputer exactement la production de l'engrais dans une exploitation, mais encore comment on doit en établir le prix de revient pour arriver à celui des récoltes.

Si, pour des appréciations de ce genre, on voulait se diriger uniquement d'après les données de la pratique, même la plus renommée par son habileté et son exactitude sans les concilier avec les principes, on serait souvent fort embarrassé. En voici, quant à la production de l'engrais, la preuve la plus frappante tirée d'indications contre la vérité desquelles on ne peut certainement élever le moindre doute. Mais l'énormité des différences existant entre elles n'en montre pas moins irréfragablement une fois de plus que la pratique ne peut être, à elle seule, un bon guide que pour celui qui est identiquement placé dans les mêmes conditions que celles de l'exploitation qu'il veut prendre pour modèle. M. G. Heuzé fait connaître dans son traité des matières fertilisantes les quantités de fumier produites par chaque catégorie d'animaux dans plusieurs fermes d'élite. C'est de cet ouvrage que j'extrais les rapprochements suivants, à l'appui de la proposition que j'ai formulée tout-à-l'heure.

Ces quantités sont, savoir :

à Roville..........	16,250	par les chevaux, par tête.
à Grignon.........	8,900	
à Grignon.........	11,600	par les bœufs de travail.
chez Thaër........	6,400	
à Roville...	550	par les moutons.
à Grignon.........	340	
à Grignon.........	1,400	par les porcs.
chez Thaër........	800	

Quant à la production des vaches, elle est à peu près partout de 12 000 k., quoique vraisemblablement il y ait des différences sensibles dans la taille et le poids de ces animaux.

Je ne rapproche ici que les chiffres les plus éloignés les uns des autres, pour mieux faire comprendre d'abord qu'il n'est pas possible d'évaluer la production du fumier en se basant sur le nombre des animaux, et ensuite qu'il n'y a de base vraiment rationnelle pour un semblable calcul, que la quantité et la valeur fertilisante des substances employées tant à la nourriture qu'à la litière du bétail, en faisant une juste part aux déperditions.

Du prix coûtant du fumier.

Il est peu de questions d'économie agricole, si l'on en excepte celle qui a pour objet le prix coûtant du blé, sur lesquelles on se soit moins entendu que sur celle dont il s'agit ici.

Evidemment, le prix de revient du fumier dans une exploitation agricole, est égal aux dépenses occasionnées par l'entretien du bétail, défalcation faite de la valeur de tous ses autres produits. Ainsi, le fumier d'une vache coûte tout ce qu'elle a consommé pour sa nourriture et sa litière, tout ce qu'ont coûté les soins dont elle a été l'objet, l'intérêt du capital qu'elle représente, sa part dans les frais généraux, et sa moins-value, lorsque moins-value il y a, sous déduction du lait et du veau qu'elle a produits. Le prix du fumier des chevaux et des bœufs s'établit de la même manière en déduisant de la dépense la valeur de leur travail qui est leur unique produit en sus de l'engrais. Le principe ne présente donc point de difficultés. Mais c'est dans l'application qu'elles surgissent. La première qui se présente est soulevée par la question de savoir sur quel pied les animaux doivent être débités des denrées qu'ils consomment.

Il y a des Agriculteurs qui se règlent en cela sur les prix courants du marché voisin. Ils considèrent leur bétail comme un étranger, et le traitent comme tel. S'ils achetaient au dehors les fourrages dont ils ont besoin, le prix de leur fumier s'établirait en raison de cet achat. Il y a donc parité de motifs pour que, les achetant d'eux-mêmes, ils se les comptent au même prix que celui qu'ils paieraient sur le marché, ou qu'ils en retireraient s'ils les vendaient réellement.

Pour moi, je n'ai jamais admis cette fiction (1). On n'exploite pas une ferme ordinairement pour en vendre le foin et la paille qui, par conséquent, ne sont pas des matières à spéculation, mais de simples instruments ou des moyens pour la création de produits pouvant seuls donner lieu à un bénéfice ou à une perte. Lorsqu'un maître de forges fabrique du charbon de bois et extrait du minerai pour l'alimentation de son haut-fourneau, il n'établit pas le prix de revient de sa fonte d'après le cours du charbon et du minerai, mais uniquement d'après ce que ces matières premières lui coûtent. Il est fabricant de fer et non marchand de charbon, de même que l'Agriculteur est fabricant de blé, de colza, etc., et non marchand de foin et de paille. La comptabilité la plus simple et peut-être la plus exacte, serait donc celle qui n'ouvrirait qu'un seul compte à toutes les dépenses directes et indirectes, faites en vue du produit destiné à la vente. Si l'on ne procède pas généralement ainsi, si

(1) A cet égard, j'ai toujours partagé l'avis de Math. de Dombasle, qui dit : (Annales de Roville, tome 2, page 137). « Dans une comptabilité régulière, les fourrages sont un article qu'il n'est pas nécessaire d'évaluer au » taux du marché, puisque le cultivateur n'est pas le maître de les vendre, » et qu'il faut bien qu'il les fasse consommer chez lui, s'il ne veut pas » anéantir la fertilité de ses terres et détruire tous les profits qu'il peut es- » pérer pour l'avenir. »

au contraire on établit des comptes spéciaux pour chacun des moyens employés, ce n'est évidemment que pour le bon ordre et surtout pour reconnaître si ces moyens sont les plus économiques, et non pour se créer des bénéfices ou des pertes imaginaires, puisque l'on ne peut ni gagner ni perdre sur ce que l'on n'achète ni ne vend. Or, si mon foin ne me revient qu'à 20f, je ne puis le coter à 30f à mes chevaux sans fausser le prix réel de mon fumier au point de ne plus savoir ce que ce dernier me coûte réellement, et si je n'aurais pas plus d'avantage à l'acheter qu'à le produire ; si je n'aurais pas plus d'avantage à louer des chevaux pour mon travail qu'à en nourrir.

Si donc nous admettons en principe que le prix du fumier ne doit s'établir que sur les dépenses réelles, médiates et immédiates auxquelles il donne lieu, voici la marche qui devra être suivie dans la comptabilité.

Cette comptabilité qui peut d'ailleurs être réduite à une expression très simple à l'aide de livres auxiliaires, comprendra trois catégories principales de comptes, qui pourront tous être réglés en quelques lignes et en quelques heures à la fin de la campagne : 1° comptes des cultures ; 2° comptes des animaux ; 3° compte du fumier.

Les cultures, chacune en ce qui la concernera, seront débitées (1) de tout ce qu'elles coûteront pour le loyer de la terre, pour le travail, les semences, l'engrais, les frais généraux, etc.

Le livre auxiliaire servant à l'inscription du travail, facilitera beaucoup ce règlement. Je donnerai à la fin de cet ouvrage, dans mon petit traité de comptabilité, un modèle de ce livre en usage chez moi, et dont j'ai toujours été très satisfait.

Le prix coûtant des cultures étant ainsi établi, si leurs produits sont consommés par le bétail, ce dernier en sera débité exactement pour balance. Mais si au lieu de ne faire qu'un seul article de consommation à la fin de la campagne, on adoptait la méthode de porter chaque mois au compte des animaux les denrées qui leur seraient fournies, il faudrait alors donner à

(1) Tout compte se compose de deux parties : le DOIT et l'AVOIR, ou le DÉBIT et le CRÉDIT. C'est la différence qui existe entre le total de ces deux parties qui forme le solde *ou* la balance du compte. Celui-ci doit être *débité* de tout ce qu'il reçoit et *crédité* de tout ce qu'il fournit.

celles-ci une valeur arbitraire qui ferait très probablement ressortir un bénéfice ou une perte au compte des cultures fourragères lors du règlement définitif. Dans ce cas, ce bénéfice ou cette perte étant une atténuation ou une aggravation de la dépense des animaux, ces derniers en seraient chargés ou déchargés par une écriture d'ordre à l'époque de l'inventaire.

Le principe qui gouverne le règlement du compte des cultures, gouverne également celui du compte des animaux. Ceux-ci étant débités de tout ce qu'ils coûtent, sont crédités de tout ce qu'ils produisent. Lorsque ces produits ont une valeur facile à déterminer, comme le lait, la laine, on les évalue au cours s'ils sont consommés dans l'exploitation. S'ils sont vendus, c'est le produit de leur vente qui figure au crédit des animaux. Mais lorsqu'ils consistent seulement en travail et en fumier, il faut nécessairement que l'un ou l'autre soit l'objet d'une évaluation arbitraire, tous les deux formant néanmoins la balance exacte du compte des animaux. Dans ce cas, si le travail est évalué trop haut, le fumier ressort à un prix trop bas et inversement. Mais c'est sans aucune conséquence, puisque tous les deux concourrant au même but final, il importe moins qu'ils y arrivent avec un léger écart dans leur évaluation respective, lorsque l'un compense exactement l'autre, et que quelle que soit cette évaluation, son total n'en est pas affecté. En pareil cas, on estime ordinairement le travail des animaux ce qu'on le paierait si l'on était dans le cas de le louer, et l'on balance le compte par le débit du fumier. Pour évaluer la quantité de celui produit par les animaux, il suffit de tirer hors ligne le dosage en azote des aliments consommés, et de lui faire subir la réduction que ces aliments éprouvent, soit dans l'organisme soit autrement, comme nous l'avons vu plus haut.

Je suppose, par exemple, que deux chevaux aient consommé dans leur année 7000 k. de foin et 100^{h} d'avoine, dosant ensemble.................................. 167,55
et que, comme chez M. Boussaingault, leur litière représente en poids le $^1/_7$ des aliments, et en azote le $^1/_{32}$.................................. 5,25

L'azote total sera de..................	172,80
La perte étant de 34,78 p. 100..............	60,10
Il ne resterait que.........	112,70

représentant 28 275 k. de fumier normal, dosant 0,40 d'azote.

Mais cette perte ne doit pas être invariablement calculée sur le pied de 34,78. Ce facteur n'est applicable qu'au seul cas où l'azote des litières n'est à celui des aliments que dans le rapport :: 1 : 32. La raison en est, que le déficit ne porte que sur les matières qui passent dans l'organisme animal et non sur les litières qui ne subissent d'autre perte que celle qu'elles éprouvent dans une fermentation mal soignée, ce qui est une toute autre question. Il suit de là, que la perte dans l'engrais total est toujours dans le rapport de l'azote des matières totales à celui des aliments seulement. Un calcul très simple montre que si les 33 parties de matières totales — exprimées en azote —, se réduisaient à 32 parties par la suppression de la litière, la perte supportée par les aliments seuls serait de $^1/_{33}$ plus grande, et s'élèverait à 35,80 pour 100, au lieu de 34,78. En effet : 35,80 : 34,78 :: 33 : 32, en négligeant les fractions.

Par conséquent, en partant de ce principe, que les aliments supportent seuls la perte dont il s'agit, on en trouvera l'aliquote par une simple équation entre l'azote total des matières et celui des aliments, rapportés à l'aliquote 35,80 qui est celle de la perte des aliments en l'absence de toute litière.

Ainsi, supposez l'emploi de matières dosant ensemble 200 k., dans lesquels l'azote des aliments entrerait pour 150 : la perte se calculera par l'équation.

$$200 : 150 :: 35,80 : x = 26,85.$$

L'aliquote de la perte qu'éprouvent les matières converties en fumier est donc toujours d'autant moins forte que les litières entrent en plus grande proportion dans l'engrais.

Mais il arrivera presque toujours que la masse effective du fumier ne cadrera pas avec sa masse théorique, parce qu'au moment de son emploi, qui est ordinairement le moment où l'on prend note de son poids réel, il se trouvera plus ou moins décomposé, plus ou moins humide. En pareil cas, rien ne sera plus facile que d'en régler le prix en conséquence. Dans l'hypothèse établie plus haut sur le fumier provenant de deux chevaux, si nous admettons que les matières qu'ils ont consommées, tant en nourriture qu'en litières, valaient 1150^f augmentés de 150^f pour soins, ferrage, vétérinaire et dépréciation, soit 1300^f, et que leur travail ait une valeur de 1100^f, soit 220 journées pour chaque cheval, à 2,50 pour chacun, les 28275 k. théoriques de fumier qu'ils auront produits, coûteront 7f 07c les 1000 k. Mais si au lieu de cette quantité théorique, on en trouve en réalité $^1/_5$ ou toute autre quantité en plus ou en moins, il est bien évident que son prix de revient s'élèvera ou s'abaissera dans la même proportion, sans être ni plus ni moins cher, puisque son dosage en azote et en toutes substances serait également plus ou moins élevé. En effet, 1333 k. $^1/_3$ de fumier dosant 0,30 ; 1000 k. dosant 0,40 ; ou bien 800 k. dosant 0,50, c'est tout un. La valeur fertilisante de ces trois quantités étant parfaitement égale, leur prix dans la comptabilité doit être relatif à leur richesse.

Il va de soi que tout ce qui vient d'être dit ne peut être mis en pratique que dans une exploitation qui aura pour principe invariable de soigner ses fumiers comme ils méritent de l'être, en les soustrayant à toute autre cause de déperdition que celle inévitable évaluée plus haut. On conçoit également que les règles précédentes subiront aussi nécessairement quelques modifications là où le pâturage sera en vigueur. Mais, comme je le démontrerai plus loin, ces modifications n'auront qu'une faible importance si le pâturage ne joue dans l'alimentation du bétail qu'un rôle très secondaire, et spécialement s'il est réglé de telle manière que les animaux ne perdent en déjections au dehors que l'équivalent de ce qu'ils y auront trouvé en nourriture.

On voit, par tout ce qui précède, que je me suis appliqué uniquement à déterminer la marche à suivre dans l'établissement du prix coûtant du fumier, en m'abstenant de déterminer moi-même ce prix qui varie non-seulement d'exploitation à exploitation, mais encore dans la même exploitation d'une année à une autre. C'est ce dont j'ai acquis la preuve formelle, par ma propre expérience, à l'aide d'une comptabilité tenue aussi régulièrement et aussi exactement qu'il soit possible de tenir une comptabilité agricole. C'est également ce que j'ai démontré dans le compte-rendu imprimé de ma campagne de 1857, en prouvant en même temps que non-seulement mon fumier ne m'avait rien coûté cette année-là, mais encore que son compte, dressé selon les principes que je viens de poser, présentait un léger bénéfice de 133f 08. A la vérité, l'année 1857 est la seule qui m'ait produit un semblable résultat. Avant comme après, la production du fumier s'est toujours balancée chez moi par une dépense plus ou moins forte, selon que l'année était plus ou moins favorable à la réussite du fourrage, et selon que la spéculation du bétail était plus ou moins avantageuse. Mais il m'est toujours revenu à un prix bien inférieur à celui que l'agronome admet comme prix coûtant moyen. Du reste, j'ai l'intime conviction que dans toute exploitation bien tenue, pivotant sur une suffisante proportion de bonnes prairies naturelles, ne nourrissant que la quantité strictement nécessaire d'animaux de trait, et en obtenant tout le travail possible, ayant un bétail du reste bien choisi, bien nourri et bon producteur, il sera toujours possible d'obtenir le fumier à très bas prix sinon gratuitement, lorsqu'on ne débitera le compte des animaux que du prix coûtant réel de leurs aliments produits par la ferme, et non de ce qu'ils valent au marché voisin.

C'est donc à tort, selon moi, que l'on part d'un prix coûtant très arbitrairement attribué au fumier, pour en déduire comparativement la valeur des autres engrais, puisque cette comparaison pèche essentiellement par sa base.

On ne peut pas davantage s'appuyer sur son prix vénal, parce que le fumier n'est pas, à proprement parler, un objet de commerce, fabriqué pour être vendu. Relativement à celui qui se consomme, le fumier qui se vend par des producteurs qui n'en ont pas l'emploi, n'est qu'en proportion tout à fait insensible. Il ne s'en vend d'ailleurs que dans les villes où la concurrence des maraîchers le porte ordinairement à un prix dépassant toujours celui de sa production dans une ferme bien tenue. A quoi du reste, cette comparaison peut-elle tendre? Ce n'est sans doute pas à prouver que le fumier peut être remplacé par les engrais commerciaux qui n'en seront jamais que les auxiliaires sous nos climats tempérés. D'un autre côté, quels que soient la valeur vénale ou le prix coûtant réel du fumier dont la production est limitée et dont l'emploi est assuré, ils ne peuvent en aucune façon être les régulateurs du prix des engrais commerciaux. Si un cultivateur habile obtient dans son engrais d'étable le kil. d'azote à un franc ou au-dessous, s'ensuit-il qu'il puisse raisonnablement prétendre à ne payer l'azote des engrais du commerce qu'au même prix ? Ce dont il doit se préoccuper lorsqu'il a besoin de ces engrais, ce n'est pas de savoir s'ils sont relativement plus ou moins chers que le fumier, mais bien si en les payant au cours établi, leur emploi lui procurera un bénéfice suffisamment rémunérateur. Telle est la seule base de calcul admissible. Il serait d'ailleurs bien difficile d'en trouver une plus rationnelle dans les enseignements agronomiques. Lorsque tel auteur du plus grand mérite fait ressortir l'azote du fumier à 1f 13c le kil. ; tel autre à 1f 64, tel autre à 2f, on se demande : où est la vérité entre ces différents termes? Elle est partout et elle n'est nulle part, car tous ces prix, vrais pour certaines situations, sont nécessairement faux pour celles où les conditions sont différentes.

La valeur vénale des engrais commerciaux dépend d'abord du prix coûtant des matières qui les composent et des frais de fabrication ou d'importation. Le fabricant ou le marchand, ne peut vendre à perte un produit utile, et il doit se contenter d'un bénéfice raisonnable pour assurer à sa marchandise un bon débouché. C'est donc par la combinaison de son utilité et de son prix de revient qu'il doit en établir le prix de vente ; de même que c'est exclusivement sur cette utilité que le cultivateur doit se baser pour régler les conditions de son achat.

Il peut arriver, par exemple, qu'une ferme très bien dirigée, produisant son fumier au plus bas prix possible, mais n'en produisant pas assez, ne parvienne, par cela même, qu'à faire le pair dans sa culture de froment, ou de toute autre denrée destinée à la vente. Si, avec une quantité de guano naturel ou artificiel contenant 15 k. d'azote, coûtant avec les autres substances constitutives de cet engrais, 45f, soit le double du prix supposé de l'azote du fumier ; et si avec cet engrais supplémentaire on peut obtenir 5 hect. de froment en excédant (ce qui n'est certes pas exagéré), valant avec la paille environ 120f, n'est-il pas évident que ce sera là un placement à très court terme, sur le pied de 166 p. °/o, puisque cet excédant de récolte ne coûtera absolument que le prix de l'engrais, plus un très modique supplément de frais de moisson et de battage, le loyer, les labours, la semence, les frais généraux restant exactement les mêmes ?

Lors donc, que l'on donne à l'azote et aux autres substances d'un engrais une valeur déterminée, cette valeur ne peut être prise que comme un signe algébrique, pour calculer l'avantage que cet engrais peut avoir sur un autre, mais non pour établir sa valeur absolue qui, encore une fois, ne dépend que de son efficacité.

Du poids du fumier.

Plusieurs auteurs ont cru pouvoir présenter en un tableau le poids des diverses espèces de fumier. Je pense que de semblables renseignements sont sans aucune utilité sérieuse, attendu que sur 100 volumes de fumier provenant d'étables différentes, on n'en trouvera peut-être pas deux dont le poids soit identique.

Ce poids varie, en effet, selon l'espèce des animaux producteurs de l'engrais, selon la nature des litières qui entrent dans sa composition, selon qu'il est plus ou moins frais, plus ou moins humide. Et la différence peut quelquefois s'élever du simple au double. On ne peut donc asseoir aucun calcul certain sur les données que l'agronomie fournit à cet égard. Le seul parti à prendre lorsque l'on veut connaître le poids d'un fumier, c'est de le peser. Lorsque les voitures sont chargées d'une manière à peu près uniforme, on en pèse une sur dix, et l'on établit ainsi un poids moyen assez exact. Mais cela n'est praticable que là où il existe un pont à bascule. Lorsque ce moyen de constatation manque, on coupe dans le tas un mètre cube de fumier, et l'on en fait plusieurs pesées au moyen de bascules ordinaires, qui se trouvent aujourd'hui dans toutes les bonnes fermes. Mathieu de Dombasle s'était assuré que chez lui, la charge d'un petit charriot à quatre roues et à un cheval équivalait en moyenne à 650 k. C'est exactement le poids que j'avais trouvé chez moi, à diverses reprises, pour un mètre cube de tous mes fumiers mélangés, dans lesquels la bruyère entrait en notable partie comme litière. Néanmoins, je n'ai jamais fait usage du poids dans ma comptabilité pour le fumier, mais seulement de la mesure, en prenant le mètre cube pour unité. Cela revient absolument au même quand on procède avec un peu d'exactitude. Si 643^{k} 90 d'azote contenu dans une masse de fumier, sont représentés par 245 mètres cubes de ce fumier, nous en conclurons que le poids du mètre cube est de

653 k., et son dosage en azote de 2^{k} 617, ou en chiffre rond de 2^{k} 60. Ces données seront suffisantes pour les calculs de la fertilisation. Ce qui importe le plus, c'est de déterminer, aussi exactement que possible, la quantité d'azote.

Influence de la stabulation complète sur la production du fumier.

De ce qui a été dit précédemment on peut conclure, en thèse générale, que la condition essentielle pour obtenir la plus grande quantité et la meilleure qualité de fumier, c'est une bonne et abondante nourriture, sans excès toutefois. Quelques agriculteurs d'un grand mérite, Mathieu de Dombasle en tête, y joignent encore la stabulation complète que tous les auteurs recommandent sans prendre la peine de vérifier si cette recommandation ne comporte pas quelque tempérament, surtout lorsqu'il s'agit d'animaux pour lesquels le pâturage est une habitude et quelquefois une condition de santé. Il n'est d'ailleurs en aucune façon démontré que la stabulation absolue soit plus productive de fumier et par suite, de bénéfice, qu'un système mixte bien combiné de pâturage et de stabulation. M'est avis au contraire, que c'est là un simple préjugé incapable de séduire un agriculteur sachant compter, lorsqu'il a la certitude de pouvoir récolter sans frais, en la faisant paître, une quantité quelconque de nourriture qui serait perdue sans cela. C'est ce qu'il fera toujours avec raison et profit sans que sa production d'engrais en éprouve le moindre déficit.

Voici comment je le prouve :

Soit une provision de 365,000 k. de foin sec ou l'équivalent en autres substances, suffisante pour nourrir dix vaches pendant l'année en stabulation complète. Le fumier qui en proviendra équivaudra en substances fertilisantes aux 65 ou 70 p. °/₀ de celles contenues dans ces aliments.

Mais comme c'est la nourriture qui produit le fumier et non le bétail qui n'est que le metteur en œuvre de la matière, il est évident que si cette masse de fourrages est répartie entre 15 vaches au lieu de 10, à raison de $6^{k}66$ par tête et par jour, et que si ces 15 vaches peuvent trouver un supplément de $3^{k}34$ au pâturage, elles produiront toujours au minimum la même quantité de fumier, puisqu'elles auront mis en œuvre la même quantité de nourriture, abstraction faite de celle qu'elles auront trouvée au pâturage, laquelle ne doit être regardée que comme une compensation des déjections qu'elles laisseront sur la pâture. Ces déjections n'y seront d'ailleurs pas entièrement perdues, surtout si le vacher à soin de les étendre à mesure qu'elles se produisent. Si les vaches ne restent au pâturage que 8 heures sur 24, en moyenne, il est probable qu'elles rapporteront au moins autant à l'étable qu'elles en auront emporté.

Les agronomes allemands estiment que les déjections d'une vache qui passe le jour au pâturage et la nuit à l'étable, sont d'un quart à un tiers moindres la nuit que le jour. Ainsi, en supposant que les aliments consommés à l'étable forment la moitié de la ration quotidienne et que la litière entre pour moitié dans le fumier, la perte ne serait donc que de $^1/_8$ à $^1/_6$. Mais les mêmes agronomes ne faisant pas connaître la proportion exacte des aliments donnés à l'étable, leur indication est insuffisante. Si cette proportion n'est que de $^1/_3$ ou de $^1/_4$ de la ration quotidienne, il est évident que la perte se réduit alors à zéro, et elle serait encore nulle si, au lieu de laisser les animaux 12 ou 15 heures dehors, on ne les y laissait que pendant 8 ou 9 heures.

Admettons cependant, contre toute vraisemblance, qu'il y ait perte pour le tas de fumier d'un quart des excréments, soit, dans notre hypothèse, de 20,000 k. d'une valeur totale de 160 fr. ; cette perte sera-t-elle sans compensation ? Si chaque vache rend en moyenne 1,600 litres de lait, valant 160 fr. et un veau de 15 fr. = 175 fr., ce qui n'est certes pas exagéré, au moyen d'un semblable régime, les 5 vaches supplémentaires donneront ensemble 875 fr. sans qu'il en coûte un centime de plus ni pour la nourriture, ni pour les soins. Seulement, le fonds de roulement devra être un peu plus considérable, d'où il résultera une petite perte d'intérêt ; mais il restera toujours un bénéfice net qui mérite d'être pris en considération ; car, comme on l'a dit avec raison, l'agriculture c'est le profit.

Ce que je viens de dire pour les vaches s'applique également et plus encore aux animaux d'élevage. Du reste, nous avons vu en parlant de la lumière, qu'au point de vue hygiénique, la stabulation complète n'était pas toujours la meilleure des conditions pour le bétail.

Ainsi, le système mixte du pâturage et de la nourriture à l'étable est préférable à tous égards à la stabulation exclusive, lorsque le tempérament des animaux n'y est pas contraire. On ne me persuadera jamais qu'un troupeau de moutons entièrement nourri à la bergerie puisse donner autant de bénéfice net que celui qui trouve une bonne partie de sa nourriture dans les champs. On le persuadera bien moins encore à nos voisins d'Outre-Manche. Mais il faut prendre garde de tomber dans un excès contraire, en attribuant au pâturage une valeur alimentaire qu'il pourrait ne pas comporter. Dans ce cas, il est bien certain que, si les animaux pâturent constamment et ne reçoivent que peu de chose à l'étable, la production du fumier devra s'en ressentir d'une façon préjudiciable. Ce n'est pas pour ce pâturage-là que je plaide. Il est bien entendu éncore qu'il n'est ici nullement question des animaux qui ne peuvent être économiquement et fructueusement élevés qu'à l'étable, comme, par exemple, les bêtes bovines de la race durham. Ce sont là des exceptions qui n'infirment en rien le principe que je défends.

Or donc, si l'on veut tirer quelque profit du bétail, il faut absolument qu'il soit nourri en conséquence.

Les animaux exigent deux espèces de ration. D'abord celle qui est rigoureusement nécessaire pour les maintenir constamment dans le même état. C'est la ration d'entretien. Elle n'est payée que par le fumier qui, dans ce cas, ne vaut jamais ce qu'il coûte. En second lieu, celle qui est indispensable pour produire de la chair, de la graisse, du lait, de la laine et du travail. C'est la ration de production. Elle est payée par tous les produits qui viennent d'être énumérés, plus par le fumier qui revient dès lors à un prix bien plus bas. Ainsi, deux vaches du poids de 300 k. chacune, qui ne consommeraient que 5 k. de foin sec par tête et par jour, pourraient vivre, mais sans rien produire. Le prix de leur fumier serait donc égal à la valeur du foin consommé, plus les frais. Ces deux rations données, au contraire, à une seule vache fourniraient la même quantité de fumier avec probablement cinq litres de lait qui paieraient à peu de chose près les 10 k. de foin, et le fumier ne coûterait guère que le prix de la litière. Mais sur quelle base doit-on déterminer la ration alimentaire du bétail ?

Ce que je viens de dire fera comprendre l'importance de cette question.

Théoriquement, la ration d'entretien des animaux doit être égale au 60e de leur poids vivant en foin normal ou en autres matières de même valeur alimentaire, c'est-à-dire, contenant la même quantité d'azote assimilable avec une proportion suffisante de principes combustibles et de minéraux utiles, le tout formant un volume en harmonie avec les organes digestifs de l'animal. Quant à la ration nécessaire pour obtenir un produit maximum, soit en travail, soit de toute autre nature, on estime qu'elle doit être égale au 45e du même poids. Ainsi, c'est 1,66 pour 100 dans le premier cas et un supplément de 2,22 dans le second. Mais on regarde généralement comme étant suffisante la ration complète qui correspond à 3 p. % du poids vivant (1). Cependant, elle peut être augmentée avec profit dans bien des cas. L'expérience, à cet égard, en apprendra plus que toutes les théories. Le tableau de la composition chimique des végétaux (page 351), fait connaître en même temps le rapport qui existe entre leur valeur alimentaire respective, le foin étant pris comme unité.

(1) On a proposé plusieurs moyens pour déterminer par le mesurage le poids d'un animal. C'est au reste le seul procédé dont la grande majorité des cultivateurs puisse user, faute de posséder des instruments de pesage convenables qu'on ne pourrait pas d'ailleurs facilement transporter avec soi sur les foires, quand on s'y rend pour acheter du bétail. En pareil cas, un moyen facile et simple, permettant d'évaluer très approximativement le poids des animaux, peut être d'une grande utilité. Le plus ancien et le plus connu est la ficelle à nœuds mise en vogue par Mathieu de Dombasle. La densité des chairs étant à peu près uniforme dans les animaux, il va de soi que leur poids doit être proportionnel à leur volume. La question est donc de trouver exactement ce volume et d'établir son rapport avec le poids.

M. Gaud, ingénieur agricole à la Vilette-Paris, rue de Flandre, n° 123, se sert pour cela d'un ruban à roulette, divisé en centimètres, avec lequel il prend la circonférence de l'animal, en faisant passer le ruban immédiatement derrière les jambes de devant et en le faisant joindre sur le dos; puis il mesure la longueur depuis cette partie du dos jusqu'à la partie postérieure la plus saillante du corps. Avec ces deux données et à l'aide d'un tarif qu'il vend avec sa roulette, il obtient le poids des quatre quartiers d'un animal fin gras.

Pour avoir le poids net d'une bête demi-grasse, on retranche 5 p. %; 10 p. % pour un animal en bon état d'entretien et 15 p. % s'il s'agit d'un animal maigre.

Mais, pour avoir le poids vif de l'animal, il faut calculer que son poids net n'en représente que 56 p. % dans les bœufs gras; 53 p. % dans les vaches grasses; 62 p. % dans les veaux; 50 p. % dans les moutons; 66 p. % dans les porcs.

La question de l'influence de la stabulation sur la production du fumier en soulève une autre qui n'est pas sans intérêt. C'est celle de l'influence des étables.

C'est une chose à peine croyable, dit Mathieu de Dombasle (Annales de Roville, tome 2, page 140), que la différence qui résulte de la disposition des étables pour la quantité de fumier qu'on obtient. En Belgique, ajoute-t-il, les cultivateurs calculent que chaque vache nourrie à l'étable produit dans l'année 50 à 60 voitures de fumier conduites par un cheval. Cette quantité est tellement disproportionnée à ce qu'on obtient partout ailleurs, et à ce qu'il avait obtenu lui-même jusque-là, qu'à son arrivée à Roville il a fait disposer, pour vérifier ce fait important, deux étables à la manière belge, l'une pour 12 bœufs d'engrais, et l'autre pour 12 vaches. *Cette disposition consiste à pratiquer en avant des bêtes, un passage pour leur donner la nourriture, et derrière elles un espace large et un peu enfoncé dans lequel se rendent toutes les urines et où l'on jette tous les jours le fumier qu'on enlève sous les bêtes. On vide ce fumier lorsqu'il s'accumule trop.* Un peu gêné par la localité, M. de Dombasle n'a pu faire construire ces étables tout à fait comme il l'aurait désiré, mais il en donne la figure telle qu'on la trouve dans l'excellent ouvrage de Schwerz, sur l'agriculture de la Belgique. L'expérience lui a démontré qu'il n'y a rien d'exagéré dans la quantité de fumier qu'on peut obtenir dans les étables disposées ainsi, LORSQU'ON PEUT DONNER AU BÉTAIL UNE GRANDE ABONDANCE DE LITIÈRE. S'il est resté au-dessous de cette quantité, il l'attribue à ce que le sol de ses étables n'étant pas cimenté, il se perdait nécessairement une partie des urines par les infiltrations. *Au reste, la quantité de fumier qu'il a recueillie dans les étables disposées de cette manière, a été constamment presque double de celle que lui donnait le même nombre de bêtes recevant la même nourriture et placées dans une autre étable, construite à la manière ordinaire, de sorte que le fumier s'y évacuait tous les deux jours. Le fumier était aussi plus gras et de bien meilleure qualité dans les premières.*

Il est bien peu d'ouvrages traitant des engrais, qui ne donnent le plan des étables belges en paraphrasant, comme je viens de le faire, ce qu'en a dit M. de Dombasle. Si je ne conclus pas dans le même sens c'est que, malgré toute ma confiance dans l'enseignement de l'illustre maître, je ne puis me défendre de remarquer ici, sinon de l'exagération, du moins une grande illusion d'optique. Un homme sensé ne peut pas raisonnablement admettre que la même quantité de nourriture et de litière soit susceptible de produire des quantités de fumier variant du simple au double, selon que cette nourriture et cette litière auront été administrées au bétail, dans des étables appartenant à tel ou tel genre architectural. On voudra bien ne pas perdre de vue qu'il ne s'agit pas ici de savoir si le fumier qui a fermenté pendant plusieurs mois sur la plate-forme, à l'air libre, ne rend que la moitié de celui produit par les étables belges; mais bien de savoir si cette différence existe au moment de la vidange des étables dans l'un et l'autre cas.

Cependant, si je critique la conclusion dont il s'agit, je suis très loin de révoquer en doute le fait en lui-même. Je crois, très volontiers, que M. de Dombasle a obtenu plus de fumier de ses étables, genre belge, que des autres; mais ce n'est pas à quantité de litière et de nourriture égale; ce résultat ne s'obtient, au contraire, *que lorsqu'on peut donner au bétail une abondante litière;* par conséquent, si l'on n'en donnait pas davantage dans les étables belges que dans les autres, on n'y ferait pas plus de fumier. C'est ce que le bon sens indique. Ce qui fait que les étables belges sont plus favorables à cette production, c'est qu'étant concaves et cimentées, les urines s'accumulent sans déperdition dans leur concavité et que pour les absorber il faut beaucoup plus de litière que là où elles se perdent par infiltration ou écoulement. On comprendra très facilement que, partout où l'on prendra les mêmes précautions contre la déperdition des urines, on obtiendra absolument le même résultat, sans qu'il soit nécessaire pour cela de construire à grands frais des étables qui ont, à mes yeux, le double défaut de ne loger que la moitié du bétail qu'elles pourraient commodément contenir, et d'accumuler dans l'étable même des masses considérables de fumier, non tassé, dont la fermentation ne peut que vicier l'air que les animaux y respirent, ce qui, à beaucoup près, n'a pas lieu dans les locaux où le fumier constamment comprimé par leur piétinement, ne subit qu'une fermentation insensible. Sans parler de ma vacherie de Trécesson, qui était tenue selon ce principe, et qui renfermait deux fois autant d'animaux qu'une étable belge de même dimension, en me donnant proportionnellement tout autant de fumier et d'aussi bon, je pourrais en citer un grand nombre d'autres, qui sont dans le même cas et qui prouvent qu'il existe en France d'aussi bons modèles que celui recommandé par tous les auteurs qui ont copié M. de Dombasle sur ce point, sans se donner la peine d'élucider la question qui, cependant, en vaut la peine.

On dit, en faveur des étables belges, que le fumier y étant à une température plus uniforme, plus favorable à une fermentation régulière, s'y fait mieux que quand il est exposé aux intempéries, et que surtout il y éprouve un déchet moins considérable. On ne va pas jusqu'à dire cependant que comme dans les expériences Woelker, il double ses matières organiques en quadruplant ses minéraux.

Cette question de déchet ayant été traitée précédemment à l'occasion des expériences que je viens de rappeler et de celles de MM. Gazeri, de Gasparin et Koerthe, et les recherches de M. Boussaingault établissant de la manière la plus péremptoire que ce déchet est nul lorsque les fumiers sont bien traités, la considération qu'on invoque est donc sans valeur. Elle ne pourrait en avoir que s'il était possible d'établir un parallèle entre la méthode belge et un fumier mal soigné. Une telle comparaison clocherait tout autant que si elle portait sur une étable belge où les animaux seraient mal nourris, où la litière serait administrée avec parcimonie, et que l'on réputerait défectueuse parce qu'elle ne rendrait pas autant de fumier qu'à Grignon, Grand-Jouan, Bechelbronn, etc.

En un mot, comme en mille, c'est le fourrage, c'est la litière d'une part, les soins de l'autre et non les étables qui font le fumier. La forme de celles-ci importe peu, lorsque d'ailleurs elles sont disposées de manière à ce que rien ne s'y perde, et à ce que le bétail y soit à l'aise. C'est là l'essentiel en ce qui les concerne.

De l'emploi du fumier.

De la production du fumier à son emploi, la transition est naturelle. Nous avons donc à examiner les conditions les plus favorables à cet emploi. Sur ce point, chaque agriculteur a ses idées propres, dérivant ordinairement de la situation dans laquelle il se trouve. C'est au surplus là une de ces questions qui ne peuvent pas se résoudre par des règles fixes et uniformes, parce qu'elles subissent des influences diverses qui ne laissent pas toujours une entière liberté d'action.

Ce que l'on peut dire de plus rationnel sur ce point, c'est que, quand on a des terres prêtes à recevoir l'engrais et que les attelages ne sont pas occupés à des travaux plus urgents, il peut y avoir souvent plus de profit à enfouir le fumier frais que consommé, au moins lorsque sa fermentation en tas n'est pas conduite avec tous les soins nécessaires, parce qu'alors il en résulte toujours une perte de matières fertilisantes que l'on évite entièrement, en enfouissant le fumier avant sa décomposition. Si cette pratique occasionne des charrois plus nombreux, puisque le volume et le poids de l'engrais frais sont plus considérables que quand il est consommé, elle peut donner, à titre de compensation, de meilleurs résultats, dans le cas dont il vient d'être parlé. Mais il est des terres auxquelles le fumier frais et pailleux ne convient pas. Du reste, on est le plus ordinairement commandé par l'assolement qui peut ne permettre les fumures que pendant quelques mois de l'année. Or, comme le fumier s'accumule tous les jours, on est bien forcé de l'entasser et d'attendre le moment opportun pour le conduire sur les terres. Jusque-là, ce que l'on peut faire de mieux, c'est de le bien soigner.

On a aussi agité la question de savoir si le fumier doit être appliqué au premier ou au dernier labour. Thaër conseille le premier mode et regarde comme décidément mauvaise l'application au troisième labour pour les céréales. C'est, à son avis, la principale cause de leur non réussite, parce que le fumier ne peut pas être mêlé avec le sol ; qu'il demeure en gros morceaux dans quelques places où il s'échauffe trop, tandis qu'ailleurs il ne peut pas parvenir à se décomposer. On peut ajouter à cela que les fumures en pareil cas salissent la terre par les mauvaises herbes qu'elles y font naître et qui causent un grand préjudice aux céréales. On comprend, du reste, qu'ici encore le système de culture exerce une grande influence sur la solution de la question. Si, par exemple, l'assolement débute par une racine fumée, il sera préférable, dans bien des cas, d'appliquer l'engrais au dernier labour, puisque souvent il doit être enfoui dans la raie ou enfermé au centre du billon. Les mauvaises herbes qu'il produit en semblables circonstances ont moins d'inconvénient, puisqu'elles seront détruites par les façons d'entretien qui sont la condition obligée des cultures de ce genre. Mais il est certaines plantes, notamment la carotte, qui craignent beaucoup les fumures récentes, au moins quand elles sont faites avec du fumier frais.

Il y a donc des cas où ce fumier peut être nuisible. Mais lorsqu'il ne présente pas cet inconvénient, est-il vrai qu'il soit plus profitable que le fumier consommé? Quoique cette question ait beaucoup de rapport avec celle que nous avons déjà examinée en parlant des effets de la fermentation sur le fumier, ce que nous avons encore à dire ici ne sera peut être pas sans utilité.

Bosc rapporte que deux fumiers provenant de la même étable, ayant été employés le même jour, sur le même terrain, l'un à l'état frais et l'autre consommé, celui-ci a produit un meilleur effet la première année, mais que celui-là a repris l'avantage la 2e et la 3e année. Je me permettrai de faire observer qu'on ne peut tirer aucune conclusion formelle de cette expérience, parce qu'elle manque de précision. Il n'y a ici, en effet, aucune certitude que le fumier consommé provenait d'une quantité de fumier frais parfaitement égale à celle employée concurremment. Et lors même que cela serait, il n'y aurait encore aucune certitude que deux quantités égales de fumier frais, quoique tirées de la même étable, mais à des époques éloignées de quelques mois l'une de l'autre, continssent la même quantité de matières fertilisantes, puisqu'il suffirait pour établir une différence sous ce rapport, qu'il eut été apporté dans l'intervalle quelques modifications au régime alimentaire des animaux, comme, par exemple, le passage du vert au sec ou réciproquement.

On trouve sur la même question, dans la *Maison rustique du XIXe siècle*, une opinion que je ne partage pas, mais que je crois devoir rapporter littéralement pour mettre le lecteur en situation de mieux former son jugement.

« Si l'on opère, y est-il dit, un mélange aussi régulier que » possible de fumier frais d'écurie et d'étable, et qu'on les » réunisse en une masse de 12 000 k.; que l'on répande et

» qu'on recouvre immédiatement par un léger labour et le » rouleau, la moitié du tas ou 6,000 k. sur 10 ares de terre » meuble, le plus possible épuisée d'engrais et de débris organiques; que d'un autre côté, on laisse en tas, à l'air, les » 6,000 k. restants, pendant quatre mois, puis, qu'on les répande sur une surface moitié moindre (5 ares) d'un même » sol; qu'enfin, on cultive comparativement, par bandes, des » céréales et diverses plantes sarclées et repiquées sur les » deux terrains ainsi fumés, en rendant, le plus possible, toutes » les circonstances égales d'ailleurs, d'après les faits nombreux » recueillis, en opérant de cette manière, *les récoltes mesurées, puis estimées par leur équivalent en poids de la substance sèche contenue, seront à peu près égales. L'effet utile du fumier frais aura donc évidemment été double.* »

Je me permettrai de faire observer, qu'ici la conséquence n'est pas d'accord avec les prémices. Lorsque deux doses d'engrais produisent des récoltes égales, ce qui est évident, c'est l'égalité d'effet, en tant, bien entendu, que cet effet se rapporte à l'engrais et non à la surface cultivée. Mais si l'on prend cette dernière pour base de la comparaison, ce qui sera bien plus évident encore, c'est que 5 ares qui produisent autant que 10, donnent un résultat proportionnellement double et non de moitié moindre. L'argumentation prouverait donc tout le contraire de ce qu'elle a voulu prouver, à savoir : que le fumier, malgré son exposition à l'air, n'a pas perdu de sa valeur. Elle prouverait, en outre, comme je l'ai démontré précédemment, qu'il est plus avantageux de concentrer les fumures que de les éparpiller. Mais comme un argument vicieux sorti de la plume de l'auteur de cet article, est un fait inouï, tout porte à croire qu'il s'y est glissé quelque erreur de rédaction ou d'impression qui en a dénaturé le sens.Quoi qu'il en soit à cet égard, il reste tout à fait dans l'ombre un point bien important, qui est celui de savoir pendant combien de temps on a observé l'action de l'engrais appliqué dans les expériences dont il s'agit. Si l'observation n'a porté que sur une seule année, la présomption serait en faveur de l'engrais frais ; mais les données sont trop peu positives pour que l'on puisse tirer une conséquence formelle.

Je pense donc que ce que l'on peut dire de plus certain sur le sujet qui nous occupe, c'est que le fumier consommé étant plus assimilable, produira un effet plus prompt, plus intense, mais moins durable ; tandis que le fumier frais conviendra plus spécialement aux assolements à long cours, mais qu'en somme et à composition chimique égale, leur effet sera sensiblement le même, si j'en crois ma propre expérience. Il doit être bien entendu, toutefois, que le fumier qu'on est souvent obligé, par les circonstances, de laisser fermenter sur la plate-forme aux engrais, doit être convenablement soigné pour éviter autant que possible les déperditions. Si on le néglige, il n'est pas douteux que sa qualité ne se détériore, et c'est ce qui a vraisemblablement eu lieu dans les expériences qui concluent en faveur du fumier frais.

De ce qui précède, on doit induire que la durée du fumier en terre ne peut pas être égale dans tous les cas. Ainsi, les auteurs qui avancent qu'il ne produit un effet utile que pendant deux, trois ou quatre ans, disent une chose qui peut être vraie souvent, mais qui cesse de l'être dans les assolements bien réglés, d'une durée plus longue. Il n'est pas absolument rare d'en trouver qui pivotent sur une seule fumure pour 5 ans. La vérité est que la durée du fumier dépend tout à la fois de l'état dans lequel il est employé ; de la nature des matières qui le composent ; de celle du sol qui le reçoit ; des réactifs qu'il y rencontre ; de l'espèce des récoltes qu'il alimente, et par-dessus tout, *de sa quantité*.

Lorsque le fumier est employé à l'état frais et incorporé au sol par plusieurs labours successifs, sa diffusion y étant beaucoup plus grande qu'après un seul labour, sa décomposition est, par cela même, beaucoup plus lente. Or, comme les racines d'une récolte n'occupent pas à la fois toute la zone végétale, il s'ensuit que l'engrais disséminé dans celle-ci ne peut être attaqué qu'en partie dans le cours d'une campagne, et qu'il faut nécessairement de nouveaux labours pour opérer une nouvelle diffusion de ce qui reste au profit des récoltes suivantes. Il ne faut pas perdre de vue que dans un sol non saturé, ce n'est pas l'engrais qui va aux racines, mais bien les racines qui viennent à l'engrais, et que pour qu'elles puissent cheminer en s'étendant, il faut nécessairement qu'elles rencontrent des aliments assimilables qui, en ajoutant de nouvelles cellules à celles qui existent déjà, favorisent le développement de ces racines et leur permettent de se mettre à la recherche de nouveaux aliments, jusqu'aux limites qu'elles peuvent atteindre selon la loi qui régit leur croissance. Or, comme les substances d'un fumier frais sont sensiblement moins assimilables que celles d'un fumier consommé, cela explique parfaitement l'observation de Bosc.

Lorsqu'au contraire le fumier est consommé, et qu'il n'a été enterré que par un seul labour — ainsi que cela arrive fort souvent —, ses substances qui sont d'ailleurs dans un état plus favorable à l'alimentation des plantes, se trouvent en outre plus concentrées, en sorte que les racines de la récolte parvenant à la zone qui contient ces substances, y trouveront une provende plus abondante, en absorberont une plus grande proportion, et donneront par conséquent un produit plus fort aux dépens de la durée de l'engrais.

Fumures en couverture.

Mais s'il faut que le fumier soit enterré pour que les racines puissent parvenir à y puiser leur alimentation, il y a lieu de se demander comment il se fait qu'une fumure appliquée en couverture produise souvent d'aussi bons effets qu'une fumure enfouie.

On peut répondre à cette question que les résultats dépendent beaucoup des climats et des saisons. Il est facile de comprendre qu'un fumier gisant à la surface du sol ne peut produire qu'un effet physique à moins que des pluies ne viennent lui enlever ses parties solubles et les entraîner dans la couche arable. Mais la couverture qu'il forme peut favoriser la végétation en ralentissant l'évaporation de l'humidité contenue dans le sol et en faisant obstacle au rayonnement du calorique.

Thaër conseille d'étendre le fumier frais et pailleux sur le sol en hiver, et de l'y laisser jusqu'aux labours du printemps à la condition, bien entendu, que l'eau ne pourra pas en entraîner les sucs hors du champ. Cette manière de couvrir le sol, ajoute le célèbre agronome, le rend beaucoup plus meuble et éminemment fertile.

Ce n'est pas là, précisément, ce que l'on appelle une fumure en couverture. C'est simplement une fumure ordinaire dont l'enfouissement est différé. Ainsi étendu en une couche très mince, le fumier ne fermente pas. Ses parties solubles, entraînées par les pluies d'hiver, pénètrent dans la terre et la fertilisent; puis la partie ligneuse non décomposée étant enfouie au printemps, subit ensuite une transformation dans le sol, sans que jusque là il ait pu y avoir perte sensible de matières fertilisantes. A tout prendre, cette méthode peut en bien des cas être plus avantageuse que l'entassement sans aucun soin du fumier sur une plateforme pour ne l'employer qu'au moment où il doit être enfoui.

Mais on comprendra aisément que ce qui est praticable pour le fumier frais qui ne contient encore aucune substance volatile, peut ne l'être pas fructueusement pour le fumier consommé, lorsque l'ammoniaque de ce dernier n'a pas été entièrement transformée soit spontanément, soit artificiellement en sels fixes. En effet, le fumier fermenté contient toujours en dissolution dans l'eau dont il est imprégné, une certaine proportion de carbonate d'ammoniaque qui ne s'évapore pas tant que l'engrais reste tassé comme l'est ordinairement celui parvenu à l'état de beurre noir. Existant alors en masse compacte, homogène, à peu près impénétrable par l'air, il n'y a guère d'évaporation possible qu'à la surface lorsque celle-ci n'est pas couverte par une bonne couche de terre.

Mais lorsqu'on démonte un pareil tas de fumier pour le répandre en couche mince sur le sol et qu'on l'y laisse ainsi exposé pendant un certain temps, l'engrais perd nécessairement beaucoup de sa valeur s'il ne survient pas immédiatement de fortes pluies qui entraînent la plus grande partie de ses substances solubles dans la terre, et si, au contraire, il est en contact avec un air sec qui lui enlève son humidité, entraînant du même coup les substances volatiles que celle-ci contient.

Ainsi, lorsque M. de Gasparin conseille d'employer en couverture le fumier consommé de préférence au fumier frais dont les matières non fermentées et non susceptibles de fermenter en pareille situation, restent forcément en grande partie inertes, ce conseil a besoin d'être expliqué pour ne pas devenir préjudiciable.

Un fumier consommé ne doit point être employé en couverture si ses substances volatiles n'ont point été fixées par un des moyens que la science et l'expérience indiquent comme efficaces. Lorsque l'engrais aura été mélangé avec de la terre ou bien arrosé avec un sulfate ou un hydrochlorate convenables, son emploi en couverture, quelque consommé qu'il soit, ne pourra qu'être avantageux. Mais lorsqu'il n'aura pas été l'objet d'un semblable traitement, il doit nécessairement être enfoui immédiatement après son épandage, à peine de n'en retirer que de moindres fruits.

M. de Dombasle dit qu'il a remarqué que les fumures en couverture produisent des effets aussi énergiques et aussi durables que celles qui ont été enterrées, pourvu qu'elles soient appliquées à un sol suffisamment desséché. Il est regrettable que pour bien fixer l'opinion sur ce point, il ne dise pas en même temps dans quel état était le fumier ainsi employé. On sait que M. de Dombasle a été dans l'usage, pendant quelque temps, de stratifier son fumier avec de la terre. Il est probable que ses fumures en couverture se rapportent à cette époque, ou bien à du fumier frais. S'il n'en était pas ainsi et qu'elles eussent eu lieu avec du fumier consommé, les résultats obtenus tendraient à prouver que ce fumier ne perd pas de ses substances volatiles par son exposition à l'air en couche mince, ce qui n'est guère admissible, ou bien que son carbonate d'ammoniaque se convertit spontanément et *totalement* en nitrate, ulmate ou fumate, comme je l'ai dit précédemment, ce qui n'est pas plus probable, tout portant à croire qu'il y en a toujours une partie qui échappe à cette conversion.

On doit remarquer que de quelque manière qu'on l'applique, le fumier ne peut être entièrement utilisé par une seule récolte. Par conséquent, la partie qui, dans la fumure en couverture, n'a pas profité à la végétation qui l'a reçue, sera nécessairement enfouie par le plus prochain labour au profit des cultures suivantes. Les choses se passent donc ici comme chez Thaër, à cela près qu'ici le champ étant emblavé, les parties solubles de l'engrais qui s'infiltrent dans la terre profitent immédiatement à l'emblavure, tandis que là elles s'emmagasinent seulement pour rendre ultérieurement le même service.

Les fumures en couvertures sont plus particulièrement usitées sur les prairies permanentes auxquelles le fumier ne peut être appliqué d'une autre manière pendant leur existence. Outre les principes de fécondité qu'il leur apporte, il les abrite un peu contre les gelées et contre l'évaporation de l'humidité du sol, ce qui n'est pas sans mérite. Mais à cela près, des arrosages au purin produisent beaucoup plus d'effet que le fumier sur leur végétation. Ceci me conduit naturellement à parler des engrais liquides.

CHAPITRE DEUXIÈME.

DES ENGRAIS LIQUIDES.

C'est le purin qui constitue plus particulièrement ce que l'on nomme en France l'engrais liquide. Cependant, les déjections humaines délayées, les eaux vannes des voieries appartiennent à la même catégorie. Je m'occuperai spécialement ici du purin.

Ce dernier se compose en principale partie du jus du fumier formé lui-même des urines du bétail et de l'eau qui se produit par la fermentation, plus, d'une quantité variable d'eau pluviale tombée sur ce fumier, et qui en filtrant à travers sa masse entraîne une partie des matières solubles qu'il contient. Il suit de là, que le purin peut être plus riche en principes fertilisants que les urines dont il procède principalement, puisqu'il enlève, entre autres choses, au fumier, des phosphates alcalins qui n'existent pas dans les urines des herbivores ou qui n'y existent qu'en quantité insignifiante. Mais aux phosphates près et en ne considérant que la matière sèche, les urines contiennent tous les autres principes utiles des fumiers en proportions sensiblement plus grandes. Il en est même encore ainsi lorsqu'on compare les uns et les autres dans leur état normal. C'est ce que montre le tableau suivant de la composition des urines.

INDICATION DES MATIÈRES CONTENUES dans les urines.	Hommes (1)	Chevaux (2)	Bœufs. (3)	Vaches. (4)	Veaux. (5)	Porcs. (6)
Eau.............	933. »	914.76	928.27	921.32	993.80	979.64
Urée............	30.10	31. »	40.10	18.48	2.36	4.90
Mucus, albumine, etc..........	17.46	»	2. »	»	»	»
Sels de potasse...	3.71	(7) 32.70	(8) 6.64	(9) 53.39	3.66	12.72
— de soude.....	7.61	9.55	(8) 5.54	1 52	»	1.28
— de chaux et magnésie...	»	14.98	(8) 1.01	5.29	»	0.37
— d'ammoniaq.	1.50	»	»	»	»	»
Phosphore et phosphates.........	5.59	»	(10) 0.70	»	0.18	1.02
Acides et substances diverses....	1.03	1.01	15.74	»	»	0.07
	1000. »	1000. »	1000. »	1000. »	1000. »	1000. »

J'ai cherché partout une analyse aussi détaillée que les précédentes de l'urine des bêtes à laine. J'ai trouvé, sous ce rapport, des renseignements assez satisfaisants relativement au lézard, à la tortue et au rhinocéros; mais je n'ai pas été aussi heureux quant au mouton. Nous savons seulement que l'urine de cet animal contient dans 96 parties d'eau, 2,80 de matières organiques, et 1,20 de minéraux, d'après M. Girardin; et d'après MM. Boussaingault et Payen, 86,5 d'eau seulement, 1,31 d'azote, et 0,004 d'acide phosphorique. Où est la vérité entre ces deux indications si différentes? Si l'urine du mouton ne contenait que 2,80 de matières organiques, ce serait l'une des plus pauvres en azote. Elle serait également bien au-dessous des autres relativement aux minéraux. Le contraire est acquis à la pratique. Nous verrons en effet tout-à-l'heure qu'on ne peut guère admettre pour l'urine des autres animaux qu'un dosage moyen de 1 p. °/₀ en azote, inférieur, par conséquent, de $^1/_4$ à celui trouvé par MM. Boussaingault dans l'urine du mouton. C'est ce qui explique la supériorité bien connue du fumier des

(1) Berzélius. (2-4-6) Boussaingault. (3) Sprengel. (5) Braconnot. (7) Dont 4,74 d'hippurate. (8) Ce chiffre n'indique que la quantité de base. (9) Dont 16,51 d'hippurate. Cent parties de ce sel à l'état neutre en contiennent à peu près 80 d'acide, et celui-ci dose 7,7 d'azote d'après MM. Dumas et Peligot. (10) Ce chiffre exprime du phosphore pur; les autres, des phosphates.

bêtes à laine. Si l'on compare à celle de ces dernières, les déjections solides et liquides réunies des autres animaux, on trouve une différence encore plus grande. Or, comme l'urine des moutons entre pour la plus grande partie dans leur fumier, et qu'elle ne contient qu'une proportion insignifiante d'acide phosphorique, il est de toute évidence que leur principale valeur réside dans leur azote. On ne comprend pas qu'un fait aussi bien caractérisé, aussi bien établi par la pratique et la théorie puisse encore permettre le plus léger doute sur l'indispensabilité de l'azote dans les engrais.

Ce qui frappe le plus dans le tableau précédent, c'est la pauvreté de l'urine des veaux. Elle vient probablement de ce que cet animal s'assimile par sa croissance la plus grande partie des substances qu'il consomme. La différence qui existe entre l'urine du porc et celle des gros animaux peut s'expliquer aussi de la même manière. Mais je pense qu'elle est due au moins autant à ce que ses aliments étant beaucoup plus délayés, il doit rendre proportionnellement plus d'eau que d'autres matières. Toutefois, en ne considérant que ces dernières, on voit que comme celles de la vache elles ne contiennent pas tout-à-fait un quart de leur poids en urée, tandis que celles du cheval en fournissent plus du tiers et celles du bœuf plus de moitié.

Je ne crois pas m'écarter beaucoup de la vérité en supposant que les urines produites dans une ferme ordinaire contiennent en moyenne 25 p. °/₀ d'urée, ni en admettant pour celle-ci une teneur de 40 p. °/₀ (1). Il en résulterait donc pour ces urines un dosage moyen de 1 p. °/₀, ou en d'autres termes, que 1 k. d'urine équivaudrait sous le rapport de l'azote à 2^k 50 de fumier normal, et peut-être même à quelque chose de plus à cause de l'azote de l'hippurate de potasse contenu dans les déjections liquides du cheval et de la vache.

Quant aux minéraux, nous voyons qu'en alcalis seulement, l'urine du cheval en renferme 42,25 pour 1000; celle de la vache 54,91, et celle du porc 15, mais à l'état de sels dans toutes

(1) J'ai admis, page 113, le dosage de 46,90 pour l'azote de l'urée, d'après M. Dumas. Mais en consultant les analyses publiées, on en trouve plusieurs donnant des résultats beaucoup plus faibles, par exemple, 32,5 d'après Fourcroy et Vauquelin ; 31,82, d'après Ure ; 36,92 d'après Marin. C'est pourquoi je prends le chiffre moyen de 40.

les trois. Si celle du bœuf n'en présente que 12,18, c'est parce que les acides sont défalqués et dosés à part. On peut donc ici admettre une moyenne de 15 à 16 pour 1000 en oxydes alcalins, ce qui sous ce rapport donne encore à l'urine une valeur triple de celle du fumier. Mais au point de vue de l'acide phosphorique, elle lui est bien inférieure. Il n'en est plus de même toutefois dans le purin, qui comme nous l'avons déjà vu, s'enrichit d'une partie des phosphates du fumier.

Quoiqu'il en soit de ces supputations faites à grands traits, elles suffisent néanmoins pour montrer combien ont tort les cultivateurs qui laissent perdre une partie des urines de leur bétail. C'est une faute que l'on ne commet pas dans certaines contrées de la France, en Flandre, en Alsace notamment, non plus qu'en Suisse et en Allemagne où, généralement, on recueille dans des citernes ou dans des fosses, les urines et le purin que l'on emploie ensuite soit à arroser les fumiers, soit à engraisser directement les prés ou même les champs.

M. de Dombasle évaluait à environ 0,50c l'hect. de purin, et il dit qu'il se fut estimé bien heureux d'en trouver à acheter à ce prix. On le croira d'autant plus volontiers qu'en supposant que le purin ne valut pas plus que l'urine, le prix qu'il lui attribue serait l'équivalent de celui de 2f pour 1000 k. de fumier normal, ou de 0,50 pour le kil. d'azote. Mais il y a purin et purin. Si le fumier est exposé à la pluie, s'il est lavé par les eaux qui s'écoulent des toits, il peut se faire que ses sucs soient très dilués et que leur valeur fertilisante soit fort réduite. Néanmoins, il faudrait qu'elle le fut beaucoup pour ne pas s'élever à 0,50 l'hectolitre.

Le même agronome estimait qu'on pouvait recueillir 900 hect. de purin d'un tas de fumier cubant 126 mètres. Ce serait plus que le poids du fumier tout entier. Cette estimation n'est donc pas aussi bien justifiée que la précédente, à moins que l'on n'admette que le purin s'augmente d'une très grande quantité d'eau pluviale. En tout cas, toute l'eau que contient ou que reçoit le fumier ne s'échappe pas par filtration. L'engrais en retient toujours une très forte partie, et il s'en évapore une autre partie qui ne se retrouve pas dans le purin.

M. Moll me paraît beaucoup plus près de la vérité. D'après cet éminent agronome, le fumier de 12 à 16 têtes de chevaux, bœufs et vaches, et d'une centaine de moutons, peut donner 200 h. de purin. Or, en supputant au plus bas, un pareil nombre d'animaux doit produire plus de 200 mètres cubes de fumier ; ce qui ne donnerait pas même un hectolitre de purin par mètre cube au lieu de sept.

C'est ordinairement aux prairies naturelles et artificielles que l'on applique le purin. On se sert pour cela d'un tonneau ou d'une caisse montés sur un train de chariot ou de charrette à peu près comme les tonneaux d'arrosage public, et répandant le liquide de la même manière ou d'une manière analogue. On l'applique aussi quelquefois à des emblavures mal réussies auxquelles il imprime une grande vigueur ; mais il faut se garder de tout excès lorsqu'il s'agit de céréales, dans la crainte de les faire verser, ou de les voir pousser beaucoup moins en grain qu'en paille. C'est ce qui a toujours lieu, quand on leur applique à forte dose un engrais plus azoté que phosphaté. Mais il ne faut pas exagérer ce principe, comme le font quelques auteurs qui disent que les guanos très phosphatés valent mieux pour les blés que le Guano du Pérou. Cela ne peut être vrai qu'autant que le sol possède l'azote qui manque à l'engrais, car il n'est pas plus possible à cette plante d'arriver à sa perfection sans azote que sans phosphate. La vérité est, qu'il lui faut de l'un et de l'autre dans les proportions indiquées par sa composition, et que l'engrais qui se rapprochera le plus de cette composition sera toujours le meilleur.

On répand aussi l'engrais liquide avec une écope. C'est un procédé fort en usage en Flandre, comme nous le verrons bientôt en parlant de l'engrais flamand.

Lorsque le purin est recueilli avec soin et qu'il ne contient que très peu d'eau pluviale, il est presque toujours trop concentré pour pouvoir être appliqué en cet état à certaines plantes en végétation et notamment aux céréales. Il faut, en pareil cas, y ajouter d'une à trois fois son volume d'eau ordinaire. Cette précaution, cependant, n'est pas nécessaire lorsqu'on le répand sur une terre destinée à être labourée immédiatement après. Lorsqu'on fait usage d'urines fraîches sur des prairies ou des emblavures, il convient aussi de les étendre d'eau. Mais on se trouve bien rarement dans ce cas par l'impossibilité où l'on est de disposer à la fois d'une grande quantité d'urines semblables.

On peut considérablement améliorer le purin par une addition de guano ou simplement de phosphate de chaux acidifié. Des tourteaux de graines oléagineuses impropres à l'alimentation des animaux, augmenteraient aussi beaucoup sa valeur fertilisante. Mais un moyen beaucoup plus économique et tout aussi efficace, serait d'établir pour les personnes de la ferme, des latrines sur la fosse à purin.

Il n'est pas possible de déterminer d'une manière précise la quantité d'engrais liquide qu'il convient d'appliquer, puisque cette quantité dépend tout à la fois de la richesse de l'engrais, de l'état de la fertilité du sol, de la nature des plantes qui le reçoivent et de la saison. En hiver, la terre étant beaucoup plus humide, il peut être plus concentré.

L'urée qui fait la principale richesse des urines, se convertissant promptement en carbonate d'ammoniaque et celui-ci étant très volatile, on a proposé de le décomposer et d'en fixer la base par un acide ou par un sulfate. Je me suis déjà expliqué sur ce procédé qui présente l'énorme inconvénient, lorsqu'on emploie le sulfate de fer, de convertir en phosphate de la même base les phosphates solubles que le purin a enlevés au fumier. Quant à l'inconvénient de la conversion du bi-carbonate de potasse en sulfate, nous avons vu qu'il est sans aucune gravité. Du reste, le carbonate d'ammoniaque se trouvant ici dissous, dans une très grande quantité d'eau, sa volatilisation ne peut être qu'insensible. Si elle avait lieu, comme on se l'imagine, si l'eau n'en retenait pas énergiquement une bien plus grande proportion que celle qui se trouve dans le purin, il serait difficile d'expliquer comment les pluies peuvent amener de l'ammoniaque dans la terre. Cependant, lorsqu'on pourra se procurer du sulfate de magnésie à bon marché, ce sera une excellente pratique que de l'ajouter au purin dans lequel on favorisera par ce moyen la formation d'un phosphate ammoniaco-magnésien dont tous les principes constituants sont éminemment utiles à la végétation des plantes granifères.

La grande réforme agricole opérée en Angleterre par sir Robert Peel, ayant rendu momentanément très difficile la situation des cultivateurs de ce pays, ceux-ci ont dû s'ingénier de toutes manières à améliorer leur système de culture. Il en est plusieurs dans le nombre qui ont cru ne pas pouvoir mieux faire que d'employer l'engrais liquide sur une grande échelle, comme principal, sinon comme unique moyen de fertilisation. M. Moll a fait connaître en 1852, dans le *Journal d'Agriculture pratique*, des applications de ce genre d'un très grand intérêt. La première a été faite en Ecosse, par M. James Kennedy, qui a donné son nom au système, bien que l'invention en soit revendiquée par M. Chaadwick.

Chez M. Kennedy, comme chez tous les cultivateurs qui l'ont adopté, ce procédé consiste à recueillir les déjections animales solides et liquides dans des réservoirs où elles se putréfient, ce qui les rend plus assimilables immédiatement. M. Kennedy possède quatre réservoirs semblables et c'est toujours dans celui qui contient l'engrais le plus avancé en putréfaction que l'on puise. Les déjections sont remuées de temps en temps par un agitateur mécanique pour faciliter les dissolutions et entraîner les matières flottantes lors des irrigations. Celles-ci ont lieu au moyen de tuyaux en fonte qui sillonnent le sol à une profondeur convenable. Ces tuyaux, qui ont une section de 5 à 7 centimètres de diamètre, portent, de distance en distance, des regards de même métal fermant avec un robinet auquel s'adapte un boyau mobile en gutta-percha terminé par un ajutage ou lance de projection, comme dans les pompes à incendie. L'engrais liquide puisé dans le réservoir par une pompe foulante ordinaire, mue par une machine à vapeur qui met également en mouvement l'agitateur, entre dans les tuyaux de fonte où il subit la pression de la pompe qui le fait circuler et le lance dans l'espace par l'un des regards ouvert à cet effet. L'ouvrier qui gouverne la lance la dirige de manière à faire décrire au liquide une parabole ou section plus ou moins conique selon la distance à laquelle il doit parvenir. Une condition essentielle, c'est qu'il doit toujours retomber en pluie fine. Il faut une certaine habileté ou tout au moins une certaine habitude pour en faire une égale répartition. Lorsqu'une place est jugée suffisamment arrosée, on allonge ou l'on raccourcit le boyau pour en arroser une autre plus ou moins rapprochée dans le rayon du regard qui fonctionne. Ce rayon peut être plus ou moins étendu selon la force du moteur et le développement que l'on donne au boyau irrigateur.

Les terres à fourrage reçoivent une semblable fumure après chaque coupe, et comme on les fauche 8 à 10 fois dans l'année, l'opération se répète souvent; mais elle marche vite. Chez M. Kennedy on peut arroser cinq hectares en dix heures. La propriété qu'il exploite étant de 200 hectares, si l'opération est répétée en moyenne six fois dans l'année, elle exige au total un travail de 240 journées. Les produits qui en résultent sont de 142,000 k. de fourrage vert, équivalant à 30,000 k. de foin sec, par hectare, avec lesquels on engraisse, durant toute l'année, 200 bêtes à corne, non compris de 5 à 15 vaches entretenues pour les besoins de la maison, plus 140 porcs et de 1200 à 1500 moutons. Lorsqu'un lot de bêtes est gras, il part et est immédiatement remplacé par des animaux maigres. Il est juste de dire que M. Kennedy enrichit son engrais de guano ou autres substances analogues, sans quoi il lui serait impossible d'arriver à de semblables résultats, puisque nous savons que le bétail ne restitue pas l'équivalent de ce qu'il consomme.

Les frais d'installation chez M. Kennedy, à Myer-Mill, — 8 kilom. de la ville d'Ayr, — s'élèvent à 39,650 fr., soit, par hectare, à 198f,25. Les charges annuelles, amortissement compris, ne sont que de 35f,18 par hectare. Si l'on suppose que c'est là une idée excentrique, pouvant venir seulement à un propriétaire ne sachant que faire de son argent, on se trompera. M. Kennedy n'est qu'un simple fermier, qui n'a réalisé cette combinaison que pour faire des bénéfices, et qui en fait. Il y a d'ailleurs d'autres cultivateurs qui ont trouvé que l'exemple était bon à suivre et qui l'ont imité.

Le même système appliqué à Canning-Parck, à la porte d'Ayr, chez M. Telfer, sur une ferme à laiterie de 20 hectares seulement, a coûté d'installation 5250 fr. ou 262f,50 par hectare. Mais les charges annuelles n'y sont également que de 35 fr. par hectare.

D'après M. de Gasparin, une création semblable a coûté chez M. Huxtable, 18,576f,79 c. pour 105 hectares, ou 176f,92 par hectare. Mais le prix de la machine à vapeur n'est pas compris dans cette somme. Chez M. Kennedy, cette machine est une affaire de 3750 fr. Les frais annuels sont les mêmes chez M. Huxtable que chez ses confrères.

On pourrait citer bien d'autres exemples encore.

En France, où la fonte et le fer sont plus chers qu'en Angleterre, la dépense d'établissement serait plus élevée. Mais la fonte pourrait être économiquement remplacée dans les conduits souterrains par du béton ou du papier bitumé. On fait en cette dernière matière de très bons tuyaux, dit-on, qui ne coûtent que 2 fr. le mètre. Ceux en béton reviendraient encore à un moindre prix.

La dépense en combustible serait également beaucoup plus forte chez nous. Le charbon de terre ne coûte à M. Kennedy que 6f,16 les 1000 kil. rendus à sa ferme. Il est peu de localités en France, même dans le voisinage des Houillères, où l'on pourrait l'obtenir à ce prix.

M. Moll, qui ne s'est pas dissimulé ces obstacles, pense qu'il serait possible de les tourner au moyen d'un manége mû par des animaux. Il a calculé qu'avec un seul cheval on pourrait arroser 0,76 ares par jour, à l'aide d'une pompe qui éleverait le liquide à 15 mèt. et qui en débiterait 1l066 par seconde ou 38,370 litres en 10 heures, son effet utile n'étant que de 0,40.

A ce compte, un cheval qui travaillerait 300 jours dans l'année pourrait arroser 228 h. Mais en répétant l'opération six fois par an sur le même terrain, la surface ainsi traitée ne serait plus que de 38 hectares. Le cheval coûtant au moins en

nourriture, ferrage, dépérissement.	500
augmentés de 300 journées d'un homme et d'un enfant.	600
et des intérêts ainsi que de l'amortisssement de l'installation, évalués à	420
Les charges annuelles seraient de . .	1520 f.

ou de 40 fr. par hectare, ce qui n'est pas beaucoup plus qu'en Angleterre. Peut-être serait-il bon d'y ajouter une dizaine de francs pour l'imprévu. En tous cas, si avec une dépense de 50 fr. on pouvait obtenir seulement un supplément de 5000 k. de foin, nets de tous autres frais, ce serait une magnifique spéculation. Je suppose que les engrais supplémentaires que l'on serait nécessairement obligé d'acheter pour compenser les pertes qui se produisent dans l'alimentation du bétail, seraient couvertes par les autres parties de la récolte.

M. Moll est tellement convaincu de l'excellence de ce système, qu'il n'a pas hésité, après l'avoir étudié sur place, à en faire lui-même l'application, en société avec M. Mille, ingénieur, sur une terre située à Vaujours, près de Bondy, à proximité du canal. Il emploie, comme engrais, des vidanges liquides qui sont amenées au pied de la propriété par des bateaux dans lesquels on les puise à l'aide de pompes. Les frais d'installation se sont élevés chez ces Messieurs à 500 fr. par hectare, ce qui donne, de ce chef seulement, une charge annuelle de 37,50 pour l'intérêt et l'amortissement à raison de 7 $^1/_2$ p. % par an. Je ne connais pas assez les autres frais, ni les résultats, pour me permettre d'en parler. Je ne sache pas non plus que cet exemple ait été imité par d'autres personnes en France. Il faut du temps à de semblables idées pour gagner du terrain. Cependant, un établissement de ce genre ne coûterait souvent guère plus que le drainage général d'une propriété, tout en produisant des effets d'une bien autre importance. A la vérité, il ne dispenserait pas du drainage là où celui-ci serait nécessaire. Au contraire, ce dernier n'en serait que plus indispensable. La ferme de M. Kennedy a été drainée deux fois. La première, les tranchées n'étaient pas assez profondes.

CHAPITRE TROISIÈME.

DU PARCAGE DES BÊTES A LAINE.

Chacun sait en quoi consiste cet usage. Aussi ne dirai-je que très peu de chose du parcage en lui-même. Si j'en parle ici, c'est parce qu'il constitue un mode spécial d'appliquer au sol non-seulement l'engrais liquide produit par les moutons, mais encore leurs déjections solides. Ajoutons qu'une terre sur laquelle couche un troupeau, s'imprègne d'une partie de son suint et en acquiert un surcroît de fertilité.

Les parcs mobiles se forment ordinairement avec des claies en bois, ou avec des cadres treillagés en fil de fer à larges mailles ou même avec de simples filets. On leur donne des dimensions en rapport avec le nombre des moutons qu'ils doivent renfermer, en calculant que chacun d'eux peut fumer très fortement un mètre de terre en deux nuits, fortement la même surface en une nuit et moyennant deux mètres, en donnant un second coup de parc dans le même espace de temps. Dans ce dernier cas, on estime que la fertilisation doit durer deux ans.

L'un des graves inconvénients du parcage, c'est d'exposer le troupeau aux ravages des loups lorsque le berger n'est pas très vigilant. On prétend qu'on parvient à éloigner ces carnassiers en tenant allumés pendant la nuit une lanterne dont les verres sont diversement colorés. De bons chiens peuvent aussi donner l'éveil.

Le parcage a encore d'autres inconvénients qui ont été développés par MM. Morel de Vindé, Mathieu de Dombasle et Thaër. Selon ce dernier, il peut nuire à la santé des animaux lorsqu'il est fait à contre temps, et, en tous cas, il altère, dit-on, la qualité de la laine. Selon M. de Dombasle, il diminue la production du fumier. Néanmoins, le parcage a persisté et il persistera tant qu'il y aura des troupeaux, car les inconvénients signalés, du moins le dernier, pourraient bien n'être qu'imaginaires. Je conviens, cependant, qu'un troupeau logeant continuellement à la bergerie, donnera une masse de fumier plus considérable en volume que ne le ferait celui passant une partie de ses nuits au parc. Mais ce n'est pas ainsi que la question doit être posée. Il s'agit seulement de savoir si cette plus grande quantité de fumier constituera un gain quelconque pour la fertilité de la ferme. Je ne le pense pas, et voici mes raisons.

Il est certain que dans le parcage, rien des déjections n'est perdu et que tout profite au sol, même le suint, lorsque d'ailleurs on donne un léger labour immédiatement après la levée du parc. Les mêmes déjections mélangées avec de la litière se conserveraient-elles aussi bien sur la plate-forme aux engrais? Evidemment oui, si la fermentation était bien soignée. Mais on sait que c'est là l'exception en France.

Si l'engrais est moins abondant dans le parcage, en revanche il est plus énergique, car nous venons de voir qu'un mouton pouvait convenablement fumer pour deux ans, deux mètres carrés de terre en une nuit. Sur ce pied, un troupeau de 200 bêtes à laine parquées pendant 25 nuits, fertiliserait suffisamment un hectare pour deux campagnes. Combien donnerait-il de fumier à la bergerie? Nous savons que si à Roville cette production s'est élevée à 600 k. par tête et par an, elle n'est à Grignon que de 340 k. Cette différence vient indubitablement, ou bien de ce que l'on fait parquer à Grignon, ou bien de ce qu'on y ménage plus la litière qu'on ne le faisait à Roville. Mais si le parcage la supprime entièrement, au moins pendant sa durée, est-ce à dire que la masse des fumiers en souffre? Nullement, puisque cette litière dont on n'a jamais trop peut être appliquée tout aussi utilement à d'autres animaux.

Mais admettons une production moyenne de 500 k. de fumier à la bergerie. Cette production donnera au total pour 200 bêtes, 6850 k. en 25 jours. Admettons encore que ces 6850 k. vaillent 10 000 k. de fumier normal. Eh bien! cette quantité est réputée ne fertiliser convenablement un hectare de terre que pour un an. Cependant, elle contient en apparence la même quantité de déjections que celles qui seraient laissées au parc avec la litière en sus. Cela ne serait vrai qu'autant que le troupeau resterait continuellement à la bergerie, ou du moins qu'il paîtrait à une distance si rapprochée qu'il ne perdrait absolument rien dans son trajet quotidien de la ferme au pâturage, aller et retour. Ce trajet seul est une perte d'engrais souvent considérable. Ajoutez-y celle résultant d'une fermentation souvent mal soignée, et vous reconnaîtrez bientôt que les 2000 ou 2500 k. de paille qui peuvent entrer dans 6850 k. de fumier de mouton ne peuvent compenser ces pertes, puisqu'ils n'y apportent que 6 à 8 k. d'azote qui, dans aucun cas, ne sauraient constituer un gain. En effet, la même paille ajoutée aux litières des bœufs ou des vaches apportera les mêmes matières fertilisantes à la masse des engrais. C'est par cette raison que je ne parle pas de la prétendue économie de transport d'engrais que procure le parcage, puisque cette économie n'est qu'apparente, attendu que si les litières ne reviennent pas au sol à l'état de fumier de mouton, elles y sont rapportées à l'état de fumier de bœufs, de chevaux, de porcs, etc. Mais on gagne le transport des déjections laissées au parc, ce qui est bien à considérer, surtout lorsque le parcage est appliqué aux terres les plus éloignées ou d'un accès difficile. Dans ce cas, le charroi des litières sur des terres plus à proximité et plus faciles à desservir est réellement un peu moins dispendieux.

D'après ces considérations, le parcage est à mes yeux le meilleur moyen de tirer tout le parti possible de l'engrais fourni par les bêtes à laine lorsque d'ailleurs il n'est pas contre indiqué par des considérations d'un autre ordre.

CHAPITRE QUATRIÈME.

ENGRAIS HUMAIN.

Nous avons vu précédemment, par l'analyse de l'urine de l'homme, que si cette partie de ses déjections, qui est environ 9 fois plus abondante que ses excréments solides, ne contient pas tout-à-fait autant de matières fixes que celles du gros bétail, ces matières y sont en revanche réparties d'une manière plus favorable à la végétation, principalement en ce qui concerne les phosphates.

Voici du reste un aperçu de la composition de ces déjections tant solides que liquides.

	Eau	Azote	Acide Phosphorique
Urine (1)	93.3	1.45	0.26
Excréments solides	73.3	0.40	0.22
Déjections réunies	91.	1.33	0.257

Nous verrons tout-à-l'heure que toutes les urines humaines ne sont pas aussi riches en azote que celle analysée par Berzélius. Quant à l'acide phosphorique, il faut remarquer dès maintenant, que les déjections réunies en contiennent une proportion

(1) Les chiffres que j'applique ici à l'urine sont ceux indiqués par Berzélius, et reproduits par MM. Boussaingault et Barral.

bien moindre que le fumier normal relativement à l'azote, quoique les excréments solides seuls en renferment proportionnellement autant. Ainsi, on peut conclure de là, qu'à dose égale d'azote une quantité de déjections humaines ne produira pas autant d'effet dans un sol dépourvu de phosphate que la quantité correspondante de fumier normal. Cependant, M. Girardin rapporte que des agronomes allemands ont constaté par des expériences, qu'un sol qui reproduit trois fois la semence sans engrais, la reproduit 5 fois lorsqu'il est fumé avec des engrais végétaux, 7 fois avec du fumier d'étable; 9 fois avec de la colombine; 10 fois avec du fumier de cheval; 12 fois avec de l'urine et 14 fois avec des excréments humains solides.

Je me permettrai de faire observer que ces expériences ont le défaut de beaucoup d'autres, dont j'ai parlé déjà; qu'elles ne sont pas concluantes, et qu'elles n'infirment nullement ma proposition de tout-à-l'heure, parce que d'abord il n'est pas établi qu'elles aient eu lieu sur un sol manquant de phosphates.

Elles ne sont pas concluantes, parce qu'elles n'indiquent pas la quantité d'engrais employée, cette quantité pouvant dans bien des cas suppléer la qualité. Elles ne le seraient pas davantage lors même que la dose d'azote aurait été égale. Pour le démontrer, je comparerai seulement les résultats produits par l'urine et le fumier d'étable. Si ces résultats sont entre eux :: 12 : 7, cela vient indubitablement de ce que l'urine dont toutes les substances sont dissoutes, produit instantanément son effet, à mesure du développement de la plante, tandis que le fumier d'étable, qui est d'une décomposition fort lente, ne peut céder la première année qu'une partie de ses principes à la végétation. Il est plus que probable qu'au cas particulier, la moitié du fumier n'a pas même été consommée, tandis que l'urine doit l'avoir été en bien plus grande partie.

C'est le cas de répéter ici que la qualité d'un engrais ne dépend pas du plus ou moins de promptitude de son assimilation, mais bien de la quantité de ses principes utiles, pourvu que ceux-ci soient assimilables en totalité dans le cours d'une rotation de culture. La décomposition rapide d'un engrais peut être aussi souvent un défaut qu'une qualité. Elle peut être utile pour ranimer une récolte qui souffre ; elle le sera très peu pour alimenter une plante qui végète lentement. Et l'erreur d'un très grand nombre d'agronomes est de ne pas tenir compte de cette différence de propriété dans leurs expériences, ce qui les entraîne presque toujours à des conclusions qui sont de véritables hérésies agricoles. Si la qualité et la valeur d'un engrais s'établissaient d'après l'effet qu'il produit sur une première récolte, il en résulterait que le meilleur fumier, les chiffons de laine, etc., seraient les moindres de tous. Mais un cultivateur intelligent sait parfaitement que ce que ces derniers ne font pas en un an, ils le font en deux, en trois et même plus. Lorsque l'on veut juger de la valeur absolue d'un engrais, c'est donc un contre-sens de l'employer comparativement avec un autre de même composition élémentaire, mais dont les principes sont combinés de manière à ne pas se prêter aux réactions spontanées dans le même temps. Pour que de telles expériences soient concluantes, il faut absolument qu'elles soient prolongées jusqu'à épuisement complet de la fumure, c'est-à-dire jusqu'à ce que les parcelles de terre prises pour termes de comparaison soient revenues à leur fertilité initiale. Si, par exemple, on eût répété, mais sans nouvel engrais, les expériences citées plus haut, et que celle avec le fumier d'étable eut de nouveau produit sept fois la semence, tandis que celle avec l'urine ne l'eût plus rendue que trois fois — résultats très probables en pareille circonstance —, on eût été alors beaucoup mieux fixé non-seulement sur la valeur absolue des deux engrais, mais encore sur leur durée en terre, ce qui est tout aussi important à connaître.

La différence qui existe dans les expériences dont il s'agit, entre l'effet produit par le fumier d'étable et celui du fumier de cheval, s'explique de la même manière. Nous savons que ce dernier fumier étant plus chaud, fermente plus vite, et que par conséquent son action doit être plus grande sur une première récolte, surtout si, comme on peut le supposer, il a été employé ici à quantité égale, et surtout encore si l'on considère qu'il est ordinairement plus riche que le fumier d'étable. Toutefois, comme il s'en faut de beaucoup, que le fumier de cheval, quoique fermentant assez vite, puisse produire tout son effet sur une première récolte, si son action a été ici, relativement à celle de l'urine, dans le rapport de 10 à 12, cela prouve incontestablement qu'il est d'une qualité supérieure, en tenant compte, bien entendu, de ce qu'il a dû laisser dans le sol, et cette supériorité ne peut être évidemment attribuée qu'aux substances, notamment l'acide phosphorique qu'il contient de plus que l'urine. Il en est donc de cette dernière comme de tous les autres engrais. Elle ne peut donner que ce qu'elle possède. Seulement, elle le donne très vite.

M. Boussaingault rapporte que M. Lecanu a constaté par 48 expériences, que la quantité d'urine secretée en 24 heures par un individu, est en moyenne de 1268 grammes (1) contenant 252 d'urée, 1g d'acide urique, 17g5 de sel marin, et 1g de phosphate terreux, ce qui donne en azote 12g, et en acide phosphorique environ 0g 48. Ici la proportion de ces deux principes est bien moindre que dans l'analyse de Berzélius. Il n'y a rien en cela d'étonnant. Toutes les urines n'ont pas la même composition. Cela tient principalement au régime alimentaire et à l'état de santé de ceux qui les secrètent. Elles sont d'autant plus riches, surtout en azote, que la nourriture se compose d'une plus forte proportion de substances animales. Or, si le célèbre chimiste suédois, comme tout semble l'indiquer ici, n'a opéré que sur un seul échantillon, et si cet échantillon, comme c'est probable, a été fourni par un homme bien nourri et bien portant, peut-être par l'opérateur lui-même, l'analyse a dû nécessairement donner des résultats différents de ceux obtenus par M. Lecanu. J'engage donc le lecteur à prendre les indications de ce dernier pour guide, parce qu'elles représentent mieux une moyenne, et qu'elles vont être d'ailleurs pleinement confirmées tout à l'heure.

De son côté, M. Barral a constaté qu'un homme excrète en moyenne 142 gr. de déjections solides, dosant en azote 0,40 et en acide phosphorique 0,22, correspondant à 0,454 de phosphate des os, ce qui est à une imperceptible fraction près, pour l'acide phosphorique, la même composition que celle du fumier normal. Par conséquent, on peut admettre qu'un homme produit en moyenne dans l'année, 514k650 gr. de déjections liquides et solides contenant 4k587 d'azote, ce qui, pour une population de 36 millions d'individus, correspond à 165 millions de k. de cette dernière substance.

(1) M. Barral, qui a fait des recherches analogues, est arrivé à très peu de chose près au même résultat, en constatant une émission quotidienne de 1272g.

M. G. Heuzé (*Matières fertilisantes*, page 316), ne trouve par chaque homme que 433 k. de déjections annuelles. Cela vient d'une erreur que cet auteur a commise dans le calcul de la moyenne de 1032 qu'il donne pour l'urine, laquelle moyenne est de 1292 d'après ses propres chiffres.

Cette production de 4k587 d'azote par chaque individu est implicitement prouvée par M. Girardin qui, ayant analysé de la gadoue dont la densité, de 1031, indiquait qu'il n'y avait point été ajouté de matières étrangères, y a trouvé par litre 9g163 d'azote. Si l'on rapporte cette analyse aux 514k650 de déjections émises annuellement par un homme, on y trouve exactement la même quantité de 4k58 d'azote, laquelle correspond à 236 k. de blé, paille non comprise, et à 1832 k. de fumier normal pouvant fumer 11a45c de terre sur le pied de 10,000 k. à l'hectare. Cette fumure n'est évaluée ici qu'au point de vue de l'azote seulement. Sous le rapport de l'acide phosphorique, la même quantité de déjections ne pourrait fertiliser que 1 are 43 centiares, puisqu'elles ne contiennent que l'équivalent de 0k600 gr. de phosphate des os, tandis que 10,000 k. de fumier normal en renferment 41k50 environ. Mais, comme il est plus facile et moins coûteux de se procurer complémentairement du phosphate que de l'azote, nous ne nous préoccuperons, pour le moment, que de ce dernier.

Or, en nous plaçant à ce point de vue seulement et en partant des données qui précèdent, on voit combien est grande l'erreur des auteurs qui prétendent que les déjections réunies d'un million d'habitants pourraient fertiliser 17 millions et demi d'hectares de terre, c'est-à-dire, le tiers du sol imposable de la France, ou, ce qui revient au même, la moitié de celui qui est en culture.

A ce compte là, les 36 millions d'habitants qui peuplent le territoire français, pourraient lui rendre par leurs déjections totales, 18 fois plus de matières fertilisantes que les récoltes ne lui en enlèvent, puisqu'elles pourraient fertiliser 18 fois plus de terre que nous n'en avons en culture. Voilà cependant à quelles énormités conduisent des calculs mal élaborés!

La vérité est, au moins très approximativement, que 36 millions d'habitants ne peuvent produire que 165 millions de k. d'azote, à raison de 4k587 chacun, et qu'un million d'individus ne pourrait fertiliser que 114,500 h. au lieu de 17 millions et demi.

La vérité est encore que les 165 millions de k. d'azote produits valent à peine 330 millions de francs et non 4 milliards et au-delà, comme on l'enseigne dans des ouvrages sérieux où de pareilles erreurs sont plus nuisibles qu'utiles à l'avancement de la science agricole.

Lorsqu'on voudra se donner la peine de récapituler, comme je l'ai fait, la consommation générale de la France en grains de toute espèce, légumes verts et secs, pommes de terre, viande de boucherie, porcs, volailles, gibier, poissons, lait et œufs, déduction faite des sons qui reviennent aux fumiers par l'intermédiaire des animaux et en défalquant en outre l'azote qui se fixe dans l'organisme ou qui s'exhale par l'effet de la combustion respiratoire, on reconnaîtra bien vite qu'il n'est guère possible que toutes ces substances fournissent aux déjections plus de 165 millions de k. d'azote. Dans un calcul attentif et basé sur les données de la statistique officielle, je n'en ai trouvé que 162,350,000 k.

Malgré toutes les exagérations que je viens de relever, on ne doit pas moins tenir pour certain que si, partout en France, les excréments humains étaient recueillis et utilisés avec autant de soin qu'en Chine où, dit-on, ils suffisent pour subvenir aux besoins de la culture, ils apporteraient à la fertilisation un contingent considérable dont il est difficile toutefois de préciser l'importance. La raison en est qu'ils y contribuent déjà dans une proportion que l'on ne connaît pas au juste, et que quelque chose que l'on fasse il est impossible d'éviter qu'il ne s'en perde une partie.

On a déjà vu (page 358) que l'agriculture française n'emprunte pas moins de 244 millions de k. d'azote, tant au commerce des engrais qu'à l'emploi direct des déjections humaines. Il ne serait donc pas possible, si bien recueillies qu'elles fussent, que ces dernières comblassent ce déficit à elles seules, puisqu'alors, réunies au fumier, elles représenteraient avec lui la totalité des substances produites par la culture, ce qui rendrait inexplicables les pertes qui ont eu lieu dans l'alimentation des hommes et des animaux et dans le mauvais conditionnement des fumiers.

Quoi qu'il en soit à cet égard, ce qu'il importe le plus de savoir ici, c'est moins la perte que subit l'agriculture relativement aux excréments humains, que le parti qu'elle en peut tirer.

On peut les employer et on les emploie en effet : 1° à l'état liquide, gadoue, engrais flamand; 2° desséchés, à l'état de poudrette pure, ou en mélange avec d'autres matières; 3° à l'état de sels ammoniacaux extraits des eaux-vannes de la poudrette.

Je vais consacrer quelques pages à chacun de ces emplois.

Section 1re. — Engrais flamand.

Le nom de cet engrais indique que c'est particulièrement en Flandre qu'il est en usage. Mais on l'emploie aussi, et même en très grande quantité, en divers autres lieux, notamment dans les environs de Lyon, de Grenoble, de Strasbourg, etc.

D'après une étude fort intéressante que M. Eugène Guyot vient de faire paraître dans les Annales du Génie civil, publiées par la librairie Eugène Lacroix, la ville de Lyon livre à elle seule chaque année, à l'agriculture, 200,000 mètres cubes de vidanges dont elle retire 200,000 fr. C'est le produit d'une population excédant un peu celle de cette ville. Mais il est probable, si ce chiffre est exact, que ces vidanges sont augmentées d'une certaine quantité d'eaux ménagères et d'autres immondices. En tous cas, il paraît qu'elles sont complétement utilisées dans la seconde ville de France.

Dans le département du Nord on les recueille dans des fosses ou des citernes de construction et de dimensions variées. La ville de Lille principalement, en fournit de grandes quantités à la culture. Quelques cultivateurs y ajoutent des tourteaux de graines oléagineuses réduits en poudre. Lorsque ces tourteaux sont de nature à être mangés par le bétail, il y aurait, ce me semble, plus de profit à leur donner cette dernière destination. Il en résulterait un peu moins d'engrais, mais celui-ci coûterait sensiblement moins cher et l'économie qu'il procurerait permettrait d'augmenter sa masse avec plus de bénéfice.

L'engrais flamand, dans son état normal, c'est-à-dire lorsqu'il n'est pas étendu d'eau étrangère à sa nature, pèse à l'aréomètre de Baumé, 4 degrés et demi, d'après M. Girardin, ce qui correspond à une densité de 1032. Mais on l'emploie rarement en cet état. Les domestiques des maisons de Lille, qui le vendent ordinairement à leur profit, ont soin de l'allonger le plus qu'ils peuvent pour en retirer plus d'argent.

Il tombe sous le sens que, plus l'engrais contient d'eau, plus sa valeur fertilisante est réduite et plus il en faut pour produire un effet déterminé. Ainsi, si l'engrais se compose de 950 parties d'eau et de 50 de matières fixes, son efficacité sera cinq fois plus grande que s'il ne contenait que dix parties de ces dernières pour 990 d'eau. Dans le premier cas, s'il vaut 15 fr. les 1000 k., il ne vaudra que 3 fr. dans le second. Il y a donc là une grande différence de valeur. Existe-t-elle en même temps et dans la même proportion dans les prix de vente ? Il est permis d'en douter. Lorsqu'on y ajoute de l'eau sans nécessité, c'est certainement avec l'espoir d'obtenir pour cette eau le même prix, ou à peu près, que pour l'engrais pur. Si le cultivateur n'est pas attentif, s'il se laisse éblouir par une diminution insuffisante de prix, il risque fort d'être trompé et non-seulement de perdre une partie de la valeur de son engrais, mais encore de compromettre sa récolte. Pour échapper autant que possible à ce danger fort grave, il en est qui font usage de l'aréomètre. Cette précaution est très bonne lorsque l'engrais n'est fraudé qu'avec de l'eau ; mais elle est complètement insuffisante lorsque l'adultération a lieu tout à la fois avec de l'eau et des matières terreuses sans valeur, donnant au mélange une densité égale à celle de l'engrais normal. Mais, lors même que le cultivateur ne paierait les matières que le prix qu'elles valent réellement, il y aurait toujours pour lui un très grand désavantage, surtout lorsqu'il a un long trajet à faire, à acheter un engrais faible, puisqu'il peut se trouver par là dans le cas de transporter et de répandre trois ou quatre parties pour une de matières inutiles. S'il est des circonstances qui exigent que son engrais soit étendu d'eau, c'est un soin qu'il doit prendre lui-même et qui lui coûtera toujours beaucoup moins cher.

On peut employer l'engrais flamand, comme le purin, en arrosage et dans les mêmes circonstances. Mais dans la petite culture on le répand ordinairement à la main, à l'aide d'écopes de diverses formes, après l'avoir transporté dans les champs, à bras ou à l'aide de brouettes spéciales. C'est ordinairement aux cultures sarclées qu'on l'applique en quantités très variables et souvent très irrationnelles. Le cultivateur intelligent doit procéder ici, comme pour tout autre engrais, en déterminant d'abord la valeur fertilisante de la gadoue et en proportionnant à cette valeur la quantité à répandre. Ce serait l'exposer à de graves mécomptes que de lui fixer des doses qui peuvent varier du simple au quadruple et même plus. Mais on doit lui recommander d'éviter soigneusement tout excès dans la fumure, attendu que l'azote dominant sur les minéraux et notamment sur les phosphates dans cet engrais, celui-ci pousse beaucoup plus à la végétation foliacée qu'à la fructification. Des céréales qui en recevraient une quantité trop forte, verseraient infailliblement. Les betteraves donneraient plus de feuilles que de racines, et c'est probablement à quelque chose de semblable que M. Girardin doit d'avoir trouvé ces deux parties d'un poids égal dans cette espèce de plante. Les végétaux qui peuvent le mieux supporter un excès de gadoue, sont : les fourrages, le tabac, le colza, l'œillette, le lin, le chanvre, les choux et quelques racines.

On prétend que cet engrais communique un mauvais goût aux légumes auxquels on l'applique, et qu'il nuit à la formation du sucre dans la betterave. Il y a peut-être un peu d'exagération dans tout cela, à moins cependant que la dose ne soit excessive et qu'elle ne soit appliquée pendant la végétation. Mais il n'en est plus de même, quelle que soit la quantité employée, lorsqu'on la répand avant la semaille et qu'on l'incorpore au sol par un labour convenable. Dans ce cas, la gadoue, ou la courte graisse, comme on l'appelle dans le pays, ne communuique pas plus d'odeur aux plantes que le fumier dont elle prend la place en tout ou en partie, mais auquel elle ne peut être indéfiniment substituée, à moins qu'on n'y ajoute les principes qui lui manquent pour en faire un engrais complet. Si on la renforçait en phosphate et en alcalis quand on l'applique à la betterave, elle ne nuirait pas plus à la fermentation du sucre dans cette plante que le meilleur de tous les engrais.

—

Section 2. — La poudrette et autres engrais provenant d'excréments humains.

Depuis que nous avons abordé l'étude du fumier, il n'a été question jusqu'ici que d'engrais utilisés par la culture à peu près dans l'état où les hommes et les animaux les produisent naturellement. Nous allons examiner maintenant les diverses séries d'engrais industriels ou commerciaux proprement dits. Mais avant d'aller plus loin, je crois nécessaire de bien préciser quelques principes généraux qui seront d'un puissant secours dans cette nouvelle étude.

Le plus important de ces principes, est celui qui veut que les engrais contiennent exactement les substances nécessaires à l'alimentation des plantes. Mais comme ces dernières sont très diversement composées, il semble que la même diversité devrait exister dans les engrais si, en fait, ils n'étaient ordinairement destinés à alimenter une succession de récoltes dont la composition moyenne peut se représenter par un type unique se rapprochant beaucoup de celle du fumier généralement adopté comme engrais normal. Mais il est évident que ce type moyen ne pourra convenir que dans le seul cas où il sera employé à la fois pour plusieurs récoltes successives, puisqu'alors, si la première de ces récoltes est plus exigeante en une substance quelconque, elle la trouvera dans le total de la fumure dépassant ses propres besoins. Il en serait autrement si l'engrais n'était appliqué qu'à telle ou telle culture spéciale pouvant exiger d'une certaine substance plus que l'engrais n'en contiendrait. Dans ce cas, la récolte, à moins que le sol ne puisse pourvoir par lui-même, ne dépasserait pas la proportion de la substance qui se trouverait en moindre quantité, et l'excédant des autres matières formerait une réserve dans le sol. C'est ainsi, par exemple, que tout engrais dont la composition correspondrait seulement à celle du fumier normal, serait assez riche en alcalis, mais non en acide phosphorique, pour donner une pleine récolte de froment, de seigle ou d'orge, en prenant l'azote pour base de la fumure. Il suffirait amplement à la végétation de l'avoine et du colza. Il manquerait d'une proportion suffisante d'alcalis pour la betterave, la carotte, le panais, l'ivraie vivace, le lin, etc. Il faudrait donc, si l'on fumait chacune de ces récoltes spécialement, ou bien employer un excès d'engrais, ou bien ajouter la substance manquante, ou bien enfin choisir parmi les engrais commerciaux déjà nombreux, celui dont la composition se concilierait le mieux avec la circonstance.

Parmi les substances qui concourent à l'alimentation des plantes, on doit regarder comme étant les plus essentielles dans les engrais, l'azote, l'acide phosphorique, les alcalis, la magnésie. Le carbone, la silice, la chaux, le fer, les acides sulfurique et hydrochlorique ne viennent qu'en seconde ligne. Ce n'est pas que la végétation puisse se passer des unes plus que des autres. Toutes lui sont également indispensables. Mais le cultivateur n'a pas autant à se préoccuper des dernières, parce que rendant généralement à sa terre les fourrages et les pailles qu'elle produit, ces denrées opèrent une restitution à peu près suffisante de ces matières. L'atmosphère fournit en outre une très forte proportion d'acide carbonique. Sil faut un supplément de chaux, on l'obtient plus économiquement des chaufourniers ou des marnières que des fabricants d'engrais. On ne peut guère d'ailleurs apporter de l'acide phosphorique dans le sol sans y apporter de la chaux en même temps. Il n'y aurait donc lieu de se préoccuper sérieusement de cette seconde catégorie de substances qu'autant qu'il serait fait un usage exclusif ou tout au moins principal des engrais industriels. Je n'entends toutefois modifier en rien ici les principes que j'ai exposés au chapitre du carbone.

Mais en ce qui touche les substances réputées essentielles, il s'en faut de beaucoup que la restitution opérée par le fumier soit toujours suffisante. D'abord, nous avons vu (page 358), que la culture française produit à peine les $^2/_3$ de celui qui serait nécessaire pour réparer l'épuisement causé par les récoltes. Nous avons vu également (page 344), qu'il peut se faire que le fumier produit par une ferme, fût-il assez abondant au point de vue de l'azote pour pourvoir, sous ce rapport, aux besoins de toutes ses cultures, ne restitue pas entièrement à un assolement rationnel les alcalis et l'acide phosphorique enlevés par les plantes. Il est juste de remarquer toutefois que cette hypothèse roule uniquement sur la supposition que le sol ne peut fournir à la végétation ni acide phosphorique ni alcalis.

Sans doute, c'est le contraire qui aura lieu le plus souvent, et dans ce cas, il n'y aura pas de déficit pendant un temps plus ou moins long; mais ce qui ne me paraît pas douteux, c'est qu'une terre à laquelle on prend continuellement 3 en ne lui rendant que 2, ne finisse par se ruiner complétement. Ce n'est là qu'une question de temps. Quant au fait en lui-même, il est inévitable, au moins en règle générale. La Sicile, jadis si fertile, et plusieurs contrées de l'Amérique, en fournissent des preuves irrécusables.

Sans doute encore, on peut éviter ces déficits par des combinaisons de cultures moins épuisantes ou opérant des compensations. C'est ainsi, par exemple, que si l'on convertissait en sexennal l'assolement quadriennal de la page 344, en y introduisant comme à Grignon, une sole d'orge et une de colza, et en portant la fumure à 80,000 k., au lieu de 47,000, le déficit se réduirait à presque rien en supposant une récolte possible de 30h de chacune de ces denrées. Ainsi, le fumier normal peut suffire pour entretenir indéfiniment la fertilité d'une terre quelle qu'elle soit, à la condition toutefois d'en régler l'assolement en conséquence. Mais ce n'est pas là, comme on le voit et comme on le verra bien mieux encore plus tard, une question aussi simple qu'on se l'imagine généralement. A la vérité, il est des circonstances où la question de la fertilisation doit se subordonner à celle du système de culture au lieu de la dominer. Le cultivateur peut toujours compléter un engrais, tandis qu'il doit se soumettre pour son assolement à la loi du climat, des débouchés, etc. Il n'est donc pas toujours en son pouvoir d'adopter une combinaison qui rende son fumier suffisant.

Cependant, on peut tenir pour vrai, en thèse générale, que tout engrais dont la composition en azote et en substances minérales concordera avec celle du fumier normal, pourra très bien sinon suppléer entièrement ce dernier, du moins lui servir de complément tout aussi efficace que lui. Mais puisqu'il peut se présenter, même assez souvent, des circonstances où cette composition ne réponde pas suffisamment aux besoins d'une ou plusieurs récoltes, en ce qui concerne les alcalis et l'acide phosphorique notamment, on doit en conclure que tout engrais un peu plus riche sous ce double rapport, ne pourra que mieux assurer le succès des cultures. Sans doute, rien ne serait plus facile en pareil cas, au cultivateur, que de renforcer son engrais par une addition de ces deux substances, qu'il pourrait aisément se procurer dans le commerce; mais comme un tel soin compliquerait sa tâche, et comme souvent il n'est pas assez exercé à ces sortes de combinaisons pour les exécuter sans risquer de commettre quelques erreurs nuisibles, mieux vaudrait, pour lui, trouver un engrais tout préparé pouvant être employé fructueusement dans toutes les circonstances possibles. Il n'y aura jamais aucun inconvénient à ce que cet engrais contienne un peu plus d'alcalis et de phosphate que besoin ne serait, tandis que l'inverse pourrait être préjudiciable. Ces substances ne sont d'ailleurs pas assez chères pour qu'un petit excès de l'une ou de l'autre augmente sensiblement la dépense de fertilisation.

Ces principes admis, il s'agit de déterminer la formule d'un engrais capable de subvenir aux besoins d'un assolement, qui comprendrait les cultures les plus exigeantes en acide phosphorique et en alcalis, à la condition, bien entendu, d'une alternance rationnelle. Je crois que les deux formules suivantes, dont l'une présente *un minimum* correspondant à la composition du fumier normal, et l'autre un maximum relativement aux deux substances dont il s'agit, répondent à toutes les nécessités de la culture.

	Minimum.	Maximum.
Azote pour 100 parties.	4 parties	4
Acide phosphorique	2,	2,50
Alcalis dont $^1/_3$ au moins en potasse	5,25	7
Magnésie	2,50	2,50.

Il va de soi, que le dosage en azote pourra être plus ou moins fort, pourvu que celui des autres substances lui soit proportionnel.

Il n'est pas une seule terre quelle que soit sa composition pourvu que les substances du second ordre n'y fassent pas défaut, qui ne puisse, avec la composition maximum qui vient d'être indiquée, produire une succession de pleines récoltes, lorsque le sol n'absorbera pas à son profit une partie des substances fertilisantes. Je suppose ici que l'engrais sera employé exclusivement. Mais il pourrait n'en être pas de même s'il n'apportait qu'un simple contingent dans la fumure. Si la composition moyenne des récoltes se représente par la formule maximum, et si le fumier normal intervient dans la fertilisation pour une partie seulement, il est bien évident qu'il ne pourra pas nourrir complètement la fraction de la récolte à laquelle il correspondra par l'azote seulement, et que dans ce cas, l'engrais complémentaire devra contenir en supplément toutes les substances manquant au fumier. Un calcul, très facile à vérifier, prouve que si l'engrais industriel participe à la fumure pour les $^6/_{10}$, le dosage de l'azote restant invariable, celui de l'acide phosphorique, qui est de 2,50, devra monter à 2,83 et à 3,25, si cet engrais intervient pour les $^4/_{10}$, et enfin à 4,50 si son contingent n'est que des $^2/_{10}$.

Le dosage des alcalis suivra, dans les mêmes cas, une progression analogue, mais un peu plus forte.

Or, comme les engrais du commerce entrent plus souvent dans la fertilisation comme de simples compléments que comme agents uniques ou exclusifs, il serait donc bon que le cultivateur pût, au besoin, s'en procurer qui répondissent aux exigences qui viennent d'être spécifiées, sans dépasser toutefois 4,50 parties d'acide phosphorique (9,28 de phosphate des os), et 14 d'alcalis pour 4 parties d'azote. Tout ce qui excéderait ces quantités *maxima*, serait parfaitement inutile et par cela même onéreux.

Lorsqu'on aura besoin d'engrais particulièrement phosphatés, comme, par exemple, dans la fertilisation des landes défrichées, le noir animal, le phosphate fossile, les guanos riches en acide phosphorique et pauvres en azote, tels que ceux des îles Swann, des îles Baker et Jarwis, le phospho-guano lui-même s'il ne coûtait pas le double de ce qu'il vaut, seront d'un emploi plus économique. Ce que le cultivateur ne doit jamais perdre de vue, c'est que l'azote étant la plus chère de toutes les matières fertilisantes, c'est toujours lui qui doit servir de base dans le calcul de toutes les fumures. Il ne faut par conséquent l'employer que là où il est absolument nécessaire. Hâtons-nous de dire toutefois, qu'il est bien peu de cas où cette nécessité ne se fasse impérieusement sentir.

Mais lorsque le cultivateur ne trouvera pas facilement dans le commerce un type d'engrais selon ses besoins, il pourra toujours en composer ou en compléter un au moyen des substances les plus utiles qu'il est aujourd'hui possible de se procurer aisément à peu près partout. Avec du nitrate de soude et un phosphate calcaire assimilable, par exemple; ou bien, avec un sel ammoniacal et des cendres vives; ou bien encore avec un sel ammoniacal, un phosphate et de la potasse brute, ou un sel de potasse impur, rien ne sera plus facile que de compléter une fertilité quelconque. Mais je ne dois pas taire que toutes ces substances, bien qu'efficaces, ne vaudront jamais tout à fait les engrais composés principalement de matières animales, parce que ceux-ci contiennent toujours des substances organiques qui, non-seulement sont utiles par elles-mêmes, mais qui produisent encore des réactions d'un très bon effet. Malheureusement, presque tous ces engrais, dans l'état actuel de leur fabrication, manquent d'une proportion suffisante d'alcalis. De ce qu'il a été reconnu que les phosphates étaient, dans la plupart des cas, indispensables dans les engrais, quelques fabricants et même quelques écrivains sont allés jusqu'à les considérer comme étant seuls nécessaires, faisant ainsi bon marché des alcalis et même de l'azote. C'est là une déplorable erreur. Je ne prétends pas pour cela que les engrais principalement phosphatés n'aient pas un grand mérite. Je reconnais au contraire qu'ils peuvent rendre d'importants services. Mais il est certain qu'employés isolément, ils ne peuvent être efficaces que dans les sols où ils rencontreront toutes les autres substances nécessaires à la végétation. Il est peu de circonstances où ils seront aussi utiles que dans les défrichements de landes. Mais je ne sache pas qu'on ait jamais vu leur efficacité s'y prolonger au-delà de trois ou quatre ans sans l'emploi simultané du fumier ou sans alterner avec lui. Que l'on consulte sur ce point les grands défricheurs, ceux du moins qui opèrent avec sagacité et prudence, M. Rieffel, de Grand-Jouan, en tête, j'ai l'intime conviction qu'ils confirmeront ce que j'avance, en me fondant d'ailleurs sur une longue expérience; car, moi aussi, j'ai fait des défrichements, et je sais à quoi m'en tenir à cet égard. Il n'y a donc aucune raison, en thèse générale, de donner le pas aux phosphates sur les autres substances, et notamment sur les alcalis dont l'indispensabilité ne peut pas être mise un seul instant en doute.

A la vérité, quelques fabricants commencent à revenir de cette erreur dont l'évidence a été très bien démontrée par M. Rohart. Je citerai particulièrement M. Jaille, d'Agen. Mais en dehors de ces deux exceptions, les engrais dans lesquels la potasse et la soude se trouvent en proportions normales, comme dans le fumier, sont encore fort rares. Cela vient de ce que l'on a trop cru jusqu'ici à la richesse du sol en alcalis. On a analysé des terres que l'on supposait en contenir très peu, parce que l'argile ne s'y trouvait qu'en faible proportion, et comme on y a rencontré jusqu'à 20,000 k. et plus de potasse par hectare, on en a conclu qu'il était inutile de se préoccuper de cette substance. Mais ces mêmes terres contenaient également des masses considérables de phosphates et d'ammoniaque, et cependant on ne pouvait rien en obtenir sans engrais. C'est que les minéraux du sol s'y trouvent, le plus souvent, dans un état de combinaison et d'agrégation qui ne permet pas aux plantes de s'en emparer. Ce n'est que par l'action répétée des labours et sous l'influence de l'air, du gel, du dégel, des pluies que ces matières consistant en fragments de roches plus ou moins divisées, se décomposent successivement et acquièrent un degré de solubilité suffisant pour pouvoir être absorbés par les plantes. Mais ces actions sont toujours excessivement lentes et ce serait grandement s'abuser que d'en attendre une fertilisation dispensant le cultivateur de toute contribution sous ce rapport, au moins en ce qui concerne les terrains primitifs, c'est-à-dire, ceux qui ne sont pas recouverts d'une couche alluviale plus ou moins riche en débris organiques et en roches décomposées. Il est certain que, sur plusieurs points, il existe des vallées très fertiles qui ne doivent leur richesse qu'à de semblables alluvions ; mais ce ne sont là que des exceptions.

Lorsque d'ailleurs on rencontre dans les sols de la potasse libre, elle s'y trouve le plus souvent soumise à la loi d'absorption qui a été expliquée au commencement de cette étude et dans des conditions telles, que les plantes ne peuvent s'en emparer qu'en très faible proportion, lorsque la terre n'en est pas saturée. Il faut pour cela qu'elle se combine avec l'acide nitrique, ainsi que nous l'avons vu en parlant des nitrifications qui se produisent spontanément dans le sol. C'est donc, à mon sens, commettre une énorme faute que de chercher à dépouiller celui-ci des substances qu'il retient ainsi et dont la présence permanente dans son sein est indispensable pour qu'il puisse laisser ultérieurement à la disposition des récoltes la totalité des engrais qu'on lui donne, et c'est évidemment à quoi l'on travaille toutes les fois que la fumure n'est pas suffisamment riche en alcalis, ou en tout autre principe non moins utile. Voici une comparaison qui fera mieux saisir ma pensée. Vous avez un cheval en bon état et qui, pour pouvoir vous fournir une somme de travail déterminée, exige tout à la fois, comme nous l'avons vu précédemment, non-seulement une ration d'entretien, mais encore une ration de production. Si vous le forcez à vivre et à travailler en lui retranchant l'une de ces deux rations, ou seulement l'un de ses éléments essentiels, il est de toute évidence, ou bien qu'il ne vous donnera pas de travail, ou bien qu'il ne vous en donnera qu'un mauvais en y sacrifiant successivement une partie des principes de sa constitution. Aussi, dans ce cas, le verrez-vous maigrir rapidement à mesure que les substances accumulées dans son organisme par sa ration d'entretien s'épuiseront, et finalement, il devra succomber sous l'influence d'un pareil régime. Quoique n'étant pas aussi apparentes, les choses se passent absolument de la même manière dans le sein de la terre. Celle-ci ne périt pas, mais elle devient stérile lorsqu'on la force à produire aux dépens des éléments de sa constitution. Ce n'est, comme je l'ai déjà dit, qu'une simple question de temps. Ainsi donc, lorsque l'engrais manque totalement ou partiellement d'alcalis, il est indispensable de le renforcer par un sel de potasse quelconque, si l'on veut faire de cet engrais un emploi indéfiniment prolongé. Et ceci s'applique aussi bien aux excréments humains qu'à tous les guanos naturels et artificiels, lorsque leur composition ne concorde pas avec les formules données plus haut. Autrement, tous les engrais du commerce, quoiqu'ayant chacun sa valeur propre, ne peuvent être considérés que comme de simples auxiliaires du fumier, et ne peuvent le remplacer que transitoirement ou à titre de complément. En étudiant chacun d'eux en particulier, je m'appliquerai, autant que possible, à préciser leur véritable rôle, et le parti le plus économique que l'on en peut tirer en commençant par ceux qui font l'objet de la présente section; savoir :

A. La Poudrette. Ce que l'on vend sous ce nom, n'est que

de la matière fécale desséchée par un procédé un peu primitif, vivement critiqué par quelques écrivains à raison de la grande quantité de substances fertilisantes que, dit-on, il laisse perdre. Lorsqu'il s'agit de traiter de pareilles matières, fort peu maniables, excessivement encombrantes, d'un parfum peu agréable, d'une valeur première très faible et dont les $^9/_{10}$ consistent en une eau inutile, ce que l'industriel a dû chercher d'abord, c'était un procédé facile qui lui permît de créer économiquement des produits utiles par l'emploi de substances abandonnées. S'il n'a pu y réussir qu'en sacrifiant une partie de la matière première, mieux valait agir ainsi que de laisser le tout couler à la rivière. Celui qui est assez courageux pour se dévouer corps et biens à une semblable entreprise, rend incontestablement service à la société et si ce service n'est ni aussi grand ni aussi parfait qu'il pourrait l'être ou qu'il serait à désirer qu'il le fût, il n'en a pas moins des droits à la reconnaissance publique. Il est aisé de critiquer, mais l'art est difficile. Si la poudrette a survécu aux nombreuses tentatives de perfectionnements faites jusqu'à ces derniers temps, c'est que vraisemblablement on n'a pas pu trouver les moyens d'opérer sinon mieux, du moins aussi économiquement, ce qui est la condition vitale de toute entreprise industrielle. Au surplus, dit-on, chaque jour suffit sa peine. Le plus important était d'établir les premières assises d'une industrie qui, pas plus qu'aucune autre, ne peut rester en arrière dans un siècle de progrès, mais dont le développement est nécessairement subordonné à celui de l'agriculture. Si elle a d'abord été forcée de laisser perdre une partie de ses matières, nous ne tarderons pas à voir qu'il n'en est plus tout à fait de même aujourd'hui, quoiqu'il s'en faille de beaucoup encore qu'elle les utilise en totalité.

Pendant longtemps le procédé de fabrication de la poudrette a consisté à recueillir les vidanges dans de vastes bassins disposés en étages. On commençait par les placer dans le plus élevé au fond duquel les matières solides se déposaient. Le départ des urines et des fèces ainsi opéré, on ouvrait une vanne qui laissait écouler la partie liquide dans le bassin immédiatement inférieur où elle entraînait toujours un peu de matière solide qui s'y déposait aussi après un certain temps de repos. On se débarrassait ensuite des eaux vannes comme on pouvait, faute d'un moyen économique pour en tirer parti. C'est en cela que consistait la plus grande perte, attendu que ces eaux vannes contenant toutes les matières solubles des vidanges, entraînaient la meilleure partie de l'engrais. Ce qui s'en perdait par la volatilisation était relativement insignifiant, les émanations consistant beaucoup plus en hydrogène sulfuré qu'en ammoniaque, qui est cent fois plus soluble et que l'eau, par conséquent, retient beaucoup plus énergiquement. Mais si l'on traite toujours de la même manière les matières solides, on tire un meilleur parti des eaux vannes en les distillant pour en extraire l'ammoniaque. C'est du moins ce qui se pratique à l'usine de Bondy, qui est l'établissement le plus important parmi tous ceux du même genre existant en France.

Quant aux matières solides, on les retire des bassins à l'état de pâte et on les entasse sur des plate-formes voisines, un peu convexes, où elles se dessèchent à la longue moyennant qu'on les remue à la pelle de temps à autre. Mais cette dessication n'est jamais complète. La poudrette retient toujours environ 30 p. °/₀ d'eau.

La Compagnie Richer, fermière des Voieries de Paris, livre chaque année à l'agriculture de 200 à 300 mille hectolitres de cet engrais, ce qui suppose une manutention d'au moins trois à quatre millions d'hectolitres de matières tant solides que liquides, et par conséquent l'emploi des déjections d'environ 700 mille habitants.

La poudrette de Bondy, d'après les prospectus de la Compagnie, dose de 1,40 à 2 p. °/₀ d'azote avec 4 à 6 p. °/₀ de phosphate. Mais on ne dit pas quelle est sa richesse en autres principes. On peut la présumer toutefois, d'après une analyse faite, il y a près de 20 ans, par M. Soubeyran, sur de la poudrette de Montfaucon. Comme c'est la même matière et à peu près le même mode de fabrication, la composition du produit doit être sensiblement la même. Cependant, M. Soubeyran a trouvé plus de phosphate que MM. Richer et Compagnie n'en accusent. Voici du reste cette analyse :

Humidité.		28
Matières organiques		29
Sels solubles alcalins		» 43
Carbonate et sulfate de chaux		7.74
Phosphate ammoniaco-magnésien. . .	6.55	10.01
Id. équivalant à celui des os. .	3.46	
Matières terreuses		24.82
Azote 1,78 p. %.		100 »

Ce qui surprend dans cette analyse, c'est l'absence presque complète de sels alcalins. Ce fait ne peut pas être normal, bien que l'on puisse dire que tous les sels solubles ont été entraînés par les eaux vannes. Mais cela n'est vrai que pour les eaux vannes que l'on a expulsées, et elles ne le sont pas toutes puisque la poudrette après dessication en retient encore 30 p. %, ce qui permet de supposer que la matière pâteuse lors de son exposition sur la plate-forme en contenait au moins autant que les excréments solides de l'homme contiennent d'eau lorsqu'ils ne sont pas mêlés aux urines, c'est-à-dire de 70 à 75 p. %. La poudrette doit donc se composer d'une part, des éléments particuliers aux excréments solides et qui peuvent se représenter par 0,40 d'azote avec 73 p. % d'eau, ou par 0,70 d'azote avec 30 p. % d'eau seulement, et d'autre part, de ceux de 73 parties d'urine réduites à 30 après dessication. Pour que la poudrette puisse doser de 1,40 à 2 d'azote, moyenne 1,70, il faut donc que les 73 parties d'urine l'aient enrichie de 1 p. % d'azote. Il n'y a vraiment rien d'improbable en cela, car on ne saurait douter que l'urine après avoir séjourné pendant longtemps dans de vastes dépotoires ne s'y soit sensiblement concentrée par l'évaporation d'une partie de son eau, après quoi elle peut très bien doser 1,37 d'azote lorsqu'elle en est extraite mélangée avec les fèces, dosage qui serait seulement nécessaire pour qu'elle pût enrichir la poudrette de 1 p. %. Cette explication prouve que si la poudrette, malgré son exposition à l'air pendant des années entières, retient à peu près intégralement l'ammoniaque de l'urine et celle des matières solides, les pertes alléguées ont beaucoup de ressemblance avec les bâtons flottants du fabuliste. Elle prouve encore que si la poudrette s'enrichit de l'azote des urines mêlées aux matières solides lors de l'extraction de celles-ci des dépotoires, elle doit à plus forte raison avoir retenu leurs sels alcalins. Ces conclusions sont pleinement confirmées par une analyse de la poudrette de Bondy, due à M. Lhote qui, pour 1,58 d'azote y a trouvé 2,15 de potasse et de soude avec 4,18 d'acide phosphorique représentant 8,60 de phosphate des os. Ce dernier chiffre étant sensiblement plus fort que ceux accusés par MM. Richer et Compagnie, nous nous en tiendrons à la moyenne de ces derniers, savoir : Azote 1,60, phosphates 5 en y ajoutant 2,15 pour les alcalis, d'après M. Lhote, et nous apprécierons tout à l'heure cette composition en la comparant à celle du fumier normal.

La poudrette telle que l'industrie la livre à l'Agriculture, est d'une couleur brune, et ne dégage plus qu'une faible odeur. Celle de Bondy coûte en fabrique 5f l'hectolitre ras du poids de 75 k. environ. Moyennant la combinaison dont je parlerai tout-à-l'heure, elle pourrait être employée dans toutes les terres et pour toutes les cultures.

D'après MM. Richer et Cie, la poudrette de Bondy ayant sous le rapport de l'azote quatre fois la valeur du fumier, il en faut quatre fois moins pour produire une fertilité égale. Ainsi, une fumure moyenne de 10,000 k. d'engrais d'étable dosant 0,40, pourrait être remplacée par 2500 k. de poudrette dont la teneur serait de 1,60, ou par 33h coûtant 165f non compris le transport. Ce calcul suppose nécessairement que la poudrette contient une proportion normale d'alcalis. Mais comme son dosage en phosphates, en le supposant de 5 p. % en moyenne, excède les besoins de la végétation, il me semble qu'il serait facile de diminuer sensiblement le prix de cet engrais, tout en lui donnant une valeur fertilisante plus grande et correspondant mieux à celle de l'engrais, type dont j'ai précédemment formulé la composition. Il suffirait, pour cela, d'ajouter à la poudrette une quantité d'azote et d'alcalis suffisante pour ramener sa composition aux proportions de celle de l'engrais type. Ainsi,

	Azote	Phosphates	Alcalis
admettant pour 2500 k...	40	125	53.75
il faudrait ajouter........	60	»	121.25
pour avoir..............	100	125	175 »
correspondant à.........	4	5	7

Cette addition peut se faire au moyen de :

266 k.	de sulfate d'ammoniaque dosant 21,37 d'azote et coûtant	101.30
200 k.	de sulfate de potasse, résidu des fabriques d'acides nitrique et sulfurique	30. »
2500 k.	de poudrette	165. »
2966 k.	d'engrais revenant à	296.30

soit à 10f les 100 k. au lieu de 6f65. Mais le dosage en azote de cet engrais serait de 3,37 au lieu de 1,60, et il n'en faudrait pour remplacer 10,000 k. de fumier que 1187 k. coûtant 118f70, au lieu 2500 k. du prix de 165f. Ainsi, économie de 28 p. % sur le prix d'achat, de 50 p. % sur les frais de transport, et récolte beaucoup plus assurée, tels seraient les avantages de cette combinaison.

Je livre ces calculs aux nombreux cultivateurs qui font usage de la poudrette pour engrais. Je n'ai pas essayé le mélange que je conseille. J'oserais néanmoins en garantir l'efficacité moyennant, bien entendu, que la poudrette contient exactement les principes élémentaires qui font la base de mon calcul, ce qu'il sera toujours prudent de constater préalablement ou de se faire garantir. On arriverait au surplus au même but, en renforçant la poudrette de 365 k. de nitrate de soude coûtant 146f. Dans ce cas, l'engrais total ne serait que de 2865 k. dosant 3,49 d'azote, et revenant à 10,50 le quintal métrique. Mais comme il n'en faudrait que 1143 k. au lieu de 1187 de la première combinaison, la dépense serait exactement la même à 0,30c près. Or, comme le nitrate de soude et la poudrette produisent séparément de bons effets sur la végétation, il n'y a pas lieu de douter un seul instant qu'en se complétant l'un par l'autre, ils n'en produisent de bien meilleurs encore.

B. Le Noir animalisé. C'est ici le cas de dire quelques mots d'un autre mode de préparation des matières fécales, dont il a été fortement question dans un temps, mais qui paraît abandonné aujourd'hui par l'industrie, quoiqu'il ait sur la fabrication de la poudrette l'énorme avantage d'utiliser les matières sans en perdre la moindre partie.

La manutention de ces matières présentant d'assez graves inconvénients par l'odeur infecte qu'elles répandent, M. Salmon eut l'idée, il y a environ 40 ans, de mêler les vidanges préalablement désinfectées par une addition de couperose, avec un corps poreux absorbant et pulvérisé. Il prit un brevet pour son procédé qui donna lieu à la création de quelques fabriques dans plusieurs centres populeux.

Pour pouvoir opérer avec économie, il fallait trouver une substance peu coûteuse douée de ce pouvoir absorbant ou à laquelle on put le faire acquérir à peu de frais. C'est à quoi l'on crut être parvenu en carbonisant en vase clos certaines terres, de la tourbe ou autres matières analogues. Le résidu de cette carbonisation étant mélangé avec les matières fécales dans la proportion de la moitié du poids de ces dernières, on obtenait ainsi un engrais pulvérulent, inodore, peu altérable à l'air, d'une décomposition plus lente que la poudrette ordinaire, et que l'on disait également plus riche en principes fertilisants, malgré la forte proportion de matières inertes qu'il contenait. La *Maison rustique du 19ᵉ siècle* est même allée jusqu'à avancer que « le nouvel engrais connu sous le nom de noir animalisé, représentait un effet utile AU MOINS DÉCUPLE de celui qu'on obtiendrait d'une masse égale de matières fécales desséchées selon les procédés usuels. »

J'ai fait un essai de ce noir animalisé il y a une trentaine d'années, alors que la théorie des engrais était loin d'être aussi bien établie qu'elle l'est aujourd'hui. Le fait est que j'en ai obtenu un bon résultat dans une culture de betteraves; mais quoique mon essai n'ait pas été fait comparativement à de la poudrette, j'ai la conviction que celle-ci m'aurait donné un résultat tout aussi satisfaisant pour une même quantité de matières utiles. Il m'est impossible toutefois de rien dire de plus précis sur ce point, parce qu'alors on employait les engrais un peu à tâtons sans trop savoir ce que l'on faisait. C'est bien encore ce qui a souvent lieu aujourd'hui. Seulement, on possède maintenant des notions dont on ne profite que très peu. Si on les avait eues alors, on aurait compris beaucoup plus tôt que 66 parties $^2/_3$ de matières fécales mêlées à 33 parties $^1/_3$ de substances inertes, ne pouvaient équivaloir qu'aux $^2/_3$ des mêmes matières desséchées par les procédés usuels, au lieu de valoir dix fois plus. Ajoutons à cela que le nouvel engrais quoique inférieur en qualité à l'ancien, était d'un prix plus élevé. L'insuccès de cette entreprise et de plusieurs autres plus ou moins analogues, montre que ce n'est pas une chose précisément facile que de tirer la quintessence des matières fécales. Voici un autre insuccès du même genre.

C. L'Urate. On a, depuis une centaine d'années, essayé de solidifier les urines au moyen de la chaux, de la marne, du plâtre et même de la terre. Vers 1820, une tentative semblable fut faite en grand à la voirie de Montfaucon. Elle consistait à mêler une partie d'urine à une partie de plâtre d'où résultait un mortier qui se solidifiait assez promptement, et dont la dessication s'opérait sous des hangars, après quoi on le pulvérisait mécaniquement. C'est à ce mélange qu'on avait donné le nom d'*urate*, qui, pour le cas dont il s'agit ici, n'a plus qu'une valeur historique, car cette industrie n'était pas née viable. Desséchés, 150 k. de cet urate ne contenaient que les principes de 100 k. d'urine, et par conséquent environ 0,600g d'azote par quintal métrique du mélange. L'emploi direct de l'urine eut donc été beaucoup plus économique, puisqu'il eut épargné un tiers des frais de transport, la dépense du plâtre, les frais de manutention et le bénéfice légitime du fabricant.

L'enseignement qui résulte de là, c'est que ce ne peut être une bonne spéculation que de chercher à utiliser les urines et les matières fécales en augmentant leur poids sans augmenter simultanément leur richesse en principes fertilisants. L'histoire du noir animalisé vient à l'appui de cette proposition. Ce qui serait préférable à tous égards, ce serait au contraire de trouver un moyen économique de concentrer leur richesse sous un volume et un poids moindres. C'est là ce que tentent MM. Blanchard et Chateau dont je parlerai bientôt, et c'est également là ce qu'avait essayé M. Chodsko en vaporisant les urines dans un bâtiment de graduation comme ceux qu'on voit dans quelques salines. Il obtenait ainsi une poudrette brune presque deux fois plus riche en matières organiques et 3 fois plus en azote que la poudrette ordinaire, mais ne contenant pas sensiblement plus d'acide phosphorique. L'évaporation produite par ce procédé étant considérable, devait nécessairement entraîner une grande partie de l'ammoniaque. C'est ce que montre la pauvreté relative du résidu qui aurait dû contenir non pas trois fois, mais 7 à 8 fois au moins autant d'azote que la poudrette. Toutes ces tentatives infructueuses prouvent du moins que l'utilisation des déjections humaines a donné jusqu'ici de l'occupation à l'esprit et à l'activité d'un grand nombre d'hommes industrieux, dont les efforts malheureusement n'ont pas toujours été récompensés par le succès autant qu'ils le méritaient. Voici maintenant une nouvelle entreprise qui a une bien grande analogie avec le noir animalisé et avec l'urate, mais qui, espérons-le, aura un meilleur sort.

D. La chaux animalisée et la chaux supersaturée. La Cie chaufournière de l'Ouest, à la tête de laquelle est M. Mosselman, produisant des quantités considérables de chaux grasse, a eu l'idée, dans ces derniers temps, d'ouvrir un plus grand débouché à ce produit, en le convertissant en engrais par son mélange avec de la matière fécale. Cette dernière entrant en plus grande proportion que la chaux dans l'engrais, c'est par cette raison que je parle ici de ce dernier, au lieu de le renvoyer au chapitre des engrais calcaires.

Les produits fertilisants de la Cie chaufournière sont de deux sortes, mais très analogues. L'un consiste en un mélange de trois parties de vidanges pâteuses avec une partie de chaux grasse pure. C'est la *chaux animalisée*. L'autre est formé de trois quarts d'urine ou liquide de vidanges, et également d'un quart de chaux grasse. C'est la *chaux supersaturée.*

Le procédé de fabrication est des plus simples. Il consiste à éteindre 80 litres de chaux vive avec 40 litres d'urine ou de tout autre liquide de vidange. Ce qu'il y a de mieux pour cela, ce sont les urines fraîches, alors que l'urée qu'elles contiennent n'est pas encore transformée en ammoniaque. Dans ce cas, la forte chaleur que la chaux dégage en s'éteignant, ne fait évaporer que de l'eau sans altérer la matière fertilisante.

Les 80 litres de chaux vive rendent par le foisonnement 2 hect. d'une poudre très fine.

Avec un hectolitre de cette poudre qui représente 40 litres de chaux vive, on praline ou l'on enrobe un même volume de matière fécale. Après une certaine dessication, ce mélange se réduit à 175 litres de chaux animalisée, ayant l'aspect d'un sable graveleux et ne laissant échapper que très peu d'odeur. En cet état, l'engrais pèse environ 70 k. l'hectolitre, ce qui, pour les 175 litres obtenus donne un poids total de 122[k] 5.

Comme il n'est entré dans le mélange, indépendamment de l'eau, que 40 litres de chaux pesant au maximum.. 45^k
et les matières solides d'un hect. de vidanges contenant 88^{k}5 d'eau, ces dernières ne peuvent avoir apporté au-delà de 12^{k}5 de matières sèches y compris celles de l'urine.............................. 12,5
Les 122^{k}5, d'engrais n'en contiennent donc à l'état sec que .... 57^{k}5
ce qui donne une proportion de 53 p. % d'eau. Mais le mélange restant plus ou moins longtemps exposé à l'air sous des hangars, perd une certaine partie de son humidité. L'analyse de quelques échantillons n'en a plus présenté que 22,50 à 30 p. %.

Quelle peut être la richesse de cet engrais en principes fertilisants autres que la chaux ? C'est ce que la Compagnie n'indique dans aucun de ses prospectus, quoique ce soit là cependant le point capital à établir. Elle a adopté à cet égard un système qui, je le crois, aura de la peine à prévaloir. Elle confesse que cette richesse est très variable, parce que la qualité des matières qui la constituent l'est elle-même beaucoup. Mais elle ne tient aucun compte de cette variabilité. Pour elle, comme pour tout agriculteur sérieux, dit-elle, la valeur de l'engrais résulte de sa composition même, soit $^1/_4$ de chaux vive, et $^3/_4$ de matières fécales épaisses et liquides. Que celles-ci soient riches ou pauvres, peu importe. Cette composition est une garantie pour le cultivateur, car elle ne se prête à aucune falsification profitable au fabricant.

Cette argumentation ne peut séduire que des hommes disposés à se payer de mots seulement. Il est hors de toute discussion, que si la richesse de la chaux animalisée peut varier du simple au double et peut-être plus, la richesse simple ne vaudra précisément que la moitié de celle qui serait double, à moins cependant qu'il ne soit faux en arithmétique que $2 \times 2 = 4$.

Ce que je dis ici ne doit nullement être considéré comme un dénigrement de l'engrais dont il s'agit. Il est certain que cet engrais doit être très bon, et il est à désirer pour l'Agriculture, qu'il se répande ; mais le bon lui-même n'est que relatif. L'or à 18 carats est sans contredit un métal très précieux, mais il ne peut venir à l'esprit de personne de lui donner la même valeur qu'à l'or titrant 24 carats. C'est uniquement dans ce sens que ma critique doit être entendue. Si la chaux animalisée a les qualités qu'on lui attribue, — ce que je ne prétends nullement contester —, il est de l'intérêt du fabricant de les bien préciser, car nous ne sommes plus à une époque où l'on puisse espérer de vendre *chat en poche*. Toute réticence à cet égard ne peut être que défavorablement interprétée, surtout étant admis que ces qualités sont très variables. En pareil cas, elles doivent s'exprimer par un minimum et un maximum calculés de manière à faire face à toutes les éventualités possibles. Mais le minimum doit être nécessairement garanti, et il n'y a pas plus de raisons légitimes pour le fabricant de chaux animalisée, que pour les fabricants d'autres engrais de s'en exempter. Tous ces derniers, ceux du moins qui ne craignent pas la lumière, ne font aucune difficulté d'accorder cette garantie, à commencer par les fabricants de poudrette qui opèrent sur des matières parfaitement identiques à celles qui font la base de la chaux animalisée. Plus un engrais est de qualité variable, plus le cultivateur est intéressé à savoir ce qu'il achète.

C'est ici le cas de faire une observation qui ne saurait être trop répétée dans l'intérêt du cultivateur. Lorsque celui-ci achète ses engrais au poids, s'il connaît exactement la quantité d'humidité et celle des substances utiles qu'ils contiennent, il lui est très facile de faire son compte, et de déterminer ce qu'il lui en faudra pour la fumure qu'il projette. Mais lorsqu'il les achète à la mesure le calcul n'est plus aussi facile, attendu que les analyses ne se rapportent pas ordinairement au volume. Si, par exemple, un engrais quelconque dose 1 p. °/₀ d'azote après une première dessication très incomplète et alors qu'il contient encore 40 p. °/₀ d'eau, et qu'après un séjour plus ou moins prolongé sous des hangars aërés, il ait perdu la moitié de son humidité, il est évident que dans ce cas, ce ne seront plus 100 k. mais seulement 80 qui contiendront le k. d'azote primitif. Par conséquent, la dessication de l'engrais en élèvera la richesse à 1,25. Si l'engrais est vendu en ce dernier état, est-ce sur le dosage de 1,25 ou seulement sur celui de 1 p. °/₀ que l'acheteur devra compter ? Ici, il faut distinguer. Si la vente est faite au poids, le titre de l'engrais sera incontestablement de 1,25 ;

mais si elle a lieu à la mesure, il pourra très bien arriver, quoique la richesse de l'engrais se soit accrue par sa concentration, que l'acheteur n'y gagne rien. C'est ce qui aura inévitablement lieu, si nonobstant la diminution opérée dans le poids, le volume est resté le même. Il est très facile de comprendre en effet, que si un hectolitre d'engrais contient 1 k. d'azote avec 40 k. d'eau, il ne contiendra toujours que 1 k. d'azote après avoir perdu la moitié de son eau, si son volume n'a subi aucune réduction. Il y a des matières qui se contractent par la dessication. L'argile est dans ce cas. Mais je doute que l'on puisse en dire autant de la chaux en poudre. Il y a donc bien à prendre garde dans les transactions de ce genre, et ce que je dis ici ne s'applique pas à un engrais en particulier, mais bien à tous ceux qu'on est encore dans l'usage de vendre à la mesure. A l'égard de ces derniers, l'acheteur doit impérieusement exiger une analyse qui se rapporte au volume et non au poids. Autrement, il faut qu'il s'attende à des mécomptes au moins 9 fois sur 10, même sans que le vendeur soit coupable de la moindre fraude. L'exemple que j'ai posé tout-à-l'heure en fournit la preuve. En déclarant pour son engrais un dosage de 1,25, ce vendeur dira parfaitement la vérité. Cependant, il peut se faire qu'à la livraison l'acheteur ne reçoive que les $^4/_5$ de cette valeur sans qu'il y ait tromperie.

Cela posé, revenons à la chaux animalisée, et voyons quelle peut être sa richesse véritable. La Cie qui en a fait faire plusieurs analyses à diverses reprises, a bien voulu m'en communiquer les résultats ; les voici sommairement :

A l'état sec, cet engrais contient	en Azote.	en Phosphate.
d'après M. Rohart, 30 juillet 1861	2,90	3,»
id. M. Is. Pierre, 21 août id.	4,66	8,90
id. M. Roger, 31 octobre 1863	2,86	5,43
id. id. 27 avril 1864	2,84	2,58

Il est inutile de dire que tous ces dosages doivent se réduire proportionnellement à la quantité d'eau que l'engrais peut contenir.

Ces résultats, à l'exception du deuxième, n'ont rien d'impossible, au moins quant à l'azote, si l'on considère que l'engrais renferme les principes de 20 litres d'urine ayant servi à éteindre la chaux et qui ont dû lui apporter 0,29 d'azote, et qu'il renferme en outre ceux de matières pâteuses qui pouvaient en contenir 1,33, soit un total de 1,62 pour 57k5 de matières sèches, ou 2,82 pour 100 k. Mais pour cela, il faudrait que l'engrais eût été fabriqué avec des matières fraîches en possession de la totalité de leurs principes, et non avec des vidanges putréfiées qui pourraient en avoir perdu une partie. Ce que je dis ici, je l'emprunte à la Cie chaufournière elle-même qui a imprimé ce qui suit dans son almanach de 1864 : « La quantité » d'azote un peu variable et dépendant de la pureté et de la » date plus ou moins récente des matières employées, est tou- » jours notablement supérieure à celle que contient le fumier, » et S'APPROCHE quelquefois du double de la proportion d'azote » que celui-ci renferme. »

Voilà une déclaration d'une grande bonne foi. Elle indique si je ne me trompe, que si la chaux animalisée peut approcher, dans son état normal d'un dosage de 0,80 en azote, elle ne le dépasse jamais. En supposant 40 p. °/₀ d'humidité dans l'engrais, la richesse de celui-ci à l'état sec ne serait dès lors que de 1,33, ce qui est bien loin des chiffres donnés par les analyses rapportées plus haut. Il faut donc pour qu'il en soit ainsi, que, d'une part, les échantillons analysés aient été fabriqués avec des matières fraîches intactes, et que, d'autre part, les matières servant à la préparation ordinaire de l'engrais aient perdu plus de la moitié de leur valeur au moment de leur emploi, ou bien que la chaux ne conserve pas aussi bien l'ammoniaque qu'on l'a cru jusqu'ici. C'est là une double question qui mériterait d'être éclaircie.

Quoiqu'il en soit à cet égard, si l'on part de ce point que 175 litres de chaux animalisée peuvent contenir au maximum 1,62 d'azote, pour 57k 5 de matières sèches, soit par hectolitre 0,94, et si, d'un autre côté, le dosage de cet engrais peut tomber à 0,60, moyenne entre le simple et le double de celui du fumier normal, soit 0,42 par hectolitre de 70 k. On voit comme je l'ai exposé tout-à-l'heure, que la connaissance exacte de sa richesse n'est point une chose insignifiante, puisque selon que cette richesse sera à son maximum ou à son minimum, la quantité à employer pour produire le même effet devra être à peu près dans le rapport de 4 à 9.

Vainement la Cie dira-t-elle que l'analyse est insuffisante pour faire apprécier le mérite d'un engrais; que le seul moyen pratique, efficace et certain pour cela, c'est d'en faire l'essai comparatif sur le terrain à dépense égale. La première de ces deux propositions peut être vraie quelquefois, mais seulement lorsqu'il s'agit de déterminer la valeur absolue de l'engrais et non sa valeur relative. Lorsque deux engrais sont de même nature ou de nature analogue, et qu'ils ne varient que par la proportion de leurs éléments, il est hors de doute que l'analyse est le moyen sinon le plus sûr, du moins le plus prompt et le plus facile de déterminer leur valeur relative. Je concède que l'expérience sur le terrain pourra être plus concluante encore. Mais entendons-nous bien à cet égard. Ce sera à la condition qu'aucun des facteurs du problème ne sera éliminé; qu'on ne cherchera pas sa solution dans une première récolte seulement; qu'on tiendra compte non-seulement de ce que l'engrais produit, mais encore de ce qu'il laisse après lui. Je me suis déjà si souvent expliqué sur tout cela, que je ne crois pas devoir y insister de nouveau. Mais en ce qui concerne la chaux animalisée particulièrement, je ne puis me dispenser de placer ici quelques observations, qui ne seront sans doute pas jugées dépourvues d'utilité.

Cet engrais contient deux sortes de substances dont le rôle est bien différent. L'une — la matière fécale — sert de nourriture aux plantes, et c'est incontestablement l'un des meilleurs aliments qu'on puisse leur donner pourvu qu'il soit asssez abondant, sans excès toutefois, l'excès en toute alimentation produisant très souvent l'indigestion; l'autre — la chaux — agit principalement, ainsi que nous l'avons déjà vu ailleurs, sur certaines matières du sol dont elle facilite l'assimilation. C'est ainsi qu'en provoquant la génération du salpêtre, elle aide le cultivateur à dépouiller sa terre de l'ammoniaque et des alcalis qu'elle a absorbés et dont elle ne se dessaisirait pas au profit de la végétation si elle n'y était contrainte par cette sorte de purgatif.

Ceci bien compris, nous supposerons l'emploi de 30[h] de chaux animalisée dosant 30 k. d'azote — trois fois et demie autant que le fumier normal —, appliqués à un sol capable de produire 10 h. de blé sans engrais. La terre se trouvera ainsi fertilisée pour produire 25h de cette denrée, puisque l'engrais est censé devoir y contribuer, à lui seul, pour 15 hect. à raison de 2 k. d'azote (chiffre rond) pour chacun, paille comprise. Il va sans dire, que si l'engrais ne contient pas toutes les autres substances nécessaires, le sol devra les fournir.

Si, au lieu de chaux animalisée on employait une autre matière fertilisante, tout aussi assimilable, et d'une égale qualité — de la poudrette, par exemple —, il est probable que l'on n'obtiendrait la première année, à dose égale d'azote, qu'un résultat moindre avec cette dernière, parce que quelque bon et quelque actif que soit un engrais, il y en a toujours une partie qui échappe aux racines de la récolte à laquelle il est appliqué. Mais qu'on le mêle avec de la chaux, celle-ci, tout en activant la décomposition de l'engrais, agira, je le répète, sur les substances du sol, et contribuera ainsi indirectement à un plus grand développement de la végétation. C'est du moins ce que nous apprend une expérience de plusieurs siècles.

Cela posé, si les 25 h. de blé auxquels on vise, au moyen d'une fumure de 30 h. de chaux animalisée, sont obtenus, devra-t-on en conclure que telle est la valeur fertilisante de cet engrais? C'est ce que ne manqueront pas de faire 99 expérimentateurs sur 100. Mais ce serait là une très grave erreur. Un engrais, je l'ai déjà dit à satiété, ne peut donner aux plantes que ce qu'il possède. Par conséquent, s'il ne possède des aliments que pour 15 h. de blé il est impossible qu'il en produise 25. Si néanmoins on les obtient, l'excédant sera évidemment dû au sol qui se trouvera appauvri d'autant.

Or, comme la terre ne peut conserver ses forces qu'à la condition qu'on lui rende intégralement tout ce que les récoltes lui prennent, il serait indispensable ici de rapporter, non pas 30 hect. de chaux animalisée comme la première fois, mais bien 50 pour opérer une restitution complète, à moins de vouloir ruiner le sol, et l'on sait déjà qu'il n'est pas de moyen plus efficace pour cela que l'abus de la chaux.

Mais cela ne veut pas dire que la chaux animalisée soit un mauvais engrais, et que l'on doive en répudier l'emploi. On saisirait mal ma pensée si on l'interprétait ainsi. Cela signifie tout simplement que l'on peut user, mais qu'il faut se garder d'abuser. Lorsqu'on pourra, avec 30 h. de cet engrais, obtenir une récolte de 25h de blé, même à la condition de restituer au sol 50 h. de la même matière fertilisante pour le couvrir de l'avance qu'il aura faite, on ne fera certainement pas une mauvaise spéculation, puisque l'on échangerait une fumure de 175f (transport non compris) contre une récolte valant 4 à 500f, et laissant assez de marge pour couvrir les autres frais de la culture et procurer un bénéfice honnête. Mais un tel résultat est-il possible ? Je n'en doute nullement si, d'une part, l'engrais dose réellement 1 k. d'azote par hect., et s'il contient en outre toutes les autres substances essentielles — ce que l'analyse seule peut indiquer, et si, d'autre part, il est appliqué à une terre ayant la fertilité initiale admise par l'hypothèse. Ce dernier point pourra facilement être éclairci en faisant application des principes de la fertilisation, et spécialement de la règle de l'aliquote si les fumures précédentes ont consisté en engrais d'étable.

Quelques mots maintenant sur la chaux supersaturée.

La chaux animalisée, comme on a pu le voir, a une très grande analogie avec le noir animalisé. La principale différence existant entre eux, se trouve dans la nature de leur excipient respectif. Dans la chaux animalisée, cet excipient agit à la fois sur les matières de l'engrais et sur celles du sol en hâtant leur décomposition. Dans le noir, au contraire, il tend plutôt à prolonger la durée de l'action. Dans l'un et l'autre, la proportion des matières fécales n'est pas non plus tout à fait la même. Mais la chaux animalisée doit avoir une meilleure fortune, car elle est moins chère, tout en laissant un très beau mais très légitime bénéfice à son fabricant.

Quant à la chaux supersaturée, c'est le pendant de l'urate, à cela près qu'elle absorbe trois fois plus d'urine, et qu'elle est par cela même trois fois plus riche. Elle est aussi, je crois, à meilleur marché. Ce sont là de véritables améliorations, et des conditions de succès.

Mais ces deux engrais sont encore trop nouveaux pour qu'il soit possible de les juger définitivement. Ce que l'on peut faire de mieux en attendant que des expériences décisives un peu nombreuses aient prononcé, c'est de les essayer rationnellement et avec prudence conformément aux principes qui régissent de telles opérations.

E. L'Engrais humain de MM. Blanchard et Chateau. Par un procédé breveté, MM. Blanchard et Cie utilisent les vidanges fraîches et anciennes en leur enlevant leur mauvaise odeur par la conversion de leur ammoniaque volatil en phosphate ammoniaco-magnésien.

Cette entreprise, qui n'est encore qu'à ses débuts, réalise un perfectionnement notable en ce que l'engrais qui se compose des mêmes matières que la poudrette, est du double et au-delà plus riche en azote, et du triple en phosphate et probablement en magnésie ; mais il est du triple plus cher. Il est bien entendu que je ne raisonne ici que dans l'hypothèse d'une poudrette dosant en moyenne 1,70 d'azote, et proportionnellement riche en autres substances, et que si son dosage était moindre comme quelques concurrents le prétendent, la comparaison que j'établis devrait être modifiée en conséquence. Il n'y a donc rien d'absolu dans cette comparaison, et je répète ici que le seul moyen rationnel de résoudre toutes ces difficultés, c'est *la garantie* par le vendeur de la composition de son engrais.

L'accroissement de la richesse en magnésie dans l'engrais humain, n'est pas sans importance si l'on considère qu'il n'est pas une seule plante granifère, à quelque famille qu'elle appartienne, qui n'exige beaucoup plus de magnésie que de chaux pour le développement de sa graine, tandis que c'est l'inverse pour sa paille. On ne connaît guère qu'une exception relative à un sarrasin dans le grain duquel la chaux domine, et un autre dont la paille contient plus de magnésie que de chaux. Mais cette exception n'est qu'une anomalie, prouvant seulement que la chaux et la magnésie peuvent se remplacer réciproquement jusqu'à un certain point, lorsque l'une ou l'autre n'existe pas dans la fertilité. Dans le cas contraire, le sarrasin subit la loi commune. La magnésie, surtout lorsqu'elle est combinée avec l'ammoniaque et l'acide phosphorique, est donc un excellent adjuvant dans l'engrais. Sous ce rapport, celui de MM. Blanchard et Cie est d'autant meilleur que la réunion de ces trois substances forme un phosphate double qui constitue pour les graines un aliment parfait.

Voici en quoi consiste le procédé qui est applicable à toutes les maisons particulières, comme à tous les établissements publics. Les fosses d'aisance sont supprimées et remplacées par un tonnelet mobile placé sous le tuyau de chute des matières. Lorsqu'il est plein, la Compagnie le fait enlever et lui en substitue un autre.

Ce tonnelet est muni d'un double fond percé de trous et dans lequel on met une couche de quelques centimètres, consistant en matières inertes absorbantes, telles que du crottin de cheval, de la tannée, etc., sur lesquelles on répand du sulfate de magnésie. Au-dessus se place une autre couche de matières filtrantes imbibées d'acide phosphorique à peu près pur extrait des os par l'acide sulfurique. Le tonnelet ainsi disposé reçoit le produit des latrines. Ce qui se passe ensuite est facile à comprendre. Les déjections liquides en filtrant cèdent leur ammoniaque à l'acide phosphorique. Il en résulte un phosphate acide soluble qui, rencontrant un peu plus bas le sulfate de magnésie, forme avec sa base un phosphate double insoluble qui reste dans les matières épaisses, tandis que le liquide s'échappe privé d'une grande partie de ses principes fermentescibles, mais non de ses alcalis qui sont perdus pour l'engrais (1). Celui-ci n'en conserve que la partie contenue par le liquide que retiennent les matières solides. Cette perte est éminemment regrettable, d'autant plus qu'elle se complique de toute la portion de l'urée non encore décomposée lors du filtrage. Ce procédé, quoique produisant un engrais plus riche, utilise donc moins complétement les matières que la chaux animalisée. Les matières pâteuses qui restent dans le tonnelet sont amenées à l'usine, puis vidées et brassées dans de vastes dépotoires d'où elles sont ensuite retirées et mises à sècher sous des hangars. Lorsqu'elles sont parvenues à un point convenable de dessication, l'engrais est fait.

En s'entendant avec la Compagnie, il n'est pas un seul cultivateur qui ne puisse, par l'application de ce procédé, établir chez lui des latrines très commodes pour la vidange, et beau-

(1) Il paraît qu'il vient d'être apporté un double perfectionnement important à ce procédé. D'abord, le filtrage ne se fait plus par le fond, mais par côté, en sorte que les matières liquides traversent le filtre dans toute sa hauteur à mesure qu'elles s'élèvent dans le tonnelet, ce qui régularise mieux l'action successive des réactifs dont les matières du filtre sont imprégnées; en second lieu, l'acide phosphorique et le sulfate de magnésie sont remplacés par du phosphate acide de magnésie, ce qui simplifie beaucoup l'action en la rendant plus certaine et plus complète.

coup plus salubres pour l'habitation que ne le sont les fosses ordinaires, et qui lui fourniront en outre un bon supplément d'excellent engrais.

Celui qui est ainsi obtenu par MM. Blanchard et Cie, contient, d'après ces Messieurs :

Humidité........................	15 à 20 p. °/o	
Matières organiques.............	45 à 50	
Azote fixe......................	4 à 5	à l'état sec.
Acide phosphorique.............	8 à 12	

L'humidité de l'engrais réduit donc sa teneur en azote à 3,20 minimum et 4,25 maximum, et en acide phosphorique à 6,40 — 10,20 correspondant de 13, 20 à 21 de phosphate des os. Mais on ne fait pas connaître la proportion d'alcalis.

Si nous supposons l'engrais aussi riche sous ce rapport que le fumier de ferme — ce qui n'est guère probable —, et si nous lui attribuons en azote un dosage moyen de 3,70 à l'état normal, il en faudra 9 fois $^1/_4$ moins pour remplacer l'engrais d'étable. Par conséquent, 1080 k. de celui de MM. Blanchard et Cie, pourraient se substituer à 10,000 k. de fumier normal, sous toute réserve quant aux alcalis. Ce serait donc une dépense de 216f, à raison de 20f les 100 k., le transport non compris. Mais cette fumure enrichirait le sol d'environ 50 k. d'acide phosphorique qui y seraient sans utilité actuelle, la terre étant supposée dans un état de fertilité normale, c'est-à-dire également pourvue de toutes les substances qui doivent constituer sa fertilité initiale. L'engrais dont il s'agit ici, a donc les qualités et les défauts de tous les guanos naturels et artificiels dans lesquels les phosphates dominent dans une trop grande proportion sur l'azote. Comme eux, il ne peut produire son maximum d'effet utile qu'autant qu'il sera employé concurremment avec le fumier et en proportion bien plus faible que celui-ci, et encore dans des terres et des assolements qui exigeraient beaucoup plus de phosphates que d'autres substances. Dans une culture comme celle de Grignon, par exemple, où la fertilité non-seulement se soutient, mais encore s'améliore par l'emploi presque exclusif du fumier, tous les engrais plus phosphatés que ce dernier ne pourraient qu'accumuler dans le sol, non pas une non-valeur, mais une valeur morte, à échéance indéfiniment différée, sans profit pour le rendement, jusqu'à ce que de nouvelles combinaisons de fumure ne permissent de récupérer cette réserve de phosphate, ainsi que cela pourrait avoir lieu par l'emploi temporaire du nitrate de soude. Mieux vaudrait donc appliquer ces deux engrais simultanément comme je l'ai dit pour la poudrette. Néanmoins, l'engrais Blanchard ressortirait encore à un prix trop élevé. Mais comme la Cie peut le baisser d'une manière notable tout en réalisant encore de très grands bénéfices, il est à espérer qu'elle le fera si elle comprend bien son intérêt. Le point capital pour elle, c'est de faire accepter son engrais par le cultivateur à des conditions qui permettent à celui-ci d'en continuer l'emploi. Pour y réussir largement, il ne faut pas débuter par la prétention de vendre cet engrais trop au-dessus de sa valeur agricole. Sans doute, il y a place au soleil pour tous les produits de ce genre. Mais on ne doit pas se dissimuler que tous les jours le cultivateur apprend à calculer, et que quand il se trouvera en présence de deux engrais ayant à peu de chose près la même composition, comme celui dont il s'agit ici et les matières Rohart (1) qui ont fait leurs preuves et qui coûtent moitié moins, il donnera la préférence aux dernières. Je me propose du reste, d'essayer sur le terrain le guano humain de MM. Blanchard et Cie, comparativement à d'autres qui me sont envoyés dans le même but. Je rendrai compte de ces essais dans le *Journal d'Agriculture progressive*. Jusque-là, je crois devoir m'abstenir d'une plus ample appréciation.

Section 3. — Les sels extraits des urines.

J'ai dit précédemment que dans la fabrication de la poudrette, on se débarrassait comme on pouvait des eaux vannes dont on ne trouve qu'un faible débouché en Agriculture, à raison de la difficulté de leur transport au-delà d'un rayon très peu étendu. La vente annuelle des engrais liquides par la voierie de Bondy, n'est pas évaluée en effet à plus de 600,000 hect.

(1) Je ne parle pas ici du guano de Norwége qui est du double plus riche et qui ne coûte guère plus que l'engrais humain, mais seulement de l'engrais Rohart ou déchets de matières animales, dosant 4,50 d'azote et 13 p. % de phosphates, coté seulement 9 fr. dans la 11e livraison de l'*Annuaire des engrais* pour 1863.

C'était donc une valeur fertilisante considérable à peu près entièrement perdue, puisque nous avons vu que dans cet établissement on ne retirait que 2 à 300 mille hect. de poudrette de 3 à 4 millions d'hect. de vidanges. Cependant, en bien des localités, cet engrais liquide pourrait être employé aussi utilement qu'à Vaujours, sinon par le même procédé, du moins par celui qui est en usage en Flandre, en Suisse et ailleurs.

En de semblables conjonctures, il appartenait à l'industrie de chercher le moyen de tirer parti de ces matières au lieu de les laisser perdre. Déjà nous avons vu MM. Mosselmann et Cie à l'œuvre, et nous savons que leur chaux supersaturée contient toutes les matières fixes des urines. C'est sans contredit l'utilisation la plus complète qui en ait été faite jusqu'ici. Voici venir maintenant la Cie Richer qui ne traite pas moins aujourd'hui de 7 à 8000 hectolitres d'eaux vannes en 24 heures, dans une usine de 250 chevaux-vapeur de force, par un procédé de distillation en colonnes analogues à celles qui servent à distiller l'alcool. C'est donc en 300 jours de travail une manipulation de plus de deux millions d'hectolitres de liquide dont on retire à peu près 2 millions de k. de sulfate d'ammoniaque, plus une quantité de chlorhydrate qui ne m'a pas été indiquée. Ce dernier sel dont le prix n'est pas encore accessible à l'Agriculture, est livré à l'industrie avec une partie du premier. Le surplus est mis à la disposition du cultivateur, à raison de 34 à 38^f^ les 100 k., ce qui fait ressortir le kil. d'azote de 1,60 à 1,85. Il y a bien peu d'engrais qui le fournissent à un prix aussi bas.

Ce que j'ai dit au commencement de cette étude sur les sels ammoniacaux, me dispense de revenir sur ce sujet. Je me borne donc à signaler le produit dont je viens de parler, comme un notable progrès dans l'utilisation des vidanges, dont malheureusement on laisse perdre encore une quantité trop grande, même à Bondy, où cependant on en tire déjà un important parti. Mais MM. Richer et Cie annoncent, comme nous l'avons déjà vu, qu'ils sont à la veille d'en extraire encore l'acide phosphorique en combinaison avec l'ammoniaque. Les deux principales substances des urines seront ainsi mises à la disposition du cultivateur, qui n'aura plus à déplorer que la perte des alcalis. Au surplus, le génie industriel n'a pas dit encore son dernier mot.

CHAPITRE CINQUIÈME.

EXCRÉMENTS DES OISEAUX.

Ce chapitre comprendra dans l'ordre de leur importance : 1° les guanos naturels ; 2° les fientes d'oiseaux de basse-cour.

SECTION 1re. — Les guanos naturels.

Je me borne à énoncer ici ce genre d'engrais dont l'étude allait être remise à l'imprimeur, lorsqu'une question de principes de la plus haute importance a surgi d'un débat entre les guanos azotés et les guanos terreux. Les exorbitantes prétentions émises par l'un de ces derniers et soutenues par quelques chimistes éminents ne tendant à rien moins qu'à fausser les règles établies par la science et sanctionnées par l'expérience en matière de fertilisation, je n'ai pas cru devoir laisser circuler, sans les combattre, de nouvelles théories qui n'ont d'autre fondement que des idées préconçues et qui créent, à mes yeux, un véritable danger pour l'Agriculture. Il m'a donc fallu recommencer la rédaction de mon étude en lui donnant un développement proportionné à l'importance du débat et des questions que ce dernier soulève; mais comme elle ne pourrait être placée ici qu'en retardant l'impression du reste de l'ouvrage, je me suis décidé à la consigner dans une appendice qui fera suite à la dernière livraison. On la trouvera donc à la fin du volume.

SECTION 2. — Fientes d'oiseaux de basse-cour, ou la Colombine.

Ce que l'on entend plus particulièrement par Colombine est la fiente que les pigeons produisent dans les colombiers. On donne aussi quelquefois le même nom à celle que l'on recueille dans les poulaillers, et qu'en certaines contrées on appelle *Poulnée*.

La colombine a beaucoup d'analogie avec les guanos ammoniacaux. Elle constitue un engrais très énergique, trop énergique souvent lorsqu'elle est appliquée sans précaution, car elle brûle les plantes avec lesquelles elle est en contact. On évite cet inconvénient en l'incorporant au sol avant la semaille, ou bien en la mêlant avec 8 à 10 fois son volume de terre, et en l'abandonnant ainsi mélangée pendant un certain temps aux réactions spontanées.

Dans les contrées où l'on est dans l'usage d'entretenir des colombiers de quelque importance, la colombine peut apporter dans la fertilisation un appoint qui n'est pas à dédaigner. Quelques auteurs prétendent qu'un pigeonnier contenant moyennement 600 pigeons, produit dans le Pas-de-Calais une voiture d'engrais ayant une valeur de 100 francs.

Cet engrais dose à l'état normal 8,30 d'azote avec 9,6 d'eau, d'après MM. Payen et Boussaingault ; mais nous n'avons pas de renseignements précis sur sa teneur en principes inorganiques.

D'après Olivier de Serres, la colombine ne doit être employée qu'en automne et en hiver, parce qu'il est nécessaire, dit-il, que *l'eau intervienne tôt pour modérer sa force, le printemps étant suspect pour la proximité de l'été.*

Les effets de la colombine dans les jardins tiennent du miracle, selon Bosc. Elle augmente surtout la grosseur des choux d'une manière incroyable ; mais elle n'agit puissamment que sur la première récolte, un peu sur la deuxième, rarement sur la troisième. Je ne puis émettre sur tout cela aucune opinion qui me soit personnelle, n'ayant jamais élevé de pigeons en assez grande quantité pour pouvoir faire des expériences spéciales sur la colombine.

Tout ce qui vient d'être dit au sujet de cette dernière, s'applique à la *Poulnée*, que quelques auteurs appellent aussi Poulaitte. Mais il en est de ce dernier engrais dans nos fermes, comme du fumier, en ce sens qu'on n'en prend aucun soin, et qu'on laisse perdre une valeur qui, quoique faible, pourrait cependant contribuer dans une certaine mesure à l'accroissement de nos produits.

Il existe en France plusieurs grottes dans lesquelles se retirent en grande abondance soit des chauve-souris, soit des oiseaux sauvages qui y ont accumulé de fortes quantités de fientes dont la composition et la richesse, dit M. Rohart, approchent singulièrement de celle du guano. Cet auteur cite entre autres, la grotte de Blasnot, dans le département de Saône-et-Loire, comme étant dans ce cas. Mais tout cela est inexploité.

DEUXIÈME CATÉGORIE.

LES ENGRAIS MIXTES.

CHAPITRE PREMIER.

LES GUANOS ARTIFICIELS.

Malgré les réclamations de quelques publicistes, j'adopte cette appellation *Guanos artificiels* prise par des engrais complexes qui, répondant à un besoin général de la culture, expriment à mon sens, l'idée de ce besoin avec plus de précision que ne le ferait la dénomination d'*engrais* qui s'applique tout aussi bien à des substances simples ou presque simples d'une utilité moins générale, qu'à des composés créés en vue de suppléer ou de compléter le fumier.

Ainsi, ce que l'on doit entendre par guano artificiel ou par guano doté d'un complément qui le différencie parfaitement des guanos naturels, et qui rende toute méprise impossible, c'est un engrais complexe composé principalement de substances azotées, phosphatées et alcalines dans des proportions diverses, correspondant plus ou moins exactement à l'engrais normal.

Il en existe déjà un grand nombre de fabriques. Mais je me propose de ne parler que de celles sur les produits desquelles je suis renseigné d'une manière exacte, et si, comme on le prétend, il en est d'autres dont les engrais n'aient aucun rapport avec les guanos naturels, je n'ai nullement l'intention de m'en occuper. Lorsque le cultivateur sera fixé sur le mérite de ceux dont je vais l'entretenir, une simple comparaison qu'il pourra faire lui-même, lui suffira pour apprécier tous les autres. Les détails dans lesquels je me propose d'entrer, lui apprendront aussi que s'il est des guanos naturels qui tiennent le premier rang dans les engrais, il en est d'artificiels qui répondent également à tous les besoins de la culture, beaucoup mieux même que le plus grand nombre des guanos naturels, malgré l'affirmation contraire d'un éminent chimiste.

A ce sujet, je me permettrai de dire combien il est regrettable, dans l'intérêt de l'Agriculture, que des hommes de science se servent de leur influence sur l'opinion publique pour discréditer une industrie qui a droit au contraire à tous les encouragements, sans craindre même de mettre au banc des fraudeurs tout ce que la fabrication des engrais compte d'hommes honorables et honorés, en confondant leurs produits dans une même réprobation avec des matières qui n'ont du guano que le nom. Certes, Messieurs Derrien, Krafft, Jaille, Pichelin et autres, ont dû être étrangement surpris en se voyant accusés publiquement de pratiquer *l'une des manières de frauder sur les engrais*, parce qu'ils appellent les leurs guanos Derrien, d'Aubervillers, d'Agen, de la Motte, etc.

Mais sans disputer ici sur ces dénominations qui, à mes yeux, sont parfaitement loyales et légales, voyons ce que sont en réalité ces engrais.

Les guanos artificiels, ceux du moins qui peuvent prendre hardiment cette dénomination, sont composés de matières d'une provenance tout autre que celle des guanos naturels, mais d'une origine analogue. Ainsi, tous ont pour base principale des matières animales putrescibles, telles que débris d'abattoirs, chair, sang, débris de poissons, etc. Ce sont là incontestablement d'excellents fertilisants. Combinés avec de la sciure d'os du noir animal, et même des phosphates fossiles, plus une certaine quantité d'alcalis, ils formeront de très bons engrais plns ou moins actifs, selon la nature de leurs composants.

Cependant, il est dans les matières animales certains corps fort riches en principes utiles, mais qui sont de leur nature très réfractaires à la décomposition. Tels sont, par exemple, les vieux cuirs, les râpures de corne, les poils, etc. Si on les introduisait dans les engrais sans rompre, par un traitement convenable, la cohésion qui unit leurs molécules, ils n'y rendraient aucun service. Mais l'industrie est parvenue aujourd'hui par des procédés très efficaces à désagréger ces substances et à les rendre très assimilables. Toutefois, lorsqu'un cultivateur achètera un guano artificiel quelconque, son plus grand soin ne doit pas se borner seulement à s'assurer de la richesse de cet engrais en azote, en acide phosphorique, etc. Il doit en même temps s'éclairer sur l'état dans lequel ces principes s'y trouvent ; sur le genre de combinaison qu'ils forment ; sur leur degré de putrescibilité et de solubilité. C'est là un point important, non qu'il soit toujours de nature à modifier la valeur intrinsèque de l'engrais, mais parce qu'il forme la base du réglement de la fumure. Il est évident que si cet engrais ne doit produire son effet total que dans un laps de deux ou trois ans, il sera nécessaire d'en appliquer une quantité double ou triple pour obtenir le même effet en un an. Mais le surplus profitera aux cultures suivantes, et si la dépense est d'abord plus forte, elle sera répétée moins souvent. Toutefois, comme le cultivateur n'est pas toujours en situation de faire à sa terre des avances à long terme, l'engrais le plus promptement assimilable sera probablement celui vers lequel inclineront ses préférences. Sous ce rapport, il est utile que l'industrie s'ingénie à trouver les moyens de satisfaire autant que possible aux convenances de la culture. Du reste, le plus grand pas est fait quant à ce, ainsi que nous ne tarderons pas à le voir.

De toutes les substances animales jouant un rôle important dans les engrais, le phosphate des os est l'une de celles dont l'assimilation est la plus lente, et elle l'est toujours d'autant plus que leur pulvérisation est moins parfaite. Mais toutes choses égales d'ailleurs, lorsque les phosphates de cette nature et même les phosphates fossiles seront employés en mélange avec des matières animales putrescibles, ils seront dans les meilleures conditions possibles d'assimilation. Cependant, s'ils étaient rendus solubles par un acide, leur effet serait plus prompt encore. Mais l'augmentation de prix, et la diminution d'acide phosphorique qui en résulteraient forcément dans un poids donné d'engrais, annulerait cet avantage en grande partie, sinon en totalité. C'est ce que l'on comprendra mieux en lisant, à la fin de ce volume, mon appendice sur les guanos naturels. J'engage également le lecteur à bien se pénétrer des principes qui ont été exposés ci-devant, page 482 et suivantes, pour reconnaître parmi les guanos artificiels dont je vais parler, celui qui conviendra le mieux à sa situation, car tous étant composés différemment, peuvent ne pas satisfaire aux mêmes besoins aussi exactement les uns que les autres.

§ 1er. — ENGRAIS DERRIEN.

M. Ed. Derrien, fabricant d'engrais à Chantenay, près de Nantes, est aujourd'hui l'un des doyens dans cette industrie, qui, à la vérité, ne date en quelque sorte que d'hier, en France.

C'est en 1852, après avoir fabriqué pendant trois ans ses engrais sans en vendre, se bornant à les essayer dans une ferme expérimentale créée *ad hoc*, que M. Derrien parut pour la première fois au concours régional de l'Ouest où il obtint la modeste récompense d'une médaille de bronze, qui bientôt fut suivie de médailles d'or de tous les modules à plusieurs autres concours, et même d'un diplôme d'honneur à l'exposition nationale de Nantes, en 1861.

Le système de M. Derrien consiste à fabriquer des engrais appropriés aux plantes qu'ils doivent nourrir, à quelle fin sa classification comprend sept catégories : 1° céréales d'hiver ; 2° cultures de printemps ; 3° trèfle, coupages, prairies ; 4° crucifères ; 5° betteraves et pommes de terre ; 6° vignes ; 7° canne à sucre.

Néanmoins, la composition des engrais ne repose que sur trois formules ; savoir :

N° 1, Engrais pour les céréales d'hiver : 5 p. °/₀ d'azote et 40 de phosphate ; n° 2, pour la culture de printemps : 6 p. °/₀ d'azote 30 p. °/₀ de phosphates ; n° 3, pour les prairies : 7 p. °/₀ d'azote, 20 de phosphates. Les mêmes engrais peuvent s'appliquer aux autres cultures, mais en quantités différentes. Le prix est le même pour les trois espèces, 1 k. d'azote de plus dans l'un compensant les 10 k. de phosphates qui s'y trouvent de moins. Ce prix est, je crois, de 20f p. °/₀ k.

A mon avis, il manque à cette série un n° 4 dosant 8 d'azote pour 10 de phosphate. C'est certainement là l'engrais qui convient le mieux au plus grand nombre de plantes. C'est du moins celui qui concorde le mieux avec la composition du fumier normal.

Je connais la nature des matières qui entrent dans ces engrais. Tout ce que je puis en dire sans indiscrétion, c'est qu'elles proviennent toutes du règne animal et qu'elles sont de bonne qualité, parfaitement assimilables, sans l'être trop promptement. Elles sont essentiellement putrescibles, ce qui assure d'autant plus l'efficacité des phosphates.

J'ajoute que les dosages indiqués par M. Derrien sont formellement garantis, et qu'à l'analyse on trouvera presque toujours un petit excédant sur le chiffre déclaré. Ce fait important prouve qu'il est possible de donner aux engrais une composition constante.

Les engrais de M. Derrien sont très connus et jouissent d'une excellente réputation. Partout où ils ont pénétré ils ont produit de bons résultats. Des analyses de jus de betteraves faites en 1852, 53 et 54 à Nantes, à Douai et à Lille, ont prouvé que les racines cultivées avec cet engrais rendaient de 11,64 à 36 p. % de sucre de plus que celles venues sur fumier.

Ayant ainsi rendu justice aux bonnes qualités des produits de M. Derrien, je me vois obligé, pour l'honneur des principes que je professe, de faire ici une observation critique, mais qui n'ôte rien au mérite de ces produits. Est-il bien vrai que le n° 1 convienne mieux pour les céréales d'hiver que le n° 2, et pourquoi? Telle est la question que je me pose. Je ne connais d'autres différences entre ces engrais que celle résultant de leur dosage. Je les crois également efficaces à quantité d'azote ou de phosphate égale, selon que le besoin de l'une ou de l'autre de ces deux substances dominera. Or, si l'on ne prend en considération que le besoin des plantes, il est hors de contestation que la proportion de phosphate est trop grande ou que celle d'azote ne l'est pas assez relativement aux exigences du froment, puisque 100 k. de cette céréale avec 227 k. de paille ne demandent que 2,55 du dernier et 3,80 du premier. Il serait donc suffisant que la proportion de celui-ci fut à l'azote dans le rapport de 3 à 2. A ce point de vue, le n° 4 que j'ai proposé tout-à-l'heure ne contiendrait pas tout-à-fait assez de phosphate. Mais cette difficulté pourrait être facilement levée en y ajoutant seulement 5 à 6 p. % du n° 1. Au moyen de semblables additions, on pourrait d'ailleurs faire toutes les compositions intermédiaires dont la culture pourrait avoir besoin, en telle sorte qu'avec deux engrais seulement, nos 1 et 4, on satisferait à toutes les exigences.

Riches en phosphates comme ils le sont, les engrais de M. Derrien conviennent particulièrement aux sols qui, comme ceux de la Bretagne, sont peu pourvus de cette substance. Mais la Bretagne n'est pas la France entière, et un bon fabricant doit viser à agrandir le cercle de ses débouchés, en se pliant aux nécessités de la consommation.

Les observations qui précèdent ne s'appliquent toutefois qu'au cas où les engrais dont il s'agit sont employés exclusivement. Lorsqu'au contraire, ils n'interviendront que comme auxiliaires ou complément du fumier, tous les trois, selon les circonstances, pourront certainement être employés très économiquement.

On peut du reste, pour plus de détails, consulter une notice imprimée que M. Derrien a publiée sur ses engrais, et dont il délivre un exemplaire à tous ses commettants.

§ 2. — Le Guano agenais.

Fabrication de M. Alex. Jaille, a Agen.

Les renseignements que je vais donner sur cet engrais, sont en plus grande partie extraits d'un rapport fait le 2 avril 1864 au Comice d'Agen, par une Commission chargée spécialement d'étudier cette fabrication dans l'intérêt de l'agriculture du pays, et de s'enquérir des résultats produits.

Le guano agenais se fabrique dans une usine située à 2 kil. de la ville d'Agen, et qui ne couvre pas moins de 5000 mètres carrés de terrain. Elle occupe au minimum 55 ouvriers, et livre annuellement à la consommation 15 à 16 000 balles ou quintaux métriques d'engrais.

Celui-ci, sauf les sels alcalins, se compose exclusivement de matières animales, telles que rebuts de corne, poils, écharnures de tanneries, chiffons de laine, débris de poissons, déchets de colle-forte, rognures de cuir, sang, poudre d'os, etc.

Par une amélioration toute récente, M. Jaille, ajoute à ces matières des sels de potasse qui donnent à l'engrais une richesse alcaline parfaitement normale.

Quelques-unes des substances qui viennent d'être énumérées, étant très réfractaires à la décomposition, notamment les rebuts de corne, les poils, les vieux cuirs, etc., M. Jaille, par un procédé dont il est l'inventeur, et pour lequel il a pris un brevet en commun avec M. Rohart, qui a eu la même idée un peu plus tard, amène toutes ces matières à un parfait état d'assimilabilité. Toutes étant fort riches en principes fertilisants, il est évident que leur mélange, dans des proportions rationnelles, ne peut que donner un excellent engrais dans lequel les matières putrescibles si favorables à la dissolution des phosphates sont en quantité notable.

M. Jaille fabrique deux qualités d'engrais qu'il vend à des prix différents; leur richesse étant inégale, mais bien proportionnée dans l'un et l'autre.

Le n° 1 contient : 6 à 10 p. °/₀ d'azote ; 10 à 15 p. °/₀ de phosphate ; 10 p. °/₀ de chlorure de sodium, plus une quantité de sel de potasse que je ne connais pas au juste, mais qui, comme je l'ai dit tout-à-l'heure, doit correspondre à la composition du fumier normal, sinon à celle du type dont j'ai donné la formule maximum page 485.

Cet engrais se vend 25f les 100 k., rendu dans toutes les gares de chemin de fer en France.

Le n° 2 ne contient que 3 à 5 d'azote, 6 à 12 de phosphate, plus une bonne proportion d'alcalis. Son prix n'est que de 15f. Cet engrais, d'une décomposition plus lente que le précédent, est spécialement fabriqué pour la vigne et pour les pruniers qui, comme on le sait, sont une des richesses du pays d'Agen, et sur lesquels il produit d'excellents effets.

Quant à moi, je pense que ces deux engrais employés en quantité convenable, doivent être partout d'une efficacité infaillible, par la raison péremptoire à mes yeux, qu'ils présentent une composition satisfaisant aux exigences de toutes les rotations de culture les plus en usage, et qu'ils ne contiennent que des matières de très bonne qualité, très assimilables sans excès. Ce sont là, en un mot, des engrais aussi complets qu'on puisse le désirer.

Le rapport estime qu'il faut 800 k. du n° 1 par hectare. Je répéterai à cet égard une observation que j'ai déjà faite ailleurs, à savoir qu'il n'est pas possible de fixer exactement, d'une manière générale, la dose à appliquer d'un engrais quelconque, cette dose devant être en rapport avec l'état de la fertilité du sol et les besoins de la récolte à produire. La quantité de 800 k. indiquée ici doit être, je suppose, un maximum, puisque si sa teneur moyenne est de 8 p. °/₀ en azote, elle représenterait 32 hect. de blé. Or, comme il est beaucoup de terres en France qui, quelle que soit la fumure qu'on leur donne, ne dépassent pas un rendement de 20 h. de cette céréale, il est évident que 500 k. de l'engrais dont il s'agit leur suffiraient pour un semblable produit, pour peu qu'elles possédassent une fertilité initiale équivalant à 6 ou 8 h. de blé. Mais lorsque de semblables terres seront drainées si elles en ont besoin, et lorsqu'elles seront labourées, la chose étant possible, à 30 ou 35 centimètres de profondeur au lieu de l'être de 15 à 20, la question changera complétement de face. Alors, on pourra fumer à plus haute dose, avec l'espoir fondé d'obtenir des produits proportionnels. Je pense donc que la quantité de 800 k. du n° 1, ne doit être employée que dans les terres capables de rendre 30 h. de blé avec une fumure convenable. Mais il ne faut pas perdre de vue que je suppose à l'engrais une richesse moyenne de 8 p. °/₀ d'azote. Si elle n'était que de 6 p. °/₀ minimum, la question serait tout autre.

A ce sujet, je me permettrai de faire observer que la limite de 6 à 10 p. °/₀ d'azote présente une marge un peu grande et qui doit nuire à l'engrais, en ce que l'acheteur n'ayant le droit de compter que sur le minimum, fait naturellement son calcul en conséquence, calcul qui peut, à tort, faire ressortir le prix de l'engrais à un chiffre trop élevé. Il serait donc à désirer que cette marge fut réduite, et que le dosage pût être garanti à 8 p. °/₀. Je sais que cela n'est pas très facile ; mais M. Derrien a prouvé que c'était possible. C'est là une nouvelle amélioration que je prends la liberté de conseiller à M. Jaille, qui est trop homme de progrès pour mettre en doute son importance.

Comme je fais cette année l'essai de 100 k. de guano d'Agen sur nos terres de Bretagne, je me réserve en temps venu d'en rendre compte dans le *Journal d'Agriculture progressive.*

§ 3. — Engrais d'Aubervilliers.

M. J. Dulac (rue Hauteville, 65, à Paris), successeur de M. Léon Krafft, chimiste, exploite à Aubervilliers, avec le concours de ce dernier, une importante fabrique d'engrais, composés en plus grande partie de matières animales provenant de l'abattoir municipal que la ville de Paris a établi en cette commune. Ces matières sont fournies annuellement par 8 à 10 000 chevaux, 200 ânes, 1000 vaches, 250 porcs, 8 à 10 000 chiens et chats, 6000 kil. de viandes malsaines saisies par la police, 500,000 kil. environ d'autres matières animales provenant des abats de la boucherie de Paris, et une quantité considérable de laines, cornes et poils, résidus de différentes industries.

Voici en gros le procédé de fabrication. Les animaux sont dépecés et cuits dans neuf grandes marmites autoclaves, alimentées par des chaudières à vapeur de la force de quarante chevaux. Les chairs sont ensuite séparées des os, puis pressées, sèchées, broyées et enfin tamisées mécaniquement à l'aide de moulins et de blutterie à vapeur. On a ainsi du sang, des chairs et des os en poudre, ainsi que des bouillons, qui forment les principaux éléments des engrais auxquels on ajoute : 1° des matières végétales organiques, converties en une sorte d'humus par une fermentation lente avec du sang frais; 2° des phosphates minéraux en poudre, rendus assimilables soit par une fermentation prolongée, soit par les acides.

Cette fabrique produit cinq types principaux d'engrais, dont voici la composition qui est garantie, savoir :

	Azote :	Phosphate :	Potasse brute :	Prix :
N° 1.....	8 à 10	12 à 15	4	24f les 100k
N° 2.....	7 à 8	12 à 15	5	20
N° 3.....	2 à 2,5	3 à 3,5	1 à 1,5	5
N° 4.....	1,5 à 2	5 à 6	»	4
Pour vigne	3 à 4	12 à 13	4	12

Mais les notices publiées ne disent pas si ces dosages sont ceux des engrais à l'état sec ou à l'état normal. Quoi qu'il en soit à cet égard, ces compositions me paraissent très rationnelles pour les terres qui n'exigent pas une plus forte proportion d'alcalis. Mais, dans les renseignements qu'il a bien voulu me transmettre, M. Dulac insiste particulièrement sur ce point que les matières premières de haut titre, dont l'abattoir est la source, permettent de faire des engrais de tous dosages dans les limites des besoins agricoles; il en fabrique journellement d'autres en dehors des types généraux qui viennent d'être indiqués, en les appropriant aux cultures et aux terrains dont on lui fait connaître la nature. Il n'y a donc pas de raison pour qu'il n'en fournisse de plus riches en alcalis lorsqu'on les lui demandera.

Voilà incontestablement des engrais de très bonne qualité et sur lesquels tout commentaire serait superflu.

La notice que M. Dulac distribue aux personnes qui la lui demandent, fait connaître le mode d'emploi de ces fertilisants et la quantité qu'il convient d'en appliquer à chaque culture. Sur ce dernier point, je crois devoir répéter ce que j'ai déjà dit plusieurs fois : à savoir qu'il n'est pas possible de fixer exactement d'une manière uniforme la quantité d'un engrais quel qu'il soit, nécessaire à une récolte déterminée, et qu'il faut absolument en pareil cas, pour éprouver le moins de déceptions possibles, faire application des principes généraux qui régissent la fertilisation. La règle à suivre ici est la même que celle que j'ai tracée pour le guano dans l'*Appendice* qui doit se trouver à la fin de ce livre, mais qui paraîtra en même temps que la présente livraison. Je prie donc le lecteur de consulter dans cet appendice le chapitre V, intitulé : *De l'emploi du Guano Péruvien*. La même règle s'applique à tous les engrais analogues, hormis ceux dont la composition est très disproportionnée et qui ne peuvent jouer qu'un rôle complémentaire. Cette observation est dans l'intérêt des engrais eux-mêmes, car il serait déplorable qu'ils fussent réputés mauvais s'ils ne réussissaient pas, par cela seul qu'ils auraient pu être employés en trop faible dose. C'est surtout dans les terres pauvres que cela est à craindre.

---

§ 4. — Engrais de la Minière, près Versailles,

FABRICATION DE MM. DÉGLIN ET Cie.

M. Bézine, dépositaire principal, quai de la Courtille, n° 1, à Melun (Seine-et-Marne).

Voici un engrais qui a de l'analogie avec ceux d'Aubervilliers. C'est dans le sang pur des abattoirs, les sciures d'os, de corne, les résidus de gélatine, que les fabricants, d'après leurs prospectus, tirent les matières premières de leur engrais, dont ils garantissent la composition suivante :

Matières organiques.	40,36
Phosphate de chaux.	18,87
Sels alcalins	4,86
Sulfate de chaux, alumine, oxyde de fer . . .	13,60
Sable et argile	11,95
Eau.	10,36
Azote, 6 °/o	100, »

Si les sciures de corne que contient cet engrais sont rendues assimilables, il doit être de très bonne qualité. Mais je cherche vainement les raisons qui ont pu en faire porter le prix à 32 fr. les 100 kil., prix qui me paraît un peu élevé comparativement à celui des autres engrais de composition et de valeur fertilisante analogues.

A propos de l'exposition industrielle de Nantes en 1861, M. Rohart, qui en fait la revue, en ce qui concerne les matières fertilisantes, parle avec éloges de celles de la Minière (*Annuaire des engrais*, 1861, page 390). Mais il n'est question que de matières d'un prix beaucoup moins élevé.

P. S. Au moment de mettre sous presse, je reçois le numéro du 10 novembre 1864, du *Journal d'Agriculture progressive* de M. Vianne, contenant un article qui donne de nouveaux détails sur l'engrais de la Minière dont le dosage paraît avoir été un peu modifié. Au lieu de 6 d'azote il en contiendrait 7, mais sa teneur en phosphate ne serait plus que de 15 p. °/o. Cette proportion me semble préférable ; mais ce qu'il y a de mieux, c'est que le prix paraît être descendu de 32f à 24f. Néanmoins, il est encore un peu élevé. Mieux vaut toutefois payer cher un bon engrais que d'en acheter à bas prix un mauvais.

§ 5. — Engrais Rohart.

Rue Saint-Louis, 70, Paris, — Batignolles.

M. Rohart, chimiste manufacturier éminent, a débuté dans la carrière des engrais par la publication d'un excellent livre technologique, sous le titre de : *Guide de la fabrication économique des engrais*. De même que noblesse, science et talent obligent. Après avoir exposé ses théories, M. Rohart s'est vu naturellement amené, par la force des circonstances, à les justifier par la pratique. C'est ainsi qu'il a préludé, à titre de simple service officieux, par l'établissement de plusieurs petites fabriques agricoles d'engrais, dans quelques exploitations particulières pour les besoins seulement de ces exploitations, notamment sur une propriété de M. Michel Chevalier, dans l'Hérault ; puis, chez M. le Dr Perusseaux, dans le Cher ; chez M. Violette, président de la Société d'Agriculture de Lille, pour ses terres du Pas-de-Calais; chez M. Pouteau, dans la Sarthe ; chez M. L. Mallac, ancien Préfet, actuellement dans le Loiret ; et enfin chez cinq ou six autres grands propriétaires sur divers points de la France.

Peu après, vers la fin de 1859, M. Rohart s'est mis à opérer pour son propre compte, en recueillant dans les abattoirs de Paris une quantité considérable de menus déchets de boucherie, de détritus dont on séparait industriellement les corps gras qu'ils renfermaient. Ces matières consistaient principalement en chairs, cartilages, tendons, poils et petits fragments d'os. Soumises à une forte pression, elles formaient une espèce de tourteaux dont la valeur fertilisante était garantie au titre de 5 p. °/₀ d'azote et de 3 p. °/₀ de phosphate, et dont le prix de vente fut d'abord fixé à 5f,50 les 100 k. Jusque-là, aucun engrais de qualité équivalente n'avait paru sur le marché à un prix aussi bas. Aussi, les tourteaux de M. Rohart eurent-ils tout d'abord un plein succès et un débouché assuré. Leur emploi était principalement recommandé pour l'amélioration et l'augmentation des fumiers. Mélangés avec des pailles, des foins gâtés, des genêts, des ajoncs, et autres matières végétales du même genre, ils y introduisaient un principe fermentescible très actif avec de très bonnes substances qui les convertissaient en une sorte d'engrais Jauffret, mais bien supérieur à ce dernier.

Cependant, quoique d'excellente qualité, il manquait quelque chose à ces tourteaux. D'abord, leur pulvérisation devenait nécessaire, et comme ce n'était pas chose aussi facile pour le cultivateur que pour le fabricant, celui-ci dut s'en charger et il le fit. D'un autre côté, ces tourteaux n'étaient pas assez riches en phosphate. C'est ce que comprit bientôt M. Rohart, qui n'est pas homme à s'immobiliser dans un type unique d'engrais. Les demandes affluant, il dut songer à accroître et à améliorer sa fabrication, et comme les matières sur lesquelles il opérait ne lui offraient pas un assez vaste champ, il lui fallut se mettre à la recherche de toutes celles de même nature ou de nature analogue, pouvant entrer utilement dans la composition de son engrais. C'est ainsi qu'il y introduisit les chiffons de laine, les cornes, les crins, les plumes, les bourres, les déchets de tanneries. Mais toutes ces matières étant très réfractaires à la décomposition spontanée, durent être l'objet d'un traitement spécial au moyen de la vapeur à haute pression, traitement qui les rend facilement assimilables, et qui fait l'objet d'un brevet commun à MM. Rohart et Jaille dont j'ai parlé à l'occasion du Guano Agenais. En même temps, M. Rohart renforça considérablement son engrais en phosphate, jusqu'à le porter au titre de 13 p. °/₀ pour 4,50 d'azote. Mais son prix s'est élevé dans une proportion un peu plus grande, sans cesser cependant d'être inférieur à celui de tous les autres engrais. Il n'est en effet que de 9f pour les 100 k., rendus en gare du chemin de ceinture à Paris. Si l'on estime l'azote à 2f le k., toutes les autres substances sont données pour rien.

A mon avis, la proportion de 13 p. °/₀ de phosphate dans cet engrais est du luxe. Elle dépasse sensiblement les besoins de la végétation la plus exigeante en acide phosphorique. Mais comme en réalité elle ne coûte rien au cultivateur, elle ne pourra qu'enrichir son sol d'une substance utile, lorsqu'il aura le bon esprit de baser ses fumures uniquement sur le dosage en azote. Du reste, en renforçant ces matières d'un sel ammoniacal et mieux encore d'un nitrate alcalin, comme je l'ai indiqué pour la poudrette, on en ferait un engrais normal parfait.

En conseillant l'addition d'un alcali, j'ai la conviction que j'entre totalement dans les idées de M. Rohart qui me paraît être, avec M. Jaille et M. Krafft, l'un des fabricants d'engrais qui comprennent le mieux l'importance des alcalis en Agriculture. Mais tout en en conseillant l'emploi, M. Rohart laisse le cultivateur libre d'en user ou de n'en pas user. Il se borne à lui offrir au très modique prix de 10f les 100 k. des sels de potasse et de magnésie, dont l'addition aux matières animales augmenteraient infailliblement et d'une manière notable l'efficacité de ces dernières. Il se peut que certaines terres ne demandent pas d'alcalis, et qu'une semblable addition constitue momentanément une superfétation dans l'engrais. Mais j'insiste sur ce point, que dans ce cas là même, c'est une grande faute que commet la culture en en épuisant la terre, parce qu'il lui est impossible de prévoir le moment précis où elle devra s'arrêter, et qu'elle le dépassera toujours. Il en résulte que l'épuisement existe souvent depuis longtemps déjà sans qu'on s'en doute, et l'on ne s'en aperçoit pas même lorsque les plantes témoignent par leur maladie que le régime auquel elles sont soumises leur est funeste. On en cherche la cause partout où elle n'est pas, dans les nuages quelquefois, et malgré les palliatifs, les maladies se perpétuent. Peut-être disparaîtraient-elles beaucoup plus vite si l'on s'occupait plus sérieusement de rétablir la constitution du sol dans un état normal. Quand il est épuisé d'alcalis, par exemple, ce n'est pas en en introduisant 2, 3, ou 4 p. °/₀ dans un engrais qu'on le remontera, parce qu'une telle proportion ne suffisant pas même pour la ration des plantes, suffit bien moins encore pour fournir au sol sa ration d'entretien, qui lui est aussi nécessaire en alcalis, qu'en azote et en phosphate. Mais en faisant connaître au cultivateur la nécessité de la potasse, et en lui offrant les moyens de n'en pas laisser manquer sa terre, M. Rohart a rempli un devoir de conscience. Toutefois, si l'engrais, par sa composition, forçait la main au cultivateur, le service rendu serait plus grand encore. C'est du moins là une conviction que rien ne saurait ébranler dans mon esprit, et c'est parce que je crois être sûr qu'elle sera comprise et appréciée à sa valeur que je me permets de l'exprimer aussi catégoriquement. Cette notice serait incomplète, si je n'ajoutais qu'à l'exposition de Nantes, les matières de M. Rohart, considérablement améliorées, ont obtenu la médaille d'or.

Les services dont je viens de présenter un résumé, qu'à mon très grand regret les limites de mon cadre ne me permettent pas de développer davantage, ne sont pas les seuls que M. Rohart ait rendu et rende encore tous les jours à l'Agriculture française. En voici un autre non moins important. M. Rohart, non content de recueillir au profit de notre production agricole une masse considérable de matières animales et salines à peu près entièrement perdues jusque-là, a étendu son industrie, au mépris des dangers et de rudes fatigues, jusque sur les côtes de la Norwège où depuis trois ans il recueille aussi d'abondants débris de poissons, résidus des salaisons considérables qui se pratiquent dans ces parages, et qui lui ont fourni jusqu'ici par mois plus de 100,000 k. d'un excellent guano artificiel dont il enrichit le sol français. Depuis longtemps, on sait que ce sont là de très bonnes matières fertilisantes dont l'Angleterre qui possède plusieurs fabriques de ce genre sait tirer un très grand parti. Une tentative semblable fut faite il y a quelques années à Concarneau, dans le Finistère, et sur les côtes de Terre-Neuve, où l'on obtenait des quantités considérables d'un engrais de même nature ; mais des circonstances qui me sont inconnues ont fait tomber ces établissements si utiles.

Le Guano poisson de M. Rohart a été analysé par MM. Isid. Pierre, Malaguti, Girardin et Bobierre. En donnant à ses éléments la valeur que M. Barral assigne à ceux du Guano du Pérou (voir page 35 de l'appendice), et en attribuant aux sels alcalins une valeur de 15f au lieu de 5f les 100 k., on obtient le résultat suivant :

50 k. matières organiques à 0,02	1	»
8,75 azote à 2f	17	50
14,40 acide phosph. équiv. à 29,75 phosphate des os à 40 c	5	76
2,50 sels alcalins à 15c	»	37
	24	63

et l'engrais se vend 25f rendu en gare. Son prix, comparativement à celui des autres engrais, est donc très consciencieusement établi.

Je ne puis rien dire de la qualité de cet engrais, sinon qu'étant composé de très bonnes matières, d'une assimilation facile sans être trop prompte, et qu'étant riche en azote et en phosphate, il est impossible qu'on n'en obtienne pas d'excellents résultats, au moins partout où la terre ne sera pas entièrement dépourvue d'alcalis, et partout où on l'emploiera en quantité convenable.

§ 6. — L'Engrais de Pen-Bron.

Fabrique de M. Jules Laureau, à Quifistre en Saint-Molff, par Guérande (Loire-Inférieure).

M. Laureau fabrique trois types d'engrais dont la composition sommaire est un mélange de chair d'animaux, de poissons gâtés, de têtes de sardines, de poudre d'os, de germes d'orge de brasserie, de lie de vin, de suie, de sel marin, de plâtre et de tourbe.

Cette dernière y joue le rôle d'absorbant. Elle fournit d'ailleurs à l'engrais des matières carbonées, dont j'ai démontré l'utilité au chapitre de l'humus et du terreau.

Des trois sortes d'engrais que M. Laureau fabrique, l'une est spécialement destinée aux sols calcaires, bien qu'à mon avis elle puisse convenir à toute espèce de terre. Il l'appelle : *Engrais humifère*. En voici la composition, d'après une récente analyse de M. Bobierre.

Substances organiques	60	
Résidu siliceux	6	50
Sels alcalins (notamment sel marin)	2	90
Phosphate de chaux	13	60
Carbonate et sulfate de chaux	17	»
Azote 4,20	100	»

Ce dosage est celui de l'engrais à l'état sec, et M. Loreau m'a déclaré qu'à l'état normal il contenait de 15 à 20 p. °/₀ d'humidité.

Cet engrais se vend 11f l'hectolitre du poids de 70 k. pris à l'usine. S'il contient en moyenne 17,50 d'eau pour 100, sa teneur en azote ne sera donc que de 3,47 par 100 k. Mais quelle sera celle de l'hectolitre? Pour pouvoir le dire avec précision, il faudrait connaître exactement le rapport existant entre le poids et le volume de l'engrais non-seulement à l'état humide normal, mais encore à l'état sec. Sans rien affirmer à cet égard, je crois qu'un mélange de matières dont la plus grande partie consiste en tourbe pulvérisée, peut absorber ou perdre une certaine quantité d'eau sans que son volume en soit sensiblement affecté. Si les matières sont entièrement desséchées et qu'on les arrose, elles se tasseront très probablement comme la terre d'un jardin à laquelle on applique la même opération. A ce point de vue, l'engrais humide pourrait donc être plus riche à volume égal que l'engrais sec. Mais comme l'eau qu'il contient dans son état normal ne lui vient pas d'un semblable arrosage, on peut croire qu'il n'est pas plus tassé qu'il ne le serait après avoir subi une dessication complète et que son volume reste le même dans l'un et l'autre cas. Cela étant, son dosage en azote par hectolitre doit être à 4,20 : : 70 : 100=2,94. Le calcul pour les autres substances peut s'établir de la même manière.

La seconde sorte est appelée : *Engrais phosphaté.* Elle est spécialement destinée aux sols granitiques et schisteux de la Bretagne, auxquels elle me paraît très bien convenir, et où elle est d'ailleurs employée avec succès. Sa composition s'établit ainsi :

Substances organiques de 40 à	47	
Résidu siliceux.	4	50
Sels alcalins.	3	20
Phosphate de chaux.	40	»
Sels calcaires et magnésiens.	5	30
Azote 3 ½ p. %.	100	»

Les matières de cet engrais dont le prix est de 12f l'hectolitre de 65 k. sont à peu près les mêmes que dans le précédent, si ce n'est que la proportion de tourbe et de germes d'orge y est diminuée, tandis que celle de phosphate y est augmentée ; mais la suie et la lie de vin y sont entièrement supprimées. Sa teneur en azote par hectolitre doit être à 3,12 : : 65 : 100 = 2,03.

Enfin, la 3e sorte appelée *Engrais mixte*, que M. Laureau conseille pour les sols ayant quelque fertilité, se compose de moitié de chacun des deux précédents, en sorte que son dosage en azote serait de 3,80 et en phosphate de 26,80 par 100 k. Son prix est de 11,50 l'hect., pesant 67k 50.

Ces engrais ne sont pas riches en azote ; mais en les employant en quantité suffisante, composés de bonnes matières comme ils le sont, on ne pourra en obtenir que de bons résultats. Lorsque cela n'aura pas lieu, ce sera sans nul doute parce que l'on en aura usé avec trop de parcimonie. A ce propos, je ne saurais approuver les fabricants d'engrais qui, dans la crainte d'effrayer le cultivateur par un chiffre de dépense trop élevé, conseillent des fumures trop faibles. Le plus ordinairement, elles ne produiront que des effets peu satisfaisants, dont la faute sera imputée à la qualité de l'engrais, tandis qu'en bonne justice elle ne devrait l'être qu'à l'insuffisance de sa quantité. En opérant ainsi, c'est s'exposer à sacrifier l'avenir au présent, et à discréditer un engrais qui ne peut en définitive produire qu'en raison combinée de sa richesse et de sa quantité.

Lorsqu'il s'agira d'engrais comme ceux de Pen-Bron, qui ne sont pas d'ailleurs très promptement assimilables et dont l'effet peut encore très bien se faire sentir la seconde année, le cultivateur agira donc très sagement en débutant par une forte fumure, sauf à n'employer l'année suivante qu'une quantité d'engrais en rapport avec les substances enlevées par la récolte.

Connaissant la composition de cette récolte et celle de l'engrais, c'est un calcul très facile à faire. En pareille circonstance, le tableau que j'ai donné page 351-352 pourra être très utile.

§ 7. — Le Guano de la Motte.

Fabrication de MM. Pichelin frères, à la Motte-Beuvron (Loir-et-Cher).

MM. Pichelin frères, font un très grand commerce d'engrais qui leur a valu déjà cinq médailles d'or et des rappels dans plusieurs concours régionaux de 1864. Ils ont à la Motte-Beuvron, en Sologne, une fabrique d'engrais auquel ils donnent le nom de Guano de la Motte. Ils exploitent en outre en société avec M. Cochery, deux usines pour le phosphate fossile dans les Ardennes et dans la Meuse. Nous les retrouverons plus loin en traitant des phosphates. Il ne doit être question ici que de leur Guano artificiel.

J'ai vainement cherché dans une fort intéressante brochure publiée par MM. Pichelin frères, sous le titre de : l'*Agriculture et les engrais modernes*, des renseignements précis sur la nature des matières qui constituent leur Guano. Sa composition élémentaire seule y est indiquée comme suit :

Azote.	à l'état de nitrate.	2 ½	7 »
	à l'état de sels ammoniacaux.	4 ½	
Phosphate assimilable, mi-soluble, moyenne . .			37 50

On ne dit pas si cette composition est celle de l'engrais à l'état sec ou à l'état normal. C'est une indication qui ne devrait jamais être omise, car son absence laisse de l'incertitude dans l'esprit des acheteurs et peut les éloigner. On ne fait pas connaître non plus la proportion d'alcalis ; mais MM. Pichelin déclarent qu'en dehors de l'azote et de l'acide phosphorique, leur Guano renferme en quantité suffisante tous les autres sels utiles à la végétation. Ils garantissent d'ailleurs sur facture la composition qu'ils annoncent. Quant au prix de cet engrais, il est de 29f les 100 k. à Paris.

Le Guano de la Motte, partout où l'acide phosphorique fait défaut dans le sol, doit produire de bons effets à raison de la forte proportion de phosphate qu'il contient. Pour des terres de constitution normale, il serait évidemment trop riche en cette substance, relativement à son azote, étant employé seul. Mais 300 k. de cet engrais intimement mélangés avec 5000 k. de fumier, produiraient sans doute autant d'effet et plus promptement que 10,000 k. de ce dernier.

Si, comme je le pense, l'engrais dont il s'agit ne se compose que d'un mélange de sels azotés, phosphatés et autres, sans addition de substances organiques putrescibles, l'appellation de Guano qui lui est appliquée ne répondrait pas précisément à ce que j'ai exposé au commencement de ce chapitre, mon opinion étant qu'on ne peut guère considérer comme Guano artificiel qu'un composé dont des matières animales forment la base principale. Mais cette observation qui ne porte que sur le nom et la nature de l'engrais, n'a nullement pour but de mettre en doute ses qualités, car il est certain qu'avec un mélange de sels ammoniacaux, ou de nitrates, de phosphates et autres, on peut obtenir d'excellents résultats en Agriculture. C'est ce que prouvent les expériences fort intéressantes de M. Ville à Vincennes (voir pages 283 et suivantes). Seulement, il faut que ce mélange soit rationnel, c'est-à-dire que chaque substance y entre dans une proportion correspondant à la composition moyenne des plantes qu'elle est destinée à alimenter.

MM. Pichelin frères, font en outre un engrais spécial pour la vigne, dont voici la formule :

9,00 p. °/₀	d'acide phosphorique.
6,60	de potasse.
6,65	d'acide sulfurique combiné.
4,25	de magnésie.
2,10	d'azote.

Cette composition me paraît bonne, mais elle serait meilleure avec un peu plus de potasse et un peu moins d'acide phosphorique, puisque d'après MM. Pichelin eux-mêmes, chaque récolte enlève à un hectare de vigne, 16^k420 de potasse et 7^k500 d'acide phosphorique seulement. Il est vrai qu'avec une application annuelle de 250 k. de cet engrais, on restituerait amplement les 16^k420 de potasse tout en enrichissant le sol de phosphate. En en conseillant 400 k. pour deux ans, MM. Pichelin frères, sont donc très près de la vérité. Mais si le dosage de cet engrais était élevé à 16 de potasse pour 7 d'acide phosphorique, ce qui me paraît très praticable, sans que le prix de revient en soit sensiblement augmenté, il n'en faudrait que 200 k. au lieu de 400 pour deux ans, et les fabricants pourraient probablement en décupler la vente. Je les prie de prendre ce conseil en bonne part; il est autant dans leur intérêt que dans celui de l'Agriculture.

Le prix de l'engrais dont il s'agit est de 26^f les 100 k. à l'usine de la Motte-Beuvron.

§ 8. — L'Engrais Lainé.

Fabrication de M. Deni, rue Saint-Louis, 44, au Marais.

L'engrais dont il s'agit n'a jamais eu la prétention d'être un Guano, quoiqu'il y ait plus de droits que quelques-uns de ceux qui se donnent cette dénomination, et dont je n'ai pas à m'occuper. Mais comme il est d'une origine analogue à celle des engrais dont je viens de parler, j'ai cru devoir le placer ici pour ne pas multiplier les catégories.

La principale industrie de M. Deni est la fabrication de la Gélatine, dont celle de l'engrais Laîné n'est qu'une annexe qui en utilise les résidus. L'importance de cette dernière ne paraît pas être considérable et ne comporte pas d'extension. Ses produits ont d'ailleurs un débouché facile et assuré dans la culture des environs de Paris et de quelques départements voisins.

Cet engrais, d'après plusieurs analyses de M. Baudrimont, paraît avoir une teneur assez constante de 1,35 en azote ; mais son dosage en phosphate varie de 9,50 à 18 p. °/₀. Son prix est de 4f l'hect. rendu tout emballé aux embarcadères de chemins de fer ou tous autres lieux de départ. Le poids de l'hect. est de 70 à 80 k. On peut admettre qu'un hect. contient un k. d'azote. M. Deni pense qu'il en faut de 30 à 45 hect. suivant la nature des terres pour un hectare de froment. Au point de vue de l'azote, cette fumure représenterait de 15 à 22 $^1/_2$ hect. de blé. Elle pourrait être suffisante dans des terres en possession d'une fertilité initiale moyenne. Mais je pense qu'on obtiendrait un meilleur résultat de cet engrais en l'employant simultanément avec le fumier. Une dose de 5000 k. de ce dernier avec 20 hectolitres d'engrais Laîné constitueraient une fumure qui ne serait peut-être pas plus riche que 40 hect. de celui-ci, mais qui serait plus complète, parce que les deux engrais se prêteraient un mutuel appui, l'un par son phosphate, l'autre par ses alcalis. Je pense que c'est là le parti le plus avantageux que l'on en puisse tirer, ce qui ne veut pas dire qu'employé seul l'engrais Laîné ne puisse donner de bons résultats. Mais entièrement privé d'alcalis, son succès ne peut être assuré que dans les terres qui en sont amplement pourvues, tandis que mêlé au fumier il réussira à peu près partout.

§ 9. — Engrais organique

De MM. Richer et Cie, rue de Richelieu, 110, à Paris.

Indépendamment de leur poudrette et de leurs sels ammoniacaux, MM. Richer et Cie préparent encore un engrais qui, de fait, est un véritable Guano humain, mais auquel ils se bornent à donner le nom d'engrais organique. Sa composition élémentaire est de 4,50 d'azote pour 6 à 7 de phosphate. C'est l'une des plus normales dé toutes celles que nous avons vues jusqu'ici. Son prix est de 17,50 les 100 k. en sacs de 50 k., mis en wagon au chemin de ceinture de la Petite-Villette.

MM. Richer et Cie ne font pas connaître la nature des matières qui forment cet engrais. Je ne crois pas être indiscret en disant que cela me paraît être quelque chose comme la combinaison dont j'ai parlé pages 493 et 494, moins les alcalis. Si le dosage indiqué est celui de l'engrais à l'état normal, il serait à peu près triple de celui de la poudrette ; mais le prix s'élevant dans la même proportion, il n'y aurait pour le cultivateur d'autre économie que celle des deux tiers du transport. C'est beaucoup déjà lorsqu'il s'agit d'engrais d'un titre peu élevé.

MM. Richer et Cie pensent que 800 à 1000 k. de leur engrais organique peuvent constituer une fumure suffisante et complète. C'est aussi mon avis, au moins en ce qui concerne les terres de fertilité moyenne, et, sous toute réserve, quant aux alcalis.

§ 10. — GUANO-BELGE

De MM. Gits et Compagnie, à Anvers.

Voici un engrais bien analogue au Phospho-Guano (voir l'appendice), mais d'une composition beaucoup plus parfaite et beaucoup plus régulière, et qui présente en outre l'avantage de coûter un tiers moins. Il a, de plus, la franchise de se poser pour ce qu'il est. « Nous ferons remarquer, disent ses fabricants, que » notre engrais n'est pas à proprement parler, un Guano. Le » nom de Guano-Belge doit être considéré simplement comme » une marque de fabrique, et nullement comme servant de » rapprochement entre sa composition et celle de l'engrais Péruvien. Ces compositions, d'ailleurs, offrent des différences » essentielles et préméditées, surtout en ce qui concerne *le* » *phosphate soluble*. Nous tenions à faire cette observation, » afin de ne pas laisser croire que notre engrais fut une imita-

» tion, etc. » C'est là, à mon avis, de la bonne concurrence ; elle honore ses auteurs, et ne peut qu'inspirer de la confiance en leur produit.

Bien que la composition immédiate de celui-ci ne soit pas indiquée, je crois qu'on peut la regarder comme une combinaison de superphosphate de chaux, de sels ammoniacaux et de matières organiques dans les proportions suivantes, que MM. Gits et Cie garantissent sur factures.

Matières organiques.	40 à 45 p. °/°.
Ammoniaque équiv. à 5,36 d'azote en moyenne.	6 à 7
Phosphate de chaux soluble.	14 à 17
id. insoluble.	4 à 6
Matières alcalines.	2 à 3

L'engrais contenant ordinairement 10 p. % d'humidité, si, comme il y a lieu de le croire, ces dosages sont ceux de l'état sec, ils doivent être réduits d'un 10e pour se rapporter à l'état normal. Celui-ci serait donc à peu près du double plus riche en azote, mais des $^2/_5$ en phosphate moins que le Phospho-Guano. Dans les conditions les plus ordinaires, 100 k. de ce dernier pourraient par conséquent être remplacés par 50 k. de Guano-Belge, en sorte qu'avec une fumure de 11[f] on pourrait obtenir les mêmes effets qu'avec une fumure de 32[f], la différence des frais de transport se compensant par l'économie résultant de l'emploi d'une quantité moindre.

§ 11. — Engrais-Poisson et de Sang

De MM. Stevens et Cie, à Londres, représentés par MM. Billaudeau, au Havre, et Louis Blondel, à Honfleur.

Le titre de cet engrais indique sa composition sommaire. Mais les renseignements qui m'ont été transmis ne me disent rien sur sa composition élémentaire, en sorte que je ne puis rien préciser en ce qui le concerne, sinon que son prix est de 25[f] les 100 k. au Hâvre et à Dunkerque. On cite plusieurs agriculteurs des départements du Nord, de l'Eure, de la Vienne, et surtout de la Seine-Inférieure qui l'ont employé, et qui en font l'éloge.

§ 12. — Tourteaux de viande de M. Bacquet.

M. A. Bacquet de St-Quentin (Aisne), vend des tourteaux de chair, contenant 3 p. °/₀ d'azote au prix de 6f les 100 k. Ce prix correspond juste à la valeur que l'on assigne généralement à l'azote, en sorte que les matières organiques, le phosphate, etc., ne coûtent rien. Il est probable toutefois que ces matières contiennent peu d'acide phosphorique. C'est ce que le silence du vendeur sur ce point autorise à croire. S'il en est réellement ainsi, le cultivateur qui emploiera ces tourteaux fera bien de les renforcer d'une quinzaine de kil. de phosphate fossile par quintal. C'est une dépense qui n'augmentera pas d'un franc le prix de l'engrais et qui, le plus souvent, en doublera l'efficacité. Ces matières, comme celles de M. Rohart, conviennent particulièrement pour enrichir les fumiers et en augmenter la quantité.

Je termine ici cette nomenclature qui pourrait comprendre encore plusieurs autres bons engrais sur lesquels leurs fabricants n'ont pas jugé à propos de me donner les renseignements que je leur avais demandés, se méprenant sans doute sur le motif de cette demande. Je le regrette, car il m'eût été agréable de signaler, dans un livre que je tiens par-dessus tout à rendre utile, des produits méritant d'être connus autant dans l'intérêt de l'Agriculture que dans celui de l'industrie des engrais. Je dois faire observer aussi que l'ordre dans lequel j'ai classé les engrais dont je viens de parler n'implique aucune idée de préférence ni de supériorité. J'avais résolu d'abord de les ranger par ordre d'ancienneté ; mais quelques renseignements me manquant à cet égard, j'ai abandonné le classement à peu près au hasard.

CHAPITRE DEUXIÈME.

MATIÈRES ANIMALES DIVERSES.

Chair, Sang, débris de Poissons, Chiffons de laine, etc.

Le chapitre précédent s'applique particulièrement aux matières qui ont été l'objet d'une préparation ou de quelques modifications dans l'industrie des engrais. Celui-ci traitera des mêmes matières, mais en ne les envisageant que dans leur état naturel et en recherchant comment le cultivateur peut les utiliser directement le plus avantageusement possible. Les principales sont : les chairs musculaires, le sang, les débris de pêcheries, les chiffons de laine, les cornes, etc. Les os étant d'une composition différente, j'en parlerai dans un autre chapitre.

D'après ce que nous avons vu précédemment, toutes ces matières sont très-fertilisantes ; mais l'action des trois premières est bien autrement prompte que celle des dernières, ce qui les classe naturellement en deux catégories distinctes sous ce rapport.

Les cultivateurs qui sont en situation de se procurer des débris de boucherie, des chairs provenant des chantiers d'équarissage, du sang des abattoirs, sont peu nombreux. Ceux qui ont le malheur de perdre des animaux par accident ou par maladie le sont davantage. Il leur importe donc d'en tirer le meilleur parti possible pour alléger leur perte. La dépouille de ces animaux peut ordinairement donner des produits de différentes valeurs. C'est ainsi que la peau peut être vendue à la tannerie, les crins à la bourrellerie, la graisse aux savonneries, certains os à la tabletterie, etc. Mais les chairs, surtout lorsque les animaux sont morts de maladie, ne sont propres qu'à faire de l'engrais qui sera d'ailleurs d'excellente qualité lorsqu'il sera convenablement préparé.

A cet effet, l'animal étant écorché et dépecé, sa chair ainsi que celle que l'on peut se procurer à d'autressources, doit être coupée en menus fragments et mêlée avec sept ou huit fois son volume de terre meuble légèrement humide, sauf à trier les os plus tard après entière décomposition de la chair pour les utiliser comme nous le verrons plus loin. Mais si l'animal avait succombé à une maladie charbonneuse, le plus prudent serait de l'enfouir tout entier dans une fosse un peu profonde en le saupoudrant de chaux vive, sauf à employer ultérieurement comme engrais la terre dans laquelle il se serait décomposé, et qui se trouverait enrichie de tous les produits de cette décomposition.

Comme les chairs dont on fera des composts ne contiendront guère en principes fertilisants que de l'azote et des matières organiques, il sera bon d'y ajouter des cendres vives ou 25 à 30 k. de phosphate fossile par 100 k. de chair fraîche. Ce phosphate ne coûtant que 5f le quintal, chaque ferme devrait en avoir constamment en réserve deux à trois quintaux en prévision d'accidents semblables. Un compost, ainsi préparé, vaudra tous les engrais commerciaux possibles, et pourra être fructueusement appliqué à tous les sols comme à toutes les cultures. Il devra, pendant les premiers temps, être recouvert d'épines ou autres matériaux capables de le protéger contre les fouilles d'animaux carnassiers. Sa surface devra être battue pour empêcher la pluie de le trop pénétrer. Sous ce rapport, la forme conique est celle qui devra lui être donnée de préférence. Enfin il devra être recoupé au moins une fois après la décomposition des chairs, pour que toutes les matières soient mélangées le plus intimement possible.

Quelques auteurs conseillent d'ajouter de la chaux vive au compost pour hâter la décomposition des chairs. Cette précaution sera bonne lorsque l'on n'aura pas de phosphate fossile. Dans le cas contraire, il faut éviter de mettre en contact ces substances, la présence de la chaux nuisant à l'assimilation des phosphates basiques. C'est même ce qui aurait lieu entre le carbonate et le phosphate calcaires contenus dans les cendres, si ce dernier ne s'y trouvait dans un état de division tel que ses effets s'accomplissent sans difficulté.

Le sang peut être traité d'une manière tout-à-fait analogue, en le mêlant très intimement avec cinq à six volumes de terre sèche, 12 à 15 k. de phosphate fossile par 100 k. de sang liquide et les cendres vives dont on pourra disposer. Le tas devra ensuite être recouvert d'une couche de terre pure bien battue.

Dans l'un et l'autre cas, la terre absorbant les gaz ammoniacaux qu'engendrera la fermentation putride des chairs et du sang, rien ne sera perdu. C'est là, selon moi, le parti le plus simple, le plus facile, le plus économique, et partant le plus profitable que l'on puisse tirer de semblables matières. On peut regarder que les composts formés de chairs musculaires et convenablement additionnés de phosphate et de cendres équivaudront à 2000 k. de fumier normal par chaque quintal métrique de chair qui y sera entré. Ceux formés de sang n'auront que le tiers de cette valeur. La raison en est que 100 k. de sang liquide ne contiennent guère que 2,70 d'azote, tandis que 100^k de chair musculaire fraîche en renferment à peu près 8 k. On peut donc retirer d'un animal qui livre 150 k. de chair au compost l'équivalent de 3000 k. d'excellent fumier, c'est-à-dire une valeur de 25 à 30^f et qui n'a occasionné d'autres déboursés que pour environ 2^f de phosphate. En ajoutant à cette valeur celle des os, de la peau, etc., on voit qu'un cultivateur intelligent pourrait souvent augmenter à peu de frais ses ressources en engrais en achetant de vieux chevaux condamnés à être abattus, et dont le prix ordinairement ne dépasse pas la valeur de la peau, des crins et des fers.

Comme l'action des composts de chair est beaucoup plus prompte que celle des fumiers peu consommés, il suffira de les employer à demi-dose pour en obtenir le même effet en première récolte. Ainsi, avec un compost contenant 150 k. de chair et équivalant par conséquent à 3000 k. de fumier, on pourra remplacer 6000 k. de ce dernier, mais il faudra répéter les fumures plus souvent.

Les débris de pêcherie, les poissons gâtés, peuvent être traités absolument de la même manière que les chairs musculaires, à cela près cependant qu'il ne sera pas aussi nécessaire d'y ajouter du phosphate. Mais lorsqu'il sera possible de s'en procurer des quantités un peu fortes — comme c'est le cas souvent dans le voisinage des fabriques de conserves —, il sera plus simple encore de les employer immédiatement en fumure, sans aucune préparation, lorsqu'on aura de la terre prête à les recevoir.

On a proposé plusieurs moyens de dessécher les chairs et le sang pour en faire des engrais pulvérulents peu volumineux. A mon sens, ce sont là des opérations que le cultivateur doit abandonner à l'industrie. Il n'a jamais assez de matières semblables à sa disposition pour pouvoir les soumettre avec économie à un pareil traitement qui exige d'ailleurs une installation convenable, du combustible, un séchoir, beaucoup plus de soins et de main-d'œuvre, sans donner finalement de meilleurs résultats que les composts.

Indépendamment des matières animales dont je viens de parler, le cultivateur peut encore employer comme engrais les vieux chiffons de laine qu'on se procure assez facilement en quantités dans le commerce et qui sont également fort riches en azote. Cependant, il paraît que cette richesse est loin d'être aussi grande qu'on l'a cru jusqu'ici d'après des analyses de MM. Boussaingault et Payen qui, ayant opéré sans doute sur des échantillons d'une grande pureté, y ont trouvé près de 18 p. °/$_0$ d'azote. M. Rohart, qui emploie des quantités considérables de cette matière dans sa fabrique d'engrais, n'évalue pas leur richesse à plus de 10 p. °/$_0$. C'est déjà fort beau, surtout lorsqu'on peut acheter les chiffons au prix de 10 à 12^f les 100 k., puisque dans ce cas, leur azote ne revient que de 1^f à 1,20 le k. Il n'y a aucun engrais qui le livre à ce prix. A la vérité, il est très lentement assimilable, surtout lorsqu'on applique les chiffons sans leur faire subir aucune préparation. J'en ai employé d'assez grandes quantités dans mes cultures, et j'ai remarqué que leur effet était encore très sensible la 6e année. C'est une raison pour les payer moins chers, mais ce n'est là qu'une simple question d'intérêt d'argent. Si l'on prend le fumier pour étalon de la valeur des engrais, et si on lui attribue une durée de quatre ans en donnant à son azote une valeur de 2^f le k., par exemple, la durée des chiffons étant de deux ans plus longue en moyenne, le prix de leur azote devra se diminuer de l'intérêt de leur prix coûtant pendant 2 ans, soit 10 p. °/$_0$ applicable à la partie qui ne sera pas utilisée dans le même laps de temps que l'engrais type. Ainsi, si l'on emploie dans une fumure 300 k. d'azote sous la forme de chiffons, et si de ces 300 k. il y en a 200 qui produisent leur effet dans le même temps que le fumier, ils auront évidemment la même valeur ; mais les 100 k. restant ne produisant le leur que dans un temps plus long représenté par une moyenne de deux ans, vaudront 10 p. °/₀ de moins. Ce sera donc une réduction de 20ᶜ par kil. que devront subir ces 100 k. d'azote, en partant du prix étalon de 2ᶠ, et par conséquent une réduction de 6ᶜ ²/₃ en moyenne pour chacun des 300 k. Ainsi, si l'azote du fumier vaut réellement 2ᶠ le k., celui des chiffons de laine doit valoir 1ᶠ 93 ¹/₃. Or, lorsqu'on pourra l'acheter à 1ᶠ 20 on fera une excellente affaire.

Lorsqu'il s'agira d'un engrais produisant tout son effet dans un laps moyen de deux ans par exemple, sa valeur s'établira de la même manière, mais en sens inverse. Au lieu de diminuer, elle s'augmentera de l'intérêt du capital dans lequel on rentrera plus vite. Ainsi l'azote du fumier valant 2ᶠ, celui du Guano du Pérou, de certains guanos artificiels, du sang, des nitrates, des sels ammoniacaux, etc., vaut en réalité 2ᶠ 20ᶜ. La valeur des phosphates doit se régler d'après les mêmes principes. Mais le point le plus difficile et sur lequel on ne se mettra jamais d'accord, c'est la détermination précise de la valeur de l'engrais étalon. Jusqu'ici, on n'a procédé, quant à ce, que d'une manière fort arbitraire. On ne peut guère du reste procéder autrement, car les bases fixes font entièrement défaut dans cette question. Au surplus, pour terminer cette digression, je ne puis que répéter ce que j'ai dit ailleurs, à savoir que la considération qui doit dominer dans l'emploi des engrais est uniquement leur valeur d'utilité combinée avec leur prix coûtant. Lorsque celui-ci ne laissera pas de bénéfice au cultivateur, le parti le plus sage sera d'y renoncer plutôt que de produire à perte.

Revenons aux chiffons. On peut considérablement accélérer leur assimilation en les divisant mécaniquement. Mais c'est une opération qui n'est pas facile quand on ne possède pas de machine *ad hoc*. Elle n'est pas non plus sans inconvénient à raison de la malpropreté ordinaire de cette matière. On peut cependant réduire considérablement et à peu de frais les difficultés de la division tout en faisant disparaître ses inconvénients. Il suffit pour cela de lessiver les chiffons comme on lessive du linge ordinaire, à cela près qu'on doit employer une plus grande quantité de cendres ou de soude, et y ajouter de la chaux vive pour rendre la lessive entièrement caustique. On doit aussi répéter les coulages moins souvent, en ne versant du nouveau liquide que quand le précédent est entièrement écoulé. Après quelques heures d'un semblable traitement et lorsque le cuvier sera refroidi, on étendra les chiffons en les imprégnant de toute la lessive qu'ils pourront absorber, et on les fera sécher en cet état. Cette opération, qui coûtera peu de chose, aura pour effet d'altérer considérablement la fibre de la laine, et de la rendre par cela même facilement divisible, tout en enrichissant l'engrais d'une proportion d'alcalis qui augmentera considérablement son efficacité. Si on le mêle ensuite avec un phosphate quelconque, on en obtiendra certainement d'aussi bons effets que de quelque engrais que ce soit. Il est des agriculteurs qui font pourrir les chiffons dans leur tas de fumier sans les diviser. C'est un moyen de hâter leur décomposition, mais il se prête difficilement à une bonne répartition de l'engrais laineux.

Lorsqu'on aura des plumes, des poils, des bourres, même des débris de corne, le meilleur parti qu'on en pourra tirer sera de les introduire dans du fumier chaud où ils parviendront à se désagréger assez pour devenir moins lentement assimilables. Mais ce sont là des matières que les fabricants d'engrais peuvent seuls se procurer en quantités un peu fortes, et qu'eux seuls peuvent convenablement approprier à la fertilisation quand, comme MM. Rohart et Jaille, ils sont en possession d'un procédé qui leur permet d'obtenir facilement ce résultat.

Il existe à Nantes une fabrique qui torréfie les cornes pour les diviser plus aisément, et qui prétend en rendre l'assimilation plus prompte par ce moyen. A ce propos, M. Rohart dit qu'il a reçu, au sujet des cornes torréfiées, différentes observations qui tendent à faire croire que la corne complétement privée de son eau de combinaison, c'est-à-dire roussie, est précisément d'une décomposition plus lente que lorsqu'elle est simplement divisée mécaniquement. A l'appui, il cite des essais bien faits qui ont positivement donné des résultats négatifs chez un agriculteur hors ligne. Il ajoute toutefois qu'il ne faut pas se hâter de conclure, une seule application n'étant pas suffisante pour étayer un jugement définitif. M. Rohart a raison, car cet engrais pourrait fort bien avoir échoué, en le supposant assimilable, par cela seul qu'il n'est pas complet. Il est douteux cependant que ce soit là la cause de son insuccès dans la circonstance dont il s'agit, si l'expérience a eu lieu dans l'exploitation que je suppose. En tout cas, avant d'employer en grand des matières de ce genre, on fera bien de les essayer sur une petite échelle en leur adjoignant les substances qui leur manquent, notamment le phosphate et les alcalis, et encore une première épreuve, fût-elle éminemment favorable, ne serait pas concluante, car il se pourrait très bien que ce fût le sol et non l'engrais qui eût fourni l'azote. En règle générale, lorsqu'on opère sur des matières douteuses, il est toujours prudent de répéter plusieurs fois les essais sur le même terrain avant de faire dépendre de ces matières le sort d'une récolte tout entière.

CHAPITRE TROISIÈME.

MATIÈRES VÉGÉTALES DIVERSES.

Engrais Jauffret.—Tourteaux de graines oléagineuses.—Marcs de fruits.

Engrais-Jauffret. — Il y a une trentaine d'années, un cultivateur provençal nommé Jauffret, proposa une méthode pour faire du fumier sans bétail. Cette méthode qui eut beaucoup de retentissement alors, consistait à entasser des végétaux de faible valeur, verts ou secs, tels que des bruyères, des fougères, des genêts, des feuilles, etc., même de la paille et à les arroser avec une lessive qu'il composait de 200 parties de plâtre, 100 de matières fécales et urine, et 90 de suie, de chaux, de cendres et de jus de fumier. A ces 390 k. de matières, il ajoutait 0,500 g. de sel et 0,320 g. de salpêtre, plus une quantité d'eau suffisante pour délayer le tout convenablement. Avec cette quantité de lessive, il convertissait 1000 k. de végétaux ligneux comme ceux dont il vient d'être parlé en 2000 k. de fumier. Mais pour 1000 k. de paille plus tubulaire, absorbant par cela même une plus grande quantité de lessive, la dose de celle-ci devait être double. Ces végétaux ainsi traités entraient promptement en fermentation.

Les matières indiquées par Jauffret n'étaient pas rigoureusement indispensables. Plusieurs d'entre elles pouvaient être remplacées par d'autres ; par exemple, les matières fécales par des graines d'orge, de sarrasin, de lupin ou par des excréments d'animaux ; le plâtre, par de la marne, de la vase de mer, etc.

Cette recette purement empirique, et dans laquelle la présence de 200 k. de plâtre ne se justifie pas complétement, avait un défaut capital, celui de faire ressortir le prix de l'engrais à un taux bien plus élevé que le prix du fumier d'étable. Aussi, ce procédé n'a-t-il pas fait fortune quoique l'idée sur laquelle il repose fût bonne. Lorsque l'on possèdera une fosse à purin — ainsi que cela devrait avoir lieu dans toutes les fermes —, et lorsque l'on aura de semblables végétaux à sa disposition, il sera très facile de les convertir en engrais par une méthode analogue, en y employant le purin seul comme lessive. Les déboursés se réduiront ainsi à zéro. Si l'on enrichit le purin du produit des latrines de la ferme, de la suie et des cendres qu'on y peut recueillir, l'engrais n'en vaudra que mieux.

Nos paysans bretons augmentent considérablement le volume de leurs fumiers à l'aide de végétaux ligneux, de bruyères et d'ajoncs notamment qu'ils étendent dans les cours et dans les chemins fréquentés par le bétail et les charrettes. Lorsque ces végétaux sont un peu désagrégés par le piétinement des animaux et par les roues des véhicules, on les ramasse et on les mêle au fumier au moment où l'on vide les étables, ce qui n'a lieu qu'à des époques assez éloignées les unes des autres. Cette matière qu'on appelle *foule* en certains endroits, est censée s'être enrichie des déjections des animaux ; mais de fait, elle n'en retient que fort peu, car étendue en couche peu épaisse sur de vastes surfaces, les pluies en entraînent ordinairement les meilleures substances. Néanmoins, comme la quantité qui est ainsi employée est considérable, et comme la bruyère et l'ajonc sont à poids égal au moins trois fois plus riche en azote que la paille, il n'est pas douteux que cette méthode tout imparfaite qu'elle soit, n'apporte un contingent très important dans la fertilisation du sol breton.

Les Tourteaux. Les substances végétales les plus riches en principes fertilisants et qui forment en même temps un engrais dont la composition se rapproche souvent de très près du type normal, sont les tourteaux de graines oléagineuses, résidu de la fabrication des huiles végétales. Le tableau suivant présente les plus connus, et donne leur teneur en azote d'après MM. Boussaingault et Payen, et en acide phosphorique d'après M. Barral qui a modifié et complété les chiffres des premiers. Tous les tourteaux contiennent en outre une assez forte proportion d'huile qu'il est impossible d'en extraire quelque énergique que soit la pression. Cette proportion, d'après MM. Girardin et Soubeyran, paraît n'être que de 4 p. °/₀ dans les tourteaux de Faine, 6,3 dans ceux de Chenevis, et de 12 à 14 dans ceux d'Arachide, de Cameline, de Colza, de Lin, de Pavot et de Sésame. Tous retiennent aussi un peu d'humidité, qu'on peut évaluer en moyenne à 6 p. °/₀, mais qui paraît être de 10,5 dans ceux de Colza, de 11 dans ceux de la graine du Cotonnier, et de 13,4 dans ceux de la graine de Lin.

Nature des Tourteaux.	Azote d'après M. Boussaingault.	Acide phosp. d'après M. Barral.	Equivalent en phosphate des os.	Observations.
Arachide.....	8,38	»	1,20	Heuzé.
Cameline.....	5,52	»	4,20	Id.
Chenevis.....	4,21	1,026	2,12	Calculé.
Colza........	4,92	3,884	8 »	Id.
Coton.	4,02	» »	» »	—
Faine........	3,31	1,089	2,30	Calculé.
Lin.	5,20	3,217	6,63	Id.
Madia.......	5,06	3,401	7 »	Id.
Noix........	5,24	1,391	2,85	Id.
Oeillette.	5,56	» »	6,30	Heuzé.
Olives.	7,38	» »	»	—
Sésame.	6,79	» »	3,20	Heuzé.

Comparativement à l'acide phosphorique que contiennent les graines de chanvre et de colza (voir le tableau pages 351-352), le dosage de leurs tourteaux me paraît un peu faible pour le premier et un peu fort pour le second. En admettant que le Chenevis rende 0,65 de tourteaux, et le Colza 0,59, celui-ci ne devrait contenir que 3,08 de phosphate, et celui-là 6,40.

Comme il n'y a pas lieu de douter de l'exactitude des chiffres de M. Barral, il faut admettre qu'il y a de grandes variations dans les graines de ces deux plantes relativement à leur dosage en acide phosphorique, ou que tout au moins l'échantillon de tourteau de colza analysé par M. Barral provenait de graine exceptionnellement très riche, puisqu'il représente 2,29 dans cette graine au lieu de 0,82 trouvé par le chimiste allemand à qui j'ai emprunté ce dernier chiffre pour mon tableau, d'après l'annuaire de MM. Million et Reiset. La conclusion à tirer de là, c'est qu'il sera bon de donner au colza une fumure presque trois fois plus riche en acide phosphorique que ne l'indique le tableau précité, mais pour la graine seulement, sans compter cependant rencontrer toujours des tourteaux qui en contiennent 3,88. Sous ce rapport, il sera prudent de n'acheter jamais les tourteaux que sur analyse, ou tout au moins de ne compter pour ceux de Colza, de Lin et d'Oeillette, que sur un dosage en phosphate un peu plus faible que celui indiqué ci-dessus, afin de ne pas éprouver de déception. Mais on n'en aura point à redouter en prenant seulement leur teneur en azote pour base de la fumure, cette teneur n'étant pas exagérée et n'excédant pas la proportion de phosphate au moins dans les trois qui viennent d'être cités.

Les tourteaux oléagineux contiennent tous aussi une proportion plus ou moins forte d'alcalis, mais elle n'est pas indiquée par les analyses. On peut toutefois la déduire du tableau (pages 351-352), en considérant que 65 de tourteaux de chanvre et de lin, et 59 de colza contiennent autant de soude et de potasse que 100 de chacune de ces trois graines.

Les tourteaux en solution dans le purin peuvent l'enrichir beaucoup. Mêlés au fumier, ils en augmentent également beaucoup la valeur. On peut toutefois les employer seuls avec avantage, mais à la condition de les répandre sur le sol une quinzaine de jours avant la semence, et de les y laisser exposés aux influences de l'air qui détruit leur action malfaisante. M. Vilmorin le père, a observé il y a longtemps déjà, que les graines en contact avec les tourteaux ne germaient pas, ou que l'embryon périssait par l'effet de ce contact. On ne connaît pas au juste la cause de cet effet. M. de Gasparin l'attribue à l'huile en citant un fait qui prouve que des graines qui en avaient été accidentellement imprégnées, ont complétement avorté. On comprend alors que les tourteaux en poudre très fine restant exposés à l'air sur le sol, l'huile qu'ils contiennent absorbe une certaine quantité d'oxygène qui transforme ses propriétés et les rend inoffensives.

Les tourteaux peuvent être appliqués à tous les terrains et à toutes les plantes. Cependant, les végétaux auxquels ils conviennent le mieux sont ceux d'une nature analogue ou identique à la leur. La quantité à employer doit se calculer comme celle de tout autre engrais promptement décomposable, en tablant toujours sur leur dosage en azote, et en renforçant par un phosphate quelconque ceux dans lesquels l'acide phosphorique ne se trouve pas en proportion suffisante.

Marcs de fruits. Les marcs de raisins, ceux de pommes et de poires à cidre, peuvent aussi être utilisés avec profit. En général, les premiers ne le seront jamais mieux que dans la fertilisation de la vigne, et les derniers qu'en les appliquant au pied des arbres produisant des fruits à pépins. Les marcs de pommes et de poires engendrant des acides, il sera bien toutefois de les mélanger avec de la chaux qui neutralisera ces acides à mesure de leur formation. Mais mieux vaudrait encore remplacer la chaux par du phosphate fossile dont l'assimilation serait singulièrement favorisée par ces mêmes acides.

La tourbe desséchée, additionnée d'un phosphate basique quelconque et arrosée avec du purin ou des matières fécales liquides ou très diluées peut également donner un très bon engrais. Les cultivateurs qui en ont à leur disposition, en tireront ainsi un bien meilleur parti qu'en la brûlant pour en utiliser les cendres toujours fort pauvres en minéraux essentiels, surtout en acide phosphorique.

Je parlerai plus loin, dans un chapitre spécial, des végétaux qui peuvent être employés directement, sans aucune préparation, comme engrais verts.

TROISIÈME CATÉGORIE.

MATIÈRES MINÉRALES

CHAPITRE PREMIER.

ENGRAIS CALCAIRES.

A. La Chaux. — J'ai déjà parlé à plusieurs reprises de la chaux appliquée à la culture, ainsi que des effets qu'elle produit sur le sol et sur la végétation. Il ne me reste donc plus guère qu'à résumer ici ce qui concerne cet agent, connu et employé depuis longtemps déjà comme moyen de production agricole, sans toutefois l'être autant, ni toujours aussi judicieusement qu'il pourrait et qu'il devrait l'être.

La chaux dont il s'agit ici est celle qui provient principalement du calcaire de troisième formation (page 195), que l'on fait calciner dans des fours spéciaux pour expulser l'acide carbonique qu'il contient, et qui ne résiste pas à une haute température. C'est ainsi que l'on obtient la *Chaux vive*. Celle-ci est plus ou moins pure, selon que la pierre qui l'a produite l'est elle-même plus ou moins. Lorsqu'elle ne contient pas de corps étrangers ou qu'elle n'en contient qu'en minime proportion, elle constitue la *Chaux grasse*. Exposée à l'air, elle en absorbe l'humidité, se délite et se réduit en poudre extrêmement ténue. Elle s'empare aussi, mais plus lentement, de l'acide carbonique ambiant et revient à l'état de carbonate. Cet effet, toutefois, ne se produit guère qu'à la surface, et la chaux conserve pendant longtemps sa causticité à l'intérieur lorsqu'elle est en tas d'un certain volume. Délitée, elle foisonne beaucoup, ainsi que nous l'avons vu en parlant de la chaux animalisée, dans la préparation de laquelle 80 litres de chaux-vive en produisent 200 litres en poudre très fine après avoir absorbé 40 litres seulement d'urine. Mais lorsqu'elle est abandonnée aux réactions spontanées, son foisonnement est loin d'être aussi grand. Il est rare même qu'il dépasse la moitié du volume primitif.

Lorsque l'on veut accélérer le délitement de la chaux, on

l'arrose avec de l'eau qu'elle absorbe avidement en produisant une espèce de sifflement et une chaleur assez élevée non-seulement pour vaporiser immédiatement une grande partie de cette eau, mais encore pour embraser du bois. Peu après, la chaux se fendille et tombe en poussière. En y ajoutant de nouvelle eau, on la réduit en pâte propre à la confection du mortier. C'est ce que l'on appelle *Chaux éteinte.* Dans le premier cas, elle est simplement *hydratée.*

Lorsque la pierre calcaire contient une certaine quantité de sable, elle ne fournit que de la *Chaux maigre,* d'une qualité inférieure et foisonnant beaucoup moins. Si au lieu de sable, c'est de l'argile qu'elle contient, la chaux qui en provient est dite : *hydraulique*, à raison de la propriété qu'elle possède de durcir sous l'eau. On ne l'emploie guère que dans les constructions en contact avec une humidité plus ou moins grande.

De ces trois espèces, la Chaux grasse est donc celle qui doit être préférée pour les applications à l'Agriculture.

Les sols auxquels elle convient le mieux sont tout naturellement ceux qui n'en contiennent pas ou qui n'en contiennent que très peu, ainsi que ceux dans lesquels le principe calcaire se trouve dans un état d'agrégation ou de combinaison paralysant entièrement son action. Elle convient aussi tout particulièrement aux sols de lande et aux sols tourbeux assainis qui, les uns et les autres sont acides, et dont elle neutralise l'acidité. Cela revient à dire, que la chaux pourrait être utilement employée sur plus des trois quarts du territoire français.

Nous savons déjà que son rôle est complexe, et qu'elle est d'abord nécessaire comme aliment des plantes qui, toutes, en consomment plus ou moins. Mais si son utilité se bornait à cela, celle des chaulages n'aurait pas une grande importance, car partout où le fumier est le principal agent de la fertilisation, il fournit aux plantes tant par son phosphate de chaux que par ses autres principes calcaires, beaucoup plus de chaux assimilable que la rotation de culture la plus exigeante sous ce rapport n'en demande ordinairement. Prenons pour exemple l'assolement formulé page 344. C'est à raison de sa sole de trèfle, l'un de ceux qui consomment le plus d'aliments calcaires. Nous trouverons à l'aide des données que nous possédons que les 47 000 k. de fumier nécessaire à la fertilisation rationnelle de cet assolement, fourniront 270 k. de chaux à ses quatre récoltes qui n'en absorberont qu'environ 160 k.

Il est donc probable que les terres dont la fertilité, depuis des siècles, n'est entretenue qu'avec du fumier de ferme, ne manquent pas de chaux alimentaire pour les récoltes. Et c'est assez facile à concevoir si l'on considère que la chaux ne s'exporte guère des exploitations que sous la forme de blé, et un peu sous celle de seigle et de colza dont les pailles reviennent généralement au sol. Mais cette exportation est insignifiante, puisque 20 h. de blé contiennent à peine un kil. de chaux, tandis que les 10,000 k. de fumier nécessaires pour les produire en apportent 55 k. fournis en partie par les pailles qui font retour à la terre, et en plus grande partie par le foin pris en dehors de l'assolement, et qui l'enrichit ainsi sensiblement sous ce rapport. Mais nous verrons plus loin, que si les récoltes ne consomment pas, à beaucoup près, toute la chaux versée dans le sol par les fumures, et encore moins celle apportée par les chaulages, il s'en faut de beaucoup aussi qu'il conserve intégralement ce qui n'en est pas absorbé par la végétation.

On peut donc tenir pour constant qu'au point de vue de l'alimentation directe des plantes, les chaulages sont complètement inutiles, sauf dans les exploitations où la fertilisation pivote principalement sur l'emploi des engrais commerciaux très peu calcaires, et sauf aussi dans quelques cultures spéciales comme celles du chanvre et du tabac qui sont, avec les pailles des légumineuses, les plantes qui consomment le plus de chaux.

Mais comme réactif, le rôle de la chaux est fort important. Cette substance exerce deux actions principales qui ont une grande influence sur la végétation. La première consiste à accélérer la décomposition des matières animales et végétales avec lesquelles la chaux se trouve en contact ; la seconde, à favoriser des nitrifications qui enlèvent au sol, en la transformant, une partie de l'ammoniaque et des alcalis que ce dernier retient avec une certaine ténacité, d'où résultent des composés nouveaux très favorables à la végétation, qui peut ainsi s'en emparer sans difficulté.

Il va de soi, que cet effet ne peut se produire que dans des sols sains et par conséquent perméables à l'air. Sous ce rapport, la chaux appliquée aux terres tourbeuses ou marécageuses, n'y produira d'autre effet que de neutraliser leur acidité, sans profit sensible pour la végétation, tant qu'elles ne seront pas débarrassées de leur excès d'humidité.

Il va de soi également, que si la chaux agit principalement en favorisant l'absorption par les plantes, des matières fertilisantes retenues par le sol, son action est par cela même très épuisante, et que par conséquent l'emploi de cet agent exige impérieusement d'être précédé, accompagné ou suivi de fumures largement suffisantes pour réparer l'épuisement causé par les récoltes. Ainsi, les chaulages ne sont pas, à proprement parler, un moyen de fertilisation. C'en est tout simplement un de faciliter aux plantes l'absorption de matières fertilisantes qui leur échapperaient ou leur résisteraient sans cela. Une terre à laquelle on ne donnerait que de la chaux pour son entretien pendant quelques années, serait bientôt complétement ruinée.

Lorsque la terre contient des sels fixes d'ammoniaque tels que des sulfates et des chlorhydrates, qu'elle n'a décomposée qu'en partie par sa puissance catalytique, la chaux qui se trouve en contact avec eux dans un sol humide achève cette décomposition. Elle peut produire un effet semblable sur les carbonates et les silicates alcalins ; mais elle est sans action sur les sulfates et les hydrochlorates de même bases. Seulement, comme elle favorise les nitrifications, si le sol contient tout à la fois du nitrate de chaux et du sulfate de soude ou de potasse, leur contact dans une terre humide pourra donner lieu à un échange de base entre eux, en vertu de la loi des doubles décompositions.

Tous les auteurs disent qu'il est très peu de plantes auxquelles le chaulage ne profite. Je crois pouvoir aller plus loin en avançant qu'il n'en est aucune qui ne soit susceptible de s'en bien trouver. La raison en est facile à comprendre. Puisqu'en thèse générale, la chaux n'agit pas comme aliment, mais principalement comme réactif, en faisant subir aux matières fertilisantes des transformations qui les rendent plus facilement assimilables, il est évident que tous les végétaux sont aptes à profiter de cette amélioration dans les conditions de leur alimentation, puisque cette amélioration est égale pour tous.

Cependant on prétend, et cela est vrai, que la chaux ne produit que très peu d'effet sur les prairies naturelles. C'est encore là une conséquence du même principe. Comme elle ne peut être appliquée ici qu'à la surface du sol où elle n'a pour ainsi dire, au moins dans les premiers temps, aucun contact avec les matières fertilisantes, elle n'est pas en situation, par conséquent, d'exercer les actions qui lui sont propres. Toutefois, si elle n'augmente pas beaucoup les produits en pareil cas, elle n'est pas tout-à-fait sans influence sur leur nature, en faisant apparaître des plantes nouvelles, telles que différentes espèces de trèfle qui ne croissent pas spontanément sur les sols non calcaires.

C'est pour n'avoir pas bien connu la théorie de l'action de la chaux, que l'on en a abusé quelquefois jusqu'à produire la stérilité. Et c'est aussi pour ne s'être pas expliqués suffisamment sur cette théorie, que bien des livres de pratique ne provoquent souvent que l'incrédulité chez ceux de leurs lecteurs qui raisonnent. Ceci me remet en mémoire une petite histoire qui ne manque pas d'à propos. Il y a une douzaine d'années, je devisais de l'influence de la chaux sur la végétation avec un officier d'état-major fort intelligent, et s'occupant d'agronomie à ses moments perdus. Quelle foi, me disait-il, voulez-vous que l'on ait en vos livres d'Agriculture, qui recommandent l'application de la chaux au sarrasin, par exemple, qui est peut-être de toutes les plantes économiques celle qui en consomme le moins. En effet, il faudrait une récolte peu ordinaire de 1400 k. de ce grain avec sa paille pour en enlever 10 k. Cette objection n'était que spécieuse, mais mon interlocuteur ne l'eut certainement pas soulevée si ses livres lui eussent indiqué le véritable mode d'action de cette matière. A la vérité, depuis lors, la lumière s'est beaucoup mieux faite. Mais la morale de ceci n'en prouve pas moins que la théorie n'est pas précisément aussi inutile que beaucoup de praticiens le prétendent.

La chaux s'emploie de diverses manières en agriculture. Dans certaines localités on se borne à la répandre sur le sol, soit à la pelle, soit autrement, lorsqu'elle est réduite en poudre. Pour faciliter et régulariser cet épandage, j'avais appliqué il y a une trentaine d'années, à la caisse d'une petite carriole une trémie mobile dont le fond consistait en une grille de fil de fer à mailles un peu serrées et à laquelle un mouvement saccadé était imprimé par une des roues du véhicule. Quoique ce moyen m'ait assez bien réussi, j'y ai renoncé pour employer la chaux en compost. C'est au surplus la méthode le plus généralement en usage aujourd'hui. Quant à la manière de faire les composts, elle est très variable, et ce qui prouve qu'il n'y a pas de règle rigoureuse à cet égard, c'est que, comme qu'ils soient confectionnés, ils produisent toujours de bons effets lorsqu'ils apportent au sol une quantité suffisante de chaux, qu'ils sont employés dans des conditions convenables de fertilité et qu'ils sont uniformément répartis. On prétend toutefois que les plus vieux sont les meilleurs. C'est peut-être là un préjugé, puisque la chaux sans mélange de terre est tout aussi efficace. Cependant, on peut dire en faveur de cette opinion que, plus les mélanges sont anciens plus la chaux a perdu de sa causticité et moins elle peut faire de mal aux racines avec lesquelles elle se trouve en contact. Mais est-il vrai, quelque caustique qu'elle soit, qu'elle puisse être nuisible lorsqu'elle existe en aussi faible proportion dans le sol où elle est d'ailleurs neutralisée par l'acide carbonique que renferme ce dernier, bien avant que les racines ne se soient développées?

Pour éviter un double transport, on doit préparer le compost au lieu même de son emploi en mêlant la chaux avec six à huit fois son volume de terre meuble. Des gazons, des curures de fossés, des vases d'étang, des boues de ville, etc., conviennent parfaitement pour cela. Mais c'est le plus ordinairement à l'un des bouts du champ même, ou dans la partie inculte qui le borde quelquefois et qu'en certaines contrées on appelle *cruère forrière* ou *chintre*, etc., qu'on prend la terre nécessaire à la formation du compost. Lorsque cette terre est un peu crue on la laisse mûrir à l'air pendant quelque temps avant de l'employer. L'essentiel est que le mélange soit très intime, et pour le rendre tel, lorsqu'on suppose que la chaux est entièrement fusée, on le recoupe une ou deux fois. Il faut surtout, lorsque l'on monte le tas, lui donner une forme conique ou angulaire et le recouvrir d'une couche de terre pure bien battue, pour empêcher la pluie d'y pénétrer et de mettre la chaux en pâte lorsqu'elle n'est pas encore mélangée, ce qui ferait plus tard obstacle à son mélange.

Il est des cultivateurs qui, au lieu de ne faire qu'un seul

compost déposent la chaux sur le champ même, en très petits tas de 30 à 40 litres environ, également espacés et qu'ils recouvrent avec de la terre prise à côté. Ces tas sont également recoupés une ou deux fois, puis ensuite répandus à la pelle. Cette méthode est celle qui exige le moins de transport ; mais elle donne lieu à l'occupation du champ pendant un certain temps et elle peut faire obstacle à des labours qui, quelquefois, auraient besoin d'être fréquents.

La quantité de chaux employée dans les chaulages varie beaucoup selon les localités. Nulle part elle n'est portée à un chiffre aussi élevé qu'en Angleterre, où il n'est pas rare d'en voir des applications de 5 à 600 hectolitres par hectare. Du moins, en était-il ainsi dans la première partie de ce siècle. Il n'y a que des cultivateurs riches qui puissent faire à leurs terres de semblables avances dont, au surplus, la nécessité n'est pas bien démontrée. Des chaulages beaucoup moindres peuvent être aussi efficaces, mais il faut les renouveler plus souvent, et ce n'est pas un mal, car, outre qu'ils ne donnent lieu qu'à de moindres déboursés ils utilisent mieux la chaux. J'ai l'intime conviction que 100 hectolitres de cette substance appliqués pour trente ans ne produiront pas, au total, autant d'effet que dix chaulages de dix hectolitres chacun répétés tous les trois ans, selon la pratique du département de la Sarthe. Dans d'autres contrées on les fait un peu plus forts en les espaçant davantage, mais en les calculant toujours sur une consommation moyenne de 3 à 5 hectolitres par hectare et par an. Toutefois, ces chaulages peuvent sans inconvénient être beaucoup plus forts sur les terres argileuses que sur les sablonneuses. Celles-ci contenant ordinairement moins d'ammoniaque que celles-là seraient beaucoup plus tôt épuisées à l'aide d'une forte proportion de chaux.

Les auteurs qui se sont occupés de l'emploi de la chaux en Agriculture, prêtent généralement à cette substance plus de vertu qu'elle n'en possède. Ils vont jusqu'à prétendre qu'elle modifie la consistance des sols en rendant plus meubles ceux qui sont compactes et réciproquement. J'avoue n'avoir jamais rien remarqué de semblable. Il serait difficile de comprendre comment un chaulage, fût-il même de 100 hect. chiffre déjà un peu élevé pour notre pays, pourrait modifier la consistance d'un champ dans lequel il n'apporterait qu'un litre de chaux pour 200 litres de terre, en supposant la couche arable profonde de 20 centimètres seulement. Il faut assurément y mettre beaucoup de bonne volonté pour apercevoir dans le sol une modification physique à l'aide d'un aussi petit moyen. Voici un fait qui pourra fixer l'opinion du lecteur sur ce point. Ce fait, très récent, s'est passé dans une propriété de Saône-et-Loire, dont la culture était dirigée par un de mes anciens et meilleurs élèves, M. Eugène Leleurch, de qui je le tiens. Une pièce de 6 hectares, d'une tenacité exceptionnelle il est vrai, reçut en 1859 un premier chaulage de 450 h. à l'hectare renforcé de 1350 hect. de cendres de houille. Il n'en résulta pas la moindre modification dans sa consistance. Un nouveau chaulage de 400 h. avec 800 h. de mêmes cendres par hectare a eu lieu cette année (1864) sans plus de succès. J'ai l'intime conviction qu'un simple drainage, beaucoup moins coûteux eût infiniment mieux valu. Ainsi, si une application monstre de 3000 hect., en cinq ans, tant de chaux que de cendres, a été sans influence sensible sur la constitution du sol, que pourrait-on attendre d'un chaulage de 30 et même de 100 hectolitres?

Si les récoltes n'empruntent pas de chaux au chaulage, ou bien si celle qu'elles peuvent y puiser est amplement remplacée por les fumures, il y a lieu de se demander ce que devient celle que l'on applique au sol où elle ne produit plus d'effet après un certain temps proportionnel à la quantité qui en a été employée et que l'on regarde généralement comme correspondant à trois hectolitres par hectare et par an. On a établi à cet égard plusieurs hypothèses dont quelques-unes ne résistent pas à un examen sérieux. La plus vraisemblable, à mon avis, est celle qui suppose que la chaux, au moyen de l'acide carbonique que l'air et les pluies introduisent dans le sol, ou bien qui s'y produit incessamment par la fermentation des matières animales et végétales qu'il renferme, passe successivement à l'état de carbonate insoluble, puis à celui de bi-carbonate soluble, et que, dans ce dernier état, elle peut être facilement entraînée par les pluies qui s'infiltrent dans les terres. Ce qui prête un fort appui à cette opinion, c'est que, d'après l'annuaire des eaux de la France, on trouve dans presque toutes celles de nos fleuves et de nos rivières, du bi-carbonate de chaux en proportion dominant souvent sur celle des autres sels réunis, qu'elles ne peuvent avoir puisé que dans les terres où elles ont circulé avant de venir alimenter les rivières. Or, si l'on considère que l'eau de la Seine, entre autres, contient de 10 à 15 grammes de carbonate de chaux par hectolitre, et qu'il s'en écoule bien des milliards d'hectolitres dans le cours d'une année, on peut se faire une idée des quantités considérables de chaux qui disparaissent de la sorte, et qui nous reviennent en partie sous la forme de poissons, de coquillages, de tangue, etc.

Mais M. Puvis, à qui nous devons d'ailleurs de bonnes notions sur l'emploi de la chaux en agriculture, émet quelques idées un peu singulières sur la manière dont elle se conduit dans le sol. En voici une assez curieuse qui mérite d'être connue, ne fût-ce que pour montrer à quelles aberrations d'excellents esprits peuvent se laisser aller quelquefois. D'après cet auteur, *la chaux réduite en molécules tend à s'enfoncer dans le sol; elle glisse entre les parties tenues d'argile et de silice, et elle descend au-dessous de la sphère de nutrition des plantes, s'arrête sous la couche arable, et lorsqu'elle s'y trouve abondante*, ELLE Y FORME UNE ESPÈCE DE PLANCHER *qui arrête les eaux et nuit beaucoup aux plantes. C'est là l'inconvénient des chaulages abondants enterrés par des labours profonds.*

S'il en est ainsi, il faut admettre que l'hypothèse de la conversion de la chaux en bi-carbonate n'est pas fondée ; il faut admettre en outre que la charrue qui a pénétré une fois à la profondeur à laquelle la chaux forme son plancher, ne revient pas troubler cet ingénieux arrangement.

M. G. Heuzé qui reproduit la même idée au fond a cru devoir la modifier en la forme. Il a sans doute pensé qu'un corps qui, comme la chaux en poudre, est sensiblement plus léger que la terre arable, ne s'insinue pas précisément comme du vif-argent dans les pores de celle-ci, et qu'en tout cas il lui serait bien difficile de s'établir par ce moyen en nappe régulière et consistante, sans solution de continuité, sous la couche arable, absolument comme un enduit fait de main d'homme. Mais si les choses ne se passent pas ainsi, il n'en faut pas moins se garder, selon M. Heuzé, *de commettre la grande faute d'enterrer la chaux par un labour à toute profondeur, car* IL SE FORME *au-dessous de la couche ameublie par la charrue* UNE CROUTE

CALCAIRE *qui nuit aux qualités de la terre et à l'existence des plantes.*

Supposez un chaulage de 100 hectolitres; supposez en outre que la couche arable se retourne sens dessus dessous comme un matelas dans un lit, sans se briser ni se mêler, vous risquerez d'accumuler au fond de votre labour une croute calcaire d'un millimètre d'épaisseur. Seulement, il faudra un laboureur habile pour opérer un pareil tour de force pour peu que la terre soit meuble et qu'il l'attaque à $0^{m}20$ ou $0^{m}25$ centimètres de profondeur. Si je ne me trompe, ce doit être le meilleur moyen de répartir la chaux, préalablement répandue à la surface, dans toute l'épaisseur de la couche arable, en ne faisant faire à la bande qu'un tiers de conversion tout au plus, ainsi que cela se pratique d'ailleurs dans les meilleurs labours.

B. LA MARNE. Ce que l'on appelle Marne, en Agriculture, n'est autre chose qu'un mélange naturel, très intime, d'une quantité plus ou moins considérable de carbonate calcaire soit avec de l'argile, soit avec du sable, plus un peu d'oxyde de fer et autres. C'est à la présence de ces oxydes et notamment de celui de fer, qu'elle doit sa couleur. Il y a des marnes vertes, jaunes, grises, etc. Il y en a aussi de parfaitement blanches. Ces dernières sont à peu près entièrement composées de carbonate calcaire.

Les Marnes forment donc, comme la pierre à chaux, trois espèces principales ayant les mêmes caractères que cette dernière. Seulement, au lieu d'être compactes et dures comme elle, elles sont le plus ordinairement friables comme la terre.

Ainsi, il y a d'abord la Marne calcaire, principalement composée de carbonate de chaux dont elle contient de 50 à 90 p. °/。 et même quelquefois plus. Plus elle est riche, plus elle est dure. Lorsqu'elle dépasse 80 p. °/。, elle est ordinairement à l'état pierreux. Dans ce cas, elle se délite plus difficilement ou moins complétement par son exposition à l'air. Ce délitement qui est un des caractères distinctifs des Marnes, est en même temps une des conditions essentielles de leur efficacité. Il a toujours lieu comme celui de la chaux vive, lorsque la Marne ne contient pas une trop forte proportion de carbonate. Toutes les

Marnes, lorsqu'on les met en contact avec de l'eau, doivent en outre s'y réduire spontanément en bouillie.

Viennent ensuite la Marne sableuse qui correspond au calcaire maigre, et la Marne argileuse au calcaire hydraulique, à cela près que cette dernière n'a pas la propriété de se prendre en masse et de durcir sous l'eau dans laquelle au contraire elle se délaye très facilement. Cela vient de ce que la chaux qu'elle contient y étant à l'état de carbonate, celui-ci n'a pas les mêmes affinités que la chaux vive. Cela vient aussi de ce que les silicates qu'elle peut renfermer n'y ont pas subi les mêmes modifications que dans la chaux hydraulique, et que, par cette raison, ils ne peuvent produire les mêmes effets. Mais en revanche, on rencontre souvent dans les Marnes argileuses une petite proportion de potasse, de carbonate de magnésie et même d'azote qui augmentent leur efficacité.

Les Marnes sont de formation tertiaire. Selon Bosc, elles proviennent de détritus de madrépores ou de coquillages qui ont été déposés en couches plus ou moins épaisses et plus ou moins voisines de la surface du sol par les eaux qui tenaient leurs molécules en suspension lorsque la mer couvrait les continents actuels. Ainsi, on n'en trouve ni dans les terrains granitiques, ni dans ceux du calcaire secondaire.

Lorsque la Marne existe à une très faible profondeur au-dessous de la couche arable, son extraction est facile. Le cultivateur peut y procéder lui-même. Mais lorsqu'on ne peut l'extraire qu'au moyen de puits et de galeries elle devient l'objet d'une exploitation industrielle dont je n'ai pas à m'occuper.

Lorsque le trèfle jaune, les chardons, les ronces, les tussilages, etc., croissent naturellement dans une terre, c'est ordinairement un indice de la présence du calcaire et quelquefois de la Marne. On peut s'en assurer par un sondage. La sonde du fontainier est très propre à une pareille recherche. Si l'on est assez heureux pour rencontrer une terre qui ressemble à de la Marne, ce que l'on reconnaîtra tout d'abord en la mettant en contact avec de l'eau, on pourra facilement déterminer sa richesse en en desséchant complétement un échantillon que l'on traitera après l'avoir pesé exactement, soit par de l'acide nitrique, soit par de l'acide hydrochlorique du commerce. A cet effet, on délayera d'abord la matière dans 4 ou 5 fois son volume d'eau, dans un verre ordinaire, puis on y versera l'acide avec beaucoup de précaution. L'acide carbonique en se dégageant produira une certaine effervescence. On continuera à verser de l'acide jusqu'à ce que cette effervescence cesse, ayant soin d'agiter continuellement avec une baguette en bois. L'acide ayant dissous la totalité du carbonate calcaire, on laissera reposer et on décantera en lavant une ou deux fois le dépôt avec de l'eau pure pour en séparer toutes les parties solubles, après quoi on le dessèchera complétement et on le pèsera. Retranchant son poids de celui de l'échantillon, la différence indiquera la proportion de carbonate qui aura disparu, le résidu ne contenant plus que de l'argile ou du sable sur lesquels l'acide aura été sans action. Ce procédé n'est pas d'une exactitude rigoureuse, mais il est suffisamment approximatif pour les besoins agricoles. Toutefois, comme il n'en coûtera guère plus de faire faire cet essai par le pharmacien voisin que d'acheter chez lui l'acide nécessaire, lorsqu'on aura le bonheur de trouver de la Marne, on fera tout aussi bien de s'adresser à lui pour en déterminer la richesse.

La Marne produit identiquement les mêmes effets que la chaux revenue à l'état de carbonate dans le sol ou par son exposition à l'air. Elle convient aux mêmes terres à la condition cependant que par sa composition elle opère une espèce de croisement avec la composition du sol. Ainsi, il serait irrationnel d'employer de la Marne sableuse dans des terrains siliceux, et de la Marne argileuse dans les terres fortes. C'est l'inverse qui doit toujours avoir lieu quand on a le choix. Dans le cas contraire, on use de ce que l'on a. Mais la Marne calcaire peut être utilement appliquée dans les uns et dans les autres. Il faut observer toutefois qu'aucune Marne ne doit jamais être employée qu'après être restée exposée à l'air au moins pendant tout un hiver en tas d'une faible épaisseur. Autrement elle se répartirait mal et ne produirait que de bien moindres effets.

Les marnages ont lieu généralement pour un temps plus long et à plus fortes doses que les chaulages. Ils doivent, dans tous les cas, être en raison combinée de la durée qu'on leur assigne, de la proportion de carbonate calcaire qu'ils apportent au sol, et de la profondeur du labour. Mais jusqu'ici on n'est pas encore parvenu à déterminer la base exacte de ces calculs. M. Puvis, qui est de tous les auteurs celui qui a rassemblé le plus de matériaux sur cette question, est arrivé à conclure qu'une proportion de 3 p. % de carbonate de chaux dans la couche arable doit suffire pour la mettre dans l'état d'une bonne terre calcaire. Mais c'est là une proportion énorme qui pourrait donner lieu souvent à une dépense considérable que ne justifie pas la pratique de plusieurs localités, où les marnages s'opèrent régulièrement et avec fruit à de bien moindres doses ainsi que M. Puvis l'ā d'ailleurs reconnu lui-même. Si l'on était réellement obligé de verser 3 p. % de carbonate calcaire dans le sol, il ne faudrait pas moins de 1300 hect. de Marne qui en contiendrait 50 p. % pour une couche arable de 22 centimètres de profondeur. Bosc et après lui M. de Gasparin sont d'un sentiment différent. Le premier donne la préférence aux marnages fréquents et à petites doses. Quant au second, il pense qu'une proportion de 1,5 à 2 p. % serait suffisante. Mais voici des renseignements plus explicites et que mes propres observations me font regarder comme étant les meilleurs guides que l'on puisse suivre en pareil cas. M. Puvis rapporte que dans le Nord où l'on marne régulièrement, on applique 166 hect. par hectare pour 20 ans. Si la Marne, comme il le pense, contient 0,75 de carbonate calcaire, la proportion de ce dernier n'est donc que de 6^{h} 20 par hectare et par an, représentés par un peu plus de 8^{h} de Marne. C'est en définitive, un marnage qui n'introduit dans une couche arable de 22 centimètres de profondeur que 0,56 de carbonate calcaire au lieu de 3 p. %. En Sologne, on applique tous les dix ans, d'après le même auteur, 10 mètres cubes en moyenne d'une Marne contenant 0,40 de carbonate calcaire. Ici la proportion de ce dernier n'est plus que de 4^{h} par hectare et par an, proportion bien voisine de celle usitée dans les chaulages. Ce qui fait qu'on manque de bases plus nombreuses sur cette question, c'est que généralement on a pris l'effet pour la cause dans les observations qui ont eu lieu, faute de se rendre suffisamment compte du mode d'action de la Marne. Le temps n'est pas encore bien éloigné où on la regardait simplement comme un engrais, en sorte que quand elle n'agissait plus, on en concluait que le Marnage était épuisé, et on le renouvelait souvent à grands frais et sans succès. On ne se doutait pas que ce qui était épuisé ce n'était pas l'agent calcaire, mais bien les véritables matières fertilisantes que l'on n'avait pas eu soin d'entretenir en proportion correspondant à l'absorption faite par les récoltes, dans l'ignorance où l'on était que loin de dispenser des fumures, la Marne comme la chaux, en exige au contraire de plus abondantes.

Quant à moi, je pense avec Bosc que les Marnages fréquents sont les meilleurs, ne fut-ce que parce qu'ils sont moins coûteux, et que dès lors 100 hect. ou 10 mètres cubes d'une Marne contenant 0,50 de carbonate de chaux peuvent suffire largement pour dix ans dans les terres légères labourées à 0^m 20 de profondeur, et que cette dose peut être sans inconvénient augmentée de moitié dans les terres fortes à la condition, dans l'un et l'autre cas, d'appuyer le Marnage par de fortes fumures. Par conséquent, si la Marne ne dose que 0,25 de carbonate au lieu de 0,50 il en faudra le double, et moitié moins si sa teneur est de 0,75. De même que toutes ces quantités devront être doublées si au lieu de 10 ans le Marnage doit en durer 20. Ce sont là des calculs très faciles à faire en prenant pour base 25 litres de carbonate calcaire par hectare et par an pour chaque centimètre en profondeur de la couche arable. Le lecteur comprendra sans qu'il soit nécessaire d'insister sur ce point, que ce qui précède ne s'applique qu'aux terrains qui ont réellement besoin d'être marnés, et notamment à ceux dépourvus de calcaire assimilable, ou capable de réagir sur les matières organiques du sol, car tous les calcaires ne sont pas doués de cette propriété. Ainsi, on emploierait vainement, au lieu de Marne, de menus fragments ou du sable provenant de pierres à chaux ordinaire. A moins d'être amenés à un état de division extrême, leur effet serait très peu sensible. C'est peut-être là ce qui a fait dire à quelques écrivains, qu'il n'est pas possible de faire des Marnes artificielles, attendu que le composé qui en résulterait serait si dissemblant de la Marne formée par la nature, qu'il ne posséderait aucune de ses propriétés. Cependant, les composts de chaux qui ressemblent beaucoup à une Marne factice ne sont pas moins efficaces que la Marne naturelle.

D'autres écrivains ont prétendu que la Marne à l'inverse de la chaux était plus favorable à la production du fourrage qu'à celle des céréales. C'est là une pure illusion. En maintes localités on est parvenu, à l'aide de la Marne, à convertir de pauvres terres à seigle en terres produisant du froment aussi beau que celui venu sur un chaulage.

C. La Craie. A défaut de Marne on peut employer la Craie lorsqu'on en a à sa disposition. Elle produit absolument les mêmes effets à la condition d'être bien divisée. Lorsqu'elle est extraite aux approches de l'hiver, et qu'elle subit les alternatives de gel et de dégel elle se délite assez facilement. Mais il est rare que son emploi soit utile dans les contrées où l'on peut l'extraire, et c'est là une matière qui ne comporte pas de longs transports.

D. Le Falun. On donne ce nom à une espèce de Marne coquillère qu'on rencontre dans plusieurs parties de la France, notamment en Touraine où il en existe des gisements d'une assez grande étendue. Lorsque le Falun est resté pendant quelque temps exposé à l'air, après son extraction, les coquilles qu'il renferme et qui sont plus ou moins entières, sont très friables et se pulvérisent assez facilement.

Le Falun paraît contenir environ 70 p. % de carbonate de chaux. Les quantités qu'on en emploie sont très variables. Elles sont rarement moindres de 10 mètres cubes et s'élèvent quelquefois à 50 ou à 60. Il va sans dire que plus elles sont considérables, moins souvent il faut les renouveler. En règle générale, on calcule en moyenne sur 2 mètres cubes par hectare et par an, ce qui me paraît excessif. En quelques contrées de l'Angleterre, où l'on fait également usage du Falun, on l'emploie en quantité beaucoup moindre et il dure plus longtemps. Ceci vient probablement de ce qu'on l'appuie par de plus fortes fumures.

E. Calcaire Marin. Je comprends sous ce titre : 1° la Tangue et autres sablons calcaires fournis par la mer; 2° les débris de coquillages; 3° les nullipores connus en Basse-Bretagne sous le nom de Merl.

La Tangue. C'est un sable très fin déposé par les eaux de la mer dans quelques baies de la Manche. La plus connue et la plus abondante est celle que l'on extrait dans les parages du

Mont-St-Michel, où les cultivateurs viennent la chercher quelquefois de 8 à 10 lieues.

La composition de la Tangue est très variable. M. Is. Pierre donne l'analyse de onze variétés de provenances diverses, dans lesquelles le carbonate de chaux s'échelonne entre 23, 45 et 52, 12 p. °/₀. Toutes contiennent de 2 à 7 p. °/₀ de matières organiques azotées, et une très petite proportion d'acide phosphorique.

Il est nécessaire, avant de l'employer, que la Tangue reste exposée pendant quelque temps à l'air et surtout à la pluie pour se débarrasser de l'eau salée qu'elle contient, et qui est nuisible à la végétation lorsqu'elle s'y trouve en quantité un peu forte.

C'est le plus souvent en mélange avec le fumier qu'on emploie la Tangue. Mais on peut l'appliquer directement au sol sans inconvénient. Seulement, il est bon d'en modérer la dose dans les sols légers. On *tangue* ordinairement pour la durée de l'assolement par quantités qui varient selon la qualité, mais qui ne paraissent pas être moindres de 2 mètres cubes par hectare et par an, et qui dans certaines localités s'élèvent au décuple. M. Is. Pierre rapporte que dans les environs de Cherbourg, on met de 25 à 100 mètres cubes par hectare pour trois, quatre ou cinq ans. La Tangue de Cherbourg, il est vrai, ne contient que 24 p. °/₀ de carbonate de chaux. Néanmoins, une application de 100 m. c. renfermant 240 hect. de calcaire, soit 48 hect. par an, est certainement difficile à justifier, tant au point de vue de l'utilité qu'à celui de l'économie.

On trouve sur le littoral de l'Océan, le long des côtes de la Bretagne, des bancs de sablon calcaire dont quelques-uns forment des dunes que la mer ne recouvre jamais, et dont les autres sont au contraire alternativement submergés et mis à sec à chaque marée. Ces sables, qui sont un peu moins fins que la Tangue portent le nom de *Trez*. On les emploie de la même manière. Comme tous les calcaires, ils produisent la stérilité lorsqu'on ne les soutient pas par des fumures convenables. C'est ce dont quelques cultivateurs des Côtes-du-Nord commencent à s'apercevoir.

Le littoral breton est très riche en ressources de ce genre. En 1851, M. Hoslin, a publié dans les *Annales agronomiques*, un fort intéressant travail sur les gisements de calcaire marin que possèdent les départements des Côtes-du-Nord, du Finistère et du Morbihan, et consistant tant en sablon qu'en débris de coquillages, et en nullipores vulgairement nommés Merl. A cette époque, on en extrayait déjà pour les besoins de la culture plus de 300,000 mètres cubes. Depuis lors, les administrations préfectorales de ces trois départements ayant pris des mesures pour en faciliter la diffusion dans l'intérieur de la province, il est probable que la consommation s'en est accrue.

Le merl et les coquillages sont généralement plus riches que les sablons. Mais à l'inverse du merl qui se désagrége assez facilement, les coquillages sont souvent d'une décomposition lente et difficile. Aussi est-il d'usage lorsqu'ils ne sont pas brisés, de les répandre sur les chemins fréquentés par les charrettes qui les broyent préalablement, après quoi on peut les employer avec plus de succès.

F. Le Platre, le Gypse et le Sulfate de Chaux ne sont qu'une seule et même chose sous trois états différents.

On trouve sur plusieurs points de la France et notamment dans le département de la Seine, des carrières d'une pierre composée en plus grande partie sinon en totalité de sulfate de chaux, avec environ le cinquième de son poids d'eau de constitution. C'est le *Gypse ou plâtre cru.*

Pour pouvoir l'utiliser dans les constructions et dans les arts, on l'expose dans des fours spéciaux à une température suffisante pour vaporiser l'eau qu'il contient. Il forme alors *le plâtre cuit*, composé, quand il est pur, de 58,5 d'acide sulfurique et de 41,5 de chaux. En cet état, il se pulvérise assez facilement. Gâché avec une certaine quantité d'eau il l'absorbe promptement, se prend en masse et durcit.

Ce n'est guère que depuis un siècle qu'on l'emploie en Agriculture, soit cru, soit cuit. Ses effets sont les mêmes dans l'un et l'autre cas. Seulement ils sont plus prompts lorsque le plâtre est cuit. Mieux il est pulvérisé, meilleur il est.

Le pasteur suisse Meyer a été le premier et le plus fervent apôtre de l'emploi du plâtre en Agriculture. C'est lui qui en a fait les premières applications dans le canton de Berne en 1765. De là, le plâtre s'est bientôt propagé en Allemagne et en France, puis dans le Nouveau-Monde où Franklin a puissamment contribué à le faire connaître.

Mais quel est le mode d'action de cette substance, et quelles sont les conditions de son influence sur la végétation? Si l'on rassemblait tout ce qui a été écrit sur cette question, on en ferait un bien gros livre dans lequel on rencontrerait bien des faits, bien des opinions difficiles à concilier.

Nous avons à distinguer et à étudier ici deux points principaux : l'effet et sa cause.

En fait, il est établi par la pratique d'un très grand nombre de cultivateurs et spécialement par les renseignements à peu près unanimes recueillis dans une enquête à laquelle le Gouvernement français fit procéder en 1820 :

1° Que le plâtre agit favorablement sur les prairies artificielles. Dans les 43 témoignages produits, 3 seulement sont négatifs, ce qui prouve qu'il y a des exceptions sur lesquelles je reviendrai tout-à-l'heure;

2° Qu'il n'agit pas favorablement lorsque le sol de ces prairies est extrêmement humide ;

3° Que son action est insignifiante sur les prairies artificielles établies dans des terres stériles. Il y a unanimité sur ces deux derniers points ;

4° Enfin qu'il n'augmente pas d'une manière sensible le produit des céréales. Ici deux affirmations contraires se sont produites.

Il semble résulter de cette enquête que le plâtre ne convient qu'aux plantes légumineuses et encore à la condition que le sol soit sain et fertile. Cependant, un grand nombre de faits prouvent que très souvent il exerce une influence favorable sur toutes les plantes crucifères, ainsi que sur le chanvre, le lin et même le tabac. Mais il est remarquable que toutes ces plantes sont plus avides de chaux que les céréales.

On a cherché à expliquer les exceptions que nous avons vues tout-à-l'heure en ce qui concerne les légumineuses, en disant que le plâtre ne convient pas aux sols qui sont suffisamment pourvus de chaux, et qu'il ne peut agir que dans ceux où cette substance fait défaut. Mais ici encore nous rencontrerons des exceptions. J'ai moi-même employé sans succès le plâtre en Bretagne aussi bien sur de vieilles terres parfaitement saines non calcaires et non acides, ayant tous les caractères physiques et géologiques de celles sur lesquelles il réussit, que sur des landes défrichées depuis quelques années. Et ce qu'il y a de remarquable, c'est que là où le plâtre restait inerte, des composts de chaux, ou bien des cendres de bois, ou bien enfin du noir animal, produisaient un excellent effet sur mes trèfles. J'ajoute que je ne suis pas le seul à qui semblable chose soit arrivée. D'un autre côté, j'ai vu le plâtre agir très favorablement sur des sainfoins en sol calcaire en Alsace. On trouve dans les *Annales agricoles* beaucoup d'anomalies semblables qui sont restées inexpliquées jusqu'ici. On ne peut donc pas affirmer *à priori* que le plâtre convient certainement dans telles conditions et non dans telles autres. Tout ce qu'il nous est permis de faire à ce sujet, c'est uniquement d'énoncer des probabilités déduites de faits généraux connus, en engageant le cultivateur à essayer préalablement. Il n'y a pas d'essai plus facile, moins coûteux, et donnant plus promptement une solution. Répandez en avril ou mai, lorsque les gelées printannières ne sont plus à craindre, deux ou trois litres de plâtre cuit, en poudre fine, sur un are de trèfle ou de luzerne en végétation, et moins d'un mois après vous serez fixé sur le secours que vous pourrez en attendre. Cette expérience ne vous coûtera pas 0,25[c], et si elle ne produit pas un bon effet, elle n'en peut pas produire un mauvais. Il faut autant que possible faire cette opération par un temps calme, le matin, alors que les feuilles sont encore couvertes de rosée, ou lorsqu'on prévoit une pluie. On prétend que la meilleure époque est celle où la plante est assez développée pour couvrir le sol. Cette condition n'est pas de rigueur, car des plâtrages appliqués à des prairies artificielles dont les plantes n'ont encore que quelques centimètres de hauteur sont tout aussi efficaces. M. de Dombasle allait même beaucoup plus loin. Il semait en même temps que la graine de légumineuse, une demi dose de plâtre. Si cette première opération produisait un effet satisfaisant, il s'en tenait là. Dans le cas contraire, il appliquait l'autre moitié au printemps suivant lorsque la plante commençait à végéter.

Les doses en usage varient de 100 à 7 ou 800 k., selon la qualité du plâtre et selon qu'on peut se le procurer plus ou moins facilement. Mais généralement, 2 à 300 k. sont suffisants pour un hectare.

Contrairement à l'enquête que j'ai résumée plus haut, M. de Dombasle avance que c'est surtout dans les sols pauvres que les effets du plâtre sont le plus remarquables. Il n'est pas un instant douteux que l'opinion de l'illustre maître ne s'appuie sur des faits conformes. Mais il faudrait savoir si la pauvreté à laquelle il fait allusion était complète, où si elle provenait seulement d'un manque de chaux dans le sol, cela seul pouvant suffire pour rendre une terre peu productive. Si la stérilité était complète, il est hors de tout doute que le plâtre serait impuissant à la faire cesser à lui seul, parce qu'il ne peut donner à la végétation que ce qu'il possède, et que ne contenant ni acide phosphorique, ni alcalis, ni magnésie, il ne pourrait déterminer une végétation vigoureuse dans un sol où ces substances feraient défaut. Bosc rapporte sur cette question une expérience qui, ce me semble, doit lever tous les doutes. M. le curé d'Achain a fait voir de la façon la plus concluante, que les effets du plâtre étaient positivement en raison de la fertilité du sol ou de la fumure. A cet effet, il a partagé une pièce de terre en quatre parties égales, dont deux ont été engraissées par 6000 k. de fumier, et il a fait semer du trèfle sur toutes. En voici les produits :

1°	Partie fumée mais non plâtrée.	27 quintaux m.
2°	id. et plâtrée.	36
3°	Partie non fumée ni plâtrée.	13
4°	id. mais plâtrée.	16.

On voit ici que les effets du plâtre sont juste trois fois plus grands dans le sol fertile que dans le sol stérile. Mais que dans l'un comme dans l'autre cas le plâtre ne donne lieu qu'à une augmentation de produit de $^1/_4$ à $^1/_3$. On cite d'autres exemples où cette augmentation a été double et même triple. Je crois qu'ils ne doivent être considérés que comme des exceptions.

Quels que soient au surplus les effets du plâtre, ils sont assez importants pour engager à rechercher la cause à laquelle on doit la rapporter. Mais ce n'est pas là une recherche facile, car il y a peu de questions qui aient soulevé autant d'hypothèses que celle-ci. Il en est même dans le nombre qu'il serait oiseux de discuter.

L'une des plus sérieuses est celle émise par Sir H. Davy,

qui prétend que le plâtre agit comme aliment. La preuve qu'il en donne est déduite d'analyses de cendres de trèfle plâtré dans lesquelles il dit avoir trouvé beaucoup plus de sulfate de chaux que dans celles de trèfle non plâtré.

M. Boussaingault s'étant livré à des recherches analogues n'est pas arrivé aux mêmes résultats. Il est résulté de ses analyses que des cendres de trèfle coupé avant le plâtrage contenaient 6 p. % de sulfate de chaux, tandis qu'après le plâtrage elles n'en ont plus reproduit que 5,70. Mais comme il est impossible, dit l'honorable expérimentateur, de répondre d'une différence de 3 millièmes dans ce genre de recherches, on doit admettre dans les deux cendres la même proportion de sulfate calcaire (1).

Ainsi, pour un poids donné de récolte, le trèfle plâtré n'absorberait pas plus de sulfate de chaux que le trèfle non plâtré, ou du moins si d'autres expériences prouvent le contraire, la différence est si peu considérable qu'il ne serait pas raisonnable de rapporter à cela seul la cause des effets produits par le plâtre. Mais il n'en est plus de même si au lieu de tabler sur des poids égaux on compare le produit total des récoltes.

M. Boussaingault, en prenant pour base de ses calculs celle de ses analyses qui était le plus favorable à l'hypothèse de Davy, a trouvé (2) qu'un hectare de trèfle rendait chez lui :

	Acide sulf.	Chaux.
1° 5000 k. de fourrage plâtré contenant. .	8k6	121,7
2° 3750 k. id. non plâtré.	4,5	76,7
D'où une différence de.	4,1	45

La quantité de chaux nécessaire pour saturer les 8k6 d'acide absorbés par le trèfle plâtré étant de 6k1, il s'ensuit que sur les 121k7 que le trèfle plâtré s'est assimilé, il y en a 115,6 qui ne l'ont pas été à l'état de sulfate. Or, si cette dernière quantité provient du plâtre, en tout ou en partie, comme c'est probable, il faut donc nécessairement admettre qu'il est préalablement décomposé et qu'il agit principalement par sa base. Telle est l'opinion de M. Boussaingault, à l'appui de laquelle viennent les

(1) *Economie rurale*, tome 2, page 50.
(2) id. id. 55.

effets de la chaux, de la marne, des cendres, de la tangue, etc., qui toutes agissent ordinairement sur les prairies artificielles aussi favorablement que le plâtre.

Mais comment la décomposition de ce dernier peut-elle s'opérer de manière à produire un effet presque instantané; car on a remarqué que du plâtre cuit appliqué dans des circonstances convenables manifestait son action au bout de huit jours? Semé sur un trèfle en végétation, il s'attache d'abord en grande partie aux feuilles sur lesquelles on n'a jamais constaté d'une manière certaine qu'il produisît le moindre effet (1). Lorsque la rosée ou l'humidité qui couvrait ces feuilles s'est dissipée, l'agitation que le vent imprime aux plantes, ou bien les pluies qui surviennent, font tomber le plâtre qui se répartit ainsi assez uniformément sur le sol. Comme il est soluble dans 460 fois son poids d'eau, les pluies le dissolvent successivement et l'entraînent dans la terre où les réactions s'accomplissent. Si le plâtre s'y trouve en contact avec des matières organiques en fermentation, il éprouve une désoxydation qui le fait passer à l'état de sulfure de calcium sur lequel l'acide carbonique réagit bientôt en provoquant une oxydation aux dépens de l'eau. Dans ce cas, il y a élimination du soufre, dégagement d'acide hydrosulfurique, et production de carbonate de chaux. Telle est l'une des hypothèses de M. Boussaingault. Je la rapporte littéralement. Elle peut faire comprendre comment il se fait que le plâtre produise plus d'effet sur les terres fumées ou fertiles que sur les autres. C'est évidemment parce que sa décomposition y est plus facile et plus complète. Le savant agronome prétend en outre que si le sulfate de chaux rencontre dans la couche arable du carbonate de potasse, que des analyses admettent au nombre des éléments du sol, il se produira une double décomposition qui transformera le carbonate de potasse en sulfate, et le plâtre en carbonate de chaux. Ce dernier agira alors comme la chaux ordinaire. Tout cela est parfaitement rationnel, et se concilie très bien avec les faits analytiques. Mais voici M. Liébig qui, tout en jetant de nouvelles lumières sur la question, soulève

(1) Des expériences faites en 1820 par M. Socquet, sembleraient prouver le contraire. Mais il est probable que les observations n'ont pas été très exactes. Elles sont d'ailleurs infirmées par la pratique de M. de Dombasle.

cependant quelques doutes. Ce savant avait d'abord avancé que les pluies introduisant dans le sol du carbonate d'ammoniaque, celui-ci produisait sur le plâtre le même effet que le carbonate de potasse, et qu'il en résultait notamment du sulfate d'ammoniaque fixe auquel on devait attribuer principalement le développement rapide du trèfle. M. Boussaingault a opposé à cette théorie plus ingénieuse que solide deux objections invincibles. La première, c'est que les pluies qui tombent ordinairement depuis le plâtrage jusqu'à la coupe de trèfle ne contiennent pas une quantité d'ammoniaque correspondant à l'azote existant dans l'excédant de récolte obtenu à la faveur du plâtrage ; la seconde, c'est que si cet excédant était dû à une production de sulfate d'ammoniaque par la décomposition du plâtre, il n'y aurait pas de raison pour que le même effet ne se produisît aussi bien, et mieux encore, sur les céréales qui demandent beaucoup plus d'azote au sol que le trèfle. On peut ajouter à ces deux objections celle non moins forte à mon avis, que les plantes n'absorbent pas l'ammoniaque à l'état de sulfate ainsi que je l'ai démontré ailleurs.

Mais il paraît que M. Liébig n'a pas persisté dans cette théorie, car il en expose aujourd'hui une toute différente, dans ses *Lois naturelles de l'Agriculture*, en se fondant sur des analyses du Dr Pincus, qui peuvent se résumer ainsi :

Le rapport entre le produit d'un trèfle non plâtré et celui d'un trèfle plâtré, toutes choses égales d'ailleurs, est : : 21,6, : 30,6 quintaux par journal prussien. Si au lieu de plâtre on emploie du sulfate de magnésie, la récolte sera de 32,4 quintaux, soit juste moitié en sus de celle de trèfle non sulfaté. Ce qu'il y a d'infiniment remarquable ici, et ce qui fait désirer que cette expérience soit renouvelée, c'est que le trèfle qui a reçu le sulfate de magnésie contient plus de chaux que celui qui a été plâtré sans contenir au total sensiblement plus de magnésie, et il reproduit un quart moins d'acide sulfurique. Voici au surplus ce que constate sous ces divers rapports l'analyse de 100 parties de cendres de chacune de ces trois récoltes.

	Acide sulf.	Chaux.	Magnésie.
Trèfle non sulfaté..........	1,69	27,62	7,47
id. plâtré..............	4,07	23,72	6,77
id. avec sulf. de magnésie.	3,02	26,40	6,74

Si cette expérience est aussi exacte que M. Liébig l'affirme, elle tendrait à prouver que l'effet obtenu est dû bien moins aux bases des sels employés qu'à leur acide. Aussi, considère-t-il ce dernier comme ayant exercé la principale influence sur la production. Cependant, il ne se dissimule pas qu'*on remarque fréquemment que certains champs ne donnent de bonnes récoltes de trèfle qu'après avoir été fumés avec de la chaux hydratée* ; et de plus, il reconnaît que *les expériences démontrent que les rendements obtenus par l'emploi des sulfates ne sont pas en rapport avec l'acide sulfurique administré de cette manière*. Puis M. Liébig ajoute que *ces considérations sont de nature à faire comprendre que nous ne connaissons que très imparfaitement l'action du plâtre, et qu'avant de pouvoir l'interpréter, il faudra probablement encore des observations nombreuses et exactes*.

C'est dans ce but que M. Liébig s'est livré à quelques recherches nouvelles à la suite desquelles il a reconnu que *le plâtre dissous dans l'eau et introduit dans de la terre végétale y subit une décomposition telle que, contrairement aux affinités ordinaires, une partie de la chaux se sépare de l'acide sulfurique et est remplacé par de la magnésie et de la potasse*.

Ici, M. Liébig tombe en plein dans l'une des hypothèses de M. Boussaingault. La chaux, ainsi mise en liberté, pourrait donc intervenir comme aliment dans la nutrition des légumineuses, au moins pour toute la quantité qu'elles en absorbent en sus de celle qui neutralise ou qui est censée neutraliser l'acide sulfurique absorbé par la plante. Mais ce fait, qui me paraît peu contestable, n'explique pas comment le sulfate de magnésie peut produire le même effet que le plâtre sans que la composition des végétaux en éprouve une modification sensible. C'est là une de ces expériences qui soulèvent trop de doutes pour ne pas mériter confirmation, car elle ne comporte aucune explication rationnelle. La seule un peu plausible serait celle-ci. Le terrain de ces expériences devait être assez pourvu de chaux pour n'avoir pas besoin qu'on lui en apportât de nouvelle. Il ne lui fallait qu'un peu d'acide sulfurique faute duquel les autres substances ne pouvaient agir. Il n'y a rien en cela d'invraisemblable. Mais alors comment se fait-il que la récolte qui a reçu le sulfate de magnésie, soit plus forte que celle qui a été plâtrée tout en absorbant un quart d'acide sulfurique en moins? Cette anomalie ne peut s'expliquer que par une erreur d'analyse.

On a prétendu dans un temps que le trèfle et la luzerne plâtrés prédisposaient les bêtes à cornes à la météorisation. Il est certain que les mêmes fourrages non plâtrés produisent souvent le même effet. Cette accusation n'est donc pas des mieux justifiées.

Voilà où nous en sommes sur ce chapitre. Terminons en signalant une anomalie assez curieuse. Le plâtre favorise la végétation dans certains cas; mais les eaux séléniteuses qui contiennent du sulfate de chaux en dissolution lui sont nuisibles. Quoique le plâtre produise un bon effet sur les légumineuses, on doit cependant éviter de l'appliquer aux pois et aux haricots, parce qu'il en rend la cuisson beaucoup plus difficile. On sait, du reste, qu'il en est de même lorsqu'on emploie pour cette cuisson de l'eau contenant du plâtre. Mais on remédie facilement à cet inconvénient en introduisant dans la marmite quelques grammes de carbonate de soude, ou plus simplement un nouet de cendres dont la potasse se dissout et décompose le sulfate de chaux.

CHAPITRE DEUXIÈME.

ENGRAIS RÉSULTANT DE LA COMBUSTION DES VÉGÉTAUX ET DE LA HOUILLE.

§ 1er. — Les Cendres.

Quelle que soit leur provenance, les cendres végétales peuvent former un appoint important dans la fertilisation. Mais il s'en faut de beaucoup qu'elles aient toutes la même valeur, quoiqu'elles aient une origine semblable ou analogue. Les moins rares sont les *cendres de bois*. Viennent ensuite celles que dans quelques contrées on peut se procurer par l'incinération de certains végétaux ligneux. Puis *les cendres de tourbe*, celles *des plantes marines*, celles de *la houille*, et enfin les produits *de l'écobuage*. Nous allons rapidement les passer en revue.

La plupart de ces cendres forment des engrais complexes et l'on pourrait même dire complets quant à celles du bois, si les matières organiques n'en avaient été expulsées par la combustion. Il suffirait donc de réintégrer dans ces cendres une proportion convenable de matières ammoniacales et carbonées putrescibles pour en faire des engrais de première qualité et d'un emploi pouvant être indéfiniment prolongé. Dans toutes on trouve, en effet, mais en quantités très variables, toutes les substances minérales nécessaires à la végétation des plantes de la grande culture. Les plus importantes sont les alcalis, la chaux, la magnésie, les acides minéraux et notamment l'acide phosphorique, le plus précieux de tous. Mais selon la nature des végétaux qui ont produit les cendres, celles-ci sont principalement ou calcaires, ou alcalines, ou siliceuses. Il est à remarquer toutefois que les moins siliceuses sont celles du bois. Elles ne contiennent guère qu'une partie de silice pour 4 à 8 parties de chaux. Les plus riches en phosphates et en alcalis sont celles du Cytise des Alpes ou Faux ébénier dont je ne cesserai de recommander la culture dans les terres inaccessibles à la charrue, ou qui ne peuvent faire avec profit l'objet d'une culture réglée. Elles contiennent environ 37 p. °/₀ de phosphate et 33,5 d'alcalis. Après elles, viennent celles du charme et des sarments de vigne dans lesquelles on trouve 17 à 25 de phosphate et 18 à 21 de potasse. Les cendres de bouleau tiennent le 3e rang. Elles donnent Ph. 9 à 12 ; P. 16 à 19. Il y a des cendres de chêne qui ne contiennent que 2 p. °/₀ de phosphates ; d'autres plus riches qui en fournissent jusqu'à 14 p.. °/₀. Celles de tilleul 5 à 6 ; de sapin, 6 à 9 ; de pin, 2 à 10 ; mais toutes ces dernières contiennent en moyenne de 10 à 15 p. % de potasse.

Les cendres les plus siliceuses, d'après Berthier, sont celles de fougère, de paille et de bruyère. Celles de paille surtout contiennent huit fois plus de silice que de chaux ; celles de fougère, trois fois, celles de bruyère n'en donnent qu'un tiers en sus. Mais ces dernières sont relativement riches en phosphate de chaux. Elles en fournissent 13 p. °/₀ et également 13 p. °/₀ de sels de potasse dont 5 à l'état de sulfate, 1,20 à celui d'hydrochlorate et 6,80 à celui de carbonate. Lorsque la bruyère est trop ligneuse pour être convertie en fumier, on peut donc, en la brûlant, en obtenir des cendres de très bonne qualité.

Lorsque l'on a des tiges de topinambours ou de maïs que la rareté du bois force à utiliser comme combustible, les cendres qui en proviennent ont aussi quelque valeur. Les premières contiennent de 6 à 7 p. °/₀ de phosphate avec 2 et demi pour cent de potasse, et les secondes 3 p. °/₀ de phosphate et 5 p. °/₀ de potasse.

Mais il est très rare que l'on puisse se procurer des quantités un peu considérables de cendres vives. Là où il est possible d'en acheter, l'industrie s'en empare soit pour la fabrication de la potasse brute que l'on appelle vulgairement salin, soit pour les blanchisseries, soit enfin pour les savonneries. Elles ne reviennent à l'Agriculture qu'après avoir été lessivées, et après avoir perdu la plus grande partie de leurs sels solubles. Mais elles n'en conservent pas moins une grande valeur fertilisante. En cet état, elles prennent le nom de Charrée.

Les Vosges, les Dombes, la Vendée, la Bretagne sont les contrées de la France où l'on emploie le plus de charrée. Malheureusement, comme beaucoup d'autres engrais, elle se prête facilement à des mélanges frauduleux qui en altèrent la qualité. Lorsqu'elle est pure elle contient les mêmes substances que les cendres vives dont elle provient, moins les alcalis, et elle les contient sous un volume moitié moindre, ce qui fait que là où la terre ne demande point de potasse, un hectolitre de charrée produit ordinairement autant d'effet qu'un hectolitre et demi de cendres vives. On a cherché à expliquer ce fait par toutes sortes de raisons fort ingénieuses. Seulement, ainsi que cela arrive souvent, on ne s'est pas avisé de la plus simple qui était cependant la meilleure, à mon avis du moins. Ce qui le prouve, ce sont deux expériences consignées dans un tableau que M. Bobierre rapporte, page 384 dans son livre *L'atmosphère, le sol et les engrais*. Ces expériences ont été faites avec beaucoup de soin chez M. le marquis de Vibraye, dans le département de Loir-et-Cher. Dans l'une, 100 h. de cendres lessivées ne produisent que $36^h 50$ de grains, tandis que dans l'autre 50^h de cendres vives en rendent $46^h 66$. Ici l'influence de la potasse saute aux yeux. Si dans les sols de lande elle neutralisait les acides, comme on le prétend, ce résultat n'aurait pas eu lieu. Lorsque les cendres lessivées l'emportent, c'est donc uniquement parce qu'elles contiennent plus de phosphate sous le même volume, et parce que le sol ne demande pas d'alcalis.

On peut appliquer la charrée à toute espèce de culture. Mais elle convient plus particulièrement à celle des fourrages légumineux. Quant à la dose à employer, elle est très variable selon les localités et le prix coûtant de la matière. On en répand ordinairement de 20 à 60 hectolitres par hectare. Les doses modérées, fréquemment répétées, valent mieux que des quantités excessives. J'ai vu souffrir des arbres dans une plate-bande qui avait été trop fortement cendrée. Il en est du reste de cet engrais comme de tous ceux qui sont aussi incomplets que lui. L'usage ne peut en être prolongé sans inconvénient, à moins de le faire alterner avec de bonnes fumures. Appliquée à une prairie naturelle, la charrée produira d'abord une augmentation notable de foin; mais si l'on en répète plusieurs fois l'emploi sans l'appuyer par des engrais organiques, on verra bientôt les récoltes baisser au-dessous de leur niveau primitif.

Dans les marais de la Vendée où le bois fait défaut, on est dans l'usage de dessécher les excréments des animaux et de s'en servir ensuite comme de combustible dont on vend les cendres pour engrais. La silice en forme ordinairement les $^{6}/_{10}$. Elles sont donc moins riches que la charrée pure. Néanmoins, elles sont encore assez fertilisantes pour que des cultivateurs intelligents viennent les chercher d'assez loin. C'est sur ce fait principalement, que feu Nerée Boubé fondait sa théorie de l'inutilité de l'azote dans les engrais. Evidemment, les cultivateurs qui achètent ces cendres pour renforcer leur fumier font une excellente chose; mais ceux qui, ayant l'emploi de la matière première pour la fertilisation de leurs terres, la brûlent pour n'en utiliser que la cendre, se livrent, selon moi, à un acte aussi déplorable qu'insensé.

On peut en dire à peu près autant de l'incinération de la tourbe, dont la principale valeur fertilisante réside dans ses matières organiques, puisqu'elle ne contient ni alcalis ni phosphates. Ses cendres ne donnent donc que de l'alumine, de la silice, des sels de fer et du carbonate de chaux. Il faut excepter certaines tourbières voisines de la mer, dans lesquelles il peut se trouver du sel marin. Mais généralement les cendres de tourbe n'ont de valeur que par la chaux qu'elles contiennent.

On aurait donc infiniment plus de bénéfice à employer la tourbe après l'avoir desséchée, comme excipient des déjections animales, en y ajoutant un peu de phosphate fossile. On ferait ainsi un engrais beaucoup plus riche et qui apporterait au sol la matière d'un terreau toujours si utile dans les terres végétales. Si les tourbes sont généralement privées de phosphates de chaux quoique les végétaux dont elles sont formées en contenaient originairement, cela vient sans doute de ce que les acides qu'elles renferment dissolvent ces phosphates qui sont ensuite entraînés par les eaux avec les autres sels solubles.

On trouvait, il y a quelques années, en Bretagne, des cendres de varech ou goëmon, contenant de 22 à 28 p. °/₀ d'alcalis, 15 à 25 p. °/₀ de chaux et de magnésie, une assez forte proportion de chlorure et d'iodure de sodium, 12 à 24 p. °/₀ d'acide sulfurique, mais seulement de 1,16 à 3,89 d'acide phosphorique, si tant est qu'on puisse, comme je le crois, leur donner la même valeur que celle assignée par M. Bobierre, d'après Godeschens, à trois espèces de fucus analogues croissant sur la côte occidentale de l'Ecosse.

Mais ces cendres sont aujourd'hui fort recherchées par l'industrie qui en extrait la soude et l'iode, en sorte que l'Agriculture ne profite plus que des autres minéraux qu'elles contiennent, et dont la principale valeur agricole consiste dans la chaux et la magnésie. Il existe près de chez moi un établissement semblable qui vend cette cendre à raison de 1f l'hectolitre. C'est ordinairement aux prairies sèches qu'on l'applique, et elle y produit un assez bon effet ; mais elle est plus épuisante encore que la charrée, car elle est moins riche en acide phosphorique.

Les cendres les plus pauvres sont celles de la houille, dans lesquelles on ne trouve guère en principes utiles, qu'une très petite proportion de chaux et de magnésie. Tout le reste consiste en argile, en oxyde de manganèse et en oxyde ou sels de fer. Appliquées en grande quantité sur un terrain argileux, elles peuvent l'amender un peu. Cependant, nous avons vu page 554 que même sous ce rapport et encore qu'elles soient répandues en grande quantité, c'est là une pauvre ressource. A plus forte raison en est-il ainsi lorsqu'elles sont employées à la dose de 40 à 50 h. à l'hectare.

Terminons l'étude des cendres par quelques mots sur *l'Eco-*

buage. Cette opération consiste à lever au moyen d'un instrument spécial, qu'on nomme *écobue*, la croûte d'un sol engazonné ou couvert d'une autre végétation adventice telle que bruyère, etc. On la dispose ensuite en petits fourneaux à peu près dans le genre de ceux des charbonniers, puis on y met le feu de manière à consumer lentement les gazons. La cendre qui en provient est, au moment des semailles, répandue en même temps que le grain sur la surface du sol pelé et enfouie par un trait de charrue.

Jusqu'à la découverte des bons effets du noir animal dans les terres à landes, le défrichement de celles-ci se pratiquait à peu près exclusivement par ce procédé fortement préconisé par le marquis de Turbilly, dans le siècle dernier; mais aujourd'hui il est presque entièrement abandonné. Je n'en ai jamais été partisan, malgré tout ce que l'on a dit en sa faveur, et j'ai toujours pensé avec l'abbé Rozier : 1° *que l'écobuage détruit les parties animales contenues dans la terre et les parties huileuses* (organiques) *des plantes ;* 2° *que de leur union avec les sels la sève est formée ;* 3° *que le sel résultant de cette opération est plus nuisible qu'utile si la terre sur laquelle on le répand ne contient pas des substances huileuses et animales ;* 4° *que de la chaux pulvérisée et répandue sur le sol produirait le même effet ;* 5°..... 6° *que le vrai, le seul et unique mérite de cette opération est de priver la terre d'une grande quantité de mauvaises graines et de détruire le chiendent* (1).

Le propre des esprits judicieux et sagaces est de pressentir et d'exprimer les vérités naturelles avant qu'elles soient formulées par les sciences exactes. Au temps de Rozier, la chimie n'était encore qu'au berceau, et la plupart des problèmes de physiologie végétale ne se résolvaient qu'à l'aide de simples hypothèses. Cependant, on voit cet auteur établir par l'analyse logique et par l'observation seulement des principes qui ne diffèrent guère de ceux consacrés plus tard par l'analyse chimique, que par de simples changements dans la dénomination de certaines choses et par une définition plus précise. Les hommes éclairés du siècle dernier étaient convaincus avec raison que les plantes ne se nourrissaient pas rien que de matières

(1) *Cours complet d'Agriculture*, par l'abbé Rozier, tome 4, page 111.

salines et que leur sève contenait encore des principes combustibles indispensables dont ils ignoraient toutefois la nature exacte, mais qu'ils supposaient fournis par les substances végétales en décomposition dans le sol. Il devenait évident, dès lors, que l'incinération d'une partie de ce dernier devait détruire ou volatiliser ces principes au détriment de la fertilité, et l'expérience venait à l'appui de cette opinion. On savait, en effet, qu'une terre écobuée donnait rarement plus d'une ou deux récoltes plus ou moins passables après lesquelles elle devait être abandonnée pendant un certain nombre d'années à la végétation spontanée pour être ensuite écobuée de nouveau, à moins que son possesseur ne fût en situation d'en relever les forces par d'abondantes fumures. Mais ce n'était là, comme aujourd'hui encore, que de fort rares exceptions dans les contrées à landes, dont la terre reste improductive précisément parce que le fumier est loin d'y abonder.

Cependant, s'il est une autorité devant laquelle, entre autres, je me fais particulièrement un devoir de m'incliner, c'est celle de notre éminent et vénéré directeur de l'Ecole Impériale d'Agriculture de Grand-Jouan, qui a établi en 1840 dans les *Annales agricoles de l'Ouest*, tome 1er pages 299 et suivantes, sept années après les expériences, c'est-à-dire à une époque à laquelle on pouvait mieux les juger, une comparaison entre le défrichement par la charrue et celui par l'écobuage. Il résulte de cette comparaison, que financièrement les deux procédés ont la même valeur à très peu de chose près. Chez M. Rieffel les résultats ont été sensiblement égaux, et il ne s'est pas aperçu que la fertilité du sol écobué ait été altérée par la destruction des matières organiques contenues dans les gazons brûlés. Nous en trouverons probablement la raison dans les explications qui suivent :

« On voit, dit M. Rieffel, combien le niveau tend à s'établir
» avec les années. Il est vrai que, de part et d'autre, les sai-
» sons peuvent apporter des variations ; mais ces résultats sont
» ceux obtenus en moyenne. Un grand avantage reste cepen-
» dant après cette première période (3 ans) au cultivateur qui
» aura défriché à la charrue ; il possèdera le plus d'avances.
» Après sa récolte de froment il pourra obtenir encore une
» assez bonne récolte d'avoine, sans addition d'engrais. Puis,

» les bestiaux qu'il a employés à ces défrichements lui ont laissé
» des fumiers. Par le procédé de l'écobuage, au contraire, on
» se trouve à bout avec les deux récoltes qu'on a retirées, et
» il faut de suite alors des fumiers pour obtenir de nouveaux
» produits. Il n'est pas indifférent non plus que pour celui-ci,
» il ait fallu débourser de l'argent comptant, tandis que l'autre
» emploie les moteurs même de l'exploitation. Enfin, les saisons
» peuvent contrarier l'écobuage, tandis que rien n'arrête le
» défrichement à la charrue. Par ces causes diverses, et sur
» un sol silico-argileux, j'ai adopté de préférence cette der-
» nière pratique en règle générale...... Je pense toutefois,
» et l'écobuage m'a trop bien réussi pour que je l'oublie, que
» dans une entreprise un peu étendue, il peut être convenable
» de faire marcher de front les deux opérations, pendant les
» premières années, alors surtout qu'on est pressé d'entrer en
» jouissance, et qu'on n'a pas encore assez de fourrages
» pour alimenter tous les bestiaux dont on aurait besoin pour
» hâter les travaux. »

On peut conclure de ce qui précède, que l'écobuage pratiqué comme il l'a été à Grand-Jouan, peut n'être pas stérilisant lorsque sous une direction aussi habile qu'intelligente, la terre reçoit immédiatement, après la 2e récolte, des fumures qui réintégrent largement dans son sein les principes qui en ont été enlevés par les récoltes et détruits par le feu. Mais ce qu'il ne faut pas perdre de vue, c'est que nonobstant cette réhabilitation de l'écobuage par une autorité aussi imposante, le vaste domaine de Grand-Jouan a été presque entièrement défriché à la charrue, ainsi que M. Rieffel nous le dit dans son excellent *Manuel du Propriétaire de métairies*, récemment publié, ce qui ne permet guère de douter que ce procédé, par une raison ou par une autre, ne soit décidément le meilleur.

Cependant, il ne faut jamais être exclusif, en Agriculture surtout, où l'on voit souvent les pratiques les plus opposées produire des effets identiques. Je comprends d'ailleurs qu'il est des circonstances où il peut devenir nécessaire d'écobuer pour purger le sol, et lorsque celui-ci est argileux, la perte des matières organiques contenues dans la croûte incinérée peut être largement compensée tant par les avantages résultant du nettoyage que par les effets du feu sur certaines matières minérales qu'il rend plus assimilables. Voici sur ce point une opinion très bien motivée, qui mérite d'être prise en considération. Elle émane de M. Lœuillet, Directeur actuel de l'Ecole impériale d'agriculture de la Saulsaie. (1) « C'est sur l'argile, disons-nous, que » l'action du feu est la plus marquée et aussi la plus avantageuse. » Cette action est double, physique et chimique. L'argile, sub- » stance compacte, humide et froide, est transformée par la » cuisson en une substance meuble, sèche et chaude, et le mé- » lange de l'argile calcinée avec l'argile crue est beaucoup plus » favorable à la végétation que le sol primitif. De plus, les élé- » ments constitutifs de l'argile, dans son état de nature, inti- » mement associés, tout-à-fait insolubles, ne sont d'aucune uti- » lité pour le développement des plantes ; mais par une calci- » nation modérée, il s'opère une modification importante dans » l'état intime du composé argileux qui est un silicate d'alu- » mine accompagné de fer, de magnésie, de potasse, de soude, » en proportions variables. Sous l'action du calorique, l'acide » et ses bases perdent de leur affinité réciproque ; d'un côté, » une partie de la silice s'isole à l'état soluble, et peut ainsi » être absorbée par les plantes céréales et les diverses grami- » nées ; d'un autre côté, l'alumine et surtout les bases alca- » lines, la potasse et la magnésie, dégagées de leurs combi- » naisons primitives, peuvent être assimilées à leur tour par » la végétation et contribuer ainsi à l'augmentation des ré- » coltes. »

Mais si l'écobuage peut être pratiqué utilement sur les sols argileux, il paraît hors de doute qu'il est décidément nuisible dans les terres siliceuses, quartzeuses, etc., et quoique M. de Gasparin ait vu dans les Bouches-du-Rhône des terres calcaires constamment ensemencées en blé et constamment écobuées après chaque récolte, donner des produits satisfaisants pendant une longue suite d'années, je ne pense pas que ce soit là un exemple à suivre. Un tel fait ne peut être qu'exceptionnel, et vraisemblablement l'écobuage était soutenu par de bonnes fumures, quoiqu'on ne le dise pas.

Lorsque l'on aura des terres aigres ou acides à fertiliser, telles que des tourbières desséchées, des terrains marécageux

(1) *Encyclopédie du Cultivateur*, par MM. Moll et Gayat, tome 6, page 576.

assainis, des bois défrichés, il sera toujours infiniment plus économique et plus profitable de neutraliser leur acidité par de bons chaulages en conservant le terreau végétal qu'elles possèdent, que de détruire en partie ce dernier par l'écobuage.

§ 2. — La Suie.

Chacun connaît la suie provenant de la combustion du bois; mais peu de cultivateurs savent de quoi elle se compose, quoique généralement on la regarde avec raison comme un bon engrais. C'est une matière éminemment complexe dans laquelle M. Braconnot a constaté la présence de 1° 30,20 d'ulmine identique avec celle qui est produite artificiellement par la sciure de bois et la potasse; 2° 20 p. °/₀ de matières animalisées très solubles dans l'eau; 3° 14,66 de carbonate de chaux avec quelques traces de carbonate de magnésie; 4° 10,65 de sulfate et d'acétate de chaux; 5° 4,10 d'acétate de potasse; 6° 1,50 de phosphate de chaux ferrugineux; 7° 6,39 de matières diverses; 8° 12,50 d'eau.

M. Braconnot n'a pas déterminé la proportion d'azote; mais d'après MM. Boussaingault et Payen, elle ne paraît pas dépasser 1,15 p. °/₀.

Cette composition, qui comprend à peu près uniquement des substances utiles, indique qu'un tel engrais ne peut être en effet que très bon; et c'est ce dont son application aux prairies principalement fournit une preuve non équivoque. J'ai rarement vu un fertilisant produire d'aussi bons effets en pareille circonstance. Il m'est arrivé de remonter par ce moyen des prés naturels complétement usés, et d'en obtenir de très beaux produits. Mais c'est une matière qu'on ne peut se procurer qu'en petite quantité. Du reste, il ne faut pas en abuser. Cependant, si l'on ajoutait à la suie du sulfate d'ammoniaque et du phosphate fossile, ou un sel ammoniacal et des cendres vives, on pourrait en obtenir des effets plus prolongés et moins épuisants.

On peut appliquer également avec succès la suie aux céréales. Il est difficile de préciser une dose convenable. On peut toutefois l'élever sans inconvénient à 50 ou 60 hectolitres par hectare. Le premier essai que j'en ai fait a été de 4 barriques (900 litres), sur un petit pré de 14 ares qui ne rendait presque plus rien, et dont le produit a été la première année de près de 1000 k. de foin. Mais ce rendement ne s'est pas soutenu, et dès l'année suivante il était déjà sensiblement plus faible. C'est pendant l'hiver, lorsque la végétation est arrêtée, qu'il convient d'employer cet engrais dont les effets sont surtout remarquables sur les prairies envahies par la mousse.

La suie de houille passe pour être plus azotée que celle de bois. Elle peut rendre des services à l'agriculture des contrées où la houille est le combustible en usage. Mais je n'en ai jamais employé, et l'on a trop peu écrit sur ce sujet pour que l'on puisse avoir des notions certaines sur ce qui le concerne.

P. S. Le tirage de ce chapitre était fort avancé lorsque je me suis aperçu qu'une critique pointilleuse pourrait voir une contradiction dans mon appréciation des effets physiques de la chaux, telle que je la formule pages 79 et 554. Désirant ne laisser subsister aucune équivoque dans mes écrits, je crois devoir déclarer ici que je n'ai jamais douté que le calcaire ne put modifier dans un sens ou dans un autre la consistance des sols plus ou moins compactes que lui, *surtout lorsqu'il est employé à fortes doses* (page 79.) C'est encore la même opinion que j'exprime (page 189) en disant que *la marne, la chaux, les cendres, les fumiers longs diminuent un peu,* MAIS TRÈS PEU, *la compacité des terres fortes, parce que l'on ne peut jamais leur en appliquer que des quantités relativement très petites.* Ce sont précisément ces deux propositions qui, lors de la publication de la 1re et de la 2e livraisons de mon ouvrage, m'ont valu la communication de M. Leleurch (page 554), dans laquelle on voit que même des quantités énormes, inconciliables avec une économie agricole bien entendue, peuvent être quelquefois sans effet. Quoique ce soit là vraisemblablement une exception, il ne m'en paraît pas moins indubitable que le calcaire ne peut modifier la consistance des sols qu'à la condition d'être employé à fortes, et même très fortes doses. C'est parce que je l'ai toujours entendu ainsi, qu'il m'a semblé que les auteurs lui attribuaient généralement une vertu qu'il ne possède pas, en donnant à entendre que les chaulages ordinaires peuvent produire cette modification. Je ne crois donc pas m'être contredit. Seulement, la découverte de faits nouveaux m'a permis d'être plus explicite (page 554), que je ne l'avais été dans le principe.

—

CHAPITRE TROISIÈME.

LES ENGRAIS ALCALINS.

Ayant eu plusieurs fois déjà l'occasion de parler du rôle des alcalis dans la fertilisation, il me reste peu de chose à dire sur ce sujet. Cependant, comme leur mode d'action n'est encore ni bien défini ni même bien connu, il ne sera pas inutile de nous arrêter quelques instants sur ce sujet, ne fût-ce que pour prémunir le lecteur contre l'influence de l'empirisme ordinairement basé sur des expériences très rarement concluantes.

De tous les sels alcalins, celui qui est le plus abondant et qui ne coûterait pas plus de 1f50 les 100 k. aux lieux de production s'il n'était pas grevé d'un droit de consommation qui en sextuple et au-delà le prix d'achat, c'est le sel marin ou le sel de cuisine ordinaire. Il sera difficile aux jeunes générations de se faire une idée de tout ce qui a été dit et écrit sur l'importance agricole de ce sel. Il n'est pas à ma connaissance de sujets qui aient donné lieu à autant d'hyperboles, et à autant de propositions hasardées.

Comme condiment dans l'alimentation des hommes, le sel est généralement regardé comme une substance de première nécessité, tandis qu'il est à peine de seconde. Mais il est juste de reconnaître qu'il a pris de si profondes racines dans les usages domestiques qu'il serait difficile de s'en passer. Or, pour le commun des hommes, l'habitude est une seconde nature, et sous ce rapport l'impôt qui frappe la consommation du sel est d'autant plus lourd et plus impopulaire qu'il pèse plus particulièrement sur les classes pauvres.

Je dis que le sel n'est qu'une matière de seconde nécessité, parce qu'à la rigueur l'homme et les animaux pourraient vivre de substances non salées, tandis qu'avec du sel pour toute alimentation ils périraient promptement. Mais si cette substance n'est pas absolument indispensable, on ne peut méconnaître qu'elle est au moins fort utile en ce qu'elle excite l'appétit, qu'elle améliore les aliments, qu'elle en facilite la digestion et l'assimilation, et qu'elle contribue ainsi indirectement au développement de l'individu et à l'entretien de sa santé; mais, encore une fois, ce n'est là qu'un rôle d'une importance secondaire, quoique fort grande.

A la vérité, on dit que si le sel n'est pas rigoureusement indispensable dans l'alimentation de l'homme et des animaux, c'est parce que la nature a pris soin d'en placer dans tous les végétaux qui constituent cette alimentation, et que dès lors, il est au moins de première nécessité dans la constitution de ces végétaux.

C'est encore là une de ces opinions toutes faites qui ont cours sans avoir été bien approfondies. Il est certain que l'on rencontre très souvent sinon toujours du blé, du seigle, de l'orge, du maïs, des topinambourgs, etc., qui ne contiennent pas d'acide hydrochlorique et par conséquent pas de sel ordinaire. L'avoine, le sarrasin, les pommes de terre ne renferment que des quantités insignifiantes du même acide, quelque chose comme 160 à 250 grammes pour 1000 kil. de la denrée à l'état normal. Les plantes qui en contiennent le plus sont le trèfle —2,10 p. 1000 ; la paille de colza, 4,40 ; l'ivraie vivace, 5,05 ; le tabac 7,55. Le plus grand nombre des autres végétaux n'en renferment pas même un pour mille. Et encore, la présence de l'acide hydrochlorique dans une plante n'est-elle pas toujours un indice certain de celle de l'hydrochlorate de soude ou du chlorure de sodium, car il en est plusieurs dans lesquelles on trouve l'acide uni à une autre base qui est ordinairement la potasse, et d'autres dans lesquelles on rencontre de la soude et pas d'acide hydrochlorique. L'orge et le seigle sont particulièrement dans ce dernier cas. On peut au surplus consulter sur tout cela le tableau de la page 351-352.

Il suit donc de là, que le sel marin est très peu utile directement à la plupart des végétaux comme aliment. Mais lorsqu'il ne leur profite pas à l'état de sel, il peut néanmoins contribuer à leur développement soit en leur fournissant sa base, soit en réagissant par son acide sur d'autres substances et particulièrement sur les phosphates terreux basiques. Ce que je dis ici du sel ordinaire, peut s'appliquer également au sulfate de soude comme au sulfate et à l'hydrochlorate de potasse.

Pour bien comprendre cet effet, il faut se rappeler la propriété que possède la terre végétale de décomposer en partie certains sels alcalins et ammoniacaux dont elle absorbe la base en mettant leur acide en liberté. Or, lorsque ces acides sont doués d'une certaine énergie comme ceux qui ont le soufre ou le chlore pour radical, ils ne restent pas longtemps dans le sol sans y produire une action quelconque. S'ils rencontrent un phosphate terreux trop peu divisé pour céder facilement aux réactions de l'acide carbonique et des alcalis, ils le décomposeront en partie, l'acidifieront, et le rendront ainsi soluble et assimilable. Mais cet effet ne se produira que jusqu'à concurrence seulement de la saturation du sol par les alcalis, et il sera toujours d'autant plus sensible que la terre sera plus argileuse. Il est toutefois excessivement rare de rencontrer des terres complétement saturées de soude ou de potasse, ce qui revient à dire que l'effet dont il s'agit se produira toujours plus ou moins.

Supposez une terre de laquelle il soit possible d'obtenir une bonne récolte de blé au moyen de la seule application d'une dose convenable de phosphate de chaux. Il sera de la plus complète évidence que cette terre ne demandait pour sa fertilisation que du phosphate assimilable, et qu'elle n'avait besoin ni d'azote ni d'alcalis. Supposez, d'un autre côté, que sur une seconde parcelle de la même terre on obtienne également une bonne récolte de blé, moins forte cependant qu'avec le phosphate, en appliquant seulement une quantité quelconque de sulfate de potasse. Il sera non moins évident ici que ce dernier sel n'aura pas agi par sa base puisqu'elle était inutile, ainsi que la récolte due au phosphate l'a prouvé. Si néanmoins le sulfate de potasse a produit un excédant sur la culture sans engrais, il faut donc que ce sel ait agi par son acide, non pas comme aliment puisque la récolte parallèle a également prouvé qu'il était inutile à ce titre, mais bien comme réactif sur une substance existant à l'état inerte dans le sol. Or, tout indique ici que cette substance inerte ne peut être autre que du phosphate basique dans un état tel que l'acide carbonique, qui est son dissolvant le plus ordinaire, ne pouvait avoir de prise sur lui. Il a donc nécessairement fallu ici que le sulfate de potasse fût décomposé, et que son acide produisît sur le phosphate calcaire du sol l'effet dont il s'agit. Tout cela est parfaitement conforme à la théorie, et de plus les suppositions que j'ai faites ne sont pas absolument gratuites, ainsi qu'on s'en convaincra en recourant à la page 8 de l'appendice qui se trouve à la fin de cet ouvrage.

On comprendra, d'après cela, qu'il n'est pas possible de déterminer *à priori* la dose utile d'un sel alcalin quelconque pour la fertilisation du sol. Toutes les indications que l'on rencontre dans les livres sur ce point sont purement empiriques, et ne reposent sur aucune base certaine, alors même qu'elles s'appuient sur des expériences. La raison en est, que tel sel alcalin peut très bien agir dans un sol et rester plus ou moins inerte dans un autre, même dans des circonstances identiques en apparence, parce que sa décomposition peut n'être pas aussi complète dans l'un que dans l'autre, et que d'ailleurs celui-ci peut être riche en phosphate et celui-là n'en pas posséder. Aussi voit-on souvent en pareil cas, des résultats très disparates que l'on qualifie d'anomalies et qui sont cependant très normaux. C'est surtout dans l'emploi du sel ordinaire que ces prétendues anomalies se montrent le plus souvent.

Mais si l'on ne peut pas déterminer avec certitude la dose utile d'un sel alcalin, il est cependant une règle de l'application de laquelle on se trouvera toujours bien. Cette règle consiste tout simplement à calculer la quantité de potasse et de soude que peut exiger la récolte que l'on a en vue et à les lui servir, même avec un petit excès, surtout dans les terres pauvres, au cas où la fumure ordinaire ne la lui fournirait pas. Il se pourra que quelquefois cette précaution ne soit pas indispensable, mais elle aura du moins pour résultat de mieux assurer le succès de la récolte et de conserver les forces du sol. Je me réfère particulièrement sur ce point à ce que j'en ai dit page 525. Ce principe admis, on pourra employer indistinctement tous les sels de l'une et l'autre base que l'on pourra se procurer au meilleur marché, ayant soin cependant de ne substituer que le moins possible une base à l'autre, quoiqu'elles puissent se suppléer réciproquement jusqu'à un certain point.

Ainsi, lorsqu'on aura besoin de potasse on pourra la demander aux cendres de bois, au salin ou potasse brute du commerce, au sulfate de cette base que l'on peut se procurer à assez bon marché dans les fabriques d'acide nitrique ou sulfurique. La potasse calcinée, et le salpêtre serait sans contredit ce qu'il y aurait de mieux ; mais leurs prix sont inabordables. On s'occupe, à ce qu'il paraît, dans ce moment, de rendre propre à la fertilisation les roches feldspathiques en les soumettant à une préparation convenable. Il serait bien à désirer que cette tentative réussit, car la potasse est l'une des substances les plus précieuses et les plus chères.

Quant à la soude, on ne peut guère la demander qu'au sel marin et au sulfate du commerce. Mais ce dernier, quoique d'un prix peu élevé, est cependant à peu près du double plus cher que le sel ordinaire à dose de base égale, et l'on n'a aucune raison de penser qu'il puisse être plus efficace puisque tous les deux doivent être préalablement décomposés avant de pénétrer dans l'organisme végétal. Par conséquent, s'ils n'agissent que par leur base, leurs effets doivent être égaux et la seule raison de préférer l'un à l'autre gît dans leur prix respectif. Quant au sous-carbonate du commerce il est beaucoup trop cher pour un semblable emploi.

CHAPITRE QUATRIÈME.

LES ENGRAIS PHOSPHATÉS.

Ce que j'ai dit, pages 83 et suivantes, de la nomenclature chimique sur les phosphates, et le chapitre que j'ai consacré au superphosphate de chaux, pages 11 et 12 de l'appendice, me laissent peu de chose à ajouter pour compléter l'étude des engrais dont la principale valeur réside dans l'acide phosphorique qu'ils contiennent. Mon cadre ne me permettant pas d'entrer dans de longs détails historiques et analytiques sur ces engrais, je restreindrai mon étude à une simple exposition des principes qui gouvernent leur empioi. Si parmi mes lecteurs il en est quelques-uns qui désirent approfondir davantage cet intéressant sujet je ne saurais mieux faire que de les renvoyer à l'excellent ouvrage de M. Bobierre : l'*Atmosphère, le sol et les engrais*, où la matière phosphatée est traitée *in extenso* et de main de maître.

Les phosphates les plus employés en agriculture, abstraction faite de ceux qui se trouvent dans le fumier et dans d'autres Guanos complexes, tels que le Guano du Pérou, et les Guanos artificiels de bonne qualité dont j'ai parlé précédemment, sont ceux qui proviennent directement des os, du noir animal, résidu de raffinerie de sucre, des coprolythes ou des nodules, des Guanos terreux et enfin des charrées.

Tous ces phosphates sont considérés comme tribasiques, c'est-à-dire, comme contenant trois fois autant de base que le phosphate monobasique ayant pour formule Ph. O^5 Ca O (voir la table page 96) et qui, par conséquent, n'est composé que d'un seul équivalent d'acide = 892,32, et d'un seul équivalent de chaux = 350, soit pour 100 du premier, 39,22 de base. Le phosphate bibasique contiendrait donc 78,44 d'oxyde calcaire, et le tribasique 117,66 pour la même quantité de 100 d'acide.

Mais nous avons vu, page 84, que Berzélius a trouvé au phosphate des os une composition particulière qui ne correspond à aucune de celles que je viens de rappeler. La proportion de la base ne serait dans ce phosphate que de 106,45 pour 100 d'acide. Il ne serait donc pas tout à fait tribasique, et j'ai de fortes raisons de croire, quoique, à ma connaissance, cette question n'ait pas encore été tout à fait éclaircie, qu'il en est de même du phosphate calcique, des coprolythes et des Guanos. C'est, parce que telle est ma persuasion, que toutes les fois que j'évalue la richesse d'un engrais en phosphate des os, j'établis toujours mon calcul sur la composition indiquée par Berzélius. Comme je diffère en cela avec plusieurs auteurs qui appliquent à ce phosphate la formule du tribasique, j'ai dû faire cette déclaration pour éviter tout mal-entendu.

Si le phosphate des os contient un peu plus d'acide que le tribasique, il n'est pas plus soluble que ce dernier dans l'eau pure. Pour l'être entièrement, il faudrait qu'il ne contînt qu'un seul équivalent de chaux. C'est ce qui peut avoir lieu quand on le traite par l'acide sulfurique pour le convertir en ce que les Anglais ont improprement nommé *superphosphate*. Mais quoique non soluble dans l'eau pure, le phosphate des os acquiert cette propriété dans le sein de la terre soit par la réaction des acides qu'il y rencontre, notamment de l'acide carbonique, soit par sa transformation en phosphate alcalin ou ammoniacal, ainsi que je l'ai expliqué déjà dans diverses parties de cet ouvrage. Toutefois, pour que cette dissolution ou cette transformation puissent s'opérer plus facilement, il est indispensable que le phosphate soit amené au plus grand état possible de division. Lorsqu'il n'est que grossièrement pulvérisé, ces réactions sont infiniment plus lentes et quelquefois même impossibles. C'est ce dont on acquiert la preuve quand on trouve dans le sol des fragments d'os qui ont résisté pendant nombre d'années à toute décomposition. On est obligé alors d'en employer des quantités considérables, excédant de beaucoup les besoins des plantes, pour en obtenir à bref délai un effet déterminé, et cela donne lieu à des avances de fonds toujours onéreuses lorsqu'elles ne sont pas en même temps une cause de gêne, ou, ce qui est plus malheureux encore, une cause d'abstention. Sous ce rapport, la conversion des phosphates basiques en superphosphate semble présenter quelques avantages; mais en ce qui concerne la dépense, ces avantages sont plus fictifs que réels, car s'il faut une moindre quantité d'engrais, celui-ci est d'un prix beaucoup plus élevé, et d'ailleurs il n'est pas toujours d'une bonne économie d'épargner sur la matière et de réduire la fertilisation à sa plus simple expression, ou à une espèce de ration congrue. Pour moi, si j'avais à recommencer ma carrière, je n'emploierais le superphosphate que dans les sols où le phosphate des os reste complétement inerte, quelque bien divisé qu'il soit, ce qui est fort rare en France, sinon dans les terrains calcaires ou chaulés, et encore pourrait-on éviter la lourde dépense du traitement par l'acide sulfurique, en employant un procédé beaucoup plus simple et qui ne coûterait qu'un peu de soin, comme on va le voir.

Le phosphate de chaux ne constituant pas un engrais complet, ne peut être d'un emploi rationnel dans la culture ordinaire qu'à la condition d'être soutenu par des fumures convenables, simultanées ou alternant avec lui. Or, comme il n'est pas d'exploitation agricole qui ne fabrique du fumier pour faire la base de la fertilisation de ses terres, et comme le phosphate n'en est que le complément, au lieu d'appliquer ce dernier directement au sol, lorsque l'on a quelque raison de craindre qu'il n'y trouve pas les réactifs nécessaires à sa dissolution, il serait préférable de l'employer à saupoudrer les litières dans l'étable, ou de le mélanger intimement avec le fumier lors de l'entassement de celui-ci. La fermentation de la masse suffirait pour amener assez promptement le phosphate à un degré de solubilité tel, qu'il pourrait être aussi assimilable et aussi efficace dans tous les sols possibles que le phosphate naturellement contenu dans le fumier lui-même et qui ne doit sa solubilité qu'à cette fermentation. Ce moyen réussit très bien pour le phosphate fossile et il n'y a pas de raison pour qu'il n'en soit pas de même pour celui des os. Or, 300 k. de coprolithes en poudre fine, ainsi employés, contenant trois fois autant d'acide phosphorique que 100 k. du meilleur superphosphate sans coûter davantage, assureraient infiniment mieux le succès des récoltes, tout en fournissant au sol plus de phosphate que la culture n'en exigerait, ce qui augmenterait notablement sous ce rapport la richesse de la terre. On voudra bien remarquer que ceci n'est pas une hypothèse gratuite, mais bien le résumé d'expériences qui ne laissent pas le moindre doute à cet égard.

§ 1er. — Les Os.

Les os sont infiniment moins employés comme engrais en France qu'en Angleterre. Cela tient principalement à ce que le système de culture des deux pays est essentiellement différent. Le navet faisant la base ordinaire de celui de nos voisins et le phosphate de chaux étant éminemment favorable au développement de cette plante, plus encore à celui des feuilles qu'à celui des racines — ces dernières, à poids égal, en absorbant sensiblement moins — il est très bien de ne pas lui épargner cet engrais de sa prédilection. Si je fais remarquer qu'il contribue au développement du système foliacé dans le navet plus qu'à celui de la racine, cela ne doit en aucune façon s'interpréter défavorablement pour l'engrais. C'est au contraire une qualité dont on doit lui tenir compte, car plus une racine de ce genre a ses feuilles développées, plus elle absorbe de substances organiques aériennes et plus elle grossit, lorsqu'elle trouve d'ailleurs dans le sol une alimentation azotée et minérale normale. On a donc commis un double contre-sens (Voir l'appendice), quand on a reproché au Guano du Pérou de produire le même effet. Il y a contre-sens d'abord en ce que si son ammoniaque uniquement accusée est complice du fait, elle ne peut pas l'être plus que le phosphate, et ensuite, en ce que ce fait, en lui-même, ne peut qu'être avantageux.

Mais si l'agriculture française fait un emploi moins considérable que l'Angleterre du phosphate des os, elle n'en consomme pas moins de très grandes quantités, sous une autre forme, toutefois, et dans d'autres conditions.

Les os frais sont trop recherchés en France par la fabrication du noir animal, par celle de la gélatine ou colle-forte et par d'autres industries, pour qu'il soit possible à l'agriculture de s'en procurer des quantités un peu importantes à moins d'établir une concurrence qui les mettrait hors de prix. Ce serait d'autant moins judicieux que les os enlevés par l'industrie des sucres et par celle de la gélatine ne sont pas perdus pour la culture à laquelle ils reviennent finalement avec un peu moins d'azote, mais avec la totalité de leur phosphate qui constitue leur principale valeur, dont je m'occuperai plus spécialement dans le § suivant.

Cependant, comme quelques cultivateurs peuvent avoir l'occasion de se procurer des os, je ne dois pas passer sous silence le parti qu'on en peut tirer. Je ne dirai rien ici toutefois de leur mode d'action qui est, à très peu de chose près, le même que celui du noir animal dont il sera question tout à l'heure, et dont ils ne diffèrent que par quelques modifications dans leur composition.

Lorsque l'on veut employer les os frais comme engrais, on doit préalablement les soumettre à l'opération du dégraissage, la graisse qu'ils contiennent faisant obstacle à leur décomposition spontanée dans le sein de la terre.

Cette opération est fort simple. Elle consiste soit à faire bouillir les os pendant un certain temps dans de l'eau ordinaire, soit à les passer au four dont on vient de retirer le pain. Le cultivateur qui possède une locomobile pourrait les traiter par la vapeur, à 2 ou 3 atmosphères, dans une marmite autoclave d'une capacité suffisante. Ce serait en outre un moyen de les rendre plus friables, et de les pulvériser plus facilement, cette pulvérisation étant une condition essentielle de leur efficacité.

Les os dégraissés ont une composition variable qui cependant peut se représenter par une moyenne de 50 p. °/₀ de phosphate et de 5 p. °/₀ d'azote. Calcinés, ils perdent leurs matières organiques en même temps qu'une partie de leur poids, mais leur richesse en phosphate augmente dans la même proportion. Elle varie alors entre 60 et 75 p. °/₀. Il n'est pas nécessaire toutefois de leur faire subir cette opération pour pouvoir les employer utilement dans la culture.

Les matières organiques constituent dans les os, indépendamment de la graisse, un principe immédiat auquel on a donné le nom *d'osséine* et qui n'est autre chose que le principe même de la gélatine. Lorsque celle-ci en est extraite, ils sont complètement épuisés et ne contiennent plus absolument, avec une certaine proportion de carbonate, que du phosphate de chaux uniquement propre à la fertilisation.

Les os frais, quoique moins riches en phosphate que les os calcinés ou épuisés par l'extraction de la gélatine, sont néanmoins plus complétement fertilisants à raison de la proportion assez importante d'azote qu'ils contiennent; mais ce n'est pas ordinairement pour cette substance qu'on les recherche. Aussi, ne m'en occuperai-je qu'au point de vue de leur principe phosphatique.

La pulvérisation des os se fait de diverses manières et principalement au moyen de cylindres en fonte et de meules. Mais ces procédés sont exclusivement du ressort de l'industrie. Dans une ferme, on procède plus simplement avec des mailloches. M. Rohart a donné dans son excellent *Annuaire des engrais,* que chaque cultivateur devrait posséder, la description d'un engin très convenable pour cette opération et d'une installation très peu coûteuse. Il est juste de reconnaître cependant que la pulvérisation obtenue par ce moyen ne peut être qu'imparfaite, et que le meilleur parti qu'on puisse tirer d'os ainsi concassés, c'est de les mêler avec du fumier, comme je l'ai indiqué plus haut.

§ 2. — Le Noir animal.

Lorsque les os sont calcinés en vase clos, puis réduits en poudre plus ou moins fine, ils constituent ce qu'on appelle charbon ou noir animal, à l'usage des raffineries de sucre pour la clarification et la décoloration des sirops. A cet effet, on emploie simultanément cette poudre avec une certaine proportion de sang de bœuf ou de blancs d'œufs qui entraînent les impuretés du sucre et qui, par leur albumine, restituent au noir animal une partie de l'azote qu'il a perdu par la calcination.

Pendant longtemps ces résidus n'ont été pour les sucreries qu'un *caput mortuum* encombrant, sans valeur et dont elles ne savaient que faire. Mais, en 1820, M. Ferdinand Favre, maire de Nantes, et M. Payen, firent connaître le parti que l'on en pouvait tirer pour la fertilisation de la terre. Il fallut du temps néanmoins pour que son emploi se propageât et ce n'est guère que 15 ou 20 ans plus tard qu'il a pris une importance sérieuse, qui s'est successivement considérablement accrue. Sa valeur vénale a suivi la même progression et s'est même élevée à un taux exagéré que la découverte du phosphate fossile a toutefois sensiblement fait baisser. C'est plus particulièrement dans les défrichements de lande que l'on en fait usage et où l'on en obtient, à la dose de 4 à 5 hectolitres seulement pour la première année, et de 3 à 4 h. pour la seconde, des résultats très satisfaisants dans des terres généralement regardées comme étant de médiocre qualité. Grâce au noir animal, les provinces de l'Ouest principalement ont pu défricher depuis un quart de siècle de vastes étendues de leurs terres incultes.

La question de savoir comment agit cette matière en pareille circonstance a vivement préoccupé les esprits pendant quelque temps. Les uns, considérant son phosphate comme insoluble, attribuaient les effets du noir animal uniquement à la petite quantité d'azote qu'il contient. M. de Gasparin lui-même avait admis (1) une hypothèse bien fragile. Il pensait que « le seul » effet obtenu dans des expériences qu'il rapporte et qui avaient » été faites par M. Rieffel à Grand-Jouan, paraissait avoir été

(1) *Cours d'Agriculture*, tome 1er, page 524.

» de présenter aux jeunes plantes un engrais tout préparé et » de facile absorption qui, en leur donnant une vigueur pré- » coce, les avait mis à même de soutirer plus tard des terrains, » sans le secours de l'écobuage, une plus grande partie des » sucs fécondants qu'ils contenaient. » Ainsi, l'illustre agronome faisait consister toute la puissance de l'engrais dans sa minime proportion de 1,20 p. % d'azote auquel il assignait une valeur de 12 fr. le k. Les autres, mais plus tard, attribuèrent principalement à son phosphate les bons effets produits par le noir animal, en disant que le sol des landes est généralement pourvu d'une certaine quantité de détritus végétaux qui fournissent aux plantes toutes les substances organiques dont elles peuvent avoir besoin ; mais que le même sol manquant généralement de phosphates assimilables, le noir animal complétait leur fertilité. Ces derniers étaient évidemment dans le vrai. Si le noir animal n'est pas soluble dans l'eau ordinaire, il le devient, en partie du moins, dans les terres de landes qui contiennent certains acides capables d'opérer cette dissolution. Si elle n'est que partielle d'abord, cela tient indubitablement à l'imperfection ou à l'insuffisance de la division de l'engrais ; mais elle s'accomplit totalement avec le temps. Ce qui est certain, c'est qu'une fumure de 4 à 5 h. de noir animal contenant de 160 à 200 k. de phosphate produit rarement, en première récolte, au-delà de 20 h. de blé, qui ne représentent guère que 40 k. du même phosphate tant dans leur grain que dans leur paille. Mais la différence n'est pas perdue, car une terre qui a reçu une semblable fumure le témoigne pendant longtemps par les récoltes suivantes, dont la végétation est plus vigoureuse que celle qui a lieu dans un sol auquel la même substance n'a pas été appliquée, toutes les autres conditions étant égales d'ailleurs.

Quant à l'azote que le noir animal contient, il n'est pas admissible qu'il produise un effet sensible, puisqu'il n'y existe jamais qu'en très petite quantité. Dans les expériences citées par M. de Gasparin, cette quantité était de 1,14 par hectolitre. Cinq hectolitres en auraient donc apporté 5^{k}70, soit la ration nécessaire à 2^{h}85^{l} de blé. On a d'ailleurs remarqué que du noir ne contenant pas même 1 p. % d'azote était tout aussi efficace que celui qui en renfermait davantage. Cependant, il n'y a pas lieu de douter un seul instant que la petite quantité que le sol en reçoit ainsi ne contribue à sa fertilisation, mais jusqu'à concurrence de cette quantité seulement. Ce que l'engrais apporte est autant de moins à fournir par la terre, et si celle-ci n'était pas suffisamment approvisionnée d'azote, il est certain que celui du noir pourrait former un appoint utile. Du reste, on est positivement fixé sur tout cela, dès la 3e ou la 4e année après le défrichement. Le noir employé seul ne produit plus alors que des effets de bien moindre importance. C'est indubitablement parce que l'approvisionnement des matières organiques et plus particulièrement de l'azote, ayant été épuisé par les récoltes précédentes, une fumure aussi incomplète que l'est celle qui consiste presque exclusivement en phosphate calcaire est impuissante à reconstituer la fertilité sur un pied normal. Il faut, de nécessité absolue, recourir au fumier. En pareil cas, les fermiers anglais diraient que la terre a la maladie du noir, comme ils disent dans des circonstances analogues qu'elle a la maladie du Guano. De pareils mots font fortune ; mais ils prouvent simplement que les cultivateurs qui les inventent, comme les écrivains qui les propagent, quel que soit leur mérite d'ailleurs, ne se rendent pas parfaitement compte de l'action des engrais dans la fertilisation. Cependant, en y réfléchissant un peu, il est facile de comprendre qu'un engrais, quel qu'il soit, ne peut être employé seul indéfiniment lorsqu'il manque de l'une ou de plusieurs des substances indispensables à la végétation, à moins qu'il ne soit appliqué à une terre inépuisablement pourvue de ces mêmes substances. De telles circonstances sont trop rares pour créer des exceptions sérieuses. La conclusion qui découle de là, c'est que quand le noir animal cesse d'agir sur une terre quelconque, il indique clairement par là que cette terre réclame impérieusement pour sa fertilité d'autres substances que du phosphate.

Le noir animal ne produit pas, à beaucoup près, lorsqu'il est appliqué isolément, les mêmes effets dans les vieilles terres que dans les défrichements, et cela se conçoit aisément. C'est que l'état de leur fertilité est plus normal quoique cette fertilité soit quelquefois bien faible. Ces terres étant à peu près aussi riches ou aussi pauvres, comme on voudra, en azote qu'en phosphate, il est bien évident que si on ne leur donne supplémentairement que l'un ou l'autre de ces deux principes qui ne peuvent pas agir l'un sans l'autre, la fertilité active n'y gagnera que peu de chose jusqu'à ce qu'elle ne reçoive un complément normal. Cependant, lorsqu'en pareil cas le noir animal est accompagné de fumier, il augmente souvent la puissance de ce dernier en renforçant ses principes phosphatiques qui n'y sont pas toujours dans une proportion concordant avec l'azote. Une semblable addition sera particulièrement utile dans un assolement comme celui formulé page 344.

Le noir animal employé dans des conditions favorables à son assimilation convient à toutes les plantes en général, et particulièrement à celles qui doivent porter graine, puisque l'acide phosphorique est l'un des principaux éléments de la fructification de ces plantes. Mais quelque nécessaire qu'il soit à une récolte, il restera à peu près complétement inerte, lors même qu'aucun des autres éléments ne ferait défaut, si on l'applique à un sol récemment chaulé ou marné. Il en est absolument de même de la poudre et des cendres d'os ainsi que du phosphate fossile. On attribue cette inertie à ce que l'acide carbonique ou les autres acides qui peuvent exister dans le sol et qui sont nécessaires pour opérer la dissolution du phosphate, se trouvant neutralisés par la chaux ou par la marne, il ne reste aucun autre réactif capable de le rendre assimilable. Il y a quelque chose de vrai dans cette conjecture ; mais elle n'explique pas complétement ce qui se passe en pareil cas. Si le superphosphate (voir l'appendice), quoique redevenu insoluble, est néanmoins assimilable en semblable circonstance, cela prouve clairement que son assimilation est subordonnée à d'autres conditions encore. Or, il n'existe entre le phosphate insoluble régénéré du superphosphate et le noir animal, d'autre différence que celle qui résulte d'une division beaucoup plus parfaite dans le premier que dans le second. C'est à la faveur de cette division extrême que celui-là cède aux réactifs même les moins énergiques. S'il se trouve en présence d'un alcali ou de l'ammoniaque, son acide abandonne sa base pour s'emparer de ces substances. Mais une telle action n'est possible qu'autant que la cohésion qui lie ses molécules soit rompue par une division infinie. Dans les sols de landes, cette division peut avoir lieu par les acides qu'ils renferment. Mais lorsque ces derniers sont neutralisés par un principe calcaire, il ne reste d'autres réactifs que l'ammoniaque et les alcalis, qui sont sans action sur des particules de matières aussi résistantes que celles d'un phosphate basique de chaux dont la cohésion n'a pas été modifiée par un effet chimique. Lors donc, que l'on voudra introduire complémentairement du noir animal dans un sol calcaire ou chaulé, il faudra nécessairement le traiter préalablement par un acide énergique, ou bien le mélanger intimement avec du fumier dont la fermentation le désagrégera suffisamment pour le rendre, comme je l'ai déjà dit, aussi assimilable que celui contenu dans le fumier lui-même. Du reste, le chaulage et le marnage sont complétement inutiles dans un défrichement de lande tant que le noir animal peut y être efficacement employé seul.

Le noir animal, comme tous les engrais de la même catégorie, et même comme tous les engrais incomplets sans exception, est essentiellement épuisant en ce sens que n'agissant que comme simple complément, son action consiste uniquement à fournir aux récoltes le moyen de dépouiller la terre des autres substances minérales et organiques qu'elle contient. Ainsi, cet engrais agit tant qu'il se trouve dans le sol en présence de matières fertilisantes pouvant fournir concurremment avec lui une alimentation normale suffisante à la végétation. Mais il est facile de comprendre que lorsqu'on a obtenu ainsi un certain nombre de récoltes, la terre s'est épuisée de toutes les substances qu'elle leur a livrées en sus de celles apportées par l'engrais, et qu'il doit nécessairement arriver un moment, tôt ou tard, où cet épuisement est à peu près complet, au moins en azote assimilable. Ma propre expérience m'a appris que dans les défrichements de landes ce moment ne se fait pas attendre ordinairement au-delà de trois à quatre ans. Du reste, les terres qui conservent une puissance productive pendant plus de quatre ans, sans recevoir une fumure complète, sont bien rares en France.

Tout ce qui précède s'applique sans restriction à la poudre et aux cendres d'os, ainsi qu'au phosphate fossile dont je parlerai tout à l'heure.

On trouve dans le commerce bien des sortes de noir animal. C'est à Nantes surtout que ce commerce a acquis la plus grande importance. M. Bobierre, qui est en situation d'être parfaitement renseigné à cet égard, a récapitulé les arrivages à ce port dans la période décennale de 1850 à 1860. Réunis aux noirs provenant des raffineries de Nantes même, ceux expédiés de Bordeaux, de Marseille, de Paris, d'Orléans, du nord de la France, de l'Allemagne, de la Russie, de Venise, d'Amsterdam, de Rotterdam, de New-Yorck, etc., forment un total annuel qui, en moyenne, n'est pas moindre de 200 mille hectolitres.

La richesse de ces noirs est très variable. Leur dosage en phosphate est ordinairement d'autant plus faible qu'ils contiennent plus d'azote et réciproquement. On conçoit aisément qu'il doit nécessairement en être ainsi puisque l'azote étant fourni par le sang employé simultanément avec le noir animal à la clarification des sirops, plus le mélange contient de sang, moins il peut contenir de phosphate. Il est rare cependant d'en rencontrer qui dosent plus de 2 p. % d'azote pour 60 à 65 de phosphate. Ceux qui sont plus riches en acide phosphorique ne contiennent guère que 1 p. % d'azote et même moins. Il y a des noirs de Russie dans lesquels on ne trouve que 0,50 de ce dernier, mais qui contiennent au-delà de 80 p. % de phosphate.

Le noir animal est du nombre des engrais qui ne doivent être achetés que sur analyse par deux raisons : d'abord, parce qu'il n'a de valeur qu'en proportion des principes utiles qu'il contient, et que cette proportion est très variable même dans les noirs purs ; et ensuite, parce que c'est peut-être de tous les engrais celui sur lequel la fraude se pratique sur la plus grande échelle, au grand jour, avec un cynisme incroyable. S'il entre chaque année 200 mille hectolitres de noir animal dans le port de Nantes, il y arrive également 250,000 h. de tourbe pulvérisée destinée à en falsifier la plus grande partie. La Préfecture de Nantes avait tenté de mettre un frein à cet ignoble commerce par une réglementation sollicitée d'ailleurs par tous les marchands honnêtes, et elle y avait assez bien réussi, car peu de temps après, selon ce que nous apprend M. Bobierre à qui la vérification des engrais avait été confiée, la moyenne des dosages du phosphate dans les noirs s'est élevée de 27 à 42 p. %, ce qui est encore bien loin de la moyenne des noirs purs. Les bons effets de cette réglementation déterminèrent successivement une vingtaine d'autres Préfets à en adopter une analogue, aux applaudissements de quelques écrivains qui se posent aujourd'hui en antagonistes de cette excellente mesure. Malheureusement, un arrêt de la cour de Cassation est venu dénier à ces administrateurs le droit d'établir de semblables réglements, tout en reconnaissant cependant que la loi l'accorde à de simples maires. Mais le Gouvernement s'étant ému à son tour, et de ces fraudes si préjudiciables aux intérêts de l'Agriculture, qui sont en dernière analyse les intérêts de tout le monde, et de la lacune qui existe dans la loi répressive, a récemment institué une commission pour élucider ces importantes questions et trouver un remède à un pareil état de choses. Espérons qu'il en sortira une solution conciliant tout à la fois les intérêts de l'Agriculture et ceux de la liberté industrielle et commerciale. Mais, que le cultivateur se souvienne, en attendant, qu'il ne sera que faiblement aidé par le Ciel et par la loi, s'il ne prend à tâche de s'aider lui-même. La loi ne peut le protéger efficacement qu'à la condition qu'il ne s'endorme pas dans une sécurité incomplète. Quelles que soient les mesures adoptées, il doit donc redoubler de vigilance. Il est surtout deux précautions essentielles qu'il ne doit jamais omettre. La première consiste à n'acheter aucun engrais sans s'en faire déclarer et garantir par le vendeur la composition à l'état normal, c'est-à-dire à l'état dans lequel se trouve la marchandise au moment de la vente ; la seconde, à se faire remettre un échantillon cacheté de l'engrais acheté, *prélevé en sa présence* sur celui qui lui est livré.

S'il s'agit du noir animal déclaré contenir 70 p. °/₀ de phosphate, sans autre indication, il devra calculer d'abord que ce dosage se rapporte à l'état sec. Or, comme cet engrais contient ordinairement environ 30 p. °/₀ d'humidité, 100 k. ne représenteront plus que 70 k. de noir sec, et par conséquent 49 k. de phosphate seulement. Comme, d'un autre côté, le bon noir animal ne pèse guère que 90 k. l'hectolitre, si la vente est faite à la mesure, selon l'usage en pareil cas, un hect. de ce noir ne contiendra que les $^{9}/_{10}$ de 49 k. de phosphate, c'est-à-dire 44^{k} 10 seulement.

Voilà pour le noir pur vendu sans fraude répréhensible, bien que sa véritable valeur soit dissimulée par une réticence de médiocre aloi. Ainsi, si l'acheteur s'aperçoit ultérieurement de cette dissimulation, il sera inadmissible à s'en plaindre, parce qu'il est d'usage d'analyser les engrais à l'état sec. Si un hect. de noir ne contient réellement que 44k10 de phosphate, il peut très bien en contenir 70 k. par quintal ou 63 par hectolitre lorsqu'il est exempt d'humidité. Si donc l'acheteur reçoit, au cas particulier 18k90 d'eau au lieu d'un même poids de phosphate, il ne peut s'en prendre qu'à son ignorance des usages et à un malentendu dont les consciences élastiques sont habiles à profiter.

En quoi une loi qui obligerait le marchand d'engrais à déclarer la quantité d'eau que contient sa marchandise, pourrait-elle gêner la liberté commerciale et nuire à un intérêt autre que celui de ce marchand, lorsqu'il tente de vendre un pareil liquide au même prix que l'azote et le phosphate? C'est ce que MM. les partisans de la liberté illimitée n'ont pas encore fait connaître d'une manière satisfaisante.

Mais les fraudes qui se pratiquent dans la vente du noir ne sont pas toujours aussi anodines que celles dont il vient d'être parlé, car il s'en faut de beaucoup que le noir animal mis en vente soit toujours pur. Sauf quelques rares et honorables exceptions, presque tous les marchands de noir animal croient plus avantageux non à la culture, mais à leurs propres intérêts, de fabriquer des mélanges infiniment moins riches, et qu'ils font accepter facilement par l'attrait d'un prétendu bon marché.

Ce genre de fraude s'exerce de deux manières : l'une, simplement ignoble, consiste à supposer un dosage qui n'existe pas. Elle constitue particulièrement ce que l'on peut appeler le vol à l'engrais. L'autre, plus habile, cotoie la police correctionnelle, mais sans lui donner prise. Celle-ci trouvant la tourbe trop lourde pour se prêter à un mélange qui n'affaiblisse pas trop le titre de l'engrais, a découvert un charbon dit de *Bog-head*, provenant de la distillation d'un certain schiste, qui est d'une belle couleur, qui ne pèse pas plus de 35 k. l'hect., et qui a par dessus tout cela la propriété d'absorber 40 p. °/₀ d'humidité sans qu'il y paraisse (Bobierre).

Or, supposez un mélange de 2 h. de ce charbon avec un hect. du noir à 70 degrés dont il a été parlé tout à l'heure, vous aurez un total de trois hectolitres qui ne pèseront ensemble que 133 k. à l'état sec, mais qui pourront absorber facilement 46 k. d'eau, chaque hect. pèsera alors 60 k. seulement.

Comme il n'y aura pas d'autre phosphate dans ces trois hectolitres de mélange que les 44k10 apportés par le noir pur, chaque hectolitre n'en contiendra que 14k70. Mais si le vendeur veut échapper à toute action en s'abritant sous l'égide de l'usage, il pourra, sans aucune risque, garantir le titre de son engrais à 33,15 qui sont en effet à 100 :: 44,10 : 133.

Pour peu que ce marchand soit habile — et ce genre d'habileté n'est pas rare — il ne lui sera pas difficile de faire comprendre à son acheteur que si le noir à 70 degrés de phosphate vaut 17f,50 l'hectolitre, prix hypothétique calculé sur le pied de 25 c. par k. de phosphate du titre, celui qui ne dose que 33,15 doit nécessairement valoir au moins 8,25. Voilà certainement une équation irréprochable. Que si l'acheteur objecte qu'à prix proportionnellement égal, il croit le noir riche préférable parce qu'il est moins encombrant et d'un transport plus facile, on lui opposera toutes les roueries du métier. On lui répondra qu'il faut se défier des engrais à haut titre, parce qu'ils brûlent les récoltes, ou bien parce qu'ils produisent plus de paille que de grain, ou bien encore parce qu'ils sont d'une diffusion plus difficile. On prouvera par l'exemple du fumier que ce ne sont pas les engrais du plus haut dosage qui sont les meilleurs. Et comment ne pas se rendre à des raisons d'une pareille force ? Aussi l'acheteur n'hésitera-t-il plus à payer 8,25 ce qui cependant ne vaut en réalité, comparativement, que 5,85. En effet, en partant de la même base, si un hect. de noir à 70 degrés, contenant 44,10 de phosphate vaut 17,50, les trois hectolitres de mélange ne contenant ensemble que la même quantité de 44k10 ne peuvent valoir chacun que le tiers du même prix, soit 5,85. A 8,25, l'acheteur paierait donc cet engrais 41 p. °/₀ de plus qu'il ne vaut intrinsèquement pour lui.

Mais ce n'est pas tout. Si cet acheteur possède la dose d'intelligence que je lui ai supposée jusqu'ici, il comprendra sans qu'on le lui dise, qu'avec du noir à 33,15 de richesse, il ne peut obtenir les mêmes résultats qu'avec celui qui est au titre de 70, à moins de compenser la différence de titre par une plus forte quantité d'engrais. En conséquence, il fera une nouvelle équation, en disant : s'il faut 4 h. de noir à 70 pour produire un effet déterminé, il en faudra 8,48 à 33,15 pour obtenir le même effet, et il se croira bien avisé en achetant cette quantité de 848 litres qui lui coûtera exactement le même prix que les 4 h. de noir pur, mais le double de transport. Quant aux résultats, voici ce qu'ils doivent être théoriquement.

Si, pour la situation dans laquelle opère le cultivateur dont il s'agit, 4 hectolitres de noir à 70°, fournissant ensemble 176k40 de phosphate, sont nécessaires pour produire 20 hect. de blé, et si on les remplace par un mélange de 848 litres qui ne contiendront que 124k65 du même phosphate (8,48 × 14,70 = 124,65), il est probable qu'on ne récoltera que 14 h. de blé. Ainsi, indépendamment de ce que l'on aura payé l'engrais 41 p. % au-delà de sa valeur, on perdra encore 30 p. % de la récolte.

Je n'examine pas l'hypothèse d'un cultivateur qui, dans son ignorance, croirait pouvoir employer un noir à 33° sur le même pied que s'il était du double et au-delà plus riche. Cela ne se voit malheureusement que trop souvent. Mais aucune loi ne peut empêcher un homme de se tromper. Ce à quoi elle doit veiller seulement, c'est à ce qu'il ne puisse être trompé impunément par autrui. Pour cela, il est indispensable que le marchand soit au moins tenu de faire connaître la proportion d'humidité existant dans son engrais, et la quantité de matières utiles contenue soit dans un quintal soit dans un hect. de cet engrais, selon qu'il le vend au poids ou à la mesure, et dans l'état où il le livre. Une telle disposition législative ne peut, en aucune façon, entraver les transactions ni la fabrication. Elle ne peut pas empêcher de convertir en engrais des matières fertilisantes d'une faible valeur, parce qu'il est de l'intérêt général que toutes puissent être utilisées ; mais elle doit faire obstacle à ce qu'elles puissent être frauduleusement vendues comme étant d'une valeur supérieure, parce que c'est là une question de morale, d'ordre et d'intérêt publics. Au surplus, que ces mesures soient ou ne soient pas décrétées par le législateur, j'insiste à engager le cultivateur à ne jamais se départir de la double précaution indiquée plus haut, et je crois devoir y ajouter le conseil, lorsqu'il s'agira de noir animal, de n'en acheter jamais titrant moins de 55 à 60 p. % de phosphate, parce qu'au-dessous de ce dosage il en trouvera bien rarement de pur, et que tout noir mélangé est toujours forcément plus cher, attendu que ceux qui font ce commerce n'ont pas pour principe de travailler à leurs dépens, et qu'il faut nécessairement qu'ils recupèrent avec de gros intérêts, outre leurs frais de fabrication, le prix coûtant des matières servant au mélange et qui ne sont pour la végétation que d'une valeur relativement insignifiante, lorsqu'elles ne sont pas complétement inutiles.

Il est des cas cependant où un mélange de tourbe et de matières fertilisantes peut être très loyal et très bon. Nous en avons un exemple dans les engrais de M. Laureau. Mais alors ils sont vendus pour ce qu'ils sont, avec une indication exacte de leur richesse et à un prix en rapport avec elle.

§ 3. — Le Phosphate fossile.

L'élévation toujours croissante du prix du noir animal ne pouvait manquer d'amener quelques hommes intelligents à rechercher sérieusement les moyens de remplacer cette substance dont la production d'ailleurs limitée menaçait de ne plus suffire aux besoins agricoles. Ces recherches eurent effectivement lieu avec le plus grand succès et se traduisirent bientôt par l'exploitation de quelques-uns des nombreux gisements de phosphate fossile dont la géologie avait signalé l'existence dans les terrains de nature crayeuse du sol français. MM. Demolon et Thurneysen particulièrement, publièrent, au commencement de 1857, un mémoire qu'ils avaient soumis à l'Académie des Sciences et dans lequel ils signalaient 39 de nos départements comme renfermant de semblables gisements, dont ils exploitaient alors quelques-uns.

La science, qui avait déjà classé les phosphates fossiles parmi les richesses minérales de notre sol, avait en même temps constaté leur origine animale ou organique. Mais elle en fit deux catégories : l'une comprenant les *coprolythes* qui sont de véritables excréments fossilisés, l'autre les *nodules* ou *pseudo coprolythes* qui, quoique différant de ces excréments, ont cependant des caractères qui les en rapprochent. Ce sont les nodules principalement qui constituent les gisements existant en France.

Leur, nature indubitablement animale, fait pressentir que leur phosphate étant le produit d'une assimilation antérieure organique doit être susceptible d'assimilations nouvelles. Mais c'est ce qui a été nié *à priori*, même par des chimistes qui, se fondant sur de simples expériences de laboratoire, affirmaient l'insolubilité absolue de ces phosphates. Il s'est produit ici ce qui a toujours lieu lorsqu'une découverte utile apparaît sur la scène du monde. Il est dans sa destinée d'être d'abord contestée. Tel a été le sort de la vaccine et de bien d'autres conquêtes importantes, mais peu à peu la lumière se fait et les choses vraiment utiles finissent par se classer selon leur mérite réel.

J'ai été, je pense, l'un des premiers qui aient essayé un peu en grand l'emploi du phosphate fossile dans nos terres de l'Ouest. En 1857, j'en fis venir 2000 k. pour cet essai, et voici ce que je publiai au commencement de l'année suivante dans mon compte-rendu de cette campagne. Je reproduis littéralement ce passage, parce qu'il contient des enseignements que la suite a pleinement justifiés :

« J'ai employé l'année dernière (1857) 2000 k. de phos-
» phate fossile dont 1000 sur froment d'automne, dont je ne
» puis encore rendre compte. Les 1000 autres k. ont été appli-
» qués en juin à $1^{h}50^{a}$ de blé noir sans autre engrais et sur
» un terrain passablement épuisé. Une autre pièce de 80 ares
» a reçu 20 hect. de charrée également sans autre engrais ;
» enfin une bonne fumure d'étable a été donnée au reste de
» ma culture de blé noir. Le blé noir phosphaté s'est montré
» très vigoureux pendant toute sa végétation, mais il n'a pas
» plus grainé que les deux autres ; il n'est pas non plus resté
» au-dessous. Du reste, l'année a été mauvaise pour tous.

» Les 15 hect. de grain produit par la culture au phosphate

» valant	135 fr.
» et la paille.	12
	147
» d'autre part, le phosphate employé ayant coûté .	132
» il reste	15

» pour couvrir le travail, le loyer, les frais généraux, et même
» l'épuisement du sol, car le phosphate ne saurait empêcher
» que cet épuisement, relativement aux matières azotées prin-
» cipalement, ne fut le même que dans les pièces où il n'est
» pas employé. »

Je dois faire observer ici que cet exemple n'est pas absolument concluant, parce qu'il s'applique à une culture que j'ai prouvé mathématiquement n'être jamais rémunératrice, sauf peut-être le cas où elle se réduit aux seuls besoins de l'alimentation de la ferme. Le sarrasin, d'une très faible valeur vénale, étant alors consommé par le fermier, lui permet de vendre des denrées plus précieuses et qui lui procurent plus de bénéfice. Cette culture n'est au surplus considérée ici que comme une jachère vive, dont les travaux doivent être supportés par celle qui lui succède. Seulement, c'est la moins profitable de toutes les jachères de ce genre. Cependant, lorsqu'elle paye l'engrais qu'elle reçoit, et surtout lorsque l'ayant payé elle en laisse une grande partie dans le sol, elle est beaucoup moins désavantageuse. C'est ce qui a eu lieu dans mon expérience. Les 15 h. de blé noir récoltés ayant à peine consommé 50 k. de phosphate fossile équivalant (21 à 22 k. de phosphate des os) sur la quantité qui a été appliquée, il en est resté 950 k. qui ont certainement profité aux cultures suivantes, comme je m'en suis assuré, sans toutefois faire aucune constatation précise à cet égard. Mais il y avait pour moi, dans les circonstances d'alors, un fait qui dominait tous les autres, savoir le prix élevé de ce phosphate qui me revenait à 13f,20 les 100 k. C'est ce qui me fit prendre les conclusions suivantes qui ne sont point applicables à des situations plus favorisées par les voies de communication.

« Il suit de là, disais-je, que les engrais incomplets, comme » le phosphate natif, celui des os, etc., ne procurent aucun » avantage lorsqu'ils sont aussi chers. Si, au lieu des 1000 k. » que j'ai appliqués à mon blé noir, j'avais employé 40 mètres » cubes de fumier, même au prix de 2f 90c le mètre cube (prix » auquel on pouvait en acheter de petites quantités dans ma » localité), je n'aurais pas dépensé davantage, et j'aurais re- » trouvé dans mon sol, après l'enlèvement du sarrasin, 32 » mètres de ce même fumier qui profiteraient à la culture sui- » vante, tandis que le phosphate ne laisse après lui que la par- » tie de ce sel qui n'a pas été enlevée par la récolte, mais qui » ne dispense pas de rapporter des engrais azotés pour réparer » l'épuisement — et constituer la fertilité sur un pied nor- » mal. —

» Il ne faut pas conclure de là cependant que le phosphate » soit des os, soit des coprolythes, doive dans tous les cas être » considéré comme onéreux. Mon avis est qu'il l'est plus par» ticulièrement lorsqu'il n'est pas uni à des matières azotées » comme dans l'expérience que je viens de rapporter. Mais je » pense que dans nos contrées où le calcaire et l'acide phos» phorique manquent presque absolument, ce sera toujours » une bonne pratique, quoique un peu coûteuse, que d'associer » ces phosphates à nos fumiers d'étable, et surtout à certains » engrais commerciaux, tels que les chiffons, le sang, certains » nitrates ou certains sels ammoniacaux qui se distinguent par » la forte proportion d'azote qu'ils contiennent. »

On voit que mes principes, en ce qui concerne les engrais incomplets et notamment les phosphates, sous quelque forme et avec quelque nom qu'ils se produisent, ne datent pas d'aujourd'hui. Du reste, l'opinion que j'exprimais en 1858, au sujet des phosphates fossiles, en ce qui concerne leur association avec des matières animales azotées, a été pleinement confirmée depuis, tant par l'expérience d'autres agriculteurs que par la science. C'est particulièrement, selon moi, dit M. Bobierre, (page 386 de l'*Atmosphère, le sol et les engrais*), dans l'emploi combiné du fumier et des nodules en poudre, que réside le grand avantage de ces derniers pour la culture régulière et prolongée. M. Bobierre a expérimenté lui-même, qu'en mêlant cette poudre avec du sang on en obtenait des effets remarquables, et il cite des expériences faites par M. le marquis de Vibraye, dans le Loir-et-Cher, qui constatent que le phosphate fossile incorporé au fumier est tout aussi efficace dans les terrains chaulés et marnés que dans les autres. Il cite également d'autres expériences faites par M. Lecouteux et par M. Pichelin aîné, en Sologne, qui ont récolté l'un 25 h., l'autre 26 de seigle sur une simple application de 500 k. de phosphate fossile. Ces résultats sont plus avantageux que ceux de ma propre expérience, mais ils ne sont pas plus concluants. Ce qu'il m'importait de constater, c'est que le phosphate fossile était aussi assimilable que celui de la charrée et même du fumier, et sous ce rapport mon résultat est décisif, quoique peu favorable, ce qui n'a pas dépendu de l'engrais. Mon expérience sur le froment a été plus concluante encore ; mais mon chef de pratique, qui était lors de la récolte nouvellement établi à la ferme-école, ayant confondu cette récolte avec d'autres, il ne m'a pas été possible d'en constater le rendement spécial d'une manière précise. J'ai néanmoins la conviction que le phosphate fossile a exercé sur ce rendement une influence bien marquée.

C'est principalement dans les départements de la Meuse et des Ardennes, qu'a lieu aujourd'hui la plus grande exploitation des phosphates fossiles. M. Cochery et M. Rohart, à Paris; MM. Pichelin frères, à la Motte-Beuvron; M. A. Bacquet, à St-Quentin, sont en position de fournir des quantités considérables de ce précieux minéral, qui a sur le noir animal, l'avantage de ne pas se prêter aussi facilement à la fraude. Son prix est généralement de 5f les 100 k. C'est du phosphate à environ 12 c. le k., les frais de transport et d'emballage en sus.

La richesse ordinaire des nodules en poudre, varie entre 40 et 50 p. °/₀ de phosphate de chaux associé à une petite proportion de phosphate de fer, environ 30 p. °/₀ de sable, et du carbonate de chaux pour le surplus. Il est à remarquer que leur efficacité est toujours d'autant plus grande, qu'ils ont été pendant plus longtemps exposés aux influences de l'air avant d'être employés.

M. Bobierre a fait un grand nombre d'expériences très intéressantes, qui prouvent que les phosphates fossiles en contact dans l'eau avec certains sels, y acquièrent une solubilité très prononcée. Ainsi, 5 grammes de bicarbonate de soude, ou de sel marin, ou bien encore d'oxalate d'ammoniaque dans deux décilitres d'eau avec 2 grammes de phosphate de chaux, ont donné lieu à la dissolution de la dixième partie de ce dernier. Il est probable que si l'on eût voulu imiter ce qui se passe dans le sol, en renouvelant les dissolutions salées ou en établissant une circulation du liquide réactif, le phosphate eût été entièrement décomposé. Il faut d'ailleurs remarquer que l'action qui se produit dans le sol est toute différente lorsque celui-ci décompose les sels alcalins et ammoniacaux, dont les acides se portent alors sur le phosphate, et produisent un effet bien plus énergique. En tous cas, l'enseignement qui découle de ces expériences, est que le sel marin, ajouté au phosphate fossile, ne peut que faciliter sa dissolution, surtout dans les sols autres que ceux de landes auxquels cet engrais convient plus particulièrement.

M. Bobierre a encore constaté qu'un extrait de 500 grammes de tourbe produisait un effet presque double de celui des sels dont il vient d'être parlé. Cette expérience confirme ce que M. Soubeyran avait enseigné déjà (voir page 404, n° 7), à savoir que l'humus facilite la dissolution du phosphate de chaux.

Nous concluerons donc de tout ce qui précède, que le phosphate fossile est très apte, malgré quelques insuccès qui ont été signalés, à remplacer le noir animal partout où celui-ci peut être efficace, à la condition de l'employer à dose de phosphate égale. Ainsi, un hectolitre de noir titré à 70, contenant comme nous l'avons vu précédemment 44[k] 10 de phosphate, et coûtant 16 à 18[f], ne sera pas plus efficace que 100 k. de nodules en poudre dosant 0,45, et qui ne reviendront guère qu'au tiers et au plus à la moitié de ce prix, transport compris.

§ 4. — Les Guanos terreux et la Charrée.

Je ne cite ici ces deux engrais que pour mémoire. On trouvera dans l'appendice tout ce qui concerne les premiers, et dans le chapitre des engrais calcaires ce qui se rapporte à la charrée. Je me borne à faire observer seulement qu'étant plus divisés que les os, le noir et le phosphate fossiles ils sont susceptibles d'agir là où ces trois derniers employés isolément pourraient quelquefois rester inertes.

QUATRIÈME CATÉGORIE.

DES ENGRAIS VERTS.

On regarde dans quelques contrées, particulièrement dans le midi de l'Europe, comme un bon moyen de fertilisation du sol, l'enfouissement en vert des végétaux que celui-ci a portés pendant l'année de jachère. Mais ce moyen paraît beaucoup moins favorable dans les régions septentrionales.

Quelle peut-être la valeur réelle de ce procédé qui remonte à une haute antiquité ?

On comprend qu'une plante qui ne rendrait à la terre que ce qu'elle y aurait puisé, ne l'enrichirait pas beaucoup. Tout au plus, s'il était dans sa nature de faire pénétrer ses racines profondément, pourrait-elle s'assimiler des substances qu'elle emprunterait au sous-sol, et qu'elle verserait ensuite dans la couche arable par son enfouissement.

Mais nous savons que les plantes ne vivent pas uniquement des matières qu'elles trouvent dans la terre ; nous savons qu'elles soutirent encore de l'atmosphère une grande partie des trois principes organiques qui abondent le plus en elles, et que même il en est quelques-unes qui y puisent l'azote que contient leur végétation aérienne. Par conséquent, les plantes enfouies sur place, restituent d'abord au sol tout ce qu'elles en ont enlevé, et elles y ajoutent tous les principes qui leur sont venus de l'atmosphère. Lorsqu'elles ont végété avec vigueur, il est donc possible qu'elles constituent une fumure assez bonne pour la récolte qui doit leur succéder, surtout si elles sont du nombre de celles qui ne prennent pas d'azote au sol, et si leur composition minérale cadre avec les besoins de la récolte suivante.

Mais il ne faut pas se faire d'illusion. Ce n'est pas là de la fertilisation, et si l'on ne s'appuyait pas principalement sur des engrais opérant une restitution réelle des substances enlevées par les récoltes, l'on n'irait pas loin avec un pareil système qui, d'ailleurs, ne peut réussir que sur des terrains suffisamment pourvus de minéraux assimilables. Et encore, ne doit-on s'attendre qu'à de pauvres résultats, si le sol ne possède pas une certaine fertilité initiale, à moins que la plante destinée à être enfouie, ne soit de nature à prendre un développement satisfaisant dans des terres en mauvais état. Le lupin jaune, par exemple, qui vient bien dans des terrains sablonneux ou granitiques fort maigres, ainsi que je l'ai expérimenté moi-même, peut convenir pour un semblable emploi. Si, comme le prétend M. de Gourcy, son produit est un peu moins abondant que celui du lupin blanc placé dans les conditions qui lui sont favorables, il a par contre sur ce dernier l'avantage de prospérer dans des terres où celui-ci ne rendrait pas autant.

Pour obtenir d'une telle pratique de bons résultats, mais essentiellement transitoires, il faut donc que les plantes soient très rustiques; qu'elles empruntent la totalité de leur azote à l'atmosphère ; qu'elles croissent promptement et abondamment, et que leur semence soit d'un bas prix, car elles doivent être semées plus épais que si elles étaient destinées à porter graine.

Le moment le plus favorable pour leur enfouissement, est celui de leur floraison. Elles sont alors encore assez tendres, très aqueuses, et par cela même d'une décomposition plus prompte que quand elles sont dans un état de végétation plus avancée. Quelques auteurs conseillent d'ajouter de la chaux au sol, au moment du labour, pour hâter cette décomposition. Je ne crois pas que cela soit utile ni profitable. Ce que la chaux peut hâter dans les terres d'une faible fertilité, c'est leur stérilisation plus ou moins complète, lorsqu'on n'est pas assez riche en fumier pour réparer largement l'épuisement qu'elle produit.

Dans les conditions qui viennent d'être exposées, les plantes qui conviennent le mieux pour être enfouies sur place sont les légumineuses, et parmi elles, les lupins blanc et jaune d'abord, puis, les fèves, les pois, les vesces, le trèfle incarnat. L'enfouissement de la seconde coupe du trèfle rouge peut aussi donner de très bons résultats. Math. de Dombasle cite un fermier de son voisinage qui avait invariablement adopté cette pratique, même lorsque le fourrage était rare et cher, et qui a fait d'excellentes affaires. Mais il y a lieu de se demander ici si c'est parce que ou quoique cette méthode ait été suivie, que les résultats ont été satisfaisants. Il semble que si la même quantité de trèfle avait été convertie en fumier en passant préalablement par l'estomac des animaux, la fertilisation n'en aurait pas sensiblement souffert, et qu'une semblable utilisation du fourrage aurait pu d'ailleurs procurer d'autres avantages. Et puis, on a vu précédemment qu'un sol en état de donner une bonne deuxième coupe de trèfle, peut également produire une bonne récolte de froment sans fumure.

On a conseillé ensuite le sarrasin et la spergule. J'ai essayé à deux reprises, mais à 20 ans d'intervalle, d'enfouir le premier, et je n'en ai rien obtenu de bon. La raison en est que cette plante, quoique vivant en partie aux dépens de l'atmosphère, y puise beaucoup moins que les légumineuses, surtout en azote, et qu'en somme, elle ne donne jamais qu'un très faible produit en tiges et en feuilles. Je ne crois pas que l'on puisse compter sur un équivalent de plus de 1000 k. en paille sèche, contenant lors de la floraison moins de 10 k. d'azote, dont une partie viendrait du sol même. C'est donc là une bien pauvre ressource. La spergule n'est pas plus avantageuse, par des causes analogues.

On prétend que la navette d'été enfouie dans des terres sablonneuses donne de bons résultats en Alsace. Cette plante, ainsi que les autres crucifères, puisant son azote exclusivement dans le sol, ne peut ajouter que des principes carbonés à la fertilité. C'est donc là encore une bien faible ressource. Cependant, M. Trochu, de Belle-Isle, l'éminent lauréat de la prime d'honneur dans le Morbihan, s'est très bien trouvé de l'enfouissement du colza, dans les premiers temps de la création de sa belle ferme de Bruté. J'avoue que ce fait, malgré toute ma vénération pour la mémoire de son auteur, ne modifie en rien ma conviction. Voici mes raisons. Un colza enfoui en fleurs ne peut constituer une bonne fumure verte, qu'autant qu'il a végété vigoureusement, et il ne peut le faire que dans un sol en bon état de fertilité, auquel, du reste, il ne rend que des matières carbonées en sus de ce qu'il y a pris. Il n'ajoute donc que très peu de chose à la richesse ; seulement, il en transforme et en prépare les éléments pour la récolte suivante. Lorsque celle-ci est bonne, c'est donc au sol plus qu'au colza enterré qu'elle le doit. Une bonne jachère eût probablement produit le même effet. M'est avis, par conséquent, qu'en pareille circonstance, il serait infiniment préférable de laisser mûrir le colza pour le récolter à graine. En le supposant capable d'en produire 20 hect., cette récolte d'une valeur de 500 à 600f, paierait largement les 55 k. d'azote dont elle aurait fait tort à la culture suivante, tout en exonérant celle-ci d'une année de loyer et de tous les travaux exigés par le colza.

De là, je conclus que quand un colza végète vigoureusement, et qu'il arrive à sa floraison sans encombre, il y a présomption qu'il grainera, et qu'en thèse générale, ce n'est pas un bon calcul que de l'enfouir ; mais M. Trochu se trouvait dans une situation exceptionnelle. Séparé du continent, il ne lui était pas facile de se procurer des engrais complémentaires, d'autant plus qu'à cette époque, c'était une chose assez rare en France. Il a dû, par conséquent, s'ingénier à créer des moyens de fertilisation en dehors des ressources que lui produisait son bétail, ressources toujours insuffisantes dans une entreprise de défrichement. Si donc le fait s'explique et se justifie ainsi, je ne crois pas qu'il puisse être recommandé dans toute autre circonstance.

Ainsi, on doit regarder les crucifères comme ne présentant aucun avantage sérieux pour la fertilisation. Peut-être y a-t-il exception pour la moutarde blanche, qui passe pour être peu épuisante, et dont la croissance est rapide et la végétation vigoureuse dans les sols qui lui conviennent.

Les céréales sont encore moins propres à un pareil emploi. Cependant, on dit que dans le Boulonnais, je crois, on s'est bien trouvé de l'enfouissement du seigle pour la culture du chanvre. J'ai l'intime conviction qu'une bonne jachère aurait produit à peu près autant d'effet, puisque le seigle n'a pu enrichir le sol que de principes carbonés qui ne suffisent pas pour le fertiliser complétement.

Je ne conçois la fertilisation au moyen de végétaux verts, qu'autant qu'ils sont pris en dehors de l'assolement. Si, partout où l'ajonc peut prospérer, on en couvrait une partie des terres en culture, on pourrait au moyen d'un hectare de cette plante en fertiliser quatre aussi bien qu'avec 40,000 k. de fumier, et cela presque sans frais, car l'ajonc bien réussi, dure 20 ans et plus. Il n'occasionnerait donc d'autre dépense que celle de la main d'œuvre nécessaire pour le recueillir, et le hacher grossièrement afin de le mieux enterrer. 300 k. de cette plante valent 1000 k. de fumier quant aux substances fertilisantes, et n'engendrent pas autant de mauvaises herbes. J'avais 4 h. d'ajoncs dans mon exploitation de Trécesson, et de tous mes comptes de culture, c'est toujours celui-là qui m'a donné la balance la plus favorable. Mais son produit n'était pas assez considérable pour qu'il me fût possible d'en employer une partie à la fertilisation directe. Je me contentais de le faire manger par mes animaux qui s'en trouvaient très bien, et qui me le rendaient en bon fumier. Sous ce rapport, un champ d'ajoncs vaut presque une luzernière ; mais la préparation du fourrage donne un peu plus de peine. En revanche, il réussit très bien dans des terres médiocres où la luzerne n'est pas possible, et il donne du fourrage vert dans une saison où l'on n'en a guère que du sec quand on ne fait pas beaucoup de racines. J'ai été longtemps en négociation avec la commune pour obtenir d'elle la cession de 20 hectares de landes, que j'aurais couverts d'ajoncs pour la fertilisation directe ; mais cette négociation n'ayant pas abouti, j'ai pris ma retraite avec le regret de n'avoir pas pu exécuter ce projet, qui aurait bien simplifié et bien amélioré ma culture. Quiconque le réalisera sur une petite échelle d'abord, s'en trouvera parfaitement, j'en ai la conviction.

Là où le cytise des Alpes pourra prospérer, et il le peut à peu près partout, on en obtiendra les mêmes services. Il fournira en outre un bon fourrage pour le bétail. Combien de terres inaccessibles à la charrue, pourraient être ainsi fructueusement utilisées !

Au demeurant, le cultivateur qui se décidera à produire des végétaux pour les enfouir sur place, fera très sagement de leur donner une fumure en phosphate et en alcalis. Lorsqu'il pourra se procurer des cendres de bois non lessivées, elles trouveront là un excellent emploi. A défaut, il devra employer des guanos terreux, du noir animal ou des phosphates fossiles avec un sel de potasse. Les végétaux apportant alors de l'azote et d'autres principes organiques qui n'auront rien coûté au sol, celui-ci se trouvera réellement fertilisé. Tout autre mode d'opérer n'est qu'un expédient qui, en définitive, ne peut procurer aucun avantage réel. La terre, pas plus que les corps organisés, ne peut vivre longtemps de sa propre substance.

Les cultivateurs qui sont à proximité des côtes, et qui peuvent facilement se procurer du goëmon, du warech et autres plantes marines, ont là une ressource qui ne doit pas être négligée, et qui de fait ne l'est pas, si j'en juge par ce qui se passe sous mes yeux. Le meilleur moyen d'utiliser le goëmon et le warech, c'est de le mêler au fumier ou simplement avec de la terre ordinaire. Il se convertit promptement en un excellent terreau, qui est surtout très favorable à la végétation des prairies sèches.

Je termine ici la partie la plus difficile et la plus importante de l'ouvrage que j'ai entrepris. Je n'ai pas craint de lui donner un assez grand développement parce que, selon moi, la fertilisation et les matières fertilisantes constituent le principal pivot de l'Agriculture. Je m'estimerai heureux si j'ai réussi à dissiper quelques fausses idées et à apporter quelques clartés nouvelles dans cette intéressante matière.

Avant de clore cette étude, je dois insérer ici trois rectifications.

La première concerne le Guano belge de MM. Gits et Compagnie, d'Anvers. Ces Messieurs m'écrivent que la composition de leur engrais indiquée, page 534, est celle à l'état normal et non à l'état sec. Cet engrais est donc de 10 p. °/₀ plus riche que je ne l'avais supposé.

La seconde se rapporte à l'établissement de M. Alexis Jaille, d'Agen, que j'ai très involontairement amoindri.

Cette usine remarquable et dont M. Bonnemaison, lauréat de la prime d'honneur, dans la Charente-Inférieure, fait un éloge aussi flatteur que justement mérité, dans le *Cultivateur Agenais*, du 10 décembre 1864, comprend 12 000 mètres carrés d'étendue, dont 5000 sous toiture.

Elle occupe un minimum de 80 ouvriers et livre annuellement à la consommation 18 à 20 000 balles ou quintaux métriques d'engrais. Le Guano N° 2 est spécialement fabriqué pour la vigne et pour les arbres et non pour les pruniers.

Quant à la marge qui existe entre le maximum et le minimum de dosage, M. Jaille ne voit pas la possibilité de la réduire. Cette marge est nécessaire pour éviter les difficultés que peut faire naître la levée des échantillons. Lorsqu'un engrais se compose de matières hétérogènes il est bien difficile d'en faire un tout parfaitement homogène, et si l'échantillon n'est pas pris avec beaucoup de soins pour représenter la moyenne de l'engrais, il peut très bien arriver que l'analyse n'en indique pas la richesse exacte. C'est pour parer à cette éventualité qu'un minimum et un maximum sont nécessaires. Je viens effectivement de lire la déclaration d'un chimiste qui, ayant essayé deux parties d'un même échantillon, l'une pulvérisée et passée au tamis de soie, l'autre, dans son état normal, a trouvé 6 p. °/₀ et une fraction d'azote dans l'une et 10 p. °/₀ dans l'autre. Je ne me disimule pas que c'est là l'écueil devant lequel naviguent tous les fabricants d'engrais semblables. Mais tant que la science n'aura pas dit son dernier mot je n'en maintiens pas moins le vœu que j'ai exprimé dans l'intérêt de l'engrais lui-même. Ce qui n'est pas possible aujourd'hui le sera peut-être demain.

Enfin, je m'empresse d'accueillir une troisième rectification qui m'arrive au moment de mettre sous presse. Elle est relative au Guano de la Motte dont le dosage est bien garanti, tel que je l'ai indiqué, mais *à l'état sec* seulement. Cet engrais contient environ 12 p. °/₀ d'humidité et son prix n'est que de 28 fr. les 100 k. à la Motte-Beuvron. Quant aux substances qui le composent elles consistent exclusivement en matières animales, chairs musculaires, sang, os et cornes desséchés, torréfiés et moulus. C'est donc bien un véritable Guano artificiel dans le sens que j'attache à ces mots. Les matières essentiellement azotées qu'il renferme sont traitées *d'une façon spéciale et chimique brevetée s. g. d. g.* pour transformer une partie de leur azote ammoniacal en nitrates et faire avec les os, de l'acide phosphorique et du superphosphate.

J'ai dit (page 530), que partout où l'acide phosphorique fait défaut dans le sol, le Guano de la Motte doit produire de bons effets à raison de la forte proportion qu'il en contient ; mais que pour des terres de *constitution normale* il serait évidemment trop riche, en cette substance, étant employé seul. Cette appréciation, me disent MM. Pichelin, est contredite par les faits. Ainsi, dans les sols de la Brie et de la Beauce, et dans les sols crétacés du Berry où se consomme beaucoup de Guano de la Motte, il y produit des effets remarquables et bien supérieurs au Guano du Pérou. Je ferai observer ici que, loin de contredire mon appréciation, de tels faits ne pourraient que la confirmer, puisqu'ils prouveraient tout simplement que là où ils se produisent, le sol ne peut pas être regardé comme étant dans un état de fertilité normale. Les principes que j'ai développés dans mon Appendice, en étudiant les Guanos naturels, sont parfaitement applicables ici. Si le Guano de la Motte, l'emporte sur le Guano du Pérou, il est bien évident que cela ne peut être que dans des terres qui ont plus besoin de phosphate que d'azote. Mais, pour pouvoir discuter de semblables résultats, il faudrait en posséder toutes les données, et MM. Pichelin ne les fournissent pas.

Enfin, ces Messieurs me font observer que ce n'est pas seulement deux usines de phosphate fossile qu'ils exploitent conjointement avec M. Cochery, mais bien cinq y compris celle de Paris, lesquelles comprennent 25 paires de meules et 4 concasseurs, mus par une puissance qui n'est pas moindre de 115 chevaux de force, et à laquelle s'ajoute souvent celle de leurs 6 paires de meules et deux concasseurs de la Motte-Beuvron. Si je n'ai parlé que de deux usines, c'est parce que la brochure de MM. Pichelin (page 40), n'en fait pas connaître davantage. Mais chacun doit voir avec plaisir l'extension que prend cette industrie.

Et puisque je suis en train de corriger mes propres erreurs, on voudra bien me permettre de profiter de la même occasion pour rectifier quelques fautes typographiques qui m'ont échappé lors de la correction des épreuves. C'est sans doute ce que la sagacité de mes lecteurs a déjà faits.

Errata et explications.

Pages.

80. « Le paragraphe qui commence à la 5e ligne de cette page, contient une grosse lacune résultant d'une faute de copie. Ce paragraphe doit être complété ainsi : « La » magnésie paraît n'être pas indispensable *aux tiges* » *et aux feuilles des* végétaux, dans lesquelles elle est » remplacée par la chaux, comme la soude l'est quel- » quefois par la potasse, et réciproquement. Cepen- » dant, il y a peu d'exemples — mais il y en a —, que » la magnésie ait remplacé la chaux. *Quant aux grai-* » *nes, c'est précisément l'inverse. Toutes exigent im-* » *périeusement de la magnésie.* »

82. » Je dis que l'eau dissout $^1/_{500}$ de son poids de sulfate de chaux, et page 568, que le plâtre est soluble dans 460 fois son poids d'eau. Ces deux chiffres ne sont pas inconciliables. Le premier, donné par Thenard, se rapporte au sulfate de chaux pur, desséché, converti en une espèce d'émail, puis exposé à l'air. Le second, indiqué par M. Boussaingault, ne s'applique qu'au plâtre employé pour engrais.

84. » 30e ligne. Au lieu de *sesqui ou biphosphate,* lisez : *phosphates sesqui ou bibasiques, sinon monobasique.*

315. » Ligne 21e. On reconnaîtra *qu'ils* pourront, au lieu de : *qu'elles* pourront.

[illegible]1. » Ligne 15e. Au lieu de : On n'obtiendra que *la moitié* du rendement, lisez : On n'obtiendra qu'un *rendement inférieur à celui qu'aurait pu produire une quantité double d'engrais.*

386. » Ligne 25e, lisez : *un engrais*, au lieu de : *un sol* particulièrement riche.

431. » Ligne 3e du dernier alinéa : *se transformant*, et non *se transforment.*

481. » Avant-dernière ligne, lisez : *la formation* du sucre, et non *la fermentation.* »

Ces rectifications terminées, nous allons aborder la quatrième et dernière partie de l'ouvrage. Elle aura plus particulièrement pour objet la théorie du fait.

QUATRIÈME PARTIE.

ETUDE PRATIQUE.

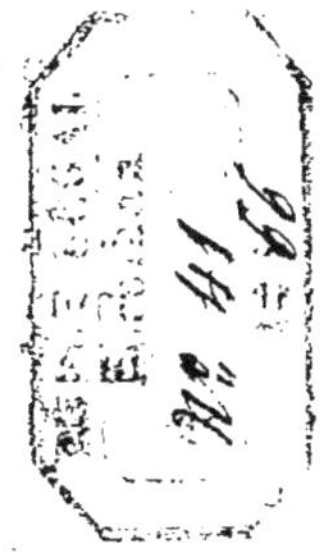

PREMIÈRE SECTION.

LES ASSOLEMENTS.

I. — Les Systèmes de culture.

Lorsqu'un cultivateur débute dans une exploitation agricole dont la marche et les errements ne sont pas définitivement établis, son premier soin, et le plus important — car sa fortune en dépend — doit être de choisir avec maturité et discernement, un système de culture en harmonie avec les conditions économiques et agricoles dans lesquelles il se trouve. Ici, système de culture n'est pas synonyme d'assolement, quoique ces deux choses soient souvent confondues.

L'exploitation sera-t-elle dirigée exclusivement en vue de la production du grain, ou de celle du bétail, ou bien les réunira-t-elle toutes les deux dans une certaine mesure ? La spéculation sur le bétail portera-t-elle sur l'élevage ou sur l'engraissement ; sur le lait, la laine, la viande de boucherie ? Ou bien enfin l'entreprise inclinera-t-elle peu ou beaucoup vers les cultures industrielles ? En d'autres termes, la culture sera-t-elle extensive ou intensive ?

Telles sont les premières questions à résoudre. C'est leur solution qui déterminera le système à suivre. Cette solution, on le comprend, dépend uniquement des conditions dans lesquelles l'exploitation est appelée à se mouvoir.

Lorsque le domaine sur lequel l'entreprise doit fonctionner est situé dans une contrée pauvre, mal desservie par les voies de communication, éloignée des principaux marchés, privée de débouchés avantageux ; lorsque, d'un autre côté, sa fertilité n'est pas grande ni facile à augmenter ; lorsque la main-d'œuvre est rare, la culture pastorale est, dans ces conditions, la plus rationnelle, parce qu'elle est la plus simple, la plus facile et la plus profitable. Son produit brut n'est pas très-grand, mais ses dépenses sont faibles et le résultat net peut être relativement très-satisfaisant. Le bétail, qui en fait l'objet principal, est d'un transport d'autant plus facile qu'il peut se transporter lui-même.

Si, au contraire, le sol est assez fertile ou peut être fertilisé assez facilement pour produire en même temps des céréales à un prix rémunérateur, et si d'ailleurs les circonstances sont un peu plus favorables que dans le cas précédent, la culture pourra être tout à la fois granifère et pacagère. La production animale se bornera à l'élevage. Ici, comme dans le premier cas, le système sera essentiellement extensif. Il servira de transition du précédent au suivant à mesure que la masse des engrais s'accroîtra, résultat que produiront infailliblement l'amélioration des pâturages et l'assainissement du sol. Ces deux systèmes ne sont guère praticables avantageusement que dans les grands domaines dont le loyer est très-peu élevé.

Lorsque la terre, autant avec l'appui de la jachère qu'avec celui de la fertilisation directe, pourra être livrée principalement à la production du grain, le bétail ne figurant dans l'exploitation que comme instrument et non comme produit, ou bien, comme on le dit généralement avec plus ou moins de raison, lorsqu'il n'y figure que comme un mal nécessaire et dans la mesure seulement des besoins de l'exploitation, celle-ci est toujours extensive, en ce qu'elle n'exige encore que des travaux et des capitaux de moyenne importance. Un tel système est essentiellement et forcément stationnaire, parce que le plus ordinairement ses moyens de fertilisation suffisent à peine pour réparer l'épuisement causé par les récoltes, et que celles-ci sont bien éloignées encore d'un rendement *maximum*. Mais, si en dehors des fourrages que l'exploitation obtient de ses prairies naturelles, elle cultive supplémentairement des plantes destinées à nourrir son bétail à l'étable en vue de produire tout à la fois plus de grain et plus de viande, la culture devient améliorante et intensive. Les travaux qu'elle exige sont un peu plus considérables. Il faut de plus grands capitaux pour les soutenir. Il faut également une plus grande somme de connaissances théoriques et pratiques pour en obtenir tous les fruits qu'elle comporte.

Enfin, lorsqu'à sa production de grain et de viande, et en s'appuyant sur des moyens de fertilisation puisés tout à la fois dans la ferme et au-dehors, l'exploitation ajoute la production des denrées industrielles, la culture devient plus intensive encore. Elle n'est plus un simple métier comme dans les systèmes extensifs. Elle constitue alors une véritable industrie, la plus belle, la plus noble, la plus importante de toutes les industries, celle qui fait la base la plus solide de la prospérité des nations.

Ainsi, les principales conditions économiques dont dépend l'adoption rationnelle d'un système de culture, sont : l'état des communications, les débouchés, la valeur locative du sol, la nature et la qualité des terres, le capital disponible, l'abondance ou la rareté de la main-d'œuvre, et la plus ou moins grande facilité de se procurer des engrais au-dehors. Méconnaître l'influence prépondérante de ces conditions, ce serait s'exposer à un échec infaillible. Mais les systèmes de culture étant exclusivement du domaine de l'économie agricole qui n'entre pas dans le cadre de cet ouvrage, j'ai dû me borner ici, en ce qui les concerne, à une rapide esquisse, suffisant toutefois pour montrer la liaison qui existe entre eux et les assolements comme entre un principe et sa conséquence.

II. — Les Assolements proprement dits.

Lorsque le système de culture est définitivement adopté, il reste à déterminer les moyens d'exécution. La première chose à faire, c'est de choisir l'assolement ou les assolements qu'il comporte.

Assoler un domaine, c'est le diviser en parties aussi égales que possible qui prennent le nom de soles. Chacune d'elles est destinée à produire successivement, selon l'ordre réglé d'avance, les récoltes projetées par l'exploitant. L'ensemble de ces cultures constitue l'assolement ou la rotation. Le plus ordinairement, chaque domaine comprend une étendue de terre ne faisant pas partie de l'assolement. Les prairies naturelles, certaines prairies artificielles d'une longue durée, et en général, les plantes qui peuvent pendant fort longtemps se succéder à elles-mêmes sur le même terrain sont dans ce cas. Ainsi, la luzerne, le sainfoin, les topinambours, le chanvre sont presque toujours cultivés en dehors de l'assolement. Cependant, on voit quelquefois des rotations à long cours comprendre des prairies artificielles destinées à y figurer pendant plusieurs années. Mais, le plus ordinairement, chaque sole n'est occupée que par des plantes annuelles ou bisannuelles.

On peut encore définir l'assolement : l'art de faire succéder les récoltes les unes aux autres, de manière à en obtenir les plus grands produits avec le moins de frais et de travaux possible. C'est, en effet, là l'unique but que le cultivateur doit avoir en vue. Tout assolement qui ne satisfait pas à cette double condition est imparfait. Cette définition n'est pas de moi. Je ne saurai même dire quel est son véritable auteur; mais, comme elle est parfaitement exacte, je me fais un devoir de la reproduire.

Lorsque le domaine est d'une grande étendue et qu'il se compose de terre de nature et de qualité différentes ne se prêtant pas volontiers aux mêmes cultures les unes que les autres, on peut les diviser en parties égales ou inégales dans chacune desquelles on établit un assolement spécial. C'est ce qui a été fait avec beaucoup de sagacité, par Mathieu de Dombasle, à Roville.

Ce n'est pas toutefois que l'assolement régulier et invariable soit absolument nécessaire au succès de l'entreprise. L'exploitant peut très-bien se permettre une culture libre en se dirigeant selon les circonstances et en la faisant porter de préférence sur les produits les plus demandés et les plus rémunérateurs. Mais la pratique d'un tel système est dangereuse en ce qu'elle exige une connaissance approfondie des règles de la fertilisation, et que cette connaissance est infiniment plus rare qu'on ne le suppose. On ne peut guère d'ailleurs procéder ainsi que dans la petite culture, à l'instar de la culture jardinière.

Les conditions qui décident du choix d'un assolement sont de plusieurs sortes. Les unes sont purement économiques et analogues à celles qui ont déterminé le système de culture. Nous n'avons pas à nous en occuper. Les autres dérivent du climat. Elles exigent peu d'explications. Il va de soi que l'on ne doit pas tenter dans le Nord la culture de plantes qui ne réussissent bien que dans le Midi, et réciproquement; d'autres, enfin, sont purement agricoles ; elles se rapportent, et à la nature du sol, et aux moyens de le fertiliser. Nous allons nous arrêter un instant sur ces dernières.

III. — De l'influence du sol.

Toutes les terres, nous l'avons déjà dit, ne sont pas aptes à produire les mêmes récoltes. Même sous le climat qui leur est le plus favorable, les plantes ont leurs sols de prédilection. Si la fève et le froment se plaisent mieux dans les terres fortes, les betteraves et le trèfle préfèrent les terres franches ; et le seigle, le sarrasin, le topinambour s'accommodent mieux des sols légers et crayeux que la plupart des autres végétaux. Sur tout cela, l'étude des localités et l'observation de ce qui se passe ailleurs dans de bonnes exploitations, en apprendront plus que tous les livres, à la condition cependant de ne pas accorder à des faits purement routiniers une confiance absolue. J'ai vu souvent dans ma vie et dans bien des contrées, des terres réputées incapables de produire du froment et du trèfle, y être rendues très propres par de simples chaulages ou de simples marnages soutenus par de bonnes fumures et des labours plus profonds. Ce sont là des choses que la théorie ne peut indiquer que d'une manière très sommaire, dans l'ignorance où elle est, de maintes circonstances qui peuvent avoir plus ou moins d'influence sur les résultats possibles. Tout ce qu'elle peut dire, c'est qu'il n'y a pas de terres ni absolument mauvaises, ni absolument bonnes ; et que les plus rebelles peuvent être vaincues par un travail opiniâtre et intelligent, par l'assainissement ou le défoncement, et enfin par les amendements et les engrais. Les sables les plus ingrats complantés d'abord en pins maritimes, s'enrichissent d'une certaine quantité de détritus provenant de la végétation forestière. Défrichés après 20 ou 30 ans, marnés et convertis en pâturages, ils acquièrent progressivement une fécondité qui ,soutenue par des fumures suffisantes, leur permet d'entrer dans la culture granifère. Il n'est pas de ferme en Sologne et dans toutes les contrées les plus pauvres, qui ne possède un jardin fertile, conquis fort souvent sur des terres originairement stériles. Tout cela prouve une fois de plus que tant vaut l'homme, tant vaut la terre. Mais comme de semblables transformations ne sont pas faciles en grand, surtout lorsque la résistance est plus grande que la puissance, c'est le plus fort qui fait la loi. Le cultivateur doit donc se plier aux exigences de sa terre, lorsqu'il ne peut pas la contraindre elle-même à se plier aux siennes. Avant d'adopter définitivement un assolement, il doit spécialement s'assurer exactement s'il s'harmonise avec la nature et la composition du sol. Mais c'est là, je le répète, une appréciation qui ne peut être faite que sur place.

IV. — L'Épuisement et la Réparation.

La question la plus importante dans le choix d'un assolement est celle qui a pour objet les ressources que le domaine présente ou peut présenter par une ingénieuse combinaison de cultures, pour la réparation de l'épuisement causé par les récoltes.

Il n'est pas de plantes, quelles qu'elles soient, qui n'enlèvent à la terre une partie de sa richesse dont la restitution est de rigueur, au moins lorsque sa fertilité n'est pas extraordinairement grande, à peine d'aboutir à la stérilité.

Toutefois, l'agriculture qui se borne à restituer, en tournant continuellement dans un cercle uniforme, reste forcément stationnaire. C'est ce qu'elle peut faire de mieux lorsque ses terres sont parvenues à un haut degré de fertilité. Le riche ne doit avoir d'autre souci que de conserver. Mais en matière de fertilité, la richesse n'est l'apanage que du petit nombre. La nation s'accroissant sans cesse, et ses besoins augmentant proportionnellement, il importe essentiellement à son bien-être que l'agriculture retardataire travaille pour acquérir, en suivant la même progression, et non pas seulement pour conserver. Pour cela, il y a donc quelque chose de plus et de mieuxà faire qu'une simple restitution des matières fertilisantes absorbées par les récoltes, c'est d'en augmenter la quantité, afin d'augmenter simultanément la puissance productive du sol.

Jusqu'à ces derniers temps, le cultivateur n'a eu d'autres moyens d'y parvenir que ses prairies combinées avec une judicieuse succession de cultures; et encore la question des assolements améliorants n'est-elle guère à l'ordre du jour, en France, que depuis la fin du siècle dernier, bien qu'elle ait préoccupé quelques anciens, parmi lesquels on peut citer le patriarche Olivier de Serres, Bernard de Palissy et plusieurs autres. Avant comme après ce temps-là, les ressources de la fertilisation ont à peu près exclusivement consisté dans la jachère, que dans un grand nombre de contrées, on considère toujours comme un bon moyen de réparation et dans les prairies naturelles. Aujourd'hui nous avons celle des fourrages artificiels beaucoup trop restreints encore, et en dehors de l'exploitation, celle des engrais commerciaux dont la production tend heureusement à s'étendre et à se perfectionner tous les jours. Ce ne sont donc pas les moyens qui manquent, mais bien la ferme volonté de les mettre en œuvre.

Les saines théories n'étant encore que fort peu répandues, c'est par des appréciations plus ou moins approximatives et totalement empyriques que l'on suppute à peu près partout l'épuisement et la réparation. On tient généralement pour constant qu'une fumure de 10 000 kil. par hectare et par an, peut suffire aux besoins de la culture. C'est là une opinion manquant complétement de base, et qu'il n'est pas possible de justifier. Il en est de même de celle qui prétend que la moitié du domaine doit être cultivée en vue de fertiliser la totalité ; et l'on raisonne tout aussi aveuglément quand on dit qu'une tête de gros bétail par hectare, est nécessaire à la bonne marche d'une exploitation. Mais à quoi peut se rapporter cette dernière unité ? Est-ce au fumier qu'elle produit ? Si on l'entend ainsi, à quels écarts ne sera-t-on pas exposé ? N'avons-nous pas vu, page 438, que si un cheval produisait à Roville 16 250[k] de fumier, il n'en rendait à Grignon que 8900 kil., et que des différences tout aussi grandes se rencontrent pour les autres animaux, dans les exploitations les plus célèbres et les mieux dirigées ?

Le nombre de têtes de bétail existant dans une ferme n'est donc pas et ne peut pas être un indice suffisant de ses moyens de fertilisation, soit parce qu'il y a des têtes de tous les calibres, soit surtout parce qu'elles sont fort inégalement nourries, et que, finalement, le bétail n'est que le metteur en œuvre et non le créateur de la matière à fumier.

En examinant les choses à ce dernier point de vue, qui est le seul rationnel, on voit combien est fausse la base adoptée de confiance par l'universalité des cultivateurs. Un animal ne peut fabriquer du fumier qu'en proportion de la nourriture et de la litière qu'on lui donne. Par conséquent, la réparation de l'épuisement ne peut être évaluée avec exactitude qu'en prenant pour base la quantité des matières destinées à produire l'engrais, et leur composition chimique comparée à celles des récoltes qui ont opéré cet épuisement; la restitution devant toujours avoir lieu en substances élémentaires identiques.

Pour rendre ce principe plus palpable, je vais formuler une hypothèse qui, bien comprise, donnera la clé de tous les calculs de ce genre. Je suppose un assolement quadriennal produisant les récoltes suivantes, dont la composition chimique est indiquée par le tableau qui se trouve à la page 351.

		Azote.	Acide phosp.	Alcalis.	Magnésie.
1°	30,000k better. dont les feuilles sont abandonnées au sol...	63 »	18.80	102.60	9.90
2° et 4°	4400k de from. en deux soles...	85.35	44.20	27.60	14.87
	9850k de paille..............	26.60	16.30	98.50	» »
3°	5000k trèfle (azote 81.50).....	» »	25.75	108.75	25.75
		174.95	105.05	337.45	50.52

Je ne fais pas figurer dans ce compte d'épuisement les 81.50 d'azote enlevés par le trèfle, puisqu'il a été démontré, pages 316 et suivantes, qu'il puise cette substance à une source que l'on suppose être l'atmosphère, mais qui, en tous cas, n'est pas la fumure, par la raison péremptoire que l'azote de celle-ci se retrouve dans les autres récoltes.

L'épuisement étant ainsi établi d'une manière positive et très-facile, le calcul de la réparation est tout aussi aisé. Il faut d'abord évaluer les ressources que l'assolement présente lui-même dans ce but, en partant de ce fait que tous ses produits doivent revenir au fumier, moins les 4400 kil. de froment qui seront exportés. Nous aurons donc ici pour la production de l'engrais, 30 000 kil. de betteraves, 5000 kil. de trèfle, et 9850 kil. de paille.

Si ces matières retournaient directement à la terre, elles lui rendraient toutes les substances qu'elles contiennent, et au point de vue de l'azote, elles suffiraient pour soutenir l'assolement puisque le trèfle en rapporterait à peu près autant que le blé en aurait exporté. Toutefois, nous aurions en déficit tous les minéraux enlevés par ce dernier.

Mais les choses ne se passent pas tout à fait aussi simplement. Avant de produire du fumier, les denrées qui servent à l'alimentation des animaux, doivent produire préalablement du lait, de la chair, de la laine, du travail, toutes choses qui absorbent une certaine partie des substances constitutives des denrées, et qui sont ainsi perdues pour la fertilisation. De là, un déficit plus ou moins considérable selon la nature des animaux consommateurs, mais qui peut être évalué à 0,35 pour l'azote, ainsi que nous l'avons vu, page 434, et seulement à 0,10 pour les minéraux, admettant que le fumier soit bien soigné et qu'il ne subisse aucune autre perte dans la fermentation. Malheureusement, ce n'est encore là que l'exception. Ce déficit, toutefois, ne s'étend pas aux litières, à moins qu'une partie de la paille ne serve de nourriture au bétail, ou que le fumier ne soit négligé. Ces bases admises, l'assolement fournira pour la réparation en :

	Azote.	Acide phosp.	Alcalis.	Magnésie.
Par les betteraves.....	40.95	16.92	92.34	8.90
Par le trèfle..........	53 »	23.08	97.88	23.18
Par la paille..........	26.60	16.30	98.50	» »
	120.55	56.30	288.72	32.08
Déficit...............	54.40	48.75	48.73	18.44
Réparation nécessaire..	174.95	105.05	337.45	50.52

Je ne fais point figurer dans ces calculs ni la chaux, ni les autres minéraux que le fumier contient toujours en proportion suffisante, lorsque le foin fait la base de la nourriture animale. Du reste, lorsqu'une terre peut avoir besoin de chaux, c'est plutôt là une question d'amendement que d'engrais. On y pourvoit par des chaulages ou des marnages spéciaux.

Cet exemple puisé, il est vrai, dans une culture déjà très-avancée, montre qu'il est des circonstances où la moitié du domaine ne suffit pas pour en fertiliser la totalité. Au cas particulier, il faudrait absolument une quantité de fourrage prise en dehors de l'assolement et suffisante, après avoir servi de nourriture au bétail, pour apporter au fumier 54 k. 40 d'azote avec les minéraux nécessaires. Ce fourrage pourra être fourni par des prairies naturelles ou artificielles produisant les unes et les autres plus de matériaux à engrais qu'elles n'en consomment. Sachant que le foin normal après avoir perdu 0,35 de son azote, n'en contient plus que 750 gr. par quintal métrique, et la luzerne 1 kil. 250, nous trouverons aisément qu'il ne faudra pas moins de 7250 kil. de foin ou 4185 kil. de luzerne pour combler le déficit dont il s'agit. Il existe sans doute beaucoup d'exploitations dans lesquelles l'assolement quadriennal, comme celui pris pour exemple, est en usage, et qui ne disposent pas d'une semblable proportion de fourrages supplémentaires. Mais je crois inutile de faire observer que ces exploitations là ne font pas des récoltes égales à celles de notre hypothèse.

Pour conclusion, nous poserons donc en principe que les assolements doivent être combinés avec la production fourragère complémentaire, de manière à fournir, toute déperdition décomptée, les matériaux nécessaires à l'entretien de la fertilité, non-seulement des cultures dont les produits sont exportés, mais encore de celles qui servent à la réparation ; ces dernières ne pouvant pas même, fort souvent, se soutenir elles seules. Lorsque ce résultat n'est pas possible, il faut nécessairement recourir aux engrais commerciaux ou se résigner à des produits qui seront toujours d'autant moindres, que les ressources de la fertilisation seront elles-mêmes plus faibles. Comme ce principe est la pierre fondamentale de l'agriculture, il ne saurait être étudié avec trop d'attention. Nous allons examiner successivement chacun des principaux moyens pouvant concourir à son application.

V. — La Jachère morte.

Ce qui différencie particulièrement la culture progressive ou intensive, de la culture stationnaire ou extensive, est ceci : Tandis que la dernière s'en tient encore à la jachère et à ses prairies, ou bien qu'elle n'augmente ses ressources fourragères que dans une proportion trop faible, la première supprime la jachère morte en la remplaçant par une jachère vive produisant physiquement les mêmes effets sur le sol, et apportant en outre un précieux supplément de nourriture au bétail. Ce supplément est doublement avantageux en ce qu'il augmente la masse des fumiers, tout en fournissant simultanément des produits animaux qui augmentent eux-mêmes la somme des bénéfices.

Mais il importe ici de ne pas se créer d'illusion. L'augmentation des fumiers ne peut déterminer un accroissement de fertilité, et par suite, un surcroît de produits directs, tels que blé, colza, etc., destinés à la vente, qu'autant que les matières qui fournissent ces fumiers n'en consomment pas pour elles-mêmes plus qu'elles n'en produisent. C'est ce que nous avons fait pressentir déjà dans le chapitre précédent. Dans le cas contraire, le développement de la culture fourragère ne peut procurer qu'une seule sorte de bénéfices, celle résultant de la vente des produits animaux qu'elle crée, autres que le fumier. Lorsque, défalcation faite de ce qu'ils coûtent en travail, en loyer du sol, et même par le déficit qu'ils causent quelquefois dans la fertilisation, ces produits soldent par un bénéfice réel, quelle qu'en soit l'importance, leur culture est parfaitement rationnelle et mérite d'être recommandée ; mais elle exige des capitaux que le cultivateur ne possède pas toujours, et à ce point de vue, la jachère nue est souvent une nécessité pour lui quand elle n'est pas simplement une routine. Du reste, je crois qu'il peut être tout aussi déraisonnable, en bien des circonstances, de la proscrire systématiquement, que de la pratiquer sans discernement, sans nécessité absolue, dans des limites qui en font un système très-onéreux qu'il serait souvent très-facile de modifier de la manière la plus heureuse, ainsi que nous ne tarderons pas à le voir. Mais, au préalable, commençons par bien définir la jachère.

On appelle terre en jachère, celle qui est laissée improductive au moins pendant une année, dans le cours de laquelle elle reçoit plusieurs labours qui produisent sur elle un excellent effet physique. Sa surface, étant plusieurs fois renouvelée et exposée au contact des gaz atmosphériques, en acquiert une légère amélioration au point de vue de la fertilité. Cette amélioration est principalement produite par les nitrifications qui s'opèrent dans le sol. Mais, en somme, tout cela se réduit à très-peu de chose. M. Boussaingault a prouvé (Economie rurale, tome 2, page 187), qu'une terre soumise à l'assolement triennal, portant blé sur blé avec jachère fumée, et rendant par ses deux soles 3348 kil. de grain avec 7500 kil. de paille, ne gagnait que 4 kil. 6 d'azote. C'est un peu plus que l'équivalent de 2 h. de blé. Telle serait donc, au point de vue de la fertilisation, l'importance des avantages que la jachère nue peut produire dans les provinces de l'est. Dans le midi, cette importance est peut-être un peu plus grande. M. de Gasparin cite des terres calcaires dont on peut retirer par hectare 8 h. de froment en les jachérant de deux années l'une, sans y apporter d'engrais. Il est permis de croire toutefois que ce sont là de rares exceptions, et que les faits qui s'y rapportent n'ont pas été observés pendant un temps suffisant pour autoriser des conclusions formelles. Du reste, il n'est pas difficile de comprendre qu'une terre rendant pendant une longue série d'années de pareilles récoltes dont tous les minéraux sont exclusivement fournis par le sol, doit nécessairement s'appauvrir à mesure, et finalement se ruiner. Ce qui est beaucoup plus certain, c'est que dans bon nombre de contrées soumises encore au système de la jachère, on voit les terres ne rendre qu'en raison de la fumure qu'elles reçoivent, et que si elles donnent un excédant, il est infiniment faible. Cependant, je crois qu'on peut, sans s'écarter beaucoup de la vérité, l'évaluer d'après la constatation rappelée plus haut à 2 hect. de blé par hectare. A mes yeux, les avantages que procurent la jachère résident bien plus dans la propreté qu'elle apporte dans le sol en le purgeant des mauvaises herbes engendrées par le fumier, que dans les principes fertilisants qu'elle lui fait acquérir.

Il est d'ailleurs des terres dans lesquelles le chiendent, l'avoine à chapelet et autres plantes parasites aussi désolantes, se reproduisent avec une si grande facilité, qu'elles ne peuvent être vaincues que par un certain nombre de labours successifs, et l'enlèvement complet de leurs racines mises à découvert par la charrue. D'autres fois, c'est la compacité du sol qui rend la jachère fort utile ; mais le plus souvent c'est l'impossibilité financière d'adopter un système plus intensif, ou encore l'ignorance de meilleures méthodes, la force des préjugés qui mettent le plus grand obstacle aux améliorations. La jachère, au surplus, n'est guère praticable économiquement, que dans les contrées où le loyer de la terre est à très-bas prix, puisque la récolte à laquelle elle sert de préparation se trouve ainsi dans le cas de supporter deux années de ce loyer. Il en résulte que le prix de revient des denrées se trouve grevé d'un surcroît de charge d'autant plus lourd, que généralement les rendements sont plus faibles, par la raison principale que la jachère n'a sa principale raison d'être que là où le fumier n'est pas abondant, et que là où le fumier n'est pas abondant, les produits ne peuvent l'être eux-mêmes.

Ce sont ces considérations principalement qui ont porté beaucoup d'esprits enthousiastes à proscrire la jachère d'une manière absolue; mais cette proscription n'est pas toujours très-judicieuse, et dans bien des cas, elle peut comporter des tempéraments. C'est ce qu'a reconnu Mathieu de Dombasle lui-même, après s'être montré l'un des plus grands adversaires de la jachère. Comme ce système est encore en usage dans un grand nombre de contrées, en France, il ne sera pas inutile de l'étudier, tant dans son état d'imperfection qu'au point de vue des améliorations dont il serait susceptible fort souvent. En le faisant, nous resterons toujours sur le terrain des assolements.

C'est surtout dans les rotations biennales et triennales exclusivement livrées à la culture des céréales, que la jachère est le plus en vénération. Dans le canton que j'habite, elle alterne régulièrement avec le froment. Les prairies y étant fort rares, la production devrait être très-faible; cependant il n'en est pas ainsi, grâce aux engrais de mer, au goëmon principalement qui vaut le meilleur fumier. Mais les fermes un peu éloignées du littoral qui suivent le même système, sont loin d'obtenir d'aussi bons résultats. Il en est un grand nombre dont la production moyenne ne dépasse pas 12 h. de froment à l'hectare, auxquels les semences, par leurs propres substances, contribuent pour 2 hect. et la jachère pour deux autres. Le fumier n'y intervient donc que pour 8 hectolitres. Quelle est la quantité de foin nécessaire pour produire ce fumier? Nous trouvons, d'après les bases appliquées précédemment, que cette quantité doit être de 1650 kil. Si nous supposons qu'un hectare de pré peut en rendre 3300 kil., il faudrait ici 50 ares de prairies pour soutenir la fertilité de 2 hectares de terre, produisant alternativement 12 h. de blé de deux années l'une. Voici quel peut être le prix coûtant de cette récolte. Loyer de 2 hectares de terre et de 50 ares de pré 100 fr.; 2 h. de semence 40 fr.; travail, frais généraux, au minimum 40 fr. : total 180 fr. ou

15 fr. l'hectolitre. Il est inutile de faire observer que tous ces facteurs sont hypothétiques, et qu'ils peuvent varier considérablement selon les temps et les localités ; mais je crois qu'ils peuvent s'appliquer, sans modification sensible, à un grand nombre de contrées. Supposons donc une ferme de 24 hect. de terre et 6 hect. de pré, opérant dans ces conditions et vendant à 18 fr. les 288 h. de blé qu'elle aura récoltés, elle réalisera ainsi un bénéfice de 864 fr. en sus de son travail, fort peu rémunéré par l'estimation qui précède. Ce bénéfice, il est vrai, s'augmentera un peu par les produits animaux autres que le fumier, et le travail provenant de la consommation du fourrage par le bétail. A la rigueur, un cultivateur peut vivre plus ou moins misérablement dans ces conditions ; mais s'il n'opère que que sur 12 hect. de terre, le problème deviendra plus difficile à résoudre. Cependant, s'il est un peu intelligent rien ne lui sera plus facile que d'améliorer considérablement sa condition en modifiant très-légèrement son système, et sans réduire l'étendue de sa culture de blé, réduction dont malheureusement le cultivateur arriéré ne veut pas entendre parler. Mais nous reconnaîtrons volontiers qu'ici elle ne serait pas nécessaire, de même qu'il ne serait pas nécessaire non plus de supprimer entièrement la jachère pour opérer une profonde modification. Il suffirait de convertir trois des 6 hectares livrés à la jachère nue en une jachère vive qui, sans enlever au sol autre chose que quelques minéraux de faible valeur relative et faciles à remplacer, fournirait une quantité de matières propres à augmenter notablement la production du grain, tout en tenant le sol aussi propre et aussi meuble que par la jachère morte. Il n'y a guère que le trèfle qui puisse entrer dans la rotation et y produire de semblables effets. On en obtiendrait d'analogues, de la fève, de la vesce, de la minette, des pois gris, etc., mais un peu moins avantageux. Cependant, lorsque la fève sera introduite sur un terrain favorable à sa culture, elle y produira une grande amélioration. Ainsi, au lieu de cultiver alternativement 6 hect. en jachère nue et 6 hect. en blé, on pourrait convertir cet assolement biennal en quadriennal ainsi combiné : 1° 3 h. jachère ; 2° 3 h. blé ; 3° 3 h. trèfle ; 4° 3 h. blé. Le trèfle, placé dans ces conditions ne pourrait que donner de bons résultats, surtout étant chaulé ou plâtré et trouvant un sol con-

venable. Pour ne rien exagérer, nous lui supposerons néanmoins un rendement de 4000 k. seulement à l'hectare, et pour apprécier son influence au cas particulier, nous supposerons également que la rotation fonctionne depuis quelque temps. Voyons à quels produits doivent répondre les moyens de fertilisation.

3 h. de jachère nue, à 2 h. de blé chacun	6 h.
12 hectolit. de semence se reproduisant d'eux-mêmes.	12
3 h. de pré produisant 9900 kil. de foin représentant.	48
3 h. de trèfle produisant 12 000 k. de foin représentant.	81
Produit total.	147 h.

au lieu de 72. Le produit serait donc plus que doublé et la dépense resterait la même, si même elle n'était pas un peu plus faible, puisque les 3 hect. de trèfle ne donnant lieu qu'à des travaux de récolte, ne coûteraient pas autant que la jachère nue. En tous cas, économiseraient-ils au moins 2 labours sur 3 hectares, ce qui ménagerait le bétail de trait, tout en procurant une meilleure répartition des travaux. Ainsi, dans l'assolement biennal avec jachère nue, nous récolterions sur nos 12 hect., soutenus seulement par 3 hect. de prés, 72 h. de blé valant 1296 fr. en admettant le prix moyen de 18 fr., tandis que l'introduction de 3 h. de trèfle dans l'assolement, peuvent faire parvenir le produit au chiffre de 147 h., d'une valeur de 2646 fr. Différence 1350 fr. Mais le bénéfice serait en réalité plus fort, puisque nos 147 h. ne coûtant que 1080 fr. comme dans la culture biennale, ne nous reviendraient qu'à 7 fr. 35 l'un au lieu de 15 fr. Nous aurions donc un profit réel de 11.65 par hectolitre, soit en totalité 1712 fr. 55. Sans compter que nos 12000 k. de trèfle pourront en outre nourrir 3 fortes vaches qui, tant en veau qu'en lait, nous rendront encore au moins 150 fr. chacune.

Sans doute, il pourra souvent arriver que des accidents météoriques déjouent plus ou moins ces calculs; mais ils ne détruiront jamais une récolte entière, et à tout prendre la perte de 12 h. de blé sur 24, est beaucoup moins sensible que celle de 6 seulement sur 12. Les sécheresses d'ailleurs sont moins à craindre dans les terres fertiles que dans les terres pauvres. Un sol qui a été pendant une année sous trèfle, est moins desséché que celui qui a été constamment exposé à l'action des vents par trois ou quatre labours consécutifs.

Il arrivera très-souvent encore que nonobstant le doublement de la fumure on n'obtiendra pas de prime-saut un rendement proportionnel, dans des circonstances comme celles dont il s'agit ici, parce qu'opérant sur une terre qui est bien loin d'être parvenue à sa fertilité normale, elle retiendra toujours pour elle-même une partie des substances fertilisantes supplémentaires qui lui seront appliquées. Mais cela n'aura qu'un temps, et si le rendement n'arrive pas tout d'un coup à un chiffre en rapport avec la fertilisation, il y parviendra infailliblement par une progression continuelle, en donnant dès la première année une augmentation très-notable de récolte. Il va de soi que le progrès sera toujours d'autant plus grand que le fumier sera mieux soigné, car il ne suffit pas de récolter du foin et du trèfle pour pouvoir produire du grain, il faut encore savoir tirer le meilleur parti de ces fourrages au profit de la fertilisation. Malheureusement, c'est là le côté faible d'un grand nombre de cultivateurs inféodés au système de la jachère.

Si nous examinons ce système au point de vue de l'assolement triennal, voici ce que nous y apercevons. Nous supposerons que cet assolement contient deux cultures successives de blé, quoique le plus ordinairement ce soit l'avoine qui succède au froment. Mais nous adopterons la première hypothèse pour rendre les comparaisons plus saisissables. Nous supposerons en même temps un produit de 24 hect. par 2 hect., soit 14 h. la première année et 10 hect. la seconde. Ce produit suppose lui-même les moyens de fertilisation suivants :

Par un hectare en jachère	2 hectolit.
Par les semences	4 —
Par la fumure	18

Pour obtenir cette fumure, il faudra nécessairement 3720 k. de foin normal, soit 1 hect. 13 ares de prairies dont le rendement serait comme dans l'exemple précédent de 3300 kil. à l'hectare. Je dois dire ici que si je ne mentionne pas les pailles dont je n'ai pas parlé non plus dans la précédente hypothèse, c'est parce que je les suppose employées comme litière et suffisant à leur propre reproduction. Le fourrage n'est ici nécessaire que pour la production du grain. Si nous établissons le prix de revient du froment sur les mêmes bases que dans le précédent calcul, nous aurons pour loyer des terres et de la prairie 180 fr.; pour semence 80 fr. et pour travail 80 fr. = 340 fr., soit 14 fr. 25 par hectolitre, ce qui donnerait un bénéfice de 3.75 pour chacun. L'exploitation roulant sur 12 h. dont 8 en blé produisant 96 h., le cultivateur aurait ainsi la perspective d'un bénéfice de 360f en sus de son travail estimé un peu bas. Ce n'est assurément pas là une position brillante. Et combien y en a-t-il qui n'en ont pas même une semblable ? Pour l'améliorer, il serait absolument indispensable de réduire ici l'étendue du blé pour rendre sa production plus intense et plus rémunératrice. Mais l'effort à faire n'aurait pas besoin d'être bien grand. Trois hectares de jachère au lieu de 4 ; 6 hectares de blé au lieu de 8 ; et 3 hectares de trèfle que nous supposerons ici encore capables de produire 4000 kil. de foin à l'hectare y suffiraient. Dans ces conditions, voici les produits que la théorie indique comme probables, sinon immédiatement du moins progressivement.

Par 3 hect. de jachère	6 h.
Par les semences	12
Par les 4,880 kil. de foin naturel	72
Par 12 000 kil. de trèfle	81
Total.	171 h.

Ici le loyer, le travail, seront les mêmes que dans la culture triennale, mais il y aura une économie d'un quart sur la semence, en sorte que la dépense totale réduite de 60 fr. pour 6 hectares, ne sera que 1280 fr., ce qui ramènera l'hectolitre au prix de 7.50. Dans cette hypothèse, le produit théorique est plus grand que dans l'assolement biennal converti, ce qui vient de ce que celui-ci produit 4980 kil. de foin de moins, lesquels représentent précisément les 24 h. de blé qui font la différence.

Dans l'hypothèse que nous venons d'établir, au lieu de la pauvre perspective d'un bénéfice de 360 francs, le cultivateur pourrait en réaliser un de 171 × 11,50 = 1966,50, sans avoir d'autres dépenses à faire que l'achat de la graine nécessaire à l'ensemencement de 3 hect. de trèfle.

Tous les calculs qui précèdent sont établis uniquement au point de vue de l'azote. Il ne sera pas inutile de rechercher quels pourraient être les effets de la conversion des deux assolements dont il s'agit, quant à l'épuisement du sol en minéraux. Il me suffira de les calculer pour l'une des deux hypothèses.

L'assolement biennal converti exporte 147 h. de blé (11760 k.), qui enlèvent au sol, en

	Acide Phosp.	Alcalis.	Magnésie.
Savoir :	118.20	73.85	39.35
Les 12000k trèfle perdent dans l'alimentation.	6.10	26.50	6.50
Total des minéraux enlevés au sol....	124.30	100.35	45.85
Les 9900k de foin rapportent net, 10 °/₀ déduits	37.90	123.45	59.40

La réparation enrichit donc un peu le sol en alcalis et en magnésie, mais elle l'appauvrit sensiblement en acide phosphorique. Il y aurait ici un déficit de 86 k. 40, représentant environ 175 kil. de phosphate de chaux pur qui, à 25 cent. le kilo, nécessiteraient une dépense de 43 fr. 75 cent. C'est le cas de faire remarquer que le propre de la culture granifère est d'épuiser continuellement le sol en acide phosphorique. C'est pourquoi les engrais phosphatés produisent toujours transitoirement un excellent effet, alors même qu'ils sont employés isolément.

Jusqu'ici nous n'avons examiné la jachère morte que comme appliquée aux terres insuffisamment soutenues par les prairies naturelles. C'est dans ces conditions qu'elle est le plus en usage. Cependant on la voit encore pratiquée dans des exploitations mieux affouragées. Dans ce cas, l'assolement est plus productif. On comprend aisément, que si au lieu des 1650 k. de foin de la rotation biennale, on en avait 3300 pour fertiliser son hectare de blé — soit 1 h. de pré p. 2 hect. en culture dont un seul emblavé — son rendement pourrait s'accroître de 8 h. et s'élever ainsi au chiffre de 20 h. à l'hectare. Il ne faudrait donc, pour l'obtenir, que 50 ares de pré de plus pouvant rendre les 1650k. de foin correspondant à un semblable excédant de produit. Dans ce cas, le blé, au lieu de coûter 15 fr. l'hect., ne reviendrait qu'à 11f25, et la situation serait sensiblement meilleure ; mais il est incontestable qu'elle le deviendrait beaucoup plus encore par la création d'une sole de trèfle, dont le fourrage représenterait 13 h. 50 de blé. — Il faut toutefois remarquer ici que le rendement de cette céréale n'est pas illimité et que si en règle générale, il est proportionnel à la fumure, ce n'est que jusqu'à concurrence d'un maximum que certaines terres ne peuvent pas dépasser. Ainsi, il peut très bien se faire qu'il y en ait qui, quoique fertilisées pour produire 33 h 50 comme ce serait le cas ici, ne puissent pas cependant atteindre ce rendement. On accumulerait alors dans le sol une richesse qui y resterait improductive, et en pareille circonstance la jachère morte n'aurait plus aucune raison d'être. Elle devrait nécessairement être remplacée par une jachère vive. Nous allons entrer dans quelques détails sur ce sujet.

VI. — La Jachère vive.

L'un des principaux arguments des partisans de la jachère morte est celui-ci : La terre a besoin de repos. Si elle produit continuellement, elle se salit, s'épuise et finalement ne rend plus rien.

Il y a du vrai et du faux dans cette opinion. Elle est vraie, lorsque la culture ne porte que sur des céréales, plantes éminemment salissantes et lorsque la réparation n'est pas en raison de l'épuisement. Mais il est inexact que la terre ait besoin de repos lorsqu'elle est bien travaillée et suffisamment fumée. Dans ce cas, elle peut, sans discontinuer, produire une et même deux récoltes chaque année. La preuve la plus irrécusable nous en est fournie par la culture maraichère. La prétendue nécessité du repos de la terre est donc tout simplement un préjugé qui ne résiste pas à l'examen. L'expérience prouve au contraire que plus elle produit plus elle devient fertile, lorsque d'ailleurs elle est bien traitée.

Cela posé, on comprendra aisément que la jachère morte, si peu favorable à l'accroissement des récoltes, peut être remplacée avec avantage par une jachère vive, c'est-à-dire par une culture, exigeant, en sus de plusieurs labours, des binages, des buttages, des sarclages qui entretiennent la terre dans un aussi bon état de propreté que la jachère morte, sur la quelle cette culture a en outre, l'avantage de mieux conserver l'humidité du sol et de produire une récolte payant les travaux qu'elle a occasionnés et le loyer du sol qu'elle occupe, à la décharge de la céréale qui la suit ordinairement. C'est là un point très important pour l'économie générale. Mais il ne faut pas s'y tromper, car ainsi que déjà nous l'avons fait pressentir dans le pénultième Chapitre, la jachère vive n'est pas toujours un moyen de fertilisation. Elle ne peut avoir ce caractère qu'autant qu'elle porte sur des plantes qui, comme les légumineuses, notamment les fèves, le trèfle, la lupuline, etc., rendent plus à la terre, en matières azotées, qu'elles ne lui prennent.

Mais lorsqu'elle porte sur des betteraves, des carottes, des choux cultivés pour la nourriture du bétail et a plus forte raison sur des plantes industrielles comme le colza, le lin, le chanvre, le tabac, la jachère vive, loin d'augmenter la fertilité du sol l'affaiblit, par ce qu'aucune des plantes qui viennent d'être énumérées, même celles que les animaux convertissent en fumier, ne rapportent au sol la totalité de ce qu'elles en ont enlevé. Les trois dernières n'y rapportent même rien du tout. Le colza ferait exception si, outre sa paille, les tourteaux oléagineux provenant de sa graine revenaient en totalité à la terre ; Et encore faudrait-il qu'ils lui revinssent directement sans être préalablement employés comme aliment pour le bétail.

Ainsi donc, je le répète, la jachère vive en tant que portant sur des plantes autres que les légumineuses n'est pas et ne peut pas être un moyen d'augmenter la fertilité ; ce n'est pas même un moyen de réparation complète. Elle ne peut dès lors être introduite que dans les exploitations assez riches en engrais pour pouvoir la faire contribuer d'une autre manière à la prospérité de l'entreprise par les produits animaux qu'elle permet de créer ou par les matières qu'elle fournit à l'industrie. Dans toute autre condition la jachère morte sera préférable, en la renfermant toutefois dans les limites que je lui ai assignées dans le chapitre précédent, c'est-à-dire en la combinant avec une culture de trèfle ou de toute autre légumineuse appropriée à la nature du sol. C'est pour avoir voulu marcher trop vite, en appliquant des assolements riches à des terres pauvres, sans avoir des moyens suffisants pour les soutenir, que bien des Agriculteurs progressistes, plus ardents qu'éclairés n'ont éprouvé que des échecs d'autant plus fâcheux et d'autant plus nuisibles au développement du progrès agricole, que presque toujours on se méprend sur leur véritable cause.

Quelle que soit la durée de la rotation, les plantes sarclées doivent toujours être placées dans la première sole qui reçoit la fumure. Celle-ci engendrant ordinairement de mauvaises herbes, les binages et autres façons d'entretien en font justice. Quant aux légumineuses fauchables, elles produisent le même effet en étouffant les plantes adventices par leur ombrage. Ces légumineuses ne peuvent être mieux placées que dans la céréale qui suit immédiatement la jachère morte ou vive. Mais souvent on les associe à d'autres plantes telles que le lin, le sarrasin qui figurent quelquefois en tête de l'assolement. Nous reviendrons ultérieurement sur ces détails.

L'introduction en grand des plantes sarclées dans les assolements réguliers est certainement l'une des plus importantes améliorations agricoles qui aient été realisées dans ce siècle, surtout lorsqu'elles sont cultivées pour la nourriture du bétail dont elles permettent d'augmenter la production, en exonérant ainsi la France d'une partie du tribut qu'elle payait à l'étranger pour la viande qu'elle consomme. Mais lorsque d'éminents économistes et avec eux tous les agronomes proclament que c'est à la masse d'engrais produits par ces plantes que nos départements du nord, entre autres, doivent la haute fertilité de leurs terres, il est de la plus complète évidence que l'on prend ici l'effet pour la cause. Si les exploitations qui cultivent la betterave en grand n'avaient pour en soutenir la culture que l'engrais qu'elle produit, on verrait bientôt leurs champs ruinés de fond en comble. Dans les cantons où l'on suit l'assolement biennal : betteraves, blé, cette rotation ne peut se maintenir qu'à la condition de s'appuyer sur une très grande proportion de prairies naturelles ou artificielles ou bien sur des engrais commerciaux en qualité et en quantité normales. En voici la preuve tirée de la comparaison de ce que ces deux plantes enlèvent à la terre avec ce qu'elles lui rendent.

ABSORPTION EN	Azote.	Acide Phos.	Alcalis.	Magnésie.
par 30,000 k., de betteraves feuilles non comprises .	63.	18.80	102.60	9.90
— 2200 k., de blé. . .	42.70	22.10	13.80	7.45
— 4925 k., de paille. . .	13.30	8.15	49.25	
	119. »	49.05	165.65	17.35

Consommées à l'étable, les betteraves, comme les autres fourrages ne peuvent rendre en moyenne au fumier que 0.65 de leur azote et 0.90 de leurs minéraux; et encore à la condition que ce fumier soit parfaitement soigné. Si elles passaient d'abord à la sucrerie et à la distillerie, le sucre qu'elles y laisseraient serait une perte pour l'alimentation du bétail, mais cette perte n'influerait pas sensiblement sur la valeur fertilisante des pulpes, si celles-ci n'avaient perdu en même temps un peu de potasse. Pour simplifier, nous considérons ici la betterave comme consommée directement par les animaux, et dans ce cas, nous trouvons une restitution en :

	Azote.	Acide Phosph.	Alcalis.	Magnésie.
par les betteraves, de. .	40.95	16.90	93.35	8.90
par la paille.	13.30	8.15	49.25	» »
Total. . . .	54.25	25.05	141.60	8.90
Il y a donc un déficit de. .	64.75	24.	24.05	8.45
puisque la réparation exige. .	119.	49.05	165.16	17.35

Pour couvrir ce déficit, il ne faut pas moins de 8630 k. de foin normal qui rendront au fumier 0.65 de leur azote, soit 0.750 gr. par quintal métrique de fourrage, ou, en totalité 64k75 avec un assez fort excédent de minéraux. Il ne faudrait donc pas moins de deux hectares de pré rendant chacun 4315 k. de foin pour conserver la fertilité de ces deux hectares en culture. C'est là une proportion énorme, puisque réunie à la sole de betterave, consacrée également à la nourriture du bétail elle donne 3 hectares ayant cette destination contre 1 seulement pour la nourriture de l'homme. Si l'on ne possédait pas cette proportion de prés, il faudrait nécessairement remplacer ce qui manquerait par du Guano, des tourteaux ou tout autre engrais de bonne qualite, ce qui se fait partout ou les prairies naturelles et artificielles sont insuffisantes. Reste à savoir si c'est aussi économique. On peut calculer que 8630 k. de foin reviennent en moyenne au producteur à 40 fr. les 100 k. tant pour le loyer de la prairie, que pour son entretien, les frais de fenaison etc., soit en totalité 345 fr. tandis que 64k75 d'azote sous la forme d'un engrais naturel ou artificiel quelconque de composition normale et de bonne qualité, coûteraient à peine la moitié de cette somme. Mais indépendamment du fumier, le foin est encore une source de lait, de laine, etc. Les 8630 k. dont il s'agit ici, consommés par deux bonnes vaches, produiraient certainement, tant en veaux qu'en lait, plus de 345 fr.; en sorte que le fumier en provenant ne coûterait guère que le prix de la litière et une cote-part dans les frais généraux. Mais si ce fourrage était uniquement consommé par des animaux de trait, la compensation ne serait probablement pas aussi avantageuse, surtout si ces animaux ne donnaient qu'un petit nombre de journées de travail dans l'année. Il est permis de croire toutefois que dans une exploitation bien dirigée, dont la comptabilité exclut toute fiction, le fumier est le moins cher de tous les engrais en même temps qu'il satisfait au moins aussi bien que tout autre aux besoins des plantes, puisqu'il leur rend leurs propres substances. Mais comme il n'est pas possible d'en produire partout des quantités suffisantes, les engrais commerciaux sont des auxiliaires d'autant plus précieux que, quand ils sont bien choisis et appliqués rationnellement, ils peuvent procurer au cultivateur des bénéfices fort satisfaisants.

Revenons à la betterave. Si au lieu de cultiver la moitié du domaine arable en betteraves et l'autre moitié en blé, on ne livre que 1/4 des terres à la racine et 1/4 au trèfle que nous supposerons ici capable de rendre 5000 k. à l'hectare, toutes autres choses égales, voici théoriquement quels seront les produits de nos 2 hectares de l'assolement biennal betteraves-blé, converti comme il vient d'être dit : 1° 15000 k. de betteraves sur 1/2 hectare, 2° 2200 k. de blé et 4925 k. de paille sur un hectare comme dans l'assolement biennal; 3° 2500 k. de trèfle sur un demi-hectare. Ici, le déficit en azote ne sera que de 27^{k}50 et il ne faudra pour le combler que 3566 k. de foin ou 0^{h}85 ares de prés rendant également 4315 k. à l'hectare, en sorte que le rapport des prés aux terres arables ne sera que :: 0,85 : 2, tandis que dans l'assolement betterave-blé il est :: 2 : 2, dans l'hypothèse des produits indiqués. S'il est plus fort ou plus faible, les rendements s'établiront dans une proportion analogue (1). Il suit de là que moins on cultivera de betteraves,

(1) Dans l'arrondissement de Valenciennes, qui est particulièrement cité par les économistes comme un exemple de la prospérité agricole que la culture de la betterave peut faire naître, la statistique officielle constate que les récoltes qui ne sont pas consommées par les animaux y occupent les étendues suivantes ; savoir :

moins il faudra de prés pour soutenir la culture, sans que la production du blé en souffre, la réparation, bien entendu, s'effectuant d'une manière normale. La betterave n'est donc pas capable d'amener par elle-même une augmentation dans la production du grain, puisqu'elle ne peut pas même se soutenir elle seule. Cela est si vrai, qu'en la supprimant complètement dans l'assolement biennal et en la remplaçant par la jachère morte, il ne faudrait que 5270 k. de foin au lieu de 8630 k. pour obtenir la même quantité de blé.

Mais si la betterave ne contribue pas par elle-même à l'aug-

1° Céréales, non compris l'avoine.	19833 h.
Le froment entre dans ce chiffre pour 14 900 hectares.	
2° Racines et légumes, moins les betteraves	2758
On suppose ces denrées consommées par l'homme.	
3° Graines oléagineuses et diverses autres, jardins, etc. . .	4007
	26598 h.

Et que les cultures réparatrices comprennent :

1° Jachère	1653h	25378 h.
2° Avoine.	4432	
3° Betteraves.	7319	
4° Prairies naturelles	6373	
5° Id. artificielles.	5089	
6° Pâturages.	512	

La production du blé étant de 30 hectolitres de 78 kil. par hectare et au total de 486,095 h., l'épuisement causé par cette récolte est donc, quant à l'azote, de	659,221 k.
Le rendement des betteraves étant de 2,805,270 quint. dont il ne revient au sol que 0,65, il y a perte, quant à elles, de .	206,187
Le déficit occasionné par les autres récoltes peut être évalué, défalcation faite de ce qu'elles restituent, à.	295,000
L'épuisement total est donc de	1160,408 k.

La culture ne fournit pour la réparation :

en foin naturel, que	311,094 quint. mét. dosant net.		233,318	508,683
en foin artificiel,	240,241	Id.	252,253	
en pâturage,	22,000	Id.	16,500	
par la jachère			6,612	
Déficit total.				651,725 k.

Soit 14 kil. 50 d'azote pour chacun des 45 000 hectares en culture, prés naturels et pâturages déduits.

L'arrondissement de Valenciennes doit donc employer en dehors des matières réparatrices fournies par la culture, 120 kil. de guano du Pérou par chaque hectare, ou l'équivalent en guanos artificiels, tourteaux oléagineux, poudrette, engrais flamand, boues de ville, chiffons de laine, sang, et autres matières azotées. Quoique ce calcul soit fait à grands traits, j'ai la conviction qu'il ne comporte pas un écart d'un kil. d'azote par hectare en plus ou en moins. Si les engrais commerciaux employés ne s'élèvent pas à une proportion aussi forte — ce que je n'ai aucun moyen de vérifier — la seule conclusion qu'on en puisse tirer, c'est que les produits indiqués par la statistique sont exagérés.

Il faut ici regarder comme engrais commerciaux les sons, les résidus de laiterie et autres matières non dénommées plus haut, consommées par les animaux et qui contribuent à la réparation.

mentation de la fertilité du sol, elle n'en produit pas moins d'importants effets dans l'économie agricole. Voici comment : l'assolement biennal jachère-blé, qui vient d'être pris pour terme de comparaison, ne pivotant que sur 5270 k. de foin, ne pourra nourrir qu'un nombre restreint d'animaux. L'assolement quadriennal s'appuyant tout à la fois sur 15000 k. de betteraves, 2500 k. de trèfle et 3666 k. de foin, en entretiendra presque le double, mais moins que l'assolement biennal betterave-blé, le rapport sera entre eux :: 37,4 : 70 : 100, au point de vue dont il s'agit. Mais, en ce qui concerne l'étendue des prés nécessaires à chacun de ces trois assolements, le rapport n'est pas tout à fait le même. Il s'établira comme suit : assolement betterave-blé = 100 : id. jachère-blé = 60 id. quadriennal = 42,5. On n'obtiendra pas un grain de blé de plus dans l'un que dans l'autre ; l'avantage ne peut donc résulter que des produits animaux et cet avantage sera d'autant plus grand que l'économie du bétail sera mieux entendue. Une exploitation qui n'a que du foin à donner à ses animaux ne peut pas espérer, même à quantité de nourriture égale, des résultats aussi satisfaisants, que celle qui peut varier l'alimentation en ajoutant un supplément de betteraves. Mais la ressource de cette racine ne dure que pendant quelques mois. L'exploitation qui dispose tout à la fois de foin, de betteraves et de trèfle, se trouve donc dans de meilleures conditions. Elle produit moins, mais mieux. Il lui faut d'ailleurs un moindre capital. A ce point de vue, un cheptel vivant de 7000 fr. lui suffirait, là où il en faudrait un de 10000 francs à l'assolement biennal intensif, dans les conditions de produits posées plus haut. Je dois faire observer ici que tous les calculs qui précèdent font abstraction des semences.

Ces calculs seront sans doute plus ou moins modifiés par la substitution partielle des engrais commerciaux aux prairies naturelles. Mais ils resteront les mêmes là où ces prairies seront complétées par la luzerne ou le sainfoin, à cela près que ces fourrages étant plus riches que le foin, et d'un plus grand produit, à qualité de sol égale, il en faudra une moins grande étendue.

Je crois rendre service au cultivateur débutant en appelant son attention sur les comparaisons qui précèdent. Ces comparaisons montrent qu'il peut être dangereux de se jeter tête baissée dans la culture intensive sans calculer préalablement les ressources qu'elle exige.

Tout ce qui vient d'être dit touchant la betterave, s'applique également à toutes les autres plantes sarclées, cultivées pour la nourriture du bétail, à quelques légères variantes près dans le chiffre de la restitution. Toutes ont besoin d'être soutenues par une forte proportion de prairies, à l'exception de la fève qui, dans un assolement quadriennal, suffit avec le trèfle et les pailles pour entretenir la fertilité sans le secours d'autres fourrages, alors même que le froment produit par les deux autres soles est exporté. Il y a même un léger gain en azote, mais un déficit en minéraux pouvant donner lieu à un déboursé annuel d'une trentaine de francs pour les quatre hectares. C'est là, sans contredit, l'une des meilleures combinaisons qui puissent être adoptées, lorsque d'ailleurs le sol y est propre et que le bétail de la ferme peut être convenablement alimenté avec des fèves et du trèfle seulement. Dans le cas contraire, sans changer le système de culture, on pourrait modifier les moyens de réparation et arriver au même résultat. Si l'on vendait, par exemple, 1500 k. de fèves et qu'on en employât le prix à acheter 25 h. d'avoine et une dose d'engrais normal contenant 35 k. d'azote, la restitution serait aussi complète que si les 1,500 k. de fèves eussent été consommés par les animaux de la ferme. Seulement ceux-ci ne trouveraient pas dans 25 h. d'avoine autant de matière alibile que dans 1,500 k. de fèves.

Il est encore une autre plante sarclée beaucoup moins exigeante que les betteraves, pommes de terre, etc., c'est le topinambour; mais on le cultive ordinairement hors d'assolement, à cause de la difficulté de l'extirper entièrement des sols dans lesquels on l'introduit.

Mais si au lieu de plantes fourragères nous introduisons des plantes industrielles dans la sole de jachère, les exigences de la fertilisation seront bien autrement grandes. Si les 30,000 k. de betteraves de notre assolement biennal étaient livrés à la sucrerie ou à la distillerie sans retour de pulpe, ce n'est plus 8,630 k. de foin qui seraient nécessaires pour soutenir cet assolement, mais bien 14,100 k. A la vérité cette hypothèse est purement gratuite ; car il faudrait admettre qu'un cultivateur fût bien mal avisé pour opérer de la sorte. Toutefois, ce qui ne se fait pas pour la betterave, se fait souvent pour la pomme de terre, et surtout pour le colza dont les tourteaux ne reviennent pas toujours au sol qui les a produits. Si dans l'assolement biennal nous substituons 30 hect. de colza aux 30,000 k. de betteraves, la paille de colza et celle de froment faisant seules retour au fumier, il faudra pour remplacer les graines exportées 14,450 k. de foin normal. Mais si, au lieu d'un hectare en colza, on n'en cultive que 50 ares avec 50 ares de trèfle, la réparation n'exigera, pour la même étendue totale de terre, que 6,570 k. de foin; ou 1 h. 52 a. de pré, en supposant, comme précédemment, un rendement de 4,315 k. par hectare.

Dans cette dernière hypothèse, on économiserait 7,880 kil. de foin, valant environ 315f; par contre on récolterait 15 hectolitres de colza de moins valant eux-mêmes de 360 à 450f, selon les années. L'avantage serait donc en faveur de l'assolement le plus intensif. A la vérité il ne serait pas considérable; mais comme il se rattacherait à une plus grande consommation de fourrage, il s'accroîtrait de l'excédant des produits animaux pouvant résulter de cette plus grande consommation qui serait ici de 14,450 k. de foin, tandis que dans l'assolement modifié, elle ne serait que de 6,570 k. plus 2,500 k. de trèfle équivalant à 3,500 k. de foin = Total 10,070 k. La différence serait donc de 4,380 k. suffisant pour nourrir une forte vache dont les produits autres que le fumier, vaudraient plus de 150 fr.

Je ne pousserai pas plus loin ces exemples. Ils suffiront je pense pour mettre le lecteur en situation d'apprécier le rôle de la jachère vive dans les assolements, autant au point de vue économique qu'à celui de la fertilisation. Nous avons à étudier maintenant, sous ce dernier rapport, celui des prairies naturelles et artificielles.

VII. — Les prairies naturelles.

Pendant bien des siècles, l'agriculture n'a guère eu, comme moyen de fertilisation, que la jachère et les prairies naturelles. Nous avons vu dans le § V comment celles-ci viennent au secours de celle-là; mais il faut remarquer que toutes les prairies naturelles ne sont pas également économiques. Il en est qui ont besoin d'être soutenues elles-mêmes par des engrais.

Au point de vue de la fertilisation, elles sont d'une utilité d'autant plus faible qu'elles consomment une plus grande quantité de fumier, et souvent il serait plus avantageux de les rompre et de les faire entrer dans l'assolement, si le fourrage qu'elles produisent n'était indispensable, malgré son haut prix coûtant, pour l'alimentation des animaux de la ferme. Ce fourrage toutefois, surtout lorsque le rendement de la prairie n'est pas très élevé, pourrait être remplacé avec profit par une prairie artificielle, ainsi que nous le verrons bientôt.

Les prairies naturelles vraiment profitables à une exploitation, sont celles assez heureusement situées pour pouvoir conserver intacte leur fertilité au moyen d'irrigations naturelles ou artificielles. Malheureusement, elles n'existent en France que dans une proportion bien inférieure aux besoins de la culture, et il n'est pas facile d'en augmenter l'étendue.

Je crois devoir donner ici un tableau de la quantité de foin nécessaire pour soutenir les principales cultures pratiquées en France lorsque leurs produits ne font pas retour au sol. Mais il faut remarquer que ce tableau ne s'applique qu'à la quantité de denrée que l'on a en vue de produire en sus de la semence, et de la fertilisation produite par la jachère, lorsque jachère il y a. Je ferai mieux comprendre ma pensée par un exemple. Le tableau indiquant qu'il faut 2,586 k. de foin normal à l'état de fumier pour produire 1,000 k. de froment, soit 206^{k}66, pour en produire un hectolitre de 80 k., paille non comprise — celle-ci fournissant toutes les substances nécessaires à sa reproduction, si l'on a en vue une récolte de 15 h. dans une terre ayant été préparée par une jachère morte, on déduira d'abord deux hectolitres dont on suppose que la jachère procurera les éléments organiques, plus deux hectolitres dont les substances fertilisantes sont fournies par la semence, admettant que celle-ci soit de deux hectolitres, il restera alors onze hectolitres dont les principes devront être apportés par l'engrais. On aura dans ce cas $206,66 \times 11 = 2,273^{k},26$ quantité de foin nécessaire pour soutenir une production de 15 hect. de blé semé après une jachère nue; mais comme il arrive trop souvent que le rendement des prairies est inférieur à ce que l'on en attend, il sera toujours prudent d'en avoir une étendue dépassant un peu les besoins, afin d'être en situation de faire face aux éventualités de ce genre, non-seulement dans l'intérêt de la fertilisation, mais encore dans celui de la nourriture du bétail, car rien n'est plus triste que la position d'un cultivateur qui manque de fourrage.

Le tableau qui indique la quantité de foin nécessaire pour une culture quelconque, indique aussi celle du trèfle et de la luzerne, que l'on pourrait être dans le cas d'employer aux mêmes fins à défaut de foin ou concurremment avec ce dernier; enfin, il présente encore soit en excédant, soit en déficit la quantité d'acide phosphorique que l'un ou l'autre de ces fourrages apporte à la fertilisation, déduction faite des 10 p. % qui sont supposés disparaître dans l'alimentation ou avec les déjections que le bétail laisse au dehors.

TABLEAU des quantités de foin, de luzerne ou de trèfle, nécessaires pour réparer l'épuisement causé par les récoltes, ces fourrages étant consommés à l'étable et perdant en moyenne 0,35 de leur azote et 0,10 de leurs minéraux dans l'alimentation.

DÉSIGNATION DES RÉCOLTES (1).	QUANTITÉ de FOURRAGE nécessaire POUR 1000 KILOS de la denrée à produire			EXCÉDANT en ACIDE PHOSPHORIQUE fourni par			DÉFICIT en ACIDE PHOSPHORIQUE laissé par		
	FOIN	TRÈFLE	LUZERNE	le Foin.	le Trèfle	la Luzerne.	le Foin.	le Trèfle	la Luzerne.
	kilog.	kilog.	kilog.						
Avoine	2333	1650	1400	4k17	2k88	2k81	—	—	—
Betteraves	280	200	168	0.61	0.47	0.45	—	—	—
Carottes	400	283	240	—	—	—	0k47	0k69	0k70
Choux fourrage	373	264	224	—	—	—	0.14	0.35	0.36
Colza	4413	3122	2648	8.67	6.26	6.09	—	—	—
Froment	2586	1830	1552	—	—	—	0.16	1.57	1.67
Lin (plante entière)	1205	853	724	—	—	—	2.33	3.00	3.03
Maïs	2186	1548	1312	0.06	—	—	—	1.13	1.22
Millet	2373	1670	1416	5.54	4.10	4.00	—	—	—
Navets blancs	173	123	104	—	—	—	0.33	0.42	0.43
Orge	2853	2019	1712	—	—	—	0.73	1.28	1.39
Panais	333	236	200	—	—	—	1.31	1.49	1.50
Pommes de terre	480	340	288	0.79	0.52	0.50	—	—	—
Rutabagas	226	160	136	0.12	—	—	—	0.01	0.04
Sarrasin (2)	1666	1180	1000	—	—	—	2.25	3.15	3.22
Seigle	1880	1330	1128	—	—	—	2.61	3.64	3.71
Tabac, feuilles et tiges en vert.	4000	2830	2400	13.34	11 15	11 00	—	—	—
Topinambours (3)	226	160	136	—	—	—	0.47	0.59	0.62

(1) Les pailles, feuilles et fanes de toutes ces denrées revenant au fumier, ou étant laissées sur le sol, et suffisant pour réparer l'épuisement qu'elles ont causé, le tableau en fait abstraction complète.

(2) Le sarrasin n'empruntant à la fumure que 1k,25 d'azote par quintal métrique de graine, c'est sur ce chiffre que doit se baser la restitution, en ce qui le concerne.

(3) Il en est de même des topinambours dont les tubercules ne prennent que la moitié de leur azote aux engrais, lorsque les tiges et les feuilles font intégralement retour au sol.

Le tableau qui précède serait peut-être d'une application difficile s'il n'avait un complément nécessaire. La fertilisation n'a pas lieu rien qu'au moyen du foin, du trèfle ou de la luzerne. Chaque ferme y consacre encore plusieurs autres denrées, telles que : avoine, orge, betteraves, pommes de terre, choux, etc., préalablement employées à la nourriture du bétail et dont il convient de faire état dans les calculs. Le moyen le plus simple pour arriver à des appréciations exactes, c'est de supputer à l'aide du tableau précédent la quantité totale de foin nécessaire pour soutenir un assolement quelconque ; puis de convertir fictivement en foin les denrées d'une autre espèce qui interviennent dans la réparation, et de faire une simple soustraction. Le reste indiquera la quantité de foin complémentaire absolument indispensable. Si l'on manque de prairies naturelles suffisantes pour la produire, et que l'on puisse y suppléer par de la luzerne, on fera une seconde conversion du foin en luzerne pour déterminer combien il faudra de cette dernière. C'est pour faciliter et pour abréger tous ces calculs, du reste très-faciles, que j'ai construit le tableau suivant, présentant, au point de vue de la fertilisation seulement, la valeur des principales denrées alimentaires, en foin normal.

Voici une application de ce tableau à l'assolement formulé page 624, lequel exige pour son entretien, savoir :

Pour 30000 kil. de betteraves, 280 k. de foin par 1000 kil. de racines		8400 k.
— 4400 k. de blé, 2586 k. de foin par 1000 de grain		11378
— 5000 kil. de trèfle		0
Total		19778 k.
A déduire 1° 30 000 k. de betterave revenant au sol et équivalant à 182ᵏ de foin par 1000ᵏ de racine	5460	12525
2° 5000 kil. de trèfle équivalant par 1000 kil. à 1413 kil. de foin	7065	
Reste		7253 k.

Chiffre cadrant avec celui que nous avons indiqué en nombre rond, page 626. La feuille de betteraves et la paille de blé revenant au sol sans déchet notable, il n'en est pas fait mention.

Si l'on n'est pas en situation de produire les 7250 k. de foin nécessaire et que l'on puisse les remplacer par de la luzerne, le tableau suivant indiquera qu'il faut 1000 kil. de cette dernière pour remplacer 1733 kil. de foin, et par conséquent, 4185 kil. pour 7253.

TABLEAU des équivalents du foin, au point de vue de la fertilisation, chacune des matières qui y sont indiquées étant préalablement consommées à l'étable.

	FOURRAGES.				RACINES.		
1000k	de trèfle fané pour	1413	de foin	1000k	Betteraves p.	182k	de f.
1000	id. vert en fleurs	554	—	1000	Carottes pour	260	—
1000	Luzerne fanée pour	1733	—	1000	Rutabagas p.	146,6	—
1000	id. verte —	390	—	1000	Panais pour	220	—
1000	Vesces fanées —	988	—	1000	Navets blancs	113	—
1000	id. en vert —	190	—		GRAINES.		
1000	Gesse des prés en vert	500	—	1000	Fèves d'Alsace	4355	—
1000	Ivraie vivace fanée	850	—	1000	Pois — p.	3310	—
1000	Ajoncs en vert pour	832	—	1000	Avoine pour	1517	—
1000	Choux —	243	—	1000	Orge —	1856	—
	TUBERCULES.			1000	Seigle —	1222	—
1000	Pommes de terre pour	312	—	1000	Maïs —	1421	—
1000	Topinambours —	286	—	1000	Sarrasin p.	1820	—

Je dois faire remarquer que tous ces nombres n'indiquent les équivalents que sous le rapport de l'azote. Pour savoir s'ils suffisent au point de vue des minéraux, il faut nécessairement procéder selon l'exemple formulé page 625, en recourant au tableau général de la composition des plantes.

De tous les auteurs qui ont traité la question des assolements dans ses rapports avec la fertilisation, M. G. Heuzé est le seul, à ma connaissance, qui ait déterminé avec quelque développement, les quantités de foin nécessaires pour soutenir les principales cultures pratiquées en France. Il y a entre les chiffres de l'honorable professeur et les miens, d'assez grandes différences provenant principalement de ce que M. Heuzé attribue au foin une valeur fertilisante égale à sa composition chimique, sans tenir compte des pertes qu'il éprouve dans l'alimentation du bétail. D'un autre côté, M. Heuzé, plaçant sur la même ligne le foin, le trèfle et la luzerne, me paraît être tombé dans une autre erreur non moins grande.

VIII. — Les Prairies artificielles.

Il ne sera question ici que des prairies artificielles créées en dehors de l'assolement. Ce que j'ai dit au § V de l'influence que le trèfle exerce dans la culture pivotant sur la jachère morte, s'applique à plus forte raison à celle qui s'appuie sur la jachère vive. Il en est de même pour les succédanées du trèfle, telles que la vesce, la minette dorée, les pois gris, etc., à cela près que leur rendement n'est pas ordinairement aussi considérable.

Les plantes les plus propres à former des prairies artificielles sont la luzerne, le sainfoin, et en beaucoup de localités, l'ajonc. Tandis que la première peut donner du fourrage vert pendant la bonne saison, la dernière en produit pendant quatre mois, en automne et en hiver, ce qui est très-précieux.

La luzerne peut réussir partout où elle rencontre un sol sain, frais et profond, de bonne qualité ou convenablement fertilisé et amendé. Les chaulages ou les marnages sont absolument nécessaires dans les terres dépourvues de calcaire. Le plâtre contribue presque toujours très-efficacement au développement des légumineuses. Un mémoire présenté récemment par M. Dehérain, à l'Académie des Sciences, — depuis que le chapitre consacré, page 563, à cet engrais est imprimé, — attribue ses effets à l'action que cet agent exerce sur l'ammoniaque et la potasse absorbées et retenues par le sol. Cette action serait de telle nature, que la rétention cesserait et que ces deux substances pourraient être dissoutes par les pluies, puis entraînées dans la partie inférieure du sol où elles seraient absorbées par les racines des légumineuses. Cette explication n'est pas à l'abri d'objections sérieuses. La plus grave est celle-ci. C'est que s'il en était ainsi, cet effet se produisant lentement, à partir de la surface du sol qui reçoit le plâtre, il n'y aurait pas de raison pour que les céréales plâtrées ne profitassent également des substances circulant ainsi dans la couche arable; la seconde est que cet effet devrait tout aussi bien se produire dans les sols schisteux que dans les autres, et cependant, l'expérience prouve que le plâtre y est ordinairement sans efficacité. Du moins, l'ai-je plusieurs fois infructueusement essayé en pareil cas. Cette question ne me paraît donc pas encore définitivement résolue.

Quant au sainfoin, c'est le fourrage de prédilection des terres calcaires. Il ne réussit nulle part aussi bien que dans les sols de cette nature, et quoiqu'il ne donne qu'une coupe, il est souvent aussi productif que le trèfle. Malheureusement, nous n'avons pas d'analyses complètes de sa composition chimique, ce qui est une lacune fort regrettable dans nos données agronomiques. Mais on peut, sans risquer de se tromper beaucoup, lui assigner une valeur nutritive et fertilisante égale à celle de la luzerne. Je l'ai cultivé pendant longtemps, concurremment avec cette dernière plante, et c'est sur mes propres observations que je fonde l'opinion que j'émets.

En ce qui concerne l'ajonc, voyez ce que j'en ai dit pages 612 et 613.

On a vu par les tableaux du § précédent, que le trèfle et la luzerne ont une valeur fertilisante beaucoup plus grande que le foin. Ceci m'amène naturellement à examiner la question de savoir s'il ne vaudrait pas mieux souvent, lorsque le sol y est propre, convertir de médiocres prairies naturelles en luzernière, que de les conserver.

On se souvient que pour soutenir l'assolement biennal examiné au § V, il ne faut pas moins de 3 hectares de pré produisant ensemble 9900 kil. de fourrage. Or, cette quantité de foin pourrait être remplacée par 5580 kil. de luzerne. Si je ne me trompe, un sol produisant 3300 kil. de foin, est d'assez bonne qualité pour pouvoir produire 5580 k. de luzerne. Un hectare de cette dernière rendrait donc autant que trois hectares de pré. Si ces derniers coûtent chacun 90 fr. seulement, tant pour le loyer que pour la fenaison, soit ensemble 270 fr., chaque hectolitre de froment sera grevé de ce chef de 3.75 dans l'assolement biennal de mon hypothèse, et de 1.83 seulement dans l'assolement biennal converti. Cette charge serait réduite au moins de moitié en substituant la luzerne au foin naturel.

Les luzernières sont donc les prairies les plus avantageuses, d'abord en ce qu'elles sont d'un produit plus considérable à qualité de sol égale, que tous les autres fourrages, et ensuite, en ce qu'elles n'enlèvent que quelques minéraux dont le remplacement n'est pas coûteux, surtout lorsque la luzerne alterne avec les autres cultures. Il suit de là, qu'on peut avec ce fourrage comme avec le sainfoin et l'ajonc, créer des combinaisons de culture pouvant se soutenir indéfiniment sans le concours des prairies naturelles, mais non sans celui de quelques minéraux complémentaires. En voici la preuve.

Si l'on suppose un domaine exportant 4000 k. de blé, produit de deux hectares, et dont la paille seule revient à la terre, à laquelle elle restitue tous les éléments qu'elle lui a enlevés, ces 4000 k. de grain feront disparaître du sol 77 k. 60 d'azote, 25 k. 10 de potasse, 13 k. 50 de magnésie et 40 k. 20 d'acide phosphorique.

Avec 6200 k. de luzerne fanée ayant subi dans l'alimentation du bétail le déchet que nous savons, on restituera exactement l'azote enlevé par le blé, et de plus, on enrichira le sol de 36 k. 30 de potasse et de 3 k. 50 de magnésie ; mais il restera encore un petit déficit de 6 k. 70 d'acide phosphorique. Ce déficit est insignifiant en apparence. Cependant, comme il se reproduit dans la plupart des combinaisons de culture, et cela depuis des siècles, il n'est pas étonnant que de simples phosphates produisent transitoirement de très-bons effets sur la végétation, alors même qu'ils sont employés isolément. Ainsi, avec un hectare de bonne luzerne on pourrait entretenir indéfiniment la fertilité de 2 hectares cultivés en blé ou alternativement en colza et en blé, lorsque la récolte ne dépasserait pas 50 hect. de celui-ci et 35 de colza pour les deux hectares. C'est là, je pense, de toutes les combinaisons de culture intensive possible, l'une de celles qui exigeraient la moindre étendue de terre pour la réparation.

Mais si la luzerne peut ainsi soutenir à peu de chose près indéfiniment la fertilité des terres arables, il ne faut pas perdre de vue qu'elle ne le fait qu'aux dépens du sol qui l'a produite. Si elle ne lui prend pas d'azote, les 6200 k. de notre hypothèse lui enlèveront 68 kil. 20 de potasse, 18 kil. 60 de magnésie et 37 k. 30 d'acide phosphorique, qu'on ne peut guère se dispenser de rapporter si l'on veut prolonger l'existence de la luzernière et conserver au même degré la force productive du sol qu'elle occupe. Dans ce cas, la réparation coûtera une soixantaine de francs au maximum, soit environ 10 fr. par 1000 k. de fourrage récolté. Elle coûterait sensiblement moins si l'on y employait des cendres de bois qui sont d'un excellent effet en pareil cas. Malheureusement, elles sont trop peu abondantes pour dispenser de recourir aux autres fertilisants minéraux.

La durée des prairies artificielles (luzerne et sainfoin) est très-variable. Selon les circonstances, la première peut vivre de 6 à 12 ans, même plus, et le deuxième de 3 à 6 ans. La vie de ces plantes sera toujours d'autant plus longue que le sol aura été mieux préparé et que sa fertilité sera entretenue avec plus de soin. D'un autre côté, la luzerne et le sainfoin, comme le trèfle et plusieurs autres légumineuses, n'aiment pas à revenir sur le même terrain à des époques trop rapprochées. Cela tient indubitablement au mode de culture. Si, lorsqu'on veut établir une luzernière, on commençait par défoncer le terrain à 50 ou 60 centimètres de profondeur en fertilisant la couche de terre dans toute son épaisseur, il est probable qu'elle pourrait revenir plus souvent à la même place. Il en est de même du trèfle. Ses racines vivant principalement dans le sous-sol où les substances fertilisantes ne peuvent arriver que très-lentement lorsqu'elles n'y sont point introduites par un labour profond, il peut se faire qu'après un certain nombre de récoltes, ce sous-sol se trouve épuisé d'une ou plusieurs substances essentielles, ce qui suffit pour faire manquer la végétation de la plante. L'ammoniaque et la potasse énergiquement retenues par la couche végétale, ne l'abandonnant que quand elles sont transformées en salpêtre, les pluies peuvent alors les entraîner dans les profondeurs du sol. Mais ces réactions sont toujours fort lentes, et lorsqu'un sous-sol a été épuisé, trois ou quatre ans ne lui suffisent pas pour se remonter spontanément. Il en serait autrement, si les substances fertilisantes étaient exactement réparties dans une couche de 35 à 40 centimètres d'épaisseur au lieu de $0^m,15$ à $0^m,20$ seulement. J'ai déjà parlé du fermier Le Roy, cité par Mathieu de Dombasle. Cet agriculteur avait adopté l'assolement triennal : colza, — trèfle, — blé, enfouissant invariablement sa seconde coupe de trèfle. On prétend qu'au moyen de cette combinaison, il a réussi à gagner 200,000 francs pendant la durée de son bail. On peut conclure de là que l'agriculture n'est pas toujours une mauvaise industrie, et que si le trèfle a pu revenir cinq à six fois sur lui-même à trois années d'intervalle seulement, il n'y a pas de raison pour qu'il ne le puisse indéfiniment. Les lois physiologiques sont immuables. La nature ne procède ni par boutade ni par caprice. La terre ne se lasse de produire que quand elle n'est pas rationnellement traitée. Les mêmes causes produisant toujours les mêmes effets, lorsque ceux-ci éprouvent des modifications, c'est indubitablement parce que les causes ont été modifiées elles-mêmes. C'est donc à les rétablir dans leur état normal qu'on doit particulièrement s'attacher, et au cas particulier, le principal remède doit être de restituer au sous-sol, à l'aide de moyens mécaniques, les substances qui en ont disparu au lieu d'attendre que cette restitution se fasse spontanément.

Indépendamment des prairies artificielles à base de légumineuses, on peut aussi en former de temporaires uniquement composées de graminées. C'est le plus ordinairement le ray-grass anglais qui sert à cet usage. La durée du ray-grass d'Italie étant moins longue, on place de préférence ce dernier dans l'assolement. Mais les plantes graminées sont bien loin de présenter les mêmes avantages que les légumineuses, en ce qu'elles sont beaucoup plus épuisantes et qu'elles ne peuvent donner de bons produits qu'en consommant beaucoup de fumier. Elles ne peuvent donc être considérées comme un bon moyen de fertilisation; mais elles n'en sont pas moins susceptibles de rendre de grands services, en fournissant la matière première de produits animaux précieux. Seulement, ceux-ci reviendront à un prix sensiblement plus élevé en employant exclusivement à leur fabrication des fourrages graminées, qu'en y employant des légumineuses.

IX. — De la succession des plantes dans les Assolements.

La plupart des auteurs prescrivent avec instance et avec raison l'observation de l'alternat dans les assolements. Mais les motifs qu'ils donnent ne sont pas également bons. Les uns se fondent sur ce que généralement les plantes sont antipathiques à elles-mêmes; les autres sur ce qu'elles excrètent des matières qui nuisent à leur développement lorsqu'elles reviennent immédiatement à la même place; d'où l'on conclut, en thèse générale, que les végétaux d'une même espèce ou d'une même famille ne peuvent pas se succéder avantageusement, et qu'il faut, par conséquent, varier les cultures et les combiner de telle manière que chaque espèce de plante alternant avec une espèce différente, satisfasse aux quatre principales règles suivantes : 1° Les plantes pivotantes doivent succéder à celles dont les racines sont chevelues ou traçantes; 2° les plantes améliorantes doivent alterner avec les épuisantes; 3° celles qui ont certains àppétits très développés avec celles douées d'appétits différents; 4° enfin, celles qui sont salissantes avec celles qui sont nettoyantes ou étouffantes.

A mon sens, la première de ces règles n'a pas sa raison d'être d'une manière absolue. Le plus ordinairement, elle n'en a aucune, et il peut même arriver qu'elle soit contre-indiquée par la nature des choses; la deuxième n'est pas suffisamment définie; la 3e est inutile en présence d'une fertilité normale; la quatrième seule est rationnelle; mais elle pourrait, en certains cas, être inefficace sans un complément. Toutes ces règles doivent donc être fondues en une seule, que l'on peut formuler ainsi : *faire succéder les plantes qui salissent le sol et qui l'épuisent le plus à celles qui le laissent dans un bon état de propreté et de fertilité, tout en donnant au cultivateur un temps suffisant pour exécuter les travaux intermédiaires nécessaires.*

La justification de cette formule ressortira clairement, je l'espère, de la discussion des règles auxquelles je la substitue, et dont quelques-unes commencent à perdre de leur prétendue importance aux yeux des agronomes éclairés.

On a aussi posé en principe que les cultures doivent être combinées de manière à produire la plus grande quantité possible de matériaux réparateurs de l'épuisement, et qu'à cet effet les plantes destinées à alimenter le bétail, doivent alterner avec celles cultivées pour la nourriture de l'homme ou les besoins de l'industrie. Cette règle est sans doute la plus importante, puisqu'elle forme la pierre angulaire de l'agriculture ; mais on conçoit qu'elle ne peut être érigée en prescription absolue, puisque l'introduction des plantes fourragères dans l'assolement y est plus ou moins nécessaire, selon que l'exploitation est plus ou moins riche en prairies naturelles et artificielles hors rotation, et qu'elle peut se procurer plus ou moins facilement, plus ou moins économiquement des engrais commerciaux complémentaires. Néanmoins, comme le principe sur lequel elle repose domine tous les autres, en ce sens qu'il n'y a de culture possible qu'à la condition de rendre au sol au moins ce que les récoltes lui ont enlevé, l'assolement doit toujours être combiné avec les moyens de fertilisation existant en dehors de lui et de manière à complèter lui-même ceux qui seront nécessaires pour qu'il puisse se soutenir. La discussion qui va suivre indiquera l'ordre dans lequel cette combinaison doit avoir lieu.

X. — Les plantes pivotantes et les plantes traçantes.

L'abbé Rozier est, je crois, l'un des auteurs qui ont le plus contribué à accréditer la culture alterne, c'est-à-dire la culture produisant alternativement, sur le même sol, des fourrages et des céréales. Je laisse de côté les considérations invoquées en faveur de ce système, autres que celle qui se rapporte au présent paragraphe et que voici : « Les plantes, dit Rozier, ont » des racines pivotantes, c'est-à-dire qui se prolongent assez » avant dans la terre, ou des racines chevelues qui ne pénè- » trent qu'à 4 ou 5 pouces de profondeur (12 à 15 centimètres » environ). La luzerne, le trèfle, etc., sont dans le premier cas; » les blés dans le second. Ainsi lorsque l'on alterne sur un » trèfle, sur un sainfoin, sur une luzernière, une ravière, etc., » on est sûr que la récolte suivante sera copieuse, parce que » les racines de ces plantes n'ont absorbé les sucs de la terre » qu'à une profondeur plus considérable que celle où les raci- » nes du blé auraient puisé pour se nourrir. Dès lors, en labou- » rant cette terre où en la bêchant, le terrain de la partie supé- » rieure dont les sucs n'ont point été épuisés ou diminués est » enfoui et présente en abondance des sucs nourriciers aux » racines qui le pénètreront ; au contraire, les racines des blés » consomment les sucs du terrain supérieur et laissent intact » ceux de la partie inférieure. Dès lors on voit les avantages » qui doivent nécessairement résulter de la méthode d'al- » terner. »

Quoique la pensée de l'auteur ne se dégage pas ici très nettement des termes un peu confus dans lesquels elle s'enchevêtre, il est évident qu'il a voulu dire qu'un blé succédant à un trèfle devra d'autant mieux réussir que ses racines occuperont une zone qui n'aura pas été fatiguée par la plante pivotante, moyennant toutefois que la partie supérieure de la couche arable n'ait pas été enfouie par un labour trop profond et remplacée par la partie inférieure plus ou moins épuisée. Mais les auteurs qui ont succédé à Rozier sont allés beaucoup plus loin que lui en généralisant une règle qui n'avait d'abord été faite que pour des cas particuliers, c'est-à-dire en érigeant en loi physiologique, la prétendue nécessité de faire alterner les plantes traçantes et les plantes pivotantes.

Cet arrangement est très spécieux en théorie, mais lorsqu'on est tant soit peu praticien, on reconnaît aisément qu'il n'est pas toujours rationnel et encore moins obligatoire.

On comprend cependant que lorsque deux plantes sont associées sur un même sol et surtout lorsque l'une des deux parcourt toutes les phases de sa végétation plus promptement que l'autre — comme le blé et le trèfle — il importe qu'elles n'habitent pas le même étage de la couche arable et ne fassent pas ménage ensemble, parce que si elles vivaient à la même table, la plus gourmande pourrait affamer l'autre, à moins qu'elles ne fussent toutes les deux très copieusement servies. Lorsqu'il s'agit d'une association semblable, rien n'est plus sensé assurément que de la composer de plantes pivotantes et de plantes traçantes.

On comprend encore les avantages de l'alternat dont il s'agit dans l'hypothèse posée par Rozier, et moyennant la restriction que j'ai exprimée. Mais il n'est pas exact de dire qu'en général les plantes traçantes doivent nécessairement succéder aux pivotantes, parce que si cette règle était rigoureuse, on ne pourrait jamais cultiver du blé après du maïs; du seigle après du sarrazin ; une céréale quelconque après des pommes de terre, de l'avoine après du froment, toutes choses cependant qui peuvent se faire très fructueusement selon les circonstances. D'un autre côté le chanvre, le topinambour, ne pourraient pas indéfiniment se succéder à eux-mêmes ainsi que cela se pratique en bien des contrées. Il y a plus ; il peut très bien arriver qu'une plante traçante soit mal placée après une plante pivotante, comme, par exemple, du blé d'automne après des betteraves, sur un seul labour un peu profond, puisque ce labour ramène dans l'étage habité par les racines de la créale, la partie de la couche arable fatiguée par les betteraves.

Et puis enfin, que deviennent les motifs de la règle générale lorsque plusieurs labours mélangeant très intimement la couche arable, séparent les cultures? Il a été expérimenté qu'en pareil cas deux cultures de betteraves ou de colza peuvent très bien se suivre sur une seule fumure, lorsque celle-ci est suffisante pour subvenir aux besoins des deux récoltes.

Concluons donc de tout cela que la manière d'être des racines ne doit pas être prise en considération d'une manière absolue dans la combinaison des cultures, et que la règle que je viens de discuter n'a sa raison d'être que pour certains cas spéciaux. Lorsque d'ailleurs des plantes traçantes succèdent à des plantes pivotantes, c'est presque toujours par des raisons d'une nature totalement différente et beaucoup plus influentes que celles alléguées.

XI. — Les plantes améliorantes et les plantes épuisantes.

J'ai dit que cette règle n'était pas suffisamment définie. La raison en est qu'il n'y a pas de végétaux véritablement améliorants par leur végétation même, au moins parmi ceux qui sont annuels ou bisannuels. Tous sont épuisants plus ou moins. Il en est, à la vérité, qui n'affaiblissent qu'insensiblement la partie supérieure de la couche arable, en sorte que les récoltes qui leur succèdent sont ordinairement fort bonnes, ce qui a fait considérer ces végétaux comme améliorants. Telles sont les légumineuses, qui se nourrissent principalement dans le sous-sol. Il n'est question ici que de celles qui entrent dans les rotations. Les légumineuses d'une longue durée, comme la luzerne et le sainfoin, laissant sur le sol quelques débris qui s'y accumulent pendant plusieurs années, peuvent procurer une certaine amélioration qui est d'autant plus sensible que ces prairies ont été plus abondamment fumées lors de leur création. Comme elles n'enlèvent que très peu de chose à cette fumure, quoiqu'elles en profitent largement, on comprend aisément que le sol se trouve en bon état lorsqu'elles sont rompues. Mais ces plantes étant ordinairement cultivées hors d'assolement, elles n'ont rien à faire dans la question qui nous occupe.

Quant aux légumineuses, le trèfle notamment, qui alternent avec d'autres plantes, je crois avoir prouvé, page 316 et suivantes, que si elles n'enlèvent que quelques minéraux au sol, elles ne l'améliorent que par le fourrage qu'elles lui restituent à l'état de fumier et qui y rapporte des masses considérables de matières organiques qui n'ont rien coûté à la fertilité. Le meilleur moyen d'obtenir gratuitement d'excellentes récoltes de trèfle, c'est de mettre en pratique un fort bon conseil donné par M. Jamet dans la nouvelle édition de son *Cours d'agriculture*. Ce conseil consiste tout simplement à appliquer une très forte fumure au trèfle qui restituera immédiatement par ses racines ce qu'il en aura absorbé. Il n'est pas possible de prêter à plus gros intérêts. Mais si, après cela, le sol se trouve en bon état pour la récolte suivante, je pense qu'il est plus juste d'en attribuer le mérite à l'engrais et à la propreté produite par la légumineuse, qu'aux quelques folioles qu'elle laisse après elle.

Quant aux plantes sarclées, autres que les fèves, nous avons vu précédemment que loin d'être améliorantes, elles sont au contraire autant et plus épuisantes que les céréales. Si elles mettent le sol en bon état par les façons d'entretien qu'elles exigent, et si sous ce rapport, elles sont favorables à la végétation des plantes qui leur succèdent, c'est une considération qui n'est pas à sa place ici. Elle appartient spécialement à la quatrième règle qui est tout autre que celle qui nous occupe.

L'ordre de succession des plantes dans la culture n'est donc pas une question d'amélioration et d'épuisement alternatifs, puisqu'il n'y a jamais amélioration dans le sens d'une augmentation de fertilité, mais toujours, au contraire, une réduction successive plus ou moins considérable de cette fertilité, selon la faculté plus ou moins grande d'épuisement que possède chaque espèce de plante.

Il s'en faut toutefois de beaucoup que l'on soit d'accord sur la classification des végétaux sous le rapport de cette faculté. Il y a des auteurs qui prétendent qu'en général les plantes dont les semences sont les plus azotées, sont par cela même les plus épuisantes. Si cela était vrai, les fèves, les vesces, les lentilles, seraient les plus mauvais précédents possibles dans la culture alterne, tandis qu'ils sont au contraire fort bons. Mais pour prouver leur proposition, les auteurs dont je parle mettent en parallèle 30 hect. de colza pesant 2,000 k. et enlevant au sol 60 k. d'azote avec 30 h. de froment (2,400 k.) contenant 50 k. de la même substance et avec 30 h. d'avoine (1,500 k.) qui n'en contiennent que 27 k. Donc, disent-ils, le colza et le froment sont plus épuisants que l'avoine. C'est là une preuve qui n'est pas heureuse, parce que dans une question semblable, on ne doit pas comparer entre eux des volumes égaux, d'une densité très-différente. La comparaison serait plus spécieuse, et se rapprocherait davantage de la vérité si elle portait sur des poids égaux; mais elle ne serait pas plus juste, parce que l'épuisement n'est pas en raison de ce qu'un volume ou un poids déterminé d'une denrée prend au sol, mais bien en raison de ce que sa récolte totale lui enlève, comparativement à la récolte totale d'une autre denrée, à fertilité égale. Si une même terre pouvait produire indistinctement, avec la même puissance, 1000 k. de colza dosant 41 k30 d'azote, ou 1000 k. de blé n'en contenant que 25,50, ou enfin 1000 k. d'avoine n'en représentant que 22 k., il est certain que le colza serait la plus épuisante de ces trois plantes et l'avoine celle qui le serait le moins. Mais il n'en est pas ainsi. Si nous supposons ces trois denrées cultivées dans une terre en possession d'une fertilité représentée par 100 k. d'azote ou 25000 k. de fumier normal, le colza et le froment en absorberont la même proportion, c'est-à-dire chacun 0,30 ; tandis que l'avoine en prendra 0,38, en sorte que nous récolterons 30 k. d'azote sous la forme de 725 k. (11 h.) de colza ou sous celle de 1175 k. (14 h63 c) de froment, et 38 k. d'azote sous celle de 1725 k. ou 34 h 50 d'avoine. On doit donc conclure de là, contrairement à l'opinion que je discute, que l'avoine est plus épuisante que le colza et le froment et que ces deux derniers le sont au même, degré, malgré l'énorme différence existant dans leur teneur respective en azote. Ce qui le prouve, c'est qu'un froment réussit toujours mieux après un colza qu'après une avoine. Il est vrai que ceci tient encore à une autre cause que nous avons expliquée ailleurs.

La conclusion découlant de ce qui précede est que la faculté d'épuisement des plantes n'est autre que leur faculté d'absorption dont nous avons donné le tableau page 347.

C'est donc dans ce sens que la question d'épuisement doit être examinée lorsqu'il s'agit de déterminer le rang que les cultures doivent occuper dans une rotation. Ce serait souvent agir à contre-sens que de commencer par les plus épuisantes. Ainsi, il ne serait pas rationnel, quoique cela se fasse dans de très-bonnes exploitations, de faire précéder un froment par une avoine, même en les séparant par un trèfle. C'est ce que j'ai démontré page 349. Une telle pratique ne peut se justifier que quand elle est commandée par des raisons particulières prépondérantes, ou bien quand la fertilité est telle que, quel que soit l'ordre de leur succession, les récoltes puissent donner un rendement maximum.

Mais la règle qui prescrit de mettre au premier rang les plantes les moins exigeantes n'est pas sans exception, parce que l'ordre de leur succession dans la rotation n'est pas seulement une question d'épuisement relatif. D'autres considérations non moins influentes peuvent motiver un arrangement différent. C'est ce que nous voyons quant aux betteraves et aux carottes, qui ne peuvent certainement être mieux placées qu'en tête de l'assolement, quoique leur aliquote d'absorption soit plus élevée que celles des plantes qui les suivent ordinairement. Toutefois, il faut remarquer que l'aliquote de ces deux racines n'exprime l'épuisement réel qu'elles produisent que quand leurs feuilles sont enlevées, Il s'en faut de beaucoup alors qu'elles soient un aussi bon précédent pour les céréales qui les suivent que quand leurs feuilles sont laissées sur le sol. C'est ce que j'ai démontré page 312. Dans ce dernier cas si l'absorption est forte, elle est en grande partie compensée par la restitution immédiate des feuilles et c'est, par conséquent, comme si elle avait été beaucoup moindre. On voit page 302, qu'au lieu de 0,676, elle serait à à peine de 0,23 chez M. Boussaingault pour la betterave, défalcation faite de la restitution dont il s'agit. Mais il n'en est pas moins vrai que pour pouvoir parvenir à leur développement complet, la betterave, la carotte, les pommes de terre, etc., sont beaucoup plus exigeantes que les autres plantes, ce qui ne les empêche en aucune façon d'être fort judicieusement placées en tête des assolements. C'est que, dans des appréciations de cette nature, il ne faut pas voir seulement ce que les récoltes contiennent et ce qu'elles enlèvent au sol ; il faut voir surtout ce qu'elles y laissent. Il est certaines plantes qui consomment beaucoup et qui néanmoins peuvent laisser la terre en très-bon état, parce que, exigeant une forte fumure, il reste toujours après elle un bon stock de fertilité. C'est précisement le cas des betteraves et des carottes dont les feuilles ne sont pas enlevées, et c'est principalement en ce sens qu'elles sont améliorantes ; mais elles le sont plus particulièrement à raison de la forte quantité de fumier qu'elles exigent et non à raison de celui qu'elles produisent.

Le colza biné et rationnellement fumé quoique ne rendant ordinairement que ses tiges à la terre, est améliorant dans le même sens. C'est cette considération jointe à la faiblesse de son aliquote d'absorption, qui lui assignent la place la plus rapprochée de la fumure. Lorsqu'il ne peut pas tenir la tête de l'assolement, il doit toujours recevoir un complément d'engrais qui, fût-il excessif, ne peut produire que de bons résultats. Le colza, comme toutes les plantes jachères, peut supporter les plus fortes fumures sans inconvénient.

Le tabac, le lin, le chanvre, le maïs, sont également des plantes très-épuisantes, d'autant plus que les trois premières ne restituent rien au sol, ce qui n'empêche nullement qu'elles en puissent précéder d'autres qui le sont beaucoup moins. Leur qualité de plantes nettoyantes, jointe à ce qu'elles laissent après elles une bonne partie de la forte fumure qu'elles exigent, est prépondérante.

Ainsi, la considération dominante ici n'est pas de savoir si les plantes seront alternativement améliorantes et épuisantes dans l'ordre de leur succession, ce qui, pris à la lettre, ne serait pas possible; mais bien si vivant sur une fumure unique, elles se succéderont de manière à ce que chacune d'elles laisse dans le sol une quantité de principes fertilisants suffisante pour celles qui les suivront. Il va sans dire que toutes choses égales sous ce rapport, la préférence appartiendra de droit aux plantes qui satisferont le mieux à la quatrième règle.

XII.— Les plantes au point de vue des substances qu'elles consomment.

Les Traités d'Agriculture répètent à l'unisson que les plantes doivent se succéder dans un ordre alternatif, selon la nature des substances minérales dont elles sont le plus avides. Ainsi, dit-on, il ne faut pas placer après une récolte qui aura enlevé beaucoup de potasse au sol, une autre récolte qui en exigera également beaucoup. C'est là une règle que rien ne justifie, prise dans un sens absolu. Voici un assolement dans lequel les betteraves enlèvent 102 kil. 60 d'alcalis, le froment avec sa paille 63.05 et le trèfle 108.75. Ensemble 274 k. 40. La disposition des plantes dans cet assolement est parfaitement conforme à la règle dont il s'agit. Mais, qu'est-ce que le trèfle y gagne? Trouverait-il moins de potasse dans le sol s'il pouvait succéder immédiatement à la betterave au lieu de succéder au froment? On comprendrait très-bien, par exemple, qu'une plante exigeant 108 de potasse ne pût venir immédiatement après une autre qui en aurait enlevé 102, si la fertilisation n'avait pas introduit dans le sol ces deux quantités d'alcalis. Mais alors, quelle que fût la combinaison adoptée, la seconde plante refuserait toujours de végéter là où elle ne trouverait pas de quoi s'alimenter. Il importe donc fort peu que les plantes se succèdent dans un ordre plutôt que dans un autre, sous ce rapport. Ce qui importe, c'est que la fumure verse dans le sol toutes les substances nécessaires à l'alimentation des récoltes composant la rotation. Voilà le point capital. Cette condition remplie, l'ordre de succession doit s'établir d'après des considérations d'une autre nature, dont, très-vraisemblablement, l'alternat recommandé par la règle que nous examinons, sera une conséquence forcée comme dans l'exemple que je viens de citer. Si l'orge est bien placé après la betterave et le froment après le trèfle, ce n'est pas parce qu'il faut moins de potasse aux plantes qui suivent qu'à celles qui précèdent, mais par de tous autres motifs. Il n'est pas rare de voir deux récoltes de betteraves se succéder avec succès, quoique cette plante soit très-avide de potasse. C'est qu'en pareil cas, elle trouve dans le sol non-seulement les alcalis, mais toutes les autres substances dont elle a besoin. S'il n'en était pas ainsi elle ne réussirait pas.

La règle que nous examinons est donc inutile en présence d'une fertilité normale. L'appétit des plantes ne doit être consulté que dans son ensemble et non dans ses détails, pour déterminer leur rang dans la rotation. C'est ici la loi de l'aliquote qui doit dominer. En se dirigeant d'après la composition minérale des végétaux, on se perdrait dans une complication inextricable. Telle plante demanderait la priorité en faveur de sa potasse, telle autre, pour une autre substance et elles s'excluraient réciproquement. Ainsi, par exemple, si la betterave devait précéder le froment parce qu'elle exige plus d'alcalis que lui, elle devrait le suivre parce qu'il lui faut moins d'acide phosphorique, de chaux, de magnésie et surtout de silice. On ne comprendrait pas, d'un autre côté, que le froment qui demande incomparablement moins de chaux et d'alcalis que le trèfle, mais infiniment plus de silice, pût le précéder et le suivre avec un égal succès. Tout cela montre jusqu'à l'évidence, que les prétendues lois physiologiques que nous venons d'examiner, sont de véritables lois de fantaisie qui ne tendent qu'à compliquer et à embrouiller la théorie agricole au lieu de la simplifier. Mais il n'en est pas ainsi de la suivante.

XIII. — Les Plantes nettoyantes et les Plantes étouffantes.

Après la fertilisation du sol, sa propreté est la principale condition du succès des récoltes, lorsque d'ailleurs il est sain et bien travaillé. Il n'est question ici, bien entendu, que des conditions dont l'accomplissement dépend uniquement du cultivateur. Il va de soi, par conséquent, qu'une récolte salissante, comme le sont ordinairement les céréales, doit toujours succéder soit à une jachère nue, soit à une plante jachère qui ait purgé le sol des mauvaises herbes qu'engendre ordinairement le fumier d'étable, ou qui croissent spontanément. Deux récoltes nettoyantes peuvent se suivre fructueusement. C'est ce qui a lieu quand on sème du trèfle dans du lin ou dans du sarrasin. Le blé qui suit le trèfle est toujours très-propre et très-beau, parce que les deux récoltes qui l'ont précédé ombrageant fortement le sol lorsqu'elles sont bien réussies, étouffent toutes les plantes adventices et conservent dans la terre une utile fraîcheur. Mais, lorsqu'on sème deux céréales de suite on produit un effet tout contraire. Celle qui vient en second lieu ne donne jamais des résultats aussi satisfaisants que lorsqu'elle succède à une culture nettoyante. C'est là l'un des graves défauts de l'assolement triennal roulant uniquement sur la production des céréales.

Ainsi, la véritable loi de l'alternat est donc celle dont il s'agit ici ; mais pour qu'elle puisse produire tous ses fruits, elle doit nécessairement être combinée avec celle de l'épuisement dans le sens précédemment indiqué, toutes les fois que la rotation comprend plus de deux récoltes.

On a conseillé aussi de faire alterner les plantes qui empruntent beaucoup à l'atmosphère avec celles qui ne lui demandent que très-peu. C'est encore là une théorie de pure fantaisie. L'atmosphère ne contribue pas à l'alimentation des plantes à raison de la place qu'elles occupent, mais uniquement à raison de la fertilité et de la propreté du sol dans lequel elles végètent. Elle est aussi libérale pour les unes que pour les autres, eu égard à leur organisation et quels que soient les précédents. Ce qui le prouve, c'est l'exemple déjà plusieurs fois cité, de deux récoltes de betteraves qui se suivent ; c'est encore la culture continue du chanvre, des topinambours sur le même terrain.

Répétons donc que l'unique règle à suivre dans les assolements, consiste à faire alterner régulièrement les récoltes salissantes avec les récoltes nettoyantes, en mettant au premier rang celles qui laissent le sol dans le meilleur état de fertilité.

Ajoutons toutefois, que la combinaison doit être telle que le cultivateur trouve entre chaque récolte un temps suffisant pour travailler convenablement la terre. Cette condition ne se rencontre pas toujours lorsqu'on fait succéder un froment d'automne à une culture de betteraves. Aussi, est-il souvent moins productif dans une pareille condition qu'après un trèfle ou un colza.

XIV. — Les Plantes au point de vue de leur multiplication.

On ne doit autant que possible introduire dans les assolements que les végétaux les plus productifs dans chaque espèce. Mais il faut s'attendre à des déceptions, si l'on ne proportionne pas les fumures à la puissance d'absorption des récoltes. Vous avez à choisir entre deux variétés de froment, l'une pouvant rendre 25 hectolitres et l'autre 20 seulement à fertilité égale. Il est bien évident que cette différence de rendement ne peut provenir, en pareil cas, que d'une différence dans la puissance d'absorption particulière à chacun de ces deux blés. Or, celui qui rendra le plus laissera le moins après lui dans le sol. Si l'on en continue la culture sans augmenter la fumure proportionnellement à l'accroissement de la récolte, ou ce qui revient au même, sans restituer intégralement l'équivalent des substances enlevées par cette récolte, il arrivera nécessairement que celle-ci diminuera et que le froment qui rendait 25 h. au début finira bientôt par n'en rendre plus que 20. Et, comme il est assez d'usage en agriculture d'expliquer les faits qu'on ne comprend pas, par toutes sortes de raisons excepté la véritable, on dira ici que le blé est dégénéré, tandis que la dégénérescence ne sera vraisemblablement que dans la fertilité. Que l'on place une vache durham dans une étable bretonne et qu'on la mette au régime du pays, on la verra bientôt dégénérer aussi. C'est là l'histoire du blé de miracle et de maintes autres merveilles analogues. Ce sera probablement aussi avant longtemps celle du brome Schrader, partout où l'on ne créera pas une fertilité en harmonie avec son rendement, et ç'eût été également celle du fameux procédé Hooïbrenck (voir page 375), si les espérances que l'on avait conçues sur son efficacité s'étaient réalisées. Je ne veux pas dire par là que certaines plantes ne sont pas sujettes à dégénérer réellement, alors même qu'elles trouvent dans le sol une nourriture suffisante. Lorsque cela arrive, c'est ordinairement l'influence du climat ou du sol qui en est la cause. Ce que je prétends seulement, c'est que très-souvent la dégénérescencene provient que d'une alimentation qui n'est pas en harmonie avec les besoins de la plante, et qu'elle aura presque toujours lieu lorsque le cultivateur introduira dans son assolement des végétaux se multipliant beaucoup, sans augmenter ses fumures dans la même proportion (1).

XV. — Les cultures intercalaires.

Dans quelques localités on est dans l'usage de faire deux récoltes sur la même terre dans le cours d'une campagne agricole. On y procède de plusieurs manières. Tantôt le sol est occupé à la fois pendant un certain temps par deux plantes différentes, mais qui ne mûrissent pas à la même époque, et qui donnent par conséquent deux récoltes successives; tantôt les cultures viennent l'une après l'autre dans le courant de la même campagne. Ainsi, dans le premier cas, on voit notamment dans quelques vallées des Vosges, des carottes semées au printemps dans du froment. Lorsque la céréale est enlevée on arrache le chaume, puis, on sarcle avec soin les carottes qui commencent à poindre et à l'automne on en fait une récolte qui ne vaut ja-

On lisait dernièrement dans l'*Avenir national* un excellent article de M. J. Laverrière, dans lequel cet écrivain raconte que le brome Schrader, qui a d'abord fait merveille en Amérique, y a décliné tout à coup sans que l'on en connut la cause. Je ne crois pas me tromper, en affirmant que cette cause n'est autre que celle que je viens de signaler.

mais celle qu'on obtiendrait d'une culture spéciale, mais qui n'en allége pas moins très-sensiblement le prix coûtant du blé. La racine restitue d'ailleurs une bonne partie de l'engrais qu'elle consomme. En Bretagne, on sème des navets dans du sarrasin, et leur récolte vaut souvent mieux que celle du grain. Mais tout cela ne peut avoir lieu que dans des terres convenablement fertilisées. En beaucoup d'endroits, on fait suivre le froment d'un trèfle incarnat, qui laisse le sol libre d'assez bonne heure pour une culture estivale. C'est une excellente pratique, parce que cette légumineuse épuise peu le sol et présente une précieuse ressource fourragère au printemps. On peut aussi faire suivre le froment par des navets, qui sont récoltés en automne, ou par du seigle, de l'avoine, de l'orge, qui fournissent successivement un très-bon fourrage vert au commencement de la bonne saison. Lorsqu'on a du fumier disponible, on ne saurait mieux l'employer qu'en l'appliquant à des cultures dérobées de ce genre.

Cependant à l'exception du trèfle incarnat qui ne prend pas d'azote au sol, lorsque sa graine ne vient pas à maturité ces cultures intercalaires ne sont pas, à proprement parler, un moyen de fertilisation, en ce sens qu'elles consomment toutes un peu plus d'engrais qu'elles n'en produisent ; mais elles rendent d'autres services très-précieux qui permettent de compenser avec un bénéfice fort satisfaisant, le petit déficit qu'elles ont pu causer dans la puissance productive du sol.

Le sarrasin, la spergule, la moutarde blanche peuvent aussi être semés en culture dérobée pour servir de fourrage vert. Je ne crois pas toutefois devoir entrer dans de plus grands détails sur ce sujet. L'intelligence du cultivateur lui indiquera facilement les plantes qu'il peut intercaler dans ses récoltes principales, eu égard aux conditions dans lesquelles il opère. Mais je crois devoir lui conseiller de ne se livrer à de semblables cultures, qu'autant qu'il sera largement en position d'en assurer le succès par des fumures convenables. Par exemple, semer des navets après du froment, et faire suivre ces racines par une avoine sans donner d'engrais, c'est opérer avec la certitude que l'on perdra sur l'avoine tout ce que l'on aura gagné sur les navets. On multipliera ainsi les travaux sans aucun profit. L'utilisation d'un excès de fertilité est la seule raison d'être des cultures intercalaires qui, dans aucun cas, ne doivent être la cause d'une diminution de produit dans les récoltes suivantes.

XVI. — Résumé.

On a pu se convaincre d'après tout ce qui précède, que l'institution d'un assolement dans une exploitation agricole ne peut pas être une opération arbitraire, puisqu'elle dépend de plusieurs conditions essentielles, et particulièrement des ressources que le domaine et l'assolement lui-même peuvent présenter pour l'entretien de la fertilité, à moins cependant que le cultivateur ne soit en situation d'y pourvoir amplement, en se procurant au dehors tous les engrais qui pourraient lui être nécessaires. Avec de l'argent, on obtient assez facilement tout ce que l'on veut, même en agriculture; mais avec plus ou moins de profit, selon que les tours de force qu'on entreprend sont exécutés avec plus ou moins d'habileté. Ainsi, un propriétaire riche, pressé de jouir, pourra fructueusement, sans transition, en s'y prenant bien, rendre intensive une culture extensive, et même convertir immédiatement en guérets féconds, des landes improductives, comme cela se voit de loin en loin. Mais on ne peut pas plus dans ces situations exceptionnelles que dans les conditions ordinaires, se soustraire à l'application des principes généraux. Toutes les lois qui gouvernent les assolements régissent aussi bien l'agriculteur qui procède à coups d'argent, que celui dont les principaux auxiliaires sont le travail et le temps. Nul ne peut les éluder impunément. Seulement, les résultats seront toujours d'autant plus prompts et plus satisfaisants, que le capital roulant sera plus considérable et plus judicieusement employé.

Si l'on voulait traiter à fond ce sujet, un volume n'y suffirait pas, tant sont nombreux et complexes les développements qu'il comporte dans l'application. Mais les principes généraux étant clairement établis, les déductions seront faciles sans qu'il soit nécessaire d'entrer dans des détails que mon cadre ne pourrait contenir.

Je me bornerai donc à résumer sommairement ces principes au double point de vue de la culture extensive et intensive, en montrant les principales conditions rigoureusement nécessaires pour pouvoir passer de l'une à l'autre.

Les deux principaux pivots de la culture extensive, sont la jachère et le pâturage aussi bien dans le système pastoral pur, que dans le système mixte, pastoral et granifère.

Dans les contrées où la terre est à bon marché et peu morcelée, et où le cultivateur est pauvre, les céréales n'occupent ordinairement qu'une très-petite partie du domaine. Elles se succèdent immédiatement pendant deux ou trois ans sur le même sol, puis celui-ci abandonné à lui-même pendant plusieurs années, se couvre spontanément d'une végétation herbacée qui est la principale ressource alimentaire du bétail. La faible proportion de prairies naturelles dépendant de ces exploitations, suffit à peine pour nourrir les animaux indispensables pendant la saison rigoureuse.

Dans ces conditions, il n'est pas rare de voir pratiquer la combinaison suivante : 1° jachère ; 2° seigle ; 3° seigle ; 4° avoine ; 5° à 10° pâture sauvage. Quelquefois la sole de jachère est supprimée, au moins en partie, par la mise en culture dans le courant de l'été de la dernière sole en pâture. D'autres fois, au lieu de trois céréales la rotation n'en comprend que deux suivies d'un pâturage plus ou moins long. En pareille situation, les combinaisons peuvent varier beaucoup sans que l'hypothèse que je viens de poser en éprouve des modifications sensibles dans ses résultats.

Il y a des cantons où la pâture sauvage est abritée et améliorée par des genêts qui, appartenant à la famille des légumineuses, puisent leur nourriture en partie dans l'atmosphère et en partie dans une zône inaccessible aux racines des céréales et qui, par conséquent, n'épuisent pas le sol pour le retour de celles-ci. Du reste, les animaux qui vivent pendant plusieurs années dans ces pâturages, y laissent des déjections qui restituent l'équivalent des substances fertilisantes qu'ils y ont puisées. Mais avec un tel régime, le tas de fumier n'est jamais considérable et tous les produits s'en ressentent. Il y aurait un bon moyen de l'augmenter sans modifier autrement le système. Ce serait de brûler un peu moins de genêts et d'en convertir un peu plus en engrais. Dans les pays de landes, les bruyères et l'ajonc sont employés comme litière et contribuent dans une notable proportion à la production du grain en même temps que le sol qui la produit fournit une maigre pâture aux animaux.

« En partant de ces données primitives, dit l'éminent Directeur de l'Ecole Impériale d'Agriculture de Grand-Jouan (1), » il est bien facile à un propriétaire de métairies de modifier » les assolements d'une manière avantageuse. Mais pour atteindre ce but, on doit éviter de se lancer dans la culture » des céréales ou dans la culture industrielle. Dans la plupart » des circonstances, les hommes et la terre ne sont pas dans » des dispositions convenables, et au bout de quelques années » on est obligé de revenir sur ses pas.

» C'est déjà un grand progrès que de renoncer à la pâture » sauvage par le pâturage des prairies artificielles. C'en est un » autre que d'adopter une alternance de récoltes bien pondérées et de ne plus mettre céréales sur céréales. Un établissement nouveau prend naissance alors, qui est toujours suivi » d'une augmentation certaine dans les revenus, et de diverses » améliorations dans l'outillage et surtout dans la tenue du » bétail. »

Nous pourrons nous en convaincre aisément en faisant application de cet enseignement à notre point de départ. Si, sans altérer ce dernier dans son principe, on lui fait subir une légère modification dans la forme, dans le sens qui vient d'être indiqué, on obtiendra certainement une amélioration très-sensible. Par exemple, nous conserverons les trois céréales de la rotation; mais au lieu de les faire se succéder immédiatement, nous les ferons alterner une à une, soit avec une jachère nue, soit avec un fourrage légumineux. La rotation pourrait donc se formuler ainsi : 1° jachère fumée; 2° seigle ou froment; 3° trèfle, vesces, minette ou tout autre fourrage; 4° avoine; 5° jachère fumée; 6° seigle ou froment; 7° à 10° pâturage artificiel composé d'un mélange de légumineuses et de graminées. Cet assolement imposera un peu plus de travail par sa deuxième jachère; mais ce surcroît de travail sera largement payé par une augmentation de grain; d'un autre côté, si la rotation perd une sole de pâturage, elle gagne beaucoup plus en substituant un fourrage fau-

(1) Manuel du Propriétaire de métairies, par M. J. Rieffel, page 86.

chable et une pâture artificielle à la pâture sauvage qui existait auparavant. Voilà donc un premier progrès facile à réaliser, puisqu'il n'exige pour tout déboursé qu'un peu de graine fourragère.

Si, au lieu d'appliquer au domaine une rotation décennale, on le divise en cinq soles d'une étendue double, l'assolement deviendra quinquennal. La culture du grain y gagnera un tiers en étendue, et son rendement favorisé par une meilleure production fourragère, s'y accroîtra dans une proportion beaucoup plus grande encore. Cet assolement se formulera comme suit : 1° jachère fumée ; 2° seigle ou froment ; 3° trèfle ou sainfoin fauché ; 4° trèfle ou sainfoin pâturé ; 5° avoine, et il produira du fourrage pour la mauvaise comme pour la bonne saison, en quantité suffisante pour soutenir sa fertilité sans le secours de prairies naturelles, mais non sans celui de quelques engrais minéraux que dans tous les cas possibles il est toujours bon de rapporter pour remplacer ceux qui sont exportés de la ferme. Cette combinaison permettant de nourrir le bétail autant à l'étable qu'au pâturage, peut être considérée comme le type de la culture mixte, pastorale et fourragère.

Elle deviendra granifère et fourragère si l'assolement quinquennal est converti en quadriennal selon la formule suivante : 1° jachère morte fumée ; 2° seigle ou froment ; 3° trèfle fauché ; 4° avoine. Dans ce cas, l'étendue de la jachère et de la culture du grain s'accroîtra d'un quart ; mais la production fourragère se réduira dans une proportion bien plus grande. Représentée par 4 dans l'assolement quinquennal, elle ne le sera plus que par 2,5 dans le quadriennal. Ici, la perte l'emporte donc sur le gain d'une manière sensible, et dans bien des cas, la conversion dont il s'agit pourrait constituer un progrès à reculons, par la raison que j'ai expliqué ailleurs, à savoir qu'il est toujours plus avantageux de concentrer la production granifère que de l'étendre, à moins qu'on ne possède en dehors de la rotation des moyens suffisants de fertilisation. En supposant que les 2 h. 50 de trèfle de l'assolement quadriennal rendent 12 500 k. de foin sec, les 2 hect. à faucher de l'assolement quinquennal en rendront 10 000 kil., et les deux hectares à pâturer l'équivalent d'au moins 6000 kil. Différence 3500 k. Or, 3500 k. de trèfle fané représentent les éléments de 10 h. de blé et de 15 h.

d'avoine que l'assolement quinquennal pourrait produire de plus que le quadriennal, dans une terre de fertilité moyenne, à raison d'un excédant de 5 h. de blé et de 7 h. 50 d'avoine par hectare, la rotation n'ayant pour se soutenir que ses pailles et son trèfle. Dans tout domaine privé de prairies naturelles ou d'autres ressources fertilisantes, l'assolement quinquennal, type de la culture mixte, pastorale-fourragère, doit donc avoir le pas sur l'assolement quadriennal, type de la culture mixte, granifère et fourragère.

Cependant, si l'assolement quadriennal ne constitue pas un progrès dans le sens que je viens d'exprimer sur l'assolement quinquennal, il n'en est pas moins susceptible de donner des résultats déjà fort satisfaisants dans une terre qui serait douée d'une fertilité initiale équivalant à 52 k. d'azote, avec les substances accessoires nécessaires. Dans ce cas, avec une fumure de 17 000 k. de fumier normal, on pourrait obtenir sur chaque fraction de 4 hectares soumis à cette rotation, savoir : 21 h. 65 de blé, 31 h. d'avoine, si le trèfle rendait 5000 k. de foin sec, en admettant que la jachère contribue au rendement pour 2 h. de froment et les semences pour une quantité égale à la leur. Les pailles et le trèfle fourniraient largement les 17 000 k. de fumier et l'assolement pourrait se suffire à lui-même sans le secours de la prairie.

Maintenant, si l'on veut entrer plus avant dans la culture mixte, fourragère et granifère, on remplacera la jachère nue par une sole de racines. On abordera ainsi le premier degré de la culture intensive qui a pour type l'assolement dit de Norfolck. Les explications dans lesquelles je suis entré, pages 624 et suivantes, relativement aux exigences de cette combinaison de culture, me dispensent de revenir sur cette partie de mon sujet.

Enfin, on voguera en plein dans la culture industrielle si on remplace dans l'assolement quinquennal de la culture mixte, pastorale-fourragère, la sole de jachère par des betteraves pour la sucrerie ou la distillerie, et le trèfle pâturé par un colza, en ajoutant une 6e sole et en combinant les cultures comme suit : 1° betteraves fumées; 2° blé d'automne ou de mars; 3° trèfle; 4° avoine; 5° colza fumé; 6° froment d'automne.

La culture intensive peut donc être tout à la fois fourragère, granifère et industrielle, comme dans l'assolement sexennal qui vient d'être formulé et qui est en usage à Grignon, de même qu'elle peut être seulement granifère et fourragère, ou granifère et industrielle. Dans ce dernier cas, elle pivote principalement sur l'assolement biennal : betteraves, blé, par exemple, ou chanvre, blé, etc.

Lorsque la culture est simplement granifère, elle se formule par l'assolement biennal : jachère, blé ; ou maïs, blé, ou encore sarrasin, blé, ou bien par l'assolement triennal : jachère, blé, avoine, ou tout autre analogue. Mais elle est encore purement extensive. Comme elle ne produit pas de fourrage, sa prospérité dépend uniquement de la proportion de prairies hors d'assolement sur laquelle elle s'appuye, ou de l'emploi des engrais commerciaux.

Si l'on suppose deux exploitations de même étendue et de même qualité, soumises : l'une à l'assolement biennal : jachère, blé ; l'autre, à l'assolement triennal : jachère, blé, avoine ; si le sol possède dans l'un et l'autre cas une fertilité initiale équivalant à 45 k. d'azote, et si l'on peut appliquer chaque année à la jachère de l'une et l'autre rotation comprenant chacune trois hectares, 15000 k. de fumier normal, il arrivera que la terre soumise à l'assolement biennal, augmentera successivement en fertilité et en produit jusqu'à la 12e rotation, tandis que l'assolement triennal dont le rendement sera d'abord un peu plus fort, restera stationnaire et sera ensuite un peu dépassé. A la 7e rotation les produits seront sensiblement égaux en valeur vénale. A la douzième, la fertilité restera stationnaire des deux côtés si la fumure ne change pas, et l'assolement triennal rendra l'équivalent de 125 litres de froment de moins que l'assolement biennal. La fertilité initiale de celui-ci aura alors plus que doublé, tandis que celle de l'autre n'aura gagné qu'un kil. d'azote. Voilà ce qu'indique la théorie des rendements ; mais il n'est pas douteux qu'en pratique celui de l'assolement triennal ne soit un peu inférieur, au moins quant à l'avoine, parce que cette plante suivant immédiatement un froment ne donne jamais autant qu'après une culture nettoyante, à fertilité égale.

Eh bien ! pour obtenir ces résultats qui dépassent sensiblement déjà les rendements moyens de la culture française, nous avons vu qu'il ne faut pas moins de 15000 k. de fumier pour fertiliser 1 hectare 50 ares de froment dans la rotation biennale, ou un hectare de froment et un hectare d'avoine dans la rotation triennale. Les pailles rendant au sol ce qu'elles lui ont pris, la prairie n'aura à intervenir que pour couvrir le déficit résultant de l'exportation du grain que nous supposons vendu en totalité. Il faudra par conséquent 6000 k. de foin ou 2 hectares de pré, d'un rendement moyen de 3000 k. chacun, avec un hectare et demi de jachère, pour fertiliser 1 hectare 50 de blé dans l'assolement biennal, ou avec un hectare de jachère pour un hectare de blé, et un hectare d'avoine dans l'assolement triennal, les rendements étant tels qu'ils sont indiqués plus haut. Cette étendue de prairie est bien plus grande que celle trouvée page 629, mais la proportion est la même, eu égard aux rendements de l'une et l'autre hypothèses. Si l'on remplace la prairie naturelle par une luzernière, celle-ci pourra être d'une étendue beaucoup moindre.

On a cherché à justifier ces assolements, notamment l'assolement triennal, certainement déplorables l'un et l'autre, en disant qu'ils conviennent parfaitement aux plaines calcaires où la main-d'œuvre est rare et où la valeur locative des terres ne dépasse pas 40 à 50 fr. l'hectare, qu'ils exigent un capital d'exploitation n'excédant pas 500 fr. par hectare et un matériel peu nombreux et peu compliqué; qu'ils favorisent la spéculation sur les bêtes à laine; qu'ils permettent l'entretien des vaches pendant l'été en dehors des bâtiments d'exploitation; qu'ils fournissent des denrées d'une vente généralement facile, etc., etc., et finalement, que le cultivateur y trouve très-souvent son compte. Ce ne sont pas là des raisons prépondérantes. Il est certain que si l'on remplaçait, comme je l'ai montré, page 630, la moitié de la jachère dans l'assolement biennal par du trèfle, la fertilité pourrait se soutenir avec une proportion de prairies naturelles considérablement moindre; que le blé reviendrait à un prix infiniment plus bas; que le travail n'en serait point augmenté; que la spéculation du bétail serait plus profitable; que l'assolement ainsi modifié pourrait généralement s'appliquer aux mêmes terres, et enfin, que le cultivateur y trouverait beaucoup mieux son compte. D'un autre côté — ce qui est fort à considérer — l'intérêt social n'y gagnerait pas moins. Chez un peuple qui ne vit pas uniquement de pain, le cultivateur qui s'obstine à ne produire que des céréales, alors qu'il pourrait faire beaucoup mieux, use sans doute d'un droit incontestable; mais il n'agit pas en bon citoyen. Il n'est donc pas admissible à se plaindre que l'économie politique le contraigne moralement à suivre une voie meilleure. Lorsqu'il aura fait tout ce qu'il est possible de faire pour améliorer sa culture et surtout pour produire à plus bas prix, il ne trouvera plus que la liberté commerciale, soit une mesure aussi contraire à ses intérêts qu'il le croit généralement.

Je m'abstiendrai de donner ici la formule des assolements très-nombreux qui peuvent se pratiquer avantageusement, puisqu'il faudrait pour chacun d'eux retracer les conditions de son existence, ce qui m'entraînerait dans une complication extrême. Je préfère résumer succinctement les règles selon lesquelles ils doivent être établis, ce qui permettra à chacun d'adopter facilement la combinaison qui s'harmonisera le mieux avec sa situation particulière.

XVII. — Conclusions.

1° On ne doit introduire dans un assolement que des plantes à la réussite desquelles le climat ne fait pas obstacle et qui sont d'une vente facile lorsqu'elles ne doivent pas être consommées dans la ferme.

2° La rotation, quelle qu'en soit la durée, doit toujours commencer par une jachère morte ou par une plante sarclée.

3° Ensuite, les plantes doivent se succéder autant que possible, en donnant les premières places à celles qui, exigeant le plus d'engrais, n'en consomment que peu et laissent la terre en bon état pour les cultures suivantes.

4° Dans cet ordre d'idées, les plantes dites nettoyantes doivent précéder et suivre celles dites salissantes. Par conséquent, la succession immédiate de deux céréales n'est pas rationnelle.

5° L'assolement doit toujours être combiné avec les ressources que l'exploitation possède ou peut se procurer pour la fertilisation, conformément à ce qui est enseigné, pages 624 et suivantes.

6° Lorsque la fumure consiste en fumier d'étable, elle doit être appliquée en totalité à la première sole, non-seulement pour assurer l'alimentation des récoltes successives, mais encore parce que les mauvaises herbes qu'elle engendre ordinairement sont plus faciles à détruire par les travaux que nécessite une jachère morte ou vive.

7° Cependant, lorsque la rotation est à long cours, il est bon d'appliquer une fumure complémentaire à l'une des cultures nettoyantes ou étouffantes médianes. Les engrais commerciaux peuvent s'appliquer à chaque culture proportionnellement à ses besoins.

8° La fumure doit apporter dans le sol toutes les substances nécessaire aux récoltes de la rotation ou de la partie de la rotation qu'elle doit fertiliser, eu égard à la fertilité initiale du sol et à la faculté d'absorption des plantes, ainsi que je l'ai expliqué en exposant les principes de la fertilisation.

9° Les plantes étouffantes, comme le trèfle, les vesces, les pois, etc., n'exigeant pas une fertilité aussi grande que les racines, peuvent occuper une sole plus éloignée de la fumure. Elles ne doivent jamais être précédées par deux récoltes salissantes. Le trèfle ne peut être mieux placé que dans la céréale qui suit immédiatement la jachère ou une culture fumée et sarclée, et les vesces, les pois, etc., qu'après la même céréale.

10° Il n'est pas indispensable de faire succéder les plantes à racines traçantes à celles munies de racines pivotantes. Lorsque cet alternat a lieu avec avantage, c'est ordinairement par des considérations tout autres que celles qui se rattachent à la manière d'être des racines. Il peut être nuisible après un seul labour profond, et lorsque les récoltes sont séparées par plusieurs labours qui mélangent intimement dans toute l'épaisseur de la couche arable les substances fertilisantes restantes, la forme des racines est sans influence sur le succès des cultures.

11° Il n'est non plus pas nécessaire qu'une plante qui puise peu dans l'atmosphère, succède à une autre plante qui emprunte beaucoup à cette source, parce que l'atmosphère est inépuisable et qu'elle est toujours en situation de fournir à la végétation tous les principes organiques qu'elle lui doit, lorsque d'ailleurs les plantes sont placées dans des conditions qui leur permettent de les absorber.

12° Il n'y a aucun inconvénient à ce que deux plantes avides d'une même substance se suivent, lorsque d'ailleurs cette substance est en quantité suffisante dans la fertilité et qu'une telle disposition n'est pas contre-indiquée par des raisons d'un autre ordre. Mais si la substance nécessaire n'existe qu'en proportion insuffisante dans le sol, les premières plantes affameront nécessairement les dernières, quel que soit l'ordre dans lequel elles se suivent. On évitera toutes les déceptions de ce genre en se conformant à la règle posée, pages 624 et suivantes.

13° Enfin, l'assolement doit être combiné dans le sens de la meilleure répartition des travaux et de manière à ce qu'ils puissent toujours s'exécuter sans encombre.

Le cultivateur qui se conformera exactement à ces principes, assurera le succès de ses récoltes autant qu'il lui soit donné de le faire.

DEUXIÈME SECTION.

DU DÉFRICHEMENT DES TERRES INCULTES.

L'une des questions agricoles dont je me suis le plus occupé jusqu'à ce jour, tant en théorie qu'en pratique, est celle du défrichement des landes qui couvrent encore environ un septième du territoire français, principalement dans les régions de l'ouest, du sud-ouest et du centre de l'Empire. Une grande partie de ces landes, dont on évalue l'étendue totale à huit millions d'hectares, consiste en terrains dénudés qui ne comportent aucune amélioration praticable ; une autre partie, située dans les montagnes, n'est susceptible que de boisements ou est condamnée par son altitude à rester éternellement à l'état de pâturage. Les landes pouvant être conquises par la charrue ne forment donc guère que le quart du sol inculte de la France. Il en est même qui, quoique pouvant être labourées, manquent tellement de fertilité que dans l'état actuel des connaissances du cultivateur, elles ne peuvent être économiquement utilisées que par des semis de pin maritime. C'est principalement le cas d'une grande partie des landes de Gascogne. Mais c'est précisément là un excellent moyen pour arriver à une culture ultérieure plus profitable, la terre devant inévitablement acquérir une certaine proportion de terreau et d'humus par les détritus végétaux qui s'y accumuleront durant cette période forestière de transition.

Ces landes, toutefois, ne sont regardées comme non susceptibles de culture, que parce que l'on ignore encore trop généralement les vrais principes de la fertilisation. Sans doute, un sol uniquement composé d'un sable quartzeux très-fin, reposant sur un sous-sol de gravier ferrugineux aggloméré et imperméable, noyé en hiver et brûlant en été, n'est pas précisement un type séduisant de terre arable. Mais il en est beaucoup d'autres, dont on tire aujourd'hui un bon parti, qui ne valaient originairement pas mieux. Lorsqu'un sol a de la profondeur, et qu'il est possible de l'assainir ; lorsqu'il se couvre d'une végétation spontanée, quelle qu'en soit la nature, il est toujours possible d'y convertir cette végétation en terreau par un ou plusieurs enfouissements successifs, et de développer graduellement sa fertilité par des engrais appropriés à sa composition géologique. C'est ce que prouveront sans doute les fermes impériales créées dans les landes dont il s'agit, et c'est ce que prouvent déjà les curieuses et intéressantes expériences faites par M. G. Ville, dans les sables de Vincennes. Mais il faut pour cela des moyens intellectuels et financiers que tous les détenteurs de terres incultes ne possèdent pas.

Les landes du Centre et de l'Ouest de la France présentent au défricheur plus de ressources que celles de la Gascogne. Aussi, est-ce dans ces régions que leur défrichement a été le plus pratiqué dans ces derniers temps, grâce à la découverte de l'efficacité du noir animal dans la fertilisation de cette espèce de terre. Malheureusement, un grand nombre de ceux qui ont usé de ce précieux agent, ignorant au juste sa manière d'agir, sont allés jusqu'à l'abus, et après en avoir obtenu de très-bons résultats d'abord, ont fini par épuiser leurs terres et quelques-uns par se ruiner. J'en ai dit les causes en parlant du noir animal, pages 592 et suivantes.

Les Agronomes qui ont jeté le plus de lumière sur la pratique du défrichement des landes, sont : M. Moll dans le Centre, et MM. Rieffel et Trochu dans l'Ouest. Ce qui a été dit par les deux premiers se trouve résumé dans un excellent article fourni par M. Lœuillet, directeur actuel de l'Ecole Impériale d'Agriculture de la Saulsaie, à l'Encyclopédie pratique de l'agriculteur, publiée par MM. Moll et Gayot, article dans lequel l'auteur me fait l'honneur de citer une opinion que j'ai émise depuis longtemps déjà et que je crois devoir reproduire ici.

On regarde généralement, par une exagération de langage, les landes comme des terres improductives, et il m'arrive quelquefois à moi-même de les qualifier ainsi, quoique j'aie démontré qu'en Bretagne principalement, elles contribuent dans la plus grande partie des fermes, pour environ moitié à la production du grain qu'on y récolte. C'est qu'en Bretagne, la bruyère et l'ajonc forment presque seul la litière des animaux avec la paille du sarrasin, celle des céréales passant en grande partie au râtelier. Ces végétaux beaucoup plus riches que la paille ordinaire en principes fertilisants, font souvent aussi la base de composts qui ajoutent un notable appoint à la fertilisation. Il n'est donc pas exact de dire que les landes sont improductives, puisqu'indépendamment de la grande quantité de litière qu'elles procurent, elles fournissent encore à la dépuissance des troupeaux, un pâturage un peu maigre à la vérité, mais qui n'en apporte pas moins un certain contingent dans le revenu de la ferme.

Dans les contrées où l'agriculture est fort arriérée, où la proportion des prairies naturelles est très-faible et celle des prairies artificielles à peu près nulle, où la paille des céréales sert en plus grande partie à la nourriture des animaux, où la lande intervient pour moitié et quelquefois plus dans la valeur fertilisante du fumier; cette lande a d'autant plus sa raison d'être qu'elle ne peut disparaître sans produire un double résultat fâcheux. En effet, son défrichement tout en détruisant une source d'engrais augmente l'étendue des terres qui en ont besoin; en d'autres termes, il augmente le travail et diminue les produits, lorsque parallèlement, comme c'est le cas le plus ordinaire, le cultivateur ne crée pas des compensations indispensables en établissant sur ses vieilles terres des prairies pouvant subvenir à tous les besoins de la fertilisation. C'est parce que le cultivateur breton ne voit dans le défrichement que ce revers de la médaille, qu'il y résiste énergiquement, ainsi qu'à toutes les incitations des comices qui l'y poussent, incitations qui, il faut bien le reconnaître, ne sont pas toujours suffisamment raisonnées. Pour lui, il n'y a pas de culture possible sans le secours de la lande, et la meilleure propriété qui n'en possèderait pas une certaine étendue, ne trouverait pas de fermier dans le pays.

On m'objectera que, cependant, le défrichement fait tous les jours de nouveaux progrès en Bretagne ; qu'en 1859, par exemple, le département de la Loire-Inférieure avait perdu, depuis l'établissement du cadastre, le tiers de ses landes, c'est-à-dire, 32,000 hectares passés en presque totalité à l'état de culture et le surplus à celui de prairies ; que les autres départements bretons suivent la même voie, plus lentement peut-être, mais d'un pas soutenu. Je suis loin de contester ces faits, et encore moins la possibilité d'opérer des défrichements profitables. Ce que je prétends seulement, c'est que le défrichement n'entre pas dans les idées du petit cultivateur qui détient la plus grande partie des landes, et qui, soit par crainte d'insuccès, soit par ignorance, soit enfin par impuissance, se refuse à les mettre en culture. Il n'est que pour très-peu de chose dans les transformations opérées : ce sont, en général, des étrangers à la Bretagne, ou des Bretons très-avancés, exempts du préjugé dont il s'agit, qui ont donné la plus vive impulsion au défrichement.

Lorsque le petit cultivateur entre dans cette voie, ce n'est le plus souvent que sur une très-faible échelle, et en vue de gagner une prime au concours de son comice. Il fait quatre ou cinq récoltes à l'aide du noir animal, et après avoir ainsi épuisé son défrichement, sans avoir créé simultanément les moyens de le soutenir, il le laisse revenir à l'état de lande.

C'est pourquoi toutes les fois que j'ai eu l'occasion d'émettre mon opinion sur cette question, à la chambre consultative et à la société d'Agriculture dont j'ai été membre, au comice que j'ai présidé, et enfin, dans plusieurs mémoires et plusieurs articles de journaux, j'ai toujours soutenu que le défrichement des landes, ne doit être provoqué et encouragé en Bretagne qu'à la condition qu'il ait pour contre-poids la création parallèle de moyens de fertilisation suffisant, non-seulement pour remplacer ceux que la destruction de la lande anéantit, mais encore pour entretenir la fertilité des terres nouvelles.

Ai-je besoin de faire observer que ce que je dis ici ne peut en aucune façon s'appliquer aux grandes entreprises de défrichement rationnellement conduites et dans lesquelles l'entrepreneur, sachant ce qu'il fait, sait surtout équilibrer l'épuisement et la réparation ? Je ne parle absolument que du petit cultivateur qui ne s'attache qu'à la culture des céréales, et qui doit être encouragé plutôt à la restreindre qu'à l'étendre au moins jusqu'à ce que le développement de sa production fourragère lui ait permis d'élever ses vieilles terres au maximum de leur fertilité. Alors il pourra se livrer beaucoup plus fructueusement au défrichement de ses landes, surtout si, pour chaque hectare qu'il mettra en céréales, il crée un demi-hectare de trèfle, de sainfoin ou de luzerne, ou enfin un hectare de topinambours, à défaut de prairies naturelles irrigables, qui ne peuvent être établies que dans des situations exceptionnelles.

On comprendra aisément, du reste, que tout cela ne s'applique également qu'au cultivateur qui ne voudrait pas faire un large emploi des engrais commerciaux, puisqu'avec cette précieuse ressource les principales difficultés disparaissent. Le défrichement des landes offre même cela de particulier et d'avantageux que, pendant les premières années, il n'exige pas de fumier, le noir animal suffisant pour compléter la fertilisation du sol. Il est donc facile avec cet agent de se placer dans de très-bonnes conditions, puisqu'il dispensera momentanément d'appliquer du fumier aux terres nouvelles, et que ce fumier pourra être en partie employé à créer sur les vieilles terres, des fourrages en proportion suffisante, pour fournir ultérieurement la matière de tout l'engrais nécessaire à l'exploitation.

Bien que j'aie la conviction que l'on pourrait pendant fort longtemps se passer de fumier dans des terres qui, comme les landes défrichées, sont ordinairement pourvues d'une bonne quantité de terreau, en lui substituant des engrais commerciaux, je ne voudrais pas cependant conseiller cette substitution d'une manière exclusive. La principale raison que j'en donne, c'est que cet emploi est très-scabreux chez le cultivateur qui ne sait pas exactement ni ce que ses récoltes prennent au sol, ni ce que les engrais lui rapportent ; qui ne sait pas, en un mot, raisonner et régler sa fumure avec toute la précision que les opérations manufacturières exigent en général. Sous ce rapport, le fumier ne présente aucun danger. Constituant un engrais à peu près complet, le succès des récoltes est toujours assuré avec lui, proportionnellement à la quantité qui en est employée. Mais l'emploi des engrais commerciaux ne présente pas la même certitude, en ce sens du moins, que le plus souvent, même les meilleurs, contiennent trop d'une substance et pas assez d'une autre. Pour pouvoir en tirer le meilleur parti possible, il faut donc savoir les compléter lorsqu'ils ont besoin de l'être, en se conformant à ce que j'ai dit sur ce point, pages 485 et suivantes. C'est là une étude préalable à laquelle on ne saurait se livrer avec trop d'attention. Elle ne présente d'ailleurs aucune difficulté lorsque l'on a soin de n'acheter les engrais que sur une déclaration quantitative de leurs principaux éléments constitutifs. Le noir animal ou tout autre phosphate de bonne qualité suffira, je le répète, pendant les trois ou quatre premières années. Mais alors, si on ne lui substitue pas des engrais complets, ou tout au moins azotés et phosphatés, dans des proportions convenables, les mécomptes ne tarderont pas à se produire. Si j'insiste sur ce point, c'est parce que les exemples de pareils mécomptes sont trop nombreux pour ne pas rendre nécessaire la vulgarisation des moyens pouvant les faire éviter.

Au reste, tout dépend ici du système de culture auquel on soumettra les défrichements. L'emploi des engrais complets sur une grande échelle, doit avoir particulièrement lieu dans une culture intensive comme celle qui pivote principalement sur des plantes épuisantes, telles que les céréales et les crucifères; mais, lorsqu'on débutera par une période pacagère en progressant comme on l'a vu au § XVI, de la section des assolements (page 668), la fertilisation exigera infiniment moins d'engrais. C'est en définitive la meilleure marche à suivre quand on ne dispose que de capitaux limités.

M. Rieffel, qui a tiré du néant la magnifique terre de Grand-Jouan, en défrichant 500 hectares de landes, et qui est, par conséquent, l'une des autorités les plus imposantes en cette matière, déclarait après vingt années d'expérience que, quoiqu'il eût bien compris dès le principe la nécessité d'une culture extensive en pareille occurrence, il suivrait de tous autres errements plus extensifs encore s'il avait à recommencer la même entreprise. De ses 500 hectares, il mettrait immédiatement les 50 meilleurs en prairies irrigables, puis chaque année, il écobuerait 50 hectares de lande sur lesquels il sèmerait du pin maritime en le protégeant la première année par une céréale. Entretenant sur sa propriété un troupeau de 400 bêtes à laine de race ordinaire rustique, mais décroissant chaque année à mesure que les semis de pins s'étendraient, le fumier de ce troupeau auquel la paille des 50 hect. de céréales servirait de litière, serait appliqué en totalité à la prairie qui acquérerait ainsi un haut degré de fertilité. La 9e année, la propriété se composerait de 50 hectares de bonnes prairies, de 450 hect. de bois de pin d'un à neuf ans, ayant coûté 60 000f et au maximum 80 000 fr., y compris 30 000 fr. pour les bâtiments et le mobilier, et 5000 fr. pour les animaux. Jusque là, le produit annuel n'aurait été que de 7200f pour 200 000 kil. de foin et 1800 fr. pour le rendement du troupeau.

Mais, comme le semis de pins n'est qu'une transition et qu'on aimerait à peupler le domaine d'habitations en lui demandant des produits de toute nature, on défricherait chaque année à partir de la 10e, 25 hectares de bois sur lesquels on établirait une métairie dont la création serait le plus souvent payée par le bois abattu, à l'âge moyen de 14 ans. A la 25e année on aurait : 1° 50 hectares de prairies irrigables (réserve du propriétaire) d'un produit de 7200 fr.; 2° 15 métairies de 25 hect. chacune pouvant produire également ensemble 7200 francs; 3° 75 h. de bois de pin gagnant chaque année au moins 600 fr. On aurait donc ainsi créé un revenu de 15 000 fr. sur une propriété qui, fonds et superficie, n'aurait pas coûté plus de 150 000 fr., et qui, à cette époque, en vaudrait 400 000. Ce serait un placement à dix pour cent avec accroissement notable du capital.

Mais il faut être jeune et doué d'une forte dose de patience pour combiner et exécuter jusqu'au bout une opération à aussi long terme, et la patience n'est pas toujours la vertu dominante dans le défricheur. Il est certain cependant que le moyen le plus sûr d'arriver au but dans une entreprise semblable, c'est de ne pas vouloir avancer trop vite, au moins quand on ne nage point en plein capital.

En 1859, étant Rapporteur de la Commission chargée d'apprécier le mérite des concurrents pour la prime d'honneur dans le département de la Loire-Inférieure, j'ai eu l'occasion de rendre compte d'un défrichement de 77 hectares exécuté par M. Voruz jeune, de Nantes, dans la commune de Granchamps, et qui a paru digne d'être donné en exemple. Sept années s'étaient à peine écoulées depuis l'acquisition faite par M. Voruz, lorsque la Commission visita sa propriété ; celle-ci était alors complétement transformée. Elle comprenait trois métairies, deux borderies, une petite maison de maître et une réserve pour le propriétaire. La culture y était combinée de manière à subvenir, elle seule, à tous les besoins de la fertilisation. Elle comprenait en outre de 5 h. 70 ares de fourrage dérobé, 9 hectares en prairies naturelles en partie irriguées, et 28 h. 23 a. 20 c. en choux, racines, hivernage, trèfle ou Ray-grass, et pâturage, chacune de ces cinq soles étant d'environ 5 h. 70 ares, contre 18 h. 77 ares 37 c. cultivés en céréales, 92 ares 66 cent. en colza et 10 h. 65 en sarrasin. La culture du sarrasin étant très-peu épuisante, la propriété était donc très-convenablement affouragée. Elle coûtait alors 65 500 fr. y compris 10 000 fr. d'intérêts capitalisés, mais défalcation faite des produits recueillis jusque-là et son revenu net était de 7 °/₀ du capital engagé. Cette création a été récompensée d'une médaille d'or au Concours régional de Nantes.

Je pourrais citer plusieurs autres faits analogues prouvant qu'en opérant avec sagesse et discernement on peut créer de toutes pièces, dans un temps assez court, des fermes productives sur des landes entièrement nues ; mais il faut pour cela que l'entrepreneur soit plus fort que son entreprise et qu'il ne soit jamais dominé par la question d'argent. « En général, dit » M. Lœuillet, les landes réunissent toutes les difficultés qui » peuvent entraver le producteur, et celui qui veut s'y fixer, » doit se résoudre à ne rien établir que par le capital et à ne » rien attendre que du temps. » Mais il est reconnu que le capital bien employé peut abréger considérablement le temps.

Disons quelques mots maintenant sur la pratique des défrichements.

L'opinion que j'ai exprimée, page 576, sur le procédé de l'*écobuage* me dispense de revenir sur ce sujet. En général, les défrichements seront toujours plus promptement et plus économiquement exécutés par la charrue.

Lorsqu'une métairie en possession de landes, veut en défricher chaque année une partie, il lui suffit, en Bretagne, d'un attelage de 4 bons bœufs pour en retourner de 20 à 25 ares par jour, à 12 ou 15 centimètres de profondeur, la lande n'étant couverte que de petite bruyère ou d'ajoncs nains à racines peu résistantes. C'est un travail que l'on peut commencer après la fin des semailles d'automne et poursuivre pendant tout l'hiver. Il n'y a pas de meilleure saison pour cela. C'est d'ailleurs celle pendant laquelle les animaux sont le moins occupés.

Pour faciliter ce travail, S. A. Mme la princesse Baciocchi a inventé un rouleau à disques tranchants assez rapprochés, et qui promené, en long et en large, sur la surface de la lande préalablement dépouillée de sa bruyère et de ses ajoncs au moyen de l'étrèpe ou par le feu, la divise en petits dés cubiques qui n'ont plus ainsi aucune cohésion entre eux et que la charrue retourne beaucoup plus aisément.

Il est des défricheurs qui se contentent d'écrouter le sol par un premier labour à 0^{m}10 ou 0^{m}12, et qui le laissent ainsi pendant un an pour donner le temps au gazon de se décomposer. L'hiver suivant ils font un deuxième labour à 0^{m}20 de profondeur, et enfin, un troisième également à 0^{m}20 — celui-ci avec deux bons bœufs seulement — en avril ou mai de la deuxième année, sur lequel ils sèment du sarrasin avec 8 hectolit. de noir animal. C'est la pratique qu'a suivie M. Rieffel. Cette méthode est excellente, en ce qu'elle procure au sol un ameublissement à peu près complet avant le premier ensemencement. Mais elle recule d'un an les premiers produits.

Dans le centre de la France, où la lande est ordinairement couverte de grande bruyère dont les racines plongent souvent à plus de 0^{m}20, on est forcé de faire le labour de 0^{m}25 à 0^{m}30, ce qui exige un attelage d'au moins huit bons bœufs. On prend ainsi les racines en dessous, ou dans leur partie la plus faible, et l'on évite par là leur résistance qui est assez grande quelquefois pour occasionner la rupture de la charrue. Ce premier labour constitue ce que dans le Berry on appelle un essartage. Le sol étant retourné de la sorte en bandes épaisses et consistantes, on en ameublit ensuite la surface avec l'*arau* ou de fortes herses, et l'on enlève à la main les *racots* (racines), pour les utiliser comme bois de chauffage. Lorsqu'un hiver a passé sur ce premier labour et lorsque la terre a été convenablement ameublie à la surface, on peut l'emblaver en été avec du sarrasin ou du colza, ou en automne avec de l'avoine ou même du froment, en y ajoutant 4 à 5 hectolitres de noir animal par hectare.

C'est ainsi que j'ai vu exécuter de grands défrichements dans l'Indre et dans l'Indre-et-Loire, et c'est également ainsi qu'a opéré M. Moll, dans le Poitou.

Lorsque la fougère abonde dans la lande, ce qui est l'indice d'un sol profond, on peut la détruire par un premier labour à 0m30 de profondeur. C'est le moyen que M. Trochu a employé avec succès dans sa belle création de Bruté, à Belle-Isle-en-Mer.

Quant aux défrichements que j'ai exécutés moi-même, ils ont toujours eu lieu à 0m18 ou 0m20 de profondeur, tantôt avec six bêtes, tantôt avec quatre seulement. Le premier labour étant suffisamment mûri par l'hiver et ameubli par une forte herse, pouvait être emblavé, partie en juin suivant avec du sarrasin, partie en automne avec de l'avoine. Au sarrasin succédait immédiatement du froment sur un nouveau labour unique. Cinq hectolit. de bon noir animal pour le blé et quatre pour le sarrasin et l'avoine, m'ont toujours suffi au début.

Je ne prétends pas que ma méthode soit la meilleure; mais elle m'a constamment bien réussi. Elle présente l'avantage de procurer des produits assez promptement.

Il n'est guère possible d'établir un assolement définitif au début des défrichements de landes, parce que plusieurs plantes très-importantes, comme le trèfle et les betteraves, ne peuvent y être introduites avec succès que quand le sol a entièrement perdu son acidité. Les récoltes qui y réussissent le mieux les premières années, sont celles de sarrasin, de seigle, d'avoine, de froment, de colza, de choux et de rutabagas. Le topinambour, qui est fort peu difficile sur la nature du sol, redoute lui-même l'acidité des landes défrichées. Ce n'est qu'après plusieurs années qu'il peut y donner des résultats satisfaisants.

Je ne parle pas ici des défrichements exécutés à la main, ni de ceux faits à la vapeur, parce que ce ne sont là que des faits exceptionnels. De quelque manière que la lande soit renversée, les opérations ultérieures restent les mêmes.

On ne peut guère évaluer d'une manière précise, le prix coûtant d'un défrichement, parce qu'il dépend de la situation très variable dans laquelle on opère.

Lorsqu'il a lieu par accession, et sans qu'il soit nécessaire de se procurer un attelage de renfort, on peut dire que les premiers travaux ne coûtent rien, ou presque rien, puisque sans cela les animaux resteraient inactifs. Seulement, leur consommation, dans ce cas, serait un peu moindre, puisqu'elle se réduirait à la ration d'entretien. Si, par un artifice de comptabilité, on met au compte du défrichement, la partie du travail des animaux correspondant à cette ration d'entretien, ces derniers sont crédités d'autant, et le fumier gagne finalement ce que le défrichement coûte en labour. C'est une main qui lave l'autre.

Il n'en est plus ainsi, lorsque pour opérer sur une certaine échelle, on est obligé de se procurer un attelage spécial. Dans ce cas, cet attelage donne lieu à une augmentation de charge, qui doit être naturellement supportée par le service qui la réclame.

La première opération à faire, c'est de couper la bruyère. Je n'ai jamais porté cette dépense qu'au compte du fumier, parce que la litière qui en provient vaut mieux que ce qu'elle coûte. On trouve d'ailleurs facilement en Bretagne de petits cultivateurs, qui ne demandent pas mieux que de la couper à la seule condition d'en partager le produit. Lorsque cela n'est pas praticable et qu'on n'a pas l'emploi immédiat de cette litière, on s'en débarasse en la brûlant sur pied. Mais il est préférable à tous égards d'en faire des composts, qui pourront être très fructueusement utilisés plus tard. A cet effet, on la mêle avec de la terre ordinaire additionnée de marne ou de chaux et l'on abandonne les tas à eux-mêmes, en les recoupant de temps en temps. Lorsqu'on peut les arroser avec du purin, on en fait un excellent engrais.

Voici comment, dans des situations analogues à celles dans lesquelles j'ai opéré, on peut évaluer le prix de revient d'un défrichement de lande.

1° Pour un labour à 0m20 de profondeur exigeant l'emploi de 4 à 6 animaux	40f
2° 2 hersages croisés, énergiques	12
3° Semaille, hersage, bris à la pioche des plus grosses mottes.	5
A reporter.	57

Report	57f
4° 50 litres de blé noir pour semence	4
5° 4 hectolitres de noir animal valant aujourd'hui en moyenne, 16 fr. l'hectolitre (1).	64
6° Un 2e labour après le sarrasin pour le froment.	25
7° 2 hectolitres de grain pour semence, à 18 fr. .	36
8° Semaille, hersage, nettoyage des raies. . . .	5
9° 5 hectolitres de noir animal, à 16 francs. . .	80
Total de la dépense pour les 2 premières récoltes.	271f

J'estime que la paille couvre tous les frais de moisson et de battage.

PRODUITS.

1° Chez moi, le rendement du blé noir a toujours été très-casuel. Je ne puis l'évaluer en moyenne au-dessus de 12 hect. à 8 francs.	96f
2° 18 h. de froment à 16 fr. Le froment des landes est toujours plus léger et moins cher que celui des vieilles terres en bon état.	288
Total du produit.	384f

Lorsqu'on débute par une avoine, la dépense ne consiste que dans les articles nos 1, 2, 5 et 8, montant ensemble à. 121f
Plus pour semence, 3 hectolitres à 8 fr. . . . 24
145f

Et l'on peut évaluer la récolte en moyenne à 30 h. valant 8 fr., ou à 35 valant 7 fr., ou enfin à 24 du prix de 10 francs, selon les années. 240f

Le résultat est donc à peu près le même que dans le premier calcul et l'on a évité les travaux exigés par le blé noir. Mais cette plante préparant très-bien le sol, il est toujours bon de débuter par elle lorsque c'est praticable.

Quand on sème tout à la fois du sarrasin et du colza, la dépense est exactement la même que pour l'avoine, seulement

(1) On peut aujourd'hui remplacer le noir animal par le phosphate fossile qui coûtera moins cher et qui n'exposera pas le cultivateur aux mêmes fraudes.

on emploie 5 h. de noir au lieu de 4 ; mais la semence coûte moins cher. Dans ce cas, on peut obtenir au minimum

10 hect. de sarrasin à 8 fr.	80f	455f
15 hect. de colza à 25 fr.	375	

Tous les rendements que j'indique seront plus souvent dépassés que moindres. Il peut donc arriver que dès la deuxième année, le défricheur ait recouvré non-seulement toutes ses dépenses de culture, mais encore le prix d'acquisition de la lande. Celui qui, en pareil cas, saura ménager sa terre, se trouvera, par conséquent, dans d'excellentes conditions.

Mais, lorsqu'il s'agit de créer de toutes pièces une ferme au milieu d'une lande, privée de bons chemins, éloignée des matériaux de construction, n'ayant aucun bâtiment pour abriter les hommes et les animaux, ni fourrages pour alimenter ces derniers; c'est là une entreprise délicate qui demande de sérieuses méditations et des connaissances agricoles positives.

Elle n'a rien, toutefois, qui puisse effrayer un entrepreneur intelligent, actif, prudent, et surtout à même de faire face à toutes les exigences financières de sa situation.

—

TROISIÈME SECTION.

TRAVAUX ET INSTRUMENTS ARATOIRES.

Si je réunis sous un même titre les travaux et les instruments aratoires, c'est parce qu'il ne me paraît guère possible de les diviser, à raison de la solidarité qui existe entre eux. Mais limité par mon cadre, force me sera de me borner à une rapide esquisse des uns et des autres, en me renfermant, autant que possible, dans une simple exposition des principes qu'il est indispensable de connaître pour se diriger expertement dans le choix et l'emploi des principaux instruments.

Si, parmi mes lecteurs, il en est qui soient avides de plus amples détails, en ce qui concerne la machinerie agricole, je ne saurais mieux faire que de les renvoyer aux ouvrages didactiques, notamment à l'encyclopédie de MM. Moll et Gayot, ou au guide de l'agriculteur de M. Ed. Vianne, ou bien encore à nos grands concours régionaux. Ils trouveront là tous les renseignements désirables. Quant à mon livre, tout ce qu'il peut et doit faire, c'est de fournir les éléments d'une étude éclectique et c'est à quoi je vais m'appliquer.

S'il m'arrive de recommander quelques-uns des instruments que je signalerai comme types, je dois prévenir que je n'entends, en aucune façon, le faire d'une manière exclusive. Les fabriques françaises sont nombreuses aujourd'hui, et la plupart se distinguent par de fort bons produits; si donc j'en cite quelques-uns comme tels, cela ne signifiera nullement qu'ils soient sans rivaux.

PREMIÈRE DIVISION.

CULTURE PROPREMENT DITE.

1. — Le Labour et la Charrue.

Le labour étant de tous les travaux aratoires le plus important et le plus indispensable, sa perfection est par cela même l'un des principaux éléments du succès des récoltes et cette perfection dépend principalement de la qualité de la charrue.

Dans son acception la plus étendue le mot *labour* exprime l'action de retourner, diviser et ameublir le sol végétal pour le rendre plus perméable à l'eau, à l'air, au racines des plantes, et pour qu'il puisse mieux s'imprégner des gaz atmosphériques qui contribuent à sa fertilisation. Dans la très petite culture, comme dans le jardinage, ces résultats s'obtiennent par un travail exécuté manuellement à la bèche. Mais, ce procédé trop lent et trop coûteux n'étant pas praticable en grand, on a dû lui en substituer un autre tout à la fois plus expéditif et plus économique, en y employant des instruments spéciaux dirigés par l'homme et mus par des animaux. Tel est le labour exécuté au moyen de la charrue et complété par la herse, ou le scarificateur et par le rouleau.

La principale fonction de la charrue consiste donc à retourner la terre arable par bandes, d'une largeur et d'une épaisseur variables, selon les circonstances, sans la diviser autrement, à moins qu'elle ne se divise d'elle-même dans son renversement, par un effet de sa friabilité. Mais, à l'inverse de ce qui a lieu en Angleterre, l'universalité des cultivateurs français tient à retourner et à diviser la terre d'un seul coup, en vue d'obtenir immédiatement un plus grand ameublissement. Cet effet complexe ne pouvant se produire qu'à l'aide d'un instrument exigeant une plus grande dépense de force, et ne dispensant d'ailleurs ni du hersage, ni du roulage, peut-être vaudrait-il mieux imiter nos voisins d'Outre-Manche, en ne demandant à la charrue que ce qu'elle doit donner, c'est-à-dire, le renversement seulement et en laissant aux instruments secondaires la tâche spéciale de la division et de l'ameublissement qui serait ainsi sensiblement moins coûteuse.

Cependant on objecte, non sans quelque raison, que si le labour porte sur une terre argileuse très compacte, la bande peut durcir beaucoup sous l'influence de l'air, et que si elle n'est pas brisée dans son renversement, l'ameublissement du sol devient plus tard extrêmement difficile. Il est certain qu'en pareil cas la herse ne produit qu'un effet insignifiant. Mais, M. Grandvoinet, professeur de génie rural à Grignon, fait observer dans un savant article sur la charrue, publié par l'Encyclopédie de l'agriculteur, que si en pareil cas, la bande est divisée en grosse mottes, celles-ci durcissent également beaucoup et ne sont pas plus accessibles aux instruments d'ameublissement, d'où la conclusion très judicieuse que quelque charrue que l'on emploie dans de semblables terres, celles-ci sont très difficiles à labourer et que l'on ne peut baser la construction d'une charrue ordinaire, propre à tous labours, sur cette condition particulière. Cependant, je crois que si la charrue à deux fins peut se justifier, c'est dans des circonstances comme celles dont il s'agit ici, car si les mottes très dures peuvent fuir devant les dents de la herse, elles ne résistent pas à l'énergie de certains rouleaux dont je parlerai tout-à-l'heure et qui ne produiraient qu'un bien moindre effet, sur des bandes de terre intactes d'une grande cohésion. Dans tous les autres cas, la herse et le rouleau et au besoin le scarificateur suffiraient pour compléter plus économiquement l'ameublissement du sol.

Jusqu'à Mathieu de Dombasle, la charrue laissait beaucoup à désirer en France. Rien n'était plus ordinaire alors que de la voir attelée de 6 ou 8 bêtes de trait exécutant mal et péniblement un travail qui se fait beaucoup mieux aujourd'hui avec une meilleure charrue et deux animaux seulement. L'adjonction à son exploitation agricole d'une fabrique d'instruments perfectionnés, transportée plus tard à Nancy où elle est aujourd'hui dirigée sur une plus grande échelle, par son petit fils, M.Ch. Meixmoron de Dombasle, n'est donc pas le moindre des services rendus à l'Agriculture française, par l'illustre fondateur de Roville. En vulgarisant, non-seulement les bonnes méthodes, mais encore les bons instruments, sans lesquels il n'est guère possible de faire de la culture profitable, Mathieu de Dombasle a établi le point de départ d'une grande partie des améliorations agricoles réalisées en France depuis une trentaine d'années. Presque simultanément, M. Bella, père, à Grignon, puis, peu à près, M. Rieffel à Grand-Jouan et M. Bodin à Rennes, l'un élève de Roville, l'autre de Grignon, entrant tous les trois dans la même voie et propageant, chacun dans son rayon, des instruments bien supérieurs à ceux alors en usage, n'ont pas peu contribué non plus au développement de cette industrie dont les progrès incessants sont attestés de nos jours par tous nos grands concours agricoles.

Toutes les bonnes charrues existant en France aujourd'hui, participent plus ou moins des améliorations introduites et vulgarisées par Mathieu de Dombasle. Mais, si elles reposent toutes sur un principe à peu près identique, elles forment plusieurs types principaux auxquels il convient de donner un rapide coup-d'œil d'ensemble, avant de procéder à une analyse détaillée.

Voici d'abord (fig. 1), quant à la forme, une de nos plus anciennes charrues qui est encore très-répandue en France, mais plus ou moins améliorée. Celle qui vient d'être représentée se fabrique chez M. Bodin, qui a remplacé toutes ses pièces travaillantes de l'ancien régime par des pièces perfectionnées. Ce qui la distingue particulièrement des charrues nouvelles, c'est l'inclinaison de son âge et la sellette mobile de son

Fig. 1.

avant-train, calculées l'une et l'autre pour pouvoir donner un point d'appui à la charrue, quelle que soit la place que doive occuper le support selon les exigences du tirage. Cette combinaison ne manque pas d'une certaine profondeur que l'on comprendra mieux en étudiant la question du tirage; mais elle a été bien simplifiée par l'avant-train Dombasle (fig. 2), tel qu'il se fabrique aujourd'hui à Nancy, ainsi que par celui de la charrue Howard (fig. 3), fabriquée par M. Bodin, de même que par celui de la charrue Brabant simple (fig. 4), établie dans les ateliers de M. Peltier jeune, à Paris.

Ces quatre premières charrues, de formes bien différentes, ont cela de commun que chacune d'elles s'appuie sur un avant-train qui a pour but principal de régler l'entrure de l'instrument et d'assurer sa marche en la rendant plus régulière et en empêchant les oscillations ou tremblements qu'éprouve toujours l'âge de la charrue simple, surtout dans les labours légers. Quelquefois l'avan-train à deux roues est remplacé par un support à roulette comme celui que nous verrons dans la charrue sous sol (Fig. 15). J'expliquerai plus loin les différences qui peuvent exister entre tous ces avant-trains. Notons en passant que les charrues nos 3 et 4 sont entièrement en fer et, par conséquent, d'une extrême solidité.

Fig. 2. — Charrue Dombasle.

Fig. 3. — Charrue Howard.

Les anciennes charrues à avant-train exigeant généralement une très-grande force de tirage, ce fut cette considération qui détermina Mathieu de Dombasle à ramener la question à sa plus simple expression, en adoptant un araire perfectionné par lui, fonctionnant tout aussi bien sans support, et dépensant beaucoup moins de force.

Fig. 4. — Charrue Brabant simple.

La figure n° 5 représente l'araire Dombasle placé sur son traîneau pour être conduit au champ ou pour en être ramené.

L'araire Bodin (fig. 6), est établi sur le même système, à cela près que son versoir paraît être un peu plus court.

L'araire Dombasle, tel qu'il est construit à Nancy et chez tous nos bons fabricants d'instruments aratoires, est certainement l'instrument qui exécute le mieux et le plus économiquement les labours profonds. Mais il n'en est pas tout-à-fait de même, quant à la perfection du travail, dans les labours superficiels, sa marche y étant beaucoup moins stable. Du reste, cet instrument exige une très-grande précision dans toutes ses parties, et quoiqu'il ne soit pas encore aussi répandu qu'il mérite de l'être, il est cependant peu de départements en France où l'on n'en rencontre pas quelques fabriques.

Si, comme on l'a dit avec raison, la meilleure charrue est celle qui produit le travail le plus parfait au plus bas prix, sa principale qualité doit consister à n'exiger que la moindre force de traction possible, puisque c'est là la seule dépense à laquelle donne lieu son emploi. Sous ce rapport, l'araire, ainsi que je viens de le dire, a droit à la préférence. Ce n'est pas cependant que l'avant-train ou le support à roulette ou à sabot donnent lieu par eux-mêmes à une grande consommation de force lorsque le tirage est bien réglé ; mais c'est principalement parce que ce réglement ne pouvant s'opérer qu'à tâtons, il est bien rare qu'il ne produise pas une décomposition ou une perte de force dont le laboureur ne s'aperçoit pas toujours, et de laquelle il résulte soit une plus grande fatigue pour l'attelage, soit la nécessité de renfoncer celui-ci.

Fig. 5.

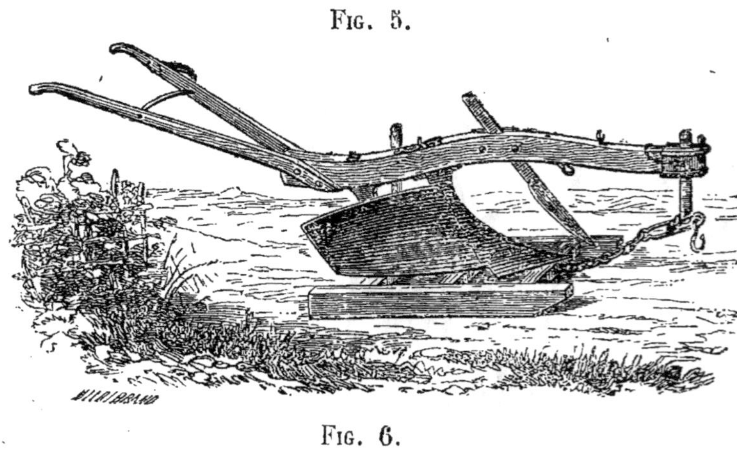

Fig. 6.

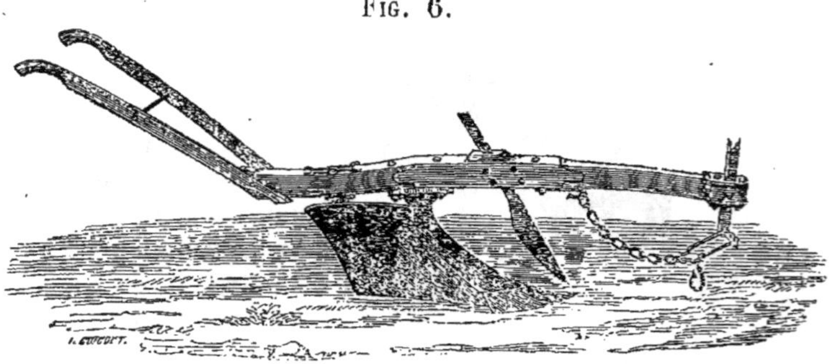

Généralement, on remarque que les charrues composées emploient un plus grand nombre d'animaux que les araires ou des animaux plus forts, dans des conditions identiques. Il est sensible que cela ne peut être dû qu'à la perte de force dont je viens de parler. Comme il s'agit ici d'une question fort importante, essayons de l'éclaircir de manière à être compris de tout le monde.

La résistance totale que la traction de la charrue rencontre dans le labour, se compose de résistances partielles très-différentes produites tant par la cohésion de la terre que par le frottement de celle-ci sur diverses parties de l'instrument, et par quelques obstacles accidentels. Mais la cohésion est d'autant plus facilement vaincue et le frottement d'autant plus diminué, que les pièces travaillantes de la charrue sont établies d'après des principes plus rationnels. — Voici donc un premier point à étudier.

La charrue se compose de plusieurs pièces dont les unes sont dites *travaillantes*, les autres *directrices*, et les troisièmes d'*assemblage*..

Les premières comprennent le coutre, le soc et le versoir;

Les deuxièmes, l'âge, les mancherons, le régulateur avec ou sans avan-train;

Les troisièmes, les étançons, le sep, la coutelière, les boulons, etc.

Les pièces travaillantes sont celles qui exigent l'étude la plus approfondie.

Le Coutre. C'est une espèce de couteau en fer tout d'une pièce, dont le manche est fixé sur l'âge au moyen d'une coutelière ou d'une coutrière à boulons, ou bien d'un étrier américain, un peu en avant du corps de la charrue. Sa lame, dirigée vers la terre sous une certaine inclinaison, doit pénétrer dans le sol et le trancher verticalement sur une profondeur qui, d'ordinaire, n'est pas tout à fait égale à celle de la bande à détacher, parce qu'il n'est pas d'usage de faire pénétrer la pointe du coutre jusqu'au fond de la raie.

Dans cette opération, le coutre est appelé à vaincre une résistance d'autant plus grande que la cohésion de la terre est plus forte et qui peut s'accroître par l'imperfection de la pièce, ainsi que par quelques obstacles à trancher ou à déplacer, tels que racines et pierres. Sa force doit donc être calculée en conséquence et consister bien plus dans la largeur de la lame que dans son épaisseur, par la raison qu'il agit à la manière d'un coin, cas auquel la résistance est proportionnelle à l'ouverture de l'angle formé par le tranchant. C'est ce que chacun comprendra aisément sans le secours des mathématiques. Supposez une lame ayant quatre centimètres de largeur et deux centimètres d'épaisseur au dos, elle contiendra la même quantité de matière, et elle pèsera autant que si elle avait une largeur double et une épaisseur de moitié moindre; mais faisant l'office de coin, la résistance qu'elle rencontrera sera quatre fois plus grande dans le premier cas que dans le second, parce que l'angle formé par le tranchant sera quatre fois plus ouvert. Il se pourra même que cette proportion soit dépassée si le coin est appelé à agir par compression sur un corps non indéfiniment compressible. Dans ce cas, il arrivera nécessairement un moment où la résistance du corps comprimé s'accroîtra dans une proportion plus grande que celle de l'ouverture de l'angle. Il faut donc conclure de là que le meilleur coutre est celui qui réunit à toute la solidité nécessaire la moindre épaisseur possible.

On pourrait augmenter singulièrement la solidité du coutre en établissant entre le soc et lui une certaine solidarité. Cela ne se fait d'habitude et c'est bien certainement à tort. J'en ai acquis la preuve par des expériences qui m'ont très-bien réussi. Mais il ne faudrait pas qu'il y eût soudure entre ces deux pièces, car les réparations qu'elles exigent de temps en temps l'une et l'autre, seraient plus difficiles à faire. Le moyen que j'avais employé était fort simple. Le bout inférieur de mon coutre forgé en forme de crochet, s'encastrait dans une espèce de mortaise pratiquée un peu en arrière de la pointe du soc, tandis que sa partie supérieure se fixait sur l'âge comme de coutume. Au moyen de cette disposition, la solidarité était parfaite et l'épaisseur du coutre pouvait être considérablement réduite.

Dans les terres légères ou pierreuses, on peut supprimer le coutre sans inconvénient. C'est alors la gorge de la charrue qui en fait office, et si le versoir est bien construit le labour est aussi bon.

Le Soc. Pour quiconque connaît une charrue bien faite, le soc n'est autre chose qu'un prolongement triangulaire du versoir, en avant. Sa fonction consiste à trancher horizontalement à la profondeur voulue, et selon une ligne oblique à la direction du mouvement, la bande de terre à renverser. Si le soc n'était pas la partie de la charrue qui fatigue et qui s'use le plus, il pourrait ne faire qu'une seule et même pièce avec le versoir. C'est ce qui a lieu, en effet, mais au moyen d'un assemblage à écrou permettant d'enlever le soc à volonté, soit pour le recharger, soit pour le remplacer.

Non-seulement le soc tranche horizontalement, mais il soulève la bande qu'il a détachée, agissant également à la manière d'un coin, ce qui indique que sa face supérieure est plus ou moins inclinée relativement à la ligne horizontale qu'il parcourt. Ici encore, la force dépensée par son action est proportionnelle à l'angle formé par cette inclinaison. Elle l'est aussi à la longueur de l'aile, ou du tranchant du soc, c'est-à-dire, à la largeur de la bande détachée.

Quoique la partie antérieure du corps de la charrue présente une forme triangulaire, le soc séparé a plus ordinairement celle d'un trapèze. Ce n'est que par sa réunion au versoir, ou à l'avant-corps de la charrue, que le triangle se dessine. Quelle que soit au reste la forme du soc, il n'y a que son tranchant et son rebord latéral renversé qui doivent toucher terre en dessous pour amoindrir le frottement.

On fait des socs en fonte, en fer et en acier. Les premiers coûtent et durent peu. Ceux en fer, avec un tranchant aciéré, sont préférables à tous égards. Lorsque le tranchant est émoussé ou usé, on peut le refaire à peu de frais, le talon servant beaucoup plus longtemps, surtout dans les socs dits renforcés.

Le sommet du triangle formé par le soc présente ordinairement une pointe plus ou moins allongée, fixe ou mobile, pour faciliter la pénétration de l'instrument dans la terre. On est assez généralement dans l'usage de faire incliner légèrement cette pointe en avant et vers la gauche, pour donner plus de stabilité à la charrue, tant sous le rapport de la profondeur que sous celui de la largeur de la raie ; mais lorsque l'instrument est pourvu d'un bon régulateur, cette disposition n'est pas indispensable.

Le Versoir. C'est de la forme de cette pièce que dépend en plus grande partie, la qualité de la charrue. Autrefois, le versoir consistait tout simplement en un morceau de planche formant avec l'âge un angle plus ou moins ouvert. Une pareille disposition fendait et remuait la terre en la poussant sur le côté, plus qu'elle ne la retournait. L'introduction du versoir contourné, en fonte, a donc été sous ce rapport, une amélioration importante, non-seulement en ce qu'il produit un bien meilleur travail, mais encore en ce qu'il exige une bien moindre dépense de force.

Selon que le versoir est moins long, la force de traction nécessaire est plus grande. C'est encore ici le principe de l'action du coin. La bande de terre détachée par le coutre et le soc est saisie à la partie postérieure de celui-ci, par le versoir qui la soulève, lui imprime un mouvement de torsion et la renverse après lui avoir fait faire un peu plus d'un quart de conversion, suivant une ligne héliçoïdale. La cohésion de la terre étant rompue par le tranchant du coutre et du soc, la résistance qu'éprouve le versoir vient en partie du frottement de la bande, lequel est proportionnel au poids de cette dernière. Ce frottement peut s'aggraver lorsque la terre est collante, parce que dans ce cas ce n'est plus sur un corps dur et poli que la bande glisse, mais sur la terre qui s'est attachée au versoir et qui présente beaucoup plus de résistance. Enfin, l'action du versoir tendant à faire changer la bande de place, en la renversant, exige une force d'autant plus grande qu'elle se produit sous un angle plus ouvert. C'est ce qui a lieu lorsque le versoir est court; mais alors il s'établit une petite compensation. Dans ce cas, le poids de la terre est moindre que sur un versoir long et par conséquent le frottement est moindre aussi; mais cette proportion n'est géométrique qu'autant que les deux versoirs, de longueur inégale, forment un angle de même ouverture. Dans ce cas, une bande de 0^{m}20 d'épaisseur, par exemple, sur 0^{m}20 de largeur, étant à retourner, il faudrait à un versoir de 0^{m}50 de longueur, moitié moins de force pour le faire qu'à un versoir d'un mètre, en supposant que l'opération fût praticable par l'un et l'autre sous un même angle. Mais cette supposition n'est guère admissible, parce que dans ce cas l'écartement du versoir court est de moitié moins grand. Pour que deux versoirs d'inégale longueur puissent opérer régulièrement sur une largeur égale et produire un résultat identique, il faut nécessairement que le plus court forme un angle plus ouvert. Or, si l'un des deux n'a que 0m50 de longueur et l'autre 1m et que l'écartement existant entre leur talon et la muraille de la charrue soit le même, l'angle formé par le premier sera quatre fois plus grand que celui formé par le second, et si le frottement est de moitié moindre sur celui-là que sur celui-ci, l'effort nécessaire pour soulever et déplacer le cube à retourner sera quatre fois plus considérable, en sorte que la perte l'emportera sensiblement sur le gain.

Cependant, le versoir court est généralement préféré en France, parce que, comme nous l'avons vu, il produit un double effet, en brisant la terre qu'il renverse brusquement. Mais ce n'est là, répétons-le, qu'un avantage fictif, au moins en thèse générale. Le versoir long, sans exagération toutefois, est préférable à tous égards, et sous ce rapport celui de la charrue Howard (Fig. 3, page 692), l'emporte certainement sur la plupart des versoirs français.

La meilleure forme à donner au versoir pour en obtenir un bon travail avec la moindre force possible, est celle qui se rapproche le plus de l'hélice. Ce n'est pas celle qui est le plus généralement adoptée par nos constructeurs, dont un assez grand nombre préfèrent donner un peu d'estomac à leur versoir qu'ils rendent ainsi concavo-convexe, et ce qui le dispose à briser la terre et quelquefois à bourrer, en consommant plus de force que besoin ne serait avec un versoir héliçoïdal.

Le versoir se compose ordinairement de deux parties dont l'une, fixe, se confondant avec l'étançon de devant, forme la gorge ou l'avant-corps de la charrue. C'est sur la partie inférieure de cette gorge que se boulonne le soc. Vient ensuite l'oreille qui complète le versoir en s'adaptant à l'avant-corps. Son écartement est maintenu par une branche de fer qui la relie à l'étançon postérieur. Cependant, il y a des charrues légères dans lesquelles le versoir n'est que d'une seule pièce et s'adapte directement sur le premier étançon. C'est ce qui a lieu dans le Brabant simple (Fig. 4, page 693).

Nous avons vu, dans ces derniers temps, figurer dans plusieurs de nos concours régionaux, une charrue, portant le nom de son inventeur, M. Congoureux, et dont le versoir consiste tout simplement en un disque rotatif, formant avec la ligne de direction un angle plus ou moins ouvert.

Fig. 7.

Le jury du Concours Régional de Rennes, dont j'étais membre en 1862, a essayé cette charrue, perfectionnée par M. Peltier jeune, et en a obtenu un bon travail ; mais n'ayant pas de dynamomètre à sa disposition il n'a pu déterminer l'économie de force qu'elle semble devoir procurer.

Ainsi, les trois pièces travaillantes, dont je viens de parler, sont principalement celles qui ont à vaincre les résistances qui se rencontrent dans le labour. Je ne parle pas ici du frottement du sep, c'est peu de chose ; ni de celui de l'avant-train, il sera étudié séparément tout-à-l'heure. Pour parvenir à surmonter toutes ces résistances, il faudra donc que la force employée soit plus grande que leur somme totale ; et elle devra être d'autant plus grande encore que le tirage s'opèrera sous un angle plus ouvert. Ceci exige une explication spéciale.

Il est de principe, en dynamique, que la puissance qui attire un corps sur un plan quelconque, ne peut être réduite à sa plus faible expression qu'autant qu'elle forme avec le centre de la résistance, une ligne parallèle au plan sur lequel le corps attiré se meut. C'est ce qui a lieu, par exemple, dans la traction d'une charrette, lorsque le centre de la puissance existant sur un point quelconque du poitrail du cheval, se trouve à la même hauteur que le centre de la résistance gisant dans l'axe de l'essieu du véhicule. Ici, la ligne réelle du tirage se confond dans un parallélisme exact avec le plan du mouvement, et la force dépensée produit tout son effet utile sans autre décomposition que celle résultant du frottement, lorsque le mouvement a lieu sur une surface parfaitement horizontale.

Il n'en est pas de même dans la traction de la charrue. Tandis que celle-ci suit dans sa marche une direction parallèle à la surface du sol, le tirage s'opère obliquement selon une ligne qui, partant du centre de la puissance P (le poitrail du cheval), aboutit au centre de la résistance R (un point quelconque du versoir correspondant à peu près à la moitié de la profondeur du labour), et forme avec la ligne du mouvement de l'instrument MR, un angle plus ou moins ouvert selon que les animaux moteurs sont de taille plus ou moins élevée, et que leurs traits sont plus ou moins longs. C'est ce que fera mieux comprendre la figure suivante.

FIG. 8.

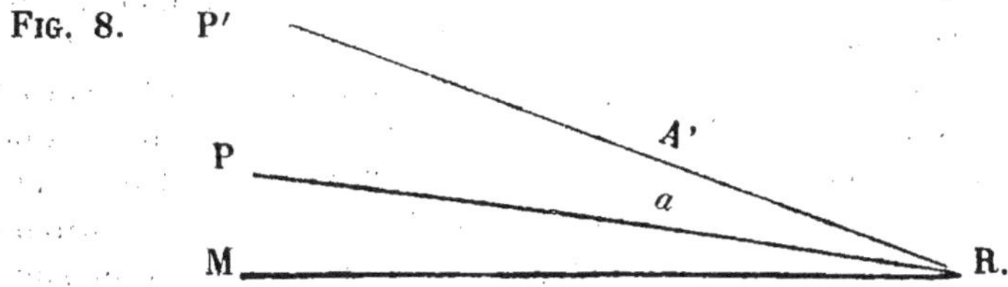

Dans cette figure, les traits sont censés attachés en *a* pour la puissance P et en A' pour celle P'. La ligne du tirage se prolonge fictivement de *a* ou de A' en R, quoiqu'en réalité il ait lieu au moyen de diverses pièces de la charrue qui ne se trouvent pas sur cette ligne. Mais comme ces pièces forment un tout inflexible, elles agissent absolument comme si elles étaient droites.

Si, dans l'hypothèse que nous examinons la puissance est en P, le tirage s'exercera sous l'angle PRM que nous supposons être de 10°. Si, au contraire, elle est en P', il formera un angle plus ouvert supposé de 25°. Dans le labour ordinaire l'angle du tirage ne peut guère dépasser ces deux extrêmes.

Or, comme dans le tirage oblique la décomposition de force

est proportionnelle au sinus ou à l'ouverture de l'angle formé, et comme le sinus est de :

173 pour 1000 de rayon	dans l'angle à		10°
258	id.	id.	15°
342	id.	id.	20°
423	id.	id.	25°

Il s'ensuit que s'il faut une force soutenue de 250 kil. (chiffre tout hypothétique) pour faire marcher la charrue, la puissance étant sur le même plan que la résistance, comme MR, il en faudra une de 293 kil. pour vaincre la même résistance si la traction s'opère sous un angle de 10°, ou une autre de 356 kil. si elle a lieu sous un angle de 25°.

On voit par cet exposé très-sommaire que le mode d'attelage n'est pas indifférent dans le labour, et cela explique comment il se fait que deux bœufs de force moyenne, tirant de moins haut que deux chevaux plus élevés et plus forts, produisent dans des circonstances d'ailleurs semblables autant d'effet utile que ces derniers.

Dans la charrue composée, la perte de force résultant de l'obliquité du tirage peut s'accroître par suite du frottement de l'avant-train sur le sol, et surtout par suite d'une nouvelle décomposition produite par un mauvais réglement de l'instrument. Ce dernier cas ne peut pas se présenter dans la marche de l'araire, parce que si les traits sont attachés trop haut ou trop bas, la partie antérieure de l'âge sera abaissée ou soulevée, et l'instrument perdant sa direction parallèle au sol ne pourra pas marcher; ou bien, s'il fonctionne, ce sera à une toute autre profondeur que celle pour laquelle on aura voulu le régler.

Il n'en est pas tout à fait de même pour la charrue composée. Si les traits sont attachés trop bas, la partie antérieure de l'instrument sera également soulevée comme celle de l'araire, et la charrue prendra moins de profondeur ou ne pénètrera pas en terre. Dans le cas contraire, c'est-à-dire lorsque le point d'attache des traits sera trop haut, la ligne effective de tirage cessera d'être directe et se brisera comme celle P*a*R dans la figure ci-après.

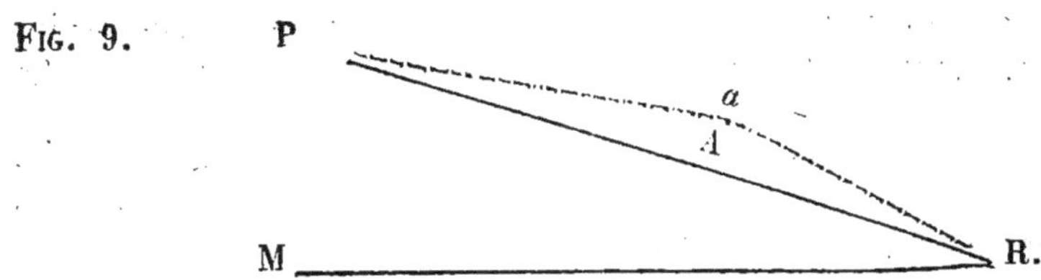

Fig. 9.

Dans ce cas, la nouvelle décomposition de force est proportionnelle à l'ouverture de l'angle AP*a*. Il se produit en *a*, par la tension des traits au préjudice de l'effet utile, une pression tendant à ramener la ligne du tirage dans sa direction naturelle PAR; mais comme la rigidité de l'avant-train y fait obstacle, c'est lui qui supporte cette pression, et par conséquent, sa résistance à la traction est augmentée d'autant.

La ligne P*a*R représente assez bien ici la corde tendue d'un arc. Si on lâche la détente *a*, la corde sollicitée par le double ressort PR reprendra sa position directe, naturelle, en lançant la flèche avec une force d'autant plus grande, eu égard à la puissance des ressorts, que la corde aura été plus tendue, c'est-à-dire que les angles AP*a* et AR*a* auront été plus ouverts.

Le cas qui vient d'être examiné se présente d'autant plus souvent dans la traction de la charrue à avant-train que rien ne vient le révéler au laboureur, et lorsqu'on voit attelé à cette charrue un plus grand nombre d'animaux qu'à un araire, dans des conditions semblables, on peut être assuré que cette dépense extraordinaire de force provient principalement d'un mauvais ajustage.

Pour éviter cet inconvénient, j'avais imaginé il y a dix ans un indicateur dont j'ai donné la première idée dans le Journal d'Agriculture pratique de 1855. Cet appareil que j'ai bien simplifié peu de temps après, indiquait au moyen d'une aiguille mue par la simple tension des traits, le point précis de leur attache. Mais cette idée n'ayant pas été comprise ou pas goûtée, n'a eu aucune suite et le réglement de la charrue est resté comme auparavant une opération toute de tâtonnement.

C'est le cas de dire ici quelques mots de la manière dont il s'effectue, en nous livrant préalablement à un court examen des pièces dites de direction.

L'Age de la charrue est positivement une espèce de timon sur lequel s'adaptent la plus grande partie des pièces de toutes les catégories, notamment le coutre et les étançons, au centre; les mancherons, à l'arrière; le support et le régulateur, à l'avant. La construction de l'âge est elle-même soumise à des règles que l'on ne peut méconnaître impunément. Sa direction est horizontale dans l'araire; horizontale ou inclinée dans la charrue composée, selon le système d'avant-train qui lui est appliqué. Dans l'araire, comme dans la charrue, dont le régulateur est indépendant de tout avant-train et se meut verticalement, l'âge ne doit être ni trop long ni trop court, ni trop haut ni trop bas. Sa longueur et sa hauteur doivent être calculées pour que le régulateur puisse librement se placer, selon les exigences du tirage, sur une ligne formant un angle régulier compris entre 10 et 25 degrés comme dans la figure 8, page 701, d'où l'on peut conclure en principe que l'âge de la charrue doit toujours être d'autant plus haut qu'il est plus long, et que les animaux destinés à sa traction sont de taille plus élevés.

Dans la charrue à âge incliné, dont le régulateur dépendant de l'avant-train se meut horizontalement, le principe est absolument le même, en ce sens que l'âge doit être disposé de telle manière que le point d'attache des traits puisse facilement trouver sa position normale sur la ligne naturelle du tirage. Mais il faudra pour cela que cette charrue soit construite géométriquement et de manière à ce que la combinaison très compliquée de ses diverses parties ne pèche en aucun point. Autrement on risquera fort de voir se produire incessamment la décomposition de force démontrée par la Fig. 9, page 703. Or, comme la charrue ordinaire à avant-train est généralement fabriquée par des charrons de village, qui n'ont pas la moindre notion des principes de sa construction, il n'est pas étonnant que l'on rencontre aussi peu de ces instruments rendant le maximum de leur effet utile théorique.

Le Régulateur. Celui qui est en tête des araires Fig. 5 et 6 (page 694), donne une idée exacte du régulateur de la charrue simple. Il se compose de deux branches de fer soudées en équerre. La branche verticale joue dans une mortaise pratiquée au bout de l'âge renforcé dans cette partie par une armature en fonte. Cette branche s'élève ou s'abaisse à la demande du tirage pour régler la profondeur du labour et elle s'arrête au moyen d'un boulon à clavette. Son jeu doit être libre, mais sans ballottement.

La branche horizontale, dentée sur champ, porte l'anneau allongé de l'arrière chaîne du tirage laquelle s'accroche sous l'âge, le plus près possible de la gorge de la charrue. Cette chaîne que l'on voit flottante (Fig. 6), est tendue par la traction, et le crochet qui est représenté pendant, est ramené à la partie antérieure de l'anneau allongé. C'est sur ce crochet que se place la volée d'attelage des chevaux, ou la chaîne de tirage des bœufs. C'est lui que représente le point A ou A' dans la Fig. 8, page 701. Pour régler la largeur de la bande, on place l'anneau allongé entre deux dents de la branche horizontale, en l'écartant plus ou moins de la branche verticale, selon que l'on veut prendre plus ou moins de raie. Cet anneau étant très étroit, ne peut sortir de l'encoche dans laquelle il est engagé, lorsque la chaîne est tendue. On ne peut donc le changer de place qu'en le dressant, après avoir détendu ou décroché la chaîne. C'est une opération qui ne demande que quelques secondes.

Le régulateur dont il s'agit ici, est celui de Mathieu de Dombasle. C'est celui qui est le plus généralement adopté. Il est fort simple et très facile à comprendre et à manœuvrer. Seulement, on n'arrive qu'en tâtonnant, comme je l'ai déjà dit, à trouver le point précis de l'ajustage. Il peut même se faire qu'on n'y arrive pas du tout si la disposition de l'âge est fautive, ainsi que cela peut avoir lieu lorsque l'instrument a été fabriqué par un charron inexpérimenté.

On verra Fig. 28, dans le Butteur de M. Bodin, une autre forme de régulateur dont un simple examen suffira pour faire comprendre la manœuvre. Comme plusieurs autres, dont je ne parle pas, il repose sur le même principe que le régulateur Dombasle. Quelle qu'en soit la forme et la combinaison il faut nécessairement qu'il puisse assigner verticalement et horizontalement, au point d'attache des traits, la position normale que celui-ci doit occuper.

Le principe est absolument le même dans les charrues composées, seulement, la manœuvre diffère selon la combinaison. C'est ainsi que nous avons vu déjà que l'ajustage de notre ancienne charrue (Fig. 1, page 691), se fait en avançant ou en reculant l'avant-train sous l'âge ; mais ceci n'a trait qu'à la profondeur du labour. Quant à la largeur de la raie, on l'obtient plus ou moins grande en plaçant plus ou moins à gauche l'âge de la charrue dans l'une des encoches que l'on aperçoit distinctement sur la sellette de l'avant-train. Il n'y a pas un seul laboureur qui ne sache cela.

Lorsque le régulateur est indépendant du support, celui-ci se hausse ou s'abaisse d'abord pour régler la hauteur du point d'appui selon la profondeur du labour. Quant au tirage, son ajustage s'établit absolument d'après le même principe que celui de l'araire.

Lorsque les roues d'un avant-train sont d'un égal diamètre et qu'elles tournent sur un même essieu, l'une de ces roues marchant toujours dans la raie, tandis que l'autre roule sur le sol non encore labouré, il en résulte que l'avant-train penche à droite, ce qui fausse le tirage et nécessite une rectification. Pour éviter cet inconvénient, on fait des avant-train dont les roues inégales maintiennent à peu près l'horizontalité de l'essieu dans le labour. On en voit d'autres dont chaque roue tourne sur un essieu spécial et indépendant, qu'on peut hausser ou baisser à volonté dans le même but. Ceux-ci sont évidemment les plus parfaits.

Les Mancherons. J'ai peu de chose à dire en ce qui les concerne. C'est à leur aide qu'on fait prendre raie à la charrue ; qu'on la retourne au bout du sillon ; qu'on la dégage lorsqu'elle rencontre des obstacles, et que l'on contrebalance l'action d'un tirage mal réglé. Mais une charrue bien construite et bien ajustée, peut en quelque sorte marcher seule, quand elle a pris raie dans un terrain convenable. En tous cas, elle ne doit jamais exiger de son conducteur que très peu d'efforts, et ces efforts seront toujours allégés par des mancherons présentant un bras de lévier assez long pour rendre la manœuvre plus facile. En ce qui concerne l'araire, Mathieu de Dombasle recommande au laboureur de faire aussi fréquemment le mouvement de soulever les mancherons que celui d'exercer une pression verticale, ayant soin que ces mouvements soient doux et modérés. Ils doivent surtout n'être pas prolongés parce que le soulèvement des mancherons tend à faire piquer le soc, et la pression à le faire dérayer. C'est précisément l'inverse de ce qui a lieu avec la charrue à support.

Je ne crois pas devoir parler ici *des pièces d'assemblage*, pour éviter des détails qu'il ne m'est pas possible d'aborder. Je me bornerai à recommander beaucoup de solidité et de précision dans la confection de ces pièces.

D'après les explications qui précèdent, on voit combien il est important pour le cultivateur de faire porter son choix sur une charrue dont toutes les pièces travaillantes soient établies de manière à dépenser le moins de force possible ; combien il lui importe également de se bien pénétrer de la théorie du tirage. Mais les pertes de force résultant des diverses causes que j'ai expliquées précédemment, ne sont pas les seules qui se produisent dans la traction de la charrue, ou de tout autre instrument. Il en est souvent d'autres qui proviennent d'un mauvais harnachement des bêtes de trait. On conçoit, par exemple, qu'un collier défectueux blessant le cheval, enlève à celui-ci beaucoup de son énergie et les colliers défectueux sont encore infiniment plus nombreux que les autres dans la bourrellerie commune. C'est à quoi remédie avec succès M. Doyen-Dugournay, bourrelier à Paris, rue Lafayette, n° 193. Je ne saurais mieux faire que de transcrire ici ce que dit de cette importante amélioration M. C. Kerdoël, dans son *Agriculteur praticien*, année 1863, page 237, en donnant d'abord la figure de ce collier :

FIG. 10.

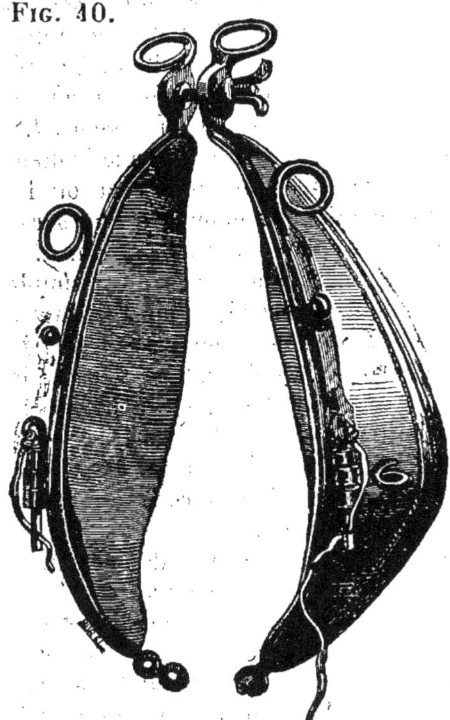

« Le Collier-Doyen est toute une révolution, et nous ménagerons d'autant moins nos louanges à l'intelligent praticien qui l'a inventé, que l'état de la bourrellerie agricole réclamait depuis longtemps une transformation de ce genre.

» A l'apparence, le Collier-Doyen, diffère peu des Colliers ordinaires ; mais l'observateur en reconnaît bien vite la supériorité.

» La première difficulté à vaincre, était d'obtenir une grande légèreté, tout en conservant la solidité nécessaire au gros trait, et au labour. Cette partie du problème a été heureusement résolue, au moyen d'une tournure *toute en fer,* qui embrasse toute la partie extérieure du Collier, et sur laquelle se soutient la rembourrure, au moyen d'une verge et d'une chaussure piquée. Combinaison de laquelle il résulte qu'au lieu de se déformer graduellement sous le travail, et en blessant le cheval sous la pression des attelles, obéissant elles-mêmes à la résistance des traits, le Collier, grâce à sa tournure en fer, savamment combinée sur l'anatomie du poitrail et de l'encolure, conserve *jusqu'à usure complète*, sa forme primitive. Les attelles sont remplacées par une paire de contre-forces, en fer forgé, embrassant la tournure en dessus et en dessous. Les branches du dessous, se bifurquent en deux parties à la hauteur de l'épaule : l'une forme la lyre en dehors, pour recevoir les traits ou le cordeau, l'autre continue à monter à plat sur la tournure, qu'elle dépasse vers la pointe au-dessus du garot.

» C'est ici que se présente, sous une forme aussi simple qu'ingénieuse, la solution toujours cherchée et jamais trouvée de la question de blessures du garot, de l'encolure et de l'épaule. La rembourrure, des deux côtés du collier, dépasse le garot à droite et à gauche ; mais les deux ne forment pas la pointe en se rapprochant. Une vis fixe, mais libre dans la contre-force de droite, traverse la contre-force de gauche, en passant dans un écrou à oreilles, dont la partie antérieure, formant virole, joue dans la contre-force gauche.

» On voit de suite qu'en pressant les oreilles de l'écrou, la partie supérieure des mamelons, vient s'appuyer sur le défaut de l'épaule, emboitant la pointe de l'épaule *sans que jamais et dans aucun cas, le garot ait rien à porter*........ De cette façon, non-seulement les blessures du garot cessent de se produire, mais également toutes celles provenant d'un collier mal ajusté...... Le laboureur ou le charretier en garnissant ses chevaux serre l'écrou, de manière à obtenir l'intimité plastique et hermétique du collier, tout en laissant libre le jeu de la veine, de l'épaule et du garot.............

» Un cheval blessé travaille peu et mal..... Le collier-doyen remédie à cette situation..... »

Le harnachement des bœufs, tel qu'il se pratique ordinairement au moyen du joug double, n'est pas non plus, le plus favorable à la traction. Le demi-joug frontal de M. le baron Augier, laissant l'animal beaucoup plus libre dans ses allures, lui permet de développer plus complètement sa force. Voici ce que dit sur ce point, dans le *Journal d'Agriculture pratique* (1857 tome VIII), un juge très compétent, M. E. Guyot, après plusieurs expériences dynamométriques comparatives :

« Le demi-joug frontal indépendant, que nous avons trouvé au concours du centre à Chateauroux, avait été envoyé avec tout le harnachement par M. le baron Augier, agriculteur du département du Cher.

» Il l'emploie depuis 14 ans, et attelle ainsi deux ou trois bêtes de front : Celles-ci, à travail égal, sont bien moins fatiguées.

» Nous avons observé, que le bœuf attelé sur un point fixe, ou ayant à vaincre une résistance très considérable, exerce un effort de traction plus puissant avec le demi-joug qu'au moyen du collier ; avec le collier que par le joug à deux, et la différence est plus grande qu'on ne saurait le croire, car elle peut monter quelquefois jusqu'à 200 kil.............

» Le joug à deux, est manifestement le harnais le plus défavorable qu'on ait pu imaginer, pour le bon emploi des forces du bœuf et leur plus complète utilisation..........

» En résumé, le bœuf est réellement fait pour le joug ; mais pour celui qui ne lui ôte rien de sa liberté d'action, et non pour celui qui le tient dans une dépendance pénible, et le force à supporter inutilement, une certaine quantité d'efforts de ses compagnons de travail. »

C'est surtout, lorsque deux paires de bœufs sont attelées l'une devant l'autre, que les inconvénients de cette solidarité d'efforts se font le plus sentir, quand les bœufs sont de même taille, ou bien quand les plus petits sont en avant, ainsi que je l'ai démontré dans le *Journal d'Agriculture pratique*, dès 1855 (tome IV. page 295). Dans ce cas, le point d'attache de la ligne de tirage des bœufs de devant, étant en *a* (Fig. 9, page 703), sur le joug des bœufs de derrière, dont le tirage s'effectue directement de A en R, on voit qu'il se passe ici absolument la même chose, que dans la traction de la charrue à avant-train mal réglée. La ligne brisée P*a*R, tendant sans cesse à prendre sa direction naturelle PAR, les bœufs de derrière dépensent une grande partie de leur force à résister à la pression, que le tirage des bœufs de devant exerce sur leur tête, pour les ramener de *a* en A, position qui n'est pas normale et qui paralyserait en grande partie leur action, s'ils étaient contraints à la subir. En pareil cas, lorsque les bœufs sont de taille fort inégale, les plus hauts doivent être placés en avant : autrement leur tirage doit être indépendant de ceux de derrière, en s'effectuant directement selon la ligne PAR. La longueur de cette ligne, peut présenter des inconvénients dans les détours. Mais on y pare en lui donnant en *a*, un support très-élastique, tel qu'une courroie en caoutchouc, ou même un support inflexible, pourvu qu'il conserve la distance *a*A. Les observations que je fais ici, sont le fruit d'expériences auxquelles je me suis livré dans mes défrichements de landes, seul cas, où j'ai employé plus de deux bœufs au même attelage, et cela avec une notable économie de force.

Revenons aux charrues. Celles dont j'ai donné tout-à-l'heure les figures, sont certainement au nombre des meilleures. Mais on en rencontre partout beaucoup d'autres, qui se distinguent par des modifications plus ou moins tranchées, sans influence sensible, toutefois, sur les qualités intrinsèques de l'instrument, ces modifications portant beaucoup plus sur la forme que sur le fond, sans être aussi heureuses les unes que les autres. Pour bien se rendre compte de toutes ces variations, il faut nécessairement visiter les concours régionaux.

Je ne puis cependant passer sous silence, quelques charrues spéciales dont on fait un assez grand usage en certaines contrées pour les labours à plat, ou pour ceux qui ont lieu transversalement sur des pentes très fortes. Ces charrues, prennent la dénomination de *tourne-oreille*. A l'inverse de la charrue ordinaire, qui renverse toujours la terre sur sa droite, en allant comme en revenant, la charrue tourne-oreille, qui est généralement pourvue d'un corps double, renverse alternativement sur sa droite et sur sa gauche, sans former ni sillons ni planches.

L'un des plus anciens, des plus simples, et des meilleurs modèles de ce genre est l'araire dos à dos de Valcourt.

La figure suivante N° 11, représente cet instrument perfectionné, par M. Bodin.

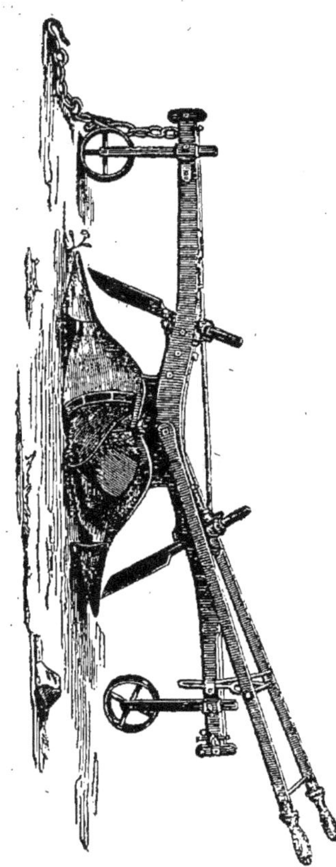

Cette charrue est entièrement en fer forgé. Le versoir renverse la bande, à droite en allant et à gauche en revenant, ou *vice versa*, l'instrument marchant à peu près comme la navette d'un tisserand. Parvenue au bout du sillon, il n'est pas nécessaire de la retourner. On fait tourner les animaux seulement et le crochet du tirage glisse sur une tringle en fer, que l'on aperçoit distinctement dans la figure, pour venir se placer à l'autre extrémité de l'âge. Les mancherons se renversent par un mouvement de bascule.

La charrue Brabant double sert aux mêmes fins.

Fig. 12. — Brabant double de Coutelet, fab. de M. Peltier jeune.

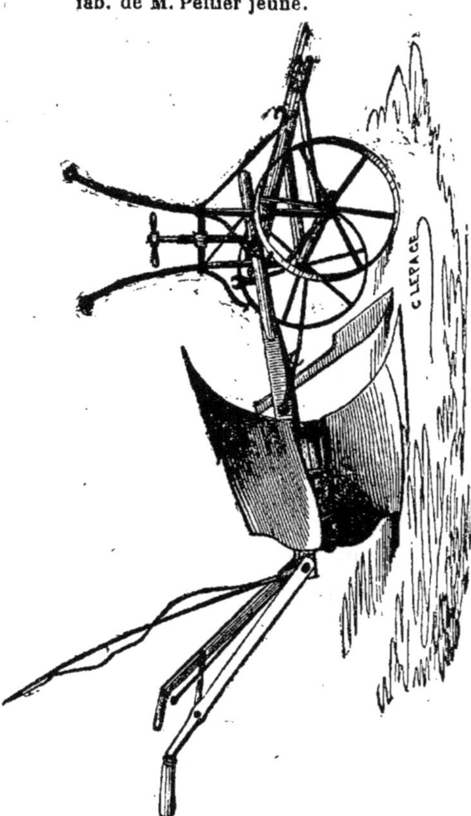

Cette charrue diffère du système Valcourt, en ce qu'au lieu d'être dos à dos sur le même plan, les deux corps sont également dos à dos, mais superposés de telle sorte que, tandis que le sep de l'un repose sur le sol, celui de l'autre fait face au ciel. Lorsque l'instrument est parvenu au bout du sillon, on le retourne comme une charrue ordinaire et l'on fait basculer le double corps, de manière à ramener sur le sol la partie qui était en haut, et réciproquement. Si, en allant la charrue verse la terre à gauche, en revenant elle la verse à droite. Je n'ai jamais employé chez moi ces charrues doubles, mais j'ai été appelé, comme membre du jury au Concours régional de Quimper, à apprécier un Brabant double exposé par M. le comte Du Couëdic, et qui a parfaitement fonctionné dans un sol presque impénétrable. Ce qui était surtout remarquable, c'est la stabilité de l'instrument qui, une fois en marche, conservait très-bien sa direction sans qu'il fût nécessaire d'agir sur les mancherons.

FIG. 13.

La charrue Tourne-Oreille de M. Meixmoron de Dombasle, diffère des précédentes, en ce que ses deux corps suspendus sous l'âge, sont réunis à angle droit. L'un des socs agit à la manière ordinaire, tandis que l'autre fait l'office de coutre, et alternativement, le corps de la charrue faisant au bout de chaque sillon un quart de conversion par un mouvement de bascule. Les deux versoirs sont confondus en un seul, combiné de telle manière qu'après ce mouvement de bascule, la disposition reste la même, à cela près que la charrue versera à droite au lieu de verser à gauche, et inversement au commencement de chaque raie.

Je dirai peu de chose des charrues bisocs ou polysocs. Ce sont-là des instruments qui témoignent de l'esprit inventif des constructeurs, mais dont l'utilité n'est pas bien établie. Il faut autant de force pour traîner une charrue double dont les deux corps travaillent à la fois, que pour en faire marcher deux simples du même système. A la vérité, il ne faudrait qu'un seul conducteur pour le bisoc qui, dans un terrain léger n'emploierait que deux bêtes de trait. Mais ces cas là sont bien rares, puisqu'ils supposent la possibilité d'un labour avec une charrue simple à l'aide d'un seul animal. Du reste, plus un instrument est compliqué, plus il est sujet à se déranger, et le laboureur qui remplacerait deux charrues par un bisoc, serait bien plus exposé à chômer pour cause de réparations. Les polysocs ne conviennent, à mon avis, que pour utiliser une grande force motrice comme dans le labourage à la vapeur.

Il y a des bisocs qui au lieu d'être disposés pour ouvrir deux raies parallèles contiguës, le sont de telle manière, que le premier corps fait son labour à une profondeur moyenne et que le deuxième corps placé sur l'arrière et sur la même ligne de direction, mais plus bas, travaille le fonds de la raie. Ces instruments ont été imaginés pour faire des labours profonds d'un seul trait de charrue. Mais ils présentent les mêmes inconvénients que les autres bisocs, et ils peuvent être avantageusement remplacés par les procédés de défoncement dont nous parlerons tout à l'heure.

Nous avons dit que le labour était le plus important de tous les travaux aratoires. Nous ajouterons ici que son efficacité dépend de deux conditions principales que nous devons expliquer, savoir : une profondeur et un ameublissement convenables. La première peut-être remplie soit avec la charrue seule, soit en lui associant des instruments complémentaires, tels que la charrue sous-sol, la fouilleuse, etc. ; la seconde s'obtient au moyen de la herse, du scarificateur et du rouleau.

II. — Le Défoncement et la Charrue sous-sol.

Pendant longtemps, l'imperfection des charrues n'a permis que des labours très-superficiels au moyen desquels la culture des céréales et de quelques autres plantes à racines chevelues était seule possible. C'était l'enfance de l'art et cette enfance s'est prolongée jusqu'au commencement de notre siècle. Mais aujourd'hui, le cultivateur tant soit peu éclairé comprend mieux les avantages que lui présente le labour profond. Il sait que quand la couche végétale est peu épaisse et repose sur un sous-sol peu perméable, elle est promptement saturée d'eau ; qu'elle se noie et se dessèche très-vite et que ces deux excès sont également nuisibles à la végétation. Au contraire, lorsque le labour est profond, l'eau se répartit dans un plus grand volume de terre qui d'ailleurs en absorbe davantage, et remontant ensuite lentement et successivement par la capillarité, elle alimente les racines des plantes d'une manière plus régulière et plus constante.

Mais, de ce que la terre doit être profondément labourée, il ne s'ensuit pas que tous les labours doivent être profonds. Souvent, au contraire, il est préférable que quelques-uns le soient peu. L'essentiel est que la terre ait été défoncée d'abord et qu'elle soit entretenue dans un bon état d'ameublissement à la plus grande profondeur possible, par les labours préparatoires. Mais ceux de semailles se règlent ordinairement sur les exigences et la manière d'être des racines de plantes. Le froment, par exemple, ne pénétrant pas bien avant dans le sol et réussissant mieux sur un fond un peu ferme, ne demande en dernier lieu qu'un labour de moyenne profondeur fait un peu à l'avance.

Le défoncement du sol est donc l'une des conditions essentielles de la culture perfectionnée. Mais c'est une opération qui exige de la circonspection, en ce sens qu'il n'est pas sans inconvénient d'incorporer tout d'un coup à la couche végétale, une forte proportion de terre stérile prise au sous-sol, admettant que celui-ci soit d'une mauvaise nature, ce qui est fort ordinaire. Ainsi, si la terre neuve est dépourvue d'une seule des matières fertilisantes essentielles, on conçoit que son mélange avec l'ancienne couche végétale, ait nécessairement pour effet de ramener celle-ci à une fertilité moyenne inférieure à celle qu'elle possédait auparavant, et si la fumure n'augmente pas dans la même proportion, les récoltes s'en ressentiront forcément pendant un certain temps. Cette fumure répartie, par exemple, dans une couche de 0m30 d'épaisseur, alors que précédemment elle ne l'était que dans une de 0m15, perdra la moitié de son intensité si la sphère d'activité des racines ne s'étend pas au-delà de 0m15. A la vérité, l'humidité qui circule dans le sol par l'effet de la capillarité, peut ramener à la disposition des plantes, les matières fertilisantes qu'elle tient en dissolution et qui se trouvent au-dessous de la portée de leurs spongioles. Mais cela n'a lieu que dans les terres de fertilité normale, c'est-à-dire dans celles qui sont saturées des substances qu'elles peuvent absorber et retenir. Or, ce n'est pas le cas dans celles qui, récemment défoncées, se trouvent en partie composées d'une terre crue, argileuse et stérile, qui s'empare d'abord, au préjudice des récoltes, d'une portion plus ou moins considérable de l'engrais.

On évite de deux manières cet inconvénient fort grave, d'abord en ne procédant au défoncement que progressivement, à raison de deux à trois centimètres par an. Cette faible quantité de terre neuve est plus facile à fertiliser qu'une couche cinq ou six fois plus forte. Mais ce procédé est fort lent. Il vaut donc mieux user du second moyen qui consiste à faire suivre la charrue de labour par une fouilleuse, comme celle représentée par la figure ci-après, Fig. 14 :

Fig. 14. Fouilleuse : âge en bois, de M. Bodin.

ou par une charrue sous sol(Fig. 15) :

Fig. 15. Charrue sous-sol de M. Meixmoron de Dombasle.

dont la fonction consiste simplement à ameublir le fond de la raie ouverte, sans déplacer la terre. Un araire ordinaire dont on enlèverait le versoir conviendrait jusqu'à un certain point pour ce travail.

III. — L'Ameublissement du sol. — La Herse, le Scarificateur et le Rouleau.

Une bonne charrue, avons-nous dit, doit simplement renverser la terre, au moins lorsque celle-ci n'a pas une cohésion extrême. C'est là sa fonction unique. Vouloir faire avec elle un travail complet, c'est lui demander plus qu'elle ne peut normalement donner. La charrue ébauche, la herse et le rouleau finissent.

La herse est trop connue pour qu'il soit nécessaire de la décrire. L'un des meilleurs modèles est celui que nous devons à M. de Valcourt, dont il porte le nom. C'est un cadre parallélogrammatique en bois ou en fer, approchant de la forme du losange, et composé ordinairement de quatre limons et de trois traverses. Chaque limon est garni d'un certain nombre de dents le plus souvent en fer, droites, inclinées ou un peu recourbées en avant, selon le travail auquel on destine l'instrument. On donne aux dents cette inclinaison ou cette courbure, lorsque la herse doit servir en même temps à ameublir le sol et à en extirper les racines des plantes que la charrue a enterrées. Quelquefois les dents sont simplement en bois dur, et elles suffisent pour l'ameublissement des sols légers; mais elles s'usent plus vite et se cassent souvent.

Fig. 16. Herse-Valcourt, construite par M. Meixmoron de Dombasle.

En certains endroits, on fait usage de la herse triangulaire plus ancienne que la herse Valcourt et qui ne la vaut pas. Les deux limons extérieurs de celle-ci, portent à leur extrémité chacun un crochet auquel s'adapte une chaîne un peu plus longue que la herse n'est large, et sur un des anneaux de laquelle se place le crochet d'attelage des animaux. Selon que le point d'attache est plus ou moins du côté gauche ou du côté droit, la herse prend une position plus ou moins oblique et fournit un travail plus ou moins serré. Si elle était tirée dans le sens des limons qui portent les dents, chaque série de celles-ci suivrait la même voie et il resterait un espace non travaillé égal à la distance qui sépare les limons. Au contraire, la position de ceux-ci étant convenablement oblique, relativement à la direction du tirage, chaque dent trace son sillon à égale distance les uns des autres et toute la surface du sol se trouve régulièrement travaillée. La herse Valcourt demande donc une certaine attention dans le réglement du tirage, sous le rapport dont il vient d'être parlé, et encore toutes les dents de l'instrument devant pénétrer à une égale profondeur, il importe que la ligne réelle de traction ne soit ni trop longue ni trop courte. Si elle est trop longue, la partie postérieure de la herse est soulevée et ses dents ne fonctionnent pas. Dans le cas contraire, c'est la partie antérieure qui quitte le sol et les dents de derrière travaillent seules. Cet instrument n'étant pas muni d'un régulateur, on ne peut remédier à la défectuosité du tirage qu'en allongeant ou en raccourcissant les traits.

On voit souvent deux herses Valcourt accouplées de front au moyen de deux bouts de chaîne en fer. Elles sont en outre réunies par une volée d'attelage sur laquelle le point d'attache est fixe. Cette disposition procure un bon travail et elle convient particulièrement pour les planches un peu bombées.

La herse articulée en zig-zag fonctionne de la même manière et fournit le meilleur travail possible. Elle est établie tout en fer. La figure suivante représente celle que construit M. Peltier jeune, qui a adopté pour la pose des dents une combinaison qui en assure la solidité beaucoup plus que précédemment. M. Pernollet fait la même herse composée de six cadres au lieu de quatre. Cet instrument se trouve également chez plusieurs autres bons fabricants.

Fig. 17. Herse articulée de M. Peltier jeune.

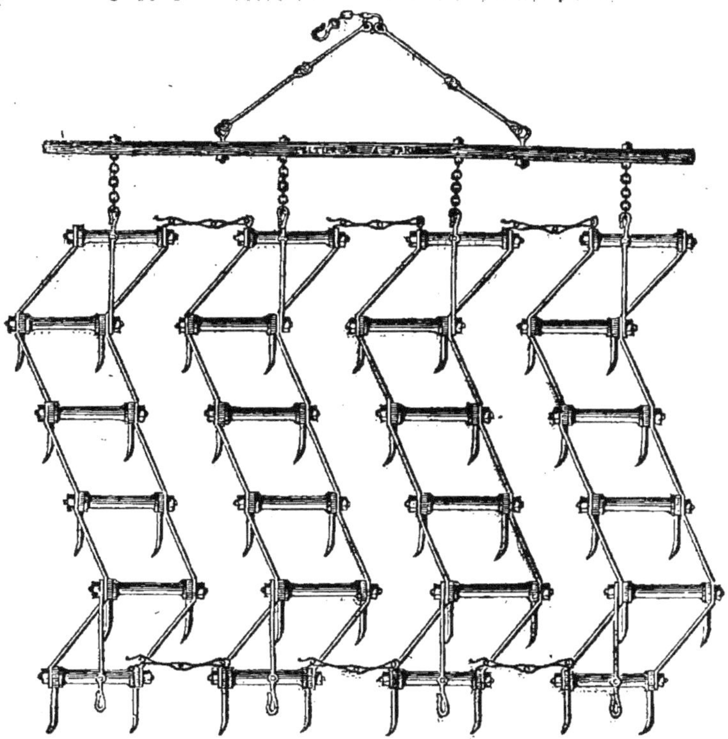

M. Bodin construit toutes les herses perfectionnées et notamment une herse servant spécialement à couvrir les semences. Elle a la forme d'un trapèze et est munie en avant de deux roues en fer qui règlent la profondeur de son action. Elle porte, comme le scarificateur auquel elle ressemble, deux mancherons au moyen desquels on la débarrasse, en la soulevant, des herbes ou du fumier dont ses dents un peu courbées peuvent se charger. Elle est pourvue d'un âge très-court au bout duquel se trouve le crochet d'attelage que l'on peut hausser ou baisser pour régler le tirage. C'est un très-bon instrument, mais la plus grande partie des cultivateurs ne se servent que de la herse ordinaire, en pareil cas. Lorsqu'il s'agit de semences qui ne doivent être que très-peu enterrées, on garnit la herse d'épines.

Le travail de la herse se complète par celui du rouleau. On voit des rouleaux de bien des sortes, en bois, en pierre, en fonte, et même en fer. Il y en a de simples et de composés. Je m'occuperai principalement de ces derniers, les autres étant connus de tout le monde.

Le rouleau sert plus particulièrement pour écraser les mottes que la herse n'a que faiblement attaquées. On l'emploie aussi pour plomber le sol après les semailles ou lorsqu'il a été soulevé par les gelées. Un blé hersé et roulé au printemps gagne beaucoup à cette opération. On ne doit employer le rouleau que quand la terre est bien ressuyée. Si elle se colle après l'instrument, il faut absolument cesser le travail.

Fig. 18. Rouleau plombeur articulé.

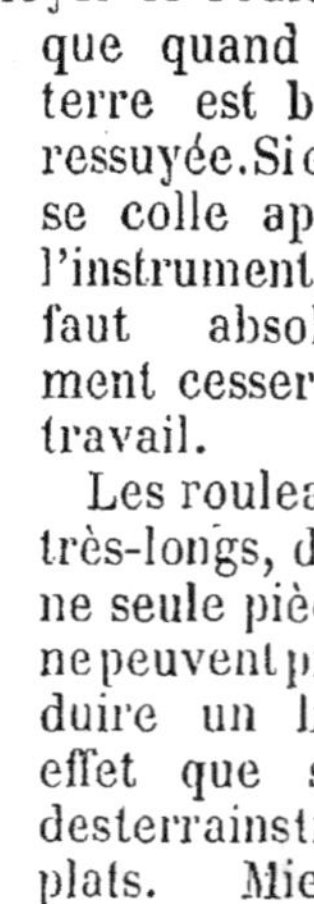

Les rouleaux très-longs, d'une seule pièce, ne peuvent produire un bon effet que sur des terrains très plats. Mieux vaut qu'ils soient plus courts et d'un plus grand diamètre ; mais alors ils sont moins expéditifs. On peut tout concilier en réunissant plusieurs cylindres mobiles sur un même axe, et en donnant assez d'ouverture à l'œil pour que chaque cylindre puisse s'incliner à la demande de la planche lorsqu'elle est bombée. C'est là l'un des avantages que présente le rouleau plombeur Peltier, dont la figure se trouve ci-devant, page 720.

Pour les terrains très-durs, où les rouleaux pleins et unis ne parviennent pas toujours à écraser les mottes, Mathieu de Dombasle a construit en 1833 un rouleau creux et à jour auquel il a donné le nom de *Rouleau-Squelette*. Composé de disques

Fig. 19.

présentant à la surface du sol des arêtes tranchantes, il divise avec une grande énergie les mottes les plus dures et ne s'engorge jamais. Cet instrument se compose de 15 disques en fonte de 52 centimètres de diamètre, assemblés en un seul cylindre de 88 centimètres de longueur, et d'un poids total d'environ 260 k. Il est fort peu tirant pour un cheval de force ordinaire.

Outre ce Rouleau-Squelette, M. Meixmoron de Dombasle fait depuis 1859 des rouleaux articulés composés de disques semblables réunis par groupes égaux ou inégaux sur un même axe, chaque groupe ayant un mouvement de rotation tout à fait indépendant du groupe contigu. Ces rouleaux tournent beaucoup plus facilement à l'extrémité de chaque planche, et ils produisent sur toute la surface qu'ils embrassent, une pression égale.

Le rouleau Derrien, antérieur au précédent, a beaucoup de rapports avec lui; mais il me semble plus perfectionné encore (Fig. 19 bis, p. 722). Le perfectionnement consiste principalement dans la complète indépendance des 12 disques dont il se compose, et qui tous tournent librement sur un même axe. Le bâti fait limonière à l'avant et porte deux caisses, l'une en

FIG. 19 bis. — ROULEAU DERRIEN.

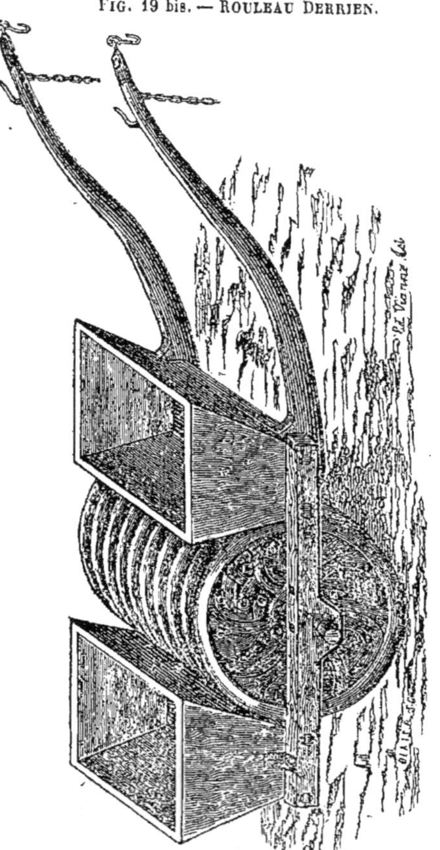

avant et l'autre en arrière du rouleau, disposées toutes les deux pour recevoir une surcharge de terre ou de pierres, en vue d'augmenter l'énergie de l'instrument dont le poids total est déjà de 550 kil. Un seul cheval suffit pour sa traction. Avec 12 disques il n'embrasse qu'une voie de 1 mèt. Avec 16, il opère sur 1m20 et pèse 700 kil.

Cet instrument, d'une exécution parfaite, d'un prix relativement bas, et d'une solidité à toute épreuve, a obtenu le premier prix de sa catégorie au Concours universel de 1856. Il est disposé de manière à ne pouvoir s'engorger. Il convient parfaitement pour enterrer les graines fines et pour produire la compression si utile dont j'ai parlé au Chapitre de la Germination, dans mon étude physiologique, page 138.

M. Derrien se propose d'y introduire une nouvelle amélioration, qui consisterait à remplacer à volonté les deux caisses actuelles par deux autres caisses communiquant ensemble par un tube en caoutchouc et pouvant être remplies d'eau ou de purin. Un distributeur à rayons divergents et placé à l'arrière du rouleau, permettrait un arrosage méthodique en même temps que le roulage. Cette idée est analogue à celle exécutée par M. Pernollet, au moyen de son rouleau arroseur. En principe, je ne crois pas que les machines à plusieurs fins puissent procurer des avantages sérieux. Un instrument spécial pour chaque opération, m'a toujours paru susceptible de procurer un meilleur travail sans augmentation sensible de dépense. Cependant, lorsqu'on peut faire deux choses utiles à la fois, on réalise une économie de temps qui a sa valeur. Mais encore faut-il que cette simultanéité de travail soit opportune, et, au cas particulier, qu'il soit toujours nécessaire de rouler lorsqu'on voudra arroser.

Fig. 20.

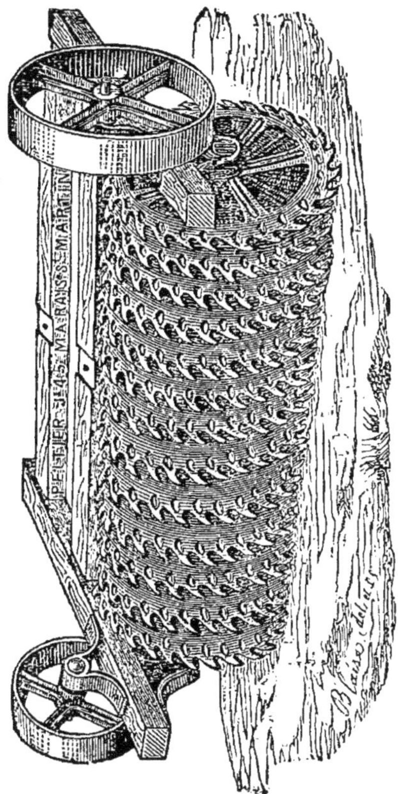

Enfin, nous avons le rouleau *Crosskil*, également composé de disques indépendants, dentés sur leur circonférence et sur leur pourtour latéral, près du bord. La figure n° 20 en donnera une idée suffisante.

Ce dessin est celui du rouleau fabriqué par M. Peltier jeune. Il se compose de 13 disques. M. Bodin en fait de 5 disques, seulement qui conviennent mieux pour les petits attelages. Mais ce que l'on économise sur la puissance, on le perd sur la vitesse du travail. C'est une loi de mécanique à laquelle il n'est pas possible de se soustraire.

Les roues du rouleau de M. Bodin peuvent se hausser au moyen de vis

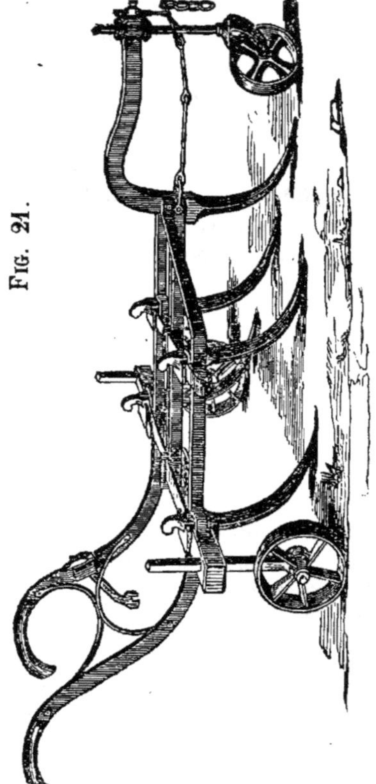
Fig. 21.

de rappel, ce qui dispense de les enlever lorsqu'on veut le faire fonctionner. Dans celui de M. Peltier, il suffit de faire faire au bâti un tour de bascule pour que le rouleau marche sur ses roues ou sur ses dents, *ad libitum*.

L'instrument par excellence pour l'ameublissement du sol, est, sans contredit, le *scarificateur*. Figure n° 21.

Ce dessin est celui du scarificateur de M. Bodin. Il est tout en fer et peut être aisément converti en *extirpateur*, en remplaçant ses dents par des socs de rechange. Mais c'est là une complication qui ne me paraît pas d'une très-grande utilité, les dents du scarificateur pouvant produire un tout aussi bon travail que les socs de l'extirpateur.

La forme du scarificateur est très-variable. Mais quelle qu'elle soit, l'effet est toujours à peu près le même. Pénétrant plus profondément que la herse et sa marche étant plus stable, son travail est beaucoup plus énergique. Un coup de scarificateur peut, en bien des cas, tenir lieu d'un labour léger, et s'exécuter trois ou quatre fois plus vite. C'est un fort bon instrument pour les déchaumages après la récolte des céréales. Il enterre à une faible profondeur les mauvaises graines gisant à la surface du sol dans lequel elles germent, et sont ensuite détruites par le premier labour.

Pour rendre le scarificateur plus facile à manier, soit au détour des sillons, soit lorsque ses dents se chargent d'herbes ou de fumier, M. de Meixmoron de Dombasle a eu l'heureuse idée

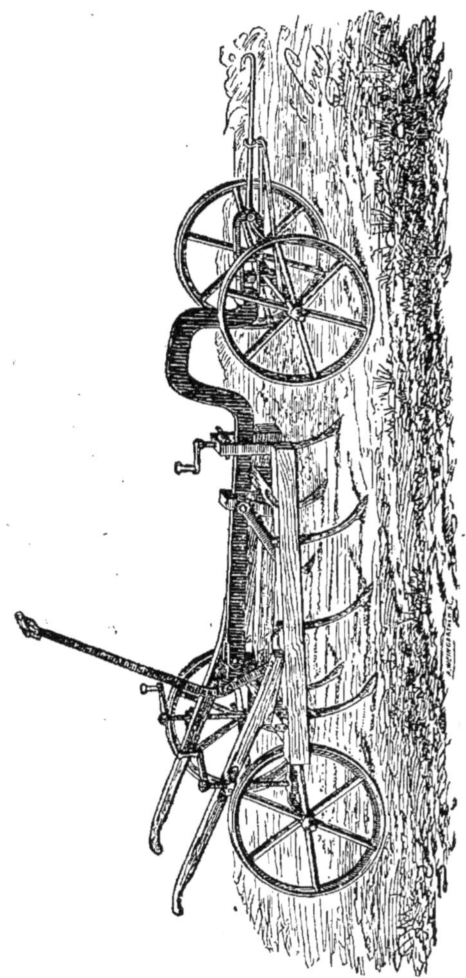

d'y appliquer un levier à bascule, au moyen duquel le cadre portant les dents peut être soulevé et débarrassé sans effort. C'est là une importante amélioration (Figure 22, ci-contre, *Scarificateur à levier*).

IV. — Les Semailles et les Semoirs.

L'instrument le plus généralement employé pour les semailles est et sera pendant longtemps encore la main de l'homme, au moins dans la moyenne et la petite culture ; mais il n'est pas économique. Les bons semoirs mécaniques, tout en économisant une grande partie de la semence font un travail plus régulier qui favorise mieux le développement des plantes. Les semis en ligne permettent d'ailleurs des binages à la houe à cheval, tandis qu'on ne peut les faire qu'à la main dans les semailles à la volée. Ce sont là des avantages sérieux, mais qui ne sont pas appréciés à leur valeur. Ils sont souvent dominés par la considération de la dépense, pour l'achat de l'instrument. Mais cette considération repose ici sur un très-faux

Fig. 23.

calcul. En effet, il suffit d'emblaver 6 à 7 hectares de froment pour économiser dès la première année, une quantité de ce grain équivalant au prix d'un bon semoir qui, comme celui de M. Bodin, figure 23, ne coûte que 120 francs.

Ainsi, non-seulement un pareil semoir ne coûterait rien; mais il produirait tant immédiatement que les années suivantes un plus grand bénéfice, puisque la même économie pourrait se répéter tous les ans, et qu'il est notoire que le succès des semailles en lignes est toujours sensiblement plus satisfaisant que celui des semailles à la volée.

On craint aussi, et ce n'est pas sans raison quelquefois, de tomber sur un instrument fonctionnant mal et laissant des vides. Cette crainte, toutefois, doit disparaître lorsque le semoir est construit de manière à ce que le conducteur voie couler la graine. Il lui est facile alors de suivre l'opération de l'œil et de remédier s'il survient un engorgement.

Il existe un assez grand nombre de modèles de semoirs. L'un des plus anciens, des plus simples et des meilleurs, est celui de M. de Dombasle (Fig. 24). Celui de M. Bodin est peut-être plus simple encore et coûte moins cher, mais il n'est qu'à trois socs. J'ai fait usage pendant longtemps de ce dernier, à ma complète satisfaction. On cite également comme très-bon celui de M. Jacquet Robillard, dont le seul dépôt, à Paris, se trouve chez M. Pernollet, rue Saint-Maur-Popincourt, 79 et 81. M. Peltier jeune en possède aussi un assortiment de diverses sortes. Mais je manque de renseignements suffisants en ce qui les concerne.

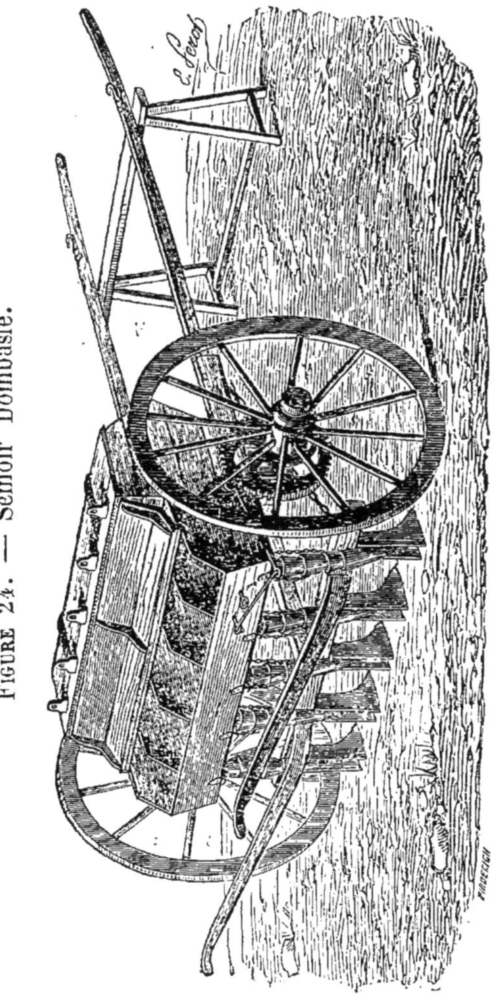

Figure 24. — Semoir Dombasle.

V. — Culture en lignes. — Rayonneurs.

Dans les cultures en lignes où il s'agit de transplantation et non de semailles, on fait usage d'un rayonneur traîné par un cheval. La figure suivante donne une idée suffisante de cet instrument.

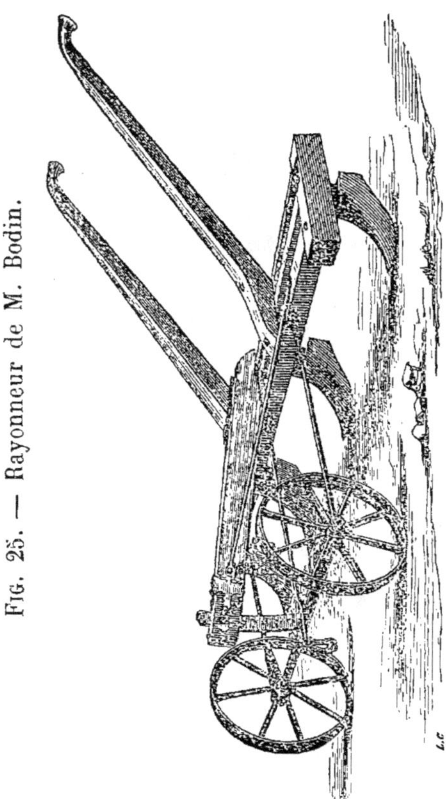
Fig. 25. — Rayonneur de M. Bodin.

Dans les terres bien ameublies, cet instrument, construit plus légèrement, peut être traîné par un homme et chacun peut se faire un rayonneur à très-peu de frais. Il suffit pour cela d'une simple traverse en bois dans laquelle sont implantées plusieurs dents ayant entre elles l'espacement qu'on veut donner aux lignes. Un long manche ou une corde, et deux mancherons servent à le tirer et à le diriger. Je n'en ai jamais employé d'autre, et je m'en suis toujours bien trouvé.

VI. — Nettoyage du Sol. — Houe à Cheval.

J'ai déjà expliqué que la propreté du sol est l'une des conditions essentielles du succès des récoltes, et qu'on peut l'obtenir soit par la jachère morte, soit par la jachère vive, au moyen des plantes étouffantes, soit enfin par les cultures sarclées. Je n'ai pas à revenir sur les deux premiers moyens. Quant au troisième, on le pratique soit manuellement, soit avec des instruments mus par un cheval. Le premier de ces deux procédés étant connu partout, je n'ai rien à en dire. La forme de la houe ou de la binette qu'on y emploie, varie selon les localités; mais la forme importe peu, en pareil cas, lorsque l'instrument est convenablement manié.

La houe à cheval est beaucoup moins connue même dans les exploitations moyennes où elle serait cependant bien utile. C'est un instrument qui, comme l'indique la figure suivante, est composé d'un âge vers le milieu duquel s'assemblent à charnière deux ailes qui s'ouvrent comme les branches d'un compas. Chacune de ces ailes se terminant par un mancheron, est pourvue de deux pieds en forme de couteaux recourbés à angle droit, la pointe dirigée vers l'intérieur de la houe, et dont la lame pénètre horizontalement dans le sol. Telle est la disposition qui a été adoptée par Mathieu de Dombasle.

Fig. 26. — Houe à cheval Dombasle.

M. Bodin remplace le premier couteau de chaque côté par une dent de scarificateur, mais plus petite. Un cinquième pied portant un soc triangulaire est placé sous l'âge à peu près à la hauteur de la tête du compas.

Fig. 27. — Houe à cheval Bodin.

Lorsque l'on veut faire usage de la houe à cheval, on en règle l'ouverture selon l'espacement des lignes. Si cet espacement est faible comme dans la culture des céréales, on supprime le dernier couteau de chaque aile en ne laissant que le soc et les deux dents, ou bien on supprime le premier couteau d'un côté et le deuxième de l'autre. La précaution la plus importante pour le succès des cultures à la houe à cheval consiste, dit Mathieu de Dombasle, à l'employer toujours à propos, c'est-à-dire, lorsque les herbes que l'on veut détruire sont encore petites, et lorsque la terre n'est pas encore desséchée à fond.

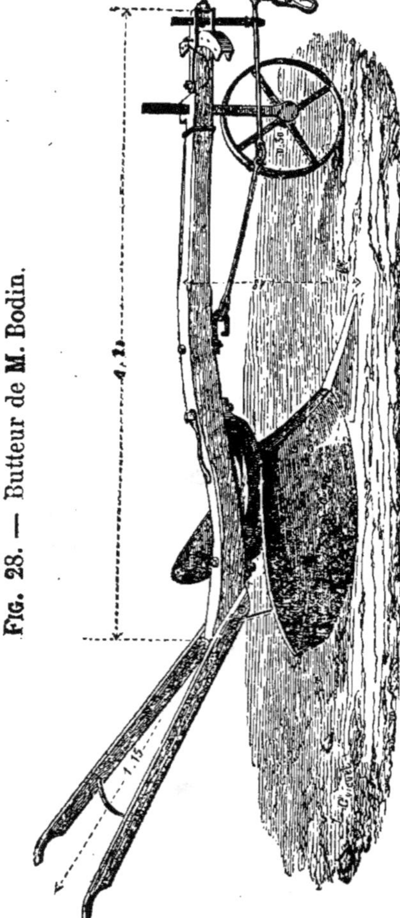

FIG. 28. — Butteur de M. Bodin.

La houe à cheval ne fait pas un travail complet. Elle ne nettoie que l'espace existant entre les lignes. Les mauvaises herbes qui se trouvent entre les plantes, dans les lignes mêmes, doivent être détruites à la main. Réduite à ce seul soin, l'opération manuelle ne demande plus que peu de temps.

VII. — Buttage et Butteurs.

Il est certaines plantes qui, pendant le cours de leur végétation, demandent à être rechaussées. Les pommes de terre sont particulièrement dans ce cas. Cependant, quelques agronomes contestent l'utilité de cette opération. Quoiqu'il en soit à cet égard, elle est généralement pratiquée, le plus souvent à la houe à main, même dans la moyenne culture. Mais elle s'expédie beaucoup plus vite et plus régulièrement, au moyen d'un instrument spécial que les uns nomment *butteur* et les autres *buttoir*, et sur lequel les lexiques gardent le silence. C'est à proprement parler une petite charrue à deux versoirs opposés et mobiles, s'ouvrant plus ou moins selon l'espacement des lignes, et qui, puisant la terre dans le milieu de cet espacement, la relève en demi-billion, à droite et à gauche, contre les plantes. Il n'y a rien à en dire de plus. Le butteur se trouve dans un grand nombre de fabriques d'instruments aratoires. La figure ci-dessus (n°28) représente celui construit par M. Bodin.

DEUXIÈME DIVISION.

RÉCOLTES.

I. — Fenaison. — La Faux et la Faucheuse mécanique.

Après les travaux de la culture proprement dite, viennent ceux de la récolte qui doit procurer au cultivateur le remboursement de ses avances et la rémunération de ses peines. Il va de soi que cette rémunération sera toujours d'autant plus grande que tous les travaux auront été exécutés avec plus de soin et d'économie.

C'est ordinairement la fenaison qui ouvre la marche, plus ou moins tôt, selon les climats. Il est de bonne pratique de couper les foins un peu sur le vert, avant que les plantes soient devenues trop ligneuses et passées à l'état de paille. Il ne faut, par conséquent, pas attendre que leurs graines soient mûres. Sans doute, elles produiront moins en poids, mais elles gagneront en qualité. Rentrées dans de bonnes conditions de fanage, elles seront plus aromatiques, plus succulentes, plus appétissantes et plus nutritives.

La coupe des foins se fait le plus généralement à la faux, et pendant longtemps encore cet instrument sera le plus employé dans la petite et la moyenne culture. Il est trop connu pour avoir besoin d'être décrit ; mais il n'est pas facile de distinguer une bonne faux d'une mauvaise. Le meilleur moyen pour cela serait de l'essayer, comme le dit M. Vianne, si le marchand voulait s'y prêter. Du reste, quelque bonne qu'elle soit, son tranchant s'émousse vite et il est nécessaire de l'aiguiser souvent. On doit également battre la faux au moins deux fois par jour. Cette dernière opération est assez longue et délicate. On la rend plus prompte et surtout plus parfaite en y employant la petite enclume de M. Ratel, qui la réduit aux simples proportions d'une opération mécanique fort exacte. Je regrette de ne pouvoir reproduire la figure de cette excellente petite machine. On la trouve, ainsi que sa description, dans le Guide de l'Agriculture de M. Vianne. Quant à l'instrument lui-même, on peut se le procurer moyennant 8 fr., chez M. Peltier jeune, à Paris.

Les bons faucheurs devenant chaque année plus rares et plus exigeants, et le fauchage ordinaire étant d'ailleurs un travail un peu lent, tandis qu'il importe qu'il soit fait avec célérité, on a essayé dans ces derniers temps de lui substituer les faucheuses mécaniques qui sont beaucoup plus expéditives et toujours disponibles. Cette innovation n'a sans doute pas encore dit son dernier mot ; mais elle est parvenue déjà à un point de perfection qui en fait une précieuse ressource agricole.

La faucheuse n'est, en définitive, qu'une moissonneuse modifiée appliquée à la coupe des plantes vertes et molles présentant moins de résistance à la scie que les céréales parvenues à leur maturité. La modification qu'il importait le plus d'y introduire, consistait à obtenir de l'instrument une coupe autant que possible à rez de terre, et l'on y a assez bien réussi.

Il existe plusieurs systèmes de faucheuses mécaniques ayant tous un principe commun. Je n'ai point l'intention de les décrire. Je me bornerai, mais sans vouloir en exclure aucun, à signaler celui de ces systèmes qui, à mes yeux, joint au mérite d'une bonne exécution et d'une efficacité satisfaisante, le mérite non moins grand d'être plus à la portée des ressources de la moyenne culture. Je veux parler de la faucheuse *Wood*, telle qu'elle est construite dans les ateliers de M. Peltier jeune, à Paris, et dans ceux de M. P. Renaud, à Nantes, où cet instrument a été l'objet de diverses améliorations.

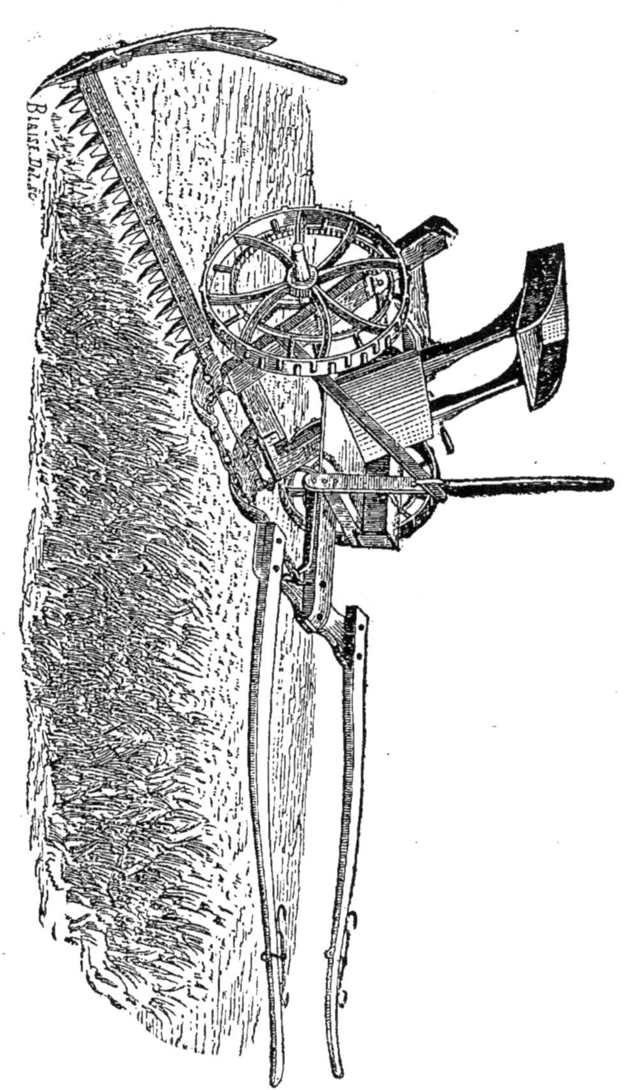

Fig. 29. — Faucheuse Peltier (système Wood).

Etablie pour un cheval, cette machine coupe une largeur d'environ un mètre et peut abattre aisément trois hect. de pré par jour, en relayant toutes les trois heures. Celle à deux chevaux prend une largeur de 1m20 et peut faucher quatre hectares ; c'est-à-dire que la première fait le travail de 9 faucheurs ordinaires et la seconde celui de 12. Mais les faucheuses mécaniques ne fonctionnent à satisfaction que dans les prés bien garnis où le foin n'est pas versé. C'est là le revers de la médaille.

II. — La Faneuse et le Rateau à cheval.

Lorsque le foin est coupé il n'y a pas même encore la moitié de la besogne faite ; mais c'est la partie la plus pénible. Il faut ensuite faner et ramasser. Ce sont là des travaux qui exigent des bras nombreux pour pouvoir être exécutés avec toute la célérité nécessaire. On en peut remplacer une très-grande partie avec une notable économie, au moyen de la faneuse et du rateau à cheval, dont voici les figures.

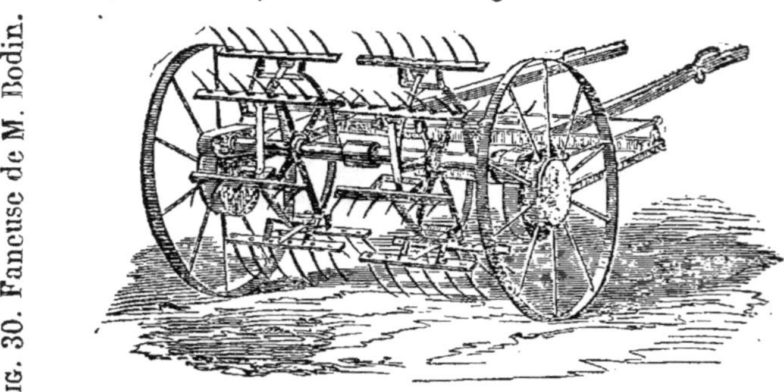

Fig. 30. Faneuse de M. Bodin.

Cet instrument fait avec un cheval et un conducteur le travail de 15 à 20 personnes et l'exécute beaucoup plus régulièrement.

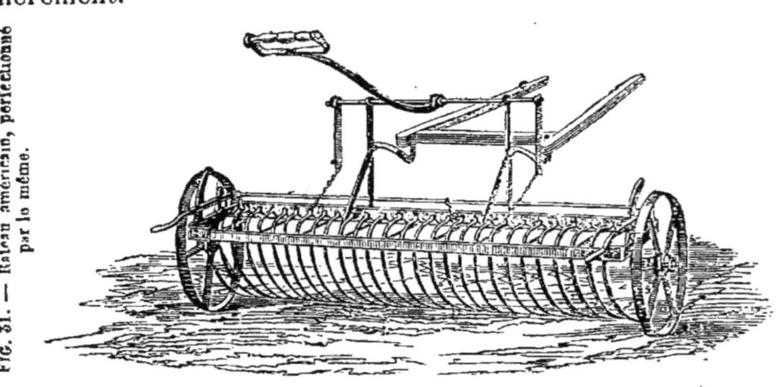

Fig. 31. — Rateau américain, perfectionné par le même.

On peut, avec un bon rateau à cheval, ramasser le foin de 6 à 8 hectares en un jour plus complétement que par le ratelage à bras. Lorsque les dents du rateau mécanique sont chargées, on fait basculer l'instrument au moyen du levier que montre la figure, et le foin se dépose en audains sur le sol. Cette partie du mécanisme a été perfectionnée par M. Gustave Hamoir, agriculteur à Saultain, près Valenciennes, qui substitue au levier simple un levier automoteur exigeant beaucoup moins d'efforts de la part du conducteur.

La faneuse et le rateau à cheval sont ordinairement tout en fer, excepté la boîte aux engrenages qui est en fonte. Ces deux instruments se construisent aujourd'hui dans plusieurs fabriques qui en produisent des échantillons à tous les Concours régionaux, où l'on peut les voir fonctionner et se convaincre des avantages qu'ils présentent. Ceux que j'ai eu le plus particulièrement l'occasion d'étudier, sortent des ateliers de MM. Peltier, à Paris, Bodin, à Rennes, et P. Renaud, à Nantes. Tout récemment, M. G. de Lamarzelle, mon imprimeur, qui exploite en même temps par lui-même et avec beaucoup d'habileté une fort belle propriété dans mon voisinage, a reçu de la fabrique de Grignon un rateau perfectionné dont il est très-satisfait.

Il arrive malheureusement fort souvent que le mauvais temps vient entraver l'opération du fanage et compromettre la récolte. La maison rustique du XIXe siècle, tome Ier, page 290, a fait connaître, il y a quelque vingt ans, un procédé aussi simple qu'efficace pour conjurer une perte aussi préjudiciable. Il s'agit de la méthode CLAPMAYER fondée sur ce principe physiologique : *Que les plantes n'abandonnent leur eau de végétation que quand leur vitalité est détruite soit par la dessiccation à l'air libre, soit par la cuisson, la trituration ou la fermentation,* etc. Lorsque la pluie survient et persiste pendant la fenaison, la dessiccation à l'air est impraticable. La méthode Clapmayer y supplée par la fermentation. Voici en quoi elle consiste. Je copie littéralement.

« Quelques heures après que le trèfle ou tout autre fourrage » est fauché, on l'amasse en gros monceaux tassés médiocre- » ment, afin que l'air qui est un agent essentiel à la fermenta- » tion, puisse y pénétrer. La fermentation se manifeste quel- » quefois avant 12 heures, le plus souvent après 24 à 30.

» Rarement elle tarde jusqu'à 60. Elle marche tantôt rapide-
» ment, tantôt avec une grande lenteur. Dans tous les cas,
» lorsque la chaleur qui se développe à l'intérieur est telle
» qu'on ne peut plus y tenir la main, et que le gaz s'échappe
» d'une manière sensible à l'œil, il n'y a plus de doute que le
» principe de vie ne soit détruit dans les végétaux. On ras-
» semble un grand nombre d'ouvriers; on démonte le tas; on
» l'éparpille au loin, et après une heure ou une heure et demie
» de beau temps, le tout est sec et conserve ses feuilles.....
» Cette méthode paraît très-simple et très-commode au pre-
» mier aperçu ; mais appliquée sur une grande échelle, elle ne
» laisse pas que d'offrir des difficultés réelles. Ainsi, dans l'in-
» certitude du moment où la fermentation sera arrivée au
» degré convenable, on ne sait trop à quoi occuper les ouvriers.
» D'un autre côté, si la fermentation se manifeste dans plusieurs
» tas à la fois, l'on n'a pas assez de bras et l'on risque de perdre
» beaucoup; car, lorsque cette fermentation dépasse certaines
» limites, le fourrage se moisit, se champignone et devient
» cassant. Il s'est opéré des réactions, des combinaisons chi-
» miques, qui ont altéré l'arôme et détruit la qualité. Si une
» meule vient en outre à s'échauffer démesurément pendant
» la nuit, on est en danger de la perdre..... »

Quoique je n'aie jamais employé moi-même la méthode Clapmayer, que mon ex-collégue, M. Bodin, l'honorable et habile Directeur de l'Ecole-d'agriculture de Rennes, recommande beaucoup en s'autorisant de sa propre expérience, j'ai toute confiance en son efficacité, et je pense que les inconvénients et les dangers qui viennent d'être signalés n'ont pas la gravité qu'on suppose, ou que, du moins, on peut facilement les éviter. A l'époque des foins, les nuits sont très-courtes et rendent la surveillance facile. Mais c'est ici surtout que l'œil du maître doit veiller. Il faut d'ailleurs un certain temps pour que la moisissure se produise, et à moins d'une grande négligence, cette altération est peu à craindre. Lorsque l'opération porte sur un grand nombre de tas, ce qui doit être fort rare, car les tas se font à mesure du fauchage, et celui-ci n'a pas lieu tout d'un coup, on peut commencer par les démonter en les étendant imparfaitement, mais assez pour arrêter la fermentation, sauf à compléter l'épandage lorsque l'on aura pourvu au plus pressé. Si la pluie survient à ce moment là, elle ne doit point empêcher l'opération. Sans doute, elle nuira à la qualité, mais elle ne la détruira pas. Au retour du beau temps, le foin mouillé dans ces conditions séchera beaucoup plus vite que celui qui n'aurait pas fermenté. Le plus grand obstacle à surmonter lorsque l'on veut introduire cette méthode dans une exploitation, c'est la résistance des aides agricoles généralement rebelles aux innovations qu'ils ne comprennent pas et qui heurtent leurs habitudes. Pour obtenir de ces innovations tous les fruits qu'elles comportent, il faut absolument que le chef ait la main ferme et l'œil ouvert.

III. — La Moisson. — Les Moissonneuses mécaniques.

Je serai aussi sobre de détails sur ce chapitre que sur le précédent. Cependant, il est une question préalable assez intéressante qui divise encore les agronomes et que je crois devoir discuter brièvement. Cette question est celle de savoir s'il convient d'attendre que les céréales, le blé notamment, soient complétement mûres pour commencer la moisson, ou s'il ne vaut pas mieux les couper un peu sur le vert. Le pour et le contre ont été soutenus par des arguments plus ou moins plausibles que l'on peut concilier, à mon avis, par un moyen terme. Cependant, si l'on veut récolter de bonnes semences et éviter la dégénération des espèces, il semble plus rationnel de se conformer aux lois de la nature, en laissant les graines arriver sur pied à leur maturité complète. Mais au point de vue économique, ce parti ne serait pas sans inconvénient pour les récoltes ayant une autre destination que la reproduction. D'abord, plus on retarde la moisson, moins on a de temps pour pour la faire dans de bonnes conditions, et ensuite, plus les céréales sont mûres, plus elles sont sujettes à s'égrener en pure perte pour le cultivateur. On peut, sans le moindre danger, éviter de semblables déchets en coupant les plantes cinq à six jours avant leur complète maturité. Alors, il n'y a plus de sève en circulation ; toutes les substances constitutives de la plante sont localisées ; le grain est entièrement formé ; il ne se produit plus dans le végétal qu'une simple transpiration ayant pour effet de compléter les réactions chimiques et de solidifier les principes immédiats en les débarrassant de leur excès d'humidité. Or, ces réactions et cette dessiccation peuvent se faire tout aussi bien lorsque la plante est en javelle (pourvu qu'elle n'ait pas été coupée trop tôt), que quand elle est encore sur pied, et il n'est pas possible que le rendement en quantité et en qualité, en souffre. Il y a même des écrivains qui affirment qu'il y gagne. Le livre de la Ferme, tome Ier, page 214, rapporte à ce sujet deux expériences fort intéressantes qui ont été faites en 1860, à la ferme de Fouilleuse, par MM. Payen et Pommier, délégués par la Société Impériale et Centrale de France, mais qui ne résolvent la question ni dans un sens ni dans l'autre.

Les honorables expérimentateurs ont constaté, d'une part, que du blé blanc coupé dix jours avant son entière maturité, ne pesait à l'état sec que 78k25 l'hectolitre, tandis que la coupe d'un autre lot du même blé ayant été retardée de cinq jours, le poids s'était élevé à 80k73, mais qu'il était retombé à 76 kil. pour le blé ayant complétement mûri sur pied ; et d'autre part, que les résultats ont été inverses avec du blé rouge. Dans cette seconde expérience le blé premier coupé ne pesait, aussi à l'état sec, que 75k25 ; le deuxième, que 74k62, mais le blé complétement mûr arrivait à 78k57. On ne peut donc tirer aucune conclusion formelle de ces résultats contradictoires, d'autant plus qu'ils laissent indécise la question de savoir si les blés qui ont gagné en poids n'ont pas perdu en volume, et réciproquement.

Un Journal agricole a publié, tout récemment, une autre expérience de laquelle l'auteur induit que du blé coupé prématurément rend beaucoup moins à surface de terre égale que celui qui est venu à maturité complète. Mais on ne fait pas connaître de quelle manière on a procédé à l'expérimentation. Cette conclusion ne serait vraisemblable, à mon avis, qu'autant que la coupe aurait eu lieu bien avant l'entière formation du grain. On ne peut se dissimuler, d'ailleurs, que des expériences de ce genre sont d'autant plus délicates que l'on n'a aucun moyen de s'assurer de leur exactitude. Elles ne peuvent avoir lieu que par la comparaison de lots qu'il est fort difficile d'égaliser rigoureusement. En effet, partagez un hectare de blé en deux fractions de même étendue, et moissonnez les deux parcelles le même jour. Si leur produit respectif est parfaitement égal, ce sera certainement un jeu du hasard. Par conséquent, si au lieu d'opérer sur une étendue un peu grande, et limitant davantage les chances d'erreur, vous n'opérez que sur trois lots de 100 épis chacun, d'un même blé, coupé à trois époques différentes ; quelle certitude pourrez-vous avoir que le produit du n° 1 fût devenu celui du n° 2 ou du n° 3, s'il fût resté sur pied le même temps que ces derniers? Trouverez-vous seulement dans un même épi deux grains d'une idendité parfaite ? Si cela est douteux, l'identité de vos trois lots de 100 épis chacun, sera bien plus douteuse encore. Au reste, il serait assez difficile d'expliquer chimiquement et physiologiquement, en vertu de quelle loi le blé rouge peut gagner du poids en mûrissant sur pied et le blé blanc en perdre.

Quant à moi, j'ai l'intime conviction que du blé moissonné cinq à six jours seulement avant son entière maturité, ne perd ni ne gagne pas plus en poids qu'en volume, et que les seuls avantages résultant de sa coupe prématurée, lorsqu'elle ne l'est pas trop (avantages qui méritent, du reste, d'être pris en sérieuse considération), se réduisent comme je l'ai déjà dit, à éviter des déchets et à laisser plus de temps au cultivateur pour opérer. Quant à la question de savoir s'il est vrai, comme l'ont affirmé quelques agronomes, que le blé coupé un peu sur le vert rend plus de farine et moins de son, c'est encore là un fait qui mérite confirmation. Il y a, au surplus, plusieurs espèces de graines qui demandent impérieusement à être récoltées avant leur complète maturité. L'avoine, le millet, le colza, sont particulièrement dans ce cas.

La moisson, — chacun sait cela, — se fait le plus ordinairement selon les localités, soit à la faucille, soit à la sape, soit à la faux. De ces trois instruments c'est le dernier qui est le plus expéditif et le premier qui l'est le moins. Le remplacement de la faucille par la sape ou par la faux serait donc une amélioration notable. Mais, comme la coupe des céréales occupe un grand nombre de bras incapables de manier un autre instrument que la faucille, il est probable que le règne de celle-ci est encore bien éloigné de sa fin. Elle sera toujours, d'ailleurs, à peu près indispensable dans les récoltes versées et brouillées ; mais, comme la moisson est une des opérations agricoles qui exigent le plus de bras et de célérité, il était naturel que l'esprit de progrès, dans l'intérêt de la grande culture, se préoccupât de la substitution du travail mécanique aux bras de l'homme toujours rares et chers en pareille circonstance. Cette idée, quoique fort ancienne déjà, n'a cependant eu d'application sérieuse que depuis une trentaine d'années. C'est en Amérique surtout qu'elle a pris le plus de développement par l'emploi sur une grande échelle de la moissonneuse Mac-Cormick. Cette machine, perfectionnée plus tard par MM. Burgess et Key, a fonctionné avec beaucoup de succès en France. Elle fait elle-même la javelle au moyen d'hélices qui rejettent régulièrement sur le côté les tiges abattues en laissant libre la piste des chevaux pour la coupe de la bande suivante. Mais il paraît qu'elle ne javelle réellement bien que dans les récoltes drues et élevées.

Dans les autres machines, le javelage se fait à bras d'hommes. C'est un travail fort pénible lorsque la disposition de l'instrument ne permet pas au javeleur une entière liberté dans ses mouvements.

La plupart des moissonneuses sont aujourd'hui combinées de manière à pouvoir être transformées en faucheuses, et réciproquement. Telle est particulièrement celle de M. Peltier jeune (V. Fig. 32, page 741, ci-contre).

Cette disposition offrant à la moyenne culture une machine à deux fins qui se justifient parfaitement au cas particulier, n'exige pas l'emploi d'un aussi grand capital en instruments, et c'est là une considération qui a bien sa valeur (1).

(1) Je crois qu'il y a une grande distinction à faire entre les machines construites pour exécuter des travaux différents, mais séparément, et celles qui sont combinées pour faire deux choses à la fois. Les faucheuses-moissonneuses sont dans le premier cas. Elles dispensent de l'achat de deux instruments en n'exigeant pour elles-mêmes que le capital d'un seul. Les machines à deux fins de la seconde catégorie n'offrent pas le même avantage au même degré ; car, étant plus compliquées, elles coûtent souvent aussi cher et même plus cher que les deux instruments qu'elles représentent. Si elles se dérangent, elles arrêtent deux opérations pendant le temps de leur réparation. Et puis, leur effet utile est rarement plus économique puisqu'elles consomment toujours une force motrice, proportionnelle au travail qu'elles effectuent. Il y a sans doute des exceptions ; mais avant de les admettre, le cultivateur doit en peser attentivement les avantages et les inconvénients.

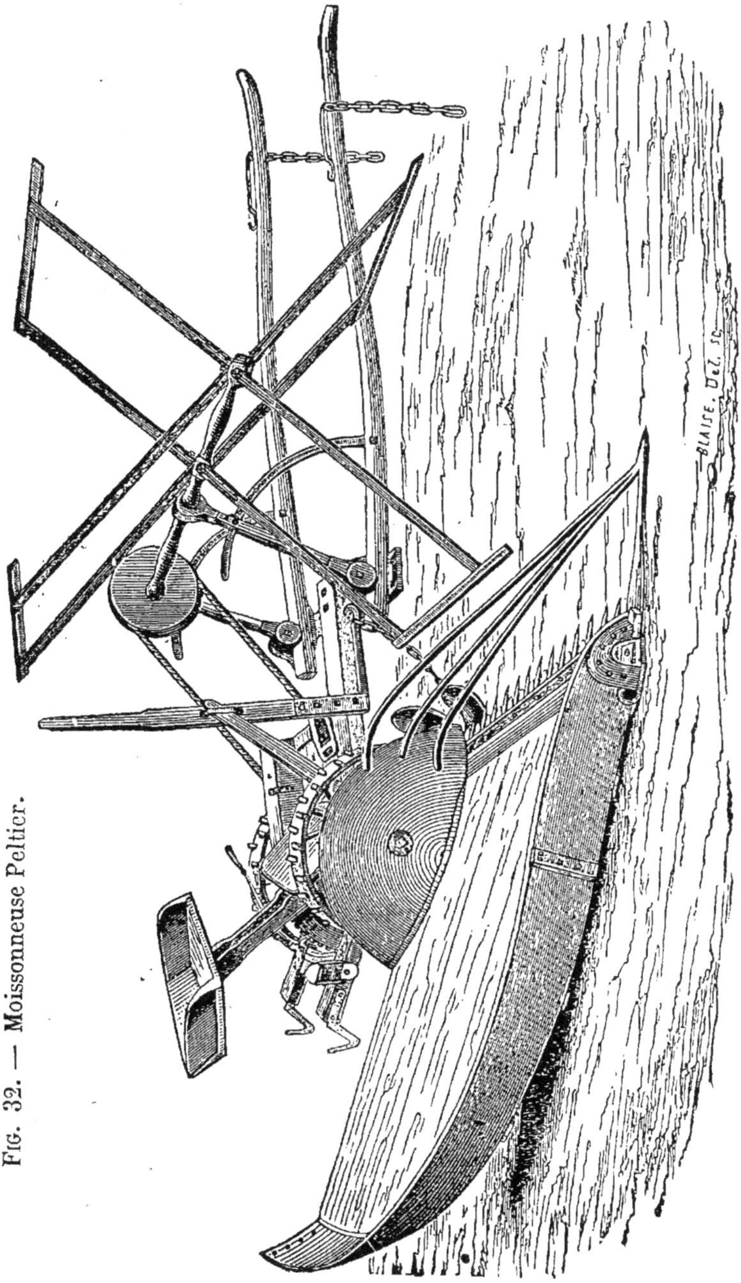

FIG. 32. — Moissonneuse Peltier.

Dans la moissonneuse Peltier, un homme muni d'un rateau et assis sur une sellette adaptée au bâti de l'instrument, fait assez facilement la javelle. Cette machine ne diffère de la faneuse du même fabricant que, 1° par l'addition d'un tablier très-léger en bois sur lequel tombent les tiges coupées ; 2° par un volant qui sert de point d'appui à ces tiges pendant le travail des scies, et 3° par une plaque en tôle recouvrant l'essieu de la roue motrice pour empêcher les engorgements.

La moissonneuse Peltier peut fonctionner avec un seul cheval et abattre, en relayant, près de trois hectares par jour avec deux hommes, l'un conduisant, l'autre javelant. Il faudrait au moins quinze personnes pour faire le même travail à la faucille.

Il existe plusieurs systèmes de moissonneuses qui ne diffèrent guerre entre eux que par quelques détails d'une importance secondaire et dont il ne m'est pas possible de faire la description faute de place (1). Mon but ici étant uniquement de donner une idée très-sommaire de ce genre d'instruments et des services qu'ils peuvent rendre, je suppose que la courte exposition qui précède suffira pour cela. Mais pour bien se fixer sur le mérite de chacun d'eux, il faut nécessairement les voir fonctionner dans les concours spéciaux, où tout au moins consulter les comptes-rendus de ces concours, par nos différents journaux agricoles.

Lorsque les céréales sont coupées, on les laisse plus ou moins longtemps étendues sur le sol, pour faciliter la dessiccation des des tiges et des herbes qui s'y trouvent mêlées et pour que le grain puisse achever de mûrir, lorsqu'il a été coupé un peu sur le vert ; puis, on les met en gerbes et on rentre soit en grange, soit au gerbier. Mais si le temps menace de tourner à la pluie avant que la rentrée puisse avoir lieu, il est de bonne pratique de mettre préalablement la récolte en moyettes, non-seulement pour la préserver de la pluie, mais encore pour lui permettre

(1) Au moment de mettre sous presse, je trouve dans plusieurs journaux agricoles la description d'une nouvelle moissonneuse importée par M. Pilter, rue Fénelon, n° 9, à Paris. On annonce qu'avec un homme et deux chevaux elle moissonne en un jour cinq hectares, en javelant au moyen d'un rateau mécanique. A ce rateau près, et moins le volant, cette machine me paraît semblable à celle dont je viens de donner la figure ; mais elle coûte un peu plus cher. Néanmoins, si elle réalise ses promesses, elle mérite de fixer l'attention.

d'achever sa maturation et sa dessiccation. On ne doit, toutefois, faire ces moyettes qu'autant que les plantes ne soient pas mouillées et que les herbes adventices soient un peu desséchées.

Les moyettes se confectionnent de plusieurs manières. La méthode normande, me paraît être la plus simple et la meilleure. Voici comment le livre de la Ferme la décrit, tome Ier, page 220.

« A mesure que le blé est coupé, on prend une quantité de
» tiges équivalant à 5 ou 6 gerbes du poids de 15 kil. environ.
» On les réunit par un lien serré au-dessous des épis et on
» ouvre ensuite ce faisceau par le bas pour lui donner du pied,
» de la solidité, et en même temps, afin de faciliter la circu-
» lation de l'air à l'intérieur.

» Lorsque cette forte gerbe est ainsi bien établie, on la
» couvre à l'aide d'un chapeau formé de deux ou trois brassées
» de tiges liées le plus bas possible, c'est-à-dire, tout près de
» la partie coupée par la faucille. »

Il va de soi que la gerbe qui sert de chapeau est placée les épis en bas après avoir été entr'ouverte en forme d'entonnoir, de manière à embrasser et à recouvrir toute la partie supérieure conique de la moyette. S'il survient de la pluie, l'eau descend le long des tiges formant chapeau et vient tomber sur la circonférence de la moyette dont elle suit également les tiges sans pénétrer à l'intérieur. Au premier coup de soleil l'humidité disparaît.

Quoique cette méthode soit fort simple, peu dispendieuse, et d'une grande utilité, elle est encore très-peu usitée tant les habitudes se modifient difficilement, même en présence de la nécessité.

IV. — Du Battage et des Batteuses mécaniques.

Après la moisson vient le battage. C'est l'opération la plus délicate, car le rendement dépend en partie de sa perfection. Lorsque celle-ci laisse à désirer, il reste dans la paille, du grain qui est à peu près complétement perdu.

Dans quelques départements le battage se fait immédiatement après la moisson. Dans d'autres, il n'a lieu qu'en hiver, alors que la main-d'œuvre est plus abondante et moins chère. Chacune de ces pratiques a ses avantages et ses inconvénients.

Le battage des céréales qui est le plus important, et celui dont nous nous occupons spécialement ici, se fait de diverses manières : 1° à bras d'hommes, au moyen du fléau; 2° par le dépiquage ; 3° par des rouleaux ; 4° par des batteuses mécaniques. Les trois premiers procédés étant parfaitement connus partout où ils sont en usage, je n'ai que très-peu de choses à en dire.

1° Le battage au fléau. C'est encore le plus usité en France, et l'on peut dire le plus économiquement praticable dans les petites exploitations qui sont de beaucoup les plus nombreuses, en ce que le cultivateur fait son travail par lui-même, avec l'aide de ses gens, sans avoir rien à débourser. Mais du moment qu'il est obligé de salarier des batteurs, ce mode d'égrenage est certainement le plus coûteux, en même temps qu'il est souvent fort imparfait et très-lent. On l'obtient rarement au-dessous de 1 fr. l'hectolitre, et souvent il coûte davantage, soit qu'on le paie en argent, à tant par mesure, ou par journée, soit que l'on abandonne aux batteurs un douzième, un quinzième, ou toute autre fraction du produit, ainsi que cela se pratique dans quelques localités. Je fais abstraction ici du grain que le fléau laisse dans l'épi, ce qui est cependant fort à considérer, surtout lorsqu'il s'agit de froment.

2° Le dépiquage. Ce procédé n'est guère en usage que dans le midi de la France. S'il est un peu moins coûteux que le battage au fléau, il est également plus imparfait encore. On le pratique en plein air, par le piétinement de chevaux ou de mulets qu'on fait manœuvrer en conséquence. Les gerbes sont d'abord placées debout, ce qui, au début de l'opération, rend la marche des animaux aussi pénible que difficile.

3° Le battage au rouleau. Il se fait également en plein air, sur une aire ordinairement circulaire, avec des rouleaux en pierre légèrement coniques qui, partant de la circonférence se rapprochent du centre, ou réciproquement, en décrivant une ligne spirale et en passant sur la totalité du grain que les saccades du rouleau détachent plus ou moins complétement de l'épi.

4° Le battage à la mécanique. Ce procédé se propage chaque année de plus en plus, dans la grande et la moyenne culture.

Il est tout à la fois plus économique et plus expéditif, et les machines construites en France, sont aujourd'hui parvenues à un tel point de perfection que leur emploi ne doit plus inspirer la moindre inquiétude.

Quelques exploitations possèdent privativement la batteuse dont elles se servent; d'autres la louent d'entrepreneurs de battage qui parcourent les campagnes et qui travaillent soit à la journée, soit moyennant une part dans le rendement.

Les batteuses mécaniques sont généralement mues par des manéges ou par des machines à vapeur fixes ou locomobiles. Quelques-unes, mais très-rarement, le sont par des roues hydrauliques.

Les deux figures ci-après donneront une idée suffisante des batteuses à manége.

Fig. 33. — Batteuse de M. Pinet fils, à Abilly (Indre-et-Loire).

Dans ces deux machines comme dans presque toutes les autres, l'engreneur étale le blé sur le tablier placé devant l'embouchure de la batteuse, et l'introduit successivement, l'épi en avant, dans l'instrument qui l'attire et l'égrène avec une grande rapidité. Des ouvriers munis de fourches enlèvent la paille en la secouant à mesure qu'elle passe, et tirent le grain de côté. Ce grain est toujours mêlé avec une assez grande proportion de balles. Mais il y a des machines perfectionnées qui le rendent tout vanné, dans un état de propreté permettant de le vendre sans lui faire subir d'autres opérations de nettoyage. Est-ce là un avantage sérieux ? A cet égard les avis sont partagés. Beaucoup de cultivateurs, partisans de la division du travail, préfèrent des machines moins compliquées, moins chères, et moins sujettes à se déranger, d'autant plus que le nettoyage au moyen d'un bon tarare peut marcher très-vite en ne dépensant que très-peu de force motrice.

FIG. 34.— Batteuse suivant le système de M. Creusé des Roches, fabrique de M. Maréchaux, à Montmorillon (Vienne).

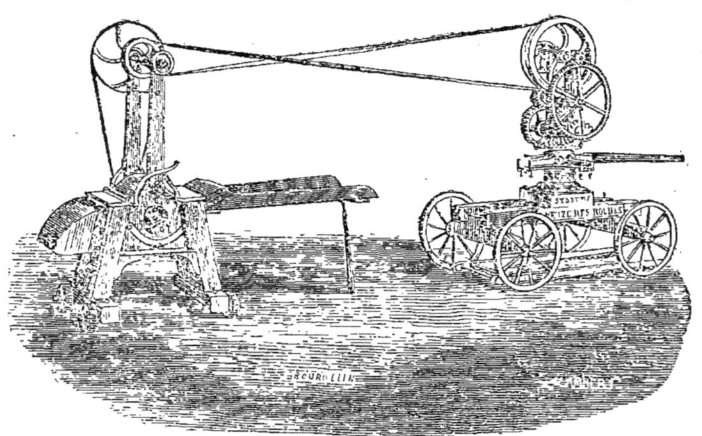

Il y a des batteuses qui sont disposées pour recevoir la céréale en travers, en vue de moins froisser la paille que les machines en long brisent ou brouillent ordinairement. Lorsque cette paille doit être consommée dans la ferme, son brisement n'est en aucune façon désavantageux; mais il est une cause de dépréciation lorsqu'elle est destinée à être vendue. C'est l'exception.

La batteuse en long ou en bout, proprement dite, ne comporte pas de grandes variations dans sa construction, si ce n'est dans la forme. Ses organes principaux consistent en un tambour batteur et un contrebatteur qui sont à peu près identiques dans toutes le machines de ce genre. Dans les machines en travers, l'égrenage s'effectue d'une autre manière. Dans celle de MM. Barbier et Daubrée particulièrement, il a lieu au moyen de battes qui frappent alternativement le blé à mesure qu'il passe.

Les différences sont beaucoup plus grandes dans les manéges, quoique dans tous le principe soit le même. Les deux dont je donne la figure sont placés au nombre des plus parfaits. Celui de M. Pinet, particulièrement, a épuisé toutes les récompenses possibles.

Chez M. P. Renaud, à Nantes, au lieu d'une courroie, la transmission de mouvement s'opère par un engrénage au moyen d'un arbre de couche supporté par deux longuerines en bois qui relient la partie supérieure de la batteuse au manége, en rendant leur écartement invariable. D'autres manéges, au lieu d'avoir leur transmission de mouvement en l'air, l'ont au rez du sol. Dans ce cas, elle ne peut s'opérer que par un arbre de couche. C'est le système de M. Bodin et de plusieurs autres constructeurs. Tous ces manéges sont portatifs et construits pour deux, trois ou quatre animaux. Chez M. Lotz aîné, le manége fait corps avec la batteuse au-dessus de laquelle il se trouve fixé. La machine se trouve, par conséquent, au centre de la piste circulaire des animaux moteurs.

Le plus ordinairement, la machine à battre est indépendante de son manége et celui-ci peut être remplacé par une machine à vapeur locomobile. D'autres fois, celle-ci fait corps avec la batteuse, comme chez M. Lotz aîné et chez M. P. Renaud, ce qui n'empêche pas d'employer le moteur à un autre usage lorsqu'on ne s'en sert pas pour battre (V. Fig. 35, page 748).

Si l'exploitation qui possède une batteuse à vapeur n'en utilisait la force motrice que pour le battage seulement, celui-ci pourrait revenir à un prix élevé, sans cesser cependant d'être économique, car il supporterait à lui seul l'intérêt du capital engagé dans la machine, et tout l'amortissement. Au contraire, cette charge est singulièrement allégée pour le battage, lorsqu'avant et après cette opération on peut utiliser le moteur à faire mouvoir une scierie, un moulin à farine ou à huile, une rape à fécule, un hache-paille, un coupe-racine, etc. Lorsque la machine fait successivemeut le battage dans plusieurs exploitations, ses frais généraux sont également bien moindres.

Les constructeurs de machines à battre sont aujourd'hui très-nombreux en France. Les premiers qui se sont livrés à cette industrie, sur une grande échelle dans l'ouest de la France, et qui lui ont aplani la voie en luttant énergiquement contre des difficultés de toute espèce, sont MM. Lotz aîné et P. Renaud et Lotz, de Nantes, qui comptent par milliers les machines de ce genre qu'ils ont livrées à l'agriculture depuis quinze ans seulement.

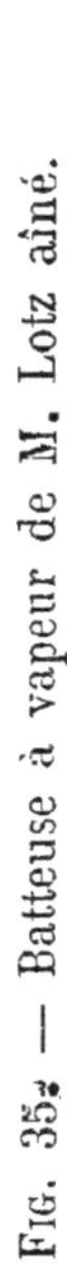

Fig. 35[illegible]. — Batteuse à vapeur de M. Lotz aîné.

Voici, au surplus, par ordre alphabétique, la liste des fabricants de machines à battre, à manége et à vapeur, qui ont obtenu, à ma connaissance, le plus de distinctions dans nos grands concours. J'en omets sans doute beaucoup ; mais c'est faute de renseignements.

MM. Albaret et Cie, successeurs de M. Duvoir, à Liancourt (Seine-et-Oise).

MM. Barbier et Daubrée, à Clermont-Ferrant (Puy-de-Dôme), machine en travers.
Bodin, à Rennes (Ille-et-Vilaine).
Cumming, à Orléans (Loiret).
Damey et Cie, à Dôle (Jura).
Fuselier, à Montreuil-Bellay (Maine-et-Loire).
Gérard, à Vierzon (Cher).
Legendre, à St-Jean-d'Angely (Charente-Inférieure).
Lotz aîné, à Nantes (Loire-Inférieure).
Maréchaux (système Creusé des Roches), à Montmorillon (Vienne).
Massonnet-Nassivet et Cie, à Nantes.
Pinet fils, à Abilly (Indre-et-Loire).
P. Renaud et Lotz, à Nantes.
Robert Pialloux, à Agen (Lot-et-Garonne).
Eugène Rouot, à Châtillon-sur-Seine (Côte-d'Or), machine en travers.

Il est difficile de préciser le rendement des machines à battre, parce qu'il dépend de plusieurs causes. La longueur de la paille, la force du moteur, la vitesse du tambour batteur, sont les principales conditions de ce rendement, qui du reste, n'est jamais aussi élevé dans les machines à manége que dans celles à vapeur.

Les machines à battre ordinaires ne servent guère que pour les céréales. Il y a des égreneuses spéciales pour des plantes d'un autre genre.

V. — L'Égreneuse de Lin.

Cette machine, fabriquée par M. Ernest Legris, à Maromme, près de Rouen, est brevetée. Elle a obtenu plusieurs médailles d'or à divers concours régionaux, en 1863. Son travail est continu. Il est meilleur qu'à la main. Il ne casse, ni n'altère, ni ne mêle les tiges.

L'égrenage se fait au moyen de battes ou maillets horizontaux qui frappent mécaniquement chacun environ 40 à 60 coups par minute, sur un établi solide où le lin est amené par une chaîne sans fin.

La machine est fixe ou mobile. Elle marche à manége ou à bras. Elle n'exige que le quart de la force d'un cheval pour égrener 4000 kil. de lin par jour. Mise en mouvement par un homme elle n'égrène que la moitié de cette quantité. Son prix varie de 400 fr. à 750 fr. Celui de l'égrenage revient à peine à 20 cent. par 100 kilog. de lin.

VI. — L'Égreneuse de Trèfle.

Je n'en connais qu'une qui est fabriquée par M. Fuselier, à Montreuil-Bellay.

L'égrenage du trèfle est l'un des plus difficile. Exécuté au fléau, il est toujours fort incomplet et très-coûteux.

Lorsque je cultivais du trèfle pour sa graine, — ce que j'ai fait pendant quelques années, à Trécesson, — j'avais un assortiment de boîtes légères d'une certaine capacité, dont le devant était disposé en forme de peigne. La légumineuse étant mûre il était facile d'en récolter toutes les têtes, en peignant le champ à l'aide de ces boîtes. Je faisais ensuite sécher la récolte sur le plancher d'un grenier bien aéré, puis je la battais dans un moulin à tan de mon voisinage. Mais, comme ces moulins sont fort rares, une bonne machine peut les suppléer.

Lorsqu'on ne récolte pas séparément les têtes de trèfle, il faut battre le fourrage au fléau pour les détacher. On les fait ensuite passer dans l'égreneuse. Celle de M. Fuselier qui a la force de trois chevaux, peut battre et nettoyer 50 kil. de graine à l'heure. Mais il en fait de plus petites qui sont mues à bras. Il faut deux hommes pour les desservir, l'un pour engrener, l'autre pour tourner la manivelle. Ces dernières ne produisent que 10 kilog. de graine à l'heure.

VII. — L'Égreneuse de Maïs.

J'habite une province où le maïs ne mûrit pas facilement. Il n'y est donc pas cultivé. C'est le sarrasin qui le remplace avec beaucoup moins d'avantage. Mais partout ailleurs où sa culture a de l'importance, son égrenage est encore à l'état primitif et fort lent. Il a cependant été le sujet de bien des études, surtout dans le midi de la France. M. Vianne, cite trois mécaniciens à Bordeaux, Toulouse et Montenon, qui construisent chacun une machine spéciale pour cette opération. Je n'en mentionnerai qu'une, parce que c'est la seule dont le produit soit indiqué. C'est celle de M. Hallié, à Bordeaux. D'après mon auteur, cet appareil qui est déjà très-répandu dans le Sud-Ouest, se compose d'une crémaillère à ressort et de deux disques à saillies tournant en sens inverse, entre lesquels s'engage l'épi à égrener. On règle l'écartement des disques selon la grosseur de l'épi. Cette machine est d'un petit volume. Elle pèse de 55 à 60 kil. et coûte 110 fr. On peut égrener de 18 à 25 hect. de maïs par jour. C'est déjà un beau résultat comparativement à l'égrenage à la main.

MM. Clubb et Schmidt, à Londres, — qui ont une maison à Paris, — en construisent de beaucoup plus énergiques qui coûtent 215 francs. Ce sont là, certainement, des instruments qui peuvent rendre de grands services dans les contrées à maïs.

VIII. — Le nettoyage des Grains. — Les Tarares et les Trieurs.

Nous avons vu qu'il existe des machines à battre qui rendent le grain tout vanné et assez propre pour pouvoir être livré au commerce sans autre préparation. Mais on ne les rencontre guère que dans la très-grande culture. Le plus ordinairement, après le battage, le grain est mélangé avec sa balle, de la menue paille, des otons, des graines adventices, etc. La séparation s'en fait tant bien que mal, soit au moyen du van dont l'usage devient tous les jours plus rare, soit au moyen du tarare déboureur. Ce dernier genre d'instrument se fabriquant aujourd'hui dans tous les cantons de la France, est tellement connu, que je ne crois pas devoir le décrire. Avec des grilles de rechange, on peut en faire ce qu'on appelle un tarare de grenier qui opère un second nettoyage moins imparfait, mais laissant toujours quelque chose à désirer. C'est à cette considération que nous devons les différents *trieurs* qui ont fait leur apparition.

L'un des meilleurs tarares que je connaisse, est celui de MM. Garnier et Coué, de Redon (Ille-et-Vilaine). Sa confection est parfaitement soignée et son travail fort satisfaisant.

Son prix est de 60 fr. Voici la figure de cet instrument, vu des deux côtés.

Fig. 36.

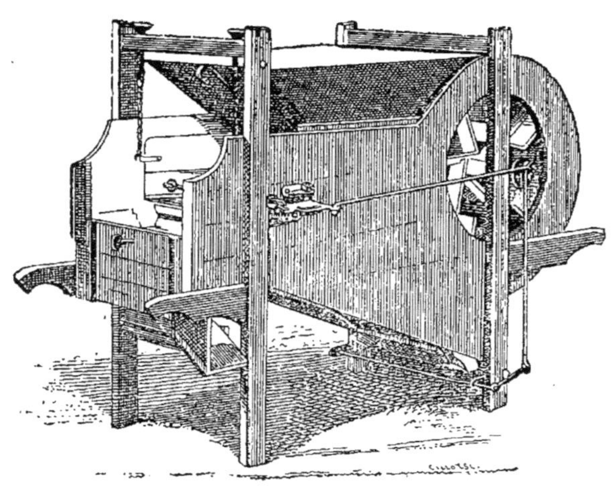

L'un des plus anciens trieurs, bien qu'il ne date encore que de quelques années, et des plus répandus, puisqu'il en a été fabriqué déjà plus de 4000 exemplaires, est le Crible-Trieur

Pernollet, dont la figure ci-après, nº 37, donne une idée suffisante.

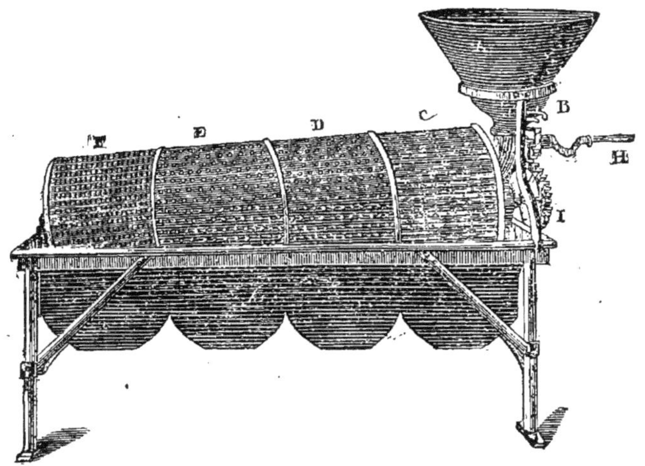

J'ai fait moi-même usage de ce trieur pendant cinq ans, jusqu'à ma retraite, et j'en ai été satisfait.

Il y en a deux modèles. L'un du prix de 110 francs ne peut nettoyer par jour qu'environ 35 hectolitres. Le grand modèle coûtant 200 fr. donne un produit presque double. Un enfant suffit à la manivelle qui ne doit faire que 35 à 40 tours par minute, ce qui réduit à 10 environ le nombre de tours du cylindre. Pour obtenir du grain parfaitement net, il faut en outre qu'il ait été bien vanné avant de le mettre dans la trémie. C'est là l'affaire du tarare. Mais M. Pernollet fait le même trieur avec grille et ventilateur, pour le prix de 280 fr.

Le Trieur Marot aîne, de Niort, plus récent que celui de M. Pernollet, a quelque analogie de forme avec lui. Mais il nettoie et trie parfaitement le blé quelque sale et mélangé qu'il soit, à raison de 25 hectol. en 12 heures. J'ai été chargé d'en présenter un modèle au concours régional de Vannes, en 1860, où il a été essayé avec du blé mélangé d'avoine et de plusieurs autres mauvaises graines dont la séparation s'est fort bien opérée, ce qui a valu à cet instrument la plus haute récompense dont le jury pouvait disposer.

Le prix du Trieur Marot est de 250 francs.

Vient ensuite le Cribleur Josse, d'Ormesson (Seine-et-Oise), celui-ci diffère considérablement des précédents. Ce n'est point un trieur, mais un simple crible pour remplacer d'une *manière continue* le criblage à la main. Cet instrument n'est propre qu'à faire du blé marchand, à raison de 8 hectolit. par heure, en séparant les corps légers, tels que les balles, les otons, les grains vétus, etc. Son prix est de 100 francs.

Je termine ici ce que j'avais à dire sur les instruments servant à la culture et à la récolte. Je n'ai point à m'occuper des autres, notamment de ceux qui ont pour objet la conservation des grains, ou leur préparation dans l'alimentation animale. Ce sont là des questions qui sont spécialement du domaine de l'économie agricole et qui, comme je l'ai déjà dit, n'entrent pas dans mon cadre.

TROISIÈME DIVISION.

CULTURES SPÉCIALES.

Règles générales.

Lorsque la terre est convenablement préparée, on la dispose à porter des fruits, soit par des semis, soit par la transplantation.

La première de ces deux méthodes est exclusivement en usage pour les céréales et autres graines alimentaires, telles que les légumineuses pour les fourrages fauchables; les plantes textiles; la plus grande partie des graines oléagineuses; quelques racines, telles que navets et carottes, et enfin, quelques plantes tinctoriales comme la garance et la gaude.

Les pommes de terre et les topinambours se reproduisent par la plantation de leurs propres tubercules. On peut aussi les cultiver de semence pour obtenir des variétés nouvelles; mais cela n'a guère lieu que dans le jardinage qui, seul, pratique aussi les méthodes de bouturage et de marcottage.

Dans la grande culture, les betteraves, le colza, les rutabagas, les choux, le tabac, sont à peu près les seuls végétaux qui se cultivent par la transplantation. Et encore, est-il reconnu que les betteraves semées sur place donnent souvent un meilleur produit. Si cette pratique n'est pas générale, c'est peut-être parce qu'elle nécessite plus de travaux d'entretien, la betterave semée occupant plus longtemps le même sol que la betterave repiquée. Le colza pourrait aussi fournir un bon rendement par le semis sur place; mais comme, dans ce cas, les sarclages et les binages seraient fort difficiles, on préfère le repiquage qui, pour le colza d'hiver, laisse d'ailleurs beaucoup plus de temps pour la préparation du sol. Quant au colza de printemps, la durée de sa végétation est trop courte pour qu'il soit susceptible de transplantation, laquelle, indépendamment du travail qu'elle exige, produit toujours un temps d'arrêt dans la croissance des végétaux.

1. — Des Semis définitifs.

Les principales règles de la culture par semis se réduisent au nombre de cinq; savoir :

1° *Un bon choix de la semence.* En général, les graines les plus grosses et les plus lourdes dans une espèce déterminée, lorsqu'elles sont d'ailleurs parfaitement saines et mûres, sont les meilleures. Toute graine qui, jetée dans l'eau, surnage, doit être écartée. Mais celles qui se précipitent ne sont pas toujours bonnes. Il en est qui perdent leur faculté germinative en vieillissant, et sous ce rapport, les graines les plus récentes doivent être préférées. Lorsqu'on n'est pas bien fixé à cet égard, on peut s'éclairer par une expérience très-facile et très-simple indiquée par tous les ouvrages d'Agriculture, et qui consiste à mettre au fond d'une soucoupe ou d'une assiette du coton humecté sur lequel on place quelques-unes des graines douteuses que l'on recouvre d'un morceau d'étoffe de laine. Si elles ne germent pas dans un délai normal, la température étant convenable, on doit s'abstenir de les employer.

Lorsqu'une semence est dégénérée il est très-bien de la renouveler; mais ce n'est là, le plus ordinairement, qu'un vain palliatif, parce que, fort souvent, la dégénération n'est que le résultat d'une fertilisation anormale. En thèse générale, lorsqu'une plante est acclimatée et qu'elle conserve indéfiniment sa vigueur et ses qualités chez quelques-uns de vos voisins, tandis qu'elle s'affaiblit chez vous, soyez bien convaincu que vous ne rémédierez à ce mal qu'en introduisant dans votre sol là où les substances dont l'absence ou l'insuffisance est la seule cause de cet abâtardissement. C'est ainsi souvent qu'avec une simple addition de phosphate de chaux à la fumure ordinaire, on obtient des blés qui gagnent beaucoup en volume et en poids. Sans doute, il sera bon en pareil cas de renouveler simultanément la semence ; mais cette opération ne sera utile qu'une seule fois. Aucune graine ne dégénère dans une terre de fertilité normale, à moins que le climat ne lui soit contraire. Dans ce cas, il vaut mieux renoncer à sa culture que de chercher à forcer la nature.

2° *Préparation de la semence.* Les céréales, notamment le blé qui est la plus précieuse de toutes, contractent des maladies dont il importe essentiellement de les préserver par une bonne préparation de la semence. Ces maladies sont principalement celles qu'on désigne sous les noms de *carie* et de *charbon,* sortes de champignons qui se forment aux dépens des principes immédiats des graines et qui les transforment en une poussière noire s'attachant aux grains sains lorsque le blé est battu, et leur communiquant le germe de la maladie.

On emploie plusieurs procédés de préservation. Voici celui que j'ai toujours préféré et pratiqué avec succès, tel que je l'ai décrit dans mon compte-rendu imprimé, de ma campagne de 1857. Il est, du reste, très-connu et très-usité ; mais injustement contesté à certains égards par quelques auteurs.

« Ce procédé aussi simple qu'efficace est très-peu coûteux,
» puisqu'il ne dépasse pas 50 cent. par hectolitre de semence.
» Il consiste uniquement à piler et à faire dissoudre un kilogr.
» de sulfate de cuivre (vitriol bleu), dans 50 litres d'eau en
» augmentant la quantité de vitriol et d'eau, mais toujours
» dans la même proportion, si la quantité de semence l'exige.
» Lorsque le liquide est ainsi préparé dans un cuvier de capa-
» cité convenable, on y plonge 50 litres de froment placé dans
» un panier auquel on donne ici le nom de cage, et on le laisse

» immergé pendant une heure (1). On le retire ensuite et on le » place sur deux bâtons au-dessus du cuvier dans lequel il » s'égoutte pendant qu'un autre panier de même contenance » trempe à son tour, et ainsi de suite, jusqu'à ce que toute la » semence soit sulfatée. Lorsque le grain est suffisamment » égoutté on l'étend sur une aire pour le sécher, après quoi, » il peut être semé sans autre préparation.

» Depuis plus de 25 ans — ceci a été écrit en 1858 — j'em- » ploie ce procédé et jamais je n'ai eu un seul grain carié. J'ai » essayé plusieurs autres recettes, même celle à laquelle » Mathieu de Dombasle a donné son nom. La plupart sont » également bonnes ; mais celles qui se basent sur l'emploi de » la chaux vive ne sont pas sans inconvénient pour le semeur. » On reproche au vitriol bleu qui est une substance toxique, » de n'être pas non plus sans danger. J'ignore si, en pareil cas, » il a jamais occasionné le moindre accident. Ce qui est certain, » c'est que j'ai vu des poules manger des grains sulfatés et n'en » éprouver aucun mal. »

On est allé jusqu'à dire que le sulfate de cuivre absorbé par les semences, passait dans les produits de la végétation et communiquait à ceux-ci des qualités nuisibles. Il faut se tenir en garde contre toutes les exagérations de ce genre qui ne sont ordinairement que le fruit d'idées préconçues. Ce qui prouve la parfaite innocuité du procédé, c'est la généralisation de son emploi.

3° *L'époque des semailles*. Lorsqu'une graine est parvenue à sa maturité complète et qu'elle se détache spontanément de la tige qui la porte, elle pourrait, dans bien des cas, être utilement semée immédiatement pour se reproduire. C'est ainsi que la nature procède dans la végétation sauvage des plantes annuelles. Mais il est à remarquer, qu'en général, le moment de la récolte n'est pas celui où la terre se trouve dans l'état le

(1) J'ai lu dans un excellent ouvrage, qu'une immersion d'au moins 12 à 14 heures était nécessaire pour détruire entièrement la faculté germinative des spores transmettant la maladie. Il n'y a, sans doute, aucun inconvénient à prolonger cette immersion, lorsqu'on le peut ; mais ma propre expérience prouve que l'on ne court aucun risque à la limiter à une heure seulement.

plus favorable à la germination. D'un autre côté, dans la culture régulière, il est nécessaire de travailler le sol et de le fumer préalablement, toutes choses qui demandent un certain temps et qui ne peuvent venir qu'à leur heure. Ainsi, quoique les graines soient généralement susceptibles d'être semées aussitôt qu'elles sont mûres, on le ferait souvent sans aucun avantage, et l'on peut, dans la plupart des cas, différer cette opération jusqu'à ce que le sol ait été ramené par des pluies bienfaisantes à un état tel que la germination et la végétation puissent s'opérer dans de bonnes conditions. Dans le midi de la France, les semailles trop hâtivement faites en été ou en automne pourraient même fort mal tourner, en ce sens que certaines plantes montant assez promptement en tiges, seraient exposées à ne plus rencontrer, aux approches de l'hiver, une température assez élevée pour les faire fleurir et mûrir, et que par cela même, leurs épis auraient beaucoup à souffrir des gelées.

Mais, s'il est sans avantage de semer trop tôt, il n'est pas sans danger de retarder cette opération outre mesure. En cela principalement, il y a un moment favorable qu'il faut savoir saisir. Il faut aux plantes, suivant leur espèce, une certaine somme de chaleur pour parvenir à leur plus grand état de perfection, et cette somme de chaleur que j'indiquerai plus loin pour les principaux végétaux de la grande culture, ne peut s'obtenir en saisons ordinaires, que dans un espace de temps déterminé que les semailles tardives ont pour effet de réduire au préjudice de la végétation. D'un autre côté, les semailles d'automne ayant besoin d'acquérir une force suffisante pour pouvoir résister aux rigueurs de l'hiver, il importe essentiellement de ne les point trop différer. La conséquence qui découle de ce principe, c'est que dans les climats tempérés l'emblavage doit avoir lieu plus tôt que dans les climats chauds, et qu'à égalité de climats, il doit être plus hâtif dans les terres qui s'échauffent difficilement que dans les autres. Dans cet ordre d'idées, les terres argileuses et, en général, celles qui sont désignées comme froides dans notre étude physique, doivent passer avant les terres franches et les terres sableuses saines.

Une autre conséquence à tirer du même principe, c'est que plus une semaille est tardive plus elle doit être épaisse pour compenser, autant que possible, par un plus grand nombre de plants leur développement imparfait. Au contraire, les semailles faites au temps le plus opportun, doivent être d'autant plus claires que le sol est plus fertile. La principale règle à suivre quant à ce, c'est d'effectuer le semis de manière à ce que les plantes puissent ombrager complétement le sol, en s'y developpant librement sans gêner la circulation de l'air, et sans s'affamer mutuellement.

C'est donc sur ces principes, combinés avec les conditions locales, que le cultivateur devra se baser, en faisant quelques expériences comparatives pour déterminer l'époque la plus favorable à ses semailles. Quoique les usages du pays aient souvent leur raison d'être, ce ne sont pas toujours les meilleurs à adopter. Je connais bien des cantons où l'emblavage du froment n'a lieu que dans la dernière quinzaine d'octobre et même quelquefois plus tard, tandis qu'il gagnerait infiniment a être fait à la fin de septembre ou au commencement d'octobre, lorsque la terre est suffisamment fraîche. J'en connais beaucoup d'autres aussi où la couverture des céréales ne s'opère qu'avec la herse ordinaire en terres légères, tandis que leurs semailles sous raie seraient beaucoup plus profitables. Ceci me conduit à parler d'une autre règle qui est :

4° *La profondeur à laquelle les graines doivent être enterrées.* Il n'est pas possible de déterminer cette profondeur d'une manière absolue. On a fait à ce sujet un grand nombre d'expériences fort intéressantes, mais qui ne peuvent être concluantes que pour les conditions dans lesquelles elles ont eu lieu. Cette profondeur doit varier selon les climats, les saisons, l'état du sol et l'espèce de graine. Il est cependant des limites qui ne peuvent être dépassées, ainsi qu'on l'a vu dans mon étude physiologique. En thèse générale, il faut pour que la germination et la végétation s'accomplissent normalement, que la semence trouve dans la zône de terre qu'elle occupe, outre tous les aliments nécessaires, une dose d'humidité suffisante. Par conséquent, moins le sol est susceptible de se dessécher promptement à la surface, moins la graine a besoin d'être enterrée profondément, et nous avons vu qu'il était de bonne pratique de rouler les semailles, non-seulement pour modérer l'action de l'air sur la germination, et pour mettre les graines en contact plus intime avec les molécules terreuses ; mais encore, et surtout pour ralentir l'évaporation. Du reste, les graines fines veulent moins de couverture que celles d'un gros volume. Il en est de même de celles qui lèvent promptement. Ici encore une étude attentive des conditions locales, corroborée par quelques expériences comparatives, suffira pour établir la meilleure règle à suivre sans avoir plus d'égards que de raison aux usages existants.

5° *La quantité de semences à employer.* Cette règle est en partie éclaircie par ce qui a été dit tout à l'heure au n° 3 ; mais il n'est pas inutile d'y revenir à raison de sa double importance. Une semaille trop épaisse présente d'abord le désavantage de causer une dépense inutile, assez considérable quelquefois, surtout lorsqu'il s'agit de froment, et ensuite, de produire fort souvent moins qu'une semaille claire. Voici à ce sujet quelques-uns des enseignements que fournit la statistique officielle, de l'exactitude de laquelle on ne saurait douter en pareille matière. Dans le département du Nord, par exemple, l'arrondissement d'Avesnes sème, en moyenne, 2 h. 67 de blé par hectare et n'en récolte que 22 h. 30, tandis que l'arrondissement d'Hazebrouck qui ne sème que 1 h. 74, en recueille 23 h. 24. Dans l'arrondissement de Valenciennes, le rendement est de 30 h. pour 1 h. 75 de semence.

Si nous comparons maintenant le département du Nord, dans son ensemble, avec celui de Seine-et-Oise qui est aussi l'un des plus fertiles de la France, nous trouverons dans le premier un produit moyen de 22 h. 87 pour 2 h. 01 de semence, tandis que le rendement n'est dans le second que de 22 h. 02 pour 3 h. 04.

Enfin, si nous mettons en parallèle des départements moins riches, voici ce que nous trouverons.

Départements.	*Semence*	*Produit*	*Produit*	*Semence*	*Départements.*
Gironde	1.36	12.79	12.55	2.38	Côte-d'Or.
			10.24	2.27	Haute-Marne.
Lot-et-Garonne . .	1.59	12.13	11.26	2.60	Ain.
Indre-et-Loire. . .	1.64	13.28	11.94	2.61	Isère.
Charente.	1.29	10.38	10.36	2.30	Ille-et-Vilaine.
Loire-Infér. (Paimbœuf)	1.30	13.14	11.25 à 12.63	2 »	3 autres arrondissements de la Loire-Infér.

Ainsi, d'un département à un autre, et quelquefois dans le même département, la quantité de semence, pour le blé, varie d'environ un hectolitre par hectare sans que la plus forte dose donne lieu à un excédant de produit. Cela ne veut pas dire, cependant, que les semailles épaisses doivent être condamnées d'une manière absolue. Nous avons vu, tout à l'heure, qu'il est telles circonstances où elles ont leur raison d'être. Mais il n'est pas douteux qu'en beaucoup d'endroits elles sont exagérées, et c'est par cette raison que je persiste à dire qu'il est prudent de ne pas toujours se fier aux usages adoptés, surtout lorsqu'ils sont en opposition avec d'autres usages plus rationnels et plus économiques. Du reste, le meilleur moyen d'arriver à réduire fructueusement à sa plus simple expression la quantité de semence, tout en augmentant le produit et en faisant ainsi d'une pierre deux coups, c'est d'abord et par-dessus tout, d'augmenter la fertilité du sol; ensuite, de semer en temps le plus opportun dans une terre très-propre et entretenue telle, et finalement d'employer de bons instruments. Sous ce dernier rapport, je prie le lecteur de se reporter à ce que j'ai dit à propos des semoirs mécaniques.

De ce qui précède, on doit conclure qu'il n'est pas possible à un écrivain prudent de déterminer la quantité de semence à employer, même dans une région très-circonscrite. En pareille circonstance, comme en toute autre, le cultivateur doit raisonner son opération en s'inspirant des vrais principes, au lieu de s'abandonner à une aveugle routine.

II. — De la Transplantation.

Il est des végétaux qui veulent nécessairement être transplantés pour donner des produits plus satisfaisants. Le tabac, les choux, sont particulièrement dans ce cas.

Il en est d'autres que l'on ne transplantent qu'afin d'avoir plus de temps pour préparer la terre qui doit les recevoir définitivement. Quelquefois, c'est aussi en vue de s'épargner un peu de travail et de dépense. On dit, comme nous l'avons déjà vu, que les plantes repiquées occupant le sol moins longtemps que celles semées sur place, nécessitent, par cela même, moins de binages et de sarclages. Mais il est évident que ce n'est là qu'une économie fictive, annulée par les soins nombreux que demande la pépinière pour laquelle il faut d'ailleurs un terrain supplémentaire, et ensuite, par le travail de la transplantation même. Les avantages qu'elle présente lorsqu'elle n'est pas commandée par la nature même de la plante, se réduisent donc à gagner du temps pour la préparation du sol. Toutefois, si le colza se prête mieux à une culture soignée, propre et rémunératrice par le repiquage que par le semis en place, il n'en est pas toujours de même de la betterave. C'est ce que soutient M. Bodin, dans un très-bon article récemment reproduit par tous les journaux agricoles, et dont voici les conclusions :

« Si l'on veut éviter des travaux et des semis minutieux, la » transplantation est le meilleur moyen.

» Si l'on veut une récolte assurée, que la sécheresse ne » puisse détruire ; de belles betteraves, bien faites, sans bifur- » cation ; si l'on veut une terre bien nette de mauvaises herbes, » il faut semer sur place. »

Il est juste de reconnaître, cependant, que dans des sols de haute fertilité, profondément labourés et bien ameublis, une transplantation soignée donne d'aussi bons résultats que le semis à demeure. C'est ce qui a été prouvé dans le temps par la méthode Kœchlin, si vantée par tous les journaux, par tous les livres d'agriculture, et néanmoins si peu pratiquée.

La transplantation doit toujours avoir lieu en lignes équidistantes tracées à l'aide du rayonneur dont il a été parlé précédemment. Les plants sont, autant que possible, disposés en quinconce, et par cela même, également espacés dans tous les sens, ce qui leur permet de se développer plus librement.

La transplantation s'opère de trois manières. La plus usitée, la plus régulière, se fait au plantoir à une ou deux branches ; mais elle exige des ouvriers habiles au tour de main qui doit bien serrer la terre contre la racine, en remplissant exactement le trou pratiqué pour recevoir cette dernière. S'il y reste des vides, la racine souffre et la végétation marche mal. Lorsque le plant est mis en place, il ne doit pas pouvoir être arraché sans opposer une certaine résistance. S'il cède facilement l'opération est mauvaise.

Les choux et le colza peuvent se transplanter avec plus de

célérité à la charrue. Lorsque la raie est ouverte, des ouvriers, en nombre suffisant, échelonnés le long de cette raie, placent à la distance convenue, les plants contre la bande qui vient d'être renversée. Au retour, la charrue couvre leurs racines, et ainsi de suite, jusqu'à ce que la planche soit entièrement garnie. Ordinairement les plants n'occupent que de deux ou trois raies, l'une pour laisser entre les lignes un espace permettant l'emploi du butteur et de la houe à cheval. Pendant que la charrue trace les sillons qui doivent rester libres, les ouvriers visitent la ligne des plants qui viennent d'être recouverts, et dégagent avec précaution ceux qui sont trop enterrés. Cette opération ne réussit bien que dans une terre assez meuble pour adhérer complétement par son renversement aux racines des plantes. Quoique celles-ci soient placées dans une position inclinée, aussitôt que la reprise est faite leur tige s'élève verticalement.

Ce mode de transplantation exige un plus grand nombre d'ouvriers que les deux autres, pour que la charrue ne chôme pas pendant la répartition des plants.

On transplante aussi les mêmes végétaux avec la houe ordinaire d'une manière assez rapide. L'ouvrier qui manie l'outil en donne un coup en terre, puis abaissant un peu le manche qui fait levier, il se produit sous le dos de la tranche un vide dans lequel un autre ouvrier qui marche à reculons, introduit un plant. La houe est alors retirée avec précaution, et celui qui la tient presse avec le pied la terre près du collet de la plante; puis, il renouvelle la même opération en avançant d'un pas, jusqu'au bout de la ligne qui a été tracée d'avance.

Le succès des transplantations dépend en grande partie des soins donnés à la pépinière. Celle-ci exige impérieusement un sol bien défoncé, très-meuble et fortement fumé. L'engrais doit être d'une décomposition prompte pour que la végétation puisse être rapide et que les jeunes plants puissent échapper plus facilement aux ravages des insectes. Dans ce but, il est toujours bon d'appliquer supplémentairement un engrais pulvérulent très-actif, comme le guano du Pérou ou tout autre guano industriel très-azoté et promptement assimilable, en multipliant les arrosages lorsque les pluies sont rares. La pépinière doit en outre être convenablement éclaircie si le semis est trop épais, afin que le plant puisse acquérir force et vigueur suffisantes. Enfin, elle doit être tenue parfaitement nette de mauvaises herbes. Le plant doit ensuite être arraché avec précaution, de manière à ménager son pivot, surtout lorsqu'il s'agit de betteraves, et la transplantation ne doit s'opérer qu'en sol suffisamment frais.

Lorsque les plants sont mis à demeure et qu'ils souffrent de la sécheresse, c'est une excellente pratique de multiplier les binages énergiques qui, renouvelant la surface de la terre entre les lignes, la mettent en situation d'absorber plus facilement les rosées. Cette opération peut équivaloir, dans bien des cas, à un arrosage. S'il s'agit de plantes buttées ou cultivées sur ados, les billons sont fendus aussi près des plants que possible, avec une charrue légère qui forme un nouvel ados libre entre les lignes, lequel est ensuite refendu le lendemain ou le surlendemain avec un butteur qui remet les choses dans leur état primitif. Cette opération répétée plusieurs fois pendant une longue sécheresse, suffit pour sauver une récolte et imprimer à la végétation une vigueur normale. A quiconque douterait de son efficacité, je me bornerai à dire : Essayez sur une ou deux lignes seulement. Ce ne sera ni dispendieux, ni compromettant. C'est à un mémoire publié, je crois, par M. de Valcourt, il y a déjà longtemps, que nous devons ce précieux enseignement.

Les Plantes cultivées.

Les plantes de la grande culture peuvent se grouper en trois classes principales qui se subdivisent chacune en plusieurs catégories. Ces trois classes comprennent : 1° Les plantes cultivées principalement pour la nourriture de l'homme ; 2° Celles qui le sont principalement pour l'alimentation du bétail ; 3° Les plantes dites industrielles. J'exclus de cette classification tout ce qui se rapporte à la viticulture et à l'arboriculture dont il ne m'est pas possible de m'occuper.

Il est quelques plantes qui appartiennent à plusieurs de ces trois classes. J'ai cru devoir les placer dans les groupes avec lesquels elles ont le plus de rapport, soit par leur similitude botanique, soit par le mode de leur culture. Ainsi, quoique la la pomme de terre contribue plus, peut-être, à la nourriture de l'homme qu'à celle des animaux; quoiqu'elle fournisse en assez grande quantité des produits industriels à l'état de fécule et d'alcool, j'ai cru devoir la placer dans la 2e classe pour pouvoir traiter de sa culture en même temps que de celle des autres plantes sarclées uniquement destinées au bétail. La même observation s'applique à la betterave et au topinambour dont on peut retirer tout à la fois des produits industriels et de la nourriture pour les animaux. Elle s'applique également à l'avoine qui appartient plutôt à la 2e qu'à la 1re classe, mais que je place dans celle-ci pour la réunir aux autres céréales et en faire un seul groupe.

Je vais passer successivement en revue ces trois classes en m'en tenant pour chaque groupe aux explications les plus essentielles et en me renfermant strictement dans le cercle que je me suis tracé et que je ne crois pas avoir franchi jusqu'ici. Cependant, une critique que je regarde d'ailleurs comme bienveillante, m'accuse d'avoir failli à mon titre en donnant dans les livraisons précédentes, trop d'attention à l'actualité et à la polémique, et en confondant avec des opinions variables, des principes qui sont des choses immuables de tous les temps, sinon de tous les lieux. Je ne pense pas avoir mérité ce reproche. Lorsque j'ai rencontré des principes qui m'ont paru mal établis ou faussés dans leur application, j'ai considéré comme un devoir de les discuter et de chercher à dégager la vérité des nuages qui la voilaient. Mon titre me l'interdisait d'autant moins que je m'étais formellement posé ce but dans mon introduction. Je n'ai jamais pu croire qu'un traité scientifique portant sur des matières encore fort obscures, dût être une simple codification de lois généralement peu comprises et souvent mal interprétées. Si un axiome ne se démontre ni ne se discute, il ne saurait en être de même d'un principe, vérité abstraite, qui n'a de valeur et de signification précises que par son application. Commenter de tels principes lorsqu'ils ne sont pas encore parvenus à l'état de vérité palpable; en déduire des conséquences utiles; discuter les erreurs accréditées qui s'y rapportent, tel doit donc être, à mon sens, l'objet d'un enseignement comme celui que j'ai entrepris; et encore une fois, je ne crois pas m'en être écarté. En tous cas, s'il a pu m'arriver de pécher en la forme, j'ose compter assez sur l'indulgence du lecteur, et même de la critique, en faveur du fonds.

Ce qui me reste à dire sur les cultures spéciales sera désormais d'autant plus sommaire que la presque totalité des principes généraux qui les régissent a été précédemment exposée, et que la pratique, proprement dite, constituant principalement une science de localités, science toute de faits variables à l'infini, l'étude de ces faits m'entraînerait dans une complication de détails que mon cadre ne comporte pas. Il serait d'ailleurs oiseux de vouloir enseigner au cultivateur des pratiques qui lui sont familières et qu'il connaît presque toujours, au moins aussi bien que l'auteur le plus érudit. C'est pourquoi je me bornerai à examiner la raison d'être de ces pratiques et à discuter d'une manière générale ce qu'elles peuvent avoir de défectueux.

PREMIÈRE CLASSE.

LES PLANTES SERVANT PRINCIPALEMENT A LA NOURRITURE DE L'HOMME

Cette classe se divise en deux sections, comprenant 1° les céréales ; 2° quelques légumineuses.

I. — Les Céréales.

On donne cette dénomination générique principalement aux plantes de la famille des graminées panifiables, parce qu'elles étaient cultivées autrefois sous l'invocation de Cérès, déesse des moissons. On y ajoute, par extension, quelques plantes appartenant à d'autres genres botaniques. Le sarrasin, de la famille des Polygonées, est particulièrement dans ce cas, et c'est le seul que nous réunirons aux graminées. Les céréales comprennent donc les diverses variétés : 1° de froment (1) ; 2° de seigle ; 3° d'orge ; 4° d'avoine ; 5° de riz ; 6° de maïs ; 7° de millet ; 8° de sorgho ; 9° de sarrasin.

(1) Y compris l'épeautre qui n'est autre chose qu'un froment vêtu, très peu cultivé en France et dont je n'ai rien de plus à dire en ce qui le concerne en particulier.

Le méteil n'étant qu'un mélange de deux grains — froment et seigle — conservant chacun ses caractères propres, ne peut pas constituer une espèce spéciale. Aussi ne le mentionnerai-je que pour mémoire.

Je m'abstiendrai de tous détails relatifs aux diverses variétés de céréales dont la description appartient exclusivement à la science de la botanique, et dont j'ai d'autant moins à m'occuper ici, que cette description n'est pas de nature à modifier les principes généraux de la culture qui sont les mêmes pour toutes les variétés d'une même espèce.

Parmi ces variétés il en est de plus productives les unes que les autres. Mais souvent cette qualité ne tient qu'au climat ou bien à la nature et à la fertilité du sol. On ne peut donc pas recommander l'une de préférence à l'autre d'une manière absolue. Ce que le cultivateur peut faire de plus sensé, quant à ce, c'est de s'en tenir aux espèces acclimatées chez lui et de ne leur en substituer de nouvelles qu'après les avoir préalablement essayées sur une petite échelle, ayant soin, comme je l'ai dit précédemment, de régler la fertilisation de sa terre proportionnellement au rendement présumé de la plante adoptée. C'est là le principe fondamental et le seul moyen d'éviter la dégénération et les déceptions qui en sont la conséquence, lorsque d'ailleurs le climat n'est pas défavorable à la plante introduite.

Dans la culture progressive, pivotant sur un assolement alterne, on ne doit pas fumer la sole des céréales si ce n'est lorsque, comme le maïs et le millet, elles font l'office de plantes jachères. La fertilisation ayant lieu généralement au moyen du fumier d'étable, et celui-ci salissant beaucoup la terre par les mauvaises graines qu'il renferme et dont il favorise la reproduction, il faut autant que possible s'abstenir de l'appliquer directement au froment et aux autres plantes peu susceptibles d'être binées, ou qui ne sont pas étouffantes. Par conséquent, le maïs et le millet dont la culture n'est avantageuse qu'à la condition d'être entretenue fort propre, sont à peu près les seules plantes de cette section qu'il convient de placer en terre récemment fumée. Elles peuvent, sans aucun inconvénient, supporter de fortes doses d'engrais qui sont d'ailleurs d'autant plus nécessaires que ces deux graminées sont très-épuisantes. Dans l'assolement biennal ou triennal dont le sarrasin forme la tête, c'est à cette plante qui, par son ombrage, étouffe les mauvaises herbes, que l'on doit aussi appliquer le fumier. Mais, lorsque celui-ci est employé en quantité un peu forte dans cette culture, il détermine un développement foliacé dont l'exagération devient nuisible à la fructification. Il en est, du reste, de même pour la plupart des autres céréales qu'une fumure excessive fait souvent verser.

Le mieux est donc de ne fumer jamais que la jachère morte ou vive. Dans le premier cas, la fumure n'a pas besoin d'être aussi intense que dans le second. Dans celui-ci, son intensité est plus ou moins diminuée par l'absorption de la plante jachère. Mais, dans l'un et l'autre cas, elle doit être calculée de manière à ce que les récoltes qu'elle est destinée à féconder, y trouvent une alimentation suffisante.

Lorsque l'on ne sera pas riche en fumier et que l'on ne pourra pas appliquer en tête de l'assolement une fumure satisfaisant amplement aux besoins de la rotation, il sera bien de donner à chaque céréale un engrais commercial supplémentaire, en choisissant parmi ceux réputés de bonne qualité, celui dont la composition chimique coïncidera le mieux avec celle de la plante. Du reste, ce que le cultivateur pourra faire de mieux en pareil cas, ce sera de se diriger strictement selon les principes de la fertilisation précédemment exposés.

A l'exception du maïs, toutes les céréales se sèment ordinairement à la volée, ce qui, au moins pour le froment, n'est certainement pas la meilleure pratique, ainsi que cela a été précédemment démontré. Toutes exigent un ou plusieurs labours préalables. Sur ce dernier point, toutefois, il n'y a rien d'absolu, sinon que l'on ne doit s'en tenir à un seul labour que dans les terres propres, comme, par exemple, lorsque la céréale succède à une récolte sarclée, à un trèfle, à un sarrasin laissant le sol en bon état. Il serait d'ailleurs difficile de faire autrement, lorsqu'il s'agit d'une céréale d'automne, à moins de retarder sa semaille, ce qui serait souvent éviter un écueil pour tomber dans un autre. Les cultures de printemps laissent, sous ce rapport, une plus grande latitude.

M'est avis, toutefois, que lorsqu'il n'est pas possible de faire au moins trois labours, il vaut mieux n'en donner qu'un seul, parce que le deuxième, ordinairement, replace simplement la terre dans l'état où elle était avant le premier, et lorsque tous les deux sont exécutés à la même profondeur. Mais cela n'a d'inconvénient que lorsque l'un ou l'autre des deux labours n'est pas accompagné d'une fumure, et lorsque les racines de la plante destinée à occuper le sol doivent végéter dans la même zône que celles de la récolte précédente. On conçoit, qu'en pareil cas, elles trouvent une terre plus ou moins épuisée et que leur végétation doit s'en ressentir. Ici, la règle de succession des racines traçantes aux racine pivotantes, ou réciproquement, est parfaitement rationnelle ; mais il ne faut pas perdre de vue qu'elle ne l'est que pour ce cas spécial. Du reste, lorsqu'un seul labour ne suffit pas pour ameublir convenablement le sol, et lorsqu'il n'est pas possible d'en effectuer trois, on remplace très-bien le deuxième par un bon coup de scarificateur qui divise suffisamment la couche arable sans la retourner. Les céréales qui font l'office de jachère vive exigent impérieusement au moins trois labours, dont un avant l'hiver et à intervalles suffisants pour donner aux graines adventices le temps de germer et de lever, après quoi elles sont facilement détruites par les labours ultérieurs. Je crois avoir dit ailleurs qu'un déchaumage à l'extirpateur, immédiatement après une récolte salissante, était toujours dans le même but, une excellente pratique.

A l'exception du froment qui exige un sol rassis, toutes les céréales peuvent se semer immédiatement après le labour. Mais la semaille du froment doit être différée pendant quelques semaines lorsque c'est praticable, sans que sa végétation puisse en éprouver un préjudice. Lorsque ce grain est semé sous raie, c'est-à-dire, lorsqu'après avoir été répandu sur la surface du sol il est enterré par la charrue, ce labour de couverture ne doit être que très superficiel. Dans ce cas, la semence trouve un sol dont la partie inférieure est suffisamment rassise, et un coup de rouleau plombeur, précédé d'un léger hersage complète l'opération. Le plombage est toujours nécessaire lorsque le froment est enterré à la herse, surtout après un labour récent.

Les céréales, comme cela a été dit déjà au chapitre des assolements, ne doivent point alterner les unes avec les autres. Il faut en excepter le maïs, le millet et le sarrasin, auxquels les autres plantes de la même section peuvent succéder, sans inconvénient, dans les terres convenablement fertilisées.

Les principaux soins exigés par les céréales d'hiver, consistent à entretenir les raies d'écoulement dans les sols peu perméables à l'eau ; à herser les plantes, au printemps surtout, lorsque la terre s'est durcie à la surface, et à rouler celles dont le sol a été soulevé par les gelées. Le hersage et le roulage favorisent beaucoup le tallement des tiges. Il va de soi que les chardons et autres plantes parasites doivent être soigneusement extirpés.

Je me suis expliqué déjà d'une manière générale sur l'époque la plus favorable aux semailles, en disant que les plus hâtives sont ordinairement les meilleures, lorsque d'ailleurs elles sont faites dans des conditions normales de chaleur et d'humidité. Dans un climat déterminé, les plantes d'une même espèce atteignent leur maturité à une époque qui peut varier un peu, mais très-peu d'une année à une autre, selon que les saisons sont plus ou moins chaudes et humides. Ces variations sont dues à ce que les plantes ne peuvent mûrir leurs fruits qu'autant que pendant le cours de leur végétation elles ont reçu une somme déterminée de chaleur, somme qui varie elle-même pour chaque espèce de plante et qui ne comprend que la chaleur excédant un certain minimum indispensable pour que la végétation puisse s'effectuer. Par conséquent, lorsque la température n'atteint pas ce minimum, il n'en est point fait état ; mais lorsqu'elle le dépasse, on calcule sur la chaleur totale du jour dont on prend la moyenne.

Ainsi, on a constaté que le blé qui est l'une des graines qui germent le plus facilement, ne peut le faire cependant que quand la température de la terre est au moins à 5 ou 6 degrés au-dessus de 0 ; et selon M. de Gasparin, à qui j'emprunte presque tous les chiffres que je vais reproduire, « quand on a » une série de jours où la moyenne thermométrique indique » une température supérieure à ce minimum, le blé commence

» à germer. Son germe perce l'épiderme quand il a reçu une » succession de températures diverses égales à + 84°. » Il suit de là que par une chaleur moyenne de + 8°, la germination de ce grain s'accomplira en dix jours et demi et qu'elle aura lieu en moitié moins de temps par une température de + 16°.

Mais, si le blé peut germer et produire une végétation foliacée, même développer son épi à l'aide d'une faible chaleur, il ne peut fleurir que quand la température s'est élevée à + 16°3, et quand la plante a reçu depuis la reprise de sa végétation au printemps, ou depuis la formation de la couronne supérieure de ses racines, la somme de 813° de chaleur moyenne ou de 1413° de chaleur solaire. La première se calcule en récapitulant les températures moyennes — diurnes et nocturnes — de chaque jour, et la seconde, la chaleur moyenne pendant que le soleil éclaire notre hémisphère. Ainsi, si la première donne une moyenne régulière de + 10°, pendant 30 jours nous aurons un total de 300°, et si la moyenne quotidienne de la seconde est de + 15° pendant le même temps, le total sera de 450°.

Enfin, la maturité du blé n'arrive que quand la plante a reçu dans les climats tempérés de l'Europe, de 1600 à 1900° de chaleur moyenne (diurne et nocturne), depuis le renouvellement de sa végétation au printemps, ou bien quand la terre a reçu 2450° de chaleur solaire.

Il n'y a pas, en France, un seul département où cette somme de chaleur ne puisse se produire pendant la période de végétation du blé d'automne, et où cette plante ne puisse mûrir. Il faut en excepter cependant quelques points dont l'altitude est telle, que ce résultat n'est pas possible.

Mais il va de soi, que si la chaleur en se prolongeant sans intermittence de pluies réparatrices, produisait dans le sol une évaporation de l'humidité, telle que les substances fertilisantes ne pussent plus s'y dissoudre, ainsi que cela arrive pendant les sécheresses persistantes, la végétation serait suspendue et qu'elle en éprouverait un trouble plus ou moins préjudiciable.

En thèse générale, les terres qui retiennent plus de 0m,20 d'eau à 0m,33 de profondeur, ou qui, quinze jours avant la moisson cessent d'en retenir 0m,10, sont impropres à la culture du froment (Gasparin). A cela près, cette plante peut réussir dans tous les sols convenablement fertilisés, lorsque la température n'y fait pas obstacle. Ces principes simplifient considérablement la classification des terres à blé, puisqu'ils réduisent le succès de cette culture, comme de toutes les cultures, en général, à une simple question de chaleur, d'humidité et d'engrais. C'est ce que prouvent, du reste, les expériences faites dans des sols factices composés de sable calciné, de brique ou de pierre-ponce pulvérisée; c'est ce que prouvent encore les résultats obtenus de terres les plus diverses dans toutes les régions de la France, et c'est ce qui justifie le proverbe si connu : tant vaut l'homme, tant vaut la terre. Or, comme tout ce qu'il importe de savoir touchant le rôle de la chaleur, de l'humidité et des engrais, même celui de la terre, dans la végétation, a été traité spécialement dans diverses parties de ce livre avec assez de précision et de détails pour que le cultivateur puisse se diriger sûrement dans les cultures spéciales, je ne crois pas devoir y revenir ici.

Mais, s'il est possible de faire venir du froment dans tous les sols lorsqu'ils se trouvent dans les trois conditions dont il vient d'être parlé, il n'en est pas moins vrai que les uns peuvent être plus favorables que les autres à cette culture, à raison de leur constitution géologique, alors même que leurs qualités physiques seraient égales. Il serait oiseux, toutefois, d'accorder à cette considération une importance qu'elle ne comporte pas. Le cultivateur ne crée pas sa terre de toutes pièces. Il ne peut que l'améliorer dans de certaines limites économiques, et force lui est de l'exploiter dans l'état où il la trouve. Elle ne sera impropre entre ses mains à telle ou telle culture, le plus souvent, que parce qu'il la fertilisera sans discernement et à l'aventure. Il est bien certain que s'il traite un sable pur comme il traiterait un loam ou une terre d'alluvion, il n'en obtiendra pas les mêmes résultats. Et remarquez que c'est précisément là ce qui a lieu partout où la fertilisation ne s'opère qu'au moyen du fumier d'étable. Appliquer un engrais de composition à peu près identique à des terres de qualités excessivement divergentes, c'est s'exposer inévitablement à des résultats divergents. Lorsqu'une plante ne réussit pas à souhait sur un sol quelconque, ce n'est pas toujours parce que la nature de la terre n'y est pas propre, mais bien plutôt parce que sa fertilisation est anormale. C'est là un point sur lequel on ne saurait trop insister.

Le froment étant la plus précieuse de toutes nos céréales, tant à raison de sa valeur nutritive et du rôle qu'elle joue dans l'alimentation publique, qu'à raison de sa valeur commerciale, est par cela même, celle qui mérite la plus grande attention de la part du cultivateur. Mais à en croire les plaintes qui se produisent de toutes parts, sa culture serait loin d'être rémunératrice. Plusieurs fois déjà j'ai eu l'occasion d'en démontrer la cause, et c'est là une question trop importante pour n'y pas revenir. Tant que la culture du froment ne sera pas mieux équilibrée avec celle des produits réparateurs, elle sera difficilement profitable. A petit fumier, petit grenier. Ce proverbe résume toute l'agriculture. Il faut donc absolument restreindre la production du blé et augmenter celle des matériaux à engrais. Un hectare bien fumé produira autant et beaucoup plus économiquement que deux hectares qui ne recevraient ensemble que la même dose d'engrais. C'est là, uniquement là, qu'est la solution du problème, le salut de l'agriculture française, et non dans une protection douanière qui ne saurait être efficace, admettant qu'elle pût l'être, qu'en sacrifiant d'autres intérêts qui ont aussi des droits à la sollicitude gouvernementale.

Voici un tableau que j'ai publié dans le compte-rendu de ma campagne de 1857, et qui peut jeter un grand jour sur la question. Si aujourd'hui, eu égard aux circonstances, la valeur de quelques-uns des facteurs s'est modifiée, le rapport reste absolument le même, et ce qui était vrai en 1857 l'est encore aujourd'hui et le sera éternellement, tant que les conditions ne varieront pas.

Comparaison du prix coûtant de 20 hectolitres de froment, produits par

UN HECTARE.		DEUX HECTARES.	
2 hectol. de semence.	40f	4 hectol. de semence.	80f
Travail	60	Travail	120
Loyer	50	Loyer	100
Engrais (10 000 k. fumier) . . .	80	Engrais	80
Frais généraux.	20	Frais généraux.	20
	250		400
Coût de l'hectolitre. . . .	12f,50	Coût de l'hectolitre. . . .	20f.

Ainsi, pour que le cultivateur ne fût pas en perte dans l'hypothèse de la culture extensive, il faudrait qu'il pût vendre son blé 20 fr. l'hectolitre. Dans ce cas, il aurait pour toute rémunération sa part personnelle dans la valeur attribuée au travail. S'il s'agit d'une petite culture, cette valeur se partagera plus ou moins également entre lui et ses animaux. S'il s'agit, au contraire, d'une ferme importante dans laquelle le travail est à peu près entièrement salarié, il ne gagnera rien ou très peu de chose, et il sera en perte si son blé n'atteint pas à la vente le prix de 20 francs.

Il est juste de reconnaître cependant que cette comparaison comporte la petite rectification que voici. S'il est vrai qu'une même dose d'engrais, lorsqu'elle ne dépasse pas les besoins de la végétation, produit exactement le même effet sur un hectare que sur deux, il est non moins vrai que les semences portent en elles-mêmes toutes les substances nécessaires à leur reproduction, et que vraisemblalement là où l'on aura semé 2 hectolitres de plus on obtiendra 2 hectolitres de plus à la récolte, à moins que la paille n'absorbe pour elle-même une partie de la matière des semences, ce qui est tout aussi vraisemblable. Mais alors même que la culture extensive produirait 22 h. coûtant 400 fr. ou 18 fr. 18 cent. l'hectol., tandis que la culture intensive n'en produirait que 20 coûtant 250 francs ou 12 fr. 50 l'un, celle-ci n'aurait pas moins un avantage considérable sur celle-là, et cet avantage s'accroîtrait encore du bénéfice que produirait l'hectare retranché au froment; car il n'est pas de culture fourragère bien entendue qui ne puisse couvrir ses frais et laisser un excédent.

On peut objecter encore que toute terre cultivée possédant une fertilité initiale, la plus grande étendue doit donner un surcroît de rendement à raison de cette fertilité. Cela est également vrai; mais ce n'est pas là un avantage puisqu'il ne peut s'obtenir qu'aux dépens de la richesse foncière et qu'à la charge d'une restitution plus grande, à peine d'aboutir à la stérilité. Or, du moment qu'il s'agit d'augmenter la fumure pour obtenir un produit déterminé, mieux vaut le faire sur une petite étendue pour économiser du loyer, du travail, de la semence et des frais généraux.

Ce point raisonnablement réglé, il s'agira encore de déterminer judicieusement la place que le froment devra occuper dans la rotation de culture. Il réussira toujours d'autant mieux qu'il trouvera un sol plus propre. Il doit donc être précédé soit par une jachère nue, soit par une récolte sarclée ou étouffante ; mais à la condition que celle-ci laisse le sol libre assez tôt, pour que le blé puisse être semé à temps opportun. A ce point de vue, les betteraves, les pommes de terre, etc., ne sont pas toujours de bons précédents pour lui. Il en est autrement du colza, du trèfle, du sarrasin récolté en septembre, du chanvre, etc.

La quantité de blé employée pour semence, en France, est en moyenne de 2 h. 11 par hectare. Elle pourrait être réduite partout à 1 hect. au moyen de bons semoirs, dans toute semaille faite à une époque convenable et en terres de bonne fertilité.

Le froment comprend un grand nombre de variétés formant plusieurs groupes principaux qui sont : les blés durs et les blés tendres ; les blés à barbe et sans barbe ; les blés d'automne et de printemps. Je répète ici que la variété à préférer est celle dont le succès est le plus certain dans la localité, ce qui ne doit point empêcher d'en essayer d'autres en agissant avec prudence et circonspection.

La végétation du blé de printemps s'opère à peu près dans les mêmes conditions que celles du blé d'automne, ce qui indique qu'il doit être semé dès que la température de la terre s'élève à + 5 ou 6°. C'est ce qui a lieu dans une grande partie de la France dès la fin de février ou le commencement de mars. Les semailles différées jusqu'en avril ne donneraient donc vraisemblablement que de pauvres résultats, au moins là où l'humidité du sol viendrait à manquer et où la plante ne recevrait pas dans la période de sa végétation la chaleur totale qui lui est nécessaire. C'est ce qui arriverait probablement dans le climat de Paris où il ne se produit guère dans les années ordinaires, que 2450 degrés de chaleur du 20 mars au 31 juillet, époque de la moisson. Donc, si au 20 mars le blé de printemps n'est pas levé dans tout climat analogue, il est probable qu'il ne mûrira pas, si ce n'est en petite quantité, à moins qu'il ne survienne une saison exceptionnellement humide et chaude.

Au moyen d'observations thermométriques exactes, on pourra d'après ce principe calculer facilement l'époque la plus convenable pour toutes les semailles, dans tous les climats de la France. A défaut d'observations recueillies sur place, on consultera très-utilement les tableaux publiés par le Journal d'Agriculture pratique, indiquant les températures moyennes d'un grand nombre de points dans les diverses régions de l'empire.

Le blé de printemps doit être employé de préférence à celui d'hiver, pour succéder aux récoltes qui se font tard en automne, lorsque d'ailleurs sa culture n'est pas contre-indiquée par des conditions physiques anormales.

Le seigle plus rustique que le froment, se contente de sols d'une moindre qualité et se desséchant plus vite. Mais il est soumis à peu près aux mêmes lois. Seulement, il faut qu'il talle et forme avant l'hiver sa racine coronale (Gasparin), sinon il périt s'il survient de fortes gelées. Or, cette phase de sa végétation n'est terminée qu'après qu'il a reçu 600° de chaleur dont la moyenne de chaque jour excède + 6°. C'est ce qui, dans plusieurs régions de la France, ne peut avoir lieu qu'autant que la semaille soit faite avant la fin de septembre. Le seigle fleurit par une température de 14°2. En somme, il exige un peu moins de chaleur totale que le froment, et par cette raison, il mûrit quelques jours plus tôt. Mais sa culture ne doit être recommandée que là où le blé ne trouve ni assez d'humidité, ni assez de chaleur pour pouvoir donner des résultats satisfaisants. Dans bien des cas, l'humidité ne manque que parce que les labours ne sont pas assez profonds.

Le seigle se sème toujours à la volée à raison de 2 hectolit. par hectare. Cette quantité est à peu de chose près uniforme dans toute la France.

La différence qui existe entre l'époque de la maturité du seigle et celle du froment, est le plus fort argument opposé par ses adversaires à la culture du méteil. Mais cet argument n'est pas sérieux, car le seigle peut être laissé sur pied, sans inconvénient, pendant quelques jours après sa maturité, et le blé peut être coupé un peu prématurément, ce qui donne pour les deux céréales une époque commune convenable. La meilleure raison à faire valoir contre le méteil est celle-ci : Si le sol est propre à la culture du froment, on ne peut rien gagner à associer du seigle à ce dernier, puisque la même quantité de substances fertilisantes convertie en seigle est loin d'avoir la même valeur qu'en froment. Si le sol n'est pas favorable à celui-ci, c'est mal calculer que de l'associer au seigle, car il rendra sensiblement moins. Mieux vaut donc tout un ou tout autre. Si le cultivateur tient absolument à manger du pain de méteil, ce qu'il a de mieux à faire, c'est de cultiver séparément les deux graines selon les aptitudes de ses terres et de mélanger les produits.

L'orge, soit d'hiver soit de printemps, germe plus vite que le froment et le seigle. Elle fleurit à la même température que le blé ; mais elle n'exige pour mûrir que 1632° de chaleur solaire. Elle peut donc être semée plus tard que les froments auxquels elle correspond, et dans des régions plus froides. Elle exige un sol meuble et fertile et se contente de peu d'humilité, tout excès de ce genre lui étant funeste. Lorsque l'orge est placée dans les conditions qui lui sont le plus favorables, son rendement en volume est considérable, mais elle est très épuisante. Sa culture est particulièrement avantageuse dans les contrées où il se fabrique beaucoup de bière. La quantité de semence employée par hectare est la même que pour le froment.

L'avoine ne mûrit que sous l'influence de 1500 à 2000 degrés de chaleur moyenne, ou 2400 à 2600 degrés de chaleur solaire totale. Les semailles faites après la première quinzaine de mars sont donc, pour une grande partie de la France, tardives et presque toujours mauvaises. Au contraire, avoine de février remplit le grenier. Ce proverbe, basé comme beaucoup d'autres, sur de simples observations, se trouve confirmé par les investigations de la science.

La quantité de semence employée en France est en moyenne de 2 h. 50. Elle dépasse 3 h. dans plusieurs contrées ; mais 2 h. suffisent amplement lorsque la semaille est faite dans de bonnes conditions et que la semence est bien choisie. Quant à ce dernier point il y a bien à prendre garde, attendu que quand on récolte l'avoine il y en a ordinairement une partie qui est mûre et une autre qui ne l'est pas, qui est peu propre à la reproduction et que les meilleurs trieurs ne peuvent séparer lorsque les grains sont à peu près de même grosseur. Le meilleur moyen de purifier cette semence, consiste à la jeter par petites quantités à la fois dans un cuvier contenant de l'eau, et à écarter tout ce qui surnage. La partie la plus légère pourra encore servir pour la nourriture du bétail, et en ne semant que l'avoine qui se sera précitée, il en faudra moins et la germination sera bien mieux assurée.

L'avoine est très peu difficile sur la nature du sol. Elle s'accommode mieux que toute autre céréale d'une culture négligée. Elle supporte mieux la sécheresse et craint moins les mauvaises herbes qu'elle domine facilement par la vigueur de sa végétation, au moins en terre fertile. C'est la plante la plus propre à utiliser en première récolte une prairie défrichée. Elle peut, à la rigueur, succéder au froment ou au seigle ; mais elle ne donne jamais d'aussi bons résultats en pareil cas, que quand elle succède à un trèfle ou à une récolte sarclée. L'avoine étant très épuisante et salissante, doit toujours être suivie d'une jachère morte ou vive avec fumure.

Le riz ne se cultive guère en France. Il n'a été essayé un peu en grand, à ma connaissance, que dans les marais de la Camargue. C'est une culture fort insalubre et qu'on doit abandonner sans regret aux contrées qui s'y livrent. Elle ne peut, du reste, prospérer que dans les régions chaudes et disposant d'une grande quantité d'eau. Le riz du Piémont a besoin pour mûrir de 3600 à 3700° de chaleur solaire.

Le millet est pour plusieurs de nos provinces une plante plus intéressante qui, tout en procurant à l'homme un aliment substantiel et sain, en fournit également par sa paille, un excellent et très abondant aux animaux. La semaille du millet se fait toujours à la volée à raison de 30 à 40 litres par hectare. Elle ne doit avoir lieu que quand les gelées blanches ne sont plus à craindre ; mais assez tôt cependant pour que la plante puisse parvenir à sa maturité avant que la température moyenne descende à + 13°. Le millet supporte parfaitement la chaleur et la sécheresse et s'accommode beaucoup mieux que d'autres de terrains légers et sablonneux, pourvu qu'ils soient convenablement fertilisés. Nous avons dit déjà qu'il exige des sarclages minutieux. C'est là l'une des principales conditions de son succès. La récolte doit être faite, rentrée et battue aussitôt que la graine est mûre. On fait ensuite sécher la paille qui sert ultérieurement de fourrage pour les bœufs. Elle est presque trois fois aussi nutritive que la paille d'avoine et de froment.

Le millet à grappes ou millet d'Italie, exige 1900° de température moyenne ou 2650° de chaleur solaire pour parvenir à sa maturité. Il ne faut au millet paniculé que 1360° de chaleur moyenne ou 1850° au soleil.

Le maïs est plus ou moins hâtif selon sa variété. Il ne mûrit généralement qu'en Automne, et seulement dans les climats favorables à la culture de la vigne.

Le maïs d'été demande 3350° de chaleur moyenne totale, dont la moyenne quotidienne ne soit pas inférieure à 12°5. Le maïs d'automne 3800°. Le maïs quarantain 3300°. Le maïs nain 3600°. Le maïs de Pensylvanie 4400°. Le maïs blanc 3800°.

Dès que la température moyenne atteint + 12°5 à l'ombre, le maïs peut être semé. On le cultive en lignes espacées de 0m,60 à 0m,90 avec 0m,50 à 0m,60 de distance dans les rangs, selon que la terre est plus ou moins fertile. Il peut succéder à toute espèce de plante. On le sème soit sous raie, soit en poquets, à une faible profondeur, en plaçant 2 à 3 grains ensemble aux distances déterminées. Quoiqu'il puisse prospérer dans toutes les terres saines, il préfère celles qui sont argilo-calcaires de consistance moyenne, lorsque la fertilisation n'est pas réglée strictement selon ses exigences spéciales. Mais on le cultivera avec un égal succès partout où il rencontrera de bonnes conditions physiques lorsqu'on lui appliquera un engrais normal particulièrement riche en principe calcaire, ou bien, lorsqu'on le placera dans des terres préalablement marnées ou chaulées. Lorsqu'il se trouve dans les conditions qui lui conviennent le mieux, c'est la céréale qui donne le plus gros produit brut. On en a vu des récoltes rendant 70 hect. de grain, soit 4800 à 5000 kil. avec 13 à 14 000 kil. de tiges, feuilles et rafles. De telles récoltes enlevant au moins 100 kil. d'azote au sol et l'aliquote d'absorption du maïs étant de 0,37, il ne faudrait pas moins de 270 kil. d'azote disponible dans la fertilité totale pour les obtenir, soit 35 000 kil. de fumier normal dans une terre qui contiendrait déjà 50 kil. d'azote assimilable, ou qui serait capable de produire 7 h. 50 lit. de blé sans engrais. On comprend que dans de telles conditions le maïs soit par lui-même une plante rémunératrice et un bon précédent pour les autres céréales. Mais pour arriver à de tels résultats, il faut une bien grande proportion de prairies naturelles ou artificielles. On se fixera sur ce point en se reportant à l'étude des assolements.

Dès que les lignes sont bien marquées par la levée des plants, on donne un premier binage que l'on répète deux ou trois fois aussitôt que les mauvaises herbes reparaissent, et l'on butte lorsque les tiges ont atteint $0^m,30$ à $0^m,35$ de hauteur. On arrache les plants surabondants et les rejetons produits par les racines ayant soin de ne laisser que le plus beau brin à chaque place. S'il existe des vides dans les lignes, on les garnit en y semant du maïs quarantain plus précoce et qui réussit mieux qu'un repiquage. Les plants et les rejetons qui ont été arrachés fournissent un excellent fourrage vert.

En Allemagne, lorsque l'épi femelle est fécondé, on procède à l'écimage des épis mâles. On reconnaît que le moment est venu lorsque le pistil commence à noircir. Cette opération procure aussi une assez grande quantité de fourrage vert; mais jugée inutile dans le midi de la France, elle y est peu pratiquée.

Les spathes ou feuilles qui recouvrent l'épi, peuvent servir à l'alimentation du bétail; on les emploie de préférence pour garnir des paillasses. Les tiges, en beaucoup d'endroits, sont utilisées comme combustible. Mieux vaudrait, dans les cantons où le bois n'est pas à un prix excessif, employer ces tiges comme litière après les avoir écrasées.

Le plus grand embarras de la culture du maïs, là où elle a pris une certaine importance, c'est l'espace qu'exige la récolte pour faire sécher les épis à couvert.

La culture du sorgho à balais a beaucoup d'analogie avec celle du maïs. Elle n'est guère usitée en France que dans les alluvions du Rhône, dont la fertilité est en partie entretenue par des inondations naturelles. Cette plante exige environ 4000° de chaleur moyenne totale pour mûrir. Elle est d'un bon produit, mais d'une consommation limitée. C'est tout ce qu'il y a à en dire. Je parlerai ailleurs du sorgho cultivé comme fourrage.

La culture du sarrasin s'accomplissant dans un temps très court, ce grain peut se semer du premier mai au premier juillet, dès que les gelées ne sont plus à craindre. Il suffit qu'il reçoive 1600° de chaleur solaire moyenne avant les gelées blanches d'automne pour parvenir à maturité. Les terres et le climat de la Bretagne lui sont particulièrement favorables. Néanmoins, sa culture y est très casuelle et couvre rarement ses frais, surtout lorsque cette denrée est cultivée pour la vente. Elle est plus avantageuse pour le cultivateur qui en fait la base principale de sa nourriture et qui la limite à ses propres besoins, parce que le sarrasin remplace, dans ce cas, des aliments qui sont d'un plus grand prix et qui ne sont pas meilleurs, physiologiquement parlant. Néanmoins, la Bretagne gagnerait énormément à réduire cette culture d'au moins moitié en lui substituant dans la même proportion des fourrages légumineux, après y avoir disposé le sol par des chaulages et des fumures rationnelles.

On dit que le sarrasin est une plante providentielle pour les pays pauvres. Quant à moi qui ai scruté les choses de près, en les expérimentant, j'ai la conviction mathématique que les contrées où cette céréale est en grande vénération, seraient bientôt beaucoup moins pauvres si elles la vénéraient moins et adoptaient un meilleur système de culture. En m'exprimant ainsi je ne crois pas m'écarter des vrais principes de la culture rationnelle.

II. — Les Plantes légumineuses.

Certaines plantes de cette famille ont une grande importance en agriculture, non-seulement au point de vue de la matière alimentaire qu'elles produisent, mais encore à celui du rôle qu'elles jouent dans les assolements. Leur plus grand mérite, sous ce dernier rapport, c'est de faire de très-bons précédents pour les céréales auxquelles elles laissent un sol tout à la fois propre et peu épuisé, l'azote qu'elles absorbent étant en plus grande partie fourni par l'atmosphère lorsqu'il ne l'est pas en totalité.

La consommation des légumes farineux est beaucoup moins grande aujourd'hui qu'elle ne l'était avant l'introduction de la pomme de terre et la multiplication du bétail de boucherie. Mais leur remplacement par la pomme de terre n'est pas des plus heureux au point de vue des principes protéiques, puisque ce tubercule à l'état complétement sec contient à peine le tiers de l'azote des haricots et des pois. Aussi, là où la pomme de terre, que l'on appelle le pain du pauvre, fait la base de la nourriture comme en Irlande, est-il nécessaire de l'accompagner d'aliments de nature animale et particulièrement de laitage pour fournir à l'organisme, dans des proportions convenables, toutes les substances qui lui sont nécessaires. Les légumineuses n'imposent pas cette condition, au moins au même degré.

Les plantes légumineuses dont nous nous occuperons ici, sont seulement : 1° les Fèves; 2° les haricots; 3° les pois; 4° les lentilles.

I. — Les Fèves.

On cultive en France, en plein champ, deux espèces principales de fèves ; savoir : la grosse fève ordinaire, dite de marais, et la fèverolle. La première appartient autant à la culture des jardins qu'à celle des champs, et elle contribue à la fois à l'alimentation de l'homme et à celle des animaux. Elle entre dans les approvisionnements de la marine ; sa farine mêlée en petite proportion à celle de blés pauvres en gluten, peut rendre celle-ci plus nutritive, mais moins agréable au goût. La fève de marais mangée encore verte constitue un bon légume frais.

La fèverolle, plus petite, plus âcre, n'est employée que pour la nourriture des animaux.

Du reste, toutes les deux se cultivent et végètent de la même manière.

Tous les Traités d'agriculture prétendent que la fève préfère les terres fortes, un peu humides. La vérité est qu'elle y réussit mieux que dans beaucoup d'autres. Mais, est-ce seulement parce que ces terres sont plus consistantes ? Je ne le pense pas, car j'obtiens encore aujourd'hui dans mon jardin, en sol très léger, de fort bonnes récoltes de fèves. Si donc cette plante réussit mieux dans les terres argileuses, c'est très vraisemblablement parce qu'étant fort avide de potasse, elle est mieux servie sous ce rapport par ces sortes de terres qui sont ordinairement plus riches en alcalis que les autres. En présence d'une fertilisation rationnelle, la consistance du sol ne sera donc plus qu'une considération accessoire. En tous cas, toutes les fois qu'on pourra ajouter des cendres de bois à la fumure, surtout dans les terres peu argileuses, la récolte des fèves et de toutes les légumineuses, sans exception, s'en trouvera fort bien.

La fève, comme le blé, commence à végéter par une température de $+ 6°$, et sous le climat de Paris elle mûrit après avoir reçu 2500° de chaleur solaire, ce qui a lieu ordinairement au mois d'août, en saison normale. Il s'ensuit qu'elle doit être semée dès le mois de février, aussitôt que la température est parvenue au degré nécessaire. Elle est plus hâtive dans le midi, où elle peut d'ailleurs être semée en automne. La semence étant susceptible d'être attaquée par les mulots et les campagnols, il est bon de la faire tremper préalablement, soit dans du purin étendu d'eau, soit tout simplement dans de l'eau pure pour hâter sa germination.

La fève peut se succéder sur le même sol pendant plusieurs années consécutives, sans qu'il en résulte de diminution dans le produit, lorsque d'ailleurs la terre a été convenablement fertilisée. Ici encore la règle de l'alternat des racines pivotantes avec les racines traçantes est en défaut. Il y a même quelques auteurs qui prétendent, mais sans en fournir de preuve, que cette succession améliore le sol. Quant à moi, je n'y crois pas et ne puis, sur ce point, que m'en tenir à ce que j'ai dit, page 327.

La fève doit nécessairement trouver une terre fortement fumée pour pouvoir tout d'abord végéter vigoureusement; car ce n'est que quand ses feuilles sont formées qu'elle commence à puiser dans l'atmosphère. Elle supporte, d'ailleurs, très bien de fortes doses d'engrais qui ont cependant pour effet de favoriser une végétation foliacée un peu trop luxuriante au préjudice de la fructification. Comme elle épuise beaucoup moins la fumure en azote qu'en minéraux, elle est par cela même la plante jachère par excellence.

Le sol destiné à la fève comme à toutes les cultures sarclées, doit être labouré profondément au moins trois fois, dont une avant l'hiver. Dans les terres très fortes quelques coups supplémentaires de scarificateurs seront fort utiles.

Dans quelques contrées on sème encore la fève à la volée; mais cette méthode n'est pas à imiter, à moins que la plante ne soit destinée à être fauchée en vert comme fourrage. Cultivée pour sa graine, elle doit être semée en lignes à distances variables entr'elles, selon que les binages doivent avoir lieu à la houe à main ou à la houe à cheval. Dans le premier cas, elles peuvent n'être espacées que de $0^{m},35$, et dans le second, de $0^{m},60$. Les plants peuvent être beaucoup plus rapprochés dans les lignes, sans l'être trop cependant; car la fève, plus que beaucoup d'autres végétaux, a besoin d'espace, d'air et de lumière, pour le développement des gousses qui se forment à la partie inférieure de ses tiges, assez près du sol. Il est difficile de déterminer la quantité de semence nécessaire. Elle dépend de l'espacement du semis qui peut se faire en laissant tomber les graines une à une derrière la charrue, en emblavant de deux raies l'une, la largeur de la bande étant réglée en conséquence. C'est le procédé le plus expéditif quand on ne possède pas un semoir convenable. Dans ce cas, le labour de semaille ne doit pas être aussi profond que les précédents.

Lorsque les fèves sont levées et bien enracinées, un hersage énergique leur est fort utile. Il doit être suivi d'autant de binages que la propreté du sol en exige. On n'en donne jamais moins de deux et rarement plus de quatre. Il est bon aussi, lorsque les premières gousses sont formées, d'écimer les tiges. Cette opération, en faisant refluer la sève vers les gousses, profite à la fructification en même temps qu'elle fait disparaître les pucerons qui sont le fléau de la fève, et qui attaquent particulièrement ses sommités qui en sont les parties les plus tendres.

Toutes les gousses ne mûrissant pas en même temps, la récolte peut avoir lieu lorsque la plus grande partie est parvenue à maturité. Les autres achèvent de mûrir en javelle. Quelques jours après on dresse les tiges par bottes qu'on écarte du pied et qu'on lie par la tête pour compléter leur dessiccation, ainsi qu'on le pratique pour le sarrasin. Le battage se fait ensuite au fléau.

La paille de fèves améliore beaucoup les fumiers. C'est ce

qu'indique sa composition. Voyez à cet égard le tableau de la page 351 — 352.

II. — Les Haricots.

Quoique ce légume ait une grande valeur pour la nourriture de l'homme, il est peu cultivé en plein champ. Cela vient, sans doute, de ce que ses meilleures variétés exigeant des rames qui ne se prêtent pas facilement à la culture en grand, celle-ci ne peut porter que sur les variétés naines, beaucoup moins productives et disons-le aussi, d'une réussite un peu casuelle. En effet, le haricot craignant le froid et l'humidité est plus sujet à la pourriture que beaucoup d'autres graines. C'est une des plantes qui supportent le moins les pluies persistantes. Du reste, elle est de bonne composition quant au climat. N'exigeant que 1400° de chaleur moyenne pour mûrir, elle peut être cultivée à peu près partout en France. Elle ne doit être semée que dans le commencement de mai, dans la plus grande partie de nos régions. Terres fraîches, légères ou très meubles, convenablement fertilisées et profondément labourées, — ce qui est le moyen d'empêcher leur trop prompte dessiccation -- telles sont les conditions fondamentales du succès de cette culture qui exige, au surplus, à peu près les mêmes sarclages et les mêmes binages que la fève. Mais le haricot ne demandant pas autant d'espace, doit être rapproché davantage pour pouvoir arriver à son maximum de produit. Il en résulte qu'il ne peut être biné qu'à la main, ce qui donne lieu à un surcroît de frais bien compensé, toutefois, par un excédant de récolte.

Les semis se font en lignes, soit en poquets de chacun 4 à 5 grains, soit à la charrue, comme les fèves, en semant les grains un à un. Dans ce dernier cas, le labour de semaille doit être très-peu profond, car le haricot pourrit facilement lorsqu'il est trop enterré. Il ne doit pas être recouvert de plus de 5 centim. de terre.

En certaines contrées, on prétend que le haricot ne peut revenir à la même place que tous les sept à huit ans. Dans d'autres, on le cultive souvent pendant plusieurs années de suite dans la même terre, avec succès. Il est évident que cette anomalie apparente n'est autre chose qu'une question de fertilisation, ainsi que je l'ai démontré à propos du trèfle.

Le haricot est-il plus épuisant que les autres légumineuses? C'est ce que prétend M. de Gasparin. Mais il faut dire que la seule preuve qu'en donne cet éminent agronome n'est rien moins que concluante. Cette preuve se déduit d'une expérience faite par Burger qui, ayant semé pendant trois ans des haricots sur le même terrain auquel il avait été donné une fumure de 20,000 kil. dosant 80 kil. d'azote, et dont la fertilité initiale calculée d'après les récoltes précédentes, devait équivaloir à 93 k. de la même substance = total 173 k., obtint

la 1re année	16 hect.	dosant avec la paille	60 k.	52	d'azote
la 2e id.	20	id.	id.	75	80	id.
la 3e id.	7	id.	id.	26	87	id.
				163 k.	19	d'azote

C'est sur le chiffre de cette troisième récolte que M. de Gasparin se fonde pour conclure à l'épuisement de l'azote. Mais, je le répète, cette conclusion n'est pas péremptoire, parce que les rendements, surtout lorsqu'il s'agit d'une plante dont la réussite est très incertaine, peuvent varier par des causes totalement indépendantes de la présence de l'azote dans le sol. Si le produit devait toujours être proportionnel au stock de cette substance, on ne s'expliquerait pas que la première récolte eût pu être plus faible, ayant à sa disposition 173 kil. d'azote, que la seconde qui, d'après M. de Gasparin lui-même, n'en aurait eu que 112 k. 48. Cette circonstance ayant frappé l'auteur, celui-ci l'attribue à ce que le haricot préférant l'engrais consommé, s'est trouvé, sous ce rapport, dans de meilleures conditions la 2e année que la 1re; mais il perd de vue que la première récolte se trouvait en présence d'une fertilité initiale suffisant à elle seule pour produire plus de 20 hect.

Il est donc plus raisonnable d'attribuer ces différences à des influences météoriques d'abord, et de supposer que les deux premières récoltes ont en outre épuisé le sol, soit de la potasse, soit du phosphate de chaux qui étaient nécessaires pour obtenir un troisième produit que l'azote seul n'a pu créer. Si l'on eût poursuivi l'expérience en semant du blé ou une autre céréale, la quatrième année, en ne restituant au sol que les minéraux enlevés par les trois récoltes précédentes, on eût vu alors avec certitude si, ou non, le haricot diffère réellement des autres légumineuses relativement à son absorption d'azote. Quant à moi, je ne crois pas à l'affirmative. A la vérité, je ne me fonde sur aucune preuve, si ce n'est que j'ai toujours vu les récoltes succédant aux haricots, donner d'aussi bons résultats qu'après toute autre légumineuse, ce qui indique, ce me semble, que leur mode de végétation est identique.

Le haricot est souvent cultivé simultanément avec le maïs dans les lignes duquel il est intercallé. On peut, dans ce cas, employer les variétés grimpantes. Les tiges de la céréale leur servent de rames. On obtient ainsi des récoltes de 6 à 8 hect. de haricots, à très-peu de frais et sans préjudice notable pour le maïs, au moins dans les terres en bon état de fertilité, qui sont d'ailleurs les seules où cette pratique puisse être avantageuse.

Dans certaines contrées, on cultive aussi le haricot nain dans les vignes non échalassées ou à basses tiges.

III. — Les Pois.

La culture des champs n'admet que le pois nain qui comcomprend diverses variétés pour la nourriture de l'homme et une variété spéciale pour celle des animaux. Nous parlerons de cette dernière connue sous le nom de *pois gris, pois de brebis,* ou *bisaille*, en traitant des fourrages.

Mangé vert ou sec, le pois constitue un fort bon aliment; mais sa culture en grand n'a guère lieu que dans les environs de Paris et dans le département du Nord. On doit le semer dès le mois de février dans les climats analogues à celui de Paris. Il exige pour mûrir la même température que la fève. Il se contente de terres légères et sèches peu fumées. Une forte fumûre lui est plus nuisible qu'utile, en ce qu'elle pousse plus aux fanes qu'au grain. Ce n'est donc pas une plante jachère. La place qui lui convient le mieux est, au contraire, à la fin d'une rotation.

Lorsque les pois sont semés en lignes un peu espacées, ils doivent être binés plusieurs fois. Semés à la volée et un peu épais, un seul binage leur suffit. Ils agissent ensuite comme plantes étouffantes. A moins que la fumure ne soit exactement calculée selon les exigences de la plante, les pois sont du nombre des végétaux qui n'aiment pas à revenir souvent à la même place.

On intercalle quelquefois des pois dans des lignes de pommes de terre auxquelles ils ne peuvent pas nuire ; mais il est douteux qu'ils les préservent de la maladie comme quelques cultivateurs le pensent.

Tout ce qui vient d'être dit sur la culture des pois nains, sans distinction de variétés, s'applique à celle du pois chiche qui n'a rien de particulier, si ce n'est que cette culture est plus en usage dans le midi de la France que dans les autres régions.

IV. — Les Lentilles.

Beaucoup de personnes préfèrent les lentilles aux pois secs, comme légumes. Mais leur valeur nutritive est à très-peu de chose près égale, et tout ce qui concerne la culture des uns peut s'appliquer à celle des autres, si ce n'est que les lentilles doivent être récoltées un peu sur le vert pour éviter des déchets.

Lorsque les lentilles, comme les pois et les haricots, sont cultivées sur des terres plâtrées, elles sont beaucoup plus difficiles à cuire. Le fumier dans lequel on cherche à fixer l'ammoniaque par une addition de sulfate de chaux qui n'est jamais entièrement décomposé, en pareil cas, est donc peu favorable sinon à leur culture, du moins à leur qualité.

La paille des lentilles et celle des pois lorsqu'elles ne sont pas avariées, forment un très bon aliment pour le bétail. Lorsqu'on ne peut pas leur donner cette destination, c'est la meilleure litière que l'on puisse employer.

DEUXIÈME CLASSE.

PLANTES SERVANT PRINCIPALEMENT A L'ALIMENTATION DU BÉTAIL.

Cette classe se divise en trois sections, savoir : 1° les plantes sarclées ; 2° les prairies naturelles ; 3° les fourrages artificiels.

1re Section. — LES PLANTES SARCLÉES.

Cette section comprend : 1° la pomme de terre ; 2° le topinambour ; 3° la betterave ; 4° la carotte ; 5° le panais ; 6° le navet ; 7° le rutabaga ; 8° les choux.

A l'exception des topinambours, toutes ces plantes doivent entrer dans l'assolement dont elles occupent ordinairement la tête, en tenant lieu d'une jachère.

I. — La Pomme de Terre.

Cette plante appartient à la famille des Solanées. Quoique classée, par la raison que j'ai dite précédemment, parmi celles qui sont cultivées pour le bétail, elle est l'une des plus importantes pour la nourriture de l'homme. Aucune autre ne peut mieux qu'elle conjurer le fléau des disettes de céréales. Elle a d'autant plus de mérite, sous ce rapport, qu'elle peut végéter à côté de ces dernières sans empiéter sur leur terrain. Malheureusement, la maladie qui la frappe depuis vingt ans en a bien diminué la culture.

Les variétés de pommes de terre sont excessivement nombreuses. On en connaît aujourd'hui plus de 500, et très-vraisemblablement ce nombre s'accroîtra encore. Mais on peut les réduire à deux espèces principales. L'une, appelée *patraque,* est de forme ronde, plus ou moins régulière ; l'autre, appelée *vitelotte*, est longue. Une troisième espèce qui tient le milieu entre les deux précédentes, et qu'on nomme *parmentière*, est oblongue.

La parmentière et la vitelotte appartiennent plus particulièrement à la culture des jardins.

Dans chacune de ces espèces, il y a des variétés plus ou moins précoces. Généralement, les plus tardives sont celles qui produisent le plus ; mais en revanche, elles sont plus sujettes à la maladie.

On a fait, depuis cinquante ans, bien des expériences comparatives pour reconnaître quelles sont les variétés de pommes de terre les plus productives, dans un sol de nature déterminée, soit relativement à leur poids brut, soit sous le double rapport de leur valeur alimentaire et industrielle. La première de ces deux valeurs se déduit de la quantité de matière sèche que contient le tubercule et de son dosage en azote ; la seconde réside seulement dans la proportion de fécule qu'il renferme.

Jusqu'ici, aucune de ces expériences ne m'a paru fournir des conclusions pratiques d'une application générale suffisamment sûre, soit parce que les unes s'écartent trop des règles consacrées par l'usage, soit parce que toutes ne peuvent être significatives que pour la situation spéciale dans laquelle elles ont eu lieu. L'une des plus intéressantes à certains égards, surtout par le grand nombre de variétés sur lesquelles elle a porté, et la diversité des terrains qui lui ont été consacrés, n'a pas employé moins de 100 hectolitres de tubercule à l'hectare pour semence. Une telle exagération ne permet aucune déduction certaine.

Il serait cependant fort important que le cultivateur pût être exactement éclairé sur les différents points dont il s'agit, pour pouvoir choisir, en connaissance de cause, la variété convenant le mieux aux conditions dans lesquelles se meut sa culture. Mais les qualités pouvant motiver sa préférence dépendent de tant de causes étrangères à cette variété même, que l'établissement de règles générales, en pareille matière, est à peu près impossible. En effet, la même pomme de terre pouvant, selon les circonstances, donner des résultats diamétralement opposés dans des terres de nature identique, échappe par cela même à une classification semblable. La nature du sol n'est donc pas la seule cause efficiente en pareille occurence. Son plus ou moins d'humidité ; sa plus ou moins grande facilité à s'échauffer selon son exposition ; sa latitude et son altitude ; le degré de sa fertilité ; la prédominance ou l'insuffisance de quelques-unes des matières qui la constituent ; la nature et la composition de l'engrais appliqué à la récolte ; une saison plus ou moins chaude et sèche ; une plantation ou un semis fait à temps plus ou moins opportun ; enfin, une culture plus ou moins soignée, sont autant de circonstances qui peuvent modifier plus ou moins profondément, soit le rendement brut de la récolte, soit la composition de la denrée. La pomme de terre, plus que toute autre peut-être, est sujette à ces diverses influences.

On ne peut donc rien décider de positif, *a priori*, et d'une manière absolue sur des questions aussi complexes. Par conséquent, toutes les expériences tentées dans le but de les résoudre, ne peuvent être concluantes que relativement aux temps, aux lieux et aux conditions dans lesquelles elles ont été faites.

Renouvelées l'année suivante sur le même terrain, elles eussent donné, très vraisemblablement, des résultats différents, pour peu que les saisons eussent différé elles-mêmes, et que la restitution des matières fertilisantes n'eût pas été intégrale.

Cependant, quelques points paraissent définitivement acquis à la science agricole. Celui que j'ai cité plus haut, à savoir que les variétés précoces sont moins productives que les tardives, est du nombre. Il en est de même des vitelottes qui le sont également moins que les patraques, et l'on sait pertinemment que la pomme de terre, en général, redoute par dessus tout les terres humides ou sèches à l'excès. Dans le premier cas, si elle ne pourrit pas, elle ne donne que des produits de mauvaise qualité; dans le second, elle végète mal. Selon M. de Gasparin, le sol ne doit pas contenir plus de 15 à 18 p. °/₀ d'eau dans une couche de 0^{m},30 d'épaisseur, pendant la végétation de la pomme de terre. Si cette condition ne se rencontre pas, nous savons qu'on peut notablement modifier les dispositions hygrométriques de la terre, soit par le drainage, soit par des labours profonds qui ont encore l'avantage de ramener à la surface du sol, des substances minérales et autres, que leur contact plus intime avec l'oxygène de l'air rend successivement assimilables.

Pour me résumer sur les questions qui précèdent, je ne puis donc que répéter un conseil déjà donné, en disant de rechef au cultivateur : Enquiérez-vous des variétés qui, dans votre région et même ailleurs, passent pour les meilleures. Essayez-les dans des conditions normales, mais sur une petite échelle, en variant les époques de la plantation et la quantité de semence, sans craindre de commencer trop tôt, surtout lorsqu'il s'agira d'espèces tardives. Mais si vous avez la chance de tomber sur des pommes de terre plus productives que celles que vous aurez cultivées jusque-là, n'oubliez pas que vous serez rigoureusement tenu de proportionner votre fumure au rendement présumé.

Il faut à la pomme de terre beaucoup d'engrais lorsqu'on la place en tête d'une rotation, non-seulement pour en obtenir le plus de produit possible, mais encore pour mettre la terre dans un état de fertilité proportionnel aux besoins des récoltes suivantes. C'est ce que j'ai démontré en traitant de la fertilisation. Cependant, cette question est tellement vitale que je crois devoir la reprendre ici, pour prémunir, autant que possible, le lecteur contre les erreurs auxquelles peuvent l'entraîner certains enseignements. Par exemple, il y a des auteurs, et parmi eux M. G. Heuzé, qui disent que 100 k. de fumier suffisent pour produire 100 k. de pommes de terre, par la raison que ces deux quantités contiennent, à très peu de chose près, la même dose d'azote, et que, par conséquent, avec 30,000 k. de cet engrais on obtiendra 30,000 k. de tubercules (1). Ce serait probable si, d'une part, la pomme de terre végétait comme la truffe, sans produire de tiges qui, elles aussi, ont besoin d'engrais pour vivre, et si, d'autre part, le fumier qui dure ordinairement plusieurs années en terre, était assez promptement décomposable pour pouvoir être intégralement absorbé par une récolte unique dans un laps de 6 à 7 mois.

Mais comme ces deux conditions sont irréalisables, il s'ensuit que 30,000 k. de fumier qui ne contiennent que tout juste, au moins quant à l'azote, la nourriture nécessaire à 30,000 k. de pommes de terre, sans tiges ni feuilles, ne peuvent produire une pareille récolte qu'à la condition d'être largement aidés par la fertilité acquise du sol. Or, comme cette fertilité est infiniment variable, d'un sol à un autre, il s'ensuit encore, que la même dose de fumier appliquée à des terres différentes, produira des effets qui ne seront pas moins variables.

(1) M. de Gasparin ayant avancé qu'il fallait 267 k. de fumier pour produire 100 k. de pommes de terre et par conséquent 80,000 k. de cet engrais pour 30,000 k. de tubercules, M. G. Heuzé, sans s'appuyer sur aucun fait, sur aucune preuve, a cru pouvoir exprimer la conviction qu'une pareille fumure serait trop élevée et qu'on peut la réduire à 30,000 k. Cependant, M. Heuzé sait mieux que personne, qu'à Grignon on ne récolte que 16,700 k. de pommes de terre sur une fumure de 60,000 k. Il sait également qu'à Bechelbronn on n'en obtient que 12,800 k. avec 49,806 k. de fumier. Il y a plus; deux pages avant celle dans laquelle il formule sa conviction en chiffres (Plantes fourragères, pages 123 et 125), il cite une expérience d'Arthur Yang qui, avec 140 mètres cubes de fumier, équivalant au moins à 98,000 k., n'a récolté que 26,250 k. de pommes de terre, tandis qu'avec 56 mètres cubes ou 39,200 k. du même engrais, le rendement n'a été que de 13,125 k.; ce qui prouve péremptoirement que le chiffre de 100 k. de fumier pour 100 k. de pommes de terre est beaucoup trop faible et que M. Heuzé est beaucop plus loin de la vérité que M. de Gasparin qui n'a commis ici qu'un simple *lapsus* en prenant le chiffre de la fertilité nécessaire, déduite par lui-même d'une expérience qui lui est personnelle, pour celui de la fumure.

La quantité fixée par M. Heuzé serait suffisante pour opérer une restitution pure et simple des substances enlevées par la récolte, mais non pour rétablir une fertilisation normale au commencement d'une rotation dont la pomme de terre occuperait la tête, la fumure précédente ayant été épuisée par trois ou quatre récoltes successives.

En pareil cas, la fumure ne peut donc pas être seulement en raison simple de ce que la pomme de terre consomme, mais bien en raison composée de cette consommation et de la fertilité laissée par la récolte précédente, selon les principes établis pages 291 et suivantes. En un mot, ce n'est ni 100 k. de fumier — chiffre de M. Heuzé, — ni 267 k. — chiffre de M. de Gasparin — qu'on doit employer pour obtenir un quintal métrique de pommes de terre, mais bien une quantité quelconque qui, ajoutée à la fertilité restante, calculée d'après la règle tracée au chapitre de la fertilisation ou indiquée par la table des aliquotes, constitue dans le sol une puissance totale équivalant à 267 k. de fumier normal.

Ainsi, pour que 100 k. de fumier puissent suffire à l'alimentation de 100 k. de pommes de terre, il faudrait que la dernière récolte eût laissé dans le sol 167 k. du même engrais, soit au total 50,000 k. de fumier pour 30,000 k. de tubercules. C'est ce qui aurait lieu, par exemple, après une récolte peu commune de 42 h. de froment. Mais si cette récolte n'était que de 20 h. de grain, la fertilité finale tombant à 23,800 k., la fumure devrait nécessairement s'augmenter de la différence et monter à 56,200 k., admettant que la terre, même avec une puissance égale à 80,000 k. de fumier, soit capable de produire 30,000 k. de pommes de terre, ce qui n'a pas toujours lieu. Tout autre mode d'évaluation ne sera qu'empirique et presque toujours la cause d'un mécompte, à moins cependant que dans une culture purement conservatrice, on ne récapitule exactement, comme on le fait chez M. Boussaingault, les substances enlevées au sol par toutes les récoltes d'une rotation et qu'on ne les rapporte intégralement en la recommençant. Les observations qui précèdent s'appliquent non-seulement à la fumure de la pomme de terre, mais encore à celle de toutes les plantes jachères, à l'endroit desquelles des erreurs analogues sont professées.

Du reste, on n'a jamais rien à risquer en donnant, lorsqu'on le peut, de fortes fumures aux pommes de terre qui, comme les autres racines de la graude culture, les supportent très bien. Mais quels sont, parmi les engrais le plus en usage, ceux qui conviennent le mieux à la plante qui nous occupe ?

Plusieurs écrivains recommandent particulièrement les substances carbonées, en se fondant sur la grande quantité de matières organiques que contient une bonne récolte de pommes de terre; mais ils ne prennent pas garde que les $^3/_4$ de cette récolte ne sont que de l'eau. D'autres conseillent surtout les engrais riches en potasse. La vérité est, qu'une récolte normale de 16,000 k. de pommes de terre, tiges comprises, consomme moins de matières organiques et d'acide phosphorique qu'une récolte normale de 25 hect. de blé avec sa paille ; toutes les deux pouvant être produites par la même fertilité, mais qu'il lui faut 70 p. °/₀ de potasse et 57 p. °/₀ d'azo te de plus. Or, toutes les fois que la fertilisation aura lieu par le fumier d'étable en prenant l'azote pour base, il est certain que la fumure satisfera, sous tous les rapports, aux besoins de la végétation, moyennant que la fertilité initiale soit normale. Il n'y a donc pas plus lieu de se préoccuper de la potasse que des autres substances, en ce qui concerne la pomme de terre, dans le cas dont il s'agit, puisque le fumier contient ordinairement 5,226 d'alcalis pour 4 d'azote, tandis que la pomme de terre avec ses fanes n'en exige que 5,1 pour 4,9 d'azote. Mais lorsqu'il s'agira de substituer à ce mode de fertilisation un engrais commercial, on devra nécessairement composer la fumure selon les exigences de la plante et les principes que j'ai exposés dans la troisième partie de ce livre.

Au point de vue économique, l'une des questions les plus intéressantes touchant la culture de la pomme de terre, c'est la quantité de semence qu'elle exige, car c'est là l'un des plus gros articles de la dépense à laquelle elle donne lieu. Cette quantité doit donc être réglée sans prodigalité, mais, en même temps, sans parcimonie.

On est assez généralement d'accord qu'il faut de 20 à 25 h. de tubercules pour emblaver un hectare. Ces quantités toutefois n'ont rien d'absolu. Elles ne sont ni un *minimum* ni un *maximum* rigoureux. A cet égard, la fertilité du sol, la fécondité de l'espèce employée, l'espacement donné aux plantes, sont les principaux régulateurs. On conçoit qu'une pomme de terre qui est douée de la faculté de reproduire six fois sa semence, ne demande pour celle-ci, à fertilité et à produits égaux, que la moitié de la quantité qui serait nécessaire pour une autre variété ne pouvant que tripler la sienne. On conçoit également qu'une plantation à 0m33 en tous sens exigera un peu plus du double des tubercules qu'il faudrait pour une plantation à 0m50. Le chiffre de 25 à 30 hectolitres n'est donc qu'une moyenne très élastique.

Si la plantation se fait à 0m33 dans tous les sens, ainsi que cela se pratique dans les contrées qui cultivent le plus et le mieux la pomme de terre, lorsqu'on n'emploie pas les instruments à cheval pour les binages et le buttage, et si l'on dépose dans chaque trou une petite pomme de terre du poids de 0 k. 40 grammes seulement, il en faudra 9 par mètre carré ou 90 mille par hectare, d'un poids total de 3600 k. soit environ 48 hectolitres.

Peut-on descendre au-dessous de cette quantité?

L'expérience la plus concluante que nous ayons sur cette question, bien que cependant elle puisse ne pas faire règle pour toutes les situations, est due à M. Félix Villeroy qui cultive en grand la pomme de terre, dans la Bavière-Rhénane, pour l'alimentation de sa distillerie. La question des semences est donc, pour cet éminent agriculteur, une affaire importante qu'il a dû sérieusement approfondir. Voici ce qu'il a constaté :

1° 30 pommes de terre entières, du poids de 43 grammes chacune et au total de 1 k. 296 gr. lui ont rendu 7 k. 073 ou 5 fois $^{4}/_{10}$ la semence qui, pour un hectare, et en supposant une distance de 0m33, aurait été de 51 h. 60 produisant 278 h. 64 combles, évalués à 75 k. chacun.

Si la plantation a été plus espacée — ce que j'ignore — la quantité de semence et le rendement, par hectare, seront moindres; mais les rapports resteront les mêmes dans cette expérience comme dans les suivantes, et la conclusion n'en sera nullement modifiée.

2° 30 moitiés de pommes de terre absolument semblables du poids total de 0 k. 648 ont rendu 6 k. 080 ou 9 fois $^{3}/_{4}$ la semence. Celle-ci n'étant plus, par hectare, que de 25 h. 80

produisant 251 h. 80 dans les mêmes conditions, il y aurait économie de 25 h. 80 sur la semence, mais infériorité de 26 h. 84 dans le produit. Cette différence est trop minime pour qu'on s'y arrête.

3° 30 pommes de terre entières du poids moyen de 0k0192, et au total de 0 k. 576 ont produit 10 fois $^1/_{10}$ la semence, soit 5 k. 812 ou 232 h. 70 pour un hectare et pour 23 h. 04 de semence.

4° 30 moitiés des mêmes pommes de terre, pesant ensemble 0 k. 288, ont rendu 5 k. 004 (17 fois $^{37}/_{100}$ la semence), soit 200 hect. pour un hectare et pour 11 h. 52 de semence.

5° Enfin 30 quarts pesant ensemble 0,144, ont produit 5 k. 336 (37 fois la semence), soit 223 h. 12 pour un hectare et pour 5 h. 76 de semence.

Il y a entre la première et la cinquième expérience, au profit de celle-là, un excédant de produit de 55 h. 52, mais qui coûte un excédant de semence de 45 h. 85. La différence, n'est donc, en définitive, que de 9 h. 67. Or, si l'on considère que généralement les pommes de terre ont plus de valeur au moment de la plantation qu'à celui de la récolte, il est possible que l'avantage reste finalemet à la moindre semence. Mais cet avantage ne peut pas être assez considérable pour devenir un motif prépondérant de préférence, car il se trouve bien balancé par cette double considération que les semences d'une grosseur moyenne donnent toujours beaucoup plus de gros tubercules, que les très petites pommes de terre entières ou que de très petits fragments, et ensuite que la récolte est beaucoup plus assurée avec elles. Mais ces cinq exemples montrent qu'il est telles circonstances où la semence peut être considérablement réduite sans préjudice notable. On pourrait même, en temps de pénurie et lorsque les pommes de terre sont fort chères, s'en tenir à ne planter que des yeux ou germes. C'est aussi une expérience qui a été faite par M. Villeroy en même temps et dans les mêmes conditions que les précédentes. Trente yeux pesant ensemble 7 gr. 2 lui ont rendu 3 k. 660 de tubercules. Si au lieu de 30 il en eut planté 60 dans le même espace, il est permis de penser qu'il aurait obtenu un produit double, puisque la fertilité du sol était suffisante, comme le prouve la première expérience qui aurait été un peu distancée avec une semence 90 fois moindre.

Mais pour pouvoir se procurer 180,000 yeux nécessaires à la plantation d'un hectare dans les conditions qui viennent d'être dites, il faudrait une assez grande quantité de pommes de terre sans compter le travail d'extraction de ces 180,000 yeux. Et quel parti pourrait-on tirer ensuite des résidus? Ce serait sans doute une précieuse ressource pour l'alimentation du bétail. Mais en temps de cherté, cette nourriture d'une garde d'ailleurs difficile, lorsque le tubercule n'est plus entier, serait un peu onéreuse. Mieux vaudrait donc en pareille circonstance, s'en tenir à la plantation de quarts de pommes de terre, comme dans l'expérience n° 5, puisque ce serait, à tous égards, la plus économique.

On a conseillé aussi, comme très peu dispendieuse, la reproduction par boutures. Si l'on considère qu'il ne faudrait pas moins de 6 h. 66 de tubercules, et 5 ares de pépinière fortement fumée pour produire les boutures nécessaires à l'emblavage d'un hectare, on reconnaîtra bien vite que ce procédé serait plus coûteux que celui du n° 5 sans être aussi sûr et sans exiger moins de main-d'œuvre.

La question de l'espacement des plantes mérite aussi une sérieuse attention. Quant à moi, j'ai toujours préféré celui de 0^m33, parce que ma culture de pommes de terre n'a jamais été très considérable, et que lorsqu'elle a été le plus étendue je disposais d'une main d'œuvre que je ne pouvais mieux employer. Mais lorsqu'on est dans le cas de se servir des instruments à cheval pour les différentes façons que réclame cette culture, il faut au moins une distance de 0^m60 entre les lignes. Comme compensation, toutefois, on peut rapprocher les plants dans les rangs. Cependant je dois dire que sur ce point les avis sont partagés.

Mathieu de Dombasle ayant planté des pommes de terre à 0^m22, 0^m41 et 0^m64 dans les lignes espacées entre elles de 0^m73, a obtenu des *produits nets* sensiblement égaux avec la variété dite *Madeleine*, quoique la quantité de semence n'ait été que le tiers, à la plus grande distance, et la moitié à 0^m41, de ce qu'elle était à 0^m22. Mais avec la variété dite *Rovilienne*, un avantage marqué est resté à la distance de 0^m41. L'illustre maître a conclu de là que la Rovilienne devait être plantée à 0^m41 et la Madeleine à 0^m33.

Cependant, M. Antoine, qui était alors professeur à Roville, émet une opinion qui est un peu différente, en s'appuyant d'ailleurs sur Lasteyrie et quelques agronomes anglais. « On a » trouvé, dit-il, par des expériences qui paraissent exactes que » si l'on représente par 100 le produit d'un hectare de pom- » mes de terre à 6 pouces (0^m 165) dans la raie (1), les rangées » étant espacées de 22 pouces (0^m 60), le produit de l'hectare » dont les tubercules auront été éloignés de 12 pouces (0^m33) » dans la ligne, sera de 64. S'ils ont été éloignés de 18 pouces » (0^m50) le produit ne sera que de 57 pour tomber à 48 si la » distance était portée à 24 pouces (0^m 66) (2). »

Malgré tout mon respect pour cette opinion, ainsi que pour les expériences auxquelles elle se réfère, je crois encore ici qu'avant de la prendre pour règle, le cultivateur fera sagement d'essayer en variant les distances et la grosseur des tubercules de semence. L'espacement qui convient dans un lieu pour certaines variétés pourra, neuf fois sur dix, ne rien valoir ailleurs ni pour les mêmes ni pour d'autres variétés.

Quelle est l'époque la plus convenable pour la plantation? Quelques expériences semblent prouver que quand elle a lieu en automne, en enterrant d'ailleurs les pommes de terre de semence à 0^m20 pour les soustraire aux gelées, on obtient une plus grande proportion de tubercules sains que par la plantation au printemps. Il est possible que les tubercules se portent mieux en terre que dans les caves ou les greniers pendant le repos de la végétation. Mais la masse des travaux d'automne ne permet pas toujours au cultivateur de les compliquer d'un pareil surcroît. Aussi, cette innovation n'a-t-elle pas obtenu jusqu'ici un grand nombre d'adhérents.

Un éminent agriculteur a dans ces derniers temps proposé une pratique précisément inverse, en conseillant une plantation très tardive — en juillet, je crois — pour forcer la pomme de terre à végéter promptement, attendu que moins elle restera en

(1) Et non 0^m26 comme l'ont imprimé par erreur MM. de Gasparin et G. Heuzé.

(2) Maison rustique du XIXe siècle, tome 1, page 434.

terre, moins elle risquera d'y devenir malade. Il est évident que la réussite ne serait possible, dans une condition semblable, qu'autant qu'on opérerait sur des variétés très précoces, n'exigeant pas plus de 1500 à 1600° de chaleur solaire pour parcourir toutes les phases de leur végétation. Mais lorsqu'il s'agira de pommes de terre qui, plantées ordinairement dans le courant d'avril, ne sont mûres qu'à la fin de septembre, et auxquelles il faut au moins 3000° de la même chaleur, on n'aboutira pas en différant la plantation de deux à trois mois. Si l'on peut forcer la nature en serre chaude, ce n'est pas possible en plein champ, si ce n'est peut-être dans nos contrées méridionales et à la condition que la sécheresse estivale n'y mette pas obstacle.

Les pommes de terre tardives doivent donc être plantées, selon les régions, de la fin de février à celle d'avril. Les précoces peuvent l'être plus tard. Mais quelle que soit l'espèce, le plus tôt sera toujours le mieux. N'y gagnat-on que de pouvoir disposer du sol, en temps plus opportun, pour les semailles d'automne, cette seule considération serait déterminante.

La plantation se fait, soit à la houe à main, sur le terrain préalablement rayonné, soit derrière la charrue, ce qui est beaucoup plus expéditif, en ayant soin toutefois d'appliquer les tubercules contre la bande qui vient d'être retournée et non au fond de la raie où ils trouveraient un sol comprimé, moins favorable à la végétation. Lorsque la terre est humide on la billonne et l'on plante les tubercules sur la crête des billons à une profondeur convenable.

Pendant sa végétation, la pomme de terre réclame d'abord un fort hersage qui doit être donné aussitôt que les tiges paraissent ; puis des binages à mesure que les mauvaises herbes se montrent ; puis enfin un buttage lorsque les tiges sont assez développées pour le supporter. Cette dernière opération n'est guère utile, toutefois, que dans les terres légères qui se dessèchent facilement. Dans celles de quelque consistance qui se maintiennent fraîches, il suffit de cultiver la terre entre les lignes pour la rendre plus perméable aux agents atmosphériques et la tenir dans un bon état de propreté.

On a proposé de faire l'ablation des fleurs à mesure qu'elles paraissent, pour forcer la sève à refluer sur les tubercules. C'est un essai que chacun peut faire à très peu de frais et sans aucun danger. En ce qui me concerne, je n'en ai recueilli aucun bénéfice. Mais ce n'est pas là une raison décisive pour que d'autres s'abstiennent.

On a proposé aussi d'employer les tiges de pommes de terre, quand elles sont encore vertes, pour la nourriture du bétail. Il n'y a, à mon avis, qu'une extrême pénurie de fourrage qui puisse justifier un tel emploi toujours préjudiciable à la récolte, lorsque les fanes sont enlevées avant l'entier développement des plantes.

On attend généralement que les tiges soient flétries pour récolter les tubercules. C'est peut-être à tort, car ces derniers peuvent, sans inconvénient, être arrachés plus tôt. La maturité existe du moment que les pommes de terre ont atteint leur grosseur et la même consistance dans toutes leurs parties, et que leur intérieur cesse d'être pâteux, toutes choses qui ont lieu avant que les tiges ne se fanent. La fécule alors est formée. Cela est si vrai, que dès ce moment là, s'il survient des pluies avec une température douce, les pommes de terre nouvelles poussent des germes dans le sol, ce qui nuit à leur qualité.

L'arrachage se fait à la houe à main, à la bêche, ou mieux à la fourche à deux ou trois dents, ou bien encore, soit à la charrue dans la culture à plat, soit au butteur qui refend le billon, lorsque billon il y a. Dans ce dernier cas on attèle deux chevaux de front à l'instrument, l'un marchant à droite, l'autre à gauche de la ligne de pommes de terre.

Ce tubercule étant très sensible à la gelée, on doit prendre toutes les précautions nécessaires pour l'y soustraire lorsqu'il est récolté. Quand on n'en a que de petites quantités on les conserve très bien dans une cave ou dans un cellier. Mais le meilleur moyen de conservation est le silo creusé à 50 ou 60 centimètres de profondeur, dans un terrain sec inaccessible aux eaux d'écoulement et d'infiltration. Les pommes de terre y sont entassées en pyramide ou en cône. Le fond du silo et ses côtés sont garnis de paille dont le tas est également recouvert, ainsi que d'un manteau de terre bien battue d'environ $0^{m},30$ d'épaisseur. Sous les climats tempérés et lorsque l'hiver n'est pas rigoureux, les pommes de terre se conservent mieux au grenier qu'à la cave. Mais, lorsque viennent les grands froids, il faut les couvrir soit avec des couvertures de laine, soit avec de la paille.

II. — Le Topinambour.

(Hélianthus tuberculeux de la famille des Corymbifères ou Radiées.)

Voici une plante vraiment providentielle pour les terres pauvres auxquelles elle restitue plus d'engrais azoté qu'elle ne leur en prend. Mais malgré ses incontestables mérites, elle n'est pas autant cultivée qu'elle devrait l'être dans les contrées où elle pourrait rendre les plus grands services. C'est, je crois, en Alsace qu'elle a pris le plus d'importance. Elle fait également quelques progrès dans le Morbihan où je l'ai introduite, et où quelques comices ont le bon esprit de l'encourager nominativement.

Le seul reproche qu'on lui fasse c'est de ne pas se prêter aux assolements, en ce qu'elle n'abandonne pas volontiers les terres dont elle s'est emparée. Elle n'est pas aussi rebelle, sous ce rapport, qu'on le pense. Mais, à mon avis, mieux vaut la cultiver dans un terrain à part où elle se succédera très bien pendant de longues années, moyennant qu'on restitue à la terre, avec un peu d'azote, les minéraux qu'elle lui aura enlevés.

Le bétail peut manger les feuilles du topinambour, mais il n'en est pas friand, et à moins que les fourrages ne soient rares et chers, il vaut mieux rendre ces feuilles à la terre qui les a produites. C'est le moyen d'entretenir sa fertilité à de bien moindres frais. L'enlèvement prématuré des tiges est d'ailleurs nuisible au développement du tubercule.

Le topinambour se contente de sols fort médiocres, mais non acides. Les défrichements de landes ne lui conviennent que quand leur acidité a été neutralisée par un marnage ou un chaulage. Les sécheresses prolongées le font languir, mais ne le détruisent pas. Il ne redoute qu'une humidité excessive qui le fait pourrir. Du reste, son rendement est toujours proportionnel à la fertilité du sol dont il tire mieux parti que les autres plantes.

Quoique ce tubercule ne craigne pas la gelée, il est d'une

conservation difficile hors de terre. Il perd promptement son eau de végétation, se ride et se décompose. Il faut donc ne le récolter qu'à mesure des besoins. Il peut rester en terre jusqu'au commencement du printemps. Si, à cette époque, on n'a pas consommé la totalité de la récolte, et si ce qui en reste ne peut l'être dans la quinzaine de son extraction, il sera bien de mêler ce reste avec du sable sec ordinaire pour le conserver plus longtemps.

Au début, on cultive le topinambour absolument comme la pomme de terre. Mais il a sur celle-ci l'avantage de n'exiger de la semence qu'une seule fois. Les petits tubercules qui restent en terre suffisent pour sa reproduction, quoique le plus souvent leur grosseur n'atteigne pas celle d'une noisette ordinaire. Bien que je n'y eusse pas confiance dans le principe, j'en ai fait l'expérience pendant sept années consécutives dans le même champ sans diminution de produit. Lorsque l'arrachage est terminé au printemps, on répand le fumier quand on en a de disponible, et l'on billonne le champ. C'est le seul travail qu'exige cette culture avec un ou deux binages qui, dans ce cas, ne peuvent être faits qu'à la main; car toute la surface du billon ne tarde pas à se couvrir de tiges comme dans un semis à la volée.

Le rendement, je l'ai déjà dit, est toujours en raison de la fertilité et surtout des qualités physiques du sol. A Trécesson, une parcelle de 15 ares m'a rendu, dès le début, 58 h. 50, et une autre parcelle contiguë, de 70 ares, 125 hect. seulement. (Voir le compte-rendu imprimé de ma campagne de 1857.) C'est donc un produit, par hectare, de 390 h. dans la première pièce et de 178 h. dans la seconde. Mais, quoique ces deux parcelles ne formassent qu'un seul enclos, leur qualité était bien différente. La deuxième n'ayant pas en moyenne $0^{m},20$ de profondeur sur un sous-sol schisteux, impénétrable à la charrue, et se desséchant très vite, le topinambour y végétait beaucoup moins bien.

La quantité d'engrais nécessaire pour entretenir la fertilité d'une terre soumise à la culture continue du topinambour, est la question qui présente ici le plus d'intérêt.

Chez M. Boussaingault, au moyen d'une fumure bisannuelle de 45,550 kil. de fumier normal — soit par an 22,725 kil. — on récolte annuellement en moyenne :

26,440 kil. de tubercules dosant. .	88k »	d'azote.
14,100 kil. de tiges et feuilles. . .	49 1	
	137k 1	
La fumure apportant	94 1	
Il y a un gain de.	43k »	d'azote.

Il est évident que si, au lieu d'enlever les tiges et les feuilles on les abandonnait intégralement au sol, la fumure pourrait être réduite de 49 kil. 1 et tomber, par conséquent, à 45 kil. d'azote, ou 11,250 kil. de fumier normal pour un produit de 26,440 kil. de tubercules.

Mais ce serait se faire illusion que de compter sur un tel produit dans des terres médiocres qui sont celles qu'on doit de préférence consacrer à cette culture, à moins qu'on ne les ait défoncées et qu'on n'ait pu les fertiliser de longue main. Il sera donc plus prudent, au début, de modérer son ambition en visant seulement à un produit de 200 hect. ou 15 000 kil. de tubercules avec 8000 k. de tiges qui consommeront ensemble la première année, 13 000 k. de fumier dosant 52 k. d'azote, déduction faite de ce qu'ils auront puisé dans l'atmosphère et en supposant une fertilité initiale convenable. Mais en restituant au sol les 8000 k. de tiges qui représentent 30 k. 40 de cette substance, les fumures ultérieures pourront se réduire à 21 kil. 60 d'azote ou en nombre rond, à 5500 kil. de fumier normal, au moyen de quoi on récoltera 49 kil. 50 d'azote sous la forme de topinambours. La dépense n'étant que de 21 kil. 60, il y aura un bénéfice de 27,90, qui se réduira à 18,60 par la conversion des topinambours en fumier.

Ainsi, cette plante restitue à la ferme presque une fois plus d'azote qu'elle ne lui en emprunte. Mais il n'en est pas de même quant aux minéraux. Quinze mille kil. de tubercules enlevant 82 k. de potasse et 20 k. d'acide phosphorique, tandis que 6000 k. de fumier normal n'apportent que 31 k. 35 d'alcalis et 12 k. d'acide phosphorique, il y a perte pour le sol de 50 k. 65 de l'un et de 8 kil. de l'autre. Mais ce n'est pas là une perte réelle pour l'exploitation, puisque les minéraux enlevés par le topinambour reviennent à un dixième près, au tas de fumier. Le déficit que produit la culture de cette plante, est donc en presque totalité un bénéfice pour les autres cultures.

Si, à côté de cela, on considère que le topinambour exige

infiniment peu de travail, on restera convaincu, comme je l'ai dit en commençant, que c'est là véritablement une plante providentielle pour l'amélioration des terres.

Le topinambour doit être donné cru aux animaux, notamment aux vaches dont il améliore sensiblement le lait et le beurre. On doit faire passer les tubercules au coupe-racine, ou les écraser dans un moulin à pommes après les avoir lavés pour en séparer la terre adhérente. En les mêlant avec du foin haché dans la proportion de 50 k. de celui-ci pour 140 k. de topinambours, on compose un aliment qui remplace très bien 100 kil. de foin.

Comme plante industrielle, le topinambour présente un avantage marqué sur la betterave pour la distillation, puisqu'il est du double plus riche qu'elle, ainsi qu'on l'a vu, page 100. Mais la betterave est une plante d'assolement dont la culture devra toujours être préférée dans les terres riches. Le topinambour, au surplus, pourra souvent lui frayer la voie.

III. — La Betterave.

La betterave appartient à la famille des Chenopodées. Elle est bisannuelle. J'ai eu plusieurs fois, jusqu'ici, l'occasion de parler de cette racine, notamment dans ses rapports avec la fertilisation du sol et les assolements. Je n'ai donc plus à entretenir le lecteur que de la pratique de sa culture.

Le succès de cette culture dépend en grande partie de la qualité de la semence. Pour être plus sûr de l'avoir bonne, il faut la produire soi-même, ce qui est très-facile, lorsque déjà on a fait une première récolte de cette plante, ou que l'on peut se procurer aisément de bons porte-graines dans le voisinage.

Dans ce cas, les racines destinées à la production de la semence sont choisies parmi les plus saines de moyenne grosseur et soigneusement conservées pendant l'hiver. Au printemps, lorsque les gelées ne sont plus à craindre, on replante ces racines dans un bon sol convenablement préparé. Une plate-bande de jardin convient très-bien pour cela. Elles ne tardent pas à pousser des tiges qui ont souvent besoin d'être soutenues par des tuteurs. Elles se ramifient à l'infini et chaque rameau se charge de graines qu'on doit laisser complétement mûrir en s'attachant à ne récolter que celles qui garnissent le milieu de la branche. Ce sont les plus grosses, les plus parfaites et celles qui donneront les meilleurs produits. Si l'on n'a pas eu soin de faire ce triage, on devra, autant que possible, ne semer les graines mêlées que la deuxième année, après leur récolte. Les mauvaises perdront leur faculté germinative dans cet intervalle, et le sol fera lui-même le triage.

Les variétés de betteraves le plus cultivées en plein champ, sont : 1° la disette ou betterave champêtre, rouge ou rose, croissant en grande partie hors de terre; 2° la globe jaune ou rouge — la jaune est préférable ; — 3° La betterave de Silésie blanche, ou blanche à collet vert. La betterave de Silésie est plus sucrée que les deux autres espèces, et par cette raison, elle est plus recherchée par l'industrie ; mais son produit brut est sensiblement moindre.

Nous savons déjà que la betterave se cultive par semis ou par transplantation, en planches ou en ados; qu'elle exige des terres profondes, non acides, fraîches sans excès et richement fumées. Elle peut traverser de longues sécheresses sans périr, mais alors elle ne grossit pas. Dans un sol convenablement humide son développement est toujours en raison directe de la fertilité qu'elle rencontre et de la chaleur qu'elle reçoit pendant sa végétation. M. de Gasparin a observé que dans de bonnes conditions la betterave pouvait gagner un kilo par 1433° de chaleur solaire moyenne. Ainsi, des betteraves plantées le 15 avril et récoltées le 25 octobre ayant reçu 5017° de chaleur, pesaient 3 k. 5 chacune ; mais elles avaient végété sans interruption. Il va de soi, que dans un terrain plus ou moins fertile les résultats seraient nécessairement différents, à moins que l'espacement des plantes ne fût combiné avec la fertilité, cas auquel la grosseur des racines pourrait être plus régulièrement proportionnelle à la chaleur. Néanmoins, il y a dans cette observation un enseignement fort intéressant, en ce qu'il montre la nécessité de conjurer les sécheresses par tous les moyens praticables, notamment par des labours profonds et par les façons conseillées par M. de Valcourt (page 764), en vue d'obtenir de la chaleur la plus grande somme d'effet utile possible.

Lorsque la betterave est cultivée en place, elle ne doit pas être semée avant que la température moyenne ne se soit établie à + 9°. La terre doit avoir été préalablement labourée au moins trois fois, dont une, très profondément, avant l'hiver, et même scarifiée entre chaque labour si elle est compacte. Si, au contraire, elle est légére, elle doit être tassée par un roulage énergique pour ralentir l'évaporation de son humidité.

Le semis se fait au semoir mécanique ou à la main. Dans ce dernier cas, le terrain est rayonné d'avance, en long et en large, lorsqu'il est en planches. Au début de ma carrière agricole, je cultivais la betterave de Silésie par semis, en roulant mes terres meubles au moyen d'un fort rouleau en bois sur la circonférence duquel j'avais disposé des saillies en forme de tête de diamant, d'une grosseur convenable, et espacées entre elles aux mêmes distances que mes betteraves. En tournant, ce rouleau imprimait sur le sol des trous dans lesquels la semence était placée par deux personnes qui suivaient l'instrument. C'est un moyen très simple et très expéditif auquel je n'ai renoncé que quand j'ai substitué la transplantation au semis en place, en cessant de cultiver la betterave de Silésie pour laquelle le semis est préférable à tous égards.

Lorsque l'on sème en lignes rayonnées, on répand les graines une à une dans la rigole tracée par le rayonneur, en éloignant très-peu ces graines les unes des autres. Aussitôt qu'elles sont levées et que les lignes sont bien dessinées, on procède au premier binage que l'on répète aussi souvent que besoin est pour entretenir le sol très-propre, et quand les plants ont acquis la grosseur du petit doigt, on éclaircit les lignes en régularisant autant que possible l'espacement des plants. Ceux qui sont arrachés servent à regarnir les clairières, ou sont donnés au bétail. On ne doit procéder à ces transplantations partielles qu'après avoir préalablement bêché les places où elles doivent avoir lieu.

Dans un sol de fertilité moyenne, on peut espacer les lignes à $0^{m},60$ et les plants à $0^{m},30$ dans les rangs.

La betterave peut être arrachée à toute époque. Proportionnellement à son poids, elle est aussi riche en sucre dans un temps que dans un autre. Seulement, plus elle reste en terre plus elle gagne en grosseur jusqu'à ce que la température moyenne descende à + 9°. Ce n'est donc qu'en octobre qu'elle donne son plus grand rendement. Mais à cette époque il est déjà trop tard, dans bien des régions, pour la faire suivre par un blé d'automne. Ainsi ces deux cultures sont incompatibles, le plus souvent, à moins de sacrifier une partie des produits de l'une ou de l'autre. Mieux vaut donc, après la betterave, s'en tenir à une céréale de printemps.

Le meilleur instrument pour arracher la betterave sans la blesser est le trident. Les feuilles séparées sur place au ras du collet sont abandonnées au sol dans lequel on les enfouit le plus tôt possible après les avoir convenablement réparties. C'est, comme je l'ai déjà dit, le meilleur parti qu'on en puisse tirer, à moins cependant qu'il n'y ait disette de fourrage. Il faut aussi se garder d'effeuiller les betteraves pendant leur végétation. Ce serait, dit avec raison M. Joigneaux, leur retrancher une partie de leurs poumons. Il est, en effet, impossible qu'une plante ainsi mutilée exerce ses fonctions physiologiques aussi fructueusement qu'étant intacte.

Lorsque la betterave est cultivée par transplantation on doit se conformer aux principes généraux qui ont été précédemment exposés. La seule recommandation particulière qu'il y ait à faire en pareil cas, c'est de n'employer que des replants ayant au moins la grosseur du petit doigt et de couper leurs feuilles à 0^m10 ou 0^m12 du collet pour ralentir la transpiration qui, trop abondante, nuirait à la reprise. Le semis en pépinière doit, selon quelques auteurs, être calculé de manière à fournir environ 70 plants par mètre carré. Pour emblaver un hectare contenant 50 mille plants, il faudrait par conséquent sept ares de pépinière. Selon d'autres écrivains, il n'en faudrait pas moins de 8 à 12 ares. Il y a beaucoup de cultivateurs qui sèment plus épais et qui ne s'en trouvent pas plus mal. Les plants espacés à 10 cent. en tous sens dans la pépinière sont à une distance bien suffisante.

Pour tout ce qui concerne la fumure, nécessaire à la betterave, le lecteur voudra bien se reporter à ce qui en a été dit au chapitre de la fertilisation, notamment page 308.

La betterave se conserve absolument comme la pomme de terre.

IV. — La Carotte.

Cette racine, de la famille des ombellifères, est bisannuelle comme la betterave et forme, comme elle, une excellente plante jachère. Mais elle est d'une culture plus coûteuse et surtout plus difficile, en ce que ne réussissant pas à la transplantation et devant toujours être semée à demeure et en ce que sa graine ne levant que très lentement, souvent après un mois et plus, les mauvaises herbes ont beau jeu pour envahir le terrain avant que les binages et les sarclages soient possibles sans inconvénient pour le semis. Cependant il est un bon moyen indiqué par M. Joigneaux dans le livre de la Ferme, pour éviter cette difficulté. Ce moyen consiste tout simplement à associer à la semence de carotte de la graine de colza, de navette ou de laitue qui, levant très vite, dessine parfaitement les lignes et permet de biner sans nuire à la semaille. Lorsque la carotte est levée et bien visible on arrache les plantes qui ont servi de jalons.

La terre doit être préparée pour la carotte comme pour la betterave ; mais la première ne s'accommodant pas volontiers de fumier long, mieux vaut l'enterrer en automne que de le laisser se consommer sur la plate-forme pour ne l'appliquer qu'au moment du semis.

Quant à la quantité de fumier nécessaire, voyez les principes de la fertilisation et notamment l'article de la page 311. Cependant, je dois ajouter que la carotte étant de toutes les plantes de la grande culture, celle qui contient le plus de soude, dans un poids donné de matière sèche, il sera bien de saler le fumier qu'on lui appliquera. On a remarqué que, toutes choses égales d'ailleurs, cette racine réussit mieux sur les terrains légèrement salifères que sur les autres. Ainsi le fait confirme l'analyse.

Le mode de végétation est en somme le même pour la carotte que pour la betterave. Comme cette dernière, elle exige des terres profondes, meubles, fertiles et fraîches. Sa graine doit être très peu enterrée. Elle ne doit être semée que quand la température, à la sortie de l'hiver, atteint + 9° et qu'après avoir été fortement frottée pour détruire les barbes dont elle est pourvue et qui, en s'enchêvetrant, empêchent une égale répartition de la semence. Celle-ci doit être fortement roulée.

Les lignes doivent être espacées d'au moins 0m50 lorsque les binages ont lieu à la houe à cheval. Autrement elles peuvent être plus rapprochées (1). La distance entre les plantes ne doit pas être moindre de 0^m15 à 0^m20 dans les lignes, selon la fertilité du sol, et surtout selon la grosseur ordinaire de la variété cultivée.

La grande culture admet trois espèces de carotte : l'une rouge, l'autre jaune, et la troisième blanche. Chacune de ces espèces comprend plusieurs variétés. Les unes ont leurs racines entièrement enterrées, les autres, en partie seulement. Celles-ci ont le collet vert qui est leur signe distinctif. Chacune de ces variétés a ses partisans.

Les carottes constituent pour le bétail une meilleure nourriture que les betteraves, les rutabagas, les navets, et même que les panais, quoique tous les auteurs disent le contraire pour ce dernier. D'après les analyses de M. Boussaingault, 383 k. de carottes additionnés de 29 k. de paille contiennent exactement les mêmes principes alimentaires que 100 k. de foin normal ou que 61 k. d'avoine avec 15 k. de paille. Pour fournir cet équivalent, il faudrait : 548 k. de disette avec 9 k. de paille, ou bien 462 k. de betterave blanche de Silésie ; ou bien 460 k. de panais avec 20 k. de paille ; ou 676 de rutabagas ; ou 884 de navets blancs, ou 460 de Turneps. Le navet jaune donne seul le même équivalent, en l'additionnant de 7 k. de paille seulement. Ainsi, au point de vue de la nourriture du bétail, une récolte de 28,000 k. de carottes équivaut à 40,000 k. de betteraves champêtres.

Les feuilles des carottes fournissent un meilleur aliment que celles des betteraves; mais il faut les consommer immédiatement car elles ne sont pas susceptibles d'être fanées, et leur conservation, à la manière de la choucroûte, exige des soins du sel, des vases qui en font un aliment coûteux. A mon sens, mieux vaut les enfouir sur place quand on est suffisamment pourvu de fourrages. Elles rendent plus ainsi au sol qu'à l'état de fumier fabriqué par le bétail.

On procède à l'arrachage et à la conservation des carottes

(1) On se sert à Grand-Jouan, où les lignes de carottes sont peu espacées, d'une houe construite sur le modèle de la houe à cheval, mais beaucoup plus petite et qui est tirée par un homme au lieu de l'être par un cheval. Cet instrument que je n'ai vu que là, fait un très bon travail et permet une culture ou plus productive ou plus économique.

comme pour la betterave. Lorsqu'on peut les arracher à la charrue après avoir fauché leurs feuilles, ce qui est très praticable lorsque la racine végète entièrement en terre, on fait d'une pierre deux coups, le labour ainsi exécuté pouvant servir pour une semaille d'automne, si la saison n'est pas trop avancée. La carotte peut rester en terre jusqu'à ce que la température tombe à 9° au-dessus de 0. Ce n'est qu'alors qu'elle cesse de croître.

Tout ce qui précède se rapporte à la carotte cultivée seule comme récolte principale. On peut l'associer à d'autres plantes, dans les terres de haute fertilité, notamment aux céréales de printemps et même d'hiver; mais mieux encore au lin et à l'œillette. Voyez à cet égard le chapitre des cultures intercalaires, page 664.

V. — Le Panais.

Cette plante est de la même famille que la carotte. Elle végète et se cultive absolument de la même manière. La principale différence qui existe entre elles, outre celle qui se rapporte à leur valeur nutritive respective, c'est que, comme le topinambour, le panais, peut très bien passer l'hiver en terre et n'être arraché qu'à mesure des besoins. Le panais a encore cela de particulier que c'est de toutes les plantes de la grande culture, celle qui exige le plus de potasse. En effet, une récolte de 30,000 k. de racines n'en prendrait pas moins de 222 k., mais elle ne demanderait pas de soude. Il est cependant permis de croire que les panais dont l'analyse a révélé cette grande richesse en potasse, ont dû croître dans un terrain complétement privé de soude; mais que celle-ci peut très bien remplacer la potasse. C'est au moins ce que l'on peut induire de ce que nulle part le panais n'est autant cultivé et ne réussit mieux que sur les bords de la mer. C'est là, toutefois, une question qui a besoin d'être éclaircie.

Le panais est de $^1/_6$ moins riche en azote que la carotte et c'est de là que vient l'infériorité de sa valeur nutritive quoiqu'il l'emporte par la proportion de sa matière sèche. En prenant celle-ci pour base de la valeur alimentaire des racines dont il s'agit (1). M. de Gasparin s'est mis en opposition avec les principes qu'il a toujours soutenus dans les questions de cette nature. Si celui qu'il applique ici était vrai, il n'y aurait pas de raison pour que la paille de froment qui contient autant de matière sèche que le foin, ne fût aussi nutritive, à poids égal. C'est vraisemblablement ce que personne n'admettra.

Le panais n'est guère cultivé en grand en France, que dans une partie de la Bretagne et notamment dans le Finistère. Mais il pourrait l'être avec succès en beaucoup d'autres lieux.

On en connaît deux variétés principales. Le panais long et le panais rond. Celui-ci convient plus particulièrement aux terres qui ont le moins de profondeur.

VI. — Le Navet.

Cette plante appartient à la famille des crucifères, mais on est peu d'accord sur la signification du mot générique. Ce qui est navet dans un lieu est rave dans un autre, et *vice-versa*, quoique ce soit deux espèces différentes. Toutefois, comme la culture et l'emploi des unes et des autres sont identiques, nous ne nous arrêterons pas aux distinctions qu'elles comportent. Nous regarderons donc comme navets toutes les racines de cette catégorie dont la feuille ressemble à celle de la navette, et nous classerons à part le navet de Suède, autrement dit choux-navet ou rutabaga dont les feuilles ont de la ressemblance avec celle du colza.

Il y a des navets longs et des navets plats. C'est à ces derniers qu'on donne le nom de turneps en Angleterre, où, du reste, beaucoup de personnes les confondent tous, sous la même dénomination, sans en excepter le navet de Suède ou rutabaga.

Cependant, comme il y a entre les navets blancs et les turneps une bien grande différence dans la valeur nutritive, ainsi qu'on l'a vu tout à l'heure, c'est donc sur ce dernier que la culture doit se porter de préférence. S'il est en Angleterre l'objet d'une grande prédilection, il s'en faut de beaucoup qu'il en soit de même en France. A la vérité, notre climat lui est bien moins favorable, et puis, ne craignons pas de le dire, les systèmes de

(1) Cours d'Agriculture, tome IV, page 113.

culture et l'économie du bétail sont bien loin d'être poussés en France au point où ils sont parvenus chez nos voisins, qui font du navet le pivot de leur agriculture.

En France, au contraire, le navet est peu cultivé comme récolte principale, et comme plante jachère. Son rôle y est plus particulièrement celui de culture intercalaire, soit qu'on l'associe à une autre récolte comme le sarrasin, soit qu'on le fasse succéder dans la même année à une autre culture. On le sème ordinairement à la volée à raison de 4 à 5 litres environ par hectare Lorsqu'il est levé, ce qui a lieu assez promptement, il ne demande d'autres soins que d'être éclairci là où il est trop épais, et d'être débarrassé des mauvaises herbes qui lui nuisent et qui salissent la terre. Lorsqu'il est semé seul et levé il supporte très bien un hersage énergique croisé qui semble déraciner tous les plants, mais qui, en réalité, ne fait de mal qu'aux plantes adventices.

La véritable place du navet, en pareil cas, est à la fin d'une rotation, pour épuiser le reste de la fumure, lorsqu'elle ne l'a pas été entièrement par les récoltes précédentes. Mais lorsqu'il est semé entre deux céréales sans engrais, celle qui le suit en souffre nécessairement à moins que la fertilisation n'ait été calculée et exécutée de manière à pourvoir largement aux besoins de toutes les récoltes de la rotation.

Lorsqu'on voudra, comme en Angleterre, placer le navet en tête de l'assolement, ce qui pourrait avoir lieu là où il réussit mieux que la betterave, on devra le cultiver en terre convenablement fumée, propre et fraîche, à plat ou en ados. N'exigeant que 1600° de chaleur totale pour former sa racine charnue; il doit être semé tard, vers la mi-juin à peu près, ce qui laisse le temps de bien préparer la terre, ou ce qui permet de le faire succéder à un fourrage hâtif. Lorsqu'il est semé trop tôt, il monte en tige, fleurit et ne peut être consommé que comme fourrage fauchable. Sa croissance rapide présente d'ailleurs cet avantage, que la semaille peut-être combinée de manière à ce que la terre soit débarrassée assez tôt pour qu'une céréale d'automne puisse lui succéder dans de meilleures conditions qu'après la betterave.

Le navet se conservant moins longtemps que les autres racines c'est par lui que la consommation doit commencer.

Dans quelques cantons de la Bretagne on sème un peu épais vers la fin de l'été, une espèce de petits navets à laquelle on donne le nom de *nabusseaux*, qui passe l'hiver en terre, monte en tiges au printemps et fournit de bonne heure un fourrage vert. Ces nabusseaux sont ordinairement suivis d'un sarrasin. Les mauvaises herbes qui poussent avec le navet sont fauchées avec lui, avant que leurs graines aient pu mûrir. Il fait ainsi l'office de plante nettoyante, et le sarrasin achève ce qu'il a commencé.

VII. — Le Rutabaga.

Le rutabaga qui est de la même famille que les navets ordinaires, se cultive absolument comme la betterave, à cela près, qu'il doit toujours être transplanté lorsqu'il a acquis dans la pépinière la grosseur du petit doigt. Il remplace très bien cette racine là où le succès de la betterave n'est pas certain; et il donne des produits tout aussi abondants même en terres de moindre qualité. Il craint beaucoup moins qu'elle un petit excès d'humidité.

M. Rieffel est de tous nos agronomes celui qui a le plus mis en lumière les éminentes qualités de cette plante pour l'utilisation des défrichements de landes dans l'Ouest, où elle réussit très bien, même sans autre engrais que du noir animal, au début.

Le rutabaga végétant par une très basse température, peut rester en terre et y prospérer. On peut donc ne l'arracher qu'à mesure des besoins; mais il est bon de le rentrer avant les glaces. On peut le conserver en tas dans un magasin par couches alternatives de paille et de racines pour éviter l'échauffement. Ses feuilles comme ses racines constituent une bonne nourriture pour les animaux.

Lorsque le rutabaga est transplanté trop tôt, il arrive quelquefois que sa racine devient ligneuse ou se boise, comme on dit ici, et qu'elle est beaucoup moins propre à l'alimentation du bétail. On ne peut toutefois déterminer exactement d'une manière générale, l'époque la plus favorable à cette transplantation. Elle dépend beaucoup du climat et un peu de la nature du sol. C'est donc au cultivateur à la déterminer lui-même par des essais préalables, pour sa localité.

La pépinière se prépare comme il a été dit dans les notions générales exposées, page 763. Mais il arrive souvent que les ravages des pucerons (Altyse) forcent à la recommencer. Le meilleur préservatif contre ce fléau est celui indiqué par M. Rieffel. Il consiste simplement à répandre chaque matin, avec beaucoup de soin, de la cendre vive sur les jeunes plants au moment où la rosée couvre leurs feuilles. La cendre s'y attache et les sauvegarde pendant un jour ou deux. On répète cette opération jusqu'à ce que le puceron ait disparu, ce qui a lieu ordinairement au bout de quelques jours. On a conseillé dans le même but, l'emploi de la suie ou de la chaux en poudre ; mais leur efficacité n'est pas aussi bien démontrée. Du moins, je les ai moi-même essayées sans succès. Tout récemment, la Société impériale et centrale d'agriculture de France a été saisie d'un mémoire de M. le docteur Jules Lemaire qui conseille de répandre au pied des plantes, de la terre mélangée avec 3 p. °/₀ de coltar, sur une épaisseur de deux centimètres environ. Les émanations feront promptement disparaître les insectes. Ce moyen paraît avoir été employé avec succès par M. Paul Thénard et M. Victor Chatel. L'acide phénique, mélangé avec 999 parties d'eau, et répandu en pluie très fine sur les plantes, détruit aussi les pucerons. L'eau ne doit pas en contenir une plus grande proportion. Cet acide est si énergique qu'il tuerait tout à la fois les plantes et les insectes, si cette limite était sensiblement dépassée. On attribue à l'acide phénique, qui est un produit du coltar, la propriété de neutraliser immédiatement le venin des vipères.

La fertilité nécessaire au rutabaga ainsi qu'aux autres plantes de la grande culture, est indiquée par la table des aliquotes (pages 347 et 348), dans laquelle on voit en même temps ce que chaque récolte laisse après elle. Qu'on veuille bien me permettre de placer ici une démonstration qui ne sera probablement pas sans intérêt pour le cultivateur qui aime à se rendre compte de ce qu'il fait. Il s'agit de savoir, au point de vue de la dépense en engrais, ou de la fertilisation, quel est du rutabaga ou de la betterave le meilleur précédent pour une céréale quelconque, en admettant que la terre soit également apte à produire ces deux racines proportionnellement à sa fertilité. Cette question est très facile à résoudre à l'aide de la table des aliquotes. En effet, elle montre que 100 k. de betteraves avec 90 k. de feuilles exigent une fertilité totale équivalant à 250 k. de fumier normal dont cette plante ne laisse après elle que 85 k. lorsque ses feuilles sont enlevées, ou 198 k. lorsqu'elles sont abandonnées au sol.

Pour le même poids de racines avec 68 k. de feuilles, le rutabaga ne demande qu'une fertilité totale égale à 132 k. 5 de fumier dont il laisse après lui 42 k.

Il faut donc moins de fumier, à égalité de récolte, pour la culture du rutabaga que pour celle de la betterave ; mais par contre celle-ci laisse le sol dans un meilleur état ; et pour que le rutabaga pût rivaliser avec elle sous ce dernier rapport, il faudrait nécessairement qu'après avoir été consommé par les animaux et converti en fumier, il fût restitué au sol, jusqu'à concurrence de la quantité nécessaire pour rétablir l'égalité dans la fertilité qui, de la sorte, s'effectuerait en deux fois, tandis que pour la betterave elle n'aurait été créée qu'en une seule fois. Mais reste à savoir de quel côté serait l'économie. Pour le trouver, force nous sera de procéder par hypothèse, Nous supposerons donc, d'une part, une terre en possession d'une fertilité initiale égale à 10,000 k. de fumier normal, et pouvant par conséquent produire sans engrais 6 hect. de blé, semence déduite ; nous supposerons, d'une autre part, que le cultivateur n'a de disponible que 43,000 k. de fumier pour compléter la fertilisation d'un hectare de cette terre, et dans cette situation, nous rechercherons quel sera pour lui le plus profitable, d'employer son fumier à produire des betteraves ou des rutabagas.

La fumure élevant la fertilité totale à l'équivalant de 53,000 k. de fumier normal, la terre produira, *ad libitum*, 21,200 kil. de betteraves, ou 40,000 kil. de rutabagas, s'il ne survient pas de contre-temps, et si, comme je l'ai dit tout à l'heure, la terre convient également à l'une et à l'autre plante. C'est ce qu'il faut toujours sous-entendre dans des comparaisons de cette nature. Mais si les feuilles de la betterave sont abandonnées au sol, la fertilité restant après elle équivaudra à 41,976 k. de fumier, tandis qu'après le rutabaga elle ne serait plus que de 16,800 k. Ainsi, ce dernier produirait un excédant de récolte de 18,800 k. en racines et 27,200 k. en feuilles ; mais il créerait un déficit dans la fertilité équivalant à 25,176 k. de fumier.

Toute la question se réduit dès lors à savoir combien il faudra convertir de rutabagas en fumier pour couvrir ce déficit. Si nous admettons que la matière alimentaire perd 1/3 de son azote dans cette conversion, ce qui est très près de la vérité, ainsi que nous l'avons vu ailleurs, chaque quintal de rutabaga avec ses feuilles, dosant 0 k. 36, n'en rapporterait donc au sol que 0 k. 24. Par conséquent, il faudrait 42,000 k. de cette racine, outre ses feuilles, pour produire les 25,176 k. de fumier nécessaire. La récolte n'ayant été que de 40,000 k., il y aurait un déficit de 2,000 k. de rutabagas. Mais ce n'est pas tout. Tandis que celui-ci serait entièrement employé, même sans y suffire, à mettre la terre au même état de fertilité que la betterave, les 21,200 k. de cette dernière qui auraient pu être récoltés avec la même fumure, resteraient entièrement disponibles pour la fertilisation d'autres cultures. Ces 21,200 k. de betteraves représentant, toute déperdition défalquée, 7,400 k. de fumier, et les 2,000 kil. de rutabagas manquant, en représentant avec leurs feuilles 1200 kil.; la culture de ce dernier produirait, comparativement à celle de la betterave, un déficit dans la fertilisation générale équivalant au total à 8600 k. de fumier.

Ainsi, abstraction faite de toute autre considération, la culture du ratabaga serait moins apte que celle de la betterave à la réparation de l'épuisement du sol. Mais ce n'est là qu'un côté de la question. Il s'agit maintenant de l'examiner au point de vue de l'économie agricole, et particulièrement à celui de l'alimentation du bétail. Ici, les résultats seront tout différents. Tandis que 21,200 k. de betteraves sans feuilles représentent en valeur alimentaire 5300 k. de foin; 40,000 k. de rutabagas avec leurs feuilles en représentent 12,520 : différence, 7200 k. Or, comme 7200 k. de foin ont une valeur beaucoup plus grande que 8600 k. de fumier, la préférence revient de droit à la culture qui présente cet avantage.

La conclusion finale qui découle de là, c'est que si la culture du rutabaga, dans des circonstances comme celles de notre hypothèse, exige un cinquième de fumier de plus que celle de la betterave pour maintenir la terre au même degré de fertilité, elle produit, en revanche, un excédant de récolte qui couvre cette dépense avec un bénéfice fort satisfaisant.

Du reste, il va de soi que si la terre est plus propre à la production de l'une des deux plantes qu'à celle de l'autre, c'est celle-là qui doit avoir la préférence ; mais c'est là une question qui ne doit pas être préjugée, et que des essais comparatifs, dans des conditions parfaitement identiques, peuvent seuls résoudre.

VIII. — Les Choux.

Partout où le rutabaga réussit, le chou, qui est son cousin germain, peut réussir également, quoique cependant leur composition ne soit pas identique ; mais elle ne diffère pas considérablement. Ainsi, tout ce qui, dans le chapitre précédent, est relatif au climat, au sol, au mode de culture et de végétation, aux soins à donner à la pépinière, s'applique indistinctement à ces deux espèces de plantes.

La culture du chou a été parfaitement décrite dans l'*Encyclopédie de l'Agriculteur*, par M. Rieffel, qui est, au surplus, l'homme de France le plus compétent en cette matière. Ceux de mes lecteurs qui désireraient de plus amples détails sur ce sujet, les trouveront dans cet ouvrage. Je me bornerai à en rapporter les points les plus saillants.

M. Rieffel ne regarde comme intéressant la grande culture que trois espèces de choux : 1° *le chou moellier*, dont la feuille et la tige fournissent une nourriture également bonne, mais qui craint les gelées; 2° *le chou branchu du Poitou*, plus rustique que le précédent. Ces deux espèces sont particulièrement cultivées dans l'ouest de la France, notamment en Bretagne et en Vendée ; 3° *le gros chou pommé*, chou quintal ou chou cabus, principalement cultivé en Alsace.

Le mode de culture est le même pour les trois espèces. Toutes doivent être transplantées selon l'un des trois procédés indiqués page 762, aussitôt que la tige a atteint la grosseur d'une plume à écrire. Un are de pépinière peut fournir 20,000 bons plants. Il est facile, d'après cela, de calculer l'étendue de la pépinière lorsqu'on a déterminé l'espacement qui doit être donné aux plantes dans la transplantation définitive. A

Grand-Jouan, cet espacement est de 0^m85 en tous sens. Chez moi, il n'était que de 0^m66, parce que mes terres étaient moins fraîches et que le chou y prenait moins de développement. Il faut donc à M. Rieffel 14,000 plants environ par hectare, qui peuvent être fournis par 70 ares de pépinière. A moi, il m'en fallait 22,500, ou un peu plus de moitié en sus.

Pour avoir de plus beaux plants, on picote, c'est-à-dire que l'on éclaircit la pépinière lorsque les plants ont 6 à 8 centimètres de hauteur. On arrache les plus vigoureux, quelquefois jusqu'à concurrence des deux tiers du semis, et on les soumet dans un terrain de choix à une première transplantation, à 8 ou 10 centimètres en tous sens, qui leur permet d'acquérir plus facilement la force nécessaire pour pouvoir être placés à demeure. Pendant qu'ils se développent sur ce nouveau terrain, ceux qui restent dans la pépinière, ayant plus d'espace, végètent beaucoup mieux.

Les semis doivent être échelonnés de février à mai, de manière à pouvoir échelonner également les transplantations définitives du 15 mai à la fin de juillet, en commençant par le chou moellier et le chou cabus, qui doivent laisser le terrain libre avant les gelées. Celui du Poitou, destiné à passer l'hiver sur le sol, est semé et mis en place le dernier.

En temps ordinaire, on peut commencer l'effeuillage du chou moellier et du chou du Poitou trois mois après leur transplantation à demeure, en débutant par les feuilles inférieures. On a ainsi du fourrage vert de très bonne qualité depuis le 15 août jusqu'au commencement du printemps, c'est-à-dire pendant sept mois, un peu plus, un peu moins, selon que le terrain doit être débarrassé plus ou moins tôt pour faire place à la culture suivante. On a proposé de transplanter les choux branchus dans le courant de l'automne, en vue de récolter leurs feuilles pendant une partie du printemps et de l'été suivants. C'est un essai que j'ai fait et qui ne m'a pas réussi, en ce que la plus grande partie des plantes fleurit et monte en graine avant qu'on ait pu en tirer le parti qu'on s'était proposé.

Bien que M. Rieffel ait obtenu des récoltes souvent beaucoup plus considérables, il ne croit pas que l'on puisse raisonnablement compter sur un rendement excédant 40,000 k., qui est, au surplus, déjà fort satisfaisant. Mais il est évident que ce rendement dépend beaucoup de la fertilité et surtout de la fraîcheur du terrain. J'ai eu l'année dernière, dans mon petit enclos, des choux pommés du poids de 7 k. 500 et d'autres qui ne dépassaient pas 1 k. 500. Ceux-ci avaient crû dans la partie haute et un peu sèche du terrain; ceux-là, dans la partie basse, très fraîche, mais saine. La fumure avait été égale partout et le sol défoncé à 0^m60. Cette différence n'a rien de surprenant. Le chou étant, de toutes les plantes cultivées, celle qui transpire le plus, et qui rend même, selon quelques auteurs, jusqu'à 20,000 k. d'eau par jour et par hectare (voir page 154), il faut nécessairement pour que cette fonction physiologique puisse s'exercer dans les meilleures conditions, et pour que la plante puisse parvenir à son plus grand développement possible, qu'elle habite une terre qui lui fournisse toute l'eau dont elle a besoin. Mais si sa racine est noyée, la plante périt infailliblement.

Le meilleur de tous les engrais pour le chou est le fumier. M. Rieffel fait, en outre, jeter dans le trou destiné à chaque plant, une pincée de noir animal. C'est un excellent adjuvant dans nos terres un peu acides et pauvres en phosphate de chaux. A Trécesson, j'avais adopté une pratique analogue, en trempant la racine de mes choux, au moment de leur transplantation, dans une bouillie de bouse de vache et de noir animal. Le but et l'effet étaient à peu près les mêmes; mais l'addition de noir pur donne moins d'embarras.

Lorsqu'on a beaucoup de fumier à sa disposition, on peut appliquer en automne la moitié de la fumure au premier labour, et l'autre moitié à celui qui précède immédiatement la transplantation. Autrement, la totalité doit être enfouie par le dernier labour.

La culture du chou pendant sa végétation demande absolument les mêmes soins que les autres plantes sarclées. Binages répétés à la houe à cheval; sarclage à la main entre les plants dans les lignes; puis, lorsque la plante a atteint à peu près le tiers de son développement, buttage plus ou moins fort, selon qu'il s'agit de choux à tige ou de choux pommés.

Lorsque vient le temps d'enlever le chou moellier, son tronc dégarni de feuilles est emmagasiné à l'abri de la gelée et consommé pendant l'hiver après avoir été fendu en quatre morceaux.

Les choux pommés sont de garde plus difficile. M. Rieffel conseille de les débarrasser de leurs feuilles extérieures et de toutes celles qui peuvent être altérées, puis, de les placer en rangs, la racine en l'air, le long d'un mur de jardin, sur une plate-bande battue et garnie de paille, en les recouvrant également d'une bonne couche de paille ou de feuilles sèches. Dans cette situation, on pourra les conserver pendant environ deux mois.

La table des aliquotes indiquant que le chou exige une fertilité totale équivalant à 130 k. de fumier normal, soit 52,000 k. pour 40,000 k. de choux, si l'on opère sur un sol venant de produire, par exemple, 30 hect. d'avoine, qui auront laissé après eux une puissance égale à 13,410 k. de fumier, il n'y aura lieu de rapporter que 38,590 k. de cet engrais pour compléter la fertilité nécessaire à la récolte projetée. Mais il sera prudent de renforcer un peu la fumure en acide phosphorique et surtout en carbonate calcaire.

2e Section. — LES PRAIRIES NATURELLES.

Nous avons vu, dans la section des assolements, en quoi consiste la fonction des prairies naturelles dans une exploitation agricole, leur importance au point de vue de la fertilisation, et l'étendue qu'elles doivent avoir dans un système de culture donné. Il ne nous reste donc, pour compléter cette étude, qu'à dire quelques mots sur la pratique de l'établissement et de l'entretien de ces sortes de prairies. Cette partie de l'enseignement peut se réduire au petit nombre de préceptes que voici :

1° Les prairies naturelles sont généralement à base de graminées ; mais on y voit apparaître souvent, sous l'influence de certaines matières fertilisantes, quelques plantes légumineuses d'une moindre durée ;

2° Les prairies naturelles peuvent se former spontanément, sans le secours de l'homme, partout où le sol, au repos, se trouve dans des conditions favorables à cette formation. De là, la dénomination qui leur a été donnée ;

3° Les terres arables ne peuvent être avantageusement converties en prairies naturelles que quand elles sont fraîches ou irrigables, saines ou susceptibles d'assainissement, et riches en débris organiques et minéraux regardés comme indispensables à l'alimentation végétale;

4° Le fond des vallées, les sols d'alluvion, et généralement toutes les terres qui se couvrent spontanément de graminées de bonne nature, sont les plus propres à l'établissement de semblables prairies;

5° Ces prairies ne sont vraiment précieuses pour le cultivateur qu'autant qu'elles lui fournissent plus de matériaux réparateurs de l'épuisement de ses terres, qu'elles ne lui consomment d'engrais. Cependant, le fumier qu'il leur donne lui est toujours remboursé en capital et intérêts. Un kilo d'azote sous la forme d'engrais produit au *minimum* un kilo d'azote sous celle de foin, et la valeur vénale et agricole de celui-ci est bien supérieure à la valeur de celui-là;

6° On ne doit procéder à l'établissement d'une prairie naturelle, qu'après avoir préparé le sol par une bonne jachère nue, ou bien par une ou plusieurs cultures soigneusement sarclées, le tout avec une fumure abondante;

7° Le sol doit être parfaitement nivelé et épierré avant le semis des graines fourragères;

8° Le succès et la durée de la prairie dépendent beaucoup d'un bon choix et d'un bon assortiment des semences qui doivent être soigneusement épurées. On ne doit associer que celles qui ont à peu près la même durée, qui mûrissent en même temps, qui affectionnent plus particulièrement les mêmes sols et qui sont le plus du goût des animaux;

9° Lorsque la prairie n'est destinée qu'au pâturage, les espèces hâtives peuvent sans inconvénient être associées aux espèces tardives;

10° Plus les variétés de bonnes plantes sont nombreuses dans un herbage, plus le succès et la durée de celui-ci sont assurés;

11° Les graminées semées isolément ne peuvent former que des prairies temporaires;

12° Les balayures de grenier à foin sont ce qui convient le moins pour l'ensemencement d'une prairie naturelle, parce qu'elles contiennent ordinairement beaucoup de mauvaises graines qui vivent aux dépens des bonnes, et produisent un mélange d'herbes de médiocre qualité. On trouve dans le commerce, et à des prix modérés, des semences bien préférables à tous égards ;

13° Mieux vaut, lorsqu'on le peut, semer en automne qu'au printemps. La première coupe est plus abondante ;

14° En vue de récupérer une partie des frais de l'établissement de la prairie, on associe quelquefois une céréale avec les graines fourragères. Dans ce cas, la céréale est semée en premier lieu, puis hersée. La graine fourragère vient ensuite. Elle est légèrement enterrée par la herse garnie d'épines, puis roulée. Mais il ne faut pas perdre de vue que si l'on obtient par l'association d'une céréale un produit immédiat d'une certaine valeur, on ne l'acquiert qu'au préjudice de la fertilité de la prairie ;

15° Les prés nouvellement établis ne doivent être livrés à la dépaissance du gros bétail que quand ils sont bien engazonnés et que le sol est suffisamment raffermi ;

16° L'entretien des prairies se borne à l'étaupinage et à l'extraction des mauvaises plantes qui peuvent s'y produire. Nous avons parlé ailleurs de l'irrigation.

Pour compléter ces notions, je crois devoir donner ici la liste des principales graminées vivaces propres à l'établissement des prairies naturelles dans les conditions les plus diverses.

Agrostis vulgaire. Tige de $0^m,35$ à $0^m,65$; foin fin et délicat. Cette plante croît spontanément dans les champs et dans les bois.

Agrostis traçante. *Fiorin des Anglais.* Mauvaise herbe dans les terres cultivées qui peut donner des pâturages passables dans de fort médiocres terrains, même tourbeux ; graine fine, environ 5 kil. par hectare.

Je dois faire observer ici que ce poids suppose que la graine est semée seule. Lorsqu'elle est associée à d'autres, la quantité indiquée doit être divisée par le nombre d'espèces qui entrent dans le mélange. Ainsi, si celle dont il s'agit était associée à quatre autres graminées, la quantité nécessaire ne serait que d'un kilo.

Agrostis d'Amérique, *herd-grass.* Fourrage abondant, un peu gros, de bonne qualité, de longue durée et tallant beaucoup. Quoique cette plante préfère les terrains humides, même tourbeux, elle réussit également dans de bons sables et des calcaires frais ; graine fine. Environ 5 kil. Elle doit être semée avec beaucoup de précautions.

Avoine élevée ou *fromental.* Tige très-haute, foin précoce, bon quoique gros, mais séchant promptement sur pied Le fromental se plaît dans les terrains hauts et moyens. Il craint une humidité excessive. 100 kil. de graine. Dans les premières années de ma carrière agricole, j'ai obtenu d'excellents résultats du mélange de cette plante avec le sainfoin.

Avoine jaunatre. Tiges grêles s'élevant moins que le fromental ; terrains élevés, sans aridité. Un sol calcaire en double le produit.

Avoine pubescente, *velue* ou *avrone.* Tiges de 0m,65 à 1m. Cette plante s'accommode mieux que la précédente de terres sèches et élevées. Son fourrage convient particulièrement pour les chevaux. 50 à 60 kil. de graine.

Avoine des prés. Moins haute que la précédente. Elle résiste à la sécheresse et craint l'humidité. Elle n'acquiert tout son développement que dans les sols substantiels. Son fourrage est excellent. 40 kil. de graine.

Brize tremblante. Peu fourrageuse, foin fin, sur la qualité duquel les avis sont partagés. Cependant, il est reconnu qu'elle forme de bons pâturages pour les bêtes à laine. Elle s'élève de 0m,35 à 0m,60 selon la qualité du sol. Elle réussit même dans des sables arides.

Brôme des prés. Fourrage médiocre selon les uns, excellent selon les autres ; mais vigoureux, rustique et de longue durée, particulièrement propre à utiliser de mauvais terrains sableux ou calcaires. 40 à 50 kil. de graine.

Brôme schrader. C'est une variété du précédent. Ce fourrage, objet d'un très-grand engouement en ce moment, causera sans doute de nombreuses déceptions. Cependant, cultivé dans des terrains frais et très riches, il procure d'abondants produits. Sa croissance rapide ne permet de l'associer qu'à un petit nombre d'autres graminées. On le cultive plus souvent seul.

Canche flexueuse. Plante de pâturages très élevés, fort recherchée de tous les herbivores.

Canche élevée. Plus feuillée que la précédente ; terrains frais, même ombragés.

Cretelle des prés. *Cynosure ;* foin fin et délicat, très aimé des vaches, s'allie très-bien avec les houques, les pâturins, les ray-grass. Tous les terrains lui conviennent, excepté ceux où l'humidité est stagnante.

Daclyte pelotonné. Qualités analogues à celles du fromental.

Fétuque des prés. Très tardive et durable; fourrage abondant et de bonne qualité dans les terrains bas. 50 k. de graine.

Fétuque élevée. Plus tardive encore que la précédente; du reste, mêmes qualités et mêmes conditions de culture.

Fétuque ovine. Précieuse pour la création de pâturages en mauvais sols, en la mélangeant avec d'autres espèces. 30 kil. de graine.

Fétuque traçante. Mêmes qualités que la précédente en terre aride. Elle devient meilleure et fauchable dans un sol frais. 35 kil. de graine.

Fétuque flottante. Terrains marécageux.

Fléole *ou* Fléau des prés, *Timothy anglais*. Fourrage gros, de bonne qualité, mais tartif; il doit être associé aux agrostis, à la fétuque élevée, à celle des près et à la houque laineuse. Terrains un peu argileux, frais et profonds. Le timothy peut être cultivé isolément en prairie artificielle. 7 à 8 k. de graine.

Flouve odorante. Peu productive, très-précoce, croît dans les terrains les plus variés; mélangée en petite quantité avec les autres espèces, elle améliore le foin par la bonne odeur qu'elle lui communique.

Houque laineuse. Excellente graminée. Tenant le milieu entre les précoces et les tardives on peut l'associer indistinctement avec les unes ou avec les autres. Elle vient dans tous les terrains sains. Mêlée au trèfle, elle forme de bonnes prairies artificielles dont le fourrage est moins météorisant chez les ruminants. 20 kil. de graine.

Houque molle. Analogue à la précédente, mais moins productive.

Ivraie vivace. *Ray-grass anglais*. Précoce, plus propre à former des pâturages et des gazons que des prairies fauchables, si ce n'est dans des terrains frais et très-fertile. 50 k. de graine.

Ivraie *ou* Ray-grass d'Italie. Convenant mieux pour prairies temporaires, seul ou en mélange avec le trèfle; très précoce, terrains frais et riches. 40 à 50 kil. de graine.

Mélique ciliée. Tiges de $0^m,30$ à $0^m,50$; cette plante recherchée par tous les animaux, ne convient guère que pour les terrains hauts et pierreux. Elle présente l'inconvénient de s'isoler.

Mélique élevée. Originaire de Sibérie, bien préférable à la précédente. Elle s'élève quelquefois à un mètre. Son foin durcissant beaucoup doit être coupé sur le vert.

Mélique uniflore, particulièrement propre aux terrains ombragés, recherchée par les chevaux et les bœufs.

Paturin des prés, très précoce. Il vient partout, mais préfère les terrains humides. Ses racines très traçantes le rendent quelquefois nuisible aux autres plantes. On ne peut mieux l'associer qu'avec le vulpin des prés et le pâturin commun, ou dans les terrains secs avec le fromental, le dactyle pelotonné, un peu de flouve odorante et quelques légumineuses. 12 à 15 kil. de graine.

Paturin commun. Mêmes qualités que le précédent.

Paturin des bois. Foin fin très précoce ; terrains secs et sains. 20 kil. de graine.

Paturin aquatique. Fourrage vert, abondant et succulent, pouvant être coupé deux fois par an. Terrains marécageux exclusivement.

Phalaris roseau. Cette plante qui ressemble à un roseau, est tendre et nutritive lorsqu'elle est coupée jeune. Quoique les terrains aquatiques lui conviennent mieux que d'autres, on l'a vu donner des produits satisfaisants dans des sols granitiques et calcaires, secs et médiocres.

Vulpin des prés. Foin abondant, très estimé quoique gros. Il s'élève beaucoup, croît rapidement, et préfère les terrains humides, sans excès toutefois. On ne doit l'associer qu'aux espèces les plus précoces. 20 kil. de semence.

Vulpin des champs. Moins haut et moins productif que le précédent quoiqu'il talle davantage ; mais il réussit mieux sur les terrains élevés, même médiocres.

Vulpin genouillé. Plante des terrains marécageux où elle produit un fourrage de meilleure qualité que les autres végétaux aquatiques.

En donnant la liste qui précède, je n'ai d'autre intention que de faire connaître très sommairement les graminées vivaces qui peuvent former des prairies naturelles, et si je m'abstiens d'être plus explicite sur les combinaisons à préférer en pareil cas, c'est parce qu'il n'est pas sans danger de donner des formules que maintes circonstances peuvent modifier. A mon avis, ce qu'il y a de mieux à faire lorsqu'on veut semer une prairie naturelle, c'est de consulter un grainetier honorable et consciencieux, en lui faisant connaître exactement toutes les conditions dans lesquelles cette création doit avoir lieu. Il y a, à Paris, plusieurs maisons de ce genre auxquelles on peut s'adresser en toute confiance.

3e Section. — LES PRAIRIES ARTIFICIELLES.

Si les prairies naturelles sont généralement à base de graminées et d'une durée indéfinie, les légumineuses forment le plus ordinairement le fond des prairies artificielles, essentiellement temporaires, et souvent même simplement annuelles ou bisannuelles. Cependant, il est des cas où le succès des légumineuses étant très incertain on leur substitue avec plus d'avantage des végétaux appartenant à d'autres familles. De là, les deux catégories de prairies artificielles que nous allons étudier très succinctement.

§ I. — *Prairies artificielles à base de légumineuses.*

Nous savons déjà que le principal avantage présenté par les fourrages de cette catégorie, c'est de ne rien coûter au sol en matières organiques, notamment en azote, dont, au contraire, elles enrichissent l'exploitation, considération qui doit les faire adopter de préférence à tous autres, partout où leur réussite est assurée. Il ne nous reste donc plus ici que quelques mots à dire sur la pratique de leur culture.

I. — **La Luzerne.**

Ce genre comprend quatre variétés principales ; savoir : A, *la luzerne commune ;* B, *la luzerne rustique ;* C, *la luzerne faucille ;* D, *la lupuline.* La première et la dernière sont celles qui présentent le plus d'intérêt.

A. La luzerne commune. Généralement cette plante se cultive hors d'assolement à raison de sa longue durée qui s'étend quelquefois à 12 ou 15 ans. Mais sa vie fût-elle plus courte, il serait difficile de l'introduire fructueusement dans une rotation, à moins que la totalité du domaine — ce qui est fort rare — ne fût propre à cette culture.

La luzerne exige impérieusement un sol profondément défoncé, très sain, chaulé ou marné lorsqu'il n'est pas naturellement calcaire, très propre et qui ne saurait être trop fortement fumé. La fumure, ici, n'est qu'une avance qui se retrouvera intégralement dans le sol après le défrichement de la luzerne, et dont celle-ci servira les intérêts à un taux très élevé.

Les terres les moins favorables à cette plante sont celles à humidité stagnante, ou qui se dessèchent trop vite ; celles à roche sous-jacente peu profonde ; enfin, celles qui sont trop légères ou trop compactes.

La luzerne se sème ordinairement à la volée, à raison de 20 kil. environ par hectare, en automne ou au printemps selon le climat, dans une céréale succédant à une culture sarclée ou à une jachère nue. Dans les terres qui s'enherbent facilement, le mieux est de la semer seule, en lignes espacées de $0^{m},25$ pour faciliter les binages qui, toutefois, ne sont guère praticables que dans une petite culture.

La luzerne, à fertilité égale, donne de meilleurs produits dans le midi de la France, surtout lorsqu'elle y est irriguée, que dans les autres régions, parce qu'elle y reçoit une plus grande somme de chaleur qui rend sa végétation plus active. On la coupe de trois à six fois par an, selon les localités, aussitôt qu'elle entre en fleurs ; mais ce n'est guère qu'à partir de sa troisième année qu'elle est en plein produit. Cette plante se desséchant assez lentement est difficile à faner ; mais on peut lui appliquer très avantageusement la méthode *Clapmayer* (page 735). Du reste, elle est meilleure verte que sèche ; malheureusement, quand elle est fraîche elle cause quelquefois le météorisme chez les ruminants.

On ne doit viser à récolter la graine de la luzerne que quand celle-ci touche à la fin de son existence, pour ne pas épuiser prématurément la vigueur de la plante. C'est ordinairement à la deuxième coupe que l'on demande cette récolte.

Pour soutenir la vigueur de la luzerne il est bien de lui appliquer pendant l'hiver une fumure en couverture, ou mieux encore, de bons composts dans lesquels on a fait entrer quelques matières calcaires. Le plâtrage, au printemps, lorsqu'elle commence à végéter lui est presque toujours profitable. Il en est des engrais qu'on lui donne pendant le cours de sa vie, comme de ceux qu'elle reçoit au début. On les retrouve dans le sol après son défrichement.

Lorsque le rendement de la luzerne commence à baisser, ce qui ne se fait pas attendre longtemps lorsqu'elle n'est pas placée dans les conditions qui lui conviennent, — c'est une indice que les couches inférieures du sol ne lui sont pas favorables ou qu'elles sont épuisées. Mieux vaut alors la défricher que de la laisser envahir par de mauvaises herbes qui salissent et fatiguent la terre au préjudice des récoltes ultérieures. A moins de défoncer de nouveau le sol à une grande profondeur et d'y réintégrer dans toute son épaisseur par un mélange très intime, la totalité des substances minérales enlevées par la légumineuse, — ce qui n'est pas facile — celle-ci ne devra revenir à la même place qu'après un laps de temps au moins égal à celui pendant lequel elle l'aura occupée. Et encore, faudra-t-il qu'à partir du défrichement, la fertilisation soit calculée autant en vue de l'alimentation des récoltes actuelles qu'en vue du retour de la luzerne.

Deux végétaux parasites, la cuscute et le rhizoctone de la luzerne, causent quelquefois à cette plante de très graves dommages. Si sa semence était toujours soigneusement épurée, la cuscute serait beaucoup plus rare. Celle-ci s'attachant aux tiges de la luzerne, après quoi sa racine périt, on peut s'en débarrasser en fauchant la prairie artificielle aussitôt qu'elle donne prise à la faux, ou en brûlant les parties envahies que l'on couvre de paille ou de végétaux de minime valeur auxquels on met le feu. Quant au rhizoctone, espèce de champignon qui détruit la racine de la luzerne, on n'a jusqu'ici trouvé aucun remède efficace contre ses ravages.

B. **La luzerne rustique** diffère particulièrement de la précédente en ce que, selon M. Vilmorin, qui l'a abandonnée après l'avoir cultivée pendant quelque temps, elle est plus tardive, et qu'elle est moins difficile sur le terrain. Ayant réussi en quelques localités, elle mérite d'être essayée partout où le succès de l'espèce commune ou du trèfle ordinaire, ne serait pas assuré.

C. La luzerne faucille croît naturellement dans les terrains calcaires arides. Elle s'étale considérablement ce qui la rend difficile à faucher. Sa végétation est assez rapide; mais elle est en tout inférieure à la luzerne ordinaire et même à la luzerne rustique.

D. La lupuline que l'on appelle aussi *minette dorée* ou *trèfle jaune*, est en réalité une variété de luzerne qui s'accommode à peu près de tous les sols, excepté ceux où l'humidité est stagnante, mais qui, dans de bonnes conditions, est beaucoup moins productive que la luzerne et le trèfle ordinaires. Elle ne doit donc être cultivée que dans les terres où le succès de ces deux légumineuses n'est pas certain. Pour ce cas, elle est vraiment d'autant plus précieuse qu'elle peut remplacer le trèfle dans les assolements, en la traitant comme lui. On la sème à raison de 15 à 20 kil. Son fourrage n'est pas météorisant. Quoique bisannuelle, on peut associer la lupuline aux graminées pour la formation des prairies naturelles et surtout des pâturages où fort souvent, d'ailleurs, elle croît spontanément sous l'influence des engrais calcaires.

II. — Le Trèfle.

Le genre trèfle se compose d'un assez grand nombre de variétés, dont trois seulement doivent nous occuper; savoir : A, *le trèfle de Hollande* ou *trèfle rouge ordinaire;* B, *le trèfle incarnat;* C, *le trèfle blanc* ou *trèfle rampant*.

A. Le trèfle de Hollande est le type du trèfle généralement cultivé en France où il reçoit diverses autres dénominations. C'est l'une des meilleures plantes d'assolement, ainsi que nous l'avons déjà vu. Il réussit dans les sols les plus divers pourvu qu'ils soient frais, sains, propres, meubles, profonds, et convenablement fertilisés. Il redoute autant l'excès que l'absence d'humidité. Les sols acides, notamment les défrichements de landes ne lui conviennent pas, au moins jusqu'à ce que leur acidité ait été neutralisée. Il se déchausse au dégel dans les terrains crayeux. Les engrais calcaires, les cendres de bois même lessivées, le plâtre, le fumier en couverture, lui sont très favorables.

Le trèfle commun se sème ordinairement au printemps avec une céréale de cette saison ou sur une céréale d'hiver, l'une et l'autre succédant immédiatement à une jachère nue ou à une culture sarclée. On peut l'associer aussi au lin, à la cameline ou au sarrasin ; mais quelquefois celui-ci l'étouffe. La semence doit être très peu couverte. Un roulage suffit ordinairement pour l'enterrer convenablement.

Quoique vivace, le trèfle commun ne se cultive généralement que comme plante bisannuelle. A moins qu'il n'occupe un sol très fertile, son produit est peu important la première année. La seconde, on peut en obtenir deux, et en certaines contrées, trois bonnes coupes. Lorsqu'on veut lui faire porter graine, c'est toujours la deuxième coupe qui est réservée dans ce but. Dans ce cas, la fertilité de la terre se trouve diminuée d'à peu près tout ce que la graine a enlevé en minéraux et en azote ; mais la valeur de la récolte indemnise largement de cet épuisement qui est d'ailleurs facilement réparable. La paille du trèfle qui a porté graine à également perdu une partie de sa valeur. Néanmoins, c'est encore une bonne nourriture d'hiver pour les bœufs, surtout lorsqu'on la fait passer au hache-paille et qu'on la mélange avec des aliments frais — choux, ajoncs, ou racines hachées également.

Quelques cultivateurs prolongent pendant une année la durée du trèfle. Cette pratique a ses avantages et ses inconvénients. A sa troisième année, le trèfle rend moins, le sol s'enherbe et finalement, le froment qui vient ensuite et qui n'a pu être semé que sur un seul labour, ne trouve pas la terre en aussi bon état. Le rôle de plante jachère ou de plante étouffante assigné au trèfle, est ainsi considérablement amoindri. Dans l'assolement quadriennal, qui devient dès lors quinquennal, les deux soles de céréales perdent en outre chacune un cinquième de leur étendue. Mais lorsque l'exploitation n'est encore que dans sa période de progression, on obtient très économiquement, par ce moyen, une augmentation de fourrage permettant d'élever plus vite la fertilité du sol à son apogée, et de concentrer les fumures sur de moindres surfaces, ce qui, comme nous l'avons vu précédemment, est le meilleur moyen de produire le blé à bon marché sans diminuer son rendement total.

La quantité de graine à employer pour la semaille du trèfle, varie entre 15 et 25 kil., selon sa qualité et celle du sol. Une fois semé, cette plante ne demande aucun travail, si ce n'est, peut-être, un hersage ou un roulage à la sortie de l'hiver, selon que la terre s'est durcie ou soulevée.

Le trèfle, comme tous les fourrages d'ailleurs, doit être coupé aussitôt que ses fleurs paraissent. Plus tard, il rend davantage en poids, mais il est plus ligneux, moins nutritif, et la coupe suivante, moins abondante. Il doit être fané avec beaucoup de précaution pour conserver ses feuilles qui se détachent facilement lorsqu'il n'est pas consommé en vert.

On mélange quelquefois du ray-grass d'Italie avec le trèfle dans les sols frais. On obtient ainsi un fourrage de très bonne qualité, mais qui ne laisse pas la terre en aussi bon état. D'autres fois, au lieu de laisser mûrir la céréale associée au trèfle, on la fauche en vert. On substitue ainsi une récolte fourragère à une récolte de grain. Le bénéfice immédiat est un peu moindre, mais on fonde l'édifice sur des bases bien plus solides. Le mérite de cette substitution dépend, toutefois, des circonstances dans lesquelles se trouve l'exploitation ; et la ressource des engrais commerciaux, pour qui sait les employer rationnellement, permet de simplifier considérablement les combinaisons de ce genre, et de travailler sur une plus grande échelle à la production des denrées destinées à la vente.

On a recommandé, pour certains sols peu favorables au trèfle ordinaire, une de ses variétés nommée *trèfle élégant*, à fleurs roses, végétant mieux dans les terres humides et sableuses, et que l'on rencontre dans un grand nombre de prairies sur divers points de la France. Ses tiges sont plus fines et plus longues que celles de son congénère; mais il ne donne qu'une seule coupe. C'est une variété que j'ai essayé en 1852 et à laquelle j'ai renoncé. Sa graine, à cette époque, était fort chère.

B. Trèfle incarnat. C'est presque toujours en récolte dérobée que l'on cultive ce trèfle, en le semant en août sur un chaume de céréale, après un labour léger et même sans labour. On emploie de 60 à 80 kil. de graine en gousse ou de 20 à 25 kil. de graine mondée par hectare, que l'on enterre par un hersage.

Ce fourrage, lorsqu'il traverse bien l'hiver qui lui est quelquefois funeste, doit être fauché successivement dès que ses fleurs paraissent, pour être consommé en vert, ce qui vaut mieux que de le faner. Il ne donne qu'une seule coupe. On peut le faire durer ainsi 12 à 15 jours, et si l'on a semé en même temps, mais dans un autre terrain, la variété un peu plus tardive, on peut, pendant près d'un mois, disposer d'une bonne nourriture fraîche, à une époque à laquelle cette ressource n'est pas encore très abondante. On fane ce que l'on ne peut pas consommer en vert, avant que les tiges soient devenues trop dures, ou bien on l'enfouit lorsqu'il est encore en fleurs. C'est un excellent engrais, et fort peu coûteux.

C. Trèfle blanc ou *trèfle rampant*. Cette espèce convient mieux pour former des pâturages que des prairies fauchables. Cependant, en l'associant à des graminées précoces dans des terres fertiles, hors d'assolement, on peut en obtenir d'excellents produits pendant longtemps. Mais sa principale destination, c'est l'engazonnement des terres légères un peu fraîches, en le mêlant avec les ray-grass, les pâturins, la houque laineuse, la flouve odorante, etc. Les engrais calcaires et surtout le plâtre favorisent singulièrement sa végétation. Il doit être semé au printemps à raison de 8 à 10 kil. de graine par hectare. Du reste, sa culture n'a rien de particulier.

III. — Le Sainfoin.

Le sainfoin, plus connu dans quelques contrées sous le nom d'*Esparcette*, n'a qu'une variété qui intéresse l'agriculture, mais qui l'intéresse vivement partout où le sol est favorable à sa végétation. Cette variété est celle dite : *sainfoin commun*, qui ne se coupe qu'une seule fois par an dans la plupart des cas, mais qui, dans les conditions qui lui conviennent le mieux, peut donner deux très bonnes récoltes. Le sainfoin à deux coupes n'est donc pas une espèce spéciale. On en acquiert bien vite la preuve quand on le transporte d'un bon terrain sur un médiocre, où il reprend immédiatement sa nature primitive, ce qui ne l'empêche pas d'être encore l'un des fourrages les plus productifs en poids brut. Perdant moins que le trèfle et la luzerne à la dessiccation, n'ayant pas comme eux le défaut de météoriser les animaux, ce sont ces éminentes qualités qui lui ont valu de la part d'Olivier de Serre, la qualification *d'herbe fort valeureuse,* qu'il mérite à tous égards. Les vaches nourries avec du sainfoin donnent de bien meilleur lait et de bien meilleur beurre qu'avec du trèfle ou de la luzerne.

Nulle part, le sainfoin ne réussit aussi bien que dans les sols calcaires contenant des gisements de pierre à chaux quelque secs qu'ils soient. Il vient également, mais moins abondamment dans des terrains de nature bien différente. Cependant, je l'ai essayé sans succès dans des sols schisteux. Les coteaux calcaires lui sont éminemment favorables. Il est plus d'un canton en France où cette plante a complétement métamorphosé l'agriculture.

La saison qui convient le mieux à sa semaille est le commencement du printemps après deux ou trois labours exécutés en automne et en hiver. On l'associe à une céréale qui est enterrée par le même hersage. On emploie communément de 4 à 5 hectolitres de semence. Un semis épais produit un fourrage moins gros et plus tendre. Le fauchage a lieu au moment de la floraison, lorsqu'on ne tient pas à récolter sa graine qui est abondante et qui a une certaine valeur nutritive qu'elle n'acquiert, toutefois, qu'au détriment de la qualité du foin. Dans le cas contraire, il ne faut pas attendre que la graine soit entièrement mûre pour faucher, parce que cette maturité ne s'opérant que successivement, les graines qui y sont parvenues les premières se détachent et tombent sur le sol qu'elles regarnissent quelquefois.

Lorsque le sainfoin a été semé clair, ou lorsqu'il s'éclaircit, ce qui arrive souvent quand le regain est pâturé par les moutons qui broutent le collet de quelques plantes et les font périr, le terrain se couvre spontanément de diverses espèces de brômes qui prennent le dessus et altèrent considérablement la valeur de la prairie artificielle qui doit alors être défrichée.

La durée du sainfoin n'est guère en moyenne que de 5 ans, quoiqu'il puisse dans de bonnes conditions donner d'excellents produits pendant beaucoup plus longtemps. On en a des exemples ; mais ils sont fort rares. Il ne doit revenir à la même place qu'après un temps au moins égal à celui de sa durée.

Le sainfoin, comme les autres légumineuses, vit en grande

partie aux dépens de l'atmosphère et du sous-sol dans lequel ses longues racines vont puiser la presque totalité de la nourriture qu'il emprunte à la terre, et dont une fraction plus ou moins considérable crée la partie des racines qui restent dans la couche arable et qui l'améliorent d'une manière remarquable, Cette amélioration est toujours d'autant plus grande, qu'au début ou pendant le cours de sa végétation, le sainfoin a reçu une plus grande quantité d'engrais.

Le sainfoin, pas plus que la luzerne, n'est une plante d'assolement général, par la raison qu'il est très rare que toutes les parties d'un domaine lui conviennent également. C'est donc un fourrage qui, pour donner les meilleurs résultats possibles, doit être exclusivement cultivé à part dans des situations spéciales. Il peut être suivi d'une ou deux céréales, puis de topinambours ou de fourrages-graminées propres aux terrains secs, jusqu'à ce qu'on ne puisse le faire revenir sur le même terrain.

Le sainfoin peut être semé en mélange avec quelques graminées, telles que le fromental, le dactyle, etc.; mais ce mélange n'a sa raison d'être que dans les terrains où la réussite de la légumineuse, cultivée isolément, ne saurait être complète.

On a dit que le sainfoin faisait périr les arbres au pied desquels il était semé. Je l'ai cultivé et vu cultiver dans des terres calcaires bordées de noyers et d'autres arbres, et jamais je n'ai rien remarqué de semblable.

IV. — Les Gesses et les Vesces.

La culture de ces deux genres de plantes, leurs exigences respectives étant à peu de chose près les mêmes, j'ai cru devoir les réunir en un seul article.

Les variétés qui intéressent le plus le cultivateur, sont, au point de vue des prairies artificielles, celles qui sont annuelles ou bisannuelles. De ce nombre, sont la *gesse cultivée,* la *gesse chiche* ou *jarosse,* la *vesce cultivée* d'hiver et de printemps.

Les variétés vivaces, savoir : la *gesse des prés*, la *vesce des haies* et la *vesce multiflore,* pourraient aussi faire d'excellentes prairies artificielles, hors d'assolement; mais jusqu'ici on ne les a guère rencontrées que dans les prairies naturelles un peu humides où elles croissent spontanément, ce qui indique qu'on peut d'autant plus utilement les introduire dans la formation de semblables prairies qu'elles donnent un fourrage abondant et de bonne qualité. Malheureusement, la graine de vesce des haies est fort rare et difficile à recueillir. C'est tout ce que j'ai à en dire.

Quant aux variétés annuelles, elles prennent place dans l'assolement en succédant à une céréale après trois labours, lorsqu'elles doivent être semées au printemps, et après un seul labour suivi d'un ou deux traits de scarificateur pour la vesce d'hiver. On leur adjoint ordinairement un peu d'avoine ou une autre céréale pour les soutenir, et on couvre avec la herse. Si l'on a du fumier disponible on ne saurait mieux l'employer qu'en le leur appliquant. Lorsqu'on place les vesces et les gesses en tête de l'assolement comme culture étouffante et nettoyante — ce qui a lieu plus particulièrement dans l'assolement triennal — elles doivent toujours être fumées à la plus haute dose possible.

Toutes ces plantes peuvent être fauchées vertes, lorsque leurs gousses sont formées et consommées dans cet état, ou fanées. Mais verte, la vesce est plus échauffante que les deux autres. On peut aussi laisser mûrir leurs graines qui ont une valeur agricole, et utiliser leur paille comme fourrage lorsqu'elle a été bien récoltée. Dans ce cas, leur culture est un peu plus épuisante.

Les gesses s'accommodent de tous les terrains autres que ceux d'une humidité stagnante. Il en est de même des vesces. Mais il faut de la pluie à la variété de printemps peu après son semis, pour qu'elle puisse mieux se développer. Cependant, les gesses préfèrent les terres calcaires, et les vesces, celles qui sont un peu argileuses.

On emploie pour la gesse cultivée environ 150 litres de semence par hectare, et pour les trois autres, 250 litres.

Quoiqu'on ait vu des gesses chiches donner des récoltes de fourrage équivalent à 7000 kilog. de foin sec, les gesses comme les vesces sont généralement moins productives que le trèfle. Aussi, celui-ci doit-il leur être préféré partout où il peut acquérir un développement satisfaisant. Mais, lorsqu'il vient à manquer par une cause quelconque dans l'année de son semis, les légumineuses dont il s'agit sont ses meilleures succédanées, en ce qu'elles ne dérangent point l'ordre de la rotation et qu'elles ne fatiguent pas plus la terre que lui lorsqu'elles sont fauchées vertes. Dans l'assolement quadriennal on peut aussi emblaver la sole fourragère, moitié en trèfle, moitié en gesces ou vesces, en alternant à chaque renouvellement de la rotation, de manière à ce que le trèfle ne revienne à la même place que tous les huit ans.

V. — Les Fèves, les Pois, les Dragées.

Nous avons déjà parlé des fèves et des pois, comme culture-jachère sarclée, et au point de vue de l'alimentation de l'homme. Nous allons les examiner ici brièvement comme culture fourragère étouffante ou nettoyante. Sous ce dernier rapport comme sous le premier, ces plantes peuvent être placées soit en tête, soit dans l'une des autres soles de la rotation, en succédant toujours à une céréale et en en précédant une autre. Elles doivent nécessairement être fumées lorsqu'elles ouvrent la rotation; mais la même nécessité n'existe pas lorsqu'elles prennent la place du trèfle et que la première sole a été convenablement fertilisée.

Bien que le semis ne puisse que gagner à être fait en lignes, même lorsque ces plantes sont destinées à être fauchées en vert, c'est le plus ordinairement à la volée qu'il a lieu, dans les mêmes conditions de sol que pour les cultures destinées à porter graine, mais non dans les mêmes conditions de temps; car ici on n'a pas besoin d'une aussi forte somme de chaleur. Ainsi, les semis qui doivent d'ailleurs être un peu plus épais, peuvent s'échelonner de l'automne à la fin de mai, en y consacrant les variétés qui conviennent le mieux pour chaque époque. La fèverole, moins sensible au froid que la fève ordinaire, doit être employée de préférence à celle-ci pour les semis d'automne. Il en est de même de la variété de pois gris, dite d'hiver, ou du pois chiche qui sont aussi plus robustes. Pour les semis de printemps nous aurons la bisaille de mars et celle de mai. Il va de soi que dans les régions où la saison froide est longue et rigoureuse et où les semis d'automne seraient compromis, on doit s'en abstenir.

On peut récolter les fèves et les pois à deux époques, lorsqu'ils sont en fleurs, ou lorsque leurs gousses sont formées, mais avant que les plantes ne se dessèchent sur pied. On coupe à la faux et l'on fane ce qui n'a pas été consommé en vert.

Quoique ces plantes puissent être fort avantageusement cultivées séparément, il est préférable de les associer à d'autres plantes de la même famille ou de familles différentes. Lorsque le mélange comprend des végétaux à racines pivotantes et à racines traçantes, il est ordinairement plus productif, pouvant s'alimenter dans une plus vaste zone. D'un autre côté, plus les espèces sont nombreuses et variées, plus la nourriture plaît aux animaux et plus elle leur profite. Ces mélanges auxquels on donne le nom de *dragées* ou *d'hivernage*, peuvent se prêter à une infinité de combinaisons que la sagacité du cultivateur saura parfaitement faire, en associant deux à deux, trois à trois, quatre à quatre, les fèves, les pois, les lentilles, les vesces, avec du seigle, de l'avoine, de l'orge, de la navette, du colza, de la moutarde blanche, du sarrasin, du millet, etc., selon les époques auxquelles les semis devront avoir lieu.

VI. — Le Mélilot blanc et le Mélilot jaune.

Ces deux légumineuses qui croissent abondamment même dans de fort mauvaises terres, pourvu que l'humidité n'y soit pas stagnante, ont été vivement recommandées à diverses époques. Elles ont pris, toutefois, peu d'extension dans la culture ordinaire. La vérité est que, même avant d'avoir durci en prenant tout leur développement, elles plaisent beaucoup moins aux animaux qu'on ne le dit. C'est d'ailleurs le plus météorisant de tous les fourrages consommés en vert, et sec, le bétail le refuse absolument. Cependant comme les fleurs du mélilot blanc offrent une excellente pâture aux abeilles, une petite pièce de cette légumineuse dans le voisinage du Rucher, sera toujours fort utile. On pourrait aussi semer les mélilots dans les terres sèches et médiocres pour les y enfouir en vert; mais le lupin jaune donnera sous ce rapport de meilleurs résultats.

VII. — Les Lupins blanc et jaune.

Ces deux lupins peuvent être semés à la volée, à raison de 150 litres par hectare, soit en automne dans les contrées méridionales, soit au printemps dans celles où l'hiver leur serait funeste. A l'exception des sols calcaires, ils réussissent dans tous les autres, quelque médiocres qu'ils soient, surtout dans les sables et les argiles ferrugineux, ocreux, etc. Mais comme plantes fourragères, ces lupins sont d'une pauvre ressource. Le jaune n'est mangé que par les bêtes à laine. Ils ne sont donc guère utiles que comme engrais vert. Sous ce rapport, ils peuvent rendre d'importants services, le blanc dans le midi, et le jaune dans les autres régions de la France. J'ai cultivé ce dernier pendant quelques années dans des terrains sableux, maigres et peu profonds, où il a déployé une végétation vraiment étonnante.

VIII. — Les Ornithopes.

L'Ornithope délicat ou *pied d'oiseau*, est vivement recommandé par Sprengel, pour établir de bons pâturages à moutons dans des sols sablonneux; mais cette recommandation est restée lettre morte, en France.

Quant à l'Ornithope comprimé, plus connu sous le nom de *Serradelle*, cultivé, dit-on, assez en grand en Portugal, il s'est introduit plus ou moins heureusement dans quelques cantons de la France. L'ayant vu donner d'assez bons résultats à Grand-Jouan, j'ai voulu l'essayer chez moi; mais il m'a si mal réussi, même dans un sol sain et d'assez bonne qualité, que je n'ai pas renouvelé cette tentative. C'est, du reste, une plante assez peu productive et que l'on peut avantageusement remplacer par d'autres, mieux acclimatées et d'un succès plus certain, mais auxquelles on ne fait pas attention parce qu'elles n'ont pas l'attrait de la nouveauté.

IX. — La Trigonelle ou Fenugrec.

Ce que je viens de dire de la serradelle s'applique au fenugrec que j'ai essayé avec le même insuccès. C'est, du reste, une plante qui appartient plus particulièrement aux climats méridionaux où elle craint moins le froid auquel elle est très sensible. Cependant, il paraît que l'on en a obtenu, il y a quelques années, d'assez bons résultats dans des terrains crayeux de la Champagne, impropres à toute autre culture fourragère.

X. — Les Arbrisseaux légumineux.

L'AJONC MARIN. — LE CYTISE DES ALPES. — LE GENET. — LE BAGUENAUDIER.

L'ajonc marin croît naturellement dans un grand nombre de cantons de la France, où il est également plus ou moins cultivé dans les sols qui lui conviennent le mieux, c'est-à-dire, dans les sols sablo-argileux ou argilo-sableux, de provenance schisteuse ou grantique. Les terrains calcaires et tous ceux qui sont humides à l'excès, ne lui sont pas favorables. J'ai déjà dit, pages 611 et 612, les avantages immenses que l'ajonc présente, non-seulement au point de vue de l'alimentation du bétail, mais surtout à celui de la fertilisation directe en l'employant comme engrais vert.

Sous le premier de ces deux rapports, 200 kil. d'ajoncs frais consommés dans les 24 heures de la récolte, remplaçaient exactement chez moi 100 kil. de foin sec pendant les 4 mois les plus rigoureux de l'année. En effet, mes bœufs, de moyenne taille, rationnés ordinairement à 15 kil. de foin, étaient entretenus en aussi bon état avec 5 kil. seulement de ce fourrage et 20 kil. d'ajonc. Or, comme un hectare d'ajoncs peut rendre de 20 à 30 000 kil. de fourrage par an, selon la qualité du sol, c'est donc l'équivalent de 10 à 15 000 kil. de foin sec que l'on peut retirer d'une pareille étendue, et cela dans des sols de médiocre qualité et presque sans frais. En 1858, mes étables ont consommé 36 727 kil. d'ajonc, coûtant pour le travail des hommes et des animaux, le loyer du sol et leur cote-part dans les frais généraux, 288 fr. 05 cent. Le travail entrait dans cette somme pour 177 fr. 15 cent. Peut-être ailleurs coûterait-il le double, sans cependant dépasser 1 fr. par 100 kil., lorsque la préparation aura lieu avec un manége.

Au point de vue de la fertilisation directe, une récolte annuelle minimum de 20 000 kil. d'ajonc dosant 0,96 d'azote à l'état normal, peut remplacer 48 000 kil. de fumier, en telle sorte, qu'avec un hectare d'ajonc on pourrait fertiliser chaque année et élever à leur plus haute puissance productive de 1 h. à 1 h. 50 de froment et de 1 à 1 h. 50 de colza, ou de pommes de terre, ou de maïs, etc., selon les régions, sans le concours d'autres animaux que ceux de travail, sans le concours d'autres prairies que celles nécessaires à l'alimentation de ces animaux.

Voilà donc un moyen de réduire la culture à son expression tout à la fois la plus simple et la plus profitable. Certes, je suis loin de prétendre que ce soit là ce qu'il y a de mieux à faire au point de vue de l'économie générale. Ce que je prétends seulement, c'est que le cultivateur qui n'a pas assez d'argent pour pouvoir se livrer à une culture remunératrice par les meilleurs procédés connus, ne saurait en employer transitoirement un plus simple, plus efficace et moins dispendieux que celui dont il s'agit ici, pour arriver graduellement à une culture plus en harmonie avec les besoins de la société.

Le moyen d'entrer dans cette voie est celui-ci : Le sol étant convenablement préparé par deux ou trois labours, on y sèmera au printemps 20 à 25 litres de graine d'ajonc avec 150 litres d'avoine, et l'on couvrira par un trait de herse. La céréale étant mûre, on la coupera à $0^{m},30$ au-dessus du sol pour que le chaume protége encore l'ajonc contre l'ardeur du soleil pendant le reste de l'été. Ce chaume sera fauché en automne pour servir de litière. A la fin de l'automne suivant, c'est-à-dire à partir du commencement de décembre, on pourra commencer à couper l'ajonc. Cette première récolte ne sera pas très abondante ; mais dès la troisième année le semis sera en plein rapport et pourra durer 20 ans s'il a été fait dans de bonnes conditions. Les terres qui devront lui être consacrées de préférence sont celles épuisées par la culture des céréales.

Ce que je viens de dire au sujet de l'ajonc s'applique de tous points au cytise des Alpes — faux-ébénier — qui peut être cultivé dans les terrains les plus ingrats — la craie exceptée — et fournir plus économiquement encore les mêmes ressources, tant pour l'alimentation du bétail que pour la fertilisation directe. Ici, je n'ai pas expérimenté aussi en grand ; mais j'ai acquis la certitude que le cytise réussit dans des terres fort médiocres et qu'il fournit abondamment un feuillage riche en matières nutritives et qui plaît à tous les animaux. C'est ce qui avait été prouvé déjà longtemps auparavant, par l'illustre Malesherbes, au moyen d'une plantation de cytise de sept arpents, bien réussie dans une marne argileuse qui jusque-là avait été rebelle à toute production.

La graine de cette plante est très peu coûteuse. On la sème en pépinière au printemps, et dès le printemps suivant on peut établir la plantation à demeure, en espaçant les plants à un mètre de distance en tous sens, et dès l'automne de la même année on pourra les receper avant que les feuilles soient tombées. On obtiendra ainsi un premier produit, et chaque souche se formera en touffe, ou buisson qui s'étalera tous les ans davantage. On peut choisir pour une semblable plantation les coteaux et autres terrains peu accessibles à la charrue.

Voulant être fixé sur la composition chimique du cytise, j'en ai envoyé au laboratoire de l'Ecole Impériale des Ponts-et-Chaussées, en 1860, un échantillon de 1 k. 076 coupé au mois d'août sur des souches qui avaient été recepées en mai précédent. Dans un laps de trois mois cette végétation avait poussé des rejets de 1m de long, ce qui fait supposer la possibilité d'une double récolte chaque année.

A son arrivée à Paris, l'échantillon avait perdu 0k,084 gr. de son eau de végétation et ne pesait plus que 0k,992 qui ont été fractionnés en trois lots composés :

1° Des tiges boisées, pesant 0k,335
2° Des feuilles . . . . 0 ,613 } 0k,992.
3° Des têtes ou sommités . . . . . . 0 ,044

Dans cet état, chaque lot a donné à l'analyse les résultats suivants :

	Eau.	Matières organiques.	Azote.	Acide phosphor.	Minéraux divers.
1er Lot.........	74.30	22.15	0.46	0.18	2.91
2e Lot..........	78.32	14.51	0.96	0.48	5.75
3e Lot..........	84.05	9.71	0.94	0.00	5.30

La quantité de cendres fournies par les sommités étant trop petite, on n'a pas pu doser l'acide phosphorique qu'elles contenaient.

En résumé, comparativement au trèfle :

	A L'ÉTAT VERT		DESSÉCHÉS A 104°	
	Azote.	Acide phos.	Azote.	Acide phosp.
1000k de cytise réduits à 662k par la séparation des tiges dosent	0k358	3.179	29.340	14.670
Tandis que 1000k de trèfle ne dosent que	6.400	1.550	20.600	4.900

Ainsi, à l'état vert, le cytise coupé après 3 mois de végétation, contient, distraction faite de ses tiges, autant d'azote à l'état normal que le trèfle et une fois plus de phosphate pour l'alimentation des animaux, et ses 338 k. de tiges fournissent en outre pour la fertilisation 1 kil. 55 d'azote, c'est-à-dire autant que 600 kil. de paille de froment. D'où il suit qu'avec un hectare de cytise produisant annuellement une tonte de 20,000 k., on pourrait remplacer 39,800 kil. de fumier, quant à l'azote et à l'acide phosphorique.

Le genet à balai semé dans les terres légères sablonneuses à raison de 4 à 5 kil. de graine environ par hectare ; le baguenaudier cultivé dans des sols arides, calcaires, sablonneux et même argileux, offrent des ressources analogues. Le baguenaudier peut être coupé plusieurs fois par an, et tous les animaux mangent avec plaisir son feuillage qui peut d'ailleurs être employé directement comme engrais vert.

Lorsqu'on voudra donner cette destination aux quatre arbrisseaux dont il s'agit, on les fera préalablement passer au hache-paille qui les réduira en fragments de $0^{m},05$ à $0^{m},06$, en disposant l'instrument en conséquence. L'engrais sera de la sorte enfoui beaucoup plus facilement.

§ II. — *Fourrages artificiels divers.*

Toutes les céréales, sans exception, peuvent être cultivées dans toutes les régions de la France pour être consommées en vert ou fanées. Le maïs lui-même, dont la graine ne mûrit pas sous tous nos climats est très propre à cet usage, et fournit peut être le fourrage le plus abondant et qui plait le plus aux animaux. La culture de ces plantes n'offre donc rien de particulier, si ce n'est que les semis doivent être un peu plus épais que quand ils ont lieu en vue d'une récolte de grain et qu'ils doivent toujours être immédiatement précédés ou accompagnés de la plus forte fumure possible, dont le fourrage absorbera une partie qu'il ne restituera pas aussi largement que les légumineuses, ce qui est à considérer.

La plus grande partie des graminées vivaces dont j'ai parlé précédemment, peuvent aussi être employées à former des prairies temporaires, en cours de rotation comme en dehors de l'assolèment, soit en les employant exclusivement, soit en les associant avec les trèfles, la lupuline ou le sainfoin. Ici encore, il n'y a rien de particulier à dire, si ce n'est que la liste de ces graminées doit s'augmenter des deux plantes annuelles suivantes que je n'ai pas encore eu l'occasion de faire connaître, savoir :

1° Le moha de Hongrie du genre *Panic*. C'est une espèce de millet importé d'Allemagne qui préfère par-dessus tout les terres saines, calcaires ou chaulées, et pourvues d'une bonne fertilité. Dans ces conditions on peut en obtenir des produits assez considérables en fourrage vert ou fané, au moyen d'une dizaine de kilog. de graine par hectare, semés en avril ou mai lorsque les gelées du printemps ne sont plus à craindre. La semence doit être sulfatée comme celle du froment et très légèrement enterrée à la herse garnie d'épines, puis roulée ;

2° L'Alpistre ou *millet long* du genre *Phalaris*. Cette plante fournit un fourrage que l'on préfère généralement à celui du millet ordinaire, moyennant qu'il soit fauché avant l'entière formation de ses panicules, cas auquel il est moins dur. On peut le semer successivement d'avril en juillet, à raison de 15 à 20 kil. par hectare. L'alpistre, comme le moha et tous les millets, même lorsqu'ils ne sont cultivés que comme fourrage, exigent de fortes fumures qu'ils supportent d'ailleurs très bien, et qui sont nécessaires dans l'intérêt de la récolte suivante.

En dehors des graminées et des légumineuses dont il a été question jusqu'ici, les plantes les plus employées comme fourrages artificiels, sont : A, la Spergule ; B, la Pimprenelle ; C, la Moutarde blanche ; D, le Colza et la Navette ; E, la Chicorée sauvage ; M. Vilmorin recommande aussi F, le Pastel des Teinturiers. Bien que ses qualités soient contestées, je ne crois pas devoir le passer sous silence. Un mot maintenant sur chacune de ces plantes.

A. La Spergule. Cette plante, indigène aux terres sablonneuses fraîches, vient spontanément dans plusieurs contrées où cette condition se rencontre à souhait. Elle abonde dans la plupart de nos terres de Bretagne ; où elle contribue vraisemblablement à la qualité du beurre des vaches qui la rencontrent dans leur parcours. Elle passe pour très nourrissante, et à en juger par l'éloge qu'en font les livres d'Agriculture sur la foi les uns des autres, la spergule serait une plante merveilleuse réunissant tous les genres de mérite. La vérité est, qu'elle possède celui de croître très vite, d'être bonne à faucher environ deux mois après son semis, quand elle devient fauchable, et d'être très recherchée des vaches et des bêtes à laine. Mais à moins de se trouver dans des conditions éminemment favorables, son rendement est insignifiant. La voyant se produire naturellement dans mes champs, j'ai voulu m'en faire une ressource fourragère en la cultivant dans les mêmes terres ; mais jamais elle n'a couvert ses frais. C'est du reste ce dont chacun peut se convaincre facilement en semant environ 15 kil. de graine sur un seul labour léger, entre un hersage et un roulage, à partir du mois de mars jusqu'en Août. Toutefois, les semis d'été ne réussiront que dans des terres qui se maintiendront très fraîches, à moins que la saison ne soit un peu pluvieuse. Cette considération enlève beaucoup d'importance à la spergule, qui ne peut être économiquement cultivée qu'en récolte dérobée après une céréale.

La spergule géante qui est plus productive, serait plus rémunératrice si elle n'exigeait impérieusement des terres très fertiles. Lorsqu'on est assez heureux pour en posséder de telles, il y a mieux à faire que d'y cultiver cette plante.

On a recommandé aussi la spergule comme un excellent engrais vert. Je me suis expliqué sur ce point, page 610.

B. La Pimprenelle est une plante vivace qui peut remplacer, hors d'assolement, la luzerne et le sainfoin, partout ou ceux-ci ne réussiraient pas. Elle s'accommode des terrains les plus divers. Sa croissance est rapide et sa végétation a lieu à une très basse température. On peut la faucher plusieurs fois dans l'année ou la faire pâturer en toute saison. Ce fourrage convient mieux aux bêtes à laine qu'aux autres animaux. Cependant, ceux-ci finissent par s'y habituer quand on le leur sert haché et mélangé avec d'autres aliments. J'ai conservé pendant plusieurs années, en terre caillouteuse, une pièce de deux hectares de pimprenelle qui m'a été fort utile, et j'ai la conviction qu'en bien des contrées cette plante pourrait rendre d'importants services, surtout dans celles qui se livrent à l'éducation des bêtes à laine.

La primprenelle se sème au printemps, en terre très propre

et convenablement fertilisée, à raison de 25 à 30 kil. de graine par hectare. On peut, du reste, l'associer utilement au ray-grass anglais, dans les terres qui conviennent à ce dernier.

C. La Moutarde blanche. Cetie plante, comme la spergule, ne doit être cultivée qu'en récolte dérobée, après la moisson, pour être consommée en vert dès qu'elle commence à fleurir. On la sème également sur un labour léger ou simplement après un trait d'extirpateur, à raison de 5 à 6 kil. de graine par hectare ; mais elle ne réussit bien que dans les terres fraîches ou lorsque la saison est pluvieuse. Cettte plante, à laquelle on a donné par antiphrase le nom d'*herbe au beurre*, a été beaucoup plus vantée qu'elle ne le mérite. Consommée en quantité un peu forte, loin d'exercer une bonne influence sur la lactation, elle lui est défavorable en communiquant au lait un goût âcre et désagréable. A mon avis, le meilleur parti qu'on puisse tirer de la moutarde blanche, c'est de l'associer à d'autres semences de la même saison, et de la cultiver en dragée. Et encore, ne le fera-t-on pas sans danger. Si la saison est sèche et que la moutarde ne lève pas, sa graine restera en terre et viendra infailliblement infester les récoltes suivantes. D'autres plantes, l'*ivraie multiflore* ou *pill des bretons,* notamment, présente le même inconvénient à un plus haut degré encore. C'est par cette raison que je ne l'ai pas classée parmi les fourrages de la présente catégorie.

D. Le Colza et la Navette peuvent aussi être cultivés en fourrages dérobés, de la même manière et à la même époque que la moutarde blanche ; mais ils ne sont fauchés qu'au printemps, dès que les fleurs commencent à se former. Le colza donne un fourrage bien préférable à la navette et à la moutarde.

Lorsque cette culture fait l'office de jachère vive, elle peut être suivie d'un nouveau semis de colza ou de navette, mais en variété de printemps. Dans tous les cas, le fumier ne doit pas être épargné. Les semis devant être un peu épais, on emploie environ 10 litres de colza ou 15 litres de navette par hectare.

E. La Chicorée sauvage peut fournir abondamment pendant trois ou quatre ans, un bon fourrage vert qui est quelquefois d'abord rebuté par les animaux ; mais ils s'y habituent bientôt. Quoiqu'on ait dit que la chicorée n'exigeait pas un sol riche, je puis affirmer, par expérience, qu'elle ne réussit bien que dans les terrains frais, même ombragés, un peu argileux, profonds et fertiles. Elle est très rustique, il est vrai, elle croît même sur le bord des chemins et dans les terres les plus arides; mais alors elle reste complétement sauvage et d'un rendement insignifiant. S'il est des plantes qui sont particulièrement propres à utiliser les mauvais terrains, la chicorée n'est pas du nombre.

On la sème le plus ordinairement au printemps, avec une céréale, à raison de 10 à 12 kil. de graine par hectare, et si les conditions sont bonnes, elle peut donner deux coupes passables la première année. Cette plante végète à une très basse température. On ne doit pas la laisser monter en tige, et encore moins en graine, si ce n'est lorsqu'on veut la détruire. Elle doit donc être fauchée aussitôt que ses feuilles sont suffisamment développées. Comme elle repousse immédiatement, on ne perd rien à la couper souvent. Elle ne peut être consommée qu'en vert, ses feuilles ne comportant pas le fanage.

F. Le Pastel des Teinturiers, à l'inverse de la chicorée, peut croître vigoureusement dans des terres arides, sèches, sablonneuses ou calcaires. Sa végétation n'est arrêtée que par les très grands froids, en sorte qu'il peut être pâturé pendant presque toute l'année. Selon M. Vilmorin, cette plante est mangée avec plaisir par les bêtes ovines et bovines. Selon d'autres agronomes, elle ne convient qu'aux bêtes à laine; enfin, d'aucuns prétendent qu'elle est refusée par tous les animaux. La même divergence d'opinions existe à propos de plusieurs autres plantes, en s'appuyant sur des faits vrais. Toutefois, lorsqu'il est avéré que des animaux d'une espèce quelconque mangent, sans inconvénient, une plante que d'autres animaux de la même espèce refusent, on peut considérer ce refus comme n'étant pas absolu. J'ai souvent rencontré cette difficulté à propos de l'ajonc. Il est des cultivateurs qui la tournent en faisant jeûner l'animal récalcitrant. J'ai toujours préféré mélanger très intimement l'ajonc haché avec des choux également hachés, lorsqu'il s'agissait de bêtes à cornes, ou avec des carottes lorsqu'il s'agissait de chevaux, en diminuant progressivement la proportion de choux ou de carottes. Ce moyen m'a toujours réussi, et quoique je n'aie jamais cultivé le pastel, j'ai l'intime conviction que le même moyen lui serait applicable avec autant de succès, au moins en ce qui concerne les bêtes à cornes ou à laine. La chose vaut assurément la peine d'être essayée partout où il se trouve des terres qui ne sauraient être mieux utilisées que par la culture du pastel. Cette plante peut être semée à la volée en automne ou au printemps, à raison d'environ 20 kil. de graine par hectare. On peut bien l'associer avec la primprenelle qui n'est pas plus difficile qu'elle sur le terrain ; mais l'association du pastel avec la chicorée, pas plus que celle de la chicorée avec la pimprenelle, conseillées l'une et l'autre par quelques auteurs ne seraient pas rationnelle, au moins dans les terrains médiocres.

TROISIÈME CLASSE.

LES PLANTES INDUSTRIELLES.

Certaines plantes sont cultivées pour produire : les unes, du sucre, de l'alcool, ou de l'amidon; d'autres, de la filasse propre au tissage ou à la corderie ; d'autres, de l'huile ; d'autres, des matières tinctoriales; d'autres enfin, des substances demandées par diverses industries spéciales.

La première de ces cinq catégories comprend les betteraves dont on retire du sucre ou de l'alcool en utilisant leurs résidus pour la nourriture des animaux ; le topinambour qui ne produit que de l'alcool seulement, son sucre n'étant pas cristallisable ; les pommes de terre dont on obtient de l'eau-de-vie ou de la fécule ; le froment que l'on emploie de préférence pour la production de l'amidon. On pourrait également retirer de l'alcool de toutes les céréales ; mais cette industrie est peu pratiquée en France. On pourrait encore en obtenir de la carotte, du maïs, du sorgho ; mais l'industrie n'est pas encore en possession de procédés suffisamment économiques pour que la culture puisse prendre cette direction.

La canne à sucre ne pouvant être cultivée en France, je n'ai pas à m'en occuper. Quant aux autres plantes industrielles de cette catégorie dont il vient d'être parlé, leur culture ayant été décrite précédemment à un autre point de vue, il n'y a pas lieu d'y revenir ici. Quelle que soit la destination de ces plantes, elles doivent être traitées d'une manière invariable.

Nous n'aurons donc à étudier que les quatre autres catégories.

I. — Les Plantes textiles.

Il est plusieurs espèces de végétaux dont on pourrait retirer de la filasse propre sinon au tissage, du moins à la corderie ; mais les essais tentés dans ce but n'ayant pas encore réussi à disputer le terrain au chanvre et au lin, nous ne nous occuperons que de ces derniers.

Les plantes textiles passent à juste titre pour être très épuisantes, quoique cependant leur matière utile — la filasse — ne soit guère composée que des substances dont la fertilisation se préoccupe le moins, c'est-à-dire, de matières carbonées ; mais cela vient de ce que le plus ordinairement elles ne rendent rien au sol de ce que celui-ci leur a fourni. Si les tourteaux de leurs graines, les eaux de rouissage, les chènevottes, étaient intégralement restitués, aucun végétal ne fatiguerait moins la terre. Mais il s'en faut de beaucoup qu'il en soit ainsi. Sans doute, les tourteaux ne sont pas perdus pour la fertilisation considérée sous un point de vue général ; mais bien rarement ils reviennent directement au sol qui les a produits ; quant aux eaux de rouissage qui contiennent la plus grande partie de l'azote enlevé par la récolte, elles ne lui reviennent jamais. Il suit de là, que non-seulement le cultivateur est obligé de pourvoir aux besoins des plantes textiles par d'abondantes fumures, mais encore qu'il ne peut les produire avantageusement que dans des terres d'une haute fertilité ; leurs exigences l'emportant sous ce rapport, sur celles de presque tous les végétaux de la grande culture. C'est, au surplus, ce que nous allons mieux voir à l'instant même.

A. Le Chanvre. Cette plante pouvant réussir sous tous les climats de la France, est cultivée dans la presque totalité de nos départements. Néanmoins, elle n'y dépasse pas une étendue de 125 000 hectares, ce qui vient de ce qu'elle exige des terres exceptionnelles, et une main-d'œuvre considérable qui ne laisse au producteur qu'un bénéfice insignifiant, lorsque toutefois bénéfice il y a — ce qui est fort rare. Il faut nécessairement à cette plante un sol de consistance moyenne, constamment frais, très profond, meuble, propre et riche en terreau. Le fond des vallées, les terres d'alluvion, sont celles qui lui conviennent le mieux.

Les meilleurs engrais pour cette culture sont le fumier consommé, les guanos azotés naturels et artificiels, les tourteaux, les excréments humains, le purin, en un mot, tous les engrais promptement assimilables, lorsqu'ils contiennent d'ailleurs les substances les plus essentielles, et notamment une bonne proportion de calcaire pour les terres où ce principe n'est pas abondant.

Lorsque le chanvre entre dans l'assolement, le mieux est de le placer en tête de la rotation, attendu qu'il ne consomme que la moindre partie de la fertilité dont il a besoin. Du reste, il peut succéder à toutes les plantes et les précéder toutes moyennant que la terre soit convenablement travaillée et fumée. Fort souvent il revient tous les ans sans interruption sur lui-même, dans des terres privilégiées et spéciales que l'on appelle *chènevières,* et où l'on peut le perpétuer jusqu'à ce que l'orobanche, qui est à peu près le seul parasite qu'il ait à craindre, ne vienne lui disputer le terrain. L'apparition de cette plante est un indice formel que le sol n'est plus dans les conditions nécessaires pour la production du chanvre. Il faut alors le transporter ailleurs, ou bien rétablir la fertilité sur un pied normal. Un simple chaulage suffit quelquefois avec le fumier. Mais là où l'on emploie en grand, les chiffons de laine et autres engrais analogues aussi incomplets, l'orobanche d'ordinaire, ne se fait pas attendre longtemps.

Le chanvre, dans un grand nombre de localités, n'est guère, comme le dit M. l'Inspecteur général de Sainte-Marie, qu'une culture de courtil qui se fait à la bêche avec beaucoup plus de soin que toutes les autres, parce que c'est ordinairement la fermière qui la dirige dans l'intérêt de son ménage. Nous ne nous occuperons ici que de celle qui a lieu à la charrue. Celle-ci exige au moins trois labours très profonds et quelques coups d'extirpateurs dans les terres un peu consistantes. Autant que possible, la fumure doit être faite avec le premier labour, en automne.

Lorsque le chanvre succède à un froment, on peut, dans les régions où l'automne reste doux très longtemps, faire suivre cette céréale d'un semis de fèves ou de lupin qu'on enfouit en vert, avec le fumier dont on peut ainsi réduire la quantité.

Mais quelle doit être cette quantité ? C'est une question

qu'éludent toutes les encyclopédies, tous les Traités d'agriculture que j'ai consultés, dans le but de constater l'état de la théorie sur ce point. Tous les auteurs s'accordent à dire que le chanvre exige de fortes fumures, ce qui n'est pas une solution. D'après les documents que je possède et qu'il serait trop long d'analyser ici, je pense que l'on peut établir en principe, que pour produire 100 kil. de filasse et 120 litres de graine, il faut nécessairement une fertilité totale de 20 kil. 50 d'azote, dont la plante enlèvera 6 k. 66, à raison d'une aliquote de 0,325 et dont elle laissera 13 k. 84 pouvant produire en seconde récolte 252 litres de blé sans nouvelle fumure. Par conséquent, des terres qui, comme celles de la vallée de la Loire rendent, selon M. O. Leclerc-Thouin, 10 douzaines de poignées de chanvre par boisselée (1/15 d'hectare), chaque douzaine produisant 6 k. 5 de filasse, soit par boisselée 65 k. et par hectare 975 k. plus 20 hect. de froment l'année suivante, au moyen d'une fumure unique de 30 m. c. de fumier consommé pesant 24 000 k. et dosant 96 kil. d'azote, ou bien 975 kil. de filasse seulement en faisant chanvre sur chanvre avec une fumure de 20 m. c. ou 16 000 kil. dosant 64 kil. d'azote; par conséquent, disons-nous, de semblables terres doivent posséder une fertilité initiale de 104 kil. d'azote dans le premier cas, et de 136 kil. dans le second, que la fumure élève à 200 kil. dans l'une et l'autre hypothèses. Il est juste de reconnaître cependant, que dans plusieurs localités les fumures sont plus fortes sans que le produit augmente dans la même proportion. Dans le Grésivaudan, par exemple, on emploie jusqu'à 120 m. c. de fumier dont on n'obtient que 12 à 1500 k. de filasse. Il est évident, ici, que la récolte est un maximum qui ne peut être dépassé, quelque exorbitante que soit la quantité d'engrais appliquée, mais dont la partie non absorbée par le chanvre profite aux cultures qui lui succèdent ordinairement.

On sème en moyenne, en France, d'après la statistique officielle de 1852, 3 h. 90 de graine par hectare qui en reproduisent 7 h. 34 avec 512 kil. de filasse. Cette quantité de semence paraît un peu élevée. Cependant, elle est dépassée dans un grand nombre de départements; mais dans beaucoup d'autres elle descend juqu'à 1 h. 50 et même au-dessous. Elle doit être réglée selon le but qu'on se propose. Lorsqu'on cultive le chanvre, principalement pour sa graine et pour en obtenir de la filasse propre à la grosse corderie, il est nécessaire de semer très clair et inversement, de semer épais lorsque l'on n'a en vue que de la filasse fine pour le tissage. Dans ce dernier cas, la semence s'élève quelquefois jusqu'à 6 hectolitres et au-delà.

La semaille se fait toujours à la volée et lorsque les gelées de printemps ne sont plus à craindre. Elle doit avoir lieu immédiatement sur le dernier labour, pendant que la surface du sol est encore fraîche. Elle est très légèrement recouverte à la herse et roulée, puis préservée, autant que possible, pendant quelques jours, des déprédations des oiseaux qui sont très friands de chènevis. Lorsque le chanvre est levé dans de bonnes conditions, et que le sol est bien garni, il étouffe bientôt, par son ombrage et sa végétation rapide, toutes les plantes adventices, et n'exige plus aucun soin jusqu'à sa récolte.

Celle-ci se fait ordinairement en deux fois, en commençant par les pieds mâles qui sont arrachés aussitôt que la fécondation des fleurs des pieds femelles est terminée. Répétons ici, ce que déjà nous avons dit ailleurs, a savoir que, contrairement à l'opinion générale, ce sont les tiges femelles et non les mâles qui portent la semence. Lorsque la graine est mûre, au moins en grande partie, les tiges femelles sont arrachées à leur tour. On en fait de petites bottes qu'on place debout et en cercle au nombre de 25 à 30, en les inclinant de manière à ce que leurs têtes se rejoignent et se prêtent un mutuel appui. Dans cette position, elles se dessèchent plus vite et leur graine achève de mûrir. Ensuite, on extrait celle-ci sur le champ même, et après l'avoir nettoyée, on répand la poussière et les feuilles sur le sol auquel elles restituent une partie des substances qu'elles lui ont enlevées. Finalement, on procède au rouissage et au broyage par l'un des procédés usuels. Comme le rouissage fait en beaucoup de départements l'objet de réglements d'administration publique, je n'ai rien à en dire, sinon à exprimer le vœu qu'il soit pratiqué un jour, de manière à ce que ses eaux qui entraînent en pure perte pour la fertilisation les trois quarts des substances azotées que le chanvre s'est assimilées, fassent retour au sol ou à la fosse à purin.

B. Le Lin. La culture de cette plante est bien moins étendue encore que celle du chanvre, en France, où elle n'occupe que

80 000 hectares, dont près de 70 000 dans 20 départements seulement, et il n'en est aucune qui donne lieu à des pratiques plus variées et à des résultats plus divergents. Aussi, serait-il impossible de baser une théorie rationnelle sur les faits en usage. Cette étude doit donc se réduire en grande partie à une simple exposition de principes.

Le lin peut succéder sans inconvénient à peu près à toutes les plantes cultivées. On le sème indistinctement, ici après le froment, là après l'avoine, ailleurs après des pommes de terre; mais les précédents qui lui conviennent le mieux, sont les rompus de gazon, de trèfle ou de luzerne, ce qui prouve une fois de plus que l'alternat des plantes traçantes et des plantes pivotantes, n'est pas une loi physiologique bien rigoureuse.

Le lin, dont la racine s'enfonce profondément en terre, vit principalement aux dépens du sous-sol. C'est là une indication non équivoque de la nécessité de profonds labours. Cependant, il est peu de plantes pour lesquelles on travaille le sol plus superficiellement, même dans le département du Nord, le plus productif de la France entière aussi bien en lin qu'en autres denrées. Le labour profond n'est donc pas une nécessité absolue, en vue d'un produit immédiat, dans des terres dont le sous-sol a pu s'enrichir par suite d'abondantes fumures appliquées aux cultures précédentes; mais il est une nécessité impérieuse au point de vue de l'entretien de la fertilité. En effet, on aura beau fumer abondamment, même dans le département du Nord, on ne réussira pas à faire deux bonnes récoltes de lin sur le même sol, à des époques rapprochées, si l'on n'arrive à faire pénétrer mécaniquement à temps utile, les principes fertilisants dans la zône où la racine s'alimente en plus grande partie. Aussi, arrive-t-il que par les procédés usuels le lin ne peut revenir à la même place qu'après un intervalle de 10 à 20 ans, selon que la nature et l'état de la terre permettent aux engrais de pénétrer plus ou moins lentement dans le sous-sol. Nous savons avec quelle tenacité la couche arable les retient, et cette notion suffit pour donner l'explication exacte de ce qui se passe en pareil cas. Mais telle n'est pas l'opinion générale. On préfère ne voir dans le refus du lin, de revenir sur lui-même, qu'une antipathie admise *a priori*, mais d'autant moins fondée qu'en Livonie, d'où nous viennent nos meilleures semences;

cette plante fait l'objet d'une culture perpétuelle sur les mêmes terrains. Il n'y a donc pas à douter un seul instant que lorsqu'on se donnera la peine de défoncer à $0^m,40$ ou $0^m,50$ un sol qui vient de porter du lin, en rapportant intégralement et en répartissant exactement dans la couche remuée, toutes les substances enlevées par cette plante, on ne puisse la ramener plus fréquemment sur elle-même, et surtout la cultiver plus économiquement en ce qui concerne la fumure.

Dans l'état actuel des choses, il n'est pas possible d'établir pour cette culture les règles d'une fumure rationnelle, parce qu'avec des labours superficiels l'engrais ne peut se trouver qu'en partie plus ou moins faible à la disposition de la plante.

Aussi, la pratique sur ce point varie-t-elle à l'infini d'un canton à un autre. Voici, selon nous, les notions qui pourront conduire un jour à la solution de ce problème.

Quelques observations et quelques analyses nous ont appris que fort souvent, le lin, plante entière, se compose à l'etat normal de 800 k. de tiges et 200 de graines dosant ensemble 9 kil. 04 d'azote, dont 6,56 pour la graine, à raison de 32,80 par 1000, et pour la tige, de 2,58, à raison de 3,28 8/8, au lieu de 1,12 imprimés par erreur dans le tableau de la page 350-351.

Mais la moyenne des rendements, en France, ne cadre pas tout à fait avec ces données. Elle ne correspond, pour la graine, qu'à 676 litres pesant 473 kil., et pour la filasse, qu'à 419 kil. représentant 2514^k de tiges, le rapport entre elles étant :: **1** : 6. Soit 16 de graine dosant 0,525 d'azote, et 84 de tiges qui en contiennent 0,27, ensemble 0,795 pour 100 ou 7,95 pour 1000, au lieu de 9,04, lorsque la proportion est comme dans le premier cas.

D'où cette première conclusion, que plus la récolte abonde en graine relativement aux tiges, plus elle appauvrit le sol. On sait d'un autre côté que plus le lin est semé épais, moins il fructifie, d'où l'on induit encore, que la fumure devra être plus ou moins forte selon que l'on visera plus à la graine qu'à la filasse, ce qui peut avoir lieu quelquefois, bien que celle-ci ait une valeur au moins triple de celle-là.

Si nous comparons maintenant l'épuisement respectivement causé par le lin et le chanvre, nous aurons pour 100 kil. de filasse et 120 kil. de graine de ce dernier, ainsi que nous l'avons

vu plus haut. . . . . 6^k 66 d'azote
et pour 100 kil. filasse de lin représentant

600 kil. de tiges à 3,22 8/8. . . .	1,93	5 87
120 k. de graines à 32,80 8/8. . .	3,94	
Différence en faveur du lin. . .		0^k 79

Mais cela ne veut pas dire précisément, quoique les faits ne permettent guère d'en douter, que le lin laisse le sol en meilleur état que le chanvre. Pour être formellement fixé sur ce point, il faudrait connaître exactement l'aliquote d'absorption du premier, et, par conséquent, la fertilité totale qu'il exige, ainsi que maintes fois déjà nous avons eu l'occasion de démontrer. Or, dans l'état actuel des choses, la pratique est absolument impuissante à nous fournir des données exactes à cet égard, ce qui rend impossible, comme nous l'avons annoncé tout à l'heure, l'établissement d'une théorie rationnelle relativement à la fumure du lin. A cet égard, le plus prudent sera de ne pas épargner l'engrais. L'excédant, lorsqu'il y en aura, profitera aux cultures suivantes.

Il est d'observation, que partout où l'on peut employer à la fertilisation du lin le goëmon pur, ou bien le fumier consommé mélangé de goëmon, ou amélioré par une addition de cendres, on obtient une bien plus belle filasse qu'avec le fumier ordinaire. Cela seul serait une révélation de la nécessité d'un supplément d'alcalis, et surtout de phosphate, si l'analyse ne la démontrait pas péremptoirement. Ainsi, à défaut de goëmon qu'on ne peut se procurer que sur le littoral de la mer, à défaut de cendres qui ne sont pas toujours très communes, une addition de sel marin et de phosphate fossile au fumier, produira infailliblement un excellent effet.

La terre se prépare pour le lin comme pour le chanvre, à cela près que la couche superficielle doit être plus ameublie encore. Comme le chanvre aussi, le lin exige un sol frais, mais contenant nécessairement une certaine proportion d'argile. Ceux qui sont exclusivement sablonneux ou calcaires à l'excès, de même que ceux qui reposent à une faible profondeur sur un sous-sol impénétrable ne lui conviennent pas.

Le succès d'une linière dépend en très grande partie de la qualité de la semence. Dans le Nord on la fait venir principalement de Riga et on la renouvelle fréquemment. En Bretagne, on la tire de la Courlande, de la Zélande, de la Flandre. Quand on ne se sert pas de celle qu'on a récoltée soi-même. Ailleurs, on emploie aussi de la graine venant d'Italie.

Le lin se sème en automne ou au printemps. Il faut attendre dans ce dernier cas que la température soit établie au moins + 10°. On peut différer jusqu'en mai, mais la réussite est plus incertaine. La quantité moyenne de semence employée en France est de 3 h. 80 par hectare; mais d'un département à un autre elle varie du simple au quadruple, c'est-à-dire de 150 à 600 litres. Il est reconnu aujourd'hui que si les semis épais donnent une filasse plus fine, ils produisent en même temps une grande quantité de tiges excessivement grêles et de peu de valeur. Dans les trois départements du Nord, du Pas-de-Calais et de la Somme, qui produisent ensemble à eux seuls près des deux septièmes de la graine, et plus des deux cinquièmes de la filasse récoltée dans toute la France, quoique l'étendue consacrée au lin dans ces trois départements, ne s'élève pas tout à fait au quart de la surface totale que cette plante occupe, on n'emploie que de 2 h. 17 à 2 h. 56 de semence. Quatre départements seulement produisent un peu plus de filasse; mais ils ne cultivent ensemble que 472 hectares de lin et ils sèment beaucoup plus épars. Ainsi, avec 1/3 moins de semence on obtient dans le Nord, le Pas-de-Calais et la Somme, beaucoup plus de graine et de filasse sur un hectare, que dans tous les autres départements réunis; mais hâtons-nous de reconnaître que ce résultat est principalement dû à une fertilité plus grande, ce qui confirme la règle précédemment posée, à savoir que les semis doivent être d'autant plus clairs, que la terre est plus riche.

Lorsqu'il est semé très épais, en vue d'en obtenir de la filasse plus fine, le lin est sujet à verser. Pour l'en empêcher on le rame. Cette opération consiste à planter à environ un mètre en tous sens, et en lignes droites, de petites fourches en bois que l'on enfonce dans le sol jusqu'à ce que la naissance de la bifurcation n'en soit éloignée qu'à environ 0m15. Puis on place sur ces fourches des perches en travers desquelles on étend des branchages d'arbres dégarnis de leurs feuilles, de manière à recouvrir toute la surface du champ de lin. La plante en s'élevant passe par les intervalles qui séparent les brindilles et celles-ci lui servent de point d'appui.

Lorsque le lin est mûr, ce qu'indique la nuance jaunâtre qu'il revêt, on l'arrache, on le fait sécher en dressant les javelles les unes contre les autres, en leur donnant un peu de pied, après quoi, on sépare la graine et l'on procède au rouissage et au broyage.

On a beaucoup vanté il y a quelques années, une variété de lin à fleurs blanches venant d'Amérique ; mais il ne paraît pas que la culture lui ait fait jusqu'ici un favorable accueil. Elle s'en tient généralement au lin commun à fleurs bleues, qui comprend une variété d'automne et une de printemps. La première est plus vigoureuse et fournit des tiges plus longues et plus grosses que celle du printemps ; mais la filasse est moins estimée.

L'usage des toiles de coton a fait perdre au chanvre et au lin une grande partie de leur valeur. Aussi, dans la plupart de nos départements, la culture de ces deux plantes est-elle limitée aux besoins des ménages. Celle du lin est d'ailleurs fort casuelle. Dans Maine-et-Loire, par exemple, on ne compte que sur une bonne récolte pour une médiocre et une mauvaise. Cette perspective est d'autant moins encourageante qu'à moins de dépasser les produits moyens de la France entière, ces deux cultures ne sont pas rémunératrices, lorsque celui qui les pratique estime son travail à sa véritable valeur. Mais elles fournissent de l'occupation pour *les moments* perdus.

II. — Les Plantes oléagineuses.

Ce groupe est l'un des plus intéressants pour l'agriculteur progressiste, en ce qu'il lui permet d'en obtenir d'importants produits marchands, d'une vente facile, d'une valeur même plus élevée que celle de la plus précieuse de nos céréales, sans nuire à celle-ci et sans rien enlever au sol de ses substances utiles, dans un système de culture sage et bien combiné. En effet, que le cultivateur de colza qui vend 100 k. de cette graine pour 40 fr., s'impose inflexiblement la loi de racheter en même temps 67 k. de tourteaux de la même graine, qui lui coûteront au maximum 12 fr. ; qu'il rende ces tourteaux à sa terre, ainsi que les tiges et les siliques de la plante, il lui restituera intégralement les substances minérales et azotées qu'il en aura tiré, et son exportation se réduira à la matière hydrocarbonée dont l'atmosphère seule aura fait tous les frais. Si ce producteur a récolté 20 hect. de colza (1320 k.) sur un hectare de terre, ce qui n'a certes rien d'extraordinaire dans des conditions convenables et dans une culture tant soit peu soignée, il réalisera ainsi un produit de 370 fr. net d'engrais. Quelle est la denrée de vente qui puisse aujourd'hui fournir un semblable résultat? Assurément, ce n'est pas le froment. Vingt hectolitres de cette céréale ne rendront pas désormais, en moyenne plus de 340 fr., dont il faut retrancher 100 fr. pour la valeur des substances fertilisantes qu'ils exportent. La culture du colza, il est vrai, est plus casuelle que celle du froment; mais dans les terres qui conviennent au premier, un produit de 20 hect. et le prix de 40 fr. pour les 100 k. peuvent être considérés comme des moyennes assez certaines pendant de longues années encore, malgré l'emploi toujours croissant des huiles de pétrole. Et puis enfin, il ne s'agit pas de substituer la plante oléagineuse à la céréale ; mais seulement de la faire alterner dans une certaine mesure, alternat qui peut d'ailleurs être aussi favorable au froment que la meilleure jachère.

Ainsi, on peut dire en toute assurance, que la prospérité de l'agriculture française dépend désormais, en grande partie, de l'étendue qu'elle assignera d'une part, aux fourrages légumineux rendant au sol plus qu'ils ne lui ont pris, et d'autre part, aux plantes industrielles qui, comme la betterave à sucre, et les graines oléagineuses, restituent la presque totalité de leurs principes minéraux et azotés, tout en fournissant un produit marchand dans lequel le cultivateur peut trouver une ample rémunération de sa peine et de ses déboursés. Mais lorsque celui-ci transigera avec l'obligation de racheter les résidus de ses denrées industrielles exportées, il se préparera inévitablement d'amères déboires, à moins qu'il n'ait les moyens de les remplacer par des équivalents aussi économiques.

Les plantes oléagineuses qui peuvent se cultiver à peu près partout en France où elles occupent déjà 250,000 hectares en dehors des plantes textiles qui sont en même temps oléagineuses, sont : 1° le colza ; 2° la navette ; 3° le pavot ou l'œillette ; 4° la cameline ; 5° la moutarde ; 6° le madia. Le chanvre et le lin appartiennent aussi à cette catégorie; mais comme dans la culture ordinaire leur graine n'est qu'un produit secondaire, nous n'avons rien à ajouter à ce que nous en avons dit dans le chapitre précédent. Nous ne nous occuperons pas davantage des plantes qui, comme l'arrachide, le sésame, le ricin, ne sont encore qu'à l'état d'exception en France, où leur culture n'aurait d'ailleurs quelque chance de succès, que dans un très petit nombre de nos cantons méridionaux. Quant à la culture arborescente produisant des fruits oléagineux, comme l'olive, la noix, la faine, etc., elle n'entre pas dans mon cadre. Mais comme toutes les productions de ce genre intéressent le domaine de la charrue, par les tourteaux qu'elles offrent à la fertilisation générale, j'aurais à les examiner sous ce rapport si, déjà, ce sujet n'était traité, page 544.

A. Le Colza. L'introduction de cette plante dans la culture française date à peine du commencement de ce siècle. C'est l'une de nos plus récentes et plus importantes conquêtes agricoles. Pour la faire connaître sous tous les rapports, il me reste peu de chose à ajouter à ce que j'en ai dit déjà, tant dans les prolégomènes de cette étude pratique qu'au chapitre de la fertilisation.

La variété la plus intéressante et qui occupe le plus de place, en France, est celle qui se cultive dans le courant ou à la fin de l'été, par semis ou transplantation, et qui ne donne son produit que l'année suivante. Le colza de printemps, beaucoup moins productif, n'est guère employé, si ce n'est dans quelques circonstances exceptionnelles, que pour remplacer celui qui a pu être détruit par l'hiver — ce qui, d'ailleurs est fort rare, car il supporte assez bien un froid de 10 à 12 degrés, surtout lorsqu'il est protégé par un manteau de neige.

Le colza réussit dans toutes les situations qui conviennent au chou; mais il exige plus d'engrais à raison de sa fructification. Nous avons vu ailleurs comment sa fumure doit être calculée. Lorsqu'il est transplanté, il peut, aussi bien que toutes les autres récoltes sarclées, faire l'office d'une jachère vive en tête de l'assolement; mais dans les rotations à long cours, commençant par une racine, sa place la plus rationnelle est après le trèfle dans l'assolement quinquennal, et à la 5e sole, entre deux céréales, dans celui de six ans et au-delà. Mais dans ces deux cas et surtout dans le second, il exige une fumure supplémentaire, dont l'indice est fourni par la céréale qui l'a précédé immédiatement ou médiatement, lorsqu'il se trouve un trèfle entre eux. Du reste, le colza se prête à toutes les combinaisons de culture possible. Il peut même revenir plusieurs fois de suite à la même place, pourvu qu'on lui applique tout l'engrais dont il a besoin et que la composition de cet engrais, intimement mélangé au sol par des labours profonds, corresponde exactement à celle de la plante. Mais le plus ordinairement on ne le ramène sur le même terrain que tous les quatre ou cinq ans. Il paraît, toutefois, qu'en Normandie, son retour fréquent a dégénéré en abus qui a produit de fâcheux effets, dont la cause est vraisemblablement due à des fumures peut-être abondantes, mais incomplètes, ou à des labours trop superficiels.

La transplantation du colza doit toujours avoir lieu à la fin de l'été. J'ai expérimenté que différée jusqu'à la deuxième quinzaine d'octobre seulement, elle donnait en Bretagne, des produits sensiblement moindres que quand elle était faite un mois plus tôt. C'est aussi ce qu'à constaté M. Rieffel, à Grand-Jouan, par des expériences comparatives répétées pendant quatre années. *(Manuel du propriétaire de métairies, p. 243.)*

Lorsque M. de Dombasle était en mesure de semer son colza en place avant le 1er septembre, il préférait cette méthode à celle de la transplantation, comme étant beaucoup plus expéditive et aussi productive. Il est vrai que ses récoltes ne dépassaient pas, en moyenne, 16 h. 50, chiffre qui est bien distancé aujourd'hui par une culture mieux entendue qu'elle ne l'était alors. A Roville, les semis avaient lieu à la volée, à raison de 10 litres de graine par hectare, et lorsque la plante avait quatre feuilles, on détruisait la moitié de la levée en y faisant passer l'extirpateur dont les socs étaient disposés de manière à produire des intervalles libres suffisamment larges pour que les binages pussent ensuite s'effectuer aussi facilement que dans un colza transplanté. On ne recourait donc à ce dernier mode, que quand on n'avait pas pu rassembler assez de fumier pour pouvoir semer sur place, avant le 1er Septembre.

Quoique ce procédé soit plus simple et plus expéditif que la transplantation, il n'a pas prévalu par la raison que ces faibles avantages disparaissent devant des inconvénients fort graves.

D'abord, le semis en place exécuté à la fin d'août est beaucoup trop tardif. Il ne doit pas être différé au-delà des derniers jours de Juillet, et dans ce cas, le colza ne pouvant guère succéder à une céréale récoltée la même année, faute de temps pour préparer la terre, doit occuper un sol en jachère, ce qui le met dans le cas de supporter deux années de loyer. D'un autre côté, malgré les éclaircies faites par l'extirpateur dans le semis à la volée, les plants restent trop épais dans les lignes et ne s'y développent pas aussi bien que dans la transplantation, à moins qu'on n'ait régularisé l'espacement à la main. Alors l'économie de main-d'œuvre est annulée. Enfin, le colza, comme toutes les crucifères, est exposé aux attaques de l'altise ou du puceron, aussi bien dans le semis en place que dans la pépinière. Dans le premier cas, le mal est sans remède, car le semis ne peut pas être recommencé lorsque déjà il a été fait tardivement. Tout au plus, lorsque ce mal n'est que partiel, peut-on l'atténuer par des transplantations ultérieures quand on a eu la précaution de se faire une réserve de plants. Mais ces repiquages complémentaires ne réussissent jamais qu'imparfaitement. Lorsqu'au contraire, le colza est semé en pépinière en vue d'une transplantation générale, il est moins difficile de le protéger contre les ravages des insectes, et si la pépinière, faite de bonne heure vient à périr, on peut toujours la renouveler à temps. Le semis en place ne doit donc avoir lieu que pour le colza de printemps qui ne se prête pas aussi bien à la transplantation (1). Mais il doit être également effectué le plus tôt possible, c'est-à-dire, dans le courant de mars. Différé jusqu'en mai, son rendement est sensiblement plus faible, quoiqu'il ait encore plus de temps qu'il ne lui en faut pour parvenir à sa maturité. La cause en est que, dans ce cas, il ne trouve plus autant de fraîcheur dans le sol, et que la chaleur sans une humidité suffisante, est impuissante à faire acquérir à cette plante comme à beaucoup d'autres, son plus grand développement.

Lorsque le colza d'automne est prêt à entrer en fleurs, c'est une très bonne opération que de retrancher son bourgeon ter-

(1) Il y a exception en faveur du colza d'automne cultivé dans un défrichement de lande, comme on l'a vu page 687. En pareil cas, la terre n'est pas dans un état assez favorable au repiquage, et mieux vaut procéder par un semis en place.

minal. Cet écimage, qui a pour effet de favoriser les ramifications de la plante, s'exécute avec une faucille légère, ou même simplement avec un couteau ou des ciseaux. Les sommités recueillies constituent un bon fourrage pour les animaux, et indemnisent des frais occasionnés par l'opération, frais qui sont d'ailleurs largement couverts par un accroissement de produit, ainsi que je l'ai constamment observé dans ma pratique.

Lorsque les deux tiers des siliques du colza sont mûres, ce qui est indiqué par leur couleur passée du vert au jaune, on coupe la plante qu'on laisse en javelles le moins longtemps possible, après quoi on la met en meulons coniques d'environ deux mètres de haut sur autant de diamètre à la base, les siliques dans l'intérieur. Elle achève ainsi de mûrir en quelques jours. On peut la battre dans le champ même, en la plaçant sur une grande bâche en toile disposée à cet effet. Le transport des meulons sur la bâche se fait au moyen de grandes civières très-légères, concaves et garnies de toile, pour éviter des pertes de graines. Quelquefois on fait les meulons beaucoup plus petits, et lorsqu'on procède au battage, on passe sous chacun d'eux, deux perches de dimensions et de force convenables, à l'aide desquelles deux hommes enlèvent le meulon d'un seul coup et le transportent comme avec une civière. Cette méthode m'a toujours paru préférable en ce que l'égrenage est moindre que celui qui a lieu quand on démonte de gros tas pour charger les civières. Dans ce cas, les tiges étant plus ou moins enchevêtrées, il est difficile de les séparer sans froissement et sans perte.

Lorsque le battage se fait par un beau temps, les siliques doivent être ramassées et déposées dans un grenier sec et aéré, pour servir de nourriture au bétail pendant l'hiver. La graine doit être fréquemment remuée pendant les premiers temps, et jusqu'à dessiccation suffisante pour éviter son échauffement.

La graine de colza à l'état normal, c'est-à-dire contenant 0,11 d'eau rend 0,33 d'huile et 67 de tourteaux, dont le dosage en azote et en phosphate est indiqué, page 544.

B. La Navette. Depuis l'introduction du colza, la culture de la navette a perdu beaucoup de son importance. Cependant, elle convient mieux que lui dans les terres médiocres et sèches, surtout lorsqu'elles sont un peu calcaires. Sa teneur en azote étant la même que celle du colza, elle exige la même fumure et probablement la même fertilité à égalité de produit. C'est du moins ce qui semble résulter des observations de M. de Dombasle.

La navette d'automne se sème à la volée au commencement de septembre, et celle de printemps, du mois d'avril à celui de juin, selon les régions, à raison de 8 à 10 litres de graine par hectare. L'une et l'autre supportent très-bien un hersage, lorsqu'elles n'ont encore que quelques feuilles. Quand le semis est trop épais, il est nécessaire de l'éclaircir de manière à ce que les plants soient espacés de $0^m,20$ à $0^m,25$ en tous sens, selon la fertilité du terrain. Pour tout le reste, on procède comme pour le colza semé à la volée, à cela près, que la navette luttant mieux contre les mauvaises herbes, n'exige pas pour elle-même des binages aussi soignés qui, cependant seraient fort utiles dans l'intérêt des cultures ultérieures, mais d'une exécution sinon difficile, du moins coûteuse par la nécessité de les faire à la main.

La graine de navette est moins riche en huile que celle de colza. Elle n'en rend que 0,26, et par conséquent, 0,74 de tourteaux qui ne contiennent pas plus d'azote que 0,67 de tourteaux de colza. Mais il n'existe pas d'analyse de la composition minérale de la navette.

C. Le Pavot ou l'Œillètte. Si le colza et la navette ne donnent que de l'huile lampante, le pavot, quand il est pressé à froid, en produit une qui est comestible, et qui sert souvent à falsifier l'huile d'olive; mais comme elle ne se congèle pas aussi facilement, il est aisé de la reconnaître en la soumettant à une basse température au moyen d'un réfrigérant.

A l'inverse, encore du colza qui préfère les terres ayant quelque consistance, le pavot réussit mieux dans celles qui sont légères ou parfaitement ameublies, pourvu qu'elles soient convenablement fumées.

Cette plante n'est guère cultivée en France, que dans nos départements septentrionaux. Cependant, elle a été introduite par M. Trochu, à Belle-Isle-en-Mer, où, malgré les grands vents qui règnent ordinairement sur ce point, elle donne des produits fort satisfaisants, d'où l'on peut conclure que toutes les terres de la Bretagne, un peu trop légères pour le colza conviendraient parfaitement au pavot pourvu qu'elles fussent abritées, et en bon état.

La variété la plus cultivée est *le pavot noir*. On a proposé de lui substituer le *pavot aveugle* qui, ayant ses capsules entièrement fermées, tandis que celles de son congénère sont en partie ouvertes, ne laisse pas échapper sa graine. Mais on le prétend moins productif. Le *pavot blanc* forme une 3e variété, cultivée principalement dans l'Inde pour en obtenir l'opium. Des essais faits en Auvergne semblent prouver qu'on peut obtenir, en France, un opium aussi riche que sous des climats plus chauds, et à bien meilleur marché, en modifiant la méthode de culture et d'extraction du suc.

Le pavot se sème à la volée, à la fin de l'hiver, à raison de 2 k. 5 de graine par hectare — ce qui est plus que suffisant, vu l'extrême finesse de cette graine —. Lorsque les plants ont $0^m,05$ à $0^m,06$ de hauteur, on les éclaircit en ne laissant qu'environ $0^m,20$ de distance entre eux dans tous les sens, et l'on bine ensuite soigneusement à mesure que les mauvaises herbes reparaissent, et jusqu'à ce qu'on ne puisse plus entrer dans le semis sans l'endommager. Cette opération ne peut être exécutée qu'avec une petite houe à main.

Lorsque les capsules commencent à tourner au gris, on procède à la récolte, soit en coupant les têtes de pavots que l'on recueille dans un sac, soit en arrachant les tiges dont on forme des bottes qu'on lie près de la tête sans les incliner, et que l'on place debout en écartant leurs pieds, pour qu'elles se dessèchent en achevant de mûrir. On les porte ensuite avec précaution sur une bâche où on les bat, ou bien on les charge sur une charrette garnie de toile pour recueillir la graine à la maison. Tout cela constitue de grandes précautions dont la culture du pavot aveugle dispense entièrement.

Lorsque le pavot noir est bien soigné, dans une terre à sa convenance, on peut en obtenir assez facilement 20 h. de graine ou 1200 k. avec 3000 k. de paille qui n'est bonne que pour faire de la litière. La graine dosant 3,05 d'azote, et les tiges 0,50 d'après M. de Gasparin, c'est donc une récolte qui enlève au sol 51 k. 50 de cette substance. Une semblable récolte ayant été obtenue d'une terre dont la fertilité totale était exprimée par 180 k. d'azote, on en conclut que l'aliquote d'absorption du pavot est de 0,286, et qu'il a laissé après lui une fertilité équivalant à 128 k. 50 d'azote, pouvant produire 19 hect. de blé (1).

En pareille circonstance, 20 h. de colza n'eussent laissé que 125 k. 50 d'azote, d'où il suit que, quoique le pavot enlève par 100 k. de graine et 250 de tiges, 4 k. 30 d'azote, tandis que le colza avec sa proportion normale de paille et de siliques n'en prend que 4 k. 13, celui-ci est un peu plus épuisant que celui-là. C'est d'ailleurs ce que la pratique avait déjà cru remarquer, quoique la différence fût bien faible. C'est aussi ce qui confirme de nouveau ce que j'ai déjà dit plusieurs fois, à savoir que l'épuisement est moins en raison de ce que la plante dose par 100 k., qu'en raison de son aliquote d'absorption.

Quoique la graine de pavot contienne 0,43 d'huile, elle n'en rend au pressurage que 0,28, et par conséquent, 0,72 de tourteaux contenant tout l'azote de la graine, c'est-à-dire 3,05, ce qui assigne à ces tourteaux une richesse de 4 k. 23 par 100 k. On a vu, dans le tableau de la page 544, que M. Boussaingault leur en attribue une de 5,56. Il est vraisemblable que cette analyse a porté sur des tourteaux ne contenant plus ni eau ni huile. Les procédés manufacturiers étant impuissants à en produire de semblables, il sera prudent de ne compter que sur 4,23 p. % d'azote environ dans ceux qu'on trouve dans le commerce (2).

D. La Cameline. Cette plante appartient comme le colza, la navette et la moutarde, à la famille des crucifères. Si elle se contente de terres très-légères, elle les veut fertiles, car sa graine devant contenir, d'après l'analyse de son tourteau, environ 4 p. % d'azote, est, sous ce rapport, plus exigeante que celle de toutes les autres plantes oléagineuses. Il ne faut donc s'attendre à faire de bonnes récoltes de cameline que dans des terres convenablement fumées. A cette condition, on pourra obtenir de 15 à 18 hect. de graine — peut-être plus dans une

(1) M. de Gasparin qui a fait le même calcul, trouve que la fertilité restant pour le blé, équivaut à 1950 k. de cette céréale. C'est une erreur qui vient de ce qu'il a pris pour diviseur le dosage de l'hect. de blé, au lieu de celui du quintal métrique.

(2) Il est matériellement impossible que la graine du pavot qui contient moins d'azote et fournit moins d'huile que celle du colza, laisse un tourteau plus riche. Le chiffre du tableau de la page 544 doit donc être rectifié.

culture soignée — qui rendront avec 0,73 de tourteaux propres seulement à la fertilisation, 0,27 d'une huile ayant une odeur forte, alliacée, et qui, par cette raison, ne peut guère servir qu'à l'éclairage.

La cameline se sème à la volée, en mai ou juin, à raison de 5 à 6 litres de graine par hectare, que l'on recouvre par un léger hersage. Elle doit être éclaircie de manière à ce que les tiges soient espacées à $0^{m},20$ environ. Elle n'exige pas d'autres soins pendant sa végétation ; mais ceux qu'elle reçoit ne sont jamais perdus. Si cette plante souffre peu de la concurrence des mauvaises herbes, il n'en est pas de même du sol qui en est bientôt infesté au préjudice des cultures suivantes. Comme la cameline végète aussi rapidement que le sarrasin et qu'elle mûrit en même temps, on pourrait avantageusement l'associer avec lui. Celui-ci jouerait le rôle de récolte étouffante à l'égard des plantes adventices sans nuire à la cameline, et comme leurs graines sont d'un calibre bien différent, on les séparerait facilement à l'aide d'un trieur. M. de Dombasle conseille de semer la cameline avec la moutarde blanche, et il assure que dans ce cas, ces deux plantes donnent ensemble un produit plus élevé qu'en les cultivant séparément. La qualité de l'huile provenant de ce mélange n'y perd d'ailleurs rien.

La cameline est très propre à remplacer une récolte qui a été détruite par l'hiver. C'est l'une des plantes qui s'associe le mieux avec un semis de trèfle. A mon avis, les cantons de la Bretagne, et autres analogues qui s'obstinent à produire alternativement du seigle et du sarrasin dans des terres légères où ces deux céréales ne rendent guère au maximum que 15 hect. chacune, feraient infiniment mieux de convertir leur assolement biennal en quadriennal, en réduisant de moitié l'étendue des deux céréales, et en créant une sole de cameline et une de trèfle ou bien de lupuline, là où le succès du trèfle ne serait pas assuré. Si d'un côté ils perdaient 7 hectolitres $^{1}/_{2}$ de seigle et autant de sarrasin, de l'autre ils gagneraient 7 h. 50 au moins de cameline dont la valeur beaucoup plus grande couvrirait largement cette perte. Sous ce rapport il n'y aurait donc, au début, aucun désavantage pécuniaire, et pour l'avenir on récolterait une quantité de fourrage que l'on peut hardiment évaluer à 12 k. d'azote, déduction faite de toute déperdition dans la conversion du fourrage en fumier, et de la petite quantité d'azote que la cameline prendrait au sol de plus que les céréales auxquelles elle serait substituée. Or, ces 12 k. d'azote appliqués à la rotation sous la forme de 3000 k. de fumier normal y détermineraient immédiatement un accroissement de produit de 2 h. au moins de cameline, 3 h. de seigle et 2 h. 50 de blé noir (sarrasin), ayant ensemble une valeur de 100 fr., non compris les produits animaux créés par le fourrage et que l'on peut évaluer au moins à 20 fr., soit au total 120 fr. pour deux hectares ou 60 fr. par hectare.

Je ne donne certainement pas cette combinaison comme la meilleure solution possible ; mais je crois qu'il serait difficile de trouver une transition plus simple, et moins dispendieuse, vers un meilleur avenir, puisqu'elle ne donnerait lieu à aucun débours supplémentaire, la semence de trèfle et de cameline étant amplement payée par l'économie qui serait faite sur celle de seigle et de sarrasin, et que d'un autre côté, la somme totale du travail serait un peu diminuée par la sole fourragère.

Pour réaliser cette combinaison sans mécompte, il faudrait donner double fumure à la cameline. Ce serait facile en lui appliquant l'engrais employé jusque-là sur les parcelles de seigle et de sarrasin supprimées. D'un autre côté, pour avoir un fourrage dès la première année, ce qui n'est pas possible avec une légumineuse bisannuelle, il faudrait ouvrir la rotation en semant avec la cameline dans la deuxième sole, du trèfle qui donnerait son produit l'année suivante, et dans la troisième sole, des vesces, des pois, une dragée quelconque, fort peu exigeante et qui serait fanée dans l'année même. Le sarrasin serait naturellement placé en tête de l'assolement comme plante jachère.

Le seul inconvénient que présente cette combinaison — et malheureusement il est grave dans les contrées où les plantes oléagineuses ne sont pas cultivées — c'est la difficulté de vendre sur les marchés du pays, les produits de cette culture. L'initiative ne peut donc être prise que par des cultivateurs ayant des relations qui leur permettent d'ouvrir des débouchés, d'ailleurs beaucoup plus faciles à créer aujourd'hui qu'il y a quelques années seulement.

La paille de cameline est propre à divers usages. En certaines localités on en fait des balais ; dans d'autres on en couvre les bâtiments. On peut aussi en tirer de la filasse grossière ou l'utiliser dans la fabrication du papier d'emballage. Mais dans une culture peu avancée, le meilleur emploi qu'on en puisse faire, c'est de la convertir en fumier. Et pour en finir avec la cameline, ajoutons qu'à l'inverse des autres crucifères, elle présente le précieux avantage qu'elle partage d'ailleurs avec la moutarde blanche, de ne pas craindre les attaques des insectes.

E. La Moutarde. On cultive deux variétés de cette plante; la blanche et la noire, celle-ci beaucoup moins que celle-là, quoiqu'elles le soient très peu toutes les deux, comme plantes oléagineuses. La moutarde noire rend d'ailleurs si peu d'huile — environ 15 p. °/₀ — que sous ce rapport elle ne présenterait aucun avantage. La blanche en produit le double. Néanmoins, sa graine sert principalement à préparer la moutarde de table, ou comme très léger purgatif en médecine. Celle de la moutarde noire est également employée, soit comme condiment, soit comme synapisme.

Ces deux variétés de moutarde exigent des terres en bon état, la noire plus encore que la blanche. La première perd facilement ses graines, d'où la nécessité de ne la point laisser trop mûrir. Du reste, leur culture est absolument la même que celle de la cameline.

Il existe une troisième variété de moutarde qui, dans plusieurs contrées, fait le désespoir du cultivateur. C'est *la moutarde sauvage* appelée *Guélot* en Normandie et improprement *Ravenelle* dans un grand nombre de cantons bretons. M. J. Pierre, éminent professeur de chimie agricole, à Caen, rapporte (Encyclopédie de l'agriculteur, *verbo* Guélot) que cette plante est assez abondante par fois dans les avoines et les sarrasins, pour que l'on ait songé à retirer de sa graine une huile médiocre, mais qui sert à falsifier celle de colza. On peut en extraire de 15 jusqu'à 35 p. °/₀ suivant que cette graine est plus ou moins propre et belle. Son tourteau, lorsqu'il est complétement privé d'eau, dose de 4,25 à 5,80 p. °/₀ d'azote et de 3,98 à 4,58 p. °/₀ de phosphate, selon le degré de pureté de la graine. A l'état normal, ce tourteau contenant environ 12 p. °/₀ d'eau, son dosage doit être réduit de $^1/_8$ à peu près. Lorsque la moutarde sauvage domine dans un sarrasin et lorsqu'on n'a pas un bon débouché de sa graine, ce qu'il y a de mieux à faire, c'est de sacrifier la céréale en faisant consommer la récolte comme fourrage vert. C'est d'ailleurs le meilleur moyen de purger le sol de la plante adventice. Si, au contraire, on la laisse mûrir, elle se resème facilement et la terre en est pour longtemps infestée. N'était cette considération, la moutarde sauvage vaudrait peut-être la peine d'être cultivée comme plante oléagineuse dans les petites terres qui conviennent spécialement au sarrasin. Lorsqu'on la fait consommer en vert, il ne faut pas en faire la nourriture exclusive du bétail, surtout des vaches, sur le lait desquelles elle produit le même effet que la moutarde blanche.

F. Le Madia sativa. Cette plante qui nous est venue du Chili, a été vivement prônée, il y a quelque vingt-cinq ans, par tous les échos agricoles. Néanmoins, sa culture paraît avoir été abandonnée en France. Je l'ai essayée moi-même à cette époque et j'en ai été si peu satisfait que j'y ai renoncé. Mais peut-être a-t-on manqué de persévérance. S'il y a eu des insuccès d'un côté, de l'autre, il y a eu des réussites et voici quelques résultats publiés par des personnes très dignes de confiance, qui méritent d'être pris en considération.

1° M. de la Boëssière, dans une terre à jardin, il est vrai, mais sans fumure spéciale, a obtenu un rendement équivalant à 2800 k. ou 368 fois la semence.

2° M. Boussaingault ayant semé du madia et des carottes dans une terre capable de produire 12 h. de blé sans engrais, mais à laquelle il a appliqué une fumure de 54,000 k. de fumier normal, a récolté la première année, 1101 k. 6 de graine de madia avec 3500 k. de tiges, plus 14,631 k. de carottes; et la deuxième année, 2181 k. d'avoine (près de 44 hectolitres). Ces résultats sont certainement satisfaisants.

3° M. Vilmorin ayant opéré divers semis, échelonnés du 1er mars au 10 juin, a obtenu :

Minimum : 828 kil. de graine de ses semis de mars qui ont été *mouchés* par de petites gelées en mai, ce qui a nui au rendement.

Maximum : 2150 k. du semis du 20 mai. Celui du 10 juin, fait par la sécheresse, a fort mal levé.

Ces cultures ont eu lieu, partie sur une fumure de l'année

précédente, partie sur une fumure nouvelle. Le madia a été semé en lignes espacées de 0m,50, les plants ayant entre eux 0m,12 à 0m,15 de distance dans les rangs. M. Vilmorin pense que l'on peut rapprocher les lignes à 0m,40 lorsque les binages se font avec des outils à main.

La graine ne pesait que 45 k. l'hectolitre. Un essai d'extraction d'huile en petit n'a rendu que 22 pour 100. Mais M. Vilmorin croit qu'en grand on peut obtenir davantage.

4° Ces résultats sont publiés par le *Journal d'agriculture pratique*, tome 3, page 412, année 1839-1840. A la page 413 du même volume, M. Evon, ancien professeur à Roville, rend compte de trois essais faits par son père, en 1839, dans les Vosges, et qui se résument ainsi.

Les semis ont eu lieu le 23 avril, la récolte le 31 juillet, et le produit moyen a été par hectare de 19 h. 58 du poids de 50 k. chacun, savoir : 1° de 20 h. en terre siliceuse, élevée, néanmoins fraîche, mais médiocre, et convenant pour une avoine; 2° de 20 h. 20 en terre granitique, de la montagne, après pommes de terre; 3° de 18 h. 50 en sol argilo-calcaire, dans lequel la navette n'avait pas réussi.

M. Evon ayant fait extraire en sa présence l'huile de huit qualités de graines, distraite chacune d'une récolte particulière, a constaté des rendements qui s'échelonnent entre 23,95 et 36,11 p. %; soit en moyenne, 28,29 p. %, dont 16,82 d'huile exprimée à froid et 11,47 à chaud.

5° Deux ans plus tard — même journal, tome 5, page 140, année 1841-1842 — M. Dutfoy rend compte d'une culture de 114 ares qu'il a faite dans Seine-et-Marne, et dont il a retiré par hectare 27 h. de graine, du poids de 48 k. 07 qui ont rendu 29,75 pour 100 d'huile, et 67,75 de tourteaux. Il y a eu un déchet de 2,50 dans la fabrication. M. Dutfoy fait observer que l'extraction de l'huile de madia demande une fois plus de temps que celle de colza, ce qui double les frais, et abaisse naturellement la valeur vénale de la graine.

D'autres expériences, faites à Rouen, constatent un rendement en huile de 18 p. % seulement du poids de la graine. Il est difficile d'attribuer cette énorme différence à une autre cause que l'imperfection du procédé d'extraction.

Et à l'encontre des résultats culturaux, nous avons la déclaration de M. Dailly, qui n'espère retirer, dit-il, d'un semis de deux hectares de madia, qu'une perte de 400 fr. Mais cet éminent agriculteur ne s'explique pas sur les conditions dans lesquelles il a opéré.

La condamnation portée contre le madia, n'est donc pas définitive et sans appel ; mais ce serait en vain qu'il prétendrait a détrôner le colza. Partout où celui-ci pourra rendre 18 h. à l'hectare, il aura droit à la préférence, parce que les substances azotées enlevées par une semblable récolte, sont précisément égales à une très faible fraction près, à celles qui seraient nécessaires à la production de 18 h. de madia (graine et tiges dans l'un et l'autre cas) qui ont une valeur bien inférieure à celle du colza. En effet, pour 100 k. de graine de madia, dosant en azote 3,69
on a 318 de tiges dosant 0,53, soit. 1,68

5,37

18 hect. de cette plante, du poids de 50 k. chacun, enlèveront donc 48 k. 33 d'azote, c'est-à-dire, 0 k. 810 de moins seulement que 18 h. de colza du poids de 66 k. qui en prendront au total 49 k. 14. Mais 18 h. de colza produiront à la vente presque le double de ce que produirait la même quantité de madia.

Celui-ci ne peut donc aspirer qu'à remplacer un colza détruit par l'hiver, ou bien à occuper des terres de la sole de printemps qui ne seraient pas susceptibles d'un meilleur emploi.

Cela posé, si l'on veut tenter sa culture, il faudra ne pas perdre de vue que sa racine pivotante exige des labours profonds, et une terre bien fumée ; que la meilleure époque des semis pour nos climats du centre et autres analogues, est celle des mois d'avril et de mai ; que ces semis réussiront mieux en ligne si d'ailleurs ils sont convenablement binés. Lorsque la graine commencera à tourner au gris, ce sera un indice de maturité. Il sera temps alors de recolter. On y procède par l'arrachage des plants, autant que possible, le matin par la rosée pour éviter des déchets. On laisse la plante en javelle pendant deux jours si le temps est beau, puis on la rentre dans des voitures garnies de toile, et on la bat au fléau.

La paille dégage une odeur tellement forte qu'on ne peut, sans danger pour la santé des animaux, l'employer comme litière. On doit donc la mêler immédiatement avec le fumier qu'elle enrichira, car elle est une fois plus riche que la paille d'avoine et de froment.

On a prétendu que l'huile de madia faite à froid équivalait au moins à celle du pavot. J'ai acquis moi-même, expérimentalement, la preuve du contraire. Mais il paraît qu'on peut l'améliorer beaucoup en lavant préalablement la graine à l'eau chaude. C'est une préparation trop facile et trop peu coûteuse pour être négligée.

III. — Plantes tinctoriales.

Ce groupe est non moins onéreux à la fertilisation que ceux des plantes textiles et oléagineuses, en ce que, comme ces derniers, il ne rend au sol que la moindre partie des substances qu'il y puise, lorsque toutefois il lui rend quelque chose, ce qui n'a pas toujours lieu. La culture de ces plantes ne peut donc être entreprise que par des cultivateurs aisés, en situation de lui faire toutes les avances assez considérables d'engrais et autres qu'elle exige. Mais, quoique susceptible d'une certaine extension en France, au moins en ce qui concerne deux des plantes de cette catégorie, elle y sera toujours fort restreinte, forcée qu'elle est de se renfermer dans les limites posées par les besoins de la consommation industrielle. Les plantes tinctoriales dont nous avons à nous occuper sont très-peu nombreuses, et il s'en faut de beaucoup que toutes présentent le même intérêt au cultivateur.

A. La Garance. La principale valeur de cette plante qui est la plus importante de toutes les plantes tinctoriales dans la culture française, réside dans sa racine connue dans le commerce, sous le nom d'*alizari*. Réduite en poudre par des procédés manufacturiers dont nous n'avons pas à nous occuper, cette racine reprend son nom de garance et est expédiée en cet état aux teintureries et aux fabriques de toiles peintes qui en obtiennent ces belles et solides couleurs rouge et rose qui ont tant contribué à la haute réputation des tissus de l'Alsace. Traitée successivement par l'acide sulfurique concentré et par l'alcool à froid et à chaud, la poudre de garance fournit sous un volume réduit, et beaucoup plus économiquement transportable, une matière colorante précieuse à laquelle on a donné le nom d'*alizarine*, mais qui, que je sache, n'est pas encore parvenue à remplacer la garance ordinaire dans tous ses emplois.

La garance cultivée autrefois dans plusieurs provinces françaises, se trouve aujourd'hui confinée à peu près exclusivement dans deux de nos départements seulement, dont le sol et le climat sont bien différents. Ce sont ceux du Bas-Rhin et de Vaucluse. Elle pourrait certainement être introduite avec succès sur d'autres points plus à portée des centres de consommation, où elle faciliterait d'ailleurs les moyens de produire le blé à bien meilleur marché.

Il faut à la garance des terres plus légères que fortes, d'une bonne profondeur conservant constamment une humidité suffisante, mais non stagnante, riches en terreau et surtout en carbonate calcaire. Sous tous ces rapports, les anciens marais de Vaucluse connus sous le nom de *palus*, et même une grande partie des autres terres de ce département qui contiennent près 50 p. °/₀ de carbonate de chaux, lui sont éminemment favorables. Ce n'est pas cependant que l'abondance du principe calcaire soit indispensable à la végétation de cette plante. Mais tout porte à croire qu'il contribue efficacement à l'élaboration et à la perfection de sa matière colorante, et c'est vraisemblablement, en partie, parce que les terres du Bas-Rhin sont infiniment moins bien pourvues sous ce rapport, que la garance qu'elles produisent est moins estimée que celle de la Provence (1).

La garance occupe le sol pendant deux ou trois ans, selon le mode de culture auquel elle est soumise et la localité qui la produit. Exigeant beaucoup d'engrais dont elle ne consomme que la plus faible partie, elle laisse la terre dans un très bon état. Mais, soit parce que la fertilisation dont elle est l'objet n'est pas toujours très rationnelle, soit par toute autre cause,

(1) Il résulte d'un mémoire fort intéressant publié par M. H. Schlumberger, dans le bulletin de la Société industrielle de Mulhouse, qu'il est nécessaire, en teinturerie, d'ajouter une certaine proportion de carbonate de chaux à la garance pour aviver et solidifier sa couleur, lorsque cette racine n'a pas végété dans un terrain calcaire.

elle ne peut revenir à la même place qu'après un laps de temps plus ou moins considérable. Il en résulte que les terrains dans lesquels on la cultive doivent être soumis à un assolement spécial. Dans le Midi, il arrive assez souvent qu'après avoir occupé le sol pendant trois campagnes, la garance est suivie pendant trois nouvelles années consécutives par du blé qui rend de 12 à 15 pour un, ou par de la luzerne dont on obtient pendant 4 ou 5 ans un fourrage abondant, après quoi on revient à la garance. Il est facile de comprendre que les conséquences de ces deux systèmes sont bien différentes. Dans le premier cas, on épuise à peu près entièrement la fertilité acquise par une plante qui ne rend que peu de chose au sol, mais qui donne immédiatement des produits en argent très tentants. Dans le second, on ménage les forces de la terre en ne lui demandant qu'une matière éminemment propre à la fertilisation, et qui met le cultivateur en situation, non-seulement de réparer l'épuisement causé par sa culture de garance, mais encore de féconder les autres parties de son domaine. Il est certainement avantageux de faire immédiatement après une récolte de garance, trois bonnes récoltes de froment. Mais il faut pour cela être pourvu de puissants moyens de fertilisation pris en dehors de cet assolement, et reste à savoir si, tout en cultivant d'une manière plus rationnelle, il ne serait pas possible d'obtenir des résultats plus avantageux encore. Sans doute, cela dépend beaucoup des conditions dans lesquelles on opère. Celui qui possède une certaine proportion de prairies naturelles, a par cela même plus de facilités que celui qui est dénué de cette ressource. Cette question vaut donc la peine d'être élucidée. Mais, disons tout d'abord qu'elle n'intéresse que le cultivateur qui produit ses engrais lui-même. Quant à celui qui les achète, il a évidemment les coudées beaucoup plus libres et n'a point à ménager les forces de sa terre, puisqu'il est en situation de les rétablir à mesure qu'il en use. Son unique soin doit consister à la maintenir dans un bon état de culture et de propreté.

Nous supposerons d'abord une culture donnant à sa 3ᵉ année 3200 kil. d'alizaris. Ce n'est pas un produit bien considérable; mais d'après ce que nous verrons plus loin, il doit laisser dans le sol une puissance capable de rendre immédiatement, dans l'année qui suit la garance, 32 h. de blé. Si après cette récolte on rend à la terre une quantité de fumier équivalant seulement à la paille de ce blé, on pourra l'année suivante, récolter encore 24 h. 50 de froment et 18 h. 50 un an plus tard, en procédant de la même manière. Si au lieu de 3200 kil. d'alizaris on en avait obtenu 4500, il est probable qu'on pourrait récolter pendant les trois années suivantes la même quantité totale de 75 h. de blé, sans avoir besoin d'en rendre immédiatement la paille au sol. Seulement, la restitution ultérieure devrait être plus considérable, et pour simplifier les calculs, nous nous en tiendrons à la première hypothèse. Ainsi, pour obtenir chaque année un produit de 3200 kil. de garance et de 75 h. de blé, il faudrait une rotation embrassant 6 hectares de terre.

Les alizaris et le froment exportant avec eux, outre les minéraux qui entrent dans leur composition, 171 kil. d'azote, il faudra, d'après les principes établis pages 626 et 645, 20800 k. de foin environ, c'est-à-dire 6 hectares de prairies naturelles rendant chacun 3466 kil. de fourrage sec — ce qui est, à très peu de chose près, la moyenne du produit des prairies irriguées dans la France entière — pour soutenir la fertilité des 6 hectares en labour. Comme cette proportion de prairies naturelles dépasse considérablement la moyenne de celles qui existent en France, il s'ensuit que le cultivateur qui ne la possède pas, ne peut faire blé sur blé pendant trois ans après la garance, qu'en achetant des engrais au dehors, ou qu'en ruinant sa terre.

Mais, si au lieu de 6 h. de prés naturels et de 6 h. de terres labourables, on n'a, pour produire les denrées qui viennent d'être énumérées, que 12 h. de terre en labour, on y parviendra bien plus sûrement, et même au-delà, en soumettant ces 12 hect. à un assolement rationnel dans le genre de celui-ci.

1re, 2e et 3e année. Garance, 4 h.50, dont 1 h. 50 récoltés chaque année, rendront 4800 k. d'alizaris, à raison de 3200 k. par hectare, comme dans l'hypothèse précédente, toutes choses étant égales d'ailleurs.

4e année. Blé, 1 h. 50 qui a 32 h. par hectare, produiront 48 h.

5e, 6e, 7e année. Luzerne, 4 h. 50 rendant chacun 6000 k. de foin sec, et au total 27 000 kil.

8e année. Blé, 1 h. 50 à 24 h. 50 par hectare, soit au total 36 h. 75.

Ainsi, avec la même étendue de terre et une meilleure distribution des cultures, on obtiendra un excédant de 1600 kil. de garance pouvant valoir 880 fr., et de 9 h. 75 lit. de blé d'une valeur minimum de 156 francs.

Mais l'épuisement en azote sera :

par les 4800k d'alizaris, à raison de 1,23 p. °/₀, de....	59 k.
et par les 84 h. 75 l. de blé, à raison de 1,55 par hect.	131
Dans ce total de.........	190 k.

ne figurent ni les tiges de la garance, ni la paille du blé qui sont censées rendues au sol.

Or, comme nous savons que 100 k. de luzerne convertis en fumier, en passant par le corps des animaux, ne rendent que 1 kil. 25 d'azote, il faudra 15 200 de ce fourrage pour opérer la restitution nécessaire. La récolte étant de 27 000 kil., il en restera donc disponible 11 800 k. d'une valeur de 590 fr., en sorte que l'on obtiendra par cette combinaison un excédant de produits d'une valeur totale de 1626 francs. Mais on sera forcé d'acheter environ 90 kil. de potasse et 95 kil. d'acide phosphorique pour remplacer la quantité de ces deux substances qui aura été exportée avec les denrées vendues. Cet achat ne coûtera pas 100 francs.

Si l'exploitation roulait sur 9 h. de terre et 3 h. de prés, l'assolement devrait nécessairement subir des modifications pour en obtenir les mêmes produits que du précédent. On pourrait le régler comme suit : 1°, 2°, 3° 4 h. 50 de garance; 4° 1 h. 50 de blé; 5° 1 h. 50 de trèfle; 6° 1 h. 50 de blé. Mais en supposant un rendement de 5000 k. de trèfle et de 10400 k. de foin naturel pour les 3 hect. de prés, la totalité de ce fourrage converti en fumier ne donnerait, pour la réparation de l'épuisement, que 130 kil. d'azote. Il faudrait donc en acheter 60 kil. d'une valeur de 150 fr., qui serait payée par l'excédant de 9 h. 75 lit. de blé, et le bénéfice se trouverait réduit à l'excédant de 1600 kil. d'alizari qui aurait même à supporter la charge du remplacement de la potasse et de l'acide phosphorique exportés. Néanmoins, il vaudrait encore la peine d'être réalisé.

Il n'y a certainement aucune exagération dans ces calculs, puisque les conditions sont identiques et que les facteurs sont les mêmes dans les trois cas. La conclusion qui en découle, c'est que l'on ne peut faire blé sur blé après garance, que quand on possède une étendue de prairies naturelles suffisante pour fournir tous les matériaux d'une réparation complète, et que, dans le cas contraire, il sera toujours plus avantageux d'adopter un assolement plus rationnel, sauf, bien entendu, ainsi que nous l'avons déjà dit, le cas où l'on peut se procurer facilement des engrais au dehors.

Il n'échappera pas au lecteur que la 1re et la 3e hypothèse ne constituent d'ailleurs qu'une agriculture stationnaire, puisqu'elles ne permettent qu'une simple restitution, tandis que la 2e, en procurant un excédant de fourrage, donne le moyen d'élever graduellement la fertilité du sol au plus haut degré possible. Dans la 1re et la 3e hypothèse, on récoltera perpétuellement 3200 kil. d'alizaris. Dans la 2e, ce produit arrivera bientôt à 5 ou 6000 kil., tout en accumulant dans le sol une plus grande somme de fécondité pour les autres récoltes. Mais il faut pour cela que la terre soit capable de rendre 6000 kil. de luzerne par hectare. Certainement, elle ne le fera jamais plus sûrement que dans des conditions comme celles dont il s'agit ici, puisque cette plante y trouvera un sol tout à la fois défoncé, frais et riche au degré le plus favorable à sa végétation. En certains cas, le sainfoin pourra sans désavantage remplacer la luzerne. Avec deux soles de fèves et une de trèfle, les trois soles de luzerne seraient également remplacées sans aucune diminution dans les produits réparateurs.

J'ai cru devoir insister sur ce sujet, de même que j'insisterai également sur le suivant, parce qu'il est constant, à mes yeux, que si la garance ne donne pas toujours de produits en harmonie avec les fumures qu'elle reçoit, cela vient, en partie, de ce que le régime de culture auquel elle est soumise laisse souvent beaucoup à désirer, et en partie de ce que souvent aussi la fertilisation n'est rien moins que normale. Cette question de fertilisation étant la plus importante de toutes celles que soulève cette culture, nous devons donc l'élucider autant que le permet l'état de nos connaissances en cette matière.

Ce que nous savons d'une manière assez précise, c'est que 100 kil. d'alizaris, à l'état frais, contiennent de 72 à 80 p. % d'eau, et que cette proportion décroît avec leur âge. C'est-à-dire que ceux de 10 mois en contiennent plus que ceux de 30 mois. A l'état normal, ou à l'état marchand, ce qui est la même chose, la quantité d'eau que renferment ces racines se réduit à 7 ou 8 p. %. Alors elles dosent 1,23 d'azote.

De plus, 100 kil. de racines à l'état normal correspondent à une production de 150 kil. de feuilles et tiges contenant 18,4 d'eau et dosant 0,66 d'azote, soit pour les 150 kil., 0,99 de cette substance.

Ainsi, 100 kil. de racines, tiges et feuilles comprises, représentent donc une absorption totale de 2 k. 22 d'azote. Mais, quelle est l'aliquote de cette absorption ? M. de Gasparin, en se basant sur des cultures fumées à outrance, a trouvé qu'elle était de 0,175. De tels exemples sont d'autant moins concluants, qu'il est de notoriété, qu'avec des fumures moins considérables, on a obtenu des produits proportionnellement plus élevés. Ainsi, il est constant que 60 000 kil. de fumier appliqués à un terrain qui produit pour la première fois de la garance, peuvent rendre 3600 k. de racines, si ce terrain possède d'ailleurs une fertilité initiale de 80 kil. d'azote, c'est-à-dire, s'il est capable de fournir sans engrais une récolte de 12 h. de blé. Or, 60 000 k. de fumier dosant 240 k. d'azote, ajoutés à une fertilité acquise de 80 kil., constituent une puissance totale de 320 kil.; dont 3600 kil. de garance absorbent avec leurs tiges 80 kil. Soit le quart. On peut donc sans danger fixer l'aliquote de la garance à 0,25. Partant de là, la fumure doit être réglée au point de vue de l'azote, de manière à créer une puissance totale composée de quatre fois autant de matières fertilisantes qu'une récolte déterminée pourra en absorber.

Mais il pourra très bien arriver, et cela arrive même tous les jours, que le produit ne réponde pas à la fumure, alors qu'elle serait exactement calculée d'après la règle qui vient d'être posée. C'est ce qui aura inévitablement lieu lorsque la garance aura déjà paru plusieurs fois sur le même sol, ou bien lorsque celui-ci sera très pauvre, soit en alcalis, soit en carbonate de chaux, soit en acide phosphorique, parce que, proportionnellement à son azote, le fumier ne contient pas ordinairement autant de ces substances que les racines de la garance.

D'après M. Payen, les alizaris complétement secs produisent 9,78 de cendres p. %, et par conséquent, 9,05 dans leur état normal. Or, d'après M. Koechlin, de Mulhouse, 100 parties de ces cendres provenant de garance d'Alsace, en contiennent — moyenne de deux analyses — 19,18 de potasse; 9,50 de soude; 21,92 de chaux, et 3,38 seulement d'acide phosphorique (1). Les cendres de la garance de Zélande, au contraire, ne renferment, d'après M. May, que 13,01 de chaux et 2,73 de potasse; mais 20,57 de soude, 10,04 de chlorure de sodium, 13,14 d'acide phosphorique. Ces résultats, comme on le voit, sont diamétralement opposés sur tous les points principaux. Voici, toutefois, les enseignements qu'on en peut tirer :

1° Contrairement au sentiment de quelques-uns de nos chimistes agricoles les plus éminents, il est constant que la soude peut, en bien des cas, remplacer la potasse dans la fertilisation;

2° Le chlorure de sodium (sel marin), qui est aussi représenté par ses deux constituants dans les analyses de M. Kœchlin, paraît être indispensable à la végétation de la garance, d'où l'on doit induire la nécessité de saler le fumier qu'on lui applique;

3° Lorsque de deux végétaux de même espèce, l'un renferme une bien plus grande quantité que l'autre d'une substance réputée essentielle, on doit en conclure qu'il s'est alimenté dans de meilleures conditions et que son rendement a dû s'en ressentir, tant sous le rapport de la quantité que sous celui de la qualité du produit. Ainsi, à mes yeux, l'engrais qui, pour une proportion normale d'autres substances, contiendra 13,14 d'acide phosphorique, produira plus d'effet sur la végétation de la garance que celui qui n'en renfermera que 3,38, quoiqu'à la rigueur cette plante puisse se contenter de cette dernière quantité. C'est donc toujours d'après le plus haut dosage des végétaux, en toutes substances, que la fumure doit être réglée pour en obtenir les produits les plus parfaits. Partant de là, nous devons considérer comme étant le plus profitable à la garance, l'engrais dans lequel les matières minérales se trouveront dans le rapport suivant : potasse, 19,18; soude, 9,50; chaux, 21,92; acide phosphorique, 13,14.

(1) M. H. Schlumberger a trouvé des proportions différentes d'alcalis et de chaux, savoir :

	AVIGNON.	BAS-RHIN.
Sels alcalins.	46,35	56,80.
Carbonate de chaux	40,65	12,15.

Il s'agit maintenant de déterminer à quelle proportion d'azote ces quantités de minéraux doivent correspondre. Nous savons que 100 parties d'alizaris marchands fournissent 9,05 de cendres. Or, si 100 k. de ces cendres contiennent les quantités de substances minérales qui viennent d'être indiquées, 9,05 représenteront 100 k. de racines dosant 1,23 d'azote, et le rapport pour cette proportion d'azote s'établira de la manière suivante :

	Azote.	Potasse.	Soude.	Chaux.	Acide ph.
100 d'alizaris.	1.23	1.74	0.86	1.98	1.20
Rapport avec le fumier. . .		2.60			
307 k. 5 de fumier normal. .	1.23	1.60		1.77	0.62
Différence. . . .	» »	1 »		0.21	0.58

Ainsi, pour chaque quintal d'alizaris à produire, il y aurait lieu d'ajouter à la fumure 1 kil. d'alcalis, 210 gr. de chaux et 580 gr. d'acide phosphorique.

Je n'ai pas besoin de faire observer, je pense, qu'ici, comme dans tous les autres calculs de fertilisation, il est nécessaire de s'assurer préalablement de la composition du fumier, celle sur laquelle je m'appuie pouvant ne pas se rencontrer dans toutes les exploitations. Il suffira pour cela d'appliquer le tableau de la page 351, si l'on a tenu note exactement de toutes les denrées qui ont produit l'engrais, en opérant les déductions qui doivent avoir lieu par suite des pertes que subissent ces denrées dans leur conversion en fumier, conformément au tableau de la page 645. Mais il est peu probable que l'on rencontre souvent des fumiers plus riches en minéraux, relativement à leur azote, que celui dont M. Boussaingault a donné l'analyse ; d'où l'on peut conclure que l'apport supplémentaire indiqué par la comparaison qui précède sera presque toujours nécessaire, et à moins d'être parfaitement certain de son inutilité, il serait imprudent de s'abstenir de le faire.

Mais cet apport supplémentaire n'a trait, comme on vient de le voir, qu'aux alizaris seulement, parce que c'est, sinon la seule, du moins la plus importante partie du produit qui soit exportée de l'exploitation. Les tiges et les feuilles de la garance revenant au fumier, et celui-ci contenant par cela même, proportionnellement à leur azote, une plus grande proportion de minéraux qu'ils n'en ont enlevé au sol, il n'y a pas lieu de se préoccuper sous ce rapport de leur composition en substances organiques, dont au surplus il n'existe aucune analyse. Mais il n'en est pas tout à fait de même relativement aux graines dont une partie est exportée.

Je ne crois pas m'éloigner beaucoup de la vérité en évaluant la production de ces graines qu'on ne peut d'ailleurs récolter en bonne qualité que dans le midi de la France, qu'à 8 p. % du poids des racines à l'état marchand. Mais comme la semence contient et apporte dans le sol toutes les substances nécessaires à sa propre reproduction, et comme on n'en récolte qu'un peu plus du double de la quantité semée, il s'ensuit que la fertilisation ne doit pourvoir qu'aux besoins de cet excédant qui peut être évalué à 5 p. % du poids des racines au maximum. Malheureusement, nous ne possédons non plus aucune analyse de la graine de garance, en sorte que nous ne pouvons apprécier ses exigences que par analogie. Il n'y a aucune raison de croire qu'elle soit plus riche en azote et en minéraux essentiels, que les graines des céréales. Cependant, pour la facilité des calculs je lui supposerai un dosage en azote de 2,22, correspondant à celui de 100 de racines avec 150 de feuilles. C'est un peu plus que pour le froment et pour l'orge qui ne dosent, le premier que 1,94 et le second que 2,14. Mais, en pareil cas, il vaut mieux se tenir un peu au-dessus qu'au-dessous de la réalité. Cette base établie, rien ne sera plus facile que de régler la fertilisation. En voici un exemple. On demande quelle est la quantité de fumier nécessaire pour produire 4500 kil. d'alizaris et 225 k. (5 p. %) de graine, en sus de la semence, dans une terre capable de rendre 15 h. de blé sans engrais?

Le produit exportable étant ici de 4500 + 225 = 4725 kil. qui absorberont 105 kil. d'azote (en nombre rond), la fertilité totale nécessaire devra être quatre fois plus grande, l'aliquote d'absorption étant 0,25, soit de. . . . . 420 k.

Mais la fertilité acquise correspondant à. . . . 100

Il n'y aura lieu d'ajouter au sol que. . . . . 320 k. d'azote, ce qu'on fera au moyen de 80,000 kil. de fumier normal; mais à la charge de renforcer celui-ci de 47 kil. 25 d'alcalis, 9 k. 92 de chaux et 27 kil. 40 d'acide phosphorique.

C'est à quoi l'on pourvoira suffisamment en employant 125 kil. de sel ordinaire parfaitement sec, et 150 kil. de phosphate fossile dosant environ 0,45 de phosphate pur, ou l'équivalent en un autre engrais phosphaté quelconque.

Lorsqu'il s'agit d'une culture qui, comme celle de la garance, exige de très grandes avances et occupe le sol pendant près de trois ans, on comprend qu'il est du plus haut intérêt pour le cultivateur d'arriver au plus fort rendement possible pour ne pas aboutir à une amère déception. Or, comme le succès des récoltes dépend par-dessus tout d'une fertilisation rationnelle, le lecteur ne pourra me savoir mauvais gré d'être entré à cet égard dans des détails qu'on ne saurait trop approfondir.

Quoique n'étant pas entièrement complet pour l'alimentation de la garance, le fumier à demi-consommé est néanmoins l'engrais qui, à raison de sa lente décomposition, convient le mieux à cette plante ; mais il peut être, au moins en partie, remplacé sans désavantage sensible, soit par des tourteaux oléagineux, soit par des guanos azotés naturels ou artificiels, soit par des excréments humains, à la condition d'ajouter à chacun d'eux les substances minérales, notamment les alcalis dont ordinairement ils ne sont pas suffisamment pourvus. De plus, au lieu de les appliquer en une seule fois, comme le fumier, il sera bien d'en répandre chaque année une partie dans les circonstances que j'indiquerai plus loin.

La garance se cultive par semis ou par transplantation. L'une et l'autre opérations se font ordinairement au printemps, même dans le midi, quoiqu'elles y soient praticables en automne. Mais la première de ces deux époques laissant beaucoup plus de temps pour la préparation du sol, est généralement préférée. La terre devant être défoncée au moins à $0^m,66$, et ce travail qui se fait le plus souvent à la bêche, étant par cela même très-lent, on comprend qu'on ne peut guère y procéder économiquement que pendant l'hiver. Le défoncement à la charrue suivie d'une fouilleuse ou d'une escouade de piocheurs échelonnée dans la raie serait sans doute plus prompt et moins coûteux, mais en même temps moins parfait. Aussi n'est-il pratiqué que dans la culture un peu en grand et par les planteurs en possession d'un fort attelage.

Rien n'est plus variable que la quantité de graine employée

dans le semis de la garance. On croit assez généralement, que plus cette plante revient à la même place, plus il est nécessaire de multiplier les semences, et les choses en sont venues à ce point, que de 20 à 30 kil. qu'on consacrait à cette opération par hectare à la fin du siècle dernier, on en a successivement appliqué 80, 120, 160 k. Il est évident que les semences n'ont plus la même qualité qu'autrefois et que nécessairement la plus grande partie ne lève pas, puisque le volume des racines et le rendement par hectare n'ont pas éprouvé de changement notable.

En ce qui concerne la transplantation, on est fort peu d'accord sur la quantité de racines qu'elle exige. Les uns disent 1200 à 1500 k. à l'état frais, d'autres, 1920 à 2400 k., d'autres enfin, 3500 à 4500 kil.

Les racines qui servent à la transplantation étant élevées en pépinière où elles sont très serrées, ne peuvent acquérir pendant les 8 à 12 mois qu'elles y séjournent, le même développement que dans un semis à demeure rationnellement espacé. Ensuite, lorsqu'elles sont mises en place, elles subissent le sort commun à tous les végétaux, notamment aux arbres et arbustes transplantés; c'est-à-dire que pendant l'année de la transplantation elles font très peu de progrès. Elles ont à accomplir d'abord un travail de reprise qui est d'autant plus lent et d'autant plus pénible qu'elles ont été plus mutilées. Il ne leur reste, par conséquent, qu'un an pour regagner le temps perdu et rattraper la garance semée en place qui, pendant les deux premières années, les a considérablement distancées. Il est peu probable qu'elles y parviennent, à moins qu'on n'emploie une quantité considérable de replants. Dans ce cas, on suppléera par le nombre, mais on n'obtiendra que des racines plus petites et de moindre qualité, parce qu'elles seront proportionnellement plus chargées d'aubier dans lequel la matière colorante n'est pas aussi épurée que dans le ligneux.

La plantation d'un hectare exige ordinairement 220,000 racines. Si elles pèsent chacune 20 gram., il en faudra donc un poids total de 4400^{k} représentant 900^{k} environ d'alizaris à l'état marchand. Si elles eussent été semées en place et convenablement espacées, elles auraient acquis dans le même temps un poids triple, et pu parvenir à leur troisième année, à celui de

100 grammes correspondant à un produit total de 4500 kil. environ d'alizaris à l'état normal. Elles auraient, par conséquent, gagné seulement 40 grammes chacune pendant la seconde et la troisième année. Pour que les racines transplantées pussent acquérir le même poids, il faudrait que pendant les deux mêmes années elles gagnassent chacune 80 grammes, ce qui n'est pas possible. Il tombe sous le sens que, si au lieu de planter 4400 k. de racines, on n'en plante que 2000 ou 2400 k., les produits seront bien moindre encore. La transplantation n'est donc pas un mode de culture avantageux pour la garance. Aussi, n'est-il usité dans le Midi que très exceptionnellement, et seulement dans les terres poreuses se desséchant facilement au printemps, et où la levée des semences n'est pas certaine. On le pratique davantage en Alsace ; mais les produits n'y sont pas des plus satisfaisants, ni en qualité, ni en quantité. D'un autre côté, la transplantation est beaucoup plus coûteuse que le semis, et si elle n'occupe le sol que deux années au lieu de trois, cet avantage est entièrement annihilé par un produit moindre et une dépense plus grande.

Lorsque la terre a été convenablement travaillée et fumée, on la divise en planches auxquelles dans le midi on donne de $1^m,33$ à $1^m,66$ de largeur, et que l'on sépare les unes des autres par des sentiers de $0^m,35$ à $0^m,40$. On a remarqué que la garance qui croît sur le bord de ces sentiers, s'y développe mieux que dans l'intérieur des planches, et que, par conséquent, leur multiplication n'est pas préjudiciable au rendement. Il est incroyable que l'on n'ait pas profité de cet enseignement pour donner aux semis plus d'espacement qu'on ne le fait habituellement. Ces semis ont lieu dans des rigoles creusées de quelques centimètres à la bêche, et qui pourraient l'être plus promptement et plus économiquement à l'aide d'un bon rayonneur. Ces rigoles sont espacées entre elles de $0^m,25$, et les graines distribuées de manière à ce que les plants ne soient distants les uns des autres dans les lignes que de $0^m,16$ à $0^m,18$. La semence est ensuite recouverte de $0^m,03$ à $0^m,04$ de terre. La transplantation s'opère de la même manière, à cela près que les racines sont enterrées à $0^m,10$ ou $0^m,12$.

Aussitôt que les plantes sont levées, la garancière doit être soigneusement binée et entretenue nette de mauvaises herbes.

A l'approche des froids, on bêche les sentiers dont on prend la terre bien ameublie pour recouvrir les planches à une épaisseur de 0m,07 à 0m,08. Si au début de la culture on n'a pas pu donner une fumure complète, c'est ici le cas d'appliquer les engrais pulvérulents que l'on recouvre par le buttage dont il vient d'être parlé. Les mêmes opérations se répètent la deuxième année, à cela près, qu'avant de butter et alors que les tiges sont encore vertes, on les coupe pour les utiliser comme fourrage. On ne les laisse porter graine que la troisième année.

En Alsace, la garance n'occupe ordinairement le sol que pendant deux ans, du printemps de l'année du semis à l'automne de l'année de la récolte. Mais comme l'hiver qui a précédé le semis a été employé à la préparation du terrain, c'est donc en réalité deux années pleines de loyer que supporte cette culture. Dans le midi, la garance reste un an de plus en terre. Un de nos plus éminents agronomes, en comparant ces usages différents, trouve que celui qui est suivi en Alsace est aussi avantageux, puisqu'on y récolte en moyenne 3600 kil. d'alizaris en deux ans, soit 1800 kil. par an, tandis que dans le Comtat ce produit n'est que de 5000 à 5500 kil. en trois ans (moyenne 1750 k. par année). Pour moi, il est évident que si en prolongeant d'un an la durée de la garancière, on obtenait un surcroît de produit de 1750k, qui n'aurait à supporter ni frais de défoncement, ni dépense de semis, ni des soins de culture aussi grands que dans les deux premières années, il n'y aurait pas à hésiter. Mais ce n'est là que le plus petit côté de la question. La garance de deux ans a-t-elle pour l'industrie la même valeur que celle de trois ans (1)? Mais je comprends qu'il est telles circonstances où le cultivateur puisse avoir intérêt à récolter plus tôt, dut-il y trouver moins d'avantage.

Lorsque la garance est arrachée, on la fait sécher lentement, d'abord sous des hangars pendant huit ou dix jours, puis au grand soleil, ou dans des fours ou des sécheries spéciales, après quoi on la bat au fléau pour en séparer la terre et le chevelu sans valeur. C'est dans cet état qu'on la livre aux moulins spécialement établis pour sa pulvérisation.

B. La Gaude. Cette plante qui appartient au genre *réséda,* se

(1) M. H. Schlumberger répond affirmativement, même pour des racines de huit mois.

rencontre à peu près partout, en France, à l'état sauvage, le long des chemins, des bois, des haies, etc., cultivée, elle prend d'autant plus de développement que le sol est plus fertile. Alors, sa hauteur varie de $0^m,40$ à $1^m,20$, selon que les circonstances lui sont plus ou moins favorables. Elle fournit à la teinture un jaune pur. Mais les progrès de la chimie industrielle lui ont fait perdre une grande partie de son importance, et sa culture se trouve aujourd'hui confinée dans quelques cantons seulement de l'Empire.

La gaude doit être semée soit en mars, soit au milieu de l'été, à raison de 5 à 6 kil. par hectare — un peu plus, un peu moins — selon le degré de pureté de la graine et la fertilité du sol. Elle ne doit être que très légèrement enterrée. Un roulage suffit le plus souvent. Végétant très lentement dans le principe, et étant très exposée par cela même à être étouffée par les mauvaises herbes, elle exige des sarclages minutieux et répétés. Mieux vaudrait, pour les rendre plus faciles, semer en lignes. En tous cas, les plants doivent être espacés à $0^m,16$ en tous sens, ou à $0^m,13$ dans un sens et à $0^m,20$ dans l'autre, ce qui met dans la nécessité de les éclaircir lorsqu'ils sont plus rapprochés.

La gaude de printemps se récolte en automne ; celle d'été, un an après le semis. L'une et l'autre ne forment qu'une seule et même variété. Cependant, il ne paraît pas que la graine de l'une puisse remplacer celle de l'autre comme semence.

Le moment de récolter est venu lorsque la couleur de la plante passe au jaune ou que la graine commence à noircir. La plante est arrachée pour être livrée entière à l'industrie. On la laisse sécher en javelles, ou on la dresse contre des murs, des haies, etc., exposés au soleil. On en fait ensuite des bottes en entremêlant les tiges, de manière à ce que la moitié des racines soit d'un bout et l'autre moitié de l'autre bout, en sorte que la presque totalité des têtes se trouve dans l'intérieur de la botte. De cette manière, la plante conserve mieux ses graines et ses feuilles qui sont riches en matière colorante.

La gaude s'associe volontiers, dit-on, avec d'autres végétaux, et pour alléger les charges de sa culture, on a proposé de la semer dans des fèveroles ou du maïs après leur dernier binage. En pareil cas, elle trouve un sol propre, ce qui est pour elle une excellente condition; et de plus elle ne supporte qu'une année de loyer, sans nécessiter un labour spécial pour le semis. Il faut naturellement que la terre soit en très-bonne fertilité pour que l'une ou l'autre des plantes végétant côte à côte, et peut-être toutes les deux, ne souffrent pas de leur réunion. Schwerz va plus loin. Il conseille de semer la gaude dans une céréale de printemps, avec du trèfle parmi lequel elle végète très-bien. Elle joue, en pareil cas, le rôle de culture dérobée. Ce moyen est praticable jusqu'à un certain point. Si les trois graines sont semées en mars, et si la céréale qui mûrit la première est coupée assez haut pour que la faucille n'atteigne pas la gaude, celle-ci continuera à végéter jusqu'en octobre sans que le trèfle lui nuise. Arrachée à cette époque, elle laissera la légumineuse maîtresse du terrain. Si, au contraire, la gaude n'est semée qu'en juillet ou en août, immédiatement après la céréale pour ne mûrir que dans un an, le trèfle donnant une coupe avant que la gaude soit bonne à arracher, cette coupe ne sera pas facile à faire, *même à la faucille*, dans un champ de gaude où cette plante ne serait espacée qu'à 0^m,16.

Le produit de la gaude s'échelonne entre 1000 et 3000 kil. de plante marchande, selon que la culture a été plus ou moins soignée et que le sol était plus ou moins fertile. Si l'on pouvait en avoir un placement assuré au prix de 20 fr. les 100 k., qui est celui auquel elle se vendait dans ces derniers temps, ce serait une culture rémunératrice et qui n'exigerait pas de bien grandes avances. Mais si cette production prenait une extension un peu forte, les débouchés manqueraient et les prix s'aviliraient. L'article que je lui consacre n'a donc d'autre intérêt que celui d'une simple notice historique, et il en sera de même à l'égard des trois plantes tinctoriales qui suivent immédiatement.

C. Le Safran. C'est une plante bulbeuse dont les fleurs ont fourni pendant longtemps une matière propre à teindre en jaune doré, mais peu solide, et qui est à peu près abandonnée aujourd'hui. Elle n'est plus guère cultivée que comme plante officinale, ou pour certains usages culinaires. Cette culture nécessitant une main-d'œuvre multipliée et minutieuse, ne peut se faire que sur une petite échelle, et seulement par des personnes ou des établissements ayant à leur disposition beaucoup de bras ne demandant qu'un faible salaire, tels que, par exemple, des orphelinats agricoles.

Le département de Vaucluse et le Gatinais sont à peu près aujourd'hui les seuls producteurs de safran, et encore, la garance lui a-t-elle fait perdre beaucoup de terrain dans la première de ces deux localités.

La terre est labourée à la bêche après l'hiver. Les oignons sont ensuite plantés à la charrue, de deux raies l'une, à $0^m,05$ ou $0^m,06$ dans les rangs, espacés d'environ $0^m,45$. Ils ne doivent être recouverts que de $0^m,10$ environ.

Les fleurs sont peu nombreuses la première année. On les cueille tous les jours à mesure qu'elles s'épanouissent, et le soir on détache les pistils qui en constituent le seul produit utile. C'est une récolte qui dure une quinzaine de jours. L'année suivante on bine pour entretenir la plantation propre, et l'on récolte les fleurs comme auparavant. La cueillette finie, on arrache les oignons qu'on épluche et que l'on conserve pour des plantations ultérieures. C'est ainsi que l'on procède dans le département de Vaucluse. Dans le Gatinais, on prolonge la plantation d'une année, et l'on en utilise les feuilles que l'on donne aux vaches dont elles augmentent le lait, et qui en sont, dit-on, très friandes.

Les pistils détachés sont desséchés, soit au soleil, soit au feu. Dans ce dernier cas, on les met dans un tamis à canevas métallique qu'on tient au-dessus d'un brasier de sarment, en l'agitant continuellement jusqu'à dessiccation complète. Ce dernier procédé est préférable.

Dans le midi, le produit est de 10 kil. de pistils la première année et de 40 la seconde. On en a vu de 90 kil. Dans le Gatinais, on récolte 12 kil. environ la première année et 26 kil. chacune des deux années suivantes. Total 64 kil.

Les grands ennemis de cette culture, sont le rhyzoctone du safran, et les rats qui sont attirés par ses bulbes dont ils sont fort avides.

C. Le Carthame *ou* Safran batard. C'est le *safranum* officinal. Cette plante indigène aux contrées méridionales peut végéter également sous le climat de Paris ; mais ses organes floraux qui en font le principal, sinon l'unique mérite, n'y acquièrent pas la même valeur, et comme ils nous arrivent de l'Inde, de l'Egypte et même de l'Espagne, en bonne qualité, et à meilleur marché que nous ne pouvons les produire, la culture du carthame ne pourrait être profitable, en France, qu'en temps de guerre générale, dont Dieu nous préserve !

La fleur du carthame fournit deux couleurs : l'une jaune, très soluble dans l'eau et, par conséquent, sans solidité ; l'autre, d'un beau rouge foncé qui n'est soluble que dans une dissolution de carbonate de soude. C'est cette dernière qui procure à la peinture le vermillon, dit d'Espagne, et à la toilette, le rouge végétal.

Mais, si le carthame qui s'accommode très bien de terrains secs, était cultivé pour sa graine dans le midi de la France, et même dans le Centre et l'Ouest, peut-être deviendrait-il une plante économique intéressante. M. de Gasparin cite un propriétaire de la province d'Oltrante, dans l'ancien royaume de Naples, qui en a obtenu par hectare, outre 260 kil. de fleurs sèches, 1460 kil. de graines rendant 0,25 à 0,30 d'huile siccative et même comestible, ayant la même valeur vénale que celle du colza. Ajoutons à cela que les moutons et les vaches mangent volontiers les feuilles du carthame. On cultive le carthame par semis, en lignes espacées de $0^m,50$ à $0^m,60$, en donnant aux plants $0^m,18$ à $0^m,20$ dans les rangs. On sème aussitôt que les gelées du printemps ne sont plus à craindre. Le carthame exige les mêmes soins que toutes les autres cultures sarclées.

E. Le Pastel. C'est une plante indigofère dont j'ai déjà parlé comme représentant une ressource assez précieuse pour la nourriture du bétail. En effet, placée dans de bonnes conditions, elle peut fournir en plusieurs récoltes dans le courant de l'année, au-delà de 20,000 kil. de feuilles vertes.

Ces feuilles étaient autrefois triturées pour former ce que l'on appelait le pastel *en coques* employé par les teinturiers. La fraude qui se glisse partout ayant altéré cette matière, l'industrie ne l'emploie plus aujourd'hui qu'à l'état de feuilles desséchées pour faire le fonds de ses cuves de bleu. Mais la consommation en est très limitée, et il n'y aurait aucun avantage à étendre cette culture, le premier effet de cette extension devant être d'avilir la valeur vénale du produit. Le pastel contient d'ailleurs trop peu d'indigo pour que l'on puisse l'en extraire avec quelque bénéfice, en vue de remplacer l'indigo exotique. Mais peut-être n'en est-il pas de même de la plante suivante.

F. La Persicaire *ou* Renouée tinctoriale. *Polygonum tinctorium.* M. Vilmorin a obtenu de cette plante, en terrain humide, 12,000 kil. de feuilles fraîches par hectare, dont il a retiré de l'indigo de bonne qualité dans la proportion de 5 p. °/₀. M. Margueron, de Tours, n'a obtenu, dans d'autres conditions, que 8000 kil. de feuilles, dont le rendement s'est élevé à 7,5 p. °/₀. Si l'on suppose un produit moyen de 10,000 kil. en feuilles et de 6 p. °/₀ en indigo, en donnant à celui-ci une valeur de 20 fr. le kilo, les frais d'extraction ne dépassant pas 4 fr. pour le même poids, il restera pour la rente du sol et les dépenses de la culture 960 fr. par hectare, ce qui est assurément fort beau, d'autant plus que les frais de culture qui ne sont pas plus élevés pour la persicaire que pour toute autre plante sarclée, se réduiraient considérablement si l'indigo était extrait par le cultivateur lui-même. En restituant les résidus au sol, cette culture qui, pour 10,000 kil. de feuilles, consomme à peu près pour 180 francs d'engrais, ne consommerait que l'azote enlevé par l'indigo qui, d'après les analyses de M. Dumas, en contient la dixième partie de son poids, soit 6 k. environ, d'une valeur de 15 fr. pour l'hypothèse qui vient d'être posée. Si ces données sont exactes, comme j'en suis persuadé, la chose mérite assurément qu'on y réfléchisse.

La culture de la persicaire ne présente aucune difficulté. Cette plante se propage facilement par semis, boutures, ou transplantation. Mais ce dernier mode paraît être le meilleur. On plante en lignes espacées de $0^m,66$ avec $0^m,50$ de distance dans les rangs. Les terres humides sont celles qui paraissent le mieux convenir à cette plante. Il serait difficile de les utiliser d'une manière plus profitable.

Le semis, soit en pépinière, soit à demeure, doit avoir lieu aussitôt que les gelées de printemps ne sont plus à craindre; car la persicaire y est aussi sensible que son congénère le sarrasin. Autant que possible, on choisit pour la pépinière une situation abritée au midi. Si l'on a à sa disposition des cloches ou des châssis, on fera bien de s'en servir pour accélérer le développement des replants; mais ce n'est pas indispensable.

D'après M. de Gasparin, 60 centiares de pépinière suffisent pour emblaver un hectare en fournissant 500 plants chacun. Un tel semis ne donnant qu'un espacement de $0^m,04$ sur $0^m,05$ aux jeunes plantes dans la pépinière, me paraît trop épais d'au moins moitié.

La végétation de la persicaire est très active. Aussitôt que ses feuilles ont 0,25 à $0^m,30$ de hauteur, on peut les couper à $0^m,06$ ou $0^m,08$ au-dessus du collet qui porte des bourgeons destinés à en produire de nouvelles que l'on récoltera ainsi de mois en mois, de trois à cinq fois dans l'année, selon les climats. On peut faire sécher les feuilles pour en retirer l'indigo plus tard, ou l'extraire immédiatement des feuilles fraîches.

Quant au procédé d'extraction, le plus simple et le plus facile, sinon le meilleur, me parait être celui indiqué par M. Girardin et décrit par M. G. Heuzé. (*Plantes industrielles,* t. 1, page 196.) Ce procédé consiste à faire digérer une partie de feuilles dans trois parties d'eau à + 30, jusqu'à ce que cette eau ait pris une teinte verdâtre et se soit converte d'écumes irisées. Alors, on soutire en pressant légèrement les feuilles, et l'on ajoute au liquide de 1 à 1,5 p. % d'acide hydrochlorique, puis on passe immédiatement sur une toile claire. Le liquide filtré est ensuite fortement agité pendant un quart-d'heure pour que l'indigo dissous s'oxygène, devienne insoluble et se précipite par le repos. C'est ce qui a lieu ordinairement dans les 24 heures. Le lendemain, on recueille l'indigo sur un filtre, et on le lave à l'eau bouillante additionnée d'un peu d'alcool, jusqu'à ce que cette eau passe entièrement claire. L'indigo est ensuite desséché dans une étuve chauffée à + 50°.

M. Boussaingault (*Economie rurale*, tome 1, page 348), décrit le procédé qui a été employé par M. Vilmorin, et qu'il regarde comme constituant un important perfectionnement. Mais il me paraît plus compliqué que celui de M. Girardin.

Je dois ajouter qu'il a été expérimenté qu'en découpant en lanières étroites les feuilles de la persicaire, on en obtient une plus grande quantité d'indigo. C'est une opération qui peut se faire mécaniquement, au moyen d'un hache-paille ordinaire, à très peu de frais.

IV. — Les Plantes industrielles non classées.

Le nombre de ces plantes est fort restreint. Il n'y en a que quatre qui présentent quelque intérêt pour l'agriculture, mais elles sont d'une importance bien inégale. Ce sont : A, le HOUBLON; B, le TABAC; C, la CHICORÉE-CAFÉ ; D, la CARDÈRE ou le CHARDON A FOULON.

1° LE HOUBLON

Est une plante sarmenteuse grimpante dont le produit industriel consiste en cônes renfermant une poussière résineuse d'un jaune doré, dont les propriétés aromatique et antiseptique contribuent à l'amélioration et à la conservation de la bière. Le nom de *lupuline* donné d'abord à cette poussière qui est un composé de résine, d'huile volatile et d'un principe amer, ne s'applique plus aujourd'hui qu'à ce dernier. Mais cette lupuline n'a rien de commun avec celle dont il a été parlé au chapitre des fourrages légumineux, et avec laquelle il ne faut pas la confondre, comme l'ont fait les auteurs du Dictionnaire des Analyses chimiques, en donnant, d'après Sprengel — la composition de la lupuline-luzerne — pour celle du houblon (humulus lupulus). Bien qu'à la rigueur les feuilles de ce dernier puissent fournir un fourrage auquel on attribue quelque qualité, la véritable destination de cette plante est de contribuer à la fabrication d'une boisson remplaçant le vin dans les contrées où le raisin ne mûrit pas, et même dans celles où il mûrit.

Le houblon croît spontanément et vigoureusement sur le bord des haies; mais soumis à une culture intelligente et soignée, il donne des fruits infiniment plus abondants et de meilleure qualité. C'est là l'une de nos cultures industrielles qui ont fait relativement le plus de progrès, en France, dans ces derniers temps. M. Maurice Block rapporte dans sa statistique, que le houblon n'occupait chez nous, en 1842, qu'environ 800 hectares, et c'est encore à peu près là le chiffre que reproduisent les auteurs de nos jours, en évaluant l'étendue de cette culture à 1000 hectares. La vérité est qu'en 1852 déjà, la statistique officielle constatait l'existence de 8865 hectares de houblon, répartis très inégalement dans quatorze de nos départements seulement. Dans ce chiffre, celui du Pas-de-Calais figure à lui seul pour 6577 hectares, dont 6340 appartiennent à l'arrondissement d'Arras. Après lui viennent : le Nord, qui y entre pour 1028 h.; le Bas-Rhin, pour 460; l'Aisne, pour 224; les Vosges, pour 153; la Meurthe, pour 100, et neuf autres départements ensemble pour 223 hectares.

On produit certainement, en France, d'aussi bon houblon que partout ailleurs; mais un préjugé dont on ne se rend pas facilement compte, lui a été défavorable pendant longtemps. La brasserie ne voulait que du houblon de Spalt, et pour la satisfaire, le cultivateur français se trouvait dans la nécessité d'envoyer le sien se faire naturaliser Bavarois. Puis, revenant chargé des frais d'un double transport, ainsi que de droits de douanes et de commission, notre houblon indigène avait toutes les qualités du houblon allemand. Aujourd'hui, les progrès de l'esprit national et des lumières ont fait perdre beaucoup de terrain au préjugé dont il s'agit. Néanmoins, il nous arrive encore beaucoup de houblon de l'étranger, ce qui prouve que la culture de cette plante n'a pas atteint son extrême limite, en France, où les souffrances de la vigne ont d'ailleurs singulièrement favorisé l'accroissement de la production de la bière. Toutefois, comme la culture du houblon ne peut avoir lieu avec profit, que dans des localités abritées et dans des terres spéciales; comme d'un autre côté, elle exige de très grandes avances, elle sera toujours fort restreinte.

Il faut au houblon une terre de consistance moyenne, franche, profonde, substantielle sans excès, riche en terreau, et dans laquelle l'eau ne reste pas stagnante. Les pâtures défrichées, les tourbières assainies, sont celles qui lui conviennent le mieux. Il ne saurait prospérer dans les sols pierreux, caillouteux, et, en général, dans tous ceux qui se dessèchent facilement. Le houblon, ainsi que nous l'avons vu page 153, passe pour émettre par transpiration une quantité d'eau que l'on n'évalue pas à moins de 2440 litres par hectare et par jour, ce qui est certainement exagéré, s'il est vrai que les plantes ne rejettent que les deux tiers de l'eau qu'elles absorbent. Mais en faisant une part raisonnable à l'exagération, il n'en reste pas moins certain qu'il faut au houblon une très grande quantité d'eau et, par conséquent, un sol très frais, très hygrométrique.

Selon M. de Gasparin, 100 k. de cônes à l'état normal, sont

ordinairement accompagnés de 335 k. de feuilles et de 402 k. de tiges sarmenteuses, dont le dosage en azote serait, d'après M. Payen, de 8,82 pour les cônes, 4,35 pour les 335 kil. de feuilles, et de 2,45 pour les 402 kil. de tiges.

Le tome 6, pages 258 et suivantes, du Journal d'Agriculture progressive de M. Vianne, contient un fort bon article de M. Paul Madinier, sur la chimie du houblon, dans lequel l'auteur rend compte de plusieurs analyses exécutées à la demande de la Société royale d'Agriculture de Londres, et desquelles il résulterait que 100 k. de cônes, aussi à l'état normal, ne doseraient que 2,68 d'azote, et ne seraient accompagnés que de 107^{k},143 de feuilles avec 92^{k},857 de tiges (1), contenant en totalité : les feuilles, 2,34 et les tiges, 1,13 d'azote, soit pour la plante entière 6^{k},15 au lieu de 15^{k},62, selon M. Payen. D'où cette énorme différence, qui rend les déductions bien incertaines, peut-elle venir? Ce n'est pas de la quantité d'eau retenue par la plante, dans son état normal, puisque les dosages de M. Payen, toujours d'après M. de Gasparin, n'en admettent que 0,10 dans les cônes, 0,14 dans les feuilles et 0,12 dans les tiges ; ces quantités se représentant dans les analyses anglaises par 1° 0,10 ; 2° 11,92 ; 3° 8,66. Ces écarts ne sont pas assez considérables pour en produire un aussi grand que celui que nous venons de voir dans le dosage de l'azote, et qui doit en partie sa cause à la grande inégalité qui se trouve entre les deux résultats, dans la proportion de tiges et de feuilles. Mais la différence capitale gît principalement dans le dosage des cônes qui ne donnent que 2,68 d'un côté, tandis qu'ils fournissent 8,82 de l'autre avec une proportion d'eau identique. Il me paraît difficile d'admettre qu'il n'y ait pas ici de part ou d'autre, une erreur matérielle.

Les différences sont également fort grandes dans les analyses minérales, à en juger d'abord par les proportions de cendres qu'elles indiquent, et que voici :

	CÔNES. 100 k.	FEUILLES. 100 k.	TIGES. 100 k.
Houblon analysé par M. Nesbit (Gasparin).......	9.87	13.60	3.74
Id. de Farnham, tige blanche (P. Madinier)..	9.90	16.30	5.00
Id. Id. Id.......	9.00	21.94	7.28
Id. de Kent, grappes jaunes (P. Madinier)..	15.80	25.11	5.10

(1) Pour 3,50 de cônes, on compte en Angleterre 3,75 de feuilles et 3,25 de tiges. C'est la même proportion. Seulement, pour la facilité des appréciations, j'ai cru devoir le rapporter à 100 de cônes.

Si nous comparons maintenant la proportion des minéraux ressortant de l'analyse de M. Nesbit avec celle donnée par les analyses rapportées par M. Paul Madinier, voici sommairement à quels résultats nous arriverons. Il ne faut pas perdre de vue que les chiffres indiqués se rapportent à 100 de cônes, accompagnés de 335 de feuilles et 402 de tiges pour les analyses Nesbit, et de 107,143 de feuilles plus 92,857 de sarments, pour les autres analyses.

	CÔNES		FEUILLES ET TIGES	
	Gasparin.	Madinier.	Gasparin.	Madinier.
Silice	1.910	1.555	4.568	5.249
Chlorure de sodium	0.643	0.060	3.794	0.812
Id. de potassium	0.148	0.073	1.274	1.422
Potasse	2.330	2.572	8.058	3.807
Soude	» »	» »	0.121	» »
Chaux	1.420	0.772	20.530	7.856
Magnésie	0.480	0.389	1.283	1.232
Acide sulfurique	0.480	0.414	2.017	0.535
Id. phosphorique	0.870	1.405	1.649	2.656
Id. carbonique	» »	0.160	» »	3.229
Phosphate de fer	0.661	» »	1.140	» »
Péroxyde de fer	» »	0.054	» »	0.088
Azote	8.820	2.680	6.800	3.470

Les variantes qui existent dans la composition des feuilles et des sarments, ne peuvent pas tirer à conséquence, si l'on se met sur le pied de les restituer intégralement, chaque année, à la houblonnière, après avoir réduit les tiges en fragments, pouvant être enfouis facilement, ou bien après les avoir fait pourrir par un procédé analogue à celui de Jauffret. Ce n'est donc que relativement à la fertilisation initiale que ces variantes peuvent avoir de l'influence ; mais en prenant pour base de cette fertilisation les plus hauts dosages indiqués par les diverses analyses, on ne risquera absolument rien, et il ne s'agira que d'une avance une fois faite.

En ce qui concerne la matière exportée, c'est-à-dire les cônes, la question est plus épineuse, en présence de l'énorme différence que présentent les analyses relativement à l'azote. Faudra-t-il restituer 8,82 de cette substance, ou seulement 2,68 par 100 kil. de cônes enlevés. Là est le nœud de la difficulté, et pour le délier, il faut nécessairement étudier les faits.

Les annales agricoles n'en présentent qu'un, à ma connaissance, dans lequel on trouve un enseignement un peu précis, et suffisant pour fournir des bases à peu près certaines. C'est la houblonnière créée par M. de Dombasle, à Roville, dans des conditions de fertilité qui permettent d'appécier assez exactement l'action des engrais, employés d'ailleurs en quantités telles qu'ils n'ont pu, en aucune proportion, rester inactifs, en tenant compte, toutefois, de la lenteur de leur décomposition.

Cette houblonnière dont nous connaissons les produits et les dépenses pendant les treize premières années de son existence, a été établie sur une terre dont la fertilité initiale était estimée pouvoir produire 15 h. de blé, ce qui suppose la présence dans le sol d'un équivalant de 25,000 k. de fumier contenant 100 k. d'azote. Son étendue, qui a débuté par 83ª76ᶜ, s'est successivement élevée au double — 1ʰ 63ª 52ᶜ — et, en somme, a présenté une moyenne de 1ʰ 36ª, dont on a obtenu **11,513 k.** 5 de cônes en treize ans, soit 885 k. par an et 650 k. par hectare, au lieu de 885, comme l'ont imprimé par erreur tous les auteurs qui ont parlé de cette houblonnière.

Pendant toute sa durée cette plantation n'a pas reçu de fumier, mais seulement, de temps en temps, quelques sacs de germes d'orge, ou bien quelques quintaux de tourteaux oléagineux, et principalement des chiffons de laine employés à la dose de 600 kil. par hectare, lorsqu'ils constituaient exclusivement la fumure, ce qui était le cas le plus ordinaire. Si nous donnons aux autres matières qui y ont concouru, une valeur fertilisante égale, pour une même somme d'argent, nous aurons pour 1 hect. 36 ares, une consommation annuelle de 816 k. de chiffons de laine, ou de l'équivalant, en touraillons et en tourteaux, et de 10 608 kil. pour 13 ans. D'après les recherches réitérées de M. Robart, on ne peut pas évaluer à plus de 8 p. °/₀ la teneur des chiffons en azote. Il n'a donc dû être apporté de cette substance pendant les treize ans, que . . . 848 k.
et en y ajoutant la fertilité initiale de 100

La terre n'a eu pendant ce temps qu'une puissance totale de. . . . . 948 k.

On voit, tout d'abord, que cette puissance aurait été incapable de produire **11 513 k.** de cônes, contenant avec leurs tiges et leurs feuilles 15 k. 62 d'azote par quintal de cônes, tandis que si l'on applique les dosages indiqués par les analyses anglaises, on aura :

pour les cônes, à raison de 2,68.	308 k. 50
pour les tiges et les feuilles, à raison de 3,47. .	399 50
TOTAL.	708 »
Ce qui suppose une fertilité restante de . . .	240 »
	948 k. »

Ici, tout est d'une vraisemblance frappante. Le rendement moyen des trois dernières années dépassant un peu la moyenne générale, prouve que la fertilité s'est un peu accrue, et si le sol se trouve plus riche de 140 kil. d'azote à la fin qu'au commencement, cela vient indubitablement de ce que les fumures consistant en engrais lentement décomposable, les dernières n'ont pu être absorbées que partiellement. Si l'on admet que, à raison de la petite addition de tourteaux, etc., plus promptement assimilables, la durée moyenne de chaque fumure a été de cinq ans, il devait rester dans le sol à la fin de la 13e année, $^1/_5$ de la 10e fumure ; $^2/_5$ de la 11e ; $^3/_5$ de la 12e ; $^4/_5$ de la 13e : total $^{10}/_5$ ou 2 entiers. Or, chaque entier correspondant à 65 k. 28 $\times$ 2, on aura 130 k. 56 d'azote, ce qui est bien près de 140 kil. A mes yeux, les analyses anglaises fournissent donc une base suffisamment exacte pour les calculs de la fertilisation.

Ce qui est non moins frappant dans les résultats de Roville, c'est la faiblesse des rendements qui dépassent à peine la moitié de ceux que l'on obtient ailleurs le plus ordinairement. M. de Dombasle lui-même, n'hésite pas à en attribuer la cause à l'insuffisance de ses fumures, dont la dépense ne s'est élevée chez lui, en totalité pour les 13 années, de 1823 à 1835 inclusivement, qu'à 742 fr. 42, soit 42 fr. par hectare et par an, ou 6 fr. 46 par quintal de cônes. Il est à remaquer que M. de Dombasle, trouvant trop difficiles à enfouir les tiges du houblon, les brûlait en dehors de la plantation, détruisant ainsi la meilleure partie de leurs substances fertilisantes. Mieux eut valu les donner au bétail comme nourriture, ou simplement comme litière.

Outre les enseignements résultant de la culture de Roville,

M. Boussaingault nous en fournit aussi de très précieux (*Economie rurale*, tome Ier, page 197), mais un peu moins concluants, tirés d'une houblonnière établie par un habile planteur de Hagueneau, et dont voici les résultats sommaires. Les produits de cette plantation d'une étendue moyenne de 1 h. 62, se sont élevés en 12 ans — de 1832 à 1843 — à 24,425 k. de cônes, soit 1250 par hectare et par an, ou, à peu de chose près, le double du rendement de Roville. Mais la fumure ayant coûté pour les 12 années 3943 fr. 35, soit 202 fr. 85 par hectare et par an, c'est près de cinq fois la dépense de Roville. Toutefois, le produit étant plus considérable à Hagueneau, chaque quintal de cônes n'y a supporté qu'une charge de 16[f],14 pour sa cote-part d'engrais, soit exactement deux fois et demie autant qu'à Roville. Cette comparaison confirme parfaitement l'opinion de M. de Dombasle sur l'insuffisance de ses fumures; mais comme elle ne fait connaître, ni la nature, ni la quantité des engrais employés à Hagueneau, on ne peut apprécier leur action que par induction. Nous voyons bien que chaque quintal de houblon en a absorbé pour une somme deux fois et demie plus forte qu'à Roville; mais cela ne veut pas dire que l'absorption en nature ait eu lieu dans la même proportion. Cela signifie seulement, qu'à valeur fertilisante égale, l'engrais employé a coûté, ou a été estimé deux fois et demie plus cher. C'est ce qui aurait eu lieu, par exemple, si l'on avait employé à Hagueneau 2000 k. de fumier normal dosant ensemble 8 kil. d'azote, en les estimant 20 fr. ou 10 fr. les 1000 kil., là où M. de Dombasle a pu produire le même effet avec 100 kil. de chiffons contenant la même quantité d'azote, et ne lui revenant qu'à 8 francs.

On peut donc, sans craindre de s'écarter de la vérité, conclure des résultats de Roville, qu'en donnant annuellement à une terre possédant une fertilité initiale capable de produire à elle seule 15 h. de blé, un engrais complet de bonne qualité, contenant 40 kil. d'azote, soit 10,000 kil. de fumier normal, par exemple (1), on pourra compter, bon an mal an, sur un

(1) M. G. Heuzé (*Plantes industrielles*, tome 2, page 288), n'évalue qu'à 6000 kil. de fumier par hectare et par an, les fumures de Roville. L'erreur de l'honorable professeur vient de ce qu'il est parti de la dépense en argent pour en conclure celle en matière, en substituant le fumier dont il n'a pas été employé un atome, aux engrais dont on s'est réellement servi, et en donnant à ce fumier une valeur de 10 francs pour les 1000 kil., tandis que M. de Dombasle ne le faisait figurer dans ses comptes que pour 6 fr. 70.

produit de 650 kil. de cônes de houblon dans une plantation de 2500 pieds; mais si l'on veut en obtenir le double, il ne suffira pas de doubler la fumure, il faudra doubler également la fertilité initiale. Ce sera, au surplus, une dépense faite une fois pour toutes. Ainsi, si la terre était capable de produire 15 h. de blé sans engrais, il faudrait lui donner, la première année, 45,000 k. de fumier, dont 25,000 kil. pour porter sa fertilité initiale au degré normal, et 20,000 kil. pour l'alimentation des 1300 kil. de houblon, avec feuilles et tiges en sus. Il va de soi, que si l'on trouvait le moyen d'appliquer intégralement ces dernières à la fertilisation, une fumure annuelle de 8000 k. de fumier normal, serait suffisante pour un même produit de 1300 kil. de cônes. Il me semble qu'en faisant passer les tiges du houblon par un hache-paille ordinaire, comme je l'ai dit pour l'ajonc, on les mettrait facilement et à peu de frais, dans un état de division se prêtant parfaitement à leur enfouissement. Ce serait l'affaire de quelques journées de travail qui seraient amplement payées par une économie de 12,000 kil de fumier.

Lorsque l'on veut établir une houblonnière, le sol doit être défoncé à 0m,50 ou 0m,60, au moins dans toute son étendue superficielle, et l'on donne en même temps une fumure d'après les bases qui viennent d'être posées. On pourrait, à la rigueur, lorsque le sol est perméable, se borner à trois labours préparatoires, à 0m,25 de profondeur, de l'automne au printemps, en ne défonçant que l'emplacement qui doit être occupé par les pieds du houblon. On creuserait dans ce but des fosses de 0m,66 de profondeur sur un diamètre égal, comme on fait pour les plantations d'arbres. Dans ce cas, on mêlerait une partie de l'engrais avec la terre provenant de ces fosses, au moment de la plantation. Le fumier d'étable pourra très bien être remplacé par des engrais commerciaux, pourvu que leur composition réponde à celle du houblon. Quoique les chiffons de laine aient bien réussi à Roville, il serait dangereux d'en conclure qu'il doit nécessairement en être de même partout. Si la terre n'eût pas été suffisamment pourvue de minéraux utiles, il n'est pas douteux que les résultats eussent été tout différents.

Au surplus, je crois devoir mettre ici la composition du houblon, comme je l'ai fait pour la garance, en parallèle avec celle du fumier, afin d'éclairer autant que possible, ce point de notre étude, en me basant sur les analyses anglaises rapportées plus haut, et dont l'exactitude est attestée par les résultats de Roville, au moins quant à l'azote, ce qui la rend probable quant aux minéraux.

	Azote.	Alcalis.	Chaux.	Acide phosphor.
100 k. de cônes......	2.68	2.572	0.772	1.405
200 k. feuilles et tiges.	3.47	3.807	7.856	2.656
Bases des chlorures...	» »	1.235	» »	» »
	6.15	7.614	8.628	4.061
1530 k. de fumier....	6.15	7.895	8.815	3.075
A ajouter au fumier...	» »	» »	» »	0.986

D'après ce rapprochement, le fumier normal n'aurait donc besoin d'être un peu renforcé qu'en acide phosphorique, dans la proportion de 650 gr. environ pour 1000k Mais si au lieu d'appliquer les analyses rapportées par M. Madinier, on prenait celles de M. Nesbit pour guide, il faudrait ajouter pour obtenir 100 kil. de cônes, au moyen de 1530 kil. de fumier, 5 k. 600 d'alcalis et 13 k. 135 de chaux, ce qui est exorbitant, et s'écarte considérablement de la composition de tous les végétaux. Quant à l'acide phosphorique, le fumier en contiendrait un cinquième de plus que le houblon n'en consommerait.

Je pense donc, que quoique le fumier normal puisse suffire seul, dans la généralité des cas, pour fertiliser une houblonnière, il sera toujours prudent d'y ajouter 4 à 5 kil. au moins de phosphate fossile par 1000 kil. C'est une dépense qui ne s'élèvera pas à plus de 6 fr. par an, et qui peut exercer une influence heureuse sur la végétation.

La plantation se fait ordinairement au printemps. Elle ne doit comprendre que des pieds femelles pour n'obtenir que des cônes non fécondés, la graine qu'ils produisent dans le cas contraire, ne faisant qu'augmenter leur poids sans ajouter à leur qualité, ce qui est une cause de dépréciation plus grande que le gain résultant de cette augmentation de poids.

Il existe plusieurs variétés de houblon, les unes précoces, les autres tardives. Celles-ci rendent généralement davantage. Néanmoins, il est bon de planter des unes et des autres, en cantonnant chaque espèce sur un point différent, afin d'avoir plus de temps pour faire la cueillette des cônes lorsque la plantation est un peu étendue. L'une des variétés les plus estimées est celle de Spalt. Mais on doit toujours préférer celle qui est l'objet des prédilections du débouché que l'on a en vue.

Lorsqu'on posssède déjà une houblonnière, on peut l'agrandir en plantant des bourgeons provenant de la taille qui se fait au printemps. On peut aussi employer des rejetons enracinés que l'on prend au pied des anciens plants. Si l'on n'est pas en mesure de planter au moment de la taille, on met les bourgeons en pépinière dans un bon terrain où ils forment des racines, et l'on peut les planter à demeure, soit à l'automne, soit au printemps suivant. Dans le premier de ces deux cas, ils donneront déjà une récolte au bout d'un an. Mais, en général, ce n'est qu'à sa troisième année qu'une houblonnière est en plein produit. La reprise des bourgeons n'étant pas toujours certaine, il est prudent de se faire une réserve de replants pour regarnir les vides qui se produisent. Lorsqu'il s'agit de créer une houblonnière de prime-saut, il faut nécessairement se procurer le plant au dehors.

La distance à laquelle les pieds doivent être placés n'est pas la même partout. Elle varie entre 1^{m},66 et 2^{m}, en tous sens. M. de Dombasle recommande particulièrement ce dernier espacement, et il pense, avec les planteurs les plus expérimentés, que le produit ne gagne rien en quantité dans une plantation plus rapprochée, parce que, si dans ce cas les cônes sont plus abondants, ils restent plus petits. Il n'est pas d'avis non plus, qu'il soit bon d'imiter l'exemple de ceux qui plantent un pied de houblon à chacun des angles d'une fosse de 0^{m},36 à 0^{m},50 de côté, creusée au milieu du carré de 2^{m} de côté. L'usage qu'il a toujours suivi et qu'il dit être celui de toute la Lorraine, consiste à ne mettre qu'un seul plant pour chaque tuteur à 2^{m}, en tous sens. Ses racines s'étendant tout à la fois en profondeur et horizontalement n'ont pas à disputer leur nourriture à leurs voisines.

Il est permis de croire, cependant, qu'avec une fumure suffisante proportionnée, non à l'étendue du terrain complanté, mais au nombre de pieds qui l'occupent, on pourrait, sans inconvénient, multiplier ces pieds en en réunissant plusieurs sur une même perche. Les végétaux ne s'affament réciproquement, dans une plantation un peu serrée, que quand ils ne sont pas suffisamment alimentés. Ce n'est pas le cas de dire ici, que quand il y a pour deux, il y a pour quatre. Si les plantes souffrent de leur trop grand rapprochement lorsque la nourriture ne leur fait pas défaut, c'est principalement parce qu'elles n'ont pas assez d'air et de lumière. Mais en espaçant les perches à 2 mètres en tous sens, et en plantant 4 pieds dans ce carré de 4 mètres, ils auront tout autant d'air et de lumière qu'un seul, si on les réunit sur la même perche.

La plantation, comme je l'ai dit en thèse générale, page 642, doit toujours avoir lieu en lignes équidistantes, et autant que possible, en quinconce, ce qui permet aux plantes de se développer plus librement. En m'exprimant ainsi, je n'ai entendu opposer ce système qu'aux plantations irrégulières, quoique faites en lignes parfaitement droites dans un sens, et non à celles exécutées à angles droits. C'est pour éviter toute fausse interprétation à cet égard, que je crois devoir déclarer et démontrer ici que ces dernières sont tout aussi favorables que le quinconce au développement des racines et à la diffusion de la lumière, quoiqu'un honorable professeur affirme le contraire. La raison qu'il en donne, c'est que dans la plantation rectangulaire il n'y a que deux séries de ruelles ou d'allées qui se coupent perpendiculairement, tandis que dans celle en quinconce, il y en a deux autres séries obliques qui permettent au soleil de pénétrer dans toutes les parties du massif à mesure qu'il avance dans sa course. Si cette dernière affirmation est vraie, la première est complétement erronée. Il suffit de tracer la figure sur le papier pour s'en convaincre. On trouvera dans la plantation rectangulaire comme dans celle en quinconce, deux séries d'allées perpendiculaires et deux séries d'allées obliques. La seule différence qui existera entre elles, portera sur leur largeur respective. Dans la première, les allées se coupant à angles droits auront chacune deux mètres de largeur, et les allées obliques $1^m,414$, si les plants sont espacés à 2^m en tous sens. Dans la seconde, le nombre de plants étant égal et disposé en échiquier sur des lignes parallèles, espacées de 2^m, les allées perpendiculaires n'auront que 1^m de large et les obliques $1^m,78$. En sorte que, si l'on additionne l'ouverture de quatre allées appartenant aux quatre séries dans chacune des deux plantations, on n'aura qu'un total de $6^m,560$ dans le quinconce, tandis qu'il sera de $6^m,818$ dans l'autre système. Celui-ci est donc un peu plus favorable à la diffusion de la lumière; mais dans celui-là les plants sont un peu plus espacés. En effet, la plantation rectangulaire se compose d'une quantité de carrés égaux, présentant la figure d'un damier dont toutes les cases seraient de la même couleur, les angles de chaque case étant à 2^{m} les uns des autres en tous sens. Le quinconce, au contraire, se compose de losanges qui, dans notre hypothèse, ont 2^{m},235 de côté, mais dont les angles obtus ne sont éloignés les uns des autres que de 2 mètres. Si dans les plantations de ce genre on regarde les lignes obliques comme principales, les plants s'y trouveront à 2^{m},235 dans les allées du nord au sud, comme dans celles de l'est à l'ouest, admettant que la plantation soit ainsi orientée, tandis que dans celle en carrés la distance entre les pieds ne sera que de 2 mètres dans les allées principales, dans un sens comme dans l'autre. Mais ce n'est là qu'un avantage fictif qui ne peut pas profiter à la végétation, par la raison toute simple qu'un losange de 2^{m},235 de côté, comme celui dont il s'agit ici, ne renferme que 4 mètres carrés de terrain, quoique son périmètre soit de 8^{m},940; c'est-à-dire, qu'il n'a juste que la même surface qu'un carré de 2 mèt. de côté, dont le périmètre n'a que 8 mètres. Si vous plantez des arbres à 2^{m},235 de distance sur un terrain ayant une pente de 0,50, en mesurant l'espacement selon cette pente, ils ne seront réellement qu'à 2 mètres les uns des autres, en supposant le plan horizontal. Ce qui a lieu dans le quinconce est analogue. Mais ce système n'en est pas moins aussi bon que celui du rectangle, et la préférence à donner à l'un ou à l'autre, n'est qu'une affaire de goût.

Le plant doit être enfoncé assez dans le trou préparé pour le recevoir, pour qu'il y soit entièrement recouvert de terre meuble légèrement tassée. Quelques planteurs fument en couverture aussitôt que les plants sont en place. Les pratiques varient plus ou moins d'une localité à une autre; mais les résultats sont toujours subordonnés à la fertilisation et à l'espacement, à égalité d'humidité dans le sol. C'est là le principe qui doit dominer dans cette culture.

La plus forte avance que nécessite une houblonnière, est l'achat de perches destinées à soutenir la plante grimpante qui s'élève d'autant plus haut que le terrain est plus riche. Si la plantation est faite à deux mètres en tous sens, il en faut 2500 pour un hectare, en supposant que les lignes extérieures puissent se trouver à un mètre seulement des bords de la pièce. Dans certaines localités, c'est une dépense qui n'est pas moindre de 1000 francs, et qui fort souvent doit être renouvelée tous les trois ans. Mais avec le procédé de carbonisation inventé par M. C. de Lapparant (1), et qui n'augmente le prix de ces perches que d'une somme insignifiante, leur durée peut être prolongée presque indéfiniment. M. de Dombasle, en vue de réaliser une économie notable sous ce rapport, avait mis en pratique, concurremment avec le *perchage* ordinaire, un système d'appui au moyen de fils de fer horizontaux. Il assure en avoir obtenu des produits égaux. Néanmoins, ce système n'a pas prévalu, et il a d'autant moins de chance d'être goûté désormais, que le procédé de carbonisation dont je viens de parler présente une économie plus grande encore, sans rien changer du reste aux usages adoptés.

La première année, on peut n'employer que de petites perches peu coûteuse ; mais dès la deuxième, elles ne doivent pas avoir moins de 7 à 10 mètres de longueur. On les enfonce en terre à 1 mèt. et même à 1^{m},50 de profondeur, selon le degré de consistance du sol, pour qu'elles puissent résister à l'action des vents. On les place à environ 0^{m},30 des plants. A mesure que le houblon grandit — ce qu'il fait très rapidement dans les premiers temps — on l'attache contre son tuteur avec un brin de jonc ou d'osier, en lui faisant prendre sa direction en spirale de gauche à droite, jusqu'à ce qu'il ait atteint une hauteur de deux à trois mètres, après quoi il continue à suivre spontanément la même direction. Ensuite, on retranche tous ses rameaux inférieurs, aussi jusqu'à deux ou trois mètres, pour faciliter la circulation de l'air et des gens dans la plantation.

Les houblonnières doivent être binées souvent. On y procède le plus ordinairement avec la houe à main. A chaque binage, on rapproche la terre des plants autour desquels elle forme de petits monticules qui entretiennent plus de fraîcheur à leur pied. Puis, chaque année, au printemps, on donne un labour de préférence à la bêche, au moyen duquel on enterre l'en-

(1) Le privilége de ce procédé est exploité par M. Maydieu, rue Taitbout, n° 54, à Paris, à qui l'on peut s'adresser pour tout ce qui s'y rapporte.

grais. C'est à la même époque que l'on taille le houblon après avoir préalablement mis chaque pied à découvert sur un diamètre d'environ $0^m,50$. On rabat avec un bon sécateur (1), à deux ou trois yeux au-dessus du collet, ce qui reste de la tige mère, en supprimant en même temps tous les rejetons. On couvre ensuite le pied ainsi taillé avec de la terre meuble dont on fait un monticule, au centre duquel doit s'élever la nouvelle tige. Au début de la végétation, la houblonnière doit être visitée presque tous les jours pour recevoir les soins qu'elle réclame.

Lorsque les cônes arrivent à leur maturité, ce que l'on reconnaît à leur couleur qui passe au vert clair, et à l'odeur que dégage la plantation, on procède à la cueillette pour laquelle il importe d'avoir un personnel nombreux. Les femmes, les enfants, les vieillards, sont propres à ce travail qui se fait à la tâche ou à la journée. La récolte ne commence qu'après la disparition de la rosée du matin. Un ouvrier spécial après avoir coupé la tige à $0^m,30$ ou $0^m,35$ au-dessus du sol, arrache la perche portant le houblon et la livre aux gens chargés de la cueillette. Les perches sont ensuite ramassées et emmagasinées pour l'années suivante, après avoir été débarrassées des sarments qui les entourent.

Le séchage des cônes a lieu, soit à l'air, dans des greniers garnis de claies ou de filets à très petites mailles, soit à chaud, au moyen de tourailles construites *ad hoc*. Puis, on les emballe dans de grands sacs en toile dans lesquels ils sont fortement comprimés.

Le houblon est attaqué par un puceron qui lui cause le même dommage qu'aux crucifères. On peut s'en débarrasser de la même manière. Cette plante est aussi sujette à une maladie que l'on appelle *miellée*, et qui est beaucoup plus dangereuse encore que le puceron. La plantation de M. de Dombasle y a été en butte trois fois en treize ans, et il a remarqué que cet accident a toujours coïncidé avec des brouillards secs et fétides qui se sont prolongés pendant une huitaine de jours. On ne connaît aucun remède à ce mal, qui quelquefois disparaît de lui-même sous l'influence d'une pluie douce. Peut-être pro-

(1) Les meilleurs sécateurs que je connaisse, se fabriquent à Nozay (Loire-Inférieure), chez M. Aubert.

duirait-on le même effet dans les plantations peu étendues, en créant une pluie artificielle au moyen d'une pompe de jardinier. C'est un essai aussi peu coûteux que facile à faire.

Malgré les échecs éprouvés par M. de Dombasle, dans sa culture de houblon, malgré l'infériorité de son rendement, elle ne lui a pas moins donné un bénéfice net de 10 343 fr. 84 en treize ans, pour 1 hect. 36 ares, soit 585 fr. par hectare et par an. Celle de M. Heüffel, à Hagueneau, a produit un bénéfice beaucoup plus considérable encore, puisqu'il s'est élevé en douze ans, malgré une plus grande dépense d'engrais, à 44 146 fr. 10 pour 1 hect. 62, soit 2270 fr. aussi par hectare et par an. Les prix de ce produit n'ont pas sensiblement baissé depuis, quoiqu'ils soient excessivement variables. C'est donc l'une des cultures les plus rémunératrices que l'on puisse entreprendre, lorsque l'on se trouve placé dans des conditions convenables. Mais il ne faudrait pas qu'elle s'étendit trop. Sinon ses avantages disparaîtraient bientôt.

2° LE TABAC.

Je dirai peu de chose de cette culture confinée dans six départements seulement où elle n'occupe que 8750 h. environ, répartis entre 18 350 planteurs, dont la production moyenne ne couvre, par conséquent, qu'à peu près 47 ares 50 cent. Il serait oiseux, du reste, d'insister sur des principes dont l'application est ou peut être interdite par l'administration. Je m'occuperai donc plus spécialement seulement de ce que le cultivateur peut faire en toute liberté, sans contrôle, et sans encourir aucune amende.

La loi de 1816 qui est encore en vigueur, ne permettait pas de plantations d'une étendue moindre de vingt ares. Mais il y a été dérogé, en 1862, par une nouvelle disposition législative autorisant le Ministre des finances à permettre la culture du tabac sur des parcelles plus petites, pourvu qu'elles ne soient pas inférieures à cinq ares, et que l'ensemble des déclarations du même cultivateur porte au moins sur dix ares.

Abstraction faite des restrictions administratives, le tabac croît et peut être cultivé avec succès dans toutes les régions, et dans presque toutes les terres de la France. Mais il est moins productif dans le Midi que dans le Nord, et par contre, il y acquiert plus de qualité. Toutefois, les sols qui lui conviennent le mieux sont ceux d'une consistance moyenne, argilo-siliceux, frais et riches en terreau. Sa graine extrêmement fine se sème en pépinière, en mars ou avril, et la transplantation a lieu ordinairement en juin dans la limite de temps fixée par la régie, qui détermine également le nombre de plants à mettre sur un hectare, ainsi que la quantité de feuilles qui peuvent être laissées sur chaque pied lors de l'écimage qui a lieu quand ce nombre de feuilles est formé. Le tout à peine d'amende. Cette culture est soumise au même exercice, de la part de la régie, que les débitants de boissons. Il faut, quoi qu'on en dise, qu'elle soit bien avantageuse pour que ceux qui s'y livrent ne soient pas dégoûtés par une pareille sujétion.

Abstraction faite du bénéfice qu'il produit par lui-même, le tabac constitue une excellente jachère vive autant par les labours profonds et répétés qu'il exige, que par la grande quantité d'engrais qu'on lui donne, et dont il ne consomme qu'une très faible partie. Aussi, peut-il être suivi sans autre fumure par plusieurs riches récoltes, notamment en blé et en colza. C'est donc à tort que l'on répute le tabac très épuisant. La vérité est, qu'il ne l'est pas sensiblement plus que les deux plantes dont je viens de parler, et qu'il laisse la terre en bien meilleur état. Cette question étant de toutes celles qui concernent le tabac, la plus intéressante et la moins élucidée, on me permettra de m'y arrêter un instant.

Le Journal d'Agriculture pratique (Année 1858, tome Ier, page 539), contient un fort intéressant travail de M. Boussaingault, sur sa propre culture de tabac, dans le Bas-Rhin, qui nous fournit les enseignements que je vais reproduire.

Un plant de tabac entier parvenu à sa maturité réglementaire, a été arraché le 10 septembre 1857. Il pesait, savoir :

	A l'état vert.	A l'état sec.	Eau totale.	Eau p. 100.
Fenilles.	1.652	0.2078	1.4442	87.42
Tiges.	0.959	0.1361	0.8229	85.80
Corps de la racine. . .	0.212	0.0401	0.1719	81.09
Chevelu.	0.209	0.0268	0.1822	87.17
	3.032	0.4108	2.6212	
		3032		

D'après cette analyse sommaire, les feuilles sèches sont aux tiges et aux racines également sèches dans le rapport :: 100 : 97,7.

L'analyse de ce pied, à l'état sec, a donné la composition suivante pour 100 parties.

Matières organiques non compris l'azote. .	82.94	86.30 mat. combust.
Azote.	3.36	
Acide phosphorique	0.89	13.70 de cendres.
Potasse	3.40	
Minéraux divers	9.41	
	100.00	

Le 10 septembre 1857, M. Boussaingault a récolté 63,140 feuilles, dont 11 à l'état vert ont pesé 800 gr., et desséchées, 96 gr., soit 12 p. °/₀. D'après cette base, la totalité de la récolte verte aurait dû peser 4501 k., et sèche, 540 k. Elle en a rendu 544 pour 18 ares 45 cent. En rapportant ces chiffres à un hectare, le produit aurait été en feuilles de 2986 kil., et en tiges et racines, de 2917, au total 5903 k. qui, d'après la composition ci-dessus, devaient contenir :

	Azote.	Acide phosph.	Potasse.
Plante entière.	198.34	52.54	200.70
Les feuilles ayant été analysées séparément, ont donné . .	137.13	22.59	85.13
Reste pour les 2917^{k} de tiges.	61.21	29.95	115.57

Si l'on rapporte ces dosages à 100 de feuilles et à 97,7 de tiges, on aura :

	En Azote.	En Acide phosp.	En Potasse.
Pour 100 de feuilles	4.60	0.76	2.85
Pour 97,7 de tiges et racines. .	2.05	1.00	3.88
	6.65	1.76	6.73

Il s'agit maintenant de savoir, d'après ces données, quelle doit être la fumure pour une récolte déterminée.

D'après M. de Gasparin, on obtient dans le département du Nord 2400 k. de feuilles à l'état normal, d'une fumure dosant 414 k. 45 d'azote, et en Belgique, 3850 kil., d'une fumure de 617 kil. de même substance. Selon le même auteur, en attribuant à ces récoltes un dosage en azote inférieur à celui constaté par M. Boussaingault, l'aliquote d'absorption ne serait que de 0,15 dans le Nord, et de 0,16 en Belgique. Mais M. de Gasparin fait abstraction tout à la fois de la fertilité initiale, ainsi que des tiges et racines de la plante, ce qui vicie radicalement son calcul.

On peut admettre, je pense, sans craindre de s'éloigner beaucoup de la vérité, que les terres dans lesquelles on cultive le tabac, sont de qualité à produire au moins 15 h. de blé sans engrais, ce qui suppose une fertilité initiale de. 100 k. d'azote
En y ajoutant la fumure du départ. du Nord. 414 45

On aurait donc une fertilité totale de.... 514 k. 45

D'après les analyses de M. Boussaingault, une récolte de 2400 kil. de feuilles, contenant dans l'état où on les livre à la régie, y compris les tiges, etc. . . . . 159,60 l'aliquote d'absorption serait 0,31, ce qui est beaucoup plus vraisemblable.

Par conséquent, il faudrait pour produire 100 k. de feuilles de tabac avec 97 k. 7 de tiges et racines à l'état sec, une fertilité de 21 k. 452 d'azote, ou de 5363 kil. de fumier; mais si la fertilité initiale correspond déjà au cinquième de la fertilité totale nécessaire, comme dans l'hypothèse qui vient d'être posée, il ne faudra que 4300 kil. de fumier normal, et si l'on faisait ensuite tabac sur tabac, ce qui est praticable en rendant les tiges et les racines au sol, il suffirait, pour obtenir de nouveau 100 k. de feuilles, de rapporter 1150 k. de fumier.

A Cahors, on en emploie 48,000 k. pour obtenir 900 k. de feuilles, ce qui fait pour 100 kil. de ces dernières 5330 kil. d'engrais. Il est probable, ou bien que le fumier ne dose pas 0,40 d'azote, ou bien que les circonstances ne sont pas aussi favorables à la végétation que dans le Nord. En Belgique, la fumure étant de 617 k. d'azote pour 3850 k. de feuilles, elle se réduit à 16 k. d'azote ou 4000 k. de fumier par quintal de tabac, d'où l'on peut conclure que la fertilité initiale est supérieure à celle que j'ai supposée plus haut, ou bien que l'on emploie des engrais plus promptement assimilables que le fumier à demi-consommé, cas auquel il en faut une dose moins forte, mais renouvelée plus souvent. A cet égard, il ne faut pas perdre de vue que le tabac végétant très vite, il est bon de lui appliquer des engrais qui se décomposent promptement. C'est ce que l'on fait avec raison en Belgique et dans le Nord, où l'on associe la gadoue et les tourteaux oléagineux au fumier ordinaire. Les guanos naturels et artificiels azotés produiraient un tout aussi bon résultat.

Au point de vue des minéraux, l'analyse de M. Boussaingault prouve que le fumier normal suffit pour fournir amplement la potasse et l'acide phosphorique nécessaires. Mais il est à observer, que le tabac est peut être la plante dont la composition varie le plus, ce qui dépend, sans doute, principalement de la nature du sol et de la qualité des engrais, et peut-être aussi de la variété cultivée. Ainsi, MM. Will et Frésenius qui ont analysé dix espèces de tabacs différentes, ont obtenu les résultats non-seulement les plus disparates, mais même les plus opposés. Par exemple, leur teneur pour 100 de cendres oscille entre 5,77 et 23,33 pour la potasse; entre 1,54 et 6 pour le chlorure potassique; entre 0,73 et 10,34 pour le chlorure de sodium. Les espèces qui contiennent le plus d'alcalis libres ou combinés à des acides, sont les moins riches en chlorures alcalins, et réciproquement. Sauf dans une seule espèce qui contient 4,16 de phosphate de chaux, l'acide phosphorique n'y a été trouvé qu'à l'état de phosphate de fer et dans une proportion qui varie de 1,74 à 7,04. Cinq espèces dosaient de 18,51 à 30,08 de chaux avec 5,79 à 12,51 de magnésie. Cinq autres espèces ne contenaient pas de chaux, mais de 27 à 31,98 de magnésie.

On voit, d'après cela, qu'il serait bien difficile de tracer une règle exacte de fumure minérale. Si l'on prend une moyenne, comme j'ai essayé de le faire dans la tableau de la composition des végétaux (page 351), on arrive à cette conclusion que le fumier normal suffit pour la fertilisation. Néanmoins, je crois qu'il serait prudent d'y ajouter de la potasse, du sel ordinaire et de la magnésie.

Je dois faire observer que le chiffre de 7,55 qui figure au tableau que je viens de rappeler dans la colonne de l'acide *hydrochlorique,* exprime une quantité égale de chlorures alcalins, et qu'il a été commis une erreur dans les deux premières colonnes où le chiffre des matières organiques est donné pour celui de l'eau, et réciproquement.

De tout ce qui précède, on peut conclure que si le tabac est exigeant, il n'est pas gourmand, et que cette culture n'est point aussi ingrate que quelques écrivains se sont plus à le dire. Trois hectolitres de blé qu'on ne peut guère estimer ensemble qu'à 50 fr., consommeraient autant d'engrais que 100 kil. de feuilles de tabac valant 69 fr. 25, prix auquel M. Boussaingault a vendu le sien, et loin de faire obstacle à la culture du blé, le tabac lui laisse, au contraire, le sol en très bon état.

3° LA CHICORÉE-CAFÉ.

Nous avons déjà parlé de cette plante comme fourrage. Celle dont il s'agit ici, constitue une variété spéciale dont les racines sont plus grosses; mais elle se cultive de la même manière, à cela près, qu'elle exige des binages soignés. Elle doit être espacée à $0^m,18$ ou $0^m,20$, en tous sens. Elle exige un sol défoncé, très riche en vieille fumure, pour éviter une végétation foliacée trop luxuriante. La place qui lui convient le mieux, quoique sa racine soit pivotante, c'est après un trèfle bien réussi.

Les racines de la chicorée qui constituent son produit industriel, se récoltent dans l'année même de son semis après que la plante a été fauchée deux fois. C'est ordinairement en octobre qu'on y procède. Cette opération donne lieu à un défoncement qui atteint quelquefois $0^m,50$ à $0^m,60$. On débarrasse les racines de la terre qui y adhère et on les fait sécher à l'air. On les coupe ensuite en cossettes de $0^m,03$ à $0^m,05$ de longueur, que l'on fait sécher complétement sur une touraille. Elles sont alors propres à être livrées aux fabriques. Celles-ci, lorsqu'elles sont à proximité du cultivateur, peuvent se charger de la dessiccation.

Cette culture est très peu répandue. Dans de bonnes conditions, elle peut rendre de 4000 à 8000 k. de cossettes par hectare, dont le prix est d'environ 20 fr. les 100 k. C'est donc une culture très productive; mais elle est très épuisante lorsque ses racines et ses feuilles sont enlevées en totalité. Cependant, M. de Gasparin dit que si l'on rendait ses feuilles au sol, la chicorée serait améliorante à l'instar du topinambour. Mais il s'en faut de beaucoup que sa démonstration soit concluante, attendu qu'il n'est nullement prouvé que cette plante emprunte son azote à l'atmosphère.

4° LA CARDÈRE ou CHARDON A FOULON.

Cette plante ne se cultive guère que dans le voisinage des fabriques de draps qui en emploient les têtes pour le cardage de leurs étoffes. Les bractées de ce chardon formant crochet, le rendent particulièrement propre à cette opération dans laquelle on a vainement cherché jusqu'ici à le remplacer par des instruments.

La cardère est bisannuelle. Ce n'est que la 2ᵉ année, quelquefois la 3ᵉ seulement, qu'elle monte en fleurs. Elle se contente de sols d'une fertilité médiocre, plutôt secs qu'humides, et c'est même là qu'elle donne ses produits, non les plus abondants, mais les meilleurs pour l'usage auquel elle est destinée. Lorsque ses têtes sont trop grosses ou trop petites, elles sont rebutées par l'industrie.

La cardère se cultive par semis, au printemps, et en lignes à $0^m,40$ les unes des autres dans les bonnes terres, et $0^m,50$ dans celles d'une fertilité moindre. C'est précisément l'inverse de ce qui a lieu dans les autres cultures, où les lignes peuvent être d'autant plus espacées que le sol est plus riche. C'est qu'alors, on vise à des produits plus développés, tandis que dans la culture de la cardère, on cherche à éviter un développement qui serait une cause de dépréciation, sinon de rebut. Lorsque la plante est levée, on l'éclaircit dans les rangs, de manière à ce que les plants soient à environ $0^m,30$ les uns des autres.

La cardère doit être binée avec soin la première année. Mieux établie dans le sol, elle est moins exigeante sous ce rapport l'année suivante.

Dans les terres de bonne fertilité, elle peut être semée en automne, avec du blé qui paie la rente du sol la première année. On fait deux lignes de blé et une de cardère. Celle-ci, jusqu'à la moisson, reste très petite. La céréale enlevée, on donne un ou deux binages avant l'hiver. Mais cette association ne peut avoir lieu que dans de bons sols où elle produit le double effet de rendre la cardère moins coûteuse, et d'enlever au profit du blé un excès de fertilité qui rendrait les têtes du chardon trop grosses.

Lorsqu'à la seconde année la cardère a formé sa tige et qu'une première tête se montre au sommet, on la pince pour forcer la plante à se ramifier. Ensuite, quand les autres têtes commencent à devenir roussâtres, c'est un indice de maturité. Alors, on les coupe avec un bon sécateur, en laissant à leur pédoncule une longueur d'environ $0^{m},12$. Les têtes mal conformées, celles qui sont trop grosses ou trop petites, de même que celles qui manquent de pédoncule, sont jetées au fumier.

On évalue, en moyenne, le produit d'un hectare de cardère à 750 kil. de têtes, et le prix vénal de celles-ci, à 100 fr. le quintal métrique. Mais la vente n'a lieu qu'à une époque de l'année qu'il importe de savoir saisir. Il ne faut donc se livrer à cette culture que quand on a un débouché assuré de son produit.

Je termine ici la tâche que je me suis imposée et que je crois avoir remplie consciencieusement. Si, parmi mes lecteurs, il s'en trouve qui, n'étant pas encore familiarisés avec les expressions techniques que je n'aurais pu éviter sans nuire à la clarté et à l'exactitude de l'enseignement, ils parviendront facilement à comprendre toutes mes démonstrations, en faisant préalablement une étude attentive des 120 premières pages de ce livre. Cette étude, n'exigeant qu'un peu de mémoire, leur fournira la clé de tous les problèmes agricoles que nous avons passés en revue. Mais vainement, en chercheraient-ils exclusivement la solution dans la pratique proprement dite. Il n'y a plus aujourd'hui le moindre doute sur ce point, parmi les hommes véritablement éclairés. La pratique sans principes, c'est un fanal sans lumière.

Je m'étais proposé, page 440, de terminer cet ouvrage par un petit traité de comptabilité. La nécessité de se rendre compte de toutes les opérations auquel on se livre, est non moins grande en agriculture que dans toutes les autres industries, et pour cela, une comptabilité simple, claire et exacte, est un flambeau indispensable, sans lequel le cultivateur ne sait jamais ni ce qu'il fait, ni où il va. Mais mon volume comprenant déjà près de 200 pages de plus que le nombre promis, je ne pourrais le grossir encore d'un semblable appendice, sans m'imposer un trop lourd sacrifice. Peut-être, un jour, me déciderai-je à en faire l'objet d'un opuscule spécial, si l'ouvrage que je livre aujourd'hui au public, en reçoit l'accueil sur lequel je me suis plu à compter.

TABLE ALPHABÉTIQUE DES MATIÈRES.

D

E

F

T

U

V

Vannes. — Imprimerie Gustave De Lamarzelle.

TABLEAU
DE LA
COMPOSITION CHIMIQUE DES PLANTES A L'ÉTAT NORMAL — POUR 1000 PARTIES.

NOMS DES PLANTES.	COMPOSITION SOMMAIRE TOTALE.				COMPOSITION DES CENDRES POUR 1000 PARTIES DE LA PLANTE A L'ÉTAT NORMAL.											ÉQUIVALENT NUTRITIF pour 100 DE FOIN
											ACIDES					
	EAU.	MATIÈRES organiques	AZOTE	CENDRES	POTASSE	SOUDE	CHAUX	MAGNÉS.	ALUMINE	FER à Manganèse	Sulfurique	phosphor.	Silicique.	Hydrochl.	carbonique et perte	
Avoine (graine)	208. »	643. »	17.50	31.50	4. »	»	1.20	2.50	»	0.43	0.32	4.75	18.14	0.16	»	71
id. (paille)	287. »	674. »	2.80	36.20	6.90	3.50	2.95	1.40	»	0.65	1.20	0.95	17.50	1.15	»	400
Betteraves (racines)	878. »	112.30	2.10	7.60	2.96	0.46	0.53	0.33	»	0.04	0.12	0.46	0.61	0.40	1.69	400
id. (feuilles)	889. »	82. »	5. »	24. »												600
Carottes (racines)	876. »	107.65	3. »	13.35	2.28	3.98	»	2.20	0.18	»	1.10	2. »	0.38	1.23	»	380
id. (feuilles)	709. »		8.50													135 *
Chanvre (plante entière)				46. »	7.04	1.80	16.35	3.53	»	0.50	1.28	3.64	6.55	1.57	3.74	»
id. (graine, 25 °/₀)	122. »	798.40	26. »	53.60	9.94	0.45	10.85	5.50	»	0.65	0.13	20.15	5.15	0.05	0.73	27 tourteaux.
id. (tiges, 75 °/₀)				42.50	6.20	2.15	17.69	2.96	»	0.45	1.58	2.81	3.20	1.96	4.50	»
Choux	790. »	191.25	2.80	15.95	2.85	0.15	7.28	0.70	0.04	0.06	2.34	1.57	0.75	0.21	»	458
Colza (graine)	110. »	832.10	33.10	24.80	9.90	0.70	1.92	2.35	»	0.15	0.35	8.21	0.20	0.10	0.92	30 tourteaux.
id. (paille)	121. »	835.30	5. »	38.70	8.83	5.50	8.10	1.20	»	0.90	5.17	3.82	0.80	4.40	»	»
Fèves d'Alsace (graine)	86. »	836.35	50.25	27.40	13. »	»	1.40	2.50	»	»	0.40	9.70	0.20	0.20	»	»
id. (paille)	120. »	832.20	20 30	27.50	14.55	0.45	5.50	1.85	0.10	0.10	0.30	2. »	1.95	0.70	»	»
Foin naturel	110. »	798.50	11.50	80. »	13.85	»	16.30	6.65	»	0.05	1.90	4.25	26.95	1.65	8.40	100
Froment (grain)	145. »	814.80	19.40	20.80	6.28	traces	0.62	3.38	»	»	0.20	10.05	0.27	»	»	»
id. (paille)	260. »	685.80	2.70	51.50	7.80	2.20	1.80	»	»	0.15	0.15	3.70	35.70	»	»	430
esse des Prés (en vert)	680. »	299.10	5.82	15.08	3.15	0.25	7.07	0.97	0.07	0.14	0.27	2.46	0.32	0.38	»	197 *
aricots d'Alsace	134. »	789.35	38.70	37.95	19.37	»	2.30	4.57	»	»	0.52	10.75	0.40	0.04	»	39
vraie vivace	200. »	725.20	9.80	65. »	21.30	1.50	5.50	2.50	»	0.90	2.30	7.30	14.55	5.05	4.10	120 *
entilles (graine)	125. »	813. »	40. »	22. »	6.12	2.38	1.12	0.42	»	0.35	»	6.40	0.24	0.83	4.14	29 *
id. (paille)	144. »	807. »	10 »	39. »	4.20	0.33	20.40	1.19	»	0.34	0.38	4.80	6.86	0.50	»	130
in (plante entière)			9.04	37.30	12.70	1.23	6.90	2.65	»	0.56	1.85	6.94	0.76	1.04	2.67	»
d. (tiges, 80 °/₀)			1.12	36.10	12.80	1.35	7.57	2. »	»	0.52	2.23	4.38	0.89	1.26	3.10	»
1. (graine, 20 °/₀)	123. »	802. »	32.80	42.20	11.97	0.70	3.56	5.65	»	0.84	0.04	18.58	0.16	0.02	0.68	42 tourteaux.
upuline (Minette dorée), en vert	738. »			14.94	1.69	0.78	2.47	6.44	0.19	0.17	2.17	0.91	0.48	1.17	»	»
uzerne en fleurs (fanée)	150. »	737.80	19.20	93. »	11. »	»	36. »	3. »	»	»	1. »	6. »	2. »	1. »	33. »	60 *
id. (en vert)	804. »	167.50	4.50	24. »	2.83	»	9.30	0.78	»	»	0.26	1.54	0.52	0.25	8.52	255 *
aïs (graine)	171. »	796. »	16.40	16.60	5.10	»	0.25	2.80	»	»	»	8.30	0.15	»	»	59
id. (paille)			1.88	39.85	1.89	0.04	6.52	2.36	0.06	0.24	1.06	0.54	27.08	0.06	»	612 *
illet (graine)	100. »	862.30	17.70	20. »	1.92	0.26	0.12	1.53	»	0.13	0.12	3.64	11.90	0.28	0.10	65 *
id. (paille)	187. »	756.65	7.80	48.55	6.23	0.86	5.90	3.70	»	0.55	7.75	0.30	24.85	1.30	»	147 *
avets blancs (racines)	925. »	66.70	1.30	7. »	3.34	»	0.85	0.11	»	0.10	0.64	0.99	0.07	0.33	0.57	425 *
id. (feuilles)			2.70	11.60	5.37	»	1.47	0.37	»	0.13	0.83	1.59	0.04	0.52	1.28	800
rge (grain)	110. »	838.60	21.40	30. »	4.13	2.02	0.66	2.58	»	0.32	0.35	11.64	8.30	»	»	61
id. (paille)	167. »	786.50	3. »	43.50	1.50	0.40	4.60	0.63	»	1.52	0.98	1.32	31.96	0.59	»	400
anais (racines)	784. »	199.37	2.50	14.13	7.40	»	2.38	»	»	0.27	0.81	2.58	traces	0.65	»	460 *

NOMS DES PLANTES.	COMPOSITION SOMMAIRE TOTALE.			
	EAU.	MATIÈRES organiques	AZOTE	CENDR
Pimprenelle (en vert)	700. »			15.4
Pois d'Alsace (graine)	86. »	847.10	38.20	28.7
id. (paille)	118. »	761.90	20.30	99.8
Pommes de terre (tubercules)	759. »	228. »	3.60	9.4
id. (fanes vertes)	820. »	143.40	5.50	31.1
Rutabagas (racines)	910. »	76.10	1.70	12.2
id. (feuilles)			2.81	
Sarrasin (graine)	125. »	826. »	21. »	28.
id. (paille)	116. »	847.17	4.80	32.0
Seigle (grain)	166. »	800.10	14.10	19.8
id. (paille)	187. »	780.60	2.40	30.
Tabac (feuilles et tiges en vert)	780. »	140.75	30. »	49.2
Topinambours (tubercules)	792. »	192.40	3.30	12.0
id. (tiges)	129. »	843.20	3.80	24.
Trèfle rouge (fané)	210. »	712.40	16.30	61.3
id. (vert en fleurs)	760. »	215.10	6.40	18.5
Vesces (graine)	146. »	785.30	43.70	25.
id. (paille)	125. »	813.50	10.50	51.
id. (en fleurs, fanées)	110. »	826.75	11.40	51.8
id. (en vert)	828. »	159.70	2.20	10.1

NOTA. — Tous les chiffres accompagnés d'une * dans la colonne des é résultat d'expérimentations faites par un grand nombre d'agronomes.

Les blancs non guillemétés dans les colonnes indiquent que la propor auxquelles ces blancs se rapportent.

A. TABLE DES ALIQUOTES, calculées pour 100 kilog. de denrées avec leur paille ou fanes.

NATURE DE LA DENRÉE CULTIVÉE. n° 1.	Quantité correspondante de paille feuilles ou fanes. n° 2.	Aliquote de la plante entière. n° 3.	FERTILITÉ NÉCESSAIRE en azote. kilog. n° 4.	FERTILITÉ NÉCESSAIRE en fumier normal. kilog. n° 5.	FERTILITÉ NÉCESSAIRE en fumier normal. mèt. cube. n° 6.	ABSORPTION D'AZOTE par la denrée. n° 7.	ABSORPTION D'AZOTE par les pailles ou fanes. n° 8.	Absorption par la plante entière. n° 9.	FERTILITÉ RESTANTE en azote. kilog. n° 10.	FERTILITÉ RESTANTE en fumier normal. kilog. n° 11.	FERTILITÉ RESTANTE en fumier normal. mèt. cube n° 12.
Avoine	162 (1)	0.38	5.78	1445	2m223	1.75	0.45	2.20	3.58	895	1m377
Betteraves (feuilles enlevées)	90	0.66	1. »	250	0.384	0.21	0.45	0.66	0.34	85	0.130
— (feuilles laissées sur le sol)	90	0.66	1. »	250	0.384	0.21	»	0.21	0.79	198	0.305
Blé — Froment	227	0.30	8.50	2125	3.269	1.94	0.61	2.55	5.95	1487	2.288
Carottes (feuilles enlevées)	35	0.60	1. »	250	0.384	0.30	0.30	0.60	0.40	100	0.154
— (feuilles laissées)	35	0.60	1. »	250	0.384	0.30	»	0.30	0.70	175	0.269
Choux (*a*)	100	0.54	0.52	130	0.200	0.28	»	0.28	0.24	60	0.092
Colza	165	0.30	13.77	3442	5.295	3.31	0.82	4.13	9.64	2410	3.708
Maïs	280	0.37	5.86	1465	2.254	1.64	0.53	2.17	3.69	922	1.418
Millet	235	0.61	5.90	1475	2.269	1.77	1.83	3.60	2.30	575	0.885
Moha (fourrage fané)	100	0.50	2.68	670	1.031	1.34	»	1.34	1.34	335	0.515
Navets blancs (feuilles enlevées) (*a*)	40	0.50	0.48	120	0.185	0.13	0.11	0.24	0.24	60	0.092
id. (feuilles laissées)	40	0.50	0.48	120	0.185	0.13	»	0.13	0.35	87	0.134
Navets Turneps (feuilles enlevées)	41	0.50	0.72	180	0.277	0.25	0.11	0.36	0.36	90	0.139
id. (feuilles laissées)	41	0.50	0.72	180	0.277	0.25	»	0.25	0.47	118	0.182
Orge d'hiver	176	0.40	6.67	1667	2.565	2.14	0.53	2.67	4. »	1000	1.538
Orge de printemps	150	0.35	7. »	1750	2.692	2. »	0.45	2.45	4.55	1137	1.749
Pommes de terre (feuilles enlevées)	23	0.46	1.07	267	0.375	0.36	0.13	0.49	0.58	145	0.223
id. (feuilles laissées)	23	0.46	1.07	267	0.375	0.36	»	0.36	0.71	177	0.272
Riz non décortiqué	130	0.29	5.20	1300	2.000	1.20	0.31	1.51	3.69	922	1.418
Rutabagas (*a*)	68	0.67	0.53	132, 5	0.204	0.17	0.19	0.36	0.17	42	0.065
Sarrasin (paille séchée à l'air) (*a*)	75	0.36	6.80	1700	2.615	2.10	0.35	2.45	4.35	1087	1.672
Seigle	222	0.35	5.57	1392, 5	2.142	1.41	0.54	1.95	3.62	905	1.392
Sorgho à graine)	514	0.61	4.18	1045	1.608	1.77	0.78	2.55	1.63	407	0.626

(1) *a, a, a, a.* Voir après le tableau suivant les observations indiquées par les marques (1) et *a, a, a, a.*

B. TABLE DES ALIQUOTES, calculées pour un hectolitre de la denrée avec sa paille, ses feuilles ou ses fanes.

NATURE DE LA DENRÉE CULTIVÉE. n° 1.	Poids de l'hectolitre. n° 1 bis	Quantité correspondante de paille feuilles ou fanes. n° 2.	Aliquote de la plante entière. n° 3.	FERTILITÉ NÉCESSAIRE en azote. kilog. n° 4.	FERTILITÉ NÉCESSAIRE en fumier normal. kilog. n° 5.	FERTILITÉ NÉCESSAIRE en fumier normal. mèt. cube n° 6.	ABSORPTION D'AZOTE par la denrée. n° 7.	ABSORPTION D'AZOTE par les pailles ou fanes. n° 8.	Absorption totale. n° 9.	FERTILITÉ RESTANTE en azote. kilog. n° 10.	FERTILITÉ RESTANTE en fumier normal. kilog. n° 11.	FERTILITÉ RESTANTE en fumier normal. mèt. cube. n° 12.
Avoine	50 k.	81 k	0.38	2.89	722, 5	1m112	0.87	0.23	1.10	1.79	447	0m688
Blé — Froment	80	181.60	0.30	6.80	1700	2.615	1.55	0.49	2.04	4.76	1190	1.831
Colza	66	109. »	0.30	9.09	2272, 5	3.496	2.19	0.54	2.73	6.36	1590	2.446
Maïs	68	190.40	0.37	3.98	995	1.530	1.12	0.36	1.48	2.50	625	0.962
Millet	70	164.50	0.61	4.13	1032, 5	1.588	1.24	1.28	2.52	1.61	402, 5	0.619
Orge d'hiver	63	114.40	0.40	4.34	1085	1.669	1.39	0.34	1.73	2.61	652, 5	1.004
Orge de printemps	65	97.50	0.35	4.55	1137, 5	1.750	1.30	0.29	1.59	2.96	740	1.138
Pom. de ter. (hect. comble), f[lles] enlevées.	75	17.25	0.46	0.80	200	0.308	0.27	0.10	0.37	0.43	107, 5	0.165
id. id. feuil. laissées.	75	17.25	0.46	0.80	200	0.308	0.27	»	0.27	0.53	132, 5	0.204
Riz non décortiqué	75	97.50	0.29	3.90	975	1.500	0.90	0.13	1.03	2.87	717, 5	1.104
Sarrasin (*a*)	65	48.75	0.36	4.34	1085	1.669	1.36	0.23	1.59	2.75	687, 5	1.058
Seigle	72	159.85	0.35	4. »	1000	1.538	1.01	0.39	1.40	2.60	650	1.000

(1) J'ai adopté pour le rapport de la paille d'avoine au grain, le chiffre donné par plusieurs ouvrages sur l'agriculture, mais ce rapport est beaucoup plus grand dans quelques contrées. En Bretagne, par exemple, où il n'est pas rare que cette céréale atteigne 1^m,50 à 2^m de hauteur sans que la fructification en souffre, la proportion de paille peut s'élever à 250 p. 100. C'est celle qui était la plus ordinaire chez moi. En pareil cas, on devra modifier les chiffres du tableau de la manière suivante : L'absorption d'azote par 100 de grain et 250 de paille étant de 2^k,45 au lieu de 2,20, la fertilité devra s'élever à 6,45 au lieu de 5,78, par conséquent, la récolte laisserait par quintal métrique de grain 4 k. d'azote au lieu de 3^k,58. Ces 4 k. d'azote restants ne pourraient plus produire sans une nouvelle fumure que 60 litres de froment ou 44 litres de colza. Il suit de là qu'avec une fertilité capable de produire 18 quintaux ou 36 hectolitres d'avoine enlevant chacun 2^k,45 d'azote, la paille étant dans le rapport :: 250 : 100, on ne pourrait plus obtenir en seconde récolte que 10 h. 80 lit. de blé, tandis qu'en intervertissant les cultures, la même fertilité pourrait produire, sans que l'épuisement fût plus grand : 1° 17 h. 40 lit. de blé ; 2° 25 h. 20 lit. d'avoine valant ensemble au moins 80 fr. de plus. On voit par là que la théorie de l'aliquote, loin d'être *ridicule*, comme vient de le dire tout récemment dans un journal populaire, un écrivain qui ne paraît pas en comprendre le premier mot, est au contraire fort utile, puisque sans elle il serait difficile d'arriver aux conclusions qui viennent d'être déduites. On peut objecter contre cette argumentation que la théorie des aliquotes n'est pas nécessaire pour savoir que l'on ne doit pas faire suivre une avoine par un froment dans une bonne pratique. Cela est vrai. Mais si cette succession n'est pas immédiate, elle a souvent lieu en séparant les deux céréales par un trèfle. Or, comme celui-ci ne modifie en rien la fertilité, le résultat doit nécessairement être le même. D'un autre côté, que l'on fasse succéder du colza à l'avoine sans nouvelle fumure, au lieu d'opérer d'une manière inverse le résultat sera encore plus désavantageux.

L'observation qui vient d'être faite relativement à la paille de l'avoine s'applique également à la paille, aux feuilles ou aux fanes de toutes les autres denrées. Partout où elles ne seront pas dans les rapports indiqués par la table, celle-ci devra être rectifiée. Il suffit pour cela de calculer le dosage des pailles, etc., et de le substituer à celui indiqué dans la 8e colonne. Puis on modifiera les autres chiffres en conséquence. Supposez, par exemple, une qualité de betteraves dont les feuilles ne pèsent que 70 k. pour un quintal de racines au lieu de 90 k. On trouvera leur dosage soit à l'aide du tableau de la composition des plantes, soit par une équation dont les termes seront pris dans la 2e et la 8e colonne de la table des aliquotes. Au cas particulier on dirait : si 90 k. de feuilles dosent 0,45 combien doivent doser 70 k. = 0,35 : Par conséquent, l'absorption ne serait plus que de 0,21 pour les racines et 0,35 par les feuilles = 0,56 au lieu de 0,66, ce qui réduirait la fertilité nécessaire à 0,85 au lieu de 1 k. d'azote pour 100 k. de racine, laquelle fertilité ne serait plus, après la récolte, que de 0,29 au lieu de 0,34, en supposant les feuilles enlevées.

Voici maintenant la manière de se servir des tables pour trouver la quantité de fumier nécessaire à une récolte déterminée. J'ai déjà donné cette règle très succinctement, page 291. Mais je crois devoir y revenir ici avec un peu plus de détails pour lever toutes les difficultés. On multipliera d'abord le poids de la denrée que l'on veut produire par le chiffre correspondant de l'une des colonnes n°s 4, 5 ou 6, selon que l'on voudra avoir pour résultat un poids d'azote ou de fumier, ou bien un volume cubique de ce dernier, en se conformant d'ailleurs aux observations qui précèdent relativement au rapport des pailles. On obtiendra ainsi le chiffre de la fertilité nécessaire. Cela fait, on en retranchera la fertilité laissée par la récolte précédente telle qu'elle est indiquée par les colonnes n°s 10, 11 ou 12. Exemple.

Combien faut-il de fumier normal pour produire 15,000 k. de pommes de terre venant après un froment qui a rendu 1600 k. de grain. Réponse.

1° La fertilité nécessaire pour un quintal de pommes de terre est, en fumier normal (colonne n° 5) de 267 k. Donc, elle doit être pour 150 quintaux de 267 k., multipliés par 150 = ... 40,050 k.

2° La fertilité laissée par 100 k. de blé (colonne 11) équivalant à 1487 k. du même fumier, celle laissée par 1600 k. sera donc 16 fois plus grande : Soit 23,792

Ainsi, il n'y aura à rapporter que . . . . 16,258 k.

Si au lieu d'une solution en poids on veut l'avoir en mètres cubes, on opérera de la même manière en prenant les facteurs dans les colonnes n°s 6 et 12. Mais il ne faut pas perdre de vue que la table est calculée dans la double supposition que le fumier dose 0,40 d'azote et que le mètre cube pèse 650 k.

Si le dosage et le poids étaient différents, le calcul le plus simple serait de chercher la solution par l'azote en appliquant les chiffres des colonnes n°s 4 et 10. Dans l'hypothèse posée on aurait :

1° Fertilité nécessaire 1,07 × 150 quintaux de pommes de terre = 160^k,5
2° Fertilité laissée 5,95 × 16 quintaux de blé = ... 95 ,2

Reste . . . . . . 65 ,3

Si le dosage du fumier n'était que de 0,30 on dirait : 0,30 : 100 :: 65,30 : x = 21,766 k. Puis, si le poids du mètre cube n'était que de 600 k. on diviserait par ce chiffre celui de 21,766 k. et l'on obtiendrait 36 mètres cubes 266. Tout cela est excessivement simple et facile. Il ne l'est pas autant de trouver le dosage du fumier en azote. Pour cela il faut soumettre à un chimiste un échantillon qui représente bien la qualité moyenne de l'engrais. Mais c'est une constatation que l'on n'aura besoin de faire qu'une seule fois si l'on adopte pour le fumier un traitement invariable. Du reste, nous verrons au chapitre de cet engrais qu'en lui donnant des soins convenables son dosage ne s'écarte pas sensiblement de 0,40 lorsqu'il se compose de fumier d'écurie et d'étable bien mélangés.

(a, a, a, a.)

Le sarrasin emprunte 1^k,20 d'azote à l'atmosphère par 100 k. de grain, ou 0,78 par hectolitre. Il faut donc ajouter ces chiffres à la fertilité restante. Il en résulte que cette denrée n'enlève que 1^k,25 d'azote à la terre par quintal métrique. Elle est donc peu épuisante.

D'après M. de Gasparin, les choux et les rutabagas empruntent également chacun 0,06 et les navets 0,12 d'azote à l'atmosphère par 100 k. de racines. Mais c'est là un point qui n'est pas aussi bien établi que pour le sarrasin. En attendant qu'il soit éclairci, on fera bien d'agir comme si ces plantes vivaient exclusivement aux dépens de l'engrais.

(1) J'ai cédente telle qu'elle est indiquée par les colonnes nos 10, 11 ou 12.
donné par mple.
coup plus
n'est pas combien faut-il de fumier normal pour produire 15,000 k. de pommes de
fructificatie venant après un froment qui a rendu 1600 k. de grain. Réponse.
C'est celle, La fertilité nécessaire pour un quintal de pommes de terre est, en fu-
modifier le r normal (colonne no 5) de 267 k. Donc, elle doit être pour 150 quintaux
zote par 1 267 k., multipliés par 150 = ... 40,050 k.
tilité devr
serait par, La fertilité laissée par 100 k. de blé (colonne 11) équiva-
d'azote re à 1487 k. du même fumier, celle laissée par 1600 k. sera
60 litres dc 16 fois plus grande : Soit 23,792
capable de
2k,45 d'azoinsi, il n'y aura à rapporter que . . . . 16,258 k.
plus obten
vertissanti au lieu d'une solution en poids on veut l'avoir en mètres cubes, on
sement fûrera de la même manière en prenant les facteurs dans les colonnes
lant ensei 6 et 12. Mais il ne faut pas perdre de vue que la table est calculée dans
l'aliquote, louble supposition que le fumier dose 0,40 d'azote et que le mètre cube
un journae 650 k.
mier moti le dosage et le poids étaient différents, le calcul le plus simple serait
d'arriver chercher la solution par l'azote en appliquant les chiffres des colonnes
contre ce 4 et 10. Dans l'hypothèse posée on aurait :
pour sav
dans une Fertilité nécessaire 1,07 × 150 quintaux de pommes de terre = 160k,5
immédiat Fertilité laissée 5,95 × 16 quintaux de blé = ... 95 ,2
Or, comm Reste . . . . . 65 ,3
rement ét
l'avoine i le dosage du fumier n'était que de 0,30 on dirait : 0,30 : 100 :: 65,30 : x
résultat s 21,766 k. Puis, si le poids du mètre cube n'était que de 600 k. on divise-
par ce chiffre celui de 21,766 k. et l'on obtiendrait 36 mètres cubes 266.
L'obsernt cela est excessivement simple et facile. Il ne l'est pas autant de trou-
s'appliqu le dosage du fumier en azote. Pour cela il faut soumettre à un chi-
tres denrte un échantillon qui représente bien la qualité moyenne de l'engrais.
la table, s c'est une constatation que l'on n'aura besoin de faire qu'une seule fois
sage des 'on adopte pour le fumier un traitement invariable. Du reste, nous ver-
Puis on rs au chapitre de cet engrais qu'en lui donnant des soins convenables son
ple, une age ne s'écarte pas sensiblement de 0,40 lorsqu'il se compose de fumier
quintal de urie et d'étable bien mélangés.
tableau c
mes seron
particulie
70 k. =
les racine
la fertilit
laquelle l
en suppo

(a, a, a, a.)

Voici Le sarrasin emprunte 1k,20 d'azote à l'atmosphère par 100 k. de grain,
quantité 0,78 par hectolitre. Il faut donc ajouter ces chiffres à la fertilité restante.
cette règl n résulte que cette denrée n'enlève que 1k,25 d'azote à la terre par
avec un ntal métrique. Elle est donc peu épuisante.
d'abord D'après M. de Gasparin, les choux et les rutabagas empruntent également
pondant acun 0,06 et les navets 0,12 d'azote à l'atmosphère par 100 k. de racines.
pour résu is c'est là un point qui n'est pas aussi bien établi que pour le sarrasin.
ce dernie attendant qu'il soit éclairci, on fera bien d'agir comme si ces plantes vi-
lativemer ent exclusivement aux dépens de l'engrais.
lité néces

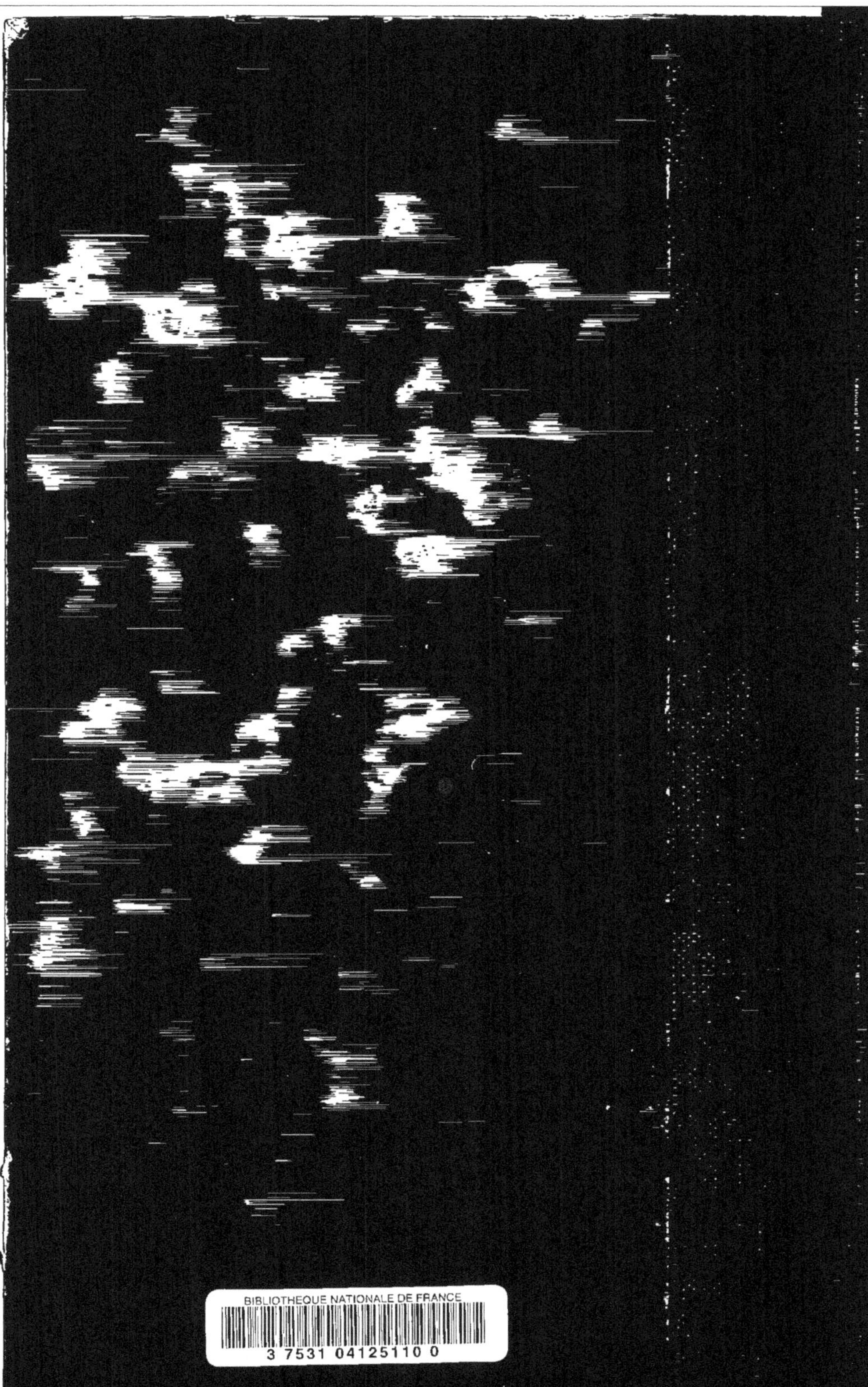

www.ingramcontent.com/pod-product-compliance
Lightning Source LLC
Chambersburg PA
CBHW060714220326
41598CB00020B/2083